D1689590

Kapitelübersicht

1. Mathematische Grundlagen
2. Physikalische Grundlagen
3. Grundlagen der Elektrotechnik
4. Signalverarbeitung
5. Computertechnik
6. Bauelemente der Elektrotechnik
7. Elektronische Bauelemente
8. Messtechnik
9. Steuerungs- und Regelungstechnik
10. Schutzbestimmungen und Prüfungen
11. Leistungselektronik und Antriebstechnik
12. Elektrische Anlagen
13. Technische Kommunikation
14. Werkstoffe und Normteile
15. Arbeits- und Umweltschutz
16. Betriebs- und Arbeitswelt
17. Prüfungsvorbereitung
18. Normen- und Stichwortverzeichnis

westermann

Andreas Dümke, Kurt Lampe, Wolf Machon, Helmut Milde,
Mouloud Moussaoui, Martin Scheurmann, Tobias Tittelbach,
Karla Vehreschild, Franz Peter Zantis

Herausgeber: Wolf Machon

Friedrich Tabellenbuch

Elektrotechnik/Elektronik

588. Auflage

Bestellnummer 53031

Begründet von: Direktor Wilhelm Friedrich

Der Bildungsverlag EINS bedankt sich bei Prof. Dr. Antonius Lipsmeier für seine Herausgebertätigkeit bis zur 583. Auflage.

Zusatzmaterialien zu „Friedrich Tabellenbuch Elektrotechnik / Elektronik"

Für Lehrerinnen und Lehrer

BiBox Einzellizenz für Lehrer/-innen (Dauerlizenz): 978-3-427-53039-8
BiBox Kollegiumslizenz für Lehrer/-innen (Dauerlizenz): 978-3-427-53041-1
BiBox Kollegiumslizenz für Lehrer/-innen (1 Schuljahr): 978-3-427-83267-6

Für Schülerinnen und Schüler

BiBox Einzellizenz für Schüler/-innen (1 Schuljahr): 978-3-427-53033-6
BiBox Klassensatz PrintPlus (1 Schuljahr): 978-3-427-82020-8

© 2023 Westermann Berufliche Bildung GmbH, Ettore-Bugatti-Straße 6–14, 51149 Köln
www.westermann.de

Das Werk und seine Teile sind urheberrechtlich geschützt. Jede Nutzung in anderen als den gesetzlich zugelassenen bzw. vertraglich zugestandenen Fällen bedarf der vorherigen schriftlichen Einwilligung des Verlages. Nähere Informationen zur vertraglich gestatteten Anzahl von Kopien finden Sie auf www.schulbuchkopie.de.

Für Verweise (Links) auf Internet-Adressen gilt folgender Haftungshinweis: Trotz sorgfältiger inhaltlicher Kontrolle wird die Haftung für die Inhalte der externen Seiten ausgeschlossen. Für den Inhalt dieser externen Seiten sind ausschließlich deren Betreiber verantwortlich. Sollten Sie daher auf kostenpflichtige, illegale oder anstößige Inhalte treffen, so bedauern wir dies ausdrücklich und bitten Sie, uns umgehend per E-Mail davon in Kenntnis zu setzen, damit beim Nachdruck der Verweis gelöscht wird.

Druck und Bindung: Westermann Druck GmbH, Georg-Westermann-Allee 66, 38104 Braunschweig

ISBN 978-3-427-**53031**-2

Vorwort

Sie halten ein traditionsreiches Werk in den Händen – 1913 erschien der erste „Friedrich" dieser Reihe, die in Europa zu den meistgelesenen gehört. Dieser Tradition verbunden präsentieren wir Ihnen voller Stolz das „Friedrich Tabellenbuch Elektrotechnik" in der 588. Auflage.

Zu den wichtigsten Neuerungen gehören:

- Aktualisierungen auf die neuen Normen
- Ergänzungen zu elektrotechnischen und elektronischen Neuentwicklungen
- Komplett überarbeitete und umfassend ergänzte Verweise

Zusätzlich bleiben alle Gründe bestehen, die schon seit 1913 für den Kauf des „Friedrich" sprechen:

- Abgestimmt auf die einschlägigen elektrotechnischen Rahmenlehrpläne, Ausbildungsordnungen, Studienordnungen und Meisterprüfungen
- Tabellendarstellung in technologischen Zusammenhängen
- Übersichtliche Tabellen, Grafiken, Diagramme und Abbildungen
- Fester Hartband-Umschlag
- Register
- Normenverzeichnis
- Zwei Lesezeichen

Der Verlag, der Herausgeber und die Autoren nehmen Ihre Anmerkungen, Ihre Kritik und eventuelle Korrekturhinweise gerne entgegen.

DIN-Normen und andere technische Regelwerke

Zahlreiche Tabellen in diesem Buch verweisen auf DIN-Normen, VDE-Bestimmungen oder andere technische Regelwerke. Dabei handelt es sich um die aktuellen Ausgaben, die bei Redaktionsschluss vorlagen.

Die benannten Normen wurde mit Erlaubnis des DIN Deutsches Institut für Normung e.V. wiedergegeben. Maßgebend für die Anwendung ist die DIN-Norm in der Fassung mit dem aktuellen Ausgabedatum, die bei der Beuth Verlag GmbH, Burggrafenstraße 6, 10787 Berlin, erhältlich ist.

Bildquellenverzeichnis

|BC GmbH Verlags- und Medien-, Forschungs- und Beratungsgesellschaft, Ingelheim: 531.2. |Di Gaspare, Michele (Bild und Technik Agentur für technische Grafik und Visualisierung), Bergheim: 11.2, 11.3, 11.4, 11.6, 11.7, 15.1, 16.1, 16.2, 17.1, 17.2, 17.3, 17.4, 18.1, 18.2, 18.3, 18.4, 18.5, 18.6, 18.7, 18.8, 19.1, 19.2, 19.3, 19.4, 19.5, 19.6, 19.7, 19.8, 19.9, 20.1, 20.2, 21.1, 21.2, 21.3, 21.4, 21.5, 21.6, 21.7, 21.8, 22.1, 22.2, 22.3, 22.4, 22.5, 23.1, 23.2, 23.3, 23.4, 23.5, 23.6, 23.7, 23.8, 24.1, 24.2, 24.3, 24.4, 24.5, 24.6, 24.7, 24.8, 24.9, 24.10, 24.11, 24.12, 25.1, 25.2, 25.3, 25.4, 25.5, 30.1, 31.1, 31.2, 31.3, 31.4, 31.5, 31.6, 32.1, 32.2, 32.3, 33.1, 33.2, 33.3, 33.4, 33.5, 33.6, 34.1, 34.2, 34.3, 34.7, 34.8, 35.1, 35.2, 35.3, 35.4, 35.5, 35.6, 35.7, 37.1, 38.1, 38.2, 38.3, 38.4, 38.5, 39.1, 40.1, 40.2, 41.1, 41.2, 41.3, 42.1, 42.2, 42.3, 42.4, 43.1, 43.3, 43.4, 43.5, 44.1, 44.2, 44.3, 44.4, 44.5, 44.6, 46.1, 47.1, 47.2, 48.1, 48.2, 48.3, 48.4, 48.5, 48.6, 49.1, 49.2, 49.3, 49.4, 49.5, 50.1, 50.2, 50.4, 50.5, 50.6, 50.7, 51.1, 51.2, 51.3, 51.4, 52.1, 52.2, 52.3, 52.4, 52.5, 52.6, 53.1, 53.2, 53.3, 53.4, 53.5, 54.1, 54.2, 54.3, 55.1, 55.2, 55.3, 56.1, 56.2, 56.3, 57.1, 57.2, 57.3, 57.4, 57.5, 57.6, 58.1, 59.1, 59.2, 59.3, 59.4, 59.5, 59.6, 60.1, 60.2, 60.3, 60.4, 60.5, 60.6, 60.7, 60.8, 60.9, 60.10, 60.11, 60.12, 60.13, 60.14, 60.15, 60.16, 60.17, 60.18, 61.1, 61.2, 61.3, 61.4, 61.5, 61.6, 61.7, 61.8, 61.9, 61.10, 61.11, 61.12, 61.13, 61.14, 61.15, 61.16, 61.17, 61.18, 62.1, 62.2, 62.3, 62.4, 62.5, 63.1, 63.2, 63.3, 63.4, 64.1, 64.2, 64.3, 64.4, 64.5, 65.1, 65.2, 65.3, 65.4, 65.5, 65.6, 65.7, 65.8, 66.1, 66.2, 66.3, 66.4, 66.5, 66.6, 66.7, 66.8, 66.9, 66.10, 67.1, 67.2, 67.3, 67.4, 67.5, 67.6, 67.7, 67.8, 67.9, 67.10, 68.1, 68.2, 68.3, 68.4, 68.5, 68.6, 68.7, 68.8, 69.1, 69.2, 69.3, 69.4, 69.5, 69.6, 69.7, 69.8, 70.1, 71.1, 71.2, 74.1, 76.1, 76.2, 76.3, 76.4, 76.5, 76.6, 76.7, 76.8, 76.9, 76.10, 76.11, 76.12, 76.13, 76.14, 76.15, 76.16, 76.17, 76.18, 76.19, 76.20, 78.1, 78.2, 78.3, 78.4, 78.5, 78.6, 79.1, 79.2, 79.3, 79.4, 79.5, 79.6, 79.7, 79.8, 79.9, 79.10, 79.11, 80.1, 80.2, 80.3, 80.4, 80.5, 81.1, 81.2, 81.3, 81.4, 81.5, 82.1, 82.2, 82.3, 82.4, 83.1, 83.2, 83.3, 83.4, 83.5, 84.1, 85.1, 85.2, 85.3, 86.1, 86.2, 86.3, 86.4, 86.5, 86.6, 87.1, 87.2, 87.3, 87.4, 87.5, 87.6, 87.7, 87.8, 87.9, 88.1, 88.2, 88.3, 88.4, 88.5, 88.6, 89.1, 89.2, 89.3, 89.4, 89.5, 90.1, 90.2, 90.3, 91.1, 91.3, 91.4, 92.1, 92.2, 92.3, 93.1, 93.2, 93.3, 93.4, 94.1, 94.2, 94.3, 94.4, 95.1, 96.1, 96.2, 96.3, 97.2, 98.1, 98.2, 99.1, 100.1, 100.2, 100.3, 100.4, 100.5, 100.6, 100.7, 101.1, 101.2, 101.3, 101.4, 101.5, 101.6, 102.1, 102.2, 102.3, 102.4, 103.1, 103.2, 103.3, 104.1, 104.2, 104.3, 104.4, 104.5, 107.1, 107.3, 108.1, 108.2, 108.3, 109.1, 109.2, 110.1, 111.1, 112.1, 112.2, 113.1, 113.2, 113.3, 114.1, 114.2, 114.3, 114.4, 114.5, 115.3, 115.4, 115.5, 115.6, 115.7, 115.8, 115.9, 115.10, 116.1, 116.2, 116.3, 116.4, 116.5, 116.6, 116.7, 116.8, 116.9, 116.10, 116.11, 116.12, 117.1, 117.2, 118.1, 118.2, 118.3, 118.4, 118.5, 119.1, 119.2, 119.3, 120.1, 120.2, 120.3, 120.4, 121.1, 121.2, 121.3, 121.4, 121.5, 121.6, 121.7, 122.1, 122.2, 122.3, 122.4, 122.5, 123.1, 123.2, 123.3, 123.4, 124.1, 124.2, 124.3, 124.4, 124.5, 125.1, 125.2, 126.1, 127.1, 127.2, 128.1, 132.1, 132.2, 134.1, 134.2, 136.1, 139.1, 139.2, 139.3, 139.4, 139.5, 139.6, 139.7, 139.8, 139.9, 139.10, 139.11, 139.12, 139.13, 141.1, 141.2, 141.3, 141.4, 141.5, 141.6, 141.7, 141.8, 141.9, 141.10, 141.11, 141.12, 141.13, 141.14, 141.15, 143.1, 145.1, 145.2, 146.1, 146.2, 147.1, 147.2, 147.3, 148.1, 148.2, 148.3, 148.4, 149.1, 149.2, 149.3, 150.1, 150.2, 150.3, 150.4, 151.1, 152.1, 152.2, 155.1, 155.2, 156.1, 156.2, 156.3, 156.4, 156.5, 158.1, 158.2, 158.3, 158.4, 159.1, 159.2, 160.1, 161.1, 161.2, 161.3, 161.4, 161.5, 162.1, 162.2, 162.3, 163.1, 163.2, 163.3, 163.4, 163.5, 163.6, 163.7, 167.1, 167.2, 167.3, 167.4, 167.5, 168.1, 169.1, 169.2, 169.3, 171.1, 171.2, 171.3, 171.4, 171.5, 172.1, 172.2, 172.3, 172.4, 172.5, 172.6, 172.7, 172.8, 172.9, 172.10, 172.11, 172.12, 172.13, 173.1, 173.2, 174.1, 174.2, 174.3, 175.1, 175.2, 176.2, 177.1, 177.2, 177.3, 177.4, 177.5, 177.6, 177.7, 177.8, 177.9, 177.10, 177.11, 178.2, 178.3, 178.4, 178.5, 178.6, 178.7, 179.1, 179.2, 179.3, 179.4, 179.5, 179.6, 179.7, 180.1, 180.2, 180.3, 180.4, 180.5, 180.6, 180.7, 180.8, 181.1, 181.2, 181.3, 182.1, 182.2, 182.3, 182.4, 182.5, 182.6, 182.7, 184.1, 184.2, 184.3, 184.4, 184.5, 184.6, 184.7, 185.1, 185.2, 185.3, 185.4, 185.5, 185.6, 185.7, 186.1, 186.2, 186.3, 186.4, 186.5, 186.6, 187.1, 187.2, 187.3, 187.4, 187.5, 187.6, 187.7, 188.1, 188.2, 188.3, 188.4, 188.5, 188.6, 188.7, 188.8, 188.9, 189.1, 189.2, 189.3, 189.4, 189.5, 190.1, 190.2, 190.3, 190.4, 191.1, 191.2, 191.3, 191.4, 191.5, 191.6, 192.1, 192.2, 192.3, 192.4, 192.5, 192.6, 192.7, 192.8, 192.9, 193.1, 193.2, 193.3, 193.4, 194.1, 194.2, 194.3, 194.4, 194.5, 194.6, 195.1, 195.2, 195.3, 195.4, 195.5, 195.6, 195.7, 195.8, 195.9, 195.10, 195.11, 196.1, 196.2, 196.3, 197.1, 197.2, 197.3, 197.4, 198.1, 198.2, 198.3, 198.4, 199.1, 199.2, 199.3, 199.4, 200.1, 200.2, 200.3, 200.4, 200.5, 200.6, 200.7, 200.8, 200.9, 200.10, 201.1, 201.2, 201.3, 201.4, 201.5, 201.6, 202.1, 202.2, 202.3, 202.4, 202.5, 202.6, 202.7, 203.1, 203.2, 203.3, 203.4, 203.5, 203.6, 203.7, 203.8, 203.9, 203.10, 203.11, 203.12, 203.13, 203.14, 204.1, 204.2, 204.3, 204.4, 204.5, 204.6, 204.7, 204.8, 204.9, 204.10, 204.11, 204.12, 204.13, 204.14, 205.1, 205.2, 205.3, 205.4, 205.5, 205.6, 205.7, 205.8, 206.1, 206.2, 206.3, 206.4, 206.5, 206.6, 206.7, 206.8, 206.9, 206.10, 206.11, 206.12, 206.13, 206.14, 206.15, 207.1, 207.2, 207.3, 207.4, 207.5, 207.6, 207.7, 207.8, 207.9, 207.10, 208.1, 208.2, 208.3, 208.4, 208.5, 208.6, 208.7, 208.8, 208.9, 208.10, 208.11, 209.1, 209.2, 209.3, 209.4, 209.5, 209.6, 210.1, 210.2, 210.3, 210.4, 210.5, 210.6, 210.7, 210.8, 210.9, 211.1, 211.2, 211.3, 211.4, 211.5, 211.6, 211.7, 211.8, 211.9, 211.10, 211.11, 212.1, 212.2, 212.3, 212.4, 212.5, 213.1, 213.2, 213.3, 213.4, 213.5, 213.6, 213.7, 213.8, 213.9, 213.10, 213.11, 213.12, 213.13, 213.14, 213.15, 213.16, 213.17, 213.18, 213.19, 214.1, 214.2, 214.3, 214.4, 214.5, 214.6, 214.7, 215.1, 215.2, 215.3, 215.4, 216.1, 216.2, 216.3, 216.4, 216.5, 216.6, 216.7, 216.8, 217.1, 217.2, 217.3, 217.4, 217.5, 217.6, 217.7, 217.8, 219.1, 219.2, 219.3, 219.4, 220.1, 220.2, 220.3, 220.4, 220.5, 220.6, 220.7, 220.8, 220.9, 220.10, 220.11, 220.12, 221.1, 221.2, 221.3, 221.4, 221.5, 221.6, 221.7, 221.8, 222.1, 222.3, 223.1, 223.2, 223.3, 223.4, 223.5, 223.6, 224.1, 224.2, 224.3, 224.4, 224.5, 224.6, 225.2, 225.3, 225.4, 225.5, 225.6, 225.7, 226.1, 226.2, 226.3, 226.4, 226.5, 226.6, 226.7, 226.8, 227.1, 227.2, 227.3, 227.4, 227.5, 227.6, 228.2, 228.3, 228.4, 228.6, 228.7, 229.1, 229.2, 229.3, 229.4, 229.5, 229.6, 230.1, 230.2, 231.1, 231.2, 231.3, 231.4, 232.1, 232.2, 232.3, 232.4, 232.5, 232.6, 232.7, 232.8, 232.9, 233.1, 233.2, 233.3, 233.4, 233.5, 233.6, 233.7, 233.8, 233.9, 233.10, 233.11, 237.1, 237.2, 237.3, 237.4, 237.5, 237.6, 237.7, 237.8, 237.9, 237.10, 238.1, 238.30, 238.32, 239.1, 239.2, 239.3, 239.4, 239.5, 240.1, 240.2, 240.3, 240.5, 241.1,

Bildquellenverzeichnis

241.2, 241.3, 241.4, 241.5, 242.1, 242.2, 242.3, 242.4, 242.5, 242.6, 243.1, 243.2, 243.3, 244.1, 244.2, 244.3, 244.4, 244.5, 244.6, 244.7, 244.8, 244.9, 245.1, 245.2, 245.3, 245.4, 245.5, 246.1, 246.2, 246.3, 246.4, 246.5, 246.6, 247.1, 247.2, 248.1, 248.2, 248.3, 249.1, 249.2, 249.3, 249.4, 249.5, 249.6, 250.1, 250.2, 250.3, 252.1, 252.2, 252.3, 252.4, 253.1, 253.2, 253.3, 253.4, 253.5, 253.6, 253.7, 253.8, 253.9, 254.1, 254.2, 254.3, 254.4, 255.1, 255.2, 255.3, 255.4, 255.5, 256.1, 256.2, 256.3, 256.4, 256.5, 256.6, 257.1, 257.2, 257.3, 257.4, 257.5, 257.6, 258.1, 258.2, 258.3, 258.4, 258.5, 258.6, 258.7, 258.8, 259.1, 259.2, 260.1, 260.2, 260.3, 260.4, 260.5, 261.1, 261.2, 262.1, 262.2, 262.3, 265.1, 265.2, 265.3, 266.1, 266.2, 266.3, 266.4, 266.5, 266.6, 267.1, 267.2, 267.3, 267.4, 267.5, 267.6, 267.7, 267.8, 267.9, 267.10, 267.11, 267.12, 267.13, 267.14, 267.15, 267.16, 267.17, 267.18, 269.1, 269.2, 269.3, 269.4, 269.5, 269.6, 269.7, 269.8, 269.9, 269.10, 269.11, 269.12, 269.13, 269.14, 269.15, 269.16, 269.17, 270.1, 270.2, 270.3, 270.4, 270.5, 273.1, 273.2, 273.3, 274.1, 274.2, 274.3, 274.4, 275.1, 275.2, 275.3, 275.4, 276.1, 276.2, 276.3, 276.4, 277.1, 279.1, 279.2, 279.3, 279.4, 279.5, 279.6, 279.7, 279.8, 279.9, 279.10, 279.11, 279.12, 279.13, 279.14, 279.15, 279.16, 279.17, 280.1, 280.2, 280.3, 280.4, 280.5, 280.6, 280.7, 280.8, 280.9, 280.10, 280.11, 280.12, 280.13, 280.14, 280.15, 281.1, 281.2, 281.3, 281.4, 281.5, 282.1, 282.2, 282.3, 283.1, 283.2, 283.3, 284.1, 284.2, 284.3, 285.1, 285.2, 285.3, 285.4, 285.5, 285.6, 285.7, 285.8, 286.1, 286.2, 286.3, 286.4, 288.1, 288.2, 288.3, 288.4, 288.5, 288.6, 289.1, 289.2, 289.3, 290.1, 290.2, 290.3, 290.4, 291.1, 293.1, 293.2, 295.1, 295.2, 295.3, 296.1, 296.2, 296.4, 296.5, 297.1, 297.2, 297.3, 297.4, 297.5, 298.1, 298.3, 298.4, 298.6, 298.7, 298.8, 298.9, 298.10, 298.11, 298.12, 298.13, 298.14, 298.15, 298.16, 298.17, 298.18, 298.19, 298.20, 299.1, 299.2, 299.3, 299.4, 299.5, 299.6, 299.7, 299.8, 299.9, 299.10, 299.11, 299.12, 299.13, 299.14, 299.15, 299.16, 299.17, 300.1, 300.2, 300.3, 300.4, 300.5, 300.6, 301.1, 301.2, 301.5, 301.6, 301.7, 303.1, 303.3, 303.5, 304.1, 304.2, 304.3, 304.4, 304.5, 305.1, 305.2, 305.3, 305.4, 306.1, 306.2, 306.3, 306.4, 307.1, 307.2, 307.3, 307.4, 307.5, 308.13, 308.22, 309.1, 309.2, 309.3, 309.7, 310.1, 310.2, 310.3, 310.4, 312.1, 313.1, 313.2, 314.1, 315.1, 315.2, 315.3, 315.4, 315.5, 315.6, 316.1, 316.2, 316.3, 317.1, 321.1, 321.2, 321.3, 323.1, 323.2, 323.3, 323.4, 323.5, 323.6, 323.7, 323.8, 323.9, 323.10, 323.11, 323.12, 323.13, 323.14, 323.15, 324.1, 324.2, 325.1, 326.1, 326.2, 327.1, 327.2, 329.1, 331.1, 332.1, 333.1, 333.2, 334.1, 334.2, 334.3, 334.4, 334.5, 335.1, 335.2, 335.3, 336.1, 336.2, 337.1, 337.2, 337.3, 337.4, 337.5, 337.6, 337.7, 337.8, 339.1, 339.2, 339.3, 341.1, 341.2, 341.3, 341.4, 341.5, 341.6, 342.1, 345.1, 345.2, 345.3, 345.4, 345.5, 345.6, 345.7, 345.8, 345.9, 345.10, 346.1, 346.2, 346.3, 346.4, 346.5, 346.6, 346.7, 347.1, 347.2, 347.3, 347.4, 347.5, 347.6, 348.1, 348.2, 348.3, 348.4, 348.5, 348.6, 348.7, 348.8, 348.9, 348.10, 348.11, 348.12, 348.13, 348.14, 349.1, 350.1, 351.1, 352.1, 352.2, 353.1, 353.2, 353.3, 353.4, 353.5, 354.1, 354.2, 354.3, 354.4, 355.1, 355.2, 355.3, 355.4, 356.1, 356.2, 356.3, 356.4, 356.5, 357.1, 357.2, 357.3, 357.4, 357.5, 357.6, 358.1, 358.2, 358.3, 358.4, 358.5, 358.6, 359.1, 360.1, 360.2, 360.3, 360.4, 360.5, 361.1, 361.2, 361.3, 361.4, 361.5, 362.1, 362.2, 362.3, 362.4, 363.1, 363.2, 363.3, 363.4, 363.5, 363.6, 364.1, 364.2, 364.3, 364.4, 364.5, 364.6, 365.1, 365.2, 365.3, 367.1, 367.2, 367.3, 367.4, 368.1, 368.2, 368.3, 368.4, 368.5, 368.6, 369.1, 369.2, 369.3, 369.4, 370.1, 370.2, 370.3, 370.4, 370.5, 370.6, 371.1, 371.2, 371.3, 371.4, 371.5, 371.6, 372.1, 372.2, 372.3, 372.4, 372.5, 372.6, 372.7, 372.8, 372.9, 373.1, 373.2, 373.3, 373.4, 373.5, 373.6, 373.7, 373.8, 373.9, 374.1, 374.2, 374.3, 374.4, 374.5, 375.1, 375.2, 375.3, 375.4, 375.5, 375.6, 375.7, 375.8, 375.9, 375.10, 375.11, 375.12, 375.13, 375.14, 376.1, 376.2, 376.3, 376.4, 377.1, 377.2, 377.3, 377.4, 377.5, 377.6, 377.7, 377.8, 377.9, 377.10, 380.1, 380.2, 380.3, 381.1, 381.2, 381.3, 381.4, 382.1, 382.2, 382.3, 392.1, 392.2, 392.3, 392.4, 392.5, 392.6, 392.7, 393.1, 394.1, 396.1, 397.1, 397.2, 398.1, 398.2, 399.1, 399.2, 400.1, 400.2, 402.1, 402.2, 402.3, 402.4, 403.1, 403.2, 403.3, 403.4, 407.1, 407.2, 407.3, 407.4, 409.1, 409.2, 409.3, 409.4, 409.5, 410.1, 410.2, 411.1, 411.2, 411.3, 412.1, 412.2, 412.3, 412.4, 412.5, 412.6, 412.7, 412.8, 412.9, 412.10, 412.11, 412.12, 412.13, 412.14, 412.15, 412.16, 412.17, 412.18, 413.1, 413.2, 413.3, 413.4, 413.5, 413.6, 413.7, 413.8, 415.1, 415.2, 415.3, 415.4, 416.1, 416.2, 417.2, 417.3, 417.4, 417.5, 419.1, 420.1, 422.1, 423.1, 423.2, 424.1, 424.2, 424.3, 425.1, 426.1, 427.1, 427.2, 427.3, 427.4, 427.5, 427.6, 427.7, 427.8, 427.9, 427.10, 427.11, 427.12, 427.13, 427.14, 428.1, 428.2, 428.3, 428.4, 428.5, 428.6, 429.1, 429.2, 429.3, 429.4, 429.5, 430.1, 430.2, 430.3, 430.4, 430.5, 430.6, 431.1, 431.2, 431.3, 431.4, 431.5, 431.6, 431.7, 431.8, 431.9, 431.10, 431.11, 432.1, 432.2, 432.3, 432.4, 433.1, 433.2, 433.3, 434.1, 434.2, 434.3, 435.1, 435.2, 436.1, 438.1, 441.1, 442.1, 442.2, 442.3, 442.4, 442.5, 442.6, 442.7, 442.8, 442.9, 443.1, 443.2, 444.1, 444.2, 444.3, 444.4, 444.5, 444.6, 444.7, 444.8, 444.9, 444.10, 444.11, 444.12, 444.13, 444.14, 444.15, 444.16, 444.17, 444.18, 444.19, 445.1, 446.1, 446.2, 449.1, 449.2, 453.1, 453.2, 453.3, 453.4, 453.5, 453.6, 454.1, 454.2, 454.3, 454.4, 454.5, 454.6, 454.7, 454.8, 454.9, 454.10, 454.11, 454.12, 454.13, 454.14, 454.15, 454.16, 454.17, 454.18, 454.19, 454.20, 454.21, 454.22, 454.23, 454.24, 454.25, 454.26, 454.27, 454.28, 454.30, 454.31, 454.32, 454.33, 454.34, 454.35, 455.1, 456.1, 457.1, 459.2, 459.3, 459.4, 459.5, 459.6, 459.7, 459.8, 459.9, 459.10, 459.11, 459.12, 459.13, 459.14, 459.15, 460.1, 460.2, 460.3, 460.4, 460.5, 460.6, 460.7, 460.8, 460.9, 461.1, 462.2, 463.1, 463.2, 463.3, 463.4, 463.5, 463.6, 463.7, 463.8, 463.9, 463.10, 464.2, 464.3, 464.9, 466.1, 466.2, 467.1, 467.2, 467.3, 469.1, 469.2, 469.3, 469.4, 469.6, 469.7, 469.8, 469.9, 471.1, 471.2, 471.3, 471.4, 471.5, 471.6, 471.7, 471.8, 471.9, 471.10, 471.11, 471.12, 471.13, 471.14, 471.15, 471.16, 471.17, 471.18, 471.19, 471.20, 471.21, 471.22, 471.23, 471.24, 471.25, 471.26, 471.27, 471.28, 471.29, 471.30, 471.31, 471.32, 471.33, 471.34, 471.35, 471.36, 471.37, 471.38, 471.39, 471.40, 471.41, 471.42, 471.43, 471.44, 471.45, 471.46, 471.47, 471.48, 471.49, 471.50, 471.51, 471.52, 471.53, 471.54, 471.55, 471.56, 471.57, 471.58, 471.59, 471.60, 471.61, 471.62, 471.63, 471.64, 471.65, 471.66, 471.67, 472.1, 472.2, 472.3, 472.4, 472.5, 472.6, 472.7, 472.8, 472.9, 472.10, 472.11, 472.12, 472.13, 472.14, 472.15, 472.16, 472.17, 472.18, 472.19, 472.20, 472.21, 472.22, 472.23, 472.24, 472.25, 472.27, 472.28, 472.29, 472.30, 472.31, 472.32, 472.33, 472.34, 472.35, 472.36, 472.37, 472.38, 472.39, 472.40, 472.41, 472.42, 472.43, 472.44, 472.45, 472.46, 472.48, 472.50, 472.51,

Bildquellenverzeichnis

472.52, 472.53, 472.55, 472.56, 473.1, 473.2, 473.3, 473.4, 473.5, 473.6, 473.8, 473.9, 473.11, 473.12, 473.13, 473.14, 473.15, 473.16, 473.17, 473.18, 473.19, 473.21, 473.22, 473.23, 473.24, 473.25, 473.26, 473.27, 473.28, 473.29, 473.30, 473.31, 473.32, 473.33, 473.34, 473.35, 473.36, 473.37, 473.38, 473.39, 473.40, 473.42, 473.43, 473.45, 473.47, 473.48, 473.49, 473.50, 473.51, 473.52, 474.1, 474.2, 474.3, 474.4, 474.5, 474.6, 474.7, 474.8, 474.9, 474.10, 474.11, 474.12, 474.13, 474.14, 474.15, 474.16, 474.17, 474.18, 474.19, 474.20, 474.21, 474.22, 474.23, 474.24, 474.25, 474.26, 474.27, 474.28, 474.29, 474.30, 474.31, 474.32, 474.33, 474.34, 474.35, 474.36, 475.1, 475.2, 475.3, 475.4, 475.5, 475.6, 475.7, 475.8, 475.9, 475.10, 475.11, 475.12, 475.13, 475.14, 475.15, 475.16, 475.17, 475.18, 475.19, 475.20, 475.21, 475.22, 475.23, 475.25, 475.27, 475.29, 475.30, 475.32, 475.33, 475.35, 475.37, 475.38, 475.39, 475.41, 475.43, 475.44, 475.45, 476.1, 476.2, 476.3, 476.4, 476.5, 476.6, 476.7, 476.8, 476.9, 476.10, 476.11, 476.12, 476.13, 476.14, 476.15, 476.16, 476.17, 476.18, 476.19, 476.20, 476.21, 476.22, 476.23, 476.24, 476.25, 476.26, 476.27, 476.28, 476.29, 476.30, 476.31, 476.32, 476.33, 476.34, 476.35, 476.36, 476.37, 476.38, 476.39, 476.40, 476.41, 476.42, 476.43, 476.44, 476.45, 476.46, 476.47, 477.1, 477.2, 477.3, 477.4, 477.5, 477.6, 477.7, 477.8, 477.9, 477.10, 477.11, 477.12, 477.13, 477.14, 477.15, 477.16, 477.17, 477.18, 477.19, 477.20, 477.21, 477.22, 477.23, 477.24, 477.25, 477.26, 477.27, 477.28, 477.29, 477.30, 477.31, 477.32, 477.33, 477.34, 477.35, 477.36, 477.37, 477.38, 477.39, 477.40, 478.1, 478.2, 478.3, 478.4, 478.5, 478.6, 478.7, 478.8, 478.9, 478.10, 478.11, 478.12, 478.13, 478.14, 478.15, 478.16, 478.17, 478.18, 478.19, 478.20, 478.21, 478.22, 478.23, 478.24, 478.25, 478.26, 478.27, 478.28, 478.29, 478.30, 478.31, 478.32, 478.33, 478.34, 478.35, 478.36, 478.37, 478.38, 478.39, 478.40, 478.41, 478.42, 478.43, 478.44, 479.1, 479.2, 479.3, 479.4, 479.5, 479.6, 479.7, 479.8, 479.9, 479.10, 479.11, 479.12, 479.13, 479.14, 479.15, 479.16, 479.17, 479.18, 479.19, 479.20, 479.21, 479.22, 479.23, 479.24, 479.25, 479.26, 479.27, 479.28, 479.29, 479.30, 479.31, 479.32, 479.33, 479.34, 479.35, 479.36, 479.37, 479.38, 479.39, 479.40, 479.41, 479.42, 479.43, 479.44, 479.45, 479.46, 479.47, 479.48, 479.49, 479.50, 479.51, 479.52, 479.53, 480.1, 480.2, 480.4, 480.5, 480.6, 480.7, 480.8, 480.9, 480.10, 480.11, 480.12, 480.13, 480.14, 480.15, 480.16, 480.17, 480.18, 480.19, 480.20, 480.21, 480.22, 480.23, 480.24, 480.25, 480.26, 480.27, 480.28, 480.29, 480.31, 480.32, 480.33, 480.34, 480.35, 480.36, 480.37, 480.38, 480.39, 480.41, 480.42, 480.43, 480.44, 480.46, 480.47, 480.48, 480.49, 480.50, 480.51, 480.52, 481.1, 481.2, 481.3, 481.4, 481.5, 481.6, 481.7, 481.8, 481.9, 481.10, 481.11, 481.12, 481.13, 481.14, 481.15, 481.16, 481.17, 481.18, 481.19, 481.20, 481.21, 481.22, 481.23, 481.24, 481.25, 481.26, 481.27, 481.28, 481.29, 481.30, 482.1, 482.2, 482.3, 482.4, 482.5, 482.6, 482.7, 482.8, 482.9, 482.10, 482.11, 482.12, 482.13, 482.14, 482.15, 482.16, 482.17, 482.18, 482.19, 482.20, 482.21, 482.22, 482.23, 482.24, 482.25, 482.26, 482.27, 482.28, 482.29, 483.1, 483.2, 483.3, 483.4, 483.5, 483.6, 483.7, 484.1, 484.2, 484.3, 484.4, 484.5, 484.6, 484.7, 484.8, 484.9, 484.10, 484.11, 484.12, 484.13, 484.14, 484.15, 484.16, 484.17, 484.18, 484.19, 484.20, 484.21, 484.22, 484.23, 484.24, 484.25, 484.26, 484.27, 484.28, 484.29, 484.30, 484.31, 484.32, 484.33, 484.34, 484.35, 484.36, 484.37, 484.38, 485.1, 485.2, 485.3, 485.4, 485.5, 485.6, 485.7, 485.8, 485.9, 485.10, 485.11, 485.12, 485.13, 485.14, 485.15, 485.16, 485.17, 485.18, 485.19, 485.20, 485.21, 485.22, 485.23, 485.24, 485.25, 485.26, 485.27, 485.28, 485.29, 485.30, 485.31, 485.32, 485.33, 485.34, 485.35, 485.36, 485.37, 485.38, 485.39, 485.40, 485.41, 486.2, 486.3, 486.5, 486.6, 486.8, 486.9, 486.11, 486.12, 486.14, 486.16, 486.17, 486.18, 486.20, 486.22, 486.23, 486.25, 486.26, 486.28, 486.30, 486.31, 486.33, 486.34, 486.35, 486.36, 486.37, 486.38, 486.39, 486.40, 486.41, 486.42, 486.43, 486.45, 486.46, 486.48, 486.49, 486.51, 486.52, 486.53, 486.54, 486.55, 486.57, 486.58, 512.1, 512.2, 512.3, 512.4, 513.1, 513.2, 513.3, 513.4, 513.5, 513.6, 513.7, 513.8, 514.1, 514.5, 514.7, 514.11, 514.13, 514.14, 515.1, 515.2, 515.3, 515.4, 515.6, 516.1. |fotolia.com, New York: Emin Ozkan 222.2. |Gossen Metrawatt GmbH, Nürnberg: 240.4. |Heinrich Klar Schilder- u. Etikettenfabrik GmbH & Co. KG, Wuppertal: 530.1, 530.2, 530.3, 530.4, 530.5, 530.6, 530.7, 530.8, 530.9, 530.10, 530.11, 530.12, 530.13, 530.14, 530.15, 530.16, 530.17, 530.18, 530.19, 530.20, 530.21, 530.22, 530.23, 530.24, 530.25, 530.26, 530.27, 530.28, 530.29, 530.30, 530.31, 530.32, 531.1, 531.3, 531.4, 531.5. |Pagina Media, Laudenbach: 488.1. |Shutterstock.com, New York: JHENG YAO 91.2. |stock.adobe.com, Dublin: kkolosov Titel; KPixMining 151.2, 151.3, 151.4. |W-IE-NE-R Power Electronics GmbH, Burscheid: 176.1, 178.1.

Inhalt

1 Mathematische Grundlagen — 1-1 bis 1-14

- 1.1 Übersicht — 1-1
- 1.2 Zeichen und Begriffe — 1-2
- 1.3 Arithmetik/Algebra — 1-3
- 1.4 Winkel/Winkelfunktionen — 1-9
- 1.5 Elementare Funktionen — 1-11
- 1.6 Fourierzerlegungen — 1-12
- 1.7 Flächenberechnungen — 1-14
- 1.8 Volumenberechnungen — 1-14

2 Physikalische Grundlagen — 2-1 bis 2-18

- 2.1 Übersicht — 2-1
- 2.2 Einheiten und Zeichen — 2-2
- 2.3 Grundbegriffe der Mechanik — 2-6
- 2.4 Festigkeitslehre — 2-11
- 2.5 Wärmetechnische Grundlagen — 2-12
- 2.6 Akustische Grundgrößen — 2-14
- 2.7 Optik — 2-16

3 Grundlagen der Elektrotechnik — 3-1 bis 3-28

- 3.1 Übersicht — 3-1
- 3.2 Spannung und Strom — 3-2
- 3.3 Elektrische Leistung und Arbeit — 3-4
- 3.4 Grundgesetze im Stromkreis — 3-5
- 3.5 Kondensator und Spule — 3-9
- 3.6 Grundgesetze im Wechselstromkreis — 3-16

4 Signalverarbeitung — 4-1 bis 4-38

- 4.1 Übersicht — 4-1
- 4.2 Digitaltechnik — 4-2
- 4.3 Signale und Signalaufbereitung — 4-30

5 Computertechnik — 5-1 bis 5-32

- 5.1 Übersicht — 5-1
- 5.2 Hardware — 5-2
- 5.3 Software — 5-19

Inhalt

6 Bauelemente der Elektrotechnik — 6-1 bis 6-38

- 6.1 Übersicht — 6-1
- 6.2 Kennzeichnung von Bauelementen — 6-2
- 6.3 Widerstände — 6-4
- 6.4 Überspannungsableiter — 6-10
- 6.5 Festinduktivitäten — 6-11
- 6.6 Kondensatoren — 6-13
- 6.7 Kleintransformatoren — 6-17
- 6.8 Feinsicherungen — 6-21
- 6.9 Galvanische Elemente — 6-23
- 6.10 Relais — 6-31
- 6.11 Gedruckte Schaltungen — 6-33
- 6.12 Gehäuse und Baugruppenträger — 6-35

7 Elektronische Bauelemente — 7-1 bis 7-56

- 7.1 Übersicht — 7-1
- 7.2 Grundlagen — 7-2
- 7.3 Sperrschicht-Halbleiterbauelemente — 7-5
- 7.4 Feldeffekttransistoren — 7-37
- 7.5 Magnetfeldabhängige Bauelemente — 7-41
- 7.6 Integrierte Schaltungen — 7-42
- 7.7 Wärmeableitung bei Halbleiterbauelementen — 7-43
- 7.8 Gehäuse für Halbleiterbauelemente (Auswahl) — 7-44
- 7.9 Elektronenröhren — 7-45
- 7.10 Gasgefüllte Röhren — 7-47
- 7.11 Optoelektronische Bauelemente — 7-48

8 Messtechnik — 8-1 bis 8-38

- 8.1 Übersicht — 8-1
- 8.2 Begriffe der Messtechnik — 8-2
- 8.3 Messfehler und Fehlerrechnung — 8-4
- 8.4 Messgeräte — 8-6
- 8.5 Messen von Mischspannungen und Mischströmen — 8-12
- 8.6 Messbrücken — 8-13
- 8.7 Kompensatoren — 8-14
- 8.8 Messung nichtelektrischer Größen — 8-14
- 8.9 Oszilloskop — 8-27
- 8.10 Komplexe Messaufbauten — 8-29
- 8.11 Messwandler — 8-33
- 8.12 Leistungs- und Leistungsfaktor-Messung — 8-34
- 8.13 Elektrizitätszähler — 8-36

9 Steuerungs- und Regeltechnik — 9-1 bis 9-40

- 9.1 Übersicht — 9-1
- 9.2 Steuerungstechnik — 9-2
- 9.3 Regelungstechnik — 9-25

Inhalt

10 Schutzbestimmungen und Prüfungen — 10-1 bis 10-32

- 10.1 Übersicht — 10-1
- 10.2 Schutzbestimmungen und Prüfungen — 10-2
- 10.3 Stromeinwirkungen auf den menschlichen Körper — 10-4
- 10.4 Isolationsfehler in elektrischen Anlagen und im Fehlerstromkreis; Unfallstromkreis — 10-6
- 10.5 Fehlerstrom-Schutzeinrichtungen (RCDs) — 10-7
- 10.6 Isolationswiderstand und Mindestisolationswiderstände — 10-10
- 10.7 Isolationsüberwachung und Einflussgrößen auf den Isolationszustand in elektrischen Anlagen — 10-11
- 10.8 Schutzmaßnahmen und Prüfungen — 10-12
- 10.9 Prüfungen und Geräte zum Messen und Prüfen der Schutzmaßnahmen — 10-13
- 10.10 Schutzmaßnahmen zum Schutz gegen elektrischen Schlag — 10-14
- 10.11 Netzsysteme und Schutzeinrichtungen in den Netzsystemen — 10-15
- 10.12 Spannungsfall (U_V) und Abschaltzeiten in elektrischen Anlagen — 10-21
- 10.13 Schutz durch automatische Abschaltung der Stromversorgung — 10-21
- 10.14 Schutzkleinspannung — 10-25
- 10.15 Spezielle Schutzmaßnahmen — 10-26
- 10.16 Zusätzlicher Schutz — 10-28
- 10.17 IP-Schutzarten und Schutzklassen der Betriebsmittel — 10-29
- 10.18 E-Check (Prüffristen, Auswahl) — 10-30
- 10.19 Prüfung elektrischer Geräte — 10-31
- 10.20 Sicherheitsregeln beim Arbeiten in elektrischen Anlagen — 10-32

11 Leistungselektronik und Antriebstechnik — 11-1 bis 11-36

- 11.1 Übersicht — 11-1
- 11.2 Leistungsschilder — 11-2
- 11.3 Ermittlung von Übertemperaturen — 11-2
- 11.4 Toleranzen elektrischer Maschinen — 11-3
- 11.5 Ruhende Maschinen — 11-4
- 11.6 Rotierende Maschinen — 11-22
- 11.7 Lineare Maschinen — 11-36

12 Elektrische Anlagen — 12-1 bis 12-82

- 12.1 Übersicht — 12-1
- 12.2 Erzeugung und Verteilung elektrischer Energie — 12-2
- 12.3 Isolierte Leitungen und Kabel — 12-6
- 12.4 Sicherungen — 12-19
- 12.5 Blindleistungskompensation — 12-31
- 12.6 Überspannungsschutz und EMV — 12-33
- 12.7 Gebäudeautomation — 12-46
- 12.8 Installations- und Kommunikationsschaltungen — 12-51
- 12.9 Elektrowärme — 12-59
- 12.10 Beleuchtungstechnik — 12-61
- 12.11 Betriebsführung und Instandhaltung — 12-80

Inhalt

13 Technische Kommunikation — 13-1 bis 13-28

- 13.1 Übersicht — 13-1
- 13.2 Zeichentechnische Grundlagen — 13-2
- 13.3 Technische Darstellungen — 13-4
- 13.4 Dokumente der Elektrotechnik — 13-7
- 13.5 Kennzeichnung von elektrischen Betriebsmitteln — 13-10
- 13.6 Schaltzeichen — 13-13
- 13.7 Bildzeichen der Elektrotechnik — 13-27

14 Werkstoffe und Normteile — 14-1 bis 14-28

- 14.1 Übersicht — 14-1
- 14.2 Chemische Elemente und ihre Verbindungen — 14-2
- 14.3 Stahl und Eisen: Werkstoffnormung — 14-5
- 14.4 Magnetische Werkstoffe — 14-6
- 14.5 Nichteisenmetalle: Kupfer und Legierungen — 14-8
- 14.6 Drähte und Schienen — 14-14
- 14.7 Kunststoffe — 14-18
- 14.8 Isolierstoffe — 14-22
- 14.9 Maschinennormteile — 14-25

15 Arbeits- und Umweltschutz — 15-1 bis 15-21

- 15.1 Übersicht — 15-1
- 15.2 Überblick und Grundbegriffe — 15-2
- 15.3 Gefahrstoffverordnung — 15-3
- 15.4 Gefahrstoffe am Arbeitsplatz — 15-5
- 15.5 Gefahrstoff: Grenz- und Stoffwerte — 15-10
- 15.6 Sicherheitskennzeichen — 15-16
- 15.7 Umweltschutz — 15-21

16 Betriebs- und Arbeitswelt — 16-1 bis 16-26

17 Prüfungsvorbereitung — 17-1 bis 17-7

18 Normen- und Stichwortverzeichnis — 18-1 bis 18-81

- 18.1 Verzeichnis der behandelten Normen und Vorschriften — 18-4
- 18.2 Stichwortverzeichnis Englisch-Deutsch — 18-6
- 18.3 Stichwortverzeichnis Deutsch-Englisch — 18-44

1 Mathematische Grundlagen

1.1 Übersicht

		Seite
1.2	**Zeichen und Begriffe**	1-2
1.2.1	Mathematische Zeichen	1-2
1.2.2	Zeichen der Mengenlehre	1-2
1.3	**Arithmetik/Algebra**	1-3
1.3.1	Logarithmen	1-3
1.3.2	Gleichungen ersten Grades mit einer Unbekannten/ Formelumstellen	1-3
1.3.3	Gleichungen ersten Grades mit zwei Unbekannten	1-4
1.3.4	Gleichungen zweiten Grades (quadratische Gleichungen)	1-4
1.3.5	Komplexe Zahlen	1-4
1.3.6	Ortskurven	1-6
1.3.7	Vektoren	1-8
1.4	**Winkel/Winkelfunktionen**	1-9
1.4.1	Winkeleinheiten	1-9
1.4.2	Winkelfunktionen	1-9
1.4.3	Funktionskurven und Funktionswerte bestimmter Winkel	1-10
1.4.4	Beziehung zwischen den Winkelfunktionen für gleiche Winkel	1-10
1.4.5	Berechnung rechtwinkliger Dreiecke	1-10
1.5	**Elementare Funktionen**	1-11
1.5.1	Gerade (lineare Funktion)	1-11
1.5.2	Parabel (quadratische Funktion)	1-11
1.5.3	Wurzelfunktion (irrationale Funktion)	1-11
1.5.4	Hyperbel (gebrochenrationale Funktion)	1-11
1.5.5	Exponentialfunktion	1-11
1.5.6	Logarithmusfunktion	1-11
1.5.7	Ellipse/Kreis	1-11
1.6	**Fourierzerlegungen**	1-12
1.7	**Flächenberechnungen**	1-14
1.8	**Volumenberechnungen**	1-14

1.2 Zeichen und Begriffe

1.2.1 Mathematische Zeichen[1)]

$+$	plus
$-$	minus
$\cdot$	mal
$/$ $-$	durch
$=$	gleich
$\neq$	ungleich
$\stackrel{\text{def}}{=}$	definitionsgemäß gleich
$\approx$	ungefähr gleich
$x \stackrel{\wedge}{=} y$	x gerundet gleich y
$\stackrel{\wedge}{=}$	entspricht
$<$	kleiner
$>$	größer
$\leq$	kleiner gleich
$\geq$	größer gleich
$\ll$	wesentlich kleiner
$\gg$	wesentlich größer
∞	unendlich
π	pi, $\pi = 3{,}14159\ldots$
e	$e = 2{,}71828\ldots$
$\sqrt{\ }$	Quadratwurzel
$\sqrt[n]{\ }$	n-te Wurzel
x^n	x hoch n, n-te Potenz von x
$n!$	n Fakultät, $n! = 1 \cdot 2 \cdot 3 \cdot \ldots n$
$(x)_s$	s unter x, $(x)_s = x \cdot (x-1) \cdot \ldots \cdot (x+1-s)$
$\binom{x}{s}$	x über s, $\binom{x}{s} = \frac{(x)_s}{s!}$
$\lfloor x \rfloor$	größte ganze Zahl kleiner gleich x
$\lceil x \rceil$	kleinste ganze Zahl größer gleich x
$\parallel$	parallel zu
$\perp$	orthogonal zu
$\uparrow\uparrow$	gleichsinnig parallel
$\uparrow\downarrow$	gegensinnig parallel
$\triangle(ABC)$	Dreieck ABC
$\cong$	kongruent
$\sim$	proportional
$\sphericalangle(g, h)$	Winkel zwischen g und h
$\measuredangle$	orientierter Winkel
$\overline{AB}$	Strecke von A nach B
$d(A, B)$	Abstand von A und B
$\odot(P, r)$	Kreis um P mit Radius r
$\sum_{i=1}^{n} x_i$	Summe x_i von $i = 1$ bis n
$\prod_{i=1}^{n} x_i$	Produkt x_i von $i = 1$ bis n
$\lim$	Limes (Grenzwert)
$f(x)$	Funktion von x
Δf	Delta f, Differenz zweier Werte
$\frac{df(x)}{dx} = f'$	$df(x)$ nach dx, f Strich, Ableitung von f
$\int_a^b f(x)dx$	Integral f von x dx von a bis b
$|z|$	Betrag von z
z^* oder $\bar{z}$	Konjugierte von z
$\operatorname{Re} z$	Realteil von z
$\operatorname{Im} z$	Imaginärteil von z
$\operatorname{Arc} z$	Arcus von z
i oder j	Imaginäre Einheit $i^2 = j^2 = -1$
$\exp$	Exponentialfunktion $\exp x = e^x$
$\log$	Logarithmus
$\lg$	dekadischer Logarithmus
$\ln$	natürlicher Logarithmus
$\sin$	Sinus
$\cos$	Cosinus
$\tan$	Tangens
$\cot$	Cotangens
$\arcsin$	Arcussinus
$\arccos$	Arcuscosinus
$\arctan$	Arcustangens
arccot	Arcuscotangens
$\sinh$	Hyperbelsinus
$\cosh$	Hyperbelcosinus
$\tanh$	Hyperbeltangens
$\coth$	Hyperbelcotangens
$\ldots$	usw.

1.2.2 Zeichen der Mengenlehre[2)]

$x \in M$	x ist Element von M
$x \notin M$	x ist nicht Element von M
$x_1, \ldots, x_n \in A$	$x_1, \ldots, x_n$ sind Elemente von A
$\{x \mid \varphi\}$	die Menge (Klasse) aller x mit φ
$\{x \mid x < 6\} \mathbb{N}$	Menge aller x, für die gilt: x ist eine natürliche Zahl und x ist kleiner als 6
$\{x_1, \ldots, x_n\}$	die Menge mit den Elementen $x_1, \ldots, x_n$
$\{1, 2, 3, 4\} = A$	Menge A wird gebildet aus den Elementen 1, 2, 3, 4
$\{\emptyset\}$	leere Menge (enthält kein Element)
$A \subseteq B$ oder $A \subset B$	A ist Teilmenge von B, A sub B
$A \subsetneq B$	A ist echt enthalten in B (also A ist nicht gleich B)
$A \cap B$	A geschnitten mit B (die Elemente, die A und B gemeinsam sind)
$A \cup B$	A vereinigt mit B (die Elemente, die in wenigstens einer der Mengen A, B liegen)
$A \setminus B$ oder $A - B$	A ohne B (enthält die nicht in B liegenden Elemente von A) Differenzmenge von A und B
$A \triangle B$	symmetrische Differenz von A und B
$\langle x, y \rangle$ oder (x, y)	Paar von x und y (geordnetes Paar)
$A \times B$	A Kreuz B (Vektorprodukt, kartesisches Produkt von A und B)
id_A	Identitätsrelation auf A (enthält die Paare $\langle x, y \rangle$ mit $x \in A$)
$D(f)$	Definitionsbereich von f
$W(f)$	Wertebereich von f
$f \cdot A$	Einschränkung von f auf A
$f(x)$ oder xf	f von x, Bild von x unter f (Funktionswert an der Stelle x)
$\mathbb{N}$ oder N	Menge der natürlichen Zahlen
$\mathbb{Z}$ oder Z	Menge der ganzen Zahlen
$\mathbb{Q}$ oder Q	Menge der rationalen Zahlen
$\mathbb{R}$ oder R	Menge der reellen Zahlen
$\mathbb{C}$ oder C	Menge der komplexen Zahlen
$\mathbb{N}^*, \mathbb{Z}^*, \mathbb{Q}^*, \mathbb{R}^*, \mathbb{C}^*$	Menge der von Null verschiedenen Zahlen der Mengen $\mathbb{N}, \mathbb{Z}, \mathbb{Q}, \mathbb{R}, \mathbb{Z}$
$\mathbb{Z}_+, \mathbb{Q}_+, \mathbb{R}_+$	Mengen der nicht negativen Zahlen der Mengen $\mathbb{Z}, \mathbb{Q}, \mathbb{R}$
$\mathbb{Z}^*_+, \mathbb{Q}^*_+, \mathbb{R}^*_+$	Mengen der positiven Zahlen der Mengen $\mathbb{Z}, \mathbb{Q}, \mathbb{R}$

[1)] Weitere Zeichen siehe DIN 1302: 1999-12.
[2)] Weitere Zeichen siehe DIN 5473: 1992-07.

1.3 Arithmetik/Algebra

1.3.1 Logarithmen

Das Logarithmieren ist eine Umkehrung der Potenzrechnung.

$$\log_a b = n$$

Lies: log b zur Basis a gleich n

Umkehrung:
$a^n = b$

a Basis; b Numerus; n Logarithmus

Logarithmensysteme

Basis	Zeichen	Definition	Bezeichnung	andere Bezeichnung
e = 2,71828...	ln	ln b = $\log_e b$	natürlicher Logarithmus	neperscher Logarithmus
2	lb	lb b = $\log_2 b$	binärer Logarithmus	dualer Logarithmus
10	lg	lg b = $\log_{10} b$	dekadischer Logarithmus	briggscher Logarithmus

Umrechnungen

ln b = 2,3026 · lg b lg b = 0,4343 · ln b
lb b = 3,3219 · lg b lg b = 0,3010 · lb b
lb b = 1,4427 · ln b ln b = 0,6932 · lb b

Rechenregeln

Rechnungsart	wird zurückgeführt auf	Regeln
Multiplizieren	Addieren	$\lg(a \cdot b) = \lg a + \lg b$
Dividieren	Subtrahieren	$\lg \dfrac{a}{b} = \lg a - \lg b$
Potenzieren	Multiplizieren	$\lg a^n = n \cdot \lg a$
Radizieren	Dividieren	$\lg \sqrt[n]{a} = \dfrac{1}{n} \cdot \lg a$

Beispiele

Für $a > 1$: $\log_a 0 = -\infty$, denn $a^{-\infty} = 1/a^\infty = 0$

Für $a < 1$: $\log_a 0 = \infty$, denn $a^\infty = 0$

$\log_a 1 = 0$, denn $a^0 = 1$ | $\log_a a = 1$, denn $a^1 = a$

ln e = 1, denn $e^1 = e$ | lb 2 = 1, denn $2^1 = 2$

lg 10 = 1, denn $10^1 = 10$ | $\log_a a^x = x$

1.3.2 Gleichungen ersten Grades mit einer Unbekannten/Formelumstellen

Bestimmungsgleichungen enthalten bekannte und unbekannte Größen (Variablen); sie sind gelöst, wenn anstelle der Unbekannten eine Zahl eingesetzt werden kann. Zur Lösung darf auf beiden Seiten der Gleichung die gleiche Rechenoperation mit der gleichen Zahl durchgeführt werden.

Beispiele:

$x + 5 = 10 \leftrightarrow x + 5 - 5 = 10 - 5 \leftrightarrow x = 10 - 5 \leftrightarrow x = 5$
Überprüfung: $5 + 5 = 10 \leftrightarrow 10 = 10$ (wahre Aussage)

$x - 8 = 3 \leftrightarrow x - 8 + 8 = 3 + 8 \leftrightarrow x = 3 + 8 \leftrightarrow x = 11$
Überprüfung: $11 - 8 = 3 \leftrightarrow 3 = 3$ (wahre Aussage)

$x \cdot 9 = 36 \leftrightarrow x \cdot 9/9 = 36/9 \leftrightarrow x = 36/9 \leftrightarrow x = 4$
Überprüfung: $5 + 5 = 10 \leftrightarrow 10 = 10$ (wahre Aussage)

$x/6 = 7 \leftrightarrow (x/6) \cdot 6 = 7 \cdot 6 \leftrightarrow x = 7 \cdot 6 \leftrightarrow x = 42$
Überprüfung: $42/6 = 7 \leftrightarrow 7 = 7$ (wahre Aussage)

Für das Umstellen physikalischer Formeln gelten gleiche Gesetzmäßigkeiten wie für das Lösen von Gleichungen; das Formelzeichen der gesuchten Größe ist dabei die Unbekannte und die Formel ist nach dieser Größe hin umzustellen. Dann sind die bekannten Größen (Zahlenwert und Einheit) einzusetzen und die Unbekannte lässt sich errechnen.

Beispiele:

$R_1 + R_2 = R_g$

$R_1 + R_2 - R_2 = R_g - R_2$

$R_1 = R_g - R_2$

$U \cdot I = P \leftrightarrow U \cdot I/U = P/U \leftrightarrow I = P/U$

$U/I = R \leftrightarrow (U/I) \cdot I = R \cdot I \leftrightarrow U = R \cdot I$

1.3 Arithmetik/Algebra

1.3.3 Gleichungen ersten Grades mit zwei Unbekannten

Zwei Unbekannte lassen sich nur dann eindeutig bestimmen, wenn zwei verschiedene Gleichungen (I und II) gegeben sind. Bei der Auflösung stellt man aus ihnen eine dritte Gleichung mit nur einer Unbekannten her.

Einsetzungsmethode

I $\quad 3x + 2y = 18$
II $\quad 4x + y = 19 \quad \Rightarrow \quad y = 19 - 4x$
$\quad 3x + 2(19 - 4x) = 18 \quad\quad 3x + 38 - 8x = 18$
$\quad\quad\quad\quad -5x = -20 \quad\quad\quad\quad\quad\quad x = 4$

Gleichsetzungsmethode

I $\quad 3x + 2y = 18 \quad \Rightarrow \quad y = (18 - 3x)/2$
II $\quad 4x + y = 19 \quad \Rightarrow \quad y = 19 - 4x$

$(18 - 3x)/2 = 19 - 4x \quad\quad 18 - 3x = (19 - 4x) \cdot 2$
$18 - 3x = 38 - 8x \quad\quad\quad\quad 8x - 3x = 38 - 18$
$5x = 20 \quad\quad\quad\quad\quad\quad\quad\quad\quad x = 4$

Einsetzen von $x = 4$ in I oder II ergibt $y = 3$.

Additions- bzw. Subtraktionsmethode

I $\quad 3x + 2y = 18$
II $\quad 4x + y = 19 \quad \Rightarrow \quad \cdot 2 \Rightarrow \quad 8x + 2y = 38$

Erweiterte Gleichung II von I abziehen:

$3x - 8x + 2y - 2y = 18 - 38 \quad\quad -5x = -20$
$\quad\quad\quad\quad\quad\quad\quad\quad\quad\quad\quad\quad\quad\quad x = 4$

1.3.4 Gleichungen zweiten Grades (quadratische Gleichungen)

Bei rein quadratischen Gleichungen kommt die Unbekannte nur in der 2. Potenz (z. B. x^2) vor. Diese Gleichungen sind durch Wurzelziehen zu lösen, wobei sich immer wegen $\sqrt{x^2} = |x|$ mit der Definition des Betrages einer reellen Zahl $|x| = a$ für $a \geq 0$ und $|x| = -a$ für $a < 0$ zwei Werte (positiv und negativ) ergeben.

Beispiel: $x^2 = 25; \quad \sqrt{x^2} = \sqrt{25}; \quad |x| = 5$

Lösung: $x = 5$ oder $x = -5$

Beispiel: $15 + 3x^2 = x^2 + 47 \leftrightarrow x^2 = 16 \leftrightarrow |x| = \sqrt{16}$

Lösung: $x = 4$ oder $x = -4$

Bei gemischt-quadratischen Gleichungen kommt die Unbekannte in der 1. und 2. Potenz vor (x und x^2). Die gegebene Gleichung $ax^2 + bx + c = 0$ bringt man durch Umformung auf die Normalform

$x^2 + px + q = 0 \quad$ (dabei: $p = b/a; \quad q = c/a$)

und löst sie nach folgender Gleichung:

$$x_{1,2} = -\frac{p}{2} \pm \sqrt{\left(\frac{p}{2}\right)^2 - q}$$

Normalform: $\quad x^2 + 6x - 27 = 0 \quad (p = 6, q = -27)$

eingesetzt: $\quad x_{1,2} = -\frac{6}{2} \pm \sqrt{\left(\frac{6}{2}\right)^2 + 27}$

$\quad\quad\quad\quad\quad x_{1,2} = -3 \pm \sqrt{36} = -3 \pm 6$

Lösung: $\quad x_1 = -3 + 6 = 3$
$\quad\quad\quad\quad\quad x_2 = -3 - 6 = -9$

1.3.5 Komplexe Zahlen

Quadratwurzeln, aus negativen Zahlen gezogen, ergeben imaginäre Zahlen. $\sqrt{-1}$ heißt **imaginäre Einheit i**[1]; sie ist definiert durch die Gleichung $i^2 = -1$. Damit ist z. B.: $\sqrt{-|b|} = i\sqrt{|b|}$.
Komplexe Zahlen setzen sich aus einer reellen Zahl und einer imaginären Zahl zusammen.

Formen komplexer Zahlen

Komponentenform	$\underline{z} = a + ib$
trigonometrische Form	$\underline{z} = z \cdot (\cos\varphi + i \cdot \sin\varphi)$
Exponentialform	$\underline{z} = z \cdot e^{i\varphi} = z \exp(i\varphi) = z\underline{/\varphi}$ [2]

Zeichen	Bedeutung	Zusammenhang
z	Betrag von $\underline{z}$	$z = \sqrt{a^2 + b^2}$
a	Realteil von $\underline{z}$	$a = \text{Re}\,\underline{z} = z \cdot \cos\varphi$
b	Imaginärteil von $\underline{z}$	$b = \text{Im}\,\underline{z} = z \cdot \sin\varphi$
φ	Argument von $\underline{z}$ (Nullphasenwinkel)	$\varphi = \arctan\frac{b}{a}$
$\underline{z}^*$ oder $\overline{\underline{z}}$	konjugiert komplexe Zahl zu $\underline{z}$ $\text{Im}\,\underline{z}^* = -\text{Im}\,\underline{z}$	$\underline{z} = a + ib = z \cdot e^{i\varphi}$ $\underline{z}^* = a - ib = z \cdot e^{-i\varphi}$

[1] In der Elektrotechnik schreibt man j, um Verwechslungen mit der Stromstärke i zu vermeiden.
[2] Sprich: Versor φ.

1.3 Arithmetik/Algebra

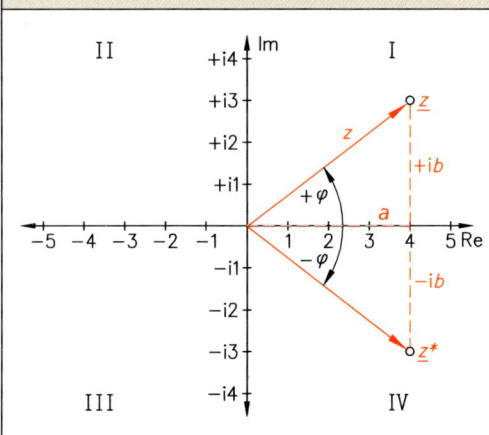

Geometrische Darstellung komplexer Zahlen

Komplexe Zahlen lassen sich durch Punkte in einer Zahlenebene wiedergeben. Die Zahl $\underline{z} = a + ib = 4 + i3 = 5\,\underline{/0{,}6435}$ wird durch den Punkt mit der Abszisse $a = 4$ und der Ordinate $ib = i3$, beziehungsweise durch den Zeiger mit dem Betrag $z = 5$ und dem Winkel ↑ $\varphi = 0{,}6435$ (entspricht 36,87°), dargestellt (siehe Abb.). Die konjugiert komplexe Zahl $\underline{z}^* = a - ib = 4 - i3 = 5\,\underline{/-0{,}6435}$ entspricht dem Punkt $(4, -i3)$ bzw. $z = 5$ und $\varphi = -0{,}6435$.

↑1-9

Vorzeichen der Komponenten

Quadrant	I	II	III	IV
Re $\underline{z}$	positiv	negativ	negativ	positiv
Im $\underline{z}$	positiv	positiv	negativ	negativ

Rechenverfahren mit komplexen Zahlen

Addition	Sowohl die Realteile als auch die Imaginärteile werden addiert.	$\underline{z} = \underline{z}_1 + \underline{z}_2 = (a + ib) + (c + id)$ $\underline{z} = (a + c) + i(b + d)$
	Die Summe konjugiert komplexer Zahlen ist reell.	$\underline{z} = \underline{z}_1 + \underline{z}_1^* = (a + ib) + (a - ib)$ $\underline{z} = 2a$
Subtraktion	Sowohl die Realteile als auch die Imaginärteile werden subtrahiert.	$\underline{z} = \underline{z}_1 - \underline{z}_2 = (a + ib) - (c + id)$ $\underline{z} = (a - c) + i(b - d)$
	Die Differenz konjugiert komplexer Zahlen ist rein imaginär.	$\underline{z} = \underline{z}_1 - \underline{z}_1^* = (a + ib) - (a - ib)$ $\underline{z} = i2b$
Multiplikation	Die Multiplikation komplexer Zahlen besteht aus der Multiplikation mit ihren Gliedern.	$\underline{z} = \underline{z}_1 \cdot \underline{z}_2 = (a + ib) \cdot (c + id)$ $\underline{z} = (ac - bd) + i(bc + ad)$
	Die Beträge werden multipliziert und die Argumente werden addiert.	$\underline{z} = \underline{z}_1 \cdot \underline{z}_2 = z_1 \cdot e^{i\varphi_1} \cdot z_2 \cdot e^{i\varphi_2}$ $\underline{z} = z_1 \cdot z_2 \cdot e^{i(\varphi_1 + \varphi_2)}$
	Das Produkt konjugiert komplexer Zahlen ist reell.	$\underline{z} = \underline{z}_1 \cdot \underline{z}_1^* = (a + ib) \cdot (a - ib)$ $\underline{z} = a^2 + b^2$
Division	Durch Erweitern mit der konjugiert komplexen Zahl wird der Divisor reell, dann wird wie üblich dividiert.	$\underline{z} = \dfrac{\underline{z}_1}{\underline{z}_2} = \dfrac{(a+ib)}{(c+id)} = \dfrac{(a+ib)(c-id)}{(c+id)(c-id)}$ $\underline{z} = \dfrac{ac+bd}{c^2+d^2} + i\dfrac{bc-ad}{c^2+d^2}$
	Die Beträge werden dividiert und die Argumente werden subtrahiert.	$\underline{z} = \dfrac{\underline{z}_1}{\underline{z}_2} = \dfrac{z_1 \cdot e^{i\varphi_1}}{z_2 \cdot e^{i\varphi_2}} = \dfrac{z_1}{z_2} \cdot e^{i(\varphi_1 - \varphi_2)}$
Potenzieren	Der Betrag wird in die n-te Potenz erhoben und das Argument wird mit n multipliziert.	$\underline{z}^n = (z \cdot e^{i\varphi})^n = z^n \cdot e^{in\varphi}$ $\underline{z}^n = z^n \angle n\phi$
Radizieren (Wurzelziehen)	Aus dem Betrag wird die Wurzel gezogen und das Argument wird durch den Wurzelexponenten dividiert.	$\sqrt[n]{\underline{z}} = \sqrt[n]{z \cdot e^{i\varphi}} = \sqrt[n]{z} \cdot e^{i\frac{\varphi}{n}} = \sqrt[n]{z}\,\left/\dfrac{\varphi}{n}\right.$
Logarithmieren	Betrag und Argument logarithmieren; Summe ist komplexe Zahl (Komponentenform).	$\ln \underline{z} = \ln(z \cdot e^{i\varphi}) = \ln(z) + \ln(e^{i\varphi})$ $\ln \underline{z} = \ln(z) + i\varphi$

1.3 Arithmetik/Algebra

1.3.6 Ortskurven

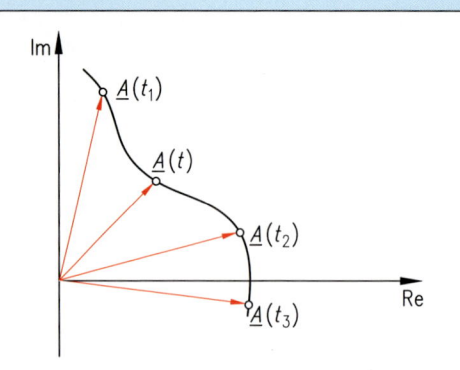

Eine Ortskurve (oder Ortslinie) stellt eine komplexe Funktion grafisch dar, die von einem reellen Parameter abhängt. Die Kurve ist die Bahn, die die Zeigerspitze durchläuft, wenn sich der Parameter ändert.
Eine parameterabhängige komplexe Größe $\underline{A} = \underline{A}(t)$ ändert ständig ihren Betrag und Phasenwinkel. Der Parameter kann u. a. die Kreisfrequenz, die Induktivität oder die Kapazität oder ohmscher Widerstand sein. Ortskurven finden neben der Analysis (z. B bei der Untersuchung von Funktionsscharen nach Extrem- und Wendepunkten) in der Systemtheorie Anwendung. Sie dienen u. a. der Analyse von dynamischen Systemen und der Stabilitätsuntersuchung von Regelkreisen.

$$\underline{A}(t) = \text{Re}(\underline{A}(t)) + j \cdot \text{Im}(\underline{A}(t))$$
$$= |\underline{A}(t)| \cdot e^{j\alpha(t)}$$

Inversion von Ortskurven

Unter Invertieren von Ortskurven versteht man ihre Spiegelung am Einheitskreis. Dabei wird der Kehrwert des Betrages gebildet und das Vorzeichen des Argumentes (des Winkels) umgekehrt.

Folgende Schritte sind anzuwenden, wenn die Formel der als Ortskurve dargestellten komplexen Größe bekannt ist: $\underline{A} = \underline{A}(t) = \text{Re}(\underline{A}(t)) + j \cdot \text{Im}(\underline{A}(t))$

1. Ggf. die komplexe Größe in Exponentialform umwandeln: $\underline{A} = |\underline{A}(t)| \cdot e^{j\alpha(t)}$
2. Für markante Werte des Parameters t die einzelnen Zeiger (jeweils Betrag und Argument) bestimmen.
3. Jeweils den Betrag umkehren und das Vorzeichen des Arguments ändern.

$$\frac{1}{\underline{A}} = \frac{1}{|\underline{A}| \cdot e^{j\alpha}} = \frac{1}{|\underline{A}|} \cdot e^{-j\alpha}$$

4. Die Spitzen der entstandenen Zeiger zu einer zusammenhängenden Invers-Ortskurve verbinden.

Konstruktionshinweise zur grafischen, punktweisen Inversion von Ortskurven

Steht die Formel nicht zur Verfügung, so ist die Ortskurve punktweise zu invertieren. Man wählt geeignete Stützpunkte auf der Ortskurve und bildet die Inversion jedes Stützpunktes gemäß folgender Konstruktionshinweise (ggf. ist eine Tabelle anzulegen).

Zu invertierender Punkt $\underline{A}$ liegt auf dem Einheitskreis:

Es gilt: $\underline{A} = |\underline{A}| \cdot e^{j\alpha} = 1 \cdot e^{j\alpha} \Rightarrow \dfrac{1}{\underline{A}} = \dfrac{1}{1 \cdot e^{j\alpha}} = 1 \cdot e^{-j\alpha}$

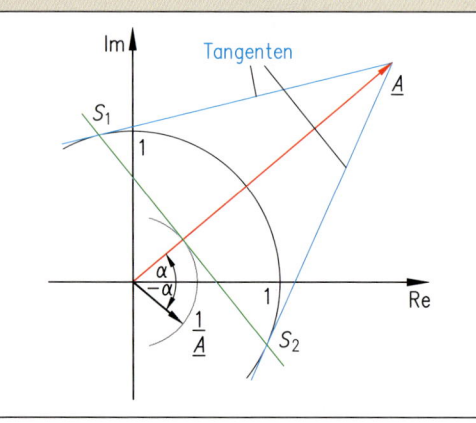

Zu invertierender Punkt $\underline{A}$ liegt außerhalb des Einheitskreises:

1. Den Einheitskreis K_0 um den Ursprung zeichnen.
2. Den Zeiger $\underline{A}$ des zu invertierenden Punktes zeichnen und sein Argument α bestimmen.
3. Die beiden Tangenten von der Spitze des Zeigers $\underline{A}$ aus an K_0 konstruieren.
4. Durch die Berührungspunkte S_1 und S_2 der Tangenten mit dem Einheitskreis eine Gerade zeichnen.
5. Der Schnittpunkt dieser Geraden mit dem Zeiger $\underline{A}$ gibt den Betrag des invertierten Zeigers $\dfrac{1}{\underline{A}}$ an. Das Argument lautet $\alpha_{\frac{1}{\underline{A}}} = -\alpha_{\underline{A}}$.

1.3 Arithmetik/Algebra

Zu invertierender Punkt $\underline{A}$ liegt innerhalb des Einheitskreises:

1. Den Einheitskreis K_0 um den Ursprung zeichnen.
2. Den Zeiger $\underline{A}$ mit dem Betrag $|\underline{A}|$ und Argument α zeichnen.
3. Den Zeiger $\underline{A}^*$ und den Kreis K_A um den Ursprung mit dem Radius $|\underline{A}|$ zeichnen.
4. Die Tangente an den Kreis K_A durch die Spitze des Zeigers $\underline{A}^*$ konstruieren und die Berührungspunkte S_1 und S_2 mit K_0 einzeichnen.
5. Der Schnittpunkt der beiden Tangenten an S_1 und S_2 ist die Spitze des invertierten $\frac{1}{\underline{A}}$ Zeigers.

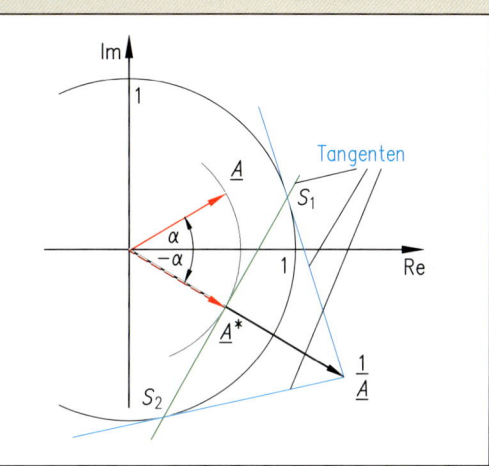

Inversion von elementaren Ortskurven

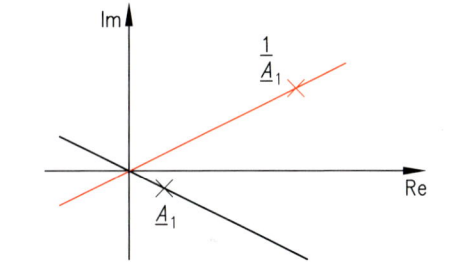

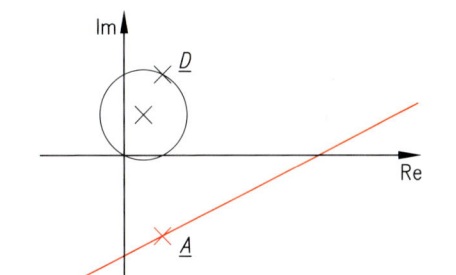

Komplexe Größe $\underline{A}$	Inversion $\frac{1}{\underline{A}}$	Ortskurven
Gerade, die durch den Ursprung verläuft	Gerade, die durch den Ursprung verläuft	
Die invertierte Gerade entsteht durch Spiegelung der gegebenen Geraden an der reellen Achse.		
Gerade, die nicht durch den Ursprung verläuft	Kreis, der durch den Ursprung verläuft	
Kreis, der durch den Ursprung verläuft	Gerade, die nicht durch den Ursprung verläuft	
Der Punkt $\underline{A}$ des kleinsten Abstandes zur Geraden wird auf den Durchmesserzeiger $\underline{D}$ und andersherum abgebildet. Es gilt: $\underline{D} = \frac{1}{\underline{A}}$ bzw. $\underline{A} = \frac{1}{\underline{D}}$		
Kreis, der nicht durch den Ursprung verläuft	Kreis, der nicht durch den Ursprung verläuft	
Es gilt: $\alpha = \beta$		

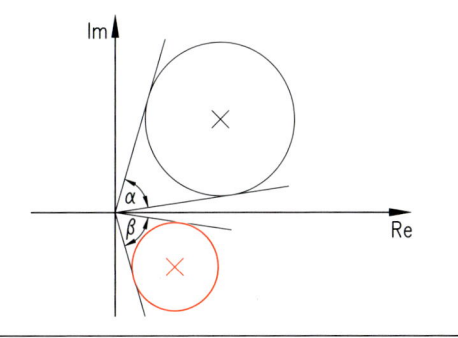

1.3 Arithmetik/Algebra

1.3.7 Vektoren

Begriff	Ein Vektor ist eine Größe, die durch Zahl, Einheit und Richtung festgelegt ist (z. B. Kraft $\vec{F}$, Geschwindigkeit $\vec{v}$, Beschleunigung $\vec{a}$, elektrische Feldstärke $\vec{E}$, magnetische Feldstärke $\vec{H}$, …).	
Darstellung	Ein Vektor wird dargestellt durch eine gerichtete Strecke (Pfeil) mit bestimmter Länge (l) und Richtung (φ). ↑ Die Länge des Vektors $\vec{A}$ (oder **A**)[1]) ist sein Betrag. Er wird mit $\lvert\vec{A}\rvert = \lvert\mathbf{A}\rvert = A$ bezeichnet.	
Gleiche Vektoren	Zwei Vektoren $\vec{A}$ und $\vec{B}$ sind gleich, wenn sie gleiche Beträge $\lvert\vec{A}\rvert = \lvert\vec{B}\rvert$ aufweisen und ihre Richtungen übereinstimmen, d. h., wenn sie parallel und gleich orientiert sind: $\vec{A} = \vec{B}$.	
Entgegengesetzt gleiche Vektoren	Zwei Vektoren $\vec{A}$ und $\vec{B}$ sind entgegengesetzt gleich, wenn sie gleiche Beträge aufweisen und ihre Richtungen entgegengesetzt verlaufen, d. h., wenn sie parallel und entgegengesetzt orientiert sind: $\vec{A} = -\vec{B}$.	
Komponenten	Jeder Vektor lässt sich in einer Ebene in zwei rechtwinklig zueinander liegende Komponenten zerlegen. $\lvert\vec{A}_x\rvert = A_x = A \cdot \cos\varphi \qquad \vec{A} = \vec{A}_x + \vec{A}_y$ $\lvert\vec{A}_y\rvert = A_y = A \cdot \sin\varphi \qquad A^2 = A_x^2 + A_y^2$	
Addition	$\vec{A} + \vec{B} = \vec{C}$ Der Anfangspunkt des Vektors $\vec{B}$ wird an den Endpunkt des Vektors $\vec{A}$ gelegt. Der Summenvektor (Resultierende) $\vec{C}$ ist dann die Verbindung von Anfang $\vec{A}$ zum Ende $\vec{B}$.	
Subtraktion	$\vec{A} - \vec{B} = \vec{D}$ Die Differenz aus $\vec{A} - \vec{B}$ ist die Summe der Vektoren $\vec{A} + (-\vec{B})$. $-\vec{B}$ ist entgegengesetzt gleich zu $\vec{B}$. Weitere Ausführung siehe Addition.	
Skalares Produkt	$\vec{A} \cdot \vec{B} = \lvert\vec{A}\rvert \cdot \lvert\vec{B}\rvert \cdot \cos\varphi = A \cdot B \cdot \cos\varphi$ Das Skalarprodukt (innere Produkt) von Vektoren ist ein (reeller) Skalar (Skalare sind Größen ohne Richtung).	
Vektorprodukt (Kartesisches Produkt)	$\vec{A} \times \vec{B} = \vec{E}$ Das Vektorprodukt ↑ (sprich: A Kreuz B) der Vektoren $\vec{A}$ und $\vec{B}$ ergibt einen Vektor $\vec{E}$ von der Länge $\lvert\vec{E}\rvert = A \cdot B \cdot \sin\varphi \qquad$ (gleich Parallelogrammfläche) und einer Richtung senkrecht auf $\vec{A}$ und senkrecht auf $\vec{B}$ in Richtung der Bewegung einer Rechtsschraubung, wenn man $\vec{A}$ auf kürzestem Wege in die Richtung von $\vec{B}$ dreht.	

[1] Bezeichnung nach DIN 1303: 1987-03.

1.4 Winkel/Winkelfunktionen

1.4.1 Winkeleinheiten[1)]

Radiant (Bogenmaß)	Die Winkeleinheit Radiant (rad) ergibt sich für die Größe eines Zentriwinkels in einem beliebigen Kreis aus dem Verhältnis der Kreisbogenlänge zum Kreisradius. Für einen Vollwinkel gilt: 1 Vollwinkel = 2π rad.
Grad (Altgrad)	Der Grad (°) ist der 360ste Teil eines Vollwinkels: 1° = 1/360 Vollwinkel = $\pi/180$ rad. Der Grad wird unterteilt in Minute (') und Sekunde ("): 1° = 60' = 3600".
Gon (Neugrad)	Das Gon ist der 400ste Teil eines Vollwinkels: 1 gon = 1/400 Vollwinkel = $\pi/200$ rad. Das Gon wird geteilt durch Vorsätze: 1 cgon = 1/100 gon = 0,01 gon; 1 mgon = 1/1000 gon = 0,001 gon.

Umrechnungstabelle für Winkeleinheiten

	rad	Vollwinkel	gon	mgon	°	'	"
1 rad	1	0,159	63,66	$63,66 \cdot 10^3$	57,296	$3,438 \cdot 10^3$	$206,26 \cdot 10^3$
1 Vollwinkel	6,283	1	400	$400 \cdot 10^3$	360	$21,6 \cdot 10^3$	$1,296 \cdot 10^6$
1 gon	$15,7 \cdot 10^{-3}$	$2,5 \cdot 10^{-3}$	1	1000	0,9	54	3240
1°	$17,45 \cdot 10^{-3}$	$2,778 \cdot 10^{-3}$	1,111	1111,11	1	60	3600
1'	$290,89 \cdot 10^{-6}$	$46,3 \cdot 10^{-6}$	$18,52 \cdot 10^{-3}$	18,52	$16,67 \cdot 10^{-3}$	1	60
1"	$4,848 \cdot 10^{-6}$	$772 \cdot 10^{-9}$	$308,6 \cdot 10^{-6}$	$308,6 \cdot 10^{-3}$	$277,8 \cdot 10^{-6}$	$16,67 \cdot 10^{-3}$	1

1.4.2 Winkelfunktionen

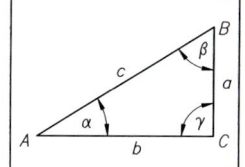

Dreieck ABC heißt rechtwinkliges Dreieck ($\gamma = 90°$). Die längste Seite c ist die **Hypotenuse**, die Seiten a und b, die Schenkel des rechten Winkels, sind die **Katheten**. Für den spitzen Winkel α ist b die Ankathete und a die Gegenkathete; für den spitzen Winkel β ist a die Ankathete und b die Gegenkathete. Verschiedene rechtwinklige Dreiecke, welche gleiche Winkel aufweisen, sind **ähnliche Dreiecke**; ihre Seitenverhältnisse heißen Winkelfunktionen (trigonometrische Funktionen).

Winkelfunktion	Anwendung für Winkel α	Anwendung für Winkel β
Sinus = $\dfrac{\text{Gegenkathete}}{\text{Hypotenuse}}$	$\sin \alpha = \dfrac{a}{c}$	$\sin \beta = \dfrac{b}{c}$
Cosinus = $\dfrac{\text{Ankathete}}{\text{Hypotenuse}}$	$\cos \alpha = \dfrac{b}{c}$	$\cos \beta = \dfrac{a}{c}$
Tangens = $\dfrac{\text{Gegenkathete}}{\text{Ankathete}}$	$\tan \alpha = \dfrac{a}{b}$	$\tan \beta = \dfrac{b}{a}$
Cotangens = $\dfrac{\text{Ankathete}}{\text{Gegenkathete}}$	$\cot \alpha = \dfrac{b}{a}$	$\cot \beta = \dfrac{a}{b}$

[1)] Bezeichnung nach DIN 1315: 1982-08.

1.4 Winkel/Winkelfunktionen

1.4.3 Funktionskurven und Funktionswerte bestimmter Winkel

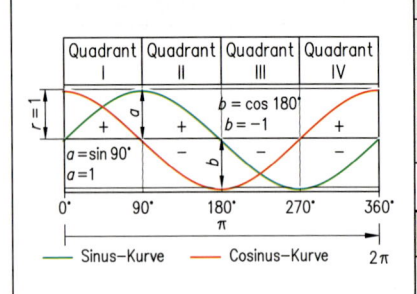

	$-\alpha$	$360° \cdot n + \alpha$	$180° \cdot n + \alpha$
sin	$-\sin\alpha$	$\sin\alpha$	
cos	$\cos\alpha$	$\cos\alpha$	
tan	$-\tan\alpha$		$\tan\alpha$
cot	$-\cot\alpha$		$\cot\alpha$

n = ganzzahlig

Trigonometrische Funktionswerte wichtiger Winkelgrößen

	0°	30°	45°	60°	90°	180°	270°	360°
sin	0	1/2	$\sqrt{2}/2$	$\sqrt{3}/2$	1	0	-1	0
cos	1	$\sqrt{3}/2$	$\sqrt{2}/2$	1/2	0	-1	0	1
tan	0	$\sqrt{3}/3$	1	$\sqrt{3}$	$\pm\infty$	0	$\pm\infty$	0
cot	$\pm\infty$	$\sqrt{3}$	1	$\sqrt{3}/3$	0	$\pm\infty$	0	$\pm\infty$

Beziehung der Winkelfunktionen in den Quadranten

	$90° \pm \alpha$	$180° \pm \alpha$	$270° \pm \alpha$	$360° \pm \alpha$
sin	$\cos\alpha$	$\mp\sin\alpha$	$-\cos\alpha$	$\pm\sin\alpha$
cos	$\mp\sin\alpha$	$-\cos\alpha$	$\pm\sin\alpha$	$\cos\alpha$
tan	$\mp\cot\alpha$	$\pm\tan\alpha$	$\mp\cot\alpha$	$\pm\tan\alpha$
cot	$\mp\tan\alpha$	$\pm\cot\alpha$	$\mp\tan\alpha$	$\pm\cot\alpha$

1.4.4 Beziehung zwischen den Winkelfunktionen für gleiche Winkel

$$\tan\alpha = \frac{\sin\alpha}{\cos\alpha}; \quad \cot\alpha = \frac{\cos\alpha}{\sin\alpha}; \quad \sin^2\alpha + \cos^2\alpha = 1; \quad \tan\alpha\cot\alpha = 1$$

	$\sin\alpha$	$\cos\alpha$	$\tan\alpha$	$\cot\alpha$
$\sin\alpha$	–	$\sqrt{1-\cos^2\alpha}$	$\tan\alpha/\sqrt{1+\tan^2\alpha}$	$1/\sqrt{1+\cot^2\alpha}$
$\cos\alpha$	$\sqrt{1-\sin^2\alpha}$	–	$1\sqrt{1+\tan^2\alpha}$	$\cot\alpha/\sqrt{1+\cot^2\alpha}$
$\tan\alpha$	$\sin\alpha/\sqrt{1-\sin^2\alpha}$	$\sqrt{1-\cos^2\alpha}/\cos\alpha$	–	$1/\cot\alpha$
$\cot\alpha$	$\sqrt{1-\sin^2\alpha}/\sin\alpha$	$\cos\alpha/\sqrt{1-\cos^2\alpha}$	$1/\tan\alpha$	–

1.4.5 Berechnung rechtwinkliger Dreiecke

Gegeben	Ermittlung der anderen Größen	Gegeben	Ermittlung der anderen Größen
a, α	$\beta = 90° - \alpha$, $b = a \cdot \cot\alpha$, $c = \dfrac{a}{\sin\alpha}$	a, b	$\tan\alpha = \dfrac{a}{b}$, $c = \dfrac{a}{\sin\alpha}$, $\beta = 90° - \alpha$
b, α	$\beta = 90° - \alpha$, $a = b \cdot \tan\alpha$, $c = \dfrac{b}{\cos\alpha}$	a, c	$\sin\alpha = \dfrac{a}{c}$, $b = c \cdot \cos\alpha$, $\beta = 90° - \alpha$
c, α	$\beta = 90° - \alpha$, $a = c \cdot \sin\alpha$, $b = c \cdot \cos\alpha$	b, c	$\cos\alpha = \dfrac{b}{c}$, $a = c \cdot \sin\alpha$, $\beta = 90° - \alpha$

1.5 Elementare Funktionen

Grafen	Gleichungen	Grafen	Gleichungen
1.5.1 Gerade (lineare Funktion)		**1.5.2 Parabel** (quadratische Funktion)	
	$y = a \cdot x + b$ Steigung $a = \tan \alpha$ $\tan \alpha = \dfrac{y_2 - y_1}{x_2 - x_1}$ Abstand $\overline{P_1 P_2} = r$ $r = \sqrt{(\Delta y)^2 + (\Delta x)^2}$ $\Delta y = y_2 - y_1$ $\Delta x = x_2 - x_1$		$y = a \cdot x^2 + b$
1.5.3 Wurzelfunktion (irrationale Funktion)		**1.5.4 Hyperbel** (gebrochenrationale Funktion)	
	$|y| = \sqrt{x}$ $y = +\sqrt{x}$ mit $x \geq 0$ ist Spiegelfunktion von $y = x^2$ mit $x \geq 0$; $y = -\sqrt{x}$ mit $x > 0$ ist Spiegelfunktion von $y = x^2$ mit $x < 0$.		$y = a \cdot \dfrac{1}{x}$ $y = a \cdot x^{-1}$
1.5.5 Exponentialfunktion			
	Natürliche Exponentialform: $y = e^x$ Natürliche Zahl $e = 2{,}71828\ldots$ $x = \ln(y)$ Dekadische Exponentialform: $y = 10^x$ $x = \lg(y)$	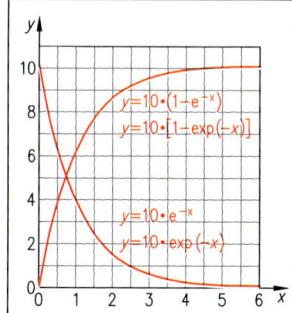	$y = a \cdot e^{-x}$ $y = a \cdot \exp(-x)$ $x = -\ln\left(\dfrac{y}{a}\right)$ $y = a \cdot [1 - e^{-x}]$ $y = a \cdot [1 - \exp(-x)]$ $x = -\ln\left(1 - \dfrac{y}{a}\right)$
1.5.6 Logarithmusfunktion		**1.5.7 Ellipse/Kreis**	
	Natürliche Logarithmen: $y = \log_e(x) = \ln(x)$ Dekadische Logarithmen: $y = \log_{10}(x) = \lg(x)$ Die logarithmischen Funktionen sind Spiegelfunktionen der entsprechenden Exponentialfunktionen.		Ellipse: $\dfrac{x^2}{a^2} + \dfrac{y^2}{b^2} = 1$ $|y| = \dfrac{b}{a}\sqrt{a^2 - x^2}$ Kreis ($a = b = r$): $x^2 + y^2 = r^2$ $|y| = \sqrt{r^2 - x^2}$

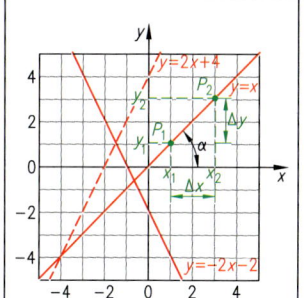

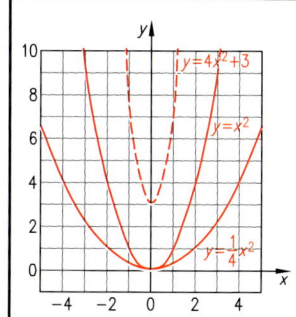

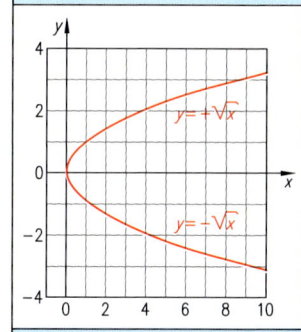

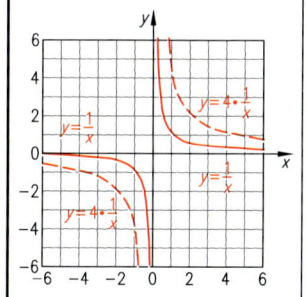

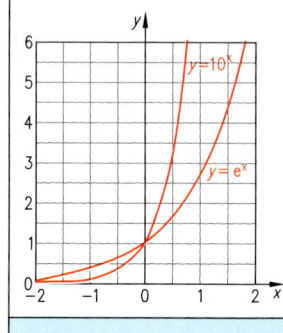

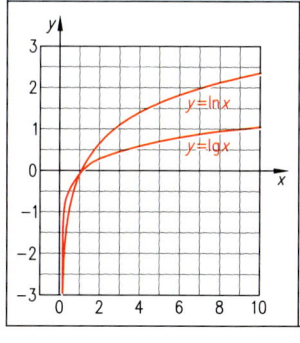

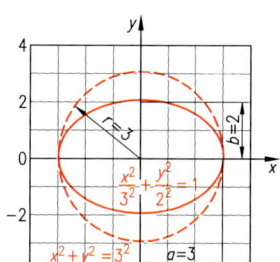

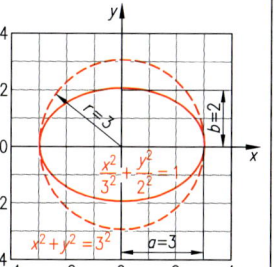

1.6 Fourierzerlegungen

Eine periodische Funktion $f(t)$ lässt sich durch eine **Fourierreihe** folgender Form entwickeln:

$$s_n(t) = \frac{a_0}{2} + \sum_{k=1}^{n} a_k \cdot \cos(k\omega t) + \sum_{k=1}^{n} b_k \cdot \sin(k\omega t) \qquad \omega = \frac{2\pi}{T} \text{ Kreisfrequenz}$$

$$s_n(t) = \frac{a_0}{2} + a_1 \cdot \cos(\omega t) + a_2 \cdot \cos(2\omega t) + \ldots + a_n \cdot \cos(n\omega t) \qquad T \text{ Periodendauer}$$
$$+ b_1 \cdot \sin(\omega t) + b_2 \cdot \sin(2\omega t) + \ldots + b_n \cdot \sin(n\omega t)$$

Die **Fourierkoeffizienten** a_k und b_k ($k = 0, 1, 2, 3, \ldots$) der Fourierreihe $s_n(t)$ zur Annäherung der Funktion $f(t)$ bestimmen sich aus den Beziehungen:

$$a_k = \frac{2}{T}\int_0^T f(t) \cdot \cos(k\omega t)\, dt \qquad b_k = \frac{2}{T}\int_0^T f(t) \cdot \sin(k\omega t)\, dt$$

Für eine gerade Funktion mit $f(-t) = f(t)$ gilt: \qquad Für eine ungerade Funktion mit $f(-t) = -f(t)$ gilt:

$$a_k = \frac{4}{T}\int_0^{T/2} f(t) \cdot \cos(k\omega t)\, dt \qquad b_k = 0 \qquad b_k = \frac{4}{T}\int_0^{T/2} f(t) \cdot \sin(k\omega t)\, dt \qquad a_k = 0$$

Zusammenstellung von Fourierzerlegungen

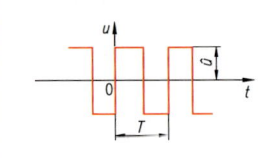

Rechteckwechselspannung

$$u(t) = \frac{4 \cdot \hat{u}}{\pi} \cdot \sum_{k=0}^{\infty} \frac{1}{2k+1} \cdot \sin(2k+1) \cdot \omega t$$

$$= \frac{4 \cdot \hat{u}}{\pi} \cdot \left(\sin\omega t + \frac{1}{3}\sin 3\omega t + \frac{1}{5}\sin 5\omega t + \frac{1}{7}\sin 7\omega t + \ldots\right)$$

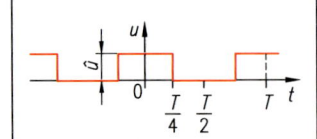

Rechteckmischspannung

$$u(t) = \frac{\hat{u}}{2} + \frac{2 \cdot \hat{u}}{\pi} \cdot \sum_{k=1}^{\infty} \frac{(-1)^{k-1}}{2k-1} \cdot \cos(2k-1) \cdot \omega t$$

$$= \frac{\hat{u}}{2} + \frac{2 \cdot \hat{u}}{\pi} \cdot \left(\cos\omega t - \frac{1}{3}\cos 3\omega t + \frac{1}{5}\cos 5\omega t - \frac{1}{7}\cos 7\omega t + \frac{1}{9}\cos 9\omega t - \ldots\right)$$

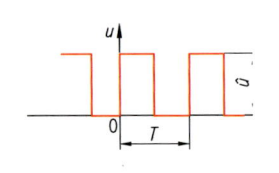

Rechteckmischspannung

$$u(t) = \frac{\hat{u}}{2} + \frac{2 \cdot \hat{u}}{\pi} \cdot \sum_{k=0}^{\infty} \frac{1}{2k+1} \cdot \sin(2k+1) \cdot \omega t$$

$$= \frac{\hat{u}}{2} + \frac{2 \cdot \hat{u}}{\pi} \cdot \left(\sin\omega t + \frac{1}{3}\sin 3\omega t + \frac{1}{5}\sin 5\omega t + \frac{1}{7}\sin 7\omega t + \frac{1}{9}\sin 9\omega t + \ldots\right)$$

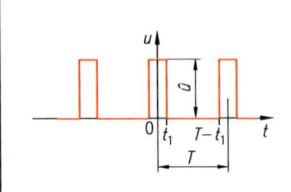

Rechteckimpulse

$$u(t) = \frac{\hat{u}}{2} \cdot \frac{\omega t_1}{2} + \frac{2 \cdot \hat{u}}{\pi} \cdot \sum_{k=1}^{\infty} \frac{1}{k} \cdot \sin k\omega t_1 \cdot \cos k\omega t$$

$$= \frac{2 \cdot \hat{u}}{\pi} \cdot \left(\frac{\omega \cdot t_1}{2} + \sin\omega t_1 \cdot \cos\omega t + \frac{1}{2}\sin 2\omega t_1 \cdot \cos 2\omega t\right.$$

$$\left. + \frac{1}{3}\sin 3\omega t_1 \cdot \cos 3\omega t + \frac{1}{4}\sin 4\omega t_1 \cdot \cos 4\omega t + \ldots\right)$$

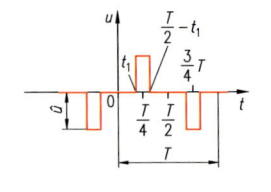

Rechteckimpulse

$$u(t) = \frac{4 \cdot \hat{u}}{\pi} \cdot \sum_{k=0}^{\infty} \frac{1}{2k+1} \cdot \sin(2k+1)\omega t_1 \cdot \cos(2k+1)\omega t$$

$$= \frac{4 \cdot \hat{u}}{\pi} \cdot \left(\cos\omega t_1 \cdot \sin\omega t + \frac{1}{3}\cos 3\omega t_1 \cdot \sin 3\omega t + \frac{1}{5}\cos 5\omega t_1 \cdot \sin 5\omega t\right.$$

$$\left. + \frac{1}{7}\cos 7\omega t_1 \cdot \sin 7\omega t + \ldots\right)$$

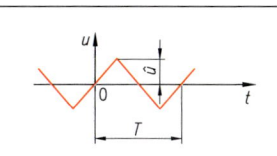

1.6 Fourierzerlegungen

	Dreieckwechselspannung $$u(t) = \frac{8 \cdot \hat{u}}{\pi^2} \cdot \sum_{k=0}^{\infty} \frac{(-1)^k}{(2k+1)^2} \cdot \sin(2k+1)\omega t$$ $$= \frac{8 \cdot \hat{u}}{\pi^2} \cdot \left(\sin\omega t - \frac{1}{3^2}\sin3\omega t + \frac{1}{5^2}\sin5\omega t_1 - \frac{1}{7^2}\sin7\omega t + \frac{1}{9^2}\sin9\omega t - \ldots\right)$$
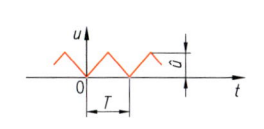	**Dreieckmischspannung** $$u(t) = \frac{\hat{u}}{2} - \frac{4 \cdot \hat{u}}{\pi^2} \cdot \sum_{k=0}^{\infty} \frac{1}{(2k+1)^2} \cdot \cos(2k+1)\omega t$$ $$= \frac{\hat{u}}{2} - \frac{4 \cdot \hat{u}}{\pi^2} \cdot \left(\cos\omega t + \frac{1}{3^2}\cos3\omega t + \frac{1}{5^2}\cos5\omega t_1 + \frac{1}{7^2}\cos7\omega t + \frac{1}{9^2}\cos9\omega t + \ldots\right)$$
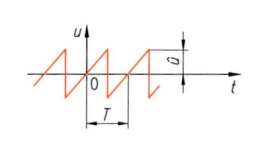	**Sägezahnwechselspannung** $$u(t) = \frac{2 \cdot \hat{u}}{\pi} \cdot \sum_{k=0}^{\infty} \frac{(-1)^k}{k+1} \cdot \sin(k+1)\omega t$$ $$= \frac{2 \cdot \hat{u}}{\pi} \cdot \left(\sin\omega t - \frac{1}{2}\sin2\omega t + \frac{1}{3}\sin3\omega t - \frac{1}{4}\sin4\omega t + \frac{1}{5}\sin5\omega t - \frac{1}{6}\sin6\omega t + \ldots\right)$$
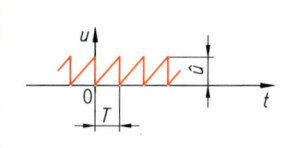	**Sägezahnmischspannung** $$u(t) = \frac{\hat{u}}{2} - \frac{2 \cdot \hat{u}}{\pi} \cdot \sum_{k=0}^{\infty} \frac{1}{k+1} \cdot \sin(k+1)\omega t$$ $$= \frac{\hat{u}}{2} - \frac{2 \cdot \hat{u}}{\pi} \cdot \left(\sin\omega t + \frac{1}{2}\sin2\omega t + \frac{1}{3}\sin3\omega t + \frac{1}{4}\sin4\omega t + \frac{1}{5}\sin5\omega t + \ldots\right)$$
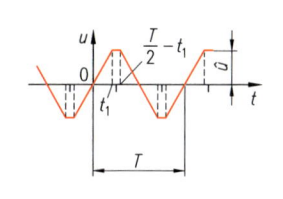	**Trapezwechselspannung** $$u(t) = \frac{4}{\pi} \cdot \frac{\hat{u}}{\omega t_1} \cdot \sum_{k=0}^{\infty} \frac{1}{(2k+1)^2} \cdot \sin(2k+1)\omega t_1 \cdot \sin(2k+1)\omega t$$ $$= \frac{4}{\pi} \cdot \frac{\hat{u}}{\omega \cdot t_1} \cdot \left(\sin\omega t_1 \cdot \sin\omega t + \frac{1}{3^2}\sin3\omega t_1 \cdot \sin3\omega t\right.$$ $$\left.+ \frac{1}{5^2}\sin5\omega t_1 \cdot \sin5\omega t + \frac{1}{7^2}\sin7\omega t_1 \cdot \sin7\omega t + \ldots\right)$$
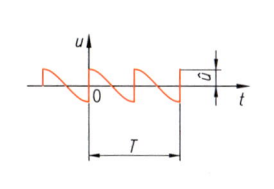	$u(t) = \hat{u} \cdot \cos\omega t$ **für** $0 < 2\omega t < T$ $$u(t) = \frac{4 \cdot \hat{u}}{\pi} \cdot \sum_{k=0}^{\infty} \frac{2(k+1)}{(2k+1)(2k+3)} \cdot \sin2(k+1)\omega t$$ $$= \frac{4 \cdot \hat{u}}{\pi} \cdot \left(\frac{2}{1 \cdot 3}\sin2\omega t + \frac{4}{3 \cdot 5}\sin4\omega t + \frac{6}{5 \cdot 7}\sin6\omega t\right.$$ $$\left.+ \frac{8}{7 \cdot 9}\sin8\omega t + \frac{10}{9 \cdot 11}\sin10\omega t + \ldots\right)$$
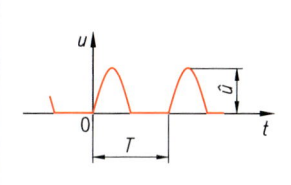	**Einweggleichgerichtete Sinusspannung** $$u(t) = \frac{\hat{u}}{\pi} + \frac{\hat{u}}{2}\sin\omega t - \frac{2 \cdot \hat{u}}{\pi} \cdot \sum_{k=0}^{\infty} \frac{1}{(2k+1)(2k+3)} \cdot \cos2(k+1)\omega t$$ $$= \frac{\hat{u}}{\pi} + \frac{\hat{u}}{2}\sin\omega t - \frac{2 \cdot \hat{u}}{\pi} \cdot \left(\frac{1}{1 \cdot 3}\cos2\omega t + \frac{1}{3 \cdot 5}\cos4\omega t + \frac{1}{5 \cdot 7}\cos6\omega t\right.$$ $$\left.+ \frac{1}{7 \cdot 9}\sin8\omega t + \ldots\right)$$
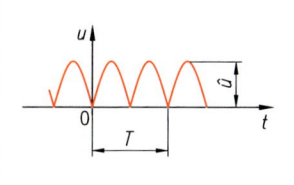	**Doppelweggleichgerichtete Sinusspannung** $$u(t) = \frac{2 \cdot \hat{u}}{\pi} - \frac{4 \cdot \hat{u}}{\pi} \cdot \sum_{k=0}^{\infty} \frac{1}{(2k+1)(2k+3)} \cdot \cos2(k+1)\omega t$$ $$= \frac{2 \cdot \hat{u}}{\pi} - \frac{4 \cdot \hat{u}}{\pi} \cdot \left(\frac{1}{1 \cdot 3}\cos2\omega t + \frac{1}{3 \cdot 5}\cos4\omega t + \frac{1}{5 \cdot 7}\cos6\omega t\right.$$ $$\left.+ \frac{1}{7 \cdot 9}\cos8\omega t + \frac{1}{9 \cdot 11}\cos10\omega t + \ldots\right)$$

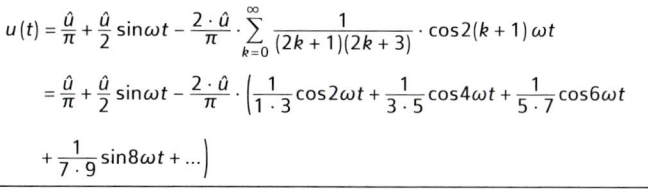

1.7 Flächenberechnungen

Rechteck

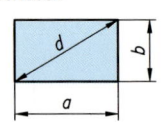

A Fläche
U Umfang

$A = a \cdot b$
$U = 2 \cdot (a + b)$
$d = \sqrt{a^2 + b^2}$

Kreis

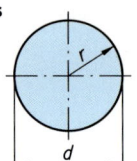

$A = \pi \cdot r^2$
$A = \dfrac{\pi \cdot d^2}{4}$
$U = \pi \cdot 2 \cdot r = \pi \cdot d$

Parallelogramm

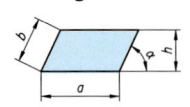

$A = a \cdot h$
$U = 2 \cdot (a + b)$
$h = b \cdot \sin \alpha$

Kreisring

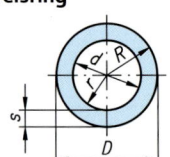

$A = \pi \cdot (R^2 - r^2)$
$A = \dfrac{\pi}{4}(D^2 - d^2)$
$s = R - r$
$A = \pi \cdot (d + s) \cdot s$

Dreieck

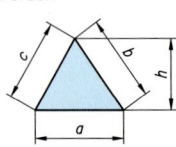

$A = \dfrac{a \cdot h}{2}$
$U = a + b + c$

Ellipse

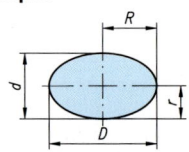

$A = \dfrac{\pi \cdot D \cdot d}{4}$
$U = \pi \cdot \dfrac{D + d}{2}$
$U = \pi \cdot \sqrt{2 \cdot (R^2 + r^2)}$

1.8 Volumenberechnungen

Prisma

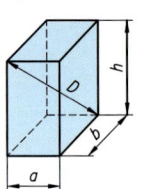

V Volumen
A Oberfläche

$V = a \cdot b \cdot h$
$A = 2 \cdot (a \cdot b + a \cdot h + b \cdot h)$
$D = \sqrt{a^2 + b^2 + h^2}$

Kugel

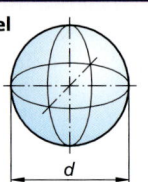

$V = \dfrac{\pi \cdot d^3}{6}$
$V = \dfrac{4}{3} \pi \cdot r^3$
$A = \pi \cdot d^2$

Zylinder

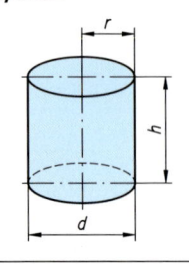

$V = \pi \cdot r^2 \cdot h$
$V = \dfrac{\pi \cdot d^2}{4} \cdot h$

Mantelfläche A_M:
$A_M = \pi \cdot d \cdot h$

Oberfläche A_O:
$A_O = \pi \cdot d \cdot h + \dfrac{\pi \cdot d^2}{2}$

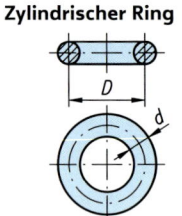

Zylindrischer Ring

$V = \dfrac{\pi \cdot d^2}{4} \cdot \pi \cdot D$
$A = \pi \cdot d \cdot \pi \cdot D$

Regelmäßige rechteckige Pyramide

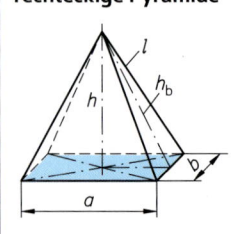

h   Höhe der Pyramide
l   Kantenlänge

$h_b = \sqrt{h^2 + \dfrac{a^2}{4}}$; $h_a = \sqrt{h^2 + \dfrac{b^2}{4}}$

$l = \sqrt{h_b^2 + \dfrac{b^2}{4}} = \sqrt{h_a^2 + \dfrac{a^2}{4}}$

Grundfläche: $A_G = a \cdot b$
Seitenfläche: $A_{Sa} = a/2 \cdot h_a$
$A_{Sb} = b/2 \cdot h_o$
Mantelfläche:
$A_M = 2 \cdot (A_{Sa} + A_{Sb})$
Gesamtoberfläche:
$A_G = A_G + A_M$
Volumen: $V = \dfrac{1}{3} a \cdot b \cdot h$

Hohlzylinder

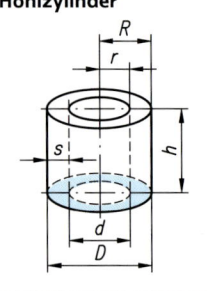

$V = \pi \cdot (R^2 - r^2) \cdot h$
$V = \dfrac{\pi \cdot h}{4}(D^2 - d^2)$
$s = R - r$
$V = \pi \cdot (d + s) \cdot s \cdot h$
$A = \pi \left\{ h \cdot (D + d) + \dfrac{D^2 - d^2}{2} \right\}$

2 Physikalische Grundlagen

2.1 Übersicht

$1\text{ pF} = 10^{-12}\text{ F}$
$1\text{ mA} = 10^{-3}\text{ A} = 0{,}001\text{ A}$
$1\text{ MW} = 10^6\text{ W} = 1\,000\,000\text{ W}$

			Seite
2.2		**Einheiten und Zeichen**	2-2
	2.2.1	Das internationale Einheitensystem	2-2
	2.2.2	Allgemeine Formelzeichen	2-3
	2.2.3	Römische Ziffern	2-4
	2.2.4	Indizes	2-5
	2.2.5	Das griechische Alphabet	2-5
	2.2.6	Konstanten der Physik	2-5
2.3		**Grundbegriffe der Mechanik**	2-6
	2.3.1	Masse und Dichte	2-6
	2.3.2	Kraft	2-6
	2.3.3	Drehmoment	2-7
	2.3.4	Bewegung	2-8
	2.3.5	Reibung	2-8
	2.3.6	Mechanik der Flüssigkeiten und Gase	2-9
	2.3.7	Arbeit, Energie, Wirkungsgrad, Leistung	2-10
2.4		**Festigkeitslehre**	2-11
2.5		**Wärmetechnische Grundlagen**	2-12
	2.5.1	Temperatur	2-12
	2.5.2	Wärmemenge	2-12
	2.5.3	Wärmeleitung	2-13
	2.5.4	Wärmestrahlung	2-13
	2.5.5	Ausdehnung durch Wärme	2-13
2.6		**Akustische Grundgrößen**	2-14
2.7		**Optik**	2-16
	2.7.1	Reflexion	2-16
	2.7.2	Brechung	2-16
	2.7.3	Konkavspiegel und Konvexspiegel	2-17
	2.7.4	Prisma	2-17
	2.7.5	Konvexlinsen (Sammellinsen)	2-18
	2.7.6	Konkavlinsen (Zerstreuungslinsen)	2-18

2.2 Einheiten und Zeichen

2.2.1 Das internationale Einheitensystem

Die **SI-Einheiten** (Système International d'Unités) wurden auf der 11. Generalkonferenz für Maß und Gewicht (1960) angenommen. Die **Basiseinheiten** sind definierte Einheiten der voneinander unabhängigen Basisgrößen als Grundlage des SI-Systems.

Basisgröße	Basiseinheit	
	Name	Zeichen
Länge	das Meter	m
Masse	das Kilogramm	kg
Zeit	die Sekunde	s
elektrische Stromstärke	das Ampere	A
Temperatur	das Kelvin	K
Lichtstärke	die Candela	cd
Stoffmenge	das Mol	mol

Definition der Basiseinheiten

Meter: 1 m ist die Länge der Strecke, die Licht im Vakuum während des Intervalls von 1/299 792 458 Sekunden durchläuft.

Kilogramm: 1 kg ist die Masse des in Paris aufbewahrten Internationalen Kilogrammprototyps (ein Platin-Iridium-Zylinder).

Sekunde: 1 s ist das 9 192 631 770-Fache der Periodendauer der Strahlung des Nuklids Caesium ^{133}Cs.

Ampere: 1 A ist die Stärke eines Gleichstromes, der zwei lange, gerade und im Abstand von 1 m parallel verlaufende Leiter mit sehr kleinem kreisförmigen Querschnitt durchfließt und zwischen diesen die Kraft $0{,}2 \cdot 10^{-6}$ N je Meter ihrer Länge erzeugt.

Kelvin: ↑1 K ist der 273,16te Teil der Temperaturdifferenz zwischen dem absoluten Nullpunkt und dem Tripelpunkt des Wassers. (Beim Tripelpunkt sind Dampf, Flüssigkeit und fester Stoff im Gleichgewicht).

Candela: 1 cd ist die Lichtstärke einer Strahlungsquelle in bestimmter Richtung, die eine monochromatische Strahlung der Frequenz 540 Terahertz (THz) aussendet und deren Strahlstärke in dieser Richtung 1/683 Watt je Steradiant (W/sr) beträgt.

Mol: 1 mol ist die Stoffmenge eines Systems bestimmter Zusammensetzung, das aus ebenso vielen Teilchen besteht, wie Atome in $12 \cdot 10^{-3}$ kg des Nuklids Kohlenstoff ^{12}C enthalten sind.

Zeichen	Einheit	Bemerkungen
Einheiten		**DIN 1301-2**: 1978-02
rad	Radiant	1 rad = 1 m/m
sr	Steradiant	1 sr = 1 m^2/m^2
m	Meter	
m^2	Quadratmeter	
m^3	Kubikmeter	
s	Sekunde	
Hz	Hertz	1 Hz = 1 s^{-1}
kg	Kilogramm	
N	Newton	1 N = 1 kg · m/s^2
Pa	Pascal	1 Pa = 1 N/m^2
J	Joule	1 J = 1 N · m = 1 W · s
W	Watt	1 W = 1 J/s = 1 V · A
C	Coulomb	1 C = 1 A · s
V	Volt	1 V = 1 J/C
F	Farad	1 F = 1 C/V
A	Ampere	1 A = 1 V/1 Ω
Wb	Weber	1 Wb = 1 V · s
T	Tesla	1 T = 1 Wb/m^2
H	Henry	1 H = 1 Wb/A
Ω	Ohm	1 Ω = 1 V/A
S	Siemens	1 S = 1 Ω^{-1}
K	Kelvin	
°C	Grad Celsius	1 °C = 1 K [1)]
mol	Mol	
cd	Candela	
lm	Lumen	1 lm = 1 cd · sr
lx	Lux	1 lx = 1 lm/m^2
Bq	Becquerel	1 Bq = 1 s^{-1}
Gy	Gray	1 Gy = 1 J/kg
Einheiten außerhalb des SI		**DIN 1301-1**: 2010-10
gon	Gon ↑	1 gon = (π/200) rad
l, L	Liter	1 l = 1 dm^3 = 1 L
min	Minute	1 min = 60 s
h	Stunde	1 h = 60 min
d	Tag	1 d = 24 h
g	Gramm	1 g = 10^{-3} kg
t	Tonne	1 t = 10^3 kg = 1 Mg
bar	Bar	1 bar = 10^5 Pa
a	Ar	1 a = 10^2 m^2
ha	Hektar	1 ha = 10^4 m^2
eV	Elektronvolt	1 eV = 1,602177 · 10^{-19} J
u	atomare Masseneinheit	1 u = 1,6605387 · 10^{-27} kg
c[2)]	metrisches Karat	1 c = 0,2 g
tex	TEX	1 tex = 1 g/km
mmHg	Millimeter Quecksilbersäule	1 mmHg = 133,322 Pa

[1)] Als Temperaturdifferenz. [2)] Nicht international genormt.

2.2 Einheiten und Zeichen

Vorsätze vor Einheiten (SI-Vorsätze) — DIN 1301-1: 2010-10

da	Deka	$= 10^1$	= zehnfacher Wert	d	Dezi	$= 10^{-1}$	= zehnter Teil
h	Hekto	$= 10^2$	= hundertfacher Wert	c	Zenti	$= 10^{-2}$	= hundertster Teil
k	Kilo	$= 10^3$	= tausendfacher Wert	m	Milli	$= 10^{-3}$	= tausendster Teil
M	Mega (Meg)	$= 10^6$	= millionenfacher Wert	µ	Mikro	$= 10^{-6}$	= millionster Teil
G	Giga	$= 10^9$	= milliardenfacher Wert	n	Nano	$= 10^{-9}$	= milliardster Teil
T	Tera	$= 10^{12}$	= billionenfacher Wert	p	Piko	$= 10^{-12}$	= billionster Teil
P	Peta	$= 10^{15}$		f	Femto	$= 10^{-15}$	
E	Exa	$= 10^{18}$		a	Atto	$= 10^{-18}$	
Z	Zetta	$= 10^{21}$		z	Zepto	$= 10^{-21}$	
Y	Yotta	$= 10^{24}$		y	Yokto	$= 10^{-24}$	

Beispiele: 1 pF = 10^{-12} F; 1 mA = 10^{-3} A = 0,001 A; 1 MW = 10^6 W = 1 000 000 W

Nicht mehr zugelassene Einheiten — DIN 1301-3: 2018-02

p	Pond	1 p ≈ 9,81 · 10^{-3} N	Torr	Torr	1 Torr = 1,333 mbar
atm	physikalische Atmosphäre	1 atm = 101 325 Pa = 1,01325 bar	erg	Erg	1 erg = 10^{-7} J
			cal	Kalorie	1 cal = 4,1868 J
at	technische Atmosphäre	1 at = 98 066,5 Pa = 0,980665 bar	PS	Pferdestärke	1 PS = 735,498 W
			dyn	Dyn	1 dyn = 10^{-5} N

2.2.2 Allgemeine Formelzeichen[1)]

Formelzeichen	Bedeutung	SI-Einheit	Formelzeichen	Bedeutung	SI-Einheit	
$\alpha, \beta, \gamma, \vartheta, \phi$	ebener Winkel, Drehwinkel	rad	a	Beschleunigung	m/s²	
Ω, ω	Raumwinkel	sr	g	örtliche Fallbeschleunigung	m/s²	
l	Länge	m	m	Masse	kg	
b	Breite	m	ϱ, ϱ_m	Dichte ↑	kg/m³	↑2-6
h	Höhe, Tiefe	m	v	spezifisches Volumen	m³/kg	
δ, d	Dicke, Schichtdicke	m	J	Trägheitsmoment	kg · m²	
r	Halbmesser, Radius, Abstand	m	F	Kraft ↑	N	↑2-6
d, D	Durchmesser	m	F_G, G	Gewichtskraft	N	
s	Weglänge, Kurvenlänge	m	M	Kraftmoment, Drehmoment	N · m	
A, S	Flächeninhalt, Oberfläche	m²	M_T, T	Torsionsmoment	N · m	
S, q	Querschnitt, Querschnittsfläche	m²	p	Bewegungsgröße, Impuls	kg·m/s	
			L	Drall, Drehimpuls	kg·m²/s	
V	Volumen, Rauminhalt	m³	p	Druck ↑	Pa	↑2-9
			p_{abs}	absoluter Druck	Pa	
			p_{amb}	umgebender Atmosphärendruck	Pa	
t	Zeit, Zeitspanne, Dauer	s				
T	Periodendauer	s	p_e	atmosphärische Druckdifferenz, Überdruck	Pa	
τ, T	Zeitkonstante	s				
f, ν	Frequenz, Periodenfrequenz	Hz	σ	Normalspannung (Zug, Druck) ↑	N/m²	↑2-11
ω	Kreisfrequenz, Winkelfrequenz ↑	s⁻¹	τ	Schubspannung	N/m²	↑2-8
n, f_r	Umdrehungsfrequenz, (Drehzahl)	s⁻¹	ε	Dehnung, rel. Längenänderung	1	
			γ	Schiebung, Scherung	1	
ω, Ω	Winkelgeschwindigkeit	rad/s	E	Elastizitätsmodul	N/m²	
α	Winkelbeschleunigung	rad/s²	G	Schubmodul	N/m²	
λ	Wellenlänge	m	K	Kompressionsmodul	N/m²	
α	Dämpfungskoeffizient, (-belag)	m⁻¹	μ, f	Reibungszahl	1	
β	Phasenkoeffizient, (-belag)	m⁻¹	W, A	Arbeit ↑	J	↑2-10
γ	Ausbreitungskoeffizient	m⁻¹	E, W	Energie	J	
v, u, w, c	Geschwindigkeit	m/s	P	Leistung	W	
			η	Wirkungsgrad	1	

[1)] Weitere Formelzeichen siehe DIN 1304-1: 1994-03.

2.2 Einheiten und Zeichen

2.2.2 Allgemeine Formelzeichen (Fortsetzung)

Formelzeichen	Bedeutung	SI-Einheit	Formelzeichen	Bedeutung	SI-Einheit
Q	elektrische Ladung	C	λ	Leistungsfaktor	1
e	Elementarladung	C	d	Verlustfaktor	1
φ, φ_e	elektrisches Potenzial	V	k	Klirrfaktor, Oberschwingungsgehalt	1
U	elektrische Spannung	V			
E	elektrische Feldstärke ↑	V/m	F	Formfaktor	1
C	elektrische Kapazität	F	m	Anzahl der Phasen (Stränge)	1
ε	Permittivität	F/m	N	Windungszahl	1
ε_0	elektrische Feldkonstante	F/m			
ε_r	Permittivitätszahl	1	T, Θ	thermodynamische Temperatur ↑	K
I	elektrische Stromstärke	A			
J	elektrische Stromdichte	A/m²	$\Delta T, \Delta t, \Delta\vartheta$	Temperaturdifferenz	K
Θ	elektrische Durchflutung ↑	A	t, ϑ	Celsius-Temperatur	°C
V, V_m	magnetische Spannung	A	α_l	Längenausdehnungskoeffizient ↑	K^{-1}
H	magnetische Feldstärke	A/m			
Φ	magnetischer Fluss	Wb	α_v, γ	Volumenausdehnungskoeffizient	K^{-1}
B	magnetische Flussdichte	T			
L	Induktivität, Selbstinduktivität ↑	H	Q	Wärme, Wärmemenge	J
L_{mn}	gegenseitige Induktivität	H	Φ_{th}, Φ, Q	Wärmestrom	W
μ	Permeabilität	H/m	λ	Wärmeleitfähigkeit ↑	W/(m·K)
μ_0	magnetische Feldkonstante	H/m	α, h	Wärmeübergangskoeffizient	W/(m²·K)
μ_r	Permeabilitätszahl	1			
Λ	magn. Leitwert, Permeanz	H	k	Wärmedurchgangskoeffizient	W/(m²·K)
R	elektrischer Widerstand, Wirkwiderstand, Resistanz	Ω	a	Temperaturleitfähigkeit	m²/s
G	elektrischer Leitwert, Wirkleitwert, Konduktanz	S	C_{th}	Wärmekapazität	J/K
			c	spezifische Wärmekapazität	J/(kg·K)
ϱ	spezifischer elektr. Widerstand ↑	Ω·m			
γ, σ, κ	elektrische Leitfähigkeit	S/m	A_r	relative Atommasse	1
X	Blindwiderstand, Reaktanz	Ω	M_r	relative Molekülmasse	1
B	Blindleitwert, Suszeptanz	S	z_B	Ladungszahl eines Ions, Wertigkeit eines Stoffes B	1
Z	Impedanz (komplex)	Ω			
$\underline{Z}, |Z|$	Scheinwiderstand	Ω			
Y	Admittanz (komplex)	S	I_v	Lichtstärke ↑	cd
$\underline{Y}, |Y|$	Scheinleitwert	S	Φ_v	Lichtstrom	lm
Z_w, Γ	Wellenwiderstand	Ω	η	Lichtausbeute	lm/W
P	Wirkleistung ↑	W	Q_v	Lichtmenge	lm·s
Q	Blindleistung	var[1]	L_v	Leuchtdichte	cd/m²
S	Scheinleistung	VA	E_v	Beleuchtungsstärke	lx
φ	Phasenverschiebungswinkel	rad	H_v	Belichtung	lx·s
δ	Verlustwinkel ↑	rad			

2.2.3 Römische Ziffern

I = 1	VI = 6	XX = 20	LXX = 70	CC = 200	DCC = 700	M = 1000
II = 2	VII = 7	XXX = 30	LXXX = 80	CCC = 300	DCCC = 800	MCC = 1200
III = 3	VIII = 8	XL = 40	XC = 90	CD = 400	CM = 900	MCD = 1400
IV = 4	IX = 9	L = 50	XCIX = 99	D = 500	CMXC = 990	MDCC = 1700
V = 5	X = 10	LX = 60	C = 100	DC = 600	CMXCIX = 999	MM = 2000

Beispiele: 253 = CCLIII   1998 = MCMXCVIII   2007 = MMVII

[1] var ist induktiv oder kapazitiv.

2.2 Einheiten und Zeichen

2.2.4 Indizes
DIN 1304: 1994-03

Index	Bedeutung	Index	Bedeutung	Index	Bedeutung	Index	Bedeutung
0	Leerlauf, fester Bezugswert	a	außen	b	Basis, Blind-	f	Feld, Erregung
1	primär, Eingang, Anfangszustand	abs	absolut	dif	differenziell	G	Generator
		alt	wechselnd, alternierend	dyn	dynamisch	h	Haupt-
2	sekundär, Ausgang, Endzustand	amp	Amplitude	eff	effektiv	H	Hysterese
		as	asynchron	el	elektrisch	id	ideell
		A	Anlauf, Anzug	ext	außen, extern	indi	indirekt
				E	Erde, Erdschluss	indu	induziert
ini	Anfangswert	max	maximal	rel	relativ	t	Augenblickswert
inst	augenblicklich	min	minimal	rev	umkehrbar	th	Wärme, thermisch
is	isoliert	nom	Nennwert	rot	Läufer, Rotor		
k	Kurzschluss	or	Ursprung, Anfang (origo)	ser	Reihe, Serie	tot	total
K	Kommutator			sin	sinusförmig	v	Verlust
lin	linear	par	parallel	stat	stationär, statisch	var	veränderlich
Lo	Last (load)	qu	Ruhe, Pause	str	Ständer, Stator	zul	zulässig
mag	magnetisch	rcf	Gleichrichtwert	syn	synchron	δ	Luftspalt
						σ	Streuung
						Δ	Differenz

2.2.5 Das griechische Alphabet

$A\ \alpha$	$B\ \beta$	$\Gamma\ \gamma$	$\Delta\ \delta$	$E\ \varepsilon$	$Z\ \zeta$	$H\ \eta$	$\Theta\ \vartheta$	$I\ \iota$	$K\ \kappa$	$\Lambda\ \lambda$	$M\ \mu$
Alpha	Beta	Gamma	Delta	Epsilon	Zeta	Eta	Theta	Iota	Kappa	Lambda	My
$N\ \nu$	$\Xi\ \xi$	$O\ o$	$\Pi\ \pi$	$P\ \varrho$	$\Sigma\ \sigma$	$T\ \tau$	$\Upsilon\ \upsilon$	$\Phi\ \phi$	$X\ \chi$	$\Psi\ \psi$	$\Omega\ \omega$
Ny	Xi	Omikron	Pi	Rho	Sigma	Tau	Ypsilon	Phi	Chi	Psi	Omega

2.2.6 Konstanten der Physik

Größe und Formelzeichen		Zahlenwert und Einheit	Größe und Formelzeichen		Zahlenwert und Einheit
Atomare Einheitsmasse	m_a	$1{,}6605 \cdot 10^{-27}$ kg	Massenverhältnis Proton / Elektron	$\dfrac{m_p}{m_e}$	1836,15
Avogadro-Konstante (Loschmidt-Konstante)	N_A	$6{,}0221 \cdot 10^{26}\ \dfrac{1}{\text{kmol}}$	Molare Gaskonstante	R_0	$8{,}315\ \dfrac{\text{J}}{\text{mol} \cdot \text{K}}$
Boltzmann-Konstante	k	$1{,}38066 \cdot 10^{-23}\ \dfrac{\text{J}}{\text{K}}$	Molares Normvolumen des idealen Gases	V_0	$22{,}414\ \dfrac{\text{m}^3}{\text{kmol}}$
Elektrische Feldkonstante ↑	$\varepsilon_0 = \dfrac{1}{\mu_0 \cdot c_0^2}$	$8{,}8542 \cdot 10^{-12}\ \dfrac{\text{F}}{\text{m}}$	Nullpunkt der Kelvin-Temperaturskala		$-273{,}16$ °C
Elementarladung	e	$1{,}602 \cdot 10^{-19}$ C	Planck-Konstante	h	$6{,}6261 \cdot 10^{-34}$ Js
Fallbeschleunigung (Normwert)	g_n	$9{,}80665\ \dfrac{\text{m}}{\text{s}^2}$	Ruhemasse des Elektrons	m_e	$9{,}1095 \cdot 10^{-31}$ kg
			des Neutrons	m_n	$1{,}6749 \cdot 10^{-27}$ kg
Faraday-Konstante	F	$9{,}6485 \cdot 10^{7}\ \dfrac{\text{C}}{\text{kmol}}$	des Protons	m_p	$1{,}6726 \cdot 10^{-27}$ kg
Gravitationskonstante	G	$6{,}67 \cdot 10^{-11}\ \dfrac{\text{m}^3}{\text{kg} \cdot \text{s}^2}$	Rydberg-Konstante	R_∞	$1{,}0973 \cdot 10^{7}\ \dfrac{1}{\text{m}}$
von-Klitzing-Konstante	$R_K = \dfrac{h}{e^2}$	$25812{,}807\ \Omega$	spezifische Elementarladung	$\dfrac{e}{m_e}$	$1{,}7588 \cdot 10^{11}\ \dfrac{\text{C}}{\text{kg}}$
Lichtgeschwindigkeit im Vakuum	c_0	$2{,}99792458 \cdot 10^{8}\ \dfrac{\text{m}}{\text{s}}$			
Magnetische Feldkonstante ↑	μ_0	$4\pi \cdot 10^{-7}\ \dfrac{\text{Vs}}{\text{Am}}$ $1{,}256637 \cdot 10^{-6}\ \dfrac{\text{Vs}}{\text{Am}}$	Stefan-Boltzmann-Konstante ↑	σ	$5{,}671 \cdot 10^{-8}\ \dfrac{\text{W}}{\text{m}^2 \cdot \text{K}^4}$
Magnetisches Flussquant	$\Phi_0 = \dfrac{h}{2e}$	$2{,}0678 \cdot 10^{-15}$ Tm^2	Wellenwiderstand des Vakuums	$\Gamma^\circ = \sqrt{\dfrac{\mu_0}{\varepsilon_0}}$	$376{,}7304\ \Omega$

2.3 Grundbegriffe der Mechanik

2.3.1 Masse und Dichte

Die Angabe der **Masse** m eines Körpers ist ein Maß für seine Trägheit, d.h. für den Widerstand, den der Körper einer Bewegungsänderung entgegensetzt und damit auch ein Maß für die den Körper bildende Stoffmenge. Die Masse ist unabhängig von Ort und Umgebung.

Die **Dichte** ϱ eines Körpers ist der Quotient aus der Masse und dem Körpervolumen.

$$\varrho = \frac{m}{V}$$

ϱ Dichte ↑ in kg/dm³
m Masse in kg
V Volumen in dm³

Dichte (ϱ in kg/dm³)

Feste Stoffe				Flüssigkeiten[1)]			
Asphalte	1,05…1,38	Phenol	1,07	Alkohol	0,79	Meerwasser	
Bakelit	1,335	Porzellan	2,45	Aceton	0,79	(3,5 % Salz)	1,026
Baumwollfaser	1,47…1,5	Pressspan	1,2…1,4	Benzin	0,66	Mineralschmieröl	0,9–0,92
Beton	2,2	Quarz	2,1…2,5	Benzol	0,88	Petroleum	0,81
Bimsstein	0,4…0,9	Sand		Ether	0,713	Quecksilber	13,558
Brauneisenstein	3,4…4,0	• trocken	1,58…1,65	Glycerin	1,26	Schwefelkohlenstoff	1,26
Diamant	3,5	• nass	2,0	Kochsalzlösung,		Terpentinöl	0,865
Eis bei 0 °C	0,9	• erdfeucht	1,8	gesätt. 28 %	1,189	Toluol	0,87
Erde	1,3…2,0	Sandsteinmauerwerk	2,6	Leinöl	0,93	Wasser	0,998
Gips	2,3	Schaumgummi	0,06…0,09				
Glas	2,5…2,9	Schnee		**Gase und Dämpfe (ϱ in kg/m³)[2)]**			
Glimmer	2,6…3,2	• nass, lose	bis 0,95	Ammoniak	0,771	Neon	0,8999
Granit	2,8	• trocken, lose	0,125	Argon	1,784	Ozon	2,22
Grafit, Elektrode	2,22	Schwefel	2,07	Acetylen	1,174	Propan	2,019
Grauguss (i. M.)	7,25	Seide	1,37	Chlor	3,220	Propylen	1,915
Gummi (i. M.)	1,45	Stahl (i. M.)	7,85	Fluor	1,695	Sauerstoff	1,429
Hartgummi	1,15…1,5	• C15	7,85	Ethylen	1,261	Stickstoffoxid	1,340
Hartholz	1,2…1,4	• C35	7,84	Ethan	1,356	Stickstoff	1,250
Hartpapier	1,42	• C60	7,83	Generatorgas	1,14	Wasserstoff	0,09
Kalksteine	2,6	• 41Cr4	7,84	Gichtgas	1,28	Wasserdampf bei	
Kies, nass	2,0	• X10Cr13	7,75	Helium	0,187	• 100° C	0,578
Kies, trocken	1,8	Stahlbeton	2,4	Kohlenstoffdioxid	1,977	• 200° C	0,452
Kochsalz	2,15	Ton, nass	2,1	Kohlenstoffoxid	1,250	• 300° C	0,372
Kohlenstoff	3,51	Ton, trocken	1,8	Krypton	3,74	• 400° C	0,316
Kolofonium	1,07…1,09	Torf, Erd-	0,64	Luft	1,293	• 500° C	0,275
Kork	0,25…0,35	Torfmull	0,19	Methan	0,717		
Papier	0,7…1,2	Vulkanfiber	1,1…1,45				
Paraffin	0,86…0,92	Zelluloid	1,38				
Pertinax	1,3	Zementmörtel	1,8…1,3				

2.3.2 Kraft

Begriff	Kraft ist die Ursache für eine Form- oder Bewegungsänderung eines Körpers. Physikalisch:

	$F = m \cdot a$ F Kraft in N = kg · m/s²
	             m Masse in kg
	             a Beschleunigung in m/s²

Darstellung	Die Kraft $\vec{F}$ ist ein Vektor ↑; sie wird durch einen Pfeil dargestellt (siehe Abb.). $\vec{F_R} = \vec{F_x} + \vec{F_y}$ $\vec{F_R}$ Kraftvektor $F_x = F_R \cdot \cos\beta$ $\vec{F_x}$ Komponente in Richtung x $F_y = F_R \cdot \sin\beta$ $\vec{F_y}$ Komponente in Richtung y $F_R^2 = F_x^2 + F_y^2$ F_R, F_x, F_y Beträge der Kräfte β Winkel

[1)] Bei 15 °C.   [2)] Bei 0 °C und 1 013 mbar.

2.3 Grundbegriffe der Mechanik

Zusammenwirken von Kräften			
Zusammensetzung von Kräften	Winkel zwischen den Kräften	Zeichnerische Darstellung/Lösung	Rechnerische Lösung
Kräfteaddition ↑	$\alpha_1 = 0°$ $\alpha_2 = 0°$		$\vec{F}_1 + \vec{F}_2 = \vec{F}_R$ $F_1 = F_{x1}$, da $\alpha_1 = 0° \rightarrow \cos\alpha_1 = 1$, mit α_1 = Winkel zwischen F_1 und Abszisse. $F_{y1} = 0$, da $\alpha_1 = 0° \rightarrow \sin\alpha_1 = 0$. Da auch $\alpha_2 = 0$ ist $\rightarrow F_2 = F_{x2}$, $F_{y2} = 0$. Somit: $F_{x1} + F_{x2} = F_1 + F_2 = F_R$
Kräfte-subtraktion ↑	$\alpha_1 = 0°$ $\alpha_2 = 180°$		$\vec{F}_1 + \vec{F}_2 = \vec{F}_R$ $F_1 = F_{x1}$, da $\alpha_1 = 0° \rightarrow \cos\alpha_1 = 1$. $F_{y1} = 0$, da $\alpha_1 = 0° \rightarrow \sin\alpha_1 = 0$. $F_2 = -F_{x2}$, da $\alpha_2 = 180° \rightarrow \cos\alpha_2 = -1$. $F_{y2} = 0$, da $\alpha_2 = 180° \rightarrow \sin\alpha_2 = 0$. Somit: $F_{x1} - F_{x2} = F_1 + F_2 = F_R$[1)
Kräfte unter einem Winkel ↑	$\alpha_1 = 0°$ $\alpha_2 = 90°$		$\vec{F}_1 + \vec{F}_2 = \vec{F}_R$ $F_1 = F_{x1}$; $F_{y1} = 0$ $F_{x2} = 0$, da $\alpha_2 = 90° \rightarrow \cos\alpha_2 = 0$. $F_{y2} = F_2$, da $\alpha_2 = 90° \rightarrow \sin\alpha_2 = 1$. F_{x1} und F_{y2} stehen rechtwinklig aufeinander: $F_{x1}^2 + F_{y2}^2 = F_R^2 = F_1^2 + F_2^2$ Wirkrichtung des Vektors $\vec{F}_R$: $\tan\beta = \dfrac{F_2}{F_1}$
	$\alpha_1 = 0°$ $\alpha_2 = $ beliebig		$\vec{F}_1 + \vec{F}_2 = \vec{F}_R$ $F_{x1} = F_1$, da $\alpha_1 = 0° \rightarrow \cos\alpha_1 = 1$ $F_{y1} = 0$, da $\alpha_1 = 0° \rightarrow \sin\alpha_1 = 0$ $F_{x2} = F_2 \cdot \cos\alpha_2$; $F_{y2} = F_2 \cdot \sin\alpha_2$ $F_{xR} = F_{x1} + F_{x2} = F_1 + F_2 \cdot \cos\alpha_2$ $F_{yR} = F_{y1} + F_{y2} = 0 + F_2 \cdot \sin\alpha_2$ $F_R^2 = F_{xR}^2 + F_{yR}^2 = (F_1 + F_2 \cdot \cos\alpha_2)^2 + (F_2 \cdot \sin\alpha_2)^2$ $F_R = \sqrt{F_1^2 + F_2^2 + 2 \cdot F_1 \cdot F_2 \cdot \cos\alpha_2}$ Wirkrichtung des Vektors F_R: $\tan\beta = \dfrac{F_2 \cdot \sin\alpha_2}{F_1 + F_2 \cdot \cos\alpha_2}$

2.3.3 Drehmoment

Begriff	Ein Drehmoment entsteht, wenn eine Kraft über einen Hebelarm so wirkt, dass eine Drehbewegung entsteht bzw. entstehen will.	Hebel
Darstellung	Das Drehmoment $\vec{M}$ ist ein Vektor. $\vec{M} = \vec{r} \times \vec{F}$ [2) $M = r \cdot F \cdot \sin\alpha$ Sonderfall $\alpha = 90°$ ($F \perp r$) $M = r \cdot F$	$\vec{M}$ Moment in Nm $\vec{r}$ Hebelarm in m $\vec{F}$ Kraft in N α Winkel $F \cdot \sin\alpha$ wirksame Kraft M, r, F Beträge

[1) Wirkrichtung des Vektors F_R zeigt in die Richtung des Vektors mit dem größeren Betrag.
[2) Sprich: Vektor M gleich r Kreuz F.

2.3 Grundbegriffe der Mechanik

2.3.4 Bewegung

Geradlinig gleichförmige Bewegung

Translation mit konstanter Geschwindigkeit

$s = v \cdot t$
- s Weg in m
- v Geschwindigkeit in m/s
- t Zeit in s

Gleichmäßig beschleunigte Bewegung

Translation mit konstanter Beschleunigung

$v = a \cdot t$

$s = \dfrac{v \cdot t}{2}$

$s = \dfrac{a \cdot t^2}{2}$

$a = \dfrac{\Delta v}{\Delta t}$

- v Geschwindigkeit in m/s
- a Beschleunigung in m/s²
- t Zeit in s
- s Weg in m
- Δv Geschwindigkeitsveränderung (Zu- oder Abnahme) in m/s
- Δt Zeit (Dauer der Beschleunigung) in s
- $a > 0$: Beschleunigung
- $a < 0$: Verzögerung

Gleichförmige Kreisbewegung

Rotation mit konstanter Winkelgeschwindigkeit

$\omega = 2 \cdot \pi \cdot n$
- ω Winkelgeschwindigkeit in 1/s oder rad/s
- n Umdrehungsfrequenz (Drehzahl) in 1/s

$v = r \cdot \omega$
- v Umfangsgeschwindigkeit in m/s
- r Radius in m

$\varphi = \omega \cdot t$
- φ Winkel in rad
- 1 rad ≙ 57,296°
- t Zeit in s

$s = r \cdot \varphi$
- s Weg (Bogen) in m

$f = \dfrac{n}{t} = \dfrac{1}{T}$
- f Frequenz in Hz
- 1 Hz = 1/s
- T Umlaufzeit (für eine volle Drehung) in s

2.3.5 Reibung

Art	Bildliche Darstellung	Berechnung	Erklärung
Haftreibung	$F_R = F$ oder $F_R > F$	$F_R = F_N \cdot \mu$	F_R Reibungskraft in N μ Haftreibungszahl F_N Normalkraft in N
Gleitreibung		$F_R = F_N \cdot \mu$ $M_R = F_N \cdot \mu \cdot r$	F_R Reibungskraft in N M_R Reibungsmoment in Nm μ Gleitreibungszahl F_N Normalkraft in N r Lagerzapfenradius in m n Umdrehungsfrequenz in 1/s F Radialkraft in N
Rollreibung		$F_R = \dfrac{F_N \cdot f}{r}$ $M_R = F_N \cdot f$ Wenn f/r kleiner ist als die Haftreibungszahl, rutscht die Rolle bzw. das Rad.	F_R Reibungskraft in N F_N Normalkraft in N M_R Reibungsmoment in Nm f Abstand Wirkungslinie[1] in m (Rollreibungszahl) r Rollen- bzw. Radradius in m n Umdrehungsfrequenz in 1/s

Beispiele für Reibungszahlen

Paarung	Haftreibungszahl μ_0		Gleitreibungszahl μ		Rollreibungszahl f in mm
	trocken	geschmiert	trocken	geschmiert	
Stahl – Stahl	0,15 ... 0,25	0,10	0,10 ... 0,12	0,04	0,005 ... 0,01
Stahl – Grauguss	0,18 ... 0,28	0,10	0,15 ... 0,24	0,03	–

[1] Abstand f entsteht durch Verformung von z. B. Rad und Unterlage.

2.3 Grundbegriffe der Mechanik

2.3.6 Mechanik der Flüssigkeiten und Gase

Druck in Flüssigkeiten

Hydrostatischer Druck	$p = h \cdot \varrho \cdot g$ (Gesetz von Pascal)		Der hydrostatische Druck ist der im Inneren einer ruhenden Flüssigkeit (durch ihre Gewichtskraft) verursachte Druck: Er ist in jeder Richtung gleich groß. p Druck in der Tiefe h in N/m² p_a Atmosphärendruck (Luftdruck) in N/m² g Fallbeschleunigung in m/s² h Druckhöhe in m ϱ Flüssigkeitsdichte in kg/m³
Kolbendruck	$F = p \cdot A$ $p = \dfrac{F}{A}$		Der Druck in Flüssigkeiten breitet sich nach allen Seiten in gleicher Stärke aus. F Kolbenkraft in N A Kolbenfläche in m² p Druck in N/m²
Hydraulische Presse	$p = \dfrac{F_1}{A_1} = \dfrac{F_2}{A_2}$ $\dfrac{F_1}{F_2} = \dfrac{A_1}{A_2} = \left(\dfrac{d_1}{d_2}\right)^2$ $i = \dfrac{F_1}{F_2} = \dfrac{s_2}{s_1}$		Auf alle Kolbenflächen wirkt der gleiche Druck. F_1, F_2 Kraft an den Kolben in N A_1, A_2 Kolbenflächen in m² s_1, s_2 Weg der Kolben in m i Übersetzungsverhältnis
Auftrieb in Flüssigkeiten und Gasen	$F_A = \varrho \cdot g \cdot V$ (Archimedisches Gesetz)		Die Auftriebskraft F_A eines getauchten oder schwimmenden Körpers ist gleich der Gewichtskraft des verdrängten Flüssigkeits- bzw. Gasvolumens V. F_A Auftriebskraft in N ϱ Flüssigkeits- bzw. Gasdichte in kg/m³ g Fallbeschleunigung in m/s² V Verdrängungsvolumen des Körpers in m³

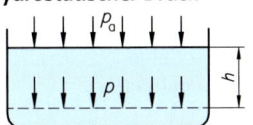

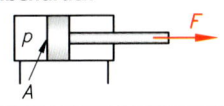

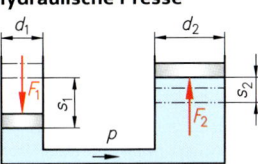

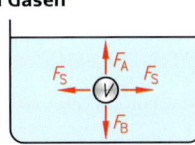

Druck und Volumen der Gase

Allgemeine Zustandsgleichung des idealen Gases Zustand 1 vor der Erwärmung p_{abs1} V_1, T_1 Zustand 2 nach der Erwärmung p_{abs2} V_2, T_2 Verdichtung	$\dfrac{p_1 \cdot V_1}{T_1} = \dfrac{p_2 \cdot V_2}{T_2}$ p_1, p_2 Drücke in N/m² V_1, V_2 Volumina in m³ T_1, T_2 Temperaturen in K (0°C ≙ 273,15 K)	Ändern sich bei einer Gasmenge Volumen, Druck und Temperatur, so ist der Wert $\dfrac{p \cdot V}{T}$ stets konstant. **Beispiel:** Eine mit $p_1 = 200$ bar gefüllte Sauerstoffflasche mit der Temperatur von $t_1 = 15\,°C$ erwärmt sich in der Sonne auf $t_2 = 60\,°C$. Auf welchen Wert steigt der Flaschendruck? $\dfrac{p_1 \cdot V_1}{T_1} = \dfrac{p_2 \cdot V_2}{T_2}$; $v_1 = v_2$; $\dfrac{p_1}{T_1} = \dfrac{p_2}{T_2}$; $p_2 = \dfrac{p_1 \cdot T_2}{T_1}$ $p_2 = \dfrac{200 \text{ bar} \cdot 333 \text{ K}}{288 \text{ K}} = 231{,}25$ bar

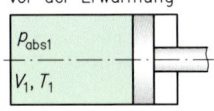

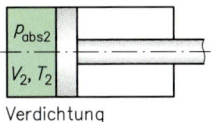

Druckeinheiten

Einheit	Pa	bar	mbar	Nicht mehr zugelassene Einheiten
1 Pa = 1 N/m²	1	10^{-5}	10^{-2}	1 at = 1 kp/cm² = 98066,5 Pa = 0,980665 bar
1 bar	10^5	1	10^3	1 atm = 101 325 Pa = 1,01325 bar 1 Torr = 1 atm/760 = 1,33322 mbar = 1 mm Hg[1]
1 mbar	10^2	10^{-3}	1	1 mWS[2] = 73,5591 mm Hg = 98,0665 mbar

[1] Quecksilber. [2] Wassersäule.

2.3 Grundbegriffe der Mechanik

2.3.7 Arbeit, Energie, Wirkungsgrad, Leistung

Arbeit	$W = F \cdot s$ $1\text{ Nm} = 1\text{ J} = 1\text{ Ws}$	W F s	Arbeit in Nm Kraft in N Weg in m
Potenzielle Energie	$W_p = F_G \cdot h$ $W_p = m \cdot g \cdot h$ $g = 9{,}81\text{ m/s}^2$	W_p F_G h g m	potenzielle Energie in Nm Gewichtskraft in N Hubhöhe in m Fallbeschleunigung in m/s^2 Masse in kg
Kinetische Energie	$W_k = \frac{1}{2} \cdot m \cdot v^2$	W_k m v	kinetische Energie in Nm Masse in kg Geschwindigkeit in m/s
Rotationsenergie	$W_k = W_{rot} = \frac{1}{2} \cdot J \cdot \omega^2$	W_k W_{rot} J ω	kinetische Energie in Nm Rotationsenergie in Nm Trägheitsmoment in kg m^2 Winkelgeschwindigkeit in 1/s
Wirkungsgrad	Einzelmaschine: $\eta = \dfrac{W_{ab}}{W_{zu}} = \dfrac{P_{ab}}{P_{zu}}$ Zusammenschaltung zweier Maschinen: $\eta_{ges} = \eta_1 \cdot \eta_2$	η η_1, η_2 η_{ges} W_{ab} W_{zu} P_{ab} P_{zu}	Wirkungsgrad Einzelwirkungsgrade Gesamtwirkungsgrad abgegebene Arbeit in Nm zugeführte Arbeit in Nm abgegebene Leistung in Nm/s zugeführte Leistung in Nm/s
Hubleistung	$P = F_G \cdot v$ $P = \dfrac{m \cdot g \cdot h}{t}$	P F_G m g h v t	Leistung in Nm/s oder W Gewichtskraft in N Masse in kg Fallbeschleunigung in m/s^2 Hubhöhe in m Hubgeschwindigkeit in m/s Zeit in s
Antriebsleistung	$P = \dfrac{W}{t} = F_A \cdot v$ Bei v = konstant: $F_A = F_R$	P F_A F_R v t	Leistung in Nm/s oder W Antriebskraft in N Reibungskraft in N Geschwindigkeit in m/s Zeit in s
Leistung bei Rotationsbewegung	$P = M \cdot \omega$ $P = F \cdot r \cdot \omega$ $\omega = 2 \cdot \pi \cdot n$	P M F r ω n	Leistung in Nm/s oder W Drehmoment in Nm Kraft im Abstand r in N Wellenradius in m Winkelgeschwindigkeit in 1/s Drehfrequenz (Drehzahl) in 1/s

2.4 Festigkeitslehre

Art	Bildliche Darstellung	Erläuterung	Berechnung
Zug		Die äußeren Kräfte wirken in der Längsrichtung des Körpers und suchen ihn zu strecken oder zu zerreißen: Es treten Zugspannungen auf (z. B.: Zugstange, Seil, Kette).	$\sigma_z = \dfrac{F}{S}$ σ_z Zugspannung in N/mm² F Kraft in N S Querschnitt in mm²
Druck		**Druckbeanspruchung nicht ausknickender Körper** Die äußeren Kräfte wirken in der Längsrichtung des Körpers und suchen ihn zu zerdrücken: Es treten Druckspannungen auf (z. B. Fundament, Pfeiler, Säule, Pfosten, Tragfüße).	$\sigma_d = \dfrac{F}{S}$ σ_d Druckspannung in N/mm² F Kraft in N S Querschnitt in mm²
Scherung		Die äußeren Kräfte haben das Bestreben, zwei benachbarte Querschnitte eines Körpers gegeneinander zu verschieben: Es treten Schub- oder Scherspannungen auf.	$\tau_a = \dfrac{F}{S}$ τ_a Schubspannung in N/mm² F Kraft in N S Querschnitt in mm²
Biegung	*belasteter Träger* *im Abstand x freigeschnittener Träger* *Verteilung der Normalspannungen im Trägerquerschnitt*	Ein mit einer Kraft F belasteter Träger biegt sich. Der Biegewiderstand des Trägerquerschnitts ist um so höher, je größer der Randabstand e von der Biegelinie ist.	$M_b = F \cdot x \qquad W_b = \dfrac{I}{e}$ $\sigma_{bz} = \dfrac{M_b}{I} \cdot e_z \qquad \sigma_b = \dfrac{M_b}{W_b}$ $\sigma_{bd} = \dfrac{M_b}{I} \cdot e_d$ M_b Biegemoment in N·cm F Kraft in N x Abstand in cm σ_{bz} Biegezugspannung in N/cm² σ_{bd} Biegedruckspannung in N/cm² e_z, e_d Randabstand in cm I axiales Trägheitsmoment in cm⁴ σ_b Biegespannung in N/cm² W_b axiales Widerstandsmoment in cm³
Verdrehung		Versucht man einen Stab a um seine Längsachse zu verdrehen, so entsteht in ihm eine Drehbeanspruchung (Torsionsbeanspruchung). **Beispiele:** Kurbelwelle, Vorgelegewelle, Spindel usw.	$T = F \cdot r \qquad \tau_t = \dfrac{T}{W_p}$ T Torsionsmoment in N cm F Kraft in N r Hebelarmlänge in cm τ_t Schubspannung (Verdrehspannung) in N/cm² W_p polares Widerstandsmoment in cm³

2.5 Wärmetechnische Grundlagen

2.5.1 Temperatur

Den Wärmezustand eines Stoffes kennzeichnet die Temperatur (T, t, ϑ). Einheiten der Temperatur sind Kelvin (K) und Grad Celsius (°C), in Ländern mit englischem Maßsystem auch Grad Fahrenheit (°F).

Umrechnungen			Erklärung	
$T = 273 + t_C$	$t_C = \frac{5}{9}(t_F - 32)$	$t_F = \frac{9}{5}t_C + 32$	T	Temperatur in K
			t_C	Temperatur in °C
			t_F	Temperatur in °F

2.5.2 Wärmemenge

Größe	Formel-zeichen	Einheit	Bedeutung
Wärmemenge	Q	J (Joule)	Maß für die in einem Körper enthaltene Wärme (Energie); 4186,8 J erwärmen 1 Liter Wasser um 1 K = 1 °C.
Spezifische Wärmekapazität ↑	c	$\frac{J}{kg \cdot K}$	Wärmemenge, die 1 kg eines Stoffes um 1 K = 1 °C erwärmt.
Spezifische Schmelzwärme	q_s	$\frac{J}{kg}$	Wärmemenge, die 1 kg eines Stoffes bei Schmelztemperatur vom festen in den flüssigen Zustand überführt; sie wird beim Erstarren des Stoffes wieder frei.
Spezifische Verdampfungswärme	q_v, r	$\frac{J}{kg}$	Wärmemenge, die 1 kg eines Stoffes bei Verdampfungstemperatur vom flüssigen in den dampfförmigen Zustand überführt; sie wird beim Verflüssigen (Kondensieren) wieder frei.

Art	Berechnung	Erklärung	
Wärmemenge	$Q = m \cdot c \cdot \Delta T$ $Q = m \cdot c \cdot \Delta T + m \cdot q_s + m \cdot q_v$	Q m c ΔT q_s q_v	Wärmemenge in J Masse (Stoffmenge) in kg Spezifische Wärmekapazität des Stoffes in J/(kg · K) Temperaturunterschied in K Spezifische Schmelzwärme in J/kg Spezifische Verdampfungswärme in J/kg
Misch-temperatur von Flüssig-keiten	$t = \frac{m_1 \cdot c_1 \cdot t_1 + m_2 \cdot c_2 \cdot t_2}{m_1 \cdot c_1 + m_2 \cdot c_2}$	t m_1, m_2 t_1, t_2 c_1, c_2	Temperatur nach dem Mischen Menge Stoff 1, Stoff 2 in kg Temperatur Stoff 1, Stoff 2 vor dem Mischen Spezifische Wärmekapazitäten Stoff 1, Stoff 2 in J/(kg · K)

Spezifische Wärmekapazität c, Schmelzwärme q_s, Verdampfungswärme q_v bei 1013 mbar

Stoff	c $\frac{kJ}{kg \cdot K}$	Schmelz-punkt °C	q_s $\frac{kJ}{kg}$	q_v $\frac{kJ}{kg}$
Aluminium	0,896	658	355,9	11 723
Gold	0,130	1 060	66,99	1 758
Grafit	0,712	≈ 3 600	16 750	50 242
Konstantan	0,410	≈ 1 280		
Kupfer	0,381	1 080	209,3	4 647
Silber	0,234	961	104,7	2 177
Silizium	0,741	1 410	141,5	14 068
Wolfram	0,134	3 380	191,8	4 815
Zinn	0,230	232	58,62	2 596
Alkohol	2,428	−114	104,7	858
Wasserstoff	14,24	−259,2	58,62	461

Wärmeleitfähigkeit ↑ λ in $\frac{W}{m \cdot K}$ (bei Temperatur)[1]

Stoff	λ b. 20 °C	Stoff	λ b. 20 °C
Aluminium	209,4	Alkohol	0,186
Gold	310,5	Benzol	0,151
Konstantan	22,7		
Kupfer	383,8	Bakelit	0,233
Silber	418,6	Hartgewebe	0,35
Stahl	35	Hartpapier	0,291
Wolfram	167,5	Kunsthorn	0,174
Zink	116,4	Plexiglas	0,174
Zinn	65	Polyamide	0,35
			λ b. 0 °C
Fensterglas	1,16	Kohlenstoff-dioxid	0,0143
Grafit	139,4		
Porzellan	0,81...1,86	Luft	0,0243
Ziegelstein	0,464	Wasserstoff	0,123

[1] λ hängt bei festen Stoffen wenig, bei Gasen und Flüssigkeiten stark von der Temperatur ab.

2.5 Wärmetechnische Grundlagen

2.5.3 Wärmeleitung

Größe	Formelzeichen	Einheit	Bedeutung
Wärmestrom	Φ	W	Wärmemenge, die innerhalb einer Zeiteinheit durch eine senkrecht zur Strömungsrichtung liegende Fläche strömt.
Wärmeleitfähigkeit ↑	λ	$\dfrac{W}{m \cdot K}$	Wärmestrom, der durch einen Querschnitt von 1 m² eines 1 m langen Körpers strömt, wenn der Temperaturunterschied 1 K beträgt.

Bildliche Darstellung	Berechnung	Erklärung
	$\Phi = \dfrac{Q}{t}$ $\Phi = \lambda \cdot \dfrac{A}{s} \cdot \Delta T$ $\Delta T = t_1 - t_2$	Φ Wärmestrom in W Q Wärmemenge in J t Zeit in s λ Wärmeleitfähigkeit in W/(m · K)[1] A Fläche der Wärmeleitung in m² s Dicke in m ΔT Temperaturunterschied in K t_1, t_2 Temperaturen in °C

2.5.4 Wärmestrahlung

Welche Strahlungsmenge ein Körper absorbiert oder reflektiert, hängt stark von der Farbe und Oberflächenbeschaffenheit des Körpers ab.

$\varepsilon = \dfrac{\text{absorbierte Strahlung}}{\text{ankommende Strahlung}}$

$\Phi = \varepsilon \cdot \sigma \cdot A \cdot T^4$

$\sigma = 5{,}671 \cdot 10^{-8} \dfrac{W}{m^2 K^4}$

- ε Emissionsgrad
- Φ Wärmestrom in W
- σ Strahlungskonstante
- A Oberfläche des Strahlers in m²
- T Temperatur in K

Emissionsgrade ε von Oberflächen

Werkstoff	ε
Absolut schwarzer Körper	1
Aluminium (walzblank)	0,04
Gold, Silber (poliert)	0,025
Glas	0,93
Kupfer (poliert)	0,035
Kupfer (oxidiert)	0,76
Porzellan	0,93

2.5.5 Ausdehnung durch Wärme

Der Längenausdehnungskoeffizient α_l gibt die Längenzunahme der Längeneinheit eines Körpers bei 1 K Temperaturerhöhung an.

Der Volumenausdehnungskoeffizient γ gibt die Volumenzunahme der Volumeneinheit eines Körpers bei 1 K Temperaturerhöhung an.

Längenausdehnung	Volumenausdehnung
$\Delta l = l_0 \cdot \alpha_l \cdot \Delta T$	$\Delta V = V_0 \cdot \gamma \cdot \Delta T$

- Δl Längenzunahme in m
- ΔV Volumenzunahme in m³
- l_0 Länge (in kaltem Zustand) in m
- V_0 Volumen (in kaltem Zustand) in m³
- α_l Längenausdehnungskoeffizient in 1/K
- γ Volumenausdehnungskoeffizient in 1/K
- ΔT Temperaturzunahme in K

Längenausdehnungskoeffizient ↑ α_l (für 0 … 100 °C) ↑ 14-3
Volumenausdehnungskoeffizient γ (bei 18 °C)

Stoff	α_l in 1/K	Stoff	γ in 1/K
Aluminium	23,8 · 10⁻⁶	Alkohol	1,10 · 10⁻³
Eisen (rein)	12,3 · 10⁻⁶	Glyzerin	0,50 · 10⁻³
Glas (ca.)	6,5 · 10⁻⁶	Petroleum	0,99 · 10⁻³
Gold	14,2 · 10⁻⁶	Quecksilber	0,18 · 10⁻³
Grafit	7,9 · 10⁻⁶	Schwefelsäure	0,57 · 10⁻³
Konstantan	15,2 · 10⁻⁶		
Kupfer	16,5 · 10⁻⁶	Wasser	0,18 · 10⁻³
Manganin	17,5 · 10⁻⁶		
Messing	18,4 · 10⁻⁶	Für feste Stoffe ist $\gamma \approx 3 \cdot \alpha_l$.	
Nickel	13,0 · 10⁻⁶		
Silber	19,5 · 10⁻⁶	Für alle Gase ist $\gamma \approx 1/273$.	
Silizium	7,6 · 10⁻⁶		
Wolfram	4,5 · 10⁻⁶		

[1] Werte siehe Seite 2-12.

2.6 Akustische Grundgrößen

Schall	Unter Schall versteht man mechanische Schwingungen, die sich in festen Körpern, Flüssigkeiten oder Gasen ausbreiten.
Längswellen	In Gasen (Luft) und Flüssigkeiten breiten sich die Schallwellen als Longitudinalwellen (Längswellen) aus, d. h. die schwingenden Teilchen bewegen sich in der Achse der Ausbreitungsrichtung. Dabei entstehen Überdruck- und Unterdruckzonen.
Dehnwellen	Dehnwellen kommen nur in festen Körpern vor. Dabei werden die Massenteilchen quer zur Ausbreitungsrichtung in Bewegung versetzt.
Luftschall	Schall, der sich in der Luft ausbreitet, wird Luftschall genannt: Er entsteht durch Sprechen, Musizieren, laufende Maschinen, Verkehr usw. Man unterscheidet zwischen Tönen, Klängen und Geräuschen.
Körperschall	Schall, der sich in festen oder flüssigen Körpern ausbreitet, wird Körperschall genannt: Er breitet sich in verschiedenen Stoffen mit unterschiedlicher Geschwindigkeit aus. Er spielt im Bauwesen eine große Rolle, weil er sich in den Wänden und Decken eines Gebäudes ausbreitet. Er entsteht beim Gehen auf den Decken und wird dann als Trittschall bezeichnet.

Schallgeschwindigkeit — Schallgeschwindigkeit c in m/s bei 20 °C in verschiedenen Stoffen

Stoff	m/s	Stoff	m/s	Stoff	m/s	Stoff	m/s
Nadelholz	4100	Glas	5200	Leichtmetall	5100	Blei	1300
Hartholz	3400	Beton	3800	Stahl	5000	Wasser	1450
Kork	500	Mauerwerk	3500	Kupfer	3500	Luft	340

Frequenz	1 Hz = Schwingung pro Sekunde (1/s) Die Anzahl der Schwingungen pro Sekunde wird als Frequenz bezeichnet. Die Maßeinheit ist Hertz (Hz). Viele Schwingungen pro Sekunde: hohe Töne; wenige Schwingungen pro Sekunde: tiefe Töne.
Schallbereiche	Infraschall 0 ... 16 Hz, Normalschall 16 ... 16000 Hz (wird vom menschlichen Ohr erfasst), Ultraschall 16000 ... 1000000 Hz
Wellenlänge	Eine Wellenlänge umfasst eine Schallschwingung und wird als der Abstand zwischen zwei aufeinanderfolgenden Wellenbergen bezeichnet. Wellenlänge $\lambda = \dfrac{\text{Schallgeschwindigkeit } c}{\text{Frequenz } f} \qquad \lambda = \dfrac{c}{f}$
Geräusch	Geräusch ist ein Schall, der im Allgemeinen nicht zur Informationsübertragung erzeugt wurde. Es besteht entweder aus vielen Teiltönen, deren Frequenzen nicht in einfachen Zahlenverhältnissen zueinander stehen, oder ist ein Schallimpuls bzw. eine Schallimpulsfolge mit einer Grundfrequenz unter 1 Hz.

2.6 Akustische Grundgrößen

Begriff	Einheit	Bedeutung
Schall-schnelle v	m/s	Die Schallschnelle ist die durch die Schallwellen bewirkte räumlich und zeitlich periodische Momentangeschwindigkeit der schwingenden Teilchen. Sie wird der Geschwindigkeit überlagert, die die Atome oder Moleküle aufgrund ihrer ungeordneten Wärmebewegung ausführen. Bei konstanter Atom- bzw. Molekülauslenkung ist die Schallschnelle proportional zur Schallfrequenz.
Schall-druck p	Pa	Der Schalldruck ist der Augenblickswert bzw. der Effektivwert des wechselnden Drucks, der durch die Schallschwingungen in Gasen oder Flüssigkeiten hervorgerufen wird; er ist dem statischen Druck (z. B. dem Luftdruck) überlagert.
Schall-intensität J	W/m²	Durch Schallwellen erfolgt ein Transport von Energie. Die Schallintensität ist die Schallenergie, die pro Zeiteinheit durch ein senkrecht zur Richtung der Schallausbreitung liegendes Flächenelement transportiert wird.
Schall-leistung P	W	Die Schallleistung einer Schallquelle ist die abgegebene Energie pro Zeiteinheit. Sie ist das Produkt aus Schallintensität und Fläche.

Beispiele für Schallleistungen

Schallquelle	P in W	Schallquelle	P in W
Unterhaltungssprache	10^{-5}	Trompete	$2 \cdot 10^{-1}$
Geige (maximal)	10^{-3}	Autohupe	5
menschliche Stimme (maximal)	$2 \cdot 10^{-3}$	Großlautsprecher	100
Klavier	10^{-1}	Sirene	1000

Schalldruckpegel

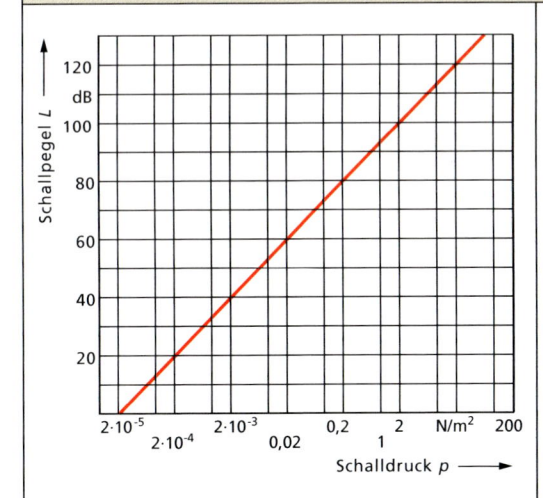

Der Schalldruckpegel (Schallpegel) L ist ein logarithmisches Maß für den Schalldruck p eines Geräusches. Er wird in Dezibel (dB) angegeben. Auch Schallpegeldifferenzen werden in dB angegeben.

$$L = 10 \cdot \lg \frac{p^2}{p_0^2} \, \text{dB} = 20 \cdot \lg \frac{p}{p_0} \, \text{dB}$$

Der Effektivwert des Bezugsschalldruckes p_0 ist international festgelegt als:

$$p_0 = 20 \, \mu\text{Pa} = 2 \cdot 10^{-5} \, \text{Pa} = 2 \cdot 10^{-5} \, \text{N/m}^2$$

Bei einer Verdoppelung des Schalldrucks erhöht sich der Schalldruckpegel um 6 dB; eine Pegelzunahme von ca. 10 dB bewirkt eine Verdoppelung des subjektiven Lautstärkeeindrucks. Die nebenstehende Darstellung gibt den Schalldruckpegel L (dB) in Abhängigkeit vom Schalldruck p (N/m²) wieder.

↑ 8-15

Von dem oben definierten Schalldruckpegel sind die für die Schallempfindung gebräuchlichen Begriffe des Lautstärkepegels und der Lautheit zu unterscheiden.

Der **Lautstärkepegel** L_N in phon ist gleich dem Schalldruckpegel eines Tons mit $f = 1000$ Hz, der beim Hörvergleich mit einem Geräusch als gleich laut empfunden wird.

Die **Lautheit** N in sone gibt an, um wie viel Mal lauter das Geräusch als ein Ton mit $f = 1000$ Hz mit einem Schalldruckpegel von 40 dB empfunden wird.

2.7 Optik

2.7.1 Reflexion

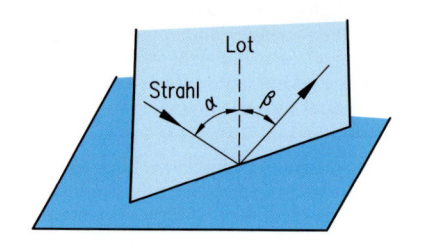

Fällt ein Lichtstrahl auf eine ebene, spiegelnde Fläche, so wird er reflektiert. Der reflektierte Strahl liegt mit dem einfallenden Strahl und dem Einfallslot in einer Ebene.
Beide Strahlen bilden mit dem Einfallslot gleiche Winkel.

$$\alpha = \beta$$

- α Einfallswinkel
- β Reflexionswinkel

2.7.2 Brechung

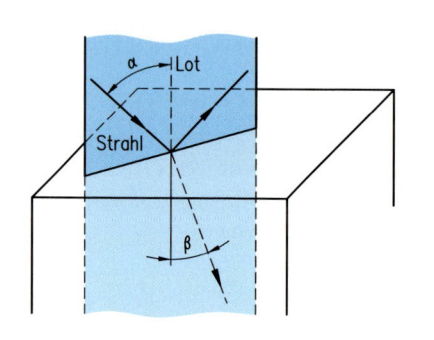

Fällt ein Lichtstrahl auf eine ebene Grenzfläche zwischen durchsichtigen Medien, so dringt ein Teil eines schräg einfallenden Lichtstrahls unter Richtungsänderung („brechen") in das andere Medium. Der gebrochene Strahl liegt in einer Ebene mit dem einfallenden Strahl und dem Lot.

Der Stoff mit der größeren Brechzahl heißt optisch dichter; der andere optisch dünner. Beim Übergang vom dichteren zum dünneren Medium ($n_2 < n_1$) wird der Strahl vom Einfallslot weg gebrochen. Der Brechungswinkel β im optisch dünneren Medium kann höchstens 90° werden, darüber tritt **Totalreflexion** auf.

Berechnung	Erklärung
$\dfrac{\sin\alpha}{\sin\beta} = \dfrac{c_1}{c_2} = \dfrac{n_2}{n_1}$ $n_1 = \dfrac{c_0}{c_1}$ $n_2 = \dfrac{c_0}{c_2}$	α Einfallswinkel im Medium 1 β Brechungswinkel im Medium 2 n_1 Brechzahl des Mediums 1 n_2 Brechzahl des Mediums 2 c_1 Lichtgeschwindigkeit im Medium 1 c_2 Lichtgeschwindigkeit im Medium 2 c_0 Lichtgeschwindigkeit im leeren Raum
$\sin\alpha_T = \dfrac{n_2}{n_1}$	α_T Winkel für Totalreflexion n_2 Brechzahl des Mediums 2 n_1 Brechzahl des Mediums 1

Brechzahlen[1]

Medium	Brechzahl	Medium	Brechzahl	Medium	Brechzahl
Leerer Raum Luft (0 °C; 1,013 bar)	1	Quarzglas	1,459	Schwefelkohlenstoff	1,628
Wasser	1,333	Benzol	1,508	Flintglas	1,752
Alkohol	1,362	Kronglas	1,515	Diamant	2,473
Plexiglas	≈ 1,44	Steinsalz	1,544		

[1] Für gelbes Licht der Wellenlänge 589,3 µm.

2.7 Optik

2.7.3 Konkavspiegel und Konvexspiegel

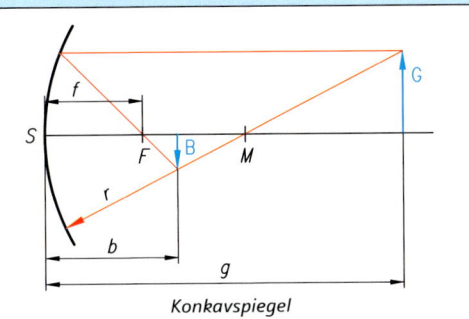

Konkavspiegel

Konvexspiegel

Beim Konkavspiegel spiegelt die hohle Seite.

	Gegenstand G zwischen	Bild B zwischen
Reelles Bild	∞ und M M und F	M und F M und ∞
Virtuelles Bild	F und S	– ∞ und S

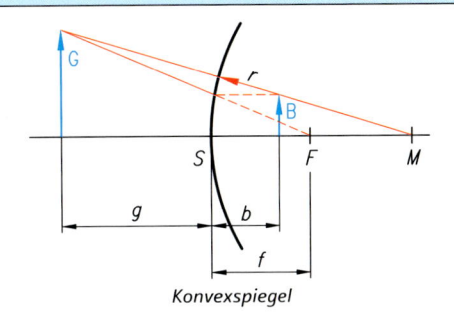

Beim Konvexspiegel spiegelt die erhabene Seite. Der Konvexspiegel erzeugt keine reellen (wirklichen) Bilder; er liefert stets virtuelle (scheinbare) Bilder. Das virtuelle Bild B wandert vom Scheitel S bis zum Brennpunkt F, wenn der Gegenstand G vom Scheitel S bis ins Unendliche bewegt wird.

Berechnung	Erklärung	
$\frac{1}{f} = \frac{1}{g} + \frac{1}{b}$ $f = \frac{r}{2}$ $\frac{G}{B} = \frac{g}{b}$	M r S F f G B g b	Krümmungsmittelpunkt Krümmungsradius in m Scheitel oder Pol Brennpunkt (in F vereinigen sich parallel zur Achse ankommende Strahlen) Brennweite in m Gegenstandsgröße in m Bildgröße in m Gegenstandsabstand in m Bildabstand in m

Die nebenstehenden Spiegelformeln gelten so wie angegeben für reelle Bilder beim Konkavspiegel.

Die Formeln gelten auch für virtuelle Bilder und für den Konvexspiegel, wenn für virtuelle Bilder die Bildweite b und für Konvexspiegel die Brennweite f negativ gerechnet werden.

2.7.4 Prisma

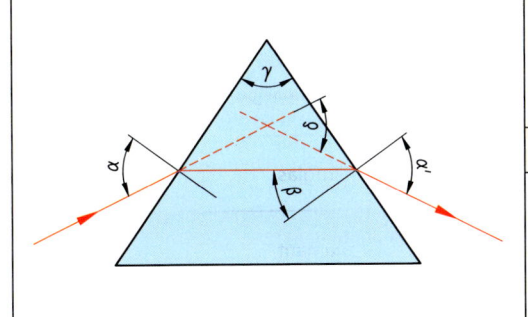

Ein Prisma besteht aus zwei zueinander geneigten brechenden Ebenen, die den Neigungswinkel (brechenden Winkel) γ einschließen.
Bei einem symmetrischen Strahlenverlauf im Prisma (Einfallswinkel α = Austrittswinkel α') erreicht der Ablenkungswinkel δ einen kleinstmöglichen Wert.

Berechnung	Erklärung	
$n = \dfrac{\sin\left(\dfrac{\gamma + \delta}{2}\right)}{\sin\left(\dfrac{\gamma}{2}\right)}$	n γ δ	Brechzahl des Prismenwerkstoffs Prismenwinkel ("brechender Winkel") Ablenkungswinkel

2.7 Optik

2.7.5 Konvexlinsen (Sammellinsen)

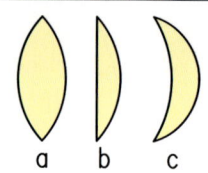

Konvexlinsen sind in der Mitte dicker als am Rand.
a bikonvexe Linse
b plankonvexe Linse
c konkavkonvexe Linse

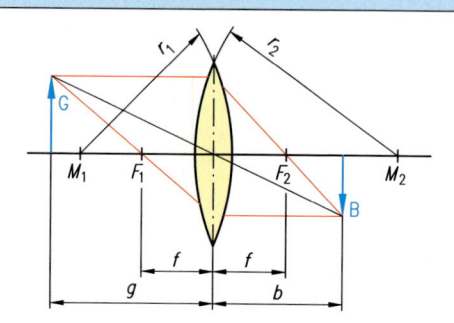

Ein **reelles Bild B** entsteht bei Konvexlinsen, wenn
a) der Gegenstand G zwischen ∞ und 2f liegt. Dann entsteht das Bild B zwischen F und M;
b) der Gegenstand G zwischen 2f und f liegt. Dann entsteht das Bild B zwischen M und ∞.

Ein **virtuelles Bild B** entsteht zwischen −∞ und der Linse, wenn der Gegenstand G zwischen F und der Linse liegt.

2.7.6 Konkavlinsen (Zerstreuungslinsen)

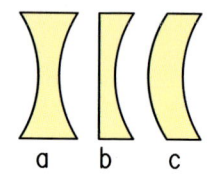

Konkavlinsen sind am Rand stärker als in der Mitte.
a bikonkave Linse
b plankonkave Linse
c konvexkonkave Linse

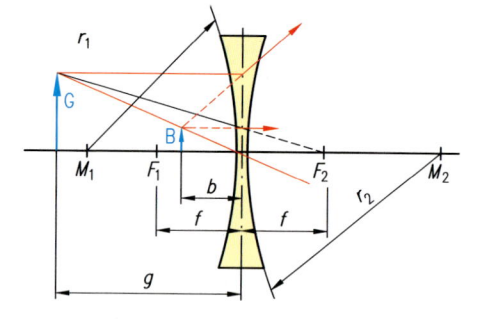

Ein **virtuelles Bild B** entsteht bei Konkavlinsen zwischen dem Brennpunkt F und der Linse, wenn der Gegenstand G zwischen ∞ und der Linse liegt. Wenn der Gegenstand auf der anderen Seite der Linse liegt (virtueller Gegenstandsabstand), dann entsteht
a) **ein reelles Bild**, wenn der Gegenstand zwischen Linse und Brennpunkt F liegt. Das Bild entsteht dann zwischen Linse und ∞;
b) **ein virtuelles Bild**, wenn der Gegenstand zwischen dem Brennpunkt F und ∞ liegt. Dann wandert das Bild von ∞ bis zum Brennpunkt F.

Berechnung	Erklärung	
$\frac{1}{f} = (n-1)\left(\frac{1}{r_1} + \frac{1}{r_2}\right)$ $\frac{1}{f} = \frac{1}{g} + \frac{1}{b} = D$ $\frac{G}{B} = \frac{g}{b}$	f n M_1, M_2 r_1, r_2 D G B g b	Brennweite in m Brechzahl des Mediums der Linse Krümmungsmittelpunkt Krümmungsradius in m Brechwert (Dioptrie) in m^{-1} Gegenstandsgröße in m Bildgröße in m Gegenstandsabstand in m Bildabstand in m

Die obigen Formeln umfassen bei entsprechenden Vorzeichen alle Linsen: Der Krümmungsradius ist bei konvexer Krümmung positiv, bei konkaver Krümmung negativ; der Bildabstand wird bei reellen Bildern positiv, bei virtuellen Bildern negativ; Sammellinsen haben eine positive Brennweite; Zerstreuungslinsen haben eine negative Brennweite.

3 Grundlagen der Elektrotechnik

3.1 Übersicht

			Seite
	3.2	**Spannung und Strom**	3-2
	3.2.1	Elektrische Spannung, elektrische Stromstärke	3-2
	3.2.2	Gekürzte Schreibweise von Strom und Spannung	3-2
	3.2.3	Zeitabhängige Ströme (Spannungen)	3-2
	3.2.4	Gebräuchliche Nennströme in A	3-3
	3.2.5	Normspannungen für elektrische Betriebsmittel	3-3
	3.3	**Elektrische Leistung und Arbeit**	3-4
	3.3.1	Elektrische Leistung	3-4
	3.3.2	Elektrische Arbeit	3-4
	3.4	**Grundgesetze im Stromkreis**	3-5
	3.4.1	Leiterwiderstand	3-5
	3.4.2	Gesetze in einfachen und verzweigten Stromkreisen	3-6
	3.5	**Kondensator und Spule**	3-9
	3.5.1	Elektrisches Feld	3-9
	3.5.2	Kapazität von Kondensatoren	3-9
	3.5.3	Magnetisches Feld	3-10
	3.5.4	Induktion und Induktivitäten	3-12
	3.5.5	Schaltvorgänge mit Kondensator oder Spule	3-15
	3.6	**Grundgesetze im Wechselstromkreis**	3-16
	3.6.1	Wechselströme und Wechselspannungen	3-16
	3.6.2	Dreiphasenwechselstrom (Drehstrom)	3-17
	3.6.3	Gleichwertige Reihen- und Parallelschaltungen	3-17
	3.6.4	Widerstandsschaltungen	3-18
	3.6.5	Komplexe Wechselstromrechnung	3-20
	3.6.6	Ortskurven für einfache Wechselstromschaltungen	3-23
	3.6.7	Hoch- und Tiefpässe	3-26
	3.6.8	Ersatzschaltung für Spulen und Kondensatoren	3-27
	3.6.9	Schwingkreise	3-27
	3.6.10	Dämpfung, Verstärkung, Pegel	3-28

3.2 Spannung und Strom

3.2.1 Elektrische Spannung, elektrische Stromstärke

Art	Bildliche Darstellung	Berechnung	Erklärung	
Spannung		$\Delta W = F \cdot s$ $$U = \frac{\Delta W}{Q}$$	ΔW F s U Q	Arbeit in Ws Kraft in N Weg in m Spannung in V elektrische Ladung in C
			Bewegt man die Ladung Q, auf die die Kraft ↑F im elektrischen Feld zwischen den geladenen Platten wirkt, so ändert sich ihre Energie. Der Quotient aus der Energieänderung ΔW und der Ladungsmenge Q ist die elektrische Spannung U.	
Stromstärke		$Q = n \cdot e$ $$t = \frac{s}{v}$$ $$I = \frac{Q}{t}$$	Q n e t s v I e	elektrische Ladung in C Anzahl der freien Elektronen, die in der Zeit t den Querschnitt S passieren Elementarladung eines Elektrons Zeit in s Weg in m Geschwindigkeit in m/s Stromstärke in A $1{,}602 \cdot 10^{-19}$ C

3.2.2 Gekürzte Schreibweise von Strom und Spannung DIN EN IEC 61293: 2021-03

Grafisches Symbol	Bezeichnung	Benennung	Beispiele		
≡ ≡ ≡	DC	Gleichstrom, Gleichspannung	Gleichstrom 16 A	≡≡≡ 16 A	DC 16 A
∿	AC	Wechselstrom, Wechselspannung	Wechselspannung 230 V	~230 V	AC 230 V
≈	AC/DC	Gleich- oder Wechselstrom, Gleich- oder Wechselspannung	Drehstrom-Fünfleitersystem mit getrenntem Neutral- und Schutzleiter 400/230 V	3/N/PE~ 400/230 V	3/N/PE AC 400/230 V

3.2.3 Zeitabhängige Ströme (Spannungen)

Gleichstrom	Wechselstrom	Sinusstrom	Drehstrom
Der Augenblickswert des Stromes ist zeitlich konstant.	Strom mit periodischem Zeitverlauf und arithmetischem Mittelwert Null	Zeitlich sinusförmiger Verlauf	Drei Sinusströme gleicher Frequenz, Amplitude und Betragsunterschiede der Nullphasenwinkel

3.2 Spannung und Strom

3.2.4 Gebräuchliche Nennströme in A

Gesamtreihe

1	1,25	1,6	2	2,5	3,15	4	5	6,3	8
10	12,5	16	20	25	31,5	40	50	63	80
100	125	160	200	250	315	400	500	630	800
1000	1250	1600	2000	2500	3150	4000	5000	6300	8000

Statt 1,6 A; 3,15 A; 6,3 A; 8 A auch 1,5 A; 3 A; 6 A; 7,5 A bzw. das 10-, 100-, 1000-Fache

Schaltgeräte für Anlagen bis 1 kV (Auswahl)					Wechselstrom-Schaltgeräte für Anlagen über 1 kV					
Schalter, Anlasser, Steller, Steckvorrichtungen	6 32 100 250 1600	10 40 125 400 2000	16 63 160 630 2500	20 80 200 1000 3150	Schalter, Durchführungen	unter 60 KV	400 2500	630 3150	1250 4000	1600 6300
						über 60 KV	630 2000	800 3150	1250 4000	1600
NH-Sicherungsunterteile	32 400	63 630	100 800	160 1000	250 1250	Sicherungsunterteile (bis 30 N)	200	400		
NH-Sicherungseinsätze	2 10 25 63 160 400	4 12 32 80 200 500	6 16 40 100 250 630	8 20 50 125 315 800	Sicherungseinsätze bis 30/36 kV		6 63	10 100	16 160	25 200	40 250
					Primärauslöser		6 63 315	10 100 400	16 160 500	25 200 630	40 250

3.2.5 Normspannungen für elektrische Betriebsmittel   DIN EN 60038: 2012-04[1]

Gleichspannungen		Wechselspannungen		Drehstrom-Vierleiter- oder Dreileiternetze 50 Hz		
Bevorzugte Werte in V	Ergänzende Werte in V	Bevorzugte Werte in V	Ergänzende Werte in V	400/230 V *)	690/400 V	1000 V
6 12 24 36 48 60 72 96 110 220 440	2,4; 3; 4; 4,5; 5; 7,5; 9 15 30 40 80 125 250 600	6 12 24 48 110	5 15 36 60; 100	*) Seit 2008 gilt dieser Wert in Europa und in anderen Staaten der Welt: 400/230 V ±10 %. Bis 1987 betrug die Netzspannung 380/220 V bzw. 415/240 V. Die Umstellung auf diesen Wert erfolgte in mehreren Abstufungen. Während dieser Zeit wurden Spannungstoleranzen an der Übergabestelle auf 400/230 V +6 % −10 % (bei 380/220 V) bzw. auf 400/230 V +10 % −6 % (bei 415/240 V) gebracht. Für 660/380 V gelten im Hinblick auf 690/400 V die gleichen Erwägungen.		

Drehstromnetze über 1 kV bis 1200 kV[2]

Netzspannung	Max. Betriebsmittelspannung	Netzspannung	Max. Betriebsmittelspannung		
3[3]	3,3[3]	3,6[3]	(45)	–	(52)
6[3]	6,6[3]	7,2[3]	66	69	72,5
10	11	12	90	–	100
(15)	–	(17,5)	110	115	123
20	22	24	132	138	145
30	33	36	(150)	(154)	(170)
35	–	40,5	220	230	245
			(300)	362	420	550[4]

[1] DIN IEC 60038: 2002-11 wurde zurückgezogen und galt übergangsweise bis zum 05.09.2014.
[2] Spannung in kV zwischen Außenleitern.   [3] Nicht für öffentliche Verteilernetze verwenden.   [4] Auch 525 kV.

3.3 Elektrische Leistung und Arbeit

3.3.1 Elektrische Leistung

Berechnung	Erklärung	Berechnung	Erklärung
Gleichstrom		**Drehstrom bei symmetrischer Belastung**	
$P = U \cdot I$ $P = I^2 \cdot R$ $P = \dfrac{U^2}{R}$	P Leistung in W[1]) U Spannung in V I Strom in A R Widerstand in Ω	$S_{Str} = U_{Str} \cdot I_{Str}$ $S = 3 \cdot U_{Str} \cdot I_{Str}$ $S = \sqrt{3} \cdot U \cdot I$ $P = \sqrt{3} \cdot U \cdot I \cdot \cos\varphi$ $Q = \sqrt{3} \cdot U \cdot I \cdot \sin\varphi$ $\lambda = \cos\varphi = \dfrac{P}{S}$ $P_\Delta = 3 \cdot P_Y$	S_{Str} Scheinleistung eines Stranges in VA U_{Str} Strangspannung in V I_{Str} Strangstrom in A S Gesamtscheinleistung der drei verketteten Stränge in VA U Außenleiterspannung in V I Außenleiterstrom in A P Gesamtwirkleistung in W Q Gesamtblindleistung in var $\lambda, \cos\varphi$ Leistungsfaktor (bei Sinusstrom)
Sinusförmiger Wechselstrom			
$S = U \cdot I$ $P = U \cdot I \cdot \cos\varphi$ $\quad = S \cdot \cos\varphi$ $Q = U \cdot I \cdot \sin\varphi$ $\quad = S \cdot \sin\varphi$ $\lambda = \cos\varphi = \dfrac{P}{S}$	S Scheinleistung in VA[2]) P Wirkleistung in W Q Blindleistung in var[3]) $\lambda, \cos\varphi$ Leistungsfaktor (bei Sinusstrom) λ Leistungsfaktor		
Leistungsdreieck			
$S = \sqrt{P^2 + Q^2}$ $\cos\varphi = \dfrac{P}{S}$ $\sin\varphi = \dfrac{Q}{S}$ $\tan\varphi = \dfrac{Q}{P}$			Gleiche Leiterspannung: Die aufgenommene Leistung P_Δ bei einem Verbraucher in Dreieckschaltung ist das Dreifache der Leistung P_Y in der Sternschaltung.

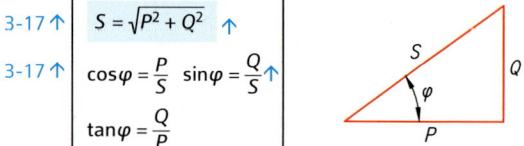

3.3.2 Elektrische Arbeit

Berechnung	Erklärung	Berechnung	Erklärung
Elektrische Arbeit		**Wirkungsgrad**	
$W = P \cdot t$ **Umrechnungen:** 3 600 Ws = 1 Wh 1 000 Wh = 1 kWh	W elektrische Arbeit in Ws P elektrische Leistung in W t Zeit in s Ws Wattsekunde Wh Wattstunde kWh Kilowattstunde	$\eta = \dfrac{W_{ab}}{W_{zu}}$ im stationären Zustand auch: $\eta = \dfrac{P_{ab}}{P_{zu}}$	η Wirkungsgrad W_{ab} abgegebene Arbeit in kWh W_{zu} zugeführte Arbeit in kWh W_v Verlustarbeit in kWh P_{ab} abgegebene Leistung in kW P_{zu} zugeführte Leistung in kW
Leistungsmessung mit Uhr und Zähler		**Elektrische Arbeit und Wärme**	
$P = \dfrac{n}{C_Z \cdot t}$	n Zählerscheibenumdrehungen t Umdrehungen entsprechende Zeit C_Z Zählerkonstante in Umdrehung/kWh (vom Leistungsschild)	$Q_N = Q_S \cdot \eta_w$ Durch die bei der Energieumwandlung in Wärmegeräten entstehenden Verluste ist die Nutzwärme kleiner als die Stromwärme.	Q_N Nutzwärme in J Q_S Stromwärme in J η_w Wärmewirkungsgrad Einer elektrischen Wärme von **1 Ws entspricht** eine Wärmearbeit (Stromwärme) von **1 J**; der elektrischen Arbeit von **1 kWh entspricht** die Stromwärme von **3,6 · 10⁶ J**.
Beispiel: $C_Z = 600 \, \dfrac{\text{Umdr}}{\text{kWh}}$; $t = 45$ s; $n = 12$; $P = ?$ kW **Lösung:** $P = \dfrac{n}{C_Z \cdot t} = \dfrac{\text{kWh} \cdot 12 \cdot 3\,600 \text{ s}}{600 \cdot 45 \text{ s} \cdot 1 \text{ h}}$			

[1]) W = Watt.   [2]) VA = Voltampere.   [3]) var = Voltampere reaktiv.

3.4 Grundgesetze im Stromkreis

3.4.1 Leiterwiderstand

Art	Berechnung	Erklärung	Art	Berechnung	Erklärung	
Stromdichte	$J = \dfrac{I}{S}$	J Stromdichte in A/mm² I Strom in A S Leiterquerschnitt in mm²	Leitfähigkeit und spezifischer Widerstand ↑	$\gamma = \dfrac{1}{\varrho}$	γ Leitfähigkeit in m/(Ω mm²) = S m/mm² ϱ Spezifischer Widerstand in Ω mm²/m Ebenfalls gebräuchlich: • für γ: 1 S m/mm² = 10⁶ S/m = 10⁴ S/cm • für ϱ: 1 Ω mm²/m = 10⁻⁶ Ω m = 10⁻⁴ Ω cm	↑ 14-3 f.
Leitwert und Widerstand	$G = \dfrac{1}{R}$	G Leitwert in S (Siemens) R Widerstand in Ω 1 S · 1 Ω = 1				

Art	Bildliche Darstellung	Berechnung	Erklärung	
Widerstand ↑ eines Leiters	(Zylinder mit ϱ, S, l)	$R = \dfrac{l}{\gamma \cdot S}$ $R = \dfrac{\varrho \cdot l}{S}$	R Widerstand in Ω l Leiterlänge in m γ Leitfähigkeit in m/Ω mm² S Leiterquerschnitt in mm² ϱ Spezifischer Widerstand in Ω mm²/m	↑ 6-2 ff.
Widerstand ↑ und Temperatur	t_1 R_{20} Wärme t_2 R_ϑ	Bis 100 °C: $\Delta R = \alpha \cdot R_{20} \cdot \Delta T$ $R_\vartheta = R_{20}(1 + \alpha \cdot \Delta T)$ Über 100 °C: $\Delta R \approx R_{20}(\alpha \cdot \Delta T + \beta \cdot \Delta T^2)$ $R_\vartheta \approx R_{20}(1 + \alpha \cdot \Delta T + \beta \cdot \Delta T^2)$ $\beta = \dfrac{\alpha^2}{2}$	ΔR Widerstandsänderung in Ω α Temperaturbeiwert in 1/K R_{20} Kaltwiderstand in Ω R_ϑ Warmwiderstand ↑ in Ω ΔT Temperaturdifferenz in K β Temperaturbeiwert ↑ in 1/K²	↑ 7-43 ↑ 14-3 f.

Leitfähigkeit γ, spezifischer Widerstand ϱ, Temperaturbeiwert α (bei 20 °C)

Stoff	γ in $\dfrac{m}{\Omega\,mm^2}$	ϱ in $\dfrac{\Omega\,mm^2}{m}$	α in $\dfrac{1}{K}$	Stoff	γ in $\dfrac{m}{\Omega\,mm^2}$	ϱ in $\dfrac{\Omega\,mm^2}{m}$	α in $\dfrac{1}{K}$
Metalle				**Legierungen**			
Aluminium	36	0,0278	0,00403	Aldrey (AlMgSi)	30,0	0,033	0,0036
Bismut	0,83	1,2	0,0042	Bronze I	48	0,02083	0,0040
Blei	4,84	0,2066	0,0039	Bronze II	36	0,02778	0,0040
Cadmium	13	0,0769	0,0039	Bronze III	18	0,05556	0,0040
				Konstantan (WM 50)[2]	2,0	0,50	±0,00001
Eisendraht	6,7…10	0,15…0,1	0,0065				
Gold	43,5	0,023	0,0037	Manganin	2,32	0,43	0,00001
Kupfer[1]	58	0,01724	0,00393	Messing	15,9	0,063	0,0016
Magnesium	22	0,045	0,0039	Neusilber (WM 30)	3,33	0,30	0,00035
				Nickel-Chrom	0,92	1,09	0,00004
Nickel	14,5	0,069	0,0060	Nickelin (WM 43)	2,32	0,43	0,00023
Platin	9,35	0,107	0,0031	Platinrhodium	5,0	0,20	0,0017
Quecksilber	1,04	0,962	0,0009	Wood-Metall	1,85	0,54	0,0024
Silber	61	0,0164	0,0038				
				Sonstige Leiter			
Tantal	7,4	0,135	0,0033				
Wolfram	18,2	0,055	0,0044	Grafit	0,046	22	–0,0013
Zink	16,5	0,061	0,0039	Kohlestifte	0,015	65	
Zinn	8,3	0,12	0,0045				

[1] Kupfer der Sorte E-Cu 58 mit einer Reinheit von mind. 99,90 %.
[2] Zusammensetzung: Cu 55 %, Ni 44 %, Mn 1 %.

3.4 Grundgesetze im Stromkreis

3.4.2 Gesetze in einfachen und verzweigten Stromkreisen

Gesetz	Bildliche Darstellung	Berechnung	Erklärung	
Ohmsches Gesetz		$I = \dfrac{U}{R}$ $R = \dfrac{U}{I}$ $U = R \cdot I$	I U R $1\,\Omega = \dfrac{1\,V}{1\,A}$	Strom in A Spannung in V Widerstand in Ω
Reihen-schaltung von Widerständen		$U = U_1 + U_2 + U_3 + \ldots$ $R = R_1 + R_2 + R_3 + \ldots$ $I = \dfrac{U}{R} = \dfrac{U_1}{R_1} = \dfrac{U_2}{R_2} = \dfrac{U_3}{R_3}$	U U_1, U_2 R R_1, R_2	Gesamtspannung in V Teilspannungen in V Gesamtwiderstand in Ω Teilwiderstände in Ω
Spannungsfall auf Leitung		$U_v = R_{Ltg} \cdot I$ $U_v = \dfrac{2 \cdot l}{\gamma \cdot S} \cdot I$ $R_{Ltg} = \dfrac{2 \cdot l}{\gamma \cdot S}$ $u_v = \dfrac{U_v \cdot 100}{U}$	U_v R_{Ltg} I l γ S u_v U	Spannungsfall in V Leitungswiderstand in Ω Strom in A Einfache Leiterlänge in m Leitfähigkeit des Leitungswerkstoffes in Sm/mm² Leitungsquerschnitt in mm² Spannungsfall in % Bemessungsspannung in V
Parallelschaltung von Widerständen		$I = I_1 + I_2 + I_3 + \ldots$ $G = G_1 + G_2 + G_3 + \ldots$ $\dfrac{1}{R} = \dfrac{1}{R_1} + \dfrac{1}{R_2} + \dfrac{1}{R_3} + \ldots$ $U = R \cdot I = R_1 \cdot I_1 = R_2 \cdot I_2 = \ldots$	I I_1, I_2 R G G_1, G_2 R_1, R_2	Gesamtstrom in A Teilströme in A Gesamtwiderstand in Ω Gesamtleitwert in S Einzelleitwerte in S Einzelwiderstände in Ω
		1. Sonderfall: Zwei Widerstände parallel	$R = \dfrac{R_1 \cdot R_2}{(R_1 + R_2)}$	**Beispiel:** $R_1 = 147\,\Omega$; $R_2 = 65\,\Omega$: $R = \dfrac{R_1 \cdot R_2}{(R_1 + R_2)} = \dfrac{147\,\Omega \cdot 65\,\Omega}{(147\,\Omega \cdot 65\,\Omega)} = \underline{\underline{45{,}07\,\Omega}}$
		2. Sonderfall: n gleiche Widerstände R_n parallel	$R = \dfrac{R_n}{n}$	**Beispiel:** 3 gleiche Widerstände mit $R = 147\,\Omega$ $n = 3 \Rightarrow R = \dfrac{R_n}{n} = \dfrac{147\,\Omega}{3} = \underline{\underline{49\,\Omega}}$
1. kirchhoffscher Satz (Knotenpunktregel)		In jedem Stromverzweigungspunkt (Knotenpunkt) ist die Summe (Σ) aller zufließenden Ströme gleich der Summe aller abfließenden Ströme. $\Sigma I_{zu} = \Sigma I_{ab}$	**Beispiel:** $I_1 = 3\,A$; $I_2 = 6\,A$; $I_3 = 2\,A$; $I_4 = 1{,}5\,A$; $I_5 = ?\,A$ **Lösung:** Die zufließenden Ströme sind I_1 und I_5. Die abfließenden Ströme sind I_2, I_3 und I_4. $I_1 + I_5 = I_2 + I_3 + I_4$ $I_5 = I_2 + I_3 + I_4 - I_1$ $I_5 = 6\,A + 2\,A + 1{,}5\,A - 3\,A$ $I_5 = 9{,}5\,A - 3\,A$ $\underline{\underline{I_5 = 6{,}5\,A}}$	

12-17 f. ↑

3.4 Grundgesetze im Stromkreis

Gesetz	Bildliche Darstellung	Berechnung	Erklärung	
2. kirchhoffscher Satz (Maschenregel)	An einem Widerstand R zeigt die Spannung U in Richtung des Stromes I.	In jedem geschlossenen Stromkreis (Masche) ist die Summe aller Spannungen gleich Null. Spannungen, deren Richtung mit dem gewählten Umlaufsinn übereinstimmen, erhalten positive Vorzeichen, die anderen negative Vorzeichen: $\Sigma U = 0$	**Beispiel:** $U_1 = 4{,}5$ V $U_2 = 1{,}5$ V $U_4 = 1$ V $U_5 = 3$ V $U_3 = ?$ V **Lösung:** $U_1 + U_2 - U_5 - U_4 - U_3 = 0$ $U_3 = U_1 + U_2 - U_4 - U_5$ $U_3 = 4{,}5$ V $+ 1{,}5$ V $- 3$ V $- 1$ V $U_3 = 2$ V	
Unbelasteter Spannungsteiler ↑		$\dfrac{U_1}{R_1} = \dfrac{U_2}{R_2}$ $U_2 = \dfrac{R_2}{R_1 + R_2} \cdot U$ $U_1 = \dfrac{R_1}{R_1 + R_2} \cdot U$	U_1, U_2 Teilspannungen in V R_1, R_2 Teilwiderstände in Ω U Gesamtspannung in V	↑ 7-21
Belasteter Spannungsteiler		$U_{2L} = \dfrac{U}{\dfrac{R_1 \cdot (R_2 + R_L)}{R_2 \cdot R_L} + 1}$ $R_2 = R_L \cdot \dfrac{U}{U_{2L}} \cdot \dfrac{(U_{20} - U_{2L})}{(U - U_{20})}$ $R_1 = R_2 \cdot \left(\dfrac{U}{U_{20}}\right) - 1$ $q = \dfrac{I_q}{I_L}$	U_{2L} Teilspannung bei Belastung mit R_L in V U Gesamtspannung in V R_1, R_2 Teilwiderstände in Ω R_L Belastungswiderstand in Ω U_{20} Teilspannung ohne Belastung (Leerlauf) in V I_L Laststrom in A I_q Querstrom in A q Querstromverhältnis	
Brückenschaltung	**Wheatstonesche Brücke ↑**	Für den Abgleich ($I_{12} = 0$ bzw. $U_{12} = 0$) gilt: $\dfrac{R_X}{R_N} = \dfrac{R_3}{R_4}$	R_X Unbekannter Widerstand in Ω R_N Vergleichswiderstand in Ω R_3, R_4 Brückenwiderstände in Ω	↑ 8-13
	Schleifdrahtbrücke	Für den Abgleich ($I_{12} = 0$ bzw. $U_{12} = 0$) gilt: $\dfrac{R_X}{R_N} = \dfrac{l_3}{l_4}$	R_X Unbekannter Widerstand in Ω R_N Vergleichswiderstand in Ω l_3, l_4 Längen des Widerstandsdrahtes bis zum Abgriff in m	

3.4 Grundgesetze im Stromkreis

3.4.2 Gesetze in einfachen und verzweigten Stromkreisen (Fortsetzung)

Gesetz	Bildliche Darstellung	Berechnung	Erklärung
Spannungserzeuger	**Belasteter Spannungserzeuger**	$U = U_q - I \cdot R_i$ $I = \dfrac{U_q}{R_i + R_L}$ $U_0 = U_q$ $I_K = \dfrac{U_q}{R_i} \rightarrow R_i = \dfrac{U_q}{I_K}$ $R_i = \left\| \dfrac{\Delta U}{\Delta I} \right\|$	U Klemmenspannung in V U_q Quellenspannung in V U_0 Leerlaufspannung in V I_K Kurzschlussstrom in A ΔI Stromänderung in A ΔU Durch ΔI verursachte Klemmenspannungsänderung in V I Strom in A R_i Innerer Widerstand in Ω R_L Lastwiderstand in Ω P_{max} Maximale Leistung am Lastwiderstand in W
	Leistungsanpassung	$R_L = R_i$ $\quad U = \dfrac{U_0}{2}$ $I = \dfrac{U_0}{2 \cdot R_L}$ $\quad P_{max} = \dfrac{U_0^2}{4 \cdot R_L}$	Die größtmögliche Leistungsentnahme aus einem Spannungserzeuger ergibt sich bei Leistungsanpassung. Es gilt: $R_L = R_i$
	Reihenschaltung	$U_0 = U_{01} + U_{02} + U_{03} + \ldots$ $R_i = R_{i1} + R_{i2} + R_{i3} + \ldots$	U_0 Gesamtleerlaufspannung in V U_{01}, U_{02} Einzelleerlaufspannungen in V R_i Gesamtinnenwiderstand in Ω R_{i1}, R_{i2} Einzelwiderstände in Ω I Gesamtstrom in A
	Parallelschaltung	Allgemein gilt: $I = I_1 + I_2 + I_3 + \ldots$ $\dfrac{1}{R_i} = \dfrac{1}{R_{i1}} + \dfrac{1}{R_{i2}} + \dfrac{1}{R_{i3}} + \ldots$ oder $R_i = \left(\dfrac{1}{R_{i1}} + \dfrac{1}{R_{i2}} + \dfrac{1}{R_{i3}} + \ldots \right)^{-1}$ $R_{i1}, R_{i2}, R_{i3}, \ldots$ beliebig $U_{01}, U_{02}, U_{03}, \ldots$ beliebig	In einer Parallelschaltung fließen bei **unterschiedlichen Leerlaufspannungen** der einzelnen Spannungserzeuger auch im Leerlauf Ausgleichsströme.

Gesetz	Bildliche Darstellung	Berechnung
Stern-Dreieck-Umwandlung		$R_{12} = \dfrac{R_{10} \cdot R_{20}}{R_{30}} + R_{10} + R_{20}$ $R_{23} = \dfrac{R_{20} \cdot R_{30}}{R_{10}} + R_{20} + R_{30}$ $R_{31} = \dfrac{R_{10} \cdot R_{30}}{R_{20}} + R_{10} + R_{30}$
Dreieck-Stern-Umwandlung		$R_{10} = \dfrac{R_{12} \cdot R_{31}}{R_{12} + R_{31} + R_{23}}$ $R_{20} = \dfrac{R_{12} \cdot R_{23}}{R_{12} + R_{31} + R_{23}}$ $R_{30} = \dfrac{R_{31} \cdot R_{23}}{R_{12} + R_{31} + R_{23}}$

3.5 Kondensator und Spule

3.5.1 Elektrisches Feld

Art	Bildliche Darstellung	Berechnung	Erklärung
Elektrisches Feld	**Elektrische Feldstärke** 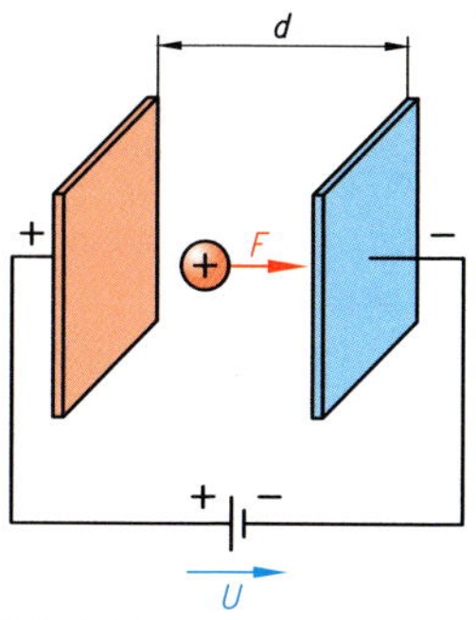	$E = \dfrac{F}{Q} = \dfrac{U}{d}$	E Elektrische Feldstärke in V/m U Spannung zwischen geladenen Körpern in V d Abstand der Körper in m F Kraft auf einen geladenen Körper in N Q Ladung des Körpers in As
			Die Richtung der Feldstärke ist festgelegt durch die Richtung der Kraft auf eine positive Ladung im elektrischen Feld. Gleichnamige Ladungen (plus und plus bzw. minus und minus) stoßen sich ab; ungleichnamige Ladungen (plus und minus) ziehen sich an.

Elektrische Durchschlagfestigkeit

Die Durchschlagfestigkeit ist die in einem homogenen elektrischen Feld Durchschlag bewirkende Feldstärke in kV/cm oder kV/mm. Zur Berechnung wird bei einer sinusförmigen Wechselspannung der Effektivwert verwendet.

	Elektrische Verschiebung	$D = \dfrac{Q}{A} = \varepsilon \cdot E = \varepsilon_0 \cdot \varepsilon_r \cdot E$ $\varepsilon_0 = 0{,}885419 \cdot 10^{-11}$ F/m	D Elektrische Flussdichte in As/m² Q Elektrische Ladung in As A Fläche in m² ε Permittivität in As/(Vm) = F/m ε_0 Elektrische Feldkonstante in F/m ε_r Permittivitätszahl

3.5.2 Kapazität von Kondensatoren ↑ 6-13 ff.

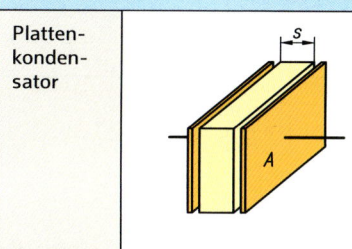

Plattenkondensator		$C = \varepsilon \cdot \dfrac{A}{s}$ $C = \varepsilon_0 \cdot \varepsilon_r \cdot \dfrac{A}{s}$ $\varepsilon = \varepsilon_0 \cdot \varepsilon_r$ $\varepsilon_0 = 0{,}885419 \cdot 10^{-11}$ F/m	C Kapazität in F A Fläche einer Platte in m² s Abstand der Platten in m ε Permittivität in As/(Vm) = F/m ε_0 Elektrische Feldkonstante in F/m ε_r Permittivitätszahl des Stoffes zwischen den parallelen Platten
Zylinderkondensator	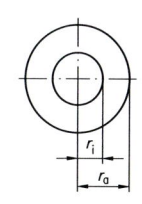	$C = \varepsilon_0 \cdot \varepsilon_r \cdot \dfrac{2 \cdot \pi \cdot l}{\ln \dfrac{r_a}{r_i}}$	l Länge der koaxialen Zylinder in m r_a Innenradius des äußeren Zylinders in mm r_i Außenradius des inneren Zylinders in mm ln Natürlicher Logarithmus ↑ ↑ 1-3 ε_r Permittivitätszahl des Stoffes zwischen den Zylindern
Kugelkondensator	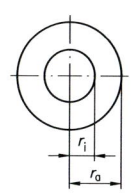	$C = \varepsilon_0 \cdot \varepsilon_r \cdot 4\pi \cdot \dfrac{r_i \cdot r_a}{r_a - r_i}$	r_i Außenradius der inneren Kugel in m r_a Innenradius der äußeren Kugel in m ε_r Permittivitätszahl des Stoffes zwischen den Kugeln

3.5 Kondensator und Spule

3.5.2 Kapazität von Kondensatoren (Fortsetzung)

Art	Bildliche Darstellung	Berechnung	Erklärung	
Parallele Zylinder mit gleichen Radien		Für den Fall b >> r: $$C = \frac{\pi \cdot \varepsilon_0 \cdot \varepsilon_r \cdot l}{\ln \frac{b-r}{r}}$$	l b r ε_r $\ln$	Länge der Zylinder in m Abstand der Zylindermittellinien in m Zylinderradius in m Permittivitätszahl des Stoffes zwischen den Zylindern Natürlicher Logarithmus ↑
Zylinder gegenüber Ebene		Für den Fall h >> r: $$C = \frac{2 \cdot \pi \cdot \varepsilon_0 \cdot \varepsilon_r \cdot l}{\ln \frac{2 \cdot h}{r}}$$	l h r ε_r	Länge des Zylinders in m Abstand der Zylindermittellinie/Ebene in m Zylinderradius in m Permittivitätszahl des Stoffes zwischen Zylinder und Ebene
Ladung von Kondensatoren		$Q = I \cdot t$ $Q = C \cdot U$	Q I t C U	Ladung in As Strom in A Zeit in s Kapazität in F (F = As/V) Spannung in V
Energie e. gelad. Kondensators		$W_{el} = \frac{1}{2} \cdot C \cdot U^2$	W_{el} C U	Elektrisch gespeicherte Energie in Ws Kapazität in F Spannung in V
Parallelschaltung von Kondensatoren		$Q = Q_1 + Q_2 + Q_3 + ...$ $C = C_1 + C_2 + C_3 + ...$ $U = \frac{Q}{C} = \frac{Q_1}{C_1} = \frac{Q_2}{C_2} = ...$	Q Q_1, Q_2 C C_1, C_2 U	Gesamtladung in As Einzelladungen in As Gesamtkapazität in F Einzelkapazitäten in F Spannung in V
Reihenschaltung von Kondensatoren		$U = U_1 + U_2 + U_3 + ...$ $\frac{1}{C} = \frac{1}{C_1} + \frac{1}{C_2} + \frac{1}{C_3} + ...$ $Q = C \cdot U$ $Q = C_1 \cdot U_1 = C_2 \cdot U_2 = ...$	U U_1, U_2 C C_1, C_2 Q	Gesamtspannung in V Einzelspannungen in V Gesamtkapazität in F Einzelkapazitäten in F Ladung in As

3.5.3 Magnetisches Feld

Art	Bildliche Darstellung	Berechnung	Erklärung	
Durchflutung		$\Theta = N \cdot I$	Θ N I	Durchflutung in A (= magnetische Spannung) Windungszahl Strom in A
Magnetische Feldstärke		$H = \frac{N \cdot I}{l} = \frac{\Theta}{l}$	H N I l	Magnetische Feldstärke in A/m Windungszahl Strom in A Mittlere Feldlinienlänge in m

3.5 Kondensator und Spule

Art	Bildliche Darstellung	Berechnung	Erklärung	
Magnetischer Fluss und magnetische Flussdichte	(Eisenkern mit Feldlinien Φ, Fläche S)	$B = \dfrac{\Phi}{S}$	Die magnetische Flussdichte ist die Anzahl der Feldlinien, die senkrecht durch eine Flächeneinheit hindurchtreten. B — Magnetische Flussdichte in T, $1\,T = 1\,\text{Tesla} = 1\,Vs/m^2$ Φ — Magnetischer Fluss in Wb, $1\,Wb = 1\,\text{Weber} = 1\,Vs$ S — Fläche in m²	
Magnetische Feldstärke, Flussdichte, Permeabilität	(B-H-Kennlinie Eisen/Luft, $\mu = B/H$)	$B = \mu \cdot H$ $B = \mu_0 \cdot \mu_r \cdot H$ $\mu = \mu_0 \cdot \mu_r$ $\mu_0 = 1{,}2566 \cdot 10^{-6}\,\dfrac{Vs}{Am}$	B — Magnetische Flussdichte in T H — Feldstärke in A/m μ — Permeabilität in Vs/(Am) μ_0 — Magnetische Feldkonstante in Vs/(Am) μ_r — Permeabilitätszahl (ohne Einheit) **in Luft:** $B = \mu_0 \cdot H$, μ_0 konstant, $\mu_r \approx 1$ **in Eisen:** $B = \mu \cdot H$, μ nicht konstant	
Hysteresekurve	(Hysteresekurve mit B_r, H_c, Neukurve N)	Die von der Hysteresekurve eingeschlossene Fläche entspricht den Ummagnetisierungsverlusten.	N — Neukurve B_r — Magnetische Remanenz ↑ in T (Restmagnetismus) H_c — Koerzitivfeldstärke in A/m	↑ 14-7
Magnetischer Widerstand und Leitwert	(Spule mit Eisenkern, I, N, Θ, Φ, l, S)	$R_{mag} = \dfrac{\Theta}{\Phi} = \dfrac{l}{\mu \cdot S}$ $\Lambda = \dfrac{1}{R_{mag}} = \dfrac{\mu \cdot S}{l}$ $\Phi = \Theta \cdot \Lambda$	R_{mag} — Magnetischer Widerstand in A/Wb Θ — Durchflutung in A Φ — Magnetischer Fluss in Wb l — Mittlere Feldlinienlänge in m μ — Permeabilität in Wb/(A·m) S — Fläche in m² Λ — Magnetischer Leitwert in Wb/A $R_{mag\,ges}$ — gesamter magnetischer Widerstand in A/Wb	
Magnetischer Kreis mit Luftspalt (ohne Streuung)	(Eisenkreis mit Luftspalt, l_{Fe}, $R_{mag\,Fe}$, l_{Luft}, $R_{mag\,Luft}$)	$R_{mag\,ges} = R_{mag\,Fe} + R_{mag\,Luft}$ $V_{ges} = V_{Fe} + V_{Luft}$ $\Theta = H_{Fe} \cdot l_{Fe} + H_{Luft} \cdot l_{Luft}$	$\left.\begin{array}{l}R_{mag\,Fe}\\R_{mag\,Luft}\end{array}\right\}$ Magn. Einzelwiderstände in A/Wb V_{ges} — Magn. Gesamtspannung in A $\left.\begin{array}{l}V_{Fe}\\V_{Luft}\end{array}\right\}$ Magn. Teilspannungen in A $\left.\begin{array}{l}H_{Fe}\\H_{Luft}\end{array}\right\}$ Magn. Feldstärken in A/m $\left.\begin{array}{l}l_{Fe}\\l_{Luft}\end{array}\right\}$ Mittlere Feldlinienlängen in m	

3.5 Kondensator und Spule

3.5.3 Magnetisches Feld (Fortsetzung)

Art	Berechnung	Erklärung	Art	Berechnung	Erklärung
Energie einer stromdurchflossenen Spule	$W_{mag} = \frac{1}{2} \cdot L \cdot I^2$	W_{mag} Magnetische gespeicherte Energie in Ws L Selbstinduktivität in H I Strom in A	Kraft auf parallele Stromleiter	$F = \frac{\mu_0}{2\pi} \cdot \frac{l}{b} \cdot I_1 \cdot I_2$	F Kraft in N μ_0 Magnetische Feldkonstante l Leiterlänge in m b Leiterabstand in m $I_1; I_2$ Leiterstrom in A Gleiche Stromrichtung: Anziehung Entgegengesetzte Stromrichtung: Abstoßung
Kraft im Magnetfeld	$F = \frac{B^2 \cdot S}{2 \cdot \mu_0}$	F Kraft in N μ_0 Magnetische Feldkonstante B Magnetische Flussdichte in T S Fläche in m^2	Rechte-Hand-Regel (Generatorregel)		Hält man die rechte Hand so, dass die Feldlinien (vom Nordpol kommend) auf die Innenfläche der Hand auftreffen, und zeigt der abgespreizte Daumen in die Bewegungsrichtung, so geben die ausgestreckten Finger die Richtung des Induktionsstromes an.
Kraft auf stromdurchflossenen Leiter im Magnetfeld	$F = B \cdot I \cdot l \cdot z$ wenn $B \perp l$	F Kraft in N B Magnetische Flussdichte in T l Wirksame Leiterlänge in m z Leiterzahl I Strom in A	Linke-Hand-Regel (Motorregel)		Hält man die linke Hand so, dass die Feldlinien (vom Nordpol kommend) auf die Handfläche der Hand auftreffen, und zeigen die ausgestreckten Finger in Stromrichtung, dann gibt der abgespreizte Daumen die Bewegungsrichtung des Leiters an.

3.5.4 Induktion und Induktivitäten

Art	Berechnung	Erklärung	Art	Berechnung	Erklärung
Induktion der Bewegung	$\|U_{indu}\| = B \cdot l \cdot v \cdot z$ wenn $v \perp B$	$\|U_{indu}\|$ Induzierte Spannung in V l Wirksame Leiterlänge in m v Geschw. in m/s z Leiterzahl B Magnetische Flussdichte in T	Induktionsgesetz	$U_{indu} = -N \frac{\Delta \Phi}{\Delta t}$	U_{indu} Induzierte Spannung in V N Windungszahl $\frac{\Delta \Phi}{\Delta t}$ Zeitliche Veränderung des magn. Flusses in Wb/s
Selbstinduktionsspannung	$U_L = -L \cdot \frac{\Delta I}{\Delta t}$	U_L Selbstinduktionsspannung in V L Induktivität in H $\frac{\Delta I}{\Delta t}$ Zeitliche Änderung des Stromes in A/s	Selbstinduktivität von Spulen	$L = N^2 \frac{\mu_0 \cdot \mu_r \cdot S}{l}$ $L = N^2 \cdot \Lambda$	L Selbstinduktivität in H; H = Wb/A N Windungszahl l Länge der Spule in m Λ Magn. Leitwert in Wb/A S Fläche in m^2

Konzentrisches Kabel	Leiter gegen Masse	Doppelleitung	Erklärung
$L = 0{,}2 \cdot 10^{-6} \cdot l \cdot \ln\left(\frac{R}{r}\right)$	$L = 0{,}2 \cdot 10^{-6} \cdot l \cdot \ln\left(\frac{2h}{r}\right)$	$L = 0{,}4 \cdot 10^{-6} \cdot l \cdot \ln\left(\frac{b}{r}\right)$	L Selbstinduktivität in H l Leiterlänge in m R, r Radius in m h, b Abstand in m ln natürlicher Logarithmus ↑

3.5 Kondensator und Spule

Induktivität von besonderen Luftspulen ↑ 6-11

Kurze Spule Form und Art	Bildliche Darstellung/Diagramm	Induktivität/Erklärung und Anwendung
Kreisspule (Drahtring)		$L \approx 2\pi \cdot 10^{-9} \cdot \ln\left(\dfrac{8 \cdot D}{d} - 2\right)$ **Einheiten:** • Induktivität L in H • Mittlerer Kreisdurchmesser D in m • Drahtdurchmesser d in m **Anwendungsbeispiele:** • Nachrichtentechnik • Antennentechnik
Kurze Spule ($D > l$; einlagig)		$L \approx 10{,}3 \cdot 10^{-11} \cdot \dfrac{n^2 \cdot a \cdot D^2}{l}$ **Einheiten:** • Induktivität L in H • Mittlerer Kreisdurchmesser D in m • Spulenlänge l in m • Korrekturfaktor a (aus dem Diagramm) **Anwendungsbeispiele:** • Medizintechnik • Messtechnik

3.5 Kondensator und Spule

Induktivität von besonderen Luftspulen (Fortsetzung)

Kurze Spule Form und Art	Bildliche Darstellung/Diagramm	Induktivität/Erklärung und Anwendung
Ringspule (Toroidspule, Kreisring)		$L \approx 10^{-11} \cdot \dfrac{\pi \cdot n^2 \cdot d^2}{D}$ **Einheiten:** • Induktivität L in H • Mittlerer Windungsdurchmesser d in m • Mittlerer Ringdurchmesser D in m • n: Windungsanzahl **Anwendungsbeispiele:** • passive elektrische Filter • Fehlstrom-Schutzschalter ($n \geq 2$) • Hochfrequenztechnik
Ringspule mit rechteckigem Körper		$L \approx 1{,}85 \cdot 10^{-11} \cdot h \cdot n^2 \cdot \ln\left(\dfrac{D}{d}\right)$ **Einheiten:** • Induktivität L in H • Höhe vom Ringkörper h in m • Äußerer Durchmesser D in m • Innerer Durchmesser d in m
Spiralspule		$L \approx 21{,}5 \cdot 10^{-11} \cdot \dfrac{n^2 \cdot (B - b)}{1 + 2{,}75 \dfrac{b}{(B - b)}}$ **Einheiten:** • Induktivität L in H • Gesamte Breite B in m • Breite b gemäß Abb. in m

3.5 Kondensator und Spule

Magnetisch nicht gekoppelte Spulen

Art	Bildliche Darstellung	Berechnung	Erklärung
Reihen-schaltung	L_1 L_2 L_3	$L = L_1 + L_2 + L_3 + ...$	L Gesamtinduktivität in H L_1, L_2, L_3 Einzelinduktivitäten in H
Parallel-schaltung	L_1 L_2 L_3	$\dfrac{1}{L} = \dfrac{1}{L_1} + \dfrac{1}{L_2} + \dfrac{1}{L_3} + ...$	L Gesamtinduktivität in H L_1, L_2, L_3 Einzelinduktivitäten in H

3.5.5 Schaltvorgänge mit Kondensator oder Spule

Art	Bildliche Darstellung	Berechnung	Erklärung
Kondensator im Gleichstromkreis	(Schaltbild und Diagramm Ladung/Entladung)	$\tau = R \cdot C$ $I_0 = \dfrac{U}{R}$ Ladung: $i_C = \dfrac{U}{R} \cdot e^{-\frac{t}{\tau}}$ $u_C = U \cdot \left(1 - e^{-\frac{t}{\tau}}\right)$ Entladung: $i_C = -\dfrac{U}{R} \cdot e^{-\frac{t}{\tau}}$ $u_C = U \cdot e^{-\frac{t}{\tau}}$	τ Zeitkonstante in s R Widerstand in Ω C Kapazität in F = As/V I_0 Strom im Einschaltaugenblick in A U Angelegte Gleichspannung in V i_C Strom in A e Natürliche Zahl (2,71828...) u_C Kondensatorspannung in V t Zeit in s
Spule im Gleichstromkreis	(Schaltbild und Diagramm Anschalten/Abschalten)	$\tau = \dfrac{L}{R}$ $I_0 = \dfrac{U}{R}$ Anschalten: $i_L = \dfrac{U}{R} \cdot \left(1 - e^{-\frac{t}{\tau}}\right)$ $u_L = U \cdot e^{-\frac{t}{\tau}}$ Abschalten: $i_L = \dfrac{U}{R} \cdot e^{-\frac{t}{\tau}}$ $u_L = -U \cdot e^{-\frac{t}{\tau}}$	Die Spule wird beim Abschalten von einem Verbraucher zu einer Spannungsquelle, die versucht, den Strom in gleicher Richtung weiter fließen zu lassen. Dabei hat sich die Polung der Spannung an der Spule umgekehrt. τ Zeitkonstante in s L Induktivität in H = Vs/A R Widerstand in Ω I_0 Strom nach dem Ausgleichsvorgang in A U Angelegte Gleichspannung in V i_L Strom in A u_L Spulenspannung in V e Natürliche Zahl (2,71828...) t Zeit in s

3.6 Grundgesetze im Wechselstromkreis

3.6.1 Wechselströme und Wechselspannungen

Formelzeichen zeitabhängiger Ströme — DIN 5483-2: 1982-09

Formelzeichen	Bedeutung	Formelzeichen	Bedeutung
Augenblickswerte		**Mittelwerte**	
i	Augenblickswert	$\bar{I}, I_{ar}$	Arithmetischer (ztl. linearer) Mittelwert
$|i|$	Betrag des Augenblickswertes	I, I_q, I_{eff}	Effektivwert (quadrat. Mittelwert)
$\hat{i}, i_m$	Maximalwert (Scheitelwert, Amplitude)	$|\bar{i}|, I_r$	Gleichrichtwert
$\hat{\hat{i}}, i_{mm}$	Spitzenwert (größter Maximalwert)	**Anteile und Werte an Mischgrößen**	
$\check{i}, i_{min}$	Minimalwert	I_0, I_-	Gleichstrom, Gleichstromanteil
$\check{\check{i}}, i_v$	Talwert (kleinster Minimalwert)	$i_\sim, i_a$	Wechselstrom, Wechselstromanteil
$\hat{i}, i_e$	Schwingungsbreite, Schwankung (Spitze-Tal-Wert)[1)]	$\hat{i}_a, i_{a,m}$	Maximalwert des Wechselstromanteils
		$\hat{\hat{i}}, i_{a,mm}$	Spitzenwert des Wechselstromanteils

8-7 ↑	Effektivwert	Der Effektivwert I ↑ eines Wechselstromes ist der sich aus den Augenblickswerten i ergebende Dauerwert, der in einem ohmschen Widerstand die gleiche Wärmearbeit erzeugt wie ein Gleichstrom der gleichen Höhe.
	Gleichwert	Der Gleichwert (arithmetische Mittelwert) $|\bar{i}|$ oder $|\bar{I}|$ eines Wechselstromes ist der gleich bleibende Wert, von dem aus die Summe aller größeren Augenblickswerte gleich der Summe aller kleineren Augenblickswerte ist.
	Gleichrichtwert	Der Gleichrichtwert $|\bar{i}|$ eines Wechselstromes ist der über eine Periode genommene arithmetische Mittelwert der Beträge $|i|$ der Augenblickswerte i.
	Scheitelfaktor	Der Scheitelfaktor eines Wechselstromes ist das Verhältnis des Scheitelwertes $\hat{i}$ zum Effektivwert I.
8-11 ↑	Formfaktor	Der Formfaktor ↑ ist das Verhältnis des Effektivwertes I zum Gleichrichtwert $|\bar{i}|$.

Kurvenform	Gleichrichtwert $|\bar{i}|$	Effektivwert I	Scheitelfaktor $\dfrac{\hat{i}}{I}$	Formfaktor $\dfrac{I}{|\bar{i}|}$
Sinus	$0{,}636 \cdot \hat{i}$	$\hat{i}/\sqrt{2} = 0{,}707 \cdot \hat{i}$	$\sqrt{2} = 1{,}41$	1,11
Dreieck, Sägezahn	$0{,}5 \cdot \hat{i}$	$\hat{i}/\sqrt{3} = 0{,}577 \cdot \hat{i}$	$\sqrt{3} = 1{,}73$	1,15
Rechteck	$\hat{i}$	$\hat{i}$	1,00	1,00

Sinusförmiger Wechselstrom

2-8 ↑

$$i = \hat{i} \cdot \sin(\omega t + \varphi)$$

$$\omega = 2 \cdot \pi \cdot f$$

$$f = \frac{1}{T}$$

$\hat{\hat{i}} = i_{ss} = i_{pp}$

f	Frequenz in Hz
T	Periodendauer in s
t	Zeit in s
ω	Winkelgeschwindigkeit ↑ in rad/s
i	Augenblickswert des Stromes in A
$\hat{i}$	Maximalwert des Stromes (auch Scheitelwert oder Amplitude genannt) in A
$\check{i}$	Minimalwert des Stromes in A
φ	Phasenverschiebungswinkel in rad

[1)] Verwendet wird auch als Index angehängtes pp oder ss (peak-peak, Spitze-Spitze).

3.6 Grundgesetze im Wechselstromkreis

3.6.2 Dreiphasenwechselstrom (Drehstrom)

Art	Bildliche Darstellung	Berechnung	Erklärung
Stern-schaltung[1)]		$I = I_{Str}$ $U = U_{Str} \cdot \sqrt{3}$ $S = 3 \cdot U_{Str} \cdot I$ $\quad = \sqrt{3} \cdot U \cdot I$ $P = 3 \cdot U_{Str} \cdot I \cdot \cos\varphi$ $\quad = \sqrt{3} \cdot U \cdot I \cdot \cos\varphi$ $Q = 3 \cdot U_{Str} \cdot I \cdot \sin\varphi$ $\quad = \sqrt{3} \cdot U \cdot I \cdot \sin\varphi$	U Außenleiterspannung U_{12}, U_{23}, U_{31} in V U_{Str} Strangspannung U_{1N}, U_{2N}, U_{3N} in V I Außenleiterstrom I_1, I_2, I_3 in A I_{Str} Strangstrom I_{12}, I_{23}, I_{31} in A $\sqrt{3}$ Verkettungsfaktor S Scheinleistung in VA P Gesamtwirkleistung in W Q Gesamtblindleistung in var φ Phasenverschiebungswinkel
Dreieck-schaltung[1)] ↑		$I = I_{Str} \cdot \sqrt{3}$ $U = U_{Str}$ $S = 3 \cdot U \cdot I_{Str}$ $\quad = \sqrt{3} \cdot U \cdot I$ $P = 3 \cdot U \cdot I_{Str} \cdot \cos\varphi$ $\quad = \sqrt{3} \cdot U \cdot I \cdot \cos\varphi$ $Q = 3 \cdot U \cdot I_{Str} \cdot \sin\varphi$ $\quad = \sqrt{3} \cdot U \cdot I \cdot \sin\varphi$	

↑ 11-7

3.6.3 Gleichwertige Reihen- und Parallelschaltungen

Für eine bestimmte Frequenz ist eine Reihenschaltung durch eine gleichwertige Parallelschaltung ersetzbar und umgekehrt.

Umrechnung einer Reihenschaltung in eine Parallelschaltung	Umrechnung einer Parallelschaltung in eine Reihenschaltung
$R_{par} = \dfrac{R_{ser}^2 + (\omega L_{ser})^2}{R_{ser}}$ $\quad$ $L_{par} = \dfrac{R_{ser}^2 + (\omega L_{ser})^2}{\omega^2 L_{ser}}$	$R_{ser} = \dfrac{R_{par} \cdot (\omega L_{par})^2}{R_{par}^2 + (\omega L_{par})^2}$ $\quad$ $L_{ser} = \dfrac{L_{par} \cdot R_{par}^2}{R_{par}^2 + (\omega L_{par})^2}$
$R_{par} = \dfrac{R_{ser}^2 + \left(\dfrac{1}{\omega C_{ser}}\right)^2}{R_{ser}}$ $\quad$ $C_{par} = \dfrac{\dfrac{1}{\omega^2 C_{ser}}}{R_{ser}^2 + \left(\dfrac{1}{\omega C_{ser}}\right)^2}$	$R_{ser} = \dfrac{R_{par} \cdot \left(\dfrac{1}{\omega C_{par}}\right)^2}{R_{par}^2 + \left(\dfrac{1}{\omega C_{par}}\right)^2}$ $\quad$ $C_{ser} = C_{par} \cdot \left[1 + \left(\dfrac{1}{\omega C_{par} \cdot R_{par}}\right)^2\right]$

[1)] Bei symmetrischer Belastung.

3.6 Grundgesetze im Wechselstromkreis

3.6.4 Widerstandsschaltungen

Schaltung	Strom/Spannung	Widerstand/Leitwert	Leistung
R	$I = \dfrac{U}{R}$ $\varphi = 0°$ (rein ohmsch)	$R = \dfrac{U}{I}$ $\quad G = \dfrac{I}{U} = \dfrac{1}{R}$	$P = U \cdot I$ $P = \dfrac{U^2}{R}$ $P = I^2 \cdot R$
X_L	$I = \dfrac{U}{X_L}$ $\varphi = +90°$ (rein induktiv)	$X_L = \omega \cdot L = 2\pi \cdot f \cdot L$ $B_L = \dfrac{1}{2\pi \cdot f \cdot L}$	$Q_L = U \cdot I$ $Q_L = \dfrac{U^2}{X_L}$ $Q_L = I^2 \cdot X_L$
X_C	$I = \dfrac{U}{X_C}$ $\varphi = -90°$ (rein kapazitiv)	$X_C = \dfrac{1}{\omega \cdot C} = \dfrac{1}{2\pi \cdot f \cdot C}$ $B_C = 2\pi \cdot f \cdot C$	$Q_C = U \cdot I$ $Q_C = \dfrac{U^2}{X_C}$ $Q_C = I^2 \cdot X_C$
R, X_L (Reihe)	$I = \dfrac{U_R}{R}$ $I = \dfrac{U_L}{X_L}$ $I = \dfrac{U}{Z}$ $U^2 = U_R^2 + U_L^2$ $\cos\varphi = \dfrac{U_R}{U}$; $\sin\varphi = \dfrac{U_L}{U}$ $\tan\varphi = \dfrac{U_L}{U_R}$	$Z^2 = R^2 + X_L^2$ $\cos\varphi = \dfrac{R}{Z}$; $\sin\varphi = \dfrac{X_L}{Z}$ $\tan\varphi = \dfrac{X_L}{R}$	$P = U_R \cdot I$ $Q_L = U_L \cdot I$ $S = U \cdot I$ $S^2 = P^2 + Q_L^2$ $\cos\varphi = \dfrac{P}{S}$; $\sin\varphi = \dfrac{Q_L}{S}$ $\tan\varphi = \dfrac{Q_L}{P}$
		$0° < \varphi < +90°$ (Reihenschaltung, induktiv)	
R, X_C (Reihe)	$I = \dfrac{U_R}{R}$ $I = \dfrac{U_C}{X_C}$ $I = \dfrac{U}{Z}$ $U^2 = U_R^2 + U_C^2$ $\cos\varphi = \dfrac{U_R}{U}$; $\sin\varphi = \dfrac{U_C}{U}$ $\tan\varphi = \dfrac{U_C}{U_R}$	$Z^2 = R^2 + X_C^2$ $\cos\varphi = \dfrac{R}{Z}$; $\sin\varphi = \dfrac{X_C}{Z}$ $\tan\varphi = \dfrac{X_C}{R}$	$P = U_R \cdot I$ $Q_C = U_C \cdot I$ $S = U \cdot I$ $S^2 = P^2 + Q_C^2$ $\cos\varphi = \dfrac{P}{S}$; $\sin\varphi = \dfrac{Q_C}{S}$ $\tan\varphi = \dfrac{Q_C}{P}$
		$-90° < \varphi < 0°$ (Reihenschaltung, kapazitiv)	
X_L, R (Parallel)	$U = I_R \cdot R$ $U = I_L \cdot X_L$ $U = I \cdot Z$ $I^2 = I_R^2 + I_L^2$ $\cos\varphi = \dfrac{I_R}{I}$; $\sin\varphi = \dfrac{I_L}{I}$ $\tan\varphi = \dfrac{I_L}{I_R}$	$\left(\dfrac{1}{Z}\right)^2 = \left(\dfrac{1}{R}\right)^2 + \left(\dfrac{1}{X_L}\right)^2$ $\cos\varphi = \dfrac{Z}{R}$; $\sin\varphi = \dfrac{Z}{X_L}$ $\tan\varphi = \dfrac{R}{X_L}$	$P = U \cdot I_R$ $Q_L = U \cdot I_L$ $S = U \cdot I$ $S^2 = P^2 + Q_L^2$ $\cos\varphi = \dfrac{P}{S}$; $\sin\varphi = \dfrac{Q_L}{S}$ $\tan\varphi = \dfrac{Q_L}{P}$
		$-90° < \varphi < 0°$ (Parallelschaltung, induktiv)	

3.6 Grundgesetze im Wechselstromkreis

Schaltung	Strom/Spannung	Widerstand/Leitwert	Leistung
R ∥ X_C parallel (mit I_R, I_C, I, U)	$U = I_R \cdot R$ $U = I_C \cdot X_C$ $U = I \cdot Z$ $I^2 = I_R^2 + I_C^2$ $\cos\varphi = \dfrac{I_R}{I}$; $\sin\varphi = \dfrac{I_C}{I}$ $\tan\varphi = \dfrac{I_C}{I_R}$	$\left(\dfrac{1}{Z}\right)^2 = \left(\dfrac{1}{R}\right)^2 + \left(\dfrac{1}{X_C}\right)^2$ $\cos\varphi = \dfrac{Z}{R}$; $\sin\varphi = \dfrac{Z}{X_C}$ $\tan\varphi = \dfrac{R}{X_C}$	$P = I_R \cdot U$ $Q_C = I_C \cdot U$ $S = U \cdot I$ $S^2 = P^2 + Q_C^2$ $\cos\varphi = \dfrac{P}{S}$; $\sin\varphi = \dfrac{Q_C}{S}$ $\tan\varphi = \dfrac{Q_C}{P}$

$0° < \varphi < +90°$ (Parallelschaltung, kapazitiv)

Schaltung	Strom/Spannung	Widerstand/Leitwert	Leistung
X_C, X_L, R in Reihe	**induktiv**: $U_b = U_L - U_C$	$X = X_L - X_C$	$Q_b = Q_L - Q_C$
	kapazitiv: $U_b = U_C - U_L$	$X = X_C - X_L$	$Q_b = Q_C - Q_L$
	$U^2 = U_R^2 + U_b^2$ $\cos\varphi = \dfrac{U_R}{U}$; $\sin\varphi = \dfrac{U_b}{U}$ $\tan\varphi = \dfrac{U_b}{U_R}$	$Z^2 = R^2 + X^2$ $\cos\varphi = \dfrac{R}{Z}$; $\sin\varphi = \dfrac{X}{Z}$ $\tan\varphi = \dfrac{X}{R}$	$S^2 = P^2 + Q_b^2$ $\cos\varphi = \dfrac{P}{S}$; $\sin\varphi = \dfrac{Q_b}{S}$ $\tan\varphi = \dfrac{Q_b}{P}$

$-90° < \varphi < +90°$ (Reihenschaltung, kapazitiv oder induktiv)

Schaltung	Strom/Spannung	Widerstand/Leitwert	Leistung
R ∥ X_L ∥ X_C parallel	**induktiv**: $I_b = I_L - I_C$	$\dfrac{1}{X} = \dfrac{1}{X_L} - \dfrac{1}{X_C}$	$Q_b = Q_L - Q_C$
	kapazitiv: $I_b = I_C - I_L$	$\dfrac{1}{X} = \dfrac{1}{X_C} - \dfrac{1}{X_L}$	$Q_b = Q_C - Q_L$
	$I^2 = I_R^2 + I_b^2$ $\cos\varphi = \dfrac{I_R}{I}$; $\sin\varphi = \dfrac{I_b}{I}$ $\tan\varphi = \dfrac{I_b}{I_R}$	$\left(\dfrac{1}{Z}\right)^2 = \left(\dfrac{1}{R}\right)^2 + \left(\dfrac{1}{X}\right)^2$ $\cos\varphi = \dfrac{Z}{R}$; $\sin\varphi = \dfrac{Z}{X}$ $\tan\varphi = \dfrac{R}{X}$	$S^2 = P^2 + Q_b^2$ $\cos\varphi = \dfrac{P}{S}$; $\sin\varphi = \dfrac{Q_b}{S}$ $\tan\varphi = \dfrac{Q_b}{P}$

$-90° < \varphi < +90°$ (Parallelschaltung, induktiv oder kapazitiv)

3.6 Grundgesetze im Wechselstromkreis

3.6.5 Komplexe Wechselstromrechnung

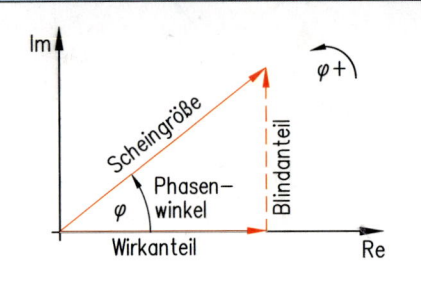

Wechselstromgrößen wie Widerstand, Leitwert, Strom, Spannung und Leistung lassen sich komplex darstellen. Eine Wechselstromgröße[1] kann mithilfe ihrer Wirk- und Blindkomponenten oder mithilfe ihres Betrages und Phasenwinkels (Phasenlage) angegeben werden.

$$\underline{Z} = R + j \cdot X$$
$$\underline{Z} = |\underline{Z}| \cdot e^{j\varphi}$$

Mithilfe der komplexen Rechnung kann der Rechenaufwand bei der Untersuchung von gemischten Wechselstromschaltungen erheblich verringert werden.

Schaltung	Strom/Spannung	Impedanz/Admittanz	Leistung
R	$\underline{U} = \|\underline{U}\| \cdot e^{j\varphi_u}$ $\underline{I} = \dfrac{\underline{U}}{R} = \|\underline{I}\| \cdot e^{j\varphi_i}$ $\varphi = \varphi_u - \varphi_i = 0°$	$\underline{Z} = \dfrac{\underline{U}}{\underline{I}}; \ \underline{Z} = R$ $\underline{Y} = \dfrac{1}{R} = \dfrac{\underline{I}}{\underline{U}}$	$\underline{S} = \underline{U} \cdot \underline{I}^* = P; \ Q = 0$ $P = R \cdot \|\underline{I}\|^2$ $P = \dfrac{\|\underline{U}\|^2}{R}$
X_L	$\underline{U} = \|\underline{U}\| \cdot e^{j\varphi_u}$ $\underline{I} = \dfrac{\underline{U}}{\underline{Z}} = \|\underline{I}\| \cdot e^{j\varphi_i}$ $\varphi = \varphi_u - \varphi_i = 90°$	$\underline{Z} = \dfrac{\underline{U}}{\underline{I}}; \ X_L = 2 \cdot \pi \cdot f \cdot L$ $\underline{Z} = j \cdot X_L = X_L \cdot e^{j90°}$ $\underline{Y} = \dfrac{1}{j \cdot X_L} = \dfrac{\underline{I}}{\underline{U}}$	$\underline{S} = \underline{U} \cdot \underline{I}^* = j \cdot Q_L; \ P = 0$ $Q_L = X_L \cdot \|\underline{I}\|^2$ $Q_L = \dfrac{\|\underline{U}\|^2}{X_L}$
X_C	$\underline{U} = \|\underline{U}\| \cdot e^{j\varphi_u}$ $\underline{I} = \dfrac{\underline{U}}{\underline{Z}} = \|\underline{I}\| \cdot e^{j\varphi_i}$ $\varphi = \varphi_u - \varphi_i = -90°$	$\underline{Z} = \dfrac{\underline{U}}{\underline{I}}; \ X_C = \dfrac{1}{2 \cdot \pi \cdot f \cdot C}$ $\underline{Z} = -j \cdot X_C = X_C \cdot e^{-j90°}$ $\underline{Y} = \dfrac{1}{-j \cdot X_C} = \dfrac{\underline{I}}{\underline{U}}$	$\underline{S} = \underline{U} \cdot \underline{I}^* = -j \cdot Q_C; \ P = 0$ $Q_C = X_C \cdot \|\underline{I}\|^2$ $Q_C = \dfrac{\|\underline{U}\|^2}{X_C}$
R, X_L (Reihe)	$\underline{U} = \|\underline{U}\| \cdot e^{j\varphi_u}$ $\underline{U} = \underline{U}_R + \underline{U}_L$ $\|\underline{U}\|^2 = \|\underline{U}_R\|^2 + \|\underline{U}_L\|^2$ $\underline{I} = \dfrac{\underline{U}}{\underline{Z}} = \|\underline{I}\| \cdot e^{j\varphi_i}$ $\cos\varphi = \dfrac{\|\underline{U}_R\|}{\|\underline{U}\|}; \ \sin\varphi = \dfrac{\|\underline{U}_L\|}{\|\underline{U}\|}$ $\tan\varphi = \dfrac{\|\underline{U}_L\|}{\|\underline{U}_R\|}$	$\underline{Z} = \dfrac{\underline{U}}{\underline{I}}$ $\underline{Z} = R + j \cdot X_L = \|\underline{Z}\| \cdot e^{j\varphi}$ $\underline{Y} = \dfrac{1}{R + j \cdot X_L} = \dfrac{\underline{I}}{\underline{U}}$ $\|\underline{Z}\|^2 = R^2 + X_L^2$ $\cos\varphi = \dfrac{R}{\|\underline{Z}\|}; \ \sin\varphi = \dfrac{X_L}{\|\underline{Z}\|}$ $\tan\varphi = \dfrac{X_L}{R}$	$\underline{S} = \underline{U} \cdot \underline{I}^* = \underline{Z} \cdot \|\underline{I}\|^2 = \dfrac{\|\underline{U}\|^2}{\underline{Z}^*}$ $\underline{S} = P + j \cdot Q_L$ $\|\underline{S}\|^2 = P^2 + Q_L$ $\cos\varphi = \dfrac{P}{\|\underline{S}\|}; \ \sin\varphi = \dfrac{Q_L}{\|\underline{S}\|}$ $\tan\varphi = \dfrac{Q_L}{P}$

$\varphi = \varphi_u - \varphi_i \quad 0° \leq \varphi \leq 90°$ (Reihenschaltung induktiv)

[1] Die komplexe Wechselstromrechnung ist ausschließlich bei sinusförmigen Spannungen und Strömen im stationären Zustand gültig.

3.6 Grundgesetze im Wechselstromkreis

Schaltung	Strom/Spannung	Impedanz/Admittanz	Leistung
R, X_C in Reihe (R oben, X_C unten; $\underline{U}_R$, $\underline{U}_C$, $\underline{U}$, $\underline{I}$)	$\underline{U} = \|\underline{U}\| \cdot e^{j\varphi_u}$ $\underline{U} = \underline{U}_R + \underline{U}_C$ $\|\underline{U}\|^2 = \|\underline{U}_R\|^2 + \|\underline{U}_C\|^2$ $\underline{I} = \dfrac{\underline{U}}{\underline{Z}} = \|\underline{I}\| \cdot e^{j\varphi_i}$ $\cos\varphi = \dfrac{\|\underline{U}_R\|}{\|\underline{U}\|}$ $\sin\varphi = \dfrac{-\|\underline{U}_C\|}{\|\underline{U}\|}$ $\tan\varphi = \dfrac{-\|\underline{U}_C\|}{\|\underline{U}_R\|}$	$\underline{Z} = \dfrac{\underline{U}}{\underline{I}}$ $\underline{Z} = R - j \cdot X_C = \|\underline{Z}\| \cdot e^{j\varphi}$ $\underline{Y} = \dfrac{1}{R - j \cdot X_C} = \dfrac{\underline{I}}{\underline{U}}$ $\|\underline{Z}\|^2 = R^2 + X_C^2$ $\cos\varphi = \dfrac{R}{\|\underline{Z}\|}$; $\sin\varphi = \dfrac{-X_C}{\|\underline{Z}\|}$ $\tan\varphi = \dfrac{-X_C}{R}$	$\underline{S} = \underline{U} \cdot \underline{I}^* = \underline{Z} \cdot \|\underline{I}\|^2 = \dfrac{\|\underline{U}\|^2}{\underline{Z}^*}$ $\underline{S} = P - j \cdot Q_C$ $\|\underline{S}\|^2 = P^2 + Q_C$ $\cos\varphi = \dfrac{P}{\|\underline{S}\|}$; $\sin\varphi = \dfrac{-Q_C}{\|\underline{S}\|}$ $\tan\varphi = \dfrac{-Q_C}{P}$
	$\varphi = \varphi_u - \varphi_i$ $-90° \leq \varphi \leq 0°$ (Reihenschaltung kapazitiv)		
X_L, R parallel ($\underline{I}_L$, $\underline{I}_R$)	$\underline{U} = \|\underline{U}\| \cdot e^{j\varphi_u}$ $\underline{U} = R \cdot \underline{I}_R$; $\underline{U} = j \cdot X_L \cdot \underline{I}_L$ $\underline{U} = \underline{Z} \cdot \underline{I}$ $\underline{I} = \underline{I}_R + \underline{I}_L$ $\underline{I} = \dfrac{\underline{U}}{\underline{Z}} = \|\underline{I}\| \cdot e^{j\varphi_i}$ $\cos\varphi = \dfrac{\|\underline{I}_R\|}{\|\underline{I}\|}$; $\sin\varphi = \dfrac{\|\underline{I}_L\|}{\|\underline{I}\|}$ $\tan\varphi = \dfrac{\|\underline{I}_L\|}{\|\underline{I}_R\|}$	$\underline{Z} = \dfrac{\underline{U}}{\underline{I}}$; $\underline{Y} = \dfrac{1}{\underline{Z}} = \dfrac{\underline{I}}{\underline{U}}$ $\dfrac{1}{\underline{Z}} = \dfrac{1}{R} + \dfrac{1}{j \cdot X_L}$ $\left(\dfrac{1}{\|\underline{Z}\|}\right)^2 = \left(\dfrac{1}{R}\right)^2 + \left(\dfrac{1}{X_L}\right)^2$ $\cos\varphi = \dfrac{\|\underline{Z}\|}{R}$; $\sin\varphi = \dfrac{\|\underline{Z}\|}{X_L}$ $\tan\varphi = \dfrac{R}{X_L}$	$\underline{S} = \underline{U} \cdot \underline{I}^* = \underline{Z} \cdot \|\underline{I}\|^2 = \dfrac{\|\underline{U}\|^2}{\underline{Z}^*}$ $\underline{S} = P + j \cdot Q_L$ $\|\underline{S}\|^2 = P^2 + Q_L^2$ $\cos\varphi = \dfrac{P}{\|\underline{S}\|}$; $\sin\varphi = \dfrac{Q_L}{\|\underline{S}\|}$ $\tan\varphi = \dfrac{Q_L}{P}$
	$\varphi = \varphi_u - \varphi_i$ $0° \leq \varphi \leq +90°$ (Parallelschaltung induktiv)		
R, X_C parallel ($\underline{I}_R$, $\underline{I}_C$)	$\underline{U} = \|\underline{U}\| \cdot e^{j\varphi_u}$ $\underline{U} = R \cdot \underline{I}_R$; $\underline{U} = -j \cdot X_C \cdot \underline{I}_C$ $\underline{U} = \underline{Z} \cdot \underline{I}$; $\underline{I} = \underline{I}_R + \underline{I}_C$ $\underline{I} = \dfrac{\underline{U}}{\underline{Z}} = \|\underline{I}\| \cdot e^{j\varphi_i}$ $\cos\varphi = \dfrac{\|\underline{I}_R\|}{\|\underline{I}\|}$; $\sin\varphi = \dfrac{-\|\underline{I}_C\|}{\|\underline{I}\|}$ $\tan\varphi = \dfrac{-\|\underline{I}_C\|}{\|\underline{I}_R\|}$	$\underline{Z} = \dfrac{\underline{U}}{\underline{I}}$; $\underline{Y} = \dfrac{1}{\underline{Z}} = \dfrac{\underline{I}}{\underline{U}}$ $\dfrac{1}{\underline{Z}} = \dfrac{1}{R} + \dfrac{1}{-j \cdot X_C}$ $\left(\dfrac{1}{\|\underline{Z}\|}\right)^2 = \left(\dfrac{1}{R}\right)^2 + \left(\dfrac{1}{X_C}\right)^2$ $\cos\varphi = \dfrac{\|\underline{Z}\|}{R}$; $\sin\varphi = \dfrac{-\|\underline{Z}\|}{X_C}$ $\tan\varphi = \dfrac{-R}{X_C}$	$\underline{S} = \underline{U} \cdot \underline{I}^* = \underline{Z} \cdot \|\underline{I}\|^2 = \dfrac{\|\underline{U}\|^2}{\underline{Z}^*}$ $\underline{S} = P - j \cdot Q_C$ $\|\underline{S}\|^2 = P^2 + Q_C^2$ $\cos\varphi = \dfrac{P}{\|\underline{S}\|}$; $\sin\varphi = \dfrac{-Q_C}{\|\underline{S}\|}$ $\tan\varphi = \dfrac{-Q_C}{P}$
	$\varphi = \varphi_u - \varphi_i$ $-90° \leq \varphi \leq 0°$ (Parallelschaltung kapazitiv)		
X_C, X_L, R in Reihe ($\underline{U}_C$, $\underline{U}_L$, $\underline{U}_R$)	$\underline{U} = \|\underline{U}\| \cdot e^{j\varphi_u}$ $\underline{U} = \underline{U}_R + \underline{U}_L + \underline{U}_C$ $\underline{U}_R = R \cdot \underline{I}$ $\underline{U}_L = j \cdot X_L \cdot \underline{I}$ $\underline{U}_C = -j \cdot X_C \cdot \underline{I}$ $\underline{U} = \underline{Z} \cdot \underline{I}$ $\underline{I} = \dfrac{\underline{U}}{\underline{Z}} = \|\underline{I}\| \cdot e^{j\varphi_i}$ $\cos\varphi = \dfrac{\|\underline{U}_R\|}{\|\underline{Z}\|}$; $\sin\varphi = \dfrac{\|\underline{U}_L\| - \|\underline{U}_C\|}{\|\underline{Z}\|}$ $\tan\varphi = \dfrac{\|\underline{U}_L\| - \|\underline{U}_C\|}{\|\underline{U}_R\|}$	$\underline{Z} = \dfrac{\underline{U}}{\underline{I}}$; $\underline{Y} = \dfrac{1}{\underline{Z}} = \dfrac{\underline{I}}{\underline{U}}$ $X = X_L - X_C$; $\underline{Z} = R + j \cdot X = \|\underline{Z}\| \cdot e^{j\varphi}$ $\|\underline{Z}\|^2 = R^2 + X^2$ $\cos\varphi = \dfrac{R}{\|\underline{Z}\|}$; $\sin\varphi = \dfrac{X}{\|\underline{Z}\|}$ $\tan\varphi = \dfrac{X}{R}$	$\underline{S} = \underline{U} \cdot \underline{I}^* = \underline{Z} \cdot \|\underline{I}\|^2 = \dfrac{\|\underline{U}\|^2}{\underline{Z}^*}$ $\underline{S} = P + j \cdot (Q_L - Q_C)$ $\|\underline{S}\|^2 = P^2 + (Q_L - Q_C)^2$ $\cos\varphi = \dfrac{P}{\|\underline{S}\|}$; $\sin\varphi = \dfrac{Q_L - Q_C}{\|\underline{S}\|}$ $\tan\varphi = \dfrac{Q_L - Q_C}{P}$
	$\varphi = \varphi_u - \varphi_i$ $-90° \leq \varphi \leq 90°$ (Reihenschaltung induktiv oder kapazitiv)		

3.6 Grundgesetze im Wechselstromkreis

3.6.5 Komplexe Wechselstromrechnung (Fortsetzung)

Schaltung	Strom/Spannung	Impedanz/Admittanz	Leistung
Parallelschaltung R, X_L, X_C mit $\underline{I}_R$, $\underline{I}_L$, $\underline{I}_C$	$\underline{U} = \|\underline{U}\| \cdot e^{j\varphi_u}$; $\underline{U} = R \cdot \underline{I}_R$ $\underline{U} = j \cdot X_L \cdot \underline{I}_L$ $\underline{U} = -j \cdot X_C \cdot \underline{I}_C$ $\underline{U} = \underline{Z} \cdot \underline{I}$; $\underline{I} = \underline{I}_R + \underline{I}_L + \underline{I}_C$ $\underline{I} = \dfrac{\underline{U}}{\underline{Z}} = \|\underline{I}\| \cdot e^{j\varphi_i}$ $\cos\varphi = \dfrac{\|\underline{I}_R\|}{\|\underline{I}\|}$; $\sin\varphi = \dfrac{\|\underline{I}_L\|-\|\underline{I}_C\|}{\|\underline{I}\|}$ $\tan\varphi = \dfrac{\|\underline{I}_L\|-\|\underline{I}_C\|}{\|\underline{I}_R\|}$	$\underline{Z} = \dfrac{\underline{U}}{\underline{I}}$; $\underline{Y} = \dfrac{1}{\underline{Z}} = \dfrac{\underline{I}}{\underline{U}}$ $\dfrac{1}{\underline{Z}} = \dfrac{1}{R} + \dfrac{1}{j \cdot X_L} + \dfrac{1}{-j \cdot X_C}$ $\dfrac{1}{X} = \dfrac{1}{X_L} - \dfrac{1}{X_C}$ $\left(\dfrac{1}{\|\underline{Z}\|}\right)^2 = \left(\dfrac{1}{R}\right)^2 + \left(\dfrac{1}{X}\right)^2$ $\cos\varphi = \dfrac{\|\underline{Z}\|}{R}$; $\sin\varphi = \dfrac{\|\underline{Z}\|}{X}$ $\tan\varphi = \dfrac{R}{X}$	$\underline{S} = \underline{U} \cdot \underline{I}^* = \underline{Z} \cdot \|\underline{I}\|^2 = \dfrac{\|\underline{U}\|^2}{\underline{Z}^*}$ $\underline{S} = P + j \cdot (Q_L - Q_C)$ $\|\underline{S}\|^2 = P^2 + (Q_L - Q_C)^2$ $\cos\varphi = \dfrac{P}{\|\underline{S}\|}$; $\sin\varphi = \dfrac{Q_L - Q_C}{\|\underline{S}\|}$ $\tan\varphi = \dfrac{Q_L - Q_C}{P}$
	$\varphi = \varphi_u - \varphi_i$ $\quad -90° \leq \varphi \leq 90°$ **(Parallelschaltung induktiv oder kapazitiv)**		
Impedanz $\underline{Z}$	$\underline{U} = \|\underline{U}\| \cdot e^{j\varphi_u}$ $\underline{I} = \dfrac{\underline{U}}{\underline{Z}} = \|\underline{I}\| \cdot e^{j\varphi_i}$ $\varphi = \varphi_u - \varphi_i$	$\underline{Z} = \dfrac{\underline{U}}{\underline{I}}$; $\underline{Y} = \dfrac{\underline{I}}{\underline{U}}$ $\underline{Z} = \|\underline{Z}\| \cdot e^{j\varphi}$ $\underline{Y} = \dfrac{1}{\underline{Z}}$	$\underline{S} = \underline{U} \cdot \underline{I}^* = \underline{Z} \cdot \|\underline{I}\|^2 = \dfrac{\|\underline{U}\|^2}{\underline{Z}^*}$ $\underline{S} = P \pm j \cdot Q$; $\cos\varphi = \dfrac{P}{\|\underline{S}\|}$ $\sin\varphi = \dfrac{\pm Q}{\|\underline{S}\|}$; $\tan\varphi = \dfrac{\pm Q}{P}$
	$\underline{Z}$: Impedanz (komplexer Scheinwiderstand) beliebiger Schaltung, $\varphi = \varphi_u - \varphi_i$ $\quad -90° \leq \varphi \leq 90°$ **(Schaltung induktiv oder kapazitiv)**		
Reihenschaltung $\underline{Z}_1$, $\underline{Z}_2$	$\underline{U} = \|\underline{U}\| \cdot e^{j\varphi_u}$ $\underline{U} = \underline{U}_1 + \underline{U}_2$ $\underline{I} = \dfrac{\underline{U}}{\underline{Z}_1 + \underline{Z}_2} = \|\underline{I}\| \cdot e^{j\varphi_i}$ $\underline{I} = \dfrac{\underline{U}_1}{\underline{Z}_1} = \dfrac{\underline{U}_2}{\underline{Z}_2}$	$\underline{Z} = \dfrac{\underline{U}}{\underline{I}} = \underline{Z}_1 + \underline{Z}_2$ $\underline{Y} = \dfrac{\underline{I}}{\underline{U}}$ $\underline{Z}_1 = \dfrac{\underline{U}_1}{\underline{I}}$; $\underline{Z}_2 = \dfrac{\underline{U}_2}{\underline{I}}$	$\underline{S} = \underline{U} \cdot \underline{I}^* = \underline{Z} \cdot \|\underline{I}\|^2 = \dfrac{\|\underline{U}\|^2}{\underline{Z}^*}$ $\underline{S} = P \pm j \cdot Q$ $\cos\varphi = \dfrac{P}{\|\underline{S}\|}$ $\sin\varphi = \dfrac{\pm Q}{\|\underline{S}\|}$; $\tan\varphi = \dfrac{\pm Q}{P}$
	$\underline{Z}_1$ und $\underline{Z}_2$: Impedanzen (komplexe Scheinwiderstände) beliebiger Schaltungen, $\varphi = \varphi_u - \varphi_i$ $\quad -90° \leq \varphi \leq 90°$ **(Schaltung induktiv oder kapazitiv)**		
Parallelschaltung $\underline{Z}_1$, $\underline{Z}_2$	$\underline{U} = \|\underline{U}\| \cdot e^{j\varphi_u}$; $\underline{U} = \underline{Z} \cdot \underline{I}$ $\underline{U} = \underline{Z}_1 \cdot \underline{I}_1 = \underline{Z}_2 \cdot \underline{I}_2$ $\underline{I} = \underline{I}_1 + \underline{I}_2$ $\underline{I} = \dfrac{\underline{U}}{\underline{Z}} = \|\underline{I}\| \cdot e^{j\varphi_i}$	$\underline{Z} = \dfrac{\underline{U}}{\underline{I}}$; $\underline{Y} = \dfrac{1}{\underline{Z}} = \dfrac{\underline{I}}{\underline{U}}$ $\dfrac{1}{\underline{Z}} = \dfrac{1}{\underline{Z}_1} + \dfrac{1}{\underline{Z}_2}$; $\underline{Z}_1 = \dfrac{\underline{U}}{\underline{I}_1}$ $\underline{Z}_2 = \dfrac{\underline{U}}{\underline{I}_2}$	$\underline{S} = \underline{U} \cdot \underline{I}^* = \underline{Z} \cdot \|\underline{I}\|^2 = \dfrac{\|\underline{U}\|^2}{\underline{Z}^*}$ $\underline{S} = P \pm j \cdot Q$ $\cos\varphi = \dfrac{P}{\|\underline{S}\|}$ $\sin\varphi = \dfrac{\pm Q}{\|\underline{S}\|}$; $\tan\varphi = \dfrac{\pm Q}{P}$
	$\underline{Z}_1$ und $\underline{Z}_2$: Impedanzen (komplexe Scheinwiderstände) beliebiger Schaltungen, $\varphi = \varphi_u - \varphi_i$ $\quad -90° \leq \varphi \leq 90°$ **(Schaltung induktiv oder kapazitiv)**		
Gemischte Schaltung $\underline{Z}_1$, $\underline{Z}_2$, $\underline{Z}_3$	$\underline{U} = \|\underline{U}\| \cdot e^{j\varphi_u}$; $\underline{U} = \underline{Z} \cdot \underline{I}_1$ $\underline{U} = \underline{U}_1 + \underline{U}_2$; $\underline{I}_1 = \underline{I}_2 + \underline{I}_3$ $\underline{I}_1 = \dfrac{\underline{U}}{\underline{Z}} = \|\underline{I}_1\| \cdot e^{j\varphi_i}$ $\underline{I}_2 = \dfrac{\underline{U}_2}{\underline{Z}_2}$; $\underline{I}_3 = \dfrac{\underline{U}_2}{\underline{Z}_3}$	$\underline{Z} = \dfrac{\underline{U}}{\underline{I}_1}$; $\underline{Y} = \dfrac{1}{\underline{Z}} = \dfrac{\underline{I}_1}{\underline{U}}$ $\underline{Z} = \underline{Z}_1 + \left(\dfrac{1}{\underline{Z}_2} + \dfrac{1}{\underline{Z}_3}\right)^{-1}$ $\underline{Z}_1 = \dfrac{\underline{U}_1}{\underline{I}_1}$; $\underline{Z}_2 = \dfrac{\underline{U}_2}{\underline{I}_2}$ $\underline{Z}_3 = \dfrac{\underline{U}_2}{\underline{I}_3}$	$\underline{S} = \underline{U} \cdot \underline{I}_1^* = \underline{Z} \cdot \|\underline{I}_1\|^2 = \dfrac{\|\underline{U}\|^2}{\underline{Z}^*}$ $\underline{S} = P \pm j \cdot Q$ $\cos\varphi = \dfrac{P}{\|\underline{S}\|}$ $\sin\varphi = \dfrac{\pm Q}{\|\underline{S}\|}$; $\tan\varphi = \dfrac{\pm Q}{P}$
	$\underline{Z}_1$, $\underline{Z}_2$ und $\underline{Z}_3$: Impedanzen (komplexe Scheinwiderstände) beliebiger Schaltungen, $\varphi = \varphi_u - \varphi_i$ $\quad -90° \leq \varphi \leq 90°$ **(Schaltung induktiv oder kapazitiv)**		

3.6 Grundgesetze im Wechselstromkreis

3.6.6 Ortskurven für einfache Wechselstromschaltungen

Wird die Ortskurve für eine Größe z. B. für die Impedanz $\underline{Z}$ einer Wechselstromschaltung invertiert (vgl. 1.3.6), so entsteht die invertierte Ortskurve, hier für die Admittanz: $\underline{Y} = \frac{1}{\underline{Z}}$. Wird die invertierte Ortskurve nochmals invertiert, so erhält man die Ortskurve für die ursprüngliche Größe gemäß dem Zusammenhang: $\underline{Y} = \frac{1}{\underline{Z}} \Leftrightarrow \frac{1}{\underline{Y}} = \underline{Z}$.

Schaltung	Ortskurve und invertierte Ortskurve	Formeln und Bemerkungen
R, L in Reihe (L variabel)	(Diagramm)	**R, L: fest, ω variabel** $\underline{Z}(\omega) = R + j \cdot X_L = R + j \cdot \omega \cdot L$ $\underline{Y}(\omega) = \frac{1}{\underline{Z}} = \frac{1}{R + j \cdot \omega \cdot L}$
R, L in Reihe (L variabel)	(Diagramm)	**R, ω: fest, L variabel** $\underline{Z}(L) = R + j \cdot X_L = R + j \cdot \omega \cdot L$ $\underline{Y}(L) = \frac{1}{\underline{Z}} = \frac{1}{R + j \cdot \omega \cdot L}$
R, X_L (R variabel)	(Diagramm)	**X_L: fest, R bzw. p variabel** $\underline{Z}(p) = p \cdot R_0 + j \cdot X_L$ $R = p \cdot R_0$ $\underline{Y}(p) = \frac{1}{\underline{Z}} = \frac{1}{p \cdot R_0 + j \cdot X_L}$
R, C in Reihe	(Diagramm)	**R, C: fest, ω variabel** $\underline{Z}(\omega) = R - j \cdot X_c = R - j \cdot \frac{1}{\omega \cdot C}$ $\underline{Y}(\omega) = \frac{1}{\underline{Z}} = \frac{1}{R - j \cdot \frac{1}{\omega \cdot C}}$

3.6 Grundgesetze im Wechselstromkreis

Schaltung	Ortskurve	Gleichungen
R, C (variabel) in Reihe	Im/Re-Diagramm mit Y-Halbkreis und Z-Geraden; $c_1 > 0$, $c_2 > c_1$, $c_3 > c_2$; $c = 0$, $c \to \infty$; Punkte bei $\frac{1}{R}$	**R, ω: fest, C variabel** $\underline{Z}(C) = R - j \cdot X_C = R - j \cdot \dfrac{1}{\omega \cdot C}$ $\underline{Y}(C) = \dfrac{1}{\underline{Z}} = \dfrac{1}{R - j \cdot \dfrac{1}{\omega \cdot C}}$
R (variabel), C in Reihe	Im/Re-Diagramm; $p = 0$, $p \to \infty$; Y-Halbkreis mit Durchmesser $\frac{1}{X_C}$; Z-Gerade bei $-X_C$	**X_C: fest, R bzw. p variabel** $\underline{Z}(p) = p \cdot R_0 - j \cdot X_C$ $R = p \cdot R_0$ $\underline{Y}(p) = \dfrac{1}{\underline{Z}} = \dfrac{1}{p \cdot R_0 - j \cdot X_C}$
C (variabel), L (variabel), R in Reihe	Im/Re-Diagramm; $\omega = 0$, $\omega \to \infty$; Y-Kreis Durchmesser $\frac{1}{2R}$; $\omega_3 = \omega_0$ auf reeller Achse; Z-Gerade	**R, L, C: fest, ω variabel** $\omega_0 = \dfrac{1}{\sqrt{L_0 C_0}}$: **Resonanzkreisfrequenz** $\underline{Z}(\omega) = R + j \cdot (X_L - X_C)$ $\phantom{\underline{Z}(\omega)} = R + j \cdot (\omega \cdot L - \dfrac{1}{\omega \cdot C})$ $\underline{Y}(\omega) = \dfrac{1}{\underline{Z}} = \dfrac{1}{R + j \cdot (\omega \cdot L - \dfrac{1}{\omega \cdot C})}$
L parallel R	Im/Re-Diagramm; $\omega_1 > 0$, $\omega_2 > \omega_1$, $\omega_3 > \omega_2$; Z-Halbkreis, Y-Gerade bei $\frac{1}{R}$	**R, L: fest, ω variabel** $\underline{Y}(\omega) = \dfrac{1}{R} + \dfrac{1}{j \cdot X_L} = \dfrac{1}{R} - j \cdot \dfrac{1}{\omega \cdot L}$ $\underline{Z}(\omega) = \dfrac{1}{\underline{Y}} = \dfrac{1}{\dfrac{1}{R} - j \cdot \dfrac{1}{\omega \cdot L}}$
L (variabel) parallel R	Im/Re-Diagramm; $L_1 > 0$, $L_2 > L_1$, $L_3 > L_2$; $L = 0$, $L \to \infty$; Z-Halbkreis, Y-Gerade bei $\frac{1}{R}$	**R, ω: fest, L variabel** $\underline{Y}(L) = \dfrac{1}{R} + \dfrac{1}{j \cdot X_L} = \dfrac{1}{R} - j \cdot \dfrac{1}{\omega \cdot L}$ $\underline{Z}(L) = \dfrac{1}{\underline{Y}} = \dfrac{1}{\dfrac{1}{R} - j \cdot \dfrac{1}{\omega \cdot L}}$

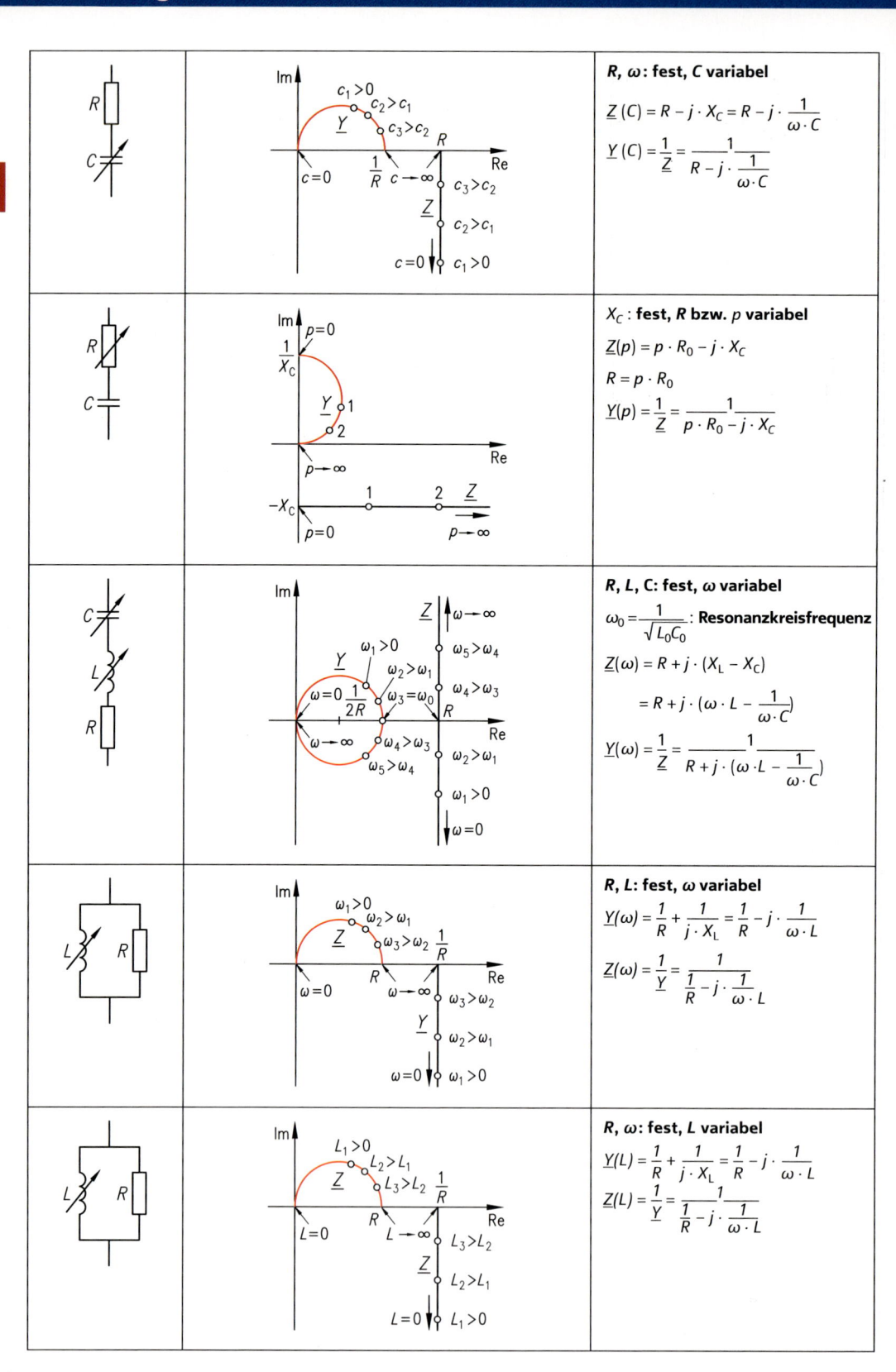

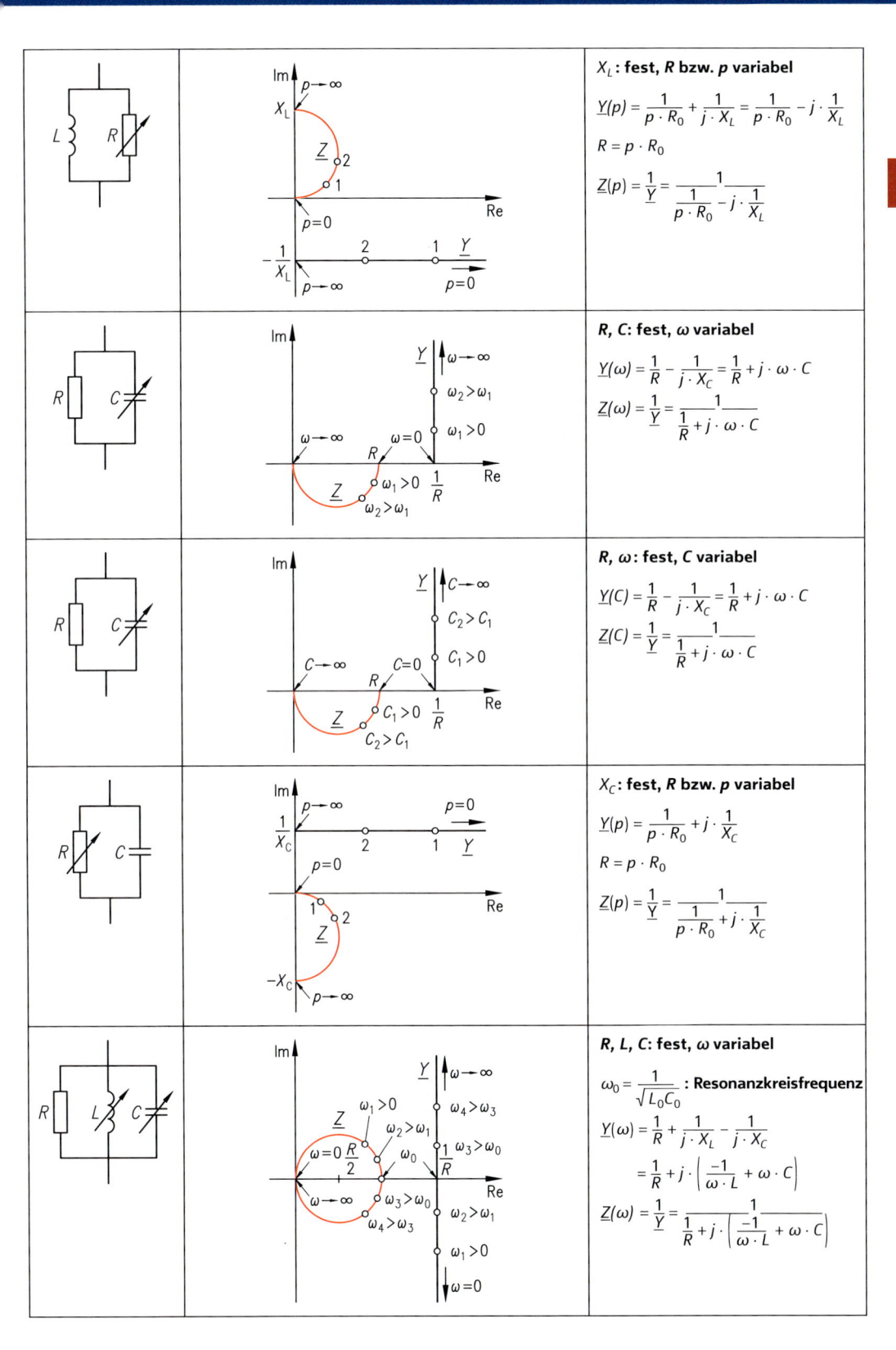

3.6 Grundgesetze im Wechselstromkreis

Schaltung	Ortskurve	Gleichungen
L, R parallel (R variabel)	Im/Re Diagramm für $\underline{Y}$ und $\underline{Z}$	X_L: **fest, R bzw. p variabel** $\underline{Y}(p) = \dfrac{1}{p \cdot R_0} + \dfrac{1}{j \cdot X_L} = \dfrac{1}{p \cdot R_0} - j \cdot \dfrac{1}{X_L}$ $R = p \cdot R_0$ $\underline{Z}(p) = \dfrac{1}{\underline{Y}} = \dfrac{1}{\dfrac{1}{p \cdot R_0} - j \cdot \dfrac{1}{X_L}}$
R, C parallel	Im/Re Diagramm	**R, C: fest, ω variabel** $\underline{Y}(\omega) = \dfrac{1}{R} - \dfrac{1}{j \cdot X_C} = \dfrac{1}{R} + j \cdot \omega \cdot C$ $\underline{Z}(\omega) = \dfrac{1}{\underline{Y}} = \dfrac{1}{\dfrac{1}{R} + j \cdot \omega \cdot C}$
R, C parallel (C variabel)	Im/Re Diagramm	**R, ω: fest, C variabel** $\underline{Y}(C) = \dfrac{1}{R} - \dfrac{1}{j \cdot X_C} = \dfrac{1}{R} + j \cdot \omega \cdot C$ $\underline{Z}(C) = \dfrac{1}{\underline{Y}} = \dfrac{1}{\dfrac{1}{R} + j \cdot \omega \cdot C}$
R variabel, C parallel	Im/Re Diagramm	**X_C: fest, R bzw. p variabel** $\underline{Y}(p) = \dfrac{1}{p \cdot R_0} + j \cdot \dfrac{1}{X_C}$ $R = p \cdot R_0$ $\underline{Z}(p) = \dfrac{1}{\underline{Y}} = \dfrac{1}{\dfrac{1}{p \cdot R_0} + j \cdot \dfrac{1}{X_C}}$
R, L, C parallel	Im/Re Diagramm	**R, L, C: fest, ω variabel** $\omega_0 = \dfrac{1}{\sqrt{L_0 C_0}}$: **Resonanzkreisfrequenz** $\underline{Y}(\omega) = \dfrac{1}{R} + \dfrac{1}{j \cdot X_L} - \dfrac{1}{j \cdot X_C}$ $= \dfrac{1}{R} + j \cdot \left(\dfrac{-1}{\omega \cdot L} + \omega \cdot C \right)$ $\underline{Z}(\omega) = \dfrac{1}{\underline{Y}} = \dfrac{1}{\dfrac{1}{R} + j \cdot \left(\dfrac{-1}{\omega \cdot L} + \omega \cdot C \right)}$

3.6 Grundgesetze im Wechselstromkreis

3.6.7 Hoch- und Tiefpässe

	RC- bzw. RL-Hochpässe	RC- bzw. RL-Tiefpässe
Schaltung	(C parallel R; R serie L)	(R serie C; L serie R)
Frequenzverhalten	Hochpass-Kennlinie: U_2/U_1 steigt mit f, bei f_g = 70,7 %	Tiefpass-Kennlinie: U_2/U_1 fällt mit f, bei f_g = 70,7 %
Phasenlage zwischen Eingangs- und Ausgangsspannung	φ in Grad, bei f_g = 45°, U_2 vor U_1	φ in Grad, bei f_g = 45°, U_1 vor U_2
Spannungsverhältnis	$\dfrac{U_2}{U_1} = \dfrac{R}{\sqrt{R^2 + X_C^2}}$ $\dfrac{U_2}{U_1} = \dfrac{X_L}{\sqrt{R^2 + X_L^2}}$	$\dfrac{U_2}{U_1} = \dfrac{X_C}{\sqrt{R^2 + X_C^2}}$ $\dfrac{U_2}{U_1} = \dfrac{R}{\sqrt{R^2 + X_L^2}}$
Grenzfrequenz	$f_g = \dfrac{1}{2\pi \cdot R \cdot C}$ $f_g = \dfrac{R}{2\pi \cdot L}$	$f_g = \dfrac{1}{2\pi \cdot R \cdot C}$ $f_g = \dfrac{R}{2\pi \cdot L}$
Verhalten bei Rechtecksignalen unterschiedlicher Impulsdauer	Ausgangssignale für $t_p \approx \tau$ und $t_p \gg \tau$	Ausgangssignale für $t_p \approx \tau$ und $t_p \ll \tau$

t_p Impulsdauer in s
τ Zeitkonstante in s
$\tau = R \cdot C$
$\tau = \dfrac{L}{R}$

Ein Hochpass wirkt als Differenzierglied, wenn $t_p \gg \tau$ bzw. $t_p > 5\tau$.

Ein Tiefpass wirkt als Integrierglied, wenn $t_p \ll \tau$.

3.6 Grundgesetze im Wechselstromkreis

3.6.8 Ersatzschaltung für Spulen und Kondensatoren

Art	Bildl. Darstellung	Berechnung	Art	Bildl. Darstellung	Berechnung
Spulen		$X_L = \omega \cdot L$ $\tan\delta_L = \dfrac{R}{\omega \cdot L}$ $d_L = \tan\delta_L$ $Q_L = \dfrac{1}{d_L}$	Kondensatoren		$B_C = \omega \cdot C$ $\tan\delta_C = \dfrac{1}{R \cdot \omega \cdot C}$ $d_C = \tan\delta_C$ $Q_C = \dfrac{1}{d_C}$

Erklärung

X_L	ind. Blindwiderstand in Ω	d_C	Verlustfaktor
L	Induktivität in H	ω	Kreisfrequenz in 1/s
d_L	Verlustfaktor	R	Verlustwiderstand in Ω
ω	Kreisfrequenz in 1/s	δ_C	Verlustwinkel
R	Verlustwiderstand in Ω	B_C	Kap. Blindleitwert in S
δ_L	Verlustwinkel	C	Kapazität in F
Q_L	Güte	Q_C	Güte

3.6.9 Schwingkreise

	Schaltbild	Scheinwiderstandsverlauf	Operatorendiagramm	Berechnung
Reihenschwingkreis		$Z_0 = R$, $\sqrt{2} \cdot Z_0$, f_{un} f_0 f_{ob}	bei Resonanz $X_L = X_C$ $\omega \cdot L = \dfrac{1}{\omega \cdot C}$	$f_0 = \dfrac{1}{2\pi \cdot \sqrt{L \cdot C}}$ $Q = \dfrac{\omega_0 \cdot L}{R} = \dfrac{1}{R}\sqrt{\dfrac{L}{C}}$ $U_{Lrsn} = U_{Crsn} = Q \cdot U$ $\Delta f = f_{ob} - f_{un} = \dfrac{f_0}{Q} = f_0 \cdot d$
Parallelschwingkreis	Bei der Berechnung müssen der Wirkwiderstand R_{sp} und die Induktivität L_{sp} der Schwingkreisspule (die in Reihe liegen!) in R und L der Parallelschaltung umgerechnet werden.		$L = L_{sp}$	$R = \dfrac{L_{sp}}{C \cdot R_{sp}}$
		$Z_0 = R$, $\dfrac{Z_0}{\sqrt{2}}$, Δf, f_{un} f_0 f_{ob}	bei Resonanz $G = \dfrac{1}{R}$ $Y = \dfrac{1}{Z}$	$f_0 = \dfrac{1}{2\pi \cdot \sqrt{L \cdot C}}$ $Q = \dfrac{R}{\omega_0 \cdot L} = R \cdot \sqrt{\dfrac{C}{L}}$ $I_{Lrsn} = I_{Crsn} = Q \cdot I$ $\Delta f = f_{ob} - f_{un} = \dfrac{f_0}{Q} = f_0 \cdot d$

Erklärung

f_0	Resonanzfrequenz in Hz	ω_0	Resonanzkreisfrequenz in 1/s	I_{Lrsn}, I_{Crsn}	Strom in L und C bei Resonanz in A
L	Induktivität in H	R	Verlustwiderstand in Ω	Q	Güte
f_{ob}	Obere Grenzfrequenz in Hz	f_{un}	Untere Grenzfrequenz in Hz	C	Kapazität in F
U	Anliegende Spannung in V			Δf	Bandbreite in Hz
I	Zufließender Strom in A	U_{Lrsn}, U_{Crsn}	Spannung an L und C bei Resonanz in V		
d	Dämpfungsfaktor				

3.6 Grundgesetze im Wechselstromkreis

3.6.10 Dämpfung, Verstärkung, Pegel

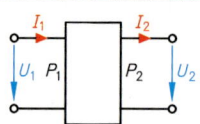

An den Eingangsklemmen des Vierpols wird die Leistung P_1 zugeführt, an den Ausgangsklemmen kann P_2 abgenommen werden. Ist $P_2/P_1 > 1$, so spricht man von Verstärkung; ist $P_2/P_1 < 1$, spricht man von Dämpfung.
Neben den Leistungen lassen sich auch Spannungen und Ströme ins Verhältnis setzen und dadurch Dämpfungen oder Verstärkungen ausdrücken.

Dämpfungsfaktoren		Übertragungsfaktoren (Verstärkungsfaktoren)	
Leistungsdämpfungsfaktor D_P	$D_P = \dfrac{P_1}{P_2}$	Leistungsübertragungsfaktor T_P	$T_P = \dfrac{P_2}{P_1}$
Spannungsdämpfungsfaktor D_U	$D_U = \dfrac{U_1}{U_2}$	Spannungsübertragungsfaktor T_U	$T_U = \dfrac{U_2}{U_1}$
Stromdämpfungsfaktor D_I	$D_I = \dfrac{I_1}{I_2}$	Stromübertragungsfaktor T_I	$T_I = \dfrac{I_2}{I_1}$

Dämpfungsmaße (dB = Dezibel[1])		Übertragungsmaße (Verstärkungsmaße)	
Leistungsdämpfungsmaß a_P	$a_P = 10 \cdot \lg \dfrac{P_1}{P_2}$ dB	Leistungsübertragungsmaß $-a_P$	$-a_P = v_P = 10 \cdot \lg \dfrac{P_2}{P_1}$ dB
Spannungsdämpfungsmaß a_U[2]	$a_U = 20 \cdot \lg \dfrac{U_1}{U_2}$ dB	Spannungsübertragungsmaß $-a_U$[2]	$-a_U = v_U = 20 \cdot \lg \dfrac{U_2}{U_1}$ dB
Stromdämpfungsmaß a_I[2]	$a_I = 20 \cdot \lg \dfrac{I_1}{I_2}$ dB	Stromübertragungsmaß $-a_I$[2]	$-a_I = v_I = 20 \cdot \lg \dfrac{I_2}{I_1}$ dB

Dämpfungskennwert		Gesamtdämpfungsmaß einer Übertragungskette	
Wird das Dämpfungsmaß a einer Leitung auf ihre Länge l bezogen, so erhält man den Dämpfungskennwert α, der in dB/km angegeben wird.		Das Gesamtdämpfungsmaß ist die Summe der Teildämpfungsmaße eines Übertragungssystems.	
$\alpha = \dfrac{a}{l}$	a Dämpfungsmaß in dB l Leiterlänge in km α Dämpfungskennwert in dB/km	$a_{ges} = a_1 + a_2 + a_3 + \ldots$	a_{ges} Gesamtdämpfungsmaß in dB a_1, a_2, a_3 Teildämpfungsmaße in dB

Absoluter Pegel		Relativer Pegel	
Der absolute Pegel (Level) L_{abs} einer Leistung P_X, einer Spannung U_X oder eines Stromes I_X ist das logarithmierte Verhältnis mit $P_0 = 1$ mW, $U_0 = 775$ mV oder $I_0 = 1{,}29$ mA.		Der relative Pegel L einer Leistung P_X, einer Spannung U_X oder eines Stromes I_X ist das logarithmierte Verhältnis zu einem beliebigen Bezugswert. **Beispiel:**	
Absoluter Leistungspegel L_{Pabs}	$L_{Pabs} = 10 \cdot \lg \dfrac{P_X}{1 \text{mW}}$ dB	Relativer Spannungspegel L_U	$L_U = 20 \cdot \lg \dfrac{U_X}{1 \text{μV}}$ dB μV
Absoluter Spannungspegel L_{Uabs}	$L_{Uabs} = 20 \cdot \lg \dfrac{U_X}{775 \text{mV}}$ dB	Dämpfungsmaß, Übertragungsmaß und Pegel	
Absoluter Strompegel L_{Iabs}	$L_{Iabs} = 20 \cdot \lg \dfrac{I_X}{1{,}29 \text{mA}}$ dB	$a = L_1 - L_2$	a Dämpfungsmaß in dB L_1 Pegel am Punkt 1 in dB L_2 Pegel am Punkt 2 in dB

[1] 1 dB ≈ 0,1151 Np (Neper).
[2] Gültig für $R_1 = R_2$. R_1 ist der Widerstand am Eingang der Übertragungsstrecke; R_2 ist der Widerstand am Ausgang der Übertragungsstrecke.

4 Signalverarbeitung

4.1 Übersicht

	Seite
4.2 Digitaltechnik	4-2
4.2.1 Grundbegriffe der Digitaltechnik	4-2
4.2.2 Schaltalgebra (boolesche Algebra)	4-2
4.2.3 Zahlendarstellung in der Digitaltechnik	4-3
4.2.4 Codes	4-5
4.2.5 Festverdrahtete Logik	4-6
4.2.6 Serielle Busse	4-19
4.2.7 Flash-Speicher (SD-Karten)	4-21
4.2.8 Programmierbare Logik	4-24
4.3 Signale und Signalaufbereitung	4-30
4.3.1 Signaltypen	4-30
4.3.2 Analog-Digital-Wandlung (ADU)	4-31
4.3.3 Digital-Analog-Wandlung	4-34
4.3.4 Spezifikationen von AD- und DA-Wandlern	4-35
4.3.5 Signalanalyse	4-36
4.3.6 Transformation in den Frequenzbereich	4-37
4.3.7 Digitale Filter	4-38

4.2 Digitaltechnik

4.2.1 Grundbegriffe der Digitaltechnik

Analog/Digital	Eine analoge Größe kann jeden beliebigen Wert innerhalb eines Wertebereiches annehmen. Eine digitale Größe kann nur eine bestimmte Anzahl diskreter Werte annehmen.
Binärzeichen	Das Binärzeichen kann zwei Zustände annehmen. Diese heißen in der Regel 0 und 1 oder L (low) und H (high).
Bit	Bit (Binary Digit) ist die Kurzform für Binärzeichen (das Bit – die Bits). Die Sondereinheit Bit gibt die Anzahl der Binärentscheidungen an.

Anzahl der Bits	1	2	3	4	5	6	7	8	9	10
Binärentscheidungen	2	4	8	16	32	64	128	256	512	1024

Für 1 024 gilt als Abkürzung das große K.

1 024 bit = 1 Kbit   1 024 Kbit = 1 Mbit   1 024 Mbit = 1 Gbit   1 024 Gbit = 1 Tbit

Byte ↑	Ein Byte ist ein n-Bit-Zeichen mit fest vorgegebenem n (meist $n = 8$); ein 8-Bit-Zeichen ermöglicht die Codierung/Zuordnung von 256 verschiedenen Zeichen (s. o. Tabelle). 8 bit ⇒ 1 Byte ⇒ 1 Zeichen **1024 byte = 1 Kbyte[1] 1024 Kbyte = 1 Mbyte[2] 1024 Mbyte = 1 Gbyte[3] 1024 Gbyte = 1 Tbyte[4]** **1024 Tbyte = 1 Pbyte[5] 1024 Pbyte = 1 Ebyte[6] 1024 Ebyte = 1 Zbyte[7] 1024 Zbyte = 1 Ybyte[8]**

Pegel-zuordnung	Per Definition gilt	Positive Logik	Negative Logik
	Zustand „wahr" = logisch 1 oder H (high)	Logisch 1 = z. B. 10 V	Logisch 1 = z. B. 0 V
	Zustand „unwahr" = logisch 0 oder L (low)	Logisch 0 = z. B. 0 V	Logisch 0 = z. B. 10 V

4.2.2 Schaltalgebra (boolesche Algebra)

Disjunktion	ODER-Funktion	$F = A + B = A \vee B$	F ist wahr, wenn A = 1 oder B = 1 oder A = B = 1.
Konjunktion	UND-Funktion	$F = A \cdot B = A \wedge B$	F ist wahr, wenn sowohl A = 1 als auch B = 1.
Negation	NICHT-Funktion	$F = \overline{A}$	F ist gleich A-nicht.

Math. Zeichen und Symbole der Schaltalgebra DIN 66000: 1985-11				Kommutativgesetz	$A \vee B = B \vee A \quad A \wedge B = B \wedge A$
Operation	UND	ODER	NICHT	Assoziativgesetz	$A \wedge B \wedge C = A \wedge (B \wedge C) = (A \wedge B) \wedge C$ $A \vee B \vee C = A \vee (B \vee C) = (A \vee B) \vee C$
Zeichen	∧	∨	¬	Distributivgesetz	$A (B \vee C) = A \wedge B \vee (A \wedge C)$ $(A \vee B) \wedge (A \vee C) = A \vee B \wedge C$
Ersatzweise	·	+	–		
Das Zeichen für die Operation NICHT bindet stärker als das Zeichen ∧ und ∨. Da diese beiden Zeichen unter sich gleich stark binden, sind einzelne Terme einzuklammern.				Absorptionsgesetz	$A \wedge 1 = A \quad A \wedge A = A \quad A \wedge 0 = 0$ $A \vee 0 = A \quad A \vee 1 = 1$ $A \vee \overline{A} = 1 \quad A \wedge \overline{A} = 0$ $A \vee (A \wedge B) = A \quad A \wedge (A \vee B) = A$

Das De Morgansche Theorem

$\overline{a \wedge b \wedge c \wedge \ldots \wedge n} = \overline{a} \vee \overline{b} \vee \overline{c} \vee \ldots \vee \overline{n}$	Die Inversion der ODER-Verknüpfung ist gleich der UND-Funktion der einzelnen invertierten.
$\overline{a \vee b \vee c \vee \ldots \vee n} = \overline{a} \wedge \overline{b} \wedge \overline{c} \wedge \ldots \wedge \overline{n}$	Die Inversion der UND-Verknüpfung ist gleich der ODER-Funktion der einzelnen invertierten.

[1] K = Kilo   [2] M = Mega   [3] G = Giga   [4] T = Tera   [5] P = Peta   [6] E = Exa   [7] Z = Zetta   [8] Y = Yotta

4.2 Digitaltechnik

4.2.3 Zahlendarstellung in der Digitaltechnik

Struktur stellenbewerteter Zahlensysteme ↑

$Z = a_{n-1} \cdot b^{n-1} + ... + a_2 \cdot b^2 + a_1 \cdot b^1 + a_0 \cdot b^0$

Z	Zahl
$a_{n-1}...a_0$	Ziffernfolge als Zahl
n	Anzahl der Ziffern der Zahl
$b^{n-1}...b^0$	Vervielfachungsfaktoren
b	Basiszahl

Jeder Ziffer ist abhängig von ihrer Stelle ein Vervielfachungsfaktor zugeordnet. Die Basis dieses Faktors ist die Basiszahl. Die Basiszahl ist abhängig von der Anzahl der Ziffern, die in einem Zahlensystem zur Verfügung stehen.

Dual-/Binärzahlen sind Zahlen, die sich aus nur zwei Symbolen (0 und 1) zusammensetzen. Ihre Gewichtung basiert auf Zweierpotenzen. Binärzahlen werden gegebenenfalls durch eine angehängte, tiefgestellte 2 gekennzeichnet (z. B. 10010111_2).

Umwandlung einer Binärzahl in eine Dezimalzahl gemäß obiger Formel (Zerlegung in Zweierpotenzen):

Beispiel:
$1101_2 = \mathbf{1} \cdot 2^3 + \mathbf{1} \cdot 2^2 + \mathbf{0} \cdot 2^1 + \mathbf{1} \cdot 2^0$
$1101_2 = \mathbf{1} \cdot 8 \; + \mathbf{1} \cdot 4 \; + \mathbf{0} \cdot 1 \; + \mathbf{1} \cdot 1$
$\mathbf{1101_2 = 13}$

Umwandlung einer Dezimalzahl in eine Binärzahl nach der Divisionsregel (Reste-Methode):
Die Dezimalzahl wird so oft durch 2 geteilt, bis der Rest nicht mehr teilbar ist. Die Restziffern, von unten nach oben gelesen, ergeben die gesuchte Zahl.

Beispiel:

	Rest		Binärziffer	Ergebnis
$13 : 2 = 6$	1	⇒	1	1
$6 : 2 = 3$	0	⇒	0	01
$3 : 2 = 1$	1	⇒	1	101
$1 : 2 = 0$	1	⇒	1	$\mathbf{1101_2}$

Sedezimalzahlen (oft als Hexadezimalzahlen bezeichnet) sind Zahlen, die sich aus 16 Symbolen (0...9..A .F) zusammensetzen und deren Gewichtung auf Sechszehnerpotenzen basiert. Eine Sedezimalziffer ersetzt vier Stellen einer Binärzahl und erleichtert damit die Darstellung binärer Zahlen. Sedezimalzahlen werden gegebenenfalls durch eine angehängte, tiefgestellte 16 gekennzeichnet (z. B. $A1FF_{16}$). In der Literatur findet man auch eine Kennzeichnung durch ein angehängtes H (z. B. $A1FF_H$).

Umwandlung einer Sedezimalzahl in eine Dezimalzahl gemäß obiger Formel (Zerlegung in Zweierpotenzen):

Beispiel:
$1FB1_{16} = \mathbf{1} \cdot 16^3 \; + \; \mathbf{F} \cdot 16^2 + \mathbf{B} \cdot 16^1 + \mathbf{1} \cdot 16^0$
$1FB1_{16} = \mathbf{1} \cdot 4096 + \mathbf{15} \cdot 256 + \mathbf{11} \cdot 16 \; + \mathbf{1} \cdot 1$
$\mathbf{1FB1_{16} = 8113}$

Umwandlung einer Dezimalzahl in eine Sedezimalzahl nach der Divisionsregel (Reste-Methode):
Die Dezimalzahl wird so oft durch 16 geteilt, bis der Rest nicht mehr teilbar ist. Die Restziffern, von unten nach oben gelesen, ergeben die gesuchte Zahl.

Beispiel:

	Rest		Sedezimalziffer	Ergebnis
$8113 : 16 = 507$	1	⇒	1	1
$507 : 16 = 31$	11	⇒	B	B1
$31 : 16 = 1$	15	⇒	F	FB1
$1 : 16 = 0$	1	⇒	1	$\mathbf{1FB1_{16}}$

↑ 5-19

Dezimalzahl	Sedezimalzahl	Binärzahl/Dualzahl $2^5\;2^4\;2^3\;2^2\;2^1\;2^0$
0	0	0
1	1	1
2	2	1 0
3	3	1 1
4	4	1 0 0
5	5	1 0 1
6	6	1 1 0
7	7	1 1 1
8	8	1 0 0 0
9	9	1 0 0 1
10	A	1 0 1 0
11	B	1 0 1 1
12	C	1 1 0 0
13	D	1 1 0 1
14	E	1 1 1 0
15	F	1 1 1 1
16	10	1 0 0 0 0
17	11	1 0 0 0 1
18	12	1 0 0 1 0
19	13	1 0 0 1 1
20	14	1 0 1 0 0
21	15	1 0 1 0 1
22	16	1 0 1 1 0
23	17	1 0 1 1 1
24	18	1 1 0 0 0
25	19	1 1 0 0 1
26	1A	1 1 0 1 0
27	1B	1 1 0 1 1
28	1C	1 1 1 0 0
29	1D	1 1 1 0 1
30	1E	1 1 1 1 0
31	1F	1 1 1 1 1
32	20	1 0 0 0 0 0
33	21	1 0 0 0 0 1
34	22	1 0 0 0 1 0
35	23	1 0 0 0 1 1
36	24	1 0 0 1 0 0
37	25	1 0 0 1 0 1
38	26	1 0 0 1 1 0
39	27	1 0 0 1 1 1
40	28	1 0 1 0 0 0
41	29	1 0 1 0 0 1

4.2 Digitaltechnik

4.2.3 Zahlendarstellung in der Digitaltechnik (Fortsetzung)

Darstellung negativer Binärzeichen

Wertebereich für Binärzahlen

Datenformat Anzahl n der Bits	vorzeichenlose Binärzahl	2-Komplement Zahl
4	0...15	$-8 \ldots +7$
8	0...255	$-128 \ldots +127$
16	0...65535	$-32768 \ldots +32767$
32	$0 \ldots 2^{32}-1$	$-2^{31} \ldots +2^{31}-1$
64	$0 \ldots 2^{64}-1$	$-2^{63} \ldots +2^{63}-1$
n	$0 \ldots 2^{n}-1$	$-2^{n-1} \ldots +2^{n-1}-1$

Im Computer werden Zahlen und Vorzeichen binär codiert. Eine Stelle der Binärzahl wird für das Vorzeichen verwendet. Damit stehen für die eigentliche Zahl noch $n-1$ Bit zur Verfügung.

Positive Zahlen sind aus dem Vorzeichen 0 und dem eigentlichen Zahlenwert zusammengesetzt.

Negative Zahlen werden in drei verschiedenen Weisen dargestellt:
- Darstellung mit Betrag und Vorzeichen (führende Eins)
- Darstellung im 1er-Komplement
- Darstellung im 2er-Komplement (meist verwendet)

Darstellung mit Betrag und Vorzeichen durch eine führende Eins

		Codierung	positiv	negativ
+000	−000		0000	1000
+001	−001	$+ \Rightarrow 0$	0001	1001
+010	−010		0010	1010
+011	−011	$- \Rightarrow 1$	0011	1011
+100	−100		0100	1100

Das erste Bit wird für das Vorzeichen verwendet. Bei einem 4-Bit-Datenwort stehen dann noch drei Bit für den eigentlichen Zahlenwert zur Verfügung.

Darstellung im Komplement

Im 1er-Komplement	Im 2er-Komplement
Für alle Stellen $0 \rightarrow 1$ $1 \rightarrow 0$	Für alle Stellen $0 \rightarrow 1$ $1 \rightarrow 0$ Zusätzlich 1 addieren

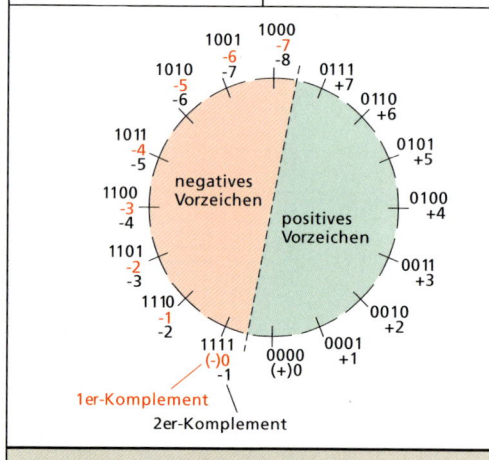

1. Komplement ist eine andere Bezeichnung für Negation in der booleschen Algebra. Es wird für die Darstellung negativer Zahlen in der Digitaltechnik verwendet.
2. Das 1er-Komplement erhält man, indem man jede 0 durch 1 und jede 1 durch 0 ersetzt.
   Beispiel: 1011 wird zu 0100.
3. Beim 2er-Komplement bildet man das 1er-Komplement und addiert zusätzlich eine Eins.
   Beispiel: 1011 wird zu 0101.
4. Verwendung der Komplementbildung: Durchführung arithmetischer Operationen auf Digitalrechnern. Die Subtraktion zweier Zahlen x und y realisiert man durch die Addition von x mit dem Zweierkomplement von y.
   Beispiel:
   $x = 4 \rightarrow 0100$
   $y = 5 \rightarrow 0101 \rightarrow$ Zweierkomplement 1011
   Addition: 0100 + 1011 = 1111 entspricht −1 (siehe Zahlenring)

Zur Veranschaulichung: Zahlenring mit Zahlenbereichsgrenzen für die Darstellung im Komplement mit fester Wortlänge (hier 4-Bit).

Gleitkommazahlen (Meistens angewendet: IEEE P754)

single: **32-Bit-Zahl** — Bits 31 | 23 22 | 0 (Exp., Mantisse, Vorzeichen der Mantisse)

Genauigkeit: 6 Dezimalstellen

double precision: **64-Bit-Zahl** — Bits 63 | 52 51 | 0 (Exp., Mantisse, Vorzeichen der Mantisse)

Genauigkeit: 17 Dezimalstellen

Der Wert einer Gleitkommazahl nach IEEE ergibt sich zu:
$(-1)^{\text{Vorzeichen}} \cdot \text{Mantisse} \cdot 2^{\text{Exponent-Offset}}$.

Die Zahl Null wird nach Vorzeichen = 0, Exponent = 0 und Mantisse = 0 dargestellt.

4.2 Digitaltechnik

4.2.4 Codes

Der Nutzen von Codes hängt vom Anwendungsfall ab: leichte Ausführung von Rechenoperationen (Addieren, Subtrahieren, Multiplizieren usw.), Fehlererkennung, optimale Ausnutzung des Nachrichtenkanals, Sicherheit gegen unbefugtes Decodieren.

BCD- oder dekadische Codes

Codes, die nur zur Codierung der Dezimalziffern 0...9 benutzt werden, heißen dekadische oder BCD-Codes (Binary Coded Decimal). Sechs Codewörter (dezimal 10, 11, 12, 13, 14, 15) werden nicht verwendet (Pseudotetraden).

Tetradische Codes

Ein 4-bit-Codewort ist eine vierstellige Dualzahl und heißt Tetrade. Deshalb nennt man vierstellige Codes auch tetradische Codes. Sie werden meist zur Codierung von Dezimalziffern und -zahlen verwendet.

Mehrschrittige Tetradische Codes	Einschrittige Tetradische Codes
• Beim Übergang von einem Codewort zum anderen können sich mehrere Binärstellen ändern. • BCD-Code, geeignet für Addition • Aiken-Code, geeignet für Addition und Subtraktion	• Beim Übergang von einem Codewort zum anderen ändert sich nur eine Binärstelle. • Wenn digitale Signale über analoge Übertragungswege transportiert werden sollen

Dezimal-Ziffer	BCD-Code	Aiken-Code	Gray-Code	Glixon-Code	O'Brien-Code
0	0000	0000	0000	0000	0001
1	0001	0001	0001	0001	0011
2	0010	0010	0011	0011	0010
3	0011	0011	0010	0010	0110
4	0100	0100	0110	0110	0100
5	0101	1011	0111	0111	1100
6	0110	1100	0101	0101	1110
7	0111	1101	0100	0100	1010
8	1000	1110	1100	1100	1011
9	1001	1111	1101	1000	1001
Wertigkeit	8421	2421			
Stelle	4321	4321	4321	4321	4321

Höherstellige Codes

- Codewörter haben mehr als vier Stellen.
- Beim 2-aus-5-Code sind je Codewort zwei von fünf Stellen mit 1 besetzt.
- Beim Biquinär-Code (2-aus-7-Code) sind je Codewort zwei von sieben Stellen mit 1 besetzt.
- Beim 1-aus-10-Code ist eine Stelle mit einer 1 besetzt.

Die erste Stelle eines Codewortes wird mit **LSB** = **L**east **S**ignificant **B**it = niedrigstwertiges Bit bezeichnet.
Die letzte Stelle eines Codewortes wird mit **MSB** = **M**ost **S**ignificant **B**it = höchstwertiges Bit bezeichnet.

Dezimal-Ziffer	2-aus-5-Code	1-aus-10-Code	Libaw-Craig-Code	Biquinär-Code
0	00011	0000000001	00000	1000001
1	00101	0000000010	00001	1000010
2	00110	0000000100	00011	1000100
3	01001	0000001000	00111	1001000
4	01010	0000010000	01111	1010000
5	01100	0000100000	11111	0100001
6	10001	0001000000	11110	0100010
7	10010	0010000000	11100	0100100
8	10100	0100000000	11000	0101000
9	11000	1000000000	10000	0110000
Stelle	54321	9876543210	54321	6543210

Nichtdekadische/Tetradische Codes

Zahlen werden in einem Codewort dargestellt und müssen auf die Menge der zu codierenden Zahlen ausgelegt sein.

Dezimal-Ziffer	Dual-Code	Hamming-Code	Dezimal-Ziffer	Dual-Code	Hamming-Code
0	0000	0000000	4	0100	0101010
1	0001	0000111	5	0101	0101101
2	0010	0011001	6	0110	0110011
3	0011	0011110	7	0111	0110100

4.2 Digitaltechnik

4.2.5 Festverdrahtete Logik

Benennung Verknüpfungsgleichung	Schaltzeichen	Wertetabelle A	B	y	Ersatzschaltung
UND (Konjunktion) $y = A \wedge B$	A,B & y	0 0 1 1	0 1 0 1	0 0 0 1	A—B—y
ODER (Disjunktion) $y = A \vee B$	A,B ≥1 y	0 0 1 1	0 1 0 1	0 1 1 1	A / B parallel y
NICHT (Negation) $y = \overline{A}$	A 1 y	0 1 – –	– – – –	1 0 – –	$\overline{A}$ —y
NAND $y = \overline{A \wedge B}$	A,B & y (negiert)	0 0 1 1	0 1 0 1	1 1 1 0	$\overline{A}$ / $\overline{B}$ parallel y
NOR $y = \overline{A \vee B}$	A,B ≥1 y (negiert)	0 0 1 1	0 1 0 1	1 0 0 0	$\overline{A}$ — $\overline{B}$ —y
Ex(klusiv)-ODER (Antivalenz) $y = (\overline{A} \wedge B) \vee (A \wedge \overline{B})$	A,B =1 y	0 0 1 1	0 1 0 1	0 1 1 0	B / A y
Äquivalenz, Äquijunktion $y = (A \wedge B) \wedge (\overline{A} \wedge \overline{B})$	A,B = y	0 0 1 1	0 1 0 1	1 0 0 1	A — B y
Sperrgatter (Inhibition) $y = \overline{A} \vee B$	A,B & y	0 0 1 1	0 1 0 1	0 1 0 0	$\overline{A}$ — B —y
Implikation, Subjunktion $y = \overline{A} \vee B$	A,B ≥1 y	0 0 1 1	0 1 0 1	1 1 0 1	$\overline{A}$ / B y

Ersetzen von Verknüpfungsgliedern durch andere

Man erhält gleichwertige Verknüpfungsglieder, wenn
1. alle & durch ≥ ersetzt werden und
2. alle ≥ durch & ersetzt werden und
3. alle Anschlüsse gegenüber dem Ausgangszustand invertiert werden
   (beim NICHT-Glied besteht eine Ausnahme).

4.2 Digitaltechnik

Vereinfachung von Schaltnetzen mit Karnaugh-Veitch-Tafeln (KV-Tafeln)

d	c	b	a	Zeile Feld
0	0	0	0	0
0	0	0	1	1
0	0	1	0	2
0	0	1	1	3
0	1	0	0	4
0	1	0	1	5
0	1	1	0	6
0	1	1	1	7
1	0	0	0	8
1	0	0	1	9
1	0	1	0	10
1	0	1	1	11
1	1	0	0	12
1	1	0	1	13
1	1	1	0	14
1	1	1	1	15

Für 2 Variable

	a	
	0	1
b	2	3

Für 3 Variable

	a			
	0	1	5	4
b	2	3	7	6
		c		

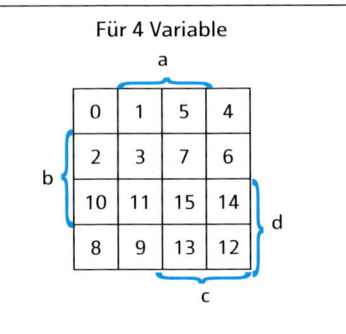

Für 4 Variable

	a			
	0	1	5	4
b	2	3	7	6
	10	11	15	14
	8	9	13	12
		c		d

Das KV-Diagramm dient zur Vereinfachung (Minimierung) von Schaltnetzen. Hierzu überträgt man die Wertetabelle in das Diagramm.

Jedes Feld des KV-Diagramms entspricht einer Zeile der Wertetabelle.

Im KV-Diagramm unterscheiden sich alle waagerechten bzw. senkrechten benachbarten Felder nur in einer Variablen. Dasselbe gilt für ein Feld am Rand mit dem waagerecht oder senkrecht gegenüberliegenden Randfeld. Gleiches gilt auch für die vier Eckfelder im KV-Diagramm für vier Variable.

Vorgehensweise

1. Alle Verknüpfungen der Wahrheitstabelle, für die y = 1 ist, in das entsprechende Feld der KV-Tabelle übertragen.
2. Von Feld zu Feld nur jeweils eine Eingangsvariable ändern.
3. Es sind 2^n-Felder (n = Anzahl der Eingangsvariablen) erforderlich.
4. „Benachbarte" Vollkonjunktionen zu 2er-, 4er- oder 8er-Blöcken zusammenfassen.
5. Benachbart sind Vollkonjunktionen der Felder, die mit einer Seite (nicht mit der Ecke) aneinanderstoßen.
6. Auch Felder, die am Rande der Tafel liegen, können zusammengefasst werden.
7. Variable eines Blockes, die negiert und nicht negiert auftreten, entfallen.
8. Die in einem Block verbleibenden Variablen werden UND-verknüpft.
9. Werden diese UND-Verknüpfungen durch ODER-Verknüpfungen miteinander verbunden, entsteht die vereinfachte Funktionsgleichung.

Beispiel

d	c	b	a	y
0	0	0	0	1
0	0	0	1	1
0	0	1	0	0
0	0	1	1	0
0	1	0	0	1
0	1	0	1	1
0	1	1	0	0
0	1	1	1	0
1	0	0	0	1
1	0	0	1	0
1	0	1	0	0
1	0	1	1	0
1	1	0	0	1
1	1	0	1	1
1	1	1	0	1
1	1	1	1	1

Gleichung

$y = (a \wedge b \wedge c \wedge d)$
$\vee (a \wedge b \wedge c \wedge d)$

$\vee (\overline{a} \wedge \overline{b} \wedge c \wedge \overline{d})$
$\vee (a \wedge b \wedge c \wedge d)$

$\vee (\overline{a} \wedge \overline{b} \wedge \overline{c} \wedge d)$

$\vee (\overline{a} \wedge \overline{b} \wedge c \wedge d)$
$\vee (a \wedge b \wedge c \wedge d)$
$\vee (a \wedge b \wedge c \wedge d)$
$\vee (a \wedge b \wedge c \wedge d)$

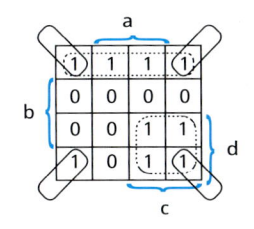

$y = (\overline{a} \wedge \overline{b}) \vee (\overline{b} \wedge \overline{d}-) \vee (c \wedge d)$

$y = \overline{b} \wedge (\overline{a} \vee \overline{d}) \vee (c \wedge d)$

Im KV-Diagramm sind drei Zusammenfassungen von je vier benachbarten Feldern möglich, einschließlich gegenüberliegender Randfelder. Es bleiben drei UND-Verknüpfungen übrig, die den Zusammenfassungen gemeinsam sind:

$y = (\overline{a} \wedge \overline{b}) \vee (\overline{b} \wedge \overline{d}) \vee (c \wedge d)$

Aus dieser Funktion kann man nach dem 1. Distributiv-Gesetz noch eine Variable ausklammern:

$y = \overline{b} \wedge (\overline{a} \vee \overline{d}) \vee (c \wedge d)$

4.2 Digitaltechnik

4.2.5 Festverdrahtete Logik (Fortsetzung)

Monostabiles Kippglied

Symbol und Diagramm	Funktionsprinzip und Diagramm	Erläuterung Anwendung
Monostabile Kippschaltung (Monoflop)		Im stabilen Zustand ist die Ausgangsspannung U_y positiv. Ein negativer Impuls am Eingang E schaltet U_y negativ. C_2 lädt sich über R_1 negativ auf, bis $|U_{C2}| > |U_{R3}|$ ist. Dann wechselt U_1 die Richtung, und U_y wird wieder positiv. $T = R_1 \cdot C_2 \cdot \ln(1 + R_3/R_2)$
		Einzelimpulsgeber, Impulsformer, Zeitgeber, Verzögerungsschaltung

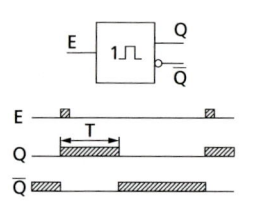

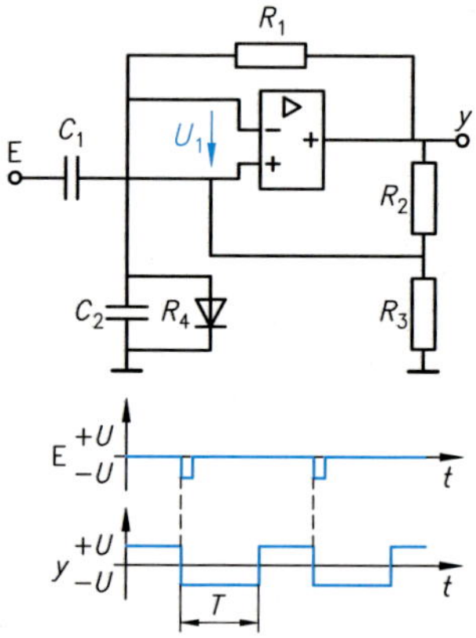

Astabiles Kippglied

Symbol und Diagramm	Funktionsprinzip und Diagramm	Erläuterung Anwendung
Astabile Kippschaltung (Multivibrator)		U_y lädt über R_1 den Kondensator C_2 auf, bis U_1 und U_y die Richtung wechseln (Mitkopplung). Dann wird C_2 über R_1 umgeladen, bis U_1 wieder die Richtung wechselt. Ein negativer Impuls am Eingang E synchronisiert die Kippstufe. $T = 2 \cdot R_1 \cdot C_2 \cdot \ln(1 + (2R_3)/R_2)$ $f_0 = 1/T$
		Synchronisierbarer Rechteckgenerator, Impulsgeber, Taktgeber

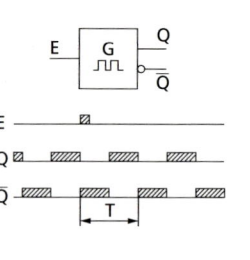

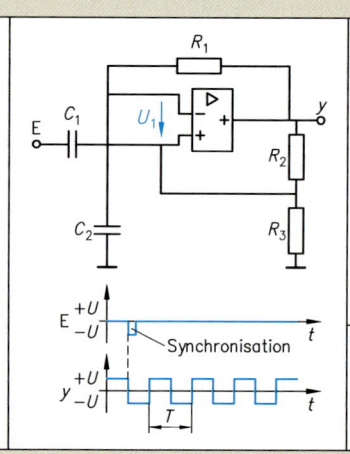

Schwellwertschalter

Symbol und Diagramm	Funktionsprinzip und Diagramm	Erläuterung Anwendung
Schwellwertschalter (Schmitt-Trigger)		Bei Ansteuerung mit $+U_E$ kippt die Ausgangsspannung auf $\approx -U$. Wird U_E negativ, kippt die Ausgangsspannung auf $\approx +U$. In der Beispielschaltung wird das Eingangssignal invertiert. $\Delta U_1 \approx [(+U) - (-U)] \cdot R_2/(R_1 + R_2)$
		Impulsformer, Flankenverbesserung, Konditionierung von Analogsignalen

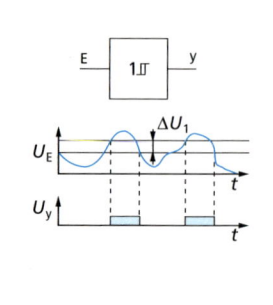

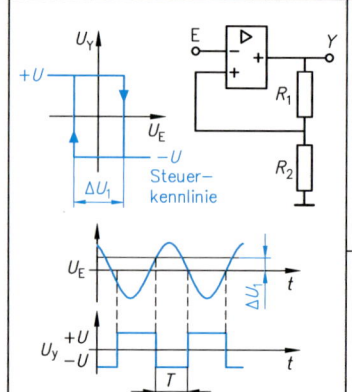

4.2 Digitaltechnik

Bistabile Kippglieder (Flipflops) ↑   ↑ 13-24

Zustandsgesteuerte (statische) Flipflops (Latches)

	S	R	Q	$\overline{Q}$		
RS-Flipflop Mit Triggerung auf positiver Flanke	1 0 0 1	0 1 0 1	1 0 · –	0 1 · –	Setzen Rücksetzen unverändert unbestimmt	**Andere Bezeichnungen:** • RS-Kippglied • Basiskippglied • Asynchrones Kippglied Spricht sofort auf Eingangs-signaländerungen an Diagramm für Typ mit Triggerung auf positiver Flanke:
RS-Flipflop Mit Triggerung auf negativer Flanke	S 0 1 1 0	R 1 0 1 0	Q 1 0 · –	$\overline{Q}$ 0 1 · –	Setzen Rücksetzen Speichern unbestimmt	

Taktzustandsgesteuerte Flipflops

RS-Flipflop

		T_n		T_{n+1}		
	S	R	Q	$\overline{Q}$	Q	$\overline{Q}$
	0	0	0	1	0	1
	0	1	0	1	0	1
	1	0	0	1	1	0
	1	1	0	1	–	–
	0	0	1	0	1	0
	0	1	1	0	0	1
	1	0	1	0	1	0
	1	1	1	0	–	–

T_n Zustand vor dem Taktimpuls
T_{n+1} Zustand nach dem Taktimpuls
– unbestimmtes Resultat

Antivalente Signale an 1S und 1R (Vorbereitungseingänge) werden nur wirksam, wenn am Eingang C_1 ein 1-Signal anliegt.

Delay-(D-)Flipflop Mit positiver Flankensteuerung

	T_n		T_{n+1}	
D	Q	$\overline{Q}$	Q	$\overline{Q}$
0	0	1	0	1
1	0	1	1	0
0	1	0	0	1
1	1	0	1	0

D-Kippglieder sind als zustandsgesteuerte, ein- und zweiflankengesteuerte Kippglieder handelsüblich. Die Signalkombination S = R = 1 ist bei diesem Typ ausgeschlossen.

JK-Flipflop

		T_n		T_{n+1}	
J	K	Q	$\overline{Q}$	Q	$\overline{Q}$
0	0	0	1	0	1
0	1	0	1	0	1
1	0	0	1	1	0
1	1	0	1	1	0
0	0	1	0	1	0
0	1	1	0	0	1
1	0	1	0	1	0
1	1	1	0	0	1

Infolge der inneren Rückführung öffnet der Taktimpuls immer nur das UND-Glied, dessen zweiter Eingang vom Ausgang her ein 1-Signal erhält. Liegt an J und K gleichzeitig ein 1-Signal, erhält man einen Binärteiler; in allen anderen Konfigurationen ein RS-Kippglied.

4.2 Digitaltechnik

4.2.5 Festverdrahtete Logik (Fortsetzung)

Asynchrone Zähler

Asynchroner Dualzähler mit JK-Flipflops

Ein Teil der Kippglieder wird vom Zähltakt gesteuert. Die anderen werden seriell (nacheinander) von einem davor liegenden Kippglied angesteuert. Um einen asynchronen 2^n-Teiler zu erhalten, werden n-Kippglieder so hintereinander geschaltet, dass der Ausgang jeweils mit dem Eingang des folgenden Gliedes verbunden ist.

Vorteil	• Geringerer Schaltungsaufwand als bei synchronen Schaltungen
Nachteil	• Geringere zulässige Taktfrequenz, da vor einer Decodierung des Zählerstandes alle Umschaltvorgänge abgeschlossen sein müssen; • Bei n-Kippgliedern also nach n Kippgliedschaltzeiten

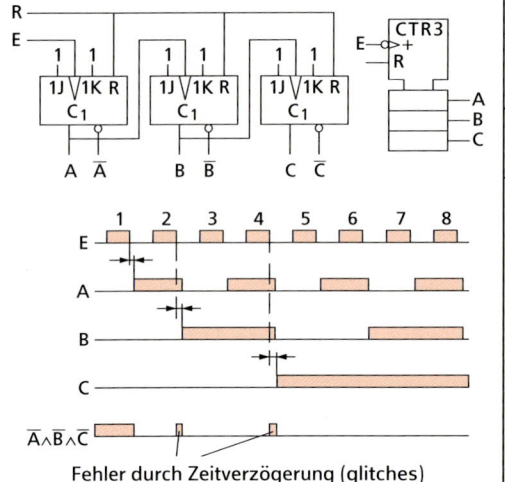

Fehler durch Zeitverzögerung (glitches)

Asynchroner Dualzähler mit D-Flipflops

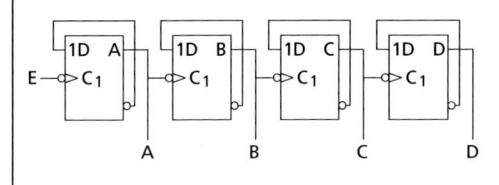

Im Diagramm links erkennt man das Auftreten von sogenannten „glitches" bei der Auswertung der Zählersignale A, B und C.

Synchrone Zähler

Synchroner Dualzähler mit JK-Flipflops

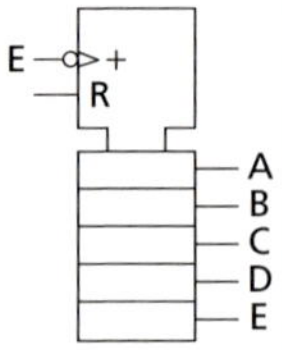

Die Takteingänge aller Glieder sind miteinander verbunden. Die Umschaltung der an einem Schaltvorgang beteiligten Kippglieder erfolgt gleichzeitig.
Bei Vernachlässigung der Kippgliedschaltzeiten stimmt das Impulsdiagramm des synchronen Zählers mit 8421-Code mit dem des asynchronen Zählers mit 8421-Code überein.

Vorteil	• Hohe Taktfrequenz zulässig, da die Kippgliedverzögerungszeit nur einmal auftritt; • Hohe Störsicherheit, weil die Vorbereitungseingänge nur kurz von der wirksamen Taktflanke freigegeben werden
Nachteil	• Höherer Schaltungsaufwand als bei asynchronen Schaltungen

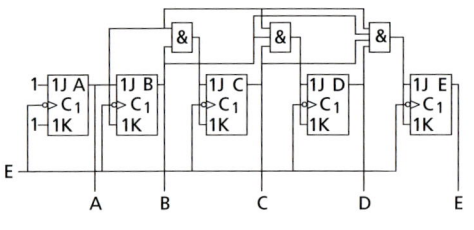

Schaltung für sehr schnelle Zähler. Vereinfachung der UND-Gatter durch Minimieren ist möglich, verringert aber die maximal mögliche Taktfrequenz.

Symbol:

4.2 Digitaltechnik

Synchrone Zähler (Fortsetzung) ↑ 13-24

Synchroner BCD-Zähler für mittlere Geschwindigkeit

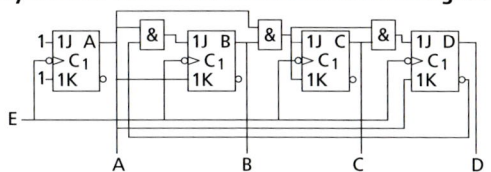

Um den Schaltungsaufwand, insbesondere der Decodierung, zu begrenzen, werden Zähler meist nach dem Dezimalsystem organisiert, wobei die einzelnen Dekaden binär codiert (BCD = **B**inär **C**odierte **D**ezimalziffer) sind.

Synchrone Zählerbausteine der 74er-Reihe

Reset	Dezimal	Sedezimal
Asynchroner Reset	74HC160	74HC161
Synchroner Reset	74HC162	74HC163

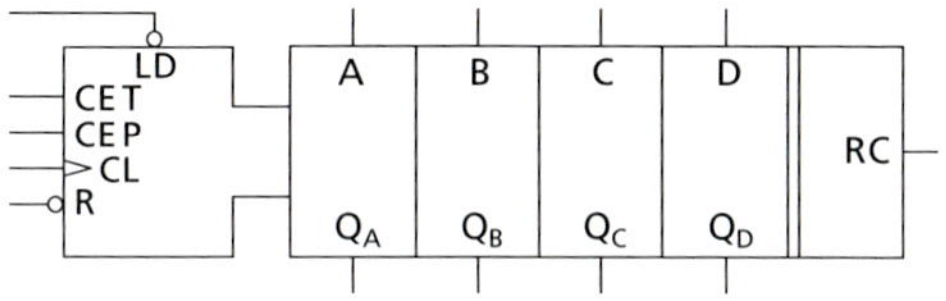

Asynchroner Reset	Der Reset wird sofort ausgeführt.
Synchroner Reset	Der Reset wird bei der nächsten Taktflanke ausgeführt.
RC	ripple carry (durchgeschleifter Überlauf)
R	reset
CL	clock
CEX	clock enable
LD	load (für paralleles Laden)

Kaskadierung

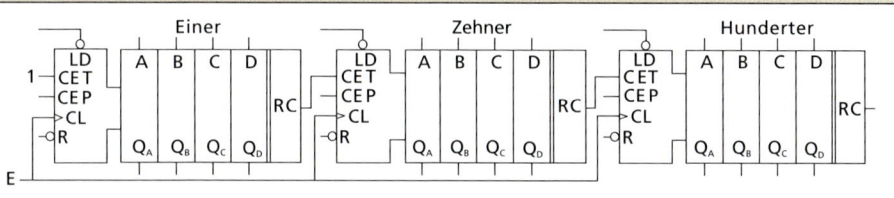

Mod-n-Zähler

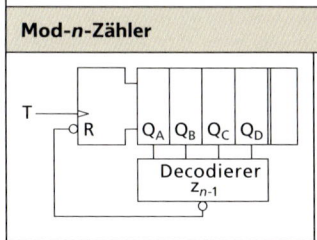

Bei einer durch den Decodierer festgelegten Zahl wird der Zähler zurückgesetzt. Mod-n-Zähler werden u. a. zur Frequenzteilung eingesetzt (z. B. Mod-3-Zähler zur Drittelung der Frequenz).

n	z	Decodierung
3	2	QB
5	4	QC
6	5	QA∧QC
7	6	QB∧QC
9	8	QD
11	10	QD∧QB
12	11	QD∧QA∧QB

Schieberegister (Kettenschaltung)

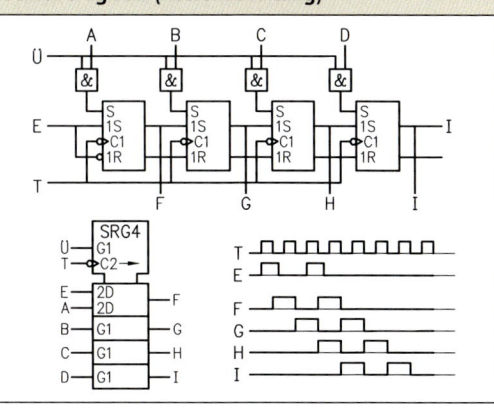

Der gemeinsame Takt schiebt die in den Kippgliedern gespeicherte Information eine Stelle nach links oder rechts.
Ein 4-Bit-Wort kann mit vier Taktimpulsen seriell (nacheinander) über den Eingang E in ein 4-Bit-Schieberegister geschoben und dann an den Ausgängen F bis I parallel (gleichzeitig) abgefragt werden. Weitere vier Taktimpulse schieben das gespeicherte Wort seriell zum Ausgang L. Ein an die Eingänge A bis D parallel angelegtes 4-Bit-Wort wird mit einem Impuls am Eingang Ü parallel übernommen.

Verbindet man Ausgang I mit Eingang E, erhält man ein Ringschieberegister. Eine eingespeicherte Information wird ringförmig (endlos) weiter geschoben.

4.2 Digitaltechnik

4.2.5 Festverdrahtete Logik (Fortsetzung)

Sequenzielle Halbleiterspeicher

Umlaufspeicher

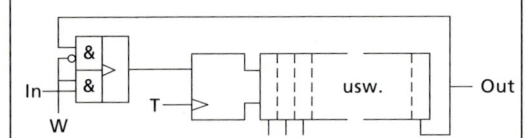

Für eine hohe Integrationsdichte werden bei Umlaufspeichern statt Flipflops Kondensatoren als Speicherelemente verwendet. Dadurch kann der Takt jedoch nicht beliebig niedrig sein. Das Refreshing wird bei diesem Speicher ersetzt durch den Takt.

Varianten
- Umlaufspeicher mit Ladungsverschiebeschaltungen (Eimerkettenschaltungen), die auch zur Verarbeitung von analogen Signalen geeignet sind.
- Ladungsgekoppelte Umlaufspeicher (CCD = Charge Coupled Device) werden eingesetzt zur Abtastung von Bildern (CCD-Kameras).
- Magnet-Blasen-Speicher (Magnetic Bubbles): Mithilfe eines Drehfeldes können magnetische „Blasen" in eine bestimmte Richtung bewegt werden. Die Information bleibt auch bei Stromausfall erhalten.

Stapelspeicher (LIFO = last in first out)

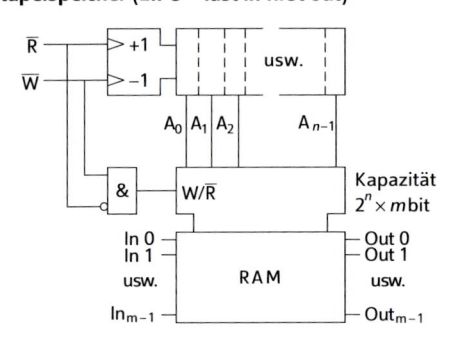

Kapazität $2^n \times m$ bit

- Ein Umkehrzähler bildet die Adresse für einen RAM-Speicher.
- Man kann abwärts in Speicherzellen mit fortlaufender Adresse schreiben. Adressleitungen werden nicht mehr nach außen geführt – das Anlegen einer Adresse entfällt.
- Den schnellsten Zugriff hat man auf die zuletzt geschriebene Information.
- Wahlfreier Zugriff ist nicht möglich.

Silo-Speicher (FIFO = first in first out)

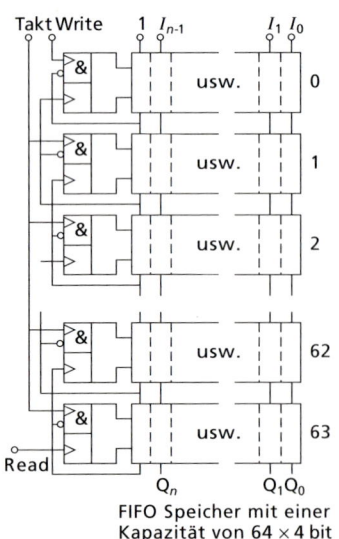

FIFO Speicher mit einer Kapazität von 64×4 bit

FIFO-Speicher mit einer Kapazität von $64 \cdot 4$ bit

FIFO-Speicher werden z. B. als Pufferspeicher zwischen unterschiedlich schnellen digitalen Systemen verwendet.

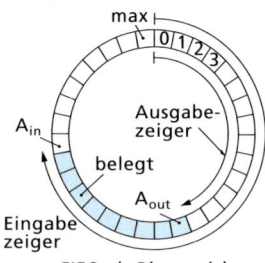

FIFO als Ringspeicher

Für große FIFOs ist es zweckmäßig, auf Standard-RAMs zurückzugreifen. FIFO-RAM-Controller enthalten die komplette Steuerlogik, um herkömmliche RAM-Bausteine als FIFO-Speicher einsetzen zu können.

4.2 Digitaltechnik

Multiplexer und Demultiplexer

Multiplexer und Demultiplexer können als mehrpolige Schalter aufgefasst werden.
Der **Multiplexer** kann aus mehreren Dateneingängen eine bestimmte Leitung an einen Ausgang durchschalten.
Der **Demultiplexer** kann einen Dateneingang an einen von mehreren Ausgängen durchschalten.
Ein Disable-Eingang unterbindet jede Durchschaltung.

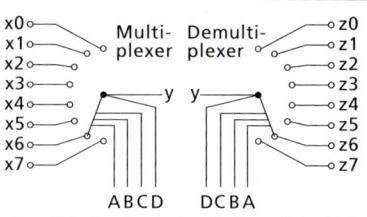

D → Schalter hat keine Stellung (Disable)

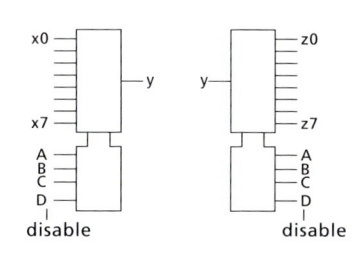

C	B	A	x0/z0	x1/z1	x2/z2	x3/z3	x4/z4	x5/z5	x6/z6	x7/z7
0	0	0	x[1]							
0	0	1		x[1]						
0	1	0			x[1]					
0	1	1				x[1]				
1	0	0					x[1]			
1	0	1						x[1]		
1	1	0							x[1]	
1	1	1								x[1]

Addierer

Halbaddierer

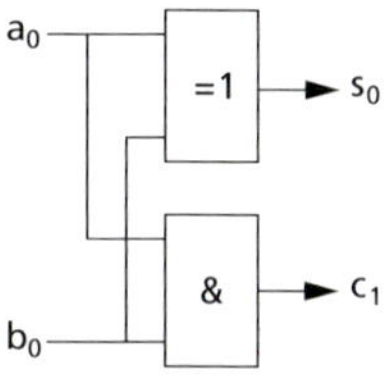

Halbaddierer sind Schaltungen, die zwei einstellige Binärzahlen addieren.
Summe: s_0
Übertrag: c_1

Wahrheitstabelle des Halbaddierers

a_0	b_0	s_0	c_1
0	0	0	0
0	1	1	0
1	0	1	0
1	1	0	1

Volladdierer

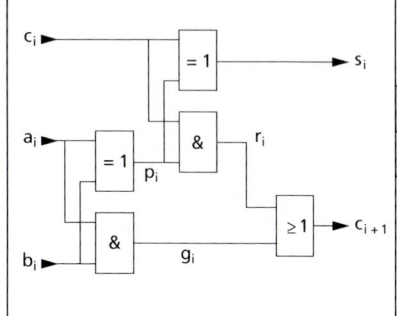

Zur Addition von zwei mehrstelligen Dualzahlen kann man den Halbaddierer nur für die niedrigste Stelle verwenden. Bei allen anderen Stellen sind dann nicht zwei, sondern drei Bits zu addieren, weil der Übertrag von der nächst niedrigeren Stelle hinzukommt.

Wahrheitstabelle des Volladdierers

Eingang			Intern			Ausgang		Dezimal
a_i	b_i	c_i	p_i	g_i	r_i	s_i	c_{i+1}	Σ
0	0	0	0	0	0	0	0	0
0	1	0	1	0	0	1	0	1
1	0	0	1	0	0	1	0	1
1	1	0	0	1	0	0	1	2
0	0	1	0	0	0	1	0	1
0	1	1	1	0	1	0	1	2
1	0	1	1	0	1	0	1	2
1	1	1	0	1	0	1	1	3

4-Bit-Addierer mit seriellem Übertrag

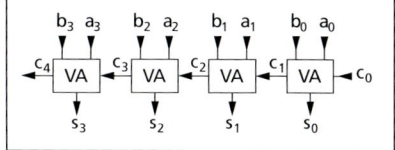

Um zwei mehrstellige Dualzahlen addieren zu können, benötigt man für jede Stelle einen Volladdierer. Bei der niedrigsten Stelle käme man mit einem Halbaddierer aus. Integrierte 4-Bit-Addierer sind aber meist vollständig aus Volladdierern aufgebaut, damit die Schaltung beliebig erweiterbar ist.

---

[1] Durchgeschaltet.

4.2 Digitaltechnik

4.2.5 Fest verdrahtete Logik (Fortsetzung)

Bausteinfamilien – Grobüberblick über die Eigenschaften aktueller digitaler Bausteinfamilien ↑

Technologie	Bezeichnung	Betriebsspannung	U_E U_{IHmin}	U_E U_{ILmax}	U_A U_{OHmin}	U_A U_{OLmax}	Störabstand	Fan Out	I_E I_{IH}	I_E I_{IL}	I_A I_{OH}	I_A I_{OL}	T_p	P_{Vs}	P_{Vd} 100 kHz	P_{Vd} 1 MHz	f_{max}
TTL																	
Standard	74...	+5 V +/−10 %	2 V	0,8 V	2,4 V	0,4 V	1 V	10	40 µA	1,6 mA	−400 µA	16 mA	10 ns	10 mW			30 MHz
Shottky	74S...	+5 V +/−10 %	2 V	0,8 V	2,7 V	0,5 V	0,5 V	20	50 µA	−2 mA	−1 mA	20 mA	3 ns	20 mW			130 MHz
Low-Power-Shottky	74LS...	+5 V +/−10 %	2 V	0,8 V	2,7 V	0,4 V	0,6 V	20	20 µA	−360 µA	−400 µA	8 mA	9 ns	2 mW			50 MHz
Fast	74F...	+5 V +/−10 %	2 V	0,8 V	2,5 V	0,35 V	0,3 V	33	20 µA	−600 µA	−1 mA	8 mA	3 ns	4 mW			100 MHz
Advanced-Shottky	74AS...	+5 V +/−10 %	2 V	0,8 V	3 V	0,5 V	0,4 V	40	20 µA	−500 µA	−2 mA	20 mA	2 ns	8 mW			230 MHz
Adv.-Low-Power-Shottky	74ALS...	+5 V +/−10 %	2 V	0,8 V	3 V	0,4 V	0,5 V	20	20 µA	−100 µA	−400 µA	8 mA	1 ns	1,2 mW		1 mW	100 MHz
Low-Voltage-TTL	LVTTL	+3,3 V															
CMOS																	
Standard (B am Ende = mit Buffer)	CD40...B / CD45...B	+3 ... 15 V	70 % U_b	30 % U_b	4,95 V; U_b=5 V	0,05 V; U_b=5 V	1 V	50 (<1 MHz)	1 µA	−1 µA	−400 µA	800 µA	90 ns	10 pW	0,3 µW/kHz		16 MHz
LOCMOS mit Buffer (B)	HEF4...B																
High-Speed	74HC...	+2 ... 6 V	3,5 V; U_b=5 V	1,5 V; U_b=5 V	4,4 V; U_b=5 V	0,5 V; U_b=5 V	1 V	50 (<1 MHz)	1 µA	−1 µA	−4 mA	4 mA	40 ns 18 ns	1 µW 55 pW	0,3 µW/kHz 0,5 µW/kHz		40 MHz
HC, TTL-kompatibel	74HCT...	+5 V +/−10 %	2 V; U_b=5 V	0,8 V; U_b=5 V	2,4 V; U_b=5 V	0,4 V; U_b=5 V			1 µA	−1 µA	−4 mA	4 mA	23 ns	2,5 µW	0,5 µW/kHz		
Advanced HC	74AHC...	+2 ... 6 V	3,5 V; U_b=5 V	1,5 V; U_b=5 V	4,4 V; U_b=5 V	0,5 V; U_b=5 V			1 µA	−1 µA	−8 mA	8 mA	3,7 ns	2,75 µW	62,5 µW		
Adv. HC, TTL-komp.	74AHCT...	+5 V +/−10 %	2 V; U_b=5 V	0,8 V; U_b=5 V	2,4 V; U_b=5 V	0,4 V; U_b=5 V	0,55 V		1 µA	−1 µA	−8 mA	8 mA	6,5 ns				
Advanced	74AC...	+2 ... 6 V	3,5 V; U_b=5 V	1,5 V; U_b=5 V	3,5 V; U_b=5 V	1,5 V; U_b=5 V			1 µA	−1 µA	−24 mA	24 mA	10 ns	5 µW	0,8 µW/kHz		150 MHz
Advanced, TTL-komp.	74ACT...	+5 V +/−10 %	2 V; U_b=5 V	0,8 V; U_b=5 V	2,4 V; U_b=5 V	0,4 V; U_b=5 V			1 µA	−1 µA	−24 mA	24 mA	12 ns	2,5 µW	0,8 µW/kHz		150 MHz
Low-Voltage	74LV...	+2,7 ... 5,5 V	70 % U_b						80 µA	−80 µA	−6 mA	6 mA	9 ns	20 µW	0,6 µW/kHz		90 MHz
Low-Voltage	74LVC...	+1,2 ... 3,6 V		0,8 V	U_b−0,8 V	0,5 V			20 µA	−20 µA	−12 mA	12 mA	4,3 ns	9 ns	0,5 µW/kHz		100 MHz
Advanced Low Voltage	74ALVC... / 74HLL	1,8 V ... 3,3 V		0,8 V					80 µA	−40 µA	−12 mA	12 mA	3 ns	40 µW	0,4 µW/kHz		150 MHz
Adv. Ultra-Low-Voltage	74AUC...	1,2 V ... +2,5 V									−9 mA	9 mA	1,9 ns				200 MHz
ECL																	
10 K	10E...	−5 V ... −5,2 V	−1 V	−1,4 V	−0,8 V	−1,7 V		25					2 ns	20 mW			1 GHz
100 K	100E...	−4,5 V						25					0,75 ns	40 mW			1 GHz
PECL		+5 V	U_b−0,9 V	U_b−1,8 V	U_b−0,9 V	U_b−1,7 V					40 mA	40 mA					1 GHz
LVPECL, diff. Logik		+2,5 V oder +3,3 V			2,4 V	1,6 V	0,8 V		240 µA	0,5 µA							
LVDS		+1,8 V			1,4 V	1 V	0,4 V										3 GHz

Bei den Angaben handelt es sich um typische Werte. Letztendlich sind die Angaben in den Datenblättern maßgebend.

U_{IHmin} minimale Eingangsspannung bei der ein High erkannt wird
U_{ILmax} maximale Eingangsspannung die noch als Low erkannt wird
U_{OHmin} minimale Ausgangsspannung die bei High ausgegeben wird
U_{OLmax} maximale Ausgangsspannung, die bei Low ausgegeben wird
FanOut Anzahl der ansteuerbaren Gattereingänge
Störabstand Pegelunterschied zwischen Low- und High

I_{IH} Strom am Eingang bei High-Pegel
I_{IL} Strom am Eingang bei Low-Pegel
I_{OH} maximaler Ausgangsstrom bei High-Pegel
I_{OL} maximaler Ausgangsstrom bei Low-Pegel
T_p Umschaltzeit eines Ausgangs
P_{Vs} statische Verlustleistung pro Gatter
P_{Vd} dynamische Verlustleistung pro Gatter
f_{max} maximale Taktfrequenz

Temperaturbereich
54xx: −55 ... +125 °C
74xx: 0 ... +70 °C
84xx: −25 ... +85 °C

Beispiel:
40106

6 Schmitt-Trigger-Inverter (ist 106)
Präfix (ist 40)
40106 im DIL14-Gehäuse

4.2 Digitaltechnik

Definition der logischen Spannungspegel der Ein- und Ausgangssignale

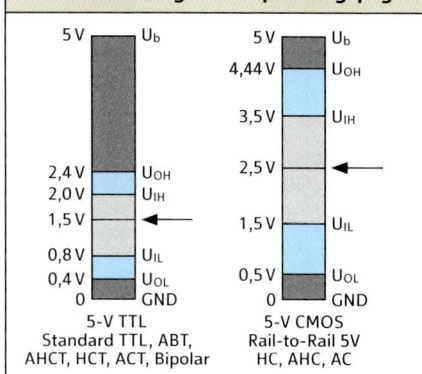

Pegel für Gattereingänge und -ausgänge bei den unterschiedlichen Logik-Technologien.

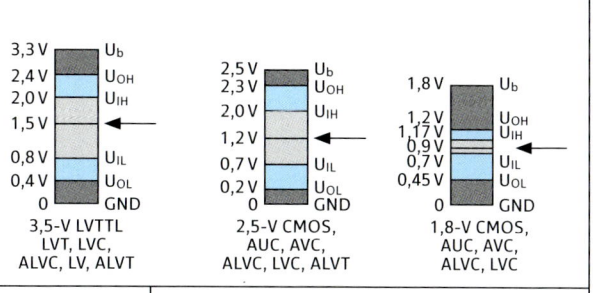

5-V TTL Standard TTL, ABT, AHCT, HCT, ACT, Bipolar	5-V CMOS Rail-to-Rail 5V HC, AHC, AC	3,5-V LVTTL LVT, LVC, ALVC, LV, ALVT	2,5-V CMOS, AUC, AVC, ALVC, LVC, ALVT	1,8-V CMOS, AUC, AVC, ALVC, LVC
5 V U_b 2,4 V U_{OH} 2,0 V U_{IH} 1,5 V 0,8 V U_{IL} 0,4 V U_{OL} 0 GND	5 V U_b 4,44 V U_{OH} 3,5 V U_{IH} 2,5 V 1,5 V U_{IL} 0,5 V U_{OL} 0 GND	3,3 V U_b 2,4 V U_{OH} 2,0 V U_{IH} 1,5 V 0,8 V U_{IL} 0,4 V U_{OL} 0 GND	2,5 V U_b 2,3 V U_{OH} 2,0 V U_{IH} 1,2 V 0,7 V U_{IL} 0,2 V U_{OL} 0 GND	1,8 V U_b 1,2 V U_{OH} 1,17 V U_{IH} 0,9 V 0,7 V U_{IL} 0,45 V U_{OL} 0 GND

U_{cc} **(Supply Voltage) bzw.**
U_b **(Batteriespannung)**
Versorgungsspannung, bezogen auf Massepotenzial (Ground)

I_{OH}/I_{OL}
(High/Low-Level Output Current)
Ausgangsstrom je Ausgang bei H-/L-Pegel-Flanke 0,5 $(U_{IL}+U_{IH})$

U_{IH}/U_{IL}
(High/Low-Level Input Voltage)
Eingangsspannung für H-/L-Pegel

U_{OH}/U_{OL}
(High/Low-Level Output Voltage)
Ausgangsspannung bei H-/L-Pegel

I_{IH}/I_{IL}
(High/Low-Level Input Current)
Eingangsstrom je Eingang bei H-/L-Pegel

I_{OH}/I_{OL}
(High/Low-Level Output Current)
Ausgangsstrom je Ausgang bei H-/L-Pegel

Toleranzen im Zusammenhang mit Störungen

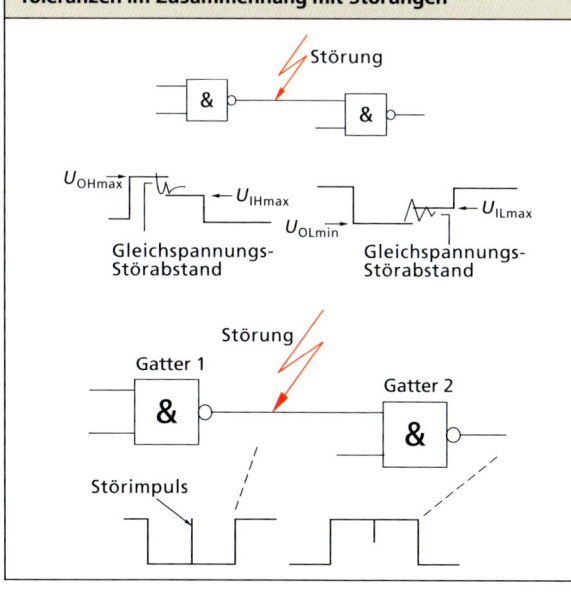

DC-noise Störimpulse im Millisekundenbereich oder länger

Je höher die Spannungsdifferenz zwischen U_{OHmax} des linken Gatters und U_{IHmax} des rechten Gatters, desto störsicherer arbeitet die Anordnung auch bei langen Störimpulsen. Die Spannungsdifferenz heißt statischer Störspannungsabstand oder auf Englisch: DC-noise margin.

Transient Noise Störimpulse im Nanosekundenbereich

Ein sehr kurzer Störimpuls kann das Gatter 2 nicht umschalten. Trotzdem ist er eventuell am Ausgang des Gatters zu erkennen. Je kürzer ein Störimpuls, umso unwahrscheinlicher ist eine tatsächliche Störung in der Schaltung.

4.2 Digitaltechnik

4.2.5 Festverdrahtete Logik (Fortsetzung)

Laufzeit eines Signals durch ein Gatter

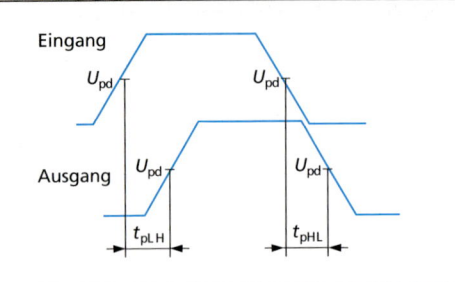

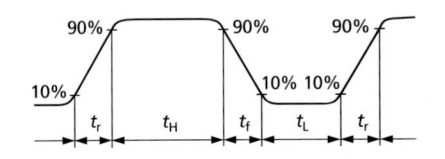

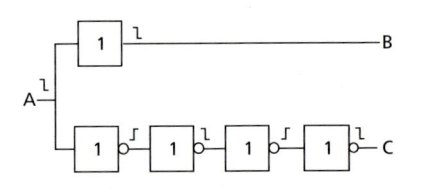

Signallaufzeit t_p (Propagation delay time)

Die Signallaufzeit t_{pLH} gibt die Impulsverzögerungszeit zwischen Eingangs- und Ausgangsspannung an, wenn das Signal von L nach H wechselt. Gleiches gilt für die Signallaufzeit t_{pHL}, bei der das Signal von H nach L wechselt. Für die **mittlere Signallaufzeit t_p** gilt:

$$t_p = (t_{pLH} + t_{pHL})/2$$

Die Impulsverzögerungszeiten werden zwischen den Bezugspunkten der Eingangs- und Ausgangs-Flanke $0{,}5 \cdot (U_{OL} + U_{OH}) = U_{pd}$ gemessen.
Die Signal-Übergangszeiten der Impulsflanken werden zwischen den 10%- und 90%-Punkten ermittelt.

t_r (T_{rise})   Anstiegszeit
t_f (T_{fall})   Abfallzeit
t_p Signallaufzeit

Künstlich erzeugte Laufzeitkette

Das Signal B ändert sich entsprechend A, allerdings mit der Zeitverzögerung t_p.
Das Signal C ändert sich entsprechend A, allerdings mit der Zeitverzögerung $4\,t_p$.
Der Laufzeitunterschied zwischen Signal B und C beträgt also $3\,t_p$.

Belastungsbedingungen digitaler Schaltungen

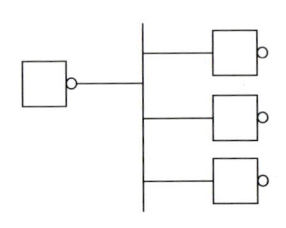

Fan-Out (Ausgangslastfaktor)
Gibt an, mit wie viel Eingängen (Eingangslastfaktoren) ein Ausgang innerhalb einer Schaltungsfamilie belastet werden darf.

Fan-In (Eingangslastfaktor)
Standardschaltungen haben ein Fan-In von 1; bei einer Schaltung mit einem Fan-In von 4 entspricht die durch den Eingang verursachte Belastung der von vier Standardschaltungen.

Parallelschaltung von Gatterausgängen

Der Knotenpunkt bei der Parallelschaltung verhält sich wie eine Konjunktion. Nur wenn alle Ausgänge logisch 1 sind, erhält man am Knotenpunkt logisch 1. Ist einer der Ausgänge logisch 0, so werden die restlichen Ausgänge ebenfalls nach 0 gezogen. Diese nach 0 gezogenen Ausgänge bilden eine zusätzliche Belastung für den nicht kurzgeschlossenen Ausgang. Gefahr: der Ausgangsstrom I_{sink} des entsprechenden Gatters kann dadurch zu groß werden. Deshalb sollten bei der Parallelschaltung Gatter mit hohen Ausgangswiderständen verwendet werden (Tri-State-Logic = Dreizustands-Logik).
Mit einem zusätzlichen Steuereingang kann der Ausgang des Gatters in den Tri-State-Zustand (hochohmig) gesetzt werden.

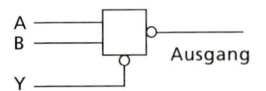

Gatter mit Tri-State-Steuereingang Y

4.2 Digitaltechnik

Interface-Schaltungen, Erfassung von Eingangssignalen

Eingangssignale mit langsamen Flanken

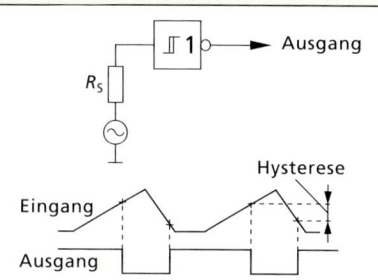

Beim Durchsteuern durch den linearen Bereich eines herkömmlichen Gatters ist kurzzeitiges Oszillieren möglich. Ein Schmitt-Trigger-Gatter verkürzt aufgrund des Hysterese-Effektes und der Mitkopplung die Flankenanstiegszeit und verhindert wildes Schwingen. Gleichzeitig wird der Gleichspannungs-Störabstand verbessert.

Verrauschte Eingangssignale

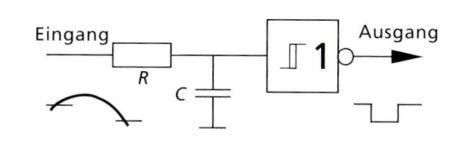

Zur Abtrennung von Signalrauschen bzw. -störungen verwendet man Filter. Richtwerte für einen Eingangsfilter mit einer Steilheit von 6 dB pro Oktave:

Für R gilt: $\quad R > 250\,\Omega$

Für C gilt: $\quad C = \dfrac{1}{2 \cdot \pi \cdot f_0 \cdot R}$

Erfassung von Signalflanken

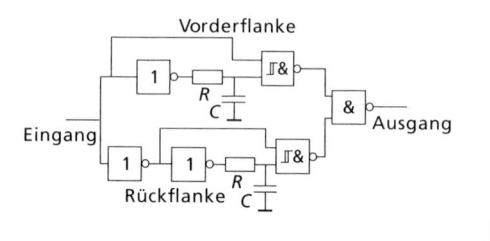

Die Schaltung macht Gebrauch von der verzögernden Eigenschaft eines NAND-Gatters mit RC-Netzwerk. Vorder- und Rückflanke werden getrennt mit der gleichen Schaltung ersetzt.

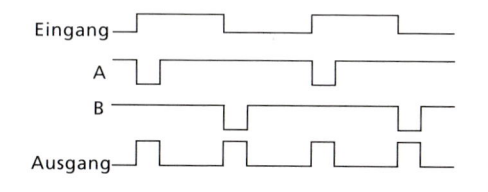

Erfassung von Schaltersignalen

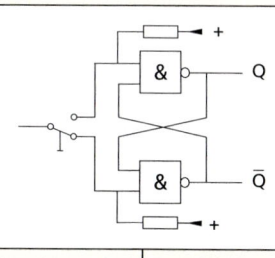

Verhinderung der Wirkung des Kontaktprellens mithilfe eines statischen Flipflops bei Wechselschaltern

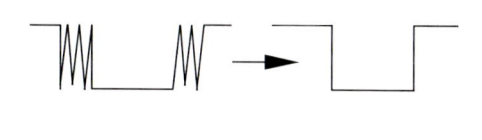

Kontaktentprellung für Schließer

Kontaktentprellung für Öffner

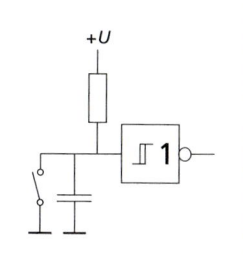

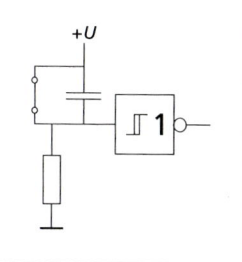

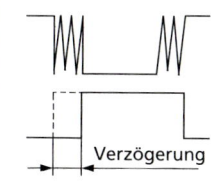

Die Zeitkonstante des RC-Gliedes muss relativ groß gewählt werden, da die Prelldauer nicht konstant ist (meistens 10 ... 60 ms).

Verzögerung

4.2 Digitaltechnik

4.2.5 Festverdrahtete Logik (Fortsetzung)

Interface-Schaltungen (Fortsetzung)

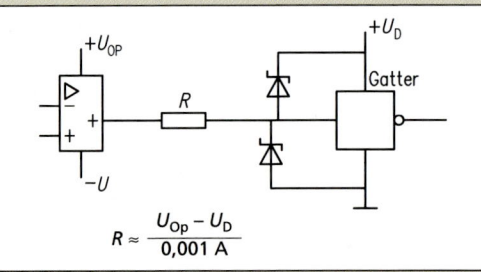

Schaltbild: OpAmp mit Widerstand R, Z-Dioden-Klemmung auf $+U_D$, Gatter. $R \approx \dfrac{U_{Op} - U_D}{0{,}001\,A}$	**Operationsverstärker zu Digitalschaltungen** Ausgänge von Operationsverstärkern, die an einer gesplitteten Betriebsspannung arbeiten, lassen sich durch Klemmung auf die Betriebsspannung des digitalen Schaltungsteiles koppeln. Voraussetzung ist: $$U_{Digital} < U_{Operationsverstärker}$$

Ansteuerung mit digitalen Schaltungen

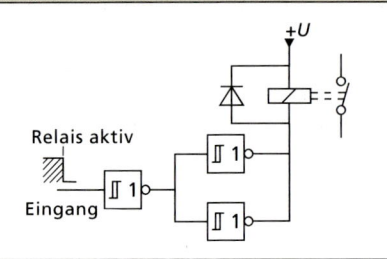

Schaltbild: Relais mit Freilaufdiode an $+U$, angesteuert durch zwei parallele Gatter, Eingang über Inverter-Gatter	**Ansteuerung von Relais durch Parallelschalten von Gattern** Das Relais wird betätigt durch einen logischen Pegel; das Relais bleibt angezogen, solange dieser Pegel vorhanden ist. Zur Bereitstellung des Spulenstromes können mehrere Gatter parallel geschaltet werden. Im Beispiel zieht das Relais an, wenn am Eingang das Low-Signal anliegt.
Schaltbild: Gatter → 10 k → Darlington-Transistor mit 1 k am Emitter, Last mit Freilaufdiode an $+U$	**Ansteuerung großer Lasten und/oder an hohen Spannungen** In diesem Falle verwendet man hochverstärkende Transistoren bzw. Transistoranordnungen in Darlington-Schaltung. Die Diode ist nur bei induktiven Lasten erforderlich.

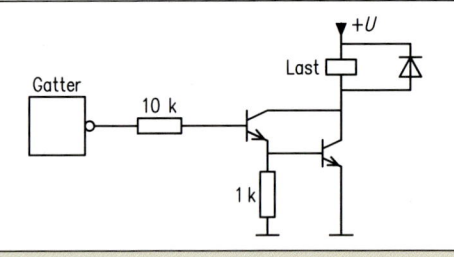

Pegelumsetzer

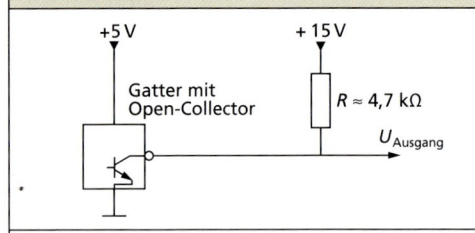

Schaltbild: Gatter mit Open-Collector (+5 V), Pull-Up $R \approx 4{,}7\,k\Omega$ an +15 V, $U_{Ausgang}$	**Eingangs- und Ausgangspegeländerungen für positive Spannungen (positiv nach positiv)** Pegelumsetzung von einem 5-V-System auf ein 15-V-System mithilfe eines Open-Collector-Gatters
Schaltbild: Eingang → Transistor mit R_C an $-3\ldots-15\,V$, R_E, zweiter Transistor mit R_C an +5 V, Gatter → Ausgang	**Pegelverschiebung negativ nach positiv** Beispiel für die Pegelverschiebung von einem System mit negativer Betriebsspannung zu einem System mit positiver Betriebsspannung
Schaltbild: +3,3 V → 100 → BC556 mit R_C 10 k an $-3\,V \ldots -12\,V$, Gatter → $U_{Ausgang}$	**Pegelverschiebung positiv nach negativ** Beispiel für die Pegelverschiebung von einem System mit positiver Betriebsspannung zu einem System mit negativer Betriebsspannung

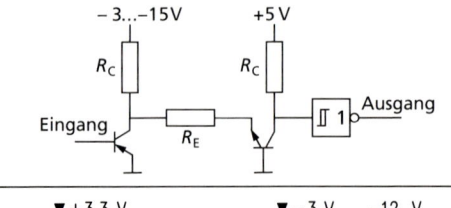

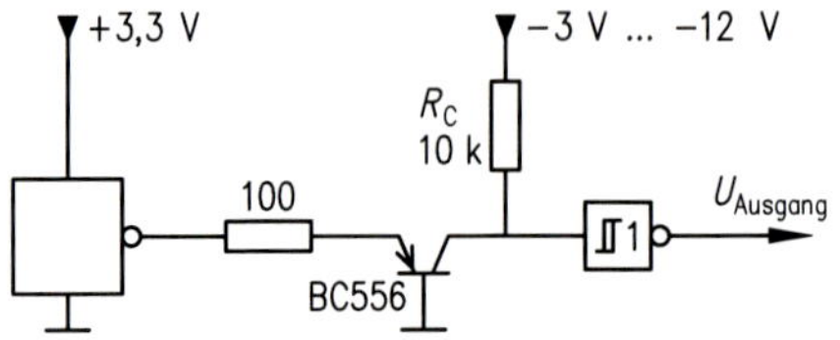

4.2 Digitaltechnik

4.2.6 Serielle Busse

4.2.6.1 I²C-Bus (Inter-Integrated Circuit)

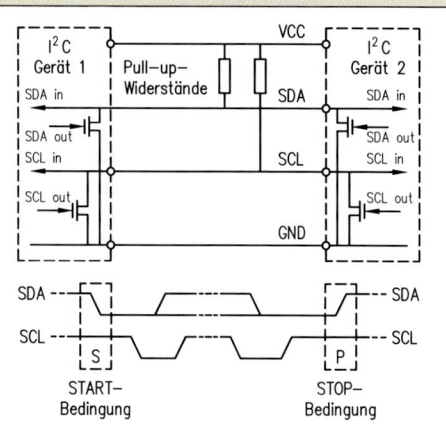

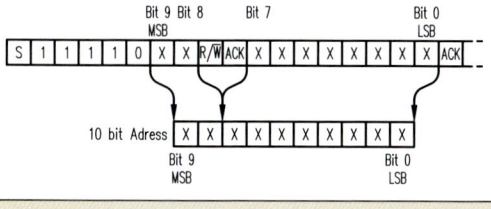

Der I²C-Bus ist ein serieller, synchroner Zweidraht-Bus mit Übertragungsraten von bis zu 3,4 MBit/s. Der I²C-Bus kommt mit zwei bidirektionalen Leitungen aus:
- SDA (serial data), über die die eigentlichen Daten seriell übertragen werden
- SCL (serial clock) sendet die Taktimpulse

Im Ruhezustand werden beide Leitungen mithilfe von Pull-Up-Widerständen auf High-Level gehalten. Der Master gibt den Takt auf der SCL-Leitung vor. Die Slaves reagieren auf den Master.

Die Kommunikation wird eingeleitet (START-Bedingung) durch eine negative Flanke auf der SDA-Leitung, während die SCL-Leitung auf High-Pegel liegt. Die Kommunikation endet, wenn die SCL-Leitung auf High-Pegel liegt und dann auch die SDA-Leitung auf High-Pegel wechselt (STOP-Bedingung). Die Übertragung erfolgt stets mit MSB-First (höchstwertiges Bit zuerst).

START	Slave address	Rd/nWr	ACK	Data	ACK	Data	ACK	STOP
1 bit	7 bits	1 bit	1 bit	8 bits	1 bit	8 bits	1 bit	1 bit

Jedes I²C-Bauteil wird über ein Adressbyte angesprochen. Davon sind 7 Bit für die Adresse selbst. Das 8. Bit des Adressbytes gibt an, ob auf den Baustein lesend (1) oder schreibend (0) zugegriffen werden soll. Zwischen jedem Byte folgt ein Acknowledge(ACK)-Bit (0).

Beispiel: zwei Byte von einem Slave lesen:

START	Slave address	1	0	Data	0	Data	1	STOP
1 bit	7 bits	1 bit	1 bit	8 bits	1 bit	8 bits	1 bit	1 bit

10-Bit-Adressierung

Es gibt auch I²C-Bauteile mit einer 10-Bit-Adresse. Hier besteht der erste Teil der Adresse aus 11110 und zwei weiteren, bausteinabhängigen Bits. Dann folgt das Schreib-/Lese-Bit und das erste Acknowledge-Bit. Das danach folgende Byte gehört ebenfalls noch zur Adresse.

4.2.6.2 1-Wire-Bus

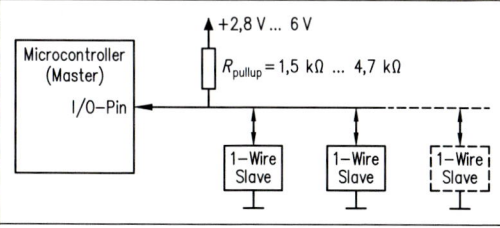

Der 1-Wire-Bus ist ein serieller, asynchroner Bus (ohne separates Taktsignal). Die Grundstruktur ist Single-Master an Multi-Slave. Für die Kommunikation zwischen Master und Slaves ist nur eine bidirektionale Datenleitung und eine gemeinsame Masseverbindung notwendig. Über die Datenleitung werden die Slaves auch mit Energie versorgt.

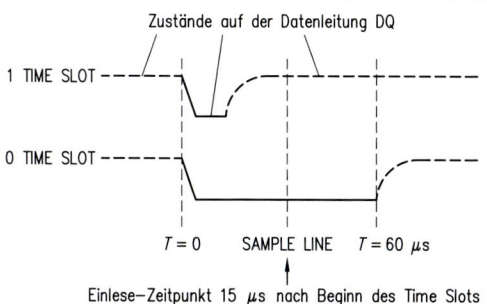

Im Ruhezustand liegt die Datenleitung über einen Pull-Up-Widerstand an der positiven Versorgungsspannung. Jeder Datentransfer wird vom Master initiiert, indem er die Datenleitung auf Low (Massepotential) zieht. Die fallende Flanke dieses Vorgangs ist das Synchronisationssignal für den Bus. Die Dauer des Low-Zustandes bestimmt den Bit-Zustand. 15µs nachdem die Datenleitung DQ auf Low gezogen wurde, messen die Slaves den Zustand:

  0µs < Low-Zustand < 15µs → gilt als 1
  15µs < Low-Zustand < 60µs → gilt als 0

4.2 Digitaltechnik

4.2.6 Serielle Busse (Fortsetzung)

4.2.6.3 SPI-Bus (Serial Periphal Interface)

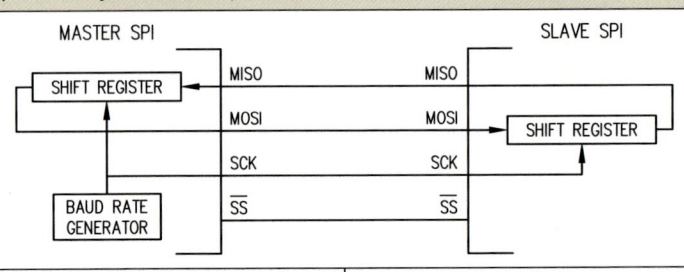

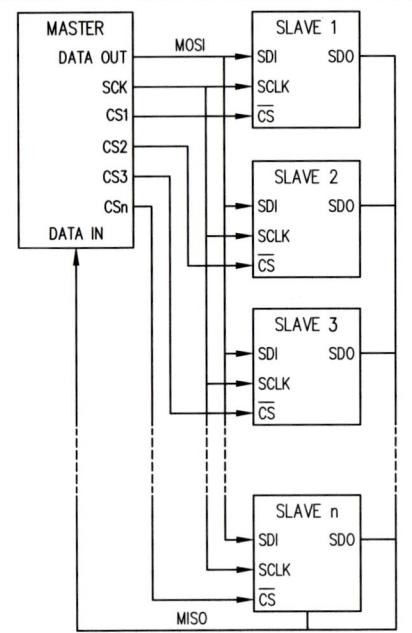

Der SPI-Bus ist ein besonders flexibler, serieller Bus für den Datenaustausch zwischen Integrierten Schaltkreisen (z. B. Mikrocontroller und Analog-Digital-Wandler). Die Daten werden im Chip in 8-Bit-Schieberegistern bereitgestellt. Sie werden synchron zum Taktsignal in das entsprechende Register eines anderen Bausteins übertragen. Die Übertragung erfolgt byteweise (Pakete von jeweils 8 Bit).

Gemäß der Topologie des SPI-Bus gibt es einen SPI-**Master** (meist ein Mikrocontroller), der den Takt über die Leitung **SCK** bzw. **SCLK** bereitstellt, und 1 bis n **Slaves**. Der Master wählt über Chip-Select-Leitungen (**CS**1 ... **CS**n oder **SS**1 ... **SS**n; SS = Slave select) einen Slave aus. CS bzw. SS sind immer aktiv low. Daten vom Master zum Slave werden über die Leitung **SDI** (Slave Data In) bzw. **MOSI** (Master Out Slave In) übertragen. Zeitgleich werden über die Leitung **SDO** (Slave Data Out) bzw. **MISO** (Master In Slave Out) Daten vom Slave zum Master übertragen.

In manchen Fällen nimmt ein Chip nur Daten entgegen – gibt aber keine Daten zurück (z. B. bei den meisten Digital-Analog-Umsetzern). In diesem Fall entfällt die MISO-Leitung. Gibt ein Chip nur Daten aus (z. B. bei vielen Analog-Digital-Umsetzern), dann entfällt hingegen die MOSI-Leitung.

Typische Taktfrequenzen: 100 kHz ... 100 MHz.

Vor der Verwendung wird durch den Master der zum Slave passende Übertragungsmodus festgelegt. Welcher Modus richtig ist, kann dem Datenblatt des jeweiligen Slaves entnommen werden.
CPOL = Taktpolarität   (0 = in Ruhe low; 1 = in Ruhe high)
CPHA = Taktphase   (Übernahme des Wertes bei steigender oder fallender Flanke)

SPI-Modus	CPOL	CPHA	Beschreibung
0	0	0	Takt in Ruhe low; Wertübernahme bei steigender Flanke
1	0	1	Takt in Ruhe low; Wertübernahme bei fallender Flanke
2	1	0	Takt in Ruhe high; Wertübernahme bei fallender Flanke
3	1	1	Takt in Ruhe high; Wertübernahme bei steigender Flanke

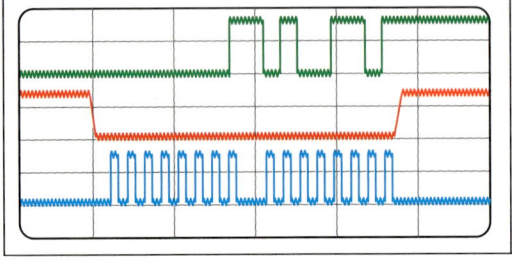

Oszillogramm einer Übertragung von zwei Byte. SPI-Modus 0:
- Oben: MISO (könnte auch MOSI sein)
- Mitte: Chip Select (CS)
- Unten: Taktsignal

Im Beispiel links wird übertragen:
00000001 01001101 bzw. 01_H $4D_H$

4.2 Digitaltechnik

4.2.7 Flash-Speicher (SD-Karten)

SD-Karten, Hardware

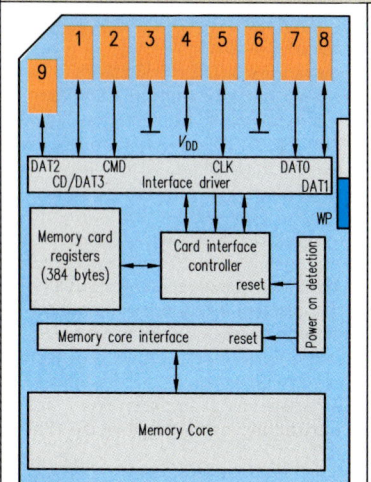

SD-Karten sind Flashspeicher in Karten-Format mit 9 bis 10 Anschlüssen. Ein interner Card-Interface-Controller vermittelt die Daten über einen seriellen Bus (SD-Bus oder SPI-Bus) an die Außenwelt. Aufgrund der Flashspeichertechnik ist die Lebensdauer auf 100 000 ... 1 000 000 Schreibzyklen begrenzt. Lesezugriffe sind unbegrenzt möglich.
Anwendungsbeispiele:
- als mobile Speichermedien (ähnlich USB-Sticks)
- in Mobiltelefonen für die Speicherung persönlicher Daten
- in elektronischen Baugruppen (ROM, Datenlogger, FPGA-Konfigurationsspeicher, etc.)

Abmessungen:
SD-Karte   32,0 × 24,0 × 2,1 mm
miniSD-Karte   20,0 × 21,5 × 1,4 mm
microSD-Karte   11,0 × 15,0 × 1,0 mm

Kapazitäten:
SD (Standard)   8 Mbyte ... 2 GByte
SDHC   4 GByte ... 32 GByte
SDXC   48 GByte ... 2 TByte

Einige SD-Karten besitzen seitlich einen Kunststoffschieber, mit dem ein Schreibschutz realisiert werden kann. Der Schieber ist rein mechanisch, er hat keine elektrische Funktion. In einem passenden Sockel kann seine Stellung aber ausgewertet werden.

Anschlussbelegung, SPI-Modus

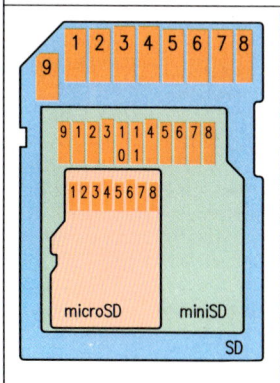

SD-Karte und miniSD-Karte			microSD-Karte		
Pin	Name	Beschreibung	Pin	Name	Beschreibung
1	CD/DAT3	Chip Select	1	DAT2	nicht verwendet
2	DataIn	SPI-MOSI	2	CD/DAT3	Chip Select
3	GND/VSS	Masse	3	DataIn	SPI-MOSI
4	VDD	+2,7 ... 3,6 V	4	VDD	+2,7 ... 3,6 V
5	CLK	SPI-Takt	5	CLK	SPI-Takt
6	GND/VSS	Masse	6	GND/VSS	Masse
7	DAT0	SPI-MISO	7	DAT0	SPI-MISO
8	DAT1	nicht verwendet	8	DAT1	nicht verwendet
9	DAT2	nicht verwendet			
10	NC	Reserve			
11	NC	Reserve			

Einbinden in den SPI-Bus

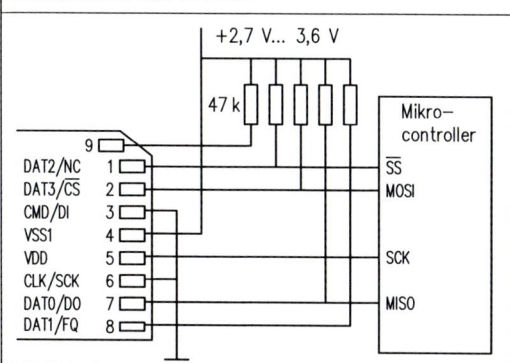

In industriellen Anwendungen geschieht die Ansteuerung der SD-Karten über den SPI-Bus im Modus 0 (Lese- und Schreibvorgänge bei steigender Flanke des Taktsignals).
Die einzelnen Leitungen werden über Pull-Up-Widerstände mit Betriebsspannung versorgt.
Das Anlegen der Betriebsspannung löst in der SD-Karte einen Reset aus. Erst wenn dieser nach ca. 1 ms abgearbeitet ist, kann die SD-Karte verwendet werden.

4.2 Digitaltechnik

4.2.7 Flash-Speicher (SD-Karten) (Fortsetzung)

SD-Karten, Software

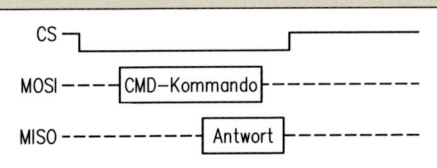

CMD-Kommando:

Byte-Nr.	0	1 ... 4	5
Token	01CMD	Parameter	CRC1
Beispiel CMD0	01000000 40_H	4 Bytes mit 0 $00_H\ 00_H\ 00_H\ 00_H$	10010101 95_H

Antwort: je nach CMD-Kommando 8 oder 40 Bit

Die Ansteuerung geschieht mit
- CMD-Kommandos bei SD-Karten
- CMD und ACMD-Kommandos bei SDHC-Karten

Jede Kommunikation mit der Karte besteht aus Kommando-, Antwort- und Datenblock-Token. Der Host (Master) kontrolliert die Kommunikation mit der Karte (Slave). Jeder Transaktionszyklus wird vom Host gestartet, indem er das CS-Signal auf low zieht und nach acht Takten ein Kommando-Token sendet. Die Karte antwortet in einem vom Kommando abhängigen Zeitintervall mit einem Antwort- oder Daten-Token. Nach Empfang des Antwort-Tokens wird das CS-Signal wieder auf high gezogen. Es gibt 60 Kommandos. Jedes Kommando ist 6 Byte lang. Das MSB wird immer als erstes gesendet. Jedem Befehl ist ein Antwortformat zugeordnet.

Initialisierung bei SD-Karten

Taktfrequenz auf max. 400 kHz einstellen
↓
min. 74 Taktzyklen senden; dabei CS nicht aktivieren
↓
Kommando CMD0 senden und die Antwort 1 erwarten, „Karten-Reset"
↓
Kommando CMD1 senden und die Antwort 0 erwarten, „Karte initialisieren"
↓
Kommando CMD16 senden und die Blockgröße (512 Byte) übergeben (optional)
↓
Die Karte ist bereit für Lese- und Schreibzugriffe. Höhere Taktraten sind jetzt möglich.

Bevor auf die Daten der Karte zugegriffen werden kann, muss diese initialisiert werden. Beispiel für SD-Karten:
1. Bei der Initialisierung darf die Taktfrequenz 400 kHz nicht überschreiten.
2. Es müssen mindestens 74 Taktzyklen gesendet werden, ohne dass das CS aktiv ist.
3. Das Kommando CMD0 (Reset) wird so oft gesendet, bis die Karte mit 1 antwortet.
4. Das Kommando CMD1 (Initialisierung) wird so oft gesendet, bis die Karte mit 0 antwortet.
5. Optional kann das Kommando CMD16 (Blockgröße setzen) gesendet werden. Die Daten sind standardmäßig in Blocken von 512 Byte abgelegt.
6. Die Initialisierung ist abgeschlossen. Die Taktfrequenz kann nun erhöht werden (bis 25 MHz).

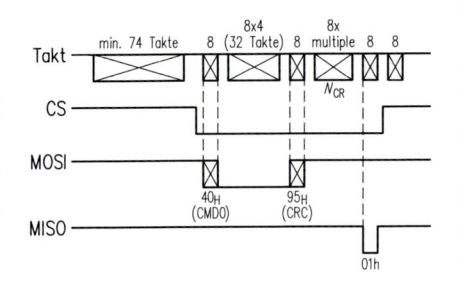

CMD0 Reset
Zunächst bleibt CS auf High-Pegel (inaktiv) und es werden 74 oder mehr Taktzyklen gesendet. Anschließend geht CS auf Low (aktiv).
Die nun über MOSI an die Karte gesendete Sequenz beinhaltet
- den Wert 40_H (CMD0)
- 4 Byte mit dem Wert 0 (keine Parameter)
- abschließend wird 95_H übertragen (CRC-Prüfsumme; nur bei CMD0 wird diese von der Karte ausgewertet)

Nach Vielfachen von 8 Taktzyklen antwortet die Karte mit 1. Bleibt die Antwort aus, muss der gesamte Vorgang wiederholt werden.
Eine Begrenzung der Anzahl der Versuche ist erforderlich („Timeout-Bedingung"). Anschließend werden weitere mindestens 8 Taktzyklen bei inaktivem CS empfohlen.

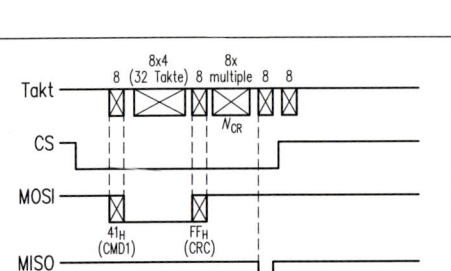

CMD1 Initialisierung
Nach Aktivieren von CS wird folgende Sequenz übertragen:
- der Wert 41_H (CMD1)
- 4 Byte mit dem Wert 0 (keine Parameter)
- abschließend FF_H (CRC mit beliebigem Inhalt)

Nach Vielfachen von 8 Taktzyklen antwortet die Karte mit 0. Bleibt die Antwort aus, muss der gesamte Vorgang wiederholt werden.
Eine Begrenzung der Anzahl der Versuche ist erforderlich („Timeout-Bedingung"). Anschließend werden weitere mindestens 8 Taktzyklen bei inaktivem CS empfohlen.

SD-Karten, Software (Fortsetzung)

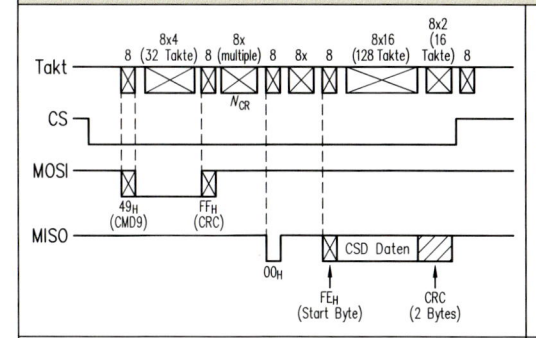

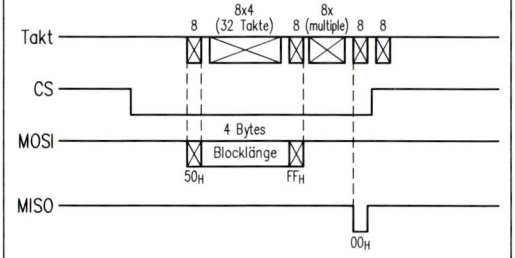

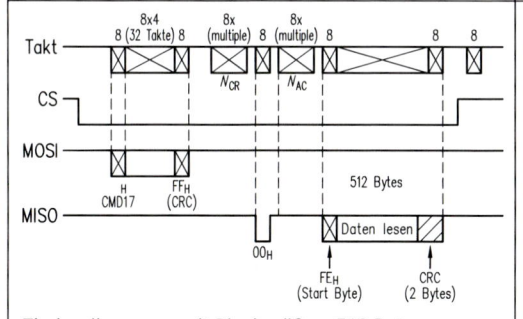

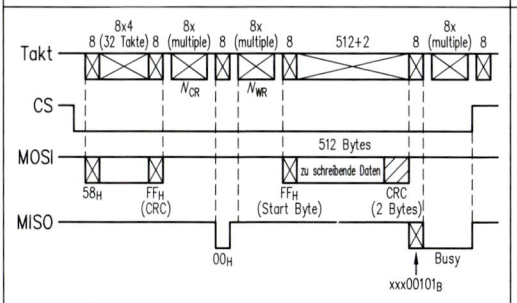

CMD9 Auslesen des CSD-Registers
Das CSD-Register enthält Parameter der Karte. Die über MOSI an die Karte gesendete Sequenz beinhaltet
- den Wert 49_H (CMD9)
- 4 Byte mit dem Wert 0: 00_H, 00_H, 00_H, 00_H
- abschließend wird FF_H übertragen

Um die Antwort der Karte zu erhalten, werden Vielfache von 8 Taktzyklen gesendet. Als Antwort der Karte wird 00_H erwartet. Falls die Karte nicht korrekt antwortet, wird der Vorgang wiederholt. Der Beginn der Daten ist mit dem Wert FE_H gekennzeichnet. Anschließend beginnen die 16 Byte mit CSD-Daten. Es müssen noch zwei CRC-Byte gelesen werden.

CMD16 Block/Sektor-Größe festlegen
Die über MOSI an die Karte gesendete Sequenz beinhaltet
- den Wert 50_H (CMD16)
- 4 Byte mit der Sektorgröße, beginnend mit dem LSB; für eine Standard-Blockgröße von 512 Byte wird übertragen: 00_H, 00_H, 02_H, 00_H
- abschließend wird FF_H übertragen

Um die Antwort der Karte zu erhalten, werden Vielfache von 8 Taktzyklen gesendet. Als Antwort der Karte wird 00_H erwartet. Falls die Karte nicht korrekt antwortet, wird der gesamte Vorgang wiederholt.

CMD17 einen Block/Sektor lesen
Die über MOSI an die Karte gesendete Sequenz beinhaltet
- den Wert 51_H (CMD17)
- 4 Byte mit der Sektoradresse, beginnend mit MSB[1]
- abschließend wird FF_H übertragen

Um die Antwort der Karte zu erhalten, werden Vielfache von 8 Taktzyklen gesendet. Als Antwort wird 00_H erwartet. Falls die Karte nicht korrekt antwortet, wird die Sequenz bis hierhin wiederholt. Anschließend werden wieder Vielfache von 8 Taktzyklen gesendet. Als Antwort wird FE_H erwartet, was den Beginn der Daten anzeigt. Unmittelbar danach kann der Block gelesen werden. Danach müssen noch zwei weitere Byte (CRC[2]) gelesen werden – auch wenn diese nicht ausgewertet werden. In einfachen Applikationen kann das Warten auf die erste Antwort (00_H) entfallen.

Timingdiagramm mit Blockgröße = 512 Byte

CMD24 einen Block/Sektor schreiben
Die über MOSI an die Karte gesendete Sequenz beinhaltet
- den Wert 58_H (CMD24)
- 4 Byte mit der Sektoradresse, beginnend mit MSB*)
- abschließend wird FF_H (oder alternativ 01_H) gesendet

Um die Antwort der Karte zu erhalten werden Vielfache von 8 Taktzyklen gesendet. Es wird 00_H erwartet. Falls nicht, wird die Sequenz bis hierhin wiederholt. Anschließend werden mindestens 8 Taktzyklen gesendet. Das Schreiben der Daten wird mit dem Wertes FE_H eingeleitet, was den Beginn der Daten anzeigt. Unmittelbar anschließend kann der Block geschrieben werden. Dann werden zwei CRC[2]-Bytes geschrieben ($2\times FF_H$). Anschließend werden Vielfache von 8 Taktzyklen gesendet. Als Antwort wird 05_H erwartet, wobei die oberen 3 Bit ignoriert werden müssen. Die Karte ist noch mit dem Abspeichern der Daten beschäftigt. Der Vorgang ist beendet, wenn MISO auf High springt.

Timingdiagramm mit Blockgröße = 512 Byte

---

[1] MSB = most significant bit/byte   [2] CRC = cyclic redundancy check

4.2 Digitaltechnik

4.2.8 Programmierbare Logik

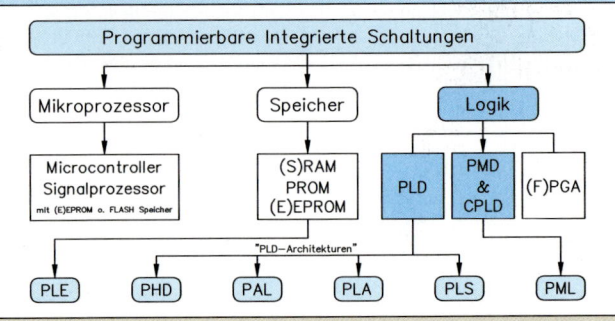

```
                    Programmierbare Integrierte Schaltungen
                    ┌──────────────┬──────────────┐
              Mikroprozessor    Speicher        Logik
                    │              │         ┌────┼─────┐
              Microcontroller   (S)RAM      PLD  PMD   (F)PGA
              Signalprozessor   PROM              &
              mit (E)EPROM o.   (E)EPROM         CPLD
              FLASH Speicher
                              "PLD-Architekturen"
              ┌──────┬──────┬──────┬──────┬──────┐
             PLE    PHD    PAL    PLA    PLS    PML
```

Programmierbare Digitalrechner

Mikroprozessor (µP)

Der Mikroprozessor besteht mindestens aus:
- ALU (arithmetic logic unit; Verknüpfung der Daten)
- Steuerwerk (enthält u. a. die Hardware zur Umsetzung des Befehlssatzes)
- Registern (z. B. links: A, B, C, D, E, F, T). Ein Register ist ein Speicher für ein Datenwort. Einige Register haben spezielle Aufgaben:
  A = Akkumulator, Eingabe- und Ergebnisregister
  F = Flag, für Statusanzeigen (z. B. Überlauf)
  T = Temporäres Register zur Zwischenspeicherung bis zur Verarbeitung in der ALU
  B...E = universell verwendbare Register

Insgesamt werden drei Busse genutzt:
- Datenbus: zur Weiterleitung der zu verarbeitenden Daten
- Adressbus: zur Adressierung, z. B. von Speicherstellen
- Steuerbus: zur Steuerung der Komponenten (z. B. Schreib-/Lese-Anweisungen)

Mikrocontroller ↑ (µC) 9-16 ↑

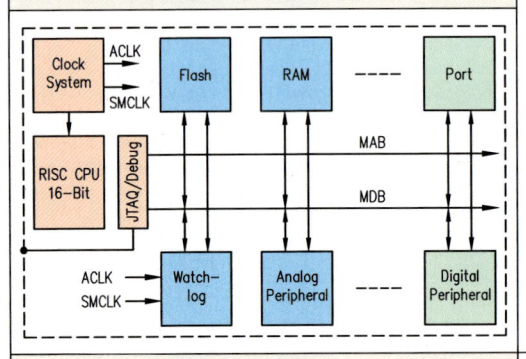

Beim Mikrocontroller handelt es sich um einen Mikroprozessor mit weiteren Funktionseinheiten (Peripherals) auf einem Chip, die über Bussysteme miteinander verbunden sind.
Beispiel: µC MSP430
CPU = Mikroprozessor
Clock-System = Taktgeber
JTAG/Debug = Einheit für Programmierung und Test
Flash = überschreibbarer Programmspeicher
RAM = Arbeitsspeicher
Port = Ein-/Ausgabekanal
Watchdog = Einheit zur Verhinderung von Abstürzen
Analog Peripherals = z. B. Analog-/Digital-Konverter
Digital Peripherals = z. B. Ausgänge zur direkten Ansteuerung von Displays

Signalprozessor (DSP = digital signal processor)

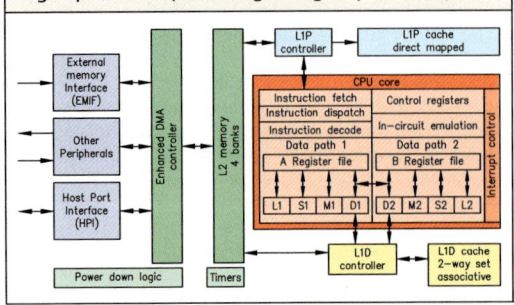

Der Signalprozessor dient der kontinuierlichen Bearbeitung von digitalen Signalen (z. B. Audio- oder Videosignale) meist in Echtzeit. Dazu wird der DSP in Verbindung mit Analog-Digital-Umsetzern und Digital-Analog-Umsetzern und einer speziellen Architektur, die schnelle Signalverarbeitung erlaubt, eingesetzt.
Beispiel: DSP TMS320C6711
DMA = Direct Memory Access; Einheit für direkten Speicherzugriff
L1 = First Level Cache; schneller Arbeitsspeicher, der unmittelbar von der CPU verwendet werden kann
L2 = Second Level Cache; schneller Arbeitsspeicher

4.2 Digitaltechnik

Mikrocontroller-Systementwicklungspaket (System Design Kit SDK)

Es wird auch bezeichnet als Software Design Kit, Software Development Kit, Starter Kit oder Evaluation Kit. Mithilfe des SDK wird ein Mikrocontroller-System entwickelt. Vor allem die Software wird damit erstellt und getestet.

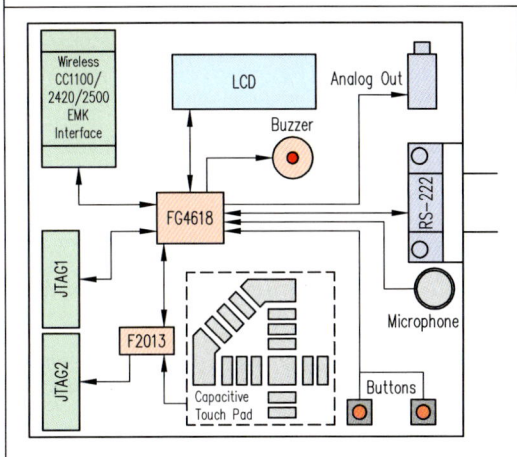

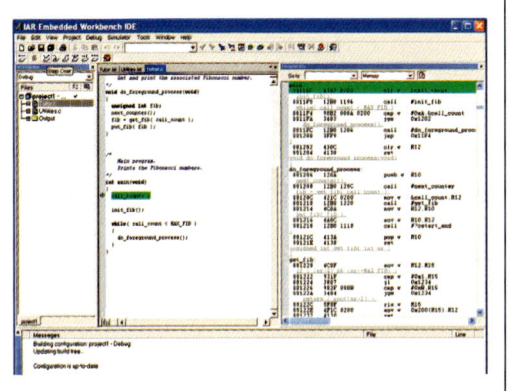

SDKs bestehen aus folgenden Elementen:
- einer Prototypenplatine mit dem Mikrocontroller und einer minimalen oder typischen Umgebung aus peripherer Elektronik und Schnittstellen.
  Beispiel: Hardware eines SDK für den Mikrocontroller MSP430F2013 mit Schnittstellen (Wireless, analog Out, RS232, JTAG), Signalgeber/Aufnehmer (Buzzer, Mikrofon) sowie Touchpad und Tastschaltern (Buttons). Der eigentliche Mikrocontroller befindet sich unten links (F2013).
- ein Software Development Kit (SDK), mit dem sich Software für den Mikrocontroller erstellen lässt. Das Software Development Kit läuft auf einem Personal Computer, der über eine Debug-Schnittstelle (z. B. JTAG) mit der Prototypenplatine verbunden wird.
  Die Software ermöglicht in der Regel die Programmerstellung in Maschinensprache oder einer Hochsprache (meist C). Über eine JTAG-Verbindung kann das Programm dann getestet und in den Programmspeicher des Mikrocontrollers übertragen werden.
  Während des Tests können die Inhalte von Registern und Speicherbereichen ausgegeben werden.
- Dokumentation zu Hardware (einschl. Prototypenplatine) und Software des Prozessors; diese wird meist in Form von Dateien (typ. im pdf-Format) auf der CD zur Software ausgeliefert.

PLE (Programmable Logic Element)

Begriff für programmierbare (beschreibbare) Logikbausteine. Es handelt sich um Speicherbausteine, die so beschrieben werden, dass sie eine bestimmte Logikfunktion erfüllen.
Anwendungen: Programmspeicher; Speicher für das BIOS in PCs; Code-Wandler; Logikfunktionsbaustein

ROM/PROM	**R**ead **O**nly **M**emory: Nur-Lese-Speicher **P**rogrammable **R**ead **O**nly **M**emory: programmierbarer (beschreibbarer) Nur-Lese-Speicher Informationen werden remanent gespeichert. ROM: Das Beschreiben erfolgt beim Halbleiterhersteller. PROM: Das Beschreiben erfolgt beim Anwender.
EPROM	**E**rasable **P**rogrammable **R**ead **O**nly **M**emory Wie PROM, jedoch löschbar und wiederbeschreibbar. Das Löschen des Speichers erfolgt mit UV-Licht. Dazu hat das EPROM ein Fenster, mit Blick auf den eigentlichen Chip. ca. 100…200 Lösch- bzw. Schreibvorgänge sind möglich.
EEPROM/ Flash EEPROM	**E**lectrically **E**rasable **P**rogrammable **R**ead **O**nly **M**emory Wie EPROM, aber elektrisch löschbar- und beschreibbar. Je nach Bauart sind ca. $10^3…10^5$ Schreibvorgänge möglich. Speicherinhalte bleiben nach Spannungsabschaltung erhalten. Flash EEPROMS unterscheiden sich in der erheblich kürzeren Zeit für das Beschreiben und Löschen. Anwendung, z. B. auch in USB-Sticks

4.2 Digitaltechnik

4.2.8 Programmierbare Logik (Fortsetzung)

PLD (Programmable Logic Device)

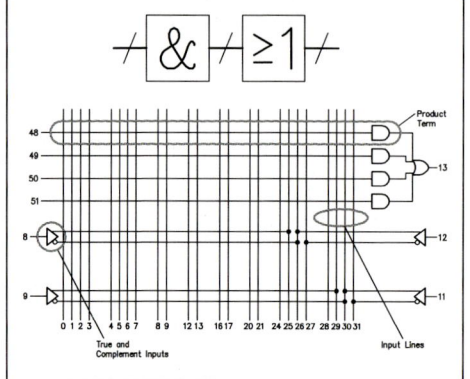

PLDs dienen zur Speicherung logischer Funktionen. Sie sind aus einer UND-Matrix und einer ODER-Matrix aufgebaut. Es können damit sowohl Schaltnetze als auch Schaltwerke aufgebaut werden.

Zusätzlich finden sich in PLDs, je nach Typ, auch noch Flipflops an den Ausgängen oder programmierbare Ausgänge.

Die in Zeilen und Spalten gezeichnete Matrix stellt die UND-Matrix dar. Die ODER-Matrix wird meistens durch Gattersymbole repräsentiert. Ein solches Symbol für ein ODER-Gatter ist in der linken Abbildung rechts oben gezeigt. Dieser Ausgang der ODER-Matrix verknüpft in diesem Fall vier Zeilen der UND-Matrix und führt auf den PIN 13 des Bausteins. Die Zeilen der UND-Matrix werden Produktterm genannt.

PAL (Programmable Array Logic)
GAL (Generic Array Logic)

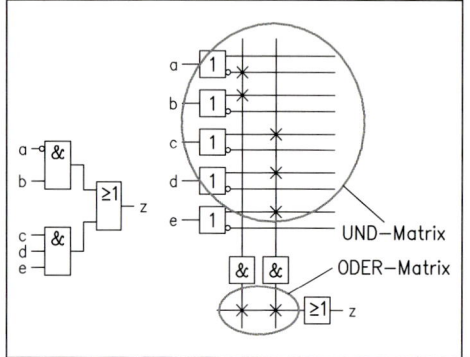

PALs gehören zur Familie der PLDs. PALs weisen eine feste ODER-Matrix auf. Nur die UND-Matrix ist programmierbar. Die Abbildung links zeigt eine einfache Gatterschaltung (a) und deren Entsprechung in Form einer PAL-Schaltung (b). In der UND-Matrix werden die beiden UND-Gatter des Beispiels realisiert. Alle Eingänge, die in einer bestimmten Spalte mit einem Kreuz versehen sind, werden miteinander verknüpft. In der ODER-Matrix werden die Ergebnisse der UND-Spalten in einer Zelle kombiniert.

Im Unterschied zum PAL ist das GAL elektrisch löschbar und erneut programmierbar. Ansonsten hat es ebenso wie das PAL eine feste ODER-Matrix und eine programmierbare UND-Matrix.

PLA (Programmable Logic Array)

Sowohl die UND- als auch die ODER-Matrix ist programmierbar. Jeder UND-Term kann zu jeder ODER-Verknüpfung geschaltet werden.

CPLD (Complexe Programmable Logic Device)

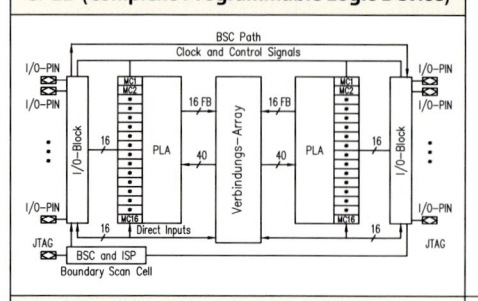

Enthält wenige große Blöcke mit Logik- und E/A-Makrozellen auf PAL-Basis (UND-ODER-Matrix). Die Blöcke sind über zentrale Verbindungen verknüpft. Es gibt relativ direkte Verbindungen zwischen den Makrozellen und den Anschluss-Pins. Sehr schneller Signalweg von den Logikmakrozellen zu den Pins. Deshalb: kurze und vorhersagbare Laufzeiten. Flächennutzung: 40 ... 60 %. Stromverbrauch: hoch bis sehr hoch. CPLDs behalten ihre Konfiguration.

FPGA (Field Programmable Gate Arrays)

Enthält viele kleine und unterschiedliche Funktionseinheiten (CLBs). Daher: Inhomogene Laufzeiten. Die Logik ist realisiert mit LUTs/RAM. Die Speicherung erfolgt i.d.R. auf SRAM (Flash)-Basis. Flächennutzung: 50 ... 95 %. Stromverbrauch: gering bis mittel. FPGAs behalten ihre Konfiguration nicht. Bei jeder Inbetriebnahme muss erst die Flash-Konfiguration eingeladen werden. Dann erst ist der FPGA mit der gewünschten Funktion einsatzbereit.

4.2 Digitaltechnik

Schaltungsentwurf mit FPGA (Field Programmable Gate Array)

Für den Schaltungsentwurf werden spezielle Computerprogramme (Entwicklungswerkzeuge) eingesetzt, die häufig vom FPGA-Hersteller selbst zur Verfügung gestellt werden. Damit können in der Regel alle Arbeitsschritte bewerkstelligt werden.

Schritt	Bezeichnung	Beschreibung
1	Schaltungsentwurf/Schaltungsbeschreibung	Die zu implementierende Schaltung wird mithilfe eines Schaltplaneditors gezeichnet oder mit einer speziellen Programmiersprache (HDL Hardware Description Language) beschrieben. Die meistverwendeten Hardwarebeschreibungssprachen sind VHDL und Verilog. Das Bild links zeigt den Schaltungsentwurf mit dem frei verfügbaren Werkzeug „SE WebPACK" der Firma Xilinx.
2	Simulation	Die entworfene Schaltung wird durch Simulation auf ihre Funktion überprüft. Dabei wird unterschieden in: • Funktionale Simulation: Prüfung auf logische Korrektheit • Timing Simulation: Verzögerungszeiten berücksichtigen
3	Synthetisieren	Der Schaltplan wird mit Komponenten (Flipflops, Gatter etc.) des FPGA realisiert. Dies erfolgt in zwei Schritten: • Umwandlung der Schaltungsbeschreibung in eine Gatternetzliste mit einfachen „primitiven" Grundelementen (sog. „Primitives"). • Zuordnen der Grundelemente zu Ressourcen der ausgewählten FPGA-Familie (auch „Mapping" genannt).
4	Zuweisen der Anschlüsse	In der Regel ist es möglich, die Eingänge/Ausgänge der Schaltung bestimmten (nicht beliebigen) Anschlüssen des FPGA zuzuweisen. Dabei wird auch die gewünschte Pegel-Technologie (TTL, LVTTL, CMOS etc.) festgelegt. Das Bild links zeigt schematisch einen FPGA mit seinen Anschlüssen am Gehäuse. Diese lassen sich nun mit dem Mauszeiger einem Ein- oder Ausgang der Schaltung zuordnen.
5	Implementierung	Bei der Implementierung erfolgt: • die Zuweisung der im Syntheselauf ermittelten Ressourcen auf konkrete Elemente (Logikzellen, I/O-Zellen etc.) • die Verdrahtung der Ressourcen (Place & Route), indem freie Verbindungswege gesucht werden
6	Bitstream generieren	Es werden die Konfigurationsdaten für den FPGA erzeugt, die mithilfe eines speziellen Adapters vom PC in den FPGA übertragen werden. Der Bitstream wird meist im JEDEC-Format (Beispiel siehe Bild links) abgelegt. Er muss bei jedem Start erneut in den FPGA geladen werden. Dazu wird oft ein Mikrocontroller verwendet. Nachdem der Bitstream in den FPGA geladen wurde, kann dieser die von ihm verlangte Funktionalität erfüllen.

4.2 Digitaltechnik

4.2.8 Programmierbare Logik (Fortsetzung)

Schaltungsbeschreibung mit VHDL

VHDL (Very High Speed Integrated Circuit Hardware Description Language) ist die weit verbreiteteste Sprache zur Beschreibung digitaler Logik. Sie wird vor allem zur Programmierung von FPGA-Bausteinen eingesetzt. Im Gegensatz zu herkömmlichen Programmiersprachen, deren Ziel es ist, einen sequenziellen Funktionsablauf auf einer Hardware (Mikroprozessor/-controller) hervorzurufen, beschreibt VHDL die Funktionalität der Hardware selbst. Man spricht in diesem Zusammenhang auch von einer „Hardwarebeschreibungssprache" oder von einer „Modellierungssprache".

VHDL ist in IEEE 1076 beschrieben. Es können zusätzlich sogenannte „Packages" eingebunden werden, die weitere Elemente enthalten. Eines der wichtigsten Packages ist das IEEE 1164.

Ein VHDL-Programm besteht mindestens aus:
- Angabe der verwendeten Library und Packages
- der Schnittstellenbeschreibung (**entity**)
- der Funktionsbeschreibung (**architecture**)

Groß- und Kleinschreibung wird von VHDL nicht ausgewertet. Jedes Statement wird mit einem Semikolon abgeschlossen, das letzte Statement mit der schließenden Klammer.

Parallel zum Entwurf des VHDL-Codes läuft die Simulation der beschriebenen Funktionsblöcke. Dabei wird die logische Korrektheit untersucht und in einem weitergehenden Schritt das Zeitverhalten berücksichtigt. Die zur Simulation notwendigen Eingangssignale werden ebenfalls mit VHDL beschrieben. VHDL-Editoren verfügen auch über ein Simulationswerkzeug.

Allgemein	Beispielcode	Beschreibung zum Beispielcode
library *Name_der_Library*; **use** *Name_des_Packages*;	**library** IEEE; **use** IEEE. STD_LOGIC_1164. **all**;	Einbinden der Standard-Library nach IEEE Einbinden aller Elemente des Packages 1164

entity Bausteinname **is**
   generic (Parameterliste, optional)
   port (Schnittstellenliste, optional)
      – Definition der Bausteinanschlüsse (Modi: IN, OUT, INOUT, BUFFER)
      – Platz für Deklarationen, die in verschiedenen Architekturrümpfen benutzbar sind (Konstanten, Signale).
   begin (Anweisungen, optional)
      – Platz für Anweisungen, die für alle Architekturrümpfe gelten
end Bausteinname;
	entity my_amd2 **is**
	port (in_a, in_b: **in** STD_LOGIC; out_Z: **out** STD_LOGIC);
	end my_and2;
		Beschreibung der Ein- und Ausgänge des zu erstellenden Funktionsblocks in der *„entity"*. Es sind zwei Eingänge und ein Ausgang vorgesehen. Ein entity-Block kann von mehreren **architecture-Blöcken** verwendet werden.

architecture *Rumpfname* **of** *Bausteinname* **is**
   – Platz für Deklarationen (Konstanten, Signale etc.); diese sind nur für den vorliegenden Architekturrumpf gültig;
begin
   – Anweisungen, die das Verhalten oder die Struktur des Bausteins beschreiben;
end Rumpfname;
	architecture my_arch **of** my_and2 **is begin**
	
	out_z <= **not** in_a **and** in_b;
	end my_arch;
		Dies ist eine **architecture** zur entity „my_and2". Sie beschreibt ein Und-Gatter mit einem negierten Eingang. Das Schlüsselwort **not** hat Vorrang vor **and**.

– *Kommentar*	– dies ist die Beschreibung – eines UND-Gatters mit – invertiertem Eingang	Jede Kommentarzeile muss mit zwei Minuszeichen beginnen. Sie kann an beliebigen Stellen im Programmcode eingebracht werden.

4.2 Digitaltechnik

VHDL-Snippet

```vhdl
entity nand4 is
   port (eingang1,eingang2,eingang3,eingang4 : in Bit
         ausgang :                              out Bit)
end nand4

architecture behaviour of nand4 is
begin
   process (eingang1,eingang2,eingang3,eingang4)
      begin
         ausgang <= not(eingang1 and eingang2 and
         eingang3 and eingang4) after 5ns;
      end process;
end behavior;
```

NAND-Gatter mit 4 Eingängen

Die Eingänge werden in der *entity* gleich als Bit-Eingänge angelegt.

```vhdl
entity main_vhdl is
   port (clkin : in STD_LOGIC;            --Oszillatoreingang
         clkout : out STD_LOGIC;          --Ausgang
         dividervalue : in STD_LOGIC_VECTOR(15 downto 0);
         readval : in STD_LOGIC);         --Flag Übernahme Teiler
end main_vhdl;

architecture fdivider of main_vhdl is
signal intdivval : STD_LOGIC_VECTOR(15 downto 0);
signal intclkout : STD_LOGIC;

begin
   process (clkin, readval)
   begin
      if rising_edge(clkin) then
         if readval = '1' then
            intdivval <= intdivval - 1; --Teilerwert einlesen
         else
            intdivval <= intdivval - 1;
         end if;
      end if;
      if intdivval = 0 then
         intclkout <= not intclkout;     --Ausgangssignal toggeln
         intdivval <= dividervalue;      --Teilerwert neu laden
         clkout <= intclkout;            --Ergebnis ausgeben
      end if;
   end process;
end architecture;
```

Einstellbarer Frequenzteiler

An *clkin* wird das zu teilende Taktsignal angelegt. Das geteilte Taktsignal kann an *clkout* entnommen werden. *dividervalue* ist ein 16-Bit-Integerwert mit dem Teilerverhältnis. Wenn *readval* auf High-Pegel liegt, wird das neue Teilerverhältnis eingelesen (16 Pins des FPGA gleichzeitig).
Die Zuordnung der Anschlusspins des FPGA erfolgt in einer separaten Tabelle. Dort werden auch die verwendeten Logikpegel festgelegt.

```vhdl
entity Monoflop_main is
   port (trigger1 : in STD_LOGIC;       --Triggersignal
         clk : in STD_LOGIC;            --Taktsignal
         LED1 : out STD_LOGIC);         --Ausgang des Monoflops
end Monoflop_main;

architecture Behavioral of Monoflop_main is
signal counter1 : STD_LOGIC_VECTOR(23 downto 0) :=x"000000";
signal clear1 : STD_LOGIC;
signal tri1old : STD_LOGIC :='1';       --Trigger detection
begin
   monoflop1: process (clk, trigger1)
   begin
      if (rising_edge(clk)) then
         if (tri1old = '0' and trigger1 = '1') then
            clear1 <= '0';
            LED1 <= '0';
         end if;
         if clear1 = '0' then
            counter1 <= counter1 + 1;
            if counter1 > x"03A980" then  --30ms
               clear1 <= '1';
               LED1 <= '1';
               counter1 <= x"000000";
            end if;
         end if;
         tri1old <= trigger1; --Trigger bei ansteigender Flanke
      end if;
   end process monoflop1;
end Behavioral;
```

Monoflop

Das in der *entity* beschriebene Bauteil *Monoflop_main* wird hier im **Prozess** monoflop1 benutzt. Es könnte gleichzeitig im FPGA unter unterschiedlichen Prozessnamen mehrfach benutzt werden.
Der Ausgang *LED1* hat normalerweise High-Pegel. Sobald ein Trigger erfolgt ist (hier ansteigende Flanke von *trigger1*), wird LED1 auf logisch 0 gelegt und das Signal *counter1* wird inkrementiert, bis die Zahl $03A980_H$ überschritten ist. In diesem Fall sind dann 30 ms verstrichen. Diese Zeit hängt in erster Linie von der verwendeten Taktfrequenz ab. Der Ausgang wird wieder auf High-Pegel zurückgesetzt.

4.3 Signale und Signalaufbereitung

4.3.1 Signaltypen

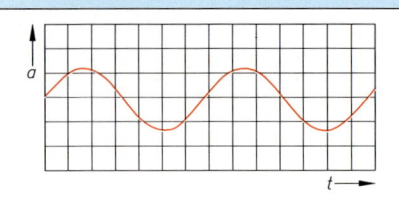

(Sinussignal-Diagramm)	**Determiniertes Signal** Jedes determinierte Signal – wie z. B. das Sinussignal – kann zumindest in einem begrenzten Zeitintervall analytisch beschrieben werden. Sein Augenblickswert ist für jeden beliebigen Zeitpunkt innerhalb des Zeitintervalls berechenbar.
(Stochastisches Signal-Diagramm)	**Stochastisches Signal** Bei stochastischen Signalen lässt sich der Augenblickswert der Zeitfunktion zu einem vorgegebenen Zeitpunkt nicht berechnen. Unter bestimmten Voraussetzungen kann ein stochastischer Zeitvorgang jedoch mittels statistischer Kenngrößen und -funktionen beschrieben werden.
(Treppenfunktion-Diagramm)	**Wertdiskretes, zeitkontinuierliches Signal** Der Signalparameter *a* ist durch vorgegebene, diskrete Werte gegeben. Allerdings ist er für alle Zeitpunkte während der Dauer des Signals definiert. **Beispiele:** quantisierte Sprach- und Musiksignale, Ausgangsspannung eines Digital-Analog-Umsetzers
(Abtastsignal-Diagramm)	**Zeitdiskretes, wertkontinuierliches Signal** Der Signalparameter *a* existiert nur zu vorgegebenen, diskreten Zeitpunkten oder während aufeinanderfolgender diskreter Zeitintervalle. **Beispiele:** zyklisch abgefragte Messwerte, Pulsamplitudenmodulation
(Wert- und zeitdiskretes Signal-Diagramm)	**Wert- und zeitdiskretes Signal** Der Wertbereich *a* wird in Quantisierungsintervalle bzw. Wertstufen zerlegt. Jedem Intervall wird ein diskreter Wert zugeordnet (unterer oder oberer Grenzwert oder Mittelwert). **Beispiel:** quantisierte Pulsamplitudenmodulation
Ideale Impulsfolge *(Rechteckimpulse mit T_i, T_p, T)* Technische Impulsfolge *(Impulsfolge mit 100%, 90%, 50%, 10% Marken; t_r, t_f, T_i, T)*	**Impulse** Parameter: t_r = Anstiegszeit (rise time) t_f = Abfallzeit (fall time) T_i = Impulsdauer T_p = Impulspause T = Periodendauer A = Amplitude $ü = \dfrac{a}{A}$ Überschwingen $\dfrac{T_i}{T}$ = Tastgrad

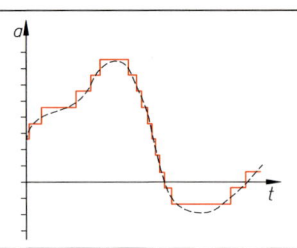

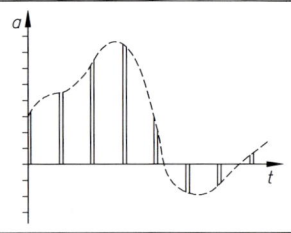

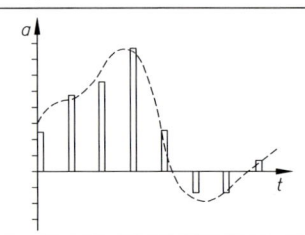

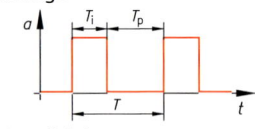

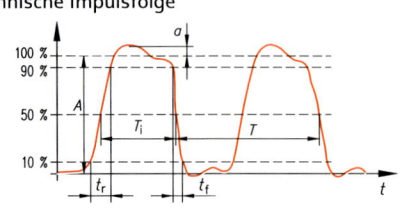

4.3 Signale und Signalaufbereitung

4.3.2 Analog-Digital-Wandlung (ADU)

Abtastung

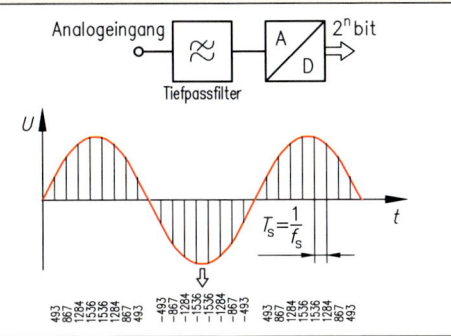

Vom Signal werden zyklisch Stichproben genommen. Damit das Signal fehlerfrei erfasst wird, muss gemäß dem *Shannon-Kriterium* die Häufigkeit der Abtastungen f_s größer als die halbe noch zu erfassende Frequenz sein.

$$f_s = \frac{f_{max}}{2}$$

Vor der Abtastung durchläuft das Signal einen Tiefpassfilter mit der Grenzfrequenz $f_{max}/2$. Damit ist sichergestellt, dass Eingangsfrequenzen, die zur Verletzung des Abtasttheorems führen, erst gar nicht erfasst werden.

Quantisierung

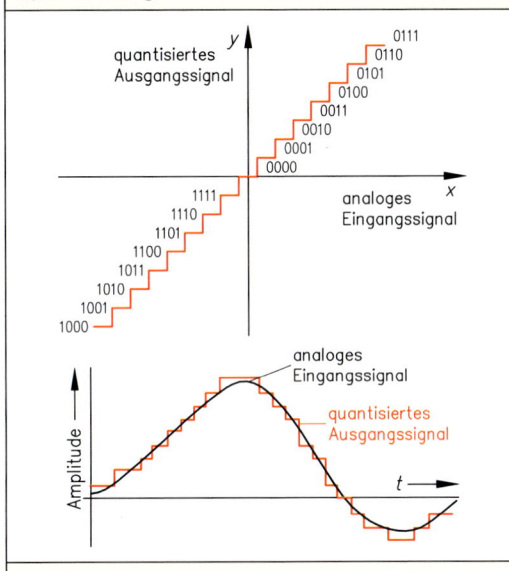

Jeder abgetastete Analogwert wird zu einer festen Anzahl von Stellen (Digits) quantisiert. Diesen Prozess übernimmt der Analog/Digital-Wandler. Die Auflösung hängt von der Anzahl der verwendeten Bits ab. Mit n-bit kann man 2^n verschiedene Zahlen generieren. Ein Analogsignal mit der Amplitude a kann in 2^n verschiedene Werte oder Schritte der Größe $a/2^n$ quantisiert werden. Jeder Quantisierungsschritt repräsentiert einen analogen Wertebereich. Er ist eine Näherung an den ursprünglichen Analogwert. Übliche Quantisierungsstufen:

8 bit	$2^8 =$	256 Stufen
16 bit	$2^{16} =$	65 536 Stufen
24 bit	$2^{24} =$	16 777 216 Stufen
32 bit	$2^{32} =$	4 294 967 296 Stufen

Quantisierungsrauschen

Wegen der durch die Quantisierung verursachten Näherung an die jeweiligen ursprünglichen Analogwerte entsteht ein Fehler, der zum Quantisierungsrauschen führt und das Signal-/Rauschverhältnis R_a bestimmt. Es gilt dafür:

$$R_a \approx 2^n \cdot 6{,}02\ \text{dB} + 1{,}76\ \text{dB}$$

Der Fehler zwischen echtem Wert und nächster Quantisierungsstufe führt zum Quantisierungsrauschen.

Abtast-Halte-Kreis (Sample & Hold) und Abtasttheorem

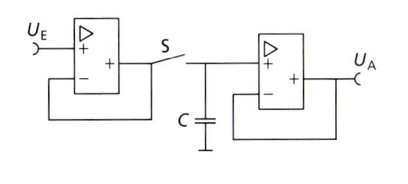

Das Abtast-Halte-Glied bildet den Übergang vom analogen in den digitalen Wertebereich. Das analoge Signal wird im Zeitbereich quantisiert (abgetastet) und zwischengespeichert (gehalten). S wird kurzzeitig geschlossen, sodass der Kondensator mithilfe des ersten Impedanzwandlers auf U_E aufgeladen wird. Der zweite Impedanzwandler sorgt dafür, dass der abgetastete Wert bis zum Abschluss der Analog-Digital-Umsetzung erhalten bleibt. Gemäß dem Abtasttheorem muss die Abtastung mit mehr als dem Zweifachen der Frequenz der zu messenden Eingangswechselspannung erfolgen.

$$f_A > 2 f_0$$

4.3 Signale und Signalaufbereitung

4.3.2 Analog-Digital-Wandlung (ADU) (Fortsetzung)

Einteilung der ADU-Verfahren

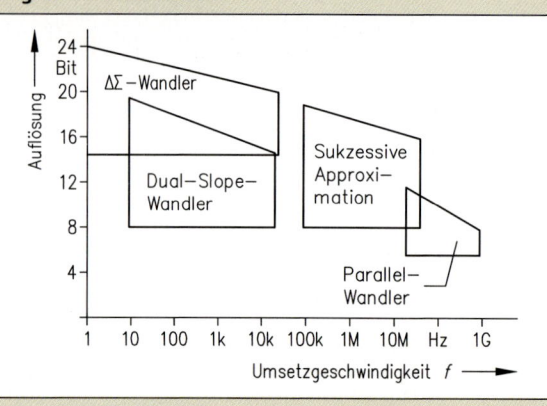

- Sigma-Delta-($\Delta\Sigma$)-Wandler (Überabtastverfahren)
- Zählverfahren (Single-/Dual-Slope; ein Digit pro Zyklus)
- Sukzessive Approximation (ein Pegel pro Zyklus)
- Parallelverfahren (ein Wort pro Zyklus)

Sigma-Delta-($\Delta\Sigma$)-Wandler

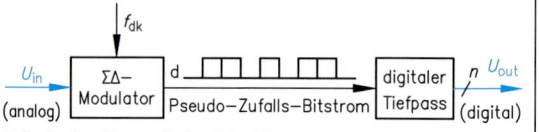

Prinzip des Sigma-Delta-Wandlers

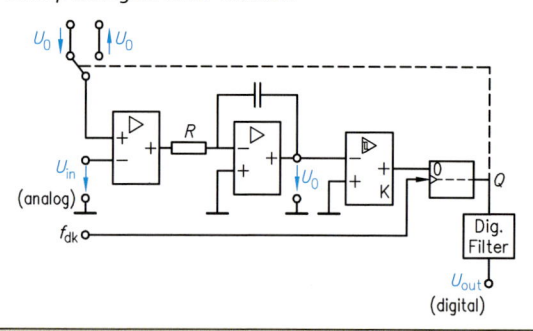

Der Sigma-Delta-Wandler heißt auch „Oversampling-Wandler". Er enthält einen Integrator und einen Komparator (K) mit einer Rückkopplungsschleife, die aus einem 1-Bit-DAC besteht. Dieser DAC arbeitet als einfacher Schalter, der den Kompensationseingang mit einer positiven oder negativen Referenzspannung verbindet. Das Taktsignal (f_{clk}) bildet die Basis bzw. die Abtastrate.
Das auf den Eingang (u_{in}) gegebene Signal wird mit einer geringen Auflösung (1 Bit) quantisiert, jedoch geschieht dies mit einer hohen Abtastrate (> 2 MHz). Zusammen mit der digitalen Nachfilterung wird dieses Oversampling auf eine viel kleinere Abtastrate gebracht. Dies erhöht die Auflösung des ADC und den dynamischen Bereich auf z. B. 16 Bit oder mehr.

Fehlersicherheit:	gering
Geschwindigkeit:	mittel
Schaltungsaufwand:	sehr gering

Zählverfahren

Single-Slope-Verfahren

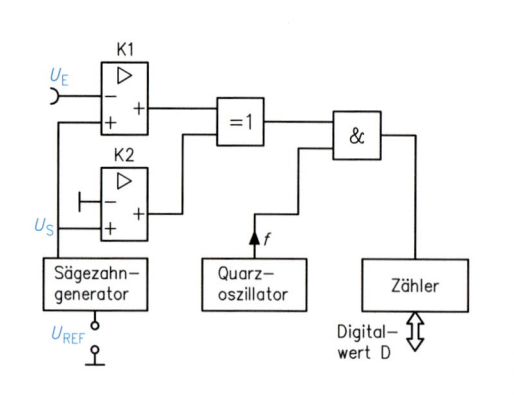

K1 und K2 setzen U_E in eine proportionale Zeit um; für die Sägezahnspannung gilt:

$$U_S = (U_{REF} \cdot t)/\tau - V_0$$

Das Ex-Or-Gatter gibt 1 aus, solange gilt:

$$0 \leq U_S \leq U_E$$

Für diese Zeitdauer Δt gilt:

$$\Delta t = (\tau \cdot U_E)/U_{REF}$$

Ein Zähler bestimmt die Zeitdauer, indem er die Oszillatortakte während dieser Periode zählt. Der resultierende Zählerstand D ist:

$$D = \Delta t/T = (\tau \cdot f \cdot U_E)/U_{REF}$$

Fehlersicherheit:	gering
Geschwindigkeit:	gering
Schaltungsaufwand:	gering

4.3 Signale und Signalaufbereitung

Zählverfahren (Fortsetzung)

Dual-Slope-Verfahren

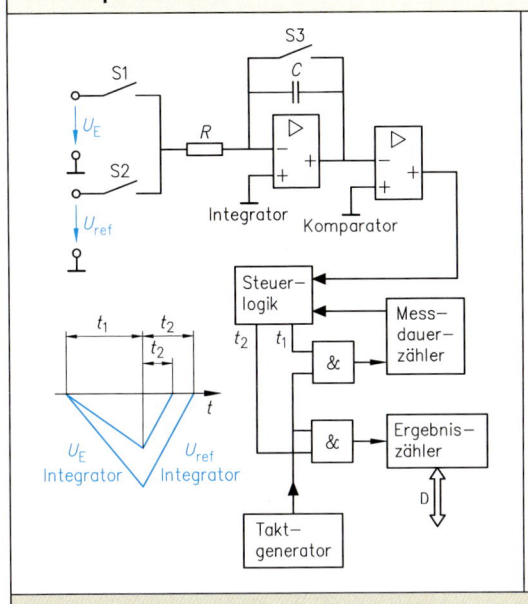

Dual-Slope-AD-Wandler (Integrationsverfahren)
In Ruhe ist nur S3 geschlossen. Die Integrator-Ausgangsspannung ist 0. Nun öffnet S3 und S1 schließt, um U_E über eine Periode zu integrieren. Die Ausgangsspannung des Integrators erreicht

$$U_I(t_1) = -\frac{1}{\tau} \int_0^{t_1} U_E dt = \frac{U_e \cdot n_1 \cdot T}{\tau}$$

n_1 ist die Anzahl der Taktperioden und T die Periodendauer des Taktgenerators. S1 öffnet; über S2 wird U_{ref} mit entgegengesetzter Polarität zu U_E an den Integrator gelegt. Die Zeit t_2, die verstreicht, bis der Nulldurchgang wieder erreicht ist, bestimmen ein Komparator und ein Ereigniszähler:

$$t_2 = n_2 \cdot T = \tau / U_{ref} \cdot |U_I(t_1)|$$

Der Digitalwert ergibt sich zu $D = n_2 = \dfrac{n_1 \cdot U_E}{U_{ref}}$

Fehlersicherheit: hoch
Geschwindigkeit: gering
Schaltungsaufwand: hoch

Wägeverfahren

Sukzessive Approximation

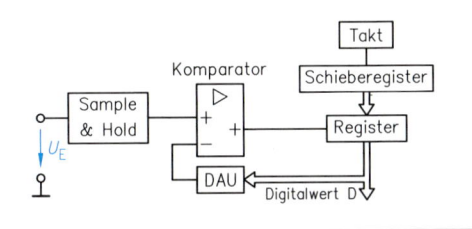

Vergleich von U_E mit der Ausgangsspannung eines Digital-Analog-Umsetzers (DAU). Ist U_E höher als die Ausgangsspannung des DAUs, wird MSB auf 1 gesetzt, andernfalls auf 0. Der Vorgang wird dann entsprechend fortgesetzt, und zwar bis zum LSB (**L**east **S**ignificant **B**it). Je Bit wird eine feste Umsetzungszeit benötigt.

Fehlersicherheit: mittel
Geschwindigkeit: mittel
Schaltungsaufwand: mittel

Parallelumsetzer (Flash-Konverter)

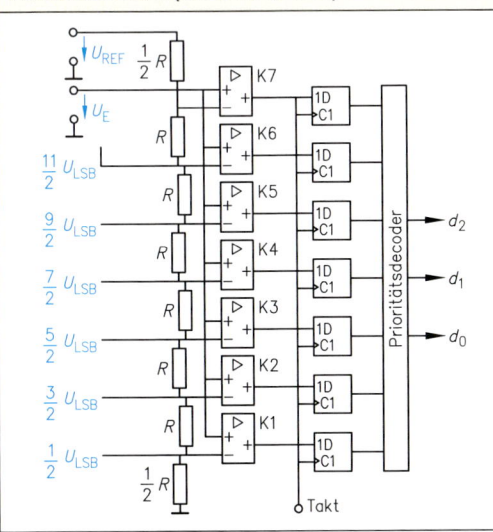

Sie bestehen prinzipiell aus einer Kette gleicher Widerstände, die an U_{REF} angeschlossen ist, und einer der binären Auflösung entsprechenden Anzahl von Komparatoren. Die Zahl der benötigten Komparatoren steigt exponentiell mit der Wortbreite. Es erfolgt ein Vergleich von U_E durch die einzelnen Komparatoren. Nach einer Zwischenspeicherung – beispielsweise durch D-Flipflops – kann eine Auswertung mit einem Prioritätscodierer erfolgen, um einen für einen Prozessor geeigneten Code zu erhalten.

Fehlersicherheit: mittel
Geschwindigkeit: hoch
Schaltungsaufwand: hoch

4.3 Signale und Signalaufbereitung

4.3.3 Digital-Analog-Wandlung

Prinzip des Parallelverfahrens	Prinzip des Wägeverfahrens	Prinzip des Zählverfahrens

Parallelverfahren	Mit einem Spannungsteiler werden alle möglichen Ausgangsspannungen bereitgestellt. Mit einem 1-aus-n-Decoder wird dann der Schalter geschlossen, dem die gewünschte Ausgangsspannung zugeordnet ist.
Wägeverfahren	Jedem Bit ist ein Schalter zugeordnet. Über entsprechend gewichtete Widerstände wird dann die Ausgangsspannung aufsummiert.
Zählverfahren	Dieses Verfahren erfordert nur einen einzigen Schalter. Er wird periodisch geöffnet und geschlossen. Sein Tastverhältnis wird mithilfe eines Vorwahlzählers so eingestellt, dass der arithmetische Mittelwert der Ausgangsspannung den gewünschten Wert annimmt.

4-Bit-DA-Wandler mit Widerstandsnetzwerk nach dem Parallelverfahren

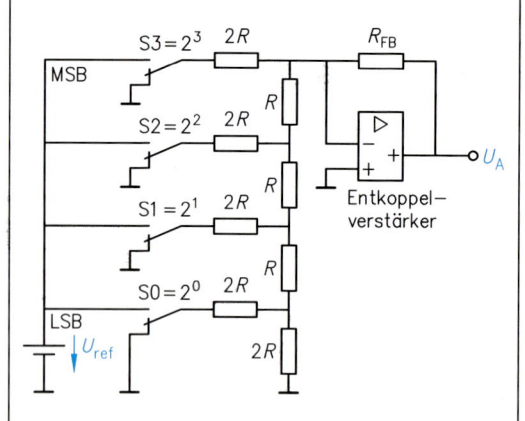

Am Ausgang des Entkoppelverstärkers erhält man eine Spannung, die zu der Summe der einzelnen Teilströme durch die Querglieder und somit durch die Schalter S0 bis S3 eingestellten Binärwort proportional ist. Ein 8-Bit-Wandler enthält natürlich 8 Schalter und ein entsprechend langes Netzwerk. Die Ausgangsspannung errechnet sich zu

$$U_A = -\frac{U_{ref}}{16} \cdot (2^3 \cdot S3 + 2^2 \cdot S2 + 2^1 \cdot S1 + 2^0 \cdot S0) \cdot \frac{R_{FB}}{R}$$

Die Schalter S0 bis S3 können nur die Werte 0 oder 1 annehmen.
Zur Kompensation von Offsetfehlern wird einem DA-Wandler normalerweise ein Operationsverstärker mit Offset-Eingängen nachgeschaltet.

Differenzielle Nichtlinearität bei DA-Wandlern

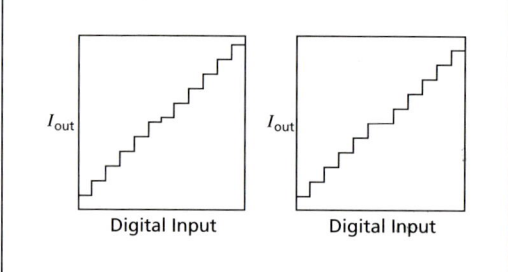

Die differenzielle Nichtlinearität gibt die maximale Unregelmäßigkeit der Treppenstufen, bezogen auf eine kleine Umgebung der Kennlinie an. Beträgt sie beispielsweise 0,1 U_{LSB}, bedeutet das noch keinen genauen Wandler. Nimmt die Stufenhöhe über mehrere Stufen mit 10 % ab, kann insgesamt eine Verbiegung der Kennlinie um mehrere U_{LSB} entstehen.

Kennlinien eines DA-Wandlers mit $\pm 1/2$ LSB (links) und ± 1 LSB differenzieller Nichtlinearität (rechts)

4.3 Signale und Signalaufbereitung

4.3.4 Spezifikationen von AD- und DA-Wandlern

Auflösung (resolution)	Die Auflösung gibt die Zahl der Stufen an, die ein DA-Wandler erzeugen kann, bzw. die Zahl der Spannungspegel, die ein AD-Wandler unterscheiden kann. Die Auflösung wird normalerweise als Logarithmus Dualis in Bit angegeben. Ein Wandler mit 10-Bit-Auflösung kann demnach 1 024 Stufen (= 2^{10}) unterscheiden. Wichtig: Die Auflösung ist unabhängig von der Genauigkeit.
Genauigkeit (accuracy)	Unter Genauigkeit eines Wandlers versteht man die Summe aller Fehler, die ein Wandler aufweist. Die Genauigkeit eines Wandlers wird nur in seltenen Fällen angegeben, da meist die Einzelfehler spezifiziert sind.
Quantisierungsfehler (quantizing error)	Dieser Fehler gibt die maximale Abweichung der Übertragungsfunktion eines AD-Wandlers von einer geraden Linie an. Er beträgt bei jedem AD-Wandler ±1/2 LSB und ist unvermeidlich.
Skalierungsfehler (gain/scale error)	Hierbei handelt es sich um die lineare Abweichung der Übertragungsfunktion, angegeben bei Full-Scale-Aussteuerung. Verursacht wird dieser Fehler häufig durch eine falsch eingestellte Referenzspannung oder einen falsch justierten Verstärker.
Offset-Fehler (offset error)	Der Offset-Fehler gibt die Abweichung der Übertragungsfunktion bei 0-V-Eingangsspannung an. Ein Offset-Fehler wird normalerweise durch den Eingangsverstärker oder durch einen Komparator verursacht. Er kann meist durch eine einfache Schaltungsmaßnahme auf 0 abgeglichen werden.
Linearität (linearity)	Unter Linearität (eigentlich Nichtlinearität) versteht man die maximale Abweichung der Übertragungsfunktion eines AD- oder DA-Wandlers von der linearen Idealkurve. Bei der Angabe der Linearität sind der Quantisierungsfehler, der Skalierungsfehler und der Offset-Fehler herausgerechnet. Die Linearität wird in LSB angegeben. Die Angabe der Linearität eines AD- oder DA-Wandlers ist ein wichtiges Gütekriterium, da dieser Fehler nicht korrigiert werden kann.
Monotonie (monotonicity)	Bei einer monotonen Übertragungsfunktion wechselt die erste Ableitung nie das Vorzeichen. Eine monotone Kurve ist also stetig steigend oder fallend. Die Monotonie eines AD- oder DA-Wandlers ist besonders bei Systemen wichtig, bei denen das Bauelement in Rückkopplungen eingesetzt wird (z. B. in Reglern oder Servoverstärkern). Bei fehlender Monotonie kann es zu Schwingungen in solchen Schaltungen kommen. Monotonie kann nur bei einer Linearität und einer differenziellen Linearität von ±1/2 LSB garantiert werden.
Einschwingzeit (settling time)	Nur bei DA-Wandlern wird eine Einschwingzeit angegeben. Sie gibt die maximale Zeit an, die der Ausgang eines DA-Wandlers benötigt, um nach einem Code-Wechsel auf den neuen Wert mit einer bestimmten Genauigkeit (meist 0,5 LSB) einzuschwingen. Es gibt allerdings Hersteller, die den Wert auf den Aussteuerbereich beziehen und ihn etwa mit ±0,01 % FSR (**F**ull **S**cale **R**ipple) angeben.
Wandlungsgeschwindigkeit (conversion rate)	Die Wandlungsgeschwindigkeit gibt die Zahl der Konversionen pro Sekunde (bei DA- und AD-Wandler) an, die maximal erreicht werden können. Die Wandlungsgeschwindigkeit wird durch Verzögerungszeiten der internen Bauelemente und durch das Wandlungsprinzip bestimmt. Sie liegt zwischen einigen Konversionen pro Sekunde (bei integrierenden AD-Wandlern) und etwa 100 Millionen Konversionen pro Sekunde (bei Flash-AD- oder Video-DA-Wandlern).

4.3 Signale und Signalaufbereitung

4.3.5 Signalanalyse

Um Rückschlüsse auf Informationen in einem Signal (Zeitsignal) zu finden, wird z. B. untersucht,
- welche Frequenzen enthalten sind,
- welche Amplituden die einzelnen Frequenzen haben,
- ob und wie sich die Amplitude des Signals in Abhängigkeit von der Zeit ändert,
- ob und wie sich die einzelnen Frequenzen in Abhängigkeit von der Zeit ändern,
- ob das Signal Strukturen/Muster oder Modulationen enthält.

Eventuell müssen die gesuchten Signalanteile dann noch dekodiert werden.

Werkzeuge der Signalanalyse:

- Amplitudenmessung
  Es wird der Betrag der Amplitude über eine andere Größe (meist über die Zeit) aufgetragen.

- Frequenztransformation, ↑ gemittelt
  Es werden die im Signal vorhandenen Frequenzen und deren Amplituden dargestellt.

- Frequenztransformation, fortlaufend
  Es werden die im Signal vorhandenen Frequenzen über die Zeit dargestellt; die Amplitude wird als Farbe abgebildet (3-D-Diagramm).

- Filtern ↑
  Einzelne Frequenzen können ausgeblendet und damit identifiziert werden.

- Korrelationsberechnung
  Es werden Ähnlichkeiten zu anderen Signalen oder zum Signal selbst (Wiederholungen, Echos) detektiert.

8-31 ↑

4-38 ↑

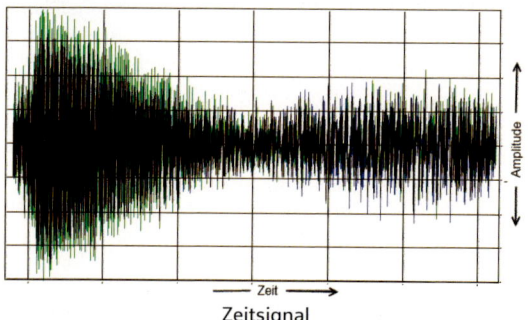

Zeitsignal

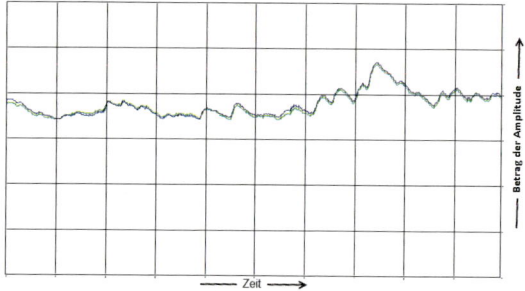

Amplitudenverlauf

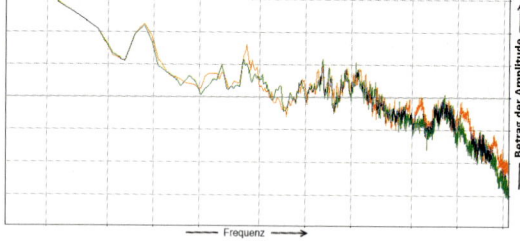

Frequenztransformierte, gemittelt

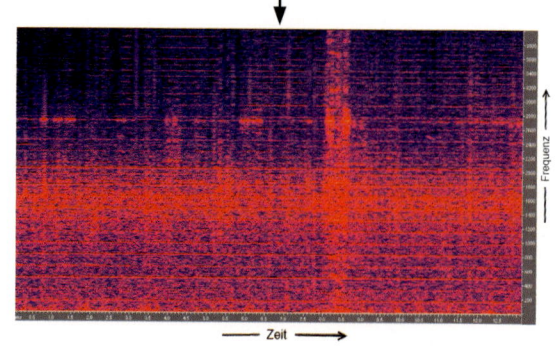

Frequenztransformierte über Zeit

4.3 Signale und Signalaufbereitung

4.3.6 Transformation in den Frequenzbereich

Diskrete Fourier-Transformation (DFT)/Fast Fourier-Transformation (FFT) ↑ ↑ 1-12

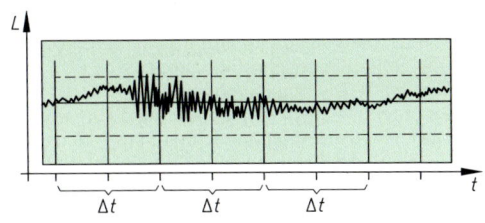

Mithilfe der DFT wird versucht, die in einem beliebigen Signal (also auch in einem stochastischen Signalgemisch) enthaltenen Frequenzen (basierend auf Sinusschwingungen) zu analysieren.

Dazu wird ein Signalstück der Länge Δt mithilfe der Fouriertransformation untersucht. Da das Signal bei der digitalen Signalanalyse in Form von diskreten, binären Werten vorliegt, spricht man von der diskreten Fourier-Transformation.

$$A(k \cdot f_C) = \frac{1}{N} \cdot \sum_{n=0}^{N-1} a(n \cdot T_S) \cdot e^{-j 2\pi i \frac{kn}{N}}$$

N   Anzahl Abtastwerte im Bereich Δt
T_S Zeit zwischen zwei Abtastwerten (Abtastfrequenz $f_S = 1/T_S$)
f_C Niedrigste erfassbare Frequenz ($f_C = f_S/N$)
k   Faktor; bestimmt die erfassbaren Vielfachen zu f_C

Die Anzahl N der in dem Signalstück liegenden Abtastwerte ergibt sich aus der verwendeten Abtastfrequenz f_S sowie der Länge Δt des Signalstückes.

Das Verhältnis Abtastwerte und Abtastfrequenz bestimmt den Faktor k. Je kleiner dieser Faktor ist, umso enger liegen die Spektrallinien zusammen.

Das Ergebnis der DFT ist ein Linienspektrum. Der Abstand von einer Spektrallinie zur nächsten ist f_C.

Bei der DFT ist die Größe von N frei wählbar. Allerdings sind für die Transformation eines Signals von N Samples Länge etwa N^2 Multiplikationen und $N(N-1)$ Additionen erforderlich.

Δt	Frequenzauflösung	Zeitauflösung
größer	besser	schlechter
kleiner	schlechter	besser

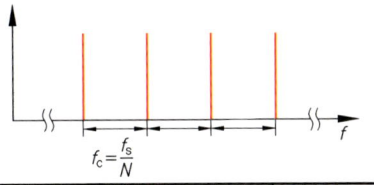

$f_C = \frac{f_S}{N}$

Blocklänge N	DFT	FFT
8	64	12
32	1 024	80
128	$16 \cdot 10^3$	448
256	$65 \cdot 10^3$	$1 \cdot 10^3$
512	$260 \cdot 10^3$	$2,3 \cdot 10^3$
1 024	$1 \cdot 10^6$	$5 \cdot 10^3$
2 048	$4 \cdot 10^6$	$11 \cdot 10^3$
4 096	$16 \cdot 10^6$	$24 \cdot 10^3$

Vergleich der Anzahl Multiplikationen zwischen DFT und FFT

Die FFT ist keine neue Transformation, sondern nur ein effizienter Algorithmus zur Berechnung von N DFTs.

Dieser Algorithmus wurde bereits 1924 in einem Buch von Runge und König erwähnt. Das Prinzip ist, die N bei der DFT zu berechnenden Summen so in Teilsummen zu zerlegen, dass die Zwischenergebnisse mehrfach wiederverwendet werden können. Bei der FFT muss N einer Zweierpotenz entsprechen. Es müssen dann aber nur noch $N \log_2 N$ Rechenoperationen durchgeführt werden.

Das bedeutet, bei $N = 2^{10} = 1\,024$ sind 10 240 Rechenoperationen durchzuführen.

FFT-Länge	Δt / ms	Δf / Hz
32	0,726	1 378
64	1,45	689
128	3,90	345
256	5,80	172
512	11,6	86,1
1 024	23,2	43,1
2 048	46,4	21,5
4 096	92,9	10,8
8 196	186	5,38
16 384	372	2,69
32 768	743	1,35

Veränderung der Zeit- und Frequenzauflösung bei verschiedenen DFT/FFT-Längen

Die der Tabelle zugrunde liegende Abtastrate ist $44\,100\,s^{-1}$.

4.3 Signale und Signalaufbereitung

4.3.7 Digitale Filter

Prinzipielle Arbeitsweise

13-22 ↑

Einbettung eines digitalen Filters in eine analoge Umgebung:

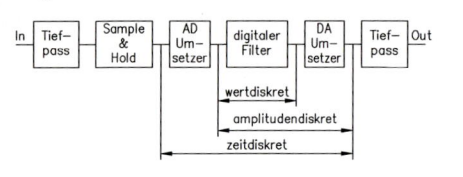

In → Tiefpass → Sample & Hold → AD-Umsetzer → digitaler Filter → DA-Umsetzer → Tiefpass → Out

- wertdiskret
- amplitudendiskret
- zeitdiskret

Bei einem digitalen Filter ↑ handelt es sich um einen Algorithmus, der von einem programmierbaren Digitalrechner (Mikroprozessor, Signalprozessor etc.) ausgeführt wird. Die Implementierung eines digitalen Filters unterscheidet sich insofern nicht von anderen Algorithmen, die von Digitalrechnern ausgeführt werden (wie z. B. die diskrete Fourier-Transformation). Da Filter in der Regel in Echtzeit arbeiten, ist ein ausreichend schneller Prozessor notwendig.

Die Signalmanipulation geschieht beim digitalen Filter durch

- Zeitverzögerung Z^{-1}
- Multiplikation ⊗ und
- Addition ⊕

mit vorherigen Abtastwerten.

Digitale Filter bieten gegenüber analogen Filtern folgende Vorteile:
- Die Filtercharakteristik kann (fast) beliebig vorgegeben werden.
- Leichte Modifizierbarkeit durch Änderung der Software.

Filtertypen

IIR (Infinite Impulse Response)

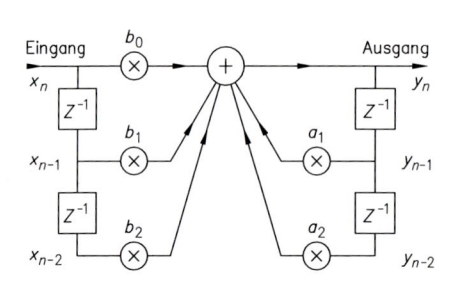

IIR-Filter sind rekursive Filter.
Kennzeichnend für diesen Filtertyp sind:
- hoher Wirkungsgrad
- geringer Rechenaufwand
- Schnelligkeit
- nichtlinearer Phasengang
- eventuell Schwingneigung

Der Datenstrom der zu filternden Werte x_n durchläuft Verzögerungen Z^{-1} und erreicht nach der Multiplikation mit den Filterkoeffizienten $b_0 \ldots b_n$ und $a_1 \ldots a_n$ über die Summierung den Ausgang y_n.

FIR (Finite Impulse Response)

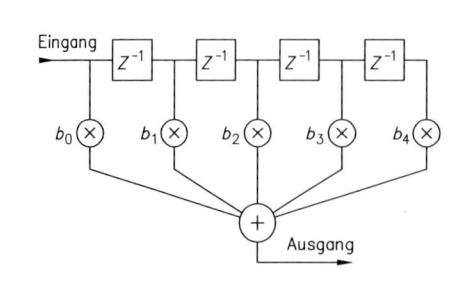

FIR-Filter sind nichtrekursive Filter.
Kennzeichnend für diesen Filtertyp sind:
- geringerer Wirkungsgrad
- höherer Rechenaufwand
- Langsamkeit
- beliebiger (auch linearer) Phasengang
- in jedem Fall stabil

Der FIR-Filter entsteht aus dem IIR-Filter durch Nullsetzen aller a-Koeffizienten. Für die Verwirklichung vorgegebener Filtereigenschaften sind mehr Stufen notwendig als bei einem IIR-Filter, wodurch der Rechenaufwand steigt.

5 Computertechnik

5.1 Übersicht

Seite

5.2	**Hardware**	5-2
5.2.1	Struktur eines Computers	5-2
5.2.2	Interner Aufbau der Zentraleinheit	5-3
5.2.3	Massenspeicher	5-4
5.2.4	Schnittstellen	5-6
5.2.5	Eingabegeräte	5-12
5.2.6	Ausgabegeräte	5-15
5.2.7	Steuerungen	5-18

5.3	**Software**	5-19
5.3.1	Zahlensysteme	5-19
5.3.2	Bits und Bytes	5-20
5.3.3	Codes	5-21
5.3.4	Betriebssystem	5-24
5.3.5	Programme	5-27
5.3.6	Programmierung	5-30

5.2 Hardware

5.2.1 Struktur eines Computers

[Diagramm: Struktur eines Computers mit System-Takt, CPU (MPU), Cache, (E)PROM Monitor (BIOS), RAM Code und Daten, Erweiterungen, E/A-Bausteine, Schnittstelle, E/A-Geräte serielle Schnittstelle, Handshake, E/A-Geräte parallele Schnittstelle, verbunden über Datenbus, Adressbus und Steuerbus]

CPU	**Adressbus**
Mikroprozessor, bestehend aus Steuereinheit, ALU und Registern	Unidirektionale Sammelschiene für bitweise codierte Adressen; Adressierung von RAM-, ROM- und I/O-Bausteinen
Systemtakt	**Datenbus**
Takt, mit dem die CPU getaktet wird. Nicht notwendigerweise identisch mit dem effektiven Arbeitstakt der CPU.	Bidirektionale Sammelschiene für bitweise codierte Daten
(E)PROM	**Steuerbus**
Enthält das BIOS und ein dazugehöriges Monitor-Programm	Steuert den zeitlichen Ablauf des Adress- und Datenflusses (unidirektional)
RAM	**Schnittstelle**
Arbeitsspeicher bzw. Erweiterungsspeicher eines Computers	Standardisierte Anschlussmöglichkeit für externe Geräte (Tastatur, Scanner, Drucker usw.)
Erweiterungen	**E/A-Bausteine**
Zusatzhardware, die den Anschluss von Tastatur, Bildschirm, Massenspeicher usw. ermöglicht	Hochintegrierte, meist programmierbare Bausteine, die den Datenfluss von und zu den Schnittstellen ermöglichen

Personalcomputer arbeiten gemäß der **Von-Neumann-Struktur**. Diese besteht aus der CPU (Steuer- und Rechenwerk), einer Ein- und Ausgangseinheit und dem Hauptspeicher (RAM). Programme und Daten werden in einem gemeinsamen Speicher abgelegt. Der Datenaustausch zwischen den einzelnen Komponenten wird über Bussysteme abgewickelt. Insgesamt sind mindestens drei Busse notwendig:
- Der Steuerbus übernimmt Steuerungsaufgaben. Über ihn wird z. B. die Richtung des Datenzugriffs vorgegeben (z. B. schreibend/lesend).
- Der Adressbus transportiert die Speicheradressen der Speicherzellen, die gelesen oder überschrieben werden sollen.
- Über den Datenbus werden schließlich die eigentlichen Informationen übertragen.

Taktfrequenz
Auf den Bussen erfolgt der Datenaustausch seriell. Mithilfe von Taktgeneratoren↑ wird der Zeitzyklus festgelegt, der für eine Aktion auf dem Bus zur Verfügung steht. Man muss zwischen dem Prozessortakt und dem Bustakt unterscheiden. Bei den PCs wird meistens die Frequenz des Prozessortaktes angegeben, da dieser die höchste Taktfrequenz aufweist.

5.2 Hardware

5.2.2 Interner Aufbau der Zentraleinheit

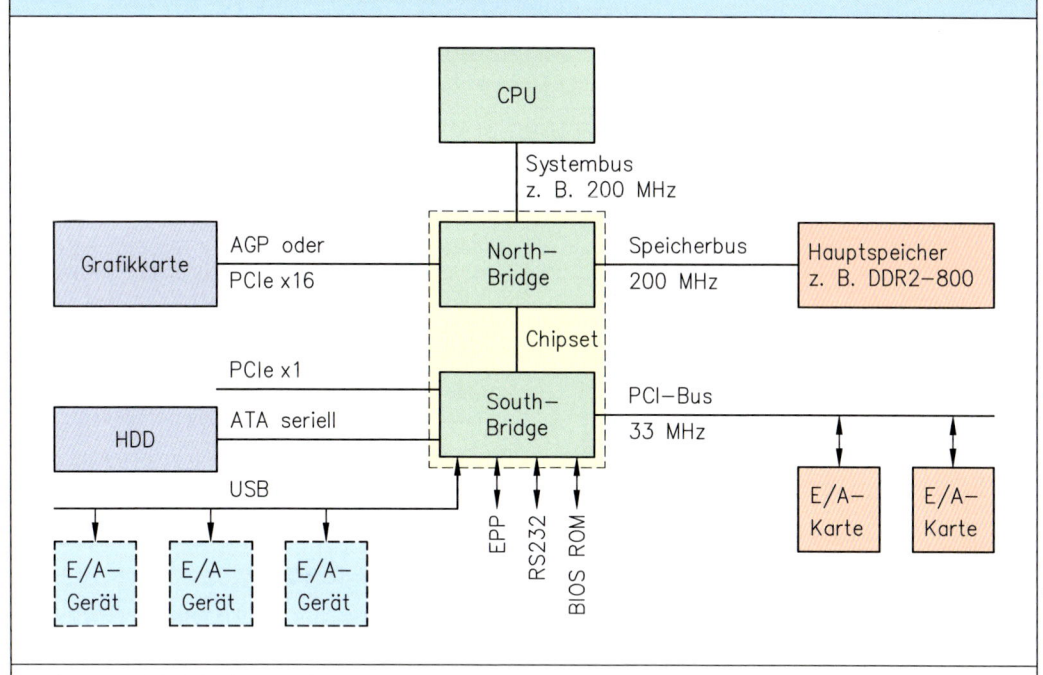

```
                    ┌───────┐
                    │  CPU  │
                    └───────┘
                        │ Systembus
                        │ z. B. 200 MHz
┌───────────┐  AGP oder ┌───────┐ Speicherbus ┌──────────────┐
│Grafikkarte│───────────│ North-│─────────────│ Hauptspeicher│
└───────────┘  PCIe x16 │ Bridge│  200 MHz    │ z. B. DDR2-800│
                        └───────┘             └──────────────┘
                          Chipset
              PCIe x1   ┌───────┐ PCI-Bus
┌───────┐     ATA seriell│South- │─────────────────────────
│  HDD  │───────────────│ Bridge│  33 MHz
└───────┘      USB      └───────┘           ┌──────┐ ┌──────┐
                                            │ E/A- │ │ E/A- │
                                            │ Karte│ │ Karte│
                                            └──────┘ └──────┘
E/A-   E/A-   E/A-    EPP RS232 BIOS ROM
Gerät  Gerät  Gerät
```

In der Zentraleinheit eines modernen Personalcomputers befindet sich die Hauptplatine mit den wichtigsten Computerkomponenten. Die einzelnen Bestandteile sind über verschiedene Bussysteme miteinander verbunden. Der Datenaustausch zwischen den Bussystemen wird von zwei Chips (Chipset) mit der Bezeichnung Northbridge und Southbridge kontrolliert.

Northbridge	Southbridge
• Die Northbridge gewährleistet den schnellen Datenaustausch zwischen CPU, Hauptspeicher (RAM) und Grafikkarte. • Systembus oder Frontside-Bus (FSB); Verbindung der CPU mit der Northbridge; bei einigen Mikroprozessoren ist die Northbridge bereits integriert. • Häufig ist die Northbridge mit einem Kühlkörper ausgestattet. • AGP-Bus (Accelerated Graphics Port) zur Verbindung der Grafikkarte. • PCIe-Bus (Peripheral Component Interconnect Express) x16 → 16fache Geschwindigkeit; serieller Bus mit hoher Übertragungsrate • Ein in der Northbridge enthaltener Speichercontroller regelt den Datenfluss zwischen Prozessor und Arbeitsspeicher.	• Die Southbridge regelt den Datenaustausch der langsameren Komponenten wie Festplatte, E/A-Karten und externer Peripherie. • PCIe-Bus (Peripheral Component Interconnect Express) x1 → einfache Geschwindigkeit • ATA/ATAPI-Bus (Advanced Technology Attachment with Packet Interface) zum Datenaustausch mit Laufwerken (Festplatten, HDD): **PATA**: paralleler ATA-Bus; alter Standard **SATA**: serieller ATA-Bus; neuer Standard • USB (Universal Serial Bus), serieller Bus zum Anschluss von externen Peripheriegeräten • EPP (Enhanced Parallel Port), Verbindung zur Standard-Parallelschnittstelle • RS232, Bezeichnung für die serielle Standard-Schnittstelle • BIOS-ROM, Verbindung zum Binary-Input-Output-System • PCI (Peripheral Component Interconnect), paralleler Verbindungsbus für Erweiterungssteckkarten; alter Standard

5.2 Hardware

5.2.3 Massenspeicher

Festplatte

Die Festplatte ist ein Massenspeicher, der bis auf bestimmte Bauarten (Wechselplatten, externe Festplatten) im Computer fest installiert ist. Der Zugriff erfolgt lesend und schreibend (read/write). Interne Festplatten sind direkt mit der Southbridge verbunden. Schnittstellen: IDE, SCSI, ATA, externe Festplatten, auch USB oder Firewire.

Konventionelle Festplatte (HDD, Hard Disk Drive)

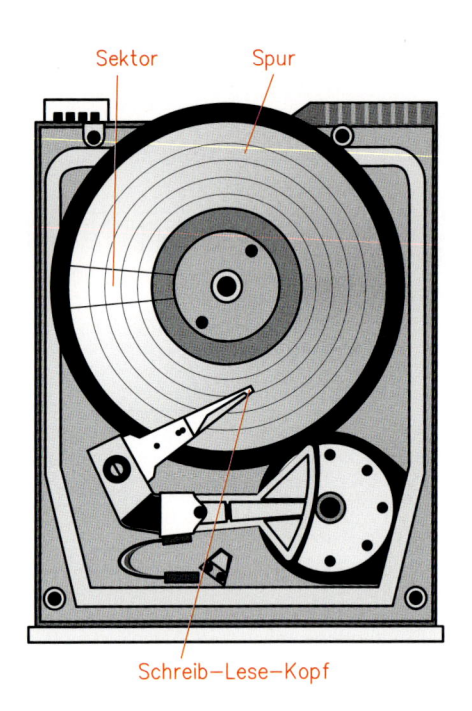

Sektor   Spur

Schreib–Lese-Kopf

Ein Festplattenlaufwerk besteht aus mindestens einer Aluminiumscheibe, die mit einer magnetisierbaren Schicht überzogen ist. Ein Spindelmotor treibt die Scheibe über eine zentrale Achse an. Die Umdrehungsgeschwindigkeit liegt zwischen 3600 und 10 000 min^{-1}. Jede Scheibe verfügt über zwei Schreib-/Leseköpfe, die während des Betriebs über der Scheibe schweben. Über einen motorbetriebenen Schwenkarm werden die Schreib-/Leseköpfe positioniert.

Die Scheiben der Festplatte sind in Spuren und Sektoren eingeteilt. Daraus ergeben sich Zuordnungseinheiten („Cluster"), die die Daten aufnehmen. Die Spuren aller Scheiben sind in Zylinder zusammengefasst.

Kapazität: Bis ca. 18 TByte

Übertragungsrate: Bis ca. 270 MByte/s (lesend)

Temperaturbereich: 5 ... 55 °C

Solid State Festplatte (SSD, Solid State Drive)

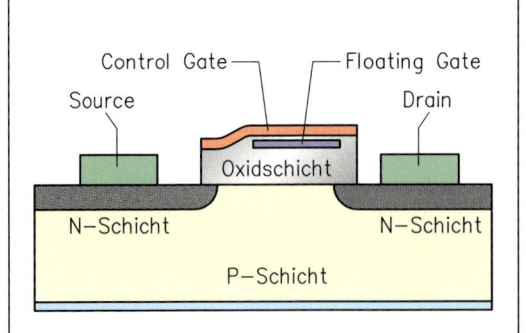

Control Gate   Floating Gate
Source   Drain
Oxidschicht
N–Schicht   N–Schicht
P–Schicht

Die SSD-Festplatte hat keine beweglichen Teile. Sie besteht aus Flashspeicherzellen (vergl. USB-Stick).

In der SSD werden die Flashspeicher ausgeführt als einzellige Flashspeicherzellen, (SLC, Single Level Cell) und als mehrzellige, in denen drei oder vier digitale Zustände gespeichert werden (MLC, Multi Level Cell).

Kapazität: handelsüblich bis ca. 2 TByte

Übertragungsraten: ca. 500 Mbyte/s (lesend); ca. 500 Mbyte/s (schreibend)

Temperaturbereich: 0 ... 70 °C

5.2 Hardware

CD-ROM (Compact Disc – Read Only Memory)

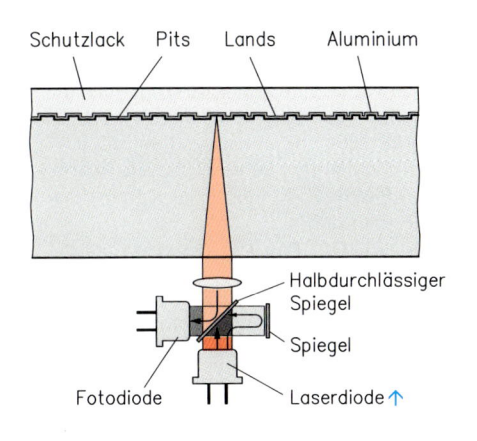

Schutzlack – Pits – Lands – Aluminium
Halbdurchlässiger Spiegel
Spiegel
Fotodiode – Laserdiode ↑

Wechseldatenträger für größerer Datenmengen. Der Zugriff ist typabhängig:
- CD-R   nur lesend (read)
- CD-RW   lesend und schreibend (read/write)

Schreiben erfordert eine spezielle Software und funktioniert nicht direkt vom Betriebssystem aus.
Die CD ist eine runde Scheibe mit 120 mm Durchmesser und ca. 1,2 mm Dicke aus lichtdurchlässigem Polycarbonat. Die Daten werden mit einem Laser in Form von Pits und Lands in die Kunststoffschicht geschrieben. Die geprägte Seite ist mit Aluminium beschichtet, das wiederum durch eine Lackschicht geschützt ist.

Kapazität: bis ca. 800 Mbyte

Übertragungsrate: wird getrennt für den Lese- und Schreibvorgang als theoretisches Vielfaches von 154 Kbyte/s angegeben (z. B. 24x, 36x, etc.)

↑ 7-52

Schnittstellen: IDE, SCSI, bei externen Laufwerken auch USB oder Firewire ↑

↑ 5-6

DVD (Digital Versatile Disc)

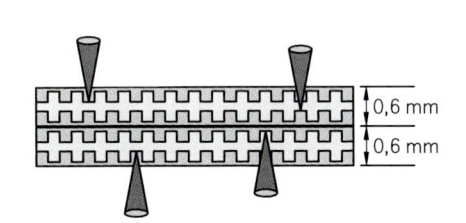

0,6 mm
0,6 mm

Wechseldatenträger für sehr große Datenmengen. Der Zugriff ist lesend/schreibend (read/write). Das Schreiben erfordert allerdings eine spezielle Software.

Die Abmessungen der DVD-Scheibe entsprechen denen der CD-ROM. Die Datenspeicherung wird ebenfalls mit einem Laser vorgenommen. Es werden allerdings beide Seiten der CD-ROM mit jeweils zwei Schichten beschrieben.

Kapazität: je nach Typ 4,7 bis 17 Gbyte

Übertragungsrate: wird getrennt für den Lese- und Schreibvorgang als theoretisches Vielfaches von 1,35 Mbyte/s angegeben (z. B. 4x, 8x, etc.)

Schnittstellen: IDE, SCSI, bei externen Laufwerken auch USB oder Firewire

USB-Stick

In USB↑-Sticks werden sogenannte Flashspeicher eingebaut. Aufbau einer Flashspeicherzelle:

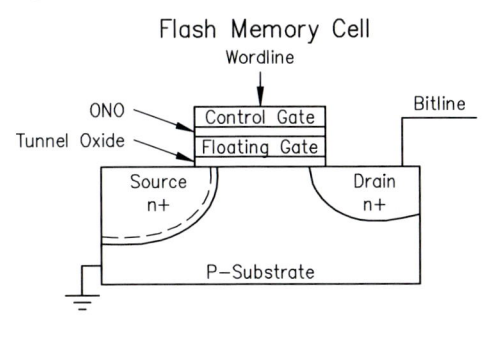

Flash Memory Cell
Wordline
ONO – Control Gate – Bitline
Tunnel Oxide – Floating Gate
Source n+   Drain n+
P-Substrate

Kleiner Stab (Stick) mit nichtflüchtigem Halbleiterspeicher, der vom Betriebssystem aus ohne spezielle Software wie eine Festplatte bedient wird. Der Zugriff ist lesend/schreibend (read/write). Schreibschutz kann aktiviert werden.

↑ 5-5

Kapazität: zurzeit handelsüblich bis 512 GByte

Übertragungsraten:
- bei USB 1.1 lesend max. 1 Mbit/s, schreibend 300–600 Kbit/s
- bei USB 2.0 lesend max. 4–9 Mbit/s; schreibend bis ca. 7 Mbit/s
- bei USB 3.x lesend/schreibend bis ca. 440 MBit/s

Schnittstellen: USB (Universal Serial Bus)
USB-Sticks werden von Windows automatisch erkannt. Vor dem Abziehen von der USB-Schnittstelle müssen die Sticks abgemeldet werden, um Datenverlust zu vermeiden.

5.2 Hardware

5.2.4 Schnittstellen

Parallele Schnittstellen

Buchsenbelegung (Drucker)

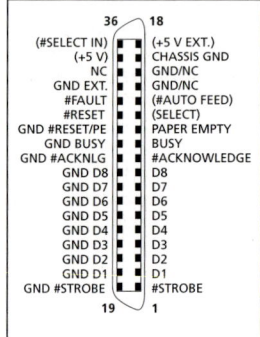

```
        36        18
(#SELECT IN)    (+5 V EXT.)
   (+5 V)       CHASSIS GND
     NC         GND/NC
  GND EXT.      GND/NC
   #FAULT       (#AUTO FEED)
   #RESET       (SELECT)
GND #RESET/PE   PAPER EMPTY
  GND BUSY      BUSY
GND #ACKNLG     #ACKNOWLEDGE
   GND D8       D8
   GND D7       D7
   GND D6       D6
   GND D5       D5
   GND D4       D4
   GND D3       D3
   GND D2       D2
   GND D1       D1
GND #STROBE     #STROBE
        19        1
```

Buchsenbelegung (Computer)

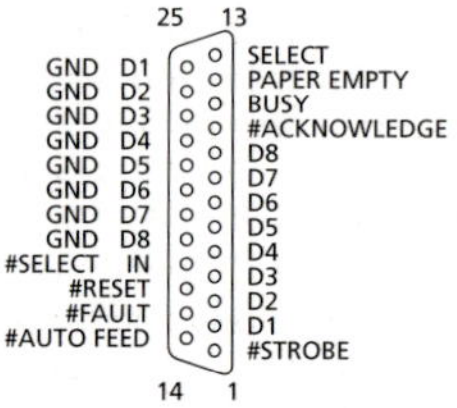

```
     25       13
GND   D1      SELECT
GND   D2      PAPER EMPTY
GND   D3      BUSY
GND   D4      #ACKNOWLEDGE
GND   D5      D8
GND   D6      D7
GND   D7      D6
GND   D8      D5
#SELECT IN    D4
              D3
  #RESET      D2
  #FAULT      D1
#AUTO FEED    #STROBE
     14        1
```

Hinweis:
Mit # gekennzeichnete Signale sind low-aktiv. Eingeklammerte Signale werden nicht von jedem Drucker unterstützt. Über Pin 10 (#ACKNLG) kann extern ein IRQ7 (LPT1) ausgelöst werden.

Centronics, Standard-Parallelschnittstelle zur Kopplung von Rechnern und Peripheriegeräten, z. B. Drucker, Scanner. Ursprünglich unidirektional. Bidirektional, wenn eine Schnittstelle gemäß IEEE 1284 vorhanden und im Setup aktiviert ist. Leitungslängen: 90 m bis zu 100 Kbyte/s; 1 m bis zu 1 Mbyte/s.

Signalbedeutung:

#ACKNOWLEDGE (In):
Daten übernommen (Drucker)
#AUTO FEED (Out):
Zeilenvorschub automatisch
BUSY (In):
Keine neuen Daten (Drucker)
#FAULT (In):
Störung beim Drucker
PAPER EMPTY (In):
Drucker fehlt Papier

#RESET (Out):
Druckerinitialisierung
SELECT (In):
Drucker meldet ON-LINE
#SELECT IN (Out):
Drucker ON-LINE schalten
#STROBE (Out):
Datenübernahmeimpuls

Bemerkung: Alle Signale vom PC aus gesehen.

Bus-Schnittstellen

8-29 ↑ Steckerbelegung ↑ bei IEC-Bus

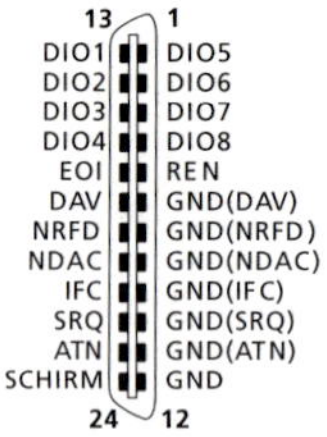

```
       13    1
   DIO1    DIO5
   DIO2    DIO6
   DIO3    DIO7
   DIO4    DIO8
    EOI    REN
    DAV    GND(DAV)
   NRFD    GND(NRFD)
   NDAC    GND(NDAC)
    IFC    GND(IFC)
    SRQ    GND(SRQ)
    ATN    GND(ATN)
 SCHIRM    GND
       24   12
```

IEC-Bus, asynchroner Bus, der hauptsächlich in der Messtechnik eingesetzt wird. Es können bis zu 15 Geräte angeschlossen werden, die alle eine eindeutige Adresse (0 … 30) haben.
Das langsamste Gerät bestimmt die Datenübertragungsrate, die theoretisch bis ca. 1 Mbyte/s beträgt. Alle Signale haben TTL-Pegel und arbeiten (außer Datenleitungen) mit negativer Logik.

1394b-Stecker (9-pol.)

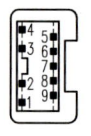

Belegung

Pin-Signal	Pin-Signal
1 TPB−	6 GND
2 TPB+	7 Reserve
3 TPA−	8 Power
4 TPA+	9 TPB-Schirm
5 TPA-Schirm	

Firewire gemäß IEEE 1394b, 4-adriger Bus zur Verbindung unterschiedlichster Peripheriegeräte. Liefert auch die Versorgungsspannung (typ. 12 V, 1,5 A). Je nach Ausführung (IEEE1394, IEEE1349a und IEEE1394b) verschiedene Stecker/Buchsen. Übertragungsrate 1 600 Mbit/s.

Weitere Eigenschaften des Firewire-Bus:

Maximal 63 Geräte pro Bus. Bis zu 1023 Busse können mit Brücken verbunden werden, sodass insgesamt (63 · 1023 =) 64449 Geräte verbunden werden können.

Geschwindigkeitsklassen S25 bis S3200. Die Zahlen hinter dem S geben die gerundete Transferrate in Megabit pro Sekunde wieder

Die maximale Länge einer Verbindung zwischen zwei Geräten hängt von der Geschwindigkeitsklasse ab. Sie beträgt für S400 4,5 Meter.

FireWire erlaubt die direkte Kommunikation aller Geräte untereinander (Peer-to-Peer) ohne einen Host.

5.2 Hardware

USB-Symbol	USB-3.0-Symbol	Der **USB-Bus** (**U**niversal **S**erial **B**us) ist ein serieller Bus zur Verbindung eines Computers mit peripheren Geräten. Mit USB ausgestattete Geräte können im laufenden Betrieb mit dem Computer verbunden werden (Hot-Plugging). Das Betriebssystem Windows ab Version 98 kann USB-Geräte und deren Eigenschaften automatisch erkennen.

USB-Topologie

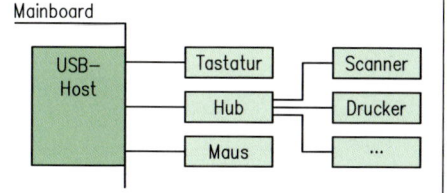

Ein zentraler Host-Controller (USB-Host, USB-Master) übernimmt die Koordination der angeschlossenen Peripherie-Geräte (Slaves oder Clients). Es können bis zu 127 verschiedene Geräte angeschlossen werden. An einem USB-Port kann ein USB-Gerät angeschlossen werden. Sollen an einem Host mehrere Geräte angeschlossen werden, muss ein Verteiler (Hub) für deren Kopplung sorgen. Durch den Einsatz von Hubs entstehen Baumstrukturen, die im Host-Controller enden. Der USB-Host stellt die Datenübertragung sicher und liefert eine 5-V-Versorgungsspannung für die Peripheriegeräte.

Version	Einfüh-rung	Unterstützte Datenübertragungsraten (theoretisch)						Max. lieferbarer Strom	
		Low Speed	Full Speed	Hi-Speed	Super-Speed	Super-Speed +	SuperSpeed USB 20Gbps	SuperSpeed USB 40Gbps	Standard	High Power (mit Anmeldung am Host)
USB 1.0	1996	1,5 Mbit/s	12 Mbit/s	–	–	–	–	–	100 mA	500 mA
USB 1.1	1998	1,5 Mbit/s	12 Mbit/s	–	–	–	–	–	100 mA	500 mA
USB 2.0	2000	1,5 Mbit/s	12 Mbit/s	480 Mbit/s	–	–	–	–	100 mA	500 mA
USB 3.2 Gen 1	2008	1,5 Mbit/s	12 Mbit/s	480 Mbit/s	5 Gbit/s	–	–	–	150 mA	900 mA
USB 3.2 Gen 2	2013	1,5 Mbit/s	12 Mbit/s	480 Mbit/s	5 Gbit/s	10 Gbit/s	–	–	150 mA	900 mA
USB 3.2 Gen 2x2	2017	1,5 Mbit/s	12 Mbit/s	480 Mbit/s	5 Gbit/s	10 Gbit/s	20 Gbit/s	–	150 mA	900 mA

Kennung für Low Speed

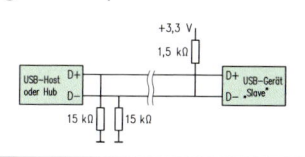

Der USB-Host oder USB-Hub muss erkennen können, mit welcher Geschwindigkeit er mit dem angeschlossenen USB-Gerät kommunizieren kann.

Dazu ist bei Low-Speed-Geräten die Leitung D– über einen 1,5-kΩ-Widerstand mit +3,3 V verbunden.

Bei Geräten, die Full Speed oder High Speed bieten, ist dagegen die Leitung D+ über einen 1,5-kΩ-Widerstand mit +3,3 V verbunden.

Kennung für Full Speed oder High Speed

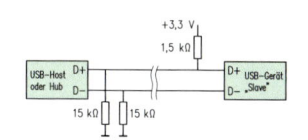

Die Verwendung von Full Speed und High Speed setzt die Verwendung entsprechender Leitungen mit abgeschirmten, verdrillten Datenleitungen voraus.

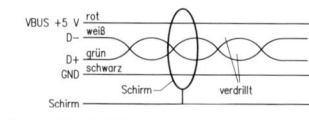

USB-Stecker/Buchsen

	Stecker	Buchse	Belegung			
			Pin	Name	Farbe	Beschreibung
1.1/2.0 Standard Typ A			1	VBUS	rot	+5 V
			2	D–	weiß	Data–
1.1/2.0 Standard Typ B			3	D+	grün	Data+
			4	GND	schwarz oder blau	Signal Masse

5.2 Hardware

5.2.4 Schnittstellen (Fortsetzung)

USB-Stecker/Buchsen (Fortsetzung)

	Stecker	Buchse	Belegung			
1.1/2.0 Mini Typ A			Pin	Name	Farbe	Beschreibung
			1	VBUS	rot	+5 V
			2	D–	weiß	Data–
			3	D+	grün	Data+
1.1/2.0 Mini Typ B			4	ID	--	Host: GND Slave: offen
			5	GND	schwarz oder blau	Signal Masse
1.1/2.0 Micro Typ A						
1.1/2.0 Micro Typ B		einheitlicher Anschlussstecker für Mobiltelefone nach 62684: 2011-05-00				
3.0 Standard Type A		USB-3.0-Verbindungen USB-1.0/1.1/2.0-Verbindungen und Stromversorgung				
3.0 Standard Type B		USB-3.0-Verbindungen USB-1.0/1.1/2.0-Verbindungen und Stromversorgung	Pin	Name	Farbe	Beschreibung
			1	VBUS	rot	+5 V
			2	USB2 D–	weiß	Data+
			3	USB2 D+	grün	Data–
			4	GND	schwarz	Masse
			5	USB3 RX-	blau	Gerät zu Host
			6	USB3 RX+	gelb	Gerät zu Host
			7	GND_DRAIN	-	Masse
			8	USB3 TX-	violett	Host zu Gerät
			9	USB3 TX+	orange	Host zu Gerät
3.0 Micro Typ A			Pin	Name	Farbe	Beschreibung
			1	VBUS	rot	+5V
			2	USB2 D–	weiß	Data+
			3	USB2 D+	grün	Data–
			4	ID	-	Identifikation
3.0 Micro Typ B			5	GND	schwarz	Masse
			6	USB3 RX-	blau	Gerät zu Host
			7	USB3 RX+	gelb	Gerät zu Host
			8	GND_DRAIN		Masse
			9	USB3 TX-	violett	Host zu Gerät
			10	USB3 TX+	orange	Host zu Gerät

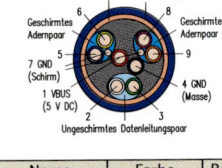

3.0 Typ C USB Typ C

Pin	Name	Beschreibung
A1, A12, B1, B12	GND	Ground
A2, A3, B2, B3	TX1+, TX1-	High Speed Data Path 1 (Transmit USB or Transmit DP Alt-Mode)
A4, A9, B4, B9	Vbus	Bus Power
A5, B5	CC1, CC2	Configuration Detection
A6, A7, B6, B7	D+, D-	USB 2.0 Bus Interface
A8, B8	SBU1, SBU2	Secondary Bus System (Alternate Connection; Headphone Analog Signal)
A10, A11, B10, B11	RX2+, RX2-	High Speed Data Path 2 (Receive USB or Transmit DP Alt-Mode)

5.2 Hardware

Serielle Schnittstellen

	Wichtige serielle Schnittstellen				
	EIA-232-E	EIA-423-A	EIA-562-A	EIA-422-A	EIA-485-A
CCITT-Empfehlung DIN-Norm	V.24/V.28 66020	V.10/X.26 66259-2	– –	V.11/X.27 66259-3	V.11/X.27 66258-3 66259-4
Polzahl Stecker Betriebsart max. Kabellänge in m Übertragungsrate Spannung belastet min. unbelastet max.	25 (9) unsymmetrisch ca. 30 20 Kbit/s ±5 V ±15 V	37/15 unsymmetrisch < 1300 100 Kbit/s ±3,6 V ±6 V	25 (9) unsymmetrisch ca. 10 64 Kbit/s ± 3,7 V ±13,2 V	37/15 symmetrisch < 1300 10 Mbit/s ±2 V ±5 V	37/15 symmetrisch < 1300 10 Mbit/s ±1,5 V ±5 V
Eingangs-Schwellspannung Anstiegszeit Sender-Treiberbelastung	±3 V < 30 V/µs 3–7 kΩ	±0,3 V < 30 V/µs > 450 Ω	±3 V < 30 V/µs 3–7 kΩ	– – 100 Ω	– – 60 Ω
Verbindungen		Peer to Peer		Netz	
Bemerkungen	Kompatibel zu X.21 (Physical Layer von X.25)	Entspricht sonst in etwa EIA-422	Für Laptops und andere 3-V-Systeme; nicht komp. zu EIA-232	Für Feldbussysteme und kleinere LANs; durch potenzialfreie Signale störsicherer	

Belegung der 9-poligen Steckverbindung der EIA-232-Schnittstelle (RS232)

Stecker mit Sicht auf die Pins:

```
   5
 9 . .
RI  .. GND
CTS .. DTR
RTS .. TxD
DSR .. RxD
 6  .. DCD
    1
```

Hinweis:
Bei Verbindung zweier Computer mit unterschiedlichen Steckern ist zu beachten, dass die Leitungen TxD und RxD vertauscht sind. „Gekreuztes Kabel; Null-Modem-Verbindung"

Name	Abk.	Beschreibung	Pin	Richtung	
				DTE[1] (PC)	DCE[2] (Modem)
Carrier Detect	DCD, CD, RLSD	DTE signalisiert mit High-Pegel Kommunikationsbereitschaft	1	Eingang	Ausgang
Receive Data	RxD, Rx, RD	Leitung für vom DTE zu empfangende Daten	2	Eingang	Ausgang
Transmit Data	TxD, Tx, TD	Leitung für vom DTE zu sendende Daten	3	Ausgang	Eingang
Data Terminal Ready	DTR	DTE meldet mit High-Pegel Kommunikationsbereitschaft (DCE antwortet mit einem High-Pegel auf DSR)	4	Ausgang	Eingang
Ground, Masse	GND	Signalmasse	5	–	–
Data Set Ready	DSR	Gegenstelle meldet mit einem High-Pegel Einsatzbereitschaft	6	Eingang	Ausgang
Request to Send	RST	Sendeanforderung; ein High-Pegel signalisiert, dass DTE Daten senden möchte	7	Ausgang	Eingang
Clear to Send	CTS	Sendeerlaubnis; High-Pegel signalisiert, dass Daten entgegengenommen werden können	8	Eingang	Ausgang
Ring Indicator	RI	eingehender Ruf: ein High-Pegel signalisiert, dass ein Anruf ankommt	9	Eingang	Ausgang

Geräte verschiedenen Typs (DEE/DÜE) werden über 1:1-Leitungen (Modem-Leitung) verbunden; z. B. PC und Modem; PC und Maus. Geräte gleichen Typs erfordern gekreuzte RxD–TxD-Leitungen (Nullmodem-Leitung); z. B. zwei PCs. Die Freischaltung nicht verwendeter Handshake-Signale kann über Brücken erfolgen.

[1] DTE (data terminal equipment) = DEE (Datenendeinrichtung)
[2] DCE (data communication equipment) = DÜE (Datenübertragungseinrichtung)

5.2 Hardware

5.2.4 Schnittstellen (Fortsetzung)

Ethernet

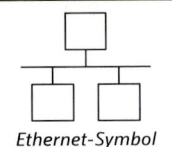

Ethernet-Symbol

Ethernet spezifiziert Software (Protokolle) und Hardware (Kabel, Verteiler, Netzwerkkarten) für kabelgebundene Datennetze. Festgelegt sind Kabeltypen, Stecker sowie Übertragungsformen. Die Datenübertragung erfolgt seriell.
Ethernet ist eine paketvermittelnde Netzwerktechnik, deren Standards auf den Schichten 1 und 2 des OSI-Schichtenmodells die Adressierung und die Zugriffskontrolle auf unterschiedliche Übertragungsmedien definieren. Nutzdaten kommen in Paketen von den darüberliegenden Protokollen. Z. B. von TCP/IP oder UDP. Die Datenpakete werden mit einem Header versehen im Netzwerk übertragen. Die maximale Größe eines Datenpakets ist 1500 Byte.

MAC-Adresse
Beispiel in sedezimaler Schreibweise:
00:80:42:be:fe:7b

Jede Netzwerkschnittstelle (jedes Gerät) hat einen global eindeutigen Schlüssel (MAC-Adresse) mit einer Länge von 6 Byte (48 Bit). Das stellt sicher, dass alle Systeme in einem Ethernet unterschiedliche Adressen haben.

Übertragungsrahmen im Ethernet

08	00	20	3A	00	4F	08	00	2A	0B	FE	FD	08	00	...	FD	BB	0D	33
MAC-Adresse des Empfängers						MAC-Adresse des Senders						Typfeld		Daten 46 bis 1 500 Bytes			CRC-Prüfsumme			

Typfeld: Informationen über das Protokoll in der nächsthöheren Schicht, z. B.:
0x0800: IPv4
0x86DD: IPv6
0x8863: PPPoE Discovery
0x8864: PPPoE Session

Die Bytes werden grundsätzlich mit dem niederstwertigen Bit voran übertragen.

Kabelverbindungen
Verwendet werden CAT5-Kabel mit RJ45-Buchsen und -Steckern. Das Kabel enthält 4 verdrillte Adernpaare („twisted pair"), die 1:1 durchverbunden sind. Es gibt zwei Standards, die sich durch die Farbgebung der Leitungen unterscheiden:

Belegung des RJ45-Steckers
1: TX+
2: TX-
3: RX+
4: -
5: -
6: RX+
7: -
8: -

Belegung für LAN 10/100BT

(bei 1000BT werden alle vier Adernpaare verwendet)

Standard EIA/TIA T568A

Pin	Paar	Farbe
1	3	grün/weiß
2		grün
3	2	orange/weiß
4	1	blau
5		blau/weiß
6		orange
7	4	braun/weiß
8		braun

Standard EIA/TIA T568B

Pin	Paar	Farbe
1	2	orange/weiß
2		orange
3	3	grün/weiß
4	1	blau
5		blau/weiß
6		grün
7	4	braun/weiß
8		braun

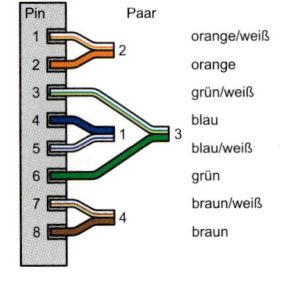

Gekreuztes Netzwerkkabel
Für die direkte Verbindung zwei gleichartiger Geräte (PC ↔ PC) wird ein gekreuztes Kabel benötigt. Geräte, die Auto-MDI-X unterstützen, führen die Kreuzung elektronisch durch und können mit beliebigen Kabeln verbunden werden.

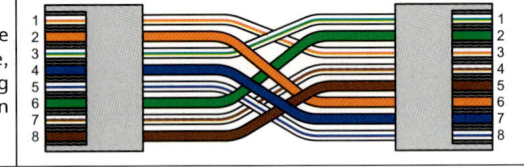

Ankopplung
Die Einkopplung des Signals geschieht mittels Übertrager. Da Übertrager keine Gleichspannung übertragen können, muss dafür gesorgt werden, dass auch in einer langen Folge gleicher Bits regelmäßige Pegelwechsel vorkommen. Dies wird durch eine geeignete Codierung erreicht.

Standard	Sendepegel	Empfangspegel	Taktfrequenz	Kodierung	verwendete Adernpaare
10Base-T	3,3 V	0,35 V ... 3,1 V	10 MHz	Manchester	2
100Base-T	3,3 V	0,35 V ... 3,1 V	125 MHz	4B5B	2
1000Base-T	1 V	0,35 V ... 1 V	125 MHz	4D-PAM5	4

5.2 Hardware

Drahtlose Schnittstellen, Infrarotschnittstelle

Übersicht über die IrDA-Protokolle

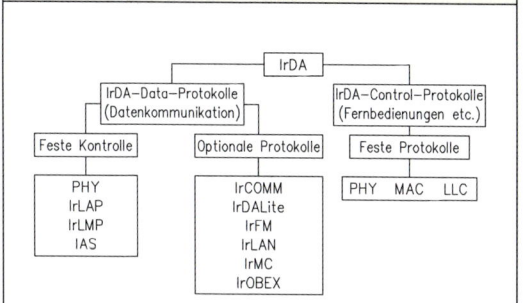

```
                        IrDA
            ┌────────────┴────────────┐
    IrDA–Data–Protokolle         IrDA–Control–Protokolle
    (Datenkommunikation)         (Fernbedienungen etc.)
    ┌───────┴────────┐                   │
Feste Kontrolle  Optionale Protokolle  Feste Protokolle
    PHY             IrCOMM              PHY  MAC  LLC
    IrLAP           IrDALite
    IrLMP           IrFM
    IAS             IrLAN
                    IrMC
                    IrOBEX
```

Eine auf Infrarotlicht basierende Punkt-zu-Punkt-Verbindung zur Datenübertragung (oder Steuerung bei IrDA-Control), die von der **IrDA** (**I**nfrared **D**ata **A**ssociation) weiterentwickelt wurde bzw. wird.

Übertragungsraten:
Serial Infrared (SIR) bis zu 115 Kbit/s
Fast Infrared (FIR) bis zu 4 Mbit/s
Very Fast Infrared (VFIR) bis zu 16 Mbit/s
IrDA-Control bis zu 75 Kbit/s

Reichweite:
IrDA max. 2 m
IrDA-Control max. 5 m

Drahtlose Schnittstellen, Bluetooth

Organisation in Piconets

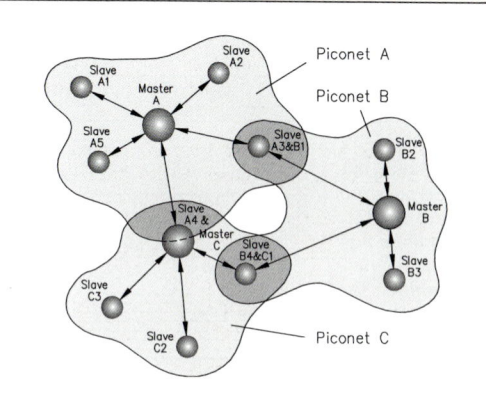

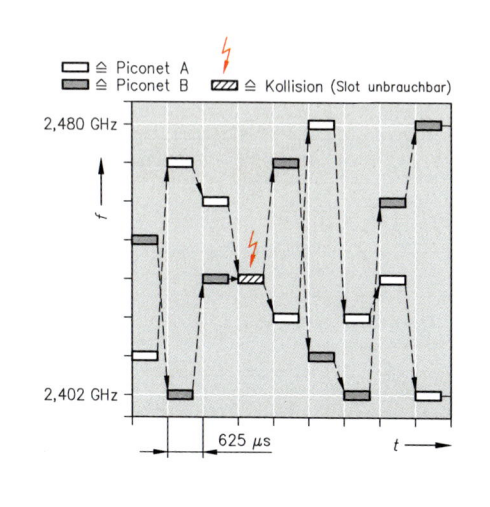

Bluetooth ist eine international standardisierte Kurzstrecken-Funk-Datenschnittstelle, die in sogenannten Piconets organisiert ist. Jedes Piconet hat einen Master und kann insgesamt acht Geräte umfassen. Jedem Gerät wird nach Wahl ein Master- oder Slave-Status zugewiesen. Die Master haben die Aufgabe, die Übertragungen zu organisieren und zu leiten, auch die zwischen zwei Slaves. Man kann einem Master auch zwei Piconets zuordnen, wobei maximal zehn Piconets miteinander verknüpft werden können.

Theoretisch kann man 8 x 10 Geräte miteinander verbinden – die acht Übergangsgeräte und 72 Peripheriegeräte.

Wie Ethernet-Netzwerkkarten haben Bluetooth-Geräte eine eindeutige 48-Bit-Adresse. Die Verbindung zwischen zwei Geräten wird automatisch aufgebaut, wenn sie sich in Reichweite (0,1 m bis 10 m bzw. bei ausreichender Sendeleistung max. 100 m) befinden. Dabei wird zufällig ein Gerät Master und das andere Slave. Weitere Geräte in Reichweite ordnen sich als Slave ein.

Für die Übertragung wird das ISM-Band (**I**ndustrial, **S**cientific & **M**edical) im Frequenzbereich von 2400 bis 2483,5 MHz genutzt.

Frequency Hopping Verfahren bei Bluetooth

Zur Minimierung von Störungen wird das FHSS (**Fr**equency **H**opping **S**pread **S**pectrum)-Verfahren eingesetzt. Je nach Übertragungsmenge können Sender und Empfänger bis zu 1 600-mal pro Sekunde die Frequenz wechseln.

Als Modulationsverfahren wird GFSK (**G**aussian **F**requency **S**hift **K**eying) eingesetzt.

Neben der Adresse des Empfängers enthalten die Kontrolldaten auch die Angabe der Frequenz, auf der das nächste Datenpaket eintreffen wird.

Datenrate: 1 Mbit/s brutto, 864 Kbit/s netto (Verlust aufgrund des FHSS)

5.2 Hardware

5.2.5 Eingabegeräte

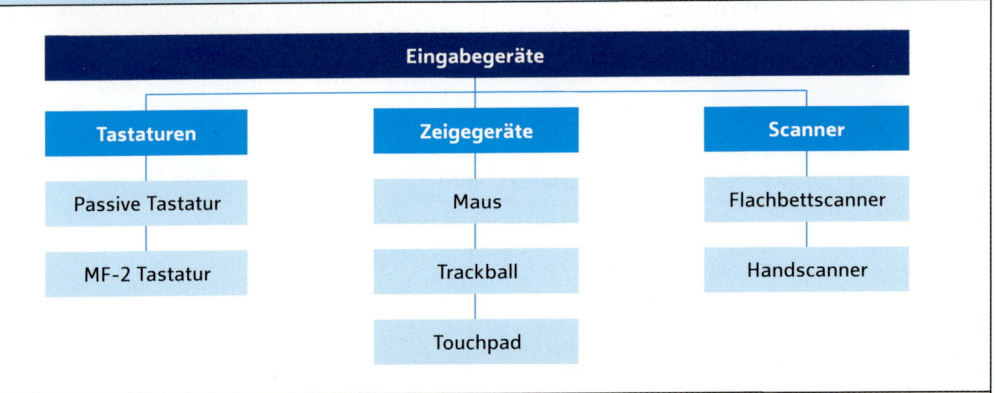

```
Eingabegeräte
├── Tastaturen
│   ├── Passive Tastatur
│   └── MF-2 Tastatur
├── Zeigegeräte
│   ├── Maus
│   ├── Trackball
│   └── Touchpad
└── Scanner
    ├── Flachbettscanner
    └── Handscanner
```

Tastaturen – allgemein

Tastaturen sind Anordnungen von Schaltern (Tasten), mit denen die Arbeitsweise des Rechners vom Benutzer durch Eingabe mit der Hand gesteuert werden kann.

Passive Tastatur

Die Tasten werden vom Rechner selbst verwaltet.
Sie sind über einen Parallel-Ein-/Ausgabeschaltkreis (PIO) direkt mit dem Datenbus des Rechners verbunden. Ein Tastaturabfrageprogramm prüft Spalte für Spalte, ob eine Taste gedrückt (Schalter eingeschaltet) ist. Wird ein geschlossener Schalter gefunden, leitet das Programm aus der abgefragten Spalte und der mit dem Schalter verbundenen Zeile einen Scancode ab. In einer zum Tastaturabfrageprogramm gehörigen Tabelle ist zu jedem Scancode festgelegt, welche Reaktion auf den Tastendruck erfolgen soll (Ausgabe eines Druckzeichens, Sprung in ein anderes Programm usw.).

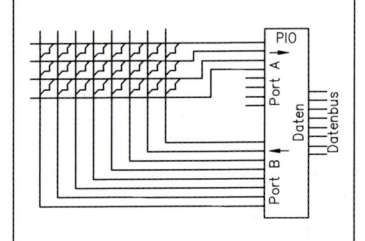

Tastaturanschlüsse

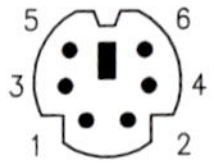

6-Pin (PS/2) Mini-DIN-Stecker			5-polige DIN-Stecker			USB-Anschluss
Anschlussbild	Pin	Name	Anschlussbild	Pin	Name	Neuerdings werden Tastaturen an den USB-Bus angeschlossen. Damit entfallen die separaten Anschlüsse/Schnittstellen für die Tastatur. Viele USB-Tastaturen lassen sich auch an Apple-Computern betreiben.
	1	Daten		1	Takt	
	2	Frei		2	Daten	
	3	0 V		3	Frei	
	4	+5 V		4	0 V	
	5	Takt		5	+5 V	
	6	Frei				

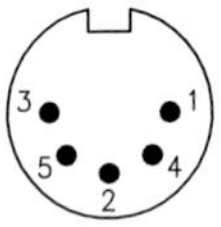

Standardtastatur MF-2

Die Tasten werden von einem eigenen Mikrocontroller verwaltet, der über die Tastaturschnittstelle mit dem Computer verbunden ist und von diesem auch mit Strom versorgt wird.
Bei jedem Tastendruck sendet der Controller einen Make-Code und einen Scancode. Der Scancode wird im Computer gespeichert und ausgewertet. Beim Loslassen wird ein Break-Code an den Computer gesendet und der Scancode wieder gelöscht.

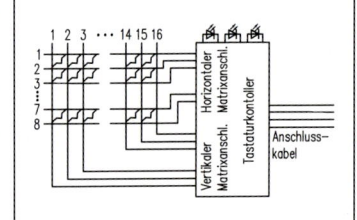

5.2 Hardware

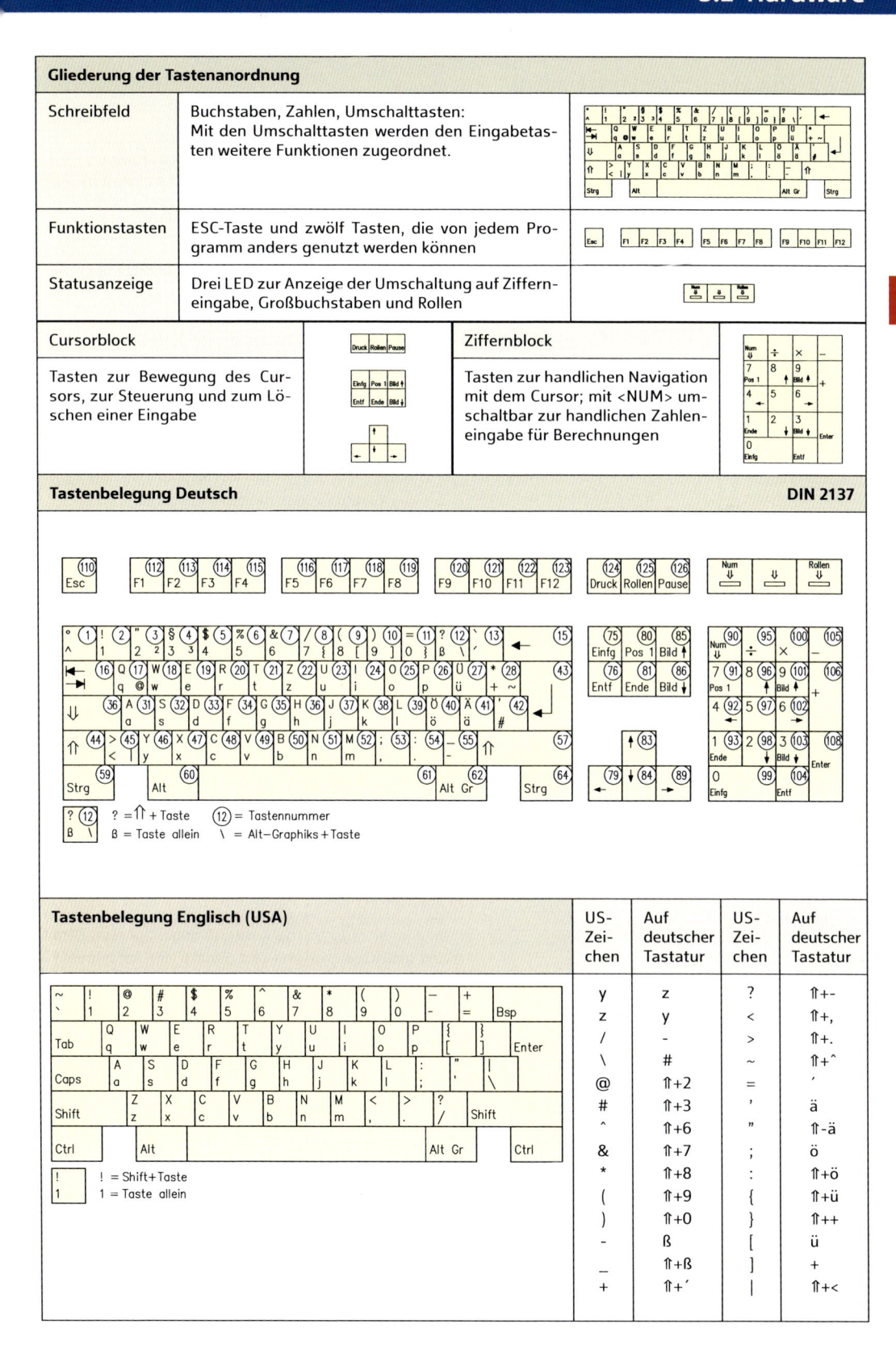

Gliederung der Tastenanordnung

Schreibfeld	Buchstaben, Zahlen, Umschalttasten: Mit den Umschalttasten werden den Eingabetasten weitere Funktionen zugeordnet.	
Funktionstasten	ESC-Taste und zwölf Tasten, die von jedem Programm anders genutzt werden können	
Statusanzeige	Drei LED zur Anzeige der Umschaltung auf Ziffern-eingabe, Großbuchstaben und Rollen	

Cursorblock		Ziffernblock	
Tasten zur Bewegung des Cursors, zur Steuerung und zum Löschen einer Eingabe		Tasten zur handlichen Navigation mit dem Cursor; mit <NUM> umschaltbar zur handlichen Zahleneingabe für Berechnungen	

Tastenbelegung Deutsch   DIN 2137

? ⑫   ? = ⇑ + Taste   ⑫ = Tastennummer
ß \\   ß = Taste allein   \\ = Alt–Graphiks + Taste

Tastenbelegung Englisch (USA)

US-Zeichen	Auf deutscher Tastatur	US-Zeichen	Auf deutscher Tastatur
y	z	?	⇑+-
z	y	<	⇑+,
/	-	>	⇑+.
\\	#	~	⇑+^
@	⇑+2	=	'
#	⇑+3	'	ä
^	⇑+6	"	⇑-ä
&	⇑+7	;	ö
*	⇑+8	:	⇑+ö
(	⇑+9	{	⇑+ü
)	⇑+0	}	⇑++
-	ß	[	ü
_	⇑+ß	]	+
+	⇑+´	|	⇑+<

! = Shift+Taste
1 = Taste allein

5.2 Hardware

5.2.5 Eingabegeräte (Fortsetzung)

Zeigegeräte

Computermaus

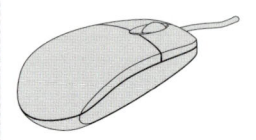

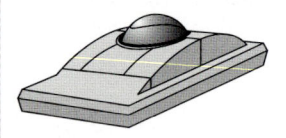

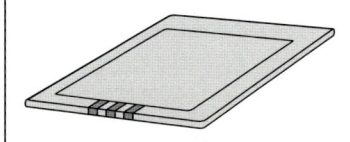

Eingabegeräte für Betriebssysteme und Programme mit grafischer Bedienoberfläche, die es gestatten, auf einen Punkt am Bildschirm zu zeigen und eine mit diesem Punkt koordinierte Aktion auszulösen.

Computermaus:
Der Cursor folgt der Bewegung des Gerätes über die Unterlage.

Trackball:
Der Cursor folgt der Bewegung der Kugel.

Trackball

Touchpad:
Der Cursor folgt der Bewegung des Berührungspunktes auf dem Pad.

Allgemeines Funktionsprinzip:
Bewegungsmelder zählen Wegelemente, um die das Gerät in X- und Y-Richtung verschoben wird. Mit zwei bis vier Tasten werden Aktionen ausgelöst.
Zählerergebnisse und Tastenzustand werden in ein Datenpaket umgeformt, das an die Schnittstelle übertragen wird (Protokoll).
Datenübertragung und Stromversorgung mit Leitung und Steckverbinder. Datenübertragung mit Infrarot- oder Funkverbindung, erfordert Stromversorgung mit Batterien.

Touchpad

Schnittstellen: RS232 (COM), ISA-Bus, PS/2-Maus, USB

Scanner

Flachbettscanner

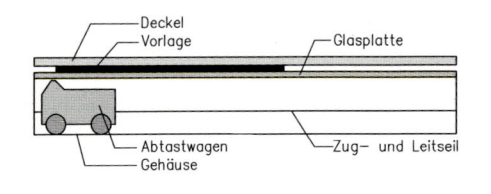

(Deckel, Vorlage, Glasplatte, Abtastwagen, Zug- und Leitseil, Gehäuse)

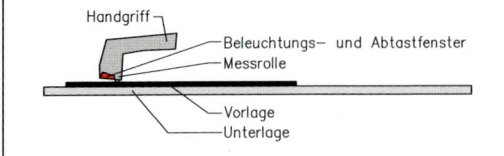

Scanner (Bildabtaster) arbeiten nach folgendem Prinzip: Die Bildvorlage wird beleuchtet, das reflektierte bzw. das durchscheinende Licht wird an ein optoelektronisches Element geleitet. Dieses registriert analoge Helligkeits- und Farbwerte von Bildpunkten und setzt sie in digitale Signale um.
Im Gegensatz zur Kamera wird beim Scanner nur ein Bildpunkt, maximal eine Reihe (Zeile) von Bildpunkten gleichzeitig erfasst und danach der Abtastpunkt mechanisch (mittels Motor) oder optisch-mechanisch (mittels Spiegel-, Prismen- oder Linsensystem) verschoben.

Flachbettscanner:
Von einem Abtastwagen aus wird ein Streifen der Vorlage beleuchtet. Das reflektierte Licht wird auf einen Zeilensensor (Reihe von lichtempfindlichen Elementen) geleitet.

Handscanner

(Handgriff, Beleuchtungs- und Abtastfenster, Messrolle, Vorlage, Unterlage)

Handscanner:
Der Scanner wird über die Vorlage geführt, wobei eine Messrolle die Veränderung der Abtastposition erfasst.

5.2 Hardware

5.2.6 Ausgabegeräte

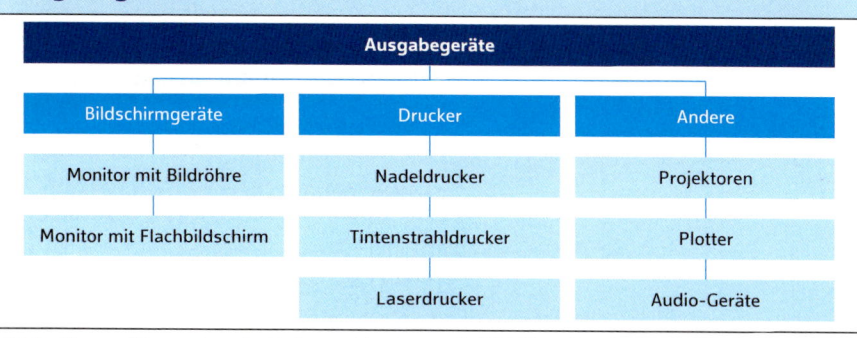

```
                        Ausgabegeräte
          ┌─────────────────┼─────────────────┐
    Bildschirmgeräte      Drucker           Andere
          │                 │                 │
  Monitor mit Bildröhre  Nadeldrucker      Projektoren
          │                 │                 │
  Monitor mit          Tintenstrahldrucker  Plotter
  Flachbildschirm           │                 │
                        Laserdrucker      Audio-Geräte
```

Bei den Bildschirmgeräten unterscheidet man Monitore mit Bildröhre (CRT) und Monitore mit Flachbildschirm (TFT). Wegen ihrer Vorteile (niedriger Energieverbrauch, niedriger Platzbedarf, Flimmerfreiheit, Strahlungsfreiheit) werden heute überwiegend Monitore mit Flachbildschirmen eingesetzt.

Bildschirmgeräte

Zur Größenangabe wird bei Bildschirmen die Diagonale in Zoll herangezogen (typisch 7″, 15″, 17″, 19″, 21″). Das Seitenverhältnis war traditionell 4:3, später 5:4 und aktuell 16:9, 16:10 und 3:2.

Schnittstelle für Monitore	Übertragung	Anschluss	Bemerkung
HDMI (High Definition Multimedia Interface)	digital		Anschlüsse auch in Mini- und Micro-Ausführung. Maximale Leitungslänge bei Standard-Leitungen: 10 m.
DVI (Digital Visual Interface) Verschiedene Varianten DVI-I, DVI-A, u. a.	digital und analog		Mit einem Adapter können VGA-Geräte auch an einem DVI-I oder DVI-A-Ausgang betrieben werden. Maximale Leitungslänge bei Standard-Leitungen: 10 m.
VGA (Video Graphics Array)	analog		Leitungslänge: je nach Qualität der Leitung 5 bis 30 m.
DisplayPort	digital		Anschlüsse auch in Mini-Ausführung. Übertragungsrate: je nach Standard bis zu 80 GBit/s (DP 2.0) Leitungslänge: bis zu 10 m, je nach Qualität der Leitung auch länger.

Bildschirme arbeiten nach dem additiven Mischverfahren. Mit den Grundfarben Rot, Grün und Blau lassen sich durch Mischung alle anderen Farbtöne erzeugen. Dabei werden die Anteile dieser Grundfarben verändert.

(rot, grün, blau) – ein Byte pro Farbe	Farbe	(rot, grün, blau) – ein Byte pro Farbe	Farbe
(255,255,255)	weiß	(255,0,0)	hellrot
(0,0,0)	schwarz	(0,255,0)	hellgrün
(100,100,100)	mittelgrau	(0,0,255)	hellblau
(50,50,50)	dunkelgrau	(234,123,174)	RAL4003, pink

Farbtiefe	Anzahl der Farbwerte	Bezeichnung
32 Bit	je ein Byte für R,G,B und alpha	True Color mit 8-Bit-Alphakanal
24 Bit	je ein Byte für R,G,B	True Color; 16 777 216 Farben
16 Bit	Rot: 5 Bit; Grün: 6 Bit; Blau: 5 Bit	High Color; 65 536 Farben

5.2 Hardware

5.2.6 Ausgabegeräte (Fortsetzung)

Drucker

Drucker geben Schriftzeichen oder Bilder in ohne Hilfsmittel lesbarer Form auf ein bedruckbares Medium (Papier, Folie, Stoff, Verpackung) aus.

Zeichendarstellung		Typendrucker		Matrixdrucker	
Zeichenausgabe	Drucktechnologie	Für jedes Zeichen ist eine Druckform (Type) vorhanden.		Die Zeichen werden aus einzelnen Punkten zusammengesetzt.	
serielle Drucker	Die Zeichen werden einzeln gedruckt.	Typenraddrucker		Nadeldrucker Tintenstrahldrucker	
Zeilendrucker	Die Zeichen einer Zeile werden auf einmal gedruckt.	Kettendrucker Stahlbanddrucker		Shuttle-Matrixdrucker Thermodrucker	
Seitendrucker	Die ganze Seite wird auf einmal gedruckt.			Laserdrucker	

Matrixdrucker (Funktionsweise)

Nadeldrucker	Im Druckkopf sind für die Punkte einer Zeichenspalte Nadeln angeordnet, die jeweils einen Punkt der Spalte drucken. Danach wird der Kopf um eine Zeichenspalte verschoben und die nächste Spalte gedruckt. Nach dem Druck einer Zeile wird das Papier um eine Zeile verschoben, und die nächste Zeile wird gedruckt.
Tintenstrahldrucker	Im Druckkopf sind für die Punkte einer Zeichenspalte Düsen angeordnet, die für jeden Punkt einen Tropfen Tinte ausstoßen können. Die Tropfen werden durch piezoelektrische Verformung der Düse oder durch Aufheizung der Tinte bis zur Bildung einer Dampfblase auf das Papier geschleudert.
Laserdrucker	Im Drucker befindet sich eine Bildtrommel, die elektrisch geladen und durch Belichtung punktweise wieder entladen wird. Ein über ein Spiegelsystem geleiteter Laserstrahl ↑ belichtet die Trommel zeilenweise so, dass auf der Trommel die Punkte entladen werden, die Farbe übertragen sollen. An diesen Stellen nimmt die Trommel im weiteren Verlauf des Druckvorganges Toner (Farbpulver) auf, der an der Druckstation auf das Papier übertragen und durch Hitze und hohen Andruck fixiert wird.

7-52 ↑

5.2 Hardware

Plotter

Flachbettplotter

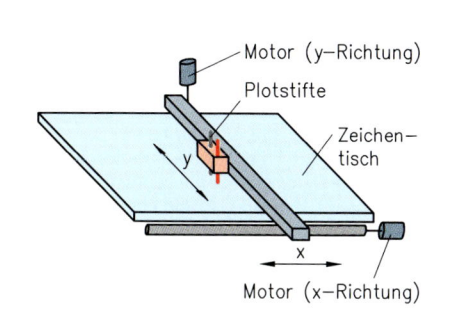

Der Flachbettplotter ist ein Stiftplotter, der für Darstellungen auf Papier, in der Regel DIN A3 bis A0, ausgelegt ist. Dazu benutzt er einen Zeichenstift (Tusche, Kugelschreiber oder Faserstift), der auf einem Wagen angebracht ist. Dieser Wagen gleitet über eine Schiene, die über die gesamte Papierbreite verschoben werden kann.
Die meisten Plotter arbeiten mit Tuschestiften verschiedener Strichbreiten, die in einem Magazin untergebracht sind und bei Bedarf vollautomatisch am Wagen angebracht werden. Beide Mechanismen erlauben eine schnelle Darstellung von Vektorgrafiken wie einfachen Linien und Kreisen sowie Schriftzügen.

Schrittweite: 0,05 bis 0,1 mm.
Zeichengeschwindigkeit: >200 mm/s

Trommelplotter/Rollenplotter

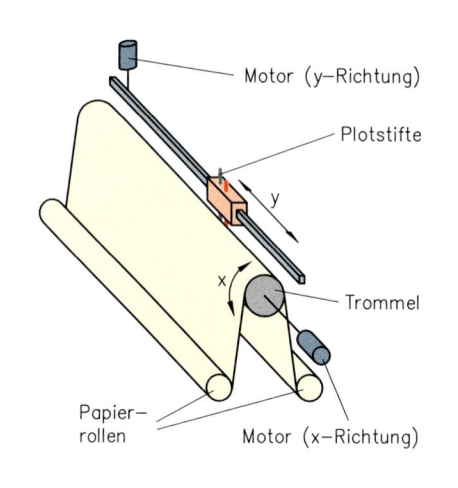

Der Trommel- oder Rollenplotter ist ein Stiftplotter für Darstellungen auf beliebig langem Papier. Dazu benutzt er einen Zeichenstift, der in y-Richtung verschoben wird, während das Papier über eine Walze in x-Richtung verschoben wird.

Schrittweite: 0,025 mm.
Zeichengeschwindigkeit: >380 mm/s

Neben Stiftplottern gibt es auch elektrostatische Plotter, Tintenstrahlplotter und Thermotransferplotter. Mit diesen Plottern können auch Pixelgrafiken ausgegeben werden.

HPGL (Hewlett Packard Graphics Language)

Die Ansteuerung der Plotter wird typischerweise mit den Sprachen PostScript oder HPGL durchgeführt. HPGL hat sich zu einer Art Industriestandard entwickelt. Ein HPGL-Befehl besteht aus einem Kürzel aus zwei Buchstaben und optionalen nummerischen Parametern in ASCII-Darstellung. In einer Datei oder in einem Datenstrom können die aufeinander folgenden Befehle durch speziell definierte Trennzeichen (normalerweise ein ;) und den ASCII-Zeichen für CR und/oder LF getrennt sein.

Wichtige HPGL-Befehle

Befehl	Bedeutung
PU (X1,Y1...(Xn,Yn))	Stift anheben
PD (X1,Y1...(Xn,Yn))	Stift absenken
PA (X1,Y1...(Xn,Yn))	Zeichne absolut
PR (X1,Y1...(Xn,Yn))	Zeichne relativ
CI radius (,chord angle)	Kreisradius
AA X,Y, arc angle (,chord angle)	Bogen absolut
AR X,Y, arc angle (,chord angle)	Bogen relativ
LB ASCII string	Text ASCII String
DT	Trennzeichen
SI	Absolute Zeichengröße
SR	Relative Zeichengröße
DI	Absolute Richtung

5.2 Hardware

5.2.7 Steuerungen

PC-Sensorik/PC-Aktorik

Sensoren ↑ zur Messwert- oder Positionserfassung liefern in der Regel ein analoges Signal. Zur Verarbeitung in einem Computer ist deshalb eine A/D-Wandlung notwendig.
Aktoren ↑ wie z. B. Stellmotoren oder elektrische Ventile werden mit einer analogen Steuerspannung betrieben. Die Ansteuerung durch den Computer erfordert deshalb eine D/A-Wandlung, eventuell eine nachfolgende Verstärkung und ein Stellglied.

Für die Anbindung von Sensoren und Aktoren werden Wandlerkarten eingesetzt, die sowohl A/D- als auch D/A-Wandler beinhalten. Zu unterscheiden sind:
- **Externer Konverter (Interface) mit Schnittstelleneingang**
  Die D/A-/AD-Wandlung erfolgt in einem separaten Konverter, der mit dem Computer verbunden ist. Externe Konverter gibt es für verschiedene Standardschnittstellen oder Bussysteme:
  – USB-Schnittstelle   – serielle Schnittstelle   – Profi-Bus
  – Parallelschnittstelle   – CAN-Bus
- **Interne Wandlerkarte**
  Die D/A-/AD-Wandlung erfolgt mithilfe einer im PC fest eingebauten Karte. Die Karten sind für Standard-PC-Bussysteme ausgelegt:
  – PCI-Express-Steckkarten   – PCI-Steckkarten   – ISA-Steckkarten

Anschluss der Sensoren					Anschluss der Aktoren				
Sensor		Analoges Signal	ADU extern oder intern	PC	PC	DAU extern oder intern	Analoges Signal		Aktor
Sensor	Signal-anpassung	Analoges Standard-Signal 0…20 mA 0…10 V	ADU extern oder intern	PC	PC	↑ DAU extern oder intern	Analoge Standardschnittstelle 0…20 mA 0…10 V	Signal-anpassung	Aktor
Sensor	Signal-anpassung	ADU	Digitales Signal (parallele oder serielle Schnittstelle)	PC	PC	Digitales Signal (parallele oder serielle Schnittstelle)	DAU	Signal-anpassung	Aktor

Begriffe zu Wandlerkarten

Auflösung

Die Auflösung Δu einer Karte gibt an, wie fein der Mess- oder Ausgabebereich unterteilt ist.

$$\Delta u = \frac{u_{max} - u_{min}}{2^N}$$

u_{max} = maximaler Spannungswert
u_{min} = minimaler Spannungswert, oft 0 Volt
N = Anzahl der Bits des A/D- bzw. D/A-Wandlers ↑

Unipolar	Bipolar
Es können nur Werte mit positivem Vorzeichen erfasst oder ausgegeben werden (z. B. 0 V … 5 V).	Man kann Werte mit positivem oder negativem Vorzeichen erfassen oder ausgeben (z. B. –2,5 V … +2,5 V).
Galvanische Trennung	**Linearität**
Keine leitende Verbindung besteht zwischen den Anschlüssen untereinander und zum Rechner hin. Dadurch können Geräte mit unterschiedlichem Potenzial an die Karte angeschlossen werden. Bis zu welchem Potenzial, bezogen auf den Rechner, Karten sicher betrieben werden können, steht in den technischen Daten.	Die Linearität gibt an, inwieweit der Zusammenhang analoge Größe zu digitalem Ergebnis (bzw. umgekehrt bei D/A-Wandlern) linear ist.
Single-ended	**Differential-ended**
Beim Single-ended-Betrieb teilen sich die Messanschlüsse eine gemeinsame Masse.	Jeder Ein-/Ausgang verfügt über zwei eigene Anschlüsse. Dies ist wichtig beim Erfassen von Werten mit unterschiedlichem Potenzial. Entgegen den Betrieb von galvanisch getrennten Messeingängen sind dem Potenzial zum Rechner hin enge Grenzen gesetzt.

5.3 Software

5.3.1 Zahlensysteme ↑ 4-3

Dezimal	Dual/Binär	Oktal	Sedezimal
0	0	0	0
1	1	1	1
2	10	2	2
3	11	3	3
4	100	4	4
5	101	5	5
6	110	6	6
7	111	7	7
8	1000	10	8
9	1001	11	9
10	1010	12	A
11	1011	13	B
12	1100	14	C
13	1101	15	D
14	1110	16	E
15	1111	17	F

Grundlage der Informationsverarbeitung sind die Dual- bzw. Binärzahlen (Basis 2).
Zur besseren Übersicht verwendet man Oktalzahlen (Basis 8 mit den Ziffern 0...7) und Sedezimalzahlen (Basis 16 mit den Ziffern 0...F). Letztere werden manchmal auch als Hexadezimalzahlen bezeichnet. Beim oktalen Zahlensystem werden drei, beim sedezimalen Zahlensystem vier aufeinander folgende Dualziffern zu einer Ziffer zusammengefasst.

Beispiel: Binär nach Oktal

$\underline{111}\ \underline{101}\ \underline{100}_2$

111   101   100

754_8

Binär nach Sedezimal

$\underline{1}\ \underline{1110}\ \underline{1100}_2$

1   1110   1100

$1EC_{16}$

Umrechnungstabelle Dezimal ↔ Sedezimal

	0	1	2	3	4	5	6	7	8	9	A	B	C	D	E	F
0	0	16	32	48	64	80	96	112	128	144	160	176	192	208	224	240
1	1	17	33	49	65	81	97	113	129	145	161	177	193	209	225	241
2	2	18	34	50	66	82	98	114	130	146	162	178	194	210	226	242
3	3	19	35	51	67	83	99	115	131	147	163	179	195	211	227	243
4	4	20	36	52	68	84	100	116	132	148	164	180	196	212	228	244
5	5	21	37	53	69	85	101	117	133	149	165	181	197	213	229	245
6	6	22	38	54	70	86	102	118	134	150	166	182	198	214	230	246
7	7	23	39	55	71	87	103	119	135	151	167	183	199	215	231	247
8	8	24	40	56	72	88	104	120	136	152	168	184	200	216	232	248
9	9	25	41	57	73	89	105	121	137	153	169	185	201	217	233	249
A	10	26	42	58	74	90	106	122	138	154	170	186	202	218	234	250
B	11	27	43	59	75	91	107	123	139	155	171	187	203	219	235	251
C	12	28	44	60	76	92	108	124	140	156	172	188	204	220	236	252
D	13	29	45	61	77	93	109	125	141	157	173	189	205	221	237	253
E	14	30	46	62	78	94	110	126	142	158	174	190	206	222	238	254
F	15	31	47	63	79	95	111	127	143	159	175	191	207	223	239	255

Sedezimal → Dezimal
Das erste Sedezimalzeichen steht in der Spalte. Das zweite Sedezimalzeichen steht in der Zeile. Im Schnittpunkt von Spalte und Zeile steht die Dezimalzahl.
Beispiel: $5\,A_H = 90_D$.

Dezimal → Sedezimal
Gesucht wird die Dezimalzahl. Die erste Ziffer der Sedezimalzahl ist die zugehörige Spalte, die zweite Ziffer die zugehörige Reihe.
Beispiel: $125_D = 7\,D_H$.

5.3 Software

5.3.1 Zahlensysteme (Fortsetzung)

Beispiel: Umwandlung einer Dezimalzahl in eine Dualzahl

Nach der Divisionsregel wird die Dezimalzahl so lange durch 2, 8 oder 16 geteilt, bis der Rest nicht mehr teilbar ist. Die Restziffern, von unten nach oben gelesen, ergeben die gesuchte Zahl.

	Rest		Dualziffer	Ergebnis
13 : 2 = 6	1	⇒	1	1
6 : 2 = 3	0	⇒	0	01
3 : 2 = 1	1	⇒	1	101
1 : 2 = 0	1	⇒	1	**1101**

5.3.2 Bits und Bytes

Anzahl Bits	Zuordnungsmöglichkeiten
1	2
2	4
3	8
4	16
5	32
6	64
7	128
8	256
9	512
10	1 024

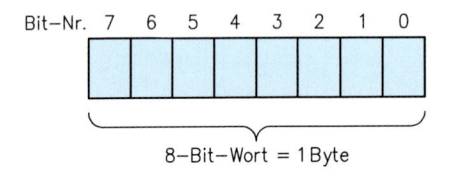

Bit–Nr. 7 6 5 4 3 2 1 0

8–Bit–Wort = 1 Byte

1 Kbyte (Kilobyte)	= 2^{10} bytes = 1 024 byte
1 Mbyte (Megabyte)	= 2^{20} bytes = 1 024 Kbyte
1 Gbyte (Gigabyte)	= 2^{30} bytes = 1 024 Mbyte
1 Tbyte (Terabyte)	= 2^{40} bytes = 1 024 Gbyte
1 Pbyte (Petabyte)	= 2^{50} bytes = 1 024 Tbyte
1 Ebyte (Exabyte)	= 2^{60} bytes = 1 024 Pbyte
1 Zbyte (Zetabyte)	= 2^{70} bytes = 1 024 Ebyte
1 Ybyte (Yottabyte)	= 2^{80} bytes = 1 024 Zbyte

Bit ↑
Der kleinste duale Zustand wird als 1 Bit bezeichnet. 1 Bit kann den Zustand 0 oder 1 annehmen.
Die Kurzform für Binärzeichen „Bit" wird groß (das Bit, die Bits) und das Kurzzeichen (Sondereinheit für die Anzahl der Binärentscheidungen) klein geschrieben (bit).

Mit m Binärzeichen kann eine Information aus insgesamt 2^m Informationen ausgewählt werden.

Byte ↑
Das Byte (gesprochen: Beit) ist eine getrennt steuerbare Informationseinheit und besteht aus n Bit (in den meisten Fällen ist $n = 8$), die parallel verarbeitet werden. Die Bits eines Bytes werden von rechts nach links gelesen.
Mit einem 8 Bit langen Byte lassen sich $2^8 = 256$ Kombinationsmöglichkeiten erstellen. Dies reicht für alle wichtigen Zeichen: Buchstaben klein und groß; Zahlen; Sonderzeichen; Steuerzeichen. Aus diesem Grunde wurde in der Vergangenheit vereinbart, dass ein Zeichen durch 8 Bit festgelegt ist. Mit 8 Bit ist also ein Zeichen genau definiert. Zur Vereinfachung wurde weiterhin festgelegt:

8 Bit = 1 Byte ⇒ 1 Zeichen

Die nächsthöhere Speichereinheit ist das Kilobyte (KB), dessen Stufungsfaktor bedingt durch die Zweierpotenz 1 024 ist.

In Byte wird meist auch die maximal speicherbare Informationsmenge (Speicherkapazität) eines elektronischen Speichers angegeben.

5.3 Software

5.3.3 Codes
↑ 4-5

ASCII-Code

Der ASCII-Code (American Standard Code for Information Interchange) ist ein 7-Bit-Code, welcher die Darstellung von Zeichen festlegt. Ein achtes Bit dient meist als Prüfbit.
Die 128 Zeichen des ASCII-Code unterteilen sich wie folgt:
- 94 Schriftzeichen
- 34 Steuerzeichen (braun unterlegt in Tabelle)

				7	0		0		0		0		1		1		1		1	
				6	0		0		1		1		0		0		1		1	
				5	0		1		0		1		0		1		0		1	
\multicolumn{4}{c|}{Bit-Nr.}		Hexa-dezimal	Zeichen	Hexa-dezimal	Zeichen	Hexa-dezimal	Zeichen	Hexa-dezimal	Zeichen	Hexa-dezimal	Zeichen	Hexa-dezimal	Zeichen	Hexa-dezimal	Zeichen	Hexa-dezimal	Zeichen
4	3	2	1																	
0	0	0	0		00	NUL	10	DLE	20	SP	30	0	40	@	50	P	60	`	70	p
0	0	0	1		01	SOH	11	DC1	21	!	31	1	41	A	51	Q	61	a	71	q
0	0	1	0		02	STX	12	DC2	22	"	32	2	42	B	52	R	62	b	72	r
0	0	1	1		03	ETX	13	DC3	23	#	33	3	43	C	53	S	63	c	73	s
0	1	0	0		04	EOT	14	DC4	24	$	34	4	44	D	54	T	64	d	74	t
0	1	0	1		05	ENQ	15	NAK	25	%	35	5	45	E	55	U	65	e	75	u
0	1	1	0		06	ACK	16	SYN	26	&	36	6	46	F	56	V	66	f	76	v
0	1	1	1		07	BEL	17	ETB	27	'	37	7	47	G	57	W	67	g	77	w
1	0	0	0		08	BS	18	CAN	28	(	38	8	48	H	58	X	68	h	78	x
1	0	0	1		09	HT	19	EM	29	)	39	9	49	I	59	Y	69	i	79	y
1	0	1	0		0A	LF	1A	SUB	2A	*	3A	:	4A	J	5A	Z	6A	j	7A	z
1	0	1	1		0B	VT	1B	ESC	2B	+	3B	;	4B	K	5B	[	6B	k	7B	
1	1	0	0		0C	FF	1C	FS	2C	,	3C	<	4C	L	5C	\	6C	l	7C	/
1	1	0	1		0D	CR	1D	GS	2D	-	3D	=	4D	M	5D	]	6D	m	7D	
1	1	1	0		0E	SO	1E	RS	2E	.	3E	>	4E	N	5E	^	6E	n	7E	~
1	1	1	1		0F	SI	1F	US	2F	/	3F	?	4F	O	5F	_	6F	o	7F	DEL

Bedeutung der Steuerzeichen im ASCII-Code:

Zeichen	Bedeutung	Zeichen	Bedeutung
NUL	NULL	DLE	DATALINK ESCAPE
SOH	START OF HEADING	DC1 BIS 4	DEVICE CONTROL 1 BIS 4
STX	START OF TEXT	NAK	NEGATIVE ACKNOWLEDGE
ETX	END OF TEXT	SYN	SYNCHRONOUS IDLE
EOT	END OF TRANSMISSION	ETB	END OF TRANSMISSION BLOCK
ENQ	ENQUIRY	CAN	CANCEL
ACK	ACKNOWLEDGE	EM	END OF MEDIUM
BEL	BELL	SUB	SUBSITUT
BS	BACKSPACE	ESC	ESCAPE
HT	HORIZONTAL TABULATION	FS	FILE SEPARATOR
LF	LINE FEED	GS	GROUP SEPARATOR
VT	VERTICAL TABULATION	RS	RECORD SEPARATOR
FF	FORMFEED	US	UNIT SEPARATOR
CR	CARRIAGE RETURN	SP	SPACE
SO	SHIFT OUT	DEL	DELETE
SI	SHIFT IN		

Die grau unterlegten Zeichen können durch die folgende deutsche Referenzversion ersetzt werden:

Hexa-dezimal	Zeichen	Hexa-dezimal	Zeichen
5B	Ä	7B	ä
5C	Ö	7C	ö
5D	Ü	7D	ü
		7E	ß

5.3 Software

5.3.3 Codes (Fortsetzung)

ANSI-Code

Windows verwendet den ANSI-Zeichensatz. Im Bereich von 0–127 stimmt dieser mit dem ASCII-Zeichensatz überein. In Verbindung mit der ALT-Taste kann jedes ANSI-Zeichen durch Eingabe des vierstelligen Codes (Nummerntastatur eingeschaltet!) erzeugt werden. ALT + 0165 ergibt beispielsweise ein Yen-Zeichen.

Legende:
Hexcode
ANSI-Zeichen
Dezimalcode

ANSI-Code-Tabelle der ISO-8859-Familie (Byte-Werte 00 bis 255)

0	[ ]	1	[☺]	2	[☻]	3	[♥]	4	[♦]	5	[♣]	6	[♠]	7	[•]
8	[◘]	9	[o]	10	[◙]	11	[♂]	12	[♀]	13	[♪]	14	[♫]	15	[☼]
16	[►]	17	[◄]	18	[↕]	19	[‼]	20	[¶]	21	[§]	22	[▬]	23	[↨]
24	[↑]	25	[↓]	26	[→]	27	[←]	28	[∟]	29	[↔]	30	[▲]	31	[▼]
32	[ ]	33	!	34	„	35	#	36	$	37	%	38	&	39	,
40	(	41	)	42	*	43	+	44	,	45	-	46	.	47	/
48	0	49	1	50	2	51	3	52	4	53	5	54	6	55	7
56	8	57	9	58	:	59	;	60	<	61	=	62	>	63	?
64	@	65	A	66	B	67	C	68	D	69	E	70	F	71	G
72	H	73	I	74	J	75	K	76	L	77	M	78	N	79	O
80	P	81	Q	82	R	83	S	84	T	85	U	86	V	87	W
88	X	89	Y	90	Z	91	[	92	\	93	]	94	^	95	_
96	`	97	a	98	b	99	c	100	d	101	e	102	f	103	g
104	h	105	i	106	j	107	k	108	l	109	m	110	n	111	o
112	p	113	q	114	r	115	s	116	t	117	u	118	v	119	w
120	x	121	y	122	z	123	{	124	|	125	}	126	~	127	
128	€	129		130	‚	131	ƒ	132	„	133	…	134	†	135	‡
136	ˆ	137	‰	138	Š	139	‹	140	Œ	141		142	Ž	143	
144		145	'	146	'	147	"	148	"	149	•	150	–	151	—
152	˜	153	™	154	š	155	›	156	œ	157		158	ž	159	Ÿ
160		161	¡	162	¢	163	£	164	¤	165	¥	166	¦	167	§
168	¨	169	©	170	ª	171	«	172	¬	173		174	®	175	¯
176	°	177	±	178	²	179	³	180	´	181	µ	182	¶	183	·
184	¸	185	¹	186	º	187	»	188	¼	189	½	190	¾	191	¿
192	À	193	Á	194	Â	195	Ã	196	Ä	197	Å	198	Æ	199	Ç
200	È	201	É	202	Ê	203	Ë	204	Ì	205	Í	206	Î	207	Ï
208	Ð	209	Ñ	210	Ò	211	Ó	212	Ô	213	Õ	214	Ö	215	·
216	Ø	217	Ù	218	Ú	219	Û	220	Ü	221	Ý	222	Þ	223	ß
224	à	225	á	226	â	227	ã	228	ä	229	å	230	æ	231	ç
232	è	233	é	234	ê	235	ë	236	ì	237	í	238	î	239	ï
240	ð	241	ñ	242	ò	243	ó	244	ô	245	õ	246	ö	247	:
248	ø	249	ù	250	ú	251	û	252	ü	253	ý	254	þ	255	ÿ

00 bis 32 = Steuerbefehle (nicht darstellbare Zeichen) [alternativzeichen unter Windows – CP850]
33 bis 127 = Sind mit dem ASCII-Zeichensatz übereinstimmend
128 bis 159 = undefiniert
160 bis 255 = Übereinstimmung mit Unicode „C1 Controls and Latin-1 Supplement"

5.3 Software

Unicode-Format UCS/UTF ISO/IEC 10646: 2017-12

Unicode UCS (Universal Charater Set) bzw. UTF (Unicode Transmission Format) ist ein internationaler Standard, der vom Unicode-Konsortium entwickelt und von der International Standardization Organization (ISO) mitgetragen wird. Im Unicode werden alle Zeichen der existierenden Schriften zusammengefaßt. Jedes Zeichen ist durch eine eindeutige Nummer definiert.
Der Zeichenvorrat ist in 17 (0…16) Ebenen (Planes) eingeteilt, von denen jede aus 10000_H (65.536) Zeichen besteht. Die erste Ebene (Plane 0) von 0000_H bis $FFFF_H$ heißt „Basic Multilingual Plane" (BMP) und enthält fast alle heute verwendeten Zeichen. Die übliche Darstellung der Zeichen ist U+zzzzzz (z = Sedezimalziffer).
Die einzelnen Ebenen sind in Blöcke (Blocks) unterteilt. Jeder Block enthält die Zeichen einer Schriftfamilie. Einige wichtige Blöcke des Unicode-Zeichenvorrats:

Blockname	Erstes Zeichen	Letzes Zeichen	Zeichen- anzahl	Bemerkungen
Basic Latin	U+0000	U+007F	128	Die Zeichen des ASCII-Zeichensatzes
Latin-1 Supplement	U+0080	U+00FF	128	Die übrigen Zeichen des ANSI-Zeichensatzes
Greek and Coptic	U+0370	U+03FF	144	Griechische und koptische Zeichen
Cyrillic	U+0400	U+04FF	256	Kyrillisch
Latin Extended Additional	U+1E00	U+0EFF	256	Viele zusätzliche Zeichen des lateinischen Alphabets
General Punctuation	U+2000	U+206F	112	Interpunktionszeichen

Der Unicode-Standard enthält drei Kodierungsformen (encoding forms) mit denen die Zeichen in Bytesequenzen umgewandelt werden:
UTF-8
UTF-16 (entspricht UCS-2)
UTF-32 (entspricht UCS-4)
Die Zahl bezeichnet die Anzahl der Bit, die mindestens zur Kodierung eines Zeichens verwendet werden.

Einige für Elektroniker interessante Unicode-Sonderzeichen:

Legende:
Hexcode
Unicode-Zeichen
Dezimalcode

00A0	00A1	00A2	00A3	00A4	00A5	00A6	00A7	00A8	00A9	00AA	00AB	00AC	00AD	00AE	00AF
	¡	¢	£	¤	¥	¦	§	¨	©	ª	«	¬		®	¯
0160	0161	0162	0163	0164	0165	0166	0167	0168	0169	0170	0171	0172	0173	0174	0175
00B0	00B1	00B2	00B3	00B4	00B5	00B6	00B7	00B8	00B9	00BB	00BB	00BC	00BD	00BE	00BF
°	±	²	³	´	µ	¶	·	¸	¹	º	»	¼	½	¾	¿
0176	0177	0178	0179	0180	0181	0182	0183	0184	0185	0186	0187	0188	0189	0190	0191
0391	0392	0393	0394	0395	0396	0397	0398	0399	039A	039B	039C	039D	039E	039F	03A0
Α	Β	Γ	Δ	Ε	Ζ	Η	Θ	Ι	Κ	Λ	Μ	Ν	Ξ	Ο	Π
0913	0914	0915	0916	0917	0918	0919	0920	0921	0922	0923	0924	0925	0926	0927	0928
03A1	03A2	03A3	03A4	03A5	03A6	03A7	03A8	03A9	03AA	03AB	03AC	03AD	03AE	03AF	03B0
Ρ		Σ	Τ	Υ	Φ	Χ	Ψ	Ω	Ϊ	Ϋ	ά	έ	ή	ί	ΰ
0929	0930	0931	0932	0933	0934	0935	0936	0937	0938	0939	0940	0941	0942	0943	0944
03B1	03B2	03B3	03B4	03B5	03B6	03B7	03B8	03B9	03BA	03BB	03BC	03BD	03BE	03BF	03C0
α	β	γ	δ	ε	ζ	η	θ	ι	κ	λ	μ	ν	ξ	ο	π
0945	0946	0947	0948	0949	0950	0951	0952	0953	0954	0955	0956	0957	0958	0959	0960
03C1	03C2	03C3	03C4	03C5	03C6	03C7	03C8	03C9	03D1	03D5	2030	2031	2039	203A	2055
ρ	ς	σ	τ	υ	φ	χ	ψ	ω	ϑ	ϕ	‰	‱	‹	›	▯
0961	0962	0963	0964	0965	0966	0967	0968	0969	0977	0981	8240	8241	8249	8250	8277
2200	2201	2202	2203	2204	2205	2206	2207	2208	2209	220A	220B	220C	220D	220E	220F
∀	∁	∂	∃	∄	∅	∆	∇	∈	∉	∊	∋	∌	∍	∎	∏
8704	8705	8706	8707	8708	8709	8710	8711	8712	8713	8714	8715	8716	8717	8718	8719
2210	2211	2212	2213	2214	2215	2216	2217	2218	2219	221A	221B	221C	221D	221E	221F
∐	∑	−	∓	∔	∕	∖	∗	∘	∙	√	∛	∜	∝	∞	∟
8720	8721	8722	8723	8724	8725	8726	8727	8728	8729	8730	8731	8732	8733	8734	8735
2227	2228	2229	222B	222E	223C	2248	2260	2261	2262	2263	2264	2265	2266	2267	2298
∧	∨	∩	∫	∮	∼	≈	≠	≡	≢	≣	≤	≥	≦	≧	⊘
8743	8744	8745	8747	8750	8764	8776	8800	8801	8802	8803	8804	8805	8806	8807	8856

5.3 Software

5.3.4 Betriebssystem

Definition und Aufbau von Betriebssystemen

Schematische Darstellung zur Definition des Betriebssystems	Definition
(Schaubild: Benutzerprogramme → Befehlsinterpreter/Benutzeroberfläche → System-Call Interface → Betriebssystem-Kern mit Treibern → Hardware: Prozessor, Hauptspeicher, Ein-/Ausgabegeräte usw.)	Ein Betriebssystem bezeichnet alle Programme eines Rechensystems, die die Ausführung der Benutzerprogramme, die Verteilung der Ressourcen (Betriebsmittel) auf die Benutzerprogramme und die Aufrechterhaltung der Betriebsart steuern und überwachen sowie dem Anwender eine (dateiorientierte) Schnittstelle (Befehlsinterpreter/Benutzeroberfläche) zur Hardware zur Verfügung stellen und eine Programmierung dieser Hardware auf hohem logischen Niveau ermöglichen. **Betriebsmittel:** Prozessor, Hauptspeicher, Ein-/Ausgabegeräte, Daten, ausführbarer Code, ... **Betriebsarten:** • Einprogramm-/Mehrprogrammbetrieb (single/multi programming) • Stapelbetrieb/Dialogbetrieb (batch/interactive mode) • Einzelplatzbetrieb/Netzwerkbetrieb (stand alone/networking)

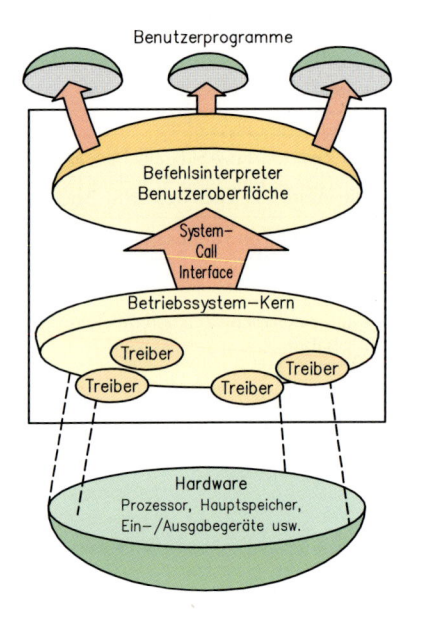

Aufgaben eines Betriebssystems

Ebenenmodell der Computer-Software
Das Betriebssystem ist zwischen BIOS (**B**asic **I**nput **O**utput **S**ystem) und Anwenderprogrammen angeordnet.

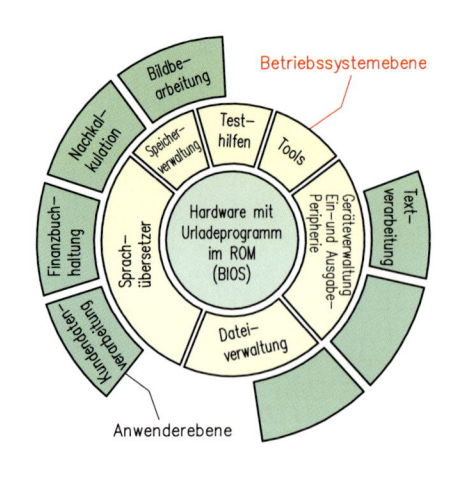

(Schaubild: Ringdiagramm mit Hardware mit Urladeprogramm im ROM (BIOS) im Zentrum, Betriebssystemebene mit Speicherverwaltung, Testhilfen, Tools, Gerätverwaltung Ein- und Ausgabe-Peripherie, Dateiverwaltung, Sprachübersetzer; Anwenderebene mit Bildbearbeitung, Nachkalkulation, Finanzbuchhaltung, Kundendatenverarbeitung, Textverarbeitung)

- Starten und Beenden des Rechnerbetriebes
- Organisation und Verwaltung des Arbeitsspeichers
- Dateien in Katalogen verwalten
- Steuerung der Hardwarekomponenten
- Organisation und Verwaltung der externen Speichermedien
- Organisation der Bildschirmanzeige
- Laden und Kontrollieren der Anwenderprogramme, Weitergabe von Benutzereingaben, Behandlung von Fehlern, Verwaltung von Benutzerrechten
- Verwaltung und Bedienung mehrerer Benutzer mit eigenen Zugriffsrechten und Nutzungsprofilen
- Bereitstellung von Dienstprogrammen für verschiedenste Zwecke: Datensicherung, Telekommunikation, Spracheingabe etc.

5.3 Software

Windows

Windows ist ein objektorientiertes Betriebssystem

Objekte werden durch Symbole (Icons) dargestellt und haben einen Objektnamen, der innerhalb eines Verzeichnisses unique sein muss.
Jedes Objekt besitzt ein Kontextmenü, das mit der rechten Maustaste (Menüpunkt „Eigenschaften") aufgerufen wird.

Beispiele für Objekte in Windows

Geräte und Einstellungen
Der Zugang zu den Einstellungen für Geräte (Menü Start/Systemsteuerung) und Software (Menü Start/Programme) erfolgt über Icons. Tatsächlich verbergen sich dahinter auch Ordner und Dateien, die die Einstellungen enthalten.

Dateien
Informationen (= Daten) werden in Dateien gespeichert. Anwendungen (oder Programme) sind spezielle Dateien. Alle Dateien haben einen Namen und sind von einem bestimmten Typ. Der Dateityp wird durch die Dateierweiterung nach dem letzten Punkt im Dateinamen gekennzeichnet. Diese Dateierweiterung besteht aus drei Buchstaben.

Ordner
Dateien werden in Ordnern (Verzeichnissen) abgelegt. Ordner können Dateien und untergeordnete Ordner enthalten.
Der Windows-Explorer (explorer.exe) erlaubt in einem linken Fenster die Darstellung des Objektbaumes und in einem rechten Fenster die Darstellung des Inhaltes eines in diesem Objektbaum markierten Ordners.

In der Standardeinstellung werden die Dateiendungen im Betriebssystem ausgeblendet. Für Techniker ist es jedoch wichtig, die Datei-Endungen zu sehen. Man kann die Dateiendungen über verschiedene Wege sichtbar machen.

Wichtige Datei-Endungen:

Datei-Endung	Datei-Inhalt
*.txt	reiner Text; meist ASCII oder ANSI
*.exe	ausführbare Datei (Programmdatei)
*.dll	Programmbibliothek (ausführbarer Code)
*.pdf	„nur Lese"-Dokumente
*.xml	Datei mit Parametern im Textformat
*.bmp	Bilddatei, unkomprimiert
*.jpg	Bilddatei, verlustbehaftet komprimiert
*.gif	Bilddatei mit 256 Farbwerten
*.T3001	Platinenlayout-Datei
*.doc, *.docx	Microsoft-Word-Dokument
*.odt	Open Office-Textdokument
*.TSC	Elektronik-Simulationsdatei, TINA

(* = beliebige(s) Zeichen)

Klickweg 1:
Start → Systemsteuerung
→ Ordneroptionen
→ Ansicht

Weg 2:
Im Windows-Explorer die ALT-Taste kurz drücken.
Extras → Ordneroptionen → Ansicht

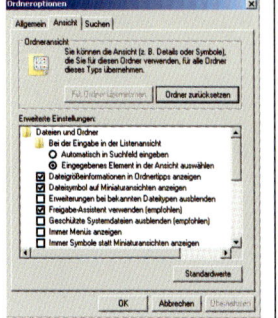

Das Häkchen bei „Erweiterungen bei bekannten Dateitypen ausblenden" entfernen.

5.3 Software

5.3.4 Betriebssystem (Fortsetzung)

Linux

Beispiele Shellkommandos:

cd [Verzeichnis]	Verzeichnis wechseln
pwd	Gibt den Pfadnamen des aktuellen Verzeichnisses an
help [Kommando]	Hilfetext zu einem Kommando
exit	Verlassen der Shell

X-Windows-Systemoberfläche

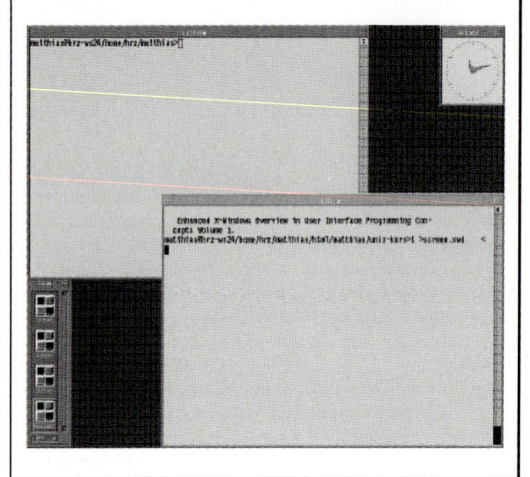

Zugriffsrechte für Datei und Verzeichnis

Typ	Eigentümer	Gruppe	Andere
d	r w x	r – x	r – x

Typ	Eigentümer	Gruppe	Andere
–	r w –	r w –	r – –

Globaler Verzeichnisbaum bei Linux

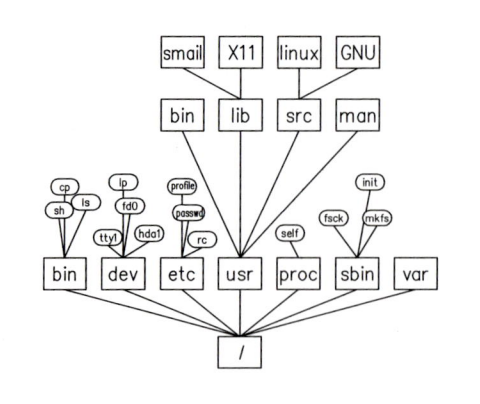

Linux ist ein frei verfügbares Mehrbenutzersystem. Es besteht aus einem Betriebssystem-Kern und Werkzeugen, die den Umgang mit dem System ermöglichen. Dazu gehört z. B. eine Shell, das X-Windows-System oder das KDE-Kontrollzentrum.

Shell
Bei einer Shell handelt es sich um einen Kommandozeileninterpreter. Die Standardshell bei Linux ist die „bash"-Shell. Zum Funktionsumfang der Bash zählen:
- Editieren der Kommandozeile nach unterschiedlichen Schemen
- Mit einem Kommandozeilenspeicher („History") können alte Eingaben gesucht, bearbeitet und erneut ausgeführt werden. Das konkrete Verhalten ist konfigurierbar.
- Prozesse können vom Benutzer gestartet, gestoppt und verändert werden.
- Unvollständige Eingaben von Kommando- und Dateinamen etc. können automatisch expandiert werden.
- Geringe Fehler in der Eingabe können automatisch korrigiert werden.
- Das Eingabeprompt ist konfigurierbar.
- Berechnungen analog zu C werden unterstützt.

X-Windows
Das X-Windows-System ist ein objekt- und netzwerkorientiertes grafisches Benutzersystem. Es wird durch Eingabe des Befehls *startx* gestartet.

Benutzerverwaltung
Jeder Systembenutzer bei Linux gehört mindestens einer Gruppe an und kann gleichzeitig Mitglied mehrerer Benutzergruppen sein. Indem der Eigentümer die Zugriffsrechte für eine Gruppe und für die übrigen Anwender festlegt, kann er den Kreis der berechtigten Personen für jede Datei und für jedes Verzeichnis individuell bestimmen. Für die Durchsetzung der eingestellten Regeln garantiert das Betriebssystem.

Dateisystem
Bei Linux ist das Dateisystem nicht in Laufwerke unterteilt, auf denen eigene Verzeichnisbäume existieren können, sondern man arbeitet mit einem einzigen Verzeichnisbaum. Für den Benutzer ist unbekannt, wo sich eine bestimmte Datei physikalisch befindet. Das Betriebssystem stellt alle verfügbaren Dateien und Verzeichnisse in einem einzigen logischen Baum zusammen.

5.3 Software

5.3.5 Programme

Software für die Programmentwicklung ↑	Software für die Systempflege	Software für allgemeine Anwendungen	Software für spezielle Anwendungen
• Programmiersprachen • Editoren • Interpreter • Compiler • etc.	• Virendetektoren • Dateiverwaltung • Hardwareanalyse • etc.	• Tabellenkalkulation • Textverarbeitung • Datenbank • etc.	• Lohnbuchhaltung • Maschinensteuerung • Kundenkartei • Literatursammlung • etc.

↑ 4-27

Software für die Programmentwicklung

Vollständige Übersetzungsphasen bei einem Interpreter/Compiler

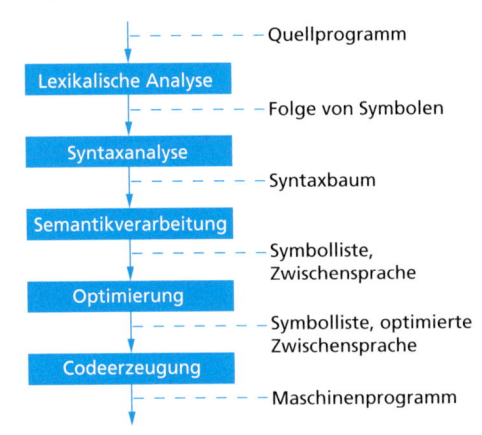

- Quellprogramm
- Lexikalische Analyse
- Folge von Symbolen
- Syntaxanalyse
- Syntaxbaum
- Semantikverarbeitung
- Symbolliste, Zwischensprache
- Optimierung
- Symbolliste, optimierte Zwischensprache
- Codeerzeugung
- Maschinenprogramm

Programmiersprachen/Editoren

Software wird mithilfe von Programmiersprachen hergestellt. Die Anweisungen an den Computer werden mithilfe von Editoren in einer speziellen Sprache, der Programmiersprache, geschrieben. Bei der Programmausführung wird die Liste mit den Befehlen in Maschinencode übersetzt.

Interpreter/Compiler

Ein Übersetzer (Interpreter/Compiler) erzeugt aus einem Quellprogramm ein Maschinenprogramm.
Beim Interpreter erfolgt die Übersetzung bei jeder Programmausführung Zeile für Zeile. Zur Ausführung ist die Programmiersprachenumgebung bzw. ein entsprechendes Hilfsmittel notwendig.
Mit einem Compiler wird das Quellprogramm zunächst vollständig in ein Maschinenprogramm übersetzt, das dann losgelöst von der Programmiersprachenumgebung gestartet werden kann.

Software für die Systempflege

Oberfläche eines Virenscanners

Letzte Meldung: KEINE FUNDE
Anzahl Dateien: 190   Zeit: 00:13
Funde: 0   Repariert: 0   Gelöscht: 0
Ordner: C:\WINDOWS\system32
Datei: dxdiag.exe
Status: Speicher freigeben

Virendetektoren

- **Virenscanner** können einzelne Dateien, Ordner oder Laufwerke prüfen. Jede Datei wird gelesen und geprüft. Wird eine infizierte Datei gefunden, gibt es eine Alarmmeldung bzw. je nach Konfiguration wird die betreffende Datei repariert oder gelöscht.
- **Viren-Monitore** klinken sich möglichst früh in das System ein, um es auf Virenaktivitäten zu überwachen. Jeder Schreibzugriff, jedes Programm, das gestartet wird, wird automatisch auf Viren untersucht. Ein Monitorprogramm überwacht sogar Downloads und Netzwerkverbindungen.

Dateiverwaltung

Zur Unterstützung der Dateiverwaltung gibt es z. B. Dateimanager mit speziellen, die Systempflege erleichternden Eigenschaften.

5.3 Software

5.3.5 Programme (Fortsetzung)

Programme für universelle Anwendungen

Programme in einem Office-Paket

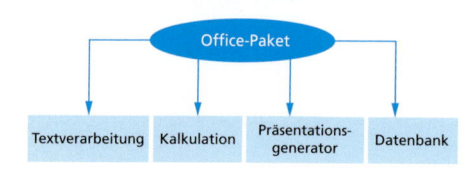

Office-Paket
- Textverarbeitung
- Kalkulation
- Präsentationsgenerator
- Datenbank

Typische Oberfläche eines Textverarbeitungsprogramms

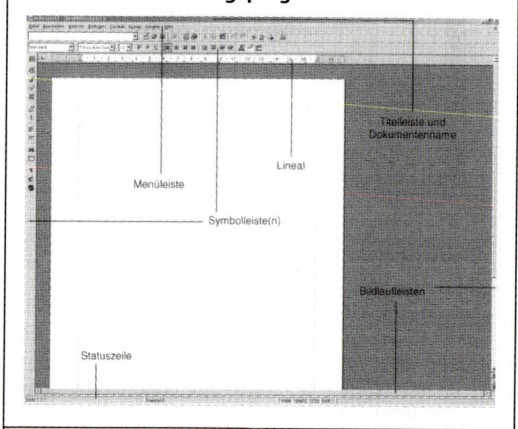

(Abbildung: Titelleiste und Dokumentenname, Lineal, Menüleiste, Symbolleiste(n), Bildlaufleisten, Statuszeile)

Programme für universelle Anwendungen können für unterschiedlichste Aufgaben eingesetzt werden. Typische Vertreter universeller Programme sind in „Office-Paketen" enthalten.
Unter dem Begriff „Office-Paket" versteht man ein Komplettpaket von Anwendungen für die häufigsten Büroarbeiten. Jedes der Programme lässt sich auch für eine spezielle Aufgabe einrichten. Dazu müssen spezielle Vorlagen und/oder Anwenderprogramme (bei MS-Office z. B. auf Basis von Visual Basic) erstellt werden.

Beispiele für universelle Programme:
- Textverarbeitung
- Tabellenkalkulation
- Präsentationsgenerator
- Datenbank

Die Oberfläche eines universellen Programms ist meistens wie links abgebildet aufgebaut.
Der Arbeitsbereich liegt meistens in der Mitte. Darum herum angeordnet sind Symbol- und Menüleisten und ein Lineal. Die Oberfläche ist in der Regel konfigurierbar.
An der Stelle des Cursors können im Arbeitsbereich die gewünschten Eingaben vorgenommen werden.

Programme für spezielle Anwendungen/Expertensysteme

Beispiel für ein Adressverwaltungsprogramm

(Abbildung: Kartei-Adressverwaltung)

Beispiel für ein Filterberechnungsprogramm

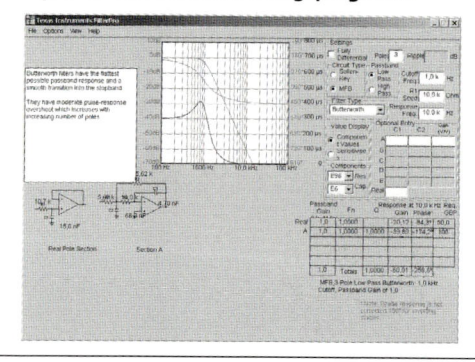

(Abbildung: Texas Instruments FilterPro)

Programme für spezielle Anwendungen sind auf eine einzige Aufgabenstellung zugeschnitten. Spezielle Programme können mithilfe von universellen Programmen und zugehörigen Programmierwerkzeugen (bei MS-Office z. B. mit Visual Basic) erstellt werden.

Beispiele für spezielle Programme:
- Messprogramme
- Analyseprogramme
- Lohnbuchhaltung
- Lagerverwaltung
- Adressverwaltung
- etc.

In einem „Expertensystem" sind mehrere zu einem Sachgebiet passende spezielle Programme zusammengefasst und/oder miteinander verknüpft. Zu einem Expertensystem für Signalverarbeitung könnten z. B. gehören:
- ein Programm für die Datenaufnahme
- ein Programm für das Filtern der Daten
- ein Programm für die Signalanalyse

5.3 Software

5.3.5 Programme (Fortsetzung)

Terminal-Emulatoren

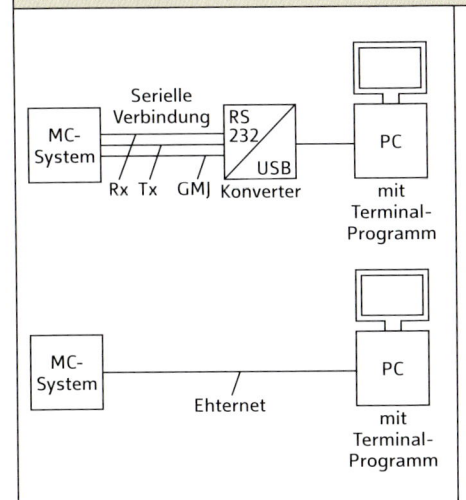

In Wissenschaft und Service erfolgt die Kommunikation mit Mikrocontrollersystemen (µC) oft über eine Terminal-Verbindung. Auf einem Computer wird ein Terminal emuliert (nachgebildet). Über eine serielle Verbindung (Bild links oben) oder über Ethernet (Bild links unten) kann damit der Anwender mit entprechend programmierten Mikrocontroller-Boards kommunizieren. Der Mikrocontroller arbeitet als „Terminal-Server".

Vorteile:
- Außer dem (meist vorhandenen) Terminal-Emulationsprogramm wird keine zusätzliche Software benötigt.
- Es lassen sich unterschiedlichste Hardware-Systeme mit ein und demselben Terminal-Emulator bedienen.
- Eine Hardware kann mit unterschiedlichsten Terminal-Emulatoren unabhängig vom Betriebssystem eingesetzt werden.

Nachteile:
- Die Bedienung ist kommando- bzw. textbasiert – ohne grafische Oberfläche. Sie ist in der Regel nur für Fachpersonal geeignet.
- Bei serieller Übertragung ist die Übertragungsgeschwindigkeit begrenzt.

Terminal-Emulator	Bemerkung	Unterstützte Terminal-Standards/ Protokolle/etc.	Unterstützte Verbindung
HyperACCESS	alle Windows-Betriebssysteme	VT52, VT100 ASCII, Kermit, XMODEM, YMODEM, YMODEM-G, ZMODEM	Seriell (RS232) und Ethernet (TCP/IP)
PuTTy	Open Source; für alle Windows-Systeme ab Windows 95, auch für Linux	VT100+, VT400 Telnet, SSH, IPv6, 3DES, AES, Arcfour, Blowfish, DES	Seriell (RS232) und Ethernet (TCP/IP)
HTerm	Freeware; ab Windows 2000, auch für Linux	ASCII	Seriell (RS232)
Tera Term	Open Source; ab Windows NT	ASCII; VT100 bis VT382, SSH1, SSH2, Telnet, SSL. UTF-8, IPv6	Seriell (RS232) und Ethernet (TCP/IP)

Die Verbindung zwischen Mikrocontroller (µC-)System und Computer erfolgt mit drei Leitungen:
Rx = Receive; Empfangsleitung;   Tx = Transmit; Sendeleitung;   GND = Ground; Masse/Bezug
Da die heutigen Computer meistens nicht mehr über eine serielle Schnittstelle verfügen, ist ein Konverter (USB nach RS232) erforderlich. Dieser ist oftmals schon auf der Mikrocontroller-Platine integriert. Vor dem Verbindungsaufbau muss im Gerätemanager die COM-Port-Nummer gesehen werden.

Bei Kommunikation über Ethernet ist ein Konverter nicht notwendig. Allerdings muss zum Verbindungsaufbau die IP-Nummer im Netzwerk bekannt sein.

Für die Darstellung des Textes auf der Terminal-Emulation sind Steuercode erforderlich. Der Datenstrom enthält darzustellenden Text und Steuerzeichen. Im Terminal wird der Datenstrom abgefangen und nach Steuerzeichen durchsucht. Diese werden dann nicht dargestellt, sondern zur Steuerung des Terminals (Cursor, Textdarstellung, etc.) verwendet.

Terminal Standard	Beschreibung
VT52	weit verbreiteter Standard der Firma DEC, auf ANSI
VT100	weit verbreiteter Standard der Firma DEC, basiert auf ANSI
VT220	weit verbreiteter Standard der Firma DEC, basiert auf ANSI
3270	Terminal der Firma IBM
ANSI	kein reales Terminal; ein Standard für Emulationen

5.3 Software

5.3.6 Programmierung

Steuerzeichen/Escape-Sequenzen

Im Terminalbereich sind die Escapesequenzen weit verbreitet. Sie bestehen aus dem Steuerzeichen Escape und einer Folge von druckbaren Zeichen. Die gesamte Zeichenfolge wird dann als Befehl interpretiert.
In der Programmiersprache C sind Escape-Sequenzen ein Teil des Ausführungszeichensatzes. Diese sind gemäß ANSI C standardisiert. In C wird eine Escape-Sequenz mit dem Backslash \ eingeleitet.

Dez	Hex	Ctrl	C	ISO	Beschreibung
0	00	^@	\0	NUL	null – Zeichen ohne Informationsinhalt. In C markiert es das Ende einer Zeichenkette.
1	01	^A	\x01	SOH	start of heading – Beginn der Kopfzeile.
2	02	^B	\x02	STX	start of text – Beginn der Nachricht.
3	03	^	\x03	ETX	end fo text – Ende der Nachricht.
4	04	^D	\x04	EOT	end of transmission – Ende der gesamten Übertragung.
5	05	^E	\x05	ENQ	enquire – Anfrage.
6	06	^F	\x06	ACK	acknowledge – Empfangsbestätigung.
7	07	^G	\a	BEL	bell – akustisches Warnsignal.
8	08	^H	\b	BS	backspace – setzt den Cursor um eine Position nach links.
9	09	^I	\t	HT	horizontal tab – Zeilenvorschub zur nächsten horizontalen Tabulatorposition.
10	0A	^J	\n	LF	newline – Cursor geht zur nächsten Zeile.
11	0B	^K	\v	VT	vertical tab – Cursor springt zur nächsten vertikalen Tabulatorposition.
12	0C	^L	\f	FF	formfeed – ein Seitenvorschub wird ausgelöst.
13	0D	^M	\r	CR	carriage return – Cursor springt zum Anfang der aktuellen Zeile.
14	0E	^N	\x0E	SO	shift out – Umschaltung auf besondere Darstellung (z.B. Fettschrift).
15	0F	^O	\x0F	SI	shift in – Rückschaltung auf normale Darstellung.
16	10	^P	\x10	DLE	data link escape – Umschaltung auf eine andere Zeichenbedeutung.
17	11	^Q	\x11	DC1	device control 1 – Gerätekontrollzeichen 1.
18	12	^R	\x12	DC2	device control 2 – Gerätekontrollzeichen 2.
19	13	^S	\x13	DC3	device control 3 – Gerätekontrollzeichen 3.
21	15	^U	\x15	NAK	negative acknowledge – Negative Antwort auf eine Anfrage.
22	16	^V	\x16	SYN	synchronous idle – Synchronisierungssignal.
23	17	^W	\x17	ETB	end of transmission block – Ende des Übertragungsblockes.
24	18	^X	\x18	CAN	cancel – Abbruch.
25	19	^Y	\x19	EM	end of medium – physikalisches oder logisches Ende des Speichermediums.
26	1A	^Z	\x1A	SUB	substitute – Ersatz für ein ungültiges oder fehlerhaftes Zeichen.
27	1B	^[	\x1B	ESC	escape – leitet eine Escape-Sequenz ein. Folgenden Zeichen sind dann Steuerzeichen.
28	1C	^\	\x1C	FS	file separator – Dateitrenner.
29	1D	^]	\x1D	GS	group separator – Gruppentrenner.
30	1E	^^	\x1E	RS	record separator – Datensatztrenner.
31	1F	^_	\x1F	US	unit separator – Einheitentrenner.
34	22		\"		Es werden Anführungsstriche " ausgegeben.
39	27		\'		Es wird ein Hochkomme ausgegeben.
63	3F		\?		Es wird ein Fragezeichen ? ausgegeben.
92	5C		\\		Der Backslash \ wird ausgegeben.
127	7F		\x7F	DEL	delete – Zeichen löschen.

5.3 Software

5.3.6 Programmierung (Fortsetzung) ↑4-24

Sinnbilder für Programmablaufpläne und Struktogramme

Sinn	Ablaufplan	Struktogramm
Folge von Verarbeitungen — Folge mehrerer Aufgabenbeschreibungen, aufeinanderfolgende Anweisungen, Unterprogramme	Verarbeitung 1 → Verarbeitung 2 → Verarbeitung 3	Verarbeitung 1 / Verarbeitung 2 / Verarbeitung 3
Kopfgesteuerte Schleife — Solange die Bedingung nicht erfüllt ist („nein"), wird die Verarbeitung wiederholt. Ist die Bedingung bereits bei der ersten Abfrage erfüllt, erfolgt keine Verarbeitung.	Bedingung (ja → Ende / nein → Verarbeitung → zurück)	Bedingung / Verarbeitung
Fußgesteuerte Schleife — Solange die Bedingung nicht erfüllt ist („nein"), wird die Verarbeitung wiederholt. Unabhängig davon, ob die Bedingung erfüllt ist oder nicht, erfolgt die Verarbeitung mindestens einmal.	Verarbeitung → Bedingung (nein → zurück / ja → Ende)	Verarbeitung / Bedingung
Verzweigung bedingte Verarbeitung — Die Verarbeitung erfolgt nur, wenn die Bedingung erfüllt ist.	Bedingung (nein → Ende / ja → Verarbeitung)	Bedingung (ja / nein) / Verarbeitung
Verzweigung, einfache Alternative — Die Verarbeitung erfolgt abhängig vom Ergebnis der Abfrage (ja/nein) mit der Verarbeitung 1 oder der Verarbeitung 2.	Bedingung (ja → Verarbeitung 1 / nein → Verarbeitung 2)	Bedingung (ja / nein) / Verarbeitung 1 | Verarbeitung 2
Verzweigung, mehrfache Alternative — Auswahl aus mehreren Vorgaben (z. B. aus einem Menü)	Bedingung → Fall 1: Verarbeitung 1 … Fall n−1: Verarbeitung n−1, Fall n: Verarbeitung n	Bedingung / Fall 1 … n−1 Fall n / Verarbeitung 1 … Verarbeitung n−1 Verarbeitung n

5-31

5.3 Software

5.3.6 Programmierung (Fortsetzung)

↑ 4-24

Programmiersprachen

Konventionelle Programmiersprachen

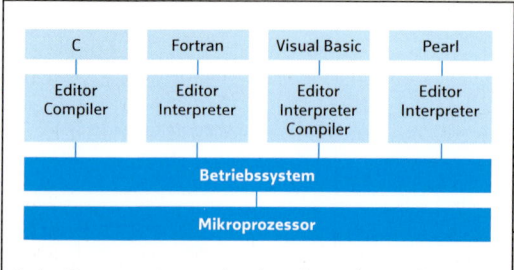

```
   C        Fortran    Visual Basic    Pearl
 Editor     Editor       Editor       Editor
Compiler  Interpreter  Interpreter  Interpreter
                       Compiler
─────────────────────────────────────────────
              Betriebssystem
─────────────────────────────────────────────
              Mikroprozessor
```

Jede Programmiersprache hat ihre eigene Programmierumgebung, bestehend aus Editor und Interpreter/Compiler sowie ihre eigene Laufzeitumgebung. Jede Programmiersprache hat darüberhinaus ihre eigenen Funktions- bzw. Klassenbibliotheken.

C	Prozedurale Sprache für systemnahe (hardwarenahe) Programmierung. Kompakte Syntax, kompakter Code, entstand bei der Entwicklung von UNIX. C ist sehr verbreitet.
C++	Prozedurale, objektorientierte Sprache für systemnahe Programmierung. Objektorientierte Obermenge von C. Weit verbreitet.
Fortran Formula Translation	Prozedurale Sprache für mathematisch-technische Problemstellungen. Erste problemorientierte Sprache. Weiterentwicklungen: Fortran 77, Fortran 90.
Visual Basic Beginners All Purpose Symbolic Instruction Code	Prozedurale, objektorientierte Sprache für allgemeine Anwendungen. Leicht lesbarer Code.
Pearl Process and Experiment Automation Realtime Language	Prozedurale Sprache für Automatisierungstechnik. Weiterentwicklung der Programmiersprache Pascal mit Echtzeit-Konzepten.

.NET-Programmiersprachen (gesprochen: Dot-Net)

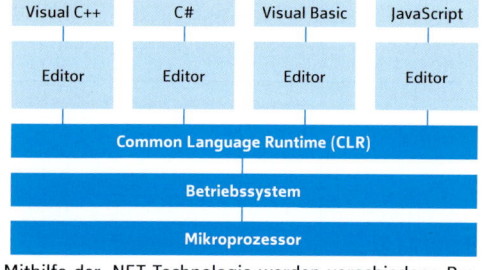

```
 Visual C++     C#      Visual Basic   JavaScript
   Editor     Editor      Editor         Editor
─────────────────────────────────────────────────
          Common Language Runtime (CLR)
─────────────────────────────────────────────────
                 Betriebssystem
─────────────────────────────────────────────────
                 Mikroprozessor
```

Mithilfe der .NET-Technologie werden verschiedene Programmiersprachen vereinheitlicht. Die einzelnen Sprachen nutzen die gleichen Funktionen und Klassenbibliotheken und unterscheiden sich somit nur noch durch ihre Syntax.
Das .NET Framework ist ein Add-on für die Betriebssysteme Windows 98, Windows ME, Windows NT 4.0, Windows 2000 und Windows XP. Ab Windows Server 2003 gehört das .NET Framework zum Standardinstallationsumfang bei Windows. Es gibt auch Varianten für andere Betriebssysteme.
Das .NET Framework ermöglicht damit die Zusammenarbeit unterschiedlicher Sprachen. Ein Aufruf von einem Programmcode, der in einer anderen Sprache geschrieben wurde, ist möglich. Ebenso ist eine Vererbung von Klassen möglich, die in einer anderen Sprache entwickelt wurden.
Basis für diese Sprachintegration ist die CLR (Common Language Runtime) und die Common Language Specification (CLS). Die CLS ist ein Regelwerk für Compiler, das festlegt, wie die Umsetzung von sprachspezifischen Konzepten erfolgen muss. Kern der CLS ist das Common Type System (CTS), das ein einheitliches System von Datentypen definiert.

Visual C++	Prozedurale, objektorientierte Sprache für systemnahe (hardwarenahe) Programmierung. Kompakte Syntax, kompakter Code.
C# (lies: C sharp)	Prozedurale, objektorientierte Sprache des Softwareherstellers Microsoft, die im Rahmen der .NET-Strategie entwickelt wurde. C# unterstützt sowohl die Entwicklung von sprachunabhängigen .NET-Komponenten als auch COM-Komponenten für den Gebrauch mit Win32-Applikationen.
Visual Basic.NET Beginners All Purpose Symbolic Instruction Code	Prozedurale, objektorientierte Sprache für allgemeine Anwendungen. Ein Vorteil von Visual Basic ist der leicht lesbare Code, der nur wenig kommentiert werden muss. Visual Basic unterstützt sowohl die Entwicklung von sprachunabhängigen .NET-Komponenten als auch COM-Komponenten für den Gebrauch mit Win32-Applikationen.
Java	Objektorientierte Programmiersprache. Plattformunabhängig. Die Syntax ist vergleichbar mit der von C++.
JavaScript	Skriptsprache, die hauptsächlich für Web-Programmierung eingesetzt wird. Es handelt sich hierbei um eine clientseitige Programmiersprache, d.h., die Programmausführung läuft im Browser ab. Damit ist die Sprache plattformunabhängig.

6 Bauelemente der Elektrotechnik

6.1 Übersicht

		Seite
6.2	**Kennzeichnung von Bauelementen**	6-2
6.3	**Widerstände**	6-4
6.3.1	Festwiderstände	6-4
6.3.2	Variable Widerstände	6-6
6.4	**Überspannungsableiter**	6-10
6.4.1	Überspannungsschutzmodule für den Mittelschutz	6-10
6.4.2	Überspannungsableiter für den Feinschutz	6-10
6.5	**Festinduktivitäten**	6-11
6.5.1	Kennzeichnung bei Induktivitäten	6-11
6.5.2	Stabkerndrosseln	6-11
6.5.3	Ringkerndrosseln	6-11
6.5.4	Luftspulen	6-11
6.5.5	Stromkompensierte Drosseln/Gleichtaktdrosseln	6-12
6.5.6	Speicherdrosseln	6-12
6.5.7	Schalenkernspulen	6-12
6.6	**Kondensatoren**	6-13
6.6.1	Nennwerte von Kondensatoren	6-13
6.6.2	Motorkondensatoren	6-15
6.6.3	Gerätekondensatoren	6-15
6.6.4	Elektrolytkondensatoren	6-15
6.6.5	Rechteckige SMD-Kondensatoren	6-16
6.7	**Kleintransformatoren**	6-17
6.7.1	Berechnung eines Netztransformators	6-17
6.7.2	Transformatorkern	6-18
6.7.3	Spulenkörper	6-20
6.8	**Feinsicherungen**	6-21
6.8.1	Reversible Bauart	6-21
6.8.2	Irreversible Bauart	6-22
6.9	**Galvanische Elemente**	6-23
6.9.1	Gängige Baugrößen	6-23
6.9.2	Primärelemente (Batterien)	6-24
6.9.3	Sekundärelemente (Akkumulatoren)	6-26
6.10	**Relais**	6-31
6.11	**Gedruckte Schaltungen**	6-33
6.11.1	Gestaltung und Anwendung von Leiterplatten	6-33
6.11.2	Elektrische Eigenschaften von Leiterplatten	6-34
6.12	**Gehäuse und Baugruppenträger**	6-35

6-1

6.2 Kennzeichnung von Bauelementen

Kurzschreibweise von Datumsangaben für Kondensatoren und Widerstände
DIN EN 60062: 2017-06

Kurzschreibweise für die Jahresangabe[1]								Kurzschreibweise für die Monatsangabe					
1990	A	1994	E	1998	K	2002	P	2006	U	Januar	1	Mai	5	September	9
1991	B	1995	F	1999	L	2003	R	2007	V	Februar	2	Juni	6	Oktober	0
1992	C	1996	G	2000	M	2004	S	2008	W	März	3	Juli	7	November	N
1993	D	1997	H	2001	N	2005	T	2009	X	April	4	August	8	Dezember	D

Beispiel: U3 entspricht März 2006

Reihen für die Nennwerte von Widerständen und Kondensatoren
DIN IEC 60063: 2015-11

Vorzugswerte				Vorzugswerte mit kleiner zulässiger Abweichung							
E3	E6	E12	E24	E48	E96	E48	E96	E48	E96	E48	E96
zulässige Abweichung				zulässige Abweichung							
über 20%	±20%	±10%	±5%	±2%	±1%	±2%	±1%	±2%	±1%	±2%	±1%
1,0	1,0	1,0	1,0	100	100	178	178	316	316	562	562
			1,1		102		182		324		576
		1,2	1,2	105	105	187	187	332	332	590	590
			1,3		107		191		340		604
	1,5	1,5	1,5	110	110	196	196	348	348	619	619
			1,6		113		200		357		634
		1,8	1,8	115	115	205	205	365	365	649	649
			2,0		118		210		374		665
2,2	2,2	2,2	2,2	121	121	215	215	383	383	681	681
			2,4		124		221		392		698
		2,7	2,7	127	127	226	226	402	402	715	715
			3,0		130		232		412		732
	3,3	3,3	3,3	133	133	237	237	422	422	750	750
			3,6		137		243		432		768
		3,9	3,9	140	140	249	249	442	442	787	787
			4,3		143		255		453		806
4,7	4,7	4,7	4,7	147	147	261	261	464	464	825	825
			5,1		150		267		475		845
		5,6	5,6	154	154	274	274	487	487	866	866
			6,2		158		280		499		887
	6,8	6,8	6,8	162	162	287	287	511	511	909	909
			7,5		165		294		523		931
		8,2	8,2	169	169	301	301	536	536	953	953
			9,1		174		309		549		976

Normzahlen und Normzahlen-Hauptwerte-Reihen
DIN 323-1: 1974-08

R5	R10	R20	R5	R10	R20	R5	R10	R20	R5	R10	R20	R5	R10	R20
1,00	1,00	1,00		1,60	1,60	2,50	2,50	2,50	4,00	4,00	4,00	6,30	6,30	6,30
		1,12			1,80			2,80			4,50			7,10
	1,25	1,25		2,00	2,00		3,15	3,15		5,00	5,00		8,00	8,00
		1,40			2,24			3,55			5,60			9,00

[1] Die Kurzzeichen wiederholen sich in einem 20-jährigen Zyklus.

6.2 Kennzeichnung von Bauelementen

Farbkennzeichnung von Widerständen
DIN EN 60062: 2017-06

Die Widerstandswerte und die Toleranz von Widerständen werden durch Farbkennzeichnungen dargestellt. Die Kennzeichnung erfolgt durch umlaufende Farbringe auf dem Widerstandskörper, aber auch durch Punkte oder Striche. Der erste Ring liegt näher an dem einen Ende des Widerstandes als der letzte Ring am anderen Ende. Eine Farbkennzeichnung des Temperaturkoeffizienten erfolgt nur, wenn der Widerstandswert (3 Ziffern) und die Toleranz gekennzeichnet sind.

Als Ziffern gibt man in Farbkennzeichnungen in der Regel die Werte einer E-Reihe an.

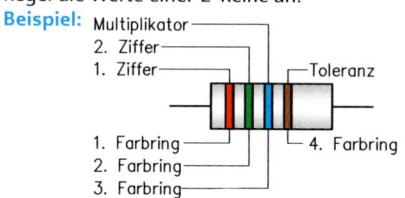

Beispiel:
- 1. Farbring
- 2. Farbring
- 3. Farbring
- 4. Farbring
- 1. Ziffer, 2. Ziffer, Multiplikator, Toleranz

Farbe	Widerstandswert in Ω			Temperatur-koeffizient (10^{-6}/°C)
	Zählende Ziffern	Multiplikator	Toleranz in %	
Schwarz	0	10^0	–	±250
Braun	1	10^1	±1	±100
Rot	2	10^2	±2	±50
Orange	3	10^3	–	±15
Gelb	4	10^4	–	±25
Grün	5	10^5	±0,5	±20
Blau	6	10^6	±0,25	±10
Violett	7	10^7	±0,1	±5
Grau	8	10^8	–	±1
Weiß	9	10^9	–	–
Gold	–	10^{-1}	±5	–
Silber	–	10^{-2}	±10	–
farblos	–	–	±20	–

Buchstaben- und Ziffernkennzeichnung für Kapazitäts- und Widerstandswerte
DIN EN 60062: 2017-06

Kondensatoren		Widerstände	
Kennbuchstabe	Multiplikator	Kennbuchstabe	Multiplikator
p	10^{-12} Pico	R	10^0 –
n	10^{-9} Nano	K	10^3 Kilo
µ	10^{-6} Mikro	M	10^6 Mega
m	10^{-3} Milli	G	10^9 Giga
F	10^0 –	T	10^{12} Tera

Kennzeichnung von zweiziffrigen Werten

Kondensatoren		Widerstände	
Kapazitätswert	Kennzeichnung	Widerstandswert	Kennzeichnung
0,39 pF	p 39	0,39 Ω	R 39
3,9 pF	3 p 9	3,9 Ω	3 R 9
39 pF	39 p	39 Ω	39 R
390 pF	390 p	390 Ω	390 R
0,39 nF	n 39	0,39 kΩ	K 39
3,9 nF	3 n 9	3,9 kΩ	3 K 9
39 nF	39 n	39 kΩ	39 K
390 nF	390 n	390 kΩ	390 K
0,39 µF	µ 39	0,39 MΩ	M 39
3,9 µF	3 µ 9	3,9 MΩ	3 M 9
39 µF	39 µ	39 MΩ	39 M
390 µF	390 µ	390 MΩ	390 M
390 µF	m 39	0,39 GΩ	G 39
3 900 µF	3 m 9	3,9 GΩ	3 G 9
39 000 µF	39 m	39 GΩ	39 G
390 000 µF	390 m	390 GΩ	390 G

Kennzeichnung von dreiziffrigen Werten

Kondensatoren		Widerstände	
Kapazitätswert	Kennzeichnung	Widerstandswert	Kennzeichnung
3,96 pF	3 p 96	3,96 Ω	3 R 96
39,6 pF	39 p 6	39,6 Ω	39 R 6
396 pF	396 p	396 Ω	396 R

Zulässige Abweichungen

Die zulässigen Abweichungen in % (bzw. in pF für Kapazitätswerte < 10 pF) werden durch große Buchstaben angegeben.

Buchstabe	Zul. Abw.	Buchstabe	Zul. Abw.	Buchstabe	Zul. Abw.
E	±0,005	G	± 2	Q	+30
L	±0,01	J	± 5		–10
P	±0,02	K	±10	T	+50
W	±0,05	M	±20		–10
B	±0,1	N	±30	S	+50
C	±0,25				–20
D	±0,5			Z	+80
F	±1				–20

Beispiele:
- 6 p 8 D ≙ 6,8 pF ± 0,5 pF
- 27 pF ≙ 27 pF ± 1 %
- 8 R 2 K ≙ 8,2 Ω ± 10 %
- 96 R 7 G ≙ 96,7 Ω ± 2 %

6.3 Widerstände

6.3.1 Festwiderstände

Schichtwiderstände DIN EN 140100: 2008-08

Schichtmaterial	Kohle			Kohle-gemisch	Metall		Metalloxid	Metall-glasur
Anforderungen	Allgemein	Erhöht	Erhöht	Allgemein	Erhöht	Erhöht	Erhöht	Erhöht
DIN (alt)	44051	44052	44055	44054	44061		44063	44064
Anwendungsklasse	FKF (FHF)	FKF	FKF	FKF	EKF		FHF, FZF	FHF
Widerstandswertereihe ↑	E 24	E 24	E 24	E 24	E 24 E 96		E 24	E 24 E 48
Widerstandsabweichung bei Anlieferung	±2% ±5%	±2% ±5%	±1% ±2%	± 2% ±10%	±0,5% ±1% ±2%		±2% ±5%	±0,5% ±1% ±2%
Temperaturkoeffizient ↑ in 10^{-6}/K (zwischen 20°C und 70°C)	−150 bis −1 500			±1 300	$B^{1)}$: 0±100 C: 0±50 D: 0±25 E: 0±15		±250	$B^{1)}$: 0 ±100 C: 0 ±50
ΔR_{zul} nach 1000 h Dauerprüfung bei P_{70}	≤±(5% · R +0,1 Ω) bis 1 MΩ $^{+10\%}_{-5} \cdot R$ über 1 MΩ	≤±(2% · R +0,05 Ω) bis 1 MΩ $^{+4\%}_{-2} \cdot R$ über 1 MΩ	≤±(1% · R +0,05 Ω) bis 1 MΩ $^{+2\%}_{-1} \cdot R$ über 1 MΩ	≤$(^{+2}_{-9}\% \cdot R$ +0,1 Ω)	≤$(^{+1}_{-0,5}\% \cdot R$ +0,05 Ω)		≤±(2% · R +0,1 Ω)	≤±(1% · R +0,1 Ω)
ΔR_{zul} nach 8000 h Dauerprüfung bei P_{70}	≤$(^{+10\%}_{-5} \cdot R$ +0,1 Ω) bis 1 MΩ $^{+20\%}_{-5} \cdot R$ über 1 MΩ	≤$(^{+4\%}_{-2} \cdot R$ +0,05 Ω) bis 1 MΩ $^{+8\%}_{-2} \cdot R$ über 1 MΩ	≤$(^{+2\%}_{-1} \cdot R$ +0,05 Ω) bis 1 MΩ $^{+4\%}_{-1} \cdot R$ über 1 MΩ	≤$(^{+4}_{-15}\% \cdot R$ +0,1 Ω)	≤$(^{+2}_{-0,5}\% \cdot R$ +0,05 Ω)		≤$(^{+4\%}_{-3} \cdot R$ +0,1 Ω)	≤±(2% · R +0,1 Ω)

Baugröße	Belast-barkeit W	Höchste Dauer-spannung[2] V	Zul. Spannung gegen Umgebung[3] V	Wärme-widerstand K/W	Baugröße	Belast-barkeit W	Höchste Dauer-spannung[2] V	Zul. Spannung gegen Umgebung[3] V	Wärme-widerstand ↑ K/W
Kohleschichtwiderstände			DIN 44051: 1983-09[4]		**Kohlegemischschichtwiderstände**			DIN 44054: 1983-09[4]	
AC (0204)	0,21	200	210	400	AC (0207)	0,27	250	500	205
CC (0207)	0,34	250	210	250	BC (0309)	0,32	250	750	170
DC (0309)	0,4	300	210	210	CC (0411)	0,45	350	750	120
EC (0411)	0,53	350	250	160	DC (0615)	1,0	500	1000	85
FC (0414)	0,57	350	250	150	**Metallschichtwiderstände**			DIN 44061: 1983-09[4]	
HC (0617)	0,71	500	250	120	$A^{4)}$ (0204)	0,21	200	210	400
KC (0922)	1,13	750	250	75	$C^{4)}$ (0207)	0,34	250	210	250
LC (0933)	1,31	750	250	65	$D^{4)}$ (0309)	0,4	300	210	210
Kohleschichtwiderstände			DIN 44052: 1983-09[4]		$E^{4)}$ (0411)	0,53	350	250	160
AC (0204)	0,14	150	210	400	$F^{4)}$ (0414)	0,57	350	250	150
CC (0207)	0,22	150	210	250	$H^{4)}$ (0617)	0,71	350	250	120
DC (0309)	0,26	150	210	210	**Metalloxidschichtwiderstände**			DIN 44063: 1983-09[4]	
EC (0411)	0,34	250	250	160	CV (0411)	0,66	350	400	160[5]
FC (0414)	0,37	250	250	150	NV (0414)	0,66	350	400	160[5]
HC (0617)	0,45	350	250	120	DV (0617)	1,0	500	400	105[5]
KC (0922)	0,73	500	250	75	EV (0922)	2,5	500	400	70[5]
LC (0933)	0,85	750	250	65	FV (0933)	3,0	600	400	60[5]
Kohleschichtwiderstände			DIN 44055: 1983-09[4]		**Metallglasurwiderstände**			DIN 44064: 1983-09[4]	
CC (0207)	0,22	150	210	250	$A^{4)}$ (0207)	0,5	350	500	170
DC (0309)	0,26	150	210	210	$B^{4)}$ (0309)	0,65	350	750	130
EC (0411)	0,34	250	250	160	$C^{4)}$ (0617)	1,0	500	750	85
HC (0617)	0,45	350	250	120					

[1] Diese Buchstaben sind der 2. Kennbuchstabe der Baugrößenbezeichnung. [2] Gleichspannung oder eff. Wechselspannung. [3] Gleichspannung oder Scheitelwert der Wechselspannung, Prüfspannung 1 min. [4] Norm wurde zurückgezogen. Wegen der Bedeutung für die Praxis wird sie hier aufgeführt. [5] 2. Kennb. zur Kennz. des Temperaturkoeff. [6] Gilt für $\vartheta_0 = 175$ °C. Bei $\vartheta_0 = 220$ °C gilt für Baugröße EV 65 K/W und für Baugröße FV 50 K/W.

6.3 Widerstände

SMD-Widerstände

Baugröße	Belast-barkeit (bei 70 °C) in W	Zul. max. Dauer-spannung[1] in V	Zul. Span-nung gegen Um-gebung[2] in V	Maße in mm L min.	L max.	W min.	W max.	H min.	H max.	T	t
Widerstände der Stabilitätsklasse 1									DIN EN 140401–802: 2017-09		
RR 0805[3]	0,063	100	200	1,8	2,2	1,05	1,4	0,5	0,7	≤ 0,6	0,1 bis 0,6
RR 1206[3]	0,125	200	300	3,0	3,4	1,40	1,8	0,5	0,7	≤ 0,75	0,2 bis 0,7
Widerstände der Stabilitätsklasse 2									DIN EN 140401–802: 2017-09		
RR 0603[3]	0,0625	50	100	1,5	1,7	0,75	0,95	0,35	0,55	≤ 0,5	0,1 bis 0,5
RR 0805[3]	0,125	100	200	1,8	2,2	1,05	1,4	0,5	0,7	≤ 0,6	0,1 bis 0,6
RR 1206[3]	0,25	200	300	3,0	3,4	1,40	1,8	0,5	0,7	≤ 0,75	0,1 bis 0,7

Temperaturkoeffizienz ↑ der Widerstandswerte

3. Kenn-buchstabe der Bau-größenbe-zeichnung	Tempera-turkoeffi-zienten-bereich $10^{-6}/K$	Zul. relative Änderung in % des Widerstandswertes im Temperatur-bereich 20 bis 70 °C	20 bis 125 °C	20 bis −55 °C
A	0±200	±1,0	±2,10	±1,50
B	0±100	±0,5	±1,05	±0,75
C	0±50	±0,25	±0,525	±0,375

Die Widerstandswerte entsprechen den Reihen E24 und E96.

SMD-Chip-Widerstand (SMD: Surface Mounted Device)

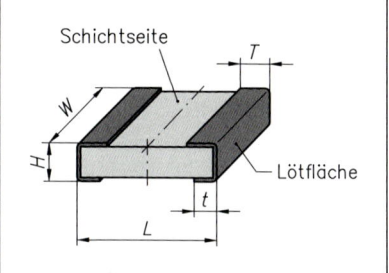

↑ 3-5

Zylindrische Widerstände mit Metallschicht

DIN EN 140401–803: 2017-09

Baugröße		Belast-barkeit (bei 70 °C) in W	Zul. max. Dauer-spannung[1] in V	Zul. Span-nung gegen Um-gebung[2] in V	Maße in mm L min.	L max.	D min.	D max.	t_1 max.	t_2 max.	l[4] min.	l[4] max.
RC 2211[3]	(0102)	0,20	100	150	1,9	2,2	1,0	1,1	0,05	0,05	0,35	0,45
RC 3715[3]	(0204)	0,25	200	300	3,3	3,7	1,2	1,5	0,1	0,05	0,5	0,9
RC 6123[3]	(0207)	0,40	250	350	5,2	6,1	1,9	2,3	0,2	0,05	0,8	1,4

Temperaturkoeffizienz der Widerstandswerte

3. Kennbuch-stabe der Baugrößen-bezeichnung	Tempera-turkoeffi-zientenbe-reich $10^{-6}/K$	Zul. relative Änderung in % des Wider-standswertes im Temperaturbereich 20 bis 70 °C	20 bis 125 °C	20 bis −55 °C
B	0±100	±0,5	±1,05	±0,75
C	0±50	±0,25	±0,525	±0,375
D	0±25	±0,125	±0,26	±0,188
E	0±15	±0,075	±0,158	±0,113

Die Widerstandswerte entsprechen der Reihe E96.

SMD-MELF-Widerstand (MELF: Metal Electrode Face Bonding)

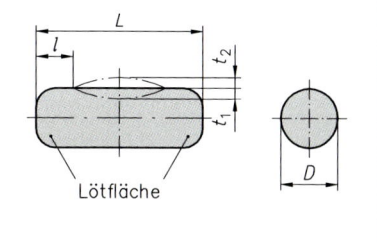

[1] Gleichspannung oder Effektivwert der Wechselspannung.   [2] Gleichspannung oder Scheitelwert der Wechselspannung.
[3] Hier steht der 3. Kennbuchstabe der Baugrößenbezeichnung zur Kennzeichnung des Temperaturkoeffizienten.   [4] Lötbarer Bereich.

6.3 Widerstände

6.3.2 Variable Widerstände

Drehwiderstände/Potenziometer   DIN EN 60393: 2010/2016

Widerstandskurvenform

R_g Widerstand

Drehwinkel

R_g Gesamt-Widerstandswert (Istwert)
ϕ_a Elektrisch unwirksamer Einstellweg bei a
ϕ_c Elektrisch unwirksamer Einstellweg bei c
Φ_E Elektrisch wirksamer Einstellweg
Φ_N Gesamter mechanischer Einstellweg

Bezeichnung der Anschlüsse
DIN EN 60393: 2010/2016

a	Endanschluss; liegt elektrisch dem Schleifkontakt am nächsten, wenn die Welle (Blickrichtung auf die Welle) bis zum Anschlag gegen den Uhrzeigersinn gedreht ist
b	Anschluss des Schleifkontaktes
c	anderer Endanschluss

Statt a, b und c können auch die Zahlen 1, 2 und 3 oder die Farben gelb, rot und grün verwendet werden.

Gesamter mechanischer Einstellbereich
Elektrisch wirksamer Einstellbereich
a b c
Endanschläge
Elektrisch unwirksamer Einstellbereich

Nummer	Kurvenform	
1	Linear	lin
2	Steigend exponentiell ↑	+ e
3	Fallend exponentiell	– e
4	Gehoben steigend exponentiell ↑	+ lg
5	Gehoben fallend exponentiell ↑	– lg
6	S-förmig	S
7	Ansteigend mit zwei linearen Teilstrecken	
8	Fallend mit zwei linearen Teilstrecke	N

Weitere Kurvenformen (11, 12, 13, 41, 51, 61, 91, 92, 93) siehe **DIN EN 60393-5**: 2016-12

1-11 ↑ (Nummer 2)
1-11 ↑ (Nummer 3)
1-11 ↑ (Nummer 4)
1-11 ↑ (Nummer 5)

Niedrig belastbare 1-Gang-Drehpotenziometer
DIN EN 60393-5: 2011-02[1)]

Die **Nennwiderstandswerte** sind den E-Reihen zu entnehmen. **Zulässige Abweichungen** vom Nennwiderstandswert sind für nicht drahtgewickelte Widerstände ± 30 %, ± 20 %, ± 10 % und ± 5 % sowie für drahtgewickelte ± 10 % und ± 5 %. ↑

Nennbelastbarkeit in W (bei 70 °C)

Nicht drahtgewickelt	0,063	0,125	0,25	0,5	0,75
	1	2	3	4	5
Drahtgewickelt	0,5	0,75	1,0	1,6	2,5
	3,0	4,0	6,3	10	

Höchste zul. Dauerspannungseffektivwerte in V

Nicht drahtgewickelt	100	150	200	250	350	500
	750	1 000				
Drahtgewickelt	160	200	315	400	500	
	630	1 000				

6.3 Widerstände

Thermistoren

Heißleiter, NTC (Negative Temperature Coefficient) ↑ 8-18

Schaltzeichen		
$R_1 = R_2 \cdot e^{B\left(\frac{1}{T_1} - \frac{1}{T_2}\right)}$ $R_1 = R_2 \cdot e^{\alpha R \cdot \Delta T \cdot \frac{T_2}{T_1}}$ $\alpha_R = \frac{-B}{T^2}$	R_1 Heißleiterwiderstand bei der Temperatur T_1 in K R_2 Heißleiterwiderstand bei der Bezugstemp. T_2 in K e natürliche Zahl = 2,718 B Materialkonstante in K α_R Temperaturkoeffizient in 1/K 0°C ≙ 273,15 K	Heißleiter sind elektrische Widerstände mit hohen negativen Temperaturkoeffizienten α_R. Während der Widerstand reiner Metalle mit steigender Temperatur um etwa 0,4 % je °C zunimmt, nimmt der des Heiß-leiters stark ab (der Heißleiter leitet im heißen Zustand besser). Der Temperaturkoeffizient der verschiedenen Heißleitertypen beträgt bei Zimmertemperatur – 2 % K^{-1} bis – 6 % K^{-1}. Die Temperaturabhängigkeit von Heißleitern kann mit einer eulerschen Funktion beschrieben werden. Maßgebend für den Kennlinienverlauf ist die Materialkonstante B. Dieser Wert lässt sich aus der Messung der Widerstandswerte R_1 (bei der Temperatur T_1) und R_2 (bei der Temperatur T_2) bestimmen (siehe links).

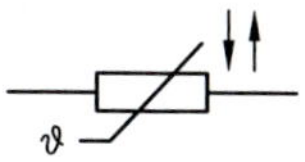

Betrieb ohne Eigenerwärmung

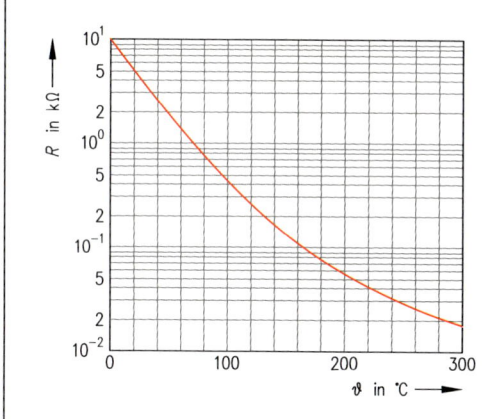

Solange ein Heißleiter, im Vergleich zu seinen Grenzdaten, elektrisch nur schwach belastet wird, ist seine Temperatur etwa gleich der Umgebungstemperatur. Man kann dann anhand der Kennlinie den Widerstandswert $R = f(\vartheta)$ bestimmen bzw. umgekehrt durch Messung des Widerstandes R die Temperatur $\vartheta = f(R)$ ermitteln.

In dieser Betriebsart wird der Heißleiter für Mess- und Regelzwecke (Temperaturmessung und -regelung) und zur Arbeitspunktstabilisierung eingesetzt.

Betrieb mit Eigenerwärmung

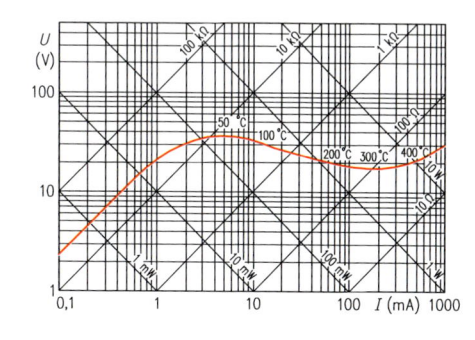

Wird die elektrische Leistung durch Erhöhung des Heißleiterstromes gesteigert, so steigt die Spannung proportional zum Strom an und der Heißleiter erwärmt sich. Damit sinkt sein Widerstand und die an ihm liegende Spannung ab, bis die zugeführte elektrische Leistung gleich der an die Umgebung abgegebenen Wärmeleistung ist („stationärer Zustand").

In dieser Betriebsart wird der Heißleiter z. B. zur Erzielung eines zeitlich definierten Stromanstieges oder zur Anzug-/Abfallverzögerung von Relais eingesetzt.

Kennlinie $U = f(I)$ eines Heißleiters

6.3 Widerstände

Thermistoren (Fortsetzung)

Kaltleiter, PTC (Positive Temperature Coefficient)

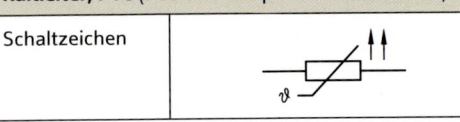

Schaltzeichen	

Kaltleiter sind elektrische Widerstände, die in einem bestimmten Temperaturbereich einen hohen positiven Temperaturkoeffizient α_R aufweisen. Er kann je nach Typ etwa 6 %/K bis 60 %/K betragen.

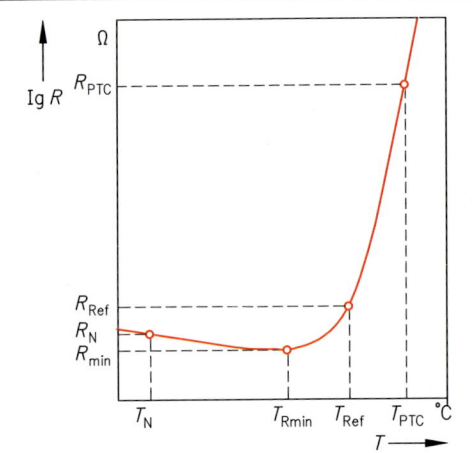

Die Kennlinie lässt sich in drei Bereiche unterteilen. Bei niedriger Temperatur hat jeder Kaltleiter einen Bereich mit einem kleinen negativen Temperaturkoeffizienten. Er verhält sich wie ein Heißleiter. Nach Erreichen der Anfangstemperatur T_{Rmin} geht der bisher negative Temperaturkoeffizient in einen positiven über. Der Wert des Kaltwiderstandes bei der Anfangstemperatur T_{Rmin} wird mit Anfangswiderstand R_{min} bezeichnet. Es ist der kleinste Widerstandswert, den der Kaltleiter annehmen kann. Nach höheren Temperaturen hin wird der Arbeitsbereich durch die Endtemperatur T_{PTC} mit dem Endwiderstand R_{PTC} begrenzt.

Im Bereich zwischen R_{Ref} und R_{PTC} kann der Temperaturbeiwert α als annähernd konstant angenommen werden.

Betrieb ohne Eigenerwärmung

Beispiel:
Temperaturmessung mithilfe eines Kaltleiters

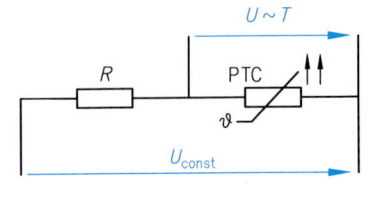

Soll bei der Anwendung des Kaltleiters die Umgebungstemperatur bestimmend für den Widerstand sein, z. B. bei der Temperaturmessung und -regelung, so darf keine wesentliche Eigenerwärmung auftreten. Ein PTC-Widerstand arbeitet dann als sehr empfindlicher Temperaturfühler.
Zur Vermeidung von Eigenerwärmung begrenzt man die Spannung am PTC (typ. <2 V).

Betrieb mit Eigenerwärmung

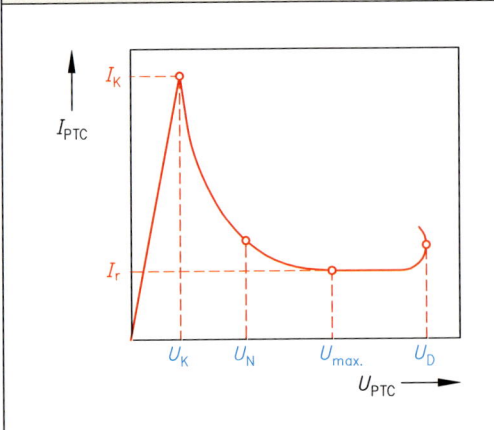

Mit Eigenerwärmung kann der Kaltleiter als Zeitglied, Überlastschutz oder Stromstabilisator eingesetzt werden.
Das Verhalten mit Eigenerwärmung zeigt die Kennlinie $I_{PTC} = f(U_{PTC})$. Bis zum Punkt (U_K/I_K) erfolgt die Widerstandsänderung durch Fremderwärmung. Steigt die Spannung über U_K, wird der Kaltleiter elektrisch aufgeheizt. Hier setzt die Strom begrenzende Wirkung ein.
Wird U_{max} überschritten, entsteht mehr Wärme als vom PTC abgeführt werden kann: Der PTC wird zerstört.
Eine Reihenschaltung von Kaltleitern ist in dieser Betriebsart nicht möglich.

6.3 Widerstände

Spannungsabhängige Widerstände

VDR-Widerstände

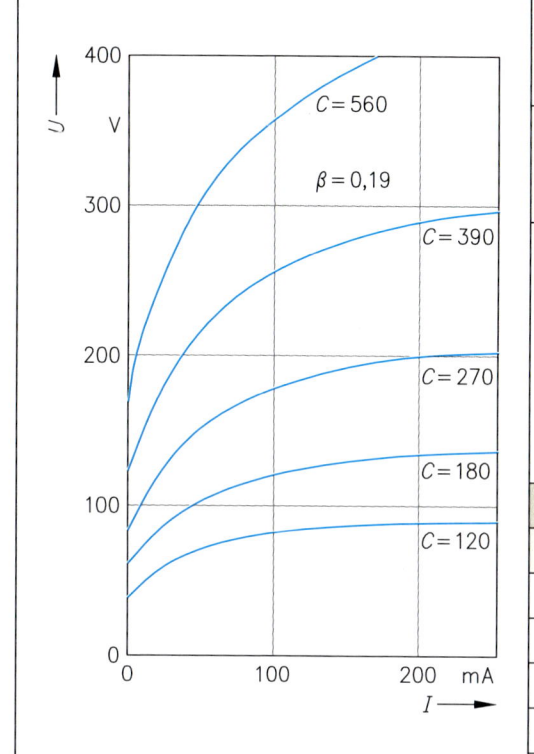

VDR-Widerstände zeigen einen rasch abnehmenden Widerstandswert, wenn die angelegte Spannung erhöht wird. Der rechnerische Zusammenhang zwischen Spannung und Strom als zugeschnittene Größengleichung lautet:

$$\frac{U}{V} = C \cdot \left(\frac{I}{A}\right)^\beta$$

U	angelegte Spannung
C	Formkonstante
I	Strom
β	Werkstoffkonstante

C kennzeichnet den Widerstand bei einer bestimmten Spannung, β den Anstieg der Spannung mit dem Strom.

Übliche **Bauformen** sind Scheibenform oder Stabform. Die **Anwendung** erfolgt als Spannungsbegrenzer zur Verhinderung von Überspannungen (parallel zum gefährdeten Bauteil geschaltet), zur Spannungsstabilisierung sowie zur Funkenlöschung bei Kleinstmotoren.

Kenngrößen und -werte

Kenngröße		Kennwerte
Werkstoffkonstante	β	0,14 bis 0,40
Formkonstante	C	14 bis 1 100
Maximale Spannung	U	6 bis 25 000 V
Maximaler Strom	I	0,09 bis 100 mA
Maximale Verlustleistung	P_{tot}	0,8 bis 4 W

Metalloxid-Varistoren

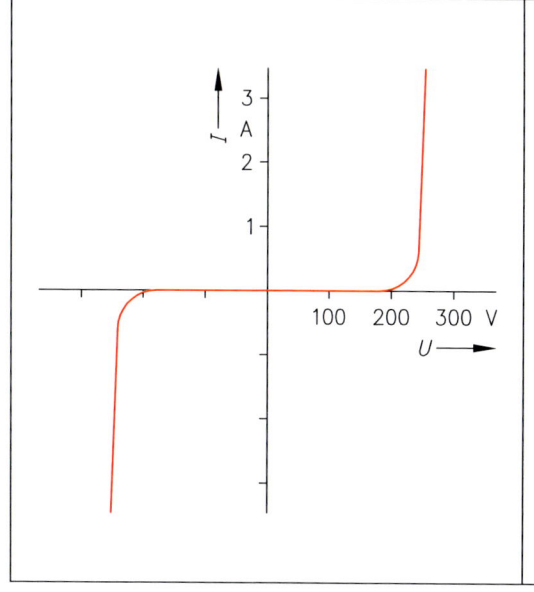

Metalloxid-Varistoren zeichnen sich durch eine Z-Dioden-ähnliche Charakteristik (siehe Kennlinie) und sehr hohe Belastbarkeit aus. Ihr Widerstand von über 1 MΩ bricht bei Überspannung in weniger als 50 Nanosekunden im Extremfall auf weniger als 1 Ω zusammen.

Anwendungsschaltung

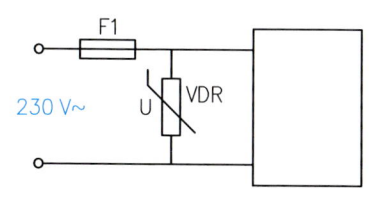

Bei einer Überspannung wird der VDR niederohmig. Dadurch erhöht sich der Stromfluss, die Sicherung löst aus und schützt das angeschlossene Gerät.

6.4 Überspannungsableiter

6.4.1 Überspannungsschutzmodule für den Mittelschutz (Typ 2)

Allgemeine Kennlinie eines Varistors

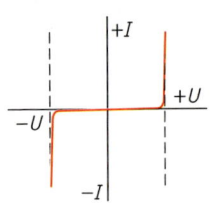

Überspannungsschutzableiter mit Varistor (die Spannung ist logarithmisch aufgetragen)

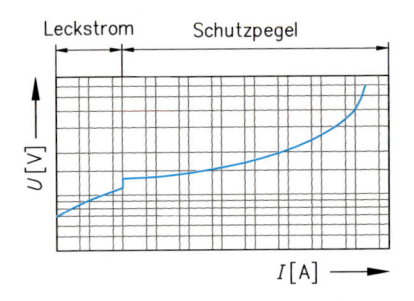

Überspannungsschutzmodule für den Mittelschutz (Typ 2, früher Klasse C) für den Einbau in Haupt- oder Unterverteilungen haben leistungsstarke Varistoren als Ableitbauelemente. Sie begrenzen die verbleibenden Überspannungen auf Werte zwischen maximal 600 bis 2000 V. Die von diesen Modulen abzufangenden Überspannungen liegen unterhalb von 4000 V.

Aufbau:
Varistoren bestehen aus gesintertem Siliziumkarbid. Es setzt sich aus vielen Halbleiterzonen zusammen. Zwischen den Halbleiterzonen entstehen Sperrschichten, wie bei Dioden. Die Polung der Sperrschichten ist unregelmäßig. Eine angelegte Spannung erzeugt ein elektrisches Feld, das die Sperrschichten teilweise abbaut. Wird die Spannung erhöht, baut die Feldstärke weitere Sperrschichten ab.

Eigenschaften:
Überspannungsschutzableiter mit Varistoren reagieren im unteren Nanosekundenbereich. Zu beachten ist die Alterung (Durchlegieren von Diodenelementen innerhalb des Varistormaterials) und die hohe Kapazität. Der Einsatz ist bis 30 kHz sinnvoll.

6.4.2 Überspannungsableiter für den Feinschutz (Typ 3)

Überspannungsableiter, bestehend aus Gasableiter und Suppressor-Diode

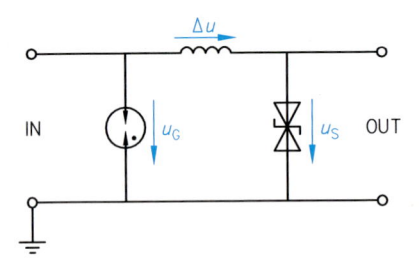

Kennlinie einer Suppressor-Diode

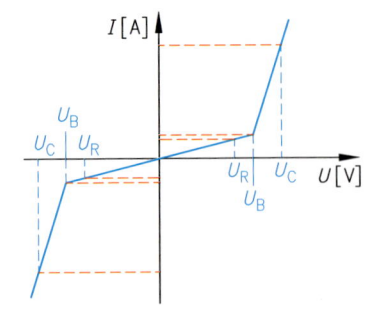

Ein Feinschutz (Typ 3, früher Klasse D) wird für den Geräteschutz eingesetzt. Er wird unmittelbar vor dem zu schützenden Gerät angeordnet.

Aufbau:
Ein möglicher Aufbau ist eine Reihenschaltung von Varistoren und gasgefüllten Überspannungsableitern. Die Anordnung wird zwischen L und PE bzw. N und PE geschaltet.
Eine andere Möglichkeit bietet die Kopplung eines gasgefüllten Überspannungsableiters und einer Suppressor-Diode über eine Induktivität (siehe Abbildung links).

Eigenschaften:
Beim Auftreten einer Überspannung spricht die Suppressor-Diode als schnellstes Bauelement zuerst an. Die Schaltung ist so konzipiert, dass der Ableitstrom mit ansteigender Amplitude auf den Gasableiter kommutiert, bevor die Suppressor-Diode zerstört werden kann.

$$u_S + \Delta u \geq u_G$$

u_S Spannung über der Suppressor-Diode
Δu Differenzspannung über der Entkopplungsinduktivität
u_G Ansprechspannung des Gasableiters

6.5 Festinduktivitäten

6.5.1 Kennzeichnung bei Induktivitäten

Farbkennzeichnung
- die Angabe erfolgt in µH (Mikrohenry)
- die vorletzte Farbe gibt den Multiplikator an
- die letzte Farbe gibt die Toleranz an
- der erste Wertering liegt näher am Rand
- zwischen Wert/Multiplikator und Toleranz ist eine größere Lücke

Beispiel:

rot violett orange   gold
2   7   · 10^3 = 27 000 µH = 27 mH   5 %

Farbe	Wert	Multiplikator	Toleranz
schwarz	0	10^0	± 20 %
braun	1	10^1	± 1 %
rot	2	10^2	± 2 %
orange	3	10^3	
gelb	4	10^4	
grün	5	10^5	± 0,5 %
blau	6	10^6	± 0,25 %
violett	7	10^7	± 0,1 %
grau	8	10^8	
weiß	9	10^9	
silber	–	10^{-2}	± 10 %
gold	–	10^{-1}	± 5 %
keine	–	–	± 20 %

Wertkennzeichnung
- die Angabe erfolgt in µH (Mikrohenry)
- die ersten beiden Ziffern stehen für den Wert
- die dritte Ziffer ist der Multiplikator
- der Buchstabe steht für die Toleranz

Beispiel:
Aufdruck 472 J = 47 · 10^2 µH = 4,7 mH, ±5 %

Buchstabe	Toleranz
F	± 1 %
G	± 2 %
J	± 5 %
K	± 10 %
M	± 20 %

6.5.2 Stabkerndrosseln

Festinduktivität mit konstantem Induktiviätswert und offenem magnetischen Kreis. Radial oder Axial ausgeführt.

- Abblocken von Hochfrequenz
- passive Filterschaltungen

Aufgrund des offenen magnetischen Kreises vertragen diese Spulen vergleichsweise hohe Magnetisierungsfeldstärken $H[Am]$.
Bei kleinen Leistungen auch in SMD-Ausführung.

6.5.3 Ringkerndrosseln

Festinduktivität mit konstantem Induktiviätswert und geschlossenem magnetischen Kreis.

- Abblocken von Hochfrequenz
- EMV-Anwendungen

Die Wicklung befindet sich auf Ferrit- oder Pulver-Ringkerne. Minimales Streufeld. Eine Extremform von Ferrit-Ringkerndrosseln sind über Drähte geschobene Ferritperlen.

6.5.4 Luftspulen

Festinduktivität mit konstantem Induktivitätswert und offenem magnetischen Kreis.

- Frequenzweichen in Lautsprecherboxen
- Schwingkreise in der Radiotechnik
- drahtlose Energieübertragung

Luftspulen haben keinen magnetischen Kern und keinen magnetischen Sättigungseffekt.

6.5 Festinduktivitäten

6.5.5 Stromkompensierte Drosseln/Gleichtaktdrosseln

Die Gleichtaktdrossel (engl. common mode choke, CMC) hat zwei Wicklungen, die gegensinnig vom Strom durchflossen werden. Deren Magnetfeld hebt sich im Kern der Drossel auf. Für Gleichtaktströme hingegen ist die Induktivität maximal.

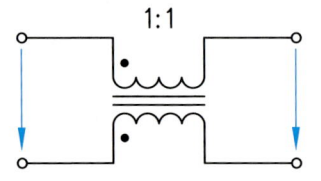

- Dämpfung von Gleichtakt (engl. common mode) – Störströmen
- Entstörung von z.B. Schaltnetzteilen
- Bestandteil von Netzfiltern

Eine einfache Form stromkompensierter Drosseln sind auf Kabel aufgeschobene Ringkerne oder sogenannte Klappferrite; sie wirken bei sehr hohen Frequenzen (UKW-Bereich) störunterdrückend.

6.5.6 Speicherdrosseln

Speicherdrosseln verfügen über einen Luftspalt im Kernmaterial. Dieser befindet sich entweder
a) in konzentrierter Form an einer Stelle oder
b) verteilt im Kernmaterial in Form von Mikroluftspalten (typisch in Ringkernspulen).

- Applikationen mit hoher DC-Vormagnetisierung
- Schaltnetzteile

Im Luftspalt wird Energie in magnetischer Form gespeichert. Im Fall a) wird der Spalt häufig von Papier, Plastik oder Harz ausgefüllt. Im Fall b) ist das Streufeld nur gering ausgeprägt.

6.5.7 Schalenkernspulen

Spulenkörper die vom Anwender bewickelt werden.

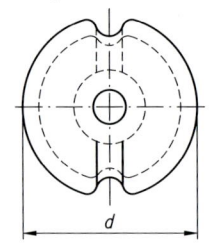

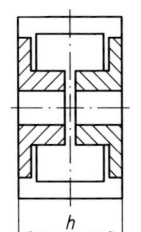

Bei gegebener Induktivität wird mit Hilfe des AL-Wertes (Induktivitätsfaktor) die Anzahl der aufzubringenden Windungen berechnet.

$\sum \frac{l}{A}$ magnetischer Formfaktor in cm^{-1}
l_e magnetisch wirksame Weglänge in cm
A_e magnetisch wirksamer Querschnitt in cm^2
V_e magnetisch wirksames Volumen in cm^3

$$\mu_e = \frac{L \cdot \sum \frac{l}{A}}{\mu_0 \cdot N^2}$$

μ_e relative effektive Permeabilität[1]
L Induktivität in H
N Windungszahl
μ_0 magnetische Feldkonstante in Vs/(Am)

$$\Lambda = A_L = \frac{L}{N^2}$$

A_L Induktivitätsfaktor in H
Λ magnetischer Leitwert in Vs/A

Kenngrößen von Schalenkernen

Größe	d mm min	d mm max	h mm min	h mm max	$\sum \frac{l}{A}$ cm^{-1}	l_e cm	A_e cm^2	V_e cm^3
9	9	9,3	5,3	5,4	12,4	1,24	0,10	0,124
11	10,9	11,3	6,4	6,6	9,56	1,55	0,16	0,25
14	13,8	14,2	8,2	8,5	7,89	2,0	0,25	0,50
18	17,6	18,2	10,4	10,7	5,97	2,6	0,44	1,14
22	21,2	22,0	13,2	13,6	4,97	3,15	0,63	1,98
26	25,0	26,0	15,9	16,3	4,0	3,75	0,94	3,52
30	29,5	30,5	18,6	19,0	3,30	4,5	1,36	6,12
36	34,0	36,2	21,4	22,0	2,64	5,3	2,01	10,65

Beispiel: Schalenkern 9 × 5

Werkstoff	A_L nH	s[2] mm	μ_e	Werkstoff	A_L nH	s[2] mm	μ_e
U17	10	1,20	10,0	N48	200	0,04	200
K12	16	0,80	15,9	N26	250	0,03	249
K1	25	0,45	24,9	K1	95	0	95
	40	0,26	39,8	N26	1200	0	1190
M33	40	0,37	39,8	N30	2500	0	2490
	63	0,20	63,0	T38	5000	0	4970
N48	100	0,10	100				
	160	0,06	159				

[1] auch Permeabilitätszahl μ_r genannt
[2] Gesamtluftspalt

6.6 Kondensatoren

6.6.1 Nennwerte von Kondensatoren

Kondensatorart	Kurzbezeichnung	Kapazitätsbereich	Kapazitätstoleranz in %	Temperaturbereich in °C	Temperaturbeiwert in 1/°C	U_N in V	$\tan \delta$ $\approx$ · 10^{-3}	Anwendung und Eigenschaften
Keramikkondensatoren Klasse 1	P 100 NP 0 N 033 bis N 5600[1)]	0,5 pF bis 390 pF	± 5 ±10 ±20	−55 bis +125	(−5600 bis +100) · 10^{-6}	30 bis 1000	0,15 bis 2,5	Schwingkreis- und Filterkondensatoren; Koppel- und Entkoppelkondensatoren; kleine Verluste
Keramikkondensatoren Klasse 2	A bis F[2)]	190 pF bis 15000 pF	±20 −20 bis +50 −20 bis +80	−55 bis +125	Temperaturabhängigkeit der Kapazität nicht linear	30 bis 1000	≤35	Elektrische Eigenschaften schlechter als bei Klasse 1; geringer Platzbedarf
Papierkondensatoren (auch mit Mischdielektrikum Papier/Kunststofffolie) Beläge: Alu-Folie	P	100 pF bis 1 µF	± 5 ±10 ±20	−55 bis +125	±500 · 10^{-6} (Richtwert)	1250− 600 ~	13	In der Leistungselektronik der Mess-, Regel- und Steuerungstechnik; gute Impulsbelastbarkeit und Belastung mit Wechselspannung
Metallpapierkondensatoren mit aufgedampften Alu-Belägen	MP	470 pF bis 100 µF	±10 ±20	−55 bis +110	±500 · 10^{-6} (Richtwert)	bis 6300	13	In der Leistungselektronik als Motorkondensatoren zur Drehfelderzeugung, zur Blindstromkompensation und zur Entstörung
Polyesterkondensatoren (Polyesterfolie mit Alu-Belägen)	KT	47 pF bis 20 µF	± 5 ±10 ±20	−55 bis +100	+500 · 10^{-6}	1000− 300 ~	6 bis 30	In der Elektronik sowie HF-Technik, Koppel- und Entkoppelkondensatoren, Schwingkreise, Filter, Zeitglieder
Polyesterkondensatoren mit aufgedampften Belägen (M)	MKT	0,01 mF bis 100 µF	± 5 ±10 ±20	−55 bis +100	+500 · 10^{-6}	1000− 250 ~		Geringe Verluste, gute Impulsbelastbarkeit, hohe Temperaturbeständigkeit
Polycarbonatkondensatoren (Polycarbonatfolie mit Alufolie als Belag)	KC	100 pF bis 10 µF	± 2,5 ± 5 ±10 ±20	−55 bis +125	+100 · 10^{-6}	1000− 250 ~	2 bis 10	Anwendung wie KT- und MKT-Kondensatoren, aber kleinere Verlustfaktoren und bessere Temperaturbeständigkeit; sie können die weniger temperaturbeständigen Styroflex-Kondensatoren ersetzen.

[1)] Die Zahlen bezeichnen den Temperaturbeiwert (P = positiv, N = negativ).
[2)] Die Buchstaben bezeichnen die Kapazitätsabweichung im Kategorietemperaturbereich.

6.6 Kondensatoren

Kondensatorart ↑	Kurzbezeichnung	Kapazitätsbereich	Kapazitätstoleranz in %	Temperaturbereich in °C	Temperaturbeiwert in 1/°C	U_N in V	$\tan \delta$ ≈ $\cdot 10^{-3}$	Anwendung und Eigenschaften
Polycarbonat-kondensatoren mit metallisierter Polycarbonatfolie	MKC MKV	100 pF bis 10 µF	±2,5 ±5 ±10 ±20	−55 bis +125	$+100 \cdot 10^{-6}$	50 bis 400	3	Besonders für RC-Glieder und Zeitkreise geeignet
Styroflex-kondensatoren mit Polystyrolfolie	KS MKS	2 pF bis 10 µF	±0,5 ±1 ±2,5	−55 bis +70	$-(120\pm60) \cdot 10^{-6}$	630– 210 ~	0,1 bis 1	In HF-Kreisen und Integratoren, da gute HF-Eigenschaften und geringe Verluste; niedrige Grenztemperatur
Polypropylen-kondensatoren mit Polypropylenfolie	KP	300 pF bis 0,15 µF	±1 ±2,5 ±5 ±10 ±20	−55 bis +85	$-(180\pm80) \cdot 10^{-6}$	630– 220 ~	0,3 bis 3	Wie Styroflexkondensatoren, aber mit einem erweiterten Temperaturbereich
Metallisierte Polypropylen-kondensatoren	MKP	0,01 mF bis 30 µF	±20	−55 bis +105	$-50 \cdot 10^{-6}$	63 bis 400	0,2 bis 1	In der Leistungselektronik
Lackfolien-kondensatoren mit Lackfilm auf Alufolie	MKU (MKL) (MKY)	1 nF bis 100 µF				250– 100 ~	1	In der Industrieelektronik zur Siebung, für Filter, Koppelkondensatoren
Glimmerkondensatoren (Dielektrikum besteht aus Glimmerplättchen)		10 pF bis 1 µF	±5	−55 bis +100	$+100 \cdot 10^{-6}$	bis 20000	0,2	In Hochspannungskreisen, Sendeschwingkreise
Aluminium-Elektrolyt-Kondensatoren; „Elko" (Dielektrikum ist Aluminiumoxid Al_2O_3)		0,1 mF bis 470000 µF	±20	−55 bis +125	$\pm 3,5 \cdot 10^{-3}$	6 – bis 450 –	100 bis 2000	Sieb- und Glättungskondensatoren, in Zeitschaltungen, als Koppelkondensatoren
Tantal-Elektrolyt-Kondensatoren (Dielektrikum ist Tantaloxid Ta_2O_5)		0,1 mF bis 2500 µF	±10 ±20	−55 bis +125	$+1 \cdot 10^{-3}$	2,5 – bis 600 –	20 bis 100	Wie Alu-Elkos, jedoch bessere elektrische Eigenschaften, größere Temperaturbeständigkeit; polare und unipolare Ausführung
Double Layer Kondensatoren (Gold Capacitors)		0,1 F bis 22 F	−20 bis +80	−25 bis +85		1,8 2,4 5,5		Als Speicherschutz für IC-Speicher (Mikro-Computer)

Kapazitäten für Kondensatoren bis 1000 V

Für Kondensatoren ↑ bis 1 µF entsprechen die Kapazitäten den Reihen E6 und E12, in Ausnahmen auch E24.

Nenngleichspannungen für Kondensatoren

Für alle Kondensatorarten ↑ entsprechen die Nenngleichspannungen den Werten der Reihe R5, in Ausnahmen auch R10.

6.6 Kondensatoren

6.6.2 Motorkondensatoren   DIN EN 60252-1: 2014-07, VDE 0560-8: 2014-07

Eigenart	Kondensatoren mit einem Dielektrikum aus Papier und/oder Kunststoff mit metallisierten oder Metallfolienelektroden für Spannungen bis 660 V.
Anwendungsbereich	Zum Anschluss an die Wicklungen von Einphasen-Asynchron-Motoren, die an Einphasensystemen mit einer Frequenz bis 100 Hz betrieben werden und für den Anschluss an Drehstrom-Asynchron-Motoren zum Betrieb an Einphasensystemen.
Betriebskondensator	Unterstützt den Anlauf des Motors und vergrößert dessen Drehmoment unter Laufbedingungen; er bleibt während der Laufzeit des Motors in Betrieb.
Anlaufkondensator	Führt einen Hauptstrom zu einer Hilfswicklung des Motors und wird aus dem Stromkreis geschaltet, wenn der Motor läuft.
Kondensatorspannung	Liegt ein Kondensator in Reihe mit einer Hilfswicklung eines Einphasen-Induktionsmotors, so kann die Spannung an seinen Anschlussklemmen beträchtlich höher als die Nennspannung sein.
Selbstheilend	Beim selbstheilenden Kondensator werden die elektrischen Eigenschaften nach einem Durchschlag von allein wieder hergestellt.
Entladeeinrichtung	Führt zur schnellen Entladung, nachdem der Kondensator vom Netz getrennt wurde. Kennzeichnung: Symbol rechts.
Lebensdauerklasse	Lebensdauer: Mindestwert der gesamten Lebensdauer eines Kondensators: Klasse A: 30 000 h; Klasse B: 10 000 h; Klasse C: 3 000 h; Klasse D: 1 000 h

6.6.3 Gerätekondensatoren

Gepolter Kondensator	Gepolter Elektrolytkondensator, der für den Betrieb mit Spannung ohne Polumkehr geeignet ist; er ist entsprechend der Polkennzeichnung anzuschließen
Ungepolter Kondensator	Elektrolytkondensator, der sowohl an einer Wechselspannung, als auch an einer Gleichspannung mit Polumkehr betrieben werden kann (meist zwei gegenpolig in Reihe geschaltete Kondensatoren)
Nennwert der überlagerten Wechselspannung	Maximal zulässiger Effektivwert, der der Gleichspannung überlagerten Wechselspannung bei festgelegter Frequenz, bei dem der Kondensator bei festgelegter Temperatur dauernd betrieben werden darf. Die Summe aus Gleichspannung und Scheitelwert der Wechselspannung darf die Nennspannung nicht überschreiten.
Nennwert des überlagerten Wechselstroms	Maximal zulässiger Effektivwert des Wechselstroms mit festgelegter Frequenz, mit dem der Kondensator bei festgelegter Temperatur dauernd betrieben werden darf.

6.6.4 Elektrolytkondensatoren

Nennkapazität	Bevorzugte Werte sind die der E3-Reihe
Abweichung von der Nennkapazität	Vorzugswerte sind: −10/+10 % −10/+50 % −10/+100 % −10/+30 % −10/+75 % −20/+20 %
Umpolspannung	Bei gepoltem Kondensator angelegte Spannung mit umgekehrter Polung. Bei Elektrolytkondensatoren mit Al oder Ta sind max. 1,5 V erlaubt bei 20°C.
Überlagerte Wechselspannung	Eine Wechselspannung darf angelegt werden, wenn die Summe der überlagerten Wechselspannung und der Nenngleichspannung den Nennwert der Gleichspannung nicht überschreitet und der Nennwechselstrom und die zulässige Umpolspannung nicht überschritten werden.
Nennspannung	< 250 V: 1 V/1,6 V/2,5 V/4 V/6,3 V (und dezimale Vielfache) ≥ 250 V: 250 V/315 V/350 V/400 V/450 V

Einkerbung: +
220/40 W MA
Schwarze Linie: −
axiale Bauform

6.6 Kondensatoren

6.6.5 Rechteckige SMD-Kondensatoren

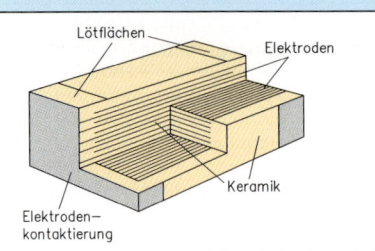

Keramische SMD-Kondensatoren sind meist als Vielschicht-Kondensatoren aufgebaut. Sie haben ein Dielektrikum aus Keramikfolie, auf die die Elektroden in Siebdrucktechnik aufgebracht sind. Die Folien werden übereinandergeschichtet. Die Elektroden greifen dabei kammartig ineinander und werden an den Stirnseiten kontaktiert. Durch Sintern erhält die Keramik ihre besonderen Eigenschaften.

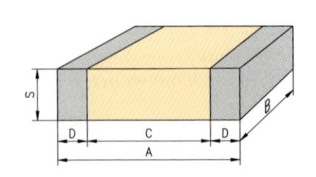

SMD-Gehäuse für Kondensatoren und Widerstände werden in verschiedenen IEC-genormten Größen hergestellt. Die Angabe der Baugröße ist vierstellig. Sie beschreibt die Länge und Breite in 0,25-mm-Schritten. Die ersten beiden Ziffern geben die Länge, die folgenden beiden Ziffern geben die Breite an. Die Bauhöhen bei den Kondensatoren sind vom Kapazitätswert abhängig.

Baugröße	Abmessungen in mm						
	A	B	S_{min}	S_{max}	D_{min}	D_{max}	C_{min}
0603	1,6±0,10	0,80±0,10	0,70	0,90	0,25	0,65	0,40
0805	2,0±0,10	1,25±0,10	0,51	1,30	0,25	0,75	0,55
1206	3,2±0,15	1,60±0,15	0,51	1,60	0,25	0,75	1,40
1210	3,2±0,15	2,50±0,15	0,51	1,60	0,25	0,75	1,40
1808	4,5±0,20	2,00±0,20	0,51	1,60	0,25	0,75	2,20
1812	4,5±0,20	3,20±0,20	0,51	1,00	0,25	0,75	2,20
2220	5,7±0,20	5,00±0,20	0,51	1,00	0,25	0,75	2,90

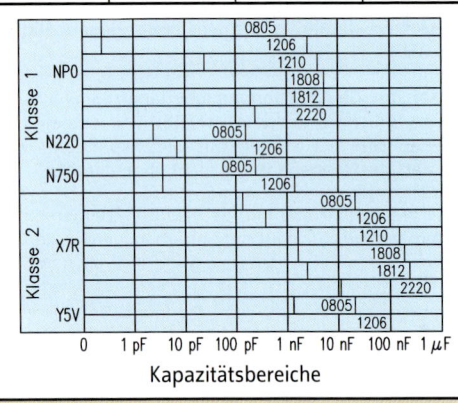

Die SMD-Kondensatoren sind in zwei Stabilitätsklassen eingeteilt.

Klasse-1-Keramik		Klasse-2-Keramik
20…400	Dielektrizitätszahl	100…16 000
$< 10^{-3}$	Verlustfaktor	bis 2,5 %
	Temperaturkoeffizient	
0 bei NP0 −220 · 10^{-6}/K bei N220 −750 · 10^{-6}/K bei N750		Nichtlineare Abhängigkeit der Kapazität von der Temperatur

X7R-Kondensatoren werden für Kopplung und Siebung eingesetzt. Ihre Toleranz beträgt ±20 %.
Y5V-Kondensatoren bieten die höchste Packungsdichte. Ihre Toleranz beträgt −80 % bis +0 %.

SMD-Tantal-Kondensatoren

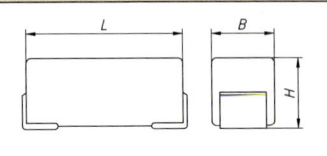

Für höhere Kapazitätswerte werden vorzugsweise SMD-Tantalkondensatoren eingesetzt. Bei diesen Kondensatoren muss die Polung beachtet werden.
Kapazität ca. 0,47 µF bis 100 µF Spannung ca. 4 V bis 50 V
Die Baugröße ist vom Kapazitäts- und Spannungswert abhängig.

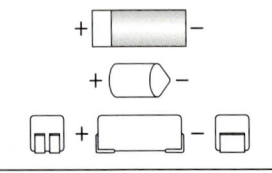

	L × B × H
Größe A:	3,2 × 1,6 × 1,8 mm
Größe B:	3,4 × 2,8 × 2,1 mm
Größe C:	5,8 × 3,2 × 2,8 mm
Größe D:	7,3 × 4,3 × 3,1 mm

Die Kennzeichnung des Pluspols erfolgt durch einen weißen Balken oder durch ein spitzes Ende oder durch Aussparung an der Anschlusslasche des Pluspols.

6.7 Kleintransformatoren

6.7.1 Berechnung eines Netztransformators

Zur Berechnung des Netztransformators wird aus den Daten der anzuschließenden Verbraucher die Summe der zu liefernden Leistungen ermittelt. Speist dabei eine Wicklung eine Gleichrichterschaltung, dann müssen mithilfe der in folgender Tabelle enthaltenen Umrechnungsfaktoren aus den Gleichstromgrößen die Transformatorenwechselstromgrößen bestimmt werden (E = Einweggleichrichtung; M = Mittelpunktschaltung; B = Brückenschaltung).

Berechnungsbeispiel: Netztransformator; Eingang: 230 V/50 Hz. Ausgang: 60 V; 0,6 A Wechselstrom und 24 V; 4 A Gleichstrom über Brückenschaltung.
Gesucht: Kerngröße, Windungszahlen, Drahtdurchmesser.
Lösung: Transformatorenleistung:

$P_g = U_g \cdot I_g = 24 \text{ V} \cdot 4 \text{ A} = 96 \text{ W}$
$S_{21} = 1,23 \cdot P_g = 1,23 \cdot 96 \text{ VA} = 118 \text{ VA}$
$S_{22} = U \cdot I = 60 \text{ V} \cdot 0,6 \text{ A} = \underline{36 \text{ VA}}$
Summe der Leistungen: 154 VA

Der Leistung entspricht **Kerngröße 102b** (s. Tab.).

Eingangswicklung: $S_1 = \dfrac{S_2}{\eta} = \dfrac{154 \text{ VA}}{0,89} = 173 \text{ VA}$

$N_1 = 2,34 \dfrac{1}{\text{V}} \cdot 230 \text{ V} = 538$

Schaltungsart	E	M	B
Sekundäre Transformatorwechselspannung	2,22	2 · 1,11	1,11
Sekundärer Transformatorstrom	1,57	0,79	1,11
Sekundäre Scheinleistung	3,49	1,75	1,23
Primäre Scheinleistung	2,7	1,23	1,23
Transformatorenleistung	3,1	1,5	1,23

$I_1 = \dfrac{S_1}{U_2} = \dfrac{173 \text{ VA}}{230 \text{ V}} = 0,752 \text{ A}$

$A_1 = \dfrac{I_1}{J_1} = \dfrac{0,752 \text{ A}}{2,3 \text{ A}} \text{ mm}^2 = 0,327 \text{ mm}^2$

$d_1 = 0,65 \text{ mm}$; gewählt $d_1 = 0,71 \text{ mm}$.

Für die errechnete Transformatorennennleistung ergibt sich aus der nachfolgenden Tabelle die erforderliche Kerngröße. Die dort angegebenen Werte für den Wirkungsgrad, die Windungen je Volt und die zulässigen Stromdichten ermöglichen die Berechnung der Windungszahlen und Drahtdurchmesser.

1. Ausgangswicklung: $N_{21} = 2,46 \dfrac{1}{\text{V}} \cdot 24 \text{ V} \cdot 1,11 = \mathbf{66}$

$A_{21} = \dfrac{4 \text{ A} \cdot 1,11}{2,7 \text{ A}} \text{ mm}^2 = 1,643 \text{ mm}^2$

$d_{21} = 1,45 \text{ mm}$; gewählt $d_{21} = \mathbf{1,6 \text{ mm}}$.

2. Ausgangswicklung: $N_{22} = 2,46 \dfrac{1}{\text{V}} \cdot 60 \text{ V} = \mathbf{148}$

$A_{22} = \dfrac{0,6 \text{ A}}{2,7 \text{ A}} \text{ mm}^2 = 0,222 \text{ mm}^2$

$d_{22} = 0,531 \text{ mm}$; gewählt $d_{22} = \mathbf{0,56 \text{ mm}}$.

Berechnungstabelle für Kleintransformatoren mit M- bzw. EI-Kernblechen[1)]

Übertragbare Leistung bei: 1 Eingangs- und 1 oder 2 Ausgangswicklungen VA	12	25	50	70	95	120	175	250	320	370	450	550
mehr Wicklungen VA	9	21	40	65	75	100	155	230	290	340	410	510
Kernblech	M 55	M 65	M 74	M 85a	M 85b	M 102a	M 102b	EI 130a	EI 130b	EI 150a	EI 150b	EI 150c
Wirkungsgrad ca.	0,7	0,77	0,83	0,84	0,86	0,88	0,89	0,9	0,91	0,92	0,93	0,94
Primäre Windungszahl je V	11,4	7,8	5,68	4,51	3,2	3,5	2,34	3,3	2,59	2,59	2,08	1,74
Sekundäre Windungszahl je V	14,1	9	6,3	4,95	3,5	3,86	2,46	3,51	2,72	2,72	2,18	1,8
Stromdichte innen in $\frac{A}{mm^2}$	3,8	3,3	3	2,9	2,6	2,4	2,3	1,7	1,7	1,5	1,5	1,5
Stromdichte außen in $\frac{A}{mm^2}$	4,3	3,6	3,4	3,3	3	2,8	2,7	2,2	2,1	1,9	1,9	1,8
Nutzbarer Wickelraum Höhe in mm	7,6	9,1	10,1	9,2	9,2	12,2	12,2	24	24	28	28	28
Nutzbarer Wickelraum Breite in mm	31	36	42	46	46	58	58	61	61	68	68	68

[1)] Bei einem Flussdichtescheitelwert von 1,2 Vs/m² im Kernblech der Sorte 1.0813 nach DIN EN 10106: 2007-11.

6.7 Kleintransformatoren

6.7.2 Transformatorkern

Kernbleche — DIN 4000-70: 1992-01

M-Schnitt — EI-Schnitt — UI-Schnitt — EE-Schnitt

Typ und Größe (Spulenkörper)	Eisen- masse m_{Fe} kg	Eisen- weg- länge l_{Fe} cm	Eisen- quer- schnitt A_{Fe} cm²	Kernblechsorte/Werkstoffnummer V 400-50 A/1.0811 und V 530-50A/1.0813 bei $\hat{B}$ = 1,5 T				DIN 46400-1: 1983-4[1] V 700-50 A/1.0815 bei $\hat{B}$ = 1,2 T		
				Windg.- span- nung U_{N2} V/Wdg	Schein- leis- tung P_S VA	Kern- ver- luste[2] P_{Fe} W	Kern- ver- luste[3] P_{Fe} W	Windg.- span- nung U_{N2} V/Wdg	Kern- verluste P_{Fe} W	Schein- leis- tung P_S VA
abfalllos										
EI 42	0,112	8,4	1,74	0,0579	6,8	0,52	0,73	0,0464	0,56	1,77
EI 48	0,17	9,6	2,3	0,0766	10,3	0,78	1,11	0,0613	0,85	2,69
EI 54	0,243	10,8	2,94	0,0979	14,7	1,12	1,58	0,0783	1,22	3,84
EI 60	0,34	12	3,7	0,1232	20,6	1,56	2,21	0,0986	1,7	5,4
EI 66a	0,45	13,2	4,46	0,1485	27,2	2,07	2,93	0,1188	2,25	7,1
EI 78	0,76	15,6	6,4	0,2131	46	3,5	4,94	0,1705	3,8	12
EI 84a	0,93	16,8	7,2	0,2398	56	4,28	6	0,1918	4,65	14,7
EI 96a	1,48	19,2	10,1	0,3363	90	6,8	9,6	0,2691	7,4	23,4
EI 120a	2,72	24	14,8	0,4928	165	12,5	17,7	0,3943	13,6	43
EI 150 Na	5,1	30	22,2	0,7393	309	23,5	33,2	0,5914	25,5	81
abfallarm										
EI 92a	0,72	19,4	4,8	0,1598	43,6	3,31	4,8	0,1279	3,6	11,4
EI 106a	1,42	21,8	8,5	0,2831	86	6,5	9,2	0,2264	7,1	22,4
EI 130a	2,4	27	11,7	0,3896	145	11	15,6	0,3117	12	37,9
EI 150a	3,5	31	14,8	0,4928	212	16,1	22,8	0,3943	17,5	55
EI 170a	6,3	36	22,7	0,7559	381	29	41	0,6047	31,5	100
EI 195a	9,6	44,5	28,2	0,9391	580	44,2	62	0,7512	48	152
EI 231a	14,8	51,9	37,4	1,2454	900	68	96	0,9963	74	234
M 42	0,125	10,2	1,6	0,0533	7,6	0,58	0,81	0,0426	0,63	1,98
M 55	0,32	13,1	3,2	0,1066	19,4	1,47	2,08	0,0852	1,6	5,1
M 65	0,58	15,5	4,9	0,1632	35,1	2,67	3,77	0,1305	2,9	9,2
M 74	0,93	17,6	6,9	0,2298	56	4,28	6	0,1838	4,65	14,7
M 85a	1,29	19,7	8,6	0,2864	78	5,9	8,4	0,2291	6,5	20,4
M 102a	2	23,8	11	0,3663	121	9,2	13	0,293	10	31,6
UI 60a	0,68	24	3,69	0,1229	41,1	3,13	4,42	0,0983	3,4	10,7
UI 75a	1,34	30	5,8	0,1931	81	6,2	8,7	0,1545	6,7	21,2
UI 90a	2,29	36	8,3	0,2764	139	10,5	14,9	0,2211	11,5	36,2
UI 102a	3,33	40,8	10,7	0,3563	201	15,3	21,6	0,285	16,7	53
UI 114a	4,6	45,6	13,2	0,4396	278	21,2	29,8	0,3516	23	73
UI 132a	7,2	52,8	17,8	0,5927	436	33,1	46,8	0,4742	36	114
UI 168a	14,9	67,2	29	0,9657	900	69	97	0,7726	75	235
UI 180a	18,4	72	33,4	1,1122	1110	85	120	0,8898	92	291
UI 210a	29	84	45,4	1,5118	1750	133	189	1,209	145	458
UI 240a	44	96	60	1,998	2660	202	286	1,598	220	700

[1] DIN 46400-1: 1983-04 wurde ersetzt durch DIN EN 10106: 2007-11.
[2] Für V 400-50 A.   [3] Für V 530-50 A.

6.7 Kleintransformatoren

6.7.2 Transformatorkern (Fortsetzung)

Einphasen-Schnittbandkerne Typ SE, SU, SG und SM DIN 41300-01: 1979-11

Typ SE, SG, SM — Trennfläche

Typ SU — Trennfläche

Kern-Typ	Eisen-weglänge l_{Fe} cm	Eisen-querschnitt A_{Fe} [2] cm²	Bei $\hat{B} = 1{,}7$ T [1] Windg.-spann. U_{N2} V/Wdg.	Kernverluste P_{Fe} [2] W	Scheinleistung P_S [2] VA	Kern-Typ	Eisen-weglänge l_{Fe} cm	Eisen-querschnitt A_{Fe} [2] cm²	Bei $\hat{B} = 1{,}7$ T [1] Windg.-spann. U_{N2} V/Wdg.	Kernverluste P_{Fe} [2] W	Scheinleistung P_S [2] VA
SG 27/6	6,32	0,372	0,014	0,04	0,64	SU 30a	11,4	0,82	0,031	0,16	1,82
SG 33/8	7,77	0,582	0,022	0,076	1,09	SU 30b	11,4	1,34	0,0506	0,26	2,98
SG 41/9	9,53	0,862	0,0326	0,14	1,8	SU 39a	14,8	1,44	0,0544	0,36	3,69
SG 48/9	11,13	0,862	0,0326	0,16	1,9	SU 39b	14,8	2,24	0,0846	0,56	5,76
SG 54/13	12,78	0,96	0,0363	0,21	2,3	SU 48a	18,1	2,19	0,0827	0,67	6,34
SG 54/19	12,78	1,44	0,0544	0,31	3,4	SU 48b	18,1	3,47	0,131	1,06	10
SG 54/25	12,78	1,92	0,0726	0,41	4,5	SU 60a	22,6	3,5	0,132	1,33	11,7
SG 54/38	12,78	2,88	0,109	0,62	6,8	SU 60b	22,6	5,3	0,2	2,02	17,8
SG 70/13	16,54	1,15	0,0435	0,32	3,1	SU 75a	28,2	5,63	0,213	2,67	22,1
SG 70/19	16,54	1,72	0,065	0,48	4,7	SU 75b	28,2	9,01	0,34	4,28	35,3
SG 70/25	16,54	2,3	0,087	0,64	6,3	SU 90a	34	7,99	0,302	4,57	36
SG 70/32	16,54	2,87	0,108	0,80	7,9	SU 90b	34	13,4	0,506	7,67	51,9
SG 76/19	18,14	1,72	0,065	0,53	5	SU 102a	38,4	10,5	0,397	6,78	51,9
SG 76/25	18,14	2,3	0,087	0,7	6,7	SU 102b	38,4	17	0,642	11	84,0
SG 76/32	18,14	2,87	0,108	0,88	8,3	SU 114a	42,8	12,9	0,487	9,31	69,7
SG 76/38	18,14	3,45	0,13	1,05	10	SU 114b	42,8	21,2	0,801	15,3	114
SG 89/22	21,06	2,68	0,101	0,95	8,6	SU 132a	49,5	17,4	0,657	14,5	105
SG 89/29	21,06	3,45	0,13	1,22	11	SU 132b	49,5	27,7	1,05	23,1	168
SG 89/38	21,06	4,6	0,174	1,63	14,7	SU 150a	56,2	22,5	0,85	21,3	152
SG 89/51	21,06	6,13	0,232	2,18	19,6	SU 150b	56,2	33,9	1,28	32,1	228
SG 108/19	25,86	2,87	0,108	1,25	10,5	SU 168a	63	28,1	1,06	29,8	209
SG 108/29	25,86	4,54	0,172	1,98	16,7	SU 168b	63	45,4	1,72	48,1	337
SG 108/38	25,86	5,75	0,217	2,5	21,1	SU 180a	67,6	33	1,25	37,5	260
SG 108/51	25,86	7,66	0,29	3,33	28,2	SU 180b	67,6	41,3	1,5	47	326
SG 127/25	30,68	4,6	0,174	2,37	19,1	SU 180c	67,6	49,5	1,87	56,3	390
SG 127/38	30,68	6,9	0,26	3,56	28,7	SU 210a	78,7	44,6	1,68	59,1	402
SG 127/51	30,68	9,23	0,349	4,76	38,4	SU 210b	78,7	63,9	2,41	84,6	576
SG 127/70	30,68	12,65	0,478	6,53	52,7	SU 210c	78,7	83,2	3,12	110	749
SG 165/32	40,23	7,68	0,29	5,2	39,4	SU 240a	89,8	58,6	2,21	88,7	594
SG 165/51	40,23	12,26	0,463	8,3	62,8	SU 240b	89,8	78,5	2,97	119	796
						SU 240c	89,8	101	3,82	152	1020

[1] Ausführung A.
[2] In Norm-Spulenkörper werden bei SM, SE und SG (bis auf SG 27/6 bis SG 48/9) normalerweise zwei Kerne eingebaut. Die Werte sind dann zu verdoppeln.

6.7 Kleintransformatoren

Einphasen-Schnittbandkerne (Fortsetzung)

Kern-Typ	Eisen- weg- länge l_{Fe} cm	quer- schnitt A_{Fe}[2] cm²	Bei $\hat{B}$ = 1,7 T[1] Windg.- spanng. U_{N2} V/Wdg.	Kern- ver- luste P_{Fe}[2] W	Schein- leistung P_S[2] VA	Kern-Typ	Eisen- weg- länge l_{Fe} cm	quer- schnitt A_{Fe}[2] cm²	Bei $\hat{B}$ = 1,7 T[1] Windg.- spanng. U_{N2} V/Wdg.	Kern- ver- luste P_{Fe}[2] W	Schein- leistung P_S[2] VA
SM 30a	6,6	0,18	0,0068	0,02	0,32	SE 130a	25,9	5,64	0,213	2,46	20,7
SM 30b	6,6	0,29	0,011	0,032	0,51	SE 130b	25,9	7,21	0,273	3,14	26,6
SM 42	9,8	0,72	0,0272	0,12	1,49						
SM 55	12,4	1,46	0,0551	0,30	3,38	SE 150a	29,7	7,18	0,271	3,59	29,2
SM 65	14,6	2,24	0,085	0,55	5,70	SE 150b	29,7	8,98	0,339	4,49	36,5
						SE 150c	29,7	10,8	0,408	5,4	43,8
SM 74	16,5	3,14	0,118	0,87	8,59	SE 170a	34,7	10,9	0,416	6,42	50,2
SM 85a	18,3	4,01	0,151	1,23	11,7	SE 170b	34,7	12,9	0,488	7,53	59
SM 85b	18,3	5,66	0,213	1,74	16,5	SE 170c	34,7	14,9	0,563	8,7	68
SM 102a	22,2	5,21	0,196	1,95	17,3						
SM 102b	22,2	7,78	0,294	2,91	25,8	SE 195a	42,9	13,8	0,522	10	74,5
						SE 195b	42,9	17	0,643	12,3	91,8
						SE 195c	42,9	20,8	0,786	15	112,2
SE 92a	18,7	2,32	0,088	0,73	6,87						
SE 92b	18,7	3,22	0,122	1,01	9,54	SE 231a	49,9	18	0,68	15,1	109,8
SE 106a	20,9	4,13	0,156	1,45	13,1	SE 231b	49,9	22,7	0,858	19,1	138,5
SE 106b	20,9	5,81	0,219	2,04	18,5	SE 231c	49,9	28,2	1,066	23,7	172

6.7.3 Spulenkörper

Spulenkörper DIN 4000-70: 1992-01

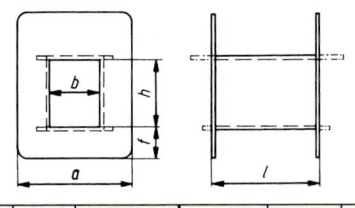

Typ	a	f	l	b	h	Mindest- höhe für Kern	Typ	a	f	l	b	h	Mindest- höhe für Kern
	Größtmaß in mm			Kleinstmaß in mm				Größtmaß in mm			Kleinstmaß in mm		
M 20	12,5	3,5	12	5,5	5,5	5,5	EI 92a	67,4	–	50	23,6	24,5	22,9
M 22	12,7	3,8	14	5,2	5,2	5,2	EI 92b					33,5	31,9
M 30za	17,3	5	18,7	7,3	7,3	7,3	EI 106a	75,4	–	55	29,6	33,5	31,9
M 30zb					10,5	10,5	EI 106b					46,5	44,9
M 30a	19	5,75	18,6	7,5	7,5	7,5	EI 130a	92	–	69	35,7	37,7	36,9
M 30b					11,3	11,3	EI 130b					47,7	46,1
M 42	29	8,1	28	12,6	15,7	14,6	EI 150a	107	–	79	40,7	41,7	40,1
M 55	37	9,3	35,5	17,4	21,7	20,6	EI 150b					51,7	50,1
							EI 150c					61,7	60,1
M 65	44	11,6	42	20,6	27,8	26,7							
M 74	50	13,1	48	23,6	33,5	32,4	EI 170a	121	–	94	45,7	56,7	54,5
							EI 170b					66,7	64,5
							EI 170c					76,7	74,5
M 85a	54,6	12,4	52	29,4	33,5	31,9							
M 85b					46,5	44,9	EI 195a	136	–	124	56,5	57,7	55,5
M 102a	65	15,1	64	34,6	36,5	34,9	EI 195b					70,7	68,5
M 102b					54	52,4	EI 195c					85,7	83,5

[1] Ausführung A.
[2] In Norm-Spulenkörper werden bei SM, SE und SG (bis auf SG 27/6 bis SG 48/9) normalerweise zwei Kerne eingebaut. Die Werte sind dann zu verdoppeln.

6.8 Feinsicherungen

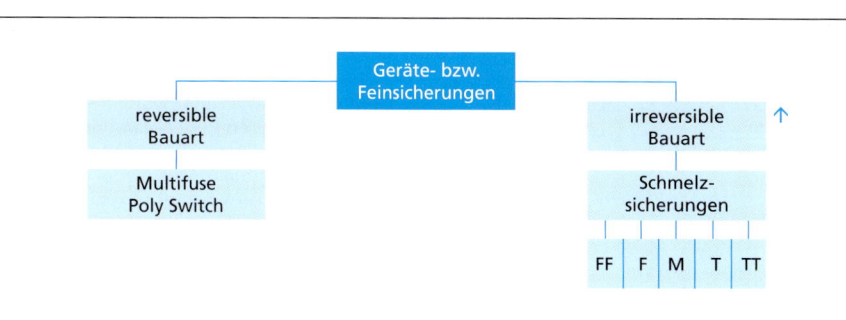

6.8.1 Reversible Bauart

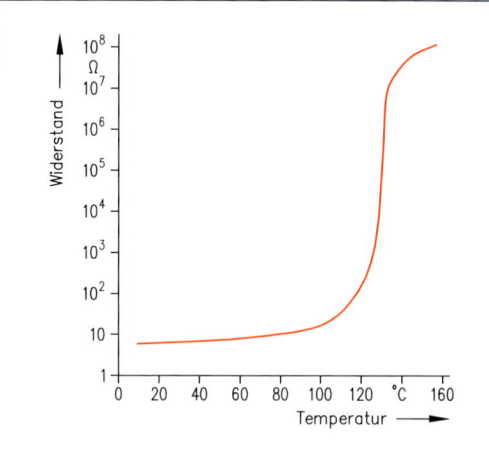

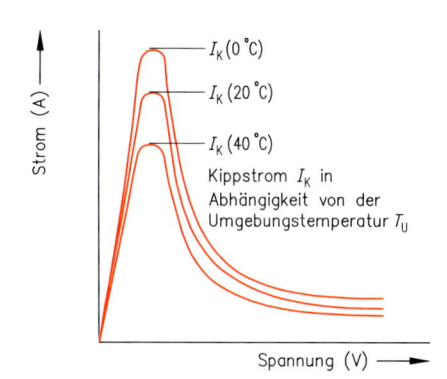

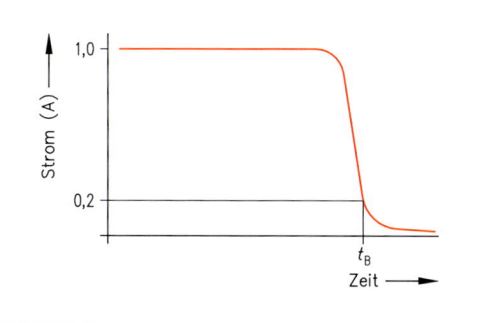

Spezielle Kaltleiter, ↑ sogenannte PPTCs (Polymer-PTCs, Handelsnamen *Multifuse* oder *PolySwitch*) werden bei einem Überstrom schlagartig hochohmig. Sie werden wieder niederohmig, sobald der Stromkreis unterbrochen wird. Ein Austausch des Sicherungselementes ist nicht notwendig.

Prinzip:
Der Stromfluss durch das Sicherungselement verursacht Wärme, die zu einer Erhöhung der Temperatur und des Widerstandes führt. Wenn der Strom seinen Normalwert übersteigt, führt die Wärme das Element in einen hochohmigen Zustand über.

Bei höherer Umgebungstemperatur ergibt sich ein niedrigerer Kippstrom I_K, da das Element weniger Leistung benötigt, um die Schalttemperatur zu erreichen. Bei jeder vorgegebenen Temperatur kann I_K auch durch Umweltbedingungen, wie Luftströmung und Befestigung beeinflusst werden.

Beim Durchfließen eines Fehlerstromes vergeht eine gewisse Zeit, bis das Schaltelement in seinen hochohmigen Zustand gebracht wird. Die Schaltzeit ist definiert als die Zeit, bei der der Strom auf 20 % seines anfänglichen Wertes absinkt.

Die Schaltgeschwindigkeit wird durch die Höhe des Stromes beeinflusst. Je höher der Fehlerstrom, desto stärker erwärmt sich das Element und desto schneller erfolgt die Abschaltung.

Typische Bauform

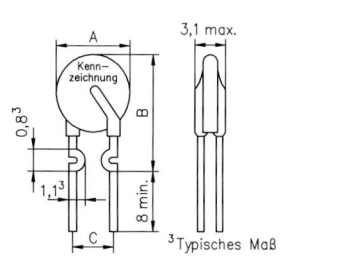

6.8 Feinsicherungen

6.8.2 Irreversible Bauart — DIN EN 60127-1: 2015-12; VDE 0820-1: 2015-12

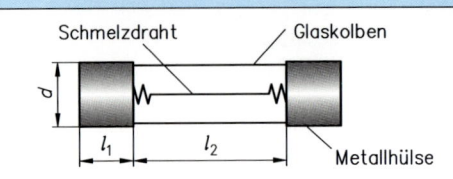

Die Geräteschutzsicherung besteht aus einem Glaskolben, der an beiden Enden eine Metallhülse trägt, die als Kontakte dienen. Dazwischen befindet sich ein Schmelzdraht. Steigt der Strom über einen zulässigen Wert an, wird der im Glaskörper befindliche Schmelzdraht so stark erhitzt, dass er schmilzt und den Stromkreis trennt.

Die Bemessungsstromstärken I_B liegen beim Typ 5x20 zwischen 0,032 A bis 6,3 A. Beim Typ 6,3x32 bis 20 A. Bei $I_B \geq 3$ A ist der Glaskörper häufig mit Sand gefüllt. Geräteschutzsicherung unterscheiden sich in ihrer Zeit-Strom-Charakteristik, die durch einen oder zwei Buchstaben gekennzeichnet ist.

Standard-Abmessungen:

Typ	d	l_1	l_2
5x20	5,2 mm	5 mm	10 mm
6,3x32	6,3 mm	5,9 mm	20 mm

Auslösecharakteristik

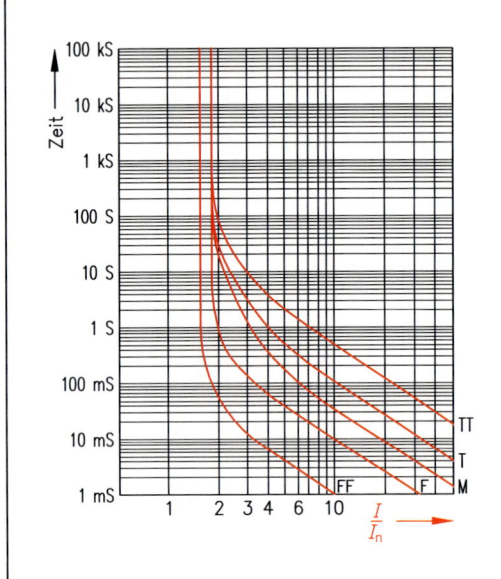

Beim angegebenen Bemessungsstrom I_B findet keine Auslösung statt. Er soll etwa dem Betriebsstrom des zu schützenden Gerätes bzw. der Baugruppe entsprechen. Bei Strömen größer als $1{,}5 \cdot I_B$ kommt man in den Bereich, der zur Auslösung führt.
Das Auslöseverhalten ist in fünf Stufen unterteilt.

Kurzbezeichnung	Auslöseverhalten
FF	superflink
F	flink
M	mittelträge (normal)
T	träge
TT	superträge

Beispiel: Auslöseströme für verschiedene 500-mA-Sicherungen bei Auslösung nach spätestens 50 ms

Sicherungstyp	minimaler Auslösestrom
FF	$2{,}0 \cdot I_n$ = 1,00 A
F	$4{,}5 \cdot I_n$ = 2,25 A
M	$8{,}5 \cdot I_n$ = 4,25 A
T	$15{,}0 \cdot I_n$ = 7,50 A
TT	$30{,}0 \cdot I_n$ = 15,00 A

Aufschrift

F 200 H 250 V
- Zeit-Strom-Charakteristik
- Bemessungsstrom in mA (bei Strömen von 1 A und mehr in A)
- Kennbuchstabe für das Ausschaltvermögen
- Bemessungsspannung in V

Ausschaltvermögen

Buchstabe	H	L	E
Erläuterung	großes Ausschaltvermögen (1500 A AC)	kleines Ausschaltvermögen ($10 \cdot I_n$ aber mind. 35 A AC)	erhöhtes Ausschaltvermögen (150 A AC)

6.9 Galvanische Elemente

Galvanische Elemente

Primärelemente

Primärelemente (Zellen und Batterien) erhalten bereits bei der Herstellung endgültig ihren gesamten Energieinhalt in Form von chemischer Energie und können nicht wieder aufgeladen werden.

Gängige Baugrößen

Sekundärelemente

Sekundärelemente bzw. Akkumulatoren sind Energiespeicher. Durch Zuführung von Gleichstrom wird elektrische Energie in chemische Energie umgewandelt und gespeichert. Wird ein elektrischer Verbraucher angeschlossen, so wird die chemisch gespeicherte Energie in elektrische Energie zurückgewandelt.

6.9.1 Gängige Baugrößen von Primär- und Sekundärzellen bzw. Batterien

Primärelemente (Batterien) und Sekundärelemente (Akkumulatoren) werden zum Teil in gleichen Baugrößen hergestellt. Dies ermöglicht z. B. die Verwendung von Akkumulatoren als Ersatz für Batterien. Häufig wird neben den Bauformbezeichnungen auch die Baugröße nach ANSI angegeben.

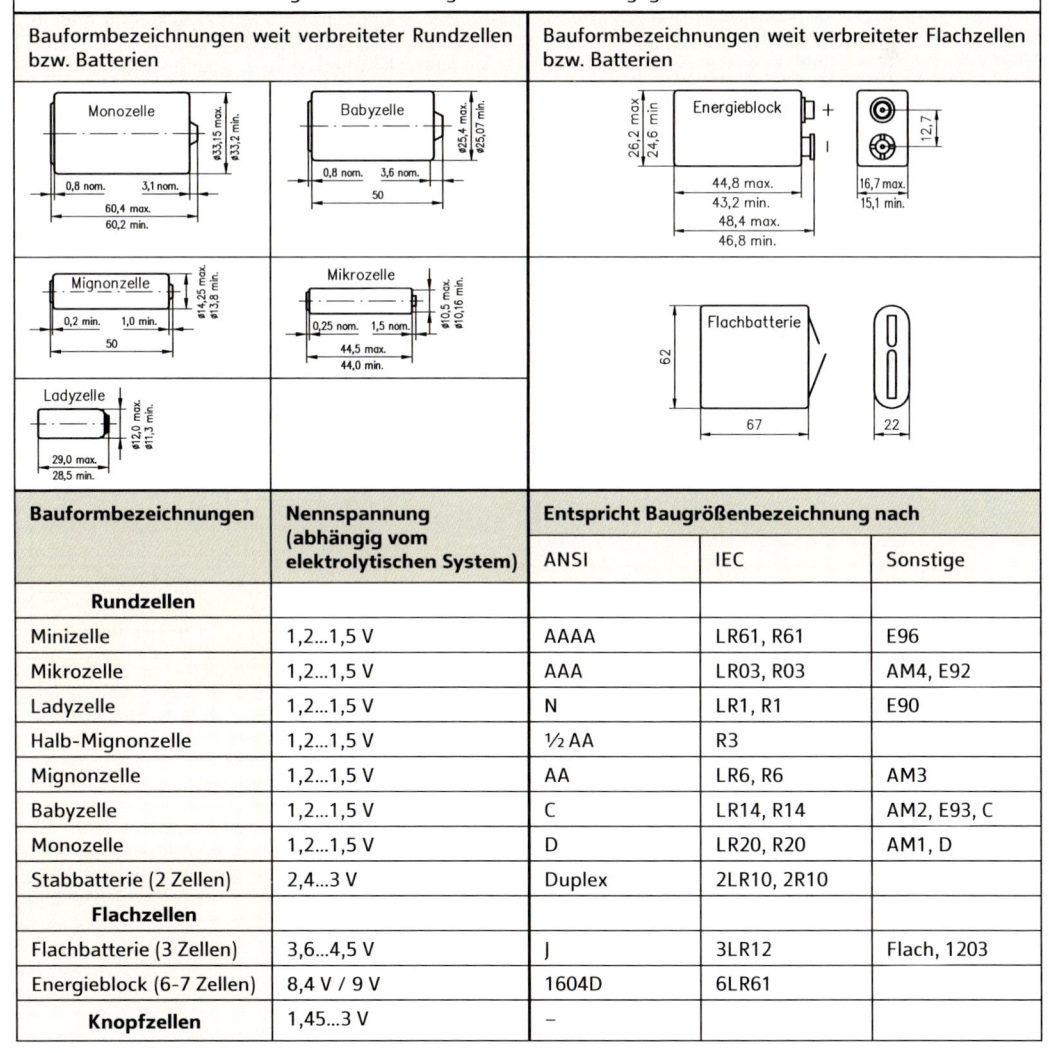

Bauformbezeichnungen weit verbreiteter Rundzellen bzw. Batterien

Bauformbezeichnungen weit verbreiteter Flachzellen bzw. Batterien

Bauformbezeichnungen	Nennspannung (abhängig vom elektrolytischen System)	Entspricht Baugrößenbezeichnung nach		
		ANSI	IEC	Sonstige
Rundzellen				
Minizelle	1,2…1,5 V	AAAA	LR61, R61	E96
Mikrozelle	1,2…1,5 V	AAA	LR03, R03	AM4, E92
Ladyzelle	1,2…1,5 V	N	LR1, R1	E90
Halb-Mignonzelle	1,2…1,5 V	½ AA	R3	
Mignonzelle	1,2…1,5 V	AA	LR6, R6	AM3
Babyzelle	1,2…1,5 V	C	LR14, R14	AM2, E93, C
Monozelle	1,2…1,5 V	D	LR20, R20	AM1, D
Stabbatterie (2 Zellen)	2,4…3 V	Duplex	2LR10, 2R10	
Flachzellen				
Flachbatterie (3 Zellen)	3,6…4,5 V	J	3LR12	Flach, 1203
Energieblock (6-7 Zellen)	8,4 V / 9 V	1604D	6LR61	
Knopfzellen	1,45…3 V	–		

6.9 Galvanische Elemente

6.9.2 Primärelemente (Batterien)

Element	Negative Elektrode	Positive Elektrode	Elektrolyt	Nennspg. in V	Energiedichte in MJ/kg	Bemerkung	Anwendung
Leclanchè (Zink-Kohle)	Zink Zn	Mangandioxid MnO_2 und Kohle	Ammoniumchlorid NH_4Cl (Salmiak)	1,5	0,23	preiswert; in Europa nicht mehr verfügbar	Taschenlampen, Spielzeug
Zinkchlorid	Zink	Mangandioxid MnO_2	Zinkchlorid $ZnCl_2$	1,5	0,3	auslaufsicherer Elektrolyt; selten	Uhren, Radios, Thermometer
Alkali-Mangan	Zinkpulvergel	Mangandioxid MnO_2	Kalilauge KOH	1,5	0,45	hoch belastbar, geringe Selbstentladung, gutes Tieftemperaturverhalten aktueller Standard	Taschenlampen, Spielzeug, Uhren, Radios Thermometer, Kameras, Blitzgeräte, etc.
Zink-Luft	Zink Zn	Ammoniumchlorid und Aktivkohle	alkalisch $Zn(OH)_2$	1,4	1,2	als Hörgeräte-Batterie in den Größen PR44, PR48, PR41, PR70, PR63	Hörgeräte
Silberoxid	Zink Zn	Silber(I)-oxid	Kalilauge (KOH) oder Natronlauge (NaOH)	1,55	0,3	als Knopfzelle mit der Bezeichnung „SR"; Gefrierpunkt: –40 °C	Uhren, Taschenrechner, Fotoapparate
Nickel-Oxyhydroxid	Nickel Ni	Oxyhydroxid NiOx		1,7	0,7	hochstromfähig	Fernbedienungen
Alu-Luft	Aluminium Al	Kohlenstoff C	Kaliumhydroxid KOH	1,2	4,5	sehr hohe Selbstentladung	militärische Anwendung, Fahrzeugbatterie
Lithium	Lithium Li	Eisensulfid FeS_2	organisch (Ethylencarbonat)	1,5	1,25	–40 °C bis +60 °C 10...15 Jahre lagerfähig; hochstromfähig	Rauchmelder, Uhren, Fernbedienungen
		Iod I_2	Lithiumiodid (fest)	2,8	0,4...0,7	sehr hoher Innenwiderstand Selbstentladung ca. ≈ 0,06% / Jahr	Herzschrittmacher
		Schwefeldioxid SO_2	Lithiumbromid LiBr	2,7	1	gutes Tieftemperaturverhalten; geringe Selbstentladung, hoher Zelleninnendruck!	militärische Zwecke, CMOS-Speichererhalt
		Kohlenstoffmonofluorid $(CF)_n$	Prophylencarbonat/ Dimethoxyethan	2,5...3,1	0,4...0,7	geringe Selbstentladung, flache Bauformen sind möglich	medizinischer Bereich
		Mangandioxid MnO_2	Lithiumperchlorat $(LiClO_4)$	3,0	1,4	Allzweckbatterie	meist eingesetzte Lithium-Batterie: Uhren, Fernbedienung, Rechner, etc.
		Thionylchlorid $SOCl_2$	Lithiumtetrachloraluminat $LiAlCl4$	3,4	2,34	hohe Energiedichte, Selbstentladung nur ≈ 1%/Jahr, Rückstrom über Zelle max. 10µA	militärische Zwecke, CMOS-Speichererhalt, Energiezähler

6.9 Galvanische Elemente

6.9.2 Primärelemente (Batterien) (Fortsetzung)

Kurzzeichen **DIN EN 60086-1**: 2016-07 **und DIN EN 60086-2**: 2018-04

Galvanische Primärbatterien werden mit Kurzzeichen aus Buchstaben und Ziffern versehen. Die Buchstaben kennzeichnen die Form: R = Rundzellen und Batterien; S = Quadratzellen und Batterien; F = Flachzellen. Wird den Buchstaben R, S oder F kein oder ein zusätzlicher Buchstabe vorangestellt, so wird dadurch das elektrochemische System bezeichnet; eine Zahl vor den Buchstaben gibt die Anzahl der zu einer Batterie geschalteten Einzelzellen an. Die Zahl nach den Buchstaben bezeichnet die Zellengröße. Die hinter einem waagerechten Strich nachgestellte Zahl nennt die Anzahl der parallel geschalteten Zellen.

Buchstabe	Negative Elektrode	Elektrolyt	Positive Elektrode	Nennspannung V	Höchste Leerlaufspng. V
–	Zink (Zn)	Ammoniumchlorid, Zinkchlorid	Mangandioxid (MnO_2)	1,5	1,725
A	Zink (Zn)	Ammoniumchlorid, Zinkchlorid	Sauerstoff (O_2)	1,4	1,55
B	Lithium (Li)	Organischer Elektrolyt	(Poly-)Kohlenstoffmonofluorid $(CF)_x$	3,0	3,7
C	Lithium (Li)	Organischer Elektrolyt	Mangandioxid (MnO_2)	3,0	3,7
E	Lithium (Li)	Nichtwässriger anorganischer Elektrolyt	Thionylchlorid ($SOCl_2$)	3,6	3,9
F	Lithium (Li)	Organischer Elektrolyt	Eisendisulfid (FeS_2)	1,5	1,83
G	Lithium (Li)	Organischer Elektrolyt	Kupfer(II)-oxid (CuO)	1,5	2,3
L	Zink (Zn)	Alkalimetallhydroxid	Mangandioxid (MnO_2)	1,5	1,65
P	Zink (Zn)	Alkalimetallhydroxid	Sauerstoff (O_2)	1,4	1,68
S	Zink (Zn)	Alkalimetallhydroxid	Silberoxid (Ag_2O)	1,55	1,63
Z	Zink (Zn)	Alkalimetallhydroxid	Nickeloxyhydroxid (NiOOH)	1,5	1,78

Beispiele

Mangandioxid-Alkalimetallhydroxid-Zink-System — L R 20 — Rundzelle der Größe 20

6 F 50 – 2: Batterie besteht aus 6 in Reihe geschalteten Zellen, Nennsp. 9 V, Flachzelle der Größe 50 ($b = 32$ mm, $l = 32$ mm, $h = 3,6$ mm), Jeweils 2 Zellen parallel geschaltet

Bauformbezeichnung	Leclanché-Zelle (Zink/Kohle)			Alkali-Mangan-Zelle		
	Kurzzeichen	Innenwiderstand	Kapazität	Kurzzeichen	Innenwiderstand	Kapazität
Rundzellen						
Minizelle	R06			LR06		
Mikrozelle	R03	0,4…0,6 Ω	0,41 Ah	LR03	0,16…0,25 Ω	0,82 Ah
Ladyzelle	R1	0,7…1,05 Ω	0,39 Ah	LR1	0,25…0,4 Ω	0,7 Ah
Halb-Mignonzelle	R3			LR3		
Mignonzelle	R6	0,36…0,54 Ω	1,16 Ah	LR6	0,13…0,2 Ω	2,5 Ah
Babyzelle	R14	0,29…0,44 Ω	3,1 Ah	LR14	0,1…0,2 Ω	6,05 Ah
Monozelle	R20	0,2…0,3 Ω	6,17 Ah	LR20	0,07…0,14 Ω	9,63 Ah
Stabbatterie (2 Zellen)	2R10	0,75…1,1 Ω	0,95 Ah	2LR10		
Flachzellen						
Flachbatterie (3 Zellen)	3R12	0,77…1,16 Ω		3LF12		
Energieblock (6 Zellen)	6F22	12…18 Ω		6LF22	2…3 Ω	0,47 Ah

6.9 Galvanische Elemente

6.9.3 Sekundärelemente (Akkumulatoren)

Überblick über die galvanischen Sekundärelemente (Richtwerte)

Typ	Elektrode negativ	Elektrode positiv	Elektrolyt (Dichte bei 20 °C)	Zellen-Nennspg.	Gasungsspannung	Selbstentladung pro Tag	Temperaturbereich bei Entladung	Energiedichte Wh/kg	Bemerkungen
Blei (Pb)	Pb	PbO_2	Verdünnte Schwefelsäure H_2SO_4 (1,2…1,28 kg/l)	2,0 V	2,4 V	0,2 %	−20…+50 °C	25…60	• Preiswert • Einfache Ladetechnik • Hochstromfähig • Geringe Energiedichte • Hohes Gewicht • Robuste, ausgereifte Technik • Recyclingfähig
Nickel-Cadmium (NiCd)	Cd Cd+Fe	NiOOH NiOOH	Verdünnte Kalilauge KOH (1,17…1,3 kg/l)	1,2 V	1,55 V	0,5 %	−40…+60 °C	40…80	• Gute Verfügbarkeit • Hohe Zyklenzahl • Hochstrom-entladefähig • Ultraschnell-ladefähig • Kapazitätsverlust durch Memoryeffekt • Recyclingfähig
Nickel-Eisen (NiFe)	Fe	NiOOH	Verdünnte Kalilauge KOH (1,17…1,3 kg/l)	1,2 V	1,7 V			40	• Sehr langlebig und robust • Unempfindlich gegen Tiefentladung oder Überladung
Silber-Zink (Ag-Zn)	Zn	AgO	Verdünnte Kalilauge KOH (1,4 kg/l)	1,5 V	2,05 V	0,07 %	−20…+30 °C	bis 135	• Vorwiegend auf Sondergebieten eingesetzt (z. B. Militär); es gelten besondere Vorschriften.
Zink-Luft	Zn	C (Aktivkohle)	Kalilauge KOH	1,65 V	2,0 V			350	• Extrem hohe Energiedichte • Leicht recycelbar
Nickel-Metallhydrid (NiMH)	MH	Ni	Kaliumhydroxid KOH	1,2 V	1,5 V	1,5 %	−20…+65 °C	60…120	• Ausgezeichnete Verfügbarkeit • Hohe Energiedichte • Nicht hochstromfähig • Hoher Ladekontrollaufwand • Nicht recyclingfähig
Lithium-Ionen (Li-Ion-Akku)	C	$LiCoO_2$	Lithiumsalze LiPF6	3,6 V		0,2 %	−20…+60 °C	110…200	• Hohe Energiedichte • Sehr empfindlich bezüglich Lade-/Entladefehler • Wasserfreier Elektrolyt • Kein Memoryeffekt • Geringes Gewicht
Lithium-Polymer	C	$LiCoO_2$	LiCx, Leitfähiges Polymer oder Gel LiMOx	3,6 V		0,2 %	−20…+60 °C	140…180	• Wie Lithium-Ionen-Akku; außerdem: • Hohe Fertigungskosten • Absolut auslaufsicher, der Elektrolyt ist nicht flüssig • Kann in unterschiedlichsten Formen gefertigt werden, auch sehr flach (Folie)
Lithium-Cobaltnickel	C	LiNiCo		3,6 V		0,2 %	−20…+60 °C	bis 240	• Wie Lithium-Ionen-Akku; außerdem: • Sehr hohe Energiedichte • Hohe Fertigungskosten
Lithium-Manganoxid	C	$LiMnO_2$		3,7 V		0,2 %	−20…+60 °C	110…120	• Wie Lithium-Ionen-Akku; außerdem: • Hohe Fertigungskosten

6.9 Galvanische Elemente

6.9.3 Sekundärelemente (Akkumulatoren) (Fortsetzung)

Ladekennlinien

Kurzzeichen	Ladeart bzw. Abschaltung	Kurzzeichen	Ladeart bzw. Abschaltung
I	Konstantstrom-Kennlinie	a	Selbsttätige Ausschaltung
U	Konstantspannungs-Kennlinie	O	Selbsttätiger Kennliniensprung
W	Fallende Kennlinie		

Zusammengesetzte Kurzzeichen entsprechen dem Ladeverlauf, z. B. *IUWa* oder *WOWa*.

Ia	*Wa*	*U*	*IU*	*WOWa*

Kennlinie	Bemerkung/Anwendungsgebiete	Kennlinie	Bemerkung/Anwendungsgebiete
I	Die Ladungsmenge ergibt sich aus der Ladezeit. Überladen möglich. Anwendung: Blei-Starterbatterien, NiCd- und NiMH-Batterien, nicht gasdichte Batterien	*IUIa*	Zur Ladezeitreduzierung wird in einigen Anwendungen an die *IU*-Ladung eine *Ia*-Ladung angeschlossen. Bei günstiger Wahl der Ladeparameter können z. B. Bleiakkumulatoren in weniger als 10 h geladen werden. Wichtig ist das rechtzeitige Abschalten. Sonst kommt es zu einer Überladung. Anwendung: Blei-Antriebsbatterien
Ia	Wie *I*-Ladung, aber mit automatischer Abschaltung bei Ladeende. Die Ladungsmenge ergibt sich aus der Ladezeit. Anwendung: NiCd- oder NiMH-Batterien		
U	Zu Beginn muss der Ladestrom begrenzt werden. Mit zunehmender Ladung steigen Ruhespannung und Innenwiderstand. Daraus resultiert ein fallender Strom. Problemloses Laden parallel geschalteter Batterien. Anwendung: bei parallel geschalteten Blei- oder NiCd-Batterien gleicher Zellenzahl unabhängig von Ladezustand und Kapazität	W	Ergibt sich beim Einsatz von ungeregelten Ladegeräten. Der Ladestrom hängt von der Batteriespannung ab. Da diese mit zunehmendem Ladestrom steigt, kommt es zum Rückgang des Ladestroms mit zunehmender Ladung. Anwendung: bei GiS- und PzS-Fahrzeugbatterien (z. B. Antriebsbatterien von Gabelstaplern), Starterbatterien, offene NiCd-Batterien
IU	Nutzt die Vorteile der *I*-Ladung mit denen der *U*-Ladung. Bei der *I*-Ladung wird ein Großteil der Ladungsmenge eingeladen. Bei der *U*-Ladephase wird vollständig aufgeladen. Anwendung: parallel geschaltete Bleibatterien; offene NiCd- und NiFe-Batterien, Li-Ionen-Batterien	*WOW*	Anwendung: bei GiS- und PzS-Fahrzeugbatterien, offene NiCd-Batterien
		WOWa	Wie *WOW*, aber mit automatischer Abschaltung bei Ladeschluss

Die Tabelle liefert anhand der Kurzbezeichnung das Ladeverhalten von Ladegeräten.

6.9 Galvanische Elemente

↑ 15-6
15-10

Bleiakkumulatoren

Aufbau und Funktion

Bleiakkus bestehen aus einzelnen galvanischen Elementen (Zellen) mit einem Elektrodenpotenzial von 2 V. Meist sind 3 oder 6 Zellen hintereinandergeschaltet, um eine Nennspannung von 6 bzw. 12V zu erhalten. Eine Zelle besteht aus einer Elektrode aus metallischem Blei und einer Elektrode, die mit Bleioxid beschichtet ist. Als Elektrolyt dient 20–40%ige Schwefelsäure (H_2SO_4). Bei dieser Konzentration erreicht H_2SO_4 die optimale Leitfähigkeit. Um eine große wirksame Elektrodenoberfläche zu erhalten, sind die an den Elektroden wirksamen Stoffe feinkörnig und porös. Je nach Beschaffenheit des Elektrolyts werden Nasszellen-Akkumulatoren (mit flüssigem Elektrolyten) und Akkumulatoren mit festem Elektrolyten unterschieden. Letztere sind lageunabhängig einsetzbar.

Bleiakkumulatoren
- mit flüssigem Elektrolyten
  - **Nasszelle**
- mit festem Elektrolyten
  - **Gel** — Elektrolyt in Kieselsäure gebunden
  - **AGM** (Absorbed Glass Mat) — Elektrolyt in Glasfaservlies gebunden

Negative Elektrode	Positive Elektrode	Elektrolyt (Dichte-Angabe bei 20 °C)	Zellen-Nennspg.	Gasungs-spannung	Energiedichte Wh/kg	Memory-effekt
Pb (Blei)	PbO_2 (Bleioxid)	Verdünnte Schwefelsäure (1,2…1,28 kg/l)	2,0 V	ca. 2,4 V	25…60	Nein

Vorteile	Nachteile
• Relativ hohe Spannung pro Zelle • Vergleichsweise geringer Preis • Geringer Innenwiderstand; hohe Belastbarkeit • Günstiges Energieverhältnis zwischen Entladung und Aufladung • Fast vollständig wiederverwertbar • Wartungsarm (besonders bei Blei-Gel-Akkus)	• Hohes Gewicht • Geringe spezifische Energiedichte • Empfindlich gegenüber hohen Temperaturen • Alterung des $PbSO_4$-Elektrodenüberzugs bei längerer Lagerung im ungeladenen Zustand • Relativ lange Ladezeit • Totale Entladung ist ungünstig für den Akku

Entladen

Beim Entladevorgang lösen sich Pb^{2+}-Ionen aus beiden Elektroden und gehen in die Lösung über. Die entstehenden Pb^{2+}-Ionen reagieren mit den Säurerest-Ionen der H_2SO_4 zu schwerlöslichem Bleisulfat ($PbSO_4$), das sich an den Elektroden absetzt. Schwefelsäure wird verbraucht und es entsteht Wasser.

Bei Akkus mit flüssigem Elektrolyten kann der Ladezustand anhand der Säuredichte bestimmt werden. Die Dichte der Säure sinkt von 1,26 g/cm³ auf 1,16 g/cm³. Wird bei 1,15 g/cm³ nicht nachgeladen, wird der Akku beschädigt. Der Akku ist erschöpft, wenn das alles Bleioxid reduziert wurde.

Die Entladeschlussspannung ist abhängig vom Entladestrom. Bei kleinen Entladeströmen (1/10…1/5 C) gelten 1,8 V pro Zelle.

Laden und zulässige Ladestromwerte

Es wird Spannung an die Elektroden angelegt und so die Stromrichtung umgekehrt. Typische Ladevarianten:

IU: Es wird ein Ladestrom von 1/20 C bis 1/10 C (C = Kapazität in Ah) eingestellt. Bei Erreichen von ca. 2,4 V pro Zelle (knapp unterhalb der Gasungsspannung) wird in eine Nachladephase auf eine Konstantspannung von 2,3V pro Zelle geschaltet. Mit dieser Spannung kann der Akku sehr lange geladen („gehalten") werden.

U: Es wird eine Spannung knapp unter der Gasungsspannung angelegt und die Ladung abgebrochen, wenn der Ladestrom auf unter 2 % von C abgesunken ist. Beispiel: für einen 60-Ah-Akku mit 12 V Nennspannung: Ladespannung 14,4 V; Ladestrom zwischen 3 und 6 A mit Abschaltung bei einem Ladestrom unter 1,2 A. Kann Wasser nachgefüllt werden, ist es sinnvoll, den Akku für kurze Zeit zum Gasen zu bringen. Der Elektrolyt wird durchmischt und Säureschichtung vermieden. Beim Gasen wird Wasserstoff und Sauerstoff frei. Dieses Gasgemisch ist explosiv. Man darf nur im Freien oder in gut durchlüfteten Räumen laden. Geschlossene Akkus mit festem Elektrolyten dürfen nicht bis zur Gasungsspannung geladen werden.

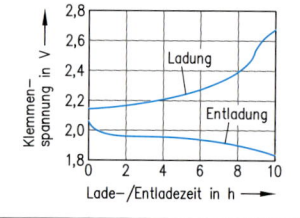

Typischer Lade- und Entladevorgang einer Bleiakkumulatorzelle bei einem Lade- Entladestrom von 0,1 C (z. B. 60Ah → 6 A Lade-Entladestrom).

6.9 Galvanische Elemente

6.9.3 Sekundärelemente (Akkumulatoren) (Fortsetzung)

Nickel-Cadmium-Akkumulatoren (NiCd-Akkus)

Die positive Elektrode besteht aus Nickelhydroxid (NiO_2H). Die negative Elektrode besteht aus Cadmiumverbindungen. Die Akkus haben eine hohe Selbstentladung. NiCd-Akkus gibt es in den gleichen Bauformen wie handelsübliche Primärelemente (Batterien). Ihr Innenwiderstand ist besonders gering. Die Akkus enthalten giftiges Cadmium. Sie sind in Europa verboten; werden nicht mehr verkauft/eingesetzt.

Negative Elektrode	Positive Elektrode	Elektrolyt (Dichte-Angabe bei 20 °C)	Zellen-Nennspannung	Gasungsspannung	Energiedichte Wh/kg	Memory-effekt
Cd	NiO_2H	Verdünnte Kalilauge (1,17…1,3 kg/l)	1,2 V	ca. 1,55 V	40…80	Ja

Nickel-Metallhydrid-Akkumulatoren (NiMH-Akkus)

Die Anode (−) besteht aus einer wasserstoffspeichernden Nickellegierung. Die Katode besteht aus Nickel. Es können über 1000 Lade-/Entladezyklen erreicht werden. Die Selbstentladung beträgt bei älteren Typen in den ersten 24 h rund 10 % und danach 15 … 50 % pro Monat. Bei neuen (LSD)-Typen kann 15 % im ersten Monat und dann 15 % pro Jahr angenommen werden. Bei $\vartheta_U = 20\,°C$. NiMH-Akkus gibt es in den gleichen Bauformen wie handelsübliche Primärelemente (Batterien). Sie können anstelle dieser verwendet werden.

Negative Elektrode	Positive Elektrode	Elektrolyt (Dichte-Angabe bei 20 °C)	Zellen-Nennspannung	Gasungsspannung	Energiedichte Wh/kg	Memory-effekt
MH	Ni	Kaliumhydroxid 20%ig, pH-Wert: 14	1,2 V	ca. 1,5 V	60…120	Gering

Vorteile	Nachteile
• hohe Energiedichte • kleiner Innenwiderstand (≈ 35 mΩ bei AA-Zelle) • vollständige Entladung ist unschädlich • hoher Ladewirkungsgrad bis 92 % • kurze Ladezeit (Hochstromladung möglich) • frei von Cadmium und Quecksilber • sehr Betriebssicher	• bedingt für Hochstromanwendungen (max. 3 C) • geringer Betriebstemperaturbereich 0 … 40 °C • empfindlich gegen Überladung • empfindlich gegen Tiefentladung

Ladung	Entladung
Normalladung: Konstantstrom 0,1 C[1)] Abschaltung wenn die Ladeschlussspannung von 1,45 V erreicht ist **Schnellladung:** Konstantstrom 0,5 … 1 C[1)] Abschaltung wenn − $\Delta V/dt$ erreicht oder $-dT/dt$ erreicht U_B = Akkuspannung; I_{CH} = Ladestrom **Erhaltungsladung:** Konstantstrom 1/20 C[1)]	Entladeschlussspannung: 1,0 V pro Zelle Typisches Entladeverhalten bei Entladung mit konstantem Strom:

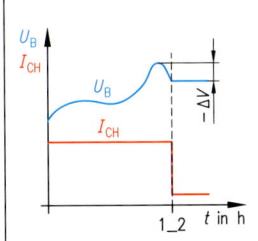

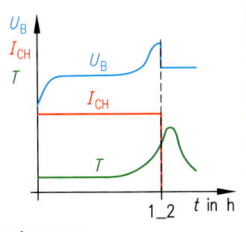

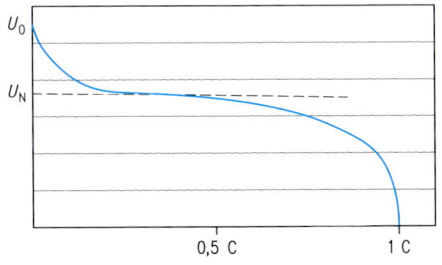

[1)] 1C = Akku-Kapazität/h z. B. 200 mAh → 1C = 200 mA

6.9 Galvanische Elemente

Lithium-Ionen (Li-IO)

Die positive Elektrode besteht aus Manganoxid oder Vanadiumpentoxid oder Li-Metalloxid. Die negative Elektrode besteht aus einer Lithiumverbindung oder aus Kohlenstoff mit Lithium.

Über 500 Lade-/Entladezyklen sind möglich. Die Selbstentladung beträgt bei Ausführungen mit Manganoxid als positiver Elektrode etwa 2 % pro Monat. Bei Ausführungen mit Vanadiumpentoxid beträgt sie 0,1 % pro Monat.

Zum Laden von Li-IO-Akkus ist eine anspruchsvolle Ladetechnik notwendig. Die Akkus reagieren sehr empfindlich auf Lade-/Entladefehler. Deshalb werden sie überwiegend in stationärer Ausführung für z. B. Notebooks, Camcorder oder Mobiltelefone eingesetzt.

Negative Elektrode	Positive Elektrode	Elektrolyt (Dichte-Angabe bei 20 °C)	Zellen-Nenn-spannung	Gasungs-spannung	Energie-dichte Wh/kg	Memory-effekt
C	$LiCoO_2$	Lithiumsalze, $LiPF_6$	3,6 V		110…200	Nein

Vorteile	Nachteile
• Hohe Energiedichte • Geringes Gewicht • Lade-/Entlade-Wirkungsgrad ca. 96 % • Niedriger Innenwiderstand	• Empfindlich gegenüber Ladefehler – deshalb anspruchsvolle Ladetechnik erforderlich • Nicht für hohe Ströme geeignet

Entladen	Laden
Die Spannung des Li-Ion-Akkus sinkt während der Entladung erst kurz vor der vollständigen Entladung ab. Entladeschlussspannung ist 2,5 V; diese darf nicht unterschritten werden. Der max. Strom darf 20 % der Nennkapazität nicht überschreiten (z. B.: 5 Ah → max. 1A).	Zuerst wird mit konstantem Strom zwischen 0,6 und 1 C geladen. Erreicht die Zellenspannung 4,2 V, wird diese Spannung gehalten, bis der Ladestrom auf 3 % des Anfangsstroms gesunken ist (*IU*-Kennlinie). Die Ladeschlussspannung muss mit weniger als 50 mV Toleranz eingehalten werden.

Lithium-Polymer

Die positive Elektrode besteht aus organischem Material, z. B. Polyanilin ($C_6H_5 - NH_2$) mit Vanadiumoxid V_2O_5. Die negative Elektrode besteht aus einer Lithiumverbindung oder aus Kohlenstoff mit Lithium.

Lithium-Polymer-Akkus sind elektrisch und thermisch empfindlich: Überladen, Tiefentladen, zu hohe Ströme, Betrieb bei zu hohen oder zu niedrigen Temperaturen (< 0 °C) und langes Lagern in entladenem Zustand schädigen oder zerstören die Zelle.

Bei Überladung können sich die Akkus entzünden oder auch verpuffen – daher ist zur Ladung ein spezielles Li-Akku-Ladegerät (*I/U*-Verfahren) zu verwenden.

Negative Elektrode	Positive Elektrode	Elektrolyt (Dichte-Angabe bei 20 °C)	Zellen-Nenn-spannung	Gasungs-spannung	Energie-dichte Wh/kg	Memory-effekt
C	$LiCoO_2$	Leitfähiges Polymer (i. d. R. aber ein Gel) LiMOx	3,6 V		140…180	Nein

Vorteile	Nachteile
• Hohe Energiedichte • Geringes Gewicht • Auslaufsicher, da das Elektrolyt nicht flüssig ist • Sehr flach ausführbar (folienähnlich)	• Nicht für hohe Ströme geeignet • Bei Überladung besteht Explosionsgefahr • Aufwendige Lade-/Entladeüberwachung notwendig

Entladen	Laden
Tiefentladen oder zu hohe Entladeströme schädigen oder zerstören den Akku. Deshalb muss nicht nur der Ladevorgang, sondern auch der Entladevorgang überwacht werden.	Die Ladung erfolgt wie beim Li-IO-Akku nach der *IU*-Kennlinie. Der Anfangsladestrom darf 1 C nicht überschreiten (d. h., ein Akku mit C = 800 mAh darf mit einem Anfangsstrom von 800 mA geladen werden).

6.10 Relais

Bauarten von Relais

```
                    Elektromagnetische Relais
                    /                      \
           Monostabile Relais          Bistabile Relais
```

| Monostabile neutrale Relais | Monostabile gepolte Relais | Monostabile gepolte Relais mit magn. Vorspannung | Wechselstrom-Relais | Bistabile neutrale Relais | Bistabile gepolte Relais | Bistabile gepolte Relais mit magn. Vorspannung | Remanenz-Relais |

Monostabiles Relais	Relais fällt nach Abschalten des Erregerstromes in Ruhestellung zurück.
Bistabiles Relais	Relais verharrt nach Abschalten des Erregerstromes in der zuletzt erreichten Schaltstellung.
Neutrales Relais	Ruhe- und Arbeitsstellung ist unabhängig von der Richtung des Erregerstromes.
Gepoltes Relais	Ruhe- und Arbeitsstellung ist von der Richtung des Erregerstromes abhängig.
Remanenzrelais	Ein Remanenzrelais/Haftrelais benötigt zum Umschalten nur einen Stromimpuls (Bistabilität).
Schütz	Ein Schütz ist eine Art Relais für große Leistungen. Es kennt normalerweise zwei Schaltstellungen und schaltet ohne besondere Vorkehrungen monostabil.

	Elektromagnetisches monostabiles Relais (Grundaufbau)
(Zeichnung: Spule, Anker, Arbeitskontakte (offen), Anschluss für Steuerspannung)	Ein Elektromagnet zieht einen Anker an, durch den Kontakte geschlossen und/oder geöffnet werden. Der Elektromagnet befindet sich im Steuerstromkreis. Der Kontakt befindet sich im Arbeitsstromkreis. Beide Stromkreise sind galvanisch voneinander getrennt.
	Kleinrelais/Kammrelais
(Zeichnung mit Maßen: max.19, max.24, max.30, max.4,5, max.5,5, M2,5; Pinbelegung 10/8, 6/9, 7/5, 4, 1)	Spule und Kontakte sind wie beim Grundaufbau dargestellt ausgeführt. Der Anker kann unterschiedlich viele Arbeitskontakte (Öffner/Schließer/Wechsler) betätigen. Die Anordnung mehrerer Arbeitskontakte hintereinander erinnert an einen Kamm. Die Anschlüsse sind nach unten auf einer Grundplatte geführt. Diese Relais sind steckbar.
	Reed-Relais
(Zeichnung: luftdichtes Röhrchen, Spule, Eisenrückschluß, Schutzgas, Kontaktzungen)	Ein Reed-Relais besteht aus einem Reed-Kontakt, der aus ferromagnetischem Material hergestellt und in einem hermetisch dichten Gehäuse untergebracht ist. Meist wird dazu ein Glasrohr (obere Abbildung) verwendet. Der Innenraum ist mit einem Schutzgas oder mit Luft gefüllt. Wird die auf das Glasrohr aufgebrachte Spule von einem Strom durchflossen, schließt der Kontakt. Nach Abschalten des Stromes öffnet der Kontakt wieder aufgrund der Federkraft der Kontaktzungen. Der Reed-Kontakt kann auch durch Annäherung und Entfernung eines Dauermagneten geschaltet werden.
	Leiterplatten-Relais
(Zeichnung mit Maßen: 19,6; 4,5; 6,4; 5,1; 3,7; 1,9; 0,5; 0,25; Ø0,6±0,1; Pins 1,2,6,7,14,13,9,8)	Meist handelt es sich um Reed-Relais, die in einem Dual-in-Line-Gehäuse (DIL) untergebracht sind. Häufig enthalten die Relais eine zur Spule in Sperrichtung geschaltete Schutzdiode. Beschaltung z. B. Relaisspule an Pin 6 und 13, Schließer an Pin 1/14 und 7/8 (Siemens).
	Schütz ↑ (Relais für große Leistungen)
(Zeichnung: A1, A2; 1, 2, 3; Schütz (Konstruktionsprinzip))	Schnitt durch ein Universalschütz. Darstellung einer Strombahn. A1, A2 Spulenanschlüsse 1, 2 feste Schaltstücke, 3 bewegliches Schaltstück Wird die Spule über A1 und A2 von Strom durchflossen, dann wird das bewegliche Schaltstück angezogen und es überbrückt die festen Schaltstücke.

9-6

6.10 Relais

Relais-Kontaktarten

↑ 13-17
14-4

Kontakte ↑ werden hinsichtlich der Art und der Betätigungsfolge durch Kurzzeichen bezeichnet. Dabei wird von unbetätigten Kontakten (Ruhestellung) ausgegangen. Die Kontakte eines Kontaktfedersatzes werden in Betätigungsrichtung fortlaufend bezeichnet; ist keine Betätigungsrichtung angegeben, wird von links nach rechts bezeichnet. Bei zwei Betätigungsrichtungen wird der Ausgangspunkt gekennzeichnet und nach links und rechts bezeichnet.

Zeichen	Bedeutung	Zeichen	Bedeutung
–	Der Kontakt vor diesem Zeichen ist vom Kontakt nach dem Zeichen getrennt.	( )	Ausgangspunkt der Betätigung bei zwei gleichzeitigen Betätigungsrichtungen
+	Der Kontakt vor diesem Zeichen ist vom Kontakt nach dem Zeichen getrennt; der in Betätigungsrichtung vor diesem Zeichen stehende Kontakt wird zuerst betätigt.	) (	Ausgangspunkt der Betätigung bei zwei Betätigungsrichtungen, jede für sich allein betätigt
< >	Die Spitze zeigt auf den zuerst betätigten Kontakt bzw. auf die zuerst betätigte Seite.	×	Mittelfeder des Verbundkontaktes wird nach beiden Richtungen betätigt.

Kontaktarten-Beispiele

Benennung	Kurzzeichen	Kontaktbild	Schaltzeichen	Benennung	Kurzzeichen	Kontaktbild	Schaltzeichen
Grundkontakte							
Schließer	1			Öffner	2		
Verbundkontakte mit einer Betätigungsrichtung							
Zwillingsschließer	11			Wechsler	21		
Wechsler	12			Folgewechsler	1 < 2[1)]		

Zeitverhalten

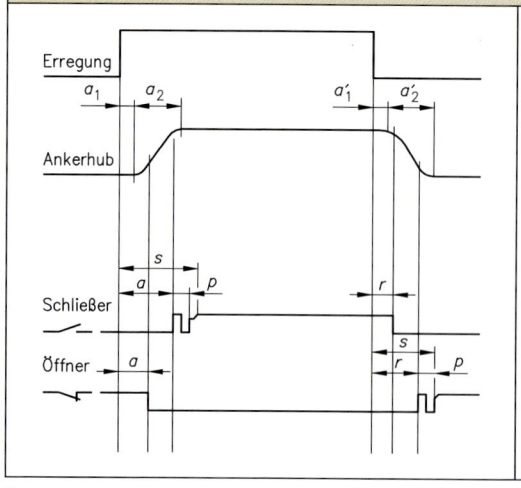

Erregung, Ankerhub, Schließer, Öffner

- **a Ansprechzeit**: Zeit bis zur ersten Befehlsausführung
- **a_1 Anlaufzeit**: Zeit bis zum Beginn der Ankerbewegung
- **a_2 Hubzeit**: Zeit nach a_1 bis Ende der Ankerbewegung
- **r Rückfallzeit**: Zeit zwischen dem Anlegen der Rückfallerregung und dem ersten Öffnen eines Schließers oder dem ersten Schließen eines Öffners bei einem unverzögerten Relais
- **p Prellzeit**: Zeit vom ersten bis zum letzten Schließen eines Relaiskontaktes
- **s Stabilisierungszeit**: Zeit zwischen dem Anlegen eines festgelegten Erregungswertes und dem Zeitpunkt, zu dem ein Kontaktkreis festgelegte Anforderungen erfüllt

[1)] Sprich: Eins vor zwei.

6.11 Gedruckte Schaltungen

6.11.1 Gestaltung und Anwendung von Leiterplatten

Eigenschaften von Leiterplattenwerkstoffen — DIN EN 61249-2-37: 2009-07

	Starre Leiterplatten				Flexible Leiterplatten		
	Phenolharz-hartpapier	Epoxid-harzhart-papier ↑	Epoxid-harz Glashart-gewebe ↑	Epoxidharz Glashart-gewebe	Polyester-folie	Polyimid-folie ↑	Fluorierte Ethylen-Propylen-Folie
Kurzzeichen (flame retardant)	FR1 / FR2	FR3	FR4	FR5			
Mechanische Eigenschaften	Zufrieden-stellend	Fast gut	Gut	Sehr gut			
Isolationswider-stand und Kriech-stromverhalten	Fast gut	Gut	Hervorra-gend	Sehr gut	Hervorra-gend	Sehr gut	
max. Betriebs-temperatur	70 °C (FR2)	90 °C	115...140 °C	140...170 °C	Fast gut	230...260 °C	
Erweichungs-punkt	80 °C (FR2)	100 °C	125...150 °C	150...185 °C	Problema-tisch	240...270 °C	Zufrieden-stellend
Feuchtigkeitsbe-ständigkeit	Zufrieden-stellend	Zufrieden-stellend	Gut	Gut	Gut	Gut	Sehr gut
Permittivität ε_r	5,4 (50 Hz)		4,3 (1 GHz)	5,5 (1 MHz)	3,3 (1 GHz)	3,8 (1 GHz)	2,1 (1 MHz)

14-21 ↑

Nenn-Plattendicken und Abmessungen — DIN 41494-2: 1972-01

Standard-Leiterplattendicken

| mm | 0,2 | 0,5 | 0,7 | 0,8 | 1,0 | 1,2 | 1,5 | **1,6** | 2,0 | 2,4 | 3,2 | 6,4 |

Standard-Leiterplattengrößen

100,00 mm x 100,00 mm **100,00 mm x 160,00 mm** 100,00 mm x 220,00 mm	Europakartenformat, passend für Baugruppenträger von 3 Höheneinheiten (HE) oder Units (U); 1 HE = 1 U = 44,45 mm Vorzugslänge: 160 mm
100,00 mm x 80,00 mm	Halbes Europakartenformat (bezogen auf die Vorzugslänge von 160 mm)
233,35 mm x 160,00 mm	Doppel-Europakarte, passend für 6 HE
100,00 mm + n · HE	Weitere Höhen ergeben sich zur Grundhöhe (100 mm) plus die Anzahl n der Höheneinheiten.

Rastermaß — DIN EN 60097: 1993-09

Zur Positionierung von Bauteilanschlüssen auf Leiterplatten dient ein Raster mit einem Abstand von 0,5 mm bzw. einem ganzzahligen Vielfachen von 0,5 mm in beiden Richtungen. Ist dieses Raster nicht möglich, so muss ein Raster mit einem Abstand von 0,05 mm bzw. einem ganzzahligen Vielfachen von 0,05 mm genommen werden. Das Raster von 0,05 mm darf nicht weiter unterteilt werden.

Nenndurchmesser und Grenzabmaße für nicht metallisierte Löcher

| Loch-Nenndurchmesser | mm | 0,4 | 0,5 | 0,6 | 0,8 | 0,9 | 1,0 | 1,3 | 1,6 | 2,0 |
| Grenzabmaße | mm | ± 0,05 | | | | ± 0,1 | | | | |

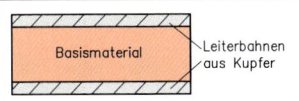

Querschnitt durch eine Leiterplatte

Übliche Stärke des Basismaterials: 0,2 ... 2,4 mm

Einseitige Leiterplatte bestückt mit einem Widerstand

Zugehörige Norm: DIN EN 61188

Übliche Stärke der Kupferauflage

Stärke	Toleranz
5,0 µm	–
17,5 µm	±3 µm
35,0 µm	±5 µm
70,0 µm	±8 µm
105,0 µm	–

6.11 Gedruckte Schaltungen

6.11.2 Elektrische Eigenschaften von Leiterplatten DIN EN 61249-2-37: 2009-07

Elektrischer Widerstand der Leiter

Für Leiter aus Kupfer (spezifischer Widerstand $\varrho = 1{,}8 \cdot 10^{-6}$ Ωcm) mit konstanter Breite sowie Dicken von 18, 35, 70 bzw. 105 µm zeigt das Diagramm den Widerstand je 10 mm Leiterlänge in Abhängigkeit von der Leiterbreite und der Temperatur.

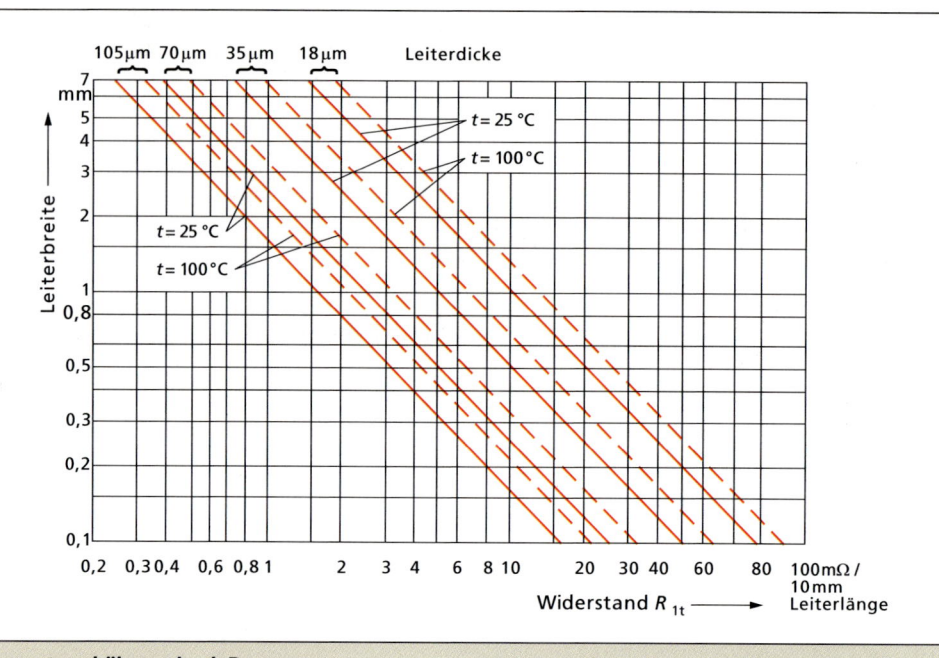

Temperaturerhöhung durch Dauerstrom

Dargestellt sind die Temperaturerhöhungen in Abhängigkeit von Leiterdicke, Strom und Leiterbreite. Sie gelten für Platten mit Leiterbild auf einer Seite und Dicken von 1,6 bis 3,2 mm.

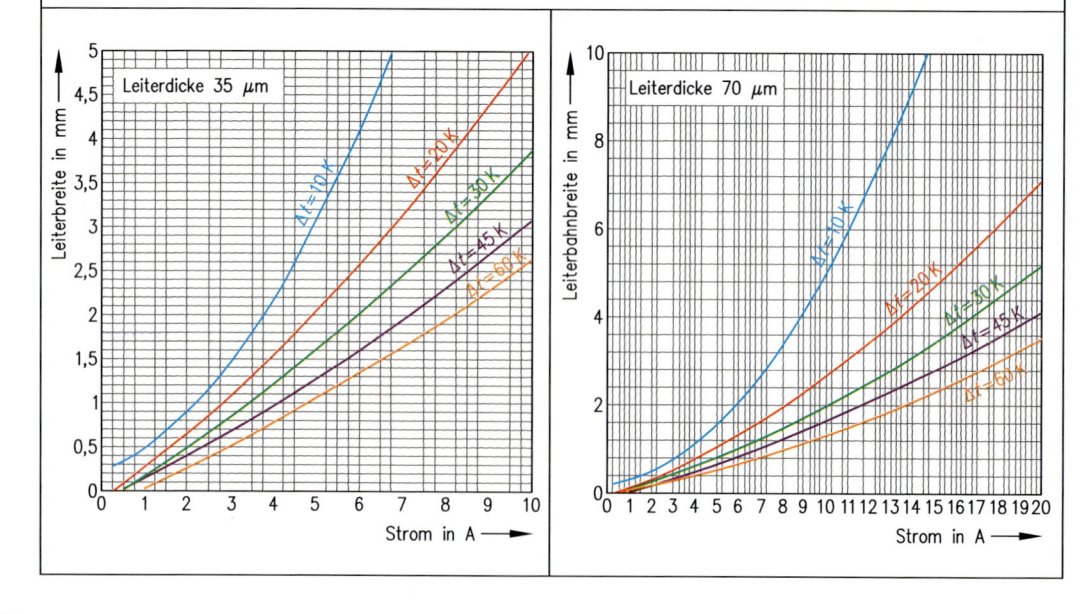

6.12 Gehäuse und Baugruppenträger

Bauteile und Baugruppen werden in Gehäusen eingebaut und ergeben so ein funktionsfähiges Gerät oder eine Funktionseinheit. Neben einer Vielzahl von individuellen Gehäusen gibt es das 19"-Aufbausystem.
Gehäuse werden aus Metall oder Kunststoff hergestellt.
Metallgehäuse können elektrische, magnetische oder elektromagnetische Störfelder abschirmen. Je nach Verwendungszweck müssen diese Gehäuse aber geerdet werden. Kunststoffgehäuse bieten den Vorteil einer Vollisolierung. Sie bieten jedoch keinen Schutz vor Störfeldern.

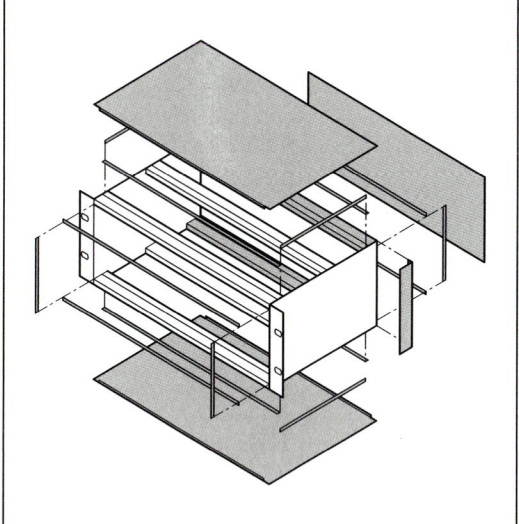

19"-Aufbausystem

In diesem System ist von der Frontplatte bis zum Montageschrank alles standardisiert:
- Frontplatten mit festgelegten Höheneinheiten
- Einbaumaße für Bauelemente an Frontplatten
- Einbaumaße im Schrankgestell
- Modulanordnung für Baugruppen und Baugruppenträger mit integrierten Steckverbindern
- Schrankabmessungen

Wichtige Maßeinheiten und Abkürzungen:

Teilungseinheit:	1 TE	→	5,08 mm
Höheneinheit:	1 HE = 1 U	→	44,45 mm = 1,75"

Breite der Baugruppenträger:
19 Zoll	→	482,6 mm
1 Zoll	→	25,34 mm

Gesamtbreite aller Einschübe:
84 TE → 84 x 5,08 mm = 426,72 mm

Breite der 19"-Frontplatte: 482,6 mm

Standardabmessungen für Leiterplatten:

Europakartenformat: 160 x 100 mm

Schalengehäuse

Bei dieser Gehäuseart bestehen Ober- und Unterteil aus identischen Halbschalen sowie eventuell noch vorhandenen Seitenwänden.

Front- und Rückseite bestehen aus Einzelblechen, die häufig aus besonders leicht zu bearbeitendem Material (z. B. Aluminium) sind.

Schalengehäuse sind nicht standardisiert. Es gibt sie in unterschiedlichsten Bauarten und Abmessungen.

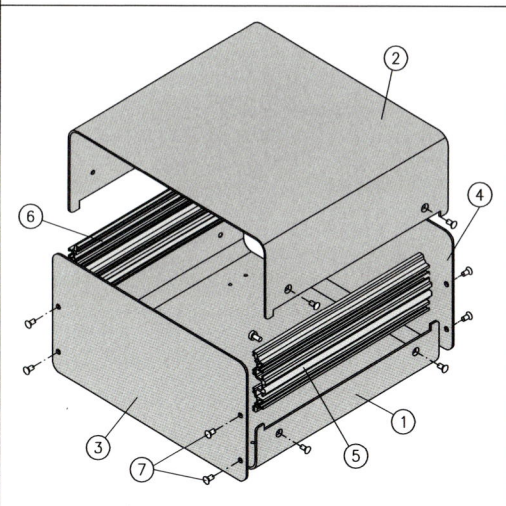

1 ... untere Schale
2 ... obere Schale
3 ... Frontplatte
4 ... Rückplatte
5 ... Seitenprofil
6 ... Seitenprofil
7 ... Schrauben, Kleinteile

6.12 Gehäuse und Baugruppenträger

Baugruppenträger-Standards, VME

Ein Baugruppenträger besteht aus einem stabilen Rahmen mit rückwärtiger Verbindungsplatine – der sogenannten „Backplane". Diese ist mit Steckplätzen ausgestattet. Der Baugruppenträger nimmt Baugruppen (Module, Einschübe, Karten, …) auf, die mithilfe der Steckplätze über die Backplane miteinander verbunden sind. Über die Backplane können die Baugruppen miteinander kommunizieren und sie werden mit Spannung versorgt. Die Ausführung ist in der Regel in 19"-Technik.

Die Maße von Baugruppenträgern und elektronischen Baugruppen werden in Zoll angegeben (1" = 2,54 cm). Bei Elektronikbaugruppen entspricht eine Teilungseinheit (TE) 5,08 mm (1/5"). Damit passt die Teilungseinheit zu dem bei Leiterplatten und elektrischen Bauelementen üblichen Rastermaß von 2,54 mm. Die Höhe der Baugruppen (Einschübe/Module) wird in Höheneinheiten (HE) angegeben: 1 HE = 1 U = 44,45 mm.

Im Laufe der Zeit haben sich verschieden Baugruppenträger-Standards etabliert.

VME **V**ERSA**m**odule **E**urocard

Mechanischer Aufbau
Baugruppenträger zur Aufnahme von Modulen im „Eurocard"-Standard. Folgende Steckverbinder für die Einschübe sind üblich:
- VG-Leiste; ehemals DIN 41612, heute EN 60603-2; 3-reihig (A,B,C) mit je 32 Kontakten = 96 Kontakte

Backplane
Die Backplane ist das passive Interface zur Übertragung der Daten und zur Verteilung der Energieversorgung auf die Module. Sie bietet die Steckplätze (VG-Leisten) für die Module und die Verbindungen zwischen den Modulen und zur Stromversorgung. Je nach Ausbaustufe werden ein bis drei VG-Leisten pro Modulplatz angeboten.

Stromversorgung
VME-Rahmen haben ein eigenes Netzteil, das die Spannungen +5 V und ±12 V anbietet, die dann von der Backplane verteilt werden.

Signalverbindungen
Die Backplane bietet pro Steckplatz bis zu drei Steckleisten (VG-Leisten). Auf der Leiste P1 sind die Bus- und Interruptsteuerung, die Datenbusleitungen D00 bis D15 und Adressbusleitungen A01 bis A23 untergebracht. Die Leiste P2 enthält in der mittleren Reihe (Reihe B) die Datenbusleitungen D16 bis D31 und die Adressbusleitungen A24 bis A31. Die Reihen A und C sind nicht definiert und können vom Benutzer frei verwendet werden. Die Leiste P3 enthält Erweiterungen (VXI-Bus; „Extension for Instrumentation").

VG-Leiste	Belegung P1				Belegung P2			
	PIN	Signal Name Row A	Signal Name Row B	Signal Name Row C	PIN	Signal Name Row A	Signal Name Row B	Signal Name Row C
	1	D00	BBSY*	D08	1	NC	+5V	NC
	2	D01	BCLR*	D09	2	NC	GND	NC
	3	D02	ACFAIL*	D10	3	NC	RESERVED	NC
	4	D03	BG0IN*	D11	4	NC	A24	NC
	5	D04	BG0OUT*	D12	5	NC	A25	NC
	6	D05	BG1IN*	D13	6	NC	A26	NC
	7	D06	BG1OUT*	D14	7	NC	A27	NC
	8	D06	BG2IN*	D15	8	NC	A28	NC
	9	GND	BG2OUT*	GND	9	NC	A29	NC
	10	SYSCLK	BG3IN*	SYSFAIL*	10	NC	A30	NC
	11	GND	BG3OUT*	BERR*	11	NC	A31	NC
	12	DS1*	BR0*	SYSREST*	12	NC	GND	NC
	13	DS0*	BR1*	LWORD	13	NC	+5V	NC
	14	WRITE*	BR2*	AM5	14	NC	D16	NC
	15	GND	BR3*	A23	15	NC	D17	NC
	16	DTACK*	AM0	A22	16	NC	D18	NC
	17	GND	AM1	A21	17	NC	D19	NC
	18	AS*	AM2	A20	18	NC	D20	NC
	19	GND	AM3	A19	19	NC	D21	NC
	20	IACK*	GND	A18	20	NC	D22	NC
	21	IACKIN*	SERCLK	A17	21	NC	D23	NC
	22	IACKOUT*	SERDAT*	A16	22	NC	GND	NC
	23	AM4	GND	A15	23	NC	D24	NC
	24	A07	IRQ7*	A14	24	NC	D25	NC
	25	A06	IRQ6*	A13	25	NC	D26	NC
	26	A05	IRQ5*	A12	26	NC	D27	NC
	27	A04	IRQ4*	A11	27	NC	D28	NC
	28	A03	IRQ3*	A10	28	NC	D29	NC
	29	A02	IRQ2*	A09	29	NC	D30	NC
	30	A01	IRQ1*	A08	30	NC	D31	NC
	31	−12V	+5V Standby	+12V	31	NC	GND	NC
	32	+5V	+5V	+5V	32	NC	+5V	NC

Maße in mm 3x32

6.12 Gehäuse und Baugruppenträger

Baugruppenträger-Standards, MicroTCA

MicroTCA
µTCA

µTCA–Rahmen

- Cooling unit #1
  - Air mover
  - EMMC
- Micro TCA carrier hub (MCH)#1
  - MCM
  - Commoon options fabric
  - Fat pipe fabric
  - Clock
- 230 V–Netz
- Power module #1
  - Payload power converter
  - Management power converter
  - Power control
  - EMMC

Backplane

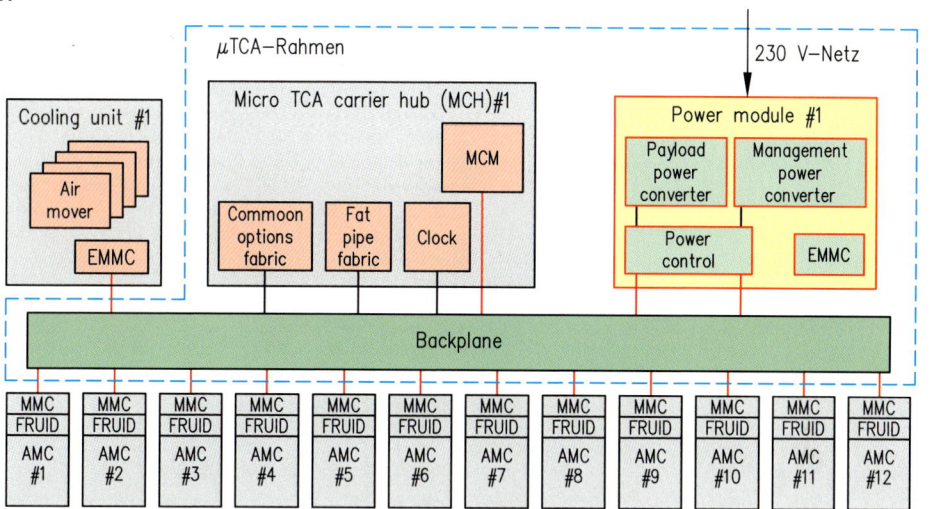

MMC FRUID	MMC FRUID	MMC FRUID	MMC FRUID	MMC FRUID	MMC FRUID	MMC FRUID	MMC FRUID	MMC FRUID	MMC FRUID
AMC #1	AMC #2	AMC #3	AMC #4	AMC #5	AMC #6	AMC #7	AMC #8	AMC #9	AMC #10

Micro Telecommunications Computing Architecture

Mechanischer Aufbau
High-Speed-Baugruppenträger: Die Standard-Variante ist die „MicroTCA Shelf". Es können Karten (Einschübe, **AMC**s) mit einer Gesamtbreite von 84 TE integriert werden. Drei Arten von Steckverbindern für die Einschübe sind üblich:
- SMT-Steckverbinder; wird direkt auf die Oberfläche der Leiterplatte gelötet
- Compression-Mount-Steckverbinder; wird angeschraubt
- Einpressstecker

Backplane
Die Backplane ist das passive Interface zur Übertragung der Daten und zur Verteilung der Energieversorgung auf die Module (AMCs). Sie bietet die Slots für die Module und Verbindungen zwischen den Modulen und zur Stromversorgung. Die Datenleitungen sind als symmetrische Leitungen (differentielle Paare) ausgeführt.

Management
Zentrale Managementinstanz ist der **MicroTCA Carrier Hub (MCH)**. Dieser ist über die Backplane mithilfe eines seriellen Bussystems (ähnlich I²C) mit allen AMCs verbunden. Der MCH aktiviert/deaktiviert alle Komponenten.

Stromversorgung
Kontrolliertes Zuweisen der Spannungsversorgung für jede eingesteckte Baugruppe („E-Keying") durch den MCH. Daher können beim MicroTCA-System bei den AMCs keine durchgängigen Kupferflächen (sog. „Power-planes") für die Spannungsversorgung verwendet werden.
+3,3 V für den **FRU**ID (siehe unten), der auf jeder Baugruppe vorhanden sein muss und das „E-Keying" steuert, +12 V für die eigentliche „Nutzlast"

Signalverbindungen
Die Signalführung auf der Backplane erfolgt über symmetrische Leitungen (differentielle Paare) bzw. Strip-Lines. Die eingesetzten Protokolle sind typischerweise
- PCI Express (PCIe)   • Serial Rapid IO   • Ethernet (Gigabit Ethernet)   • Serial Attached SCSI

Module/Einschübe (FRU = Field Replaceable Unit)
Auf jedem Modul muss sich ein „**FRU I**nformation **D**evice" befinden. Dabei handelt es sich um einen kleinen Mikrocontroller, der Informationen über den Einschub enthält (Strombedarf, Identifikationsnummer, Interface-Typ etc.), die der MCH über einen I²C-Bus auslesen kann.

Besonderheiten
Die Kühlung in einem MicroTCA-System ist meist zu beachten, weil die Leistungsdichte vergleichsweise hoch ist. Ein Modul (AdvancedMC, MCH oder Power Module) mit der Größe „Double Module, Full Size" kann bis zu 80 Watt Abwärme erzeugen. Für die Fehlersuche kann ein JTAG-Zugang hergestellt werden.

6.12 Gehäuse und Baugruppenträger

Baugruppenträger-Standards, NIM (Nuclear Instrumentation Modul)

Anwendung u.a. für Nuklear- und Hochenergiephysik. Module (Einschübe bzw. Kassetten) für Racks mit rückseitigen, standardisierten Steckverbindern, die vor allem zur Stromversorgung der Module dienen. NIM beinhaltet Racks mit bis 12 Breiteneinheiten (Steckplätzen) und integrierter oder als Kassette ausgeführter Stromversorgung. Die Module (Kassetten) haben eine Breite von z.B. $n \cdot 34{,}4$ mm (n ist typ. 1 bis 4) und eine Höhe (Frontplatte) von 221,5 mm (etwas weniger als 222,25 mm dem Freiraum im Rack). Typ. sind 12 NIM-Steckplätze. Daher werden die Modul-/Kassettenbreiten auch als 1/12, 2/12 usw. angegeben.

Steckerbelegung

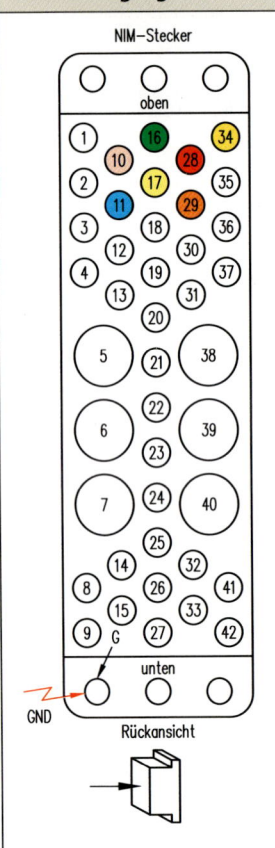

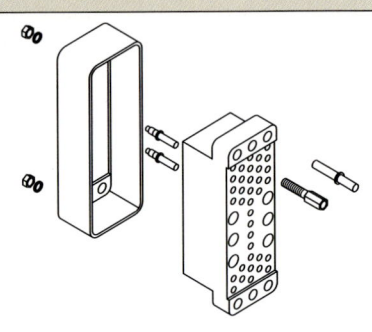

Pin	Belegung	Pin	Belegung
1	Reserved [+3 V]	2	Reserved
3	Spare bus	4	Reserved
5	Koaxial	6	
7	Koaxial	8	+ 200 V DC
9	Spare	10	+6 V 5 A ± 3%
11	−6 V 5 A ± 3%	12	Reserved
13	Spare	14	Spare
15	Reserved	16	+12 V, 2 A, ±1 %
17	−12 V, 2 A, ±1 %	18	Spare
19	Reserved bus	20	Spare
21	Spare	22	Reserved
23	Reserved	24	Reserved
25	Reserved	26	Spare
27	Spare	28	+24 V 1 A ± 0,7%
29	−24 V 1 A ± 0,7%	30	Spare
31	Spare	32	Spare
33	Netzanschluss, Phase, 230V	34	Power GND
35	Reset (scaler)	36	Gate
37	Reset (aux.)	38	
39	Koaxial	40	
41	Netzanschluss, Neutralleiter	42	analog GND
GND Stift		GND Hülse	

NIM Pegel

Pegel	logisch 0	logisch 1
Fast Logic Level	±1 mA (−0,2 bis +1 V an 50 Ω)	−14 mA bis −18 mA (−0,6 V bis −1,8 V an 50 Ω)
Digital Data Transfer	< 1 V	>4V (Ausgang mit 1000 Ω) bzw. >3V (Eingang)
Fast Pulses (<1 µs)		−1 … −5 V (Ausgang an 50 Ω)

7 Elektronische Bauelemente

7.1 Übersicht

		Seite
7.2	Grundlagen	7-2
7.3	**Sperrschicht-Halbleiterbauelemente**	7-5
7.3.1	Dioden	7-6
7.3.2	Bipolare Transistoren	7-13
7.3.3	Transistoren als Verstärker	7-17
7.3.4	Differenz- und Operationsverstärker	7-25
7.3.5	Sinus-Generatoren	7-28
7.3.6	Transistoren als Schalter	7-29
7.3.7	Trigger-Bauelemente	7-31
7.3.8	Thyristoren	7-32
7.3.9	Stromrichter	7-36
7.4	**Feldeffekttransistoren**	7-37
7.5	**Magnetfeldabhängige Bauelemente**	7-41
7.5.1	Hallgenerator	7-41
7.5.2	Feldplatte	7-41
7.6	**Integrierte Schaltungen (Übersicht)**	7-42
7.7	**Wärmeableitung bei Halbleiterbauelementen**	7-43
7.8	**Gehäuse für Halbleiterbauelemente (Auswahl)**	7-44
7.9	**Elektronenröhren**	7-45
7.9.1	Aufbau und Wirkungsweise der Grundanordnung	7-45
7.9.2	Verstärkerröhren	7-45
7.9.3	Spezialröhren	7-46
7.10	**Gasgefüllte Röhren**	7-47
7.11	**Optoelektronische Bauelemente**	7-48
7.11.1	Lichtempfänger (Fotosensoren)	7-48
7.11.2	Lichtsender	7-51
7.11.3	Optokoppler	7-53
7.11.4	Lichtmodulatoren	7-53
7.11.5	Anzeigebauelemente	7-54
7.11.6	Lichtwellenleiter	7-56

7.2 Grundlagen

Leitfähigkeit entsteht durch elektrische **Ladungsträger**, die in einem Körper (fester Körper, Flüssigkeit, Gas, evakuierter Raum) frei beweglich sind. Unter dem Einfluss elektrischer und magnetischer Felder wird der ungeordneten thermischen Bewegung dieser Ladungsträger eine gerichtete Ladungsträgerbewegung überlagert, es fließt ein elektrischer Strom.

Leitfähigkeitstypen

Beschreibung	Bildliche Darstellung	Eigenschaften
Metall ↑ Kristallgitter aus Metallionen. Ohne Aktivierungsenergie sind die Valenzelektronen frei beweglich.	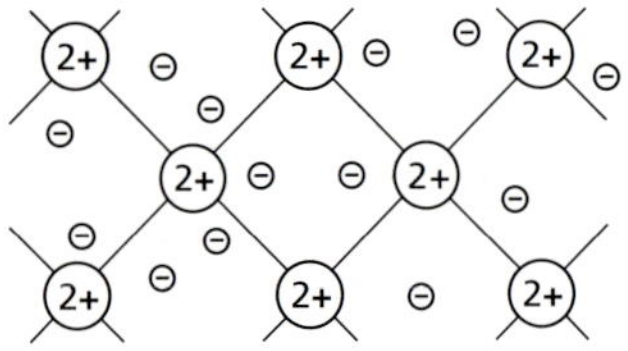 (Gitter aus 2+ Ionen mit freien Elektronen)	Leitfähigkeit sinkt mit der Temperatur, weil die Gitterbewegung die Elektronenbewegung zunehmend behindert: $\gamma > 10^6 \, \text{Sm}^{-1}$
Halbleiter – Eigenleitung Kristallgitter aus Halbleiteratomen; mit zunehmender **Aktivierungsenergie** (Wärme) werden Valenzelektronen frei beweglich und hinterlassen „Löcher".	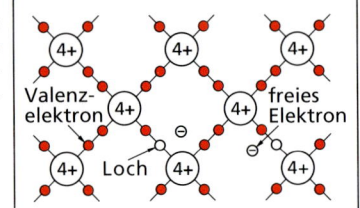 (Gitter aus 4+ Atomen mit Valenzelektron, Loch und freiem Elektron)	Leitfähigkeit steigt mit der Temperatur, weil die Ladungsträgerzahl stärker zunimmt als deren Behinderung durch Gitterbewegung: $10^{-10} \, \text{Sm}^{-1} < \gamma < 10^6 \, \text{Sm}^{-1}$
Halbleiter – Störstellenleitung **p-Leitung** Kristallgitter aus Halbleiteratomen mit eingelagerten 3-wertigen Fremdatomen (**Akzeptoren**). Die fehlenden Valenzelektronen bilden „Löcher". Löcher bewegen sich durch Umlagern der Valenzelektronen.	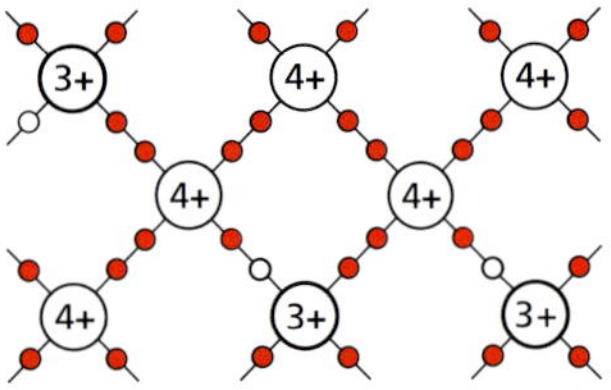 (Gitter mit 3+ Fremdatomen und 4+ Atomen)	Die Löcher sind positive Ladungsträger, die sich durch Umlagern von Valenzelektronen bewegen, aber die Kristallstruktur nicht verlassen können. ↑ Mit zunehmender Temperatur (Aktivierungsenergie) entsteht auch Eigenleitung, die freien Elektronen werden Minoritätsträger genannt.
n-Leitung Kristallgitter aus Halbleiteratomen mit eingelagerten 5-wertigen Fremdatomen (**Donatoren**) Das 5. Valenzelektron ist ohne Aktivierungsenergie frei beweglich.	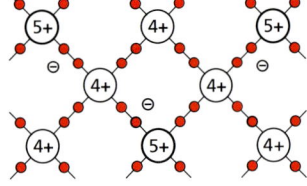 (Gitter mit 5+ Fremdatomen und 4+ Atomen, freie Elektronen)	Leitfähigkeit wie bei Metallen, aber kleiner, da weniger Ladungsträger im gleichen Volumen. Eigenleitung hat auf die Eigenschaften von **n-Leitern** praktisch keinen Einfluss.
Elektronen im Vakuum Unter der Wirkung von **Austrittsarbeit** (Licht, Wärme, elektrisches Feld) treten Elektronen aus einem leitfähigen Körper aus und sind im angrenzenden Raum frei beweglich. Ihre Bewegung (Strom) kann durch elektrische und magnetische Felder gesteuert werden.		Die Elektronenmasse ist bei den in Bauelementen betrachteten Vorgängen vernachlässigbar klein.
Ionen in Gasen (Plasma) und Flüssigkeiten Ionen sind in Gasen und Flüssigkeiten nicht an eine räumliche Struktur gebunden, d. h. sie sind frei bewegliche Ladungsträger.		Mit Ionen wird Masse bewegt, mit dem elektrischen Strom findet ein Stofftransport statt.

7.2 Grundlagen

Kennlinien

Als Kennlinie bezeichnet man die grafische Darstellung des Zusammenhangs zwischen voneinander abhängigen physikalischen Größen, die für ein Bauelement, eine Baugruppe oder ein Gerät charakteristisch sind. Dargestellt werden die Ergebnisse von Messungen einer physikalischen Größe, wobei die anderen Größen stufenweise oder gleitend geändert werden.

Messschaltung	Kennlinien	Anmerkungen
Beispiel: Ohmscher Widerstand aus Metall (Drahtwiderstand 1,5 Ω)		
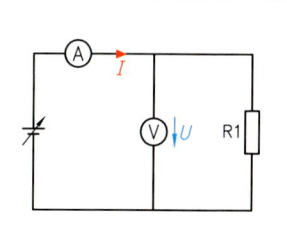 *(Schaltung mit A, V, R1)*	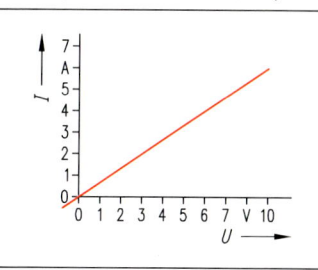 *(lineare Kennlinie I über U)*	Die Leitfähigkeit in Metallen ist unabhängig von Strom und Spannung. Die Messwerte liegen auf einer Geraden durch den Nullpunkt (lineare Kennlinie).
Beispiel: Diode ↑		↑ 7-6
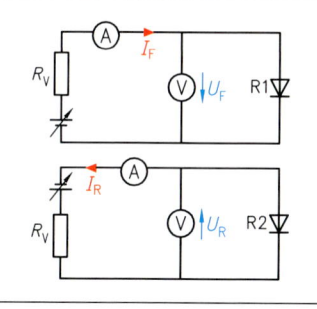 *(Schaltungen mit R_V, A, V, U_F, R1 und I_R, U_R, R2)*	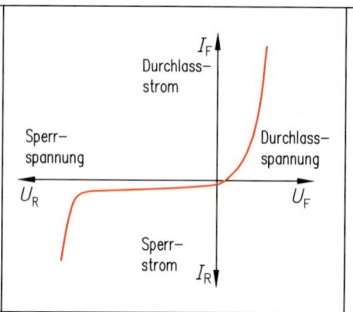 *(Kennlinie mit Durchlassstrom I_F, Durchlassspannung U_F, Sperrspannung U_R, Sperrstrom I_R)*	Physikalische Effekte, die bei charakteristischen Spannungen wirksam werden, ändern die Abhängigkeit von Strom und Spannung. Die Messwerte liegen auf einer gekrümmten Linie, sie bilden eine sogenannte nichtlineare Kennlinie.
Kennlinien werden unterschiedlich dargestellt, je nachdem, welche Aussage hervorgehoben werden soll: Die Darstellung oben zeigt die Diodenkennlinie stark verallgemeinert, es sind keine Maßstäbe angegeben und die Effekte sind übertrieben dargestellt.	Dafür erkennt man deutlich folgende Effekte: Der **Durchlassstrom** steigt bei relativ kleiner Spannungsänderung steil an. Die Kennlinie verläuft nicht durch den **Nullpunkt**. Der **Sperrstrom** ist sehr stark übertrieben dargestellt und bleibt für sehr viel größere Beträge der **Sperrspannung** sehr klein. Erst beim Überschreiten einer charakteristischen Sperrspannung steigt der Betrag des Sperrstromes sehr stark an. Insgesamt bildet die Kennlinie eine Linie, bei der alle Übergänge ohne Knick gekrümmt sind.	
(Diodenkennlinien Silizium/Germanium mit I_F/mA, U_F/V, U_R/V, I_R/µA)	*(Fotodioden-Kennlinien, I über U, mit E)*	*(Fotozelle, I über U, mit E)*
Diodenkennlinien mit Maßstab: Man erkennt: Für Si-Dioden ist der Sperrstrom vernachlässigbar klein; infolge der Maßstabsänderung entstehen scheinbare Knicke.	↑ Fotodioden-Kennlinien bei unterschiedlicher Beleuchtung: Diese Kennlinien sind Ausschnitte aus der allgemeinen Diodenkennlinie, bei denen die Umgebung des Nullpunkts hervorgehoben ist.	Fotozelle ↑ (Solarzelle) bei unterschiedlicher Beleuchtung: Die Darstellung ist gespiegelt, sodass der abgegebene Strom I positiv erscheint. ↑ 7-48

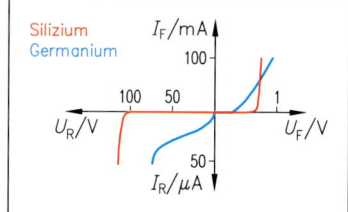

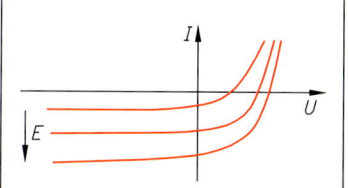

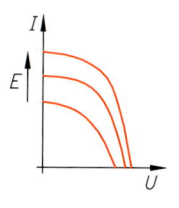

7.2 Grundlagen

Kennlinien (Fortsetzung)		
Messschaltung	Kennlinien	Anmerkungen
7-13 ↑ **Beispiel:** Transistor ↑ (Ausgangskennlinienfeld)		
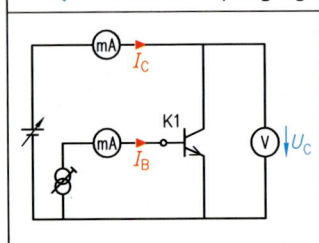	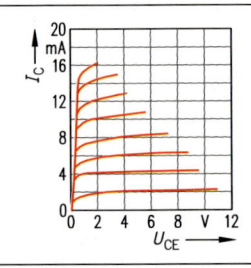	Der Zusammenhang zwischen Kollektorspannung U_C und Kollektorstrom I_C ändert sich, wenn der Basisstrom I_B geändert wird. Für unterschiedliche Basisströme werden die Kennlinien in ein Kennlinienfeld eingezeichnet. (Der Basisstrom ist **Parameter**.)
In Kennlinienfelder werden oft zusätzliche Kurven eingetragen, die Grenzwerte oder das Zusammenspiel mit anderen Bauelementen in einer Schaltung darstellen.		
7-14 ↑ **Beispiel:** Verlustleistungshyperbel ↑ für P_V = 40 mW		
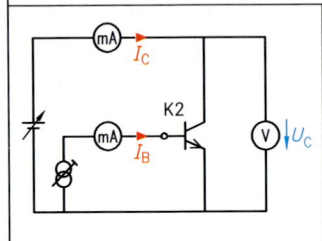	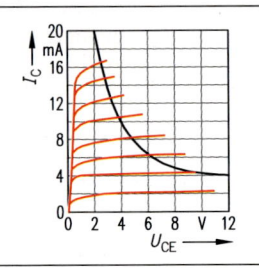	Alle Punkte, bei denen das Produkt aus Strom und Spannung eine Leistung von 40 mW ergibt, liegen auf der eingezeichneten Kurve.
7-17 ↑ **Beispiel:** Arbeitswiderstand ↑ R_A = 150 bei U_S = 8 V		
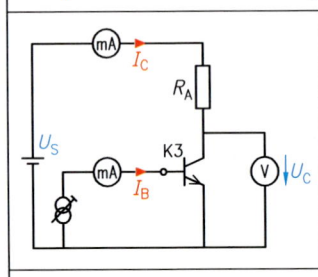	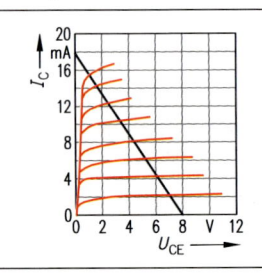	Mit R_A stellen sich in der Messschaltung die durch die eingetragene Linie gekennzeichneten Werte ein.
Mehrere Kennlinienfelder können so kombiniert werden, dass die Funktion des Bauelementes in der Schaltung überschaubar wird.		
Beispiel: Transistorverstärker in Emitterschaltung		
7-17 ↑		Es sind drei verschiedene Kennlinienfelder so aneinandergefügt, dass jeweils zwei gleiche Messwerte eine Achse bilden. Mit den eingefügten Einträgen wird deutlich, wie sich eine Änderung der Spannung ΔU_{BE} auf die einzelnen Messpunkte auswirkt.

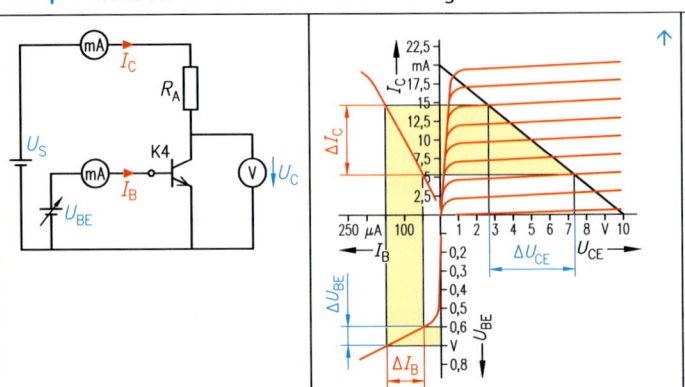

7.3 Sperrschicht-Halbleiterbauelemente

Aufbau und Wirkungsweise eines pn-Überganges		
pn-Übergang ohne äußeres Potenzial		
Diffusionsstrom I_D ↑	Durch Wärmebewegung diffundieren Elektronen in den **p**-Bereich und füllen Löcher (Rekombination).	↑ 7-6
Positive Raumladung	In der **n**-Randschicht überwiegen positive Gitterionen.	
Negative Raumladung	In der **p**-Randschicht überwiegen Elektronen.	
Feldstrom I_V	Das Raumladungspotenzial U_T zieht Elektronen aus dem **p**-Bereich zurück, es entstehen neue Löcher. Bei offenem äußerem Kreis wird $I_V = I_D$.	
pn-Übergang mit äußerem Potenzial in Durchlassrichtung		
Durchlassstrom I_F	Das äußere Potenzial treibt ständig Elektronen in den n-Bereich und entzieht dem **p**-Bereich die gleiche Menge unter Bildung von Löchern.	
Ladungsträgerstaueffekt	Aus dem äußeren Stromkreis werden außerdem so viele zusätzliche Ladungsträger eingebracht, dass die Raumladungen stark vermindert werden.	
	Mit der Abnahme der Raumladung vermindert sich auch der Feldstrom $I_V \ll I_D$.	
pn-Übergang mit äußerem Potenzial in Sperrrichtung		
Verschiebestrom	Das äußere Potenzial zieht Elektronen aus dem **n**-Bereich. Die gleiche Anzahl Elektronen fließt aus der äußeren Quelle in den **p**-Bereich und füllt die Löcher der Randzone auf. Die negative Raumladung wird größer.	
	Nur freie Elektronen können den **p**-Bereich verlassen. Deshalb kommt der Stromfluss zur Ruhe, sobald die Raumladung den weiteren Zufluss von Ladungsträgern verhindert ($I_V \to 0$); der **pn**-Übergang ist gesperrt. $I_D = 0$; $I_V = 0$	
Sperrstrom I_R	Die infolge der unvermeidlichen Eigenleitung im **p**-Bereich vorhandenen freien Elektronen diffundieren in den **n**-Bereich und werden über den äußeren Stromkreis abgeleitet.	
Spannungsdurchbrüche im gesperrten pn-Übergang		
Zener-Effekt	Übersteigt die elektrische Feldstärke in der ladungsträgerfreien Zone einen materialabhängigen kritischen Wert, werden gebundene Valenzelektronen frei.	
Lawineneffekt (Avalancheeffekt) ↑	Durch hohe Feldstärke stark beschleunigte freie Elektronen befreien weitere gebundene Elektronen, die Leitfähigkeit nimmt lawinenartig zu.	↑ 7-49

7.3 Sperrschicht-Halbleiterbauelemente

7.3.1 Dioden

Allgemeine Beschreibung

Schaltzeichen	Aufbauschema
Anode ▷| Katode	Anode [p | n] Katode

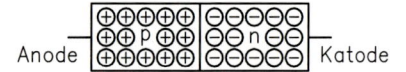

Die physikalischen Effekte am pn-Übergang (Leiten, Sperren, Diffusion von Ladungsträgern usw.) führen zu charakteristischen Bereichen und Krümmungen (Nichtlinearitäten) der allgemeinen Diodenkennlinie. Durch Dotierung und geometrische Gestaltung können Nutzeffekte verstärkt und Störeffekte unterdrückt werden, sodass sehr unterschiedlich verwendbare Dioden entstehen.

Allgemeine statische Kennlinie	Abgeleitete spezielle Kennlinien (Beispiele)
Kennlinie mit Durchbruchsbereich, Sperrbereich, Rückwärtsrichtung, Schleusenspannung, Durchlassbereich, Vorwärtsrichtung, Ersatzwiderstandsgerade; Achsen U_R, U_F, I_F, I_R	**Ausschnitt 1:** An Spannungs- und Stromachse gespiegelt, ergibt die Darstellung für die Kennlinien von **Z-Dioden**. (I_{zn})

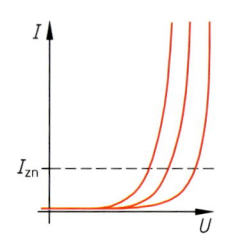

Temperaturverhalten der allgemeinen Kennlinie

Temperaturbewegung des Gitters behindert Störstellenleitung; Zunahme der Eigenleitung überwiegt; Eigenleitung nimmt zu — Zenereffekt, Lawineneffekt; Kennlinienverschiebung bei zunehmender Aktivierungsenergie (Temperatur, Licht)	**Ausschnitt 2:** 4. Quadrant An der Spannungsachse gespiegelt, ergibt die Darstellung für die Kennlinien von **Solarzellen**.

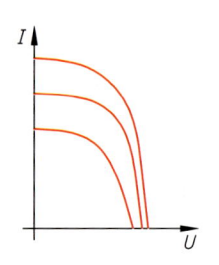

Zeitverhalten beim Übergang in den Sperrzustand

I_{RRM} Rückstromspitzenwert
t_{rr} Sperrverzögerungszeit
t_s Spannungsnachlaufzeit

(Spannungsnachlauf- und Sperrverzögerungszeit können vom Hersteller auch anders definiert sein.)

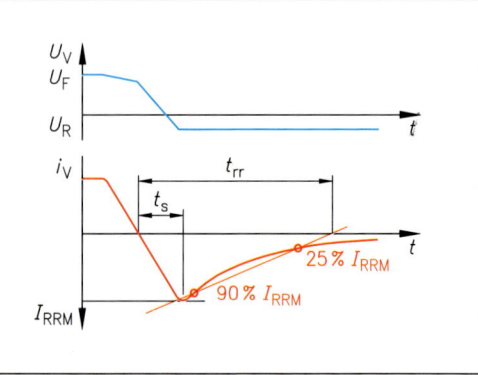

Diagramm: U_V, U_F, U_R über t; i_V über t mit t_s, t_{rr}, I_{RRM}, 90 % I_{RRM}, 25 % I_{RRM}.

7.3 Sperrschicht-Halbleiterbauelemente

7.3.1 Dioden (Fortsetzung)

Kennwerte (Auswahl)

Kennwerte sind vom Hersteller angegebene charakteristische Größen, die zur Auswahl des Bauelements für den Einsatz in einer Schaltung und zur Berechnung weiterer Eigenschaften dieser Schaltung verwendet werden.

Durchlassspannung	U_F	Höchste Vorwärtsspannung bei vom Hersteller angegebenen Werten von Durchlassstrom und Temperatur
Schleusenspannung ↑	U_{FTO}	Durchlassspannung, die sich bei Nachbildung der Durchlasskennlinie durch eine Gerade als Schnittpunkt dieser Geraden mit der Spannungsachse ergibt. ↑ 7-6

Grenzwerte (Auswahl)

Grenzwerte sind vom Hersteller angegebene Höchstwerte, die nicht überschritten werden dürfen. Bei der Analyse von Schaltungen ist zu beachten, dass diese nicht mit den Höchstwerten, die in der Schaltung auftreten, verwechselt werden:

$$U_{RRMreal} < U_{RRMHerst}$$

Periodische Spitzensperrspannung	U_{RRM}	Höchster zulässiger Augenblickswert der Rückwärtsspannung, einschließlich aller periodischen, jedoch ausschließlich aller nichtperiodischen überlagerten Spitzen, die durch Schalt- oder Übergangsvorgänge bedingt sind
Nichtperiodische Spitzensperrspannung	U_{RSM}	Höchster zulässiger Augenblickswert einer nichtperiodischen Rückwärtsspannung, z. B. bei Schaltvorgängen
Mittlerer Durchlassstrom	I_{FAV}	Mittelwert des höchsten dauernd zulässigen Durchlassstroms. Gilt für in Datenblättern angegebene Bedingungen
Durchlassstrom-Effektivwert	I_{FRMS}	Höchstwert, der auch bei bester Kühlung nicht überschritten werden darf. Gilt für beliebige Kurvenformen
Durchlassstrom-Scheitelwert	I_{FWM}	Höchstwert, der auch bei bester Kühlung nicht überschritten werden darf. Gilt für beliebige Kurvenformen
Stoßstrom-Grenzwert	I_{FSM}	Höchster zulässiger Augenblickswert eines einzelnen kurzen Stromimpulses mit festgelegter Kurvenform, der nur unter außergewöhnlichen Bedingungen, z. B. im Fehlerfall, vorkommen darf.
Grenzlastintegral	$\int i^2 dt$	In Datenblättern angegebener Höchstwert (meist für 10 ms) zur Bemessung von Schutzeinrichtungen
Sperrstrom	I_R	Höchster zulässiger Rückwärtsstrom bei vom Hersteller angegebener Sperrspannung und Temperatur

7.3 Sperrschicht-Halbleiterbauelemente

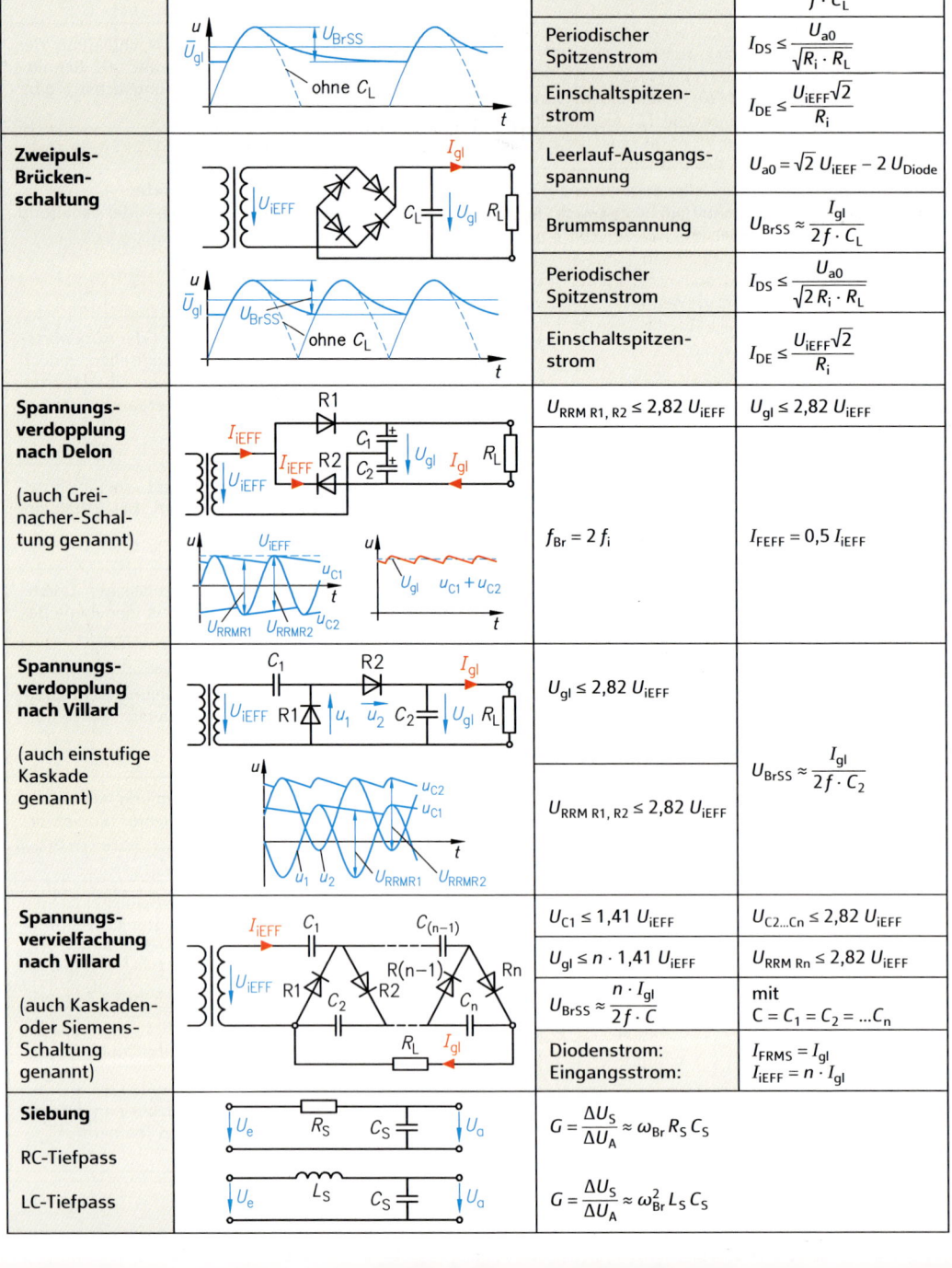

7.3.1 Dioden (Fortsetzung)

Dioden zum Schalten und Gleichrichten

Glättung	Die im Ladekondensator C_L gespeicherte Energie hält Strom und Spannung aufrecht, wenn die Diode den Stromfluss unterbricht.		
Einpulsmittelpunktschaltung		Leerlauf-Ausgangsspannung	$U_{a0} = \sqrt{2}\, U_{iEFF} - U_{Diode}$
		Brummspannung	$U_{BrSS} \approx \dfrac{I_{gl}}{f \cdot C_L}$
		Periodischer Spitzenstrom	$I_{DS} \leq \dfrac{U_{a0}}{\sqrt{R_i \cdot R_L}}$
		Einschaltspitzenstrom	$I_{DE} \leq \dfrac{U_{iEFF}\sqrt{2}}{R_i}$
Zweipuls-Brückenschaltung		Leerlauf-Ausgangsspannung	$U_{a0} = \sqrt{2}\, U_{iEFF} - 2\, U_{Diode}$
		Brummspannung	$U_{BrSS} \approx \dfrac{I_{gl}}{2f \cdot C_L}$
		Periodischer Spitzenstrom	$I_{DS} \leq \dfrac{U_{a0}}{\sqrt{2 R_i \cdot R_L}}$
		Einschaltspitzenstrom	$I_{DE} \leq \dfrac{U_{iEFF}\sqrt{2}}{R_i}$
Spannungsverdopplung nach Delon (auch Greinacher-Schaltung genannt)		$U_{RRM\,R1,R2} \leq 2{,}82\, U_{iEFF}$	$U_{gl} \leq 2{,}82\, U_{iEFF}$
		$f_{Br} = 2\, f_i$	$I_{FEFF} = 0{,}5\, I_{iEFF}$
Spannungsverdopplung nach Villard (auch einstufige Kaskade genannt)		$U_{gl} \leq 2{,}82\, U_{iEFF}$	$U_{BrSS} \approx \dfrac{I_{gl}}{2f \cdot C_2}$
		$U_{RRM\,R1,R2} \leq 2{,}82\, U_{iEFF}$	
Spannungsvervielfachung nach Villard (auch Kaskaden- oder Siemens-Schaltung genannt)		$U_{C1} \leq 1{,}41\, U_{iEFF}$	$U_{C2\ldots Cn} \leq 2{,}82\, U_{iEFF}$
		$U_{gl} \leq n \cdot 1{,}41\, U_{iEFF}$	$U_{RRM\,Rn} \leq 2{,}82\, U_{iEFF}$
		$U_{BrSS} \approx \dfrac{n \cdot I_{gl}}{2f \cdot C}$	mit $C = C_1 = C_2 = \ldots C_n$
		Diodenstrom: Eingangsstrom:	$I_{FRMS} = I_{gl}$ $I_{iEFF} = n \cdot I_{gl}$
Siebung RC-Tiefpass		$G = \dfrac{\Delta U_S}{\Delta U_A} \approx \omega_{Br}\, R_S\, C_S$	
LC-Tiefpass		$G = \dfrac{\Delta U_S}{\Delta U_A} \approx \omega_{Br}^2\, L_S\, C_S$	

7.3 Sperrschicht-Halbleiterbauelemente

7.3.1 Dioden (Fortsetzung)

Dioden zur Stabilisierung und Begrenzung von Spannungen

Z-Dioden	*Vereinfachte Ersatzschaltung* Z-Dioden ↑ werden im Durchbruchbereich betrieben. Die Durchbruchspannung (Z-Spannung U_z) wird durch die Dotierung auf Werte der E12- oder E24-Reihe im Bereich von (1,8)..4,7 bis 32..(220) V bei einem vorgegebenen Z-Strom I_{zn} eingestellt. Die extremen Werte sind nur in wenigen Sortimenten enthalten.	Kennlinien eines Sortimentes von Z-Dioden (U_z = 2,7 V; 3,3 V; 3,9 V; 4,7 V; 5,6 V; 6,8 V; 8,2 V) I_{zn} = Z-Strom bei Nenn-Z-Spannung ↑ 12-36
ZTE-Dioden	ZTE-Dioden sind integrierte Schaltungen mit nur zwei Anschlüssen, die sich wie Z-Dioden verhalten. Durch die Zusatzschaltung werden das Verhalten bei kleinen Z-Strömen und die Temperaturstabilität wesentlich verbessert.	Kennlinien eines Sortimentes von ZTE-Dioden (U_z = 1,5 V; 2; 2,7; 3,3; 3,9; 4,7; 5,6)
Referenzelemente	Referenzelemente enthalten eine Z-Diode, deren positiver Temperaturkoeffizient mit in Reihe geschalteten Silizium-Dioden kompensiert wird.	
Inhärenter differenzieller Widerstand	Der inhärente differenzielle Widerstand r_{zj} ist von der Z-Spannung abhängig und nimmt logarithmisch mit dem Strom I_z ab. Bei Z-Dioden mit U_z zwischen 7 und 8 V hat r_{zj} ein ausgeprägtes Minimum. Für Wechselstrom, bei dem sich die Temperatur über eine Periode praktisch nicht ändert, gilt: $$r_z = r_{zj}$$	$T_j = 25\,°C$; U_z = 33 V, 22 V, 15 V, 10 V I_z = 1 mA, 5 mA, 20 mA U_z bei I_z = 5 mA

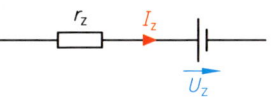

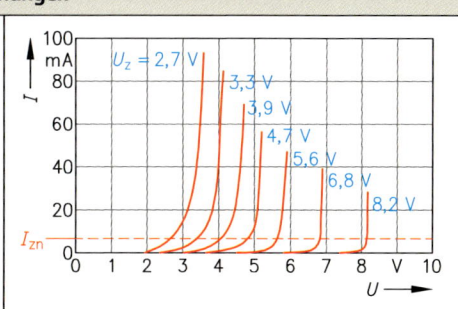

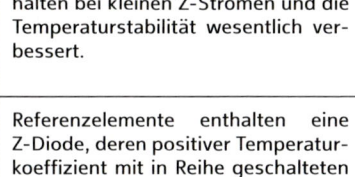

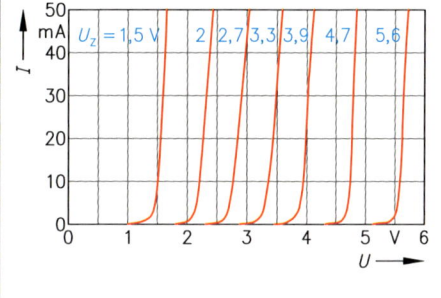

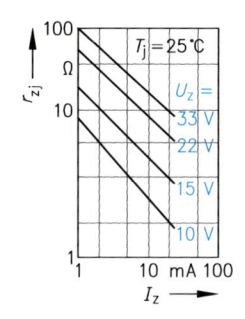

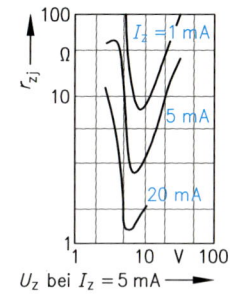

Thermisch bedingter differenzieller Widerstand	**Temperaturverhalten der Z-Spannung**
Der thermisch bedingte differenzielle Widerstand r_{zth} beschreibt die Durchbruchkennlinie bei Temperaturänderung durch langsame Änderung des Z-Stromes. $$r_{zth} = R_{thU}\, U_z\, \frac{\Delta U_z}{\Delta T_J}$$ $$r_z = r_{zj} + r_{zth}$$ U_z bei I_z = 5 mA	Der Temperaturkoeffizient der Z-Spannung ist bei • Zenereffekt positiv, • Lawineneffekt negativ. Dadurch sehr geringe Temperaturabhängigkeit bei Z-Dioden mit: U_z = 5 ... 6 V ΔU_z bei I_z = 5 mA; U_z = 35 V, 15, 10, 7, 5,9, 5,4, 3

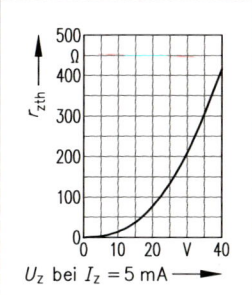

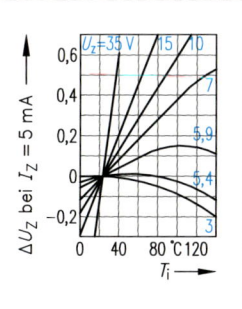

7.3 Sperrschicht-Halbleiterbauelemente

7.3.1 Dioden (Fortsetzung)

Spannungsstabilisierung mit Z-Dioden

Prinzip

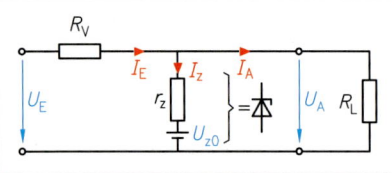

Bemessung des Vorwiderstandes

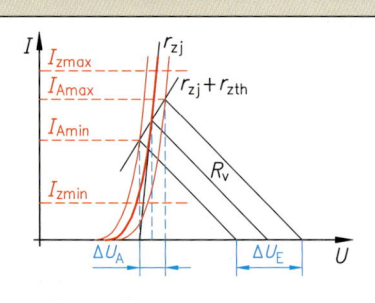

Der Glättungs- und der Stabilisierungsfaktor sind Maße für die erreichte Stabilisierung gegen Schwankungen der Eingangsspannung.
Der Innenwiderstand der stabilisierten Spannungsquelle ist praktisch gleich r_z und ein Maß für die Stabilität gegen Lastschwankungen.

— Kennlinie bei U_E im Arbeitspunkt
— Kennlinien bei U_E an den Grenzen

R_V ist so zu bemessen, dass die zulässige Verlustleistung der Z-Diode nicht überschritten wird.

Glättungsfaktor
$$G = \frac{\Delta U_E}{\Delta U_A} = \frac{R_V}{r_{zj}} + 1$$

$$\frac{U_{E\,max} - U_A}{I_{z\,max} + I_{A\,min}} \leq R_V \leq \frac{U_{E\,min} - U_A}{I_{z\,min} + I_{A\,max}}$$

Stabilisierungsfaktor
$$S = \frac{\Delta U_E}{U_E} \bigg/ \frac{\Delta U_A}{U_A} = \left(\frac{R_V}{r_{zj} + r_{zth}} + 1\right)\frac{U_A}{U_E}$$

Kapazitäts-(Variations-)Dioden

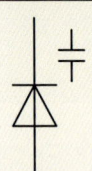

Kapazitätsdioden werden im Sperrbereich betrieben. In der Sperrschicht bildet die ladungsträgerfreie Zone das Dielektrikum eines Kondensators.
Mit wachsender Sperrspannung wird die Dicke der Sperrschicht größer, die Kapazität wird dadurch kleiner.

Ersatzschaltung

vollständig

vereinfacht

Allgemeine Kennlinie

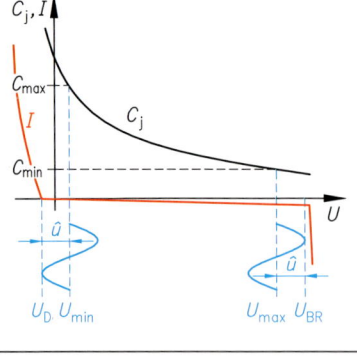

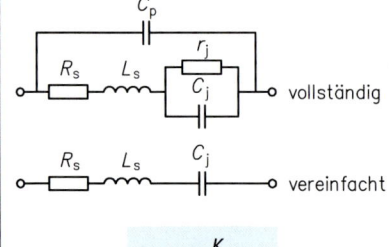

$$C_j = \frac{K}{(U_R + U_D)^n}$$

- R_s Widerstand der Zuleitungen (0,5 ... 5 Ω)
- r_j Widerstand der Sperrschicht (10^6 ... 10^{10} Ω)
- L_s Induktivität der Zuleitungen (1 ... 10 nH)
- C_p Gehäusekapazität
- C_j Kapazität der Sperrschicht
- U_R Angelegte Sperrspannung
- U_D Diffusionsspannung (≈ 0,7 V für Si)
- K Material- und Herstellungskonstante
- n Exponent (Herstellungskonstante)

Anwendungsbeispiele

Parallelschwingkreis mit Kapazitätsdiode (allgemeine Anwendung)

$$C_s \gg C_j$$

Einstellung der Resonanzfrequenz

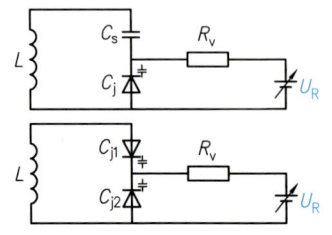

Parallelschwingkreis mit zwei Kapazitätsdioden zur Kompensation der Kennlinienkrümmung

$$C_{j1} = C_{j2}$$

7.3 Sperrschicht-Halbleiterbauelemente

7.3.1 Dioden (Fortsetzung)

Varaktordioden

Varaktordioden sind Kapazitätsdioden für den Betrieb mit hohen HF-Amplituden und bei hohen Frequenzen (0,5 ... > 100 GHz).
Unter Ausnutzung der nicht linearen Kapazitätskennlinie werden sie u. a. zur Frequenzvervielfachung eingesetzt.

Frequenzverdreifacher mit Varaktor (Prinzip)

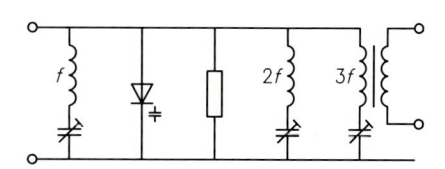

Tunneldioden (Esaki-Dioden)

Tunneldiode

Ersatzschaltung im Arbeitsbereich

Durch extrem hohe Dotierung des p- und des n-Materials wird erreicht, dass bereits durch das Raumladungspotenzial ein Durchbruch mit Zener-Effekt erfolgt. Dadurch ist die Tunneldiode auch im „Sperrbereich" und bis zur im „Durchlassbereich" liegenden Zenerspannung (Höckerspannung U_H) leitfähig.

Mit größer werdender Flussspannung geht dieser Zustand in den normalen Durchlasszustand einer Diode über. Dabei tritt ein Kennlinienbereich mit negativen differenziellen Widerstand auf, der schaltungstechnisch genutzt wird.

Allgemeine Kennlinie

Bedeutung		Typische Werte
U_H	Höckerspannung	≈ 55 mV
U_T	Talspannung	≈ 300 mV
I_P	Höckerstrom	0,5 ... 30 mA
I_V	Talstrom	I_P/I_V = 4 ... 8
C_j	Sperrschichtkapazität	2 ... 60 pF
R_s	Serienwiderstand	1 ... 3 Ω
R_n	Betrag des Widerstands im steilsten Punkt des negativen Bereichs	10 ... 150 Ω

Tunneldioden-Oszillator (Prinzip)

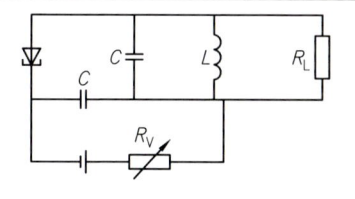

Backwarddiode

Backwarddioden sind **Tunneldioden** mit sehr niedrigem Höckerstrom (I_P < 300 μA) und praktisch nicht mehr nutzbarem negativen differenziellen Widerstand.
Der steile Verlauf der Kennlinie im Nulldurchgang mit anschließendem sehr geringen Strom im Bereich des negativen differenziellen Widerstandes wird zur Gleichrichtung kleiner HF-Signale (U_{SS} < 1 V) verwendet. Die Diode arbeitet „**rückwärts**" als Gleichrichter.

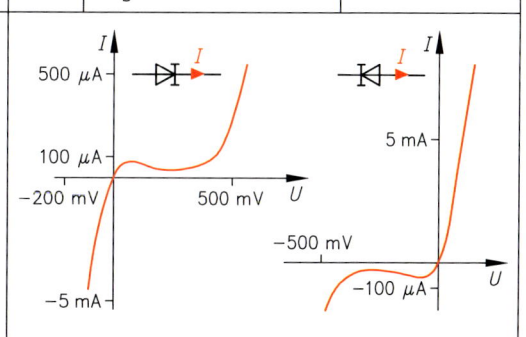

Allgemeine Kennlinie

als Tunneldiode — als Gleichrichter

7.3 Sperrschicht-Halbleiterbauelemente

7.3.1 Dioden (Fortsetzung)

Mikrowellendioden

Schottky-Dioden	Durch zur Grenzschicht hin abnehmende Störstellendichte (Verarmungszone), wird erreicht, dass sich an einem Kontakt zwischen Metall und n-Halbleiter eine Raumladungszone ausbildet. Das führt zu einem ähnlichen Verhalten wie an einem pn-Übergang. Die Diffusionsspannung ist kleiner als bei pn-Übergängen (0,3 … 0,4 V). Im Durchlasszustand (Metallseite positiv) fließen die Ladungsträger sehr schnell in das Metall, ohne dass Ladungsträger in der Grenzschicht gespeichert werden. Dadurch hat die Schottky-Diode keine Sperrverzögerung.	Aufbauschema	Metall — n-Leitung
		Ladungsträgerdichte	n vs x
		Raumladung	Q vs x
Anwendungen 7-48 ↑	Gleichrichten und schnelles Schalten bis ca. 10 GHz. Rückstromdiode in Solaranlagen ↑		
PIN-Dioden	Zwischen den hochdotierten p- und n-Zonen befindet sich eine intrinsische Zone (i) ohne Dotierung (mit nur sehr geringer Eigenleitung). Im Sperrbereich entsteht dadurch eine so breite ladungsträgerarme Schicht, dass die Sperrschichtkapazität sehr klein und praktisch unabhängig von der angelegten Sperrspannung wird. Schaltungstechnisch nutzt man den mit der Sperrspannung und dem Durchlassstrom in sehr weitem Bereich veränderbaren differenziellen Widerstand r_F.	Aufbau	p – i – n
		Betriebsverhalten	r_F, r_R vs U_R; C_p; $r_F = r(I_F)$, $f > 1$ MHz
Anwendungen	Schalter und steuerbarer Widerstand bei Frequenzen bis in den GHz-Bereich		
Lawinendioden	(Avalanche-Dioden, Laufzeit-Dioden) Material und Dotierung sind so gewählt, dass Eigenschaften des Lawinendurchbruchs schaltungstechnisch nutzbar sind, ohne dass die Dioden zerstört werden. Bei kurzzeitiger Überschreitung der Sperrspannung entsteht am gesperrten pn-Übergang eine Minoritätsträgerlawine. Diese wandert als Ladungswellenfront durch die Sperrschicht.	Gunn-Elemente	In einigen n-Halbleitermaterialien (z. B. GaAs) können Elektronen in zwei deutlich unterschiedlichen Energiezuständen existieren. Bei einer bestimmten Anregungsfeldstärke im Halbleiter entstehen infolge des Überganges zwischen diesen Energiezuständen Stromschwankungen mit von der Dicke der Halbleiterschicht abhängiger Frequenz.
Prinzip eines Lawinendioden-Oszillators	Lawinendiode, C, L, R_A, Arbeitspunkt	Prinzip eines Gunn-Oszillators	C, L, R_A, Arbeitspunkt

7.3 Sperrschicht-Halbleiterbauelemente

7.3.2 Bipolare Transistoren

Aufbau, Wirkungsweise, Bezeichnungen

Aufbau und Schaltzeichen	**C Kollektor** (collegere = sammeln) Vom Kollektor werden Ladungsträger aus dem Basisraum abgezogen. **B Basis** (Steuerelektrode) (Ursprünglich das Ausgangs-(Basis-)material zur Herstellung eines Transistors) **E Emitter** (emittere = aussenden) Aus dem Emitter diffundieren Ladungsträger in die Basis.	pnp / npn Darstellungen
Basisstrom I_B	Aus dem Emitter diffundieren mehr Ladungsträger in die Basiszone als durch den Basisanschluss als I_B abfließen können (Injektion von Minoritätsträgern).	
Kollektorstrom I_C	Die Minoritätsträger driften durch den nur für Majoritätsträger gesperrten pn-Übergang zum Kollektor. Der Kollektorstrom ist größer als der Basisstrom und proportional zu diesem. Diese Wirkung tritt sowohl bei der Zonenfolge npn als auch bei der Zonenfolge pnp ein.	
Stromverstärkung B	$B = \dfrac{I_C}{I_B}$ bei $I_C > 1$ A: $B = 10 \ldots 40$ bei $I_C < 1$ A: $B = 50 \ldots > 800$	

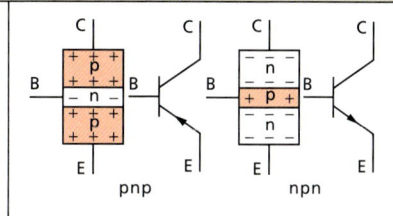

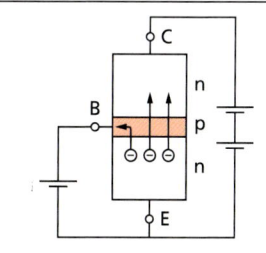

Zählrichtungen und Bezeichnungen für Ströme und Spannungen

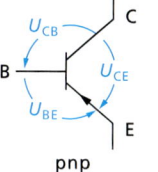

Spannungsangaben bei Emitterschaltung	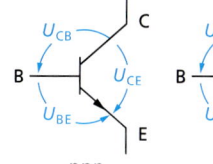 npn: U_{CB}, U_{CE}, U_{BE} pnp: U_{CB}, U_{CE}, U_{BE}	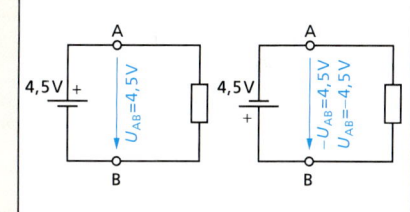 Spannungsangaben Prinzip: 4,5 V, $U_{AB} = 4{,}5$ V / $U_{AB} = -4{,}5$ V
Stromangaben	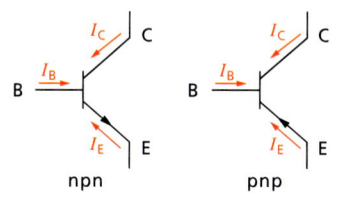 npn: I_C, I_B, I_E pnp: I_C, I_B, I_E	Tatsächliche Ströme und Spannungen npn: $-I_E$, I_B, I_C $I_E + I_B + I_C = 0$ pnp: I_E, $-I_B$, $-I_C$ U_E, U_B, U_C $U_E + U_B - U_C = 0$ $-U_E$, $-U_B$, $-U_C$

Betriebszustände des Transistors

	Zustand der pn-Übergänge		Anwendung
	B – E	B – C	
Gesperrt	Gesperrt	Gesperrt	Schalter, geöffnet
Normal	Durchlässig	Gesperrt	Verstärker
Gesättigt	Durchlässig	Durchlässig	Schalter, geschlossen
Invers	Gesperrt	Durchlässig	Selten (Emitter und Kollektor vertauscht)

7.3 Sperrschicht-Halbleiterbauelemente

7.3.2 Bipolare Transistoren (Fortsetzung)

Kennlinien und Kenngrößen

Vom Hersteller angegebene statische Kennlinien werden mit Kennlinienschreibern bei Impulsbetrieb aufgenommen. Sie gelten für konstante Kristalltemperatur und in der Regel für Emitterschaltung. ↑

Eingangs-kennlinie ↑ $I_B = f(U_BE)$	*(Diagramm: I_B/mA vs U_{BE}/V, $U_{CE}=0V, 3V, 5V$)*	Oberhalb der Schleusenspannung (bei Si-Transistoren 0,5 ... 0,9 V) fließt nicht mehr vernachlässigbarer Basisstrom.	Übertragungskennlinie vorwärts $I_C = f(U_B)$	*(Diagramm: I_C/mA vs I_B/U_{BE}, $U_{CE}=3V$, $I_C=f(I_B)$, $I_C=f(U_B)$)*	Bemerkenswert ist die deutlich größere Linearität der Kennlinie bei Steuerung mit dem Eingangssignal als Strom.

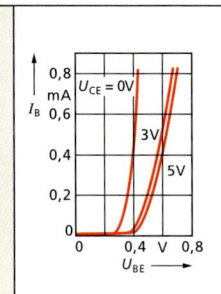

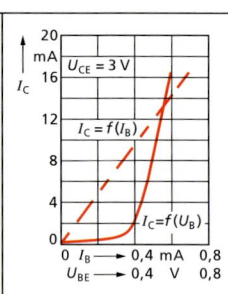

Am Eingang wird **Steuerleistung** (< 1 µW ... > 1 W) in Wärme umgesetzt. Die Steuerleistung muss von der Signalquelle aufgebracht werden.

Schaltungen zur analogen Spannungsverstärkung erfordern Maßnahmen zur Linearisierung der Übertragungskennlinie (s. Gegenkopplung).

Spannungsrückwirkung	$\mu = \dfrac{\Delta U_{BE}}{\Delta U_{CE}}$ Für $U_{CE} > 1$ V wird die Spannungsrückwirkung vernachlässigbar klein ($\mu = 10^{-4} \ldots 10^{-6}$).	Stromverstärkung	Statische Stromverstärkung: $B = I_C / I_B$ Dynamische Stromverstärkung: $\beta = i_B / i_C$ Für kleine Signale und niedrige Frequenzen sind B und β praktisch gleich groß. Mit zunehmender Frequenz nimmt β ab.
Differenzieller Eingangs-widerstand	$r_{BE} = \dfrac{\Delta U_{BE}}{\Delta I_{BE}}$ Der differenzielle Eingangswiderstand wird mit zunehmendem Basisstrom kleiner (> 100 kΩ ... < 100 Ω).		
Steilheit $S = i_C / u_{BE}$	Die Steilheit bestimmt die in Verstärkerschaltungen erzielbare Spannungsverstärkung.	Grenzfrequenzen	f_g β sinkt auf den $1/\sqrt{2}$-fachen Wert (um 3 dB). f_T β sinkt auf den Wert 1 (Transitfrequenz; $\beta = 1$-Grenzfrequenz).
Ausgangs-kennlinien $I_C = f(U_{CE})$	*(Diagramm: I_C/mA vs U_{CE}/V, Parameter $I_B = 0,1$ mA bis $0,8$ mA)*	Die Ausgangskennlinien ↑ werden mit dem Basisstrom als Parameter angegeben.	Übertragungskennlinien rückwärts $U_{BE} = f(U_{CE})$	*(Diagramm: U_{BE}/V vs U_{CE}/V, $I_B = 0,8$ mA, 0,6, 0,4, 0,2, 0,1)*	Die Übertragungskennlinien rückwärts (Rückwirkungskennlinien) werden nur selten angegeben.

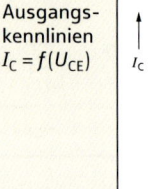

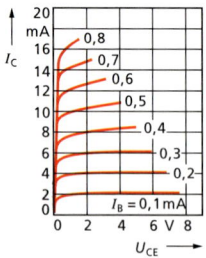

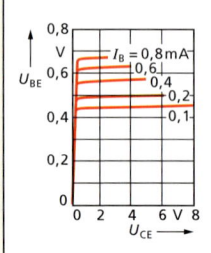

Aus dem gleichmäßigen Abstand der Kennlinien für gleiche Schritte des Basisstromes kann gut auf die Linearität der Übertragung geschlossen werden.

Rückwirkungskennlinien haben für die übersichtliche Erklärung des Verhaltens von Transistoren Bedeutung.

7.3 Sperrschicht-Halbleiterbauelemente

7.3.2 Bipolare Transistoren (Fortsetzung)

Temperaturverhalten	Rauschen
Mit steigender Temperatur wird die Ladungsträgerbewegung durch zunehmende Bewegung des Kristallgitters behindert – Ströme werden kleiner. Bei stärkerer Temperaturerhöhung ist die Zunahme der Minoritätsträger größer als die Behinderung durch die Gitterbewegung – Ströme werden größer. Beim Transistor ist der Übergang zwischen beiden Effekten nicht mehr so übersichtlich erkennbar wie bei der Diode. Die Exemplarstreuungen der Kennwerte liegen etwa in der gleichen Größenordnung wie die Verschiebungen durch Temperaturänderung um ±50 K.	Rauschen entsteht als Ausgangssignal des Transistors infolge der ungeordneten thermischen Bewegung der Ladungsträger. Es ist dem Ausgangsstrom bzw. der Ausgangsspannung als Störsignal überlagert und begrenzt die Übertragungsfähigkeit für kleine Signale. Um die Rauscheigenschaften von der Transistorschaltung unabhängig angeben zu können, wird angenommen, dass der Transistor nicht rauscht und das Rauschen aus einer zwischen Signalquelle und Transistor geschalteten (Ersatz-)Rauschquelle ohne eigenen Innenwiderstand entsteht.
Temperaturverhalten im Ausgangskennlinienfeld Ausgangskennlinienfeld I_C über U_{CE} mit $I_B = 0{,}1$ mA; $0{,}3$; $0{,}5$; $0{,}7$ — Verschiebung der Kennlinien mit steigender Temperatur	Ersatzschaltbild mit R_Q, P_{rT}, P_{rRQ}, Transistor: $P_r = v \cdot (P_{rT} + P_{rRQ})$ R_Q Innenwiderstand der Signalquelle P_{rRQ} Rauschleistung des Innenwiderstandes R_Q P_{rT} (Ersatz-)Rauschleistung des Transistors F Rauschzahl v Leistungsverstärkung der Transistorschaltung P_r Rauschleistung am Transistorausgang
Temperaturverhalten der Stromverstärkung B über I_C, Kennlinien bei $-50\,°C$, $25\,°C$, $100\,°C$ — Mittelwert, Streuwerte bei $T_U = 25\,°C$	**Rauschzahl** $$F = \frac{P_{rRQ} + P_{rT}}{P_{rRQ}} \quad \text{bzw.} \quad F_{dB} = 10\lg F$$
	Typische Abhängigkeit der Rauschzahl von der Frequenz F [dB] über f (0,01 … 1000 MHz)
Temperaturverhalten der Übertragungskennlinien I_C über U_{BE} bei $-50\,°C$, $25\,°C$, $100\,°C$ — Mittelwert, Streuwerte bei $25\,°C$	**Typische Abhängigkeit der Rauschzahl von Kollektorstrom und Innenwiderstand der Signalquelle** F [dB] über I_C für $R_Q = 1\,M\Omega$, $100\,k\Omega$, $10\,k\Omega$, $1\,k\Omega$, $100\,\Omega$	Für eine reale Verstärkerschaltung müssen die Werte von F und R_Q den vom Transistorhersteller angegebenen Diagrammen entnommen werden.

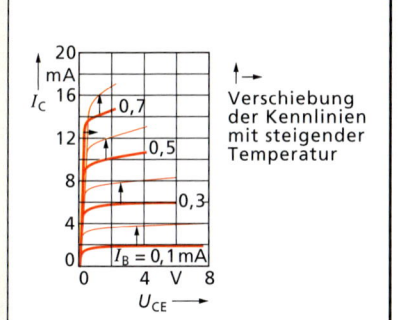

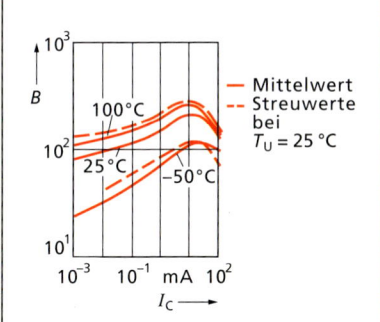

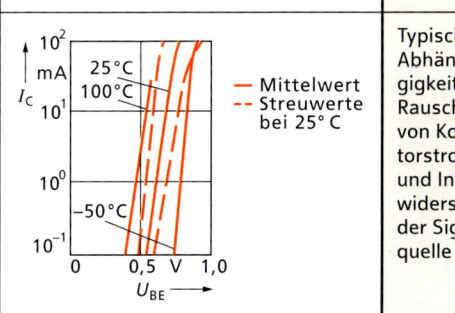

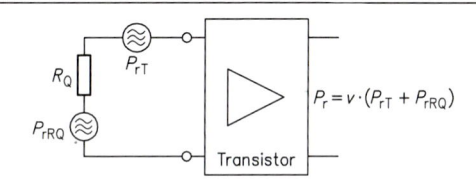

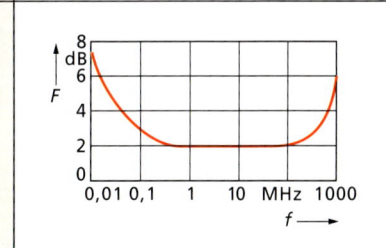

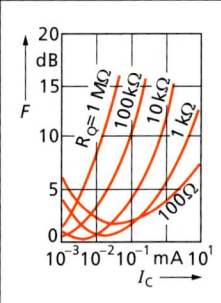

7.3 Sperrschicht-Halbleiterbauelemente

7.3.2 Bipolare Transistoren (Fortsetzung)

Reststöme und Sperrspannungen				Grenzwerte	
I_{CEO} U_{CEO}			Der zweite Anschluss ist offen.	Verlustleistung ↑	Thermische Zerstörung durch zu hohe Sperrschichttemperatur im normalen Betrieb
I_{CER} U_{CER}			Der zweite und dritte Anschluss sind durch einen Widerstand verbunden.		
				Erster Durchbruch	Lawinendurchbruch der Basis-Kollektor-Sperrschicht infolge zu hoher Kollektor-Basisspannung bei gesperrtem Transistor
I_{CES} U_{CES}			Der zweite und dritte Anschluss sind kurzgeschlossen.	Zweiter Durchbruch	Örtliche Überhitzung und Zerstörung der Basiszone durch ungleichmäßige Stromverteilung in der Basiszone; Ursache ist zu hohe elektrische Feldstärke (Kollektorspannung) bei leitendem Transistor, vor allem beim Übergang in den Sperrzustand.
I_{CEV} U_{CEV}			Zwischen zweitem und drittem Anschluss liegt eine Vorspannung.	Typisches Durchbruchverhalten	
I_{CBO} U_{CBO}			Der dritte Anschluss ist offen. Sperrstrom und Sperrspannung der Kollektor-Basis-Sperrschicht	Grenzen des sicheren Arbeitsbereiches	
I_{EBO} U_{EBO}			Der erste Anschluss ist offen. Sperrstrom und Sperrspannung der Basis-Emitter-Sperrschicht		

Reststöme fließen als Sperrströme ↑ durch die Basis-Kollektor- bzw. die Basis-Emitter-Diode des mit der entsprechenden Sperrspannung belasteten Transistors. Zu ihrer Kennzeichnung werden drei Indexbuchstaben verwendet, wobei der dritte Buchstabe Aufschluss über die Verbindung des an zweiter Stelle genannten Anschlusses mit dem nicht genannten dritten Anschluss gibt.

Vom Hersteller werden **zulässige Höchstwerte** für die **Verlustleistung**, die **Sperrspannungen** und **maximale Betriebsströme** als Grenzwerte für den sicheren Betrieb der Transistoren angegeben. Sie sind vom Aufbau des Transistors und ggf. von den Umgebungsbedingungen abhängig.

7.3 Sperrschicht-Halbleiterbauelemente

7.3.3 Transistoren als Verstärker

Verstärker-Grundschaltungen

Die Bezeichnung der drei Transistor-Grundschaltungen entspricht jeweils dem am konstanten Potenzial (Masse bzw. Betriebsspannung) liegenden Transistoranschluss.

Bezeichnung	Emitterschaltung	Kollektorschaltung	Basisschaltung
	in Klammern Bereich der typischen Werte		
Schaltung $r_{BE}(r_{EB})$, r_{CE} und r_{CB} sind innere Wechselstromwiderstände ↑ des Transistors.			
Spannungsverstärkung $A_u = \dfrac{u_a}{u_e}$	$A_u = -\beta \dfrac{R_C // r_{CE}}{r_{BE}}$ (100 ... 10 000)	$A_u = 1 - \dfrac{r_{BE}}{\beta(R_E // r_{CE}) + r_{BE}}$ (< 1)	$A_u = \beta \dfrac{R_C // r_{CB}}{r_{EB}}$ (100 ... 10 000)
Stromverstärkung $A_i = \dfrac{i_a}{i_e}$	$A_i = -\beta \dfrac{r_{CE}}{r_{CE} + R_C}$ (10 ... 500)	$A_i = \beta \dfrac{r_{CE}}{r_{CE} + R_E}$ (10 ... 500)	$A_i = \dfrac{\beta}{1+\beta}$ (< 1)
Leistungsverstärkung $G = \dfrac{u_2 \cdot i_2}{u_1 \cdot i_1} = \dfrac{P_2}{P_1}$	$G = A_u \cdot A_i$ (1 000 ... 100 000)	$G = A_u \cdot A_i$ (10 ... 500)	$G = A_u \cdot A_i$ (100 ... 10 000)
Eingangswiderstand $r_e = \dfrac{u_e}{i_e}$	$r_e = r_{BE}$ (10 Ω ... 5 kΩ)	$r_e = r_{Be} + \beta R_E \approx \beta R_E$ (500 Ω ... 5 MΩ)	$r_e = \dfrac{r_{EB}}{\beta}$ (< 1 Ω ... 1 kΩ)
Ausgangswiderstand $r_a = \dfrac{u_a}{i_a}$	$r_a = R_C // r_{CE}$ (10 Ω ... 500 kΩ)	$r_a = R_E // \dfrac{r_{BE} + R_Q}{\beta}$ (10 Ω ... 1 kΩ)	$r_a = r_{EB} // R_C$ (100 kΩ ... 10 MΩ)

Arbeitspunkteinstellung

Um die Arbeitspunkte A, AB oder B schwanken Spannungen und Ströme, wenn eine Verstärkerstufe mit Signalspannung oder Signalstrom ausgesteuert wird.
Der Arbeitspunkt ist so zu wählen, dass die zulässigen Grenzwerte in keinem Signalzustand überschritten werden.

A-Betrieb: Symmetrische Aussteuerung,
Ruhestrom ≙ Signalmittelwert
AB-Betrieb: Unsymmetrische Aussteuerung, eine Halbwelle verzerrt
B-Betrieb: Halbwellenaussteuerung, Ruhestrom = 0
C-Betrieb: Impulssteuerung (nicht dargestellt)

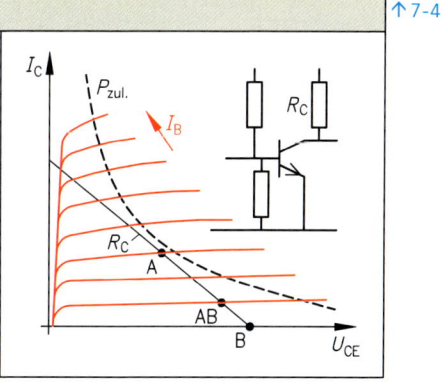

7.3 Sperrschicht-Halbleiterbauelemente

7.3.3 Transistoren als Verstärker (Fortsetzung)

Arbeitspunktstabilisierung

Exemplarstreuungen und Temperaturabhängigkeit der Transistoreigenschaften erfordern besondere Maßnahmen zur Stabilisierung des Arbeitspunktes.

Schaltung	Bemessung	Stabilisierung des Arbeitspunktes	Wirkungsweise
(Schaltung 1: $+U_S$, R_B, R_C)	$R_B = \dfrac{(U_S - U_{BE})\,B}{I_C}$	Keine Stabilisierung des Arbeitspunktes, Exemplarstreuungen von B und R_B sowie Temperaturabhängigkeit von U_{BE} wirken stark auf I_C.	
(Schaltung 2: $+U_S$, R_C, R_B)	$R_B = \dfrac{(U_{CE} - U_{BE})\,B}{I_C}$	Gute Stabilisierung des Arbeitspunktes gegen Exemplarstreuungen von B und Temperaturabhängigkeit von U_{BE}	Bei Anstieg des Kollektorstromes nimmt der Spannungsfall an R_C zu. U_{CB} und I_B sinken, das kompensiert die Einflüsse.
(Schaltung 3: $+U_S$, R_B, R_C, R_q)	$R_B = \dfrac{(U_S - U_{BE})\,B}{(n+1)\,I_C}$ $R_q = \dfrac{U_{BE} \cdot B}{n \cdot I_C}$ $n = \dfrac{I_q}{I_C}\quad n \geq 5\ldots 10$	Weniger Einfluss der Exemplarstreuungen von B Die Temperaturabhängigkeit von U_{BE} bleibt bestehen.	
(Schaltung 4: $+U_S$, R_B, R_C, R_q, R_E, C_E)	$R_B = \dfrac{(U_S - U_{BE} - U_E)\,B}{(n+1)\,I_C}$ $R_q = \dfrac{(U_{BE} \cdot U_E)\,B}{n \cdot I_C}$ $R_E = \dfrac{U_E}{I_C + I_B}$	Sehr gute Stabilisierung gegen Exemplarstreuungen von B und Temperaturabhängigkeit von U_{BE} (C_E schließt R_E für Wechselspannung kurz)	Bei Anstieg des Kollektorstromes nimmt der Spannungsfall an R_E zu, dadurch sinkt U_{BE}, das kompensiert die Einflüsse.
(Schaltung 5: $+U_S$, R_B, R_C, R_q, R_ϑ, R_p)	$R_B = \dfrac{(U_S - U_{BE})\,B}{(n+1)\,I_C}$ $R_q = \dfrac{U_{BE} \cdot B}{n \cdot I_C} - \dfrac{R_p \cdot R_\vartheta}{R_p + R_\vartheta}$ R_p, R_ϑ nach Temperaturbereich optimieren	Sehr gute Stabilisierung gegen Temperaturabhängigkeit von U_{BE} einstellbar Heißleiter und Transistor sind thermisch zu koppeln.	Bei Erwärmung nimmt der Spannungsfall an R_ϑ ab, dadurch sinkt U_{BE}, das kompensiert den Temperatureinfluss.
(Schaltung 6: $+U_S$, R_B, R_C, R_q, Diode)	$R_B = \dfrac{(U_S - U_{BE})\,B}{(n+1)\,I_C}$ $R_q = \dfrac{(U_{BE} + U_{FV})\,B}{n \cdot I_C}$ $I_q \approx I_C$	Sehr gute Stabilisierung gegen Temperaturabhängigkeit von U_{BE} und Schwankungen von U_S Diode und Transistor ggf. thermisch koppeln.	Die Temperaturabhängigkeit von U_{FV} der Diode ist der von U_{BE} des Transistors ähnlich, U_{FV} ist kaum von I_q abhängig, das kompensiert die Einflüsse.

7.3 Sperrschicht-Halbleiterbauelemente

7.3.3 Transistoren als Verstärker (Fortsetzung)

Ersatzschaltungen und Vierpolparameter

Physikalische Ersatzschaltung nach Giacoletto

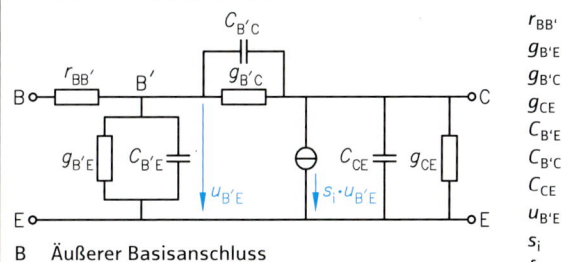

$r_{BB'}$	Basisbahnwiderstand
$g_{B'E}$	Wirksamer Leitwert zwischen B' und E
$g_{B'C}$	Wirksamer Leitwert zwischen B' und C
g_{CE}	Wirksamer Leitwert zwischen C und E
$C_{B'E}$	Wirksame Kapazität zwischen B' und E
$C_{B'C}$	Wirksame Kapazität zwischen B' und C
C_{CE}	Wirksame Kapazität zwischen C und E
$u_{B'E}$	Wirksame Spannung zwischen B' und E
s_i	Innere Steilheit
f_α	Grenzfrequenz (−3 dB) der Kurzschluss-Stromverstärkung in Basisschaltung ($\alpha \triangleq h_{21b}$)

B   Äußerer Basisanschluss
B' Innerer Basisanschluss (nicht zugänglich)

Die Elemente dieser Ersatzschaltung sind bis zu Frequenzen von $f < f_\alpha/2$ annähernd frequenzunabhängig.

Vereinfachte Ersatzschaltungen und Vierpolparameter

Die angegebenen Parameter und Ersatzschaltungen gelten im vom Hersteller angegebenen Frequenzbereich und jeweils für Emitter-Kollektor- oder Basisschaltung. Sind die Parameter für eine Grundschaltung gegeben, dann können die Parameter für die anderen Grundschaltungen berechnet werden. ↑   ↑ 7-20

h-Parameter-Ersatzschaltung	$u_1 = h_{11} \cdot i_1 + h_{12} \cdot u_2$ $i_2 = h_{21} \cdot i_1 + h_{22} \cdot u_2$	y-Parameter-Ersatzschaltung	$u_1 = y_{11} \cdot i_1 + y_{12} \cdot u_2$ $i_2 = y_{21} \cdot i_1 + y_{22} \cdot u_2$
Kurzschluss-Eingangswiderstand	$h_{11} = \dfrac{u_1}{i_1}$ bei $u_2 = 0$ $r_i = h_{11}$, $u_2=0$	Kurzschluss-Eingangsleitwert	$y_{11} = \dfrac{i_1}{u_1}$ bei $u_2 = 0$ $y_i = y_{11}$, $u_2=0$
Leerlauf-Spannungsrückwirkung	$h_{12} = \dfrac{u_1}{u_2}$ bei $i_1 = 0$ $\mu = h_{12}$	Kurzschluss-Rückwärtssteilheit	$y_{12} = \dfrac{i_1}{u_2}$ bei $u_1 = 0$ $s_r = y_{12}$
Kurzschluss-Stromverstärkung	$h_{21} = \dfrac{i_2}{i_1}$ bei $u_2 = 0$ $\beta = h_{21}$, $u_2=0$	Kurzschluss-Vorwärtssteilheit	$y_{21} = \dfrac{i_2}{u_1}$ bei $u_2 = 0$ $s = y_{21}$, $u_2=0$
Leerlauf-Ausgangsleitwert	$h_{22} = \dfrac{i_2}{u_1}$ bei $i_1 = 0$ $y_a = h_{22}$	Kurzschluss-Ausgangsleitwert	$y_{22} = \dfrac{i_2}{u_2}$ bei $u_1 = 0$ $y_a = y_{22}$

7.3 Sperrschicht-Halbleiterbauelemente

7.3.3 Transistoren als Verstärker (Fortsetzung)

Zusammenhang zwischen h- und y-Parametern

$$h_{11} = \frac{1}{y_{11}} \qquad h_{12} = -\frac{y_{12}}{y_{11}}$$

$$h_{21} = \frac{y_{21}}{y_{11}} \qquad h_{22} = \frac{y_{11}\,y_{22} - y_{12}\,y_{21}}{y_{11}}$$

$$y_{11} = \frac{1}{h_{11}} \qquad y_{12} = -\frac{h_{12}}{h_{11}}$$

$$y_{21} = \frac{h_{21}}{h_{11}} \qquad y_{22} = \frac{h_{11}\,h_{22} - h_{12}\,h_{21}}{h_{11}}$$

Zusammenhang zwischen h-Parametern in Emitter-, Basis- und Kollektorschaltung

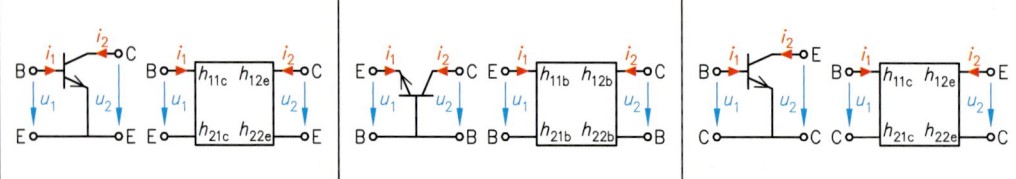

Gegeben: h_e	Gesucht: h_b	Gesucht: h_c
h_{11e}	$h_{11b} = \dfrac{h_{11e}}{1 + \Delta h_e + h_{21e} - h_{12e}}$	$h_{11c} = h_{11e}$
h_{12e}	$h_{12b} = \dfrac{\Delta h_e - h_{12e}}{1 + \Delta h_e + h_{21e} - h_{12e}}$	$h_{12c} = 1 - h_{12e}$
h_{21e}	$h_{21b} = \dfrac{-\Delta h_e + h_{21e}}{1 + \Delta h_e + h_{21e} - h_{12e}}$	$h_{21c} = -(1 + h_{21e})$
h_{22e}	$h_{22b} = \dfrac{h_{22e}}{1 + \Delta h_e + h_{21e} - h_{12e}}$	$h_{22c} = h_{22e}$

Gegeben: h_b	Gesucht: h_e	Gesucht: h_c
h_{11b}	$h_{11e} = \dfrac{h_{11b}}{1 + \Delta h_b + h_{21b} - h_{12b}}$	$h_{11c} = \dfrac{h_{11b}}{1 + \Delta h_b + h_{21b} - h_{12b}}$
h_{12b}	$h_{12e} = \dfrac{\Delta h_b - h_{12b}}{1 + \Delta h_b + h_{21b} - h_{12b}}$	$h_{12c} = \dfrac{\Delta 1 + h_{21b}}{1 + \Delta h_b + h_{21b} - h_{12b}}$
h_{21b}	$h_{21e} = \dfrac{-\Delta h_b + h_{21b}}{1 + \Delta h_b + h_{21b} - h_{12b}}$	$h_{21c} = \dfrac{h_{12b} - 1}{1 + \Delta h_b + h_{21b} - h_{12b}}$
h_{22b}	$h_{22e} = \dfrac{h_{22b}}{1 + \Delta h_b + h_{21b} - h_{12b}}$	$h_{22c} = \dfrac{h_{22b}}{1 + \Delta h_e + h_{21e} - h_{12e}}$

$$\Delta h_e = h_{11e} \cdot h_{22e} - h_{12e} \cdot h_{21e} \qquad \Delta h_b = h_{11b} \cdot h_{22b} - h_{12b} \cdot h_{21b}$$

Zusammenhang zwischen den y-Parametern in Emitter-, Basis- und Kollektorschaltung

Gegeben: y_e	Gegeben: y_b	Gegeben: y_c
y_{11e}	$y_{11b} = y_{11e} + y_{12e} + y_{21e} + y_{22e}$	$y_{11c} = y_{11e}$
y_{12e}	$y_{12b} = -(y_{12e} + y_{22e})$	$y_{12c} = -(y_{11e} + y_{12e})$
y_{21e}	$y_{21b} = -(y_{21e} + y_{22e})$	$y_{21c} = -(y_{11e} + y_{21e})$
y_{22e}	$y_{22b} = y_{22e}$	$y_{22c} = y_{11e} + y_{12e} + y_{21e} + y_{22e}$

7.3 Sperrschicht-Halbleiterbauelemente

7.3.3 Transistoren als Verstärker (Fortsetzung)

Vierpolberechnung der Betriebswerte einer Transistorverstärkerstufe

↑ 7-17
7-19

Eingangs-widerstand	$r_e = \dfrac{u_1}{i_1}$	$r_e = \dfrac{h_{11} + R_L \cdot \Delta h}{1 + R_L \cdot h_{22}}$	$r_e = \dfrac{1 + R_L \cdot y_{22}}{y_{11} + R_L \cdot \Delta y}$
Ausgangs-widerstand	$r_a = \dfrac{u_2}{i_2}$	$r_a = \dfrac{h_{11} + R_G}{\Delta h + R_G \cdot h_{22}}$	$r_a = \dfrac{1 + R_G \cdot y_{11}}{y_{22} + R_G \cdot \Delta y}$
Stromver-stärkung	$A_i = \dfrac{i_2}{i_1}$	$A_i = \dfrac{h_{21}}{1 + R_L \cdot h_{22}}$	$A_i = \dfrac{y_{21}}{y_{11} + R_L \cdot \Delta y}$
Span-nungsver-stärkung	$A_u = \dfrac{u_2}{u_1}$	$A_u = \dfrac{R_L \cdot h_{21}}{h_{11} + R_L \cdot \Delta h}$	$A_u = \dfrac{-R_L \cdot y_{21}}{1 + R_L \cdot y_{22}}$
Leistungs-verstärkung	$G = \dfrac{u_2 \cdot i_2}{u_1 \cdot i_1} = \dfrac{P_2}{P_1}$	$G = A_u \cdot A_i$	$G = A_u \cdot A_i$
		$\Delta h = h_{11} \cdot h_{22} - h_{12} \cdot h_{21}$	$\Delta y = y_{11} \cdot y_{22} - y_{12} \cdot y_{21}$

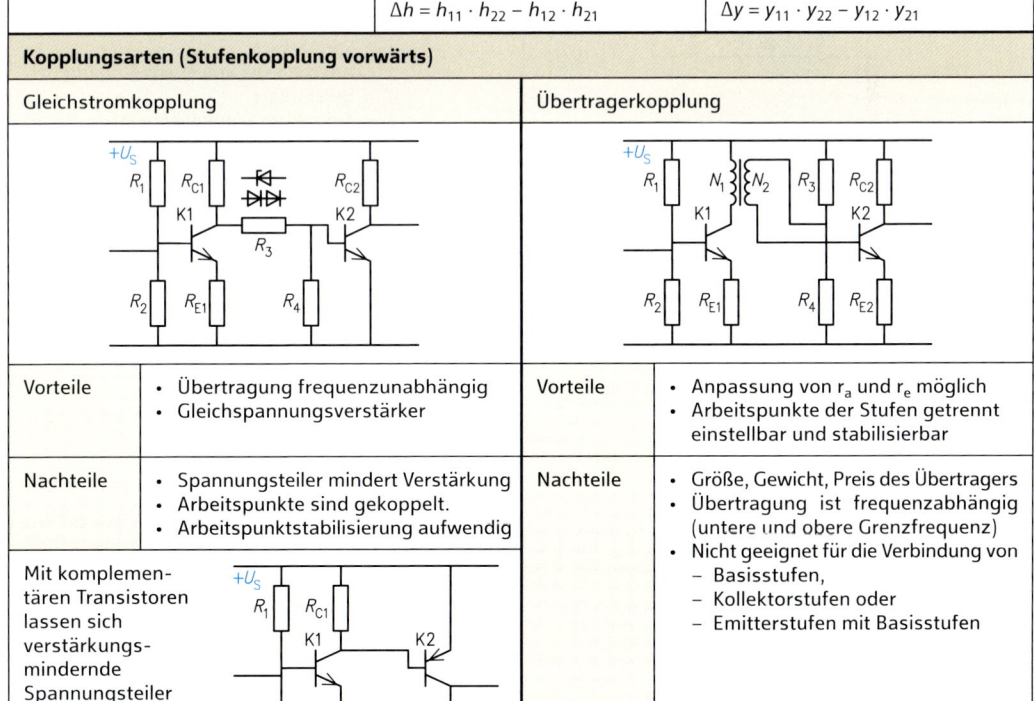

Kopplungsarten (Stufenkopplung vorwärts)

Gleichstromkopplung		Übertragerkopplung	
Vorteile	• Übertragung frequenzunabhängig • Gleichspannungsverstärker	Vorteile	• Anpassung von r_a und r_e möglich • Arbeitspunkte der Stufen getrennt einstellbar und stabilisierbar
Nachteile	• Spannungsteiler mindert Verstärkung • Arbeitspunkte sind gekoppelt. • Arbeitspunktstabilisierung aufwendig	Nachteile	• Größe, Gewicht, Preis des Übertragers • Übertragung ist frequenzabhängig (untere und obere Grenzfrequenz) • Nicht geeignet für die Verbindung von – Basisstufen, – Kollektorstufen oder – Emitterstufen mit Basisstufen
Mit komplementären Transistoren lassen sich verstärkungsmindernde Spannungsteiler vermeiden.			

7.3 Sperrschicht-Halbleiterbauelemente

7.3.3 Transistoren als Verstärker (Fortsetzung)

Kopplungsarten (Stufenkopplung vorwärts) (Fortsetzung)		Rückkopplungen	
RC-Kopplung		\multicolumn{2}{l}{Mit Rückkopplung wird das Zurückführen eines Bruchteils des Ausgangssignales einer Verstärkerschaltung auf deren Eingang bezeichnet.}

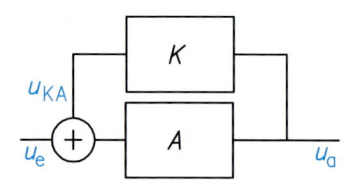

(Schaltbild: zweistufiger RC-gekoppelter Verstärker mit $+U_s$, R_1, R_{C1}, R_3, R_{C2}, C_1, C_K, C_2, K1, K2, R_2, R_{E1}, C_{E1}, R_4, R_{E2}, C_{E2})

(Blockschaltbild Rückkopplung: Verstärker A, Koppelnetzwerk K, u_e, u_a, u_{KA})

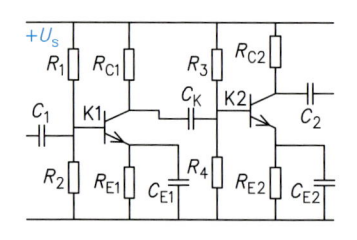

Vorteil	• Arbeitspunkte der Stufen getrennt einstellbar und stabilisierbar
Nachteil	• Übertragung frequenzabhängig (untere Grenzfrequenz)

- **A** Verstärker mit der Verstärkung A
- **K** Koppelnetzwerk mit dem Koppelfaktor K
- u_e Eingangssignal der gesamten Schaltung
- u_a Ausgangssignal des Verstärkers
  = Eingangssignal des Koppelnetzwerkes
- u_{KA} Ausgangssignal des Koppelnetzwerkes

Dimensionierung des Koppelkondensators C_K

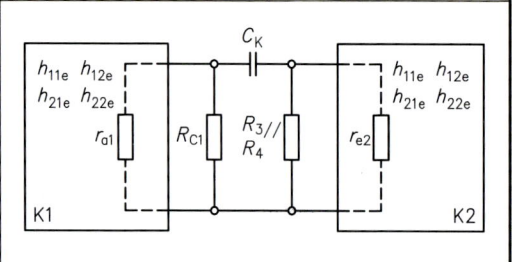

(Ersatzschaltbild mit h_{11e}, h_{12e}, h_{21e}, h_{22e}, r_{a1}, R_{C1}, $R_3 // R_4$, r_{e2}, C_K, K1, K2)

$$C_K = \frac{1}{2\pi f_u (r_{a1} \| R_{C1} + R_3 \| R_4 \| r_{e2})}$$

Dimensionierung der Emitterkondensatoren C_{E1} und C_{E2}

Die Emitterkondensatoren werden normalerweise so stark (> 10fach) überdimensioniert, dass sie keinen Einfluss mehr auf die untere Grenzfrequenz f_u haben. Für die überschlägige Berechnung wird die Kollektorrückwirkung vernachlässigt und der Transistor in Kollektorschaltung betrieben gedacht.

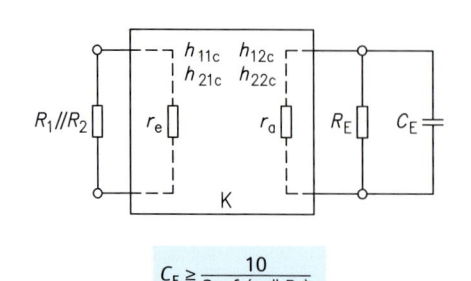

(Ersatzschaltbild mit $R_1 \| R_2$, h_{11c}, h_{12c}, h_{21c}, h_{22c}, r_e, r_a, R_E, C_E, K)

$$C_E \geq \frac{10}{2\pi f_u (r_a \| R_E)}$$

Gegenkopplung (negative Rückkopplung)

Das Eingangssignal des Verstärkers wird kleiner als das Eingangssignal der gesamten Schaltung.

$$u_e + u_{KA} < u_e$$

Dazu muss $K \cdot A$ negativ sein. Schaltungstechnisch erreicht man das durch entsprechende Polung des
- Anschlusses von K am Ausgang des Verstärkers,
- Anschlusses von K am Eingang des Verstärkers,
- Signals im Koppelnetzwerk (z. B. mit einem Transformator),
- Signals im Verstärker (z. B. Emitterschaltung, negativer Eingang an OPV).

Mitkopplung (positive Rückkopplung)

Das Eingangssignal des Verstärkers wird größer als das Eingangssignal der gesamten Schaltung.

$$u_e + u_{KA} > u_e$$

Schaltungen mit positiver Rückkopplung werden unstabil, wenn $K \cdot A \geq 1$ ist. Das wird in Kippschaltungen und Generatoren genutzt. Sinusschwingungen entstehen, wenn

$$K \cdot A = 1 \text{ und } \varphi = 2n\pi \ (n = 0, 1, 2, \ldots)$$

für die Schwingfrequenz eingehalten wird. Dazu ist eine Koppelschaltung mit Amplitudenregelung und Phasenverschiebung von $\pi < \varphi \leq 2\pi$ oder Umpolung und $0 \leq \varphi < \pi$ notwendig.

7.3 Sperrschicht-Halbleiterbauelemente

7.3.3 Transistoren als Verstärker (Fortsetzung)

Gegenkopplungs-Grundschaltungen

	Schaltungsprinzip	a) Übertragungswerte b) Eingangswiderstand/Ausgangswiderstand
Spannungs-Serien-Gegenkopplung	(Schaltbild)	a) $A_u' = \dfrac{u_2}{u_1'} = \dfrac{A_u r_e (R_1 + R_2) + r_a R_2}{A_u r_e R_2 + r_e (r_a + R_1 + R_2) + R_2 (r_a + R_2)}$ $A_u' = \dfrac{R_1 + R_2}{R_2}$
		b) $r_e' = \dfrac{A_u r_e R_2 + r_e (r_a + R_1 + R_2) + R_2 (r_a + R_1)}{r_a + R_1 + R_2}$ $r_e' > r_e$ $r_a' = \dfrac{r_a [r_e (R_1 + R_2) + R_1 R_2]}{r_e R_2 (A_u + 1) + (r_a + R_1)(r_e + R_2)}$ $r_a' < r_a$
Strom-Serien-Gegenkopplung	(Schaltbild)	a) $G_\text{ü}' = \dfrac{i_2}{u_1'} = \dfrac{A_u r_e + R_f}{A_u R_f r_e + r_e (r_a + R_f + R_L) + R_f (r_a + R_L)}$ $G_\text{ü} \approx \dfrac{1}{R_f}$ $A_u' = \dfrac{u_2'}{u_1'} \approx \dfrac{R_L}{R_f}$
		b) $r_e' = r_e + \dfrac{R_f (A_u R_f + r_a + R_L)}{r_a + R_f + R_L}$ $r_e' > r_e$ $r_a' = R_a + \dfrac{r_e R_f (A_u + 1)}{r_e + R_f}$ $r_a' > r_a$
Spannungs-Parallel-Gegenkopplung	(Schaltbild)	a) $R_\text{ü}' = \dfrac{u_2}{i_1'} = \dfrac{r_e (A_u R_f + r_a)}{r_e (A_u + 1) + r_a + R_f}$ $R_\text{ü} \approx R_f$ $A_u' = \dfrac{u_2}{u_1'} \approx \dfrac{R_f}{R_Q}$
		b) $r_e' = \dfrac{r_e (r_a + R_f)}{r_e (1 + A_u) + r_a + R_f}$ $r_e' < r_e$ $r_a' = \dfrac{r_a (r_e + R_f)}{r_e (1 + A_u) + r_a + R_f}$ $r_a' < r_a$
Strom-Parallel-Gegenkopplung	(Schaltbild)	a) $A_i' = \dfrac{i_2}{i_1'} = \dfrac{R_e [A_u (R_1 + R_2) + R_2]}{A_u R_e R_1 + (R_a + R_L)(R_e + R_1 + R_2) + R_1 (R_e + R_2)}$ $A_i' = \dfrac{R_1 + R_2}{R_1}$
		b) $r_e' = \dfrac{r_e}{1 + \dfrac{r_e [R_1 (1 + A_u) + r_a + R_L]}{R_2 (r_a + R_1 + R_L) + R_1 (r_a + R_L)}}$ $r_e' < r_e$ $r_a' = \dfrac{r_a (r_e + R_2) + r_e R_1 (1 + A_u) + R_1 (r_a + R_2)}{r_e + R_1 + R_2}$ $r_a' > r_a$

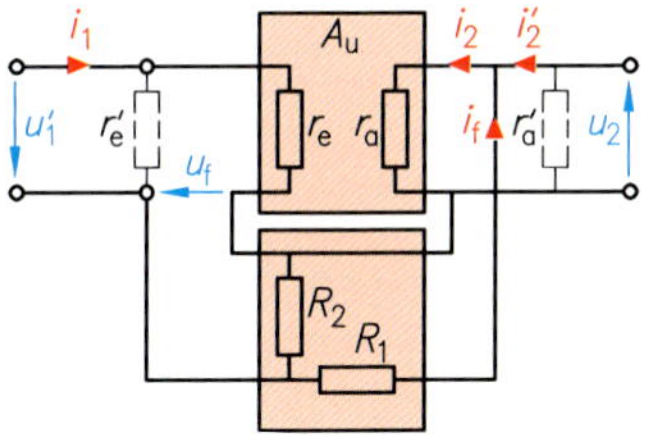

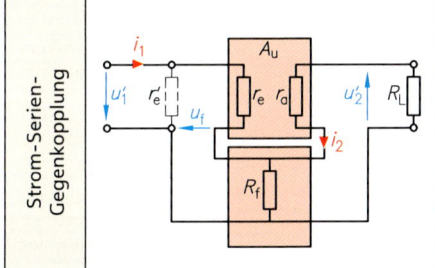

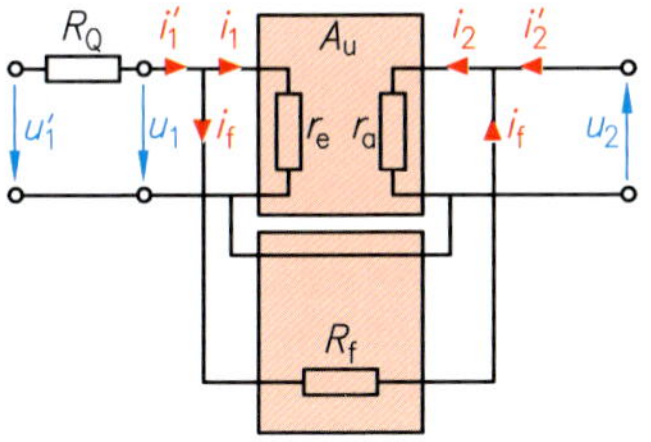

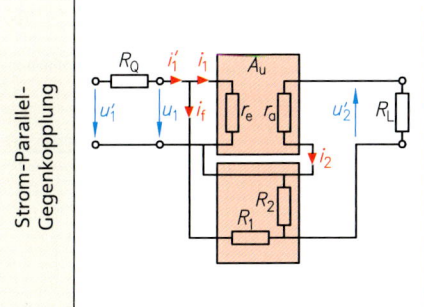

7.3 Sperrschicht-Halbleiterbauelemente

7.3.3 Transistoren als Verstärker (Fortsetzung)

Beispiele für häufig angewendete Verstärkerschaltungen aus Einzeltransistoren

$+U_s$, $-U_s$ = Betriebsspannungen, 0 = Bezugspotenzial für Betriebsspannungen und Signale

Emitterschaltung mit Stromgegenkopplung	Emitterschaltung mit Spannungsgegenkopplung
$A_u = \dfrac{u_a}{u_e} \approx \dfrac{R_C}{R_E}$ $r_e = \dfrac{u_e}{i_e} = r_{BE} + \beta R_E \approx \beta R_E$ $r_a = \dfrac{u_a}{i_a} = R_C \parallel r_{CE}\left(1 + \beta \dfrac{R_E}{r_{BE}}\right) \approx R_C$	$A_u = \dfrac{u_a}{u_e} \approx \dfrac{R_f}{R_1}$ $r_e = R_1 + (r_{BE} \parallel R_f / A_u) \approx R_1$ $r_a = R_C \parallel r_{CE}$

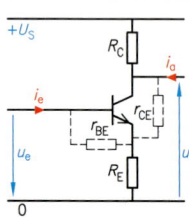

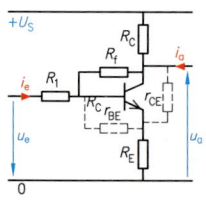

Bootstrap-Schaltung	2-stufiger Verstärker mit Bootstrap-Schaltung
$A_u \approx 1 \quad C \geq \dfrac{5}{2\pi f_u (R_1 \parallel R_2)}$ $r_e = (r_{BE} + \beta R_E) \parallel R_3 \dfrac{\beta(R_E \parallel r_{CE})}{r_{BE}}$ $r_a \approx R_E \parallel \dfrac{r_{BE} + R_3}{\beta}$ $R_1 \parallel R_2 \geq 10\, R_E$ $I_B R_3 \ll U_{BE}$	$A_u \approx \dfrac{R_3}{R_4}$ $r_e = (r_{BE1} + \beta_1 R_E) \parallel R_3$ $\cdot \dfrac{\beta_1 (R_{E1} \parallel r_{CE1})}{r_{BE1}}$ $r_a = R_5 \parallel \dfrac{r_{BE2} + R_3}{\beta_2}$

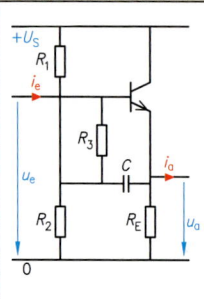

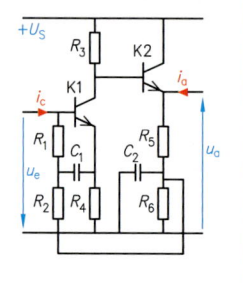

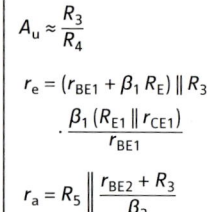

Gegentakt-Schaltung	Kaskode-Schaltung
$A_u \approx 1 \quad A_i \approx \beta$ $\beta_{T1} = \beta_{T2} = \beta$ R_3 und R_4 gleiche Typen $R_1 = R_2$ Mit R_1 und R_2 wird AB- oder B-Betrieb eingestellt.	$A_u \approx \beta_1 \dfrac{R_5}{r_{BE1}}$ $r_e = r_{BE1} \parallel (R_2 \parallel R_3)$ $r_a \approx R_5$

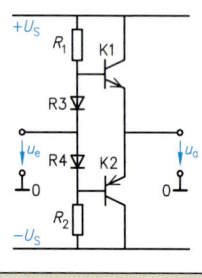

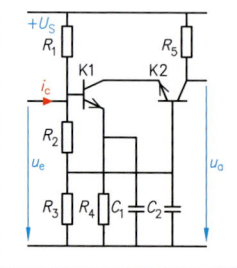

Darlington-Schaltung aus gleichartigen Transistoren	Darlington-Schaltung aus komplementären Transistoren
$\beta_{ges} \approx \beta_1 \cdot \beta_2$ $r_{BEges} = r_{BE1} + \beta_1 r_{BE2}$ $r_{CEges} = r_{CE2} \parallel \dfrac{2 r_{CE1}}{\beta_2}$	$\beta_{ges} \approx \beta_1 \cdot \beta_2$ $r_{BEges} = r_{BE1}$ $r_{CEges} = r_{CE2} \parallel \dfrac{r_{CE1}}{\beta_2}$

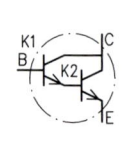

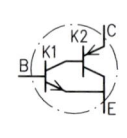

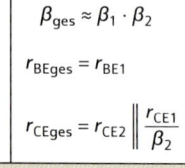

Konstantspannungsquelle	Konstantstromquelle
$U_A \approx (U_Z + U_{BEV2}) \dfrac{R_1 + R_2}{R_2}$ $U_E - \hat{U}_{Br} \geq U_A + U_{CEsatK1}$	$I = \dfrac{U_Z - U_{BE}}{R_2}$

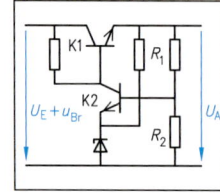

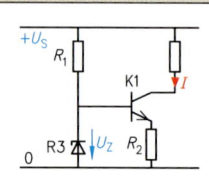

7.3 Sperrschicht-Halbleiterbauelemente

7.3.4 Differenz- und Operationsverstärker

Differenzverstärker

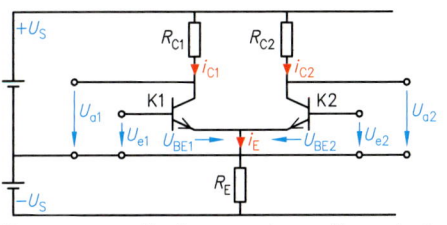

		Symmetrische Differenzverstärkung	$\dfrac{u_{a2} - u_{a1}}{u_{e2} - u_{e1}} = A_{uE} = -\beta \dfrac{R_C \| r_{CE}}{r_{BE}}$ $u_{a1} = (u_{e1} - i_E R_E) A_{uE}$ $u_{a2} = (u_{e2} - i_E R_E) A_{uE}$ A_{uE} = Spannungsverstärkung einer Emitterschaltung
Voraussetzung für die angegebenen Eigenschaften sind die vollständige Symmetrie des Schaltungsaufbaus: $R_{C1} = R_{C2} = R_C$ und gleiche Eigenschaften von K1 und K2.		Unsymmetrische Differenzverstärkung	$\dfrac{u_{a1}}{u_{e1} - u_{e2}} = -\beta \dfrac{R_C \| r_{CE}}{2 r_{BE}}$ $\dfrac{u_{a2}}{u_{e1} - u_{e2}} = \beta \dfrac{R_C \| r_{CE}}{2 r_{BE}}$
Gleichtaktunterdrückung	Verwendet man anstelle von R_E eine Konstantstromquelle, so ist deren Innenwiderstand $> R_E$ und die Gleichtaktverstärkung geht gegen 0.	Gleichtaktverstärkung	$u_{e1} = u_{e2} = u_{IC}$ $u_{a1} = u_{a2} = i_C R_C$ $i_C \approx i_E / 2$ $u_{1C} \approx i_E R_E \approx 2 i_C R_E$ $\dfrac{u_{a1}}{u_{IC}} = \dfrac{u_{a2}}{u_{IC}} = \dfrac{R_C}{2 R_E}$
		$r_{eD} = 2\, r_{BE}$ $r_{aG} = \beta\, R_E$ $r_a = R_C$	Differenzeingangswiderstand Gleichtakteingangswiderstand Ausgangswiderstand

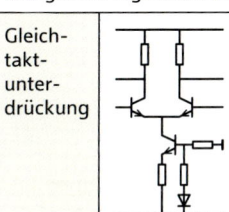

Operationsverstärker (OA, OP)

Eine Zusammenschaltung aus • Eingangs-Differenzverstärkerstufe, • zweiter Differenzverstärkerstufe und • unsymmetrischer Ausgangsstufe bezeichnet man als Operationsverstärker. Die verstärkenden Bauelemente können auch Feldeffekttransistoren oder Elektronenröhren sein. Aus Halbleiterbauelementen aufgebaute **Operationsverstärker stellen als integrierte Schaltung einen universell einsetzbaren analogen Verstärker dar**. Sie haben • sehr hohe Spannungsverstärkung, • hohen Eingangswiderstand und • kleinen Ausgangswiderstand.	Vereinfachte Ersatzschaltung	
	Z_{eC} Z_{eD} Z_a A_{UDO}	Gleichtakteingangsimpedanz Differenzeingangsimpedanz Ausgangsimpedanz Differenzleerlaufverstärkung
Schaltzeichen und Kennlinie	Offset	Infolge von Fertigungstoleranzen wird die Ausgangsspannung bei $u_{E1} = u_{E2}$ nicht genau 0. Dieser Fehler kann direkt durch eine zusätzliche konstante Spannung an E1 oder E2 (sog. Offset-Spannung) kompensiert werden. Integrierte OV haben optional zusätzliche Anschlüsse, über die unabhängig von der äußeren Beschaltung des OV der Offsetfehler der IS kompensiert werden kann.
0 Bezugspotenzial $+U_S, -U_S$ Betriebsspannungen E_1 nicht invertierender Eingang E_2 invertierender Eingang A Ausgang		
Aufbau		

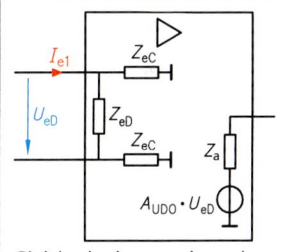

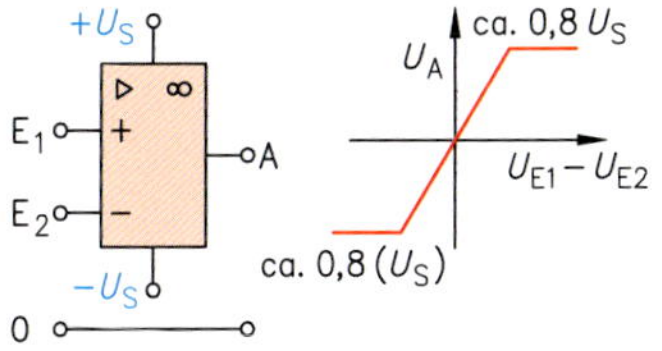

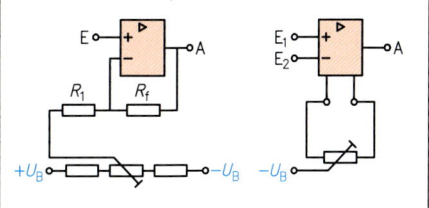

7.3 Sperrschicht-Halbleiterbauelemente

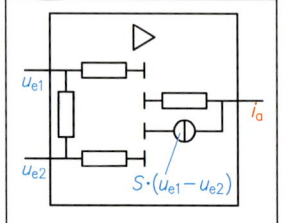

7.3.4 Differenz- und Operationsverstärker (Fortsetzung)

Frequenzverhalten des Operationsverstärkers

Prinzip

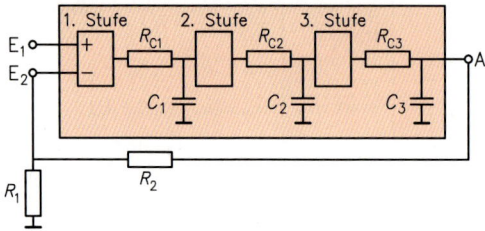

C_1, C_2, C_3 innere Schaltkapazitäten

$$\omega_1 = \frac{1}{C_1 R_{C1}} \quad \omega_2 = \frac{1}{C_2 R_{C2}} \quad \omega_3 = \frac{1}{C_3 R_{C3}} \quad \omega_2 = 2\pi f$$

$$A_u(\omega) = \frac{A_{u1}}{1 + j\frac{\omega}{\omega_1}} \cdot \frac{A_{u2}}{1 + j\frac{\omega}{\omega_2}} \cdot \frac{A_{u3}}{1 + j\frac{\omega}{\omega_3}}$$

Die Gegenkopplung R_1, R_2 geht bei der Frequenz ω_3 in eine Mitkopplung über. Die Schaltung schwingt, wenn bei $\omega \geq \omega_3$ und

$$A_\omega = \frac{R_2}{R_1} \geq 1 \text{ werden.}$$

Kompensation

Die Schwingneigung wird vermieden, wenn durch zusätzliche Beschaltung mit Kompensationsgliedern (C- oder RC-Schaltungen) die Grenzfrequenz ω_1 so weit nach unten verschoben wird, dass A_u bei ω_3 kleiner als 1 (kleiner 0 dB) wird.
An integrierten Schaltungen sind dazu ggf. spezielle Anschlüsse vorhanden.

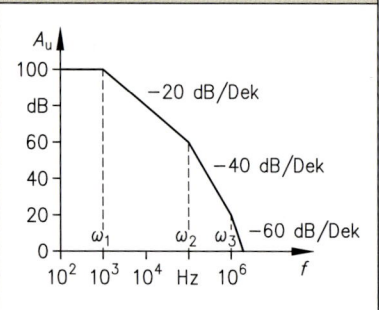

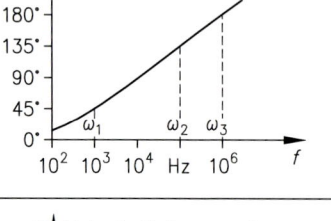

Prinzip (CFA: Current Feedback Amplifier)

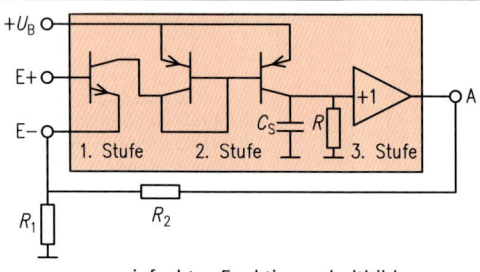

vereinfachtes Funktionsschaltbild
C_s innere Schaltkapazität

Der Eingang der 3. Stufe wird aus einem sog. Stromspiegel gesteuert. Die Anstiegszeit der Ausgangsspannung wird vorwiegend nur noch von der Schaltkapazität am Eingang der 3. Stufe bestimmt und ist sehr kurz. Die Slew-Rate wird sehr groß, ohne dass der Verstärker unstabil wird.

Anwendung z.B. als Videoverstärker

SlewRate

Infolge der inneren Schaltkapazitäten und ggf. angeschlossener Kompensationskondensatoren ändert sich die Ausgangsspannung langsamer als die Eingangsspannung. Die maximale Slew-Rate SR ist eine Kenngröße des Operationsverstärkers:

$$SR = \frac{\Delta U_a}{\Delta t}$$

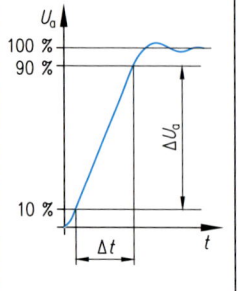

Transconductance-Verstärker (OTA)

Operationsverstärker mit einer Stromquelle als Ausgangsstufe. Anstelle der Spannungsverstärkung wird die Vorwärtssteilheit angegeben:

$$S = \frac{i_a}{u_{e1} - u_{e2}}$$

7.3 Sperrschicht-Halbleiterbauelemente

7.3.4 Differenz- und Operationsverstärker (Fortsetzung)

Schaltungsbeispiele für lineare analoge Verstärkerschaltungen

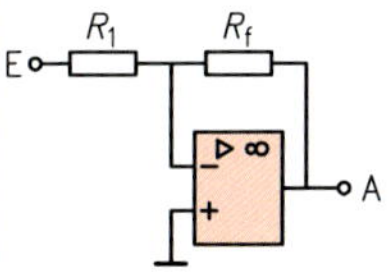

Invertierender Verstärker	Nicht invertierender Verstärker (Elektrometer-Verstärker)	Verstärker mit erdfreiem Eingang	Impedanzwandler	Strom-Spannungswandler
$U_A = -U_E \dfrac{R_f}{R_1}$	$U_A = U_E \left(1 + \dfrac{R_f}{R_1}\right)$	$U_A = U_E \left(1 + \dfrac{R_f}{R_1}\right)$	$U_A = U_E$	$Z_{in} = \dfrac{R}{1+V}$ V = Verstärkung $-U_A = I_E \cdot R$

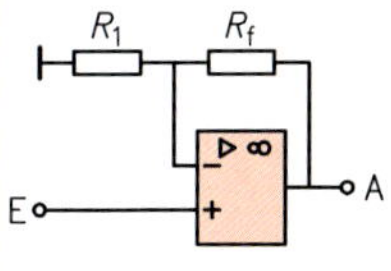

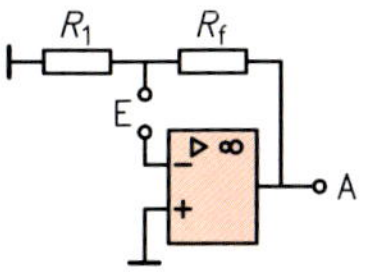

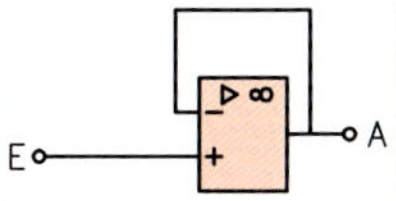

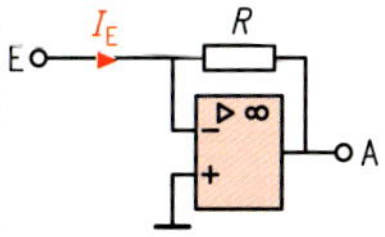

Instrumentenverstärker	Leitungsverstärker, symmetrisch
$R_1 = R_3$ $R_4 = R_5$ $R_6 = R_7$ $A_u = \dfrac{R_6}{R_4}\left(1 + \dfrac{2R_1}{R_2}\right)$	$A_u = 2\dfrac{R_4}{R_3} \cdot \left(1 + \dfrac{2R_1}{R_2}\right)$

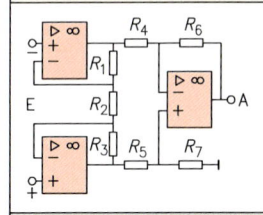

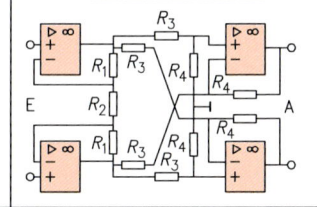

Schaltungsbeispiele für lineare Analogrechnerschaltungen

Summierer – Subtrahierer	Bipolarer Koeffizient	Differenzierer	Integrierer
$U_A = R_f \cdot \left(\dfrac{U_1}{R_1} + \dfrac{U_2}{R_2} - \dfrac{U_3}{R_3} - \dfrac{U_4}{R_4}\right)$	$R_1 = R_2$ $U_A = (2q - 1) \cdot U_E$ $0 \leq q \leq 1$	$f_u = \dfrac{1}{2\pi R_1 C}$ $R \cdot C_1 \leq R_1 \cdot C$ $U_A = -RC \dfrac{dU_E}{dt}$	$f_u = \dfrac{1}{2\pi R_1 C}$ $U_A = -\dfrac{1}{RC}\int_0^t U_E dt$

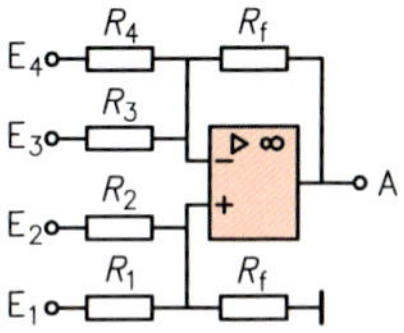

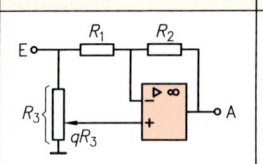

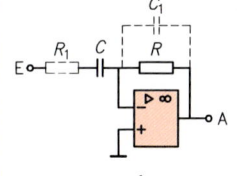

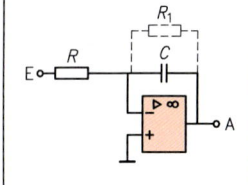

Schaltungsbeispiele für Impedanztransformationen

Negative Impedanz		Gyrator
Kurzschlussstabil	Leerlaufstabil	
$Z = \dfrac{U_E}{I} = -\dfrac{Z}{n}$	$Z = \dfrac{U_E}{I} = -\dfrac{Z}{1+n}$	$i_a = \dfrac{u_e}{R}$ $i_e = \dfrac{u_a}{R}$ $\dfrac{u_e}{i_e} = \dfrac{i_a}{u_a} R^2$ $T = Z_1 = \dfrac{1}{Z_2} R^2$

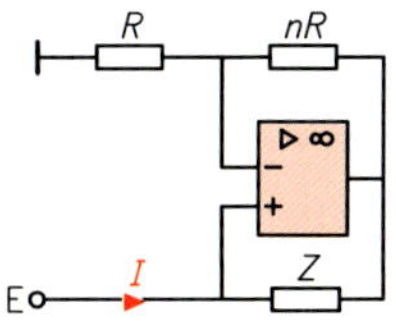

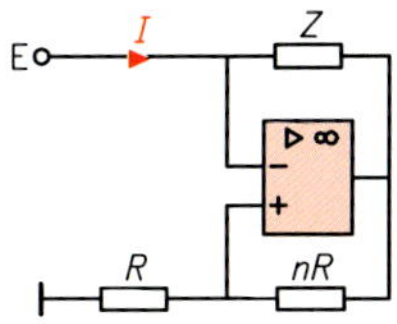

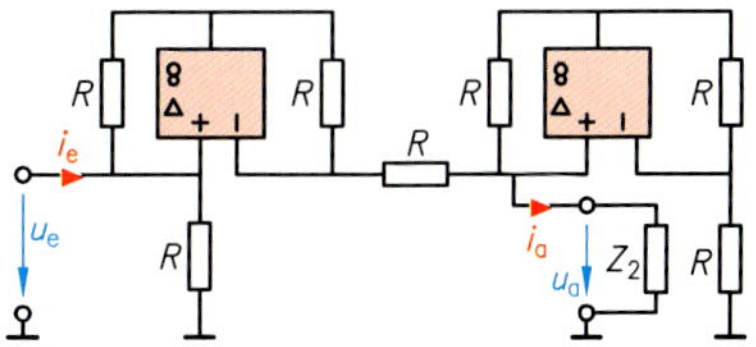

7.3 Sperrschicht-Halbleiterbauelemente

7.3.4 Differenz- und Operationsverstärker (Fortsetzung)

Schaltungsbeispiele für nichtlineare analoge Anwendungen

Lineare Einweggleichrichter			Präzisions-Zweiweggleichrichter
$U_A = -U_E \dfrac{R_f}{R_1}$	$U_A = -U_E \dfrac{R_f}{R_1}$	$U_A = U_E\left(1+\dfrac{R_f}{R_1}\right)$	

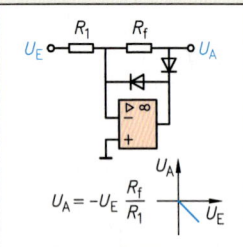

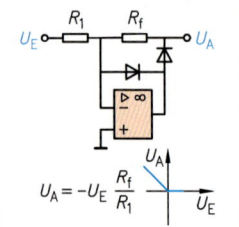

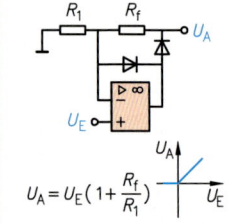

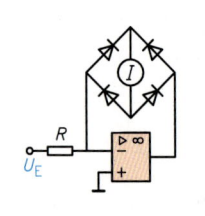

Schaltungsbeispiele für digitale Anwendungen

Komparator ohne Hysterese	Komparator mit Hysterese	Fensterdiskriminator	Bistabiler Multivibrator
	$U_{HY} = (U_E - U_{ref}) \dfrac{R_2}{R_1 + R_3}$	$U_E > U_{ref\,max} \to U_A \approx 0$ $U_{ref\,min} < U_E < U_{ref\,max} \to U_A \approx U_B$ $U_{ref\,min} > U_E \to U_A \approx 0$	

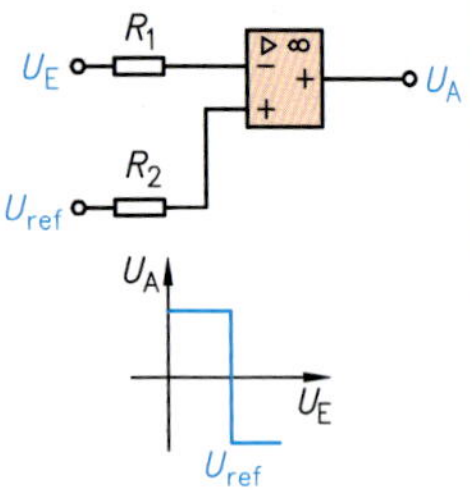

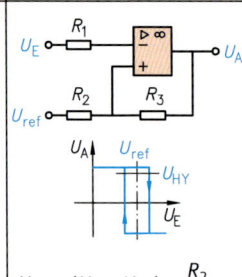

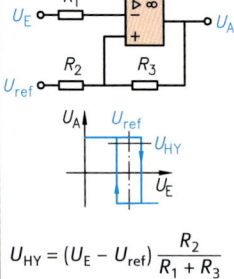

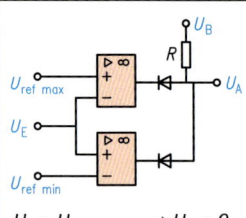

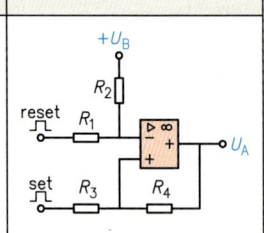

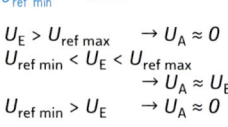

7.3.5 Sinus-Generatoren

Phasenketten-RC-Generator	RC-Oszillator mit Wien-Robinson-Brücke
$y_{21} R_C \geq 29$ $R \approx \dfrac{1}{3} h_{21} R_C$ $f_0 = \dfrac{1}{2{,}56\,RC}$	$R_1 = 2nR \quad R_2 = nR$ $f_0 = \dfrac{1}{2\pi RC}$

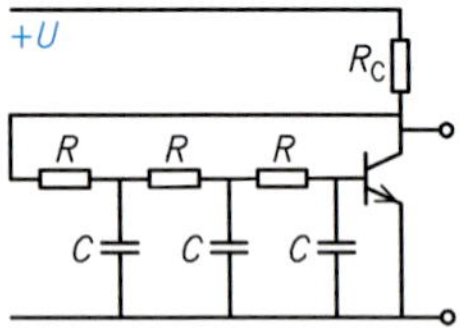

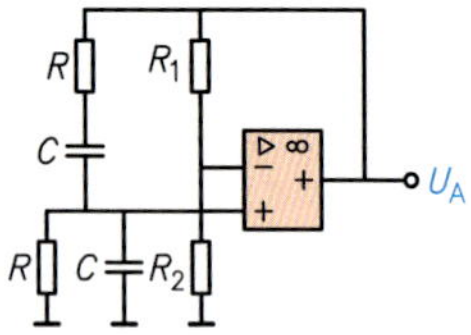

Meißner-Schaltung	Ind. Dreipunktschaltung (Hartley-Schaltung)	Kap. Dreipunktschaltung nach Colpitts	Quarzoszillator (Pierce-Schaltung)
$f_0 = \dfrac{1}{2\pi\sqrt{LC}}$ $h_{21} > \dfrac{N_1}{N_2}$; $\omega C_E, \omega C_2 \to \infty$	$f_0 = \dfrac{1}{2\pi\sqrt{LC}}$ $h_{21} > \dfrac{N_1}{N_2}$; $\omega C_E, \omega C_K \to \infty$	$f_0 = \dfrac{1}{2\pi\sqrt{LC_1 C_2 / (C_1 + C_2)}}$ $\omega C_E, \omega C_K \to \infty$	$f_0 =$ Eigenfrequenz des Quarzes (Herstellerangabe) $\omega C_E, \omega C_K \to \infty$

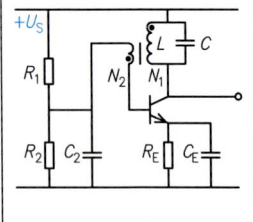

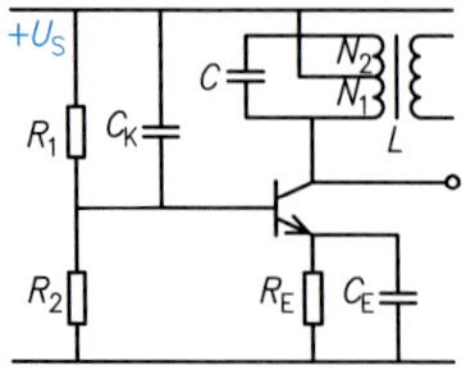

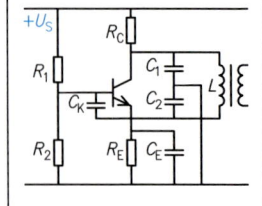

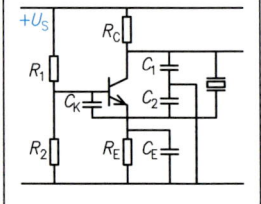

7.3 Sperrschicht-Halbleiterbauelemente

7.3.6 Transistoren als Schalter

Arbeitspunkt

Als Schalter wird der Transistor nur in den Zuständen:
Kollektorstrom „aus" und Kollektorstrom „ein" betrieben.

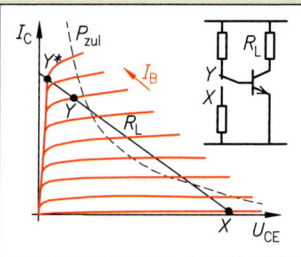

Arbeitspunkt Y*: Kollektorstrom „ein", Transistor gesättigt

$U_{BE} > U_{CE}$; $I_{BY^*} = I_C/B^*$; $B^* < B$
$U_{CE} < U_{CEsat}$; $I_C = R_L(U_S - U_{CE})$

Arbeitspunkt Y: Kollektorstrom „ein", Transistor nicht gesättigt

$U_{BE} \leq U_{CE}$; $I_{BY} = I_C/B$; $U_{CE} > U_{CEsat}$
$I_C = R_L(U_S - U_{CE})$

Arbeitspunkt X: Kollektorstrom „aus"

$U_{BE} = 0$ (ggf.: < 0) $I_B = 0$
$U_{CE} \leq U_{CE0}$, U_{CER}, U_{CES}, bzw. U_{CEV} (Bedingung)
$I_C = I_{CE0}$, I_{CER}, I_{CES} oder I_{CEV}

Verlustleistung

Die Zeit für die Umschaltung zwischen den Arbeitspunkten ist so kurz, dass sich die Sperrschicht nicht bis zum vollständigen Temperaturausgleich erwärmt. Die zulässige Verlustleistung darf während dieses Vorganges überschritten werden, solange die zulässige Sperrschichttemperatur nicht erreicht wird.

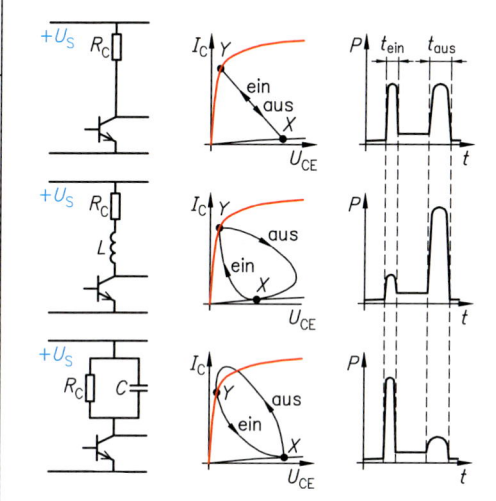

Zeitverhalten

- t_d delay time   Verzögerungszeit
- t_r rise time   Anstiegszeit
- t_s storage time   Speicherzeit
- t_f fall time   Abfallzeit

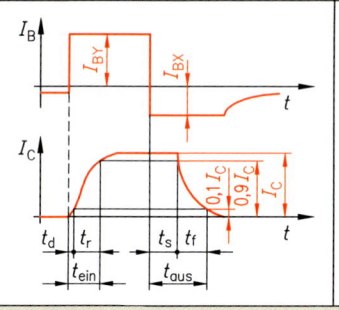

Schutz gegen Überspannung bei induktiver Last

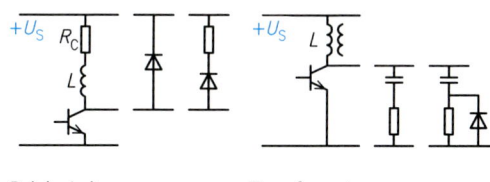

Relais, Leitungen   Transformatoren

Gestaltung des Zeitverhaltens

Zeitkonstanten des gewählten Transistors:
τ Einschaltzeitkonstante; τ_s Speicherzeitkonstante

Einflussfaktoren aus der angewendeten Schaltung:

$\ddot{u} = I_{BY^*}/I_{BY}$ (Einschalt-)Übersteuerungsfaktor
$|a| = I_{BX^*}/I_{BY}$ Ausräumfaktor

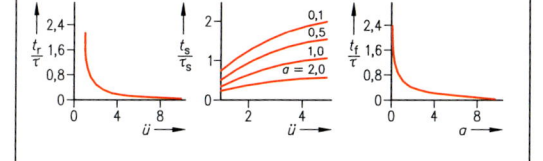

Kondensator verkürzt t_r und t_s.

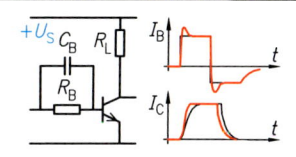

K1 verhindert Sättigung von K2, t_s verschwindet.

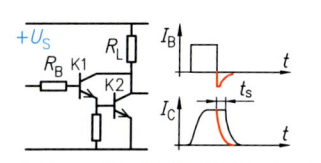

7.3 Sperrschicht-Halbleiterbauelemente

7.3.6 Transistoren als Schalter (Fortsetzung)

Kippschaltungen

	Schmitt-Trigger	Bistabiler Multivibrator	Monostabiler Multivibrator	Astabiler Multivibrator
Schaltung	(Schaltbild)	(Schaltbild)	(Schaltbild)	(Schaltbild)
Eingangs-spannungen	U_E, U_H vs t	U_{E1}, U_{E2} vs t	U_E vs t	—
Basis-spannungen	U_{BE1}, U_{BE2} vs t	U_{BE1}, U_{BE2} vs t	U_{BE1}, U_{BE2} vs t	U_{E1} (T_{I1}), U_{E2} (T_{I2}) vs t
Ausgangs-spannungen	U_A vs t	U_{A1}, U_{A2} vs t	U_{A1}, U_{A2} vs t	U_{E1}, U_{E1} vs t
Dimensionierungshinweise	$R_{C2} \approx \dfrac{U_S - U_E}{I_{C2}}$ $R_{C1} \leq R_{C2}$ $R_E \approx \dfrac{U_E}{I_{C2}}$ $0{,}5\,V < U_E < 1{,}5\,V$ $R_B \geq \dfrac{(U_{BE2^*} + U_E)B_{K2}R_{C2}}{(5 \ldots 10)\,U_S}$ $R_K \leq$ $R_B \cdot \left(\dfrac{U_S}{U_{BE2^*} + U_E} - 1\right) - R_{C1}$	$R_{Cn} \approx \dfrac{U_S - U_E}{I_{Cn}}\quad n=1,2$ $R_E = \dfrac{2U_E}{I_{C1} + I_{C2}}$ $0{,}5\,V < U_E < 1{,}5\,V$ $R_{B1} \geq \dfrac{(U_{BE1^*} + U_{E1})B_{K1}R_{C1}}{(5 \ldots 10)\,U_S}$ $R_{B2} \geq \dfrac{(U_{BE2^*} + U_{E1})B_{K2}R_{C2}}{(5 \ldots 10)\,U_S}$ $R_{K1} \leq$ $R_{B1} \cdot \left(\dfrac{U_S}{U_{BE1^*} + U_{E2}} - 1\right) - R_{C2}$ $R_{B2} \cdot \left(\dfrac{U_S}{U_{BE2^*} + U_{E2}} - 1\right) - R_{C1}$	$R_{Cn} \approx \dfrac{U_S}{I_{Cn}}\quad n=1,2$ K1 ein: $R_{B1} < 0{,}8\,B_{K1}R_{C1}$ K2 ein: $R_{B2} \geq \dfrac{U_{BE2^*}}{(5 \ldots 10)\,I_{B2}}$ $\geq \dfrac{U_{BE2^*}\,B_{K2}R_{C2}}{(5 \ldots 10)\,U_S}$ $T_1 \approx 0{,}7\,R_{B1}C$	$R_{Cn} \approx \dfrac{U_S}{I_{Cn}}\quad n=1,2$ $R_{B1} < 0{,}8\,B_{K1}R_{C1}$ $R_{B2} < 0{,}8\,B_{K2}R_{C2}$ $T_{I1} \approx 0{,}7\,R_{B1}C_1$ $T_{I2} \approx 0{,}7\,R_{B2}C_2$ $f = \dfrac{1}{T_{I1} + T_{I2}}$

U_{BE1^*}, U_{BE2^*}: Basisspannung beim Übergang in den leitenden Zustand

7.3 Sperrschicht-Halbleiterbauelemente

7.3.7 Trigger-Bauelemente

Bei Triggerbauelementen tritt an die Stelle der kontinuierlichen Ladungsträgerinjektion durch den Basisstrom die Überschwemmung mit Ladungsträgern, wenn ein PN-Übergang leitfähig wird oder durchbricht. Sie werden dann schlagartig leitfähig und verlieren diese Leitfähigkeit erst wieder, wenn der Strom unter den sogenannten **Haltestrom** I_H sinkt. Mit verschiedenen Schichtfolgen und Dotierungsprofilen können für unterschiedliche Aufgaben geeignete Bauelemente bzw. Kennlinien realisiert werden.

Zweirichtungsdiode (Diac)

Schaltzeichen

Typische Werte
Durchbruchspannung	$U_{(BO)}$	20 … 40 V
	ΔU	5 … 10 V
Period. Spitzenstrom	I_{FRM}	… 2 A
Zul. Verlustleistung	P_{Vmax}	… 300 mW

Zweirichtungs-Thyristordiode

Schaltzeichen

Typische Werte
Durchbruchspannung	$U_{(BO)}$	< 10 V
Haltestrom	I_H	0,5 … 5 mA
Zul. Durchlassstrom	I_F	100 … 300 mA
Zul. Verlustleistung	P_F	… 300 mW

Vierschichtdiode

Schaltzeichen

Typische Werte
Durchbruchspannung	$U_{(BO)}$	5 … 250 V
Haltestrom	I_H	< 50 mA
Zul. Durchlassstrom	I_F	100 … 300 mA
Period. Spitzenstrom	I_{FRM}	2 … 20 A
Zul. Verlustleistung	P_F	… 1 W

Unijunction-Transistor (Zweizonentransistor, Doppelbasisdiode)

Schaltzeichen

Bei kleiner Emitterspannung U_E wird der pn-Übergang infolge der Potenzialverteilung im n-leitenden Material gesperrt gehalten. Mit $U_E > U_{EB1}$ werden Ladungsträger in den Raum von R_{B1} injiziert, die Leitfähigkeit dieses Raumteiles nimmt stark zu und es entsteht ein Kennlinienabschnitt mit negativem differenziellen Widerstand.

Kenngrößen (typische Werte)

Inneres Spannungsteilerverhältnis	$\eta = \dfrac{R_{B2}}{R_{B1}}$	0,5 … 0,9
Höckerstrom	I_P	1 … 20 µA
Talstrom	I_V	4 … 8 mA
Emitterreststrom	I_{EBO}	0,1 … 12 µA
Maximaler Emitterstrom	I_{Emax}	… 70 µA
Emitterdurchbruchspannung	U_{EBO}	… 65 V
Emitterdurchlassspannung	U_E	2 … 5 V
Zwischenbasiswiderstand	$R_{B1} + R_{B2}$	4 … 12 kΩ

Schaltungsbeispiel

$R_1 \approx \dfrac{U_P - U_D}{I_E}$

Temperaturkompensation von U_P:

$R_2 = \dfrac{0{,}7 \cdot (R_{B1} + R_{B1})/\Omega}{\eta \cdot U_{B1B2}/V}$

7.3 Sperrschicht-Halbleiterbauelemente

7.3.7 Trigger-Bauelemente (Fortsetzung)

Programmierbarer Unijunction-Transistor (PUT)

Der PUT entspricht im Aufbau einem anodenseitig steuerbaren Thyristor, wird mit R_1 und R_2 beschaltet (programmiert) und wie ein Unijunction-Transistor verwendet.

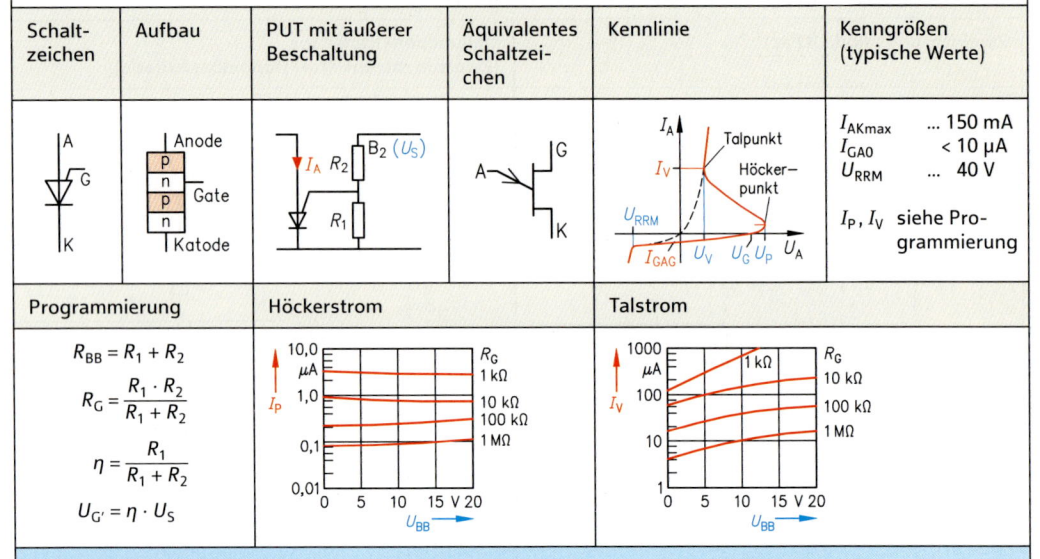

Schaltzeichen	Aufbau	PUT mit äußerer Beschaltung	Äquivalentes Schaltzeichen	Kennlinie	Kenngrößen (typische Werte)
	Anode p/n/p/n Gate Katode	I_A, R_2, B_2 (U_S), R_1		Talpunkt, Höckerpunkt	I_{AKmax} ... 150 mA; I_{GA0} < 10 µA; U_{RRM} ... 40 V; I_P, I_V siehe Programmierung

Programmierung	Höckerstrom	Talstrom
$R_{BB} = R_1 + R_2$ $R_G = \dfrac{R_1 \cdot R_2}{R_1 + R_2}$ $\eta = \dfrac{R_1}{R_1 + R_2}$ $U_{G'} = \eta \cdot U_S$	I_P vs U_{BB} (Kurven für R_G = 1 kΩ, 10 kΩ, 100 kΩ, 1 MΩ)	I_V vs U_{BB} (Kurven für R_G = 1 kΩ, 10 kΩ, 100 kΩ, 1 MΩ)

7.3.8 Thyristoren

Bei Thyristoren wird die Überschwemmung mit Ladungsträgern durch einen **Zündstrom** I_G ausgelöst, der über den Steueranschluss (Gate) zugeführt wird. Sie werden dann schlagartig leitfähig und verlieren die Leitfähigkeit erst wieder, wenn der Strom unter den sogenannten **Haltestrom** I_H sinkt. Überschreiten der Durchbruchspannungen U_{RRM} oder U_{DRM} führt in der Regel zur Zerstörung des Thyristors.

Rückwärts sperrender Thyristor

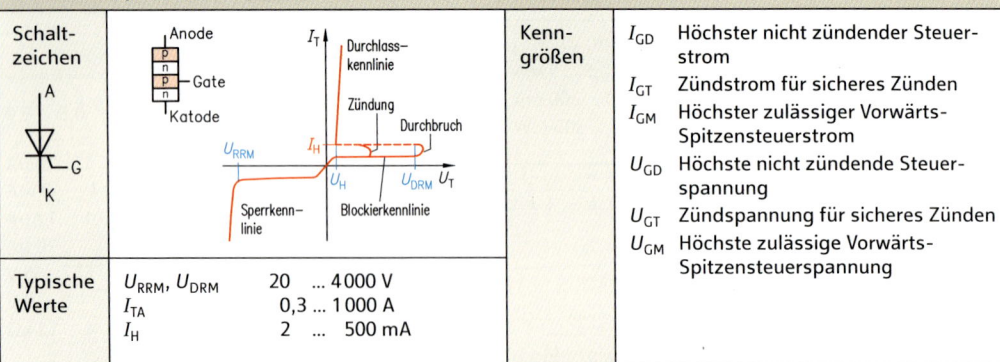

Schaltzeichen	Aufbau / Kennlinie	Kenngrößen
A, G, K	Anode p/n/p/n Gate Katode; Durchlasskennlinie, Zündung, Durchbruch, U_{RRM}, I_H, U_H, U_{DRM}, U_T, Sperrkennlinie, Blockierkennlinie	I_{GD} Höchster nicht zündender Steuerstrom I_{GT} Zündstrom für sicheres Zünden I_{GM} Höchster zulässiger Vorwärts-Spitzensteuerstrom U_{GD} Höchste nicht zündende Steuerspannung U_{GT} Zündspannung für sicheres Zünden U_{GM} Höchste zulässige Vorwärts-Spitzensteuerspannung

Typische Werte: U_{RRM}, U_{DRM}: 20 ... 4000 V; I_{TA}: 0,3 ... 1000 A; I_H: 2 ... 500 mA

Einschalten (Zünden)

Zündstromkreis	Zündkennlinien		
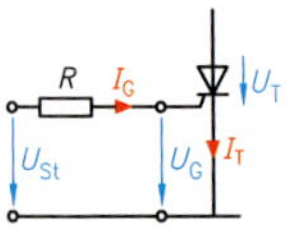 Schaltung mit R, I_G, U_T, U_{St}, U_G, I_T	1 Bereich des sicheren Nichtzündens 2 Bereich des nicht sicheren Zündens 3 Bereich des sicheren Zündens	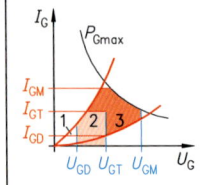 Diagramm I_G vs U_G mit P_{Gmax}, I_{GM}, I_{GT}, I_{GD}, U_{GD}, U_{GT}, U_{GM}	Im Wechselstromkreis muss in jeder Periode neu gezündet werden. (Im darauf folgenden Nulldurchgang wird der Haltestrom unterschritten und damit abgeschaltet.)

7.3.8 Thyristoren (Fortsetzung)

Zeitverhalten – Einschaltvorgang

Definition der Schaltzeiten

Der Zündstrom muss mindestens bis zum Ende der Zündzeit eingeschaltet sein.

Einfluss der Last

Temperaturverhalten

Blockier- und Sperrkennlinie

Zündkennlinien

1 Sicheres Nichtzünden
2 Sicheres Zünden bei $\vartheta_j > 125\,°C$
3 Sicheres Zünden bei $\vartheta_j > 80\,°C$
4 Sicheres Zünden bei $\vartheta_j > 25\,°C$
5 Sicheres Zünden bei $\vartheta_j > -40\,°C$

Typische Werte
I_{GT} 0,01 ... 500 mA
U_{GT} 0,8 ... 3 (10) V

Zeitverhalten – Ausschaltvorgang

Definition der Schaltzeiten

t_0 bis t_2: Trägerstaueffekt (TSE), die Ladungsträgerüberschwemmung wird abgebaut.

t_v: Sperrverzugszeit

t_q: Freiwerdezeit, Ladungsträger aus den äußeren Sperrschichten werden abgezogen, der Thyristor wird wieder blockierfähig.

Typische Werte: t_q (2) 10 ... 50 (300) µs

Belastung mit positiver Spannung vor Ablauf der Freiwerdezeit führt zu ungesteuerter (spontaner) Zündung und muss verhindert werden.

Die Freiwerdezeit t_q wird kürzer mit
- niedrigerer Sperrschichttemperatur,
- niedrigerem Durchlassstrom I_T,
- langsamerem Stromabfall di/dt beim Abschalten,
- höherer Sperrspannung U_T beim Abschalten,
- langsamerem Anstieg der Blockierspannung du/dt.

Abschalten im Gleichstromkreis (Prinzip)

Q_H Hauptthyristor (u_{QH}; i_{QH})
Q_L Löschthyristor (u_{QL}; i_{QL})
C_L Löschkondensator
R_L Lastwiderstand
R_V Ausgleichswiderstand
I_{LH} Haltestrom d. Löscht.

$$C_L \geq \frac{t_q}{3R_L}$$

$$R_V \geq \frac{U_B}{I_{LH}}$$

7.3 Sperrschicht-Halbleiterbauelemente

7.3.8 Thyristoren (Fortsetzung)

Phasenanschnittsteuerung

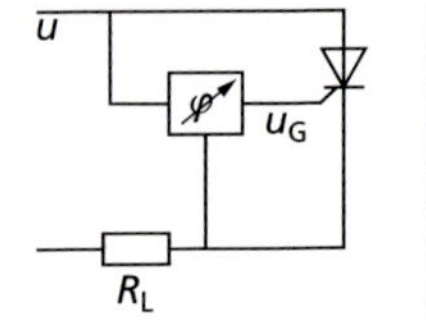

Mit Phasenanschnittsteuerung wird der **Mittelwert** der gleich gerichteten Spannung kontinuierlich gesteuert.

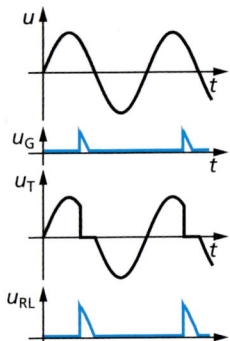

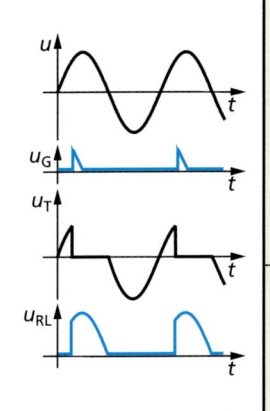

Schutz gegen zu hohe Ausschaltspannung	Spannungsbegrenzung durch: • Metalloxidvaristoren (MOV) • Selen-Überspannungsbegrenzer (U-Dioden) • Controlled-Avalanche-Dioden (CAD) 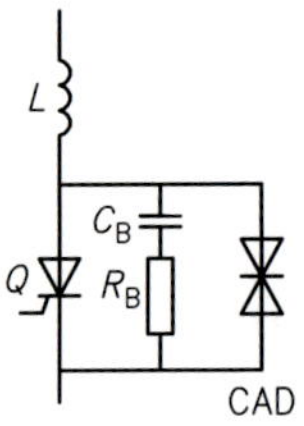 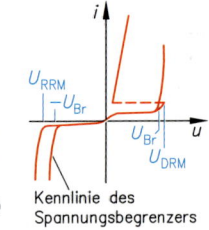
Schutz gegen zu hohen Dauerstrom	Gegen unzulässige Werte von I_{FM} bzw. I_{Feff} müssen Sicherungen verwendet werden, deren I^2-Wert kleiner als der Wert des Grenzlastintegrals des Thyristors ist.

Funkentstörung (EMV)

Bei Zündung im Maximum der Wechselspannung entstehen steile und hohe Strom- und Spannungsflanken, die starke Funkstörungen verursachen.

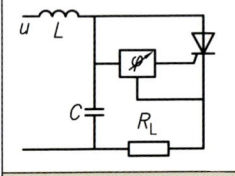

Mit zusätzlichen LC-Schaltungen wird die Ausbreitung dieser Störungen auf das Netz verhindert.

Parallelschaltung von Thyristoren

Zünden	Sicheres Zünden aller Thyristoren wird durch überdimensioniert hohe und steile Zündimpulse erreicht.
Widerstände	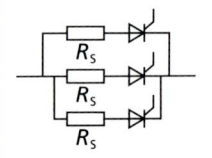 Mit den Widerständen R_S wird gleichmäßige Stromverteilung erzwungen.
Stromteilerdrossel	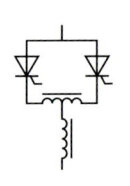 Induktivitäten mit Sättigungsverhalten nehmen während der Zündverzugszeit die gesamte Sperrspannung auf und verlieren mit steigendem Strom ihre Induktivität.

Schaltungen zum Schutz des Thyristors

TSE-Schutzschaltung

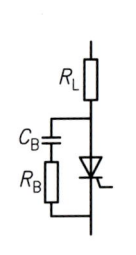

Beim Ausschalten entstehen
• Spannungsspitzen aus induktiver Last,
• hoher Rückstrom infolge Trägerstaueffekt,
• Unterschreiten der Freiwerdezeit durch schnellen Spannungsanstieg du/dt.

Grundwerte für R_B und C_B werden vom Thyristor-Hersteller angegeben.

Reihenschaltung von Thyristoren

Spannungsaufteilung durch Widerstände	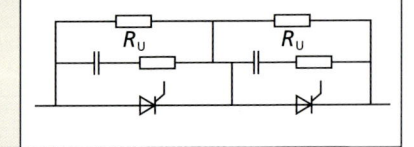

7.3 Sperrschicht-Halbleiterbauelemente

7.3.8 Thyristoren (Fortsetzung)

Triac		Rückwärts leitender Thyristor (RLT)	
\multicolumn{2}{l	}{Der Triac ist eine in einem Si-Kristall integrierte Antiparallelschaltung von zwei Thyristoren mit als Anode A_1 und A_2 bezeichneten Hauptanschlüssen und einem gemeinsamen Steueranschluss G (Gate).}		Beim RLT ist zu einem rückwärts sperrenden Thyristor eine antiparallel geschaltete schnelle Leistungsdiode integriert.
Schaltzeichen	*(Triac-Symbol mit A_1, A_2, G; Schichtfolge p-n-p-n; Kennlinie I_T über U_T)*	Schaltzeichen	*(RLT-Symbol und Kennlinie I_T über U_T)*
	Zeitverhalten beim Ein- und Ausschalten und **Schaltungen zum Schutz des Triac** entsprechen denen des rückwärts sperrenden Thyristors.	Anwendungsbeispiel	**Reihenschwingkreiswechselrichter** *(Schaltbild mit C_L, U_B, R, L, C, i_2, u_2)*
Zündung	Der Triac kann unabhängig von der Polung der Hauptanschlüsse mit positiven oder negativen Impulsen zwischen Anode A_2 und Gate gezündet werden.	\multicolumn{2}{l	}{**Abschaltthyristor (GTO)**}
Zündquadranten	*(Quadranten 1, 2, 3, 4 mit U_T, U_G)* 1, 3: Empfindlichkeit maximal 4: ungünstig, da di/dt kleiner als in 1–3		Der Abschaltthyristor (gate turn off thyristor) ist aufgebaut wie ein rückwärts sperrender Thyristor, es ist jedoch ein **negativer Gatestrom** I_{LR} zulässig, mit dem der GTO abgeschaltet werden kann.
\multicolumn{2}{l	}{**Schaltungsbeispiel:** Dimmer *(Schaltung 230 V~, R_2, R_1, R_3, C_2, C_1, K1, Q; Spannungsverläufe u_{C1}, U_Q, u_{-E} für $+U_{(BO)}$, $-U_{(BO)}$)*}	Schaltzeichen	*(GTO-Symbol mit A, G, K; Kennlinie I_T über U_T)*
		Steuerschaltung	*(Schaltbild „ein" I_{LF}, U_{LF}; „aus" I_{LR}, U_{LR}; I_T)*
			Für sicheren Betrieb mit Strömen wenig über dem Haltestrom soll der Steuerstrom I_{LF} eingeschaltet bleiben. Für sicheres Sperren soll U_{LR} ständig am Gate anliegen.
\multicolumn{2}{l	}{Prinzipdarstellung! Bei Betrieb dieser Schaltung sind unbedingt Maßnahmen zur Funkentstörung ↑ zu realisieren.}	Typische Werte	U_{LF} 8 … 24 V U_{LR} > 2 V I_{LR} (0,2 … 0,3) · I_T (in der Freiwerdezeit)

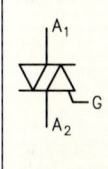

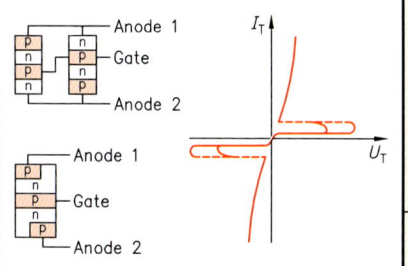

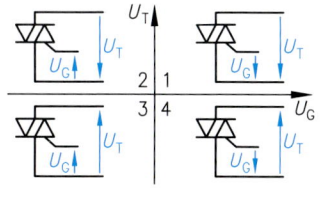

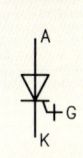

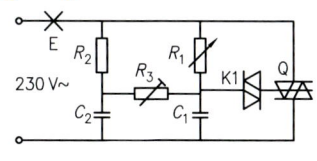

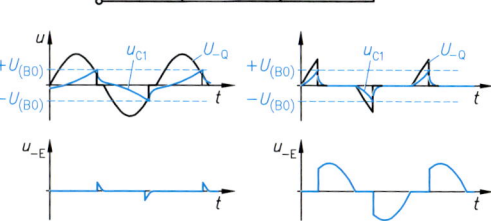

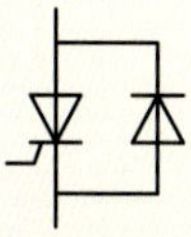

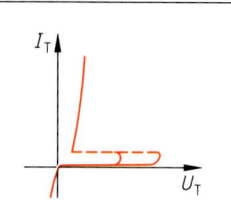

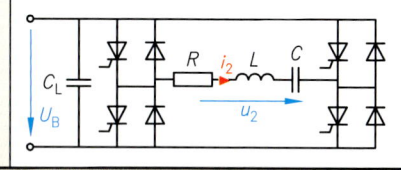

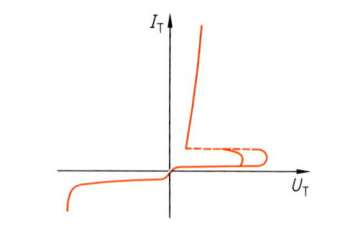

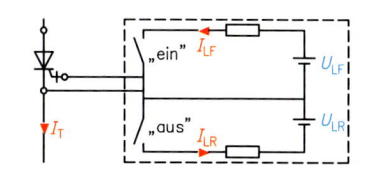

↑ 7-34
12-40

7.3 Sperrschicht-Halbleiterbauelemente

7.3.9 Stromrichter

Stromrichter sind Schaltungen zur Steuerung des elektrischen Energieflusses von Null bis zu seinem Nennwert, wobei im Allgemeinen periodisch zwischen mehreren Stromzweigen umgeschaltet (kommutiert) wird. Sonderfälle sind Schalter und Steller in nur einem Stromzweig und ungesteuerte Gleichrichter.

Begriffe

Kommutierung	Der Übergang des Stromes von einem Stromzweig auf einen anderen.
Überlappungszeit t_u	Die vom Kommutierungsvorgang benötigte Zeit, in der beide Zweige Strom führen.
Kommutierungsspannung u_k	Die Spannung, die den Strom so treibt, dass er von einem auf einen anderen Zweig der Schaltung wechselt.

Übersicht

Stromrichter → Kommutierung:
- Keine: Wechselstrom- und Drehstromschalter und -steller
- Fremdgeführt (natürlich): Gleichrichter, Wechselrichter, Umrichter
- Selbstgeführt (erzwungen): Gleichstromschalter und -steller, Wechselrichter, Umrichter

Selbstgeführte Stromrichter	Die Kommutierungsspannung wird von der Stromrichterschaltung selbst erzeugt.
Fremdgeführte Stromrichter	Die Kommutierungsspannung wird von der Stromquelle (Netz) oder von der Last erzeugt.
Ungesteuerter Betrieb	Die Kommutierungsspannung wird vom Netz geliefert (Dioden-Gleichrichter ↑).
Gesteuerter Betrieb	Die Kommutierung wird durch die Zündung eines steuerbaren Bauelementes eingeleitet.

Beispiele

Parallelwechselrichter – selbstgeführt

Phasenfolgelöschung	Die Spannung an C_K hat bei jedem Zünden die zum Löschen des anderen Thyristors notwendige Polarität.
Zeitablauf (Prinzip)	(Diagramme u_A, u_B, u_a mit t_u, Kommutierungsspannung, $\ddot{u} \cdot U_e$)
Vorteil	Geringer Aufwand
Nachteile	• Nur für Wirklast geeignet • Kein Betrieb im Leerlauf möglich • Große Rückwirkung auf die Speisespannung

Parallelwechselrichter für beliebige Last

7.4 Feldeffekttransistoren

Prinzip

Im Feldeffekttransistor (FET) fließt der Strom in einem Kanal aus n- oder p-leitendem Halbleitermaterial.
Der Strom wird von einem elektrischen Feld gesteuert, das durch eine an die Steuerelektrode (Gate) angelegte Spannung entsteht.

Vom Kanal isoliert ist die Steuerelektrode durch
- gesperrten pn-Übergang (Sperrschicht-FET) oder
- Isolierschicht (Isolierschicht-FET).

Nach dem Isolierschichtmaterial unterscheidet man
- Metal-Oxide-Semiconductor = MOS-FET
- Metal-Nitrid-Semiconductor = MNS-FET.

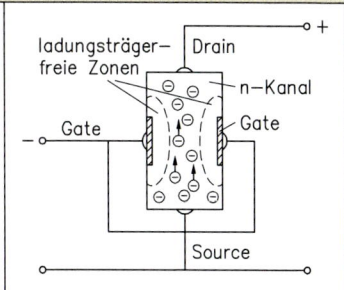

Prinzipieller Aufbau eines Sperrschicht-FET

Ausführungsformen

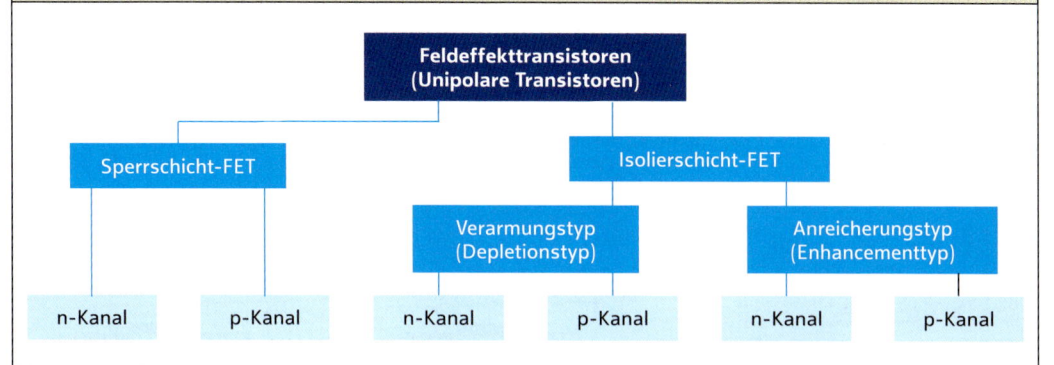

Feldeffekttransistoren (Unipolare Transistoren)
- Sperrschicht-FET
  - n-Kanal
  - p-Kanal
- Isolierschicht-FET
  - Verarmungstyp (Depletionstyp)
    - n-Kanal
    - p-Kanal
  - Anreicherungstyp (Enhancementtyp)
    - n-Kanal
    - p-Kanal

Schaltzeichen

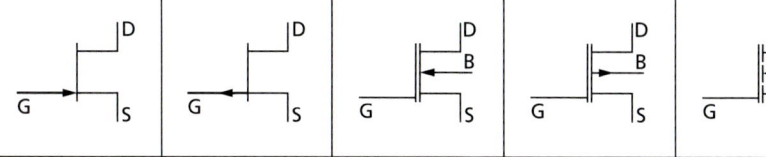

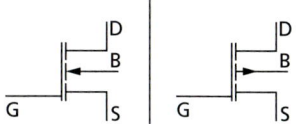

Eingangskennlinien

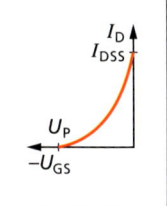

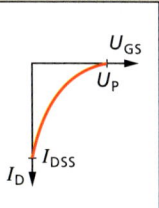

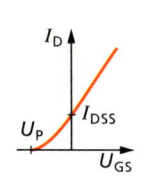

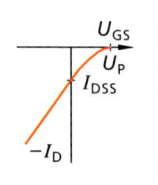

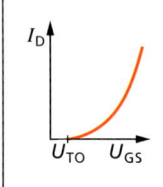

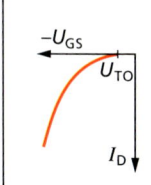

Ausgangskennlinien

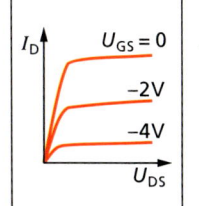

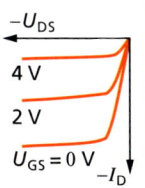

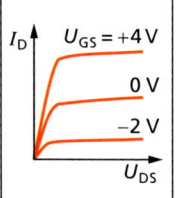

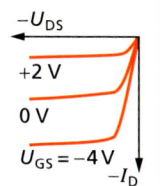

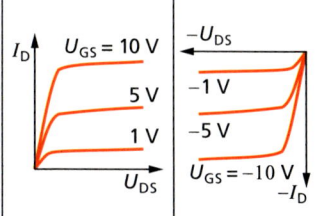

7.4 Feldeffekttransistoren

Aufbau und Wirkungsweise

Feldeffekttransistoren werden im Epitaxie- oder Diffusionsverfahren von der Oberfläche eines n- oder p-leitenden Substrates (Grundmaterial) aus schichtförmig aufgebaut. Im Kanal kann ein Strom sowohl von Source nach Drain als auch von Drain nach Source fließen (unipolares Verhalten).

FET ohne äußere Potenziale

n-Kanal-Sperrschicht-FET

Der n-Kanal ist vollständig in p-leitendes Material mit gleichem Potenzial eingebettet. Drain und Source sind über den Kanal leitend verbunden.

n-Kanal-Verarmungs-FET

Der n-Kanal ist zur Oberfläche isoliert und auf der Rückseite durch das Substrat abgedeckt. Der Substratanschluss ist getrennt herausgeführt oder intern mit Source verbunden.

n-Kanal-Anreicherungs-FET

Es sind nur Kontaktzonen für Drain und Source vorhanden. Im spannungslosen Zustand besteht keine leitfähige Verbindung.

Betriebsspannungen angelegt

n-Kanal-Sperrschicht-FET

Bei Anlegen einer Spannung zwischen Drain und Source fließt der Drainstrom I_D. Wird das Gate in Sperrrichtung vorgespannt, breitet sich eine ladungsträgerfreie Sperrschicht in den Kanal hinein aus, der Kanalquerschnitt verringert sich, die Leitfähigkeit nimmt ab.

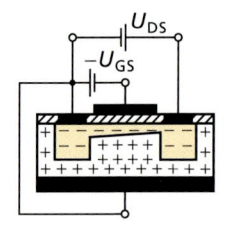

n-Kanal-Verarmungs-FET

Bei Anlegen einer Spannung zwischen Drain und Source fließt der Drainstrom I_D. Je nach Polarität der Gatespannung U_{GS} wird die Trennschicht zum Substrat in den Kanal hinein- oder herausgeschoben. Kanalquerschnitt und Leitfähigkeit verändern sich entsprechend.

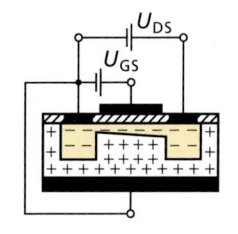

n-Kanal-Anreicherungs-FET

Bei Anlegen einer Spannung zwischen Drain und Source wird einer der pn-Übergänge gesperrt, es fließt kein Drainstrom. Bei positiver Gatespannung werden negative Ladungsträger in die ladungsträgerfreie Sperrschicht gezogen, es entsteht ein für negative Ladungsträger leitfähiger Kanal.

Bezeichnung der Anschlüsse

- **S** **Source** – (Quelle)
  Anschluss für das Bezugspotenzial zum Gate und die Zuführung des zu steuernden Stromes

- **G** **Gate** – (Tor)
  Steuerelektrode

- **D** **Drain** – (Abfluss)
  Anschluss für Abnahme des gesteuerten Stromes

- **B** **Bulk** – (Körper, Substrat)
  normal mit Source verbunden,
  auch als zweite Steuerelektrode nutzbar

Ersatzschaltung

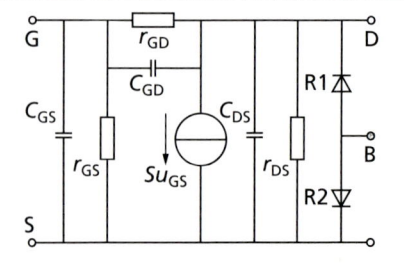

Gültig bis ca. 300 MHz

7.4 Feldeffekttransistoren

Kenngrößen	
Steilheit	$S = \Delta I_D / \Delta U_{GS}$
Schwellspannung	U_P (bei S-FET), U_{To} (bei IG-FET) Steuerspannung U_{GS}, bei welcher der Drainstrom I_D praktisch null (< 10 μA) wird.
Abschnürspannung	U_{DSP}: Drainspannung, bei welcher der Kanalquerschnitt an einem Kanalende praktisch null wird. $U_{DSP} = U_{GS} - U_P$ bzw. $U_{DSP} = U_{GS} - U_{To}$
Drain-Source-Durchbruchspannung	$U_{(BR)DS}$: Höchste zulässige Drain-Source-Spannung, bei der noch kein Durchbruch einer Sperrschicht erfolgt.
Drainstrom bei $U_{GS} = 0$	I_{DSS}: Der Wert wird für eine bestimmte Drain-Source-Spannung angegeben.

Arbeitsbereiche

Proportionaler Bereich $\quad U_{DS} < U_{DSP}$
Der FET verhält sich wie ein von U_{GS} abhängiger Widerstand.

Sättigungsbereich $\quad U_{DS} > U_{DSP}$
Der Kanal ist abgeschnürt, I_D ist praktisch nur noch von U_{GS} abhängig, Arbeitsbereich für Verstärkeranwendungen.

Durchbruchbereich $\quad U_{DS} > U_{(BR)DS}$
Die Sperrschicht zwischen Kanal und Gate oder Bulk bricht durch, der FET wird zerstört, wenn keine äußere Strombegrenzung erfolgt.

Typische Betriebs- und Grenzwerte für FET mit Verlustleistungen bis ca. 500 mW

Steilheit	1 … 25	mA/V	Grenzfrequenz	100 … 400	MHz
Schwellspannung	0,5 … 15	V	Gate-Source-Kapazität	5 … 20	pF
Drain-Source-Durchbruchspannung	12 … 60	V	Gate-Drain-Kapazität	0,05 … 15	pF
Gate-Source-Durchbruchspannung	10 … 50	V	Einschaltzeit	8 … 100	ns
Max. Drainstrom	5 … 50 (500)	mA	Ausschaltzeit	10 … 160	ns

Grundschaltungen

Bezeichnung	Sourceschaltung	Drainschaltung	Gateschaltung
Schaltung			
Spannungsverstärkung $A_u = u_2/u_1$	$A_u \approx -S \cdot R_D$	$A_u \approx 1$	$A_u \approx \dfrac{R_D}{R_S};\ R_S \ll R_1 \| R_2$
Eingangswiderstand $z_e = u_1/i_1$	$z_e \approx R_1$	$z_e \approx R_1 \| R_2$	$z_e \approx R_S + (R_1 \| R_2) + 1/S$
Ausgangswiderstand $z_a = u_2/i_2$	$z_a \approx R_D$	$z_a \approx \dfrac{R_S}{1 + SR_S}$	$z_a \approx R_D$

7.4 Feldeffekttransistoren

Temperaturverhalten

In Abhängigkeit von der Temperatur ändern sich:

- der spezifische Widerstand des Kanals.
  Im Bereich −50 bis +150 °C: **TK positiv**

- die Diffusionsspannung der Sperrschicht.
  Sie nimmt mit wachsender Temperatur ab, das bewirkt eine Verbreiterung des Kanals. **TK negativ**

Je nach Aufbau des FET und je nach Betriebszustand sind beide Einflüsse unterschiedlich wirksam. Dadurch können folgende Situationen eintreten:

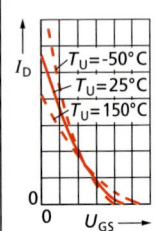

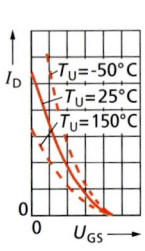

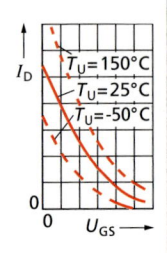

Arbeitspunkteinstellung und -stabilisierung

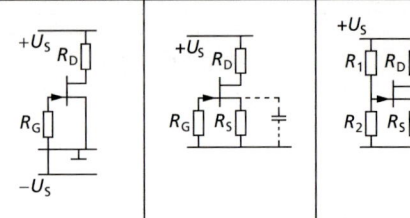

Vorspannung negativ		Vorspannung positiv
Keine Stabilisierung	Stabilisierung gegen Exemplarstreuungen und Temperatureinfluss	

Über R_G bzw. $R_1 \| R_2$ muss Strom aus statischen Aufladungen am Gate abgeleitet werden. Es genügt, wenn der Ableitwiderstand kleiner als der Eingangswiderstand r_{GS} (typisch $10^{12}\,\Omega$) gewählt wird.

Praktische Werte: $R_G = 470\,k\Omega\ \ldots\ 10\,M\Omega$

MOS-Leistungstransistoren

Um die durch die planare Bauform bedingten Grenzen für I_D und $U_{(BR)DS}$ zu erweitern, wird der Grundaufbau in folgender Form verändert:

- Source und Drain werden an Ober- und Unterseite des Halbleiterkörpers angeordnet, der Drainstrom fließt vertikal durch den Kristall.

- Source- und Gateanschlüsse werden netzartig über die Oberfläche verteilt, sodass eine Parallelschaltung von vielen MOS-FET-Systemen in einem Kristall entsteht. Die Chipfläche kann erhöht werden, ohne dass sich die Steuereigenschaften verändern.

- Die Gateelektrode wird aus Poly-Silizium hergestellt und zur Verbesserung der Gateisolation vollständig von Siliziumdioxid umgeben.

FET ausgeschaltet

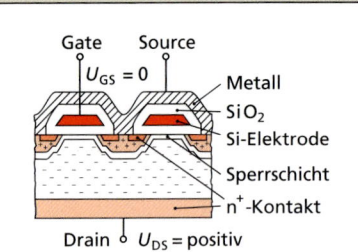

Stromfluss bei eingeschaltetem FET

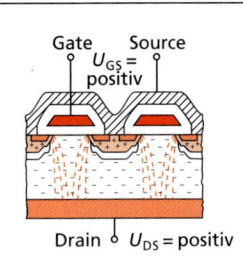

Typische Betriebs- und Grenzwerte für MOS-Leistungstransistoren

Steilheit	1 … 25 A/V	Min. Drain-Source-Widerstand	10 … 0,03	Ω
Zulässige Verlustleistung	20 … 300 W	Gate-Source-Kapazität	50 … 500	pF
Drain-Source-Durchbruchspannung	50 … 1 000 V	Gate-Drain-Kapazität	50 … 500	pF
Gate-Source-Durchbruchspannung	10 … 50 V	Einschaltzeit	8 … 100	ns
Maximaler Drainstrom	1 … 50 A	Ausschaltzeit	10 … 160	ns

7.5 Magnetfeldabhängige Bauelemente

7.5.1 Hallgenerator

Aufbau Schaltzeichen		Typische Werte	Leerlaufhallspannung: $U_{20} = 85 \ldots 1\,000$ mV bei $I_1 = 10 \ldots 150$ mA und $B = 1$ T. Der Nennsteuerstrom i_{1n} ist so festgelegt, dass in ruhender Luft am Bauelement eine Übertemperatur von $10 \ldots 15$ °C entsteht.
Halleffekt	In einer dünnen Schicht eines elektrischen Leiters der Dicke d fließt ein Steuerstrom I_1. Ein Magnetfeld mit der Flussdichte B lenkt die Ladungsträger so ab, dass sich an den zum Strom I_1 parallelen Kanten des Leiters ein Potenzial mit der Leerlaufspannung U_{20} aufbaut. $$U_{20} = \frac{R_h}{d} \cdot I_1 \cdot B$$ R_h Materialkonstante Geeignete Materialien sind Halbleiter auf Indium- und Arsen-Basis. In Metallen ist der Effekt sehr klein.	Typische Kennlinie	(Kennlinien U_2/I_1 über B für $R_L = \infty, 10\,\Omega, 6\,\Omega, 4\,\Omega$)
		Linearität	$$F_{lin} = \frac{\xi_{max}}{\tan\varphi \cdot B}$$ F_{lin} hängt vom Lastwiderstand R_L ab, der optimale Wert muss jeweils experimentell ermittelt werden.

7.5.2 Feldplatte

Aufbau Schaltzeichen	($B = 0$ / $B \neq 0$) Metallisch leitende Einschlüsse	Typische Werte	Grundwiderstand R_0: $10 \ldots 500\,\Omega$ Arbeitstemperaturbereich: $-40 \ldots 150$ °C
Wirkungsweise	Feldplatten bestehen aus einer dünnen Schicht Indiumantimonid, in die nadelförmige Kristalle aus metallisch leitendem Nickelantimonid eingelagert sind. Ohne Magnetfeld fließen die Ladungsträger auf kürzestem Wege durch die Schicht. Unter dem Einfluss des Feldes (Halleffekt) werden sie zwischen den Nickelantimonidkristallen abgelenkt, sodass sich der Stromweg verlängert und der Widerstand der Schicht ansteigt.	Typische Kennlinie	(Kennlinie R_B/R_0 über B) R_B Widerstand bei Flussdichte B R_0 Widerstand ohne Magnetfeld
		Temperaturverhalten	(Kennlinien R_T/R_{25} über T für $B > 0$ und $B = 0$) 1 Material mit kleinem TK 2 Material mit großem TK

7.6 Integrierte Schaltungen

Übersicht

Mikroschaltung
Elektronische Schaltung mit großer Bauelementedichte, die als eine Einheit angesehen wird.

Zusammengesetzte Mikroschaltung
Aus mehreren Bauelementen oder integrierten Schaltungen aufgebaut, die getrennt voneinander hergestellt und vor dem Zusammenbau einzeln geprüft werden können.

Integrierte Schaltung
Elektronische Schaltung aus untrennbar zusammengebauten und untereinander elektrisch verbundenen Schaltungselementen. Die Schaltung ist hinsichtlich Datenblattangaben, Prüfung, Vertrieb, Anwendung und Instandhaltung eine unteilbare Einheit.

Integrierte Schichtschaltung
Integrierte Schaltung, bei der wesentliche Teile aus Schichten bestehen, die auf einen Träger aus Isoliermaterial aufgetragen sind.

Dickschichtschaltungen
Die Schichten werden im Siebdruckverfahren hergestellt.

Dünnschichtschaltungen
Die Schichten werden im Vakuum aufgedampft.

Monolithische integrierte Halbleiterschaltung
In einem Halbleitereinkristall durch zonenweise Gestaltung der Leitfähigkeit aufgebaute elektronische Schaltung

Integrierte Analogschaltungen
Lineare Verstärker
– Operationsverstärker ↑
– NF-Verstärker, Videoverstärker, Mehrkanalverstärker für die Nachrichtentechnik
– HF- und ZF-Verstärker
Spannungs- und Stromregler
Schalter für analoge Signale

Integrierte Digitalschaltungen

7-25 ↑

Anmerkungen: Im engeren Sinne werden nur monolithisch integrierte Halbleiterschaltungen als **Integrierte Schaltungen** (abgekürzt **IS** oder **IC** von engl. „integrated circuit") bezeichnet. Für zusammengesetzte Mikroschaltungen wird auch der Begriff **Hybridschaltung** verwendet.

Erläuterung	Kurzz.	Integrationsgrad	Transistoren/IS	Gatter/IS
Nach der Zahl der Transistorfunktionen bzw. der Zahl der Gatter pro IS werden sechs Integrationsgrade unterschieden.	SSI	**S**mall **S**cale **I**ntegration Niedriger Integrationsgrad	< 100	
	MSI	**M**edium **S**cale **I**ntegration Mittlerer Integrationsgrad	< 1 000	
	LSI	**L**arge **S**cale **I**ntegration Hoher Integrationsgrad	< 10 000	< 1 000
	VLSI	**V**ery **L**arge **S**cale **I**ntegration Sehr hoher Integrationsgrad	< 10^5	> 1 000
	V²LSI	**V**ery **V**ery **L**arge **S**cale **I**ntegration Sehr sehr hoher Integrationsgrad	> 10^6	< 10 000
	ULSI	**U**ltra **L**arge **S**cale **I**ntegration Extrem hoher Integrationsgrad		> 10 000

7.7 Wärmeableitung bei Halbleiterbauelementen

Elektrothermische Analogie

Die Analogie beruht auf der Ähnlichkeit der Widerstandsdefinition. Die Vorteile sind:
- anschauliche Ersatzschaltbilder
- einfache Rechenmethoden der Elektrotechnik

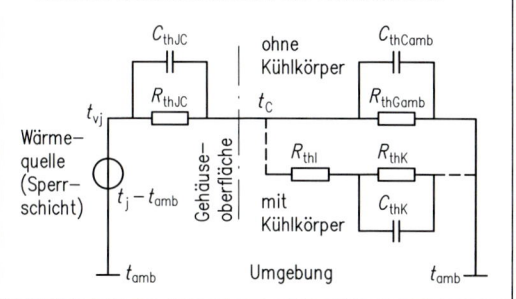

Elektrische Größe		Thermische Größe	
Widerstand	R	Wärmewiderstand	R_{th}
$R = \dfrac{U}{I}$		$R_{th} = \dfrac{t_2 - t_1}{P}$	
Spannung	U	Temperaturdifferenz	$t_2 - t_1$
Strom	I	Verlustleistung	P
Kapazität	C	Wärmekapazität	C_{th}
Zeitkonstante	τ	Wärmezeitkonstante	τ_{th}
$\tau = C \cdot R$		$\tau_{th} = C_{th} \cdot R_{th}$	

Größen in Wärme-Ersatzschaltungen

Art	Kurzzeichen DIN IEC	alternativ	Art	Kurzzeichen DIN IEC	alternativ
Gesamtverlustleistung	P_{tot}		Wärmewiderstand zwischen Sperrschicht und Gehäuseoberfläche (innerer Wärmewiderstand)	$R_{thJcase}$	R_{thcase}
Ersatzsperrschichttemperatur	t_{vj}	t_{VJ} ϑ_{vj} ϑ_{VJ}			
Umgebungstemperatur	t_{amb}	ϑ_{amb}			
Wärmewiderstand zwischen Sperrschicht und Umgebung ($R_{thJamb} = R_{thJcase} + R_{thcase\,amb}$)	R_{thJamb}	R_{thJU} R_{thU}	Wärmewiderstand zwischen Gehäuse und Kühlkörper		R_{thCK}

ϑ wird verwendet, wenn die Verwechslung mit Zeitgrößen ausgeschlossen werden muss.

Wärmewiderstand quadratischer Kühlbleche bei ruhender Luft und Wärmequelle im Mittelpunkt
Temperaturdifferenz zwischen Kühlblech und Umgebung > 60 K

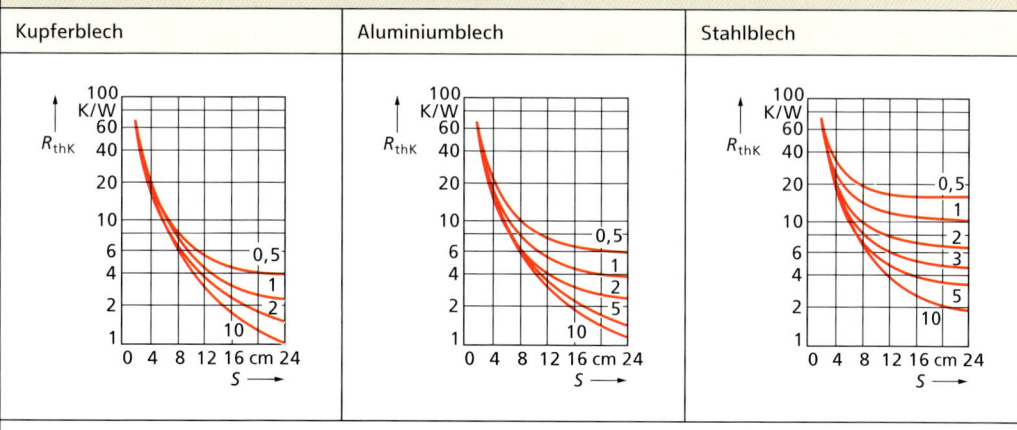

Kupferblech — Aluminiumblech — Stahlblech

S Kantenlänge bei senkrechter Anordnung, Oberfläche blank
$S_{sw} = 0{,}85 \cdot S$ Kantenlänge bei senkrechter Anordnung, Oberfläche geschwärzt
$S_w = 1{,}15 \cdot S$ Kantenlänge bei waagerechter Anordnung, Oberfläche blank
Parameter Blechdicke in mm

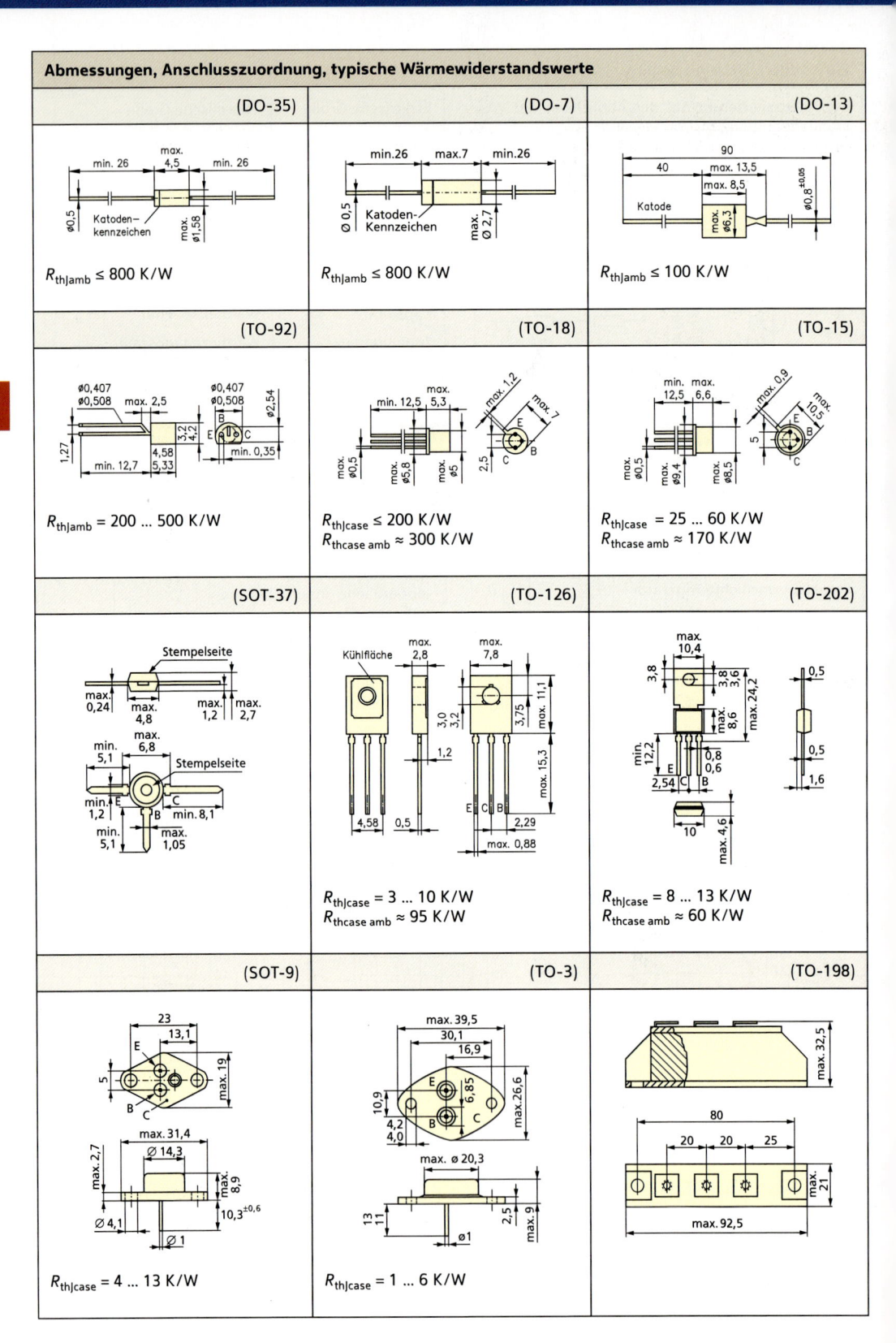

7.8 Gehäuse für Halbleiterbauelemente (Auswahl)

Abmessungen, Anschlusszuordnung, typische Wärmewiderstandswerte

(DO-35)	(DO-7)	(DO-13)
$R_{\text{th|amb}} \leq 800$ K/W	$R_{\text{th|amb}} \leq 800$ K/W	$R_{\text{th|amb}} \leq 100$ K/W

(TO-92)	(TO-18)	(TO-15)
$R_{\text{th|amb}} = 200 \dots 500$ K/W	$R_{\text{th|case}} \leq 200$ K/W $R_{\text{thcase amb}} \approx 300$ K/W	$R_{\text{th|case}} = 25 \dots 60$ K/W $R_{\text{thcase amb}} \approx 170$ K/W

(SOT-37)	(TO-126)	(TO-202)
	$R_{\text{th|case}} = 3 \dots 10$ K/W $R_{\text{thcase amb}} \approx 95$ K/W	$R_{\text{th|case}} = 8 \dots 13$ K/W $R_{\text{thcase amb}} \approx 60$ K/W

(SOT-9)	(TO-3)	(TO-198)
$R_{\text{th|case}} = 4 \dots 13$ K/W	$R_{\text{th|case}} = 1 \dots 6$ K/W	

7.9 Elektronenröhren

7.9.1 Aufbau und Wirkungsweise der Grundanordnung

Anordnung ohne äußeres Potenzial

Katode	**Diffusionsstrom I_D** Dem Leiter wird so viel Energie (Austrittsarbeit) zugeführt, dass Elektronen aus dem Kristallverband austreten. **Positive Raumladung** Im Leiter überwiegen positive Gitterionen.	
Vakuum	**Feldstrom I_V** Das positive Raumladungspotenzial zieht Elektronen in den Kristallverband zurück. **Negative Raumladung** Im Vakuum bildet sich eine Elektronenwolke.	
Anode	**Anlaufstrom $I_0 = I_D - I_V$** Bei ausreichender Katodentemperatur erreichen einige Elektronen aus der Katode die Anode.	

Aufbau

Vakuum, Katode Metall warm, Anode Metall kalt, Raumladung, Potenzial

Schaltzeichen Diode

direkt / indirekt beheizte Katode / Heizung nicht dargestellt

7.9.2 Verstärkerröhren

Kennwerte von Verstärkerröhren

Steilheit	$S = \Delta I_a / \Delta U_g$	bei U_a = konstant
Durchgriff	$D = \Delta U_g / \Delta U_a$	bei I_a = konstant
Innenwiderstand	$R_i = \Delta U_a / \Delta I_a$	bei U_g = konstant

Im gleichen Arbeitspunkt gilt für S, D und R_i die Barkhausen-Gleichung: $S \cdot D \cdot R_i = 1$.

Schaltzeichen von Verstärkerröhren

Gitterförmige Elektroden zwischen Katode und Anode steuern den Potenzialverlauf und den Anodenstrom zwischen Katode und Anode.

a — Anode
g_3 — Bremsgitter
g_2 — Schirmgitter
g_1 — Steuergitter
k — Katode
f f — Heizung

Kennlinienfeld einer Verstärkerstufe (Beispiel: Pentode)

Das mit Katodenpotenzial zwischen Anode und Schirmgitter eingebaute Bremsgitter g_3 verhindert, dass Sekundärelektronen aus der Anode auf das Schirmgitter gelangen.

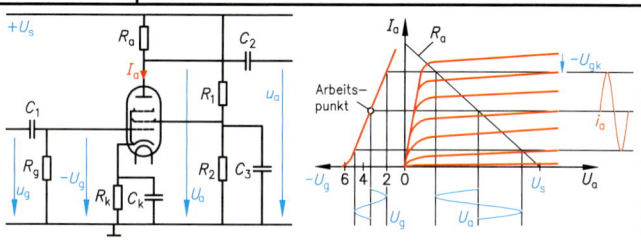

Grundschaltungen einer Röhrenverstärkerstufe

Bezeichnung	Katodenbasisschaltung	Anodenbasisschaltung	Gitterbasisschaltung
Schaltung (Beispiel: mit Trioden)			
Spannungsverstärkung	$A_u = -S \dfrac{R_i \cdot R_a}{R_i + R_a}$	$A_u < 1$	$A_u = -S \dfrac{R_i \cdot R_a}{R_i + R_a}$
Eingangswiderstand	$r_1 \approx R_g$	$r_1 \approx R_g$	$r_1 \approx R_k$
Ausgangswiderstand	$r_2 = \dfrac{R_i \cdot R_a}{R_i + R_a}$	$r_2 \approx \dfrac{1}{S}$	$r_2 \approx S \cdot R_a$

7.9 Elektronenröhren

7.9.3 Spezialröhren

Mikrowellenröhren

Magnetron	In einer zylindrischen Anordnung aus Katode und Anode bewirkt ein zur Zylinderachse paralleles Magnetfeld, dass sich eine rotierende Elektronenwolke ausbildet, die an Schlitzen in der Anode Wechselspannung induziert, mit der die in die Anode eingearbeiteten Hohlraumresonatoren erregt werden. Die HF-Energie wird mit einem Hohlleiter aus einem der Resonatoren ausgekoppelt.	Diagramm: Anode, Hohlraumresonator, Auskoppelhohlleiter, rotierende Elektronenwolke, Katode
Typische Betriebswerte	Betriebsspannung: 4 ... 14 kV Strahlstrom: 0,3 ... 1 A bei Impulsbetrieb: ... 15 A	Frequenzbereich: 1 ... 100 GHz in Haushaltsgeräten: 2,450 GHz Ausgangsleistung: 0,2 ... 1 (6) kW bei Impulsbetrieb: ... 50 kW
Mikrowellenherd	(Bild eines Mikrowellenherdes) Durch die Bestrahlung mit Mikrowellen hoher Leistung wird eine Bewegung der Wassermoleküle ausgelöst, die nur zur Erwärmung innerhalb des Gutes im Garraum führt. Der Wärmeeintrag wird über gepulstes An- und Abschalten des Anodenstromes gesteuert.	Stromlaufplan eines Mikrowellenherdes (Prinzip) (Schaltplan: Netz, Heizung, 2000 V, Magnetron, Gehäuse)
Trocknung	Mikrowellen mit Leistungen von mehreren Kilowatt werden zur industriellen Trocknung und Erwärmung sowie zur Plasmageneration und in Teilchenbeschleunigern eingesetzt. Sie werden wie in der Mikrowelle mit einem Magnetron erzeugt.	Bei der Mikrowellentrocknung wird z. B. eine nasse Bausubstanz direkt entfeuchtet. Dies geschieht durch die Bestrahlung mit Mikrowellen hoher Leistung, die Wassermoleküle im Inneren der Bausubstanz erwärmen und so die Bausubstanz von innen nach außen trocknet.
Medizinische Nutzung	Mikrowellen mit bis zu mehreren hundert Watt werden zur Gewebeerwärmung in Diathermiegeräten eingesetzt. Der Wärmeeintrag wird wie beim Mikrowellenherd über gepulstes An- und Abschalten gesteuert.	**Vorsicht:** Gesundheitsgefährdung durch starke elektromagnetische Strahlung Bei lebenden Organismen kann starke Mikrowellenstrahlung tödlich sein.
Radar	Eine in einfachen Impulsradargeräten verwendete Senderbauart sind selbstschwingende Impuls-Oszillatoren, die mit einem Magnetron realisiert werden. Das Magnetron wird durch Hochspannungsimpulse gespeist und erzeugt eine pulsierende Hochfrequenzstrahlung (Einzelimpulsdauer 0,1...10 µs) hoher Leistung (ein kW bis mehrere MW).	
	Für das Erzeugen von Mikrowellen hoher Leistung (mehrere Watt bis Kilowatt) hat die Verwendung von anderen Mikrowellenröhren (Klystrons, Wanderfeldröhren) an Bedeutung verloren.	

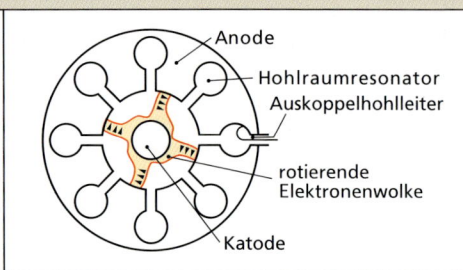

7.10 Gasgefüllte Röhren

Aufbau, Schaltbilder

Gefäß mit ionisierbarem Gas
Elektroden:
Anode; Katode, kalt
Gitter; Zündelektrode
Katode; kalt, geheizt

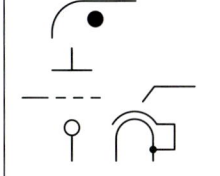

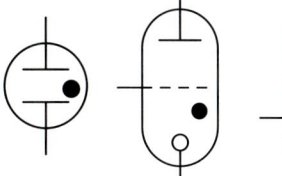

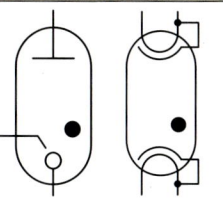

↑ 12-66

Kennlinie (typischer Verlauf)

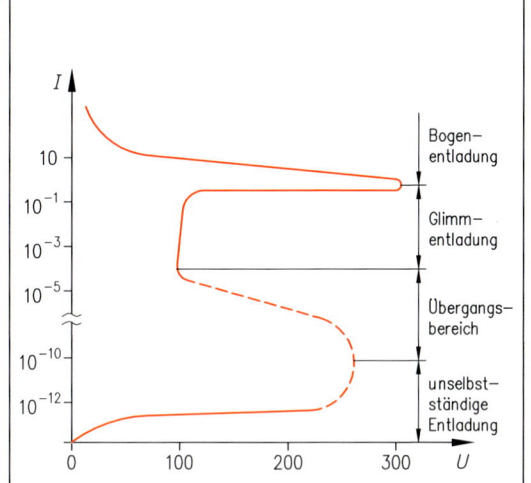

Beschreibung der Vorgänge

Bogenentladung
Wenn an der Katode nicht mehr alle Ionen entladen werden können, steigt die Spannung steil an, die Katode wird erhitzt und sendet freie Elektronen aus. Diese ionisieren lawinenartig weitere Gasatome, es entsteht ein niederohmiges heißes Plasma. Der Vorgang erhält sich auch bei sehr niedriger Spannung aufrecht und führt ohne äußere Strombegrenzung zur Zerstörung der Röhre.

Übergangsbereich, Glimmentladung
Mit zunehmender Spannung werden die Ionen so schnell, dass sie weitere Gasatome beim Zusammenstoß ionisieren (Stoßionisation). Zusammenstöße, die nicht zur Ionisation führen, können die Atome zur Aussendung von Lichtblitzen anregen (Glimmlicht). Der Vorgang ist unstabil und würde ohne äußere Strombegrenzung direkt zur Bogenentladung führen.

Unselbstständige Entladung
Wärme, Licht oder radioaktive Strahlung verursachen eine geringe (spontane) Ionisation. Der sehr kleine Strom bleibt nahezu konstant, wenn alle Ionen an den Elektroden entladen werden.

Der tatsächliche Verlauf in den einzelnen Abschnitten ist von folgenden Faktoren abhängig:
- Art und Druck des Gases
- Material der Elektroden
- Form, Abstand und Abmessungen der **Elektroden**
- Art und Intensität der von außen einwirkenden **Ionisation**

Anwendungen (Übersicht)

↑ 12-69

	Gasentladungsröhren				
Unselbstständige Entladung	**Glimmentladung**			**Bogenentladung**	
Detektor für Strahlungen	Elektronische Anwendungen	Optische Anzeigen	Beleuchtung	Beleuchtung	Elektronische Schalter
Ionisationskammer Fotozelle	(Glimmstabilisator) (Ziffernzählröhren)	Glimmlampe Gasentladungsdisplays (Ziffernanzeigeröhren)	Leuchtstofflampe	Quecksilberdampflampe Natriumdampflampe Fotoblitzlicht	(Thyratron) (Ignitron) (Quecksilberdampfgleichrichter)

Die in Klammern gesetzten Anwendungen haben durch die Weiterentwicklung der Halbleitertechnik stark an Bedeutung verloren.

7.11 Optoelektronische Bauelemente

Übersicht

Optoelektronische Bauelemente

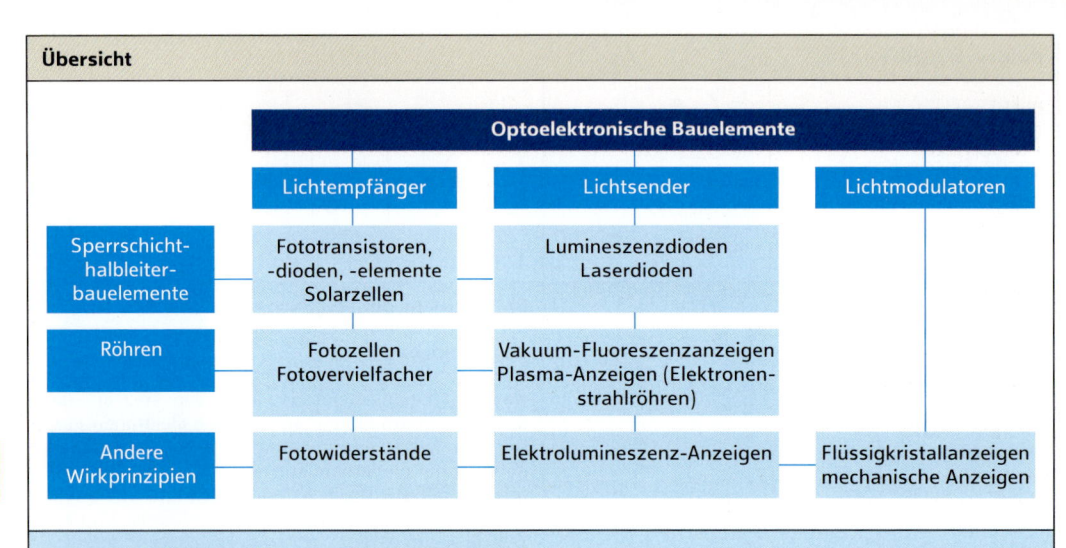

	Lichtempfänger	Lichtsender	Lichtmodulatoren
Sperrschicht-halbleiter-bauelemente	Fototransistoren, -dioden, -elemente Solarzellen	Lumineszenzdioden Laserdioden	
Röhren	Fotozellen Fotovervielfacher	Vakuum-Fluoreszenzanzeigen Plasma-Anzeigen (Elektronen-strahlröhren)	
Andere Wirkprinzipien	Fotowiderstände	Elektrolumineszenz-Anzeigen	Flüssigkristallanzeigen mechanische Anzeigen

7.11.1 Lichtempfänger (Fotosensoren)

Fotodioden (LED)

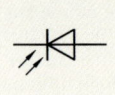

Fotodioden sind Halbleiterdioden, bei denen die Abhängigkeit des Sperrstromes von der Beleuchtung der Sperrschicht genutzt wird.
Sie werden mit möglichst hoher Sperrspannung betrieben, damit sich eine kleine Sperrschichtkapazität einstellt.

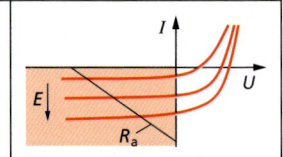

Fotoelement

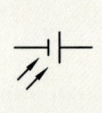

Fotoelemente sind Halbleiterdioden, deren pn-Übergang ohne äußeres Potenzial als Strom- oder Spannungsquelle betrieben wird.
Mit zunehmender Beleuchtungsstärke steigen die Zahl der freien Ladungsträger und das Raumladungspotenzial an der Sperr-schicht.

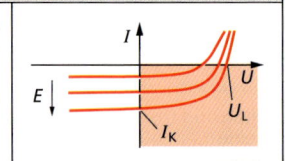

Solarzellen

Solarzellen sind großflächige Fotoelemente zur direkten Umwandlung von Sonnenlicht ↑ in elektrische Energie.

Typische Belastungs-kennlinien ↑	$E = 1000$ W/m² / 500 W/m² / 100 W/m² — Nenn-Betriebsspannung: 0,45 V pro Zelle	**Reihenschal-tung, Solar-generator** — Bei Reihenschaltung von Solarzellen addieren sich die Zellenspannungen, es entsteht ein Solargenerator. Die Paralleldioden (Schottky-Dioden) verringern den Spannungsfall über zeitweise unbeleuchtete Zellen.
Parallel-schaltung	Die Parallelschaltung von Solarzellen entspricht der Zusammenfassung der lichtempfindlichen Flächen. Sie ist ohne schädliche Folgen zulässig.	

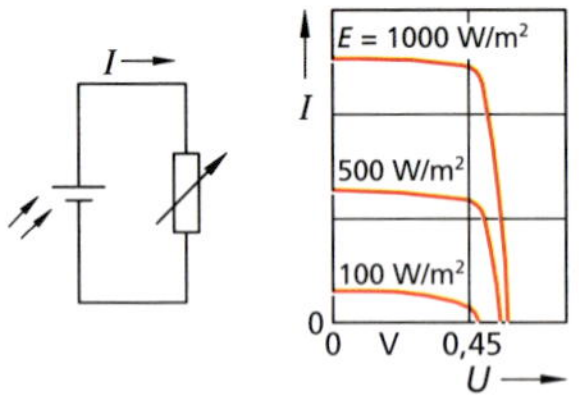

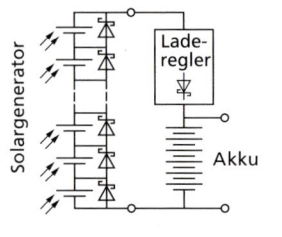

7.11 Optoelektronische Bauelemente

Benötigte Zellenzahl für Pufferbetrieb mit Akku (Richtwerte)

Akkus	Solarzellen	Akkus	Solarzellen
1 NiMH-Akku	5 Solarzellen	Bleiakku 6 V	18 Solarzellen
2 NiMH-Akkus	8 Solarzellen	Bleiakku 12 V	36 Solarzellen
3 NiMH-Akkus	12 Solarzellen		
4 NiMH-Akkus	16 Solarzellen		

Lawinenfotodioden (APD = Avalanche Photo Diode)

In Lawinenfotodioden werden in einer zusätzlichen intrinsischen (i-) Schicht durch Lichteinwirkung Ladungsträger erzeugt und vom Potenzialgefälle beschleunigt. Der Lawineneffekt setzt weitere Ladungsträger, die den Sperrstrom erhöhen und zu einem Lawinendurchbruch führen, frei. ↑

↑ 7-12

Einzelphotonenzählung:
Der Potenzialverlauf kann so groß eingestellt werden, dass bereits ein einzelnes Photo (Lichtquant) den Lawinendurchbruch auslöst. Der Spannungsfall am Lastwiderstand löscht diesen Durchbruch sehr schnell, es entstehen Impulse, die zum Zählen dieser Photonen genutzt werden können.
Silizium-Photomultiplier (SiPM) bestehen aus einem Array mehrerer APDs, die sich auf einem gemeinsamen Substrat befinden.

Fotowiderstände

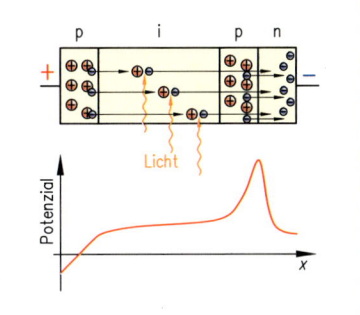

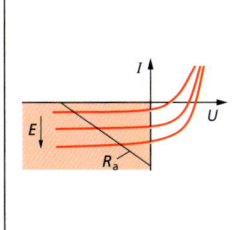

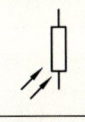

Fotowiderstände bestehen aus Halbleiter-Mischkristallen, deren Leitfähigkeit unabhängig von der Stromrichtung mit der Beleuchtungsstärke größer wird.

Allgemeine Kennlinien

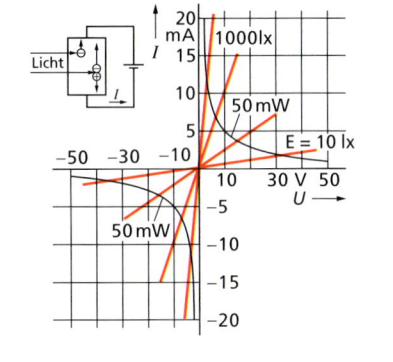

Temperaturverhalten

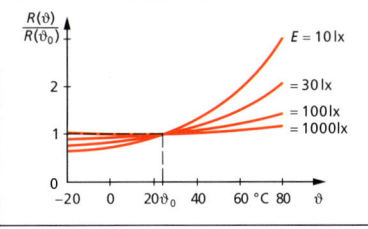

Zeitverhalten bei plötzlichem Beleuchten bzw. Abdunkeln

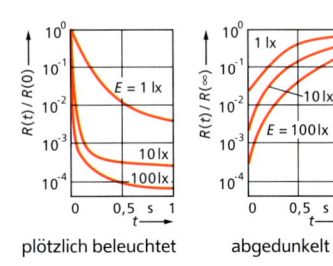

Orientierungswerte für lichttechnische Größen

↑ 12-62

Ereignis	Beleuchtungsstärke (lx)	Ereignis	Leuchtdichte (sb)
Sonnenlicht (Sommer)	50 000	Volle Sonne	≤ 150 000
Sonnenlicht (Winter)	10 000	Grauer Himmel	≤ 0,3
		Blauer Himmel	1,0
Bedeckter Himmel (Sommer)	5 000 ... 20 000		
Bedeckter Himmer (Winter)	1 000 ... 2 000	Mond	0,25
		Nachthimmel	10^{-7}
Nacht (Vollmond)	0,1 ... 0,2	Kerzenflamme	1,0
Nacht (mondlos, klar)	0,0003		

7.11 Optoelektronische Bauelemente

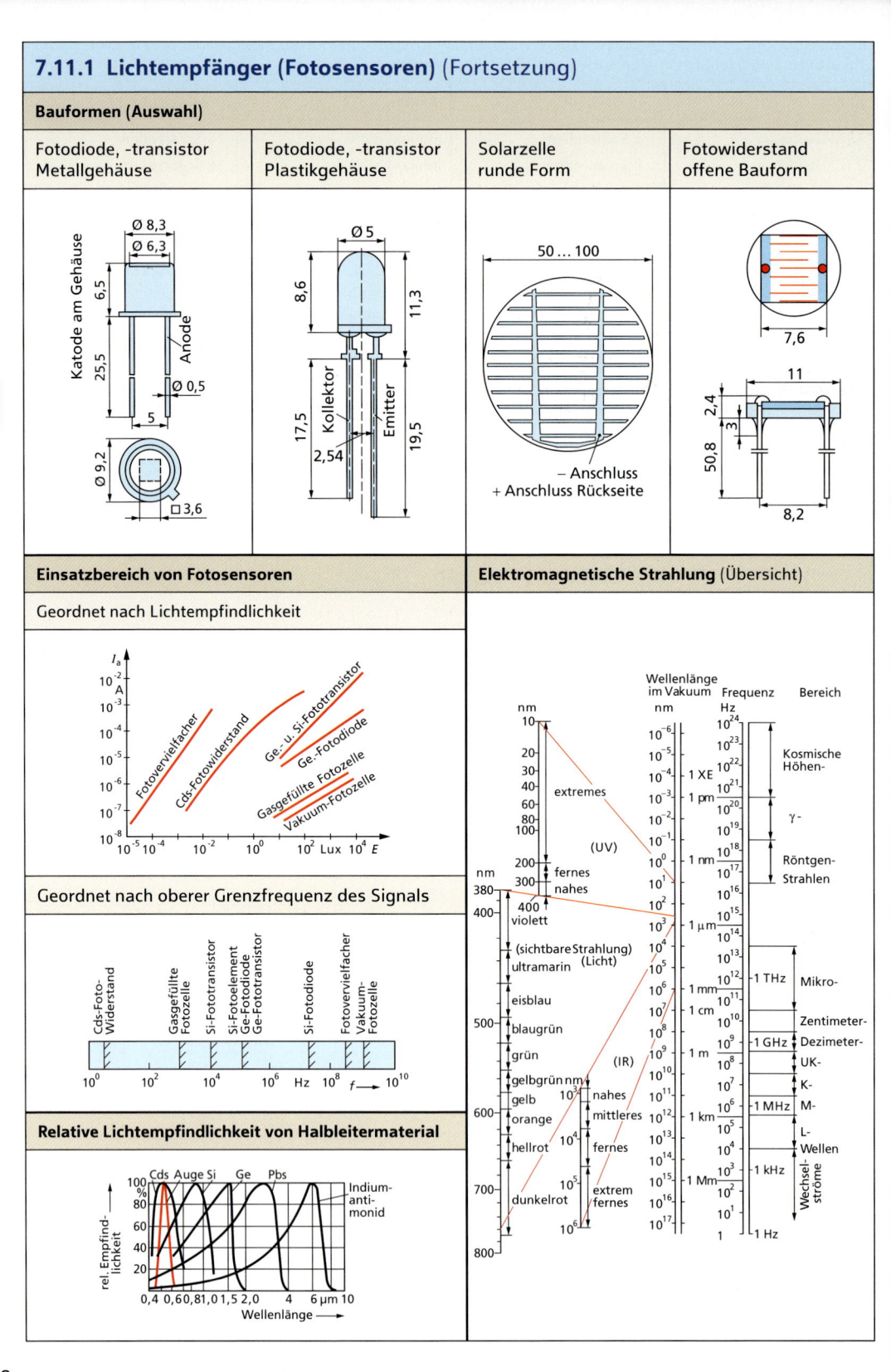

7.11.1 Lichtempfänger (Fotosensoren) (Fortsetzung)

Bauformen (Auswahl)

Fotodiode, -transistor Metallgehäuse	Fotodiode, -transistor Plastikgehäuse	Solarzelle runde Form	Fotowiderstand offene Bauform

Einsatzbereich von Fotosensoren

Geordnet nach Lichtempfindlichkeit

Geordnet nach oberer Grenzfrequenz des Signals

Relative Lichtempfindlichkeit von Halbleitermaterial

Elektromagnetische Strahlung (Übersicht)

7.11 Optoelektronische Bauelemente

7.11.1 Lichtempfänger (Fotosensoren) (Fortsetzung)

Typische Werte von Fotosensoren

Bauelemente	Lichtempfindliche Fläche cm²	Empfindlichkeit bei Farbtemperatur 2850 K nA/lx	Maximaler Fotostrom mA	Zulässige Betriebsspannung V	Belastbarkeit mW	Grenzfrequenz kHz
Vakuumfotozelle	1 … 6	1 … 5	$5 \cdot 10^{-3}$	50 … 150	250	10^5
Gasgef. Fotozelle	1 … 10	1 … 50	$5 \cdot 10^{-3}$	… 90	250	10
Fotovervielfacher	1 … 10	$10^7 … 5 \cdot 10^9$	1 … 2	… 3000	500	10^5
Ge-Fotodiode	0,1	40 … 220	0,5 … 2	10 … 100	… 50	50
Si-Fotodiode	0,01 … 0,2	4 … 100	… 10	10 … 50	… 100	10^3
Si-Fototransistor	0,1	$(0,5 … 8) \cdot 10^3$	0,1 … 10	10 … 30	… 300	1
Si-Fotoelement Solarzelle (Einzelzelle)	0,01 … 2 … 100	$20 … 2 \cdot 10^3$ … $7 \cdot 10^4$	0,1 … 50 … 3500	1	5 … 50 2500	0,3 … 0,5
CdS-Fotowiderstand	0,01 … 3	$10^4 … 10^7$			… 100	

7.11.2 Lichtsender

Lumineszenzdioden (LED)

Lumineszenzdioden (LED, Light Emitting Diodes, Leuchtdioden) geben bei Betrieb in Durchlassrichtung einfarbiges (monochromatisches) Licht in den Farben Infrarot, Rot, Gelb, Grün, Blau, Violett oder Ultraviolett ab.
Licht mit einstellbarer Farbe (auch weißes Licht) erreicht man durch Kombination verschiedenfarbiger LEDs auf einer sehr kleine Fläche.
Um direkt weißes Licht zu erzeugen, wird eine blaue LED mit fotolumeszierendem Farbstoff (Leuchtstoff) kombiniert.

Typische Werte	Anzeigen, Kleinsignalanwendungen: I_F 10 … 50 mA I_{FRM} … 500 mA U_R 2 … 5 V P_V 30 … 100 mW	Leistungs-LED: I_F … > 10 A U_R 2 … 5 V	Typische Kennlinien		

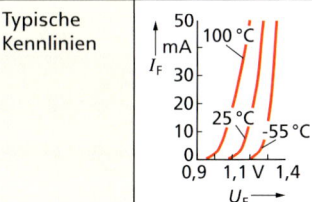

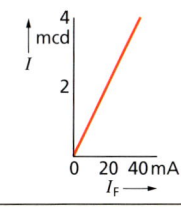

Betriebsschaltungen	Vorwiderstand	Konstantstromquelle	Schaltregler
Die sehr steile Durchlasskennlinie erfordert, dass LED mit kontrolliertem Strom betrieben werden.			
	Einfachste Lösung Nachteile: Starke Abhängigkeit des Stromes von U_E R_V mindert den Wirkungsgrad	Strom unabhängig von U_E Nachteil: Transistor und Widerstand mindern den Wirkungsgrad	Strom unabhängig von Diodenkennlinie und U_E Wirkungsgrad des Reglers > 90 % des LED-Wirkungsgrades

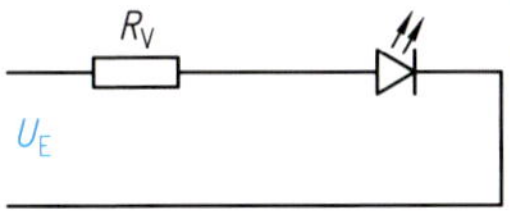

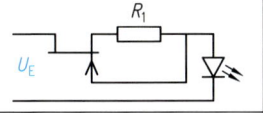

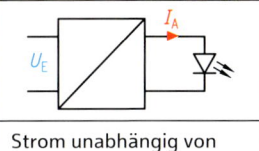

Materialabhängige Eigenschaften von Lumineszenzdioden

Die Wellenlänge des Lichtes wird durch die Wahl der Halbleiterstoffe in dem Dotiermaterial bestimmt.

Material (Auswahl)	Farbe	Wellenlänge	Durchlasssp.
Galliumarsenid (GaAs)	Infrarot	900 nm	typ. 1,3 V
Galliumarsenidphosphid (GaAsP)	Rot	650 nm	typ. 1,7 V
Galliumarsenidphosphid (GaAsP)	Orange	610 nm	typ. 2,0 V
Galliumarsenidphosphid (GaAsP)	Gelb	590 nm	typ. 2,5 V
Galliumphosphid (GaP)	Grün	560 nm	typ. 2,5 V
Siliziumkarbid (SiC)	Blau	480 nm	typ. 4,0 V
Indiumgalliumnitrid (InGaN)	Violett	400 … 450 nm	typ. 3,4 V
Aluminiumgalliumnitrid (AlGaN)	Ultraviolett	230 … 400 nm	typ. 3,4 V

7.11 Optoelektronische Bauelemente

7.11.2 Lichtsender (Fortsetzung)

Laserdioden

Symbol	Laserdioden sind lichtemittierende Dioden, bei denen der Kristallkörper quer zur Stromflussrichtung als Laserresonator eingerichtet ist.	Allgemeine Kennlinie	Diagramm: Lichtstrom ϕ über I_F, mit LED-Verhalten unterhalb I_{th} und Laserverhalten oberhalb
Aufbau (Prinzip)	Schichtaufbau: Metallkontakt, Isolierung, p⁺-AlGaAs, n-AlGaAs, n-AlGaAs, n-GaAs, Metallkontakt; p-AlGaAs lichtemittierende Zone; Kristallflächen als Laserspiegel. Durch die Dotierung wird sowohl das Ladungsträgerprofil (n-p-p⁺) als auch das Profil der optischen Brechzahl $n = f(s)$ festgelegt.		Licht entsteht nur in der p-Schicht. Durch Totalreflexion an den Grenzen zur n- und p⁺-Schicht kann Licht nur an den ca. 50 % reflektierenden Kristallaußenflächen austreten. Bei Überschreiten des Schwellstromes I_{th} bilden sich zwischen den Spiegelflächen „stehende" Lichtwellen aus, dadurch ergibt sich eine zusätzliche Lichtverstärkung (Resonanzeffekt).
Typische Werte	U_F 1,2 V $\quad$ U_R 3 … 5 V Farben: Infrarot, Rot, Gelb, Grün, Blau		I_{th} 0,5 … 20 A $\quad$ I_F 0,5 … 40 A $\quad$ P_V 0,6 … 50 W

Organische Lumineszenzdioden (OLED)

Symbol	Im Gegensatz zu LED bestehen die aktiven Schichten aus organischen Substanzen, in denen sich Elektronen (n-Transportschicht) oder Löcher (p-Transportschicht) bewegen, wenn ein Strom durch das Material fließt. Bei der Rekombination von Elektronen mit Löchern wird Licht ausgesendet. Die Farbe des ausgesendeten Lichts kann durch Variation der Farbstoffmoleküle gezielt verändert werden.	Aufbau	Schema: Kontakt Anode – p – n – Kontakt Katode

Elektrolumineszenz-Folien (Kondensator-Leuchtfolie, Leuchtfolien)

Symbol	Elektrolumineszenz ist die Eigenschaft bestimmter Materialien oder Materialkombinationen, bei Anlegen eines elektrischen Feldes Licht zu emittieren. Im Falle der Elektrolumineszenz-Folie wird ein Halbleiter in einer speziellen Kondensator-Konfiguration durch ein elektrisches Wechselfeld (100 … 2000 Hz) zum Leuchten angeregt.	Aufbau	Schichten: durchsichtige Elektrode / durchsichtige Isolierschicht / elektrolumineszenter Halbleiter / Isolierschicht / Gegenelektrode
Typische Werte	Spannung $\quad$ 30–160 V Frequenz $\quad$ 100–2000 Hz Leuchtdichte $\quad$ 30–200 cd/m² Stromaufnahme $\quad$ 0,15 mA/cm² Leistungsaufnahme $\quad$ 10–20 mW/cm² Leistungsaufnahme für 1 DIN-A4-Blatt $\quad$ 6 W		Arbeitstemperatur $\quad$ −40° bis 60° Lichtausbeute $\quad$ 0,47–6,3 lm/W Gesamtdicke $\quad$ < 1 mm Krümmungsradius $\quad$ < 20 mm Wellenlänge $\quad$ 450 bis 750 nm Lebensdauer $\quad$ > 10 000 h

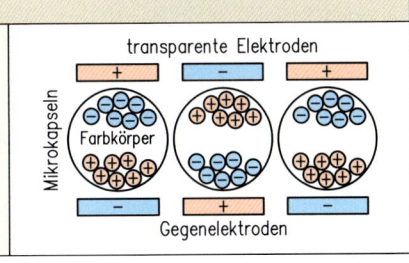

7.11 Optoelektronische Bauelemente

7.11.2 Lichtsender (Fortsetzung)

Schutzmaßnahmen (LED, Laser)

Gefahren für den Benutzer	Auch bei kleiner Leistung entsteht durch Bündelung eine sehr hohe Energiedichte. Blendung, Augenschäden und Verbrennungen sind möglich.	Schutzmaßnahmen für den Benutzer	Hinweisschild nach DIN EN ISO 7010: 2012 Lichtaustrittsöffnungen und Abdeckungen deutlich kennzeichnen. Nicht direkt in die Strahlenquelle blicken.
Schutzmaßnahmen für LED und Laser	• Stabilisierung • Kühlung • Impulsbetrieb		

7.11.3 Optokoppler

Optoelektronische Koppler (Optokoppler) sind Kombinationsbauelemente aus einem Lichtsender und einem von diesem elektrisch isolierten Lichtempfänger. Optokoppler dienen zur potenzialfreien Signalübertragung oder als Sensoren für die Erkennung von Kanten und Licht reflektierenden Flächen.

Aufbau (Signalübertragung): Eingang – Ausgang (I_1, I_2)

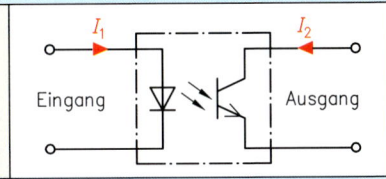

7.11.4 Lichtmodulatoren

Flüssigkristallanzeige (LCD)

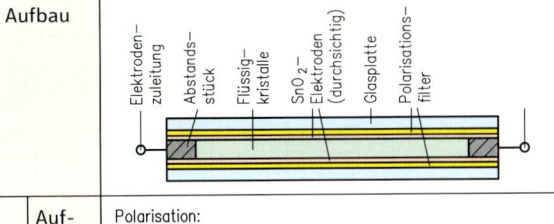

Aufbau: Elektrodenzuleitung, Abstandsstück, Flüssigkristalle, SnO_2-Elektroden (durchsichtig), Glasplatte, Polarisationsfilter

Flüssigkristalle sind organische Substanzen, die bei normaler Temperatur fließen, aber eine definierte Molekülstruktur besitzen. Diese Struktur dreht die Polarisationsebene von durchscheinendem Licht. In einem elektrischen Feld wird dieser Effekt aufgehoben.

Funktion

Auflicht: Polarisation: unpolarisiert – senkrecht – waagerecht – Spiegel

Die durchsichtigen Elektroden haben die Form der Bildelemente.

Die Steuerung erfolgt mit Wechselstrom, damit der Flüssigkristall nicht elektrolytisch zersetzt wird.

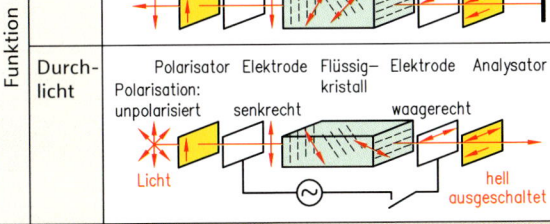

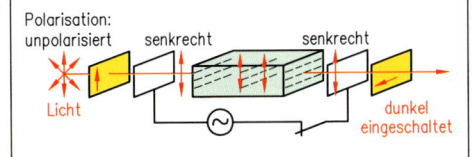

Durchlicht: Polarisator, Elektrode, Flüssigkristall, Elektrode, Analysator. Polarisation: unpolarisiert – senkrecht – waagerecht. Licht hell ausgeschaltet.

Polarisation: unpolarisiert – senkrecht – senkrecht. Licht dunkel eingeschaltet.

Elektronisches Papier (E-Papier, E-Ink)

In pixelgroßen, mit Flüssigkeit gefüllten Mikrokapseln schwimmen elektrisch geladene Farbkörper, die sich in einem elektrischen Feld entsprechend der Polarität sortieren. Im Auflicht erscheinen die Pixel in der Farbe der Farbkörper.

Aufbau: transparente Elektroden, Mikrokapseln, Farbkörper, Gegenelektroden

7.11 Optoelektronische Bauelemente

7.11.5 Anzeigebauelemente

Übersicht

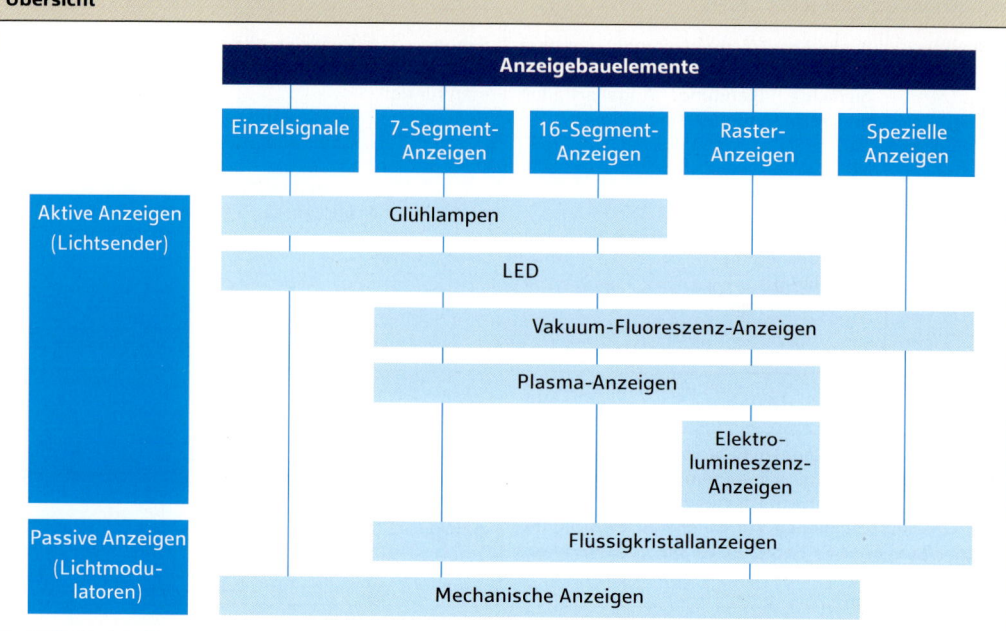

Anzeigebauelemente
- Einzelsignale
- 7-Segment-Anzeigen
- 16-Segment-Anzeigen
- Raster-Anzeigen
- Spezielle Anzeigen

Aktive Anzeigen (Lichtsender):
- Glühlampen
- LED
- Vakuum-Fluoreszenz-Anzeigen
- Plasma-Anzeigen
- Elektrolumineszenz-Anzeigen

Passive Anzeigen (Lichtmodulatoren):
- Flüssigkristallanzeigen
- Mechanische Anzeigen

Typische Betriebswerte von Anzeigebauelementen

	Lumineszenzdiode LED	Vakuum-Fluoreszenzanzeige VFD	Plasmaanzeige	Elektro-Lumineszenzanzeige ELD	Flüssigkristallanzeige LCD
Betriebsspannung V	2 ... 10	6 ... 150	80 ... 200	30 ... 160	2 ... 20
Leistungsaufnahme mW/cm²	10 ... 100	10 ... 50	50 ... 300	10 ... 20	$2 \cdot 10^{-3}$
Ansprechzeit µs	10	10	10	100	105 (20 °C)
Leuchtdichte cd/m²	1 000 ... 6 500	700	300	100	–
Betriebstemperatur °C	–30 ... 85	–20 ... 70	–30 ... 90	–30 ... 60	–25 ... 85
Lebensdauer h	$5 \cdot 10^5$	$5 \cdot 10^4$	$5 \cdot 10^4$	$(0{,}5 \ldots 1) \cdot 10^4$	$5 \cdot 10^4$
Farben	Rot, Orange, Gelb, Grün, Blau	Rot, Orange, Gelb, Grün	Rot, Grün, Blau	Rot, Grün, Blau	Einstellung mit Lampe und Filter

Anzeigenmuster

7-Segment-Anzeige

Die Anzeige besteht aus sieben gleich großen Segmenten und einem Punkt.

Zur Ansteuerung sind acht Leitungen und eine Rückleitung erforderlich.

Darstellbare Zeichen:
- alle Ziffern   0 1 2 3 4 5 6 7 8 9
- die Buchstaben   A b c d E F H L P U
- einige Zeichen   . [ ] –

16-Segment-Anzeige

Die Anzeige besteht aus 16 Zeichenelementen und einem Punkt.

Zur Ansteuerung sind 17 Leitungen und eine Rückleitung erforderlich.

Darstellbare Zeichen:
- alle Ziffern
- alle Großbuchstaben
- alle wesentlichen Zeichen

7.11 Optoelektronische Bauelemente

Vakuum-Fluoreszenz-Anzeigen (VFD)

Vakuum-Fluoreszenz-Anzeigen (-Displays, VFD) sind Elektronenröhren (Trioden), bei denen die Anoden als Leuchtelemente eingerichtet sind.

Aufbau:
- Deckglas
- Farbfilter
- direkt geheizte Katode
- Gitter
- Anodensegment
- Glassubstrat
- Anodenanschluss

Steuerung

Segment	Potenziale		
	Katode	Gitter	Anode
Hell	0	+	+
Dunkel	0	+	−
Dunkel	0	−	+

Funktion

Katode (Heizdraht)
dünn, glüht nicht, unsichtbar

Gitter
überdeckt mehrere Leuchtsegmente

Anode
mit Leuchtstoff beschichtet, Segmente getrennt ansteuerbar

Bildschirmgeräte

Das Bild wird aus in Zeilen und Spalten angeordneten Punkten (Pixeln) aufgebaut.

Um ein farbiges Bild darzustellen, werden die Pixel in drei getrennt steuerbare Subpixel mit den Grundfarben Rot, Grün und Blau aufgeteilt.

Flüssigkristallbildschirm (LCD – Liquid Crystal Display)

Aufbau:
- Farbfilter
- Flüssigkristall
- durchsichtige Zeilenelektroden
- durchsichtige Spaltenelektroden
- Polarisationsfilter
- Glasplatten
- Lichtquelle (weiß)

Funktion
Die Zelle wird undurchsichtig, wenn an die Elektroden eine Wechselspannung angelegt wird.
Beim TFT-Bildschirm ist den Spaltenelektroden für jedes Farbelement ein Dünnfilmtransistor vorgeschaltet.

Elektrolumineszenzbildschirm (ELD – Electrical Luminescence Display)

Aufbau:
- Glasplatte
- durchsichtige Zeilenelektrode
- organische Löchertransportschicht
- organische Lumineszenzschicht
- Spaltenelektrode (Metall)

Funktion
Ein Leuchtpunkt entsteht am Kreuzungspunkt von zwei Elektroden, wenn eine Wechselspannung (Frequenz ca. 1 kHz) angelegt wird.

7.11 Optoelektronische Bauelemente

7.11.6 Lichtwellenleiter

Lichtwellenleiter (LWL) sind dünne runde Fasern aus Quarzglas oder Kunststoff (Plast-LWL), in denen Lichtwellen durch Totalreflexion oder Brechung geführt und dämpfungsarm übertragen werden. Für die Übertragung wird infrarotes Licht mit Wellenlängen von 1 300 nm bis 1 550 nm verwendet.

	Brechzahlprofil	Geometrischer Aufbau	Wellen- und Impulsausbreitung
Multimode-Stufenindexfaser	n_{Mantel} = konst. n_{Kern} = konst. Typische Werte: n_M = 1,517 n_K = 1,527	Typ. d_K/d_M: 100 µm/140 µm 100 µm/200 µm 200 µm/300 µm 400 µm/500 µm	Bandbreite bei 1 km Länge: 30 ... 100 MHz Dispersion: 10 ... 150 ns/km
Multimode-Gradientenindexfaser	$n_M = n_2$ = konst. $n_K = n(r)$ $n(r) = n_1 \left[1 - \frac{n_1 - n_2}{n_1} \left(\frac{2r}{d_M} \right)^2 \right]$ Typische Werte: n_2 = 1,54 n_1 = 1,562	Typ. d_K/d_M: 45 µm/130 µm 50 µm/125 µm 63 µm/130 µm	Bandbreite bei 1 km Länge: ... 1 GHz Dispersion: 1 ... 5 ns/km
Monomode-Stufenindexfaser	n_{Mantel} = konst. n_{Kern} = konst. Typische Werte: n_M = 1,457 n_K = 1,471	Typ. d_K/d_M: 5 µm/40 µm 6 µm/60 µm 5 µm/100 µm 5 µm/125 µm	Bandbreite bei 1 km Länge: 10 ... 50 GHz Dispersion: 4 ... 100 ps/km

Begriffe

Brechzahl-profil	Verlauf der Brechzahl n über der Querschnittsfläche des LWL	Mantel	Alles optisch transparente Material des LWL, das nicht zum Kern gehört.
Dispersion	Unterschiedliche Übertragungsgeschwindigkeit in der Faser in Abhängigkeit von Wellenlänge, Modus, Material oder Polarisation. Die Dispersion führt zu Verbreiterung übertragener Impulse.	Modus	Spezielle Ausbreitungsform der Lichtwellen im LWL Nur in einem für den LWL möglichen Modus können Wellen dämpfungsarm geführt werden.
Kern	Zentraler Bereich des LWL, in dem die Welle geführt wird. Im Kern ist die Brechzahl größer als im Mantel.	Bandbreite	Frequenzbereich von null bis zu der Frequenz, bei der die Dämpfung 3 dB beträgt.

8 Messtechnik

8.1 Übersicht

$x = k \cdot z_A$ und $k = x/z_A$

	Seite
8.2 Begriffe der Messtechnik	8-2
8.3 Messfehler und Fehlerrechnung	8-4
8.3.1 Messabweichung	8-4
8.3.2 Ermittlung des wahren Wertes	8-4
8.3.3 Additive und multiplikative Fehler	8-5
8.3.4 Linearitätsfehler	8-5
8.3.5 Quantisierungsfehler und digitaler Restfehler	8-5
8.4 Messgeräte	8-6
8.4.1 Symbole für Messgeräte	8-6
8.4.2 Messwerke	8-7
8.4.3 Elementare Messungen	8-8
8.4.4 Messbereichserweiterung	8-10
8.4.5 Messgleichrichter	8-11
8.5 Messen von Mischspannungen und Mischströmen	8-12
8.6 Messbrücken	8-13
8.7 Kompensatoren	8-14
8.8 Messung nichtelektrischer Größen	8-14
8.9 Oszilloskop	8-27
8.10 Komplexe Messaufbauten	8-29
8.10.1 IEC-Bus-Steuerung	8-29
8.10.2 Funktionsgenerator	8-30
8.10.3 Signalanalyse	8-31
8.10.4 Systemanalyse	8-32
8.11 Messwandler	8-33
8.12 Leistungs- und Leistungsfaktor-Messung	8-34
8.13 Elektrizitätszähler	8-36

8.2 Begriffe der Messtechnik

Bezeichnung	Bedeutung
Anlaufwert	Ansprechwert integrierender Messgeräte, z. B. von Zählern und Durchflussmessgeräten.
Ansprechschwelle	Ansprechschwelle am Nullpunkt
Ansprechwert	Der Wert einer erforderlichen geringen Änderung der Messgröße, welche eine erste eindeutig erkennbare Änderung der Anzeige hervorruft.
Anzeigebereich	Ausgabebereich bei anzeigenden Messgeräten bzw. der Bereich aller an einem Messgerät ablesbaren Werte der Messgröße.
Anzeigewert	Der aus dem Zeigerausschlag eines analogen Messgerätes ermittelte oder vom Display eines digitalen Messgerätes abgelesene Wert.
Bandbreite	Bereich zwischen der niedrigsten und der höchsten Frequenz der Messgröße, in dem ein Wechselspannungs- oder Wechselstrommesser ein Ergebnis innerhalb der Klassengenauigkeit liefert.
Direkte Messverfahren	Der gesuchte Messwert einer Messgröße wird durch Vergleich mit einem Bezugswert derselben Messgröße gewonnen, z. B. der Vergleich elektrischer Spannung mit einer Referenzspannung.
Eichen	Die gesetzlich vorgeschriebene Prüfung eines Messgerätes auf Einhaltung der Eichfehlergrenzen. Mit einem Stempel wird die Einhaltung bestätigt. Eichungen werden von den Landeseichämtern durchgeführt.
Empfindlichkeit	Quotient einer beobachteten Änderung des Ausgangssignals bzw. der Anzeige durch die sie verursachende Änderung der Messgröße als Eingangssignal; z. B. bei einem Messmikrofon: 50 mV/Pa
Graduieren	Teilen einer Skala (Aufbringen von Teilungsmarkierungen auf dem Skalenträger)
Indirekte Messverfahren	Der gesuchte Messwert wird durch Anwendung von physikalischen Zusammenhängen zu andersartigen physikalischen Größen ermittelt.
Justieren (Abgleichen)	Einstellen oder Abgleichen eines Messgerätes, damit die Anzeige so wenig wie möglich vom richtigen Wert oder als richtig geltenden Wert abweicht.
Kalibrieren Kalibration (Einmessen)	Feststellung der Abweichung eines Messgerätes zu einem anderen Gerät („Normal"). Ermöglicht die Berücksichtigung der ermittelten Abweichung zur Korrektur/Fehlerabschätzung der abgelesenen Werte.
Messabweichung	Differenz zwischen einem Messwert und einem Bezugswert, hervorgerufen durch Unvollkommenheit der Messgeräte, des Messverfahrens, des Messobjektes, durch Umwelt- und Beobachtungseinflüsse, auch durch Wahl eines ungeeigneten Mess- und Auswerteverfahrens sowie Nichtbeachten von Störeinflüssen.
Messbereich	Derjenige Bereich von Messgeräten, in dem angegebene Fehlergrenzen nicht überschritten werden.
Messbrücke	Anordnung aus zwei Spannungsteilern zur hochempfindlichen Bestimmung elektrischer Größen (Spannung, Widerstand, Kapazität, Induktivität)
Messen	Ermitteln des Wertes einer physikalischen Größe durch Vergleichen mit einem bekannten Bezugswert bzw. einer Einheit
Messfehler	Alle Fehler, die durch das Messgerät selbst, durch äußere Einflüsse oder durch das Ablesen entstehen und das Messergebnis verfälschen.
Messgröße	Die durch eine Messung erfasste physikalische Größe (z. B. Spannung, Länge).

8.2 Begriffe der Messtechnik

Bezeichnung	Bedeutung
Messkette	System aus Aufnehmer, in Kette geschalteten Übertragungsgliedern (Messverstärker, Messumformer und Messumsetzer) und Ausgeber
Messprinzip	Die bei der Messung zugrunde liegende charakteristische Erscheinung (z. B. die Auswertung der Auslenkkraft bei der Strom- und Spannungsmessung).
Messverfahren	Praktische Auswertung eines Messprinzips; es umfasst alle für die Gewinnung eines Messwertes notwendigen experimentiellen Maßnahmen.
Messwert	Der gemessene spezielle Wert der Messgröße; er wird als Produkt aus Zahlenwert und Einheit angegeben (z. B. 4,5 A; 12 m).
Normal	Komponente, die eine praktikable Bezugsgröße darstellt
Normalstrahler	Messantenne mit genau vorausberechnetem oder geeichtem Antennengewinn für Feldstärkemessungen oder für die Messung des Antennengewinns anderer Antennen
Pegel	**relativer Pegel:** logarithmierte Verhältniszahl in dB (Dezibel) Spannungspegel/Strompegel: $a_{dB} = 20 \log_{10}(w_1/w_2)$ w_1, w_2 sind Werte einer physikalischen Größe; z. B. Ein- und Ausgangsspannung Leistungspegel: $a_{dB} = 10 \log_{10}(p_1/p_2)$ p_1, p_2 sind Leistungen; z. B. Ein- und Ausgangsleistung **absoluter Pegel:** logarithmierte Verhältniszahl in dB_{ref} (Dezibel mit Bezugswert) wie relativer Pegel, allerdings ist der Nenner (w_2 bzw. p_2) ein physikalischer Bezugswert {table below}
Referenzmessgerät	Messgerät, das verglichen mit dem in einer tatsächlichen Messung eingesetzten Messgerät eine erheblich höhere Genauigkeit besitzt
Skalenkonstante	Größenwert k, mit dem der Zahlenwert der Anzeige z_A multipliziert werden muss, um den gesuchten Messwert x zu erhalten. $x = k \cdot z_A$ und $k = x/z_A$
Skalenlänge	Abstand zwischen dem ersten und letzten Teilstrich der Skale, die oft besonders gekennzeichnet sind
Skalenteil	Teilstrichabstand als Teilungseinheit, in der die Anzeige ausgegeben wird
Skalenteilungswert	Änderung des Wertes der Messgröße, die einer Verschiebung der Marke um einen Skalenteil entspricht
Störspannung	Rausch- und Brummspannungen, die durch den Messaufbau oder durch das Messgerät selbst (z. B. Eingangsrauschen) hervorgerufen werden und die Messung beeinträchtigen
Systematische Abweichung	Ergeben sich z. B. aufgrund falscher Justierung des Messgerätes, Abnutzung und Alterung. Sie haben während der Messung einen konstanten Betrag und ein bestimmtes Vorzeichen.
Umkehrspanne	Die Differenz der Anzeigen, wenn der festgelegte Messwert einmal von kleineren Werten her und einmal von größeren Werten her stetig oder schrittweise langsam eingestellt wird
Unterdrückungsbereich	Derjenige Bereich von Messgeräten, oberhalb dessen das Messgerät erst anzuzeigen beginnt

Größe	Bezugswert	Größe	Bezugswert
Schalldruckpegel dB_{SPL}	$2 \cdot 10^{-5}$ Pa	Leistungspegel dBm	1 mW
Schallleistungspegel dB_{re}	10^{-12} W	Leistungspegel dBW	1 W
		Spannungspegel dBu	0,775 V
		Spannungspegel dBµ	1 µV

8.3 Messfehler und Fehlerrechnung

8.3.1 Messabweichung

Messgeräte-abweichung (Gerätefehler)	Geräte mit Skalenanzeige	Zusammenfassende Aussage der Messabweichung durch Angabe der Genauigkeitsklasse. Der als Genauigkeitsklasse angegebene Wert (z. B. Kl = 1,5) gibt die maximale Messabweichung f vom Skalenendwert E in Prozent an. Die Messabweichung gilt für die gesamte Skala. $$f = \pm E \cdot Kl/100$$
	Geräte mit Ziffernanzeige	Die Messgeräteabweichung setzt sich zusammen aus Genauigkeits-angabe (bezogen auf den jeweiligen Messbereich) plus Quantisie-rungsfehler (z. B. ±1 Digit).
Absolute Abweichung (Absoluter Fehler, Messunsicherheit)		Der absolute Fehler F der Messeinrichtung kann positive und negative Werte annehmen. Er ergibt sich zu $F = A - W$. A ist der angezeigte Wert und W ist der wahre Wert, der zunächst unbekannt ist. Angabe auf Messgeräten für F z. B. ±2 mA.
Relative Abweichung (Relativer Fehler, prozentualer Fehler)		Der relative Fehler f wird in Prozent angegeben. Er beschreibt die Genauigkeit des Messgerätes (z. B. durch die Genauigkeitsklasse). Mit A = angezeigter Wert und W = wahrer Wert ergibt sich: Allgemein: $$f = \frac{F}{W} = \frac{A-W}{W} = \frac{A}{W} - 1$$ F = absoluter Fehler Genauigkeitsklasse nach EN 60051-1: 1999-10 $$f = \frac{A-W}{E}$$ E = Skalenendwert
Ablesefehler		Durch Fehlbedienung und falsches Ablesen des Messwertes verursacht (meist der größte Fehlereinfluss)
Einflussfehler		Fehler durch Umwelteinflüsse: Temperatur, Luftfeuchte, magnetische und elektrische Störgrößen usw.
Beeinflussungs-fehler		Durch Messverfahren/Messeinrichtung verursachte Fehler: z. B. durch Spannungs- und Stromfehlerschaltung

8.3.2 Ermittlung des wahren Wertes

Ermittlung des wahren Wertes

- Mit Referenzmessgerät (Der Fehler des Referenzmess-gerätes bleibt unberücksichtigt.)
- Mithilfe der Statistik (Es bleibt eine statistische Unsi-cherheit.)

Ermittlung des wahren Wertes mithilfe der Statistik

Verfahren	Berechnung	Erläuterung	
Wahrer Wert	$$\bar{x} = \frac{1}{n} \cdot \sum_{i=1}^{i=n} X_i$$	$\bar{x}$ X_i n $\bar{\delta}$ $\bar{\delta_i}$ n	Mittelwert → wahrer Wert i-te-Einzelmessung Anzahl der Messungen Durchschnittsfehler Absoluter Fehler jeder Einzelmessung Anzahl der Messungen
Absoluter Fehler jeder Einzel-messung	$$\delta_i = x_i - \bar{x}$$		
Durchschnitts-fehler	$$\bar{\delta} = \frac{1}{n} \cdot \sum_{i=1}^{i=n} |\delta_i|$$		

8.3 Messfehler und Fehlerrechnung

8.3.3 Additive und multiplikative Fehler

Additive Fehler	Multiplikative Fehler
Ist die Kennlinie einer realen Messeinrichtung gegen die ideale Kennlinie um einem Betrag Δy verschoben – unabhängig davon, welchen Wert die Messgröße x einnimmt –, so liegt ein additiver Beeinflussungsfehler vor; Δy ist ein additiver Fehler.	Multiplikative Fehler entstehen dann, wenn der Übertragungsfaktor über den Messbereich eine Veränderung bei Einwirkung der Einflussgröße erfährt, d. h., der entstehende absolute Fehler wird messwertabhängig (keilförmiges Fehlerband).

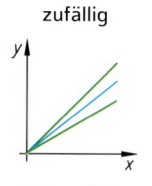

systematisch | zufällig | systematisch | zufällig

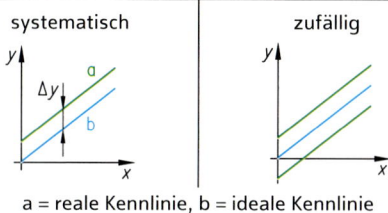

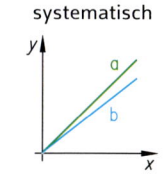

a = reale Kennlinie, b = ideale Kennlinie | a = reale Kennlinie, b = ideale Kennlinie

8.3.4 Linearitätsfehler

Für die meisten Messeinrichtungen wird angestrebt, dass der Zusammenhang zwischen Eingangs- und Ausgangsgröße *linear* ist, zumindest in dem jeweils ausgenutzten Wertebereich. Für die Abweichung der realen von der idealen linearen statischen Kennlinie wird allgemein der Begriff Nichtlinearität benutzt; der dadurch entstehende Fehler heißt Linearitätsfehler.

Beispiele für Linearitätsfehler

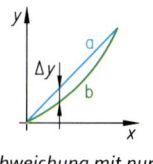

| Abweichung mit nur einem Vorzeichen | Abweichung mit wechselndem Vorzeichen | Festlegung der idealen Kennlinie durch gleich große Abweichungen nach beiden Seiten | Tangente im Nullpunkt als ideale Kennlinie | Kennlinie bei Differenzialanordnung |

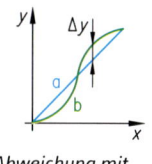

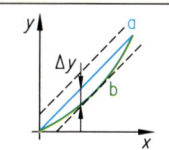

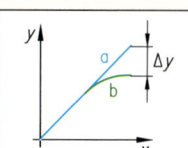

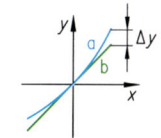

a = ideale Kennlinie, b = reale Kennlinie

8.3.5 Quantisierungsfehler und digitaler Restfehler

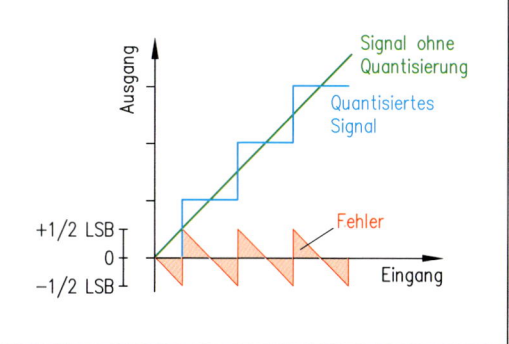

Am Ausgang eines ADU ↑ entsteht ein *Quantisierungsfehler*, dessen Ursache darauf beruht, dass anstelle eines linearen Ausgangssignals die für einen ADU charakteristische Treppenfunktion vorliegt. Die Differenz aus linearem Ausgangssignal und Treppenstufen ergibt einen Sägezahnverlauf mit einer Amplitude von ½ LSB und wird als Quantisierungsrauschen bezeichnet. Für den Signal-Rauschabstand gilt: SNR = $1{,}225 \cdot 2^N$ mit N = Auflösung des ADU in Bit. Durch die Zuordnung eines diskret gestuften Signals zu einer analogen Messgröße entsteht zwangsläufig ein *digitaler Restfehler* in der Größe ±1 Stufe (Treppe in der linken Darstellung). Dieser Fehler ist bei digitalen Messungen prinzipiell nicht zu vermeiden.

↑ 4-31

Signal-Rauschabstand (SNR) für einige unterschiedlich auflösende A/D-Wandler

N	8	9	10	11	12	13	14	15	16
SNR (dB)	49,8	55,8	61,8	67,8	73,8	79,8	85,8	91,8	97,8

8.4 Messgeräte

8.4.1 Symbole für Messgeräte — DIN EN 60051-1: 2017-11

Sinnbild	Bedeutung	Sinnbild	Bedeutung
	Messwerke		Art des zu messenden Stromes
	Drehspulmesswerk mit Dauermagnet, allgemein		Gleichstrom
	Drehspul-Quotientenmesswerk		Wechselstrom
	Drehmagnetmesswerk		Gleich- und Wechselstrom
	Dreheisenmesswerk		Drehstrominstrument mit einem Messwerk
	Elektrodynamisches Messwerk		Drehstrominstrument mit zwei Messwerken
	Eisengeschlossenes, elektrodynamisches Messwerk		Drehstrominstrument mit drei Messwerken
	Elektrodynamisches Quotientenmesswerk		Gebrauchslage
	Eisengeschlossenes, elektrodynamisches Quotientenmesswerk		Senkrecht
	Induktionsmesswerk		Waagerecht
	Bimetallmesswerk	60°	Schräg mit Neigungswinkelangabe
	Elektrostatisches Messwerk		Prüfspannung
	Vibrationsmesswerk	☆	Keine Spannungsprüfung
	Thermoumformer, allgemein	☆	500 V
	Isolierter Thermoumformer	☆ 2	über 500 V, z. B. 2 kV
	Drehspulmesswerk mit Thermoumformer		Sonstiges
	Gleichrichter	○	Magnetischer Schirm
	Drehspulmesswerk mit Gleichrichter	○ (gestrichelt)	Elektrostatischer Schirm
			Nullsteller
		⚠	Gebrauchsanleitung beachten
		1,5	Genauigkeitsklasse; Klassenzeichen für Anzeigefehler; z. B. 1,5 % vom Endwert

8.4 Messgeräte

8.4.2 Messwerke

Drehspulmesswerk	Im Feld eines Magneten ist eine Spule drehbar gelagert. Im Innern dieser Drehspule befindet sich ein Weicheisenkern. Der Strom wird dieser Spule über zwei Spiralfedern aus Bronze zugeführt. Die Federn sind gegensinnig gewickelt. Es gibt Bauweisen mit Außenmagnet (wie Abbildung) und Kernmagnet. **Eigenschaften:** messen des arithmetischen Mittelwertes; Skalenbeschriftung bei Geräten mit Gleichrichter erfolgt nach Effektivwerten bei sinusförmigem Strom; lineare Skalenteilung; der Eigenverbrauch beträgt wenige mW; der Innenwiderstand 10 … 100 kΩ/V
Dreheisenmesswerk	Im Innern der Spule sind ein festes und ein – an der Zeigerachse befestigtes – bewegliches Eisenstück angeordnet. Die beiden Weicheisenbleche werden im Magnetfeld der Spule in gleicher Richtung magnetisiert und stoßen sich ab. Die Ablenkung ist umso größer, je mehr Strom durch die Spule fließt. Als Gegenkraft wirken Spiralfedern. **Eigenschaften:** misst Effektivwert; unempfindlich gegen kurzzeitige Überlastung; einfach und robust gebaut; hat eine nicht lineare Skala; hoher Eigenverbrauch
Elektrodynamisches Messwerk	Der Aufbau entspricht dem des Drehspulmesswerkes, jedoch tritt an die Stelle des Dauermagneten ein Elektromagnet. Die Auslenkung ist somit von zwei veränderbaren Magnetfeldern abhängig. **Eigenschaften:** Einsatz als Wirkleistungsmessgerät (Spule 1 für den Strompfad, Spule 2 für den Spannungspfad); weitgehend unabhängig von der Kurvenform
Bimetallmesswerk	Der Messstrom erwärmt – direkt oder indirekt – ein spiralförmig aufgewickeltes Band aus Bimetall. Die Bewegung der Spirale wird auf einen Zeiger übertragen. Der Einfluss der Umgebungstemperatur wird durch eine zweite – in Gegenrichtung gewickelte – Bimetallspirale, die nicht vom Messstrom durchflossen wird, aufgehoben. **Eigenschaften:** unempfindlich gegen kurzzeitige Stromspitzen; kleine Stromstärken sind nicht anzeigbar; billig herstellbar; robust; wird z. B. zur Erfassung von Stromhöchstwerten eingesetzt. Bei periodischen Strömen wird der Effektivwert angezeigt.
Wechselstromzähler ↑	Messstrom und -spannung werden feststehenden Spulen auf Kernen aus lamellierten Blechen zugeführt. Durch die beiden Wechselfelder der gegeneinander versetzten Stromspule St und Spannungsspule Sp entsteht ein Wanderfeld, das in der Al-Scheibe Induktionswärme erzeugt. Es entsteht ein Drehmoment, das sich proportional zur Wirkleistung verhält. Der Dauermagnet DM bremst die Scheibe ab. Die Drehfrequenz der Aluminiumscheibe ist verhältnisgleich der gemessenen Wirkleistung. Die vom Zählwerk Z angezeigte Gesamtzahl der Umdrehungen in der Zeit t ist ein Maß für die in dieser Zeit gemessene elektrische Arbeit.

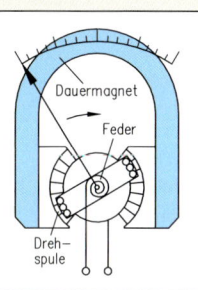

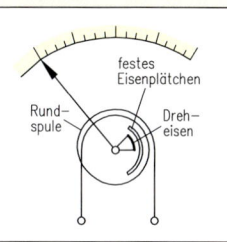

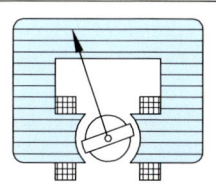

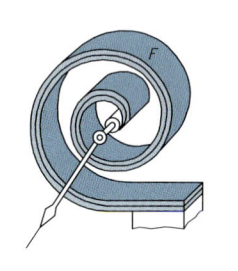

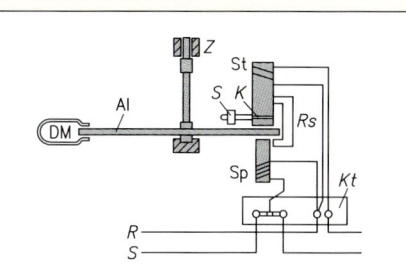

↑ 8-35

8.4 Messgeräte

8.4.3 Elementare Messungen

Strommessung, direkt

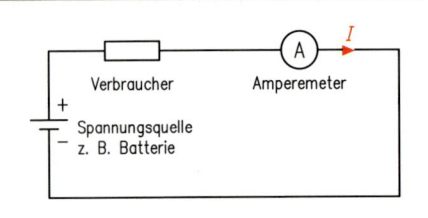

Das Strommessgerät (Amperemeter) wird in den Stromkreis geschaltet. Dazu muss der Stromkreis aufgetrennt werden. Das Messwerk wird vom zu messenden Strom durchflossen. Es muss gelten:

$$R_V \gg R_m$$

R_V = Widerstand des Verbrauchers
R_m = Innenwiderstand des Messgerätes (Amperemeter)

Bei einem idealen Amperemeter gilt $R_m \to 0\ \Omega$

Strommessung, indirekt

Strommessung mit Shuntwiderstand

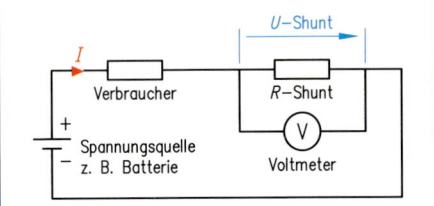

Die Spannung an einem Widerstand verhält sich proportional zum hindurchfließenden Strom. Die Strommessung wird auf eine Spannungsmessung zurückgeführt. Den zur Strommessung eingesetzte Widerstand nennt man „Shunt". Es muss erfüllt sein

$$R_{Shunt} \ll R_{Verbraucher}$$

Ist der Shunt bereits im Stromkreis vorhanden entfällt das Auftrennen des Stromkreises. Wird als Shunt ein 1 Ω-Widerstand verwendet kann die Stromstärke direkt abgelesen werden: 1 V entspricht dann 1 A

Strommessung über das Magnetfeld

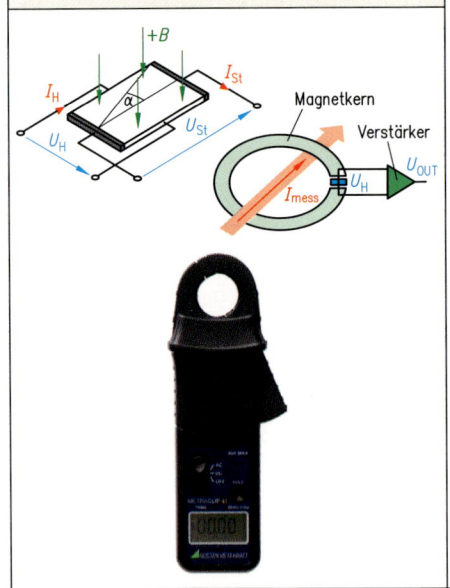

Der Strom I_{mess} wird indirekt über das von ihm verursachte magnetische Feld B gemessen. Dies geschieht mit Hilfe einer Hallsonde. Die von der Hallsonde abgegebene Spannung U_H steigt proportional zum Strom der das Feld B erzeugt.

$$U_H = \frac{R_H}{d} B \cdot I_{St}$$

R_H Hallkonstante, stoffabhängig $R_{H,\ Cu} = -5{,}3 \cdot 10^{-11} \frac{m^3}{C}$
d die Dicke des Hallelementes
I_{St} Steuerstrom, konstant
B die magnetische Flussdichte, die vom zu messenden Strom hervorgerufen wird

Messgeräte mit Hallsonde werden z. B. als Zangenamperemeter ausgeführt. Das Kabel durch dass der zu messende Strom fließt, wird dabei von einer aus magnetisch leitfähigem Material bestehenden Zange umschlossen. Im Ring ist der Hallsensor eingearbeitet. Vor der Messung kleiner Gleichströme ist ein Nullabgleich erforderlich um z. B. das Erdmagnetfeld auszuschließen.

Spannungsmessung, direkt

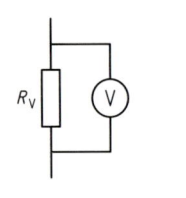

Geräte zur Messung elektrischer Spannungen (Voltmeter, Spannungsmesser) sind hochohmig. Das Voltmeter wird parallel mit dem Verbraucher verbunden, an dem die Spannung gemessen werden soll. Es muss gelten

$$R_V \ll R_m$$

R_V = Widerstand des Verbrauchers
R_m = Innenwiderstand des Messgerätes (Voltmeter)

Bei einem idealen Voltmeter gilt $R_m \to \infty\ \Omega$

8.4 Messgeräte

8.4.3 Elementare Messungen (Fortsetzung)

Spannungsfehlerschaltung

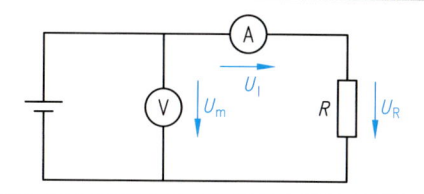

Der angezeigte Strom entspricht dem Strom, der durch den Widerstand R fließt.
Die angezeigte Spannung U_m ist größer als die Spannung U_R am Widerstand R.

$$U_R = U_m - U_I$$

Anwendung wenn gilt: $U_I \ll U_R$

Widerstandsmessung mit Konstantstrom

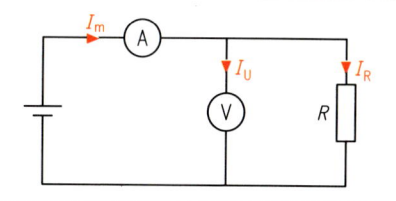

Die angezeigte Spannung entspricht der Spannung, die am Widerstand R ansteht.
Der angezeigte Strom I_m ist größer als der Strom I_R, der durch den Widerstand R fließt.

$$I_R = I_m - I_U$$

Anwendung wenn gilt: $I_U \ll I_R$

Widerstandsmessung mit Konstantstrom

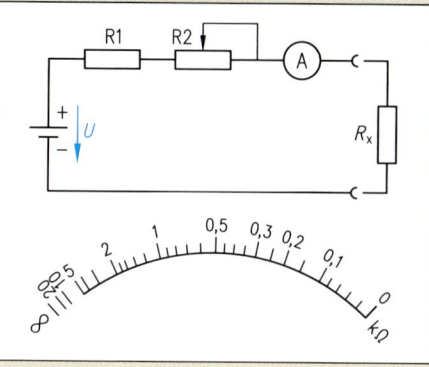

Die Spannung U ist für die Zeit der Messung als konstant anzunehmen. Mit R_2 wird bei kurzgeschlossenen Testanschlüssen der Strommesser (Mikroamperemeter) auf Vollausschlag eingestellt. Die Skala des Strommessers ist in Ohm geeicht. Die Skala verläuft nach einer Hyperbel. Der niedrigste Wert (0 Ω) ist am rechten Anschlag. Der höchste Wert (∞ Ω) ist am linken Anschlag. In der Skalenmitte ist der Widerstandswert des Prüflings identisch mit $R_1 + R_2$.

$$R_x(I) = \frac{U}{I} - R_1 - R_2$$

$$I(R_x) = \frac{U}{R_1 + R_2 + R_x}$$

Stromfehlerschaltung

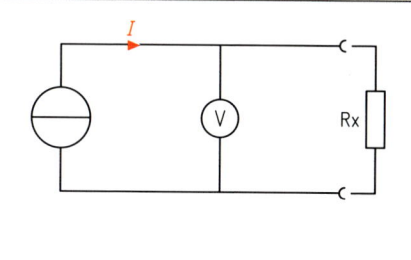

Der Strom I ist konstant. Der Spannungsmesser zeigt die Spannung

$$U = I \cdot R_x$$

Die Spannungsanzeige verläuft proportional zum Prüfling R_x. Die Skala ist linear. Sie wird in Ohm geeicht. Bei offenen Messanschlüssen ($R_x = \infty$ Ω) wird der maximale Wert (Spannung) angezeigt. Bei einem Kurzschluss ($R_x = 0$ Ω) wird 0 angezeigt. Die Messbereichsumschaltung gelingt mit Ändern des Konstantstroms.

Anwendung wenn gilt: $R_x \ll R_m$

R_m = Widerstand des Spannungsmessers

8.4 Messgeräte

8.4.4 Messbereichserweiterung

Strommessung

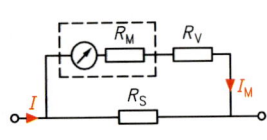

Einfacher Shunt

$$R_S = \frac{I_M \cdot (R_M + R_V)}{I - I_M}$$

- R_S Shuntwiderstand
- R_M Widerstand des Messinstrumentes (durch Kupferwicklung)
- R_V Widerstand zur Temperaturkompensation
- I_M Strom durch das Messwerk für Vollausschlag
- I Zu messender Strom

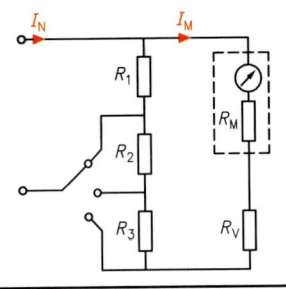

Ringschaltung

$$R_1 = \frac{I_M \cdot (R_M + R_V)}{I_1 - I_M} \qquad R_2 = \frac{I_M \cdot (R_M + R_V)}{I_2 - I_M} - R_1 \qquad R_3 = \frac{I_M \cdot (R_M + R_V)}{I_3 - I_M} - R_1 - R_2$$

Der Schalter muss unterbrechungsfrei schalten. Übergangswiderstände am Schalter können in der Messschaltung selbst keine Messfehler verursachen. Der Übergangswiderstand ist lediglich in Reihe mit dem Messstromkreis wirksam.

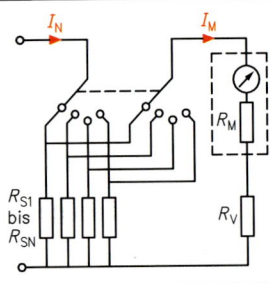

Schaltung mit Einzelshunts

$$R_{SN} = \frac{I_M \cdot (R_M + R_V)}{I_N - I_M}$$

Es ist ein Schalter mit zwei Ebenen erforderlich. Der Übergangswiderstand des Schalters R_{sch} ist nur in Reihe mit dem Messinstrument wirksam. Der verursachte Fehler ist normalerweise vernachlässigbar, da die Bedingung $R_{sch} \ll (R_M + R_V)$ in der Regel immer erfüllt wird.

Spannungsmessung

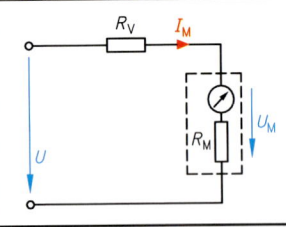

Einfacher Vorwiderstand

$$R_V = \frac{U - U_M}{I_M}$$

- U Zu messende Spannung
- U_M Messwerkspannung für Vollausschlag
- I_M Strom durch das Messwerk für Vollausschlag
- R_V Vorwiderstand

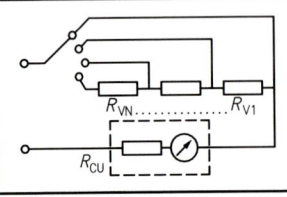

Schaltung mit vom Messbereich abhängigem Eingangswiderstand

(Besonders geeignet für Messwerke mit kleinem Innenwiderstand)

$$R_{V1} = \frac{U_1 - U_M}{I_M} \qquad R_{VN} = \frac{U_N - U_M}{I_M} - R_{V1} - R_{V2} - \ldots - R_{VN}$$

U_N unempfindlichster Messbereich U_1 zweitempfindlichster Messbereich

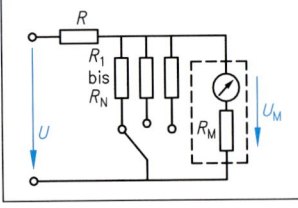

Schaltung mit annähernd konstantem Eingangswiderstand

(Besonders geeignet für digitale Panelmeter mit hohem Eingangswiderstand)

$$R_N = \frac{R}{\dfrac{U}{U_M} - \dfrac{R}{R_M} - 1}$$

$R_M \gg R$
$U_M \ll U$

8.4 Messgeräte

8.4.5 Messgleichrichter

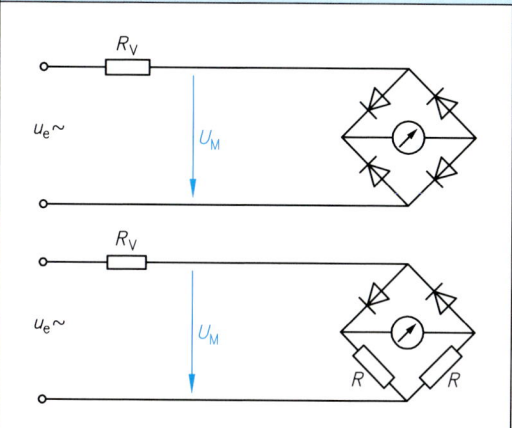

Gleichrichter für Drehspulmesswerke ↑ 8-7

Es wird der Gleichrichtmittelwert angezeigt. Um bei Sinusgrößen den Effektivwert zu erhalten, ist in der Skala der Formfaktor für Sinusgrößen (1,11) ↑ berücksichtigt. Um unabhängig von der Kurvenform den Gleichrichtmittelwert zu erhalten, muss der angezeigte Wert durch den Formfaktor dividiert werden. Wegen der Schleusenspannung der Dioden können nicht beliebig kleine Größen gemessen werden. ↑ 7-6

Durch Ersatz zweier Dioden durch Widerstände erreicht man eine Verkleinerung der wirksamen Schleusenspannung. Gleichzeitig wird aber der Eingangswiderstand des Messgerätes verkleinert und damit die Empfindlichkeit reduziert.

Elektronische Messgleichrichter mit Verstärker

Idealisierung der Gleichrichterkennlinie durch einen Verstärker. Der Formfaktor kann im Verstärkungsfaktor berücksichtigt werden. ↑ ↑ 7-27

Idealer Einweggleichrichter:
Für positive Eingangsspannungen arbeitet die Schaltung als invertierender Verstärker:

$$-u_a = \frac{R_1}{R_0} u_e$$

Idealer Zweiweggleichrichter mit erdungsfreiem Ausgang:
Die Schaltung eignet sich sowohl zur Messung von Gleichspannungen beliebiger Polarität, als auch zur Messung des arithmetischen Mittelwertes einer Wechselspannung.

$$i_a = \frac{|u_e|}{R_0}$$

Die Kombination eines idealen Einweggleichrichters mit einem Umkehraddierer liefert einen **idealen Zweiweggleichrichter** (auch Vollweggleichrichter genannt) **mit geerdetem Ausgang**:

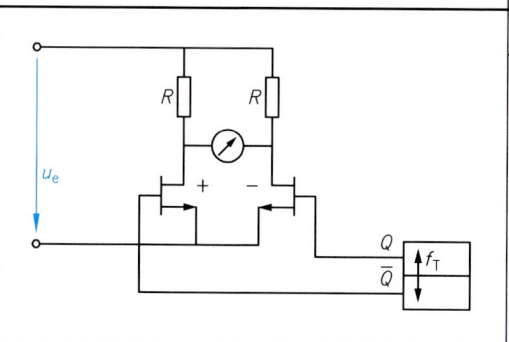

$$-u_a = \alpha\,(u_e + 2\,u_{a1})$$

Synchrongleichrichter/Phasenselektiver Gleichrichter

Ein Phasendetektor ermittelt die Polung der Messwechselspannung und steuert die beiden elektronischen Schalter (FETs) so, dass der Strom durch das Messwerk immer in der gleichen Richtung fließt.
Vorteil: Messung kleinster Spannungen, da keine Schleusenspannung überwunden werden muss.

8.5 Messen von Mischspannungen und Mischströmen

3-2 ↑
3-16 ↑

Je nach Messwerk werden elektrische Spannungen und Ströme ↑ durch den arithmetischen Mittelwert (AV) oder durch den Effektivwert ↑ (RMS)[1] charakterisiert. Der Formfaktor gibt das Verhältnis von Effektivwert zu arithmetischem Mittelwert an. Der Crest- oder Scheitelfaktor gibt das Verhältnis von Scheitel- oder Spitzenwert zu Effektivwert an.

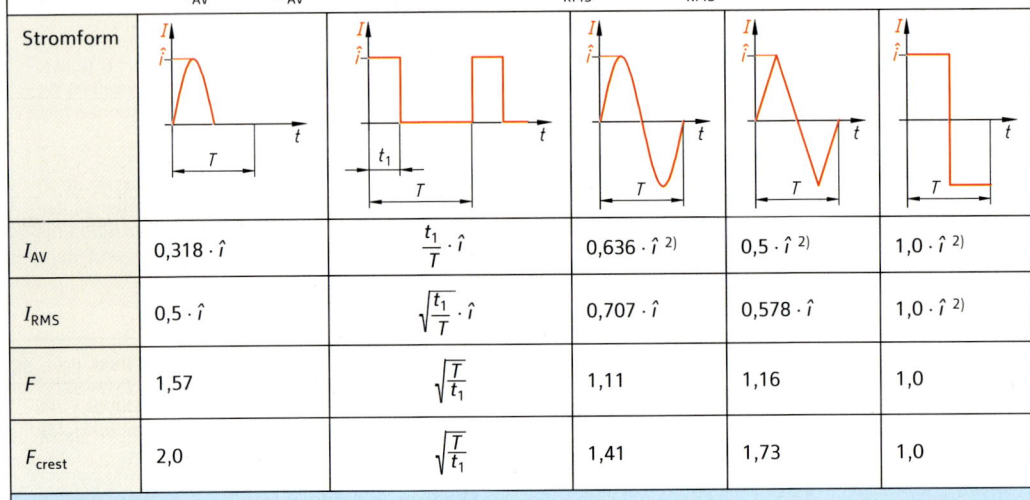

Formfaktor: $F = \dfrac{I_{RMS}}{I_{AV}}$; $F = \dfrac{U_{RMS}}{U_{AV}}$; Scheitelfaktor: $F_{crest} = \dfrac{|\hat{\imath}|}{I_{RMS}}$; $F_{crest} = \dfrac{|\hat{u}|}{U_{RMS}}$

Stromform					
I_{AV}	$0{,}318 \cdot \hat{\imath}$	$\dfrac{t_1}{T} \cdot \hat{\imath}$	$0{,}636 \cdot \hat{\imath}$ [2]	$0{,}5 \cdot \hat{\imath}$ [2]	$1{,}0 \cdot \hat{\imath}$ [2]
I_{RMS}	$0{,}5 \cdot \hat{\imath}$	$\sqrt{\dfrac{t_1}{T}} \cdot \hat{\imath}$	$0{,}707 \cdot \hat{\imath}$	$0{,}578 \cdot \hat{\imath}$	$1{,}0 \cdot \hat{\imath}$ [2]
F	$1{,}57$	$\sqrt{\dfrac{T}{t_1}}$	$1{,}11$	$1{,}16$	$1{,}0$
F_{crest}	$2{,}0$	$\sqrt{\dfrac{T}{t_1}}$	$1{,}41$	$1{,}73$	$1{,}0$

3-16 ↑

Effektivwertmessung

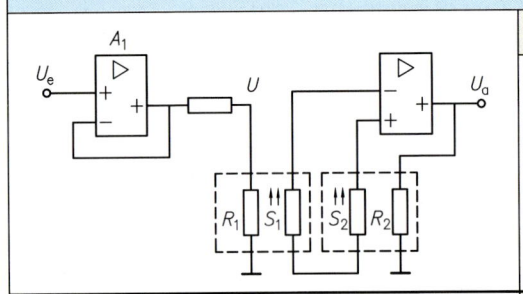

Thermische Methode (Thermoumformer)

Die Wechselspannung erzeugt an R_1 die Leistung U^2/R_1, die als Verlustleistung in Wärme umgesetzt wird. Der identische Widerstand R_2 wird mit Gleichspannung beaufschlagt. Man erhöht die Gleichspannung so lange, bis die Temperatur von R_2 mit der von R_1 übereinstimmt. Der Wert der Gleichspannung ist das Maß für den Effektivwert der Messgröße, unabhängig von der Kurvenform. Dieses Messverfahren liefert hohe Genauigkeit bei Bandbreiten bis in den HF-Bereich.

Direkte (explizite) Methode

Berechnung durch Multiplizierer, Integrator und Wurzelbilder. Das Ausgangssignal des Multiplizierers ändert sich quadratisch zum Eingangssignal. Eingangsspannungsänderungen sind deshalb maximal um den Faktor 10 möglich. Die erreichbare Genauigkeit ist ≈ 0,1 % bei mittlerer Bandbreite.

Indirekte (implizite) Methode

Quadrierung durch einen 4-Quadranten-Multiplizierer und anschließende Integration. Das Ausgangssignal wird gleichzeitig zum Quadrierer zurückgekoppelt und dient als Divisor für das Ausgangssignal des Multiplizierers. Die erreichbaren Bandbreiten sind gering.

Digitale Methode

Wenn das Messsignal in digitaler Form vorliegt, kann der Effektivwert mithilfe eines Mikrocontrollers berechnet werden.

[1] RMS = Root-Mean-Square. [2] Nach Zweiweggleichrichtung.

8.6 Messbrücken

Schaltbild	Funktion und Abgleichbedingung	Anwendung und Hinweise
Wheatstone-Messbrücke ↑	Abgleich: $I_Q = 0$ $$R_X = R_N \cdot \frac{R_1}{R_2}$$ Die Messgenauigkeit hängt u. a. von der Messwerkempfindlichkeit und der Genauigkeit der Vergleichswiderstände ab. $$I_Q = \frac{U_0(R_N R_1 - R_X R_2)}{(R_X - R_N)[R_1 R_2 + R_Q(R_1 + R_2)] + R_X R_N(R_1 + R_2)}$$	• Widerstandsmessung für $R_X = 1\,\Omega \dots 1\,\text{M}\Omega$ Fehlergrenze 0,02 % • Ausschlags-Messbrücke ($I_Q \neq 0$) für Gleich- und Wechselstrom zur Messung anderer physikalischer Größen. Dafür gilt: ↑ 3-7
Thomson-Messbrücke 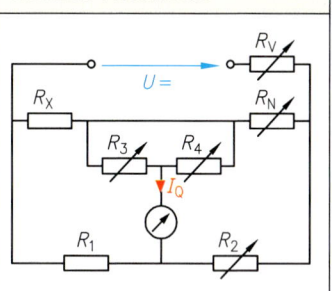	Abgleich: $I_Q = 0$ meist ist $R_1 = R_3$ und $R_2 = R_4$ dann gilt im Abgleichfall: $$R_X = R_N \cdot \frac{R_1}{R_2} = R_N \cdot \frac{R_3}{R_4}$$	• Messung kleinster Widerstände im Bereich $R_X = 1\,\mu\Omega \dots 10\,\Omega$ Fehlergrenze 0,1 % Direkter Abgriff an R_X und R_N schaltet den Einfluss der Leitungswiderstände aus (R_X und $R_N \ll R_1 \dots R_4$). Übergangswiderstände werden kompensiert durch R_3 und R_4.
Wien-Messbrücke 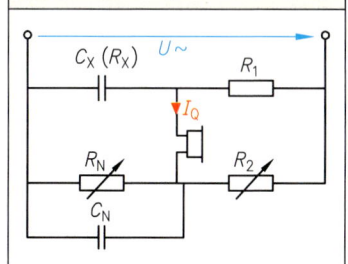	Abgleich: $I_Q = 0$ (Tonlosigkeit) Betragsabgleich durch R_2 Phasenabgleich durch R_N bei Scheinwiderständen: $Z_N : Z_2 = Z_X : Z_1$ $\tan\varphi_X = \tan\varphi_N \quad C_X = C_N \cdot R_1/R_2$ $\tan\varphi_X = \omega \cdot C_N \cdot R_N \quad R_X = R_N \cdot R_2/R_1$	• Kapazitätsmessungen für $C_X = 0,1\,\text{pF} \dots 1000\,\mu\text{F}$ Fehlergrenze 0,1 % • Verlustfaktor ($\tan d$)-Messung Fehlergrenze 1 % Je nach Ausführung kann R_N auch in Reihe zu C_N geschaltet sein.
Maxwell-Messbrücke 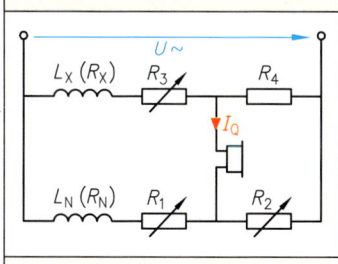	Abgleich: $I_Q = 0$ $$L_X = L_N \cdot \frac{R_4}{R_2}$$ $(R_X + R_3) \cdot R_2 = (R_N + R_1) \cdot R_4$ Vergleich von L_X und L_N Phasenabgleich durch R_1 und R_3	• Induktivitätsmessungen für $L_X = 1\,\mu\text{H} \dots 10\,\text{H}$ Bei Spulen ohne Eisenkern ist R_X Widerstand der Spulenwicklung ($R_X = R_W$). Bei Spulen mit Eisenkern ist R_X der Wirkwiderstand, R_W ist durch Gleichstrom zu ermitteln.
Schering-Messbrücke 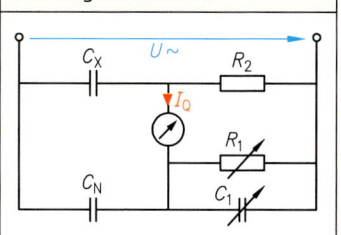	Abgleich: $I_Q = 0$ $$C_X = C_N \cdot \frac{R_1}{R_2} \cdot \frac{1}{1+(\omega \cdot C_1 \cdot R_1)^2} \approx C_N \cdot \frac{R_1}{R_2}$$ $\tan\delta_X = \omega \cdot C_1 \cdot R_1$ C_1 muss verlustfrei sein ($\tan\delta_N = 0$) Phasenabgleich durch C_1	• Kapazitäts- und Verlustfaktormessung, Fehlergrenzen wie bei der Wien-Brücke • Als Hochspannungs-Messbrücke zur Kapazitätsbestimmung, z. B. von Kabeln, Isolatoren bei Messspannungen bis 1 MV, Frequenzbereich: 50 ... 150 Hz

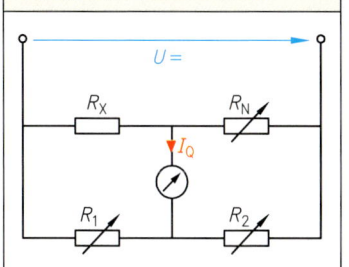

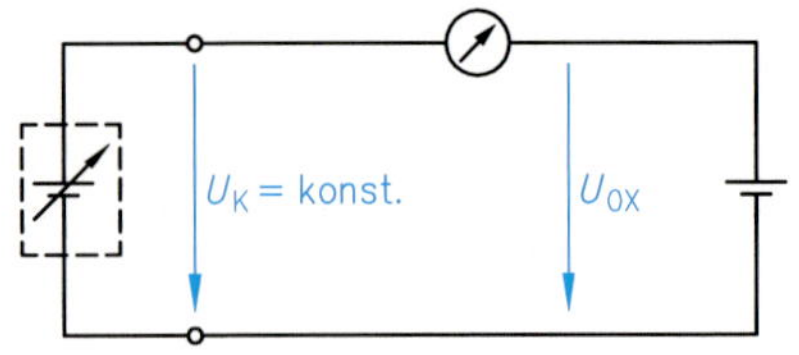

8.7 Kompensatoren

Prinzip der rückwirkungsfreien Messung

Das Messwerk dient nur für den Nullabgleich. Nach dem Nullabgleich gilt: $U_K = U_{0x}$

U_K Vergleichsspannung = konstant
U_{0x} Nullspannung des Prüflings

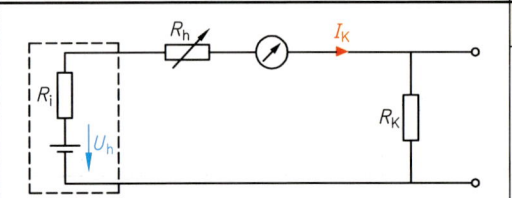

Lindeck-Rothe-Kompensator

$$U_K = R_K \cdot I_K$$

Der Messfehler von I_K bestimmt die Messunsicherheit.

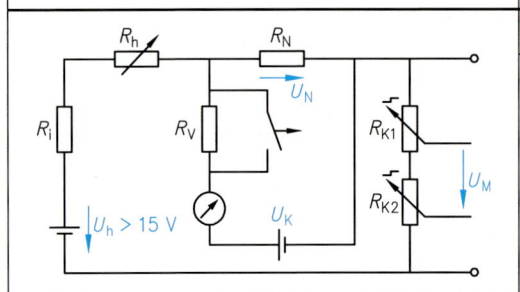

Poggendorff-Kompensator

Ausführungsbeispiel:

U_K Konstantspannung z. B. 1 V
R_N 1 kΩ
R_{K1} 10 kΩ; 1000 Einstellungen
R_{K2} 1 kΩ; 1000 Einstellungen

für einen Messbereich von 1 mV ... 11 V (11,000 V)

8.8 Messung nichtelektrischer Größen

Drehzahlmessung

Prinzipbild	Funktionsprinzip	Eigenschaften/Richtwerte
Drehzahlmessung mit induktivem Geber 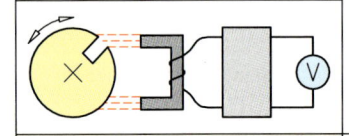	Änderungen des magnetischen Leitwertes erzeugen im Tastkopf Spannungsimpulse, die von einer Elektronik in eine drehzahlproportionale Spannung überführt werden.	• Messbereich typ. bis 30 000 min^{-1} • Frequenzbereich typ. bis 500 Hz • Lineares Verhalten
Drehzahlmessung mit Halleffektgeber 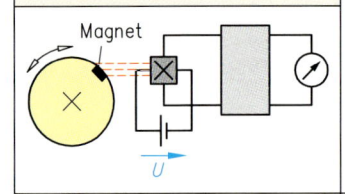	Ausnutzung des Halleffektes. ↑ Eine Elektronik wandelt die Impulse des Hallgebers in eine Gleichspannung um. Die Ausgangsspannung ist weitgehend unabhängig von der Änderungsgeschwindigkeit des Magnetfeldes.	• Messbereich typ. bis 15 000 min^{-1} • Frequenzbereich typ. bis 250 Hz • Linearität: bis zu einer Hallspannung von ca. 2 V verläuft die Drehzahl proportional zu Strom- und Feldstärke. Auch für sehr kleine Drehzahlen geeignet.
Drehzahlmessung mit Reflexionslichtschranke 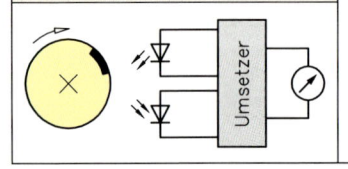 ↑	Eine IR-Sendediode sendet einen Lichtstrahl auf die rotierende Welle, an der ein Reflektor angebracht ist. Eine IR-Empfangsdiode empfängt den reflektierten Strahl und gibt pro Umdrehung einen Impuls ab.	• Auch für die Messung sehr hoher Drehzahlen geeignet. • Lineares Verhalten

8.8 Messung nichtelektrischer Größen

Schallpegelmessung

Schalldruck ↑ und Luftdruck

↑ 2-14
2-15

1 Pa = 1 N/m²
Statischer atmosphärischer Luftdruck: 100 000 Pa

$$L = 20 \lg \frac{p}{p_0}$$

- p_0 Bezugsschalldruck
  - $20 \cdot 10^{-6}$ Pa für Luftschall (Hörschall)
  - $1 \cdot 10^{-6}$ Pa für andere Medien
- p Effektivwert des Schalldruckes in Pa
- L Schalldruckpegel in dB$_{SPL}$

Der Luftschalldruck wird als relative Druckänderung zum statischen atmosphärischen Luftdruck in Pascal (Pa) angegeben.

Wegen des großen Dynamikbereiches der Schalle wird der Schalldruck als Verhältnis zum Bezugsschalldruck p_0 als Schalldruckpegel in dB$_{SPL}$ angegeben (SPL = **S**ound **P**ressure **L**evel).
p_0 ist der Schalldruck einer Frequenz von 1 kHz, der von einem Menschen gerade wahrgenommen werden kann (Hörschwelle bei 1 kHz).

Schallpegelmesser

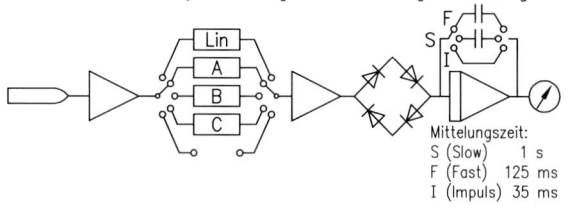

Mikrofon   Verstärker   Frequenzbewertung   Effektivwertbildung   Zeitbewertung

Mittelungszeit:
S (Slow)   1 s
F (Fast)   125 ms
I (Impuls)   35 ms

Das vom Messmikrofon aufgenommene Signal wird einem Verstärker und einem Bewertungsfilter zugeführt. Anschließend wird der Effektivwert mit wählbarer Mittelungszeit gebildet und angezeigt.

Frequenzbewertung

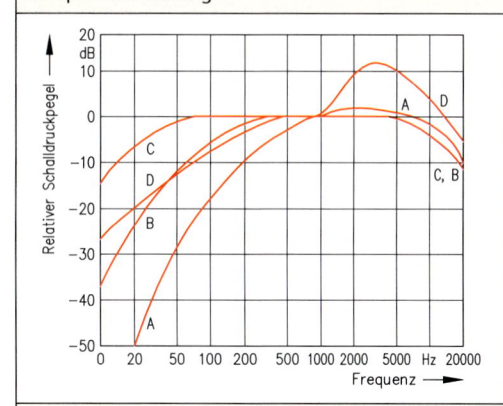

Je nach Messaufgabe wird ein Bewertungsfilter gemäß DIN 45630 ausgewählt. Der Filter berücksichtigt den Frequenzgang des menschlichen Gehörs. Da dieser Frequenzgang lautstärkeabhängig ist, unterscheidet man je nach Lautstärkepegel (bei 1 kHz):

A-Bewertung für   20 … 40 dB$_{SPL}$
B-Bewertung für   50 … 70 dB$_{SPL}$
C-Bewertung für   80 … 90 dB$_{SPL}$
D-Bewertung nur für Düsentriebwerke

Im Messwert wird die verwendete Bewertung mit angegeben, z. B. 65 dB(A)$_{SPL}$.

Zeitbewertung

Standardisierte Mittelungszeiten:
S (Slow)   1 000 ms
F (Fast)   125 ms
I (Impuls)   Anstiegszeit: 35 ms/Abfallzeit: 1 500 ms

Die zeitliche Mittelung berücksichtigt das zeitliche Auflösungsvermögen des menschlichen Gehörs.

Genauigkeitsklassen für Schallpegelmesser

Anwendung	Messung für Eichzwecke	Labor und Betriebsmessungen	Betriebsmessungen	Orientierende Messungen
Genauigkeitsklasse	0	1	2	3
Fehlergrenzen	±0,4 dB	±0,7 dB	±1,0 dB	±1,5 dB

Bei Schallpegelmessern werden vier Klassen (0, 1, 2, 3) unterschieden. Die höchste Genauigkeit hat ein Schallpegelmesser der Klasse 0. Die geringste Genauigkeit hat ein Schallpegelmesser der Klasse 3.

8.8 Messung nichtelektrischer Größen

Durchflussmessung

Darstellung	Funktionsprinzip	Praktische Anwendung
Magnetisch-induktive Durchflussmesser $U_q = B \cdot D \cdot v$	**Physikalischer Effekt: Faradaysches Induktionsgesetz** Die Flüssigkeit läuft mit der Geschwindigkeit v durch das senkrecht zur Strömungsrichtung wirkende Magnetfeld mit der Flussdichte B. Zwischen den Elektroden entsteht durch Induktion die Spannung U_q. Bei Einbeziehung des Rohrquerschnittes ist U_q proportional zum Durchflussvolumen.	Nur für elektrisch leitende Flüssigkeiten mit einer elektrischen Leitfähigkeit von $\gamma > 0{,}5\ \mu S/cm$. Temperaturgrenze: ca. 180 °C Fehlergrenze: 0,5 % vom Messwert Messspanne: 1 : 20 bis 1 : 50 Gasanteil in der Flüssigkeit verursacht Messfehler.
Ultraschall-Durchflussmesser $v_s = c \cdot \cos\beta \left(1 - \dfrac{f_g}{f_g - \Delta f}\right)$	**Physikalischer Effekt: Doppler-Effekt** Die vom piezoelektrischen Sender S gegen die Strömungsrichtung geschickten Schallwellen treffen auf ein Partikel (Feststoffteilchen oder Gasblase) und werden in Strömungsrichtung zum Empfänger E reflektiert. Die Geschwindigkeit v_P des Partikels beeinflusst die Frequenz f_s der Schallwelle und damit die Empfangsfrequenz f_E. Aus der Frequenzänderung $\Delta f = f_s - f_E$ und der Schallgeschwindigkeit c ergibt sich die Strömungsgeschwindigkeit v_s.	Die Schallgeschwindigkeit c ist abhängig von der Dichte und damit von Temperatur- und Konsistenzschwankungen. Dies verursacht Fehler. Ein Mindestanteil von Feststoffen ist erforderlich. Temperaturgrenze: ca. 150 °C Fehlergrenze: bis 10 % vom Endwert Messspanne: 1 : 20 Gasanteile über 5 % sind nicht zulässig.
Laufzeitverfahren $v = \Delta f \dfrac{1}{2 \cdot \cos\beta}$	**Physikalischer Effekt: Schalllaufzeit** Sender S schickt gegen die Strömungsrichtung eine Folge von Schallimpulsen, deren Laufzeit t_1 zum Empfänger E erfasst wird. Daraus ergibt sich die Frequenz dieser Impulsfolge $f_1 = 1/t_1$. Danach werden die Funktionen von S und E umgekehrt, sodass die Impulsfolgefrequenz $f_2 = 1/t_2$ in Strömungsrichtung gemessen wird. Der Frequenzunterschied $\Delta f = f_1 - f_2$ ist der Strömungsgeschwindigkeit v proportional.	Schallgeschwindigkeit c und Dichte beeinflussen die Messung nicht. Feststoffe im Messgut führen zu Reflexionen und beeinflussen die Messung negativ. Temperaturgrenze: ca. 150 °C Fehlergrenze: 1 % vom Endwert Messspanne: 1 : 20

8.8 Messung nichtelektrischer Größen

Darstellung	Funktionsprinzip	Praktische Anwendung
Wirkdruckverfahren *Strömungsbild und Druckverlauf an einer Normblende* p_1 Plusdruck p_2 Minusdruck Δp Wirkdruck p_v bleibender Druckverlust $q = c \cdot \sqrt{\Delta p}$ *Normblende* *Normdüse* *Normventuridüse*	**Physikalischer Effekt: Druckabfall** Durchströmt ein Stoff eine Rohrleitung mit einem verengten Querschnitt, entsteht an der Einschnürstelle eine Erhöhung der Strömungsgeschwindigkeit w. Die dadurch entstehende Druckdifferenz Δp, der Wirkdruck, ist ein Maß für den Durchfluss q. Die Konstante k hängt u. a. ab von der Drosselgeräteart, dem zugehörigen Öffnungsverhältnis $m = d^2/D^2$, der Rohrrauheit und der Viskosität des Messstoffs. Die zur genauen Berechnung von k erforderlichen Zusammenhänge und Daten sind in der DIN EN ISO 5167-1 und -2: 2004 für Norm-Drosselgeräte aufgeführt oder werden vom Hersteller angegeben. *Druckverlust in Drosselgeräten*	Für kontinuierliche Durchflussmessungen flüssiger, gas- oder dampfförmiger Stoffe. Temperaturgrenze: ca. 1 000 °C Fehlergrenze: 1 bis 3 % vom Endwert Messspanne: 1 : 3 bis 1 : 10 Gasanteil in einer Flüssigkeit verursacht Messfehler. Der vom Drosselgerät hervorgerufene Wirkdruck wird mit einem Differenzdruckmessumformer in ein elektrisches oder pneumatisches Einheitssignal umgeformt. Für eine lineare Anzeige muss das Ausgangssignal radiziert werden.

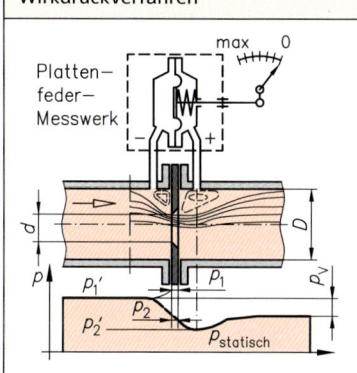

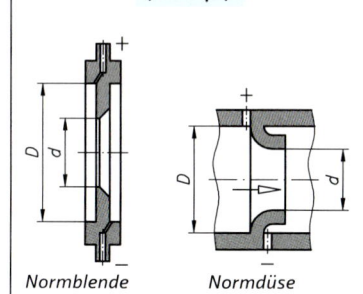

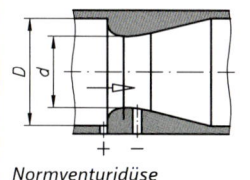

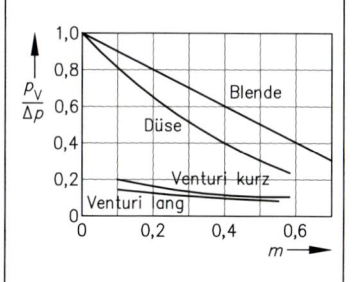

Anwendungsgrenzen der Drosselgeräte

	Normblende	Normdüse	Venturidüse
D in mm	50 ... 1000	50 ... 500	50 ... 250
$m = d/D$	0,05 ... 60	0,09 ... 0,64	0,09 ... 0,56
Reynoldszahl	$5 \cdot 10^3 ... 10^8$	$2 \cdot 10^4 ... 10^7$	$2 \cdot 10^5 ... 2 \cdot 10^6$

Darstellung	Funktionsprinzip	Praktische Anwendung
Dralldurchflussmesser	Das Medium wird im Messgerät durch den Leitkörper, vergleichbar mit einem festen Turbinenrad, zur Rotation gezwungen. Im Zentrum des Messrohres entsteht ein Wirbelkern, der im Auslaufdiffusor die Schraubenbewegung mitmacht. Die Umdrehungsfrequenz ist ein Maß für die Durchflussgeschwindigkeit bzw. den dazu proportionalen Volumendurchfluss.	Für kontinuierliche Durchflussmessungen flüssiger Stoffe. Temperaturgrenze: ca. 215 °C Fehlergrenze: 0,5 bis 1 % vom Messwert Messspanne: 1 : 15 Druckverlust bei der Viskosität 1 mPas: 50 ... 100 mbar

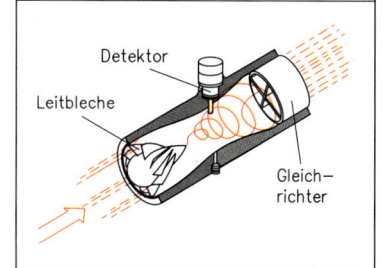

8.8 Messung nichtelektrischer Größen

2-12 ↑

Temperaturmessung

- Temperaturmessung durch Thermospannung → Thermoelemente
- Temperaturmessung durch veränderlichen Widerstand → Widerstandsthermometer

Begriffe für Thermometer (Auswahl)   **DIN 16160**: 1990-11

Thermometer sind Messeinrichtungen, deren Eingangs-(Mess-)größe die Temperatur ist. Ausgangsgröße kann jede Größe sein, die eindeutig von der Temperatur abhängt.

Eintauchtiefe ist die Länge des Thermometerteiles, die vom Messobjekt umgeben ist.

Fühlerlänge ist die Länge des Temperaturfühlers.

Mantelrohre/Schutzrohre/Tauchrohre schützen den Fühler vor mechanischer oder chemischer Beanspruchung.

Verwendungsbereich gibt die Temperaturgrenzen für die Verwendung des Thermometers an.

Zeitverhalten gibt an, wie die Anzeige/das Ausgangssignal einer Temperaturänderung zeitlich folgt.

Übergangsfunktion $\eta(z)$ kennzeichnet das Zeitverhalten der dargestellten Temperatur υ_z nach einer sprungförmigen Temperaturänderung des Messobjektes von υ_1 auf υ_2 zur Übergangszeit $z = 0$.

$$\eta(z) - (\upsilon_z - \upsilon_1)/(\upsilon_2 - \upsilon_1)$$

Diskrete Werte der Übergangsfunktion $\eta(z)$ heißen Übergangswerte η, die zugehörigen Zeiten Übergangszeiten z.

Die Übergangsfunktion kann meist durch 1- bis 3-diskrete Wertepaare $(z; \eta)$ beschrieben werden, z. B. durch die Übergangswerte 0,1; 0,5; 0,9 mit den Zeiten 1/10-Wert-Zeit ($z_{0,1}$), Halbwert-Zeit ($z_{0,5}$) und 9/10-Wert-Zeit ($z_{0,9}$).

Thermometer mit Thermoelement

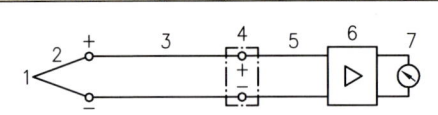

Thermoelement-Messanordnung

1 Messstelle
2 Thermopaar
3 Ausgleichsleitung
4 Vergleichstelle
5 Kupferleitungen
6 Verstärker
7 Anzeigeinstrument

Messprinzip
Physikalischer Effekt: Seebeck-Effekt.
Zwei Leiter verschiedener Werkstoffe, die an einem Ende leitend verbunden sind, bilden ein Thermopaar. An den freien Enden entsteht eine Spannung (Thermospannung), deren Wert mit der Temperaturdifferenz zwischen Verbindungsstelle (Messstelle) und den freien Enden (Vergleichstelle) ansteigt. Um die Thermospannung als Maß für die Temperatur auswerten zu können, müssen die freien Enden des Thermopaares (Vergleichstelle) einer konstanten Bezugstemperatur ausgesetzt sein.

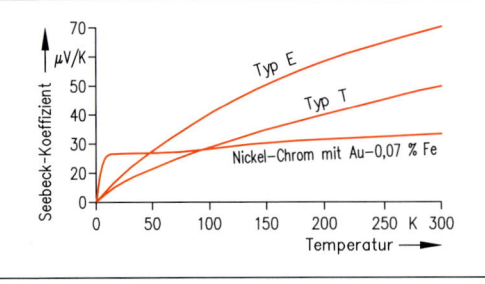

Seebeck-Koeffizient in µV/K über Temperatur in K: Typ E, Typ T, Nickel-Chrom mit Au–0,07 % Fe

Thermoelemente haben eine nicht lineare Kennlinie $U = f(\upsilon)$. Die Linearisierung findet meist auf elektronischem Wege im Messgerät statt.
Für die am häufigsten verwendeten Thermopaare enthält die Norm DIN EN 60584-1: 2014-07 Tabellen mit den Grundwerten und Grenzabweichungen für die Thermospannungen in Abhängigkeit von der Temperatur.

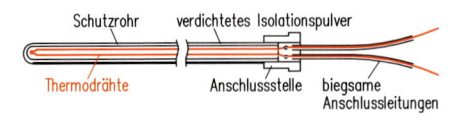

Typisches Mantel-Thermoelement: Schutzrohr, verdichtetes Isolationspulver, Anschlussstelle, biegsame Anschlussleitungen, Thermodrähte

Die Thermopaare können in verschiedenen Ausführungen, z. B. als Mantel-Thermoelemente nach DIN EN 61515: 1996-09 bezogen werden. Schutzrohre aus Keramik schützen Thermopaare besonders bei höheren Temperaturen vor den Einwirkungen aggressiver Gase und Dämpfe.

8.8 Messung nichtelektrischer Größen

Thermopaare — DIN EN 60584-1: 2014-07

Material	Typ	Positiver Schenkel	Negativer Schenkel	Messbereich	Thermospannung
Cu-CuNi	T	Kupfer	Kupfer + Nickel	−270 … 400 °C	−6,26 … 20,87 mV
NiCr-CuNi	E	Nickel + Chrom	Kupfer + Nickel	−270 … 1 000 °C	−9,84 … 76,36 mV
Fe-CuNi	J	Eisen	Kupfer + Nickel	−210 … 1 200 °C	−8,10 … 69,54 mV
NiCr-Ni	K	Nickel + Chrom	Nickel	−270 … 1 372 °C	−6,46 … 54,88 mV
PtRh13-Pt	R	Platin + 13 % Rhodium	Platin	−50 … 1 769 °C	−0,23 … 21,10 mV
PtRh10-Pt	S	Platin + 10 % Rhodium	Platin	−50 … 1 769 °C	−0,24 … 18,69 mV
PtRh30-PtRh6	B	Platin + 30 % Rhodium	Platin + 6 % Rhodium	−0 … 1 820 °C	−0,00 … 13,81 mV

Auswahlkriterien für Thermopaare

Typ B: korrosionschemische Eigenschaften wie Typ R und S, aber weniger empfindlich gegen Verunreinigungen
Typ E: hohe Ausgangsspannung; unmagnetisch
Typ J: bis $\upsilon \leq 500\,°C$ fast unbegrenzte Gebrauchsdauer; bei $\upsilon > 600\,°C$ beginnt starkes Zundern des Fe-Drahtes; beständig gegen reduzierende Gase (außer H_2)
Typ K: resistent gegen oxidierende Gase (Feuergase); empfindlich gegen schwefelhaltige Gase; wird in reduzierender Atmosphäre von Silizium-Dämpfen angegriffen; Gasgemische mit einem O_2-Gehalt < 1 % verursachen die „Grünfäule", die Thermospannung und Festigkeit verändert
Typ R und S: gute chemische Beständigkeit in rein oxidierender Atmosphäre; wegen Reinheit der Metalle aber anfällig gegen Verunreinigungen
Typ T: rostet nicht; Einsatz bis ca. 400 °C, da Kupfer darüber hinaus oxidiert

Thermoelement-Spannungen in mV bei 0 °C Bezugstemperatur — DIN 60584-1: 2014-07

Messtemperatur	Typ T	Typ E	Typ J	Typ K	Typ R	Typ B	Typ S
−100 °C	−3,378	−5,237	−4,632	−3,553			
−50 °C	−1,819	−2,787	−2,431	−1,889	−0,226		
0 °C	0	0	0	0	0		0
100 °C	4,277	6,317	5,268	4,095	0,647		0,646
200 °C	9,286	13,419	10,777	8,137	1,468	0,178	1,441
300 °C	14,860	21,033	16,325	12,207	2,4	0,431	2,323
400 °C	20,869	28,943	21,846	16,395	3,407	0,787	3,259
500 °C		36,999	27,388	20,640	4,471	1,242	4,233
600 °C		45,085	33,096	24,902	5,582	1,792	5,239
700 °C		53,11	39,13	29,128	6,741	2,431	6,275
800 °C		61,022	45,498	33,277	7,949	3,154	7,345
1 000 °C		76,358	57,942	41,269	10,503	4,834	9,587
1 300 °C				52,398	14,624	7,848	13,159
1 600 °C					18,842	11,263	16,777

Kennzeichnung von Thermo- und Ausgleichsleitungen:

1. Buchstabe repräsentiert des Thermopaar
2. Buchstabe:
   „C" für Ausgleichsleitung
   „X" für Thermoleitung
3. Falls mehr als eine Ausgleichsleitungsvariante existiert, wird ein Buchstabe angehängt.

Beispiel: KCA oder KCB
   Ausgleichsleitungen für das Thermopaar K

Zur Verbindung von Thermoelement und Vergleichsstelle muss eine Leitung aus denselben Leitungsmaterialien wie beim Thermopaar oder eine Ausgleichsleitung verwendet werden. Ausgleichsleitungen aus Sonderwerkstoffen, die für 0 … 200 °C die gleiche Thermospannung abgeben wie das Thermoelementmaterial, setzt man ein, da sie billiger sind als Leitungen mit Thermopaarwerkstoffen, z. T. einen kleineren spez. Widerstand haben u. den Anforderungen der Installationstechnik genügen. Spezifikationen von Ausgleichsleitungen waren in DIN 43722: 1994 festgelegt.

Bei allen Ausgleichsleitungen gemäß DIN 43722: 1994 bzw. DIN EN 60584-3: 2008 ist der Minuspol weiß gekennzeichnet. Nichtbeachtung führt zu Anzeigefehlern!

8.8 Messung nichtelektrischer Größen

Temperaturmessung (Fortsetzung)

Widerstandsthermometer

Messprinzip (3-7 ↑, 8-13)	Verwendung eines temperaturabhängigen Widerstandes als Messfühler. Mithilfe einer Brückenschaltung ↑ wird z. B. die Widerstandsänderung in ein elektrisches Signal umgewandelt. Vorteile gegenüber Thermopaaren: • wesentlich höheres elektrisches Signal • weitgehend lineare Kennlinie • höhere Langzeitstabilität • keine Vergleichstelle notwendig Nachteil: • maximaler Temperaturbereich bis ca. 800 °C

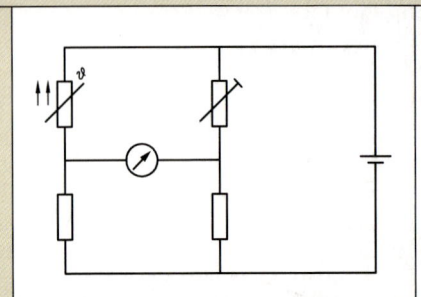

Messwiderstände

Temperatur in °C	Ni 100 Grundwert in Ω	Ni 100 zul. Abw. in Ω	Pt 100 Grundwert in Ω	Pt 100 zul. Abw. in Ω Kl. A	Pt 100 zul. Abw. in Ω Kl. B
−200	−	−	18,49	0,24	0,56
−100	−	−	60,25	0,14	0,32
−60	69,5	1,0	−	−	−
0	100,0	0,2	100,00	0,06	0,12
100	161,8	0,8	138,50	0,13	0,30
180	223,2	1,3	−	−	−
200	−	−	175,84	0,20	0,48
300	−	−	212,02	0,27	0,64
400	−	−	247,04	0,33	0,79
500	−	−	280,90	0,38	0,93
600	−	−	313,59	0,43	1,06
650	−	−	329,51	0,46	1,13
700	−	−	345,13	−	1,17
800	−	−	375,51	−	1,28
850	−	−	390,26	−	1,34

Wegen der geringen Korrosionsanfälligkeit, dem großen Temperaturbereich und der hohen Konstanz wird der Pt 100-Messwiderstand vorwiegend eingesetzt. Um Eigenerwärmung zu vermeiden, sollte der Messstrom 5 mA nicht überschreiten.

$$R_2 = R_1 (1 + \alpha \cdot \Delta\vartheta)$$

R_2 Widerstand bei Temperatur ϑ_2
R_1 Widerstand bei Temperatur ϑ_1
$\Delta\vartheta$ Temperaturdifferenz
α Temperaturkoeffizient
α_{Pt} 0,00385/K
α_{Ni} 0,00617/K

Zweileiterschaltung (7-27 ↑)
• Vergleichsweise geringer Leitungsaufwand notwendig
• Genauer Abgleich des Widerstandes der Anschlussleitungen ist erforderlich, da dieser in Reihe zum Messwiderstand liegt.
• Widerstandsänderungen der Zuleitung gehen als Fehler in die Messung ein. ↑

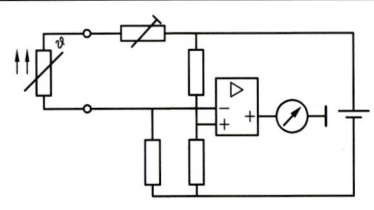

Dreileiterschaltung 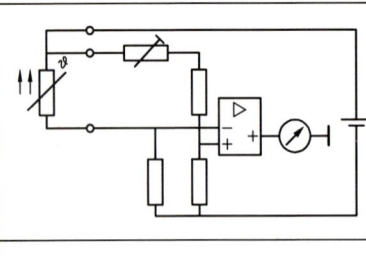
• Getrennte Leitungsverlegung für Energieversorgung des Messwertgebers und Abgriff des Messsignals
• Eine gemeinsame Leitung dient als Bezugspotenzial.
• Bei gleichem Widerstandswert der Leitungsadern kann der Leitungsabgleich entfallen.
• Nur geringer Einfluss durch Änderungen der Leitungswiderstände infolge Temperaturschwankungen

Vierleiterschaltung 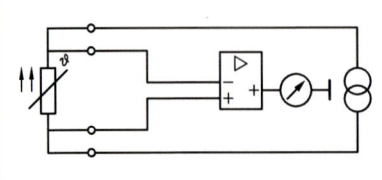
• Ein Adernpaar versorgt den Messwertgeber mit Energie.
• Das Messsignal wird hochohmig über ein zweites Adernpaar abgegriffen.
• Kein Leitungsabgleich notwendig
• Änderungen der Zuleitungswiderstände bleiben ohne Einfluss auf das Messergebnis.

8.8 Messung nichtelektrischer Größen

Weg- und Winkelmessung

Prinzipbild	Funktionsprinzip und Hinweise	Richtwerte				
		Messbereich	Auflösung	Frequenzbereich	Linearität	Empfindlichkeit
Potenziometer	Änderung des Widerstandswertes durch Änderung der Schleiferstellung (Weg, Winkel)	0 bis 2000 mm	0,1 bis 0,001 mm	0 bis 5 Hz	≤ 0,2 %	300 Ω/°
Bolometer	Änderung des Widerstandswertes durch Temperaturänderung	bis 0,1 mm	bis 0,001 mm	0 bis 100 Hz	1 %	0,1 Ω/mm
Kapazitive Abstandsaufnehmer	Für Weg und Winkelmessung; Kapazitätsänderung durch Änderung der wirksamen Fläche	1 bis 1000 mm	10^{-5} mm	0 bis 10^4 Hz	< 0,05 %	50 pF/mm
	Unwucht- und Füllstandsmessung, Kapazitätsänderung durch Änderung der Lage des Dielektrikums	bis mehrere m		0 bis 10^4 Hz	sehr gut	
Tauchkernaufnehmer	Induktivitätsänderung durch Änderung der Lage des Kerns	0 bis 2 m	10 mm	0 bis 10 kHz	1 %	1 V/mm
Flussverdrängungsaufnehmer	Absolut-Aufnehmer; Diff.-Aufnehmer; Tauchanker-Ausführung, Vibrometer für kleinste Wegänderungen	bis 3 mm	10 µm	0 bis 100 Hz	nicht linear	1 mV pro nm
Messung mit Laser	Autokollimationslaser, Verändern der Resonatorlänge (Frequenzmessung) Laser mit Konverter (Asymmetriemessung), Pulslaserradar	10^{-6} mm 100 m	10^{-6} mm 10^{-4} mm			
Schattenbildverfahren	Optoelektronischer Bewegungswandler, Schattenbildverfahren	±0,25 µm bis 2 mm	≤ 1 µm	0 bis 100 kHz	±1,5 %	2 V pro mm
Ultraschall-Laufzeitmessung	Es werden Ultraschall-Impulspakete gesendet. Die Zeitdauer t bis zum Eintreffen des Echos ist das Maß für die Wegstecke s. $s = v \cdot \dfrac{t}{2}$ v = Schallgeschwindigkeit	ab 10 mm bis 16 m	≥ 1 mm	Ultraschall (Medium) >16 kHz Messfrequenz (Messintervalle) bis ca. 0,3 Hz	sehr hoch	6 ms/m

8.8 Messung nichtelektrischer Größen

Lichtstärkemessung

Prinzipbild	Funktionsprinzip	Eigenschaften/Richtwerte
Lichtstärkemessung mit Fotowiderstand ↑	Bei Belichtung verringert sich der Widerstandswert des Fotowiderstandes (LDR = Light Dependent Resistor).	Träges Verhalten; Ansprechzeit von völliger Dunkelheit auf 1 000 lx etwa 1 … 3 ms. Einsatzbereich: 10 lx …. 10 000 lx Hohe Empfindlichkeit (Widerstandsänderung pro Beleuchtungsstärke) ↑ Gute Linearität Einsatz z. B. als Belichtungsmesser in Kameras. Die spektrale Empfindlichkeit ist materialabhängig:

Material	Wellenlägen der max. Empfindlichkeit
CdS	520 nm (sichtbares Licht, grün)
CdSe	730 nm (sichtbares Licht, rot)
PbS	300 nm … 3 500 nm
InSb	4 500 … 6 500 nm (Infrarot)
GeCu	2 000 … 30 000 nm (Infrarot)

Prinzipbild	Funktionsprinzip	Eigenschaften/Richtwerte
Lichtstärkemessung mit Fotodiode im Sperrbetrieb	Im Sperrbetrieb mit Vorspannung wirkt eine Diode als lichtabhängiger Widerstand. Ohne Lichteinfall fließt ein sehr geringer Sperr- oder Leckstrom (Dunkelstrom I_R).	Auch für hohe Frequenzen geeignet; bei Einsatz von PIN-Fotodioden bis in den GHz-Bereich. Messbereich typ. 10 lx … 40 000 lx Empfindlichkeit typ. 55 nA/lx Die spektrale Empfindlichkeit ist materialabhängig:

Diodenmaterial	Wellenlängen der max. Empfindlichkeit
Silizium Si	400 nm … 1 100 nm
Germanium Ge	> 1 100 nm (IR-Bereich)

Prinzipbild	Funktionsprinzip	Eigenschaften/Richtwerte
Lichtstärkemessung mit Fotodiode als Fotoelement	Im Kurzschlussbetrieb liefert die Fotodiode einen linear von der Bestrahlungsstärke abhängigen Strom.	Träges Verhalten; nicht für hohe Frequenzen geeignet. Ausgangsspannung: ≤ 550 mV Die spektrale Empfindlichkeit ist materialabhängig:

Diodenmaterial	Wellenlängen der max. Empfindlichkeit
Silizium Si	400 nm … 1 100 nm
Germanium Ge	> 1 100 nm (IR-Bereich)

Prinzipbild	Funktionsprinzip	Eigenschaften/Richtwerte
Lichtstärkemessung mit Fotozelle	Die vergleichsweise großflächige Zelle liefert eine Spannung bzw. einen Strom. Die Fotozelle kann direkt ein Anzeigeinstrument ansteuern.	Ausgangsspannung: ≤ 550 mV Spektrale Empfindlichkeit typ. 800 nm …. 900 nm Spezielle Ausführungen auch darüber hinaus.

8.8 Messung nichtelektrischer Größen

Dehnungsmessstreifen (DMS, strain gauge)

Aufbau und Typen von DMS

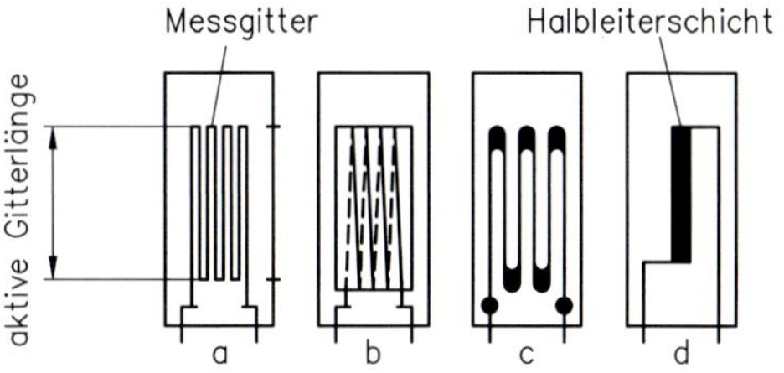

a Drahtstreifen, flach gewickelt; b Drahtstreifen, rund gewickelt; c Folienstreifen; d Halbleiterstreifen

Folien-DMS: mäanderförmiges Messgitter aus einer 2…10 µm dicken Metallfolie
Halbleiter-DMS: Messgitter aus einem ca. 15 µm dicken Siliziumstreifen

Messprinzip

Umwandlung einer durch Zug oder Druck verursachten Längenänderung Δl (Dehnung oder Stauchung) in eine proportionale Widerstandsänderung ΔR. Ein DMS kann alle physikalischen Größen erfassen, die in eine Formänderung umwandelbar sind.

Größenordnung der Messbereiche

Zug- u. Druckkräfte: mN bis viele 100 MN
Drehmomente: Ncm   bis 100 Nm
Gas-/Flüssigkeitsdrücke: 1 … 2000 bar
Änderungsfrequenz: max. einige 100 kHz

Befestigung

Mit hartelastischen organischen Klebern auf das Messobjekt. Der Kleber muss Dehnung und Stauchung ohne elastische und plastische Einwirkungen übertragen, gute Isolationseigenschaften haben und dünne Klebefugen ermöglichen.

Kenngrößen

$$\frac{\Delta R}{R_0} = k \cdot \frac{\Delta l}{l} = k \cdot \varepsilon$$

Metallische-DMS	Halbleiter-DMS
$k = 2 … 3$ kleine Temperaturdrift	p-Si: $k = 110 … 120$ n-Si: $k = -80 … -110$ hohe Temperaturdrift

k ist der Proportionalitätsfaktor zwischen relativer Widerstandsänderung und der zu messenden Dehnung ε (relative Längenänderung). Der k-Faktor ist ein Maß für die Dehnungsempfindlichkeit eines DMS.

DMS werden in Brückenschaltung betrieben. DMS-Nennwiderstände typ. 120 Ω, 350 Ω, 600 Ω.

U_{Bat}: Brückenspeisung ε: Dehnung
U_{sig}: Signalspannung k: Proportionalitätsfaktor

Viertelbrücke, 1 aktiver DMS

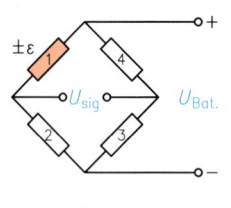

$$\frac{U_{sig}}{U_{Bat}} = \frac{k \cdot \varepsilon}{4}$$

Nicht linear; bei hohen Dehnungen ca. 2 % Fehler

Mit $k = 2{,}0$ gilt: 2000 µm/m entsprechen 1 mV/V

Halbbrücke, 2 aktive DMS

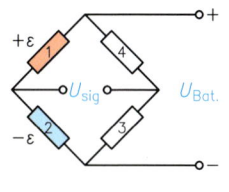

$$\frac{U_{sig}}{U_{Bat}} = \frac{k \cdot \varepsilon}{2}$$

Linear; Anwendung in der Spannungsanalyse und bei Low Cost Sensoren

ε: Dehnung

Vollbrücke, 4 aktive DMS

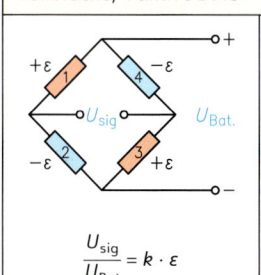

$$\frac{U_{sig}}{U_{Bat}} = k \cdot \varepsilon$$

Linear; oft angewandte Schaltung im Sensorbau; bestmögliche Kompensation von Temperatureinflüssen und sonstigen Störgrößen

Vollbrücke, 2 aktive, 2 quere DMS

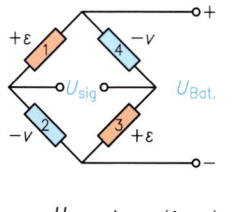

$$\frac{U_{sig}}{U_{Bat}} = \frac{k \cdot \varepsilon \cdot (1 + \nu)}{2}$$

Nicht exakt linear; Anwendung in der Spannungsanalyse und bei Zug-, Druckstäben; nicht für Präzisionsmessungen

ε: Dehnung
ν: Querdehnzahl

8.8 Messung nichtelektrischer Größen

2-8 ↑

Geschwindigkeitsmessung

Prinzipbild	Funktionsprinzip und Hinweise	Richtwerte			
		Messbereich	Auflösung	Frequenzbereich	Linearität
AC-Tachogenerator	Durch Drehen des Läufers wird in der Statorwicklung eine Wechselspannung U_{AC} induziert. Das Maß für die Drehgeschwindigkeit ist die Höhe und/oder die Frequenz der Spannung. Eine Drehrichtung ist erfassbar. Anwendung z.B. als Laufrad auf einem Transportband	0,1 mm^{-1} bis 10^5 min^{-1}	ist abhängig von der Anzahl der Pole	–	≈ 1 %
DC-Tachogenerator	Drehen der Rotorwicklung im Magnetfeld induziert eine Spannung, die über einen Stromwender nach außen geführt wird. Die Höhe der Gleichspannung U_{DC} ist das Maß für die Drehgeschwindigkeit. Zwei Richtungen (Rückwärts, Vorwärts) sind unterscheidbar.	0,1 mm^{-1} bis 10^4 min^{-1}	ist abhängig von der Anzahl der Pole	–	< 1 %
Doppler-Effekt	Es wird der Frequenzunterschied zwischen dem gesendeten und dem empfangenen Burst ausgewertet. Nähert sich das Objekt erhöht sich die Frequenz. Entfernt sich das Objekt, wird die Frequenz kleiner. Anwendbar wenn gilt $v(t) \ll c$ [1)]	mit Laser 0,003 bis 1000 m/s		bis 120 kHz	≤ 0,2 %
		mit Radar (18 … … 40 GHz) 1 m/s bis 500 m/s	1 m/s		1 %
Zeitdifferenz	Die Leiterschleifen sind im Boden im Abstand s eingelassen. Bei der Überfahrt wird in den Schleifen ein elektr. Impuls erzeugt. Die Zeitdifferenz Δt zwischen den Impulsen ist Maß für die Geschwindigkeit v.	sehr variabel durch Ändern von s $v = \dfrac{s}{\Delta t}$	ist abhängig von der Uhr		
Tauchspulenaufnehmer	Die Bewegung der Spule im Magnetfeld erzeugt eine Spannung. Die Höhe der Spannung ist das Maß für die Geschwindigkeit v. Die Bewegungsrichtung ist am Vorzeichen der Spannung erkennbar. Anwendungsbeispiel: Messung von Schwinggeschwindigkeit.	10^{-4} bis 10 m/s		< 100 kHz	± 0,1 %

[1)] $c = 300 \cdot 10^6$ m/s

8.8 Messung nichtelektrischer Größen

pH-Messung

Prinzipbild	Funktionsprinzip und Hinweise
ph-Wert-Messung	pH-Wert = 7 → neutral
	pH-Wert größer als 7 → alkalisch (Base, Lauge)
	pH-Wert kleiner als 7 → sauer (Säure)
	Das Potenzial der Bezugselektrode ist pH-Wert-unabhängig; das Potenzial der Messelektrode ist pH-Wert-abhängig; die Zellenspannung ist das Maß für den pH-Wert der Messlösung; es sind Säuren- und Basenmessungen durchführbar; übliche pH-Wert-Geber sind: Antimonmesselektrode mit Silberchlorid-Bezugselektrode und Glasmesselektrode mit Silberchlorid-Bezugselektrode

Beschleunigungsmessung

Prinzipbild	Funktionsprinzip und Hinweise	Richtwerte				
		Messbereich	Auflösung	Frequenzbereich	Linearität	Empfindlichkeit
Potenziometer	Draht-Potenziometer, Kohle-Potenziometer	bis 1 000 m/s² ≈ 100 g	Hoch	0 bis 5 Hz	±1 %	
Dehnungsmessstreifen (DMS)	DMS ↑, Halbleitergeber, Freidrahtgeber, Metallfilmgeber, Verformung verursacht Widerstandsänderung	±5000 m/s² ≈ 500 g	Hoch	2 bis 1,5 · 10⁴ Hz	±1 %	3 mV pro m/s² ↑ 8-23
Quarz-Beschleunigungsaufnehmer	Piezo-Effekt, bei der Verformung des Kristalls entsteht eine Spannung	10⁻⁵ bis 10⁶ m/s² ≈ 10⁻⁶ bis 10⁵ g	3 · 10⁻³ m/s² ≈ 3 · 10⁻⁴ g	1 bis 2,4 · 10⁴ Hz		0,25 bis 10³ mV pro m/s²
Tauchkernaufnehmer	Induktionsänderung durch Lageänderung des Kerns	5 bis 500 m/s² ≈ 0,5 bis 50 g		45 bis 2 · 10³ Hz	±1 %	Hoch
Piezoelektrisches Prinzip	Eine Seite einer Piezoscheibe ist mit einer seismischen Masse m verbunden, die andere mit einem starren Träger. Wirkt auf die Masse eine Beschleunigung a, entsteht an der Piezokeramik eine dazu proportionale Spannung U.	bis 10 m/s²	ca. 10⁻⁴ m/s²	ca. 10 kHz		z. B. 1 mV pro m/s²

8.8 Messung nichtelektrischer Größen

Kraft- und Druckmessung

Prinzipbild	Funktionsprinzip und Hinweise	Richtwerte				
		Messbereich	Auflösung	Frequenzbereich	Linearität	Empfindlichkeit
Engewiderstandsgeber	Änderung des Widerstandes durch Änderung der Dichte bei Druckeinwirkung	Bis 10^2 N/cm²	Hoch	0 bis $2 \cdot 10^4$ Hz	Nicht linear	Hoch
Kapazitätsänderung	Kapazitätsänderung durch Änderung des Plattenabstandes; Kraftmessung über Wegmessung	Bis 10^9 N		0 bis $4 \cdot 10^4$ Hz	Nicht linear	Abhängig vom Messweg
Quarz-Geber	Piezo-Effekt: Änderung der Ladung durch Krafteinwirkung (Druck)	Bis $5 \cdot 10^4$ N bzw. N/cm²	10^{-5} N $2 \cdot 10^{-2}$ N/cm²	10^{-3} bis 10^5 Hz	≤ 1 %	40 mV pro N 0,1 V pro N/cm²
Pressduktor	Änderung der Permeabilität durch Kraft-/Druckeinwirkung	Bis $5 \cdot 10^7$ N Bis $5 \cdot 10^6$ N/cm²		Bis 10^4 Hz	≤ 1 %	Typ. 50 µV pro N
Halbleiteraufnehmer	Druckempfindlicher Si-NPN-Transistor; die Leitfähigkeit des pn-Überganges ändert sich durch Kraft- bzw. Druckeinwirkung	ab 10^{-2} N ab 5 N/cm²		Bis 10^3 Hz	±0,5 %	Hoch
Dehnungsmessstreifen (DMS)	Widerstandsänderung durch Änderung der Abmessungen mit DMS	0 ... 10^9 N Bis $7 \cdot 10^7$ N/cm²	10^{-6} N	0 bis 10^5 Hz	≤ 1 %	50 mV pro N/cm²
Tauchkernaufnehmer	Änderung der Lage des Kerns ändert die Induktivität; Kraft-/Druckmessung über Wegmessung	Bis $4 \cdot 10^6$ N Bis $2 \cdot 10^6$ N/cm²		Bis 30 kHz	≤ 1 %	1 mV pro N 4 mV pro N/cm²
Schwingsaitenaufnehmer	Messung der Schwingfrequenz, die sich in Abhängigkeit von der einwirkenden Zugkraft bzw. vom einwirkenden Druck ändert	Bis 10^6 N $3 \cdot 10^4$ N/cm²	0,2 N 0,2 N/cm²	Bis 25 Hz	≤ 1 %	Hoch

8.9 Oszilloskop

Schema für ein Zweikanal-Oszilloskop

Mit einem Oszilloskop kann der zeitliche Verlauf von Spannungen $u = f(t)$ sichtbar gemacht werden. Zur Messung anderer Größen (Strom, Widerstand usw.) müssen diese in proportionale Spannungen umgewandelt werden.

Die Signale der beiden Eingangskanäle A und B werden digitalisiert und zwischengespeichert. Ein Signalprozessor liest den Speicher zyklisch aus und zeigt die Inhalte auf einem Display an.

Mithilfe einer Triggereinrichtung wird das Auslesen des Speichers bei einer bestimmten Signalamplitude gestartet. Dies ermöglicht es, periodisch wiederkehrende Signale als stehendes Bild wiederzugeben.

Beispiel für technische Daten

Eingangsempfindlichkeit:	5 mV/SKT ... 20 V/SKT
Eingangsimpedanz:	1 MΩ ∥ 25 pF
Vertikalbandbreite:	200 MHz
Eingangskopplung:	DC-AC-GND
Anstiegszeit:	< 4 ns

Kompensation des Eingangsteilers

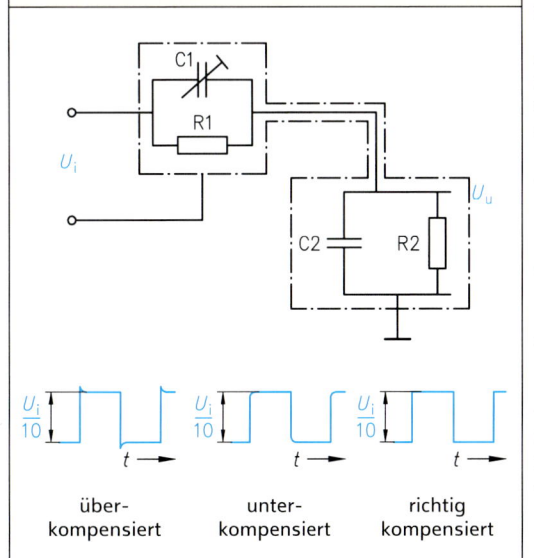

Der Eingangswiderstand eines Oszilloskops beträgt meist 1 MΩ, die Parallelkapazität ist etwa 20 pF groß. Mit einem vorgeschalteten Tastteiler 10:1 erhöht sich der Widerstand auf das Zehnfache. Der Tastteiler muss vor Gebrauch allerdings abgeglichen (kompensiert) werden, damit sein Teilerverhältnis frequenzunabhängig ist.

Abgleichbedingung:

$$R_1 \cdot C_1 = R_2 \cdot C_2$$

C1 Ausgleichskapazität (im Tastkopf eingebaut)
R1 Teilerwiderstand (9 MΩ)
R2 Eingangswiderstand des Oszilloskops (1 MΩ)
C2 Leitungs- und Eingangskapazität

In der Praxis gleicht man den Tastkopf mit dem im Oszilloskop eingebauten Eichgenerator ab. Der Tastkopf ist korrekt abgeglichen, wenn das rechteckförmige Eichgeneratorsignal auch exakt rechteckförmig auf dem Schirm abgebildet wird.

überkompensiert — unterkompensiert — richtig kompensiert

8.9 Oszilloskop

Beispiel: Spannungs- und Strommessung mit dem Zweikanaloszilloskop

Da beide Y-Ablenksysteme eine gemeinsame Masse besitzen, müssen die Messleitungen einen gemeinsamen Bezugspunkt M haben. Bedingung: $u_{AC} \gg u_{BC}$, sodass gilt $u_{AB} \approx u_{AC}$ und u_{BC} ist dann proportional zum Strom i.

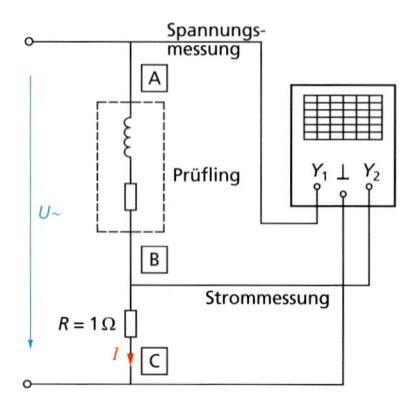

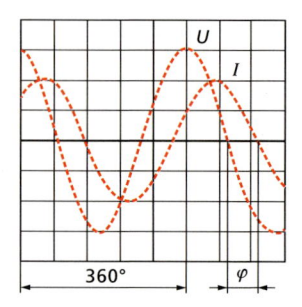

Einstellungen:

Ablenkfaktor in X-Richtung: $k_x = 1$ ms/DIV
Ablenkfaktoren in Y-Richtung:
für Kanal 1: $k_{y1} = 5$ V/DIV
für Kanal 2: $k_{y2} = 0{,}5$ V/DIV

Messen von u_{AB} als Differenzspannung:

- für beide Kanäle den gleichen Vertikal-Maßstab einstellen
- ein Y-Eingangssignal invertieren
- die Addition beider Y-Signale auslösen (ADD)

Auswertung:

$T = X_1 \cdot k_x = 5$ DIV $\cdot$ 1 ms/DIV $= 5$ ms
$\rightarrow f = 1/T = 1/5$ ms $= 200$ Hz

$\hat{u}_{AB} = Y_1 \cdot k_{y1} \cdot k_{T1} = 3{,}1$ DIV $\cdot$ 5 V/DIV $= 15{,}5$ V

$\hat{u}_{BC} = Y_2 \cdot k_{y2} \cdot k_{T2} = 1$ DIV $\cdot$ 0,5 V/DIV $= 0{,}5$ V

$\hat{i} = \hat{u}_{BC}/R_{SHUNT} = 0{,}5$ V/1 $\Omega = 0{,}5$ A

$\varphi = X_2 \cdot k_x \cdot 360°/5$ ms
$= 1$ DIV $\cdot$ 1 ms/DIV $\cdot$ 360°/5 ms $= 72°$

Kennliniendarstellung (Komponententest)

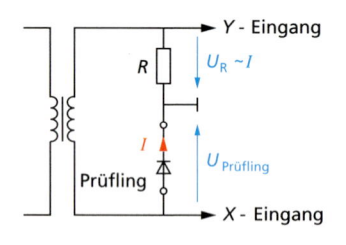

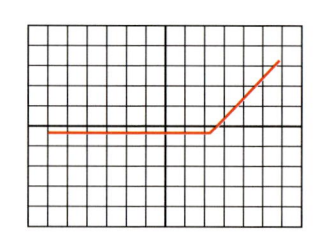

Messungen in der Leistungselektronik

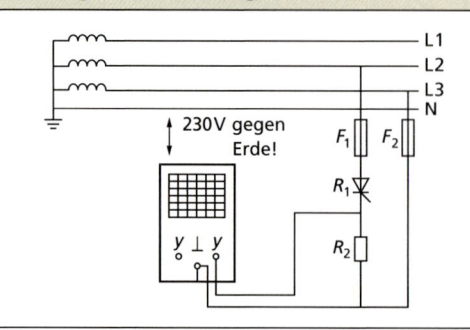

Damit jeder Punkt des geerdeten Niederspannungsnetzes mit der Masse des Oszilloskops verbunden werden kann, muss der Betrieb über einen Trenntransformator erfolgen.

Gefahr:
Die Massebuchsen und ein metallisches Gehäuse nehmen Netzspannungspotenzial an!
Bei der Messung sind deshalb besondere Schutzmaßnahmen erforderlich: Abdeckung mit isolierenden Materialien; Bedienung mit Gummihandschuhen; Verwendung von Trenn-Messverstärkern usw.

8.10 Komplexe Messaufbauten

8.10.1 IEC-Bus-Steuerung

Prinzip der IEC-Bus-Steuerung

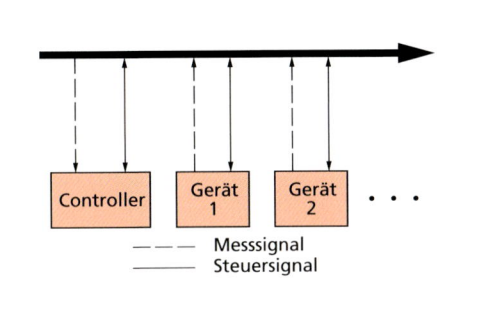

Controller — Gerät 1 — Gerät 2 ...
- - - Messsignal
—— Steuersignal

Bus zur automatischen Steuerung von Messgeräten

Norm: DIN EN IEC 61158-6-10: 2020-08

Eigenschaften

Übertragungsart	8-Bit-Parallel
Anschluss	25-pol. Stecker in Europa 24-pol. Stecker in USA
Übertragungsrate	1 Mbit/s
Code	ISO-7-Bit (ähnl. ASCII)
Pegel	TTL
Max. Geräteanzahl	15
Max. Leitungslänge	20 m

Aufbau des IEC-Bus — DIN IEC 6622

Controller (Rechner) sendet empfängt steuert

DIO Datenbus (8 Leitungen)
Steuerbus "Übergabe"
Schnittstellenbus

Gerät A "Talker" z.B. Multimeter
Gerät B "Talker/Listener" z.B. Signalgenerator
Gerät C "Talker" z.B. Analysator

DAV NRFD NDAC
ATN SRQ EOI REN IFC

Leitungsbezeichnung

DIO	Data-Bus	Daten-Bus
DAV NRFD NDAC	Data-Byte Transfer-Control-Bus	Übergabe-Bus (Handshake-Bus)
ATN SRQ EOI REN IFC	General-Interface-Management-Bus	Steuer-Bus

Anschlussbelegung eines 24-poligen Steckers

DIO1	1
DIO2	2
DIO3	3
DIO4	4
EOI	5
DAV	6
NRFD	7
NDAC	8
IFC	9
SRQ	10
ATN	11
SHIELD (Schirmung)	12
DIO5	13
DIO6	14
DIO7	15
DIO8	16
REN	17
GND	18 ... 23
LOGIC GND	24

8.10 Komplexe Messaufbauten

8.10.2 Funktionsgenerator

4-30 ↑

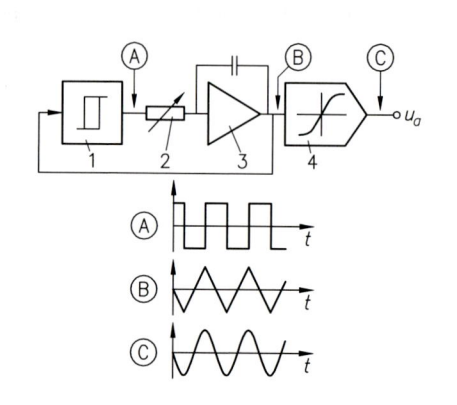

Von der Sinusform abweichende periodische Signalverläufe ↑ können von Rechteckschwingungen (A) abgeleitet werden, die ein Multivibrator (1, Schmitt-Trigger) erzeugt.

Durch Integration (2, Widerstand zur Amplitudenbegrenzung; 3, Integrator) wird aus der Rechteckschwingung eine Dreieckschwingung (B), die durch ein weiteres, nichtlineares Bauglied (4, nichtlinearer Verstärker) zu einem sinusförmigen Signal (C) verzerrt wird.

Bei Funktionsgeneratoren mit eingebautem Signalprozessor werden die Kurvenverläufe mithilfe von Algorithmen und numerischer Mathematik errechnet.

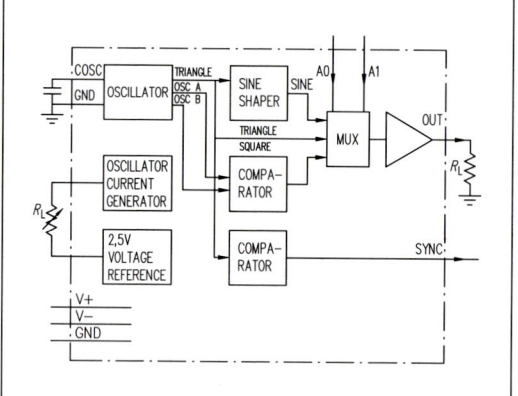

Blockschaltbild eines integrierten Funktionsgenerators

Der Oszillator (OSCILLATOR) gibt ein Dreiecksignal (TRIANGLE) ab. Die Signalfrequenz wird durch einen externen Widerstand oder durch eine Steuerspannung vorgegeben. Ein nichtlineares Netzwerk (SINE SHAPER) wandelt das Dreiecksignal in eine Sinusschwingung. Der Komparator (COMPARATOR) wandelt das Dreiecksignal in ein Rechtecksignal (SQUARE). Der Multiplexer (MUX) schaltet entsprechend der Belegung der Datenleitungen A0 und A1 eines der drei Signalformen auf einen Verstärker, an dessen Ausgang (OUT) das Signal abgenommen werden kann. Parallel wird noch ein Synchronisationssignal bereitgestellt (SYNC).

Ermittlung eines Frequenzgangs mit Funktionsgenerator und Oszilloskop

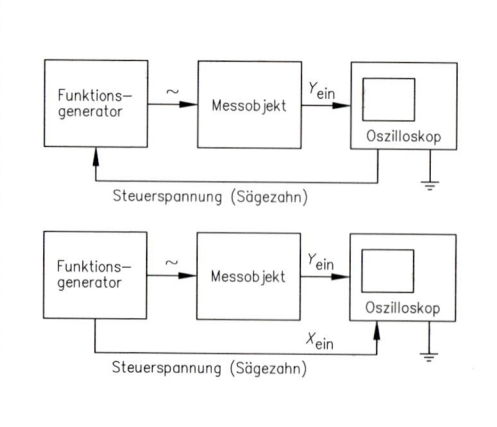

Die Ausgangsfrequenz eines steuerbaren Frequenzgenerators (Wobbelgenerator) wird vom Oszilloskop mithilfe einer Steuerspannung verändert.

Die Frequenz der Eingangsspannung am Messobjekt ändert sich damit kontinuierlich. Die Amplitude bleibt aber konstant.

Am Eingang des Oszilloskops (y_{ein}) liegt die Ausgangsspannung des Messobjektes an. Der Bildschirm des Oszilloskops zeigt den Zusammenhang $a = f(f)$. Die Frequenz ist auf der Abszissenachse aufgetragen.

Alternativ kann die Steuerspannung vom Funktionsgenerator verwendet werden, um den Elektronenstrahl in x-Richtung abzulenken (x_{ein}).

8.10 Komplexe Messaufbauten

8.10.3 Signalanalyse

Bei der Signalanalyse wird ein gemessenes Signal auf Amplituden- und Frequenzanteile untersucht. Es geht dabei um das Signal selbst.
Typische Werkzeuge der Signalanalyse sind die Pegelanalyse und die Frequenztransformation.
Die Analyseergebnisse werden als Einzelwerte (z. B. Mittelwerte) dargestellt oder in Diagrammen visualisiert. Ziel sind eine übersichtliche Darstellung und objektive, nachvollziehbare Daten über den Aufbau und über die Eigenschaften des Signals.

Erfassung der Rohdaten → Skalierung, Normierung (Daten vergleichbar machen) → Filterung → **Signalanalyse** → Interpretation, Datenausgabe, Datenexport, Dokumentation

Filterung

Um bestimmte Strukturen in einem Signal herauszuarbeiten werden Signalfilter eingesetzt. Mit deren Hilfe werden interessierende Signalanteile herausgearbeitet (z. B. mit Bandpassfiltern) und/oder weniger wichtige unterdrückt (z. B. mit Bandstoppfiltern).
Heute verwendet man dazu parametisierbare, digitale Filter.

Werkzeuge der Signalanalyse

Analyse	Analyseergebnis	Eigenschaften	Bemerkungen
Pegelanalyse	Analyse des Amplituden-/Pegelverlaufs über Zeit oder über eine andere physikalische Größe.	Meist Bildung des quadratischen Mittelwertes über einen bestimmten Zeitbereich	Oft angewendet in der Schall- und Schwingungsanalyse
Fourier-Transformation, gemittelt	2-D-Diagramm der Frequenztransformierten • Abszissenachse: Frequenz • Ordinatenachse: Amplitude/Pegel	Diese Analyse ist eigentlich für periodische Signale gedacht. Sie kann mithilfe der Fensterung auch für nicht periodische Signale verwendet werden. Die Größe des Fensters ist maßgebend für die Zeitauflösung.	Analyse der im Signal enthaltenen Frequenzen ohne Zeitverlauf. Geeignet für stationäre (sich nicht ändernde) Signale.
Fourier-Transformation, über Zeit	3-D-Diagramm der Frequenztransformierten • Abszissenachse: Zeit • Abszissenachse: Frequenz • Ordinatenachse: Amplitude/Pegel		Analyse der im Signal enthaltenen Frequenzen mit Zeitverlauf. Zur Analyse von instationären (sich zeitlich ändernde) Signalen.
Wavelet-Transformation, gemittelt	2-D-Diagramm der Frequenztransformierten • Abszissenachse: Frequenz • Ordinatenachse: Amplitude/Pegel	Diese Analyse arbeitet mit Faltung im Zeitbereich und bedarf keiner Fensterung. Die zeitliche Auflösung wird durch die Eigenschaften des verwendeten „Wavelets" bestimmt.	Analyse der im Signal enthaltenen Frequenzen ohne Zeitverlauf. Geeignet für stationäre (sich nicht ändernde) Signale.
Wavelet-Transformation, über Zeit	3-D-Diagramm der Frequenztransformierten • Abszissenachse: Zeit • Abszissenachse: Frequenz • Ordinatenachse: Amplitude/Pegel		Analyse der im Signal enthaltenen Frequenzen mit Zeitverlauf. Zur Analyse von instationären (sich zeitlich ändernde) Signalen.

8.10 Komplexe Messaufbauten

8.10.4 Systemanalyse

Ziel der Systemanalyse ist die Untersuchung der Eigenschaften eines Systems.
Dazu wird am Eingang des Systems das bekannte Signal $x(t)$ angelegt und das Ausgangssignal $y(t)$ betrachtet. Art und Stärke der Signaländerungen geben Rückschlüsse auf das System selbst. Die Systemanalyse benutzt die Werkzeuge und Methoden der Signalanalyse (z. B. die Frequenztransformation).

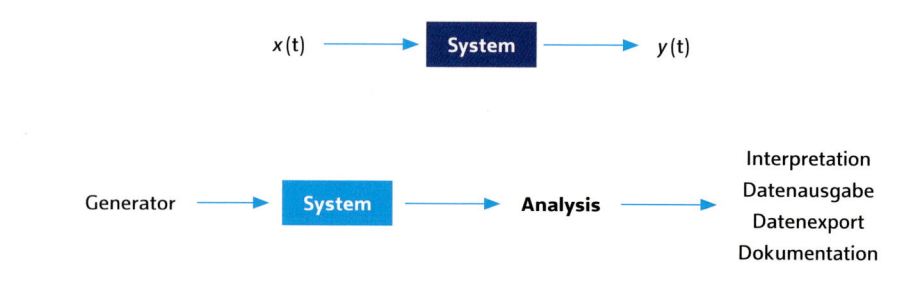

$x(t)$ → System → $y(t)$

Generator → System → Analysis → Interpretation / Datenausgabe / Datenexport / Dokumentation

Lineares zeitinvariantes System (LTI-System)

Bei LTI-Systemen (engl.: linear time-invariant) können die durch das System verursachten Änderungen am Signal wieder zurückgerechnet werden.

Testsignale $x(t)$

Signal	Eigenschaften	Typische Verwendung
Sinusschwingung	Kontinuierliches Signal mit konstanter Frequenz und Amplitude	Untersuchung des Systems selektiv bei einer Frequenz
Sweep	Sinusschwingung mit konstanter Amplitude und sich ändernder Frequenz. Start- und Endfrequenz sowie die Änderungsgeschwindigkeit werden dem zu untersuchenden System angepasst.	Breitbandige Untersuchung von Systemen mit langer Einschwing- bzw. Reaktionszeit. Zu einem Zeitpunkt steht immer nur eine Frequenz am Systemeingang. Die Dauer des Tests richtet sich nach der Frequenzanstiegsgeschwindigkeit des Sweeps.
Weißes Rauschen	Signal mit konstanter Amplitude, das alle Frequenzen in stochastischer Verteilung enthält.	Gegenüber dem Sweep treten hier alle Frequenzen gleichzeitig am Systemeingang auf. Dies führt zu kürzerer Messzeit.
Rosa Rauschen	Wie weißes Rauschen, aber mit geringerer Signalamplitude bei höheren Frequenzen	Anwendung, wenn das System hohe Amplituden bei hohen Frequenzen nicht verträgt oder Filter mit relativer Bandbreite für die Analyse am Ausgang verwendet werden. Der Amplitudenpegel fällt mit 3 dB pro Oktave.
Rotes Rauschen	Wie rosa Rauschen, aber mit stärkerer Abnahme der Signalamplitude bei hohen Frequenzen	Wie rosa Rauschen aber Pegelabnahme 6 dB pro Oktave
Dirac-Puls	Sehr schmaler Puls der alle Frequenzen enthält (ähnlich wie weißes Rauschen). Da der Dirac-Puls sehr kurz ist enthält er wenig Energie.	Untersuchung von Systemen mit kurzer Einschwing- bzw. Reaktionszeit

8.11 Messwandler

Wechselstromwandler

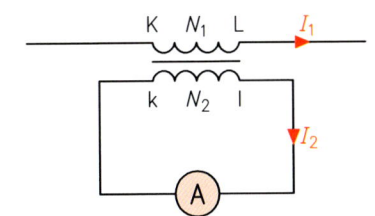

Betrieb immer im Kurzschluss oder mit der angegebenen/vorgeschriebenen Bürde!
Beim Betrieb mit einem Strommessgerät (wie im Bild) bildet der Messgeräte-Innenwiderstand die Bürde.

$$I_1 \cdot N_1 = I_2 \cdot N_2$$

↑ ↑11-5

$I_2 = I_{NENN}$ = 1 A oder 5 A (standardisiert)

Stromfehler und Winkelfehler von Stromwandlern hängen von der Fehlerklasse, dem Eingangsstrom und der Last (Bürde) ab.

Fehler-klasse	Winkelfehler in ' (1° = 60') bei		
	1 ... 1,2 I_{NENN}	0,2 I_{NENN}	0,1 I_{NENN}
0,1	5	8	10
0,2	10	15	20
0,5	30	40	60
–1,0	60	80	120
5,0	60	80	120

Wechselspannungswandler

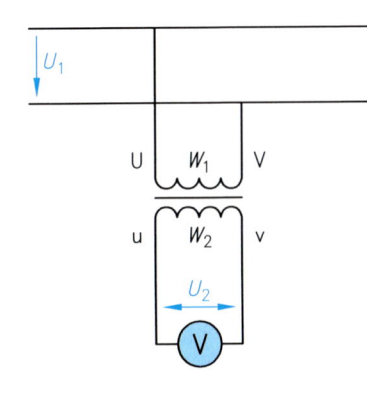

Betrieb immer im Leerlauf!
Maximale Belastung durch den minimal zulässigen Bürdenwiderstand.

$$\frac{U_1}{U_2} = \frac{W_1}{W_2} = K$$

U_2 = 100 V (standardisiert)

↑ ↑11-5

Fehlerklassen und Winkelfehler sind standardisiert und gelten für 25 ... 100 % der Nennbürde bei 85 ... 120 % der Nennspannung.
Der Winkelfehler hängt von der verwendeten Bürde und dem Arbeitspunkt ab.

Fehlerklasse	Winkelfehler in ' (1° = 60')
0,1	5
0,2	10
0,5	20
1,0	40
3,0	120

Kapazitiver Spannungswandler

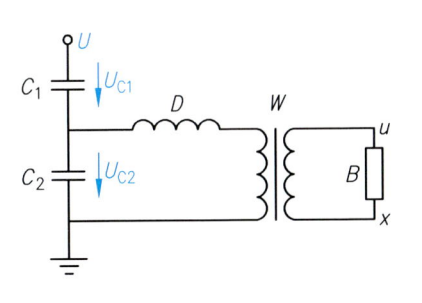

Liegt die zu messende Spannung oberhalb von etwa 200 kV, stellt der kapazitive Spannungswandler die günstigere Lösung dar.

Die über die erdseitige Kapazität C_2 abgeteilte Spannung U_{C2} liegt über einer Drossel D am Anpassungswandler W. Die Drossel wird so bemessen, dass bei Nennfrequenz im Messkreis Resonanz herrscht, damit der Sekundärstrom möglichst groß ist.

8.12 Leistungs- und Leistungsfaktor-Messung

Prinzip der Leistungsmessung

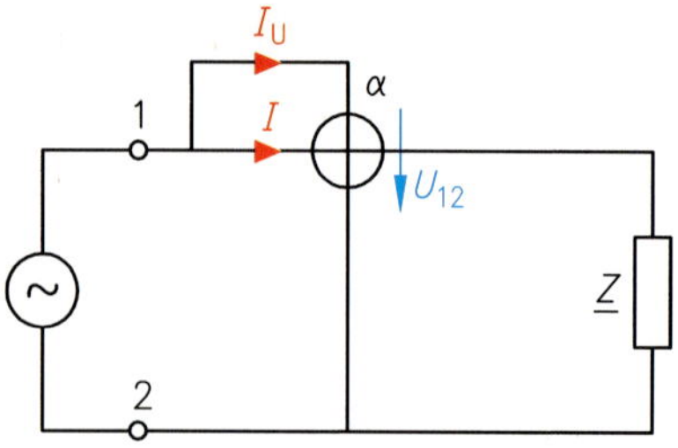

Messung der Wirkleistung im einphasigen System mit einem elektrodynamischen Messwerk

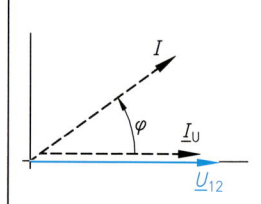

$$P = U \cdot I \cdot \cos\varphi$$

$P = K \cdot \alpha$
mit K = Skalenfaktor
mit $\alpha = c \cdot P$
und c = Messgerätkonstante

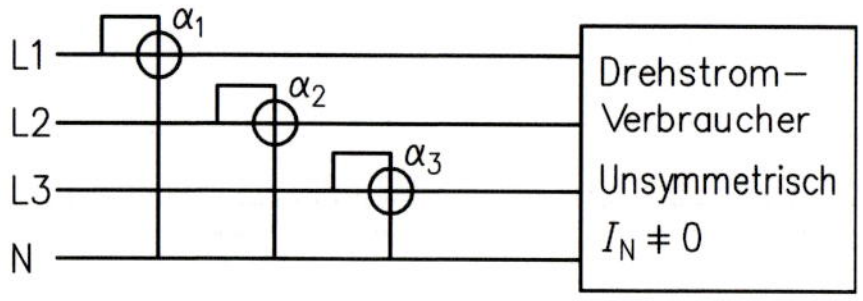

Messung der Wirkleistung im dreiphasigen System mit elektrodynamischen Messwerken

Drehstrom-Verbraucher Unsymmetrisch $I_N \neq 0$

Bei gleichen Messwerken gilt:

$$P = K(\alpha_1 + \alpha_2 + \alpha_3)$$

Bei symmetrischen Verbrauchern ist nur ein Messwerk erforderlich. Es gilt dann:

$$P = K \cdot 3 \cdot \alpha$$

mit K = Skalenfaktor.

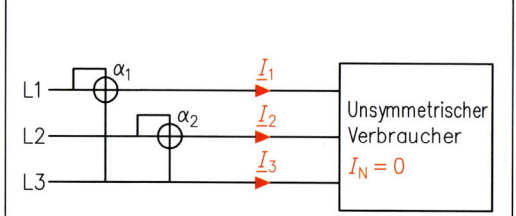

Messung der Wirkleistung im dreiphasigen System mit Aron-Schaltung

Unsymmetrischer Verbraucher $I_N = 0$

Bei der Aron-Schaltung werden nur zwei Leistungsmesser benötigt, um die Leistung auch bei unsymmetrischen Lasten zu messen. Allerdings muss die Bedingung $I_1 + I_2 + I_3 = 0 = I_N$ erfüllt sein.

$$P = K_1 \cdot \alpha_1 + K_2 \cdot \alpha_2$$

Bei gleichen Messwerken gilt:

$$P = K(\alpha_1 + \alpha_2)$$

mit K = Skalenfaktor.

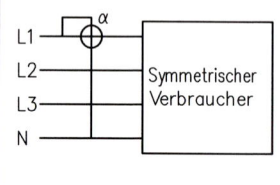

Messung der Blindleistung im dreiphasigen System bei symmetrischem Verbraucher

Symmetrischer Verbraucher

$$Q = \frac{3 \cdot K \cdot \alpha}{\sqrt{3}} = \sqrt{3} \cdot K \cdot \alpha$$

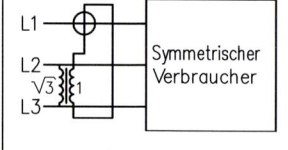

Symmetrischer Verbraucher

$$Q = 3 \cdot K \cdot \alpha$$

mit K = Skalenfaktor

Im Drehstromnetz stehen immer um 90° phasenverschobene Spannungen, die zur Messung der Blindleistung verwendet werden können, zur Verfügung.

$$Q = U \cdot I \cdot \cos(\varphi + 90°)$$

$$Q = U \cdot I \cdot \sin\varphi$$

8.12 Leistungs- und Leistungsfaktor-Messung

Gleichstrom-Leistungsmessgeräte

| 1210 | 1213 | 2230 | 2243 |

| Wirkleistung | Blindleistung | Leistungsfaktor | Wirkleistung |

Wechselstrom

| 3200 | 3300 | 3400 | |

L1 / N oder L2

Beispiele mit Messwandlern und getrennten Vorwiderständen

4261

Dreileiter-Drehstrom gleicher Belastung

| 4250 | 4300 | 4400 | 4262 |

Dreileiter-Drehstrom beliebiger Belastung

| 5200 | 5300 | | 6202 |

3 einpolig isolierte Spannungswandler

Vierleiter-Drehstrom

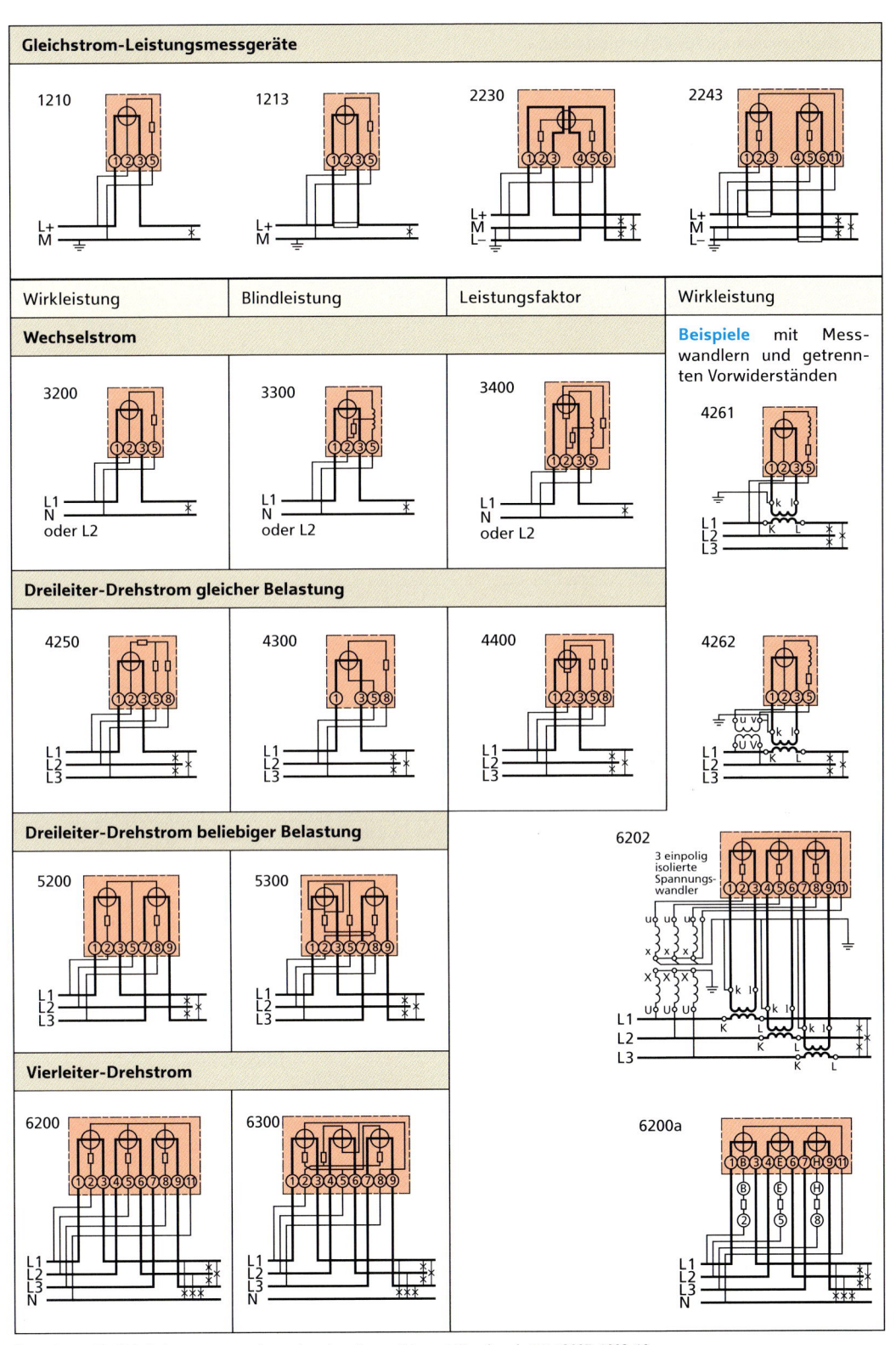

| 6200 | 6300 | | 6200a |

Anmerkung: Die Schaltplannummern entsprechen dem Kennzeichenschlüssel nach DIN 43807: 1983-10.

8-35

8.13 Elektrizitätszähler

Schaltungsnummern für Elektrizitätszähler	DIN 43856: 1989-09				
Zähler-Ausführung		Zahlenstelle			
		1.	2.	3.	4.
Grundart des Zählers					
Einpoliger Wechselstrom-Wirkverbrauchzähler		1			
Zweipoliger Wechselstrom-Wirkverbrauchzähler		2			
Dreileiter-Drehstrom-Wirkverbrauchzähler		3			
Vierleiter-Drehstrom-Wirkverbrauchzähler		4			
Dreileiter-Drehstrom-Blindverbrauchzähler mit 60°-Abgleich		5			
Dreileiter-Drehstrom-Blindverbrauchzähler mit 90°-Abgleich		6			
Vierleiter-Drehstrom-Blindverbrauchzähler mit 90°-Abgleich		7			
Zusatzeinrichtungen					
Ohne Zusatzeinrichtung			0		
Mit Zweitarifeinrichtung			1		
Mit Maximumeinrichtung			2		
Mit Zweitarif- und Maximumeinrichtung			3		
Mit Maximumeinrichtung einschließlich elektrischer Rückstellung			4		
Mit Zweitarif- und Maximumeinrichtung einschließlich elektrischer Rückstellung			5		
Impulsgabeeinrichtung			6		
Impulsgabeeinrichtung und Zweitarifeinrichtung			7		
Äußerer Anschluss der Grundart					
Für unmittelbaren Anschluss				0	
Für Anschluss an Stromwandler				1	
Für Anschluss an Strom- und Spannungswandler				2	
Schaltungen der Zusatzeinrichtungen					
Ohne äußeren Anschluss (ohne Zusatzeinrichtung oder mit Maximumlaufwerk)					0
Mit einpol. innerem Anschluss der Zweitarifeinrichtung und/oder der elektr. Maximumrückstellung[1]					1
Mit äußerem Anschluss der Zweitarifeinrichtung und/oder der elektrischen Rückstellung[1]					2
Mit einpoligem innerem Anschluss der Zusatzeinrichtungen u. Maximumauslöser in Öffnungsschaltg.					3
Mit einpol. innerem Anschluss der Zusatzeinrichtungen u. Maximumauslöser in Kurzschließschaltung					4
Mit äußerem Anschluss der Zusatzeinrichtungen u. Maximumauslöser in Öffnungsschaltung					5
Mit äußerem Anschluss der Zusatzeinrichtungen u. Maximumauslöser in Kurzschließschaltung					6

Anschlussklemmen		DIN 43856: 1989-09	
Zähler	Klemmenart		Nummer
	Anschlussklemmen der Strom- und Spannungspfade		1 bis 12
	Zweitarifauslöser		13
	Maximumauslöser		14
	gemeinsamer Anschluss der Zusatzeinrichtungen		15
	Überbrückung für Kurzschließschaltung		16
	Maximumrückstellung		17, 18, 19
	Impulsabgabeeinrichtung		20, 21, 22

Technische Werte

Nennströme

Nennströme in A		Zählerart
10		für Einphasen-Wechselstrom
10	15	für Drehstrom
1	5	für Stromwandler-Anschluss

Grenzströme

Zählerart (in A)	für Einphasen-Wechselstrom		für Drehstrom	
Nennstrom I_N	10		10	15
Grenzstrom I_G	40 oder 60		40 oder 60	60

Überschreitet I_G das 1,25-Fache von I_N, so ist der Wert von I_G hinter dem Wert von I_N in Klammern anzugeben, z. B. 10(40) A.
Zählerkonstante C_Z in U/kWh
120 150 187,5 240 300 375 480 600 750 960 sowie ihre dekadischen Vielfachen und Teile

[1] Bei Zweitarifzählern und/oder Maximumzählern mit Maximumlaufwerk.

8.13 Elektrizitätszähler

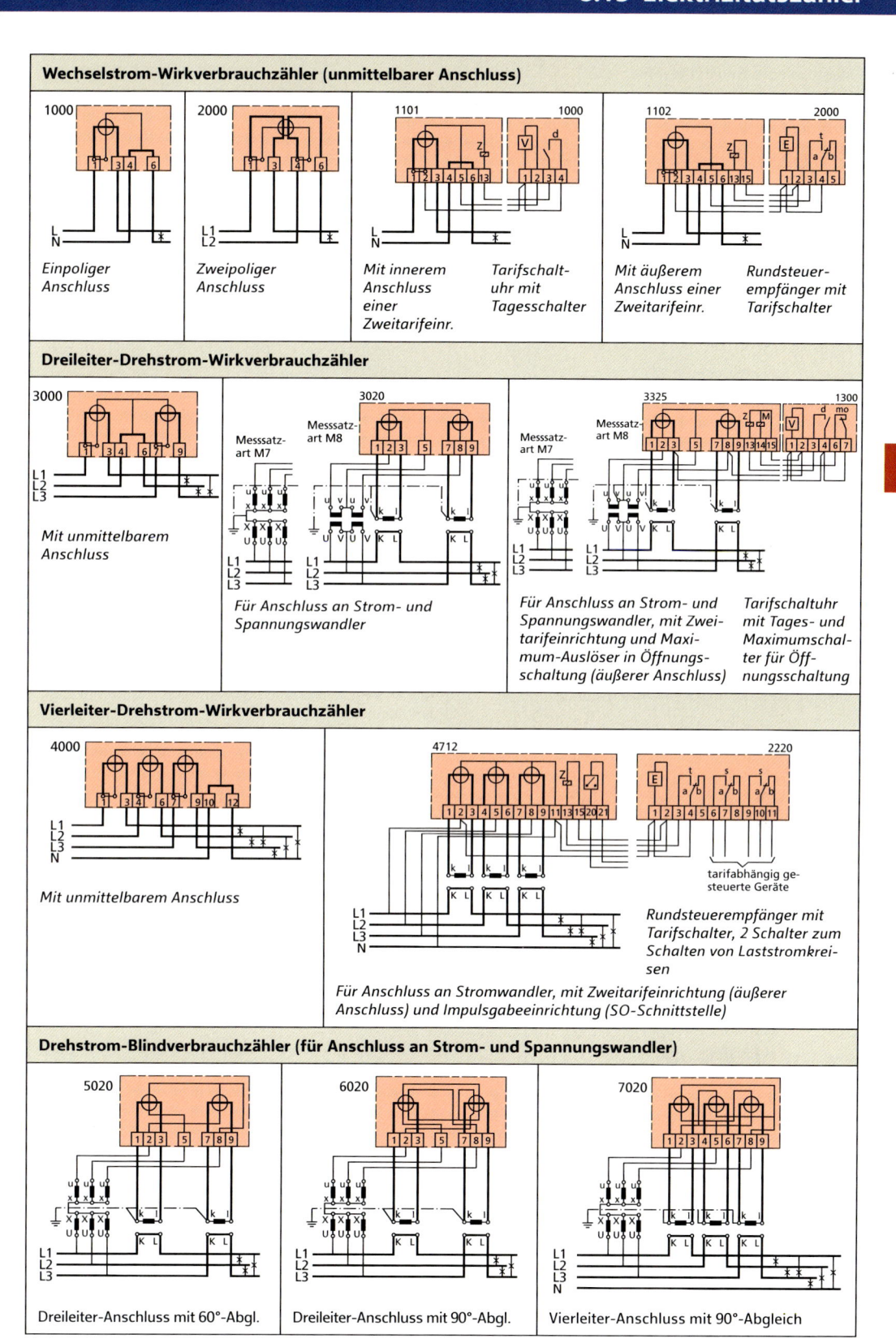

Wechselstrom-Wirkverbrauchzähler (unmittelbarer Anschluss)

1000 — Einpoliger Anschluss

2000 — Zweipoliger Anschluss

1101 / 1000 — Mit innerem Anschluss einer Zweitarifeinr. / Tarifschaltuhr mit Tagesschalter

1102 / 2000 — Mit äußerem Anschluss einer Zweitarifeinr. / Rundsteuerempfänger mit Tarifschalter

Dreileiter-Drehstrom-Wirkverbrauchzähler

3000 — Mit unmittelbarem Anschluss

3020 — Messsatzart M7 / Messsatzart M8 — Für Anschluss an Strom- und Spannungswandler

3325 / 1300 — Messsatzart M7 / Messsatzart M8 — Für Anschluss an Strom- und Spannungswandler, mit Zweitarifeinrichtung und Maximum-Auslöser in Öffnungsschaltung (äußerer Anschluss) / Tarifschaltuhr mit Tages- und Maximumschalter für Öffnungsschaltung

Vierleiter-Drehstrom-Wirkverbrauchzähler

4000 — Mit unmittelbarem Anschluss

4712 / 2220 — Für Anschluss an Stromwandler, mit Zweitarifeinrichtung (äußerer Anschluss) und Impulsgabeeinrichtung (SO-Schnittstelle) / Rundsteuerempfänger mit Tarifschalter, 2 Schalter zum Schalten von Laststromkreisen / tarifabhängig gesteuerte Geräte

Drehstrom-Blindverbrauchzähler (für Anschluss an Strom- und Spannungswandler)

5020 — Dreileiter-Anschluss mit 60°-Abgl.

6020 — Dreileiter-Anschluss mit 90°-Abgl.

7020 — Vierleiter-Anschluss mit 90°-Abgleich

8-37

8.13 Elektrizitätszähler

Elektronische Haushaltszähler (eHZ)
DIN VDE 0603-3-2: 2017-12

Der elektronische Haushaltszähler eHZ zeigt im Normalbetrieb den Stromverbrauch digital in kWh an. Zusätzliche Informationen können angezeigt oder über eine optische Datenschnittstelle ausgelesen werden.

Vorteile des eHZ:
- geringer Eigenverbrauch
- keine Ersteichung notwendig
- geringes Gewicht
- einfache Montage ohne Werkzeug

Vorderseite

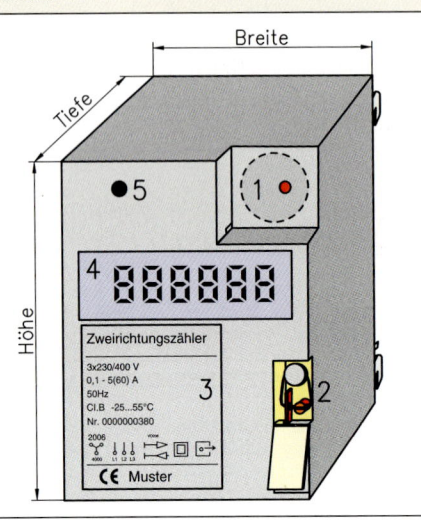

Schematischer Aufbau, Vorderseite

1 Optische Datenschnittstelle (Infrarot, IR) Datentelegramme können mit einem optischen Auslesekopf nach DIN EN 62056-21: 2003-01 ausgelesen werden.
2 Plombierung, mechanisch
3 Typenschild mit Angabe des Eigentümers (Versorgungsunternehmen)
4 Display
5 Optischer Impulsausgang (LED), Impulskonstante: 10000 Impulse pro kWh, Unterhalb der Anlaufschwelle (Stillstand) Dauerlicht

Abmessungen:
Breite: 90 mm/−0,5 mm
Höhe: 135 mm/−0,5 mm
Tiefe: 80 mm/−0,5 mm

Display, Beispiel für Zweirichtungszähler

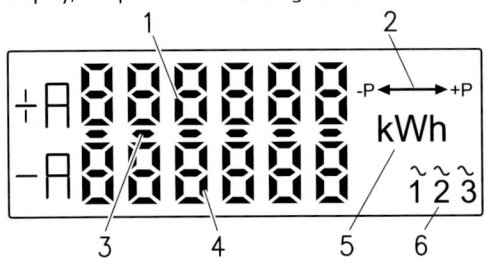

Als Anzeige dient eine nicht hinterleuchtete Flüssigkristallanzeige.

1 Anzeige Zählwerkstand, positive Wirkenergie, +A
2 Energieflussrichtung
3 Indikator (simulierte Läuferscheibe)
4 Anzeige Zählwerkstand, negative Wirkenergie, −A
5 Einheit
6 Phasenkontrolle

Rückseite

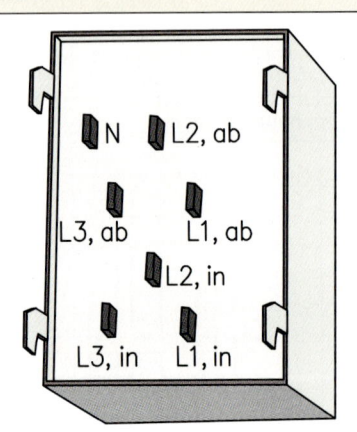

Schematischer Aufbau, Rückseite
- Anschluss über sieben Kontaktmesser mit niedrigem Kontaktwiderstand
- Vier Haltekrallen am Gehäuse für die Befestigung des Gerätes im Zählerschrank
- Komplett geschlossenes Gehäuse

9 Steuerungs- und Regelungstechnik

9.1 Übersicht

Seite

9.2	**Steuerungstechnik**	9-2
9.2.1	Einteilungen in der Steuerungstechnik	9-2
9.2.2	Kennzeichen des Steuerns	9-2
9.2.3	Begriffe der Steuerungstechnik	9-3
9.2.4	Steuerungsarten	9-4
9.2.5	Kennfarben für Leuchtmelder und Taster	9-4
9.2.6	Steuerstromkreise	9-5
9.2.7	Steuerung mit Schützen	9-6
9.2.8	Speicherprogrammierbare Steuerung (SPS)	9-9
9.2.9	Schrittmotoren	9-13
9.2.10	Sensorik	9-14
9.2.11	Mikrocontroller (µC)	9-16
9.2.12	Feldbusse	9-18
9.2.13	Industrie 4.0, Leitseite	9-23

9.3	**Regelungstechnik**	9-25
9.3.1	Einteilungen in der Regelungstechnik	9-25
9.3.2	Kennzeichen des Regelns	9-25
9.3.3	Begriffe der Regelungstechnik	9-26
9.3.4	Zeitverhalten von Führungsgrößen und Regelkreisgliedern	9-27
9.3.5	Frequenzverhalten von Führungsgrößen und Regelkreisgliedern	9-28
9.3.6	Regelstrecken	9-29
9.3.7	Zeitverhalten typischer Regelstrecken	9-30
9.3.8	Typische dynamische Kennwerte von Regelstrecken	9-32
9.3.9	Wahl einer geeigneten Regeleinrichtung bei gegebener Strecke	9-32
9.3.10	Regler	9-33
9.3.11	Stabilitätskriterien	9-38
9.3.12	Einstellung der Regler-Kennwerte (Optimierung)	9-39
9.3.13	Kaskadenregelung	9-40

$T_t = \dfrac{l}{v}$

9.2 Steuerungstechnik

9.2.1 Einteilungen in der Steuerungstechnik

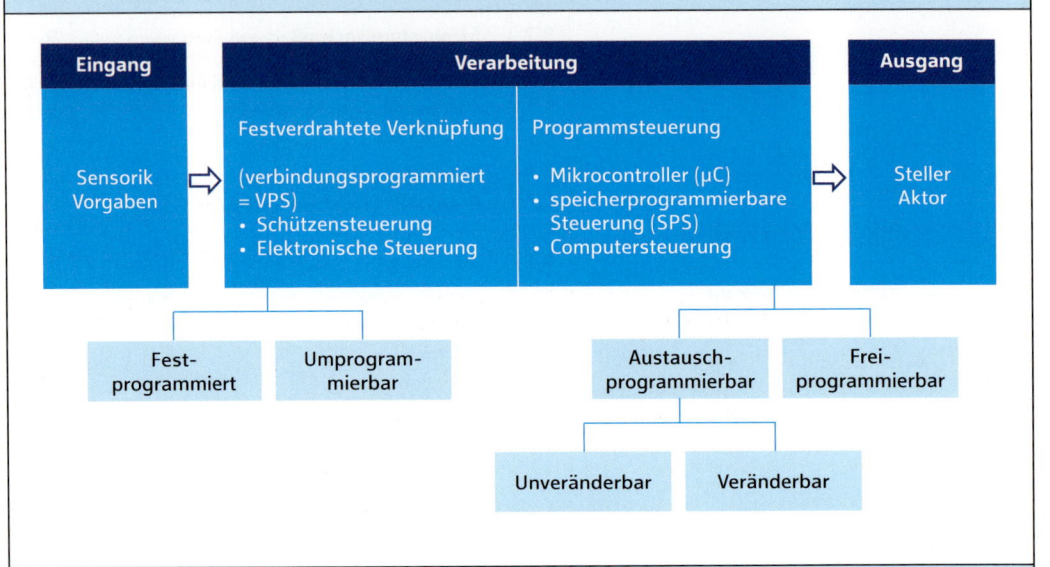

Eingang	Verarbeitung		Ausgang
Sensorik Vorgaben	**Festverdrahtete Verknüpfung** (verbindungsprogrammiert = VPS) • Schützensteuerung • Elektronische Steuerung	**Programmsteuerung** • Mikrocontroller (µC) • speicherprogrammierbare Steuerung (SPS) • Computersteuerung	Steller Aktor

Festverdrahtete Verknüpfung:
- Fest-programmiert
- Umprogrammierbar

Programmsteuerung:
- Austausch-programmierbar
  - Unveränderbar
  - Veränderbar
- Frei-programmierbar

9.2.2 Kennzeichen des Steuerns

- Eingangsgrößen beeinflussen Ausgangsgrößen.
- Dies geschieht nach den Gesetzmäßigkeiten, die das System besitzt.
- Der Wirkungskreis ist offen → Steuerkette.
- Die Ausgangsgröße wird nicht rückgeführt → keine Stabilitätsprobleme.
- Die Ausgangsgröße wird beeinflusst von den Eingangsgrößen und von den Störgrößen.

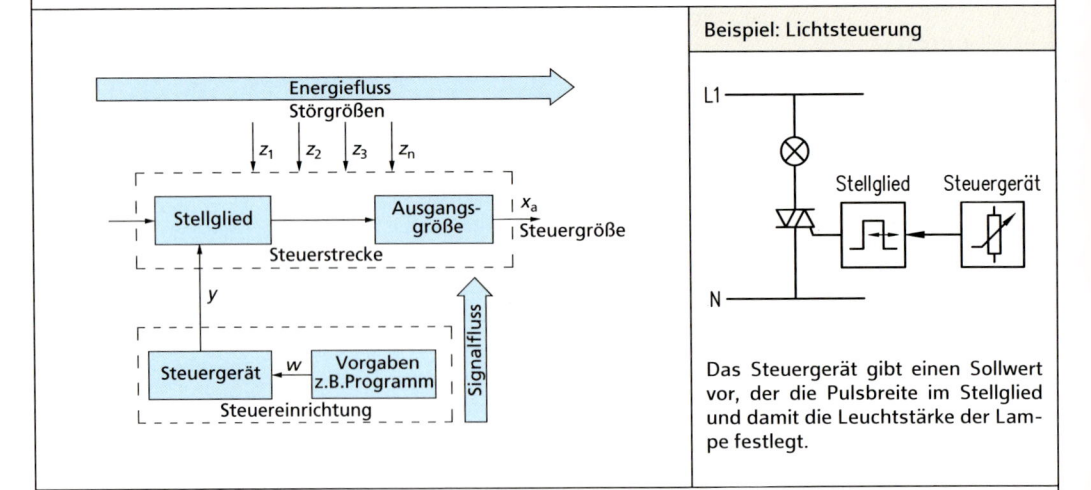

Beispiel: Lichtsteuerung

Das Steuergerät gibt einen Sollwert vor, der die Pulsbreite im Stellglied und damit die Leuchtstärke der Lampe festlegt.

Blockschaltbild: Energiefluss, Störgrößen z_1, z_2, z_3, z_n, Stellglied → Ausgangsgröße x_a / Steuergröße (Steuerstrecke), Signalfluss y, Steuergerät w ← Vorgaben z.B. Programm (Steuereinrichtung).

Das Prinzip der Steuerung kann eingesetzt werden, wenn
- ein System gut bekannt ist, wenig Störungen auftreten und/oder keine hohe Genauigkeit gefordert ist;
- meist einem Regelkreis überlagert, der Sollwert vorgegeben bzw. die Führungsgröße verändert werden soll. Dies ist dann häufig eine sogenannte Ablaufsteuerung.

Beispiel: Vorgabe eines Temperaturzyklus bei der Nachtabsenkung einer Raumheizung

9.2 Steuerungstechnik

9.2.3 Begriffe der Steuerungstechnik — DIN IEC 60050-351: 2014-09

```
Steuereinrichtung
├── Signaleingabe
├── Signalverarbeitung
└── Signalausgabe
```

Signaleingabe

Taster und Schalter liefern **Bedienungssignale**; Sensoren und Grenzwertschalter liefern **Rückmeldesignale**.

Eingabeglieder können die Eingabesignale z. B. entstören, umformen, umsetzen, potenzialtrennen und an die Signalpegel der Signalverarbeitung anpassen.

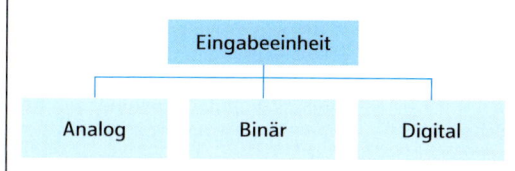

```
Eingabeeinheit
├── Analog
├── Binär
└── Digital
```

Signalverarbeitung

Die Signalverarbeitung leitet aus den Eingabesignalen im Sinne von Verknüpfungs-, Zeit- und/oder Speicherfunktionen die Ausgabesignale ab. Die Gesamtheit aller Anweisungen/Vereinbarungen für die Signalverarbeitung ergibt das **Steuerprogramm**. Entsprechend der Programmverwirklichung ergeben sich folgende Unterscheidungen:

Verbindungsprogrammierte Steuerung (VPS):
Das Programm ist vorgegeben durch die Funktionsglieder und die Verbindungen. VPS können elektrisch, elektronisch, pneumatisch oder hydraulisch sein.

Festprogrammierte Steuerungen:
Programmänderungen sind nicht vorgesehen; das Programm ist z. B. durch feste Draht-, Schlauch- oder Leiterplattenverbindungen vorgegeben.

Umprogrammierbare Steuerungen:
Programmänderungen möglich, z. B. durch Umstecken von Leitungen, Auswechseln von Lochkarten o. Ä.

Speicherprogrammierte Steuerung ↑ (SPS):
Programm ist in Symbolform änderbar gespeichert.

Freiprogrammierbare Steuerung:
Der Programmspeicher ist ein Schreib-Lese-Speicher (RAM), dessen Inhalt ohne mechanischen Eingriff in die Steuerungseinrichtung, d. h. ohne Herausnahme des Speichers, verändert werden kann.

Austauschprogrammierbare Steuerungen mit veränderbarem Speicher:
Der Inhalt kann nach der Herstellung programmiert und mehrmalig verändert werden (z. B. UV-Licht-löschbares ROM).

Austauschprogrammierbare Steuerungen mit unveränderlichem Speicher:
Der Inhalt kann nur einmal programmiert werden (z. B. ROM oder PROM als Speicher).

Unterscheidung nach Signalverarbeitung:
- **Synchrone Steuerungen:** Die Signalverarbeitung erfolgt synchron zu einem Taktsignal.
- **Asynchrone Steuerungen:** arbeiten ohne Taktsignal; Signaländerungen werden nur durch Änderungen der Eingangssignale ausgelöst.
- **Verknüpfungssteuerungen:** Die Zustände der Ausgangssignale sind den Zuständen der Eingangssignale im Sinne boolescher Verknüpfungen zugeordnet.
- **Ablaufsteuerungen:** bei denen das Weiterschalten von einem Schritt auf den programmgemäß folgenden abhängig von Weiterschaltbedingungen erfolgt.
- **Zeitgeführte Ablaufsteuerungen:** deren Weiterschaltbedingungen nur von der Zeit abhängig sind.
- **Prozessabhängige Ablaufsteuerungen:** deren Weiterschaltbedingungen von Signalen der gesteuerten Anlage (Prozess) abhängig sind.

Signalausgabe

Die Ausgabeeinheit besteht aus **Ausgabegliedern**, die Signale oder Daten aufbereiten und ausgeben.

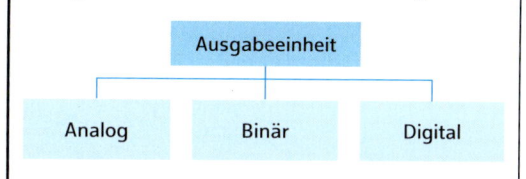

```
Ausgabeeinheit
├── Analog
├── Binär
└── Digital
```

Gerätetechnische Begriffe

Kontaktlose Steuerung: Steuerung mit Signalverarbeitung ohne mechanisch wirkende Schaltglieder

Störfestigkeit: Grenzwert eines Störsignals, bis zu dem eine Steuerung in ihrer Funktion noch nicht beeinträchtigt wird

Zerstörfestigkeit: Grenzwert eines Störsignals, bis zu dem die Steuerung noch nicht zerstört wird

Verarbeitungstiefe: Anzahl der signalverarbeitenden Grundfunktionen n_s (Verknüpfungs-, Zeit- und Speicherfunktionen) einer Steuerungseinrichtung, bezogen auf die Summe der Eingänge n_E und Ausgänge n_A

$$n_A \cdot V = \frac{n_s}{(n_E + n_A)}$$

9.2 Steuerungstechnik

9.2.4 Steuerungsarten — DIN IEC 60050-351: 2014-09

Steuerungsart		Hinweis	Beispiel
Programmsteuerungen	Führungssteuerung	Ausgangsgrößen sind Eingangsgrößen fest zugeordnet, jedoch störgrößenabhängig.	Dimmer für stufenlose Helligkeitssteuerung
	Haltegliedsteuerung	Eingangssignal wird gespeichert, bis ein neues Signal eintritt.	Motorsteuerung mit Schützen
	Zeitplansteuerung	Zeitabhängige Beeinflussung der Führungsgröße durch Programmspeicher	Steuerung mit Schaltuhr
	Wegplansteuerung	Wegabhängige Beeinflussung der Führungsgröße	Aufzugsteuerung, Bremsen durch Etagenkontakte, mechanisch gesteuerte Drehautomaten
	Ablaufsteuerung	Führungsgröße folgt einem Programm, dessen Schritte von der Ausgangsgröße quittiert werden, bevor neue Schritte beginnen.	Aufzugsteuerung mit fest eingebautem Programm, Werkzeugmaschine mit numerischer Lochstreifensteuerung
	Speicherprogrammierte Steuerung	Steuerung, deren Programm in einem Programmspeicher gespeichert ist	Mikrocomputersteuerung mit frei programmierbarem Speicher

9.2.5 Kennfarben für Leuchtmelder und Taster — DIN EN 60204-1: 2019-06

Farbe	Bedeutung	Leuchtmelder		Drucktaster	
		Erläuterung	Typische Anwendung	Erläuterung	Typische Anwendung
Rot	Notfall	Gefahrbringender Zustand; sofortige Reaktion erforderlich	Ausfall des Schmiersystems; Gefahr durch zugängliche Spannungsführende oder sich bewegende Teile	Bei einer Gefahrensituation oder im Notfall	• NOT-HALT • Stoppen von Motoren • Ausschalten von Schaltgeräten usw.
Gelb	Anormal	Bevorstehender kritischer Zustand	Überwachen und/oder Eingreifen (z. B. Wiederherstellen der vorgesehenen Funktion)	Betätigung bei einem anormalen Zustand	Eingriff, um einen anormalen Zustand zu unterdrücken
Blau	Zwingend	Handlung durch den Bediener erforderlich	Zwingende Handlung	Wenn eine zwingende Handlung erforderlich ist	Rückstellfunktion
Grün	Normal	Normaler Zustand	Optional; für verschiedene Anwendungen	Betätigen, um normale Zustände einzuleiten	• Alles einschalten • Starten von Motoren • Einschalten eines Schaltgerätes
Weiß	Neutral	Andere Zustände	Überwachen	Keine spezielle Bedeutung zugeordnet	Allgemeine Einleitung von Funktionen (außer für NOT-HALT)
Grau	–	–	–		
Schwarz	–	–	–		

9.2 Steuerungstechnik

9.2.6 Steuerstromkreise

Bereitstellung der Steuerspannung	
Abnahme zwischen einem Außenleiter L und dem Mittelleiter N	Es gibt Probleme im Hinblick auf eine weltweite Verwendung der Maschinen, da der Betrieb an Netzen ohne Mittelleiter nicht möglich ist.
Abnahme zwischen zwei Außenleitern (z. B. L 1 und L 2)	Bei Phasenausfall bricht die Steuerspannung eventuell nur auf 40 ... 80 % zusammen, wobei viele Schütze nicht abfallen. Die Ursache dafür ist der laufende Motor, der in der vom Netz abgetrennten Wicklung eine Spannung erzeugt.
Direkte Speisung	Diese kann angewandt werden bei Drehstromnetzen (400 V/230 V) mit starr geerdetem Mittelleiter N.
Speisung über Steuertransformator	DIN IEC 60204-1 fordert bei mehr als fünf elektromagnetischen Betätigungsspulen oder bei außenliegenden Steuergeräten die Verwendung eines Steuertransformators. Übliche Kleintransformatoren sind hierfür meist ungeeignet, weil der Spannungsfall bei der stark induktiven Last (cos φ ~ 0,3 ... 0,4) von Schützspulen unzulässig hoch würde.
Erdung von Steuerstromkreisen	Auf der Sekundärseite können die Hilfsstromkreise einseitig geerdet oder ungeerdet betrieben werden. Die Erdung ist unzulässig bei Kleinspannung. Bei geerdeten Stromkreisen führt ein Erdschluss zur Störung, bei ungeerdeten Stromkreisen sind zwei Erdschlüsse (Isolationsschäden) Voraussetzung für eine Störung. Ungeerdete Steuerstromkreise sind deshalb mit einer Isolationsüberwachung auszurüsten. Erd- und Körperschlüsse in Hilfsstromkreisen dürfen weder zum unbeabsichtigten Anlaufen einer Maschine führen, noch deren beabsichtigtes Stillsetzen verhindern.

Vorzugsausgangsspannungen für Steuertransformatoren bei 50 Hz	
V	Erläuterung
24 V	Vorzugswert bei offenliegenden stromführenden Teilen; bei mechanischer Gefährdung der Befehlsgeräte und Leitungen
48 V	Wie 24 V, wenn größere Ströme vorkommen (geringerer Spannungsfall)
115 V	Vorzugswert für Werkzeugmaschinen
230 V	Vorzugswert für den Normalfall

geerdet — ungeerdet

mit Isolationsüberwachung

9.2 Steuerungstechnik

9.2.7 Steuerung mit Schützen

Direktes Schalten eines Drehstrommotors

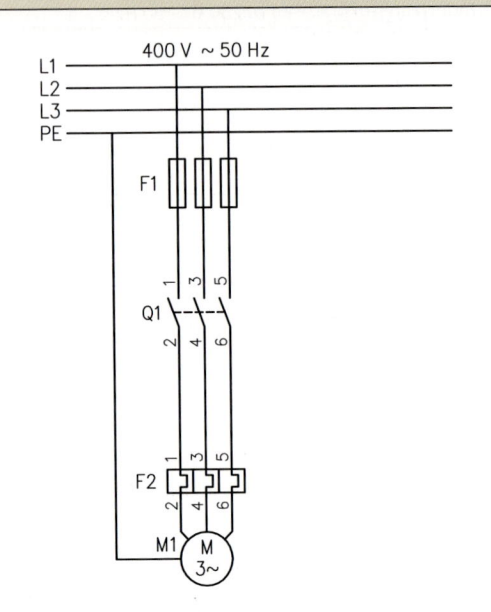

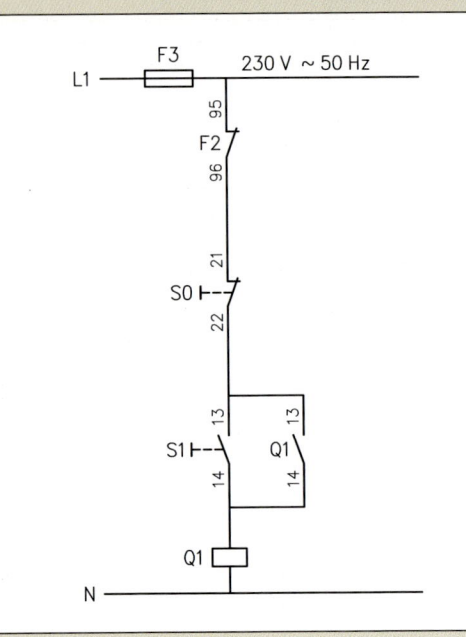

11-25 ↑

Motorsteuerung mit Drehrichtungswahl nach Betätigung des S0-Tasters

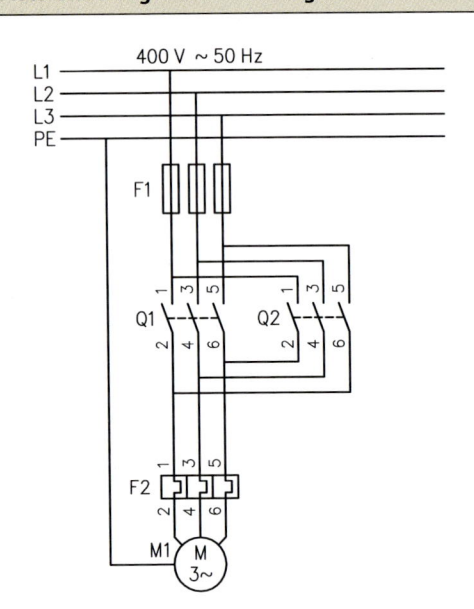

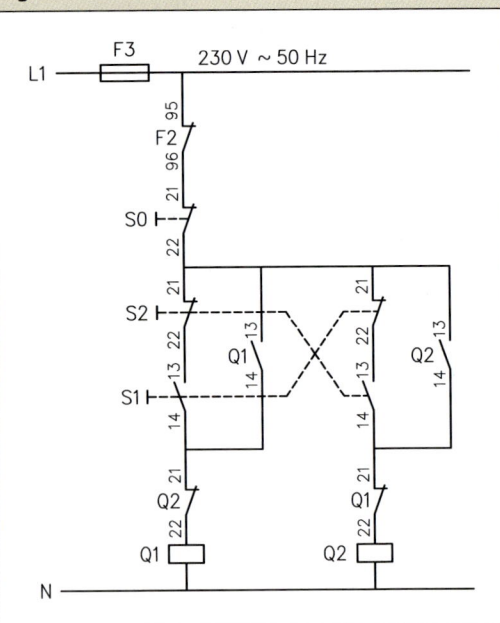

Durch Betätigen des Tasters S1 wird die Spule vom Schütz Q1 erregt.
Schütz Q1 schaltet den Motor im Rechtslauf ein und hält sich nach Freigabe des Tasters S1 über seinen Hilfsschalter Q1/13–14 und Taster S0 an Spannung. Der Öffner Q1/21–22 sperrt elektrisch die Einschaltung von Schütz Q2. Zur Umschaltung von Rechtslauf auf Linkslauf (oder von Linkslauf auf Rechtslauf) muss zunächst der Taster S0 betätigt werden. Dadurch werden die Öffner 21–22 der Schütze geschlossen.
Bei Betätigung von S2 kann nun die Einschaltung von Schütz Q2 für den Motorlinkslauf erfolgen.

9.2 Steuerungstechnik

Anlassen mit automatischer Stern-Dreieck-Schaltung

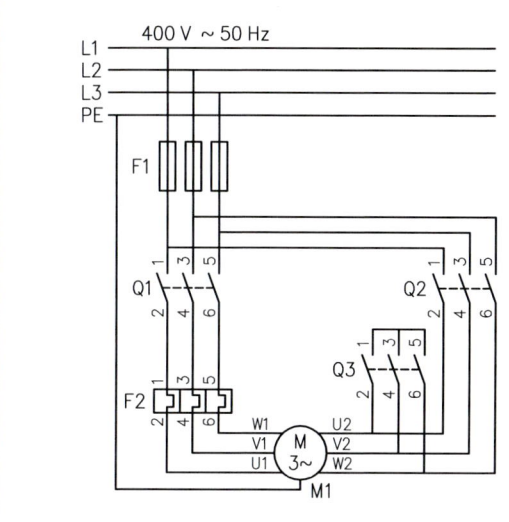

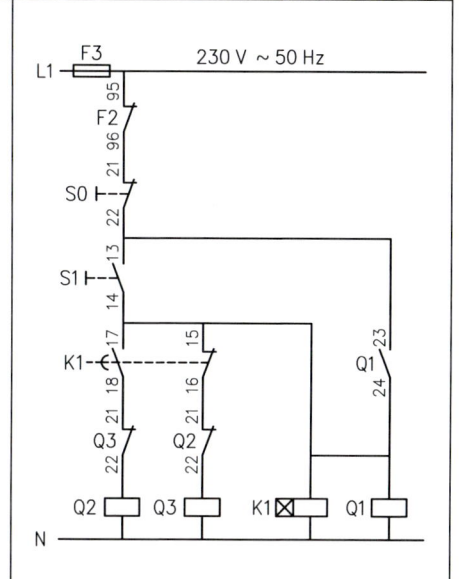

Q1 Netzschütz; Q2 Dreieckschütz; Q3 Sternschütz

Taster S1 gibt Spannung an Sternschütz Q2 und Netzschütz Q1. Q1 legt den Motor M1 in Sternschaltung an Netzspannung. Q1 und Q3 halten sich selbst über Schließer Q1/23–24 und Taster S0 an Spannung. Gleichzeitig erhält Zeitrelais K1 Spannung. Entsprechend der eingestellten Umschaltzeit öffnet K1/15–16 Stromkreis Q3 und schließt über K1/17–18 Stromkreis Q2. Sternschütz Q3 fällt ab. Dreieckschütz Q2 zieht an und bringt M1 an volle Netzspannung. Öffner Q2 unterbricht den Stromkreis Q3 und verriegelt damit gegen erneutes Einschalten während des Betriebszustandes.

Automatischer Stern-Dreieck-Schalter für zwei Drehrichtungen

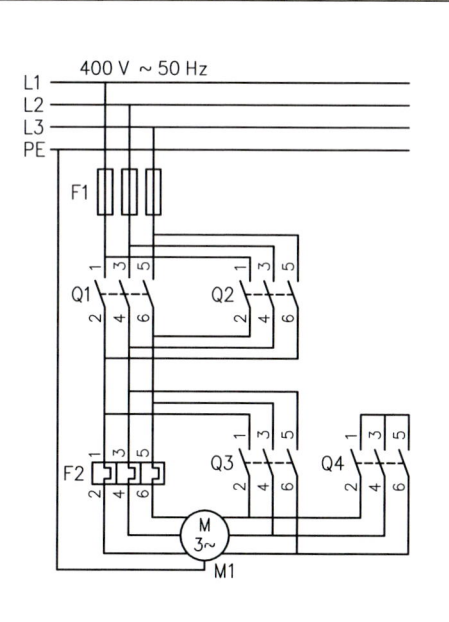

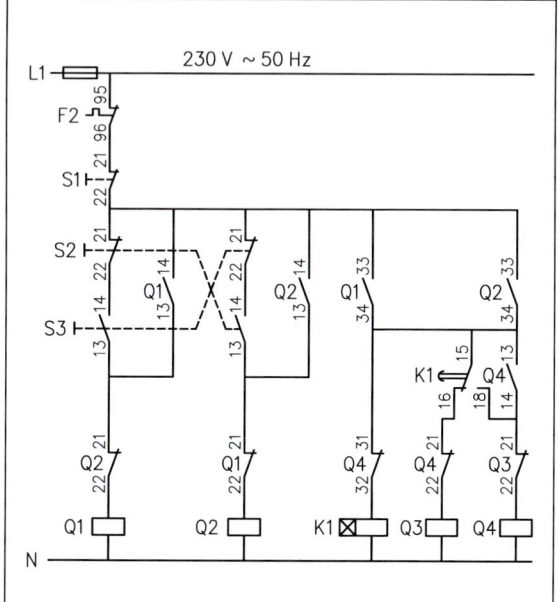

Q1 Netzschütz für Linkslauf;   Q2 Netzschütz für Rechtslauf;   Q3 Dreieckschütz;   Q4 Sternschütz

9.2 Steuerungstechnik

9.2.7 Steuerung mit Schützen (Fortsetzung)

Anlassen von Drehstrommotoren mit Käfigläufer (KUSA-Schaltung)

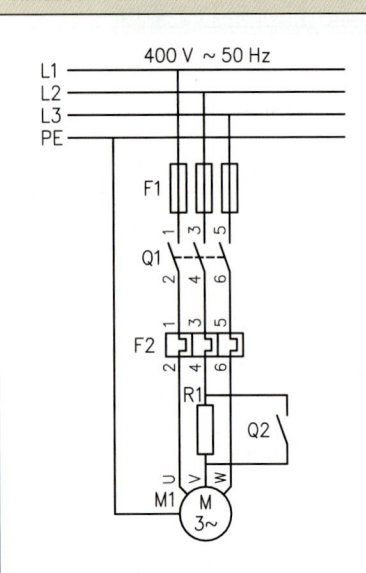

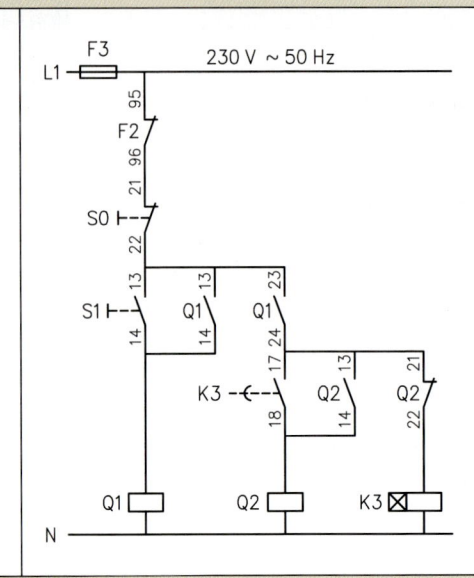

Während der Anlaufphase ist R1 im Leitungsweg geschaltet. Nach der Anlaufphase wird R1 durch Q2 überbrückt. Die Anlaufzeit wird durch K3 bestimmt.

Polumschaltung eines Drehstrommotors mit 2 Drehzahlen, 1 Drehrichtung (Dahlanderschaltung)

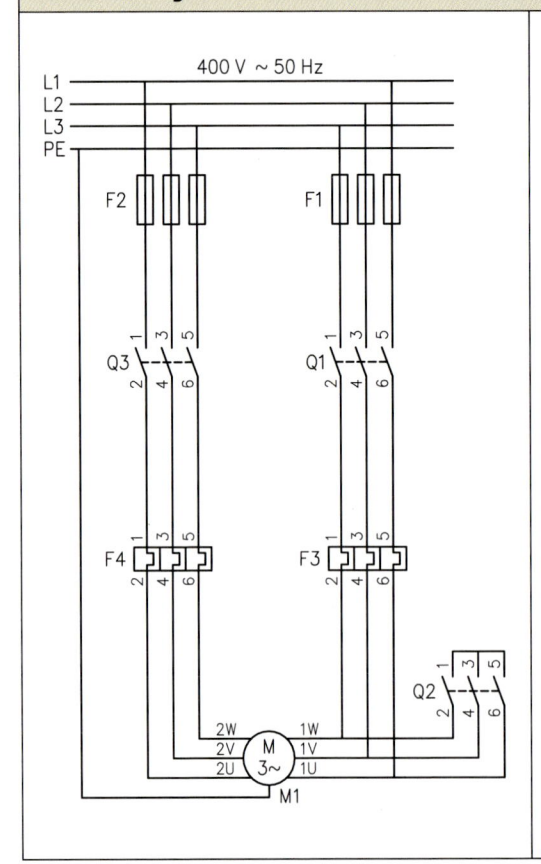

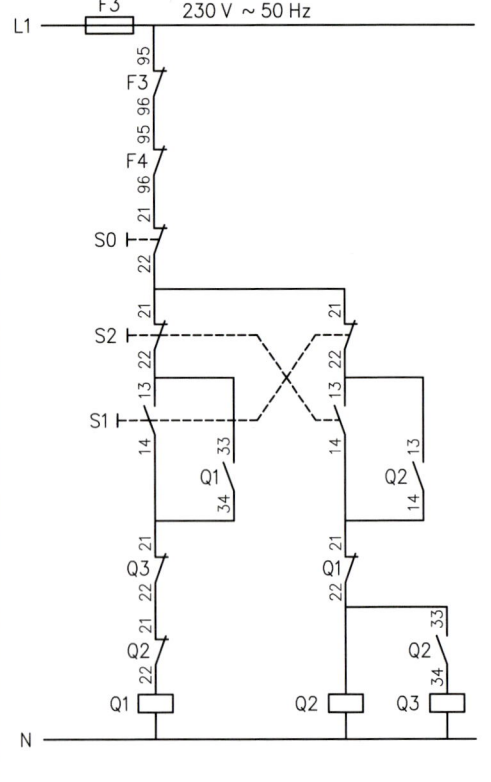

9.2 Steuerungstechnik

9.2.8 Speicherprogrammierbare Steuerung (SPS)

Aufbau/Hardware	Programmierung/Software
Funktionale Eigenschaften Anschluss/Verdrahtung Begriffe nach DIN EN 61131-1	Datentypen Steueranweisungen Programmierbeispiele

Funktionale Eigenschaften einer SPS DIN EN 61131-1: 2004-03

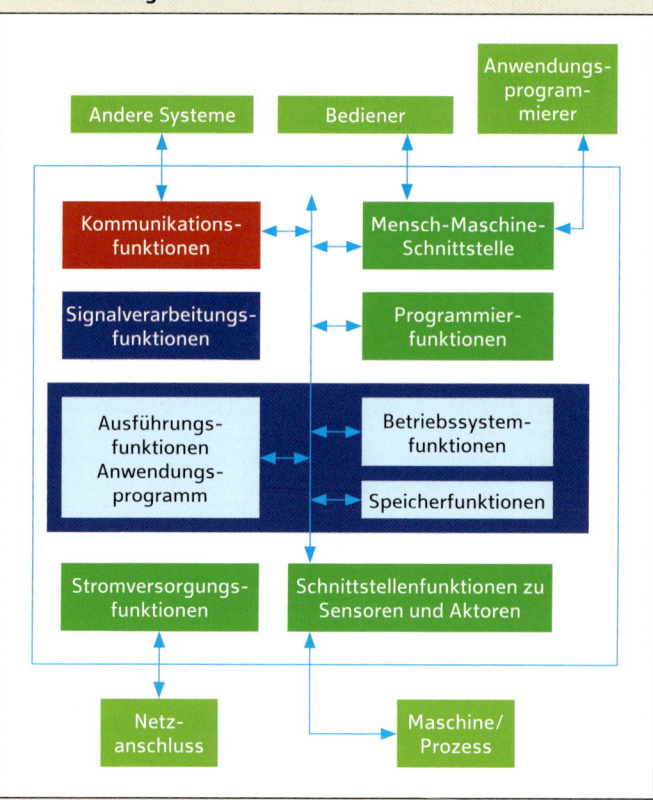

Kommunikationsfunktionen dienen dem Datenaustausch mit Fremdgeräten.

Die **Mensch-Maschine-Schnittstelle** ermöglicht das Zusammenwirken von Bediener und Maschine.

Programmierfunktionen dienen dem Erstellen, Laden, Testen, Überwachen und der Fehlerbeseitigung sowie dem Dokumentieren und Archivieren der Anwenderprogramme.

Die **Signalverarbeitungsfunktionen** ermöglichen die Ausführung der Funktionen des Anwendungsprogrammes. Sie umfassen das Betriebssystem und die Speicherung der Daten und Programme.

Die **Schnittstellenfunktionen zu Sensoren und Aktoren** passen die Eingangssignale an die Signalverarbeitung und die Ausgangssignale der Signalverarbeitung an die Aktoren an.

Stromversorgungsfunktionen dienen der Umformung der Netzspannung und zur Isolation der SPS zum speisenden Netz.

Anschluss und Verdrahtung von speicherprogrammierbaren Steuerungen

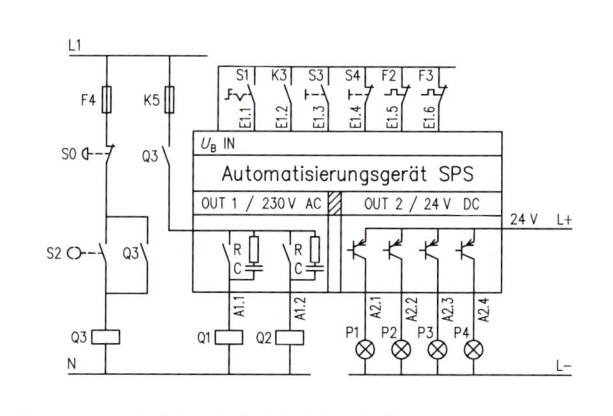

Eingänge der SPS

Es gibt Eingänge für analoge und binäre Signale. Die Kennzeichnung erfolgt durch eine Buchstaben-/Zahlenkombination:
Ex.x (x steht für die Nummerierung)

Ausgänge der SPS

Oft sind Niederspannungs- (230 V) und Kleinspannungsausgänge (24 V) vorhanden. Die Kennzeichnung erfolgt durch eine Buchstaben-/Zahlenkombination:
Ax.x (x steht für die Ziffern)

9.2 Steuerungstechnik

9.2.8 Speicherprogrammierbare Steuerung (SPS) (Fortsetzung)

Begriffe der SPS — DIN EN 61131-3: 2014-06

Geräte (Hardware) betreffend		Programme (Software) betreffend	
Begriff	**Erklärung**	**Begriff**	**Erklärung**
Isoliert (isolated)	Geräte oder Schaltungen werden als isoliert bezeichnet, wenn keine galvanische Verbindung zwischen ihnen besteht.	Anwendungsprogramm oder SPS-Programm (PC program)	Logische Anordnung aller Programmelemente (Anweisungen)
Verfügbarkeit (availability)	Zeitanteil, in dem das SPS-System tatsächlich in der Lage ist, seine Aufgaben zu erfüllen	Operation (operation)	Definierte Aktion, um ein Ergebnis mit einem oder mehreren Operanden zu erzielen
Mensch-Maschine-Interface (MMI)	Bedienerschnittstelle, mit Tastern, Lampen, Tastaturen, Anzeigen u. Ä.	Anweisung (command)	Element einer Programmiersprache, das die Operation und den Operanden festlegt
Fehlersichere Abschaltung (error detection cut off)	Fähigkeit eines SPS-Systems, beim Erkennen eines internen Fehlers oder eines Netzausfalls in einer bestimmten Zeit an seinen Ausgängen einen vorher, vom Anwender definierten Zustand anzunehmen	System-Software (system software)	Vom Gerätehersteller erstellte Software. Typischerweise eine Sammlung von Subroutinen, die ein Anwenderprogramm so in Maschinencode umsetzt, wie er von der Hardwareeinheit gefordert wird.
Testen, Prüfen (checking)	Testen bezieht sich auf das Anwendungsprogramm, Prüfen auf die Betriebsmittel.	Adresszuordnungsliste (allocation map)	Zeigt die Zuordnung der absoluten oder logischen Adressen zu den zugeordneten symbolischen Adressen.
Eingang (input)	• Spannung, Strom, Leistung oder Ansteuerung, die als Eingabewerte bezeichnet werden • Anschlüsse, an denen Eingabedaten oder Eingabewerte zugeführt werden • Daten, die aus einer Schnittstelle gelesen werden	Wiederanlauf (restart)	**Kaltstart:** Wiederanlauf, wenn alle dyn. Daten zurückgesetzt wurden **Warmstart:** Wiederanlauf nach einem Netzausfall mit festgelegtem Satz von dynamischen Daten **Heißstart:** Wiederanlauf nach einem Netzausfall innerhalb der Zeit, in der die SPS die dynamischen Daten erhalten kann
Ausgang (output)	• Spannung, Strom, Leistung oder Ansteuerung, die als Ausgangswert geliefert werden können • Anschlüsse, an denen Ausgangswerte geliefert werden können	Querverweisliste (cross-reference list)	Liste, die alle Stellen eines Programms enthält, an denen eine Liste von Datenobjekten bearbeitet wird

Definition von Datentypen und Variablen — DIN EN 61131-3: 2014-06

Die direkte Darstellung einer Einzelelement-Variable wird durch % gekennzeichnet (z. B. %QX2).

Datentypen (Auswahl)		Direkt dargestellte Variablen	
BYTE	Bit-Folge mit 8 Bits	I(E)	Speicherort Eingang
WORD	Bit-Folge mit 16 Bits	Q(A)	Speicherort Ausgang
INT	Ganze Zahl (integer), 16 Bits	M	Speicherort Merker (Memory; Register)
REAL	Reelle Zahl, 32 Bits		
BOOL	Boolesche Daten, 1 Bit (0 oder 1)	X	Bit-Länge (1 Bit)
TIME	Zeitdauer	B	Byte-Länge (8 bit)
STRING	Zeichenkette	W	Wort-Länge (16 Bit)
		D	Doppelwort-Länge (32 Bit)

9.2 Steuerungstechnik

Steueranweisungen für SPS			DIN EN 61131-3: 2014-06
Funktion	Funktionsbaustein-Sprache (FBS) bzw. Darstellung	Kontaktplan (KOP) bzw. Erläuterung	Anweisungsliste (AWL)
UND $y_A = e_{01} \wedge e_{02}$	%IX0.1, %IX0.2 → & → %QX1.0	%IX0.1 %IX0.2 %QX1.0 ⊣⊢ ⊣⊢ ─( )─	LD %IX0.1 AND %IX0.2 ST %QX1.0
ODER $y_A = e_{01} \vee e_{02}$	%IX0.1, %IX0.2 → ≥ → %QX1.0	%IX0.1 %QX1.0 ⊣⊢ ─( )─ %IX0.2 ⊣⊢	LD %IX0.1 OR %IX0.2 ST %QX1.0
NICHT $y_A = \overline{e_{01}}$	%IX0.1 →o→ %QX1.0	%IX0.1 %QX1.0 ⊣/⊢ ─( )─	LDN %IX0.1 ST %QX1.0
Exklusiv-ODER (Antivalenz) $y_A = (e_{01} \wedge \overline{e_{02}})$ $\vee (\overline{e_{01}} \wedge e_{02})$	%IX0.1, %IX0.2 → =1 → %QX1.0	%IX0.1 %IX0.2 ⊣⊢ ⊣/⊢ %QX1.0 %IX0.1 %IX0.2 ─( )─ ⊣/⊢ ⊣⊢	LD (%IX0.1 ANDN %IX0.2) OR (%IX0.1 AND %IX0.2) ST %QX1.0
Äquivalenz $y_A = (e_{01} \wedge e_{02})$ $\vee (\overline{e_{01}} \wedge \overline{e_{02}})$	%IX0.1, %IX0.2 → = → %QX1.0	%IX0.1 %IX0.2 ⊣⊢ ⊣⊢ %QX1.0 %IX0.1 %IX0.2 ─( )─ ⊣/⊢ ⊣/⊢	LD (%IX0.1 AND %IX0.2) OR (%IX0.1 ANDN %IX0.2) ST %QX1.0
Vergleicher	%IX0.1, %IX0.2 → > → %QX1.0	Es wird unterschieden: > größer >= größer gleich < kleiner <= kleiner gleich != gleich ≠ ungleich	
Arithmetik	%IX0.1, %IX0.2 → + → %QX1.0	%IX0.1 und %IX0.2 werden arithmetisch verknüpft. Das Ergebnis wird am Ausgang %QX1.0 ausgegeben. Im Beispiel wird addiert (+).	
Setzen, Rücksetzen (Speichern) RS	%IX0.1 → S Q1 → %QX1.0 %IX0.2 → R1 (RS)	%IX0.1 %QX1.0 ⊣⊢ ─(S)─ %IX0.2 %QX1.0 ⊣/⊢ ─(R)─	LD %IX0.1 S %QX1.0 LD %IX0.2 R %QX1.0
Aufwärtszähler CTU	RS BOOL →CU Q→ BOOL BOOL →R INT →PV CV→ INT	Ein 1-Signal an R bringt den Zähler auf den Startwert 0. Der aktuelle Zählerstand ist an CV verfügbar. Eine positive Flanke an CU zählt aufwärts.	Zählen b. 15, Reset mit B2, Zählen mit S2: CTU (CU: = B2, R: = S2, PV: = 15)
Abwärtszähler CTD	CTD BOOL →CD Q→ BOOL BOOL →LD INT →PV CV→ INT	Ein 1-Signal an LD lädt den Vorwahlwert PV. Der aktuelle Zählerstand ist an CV verfügbar. Eine positive Flanke an CD zählt abwärts.	
Zeitgeber TON	TON BOOL →IN Q→ BOOL TIME →PT ET→ TIME	**Beispiel:** Einschaltverzögerung TON. Nach dem Start (1-Signal an IN) geht nach Ablauf der an PT angegebenen Zeit der Ausgang Q auf den Wert 1.	30s-Verzögerung: TON (IN: = S1, PT: = T#30s)

9.2 Steuerungstechnik

9.2.8 Speicherprogrammierbare Steuerung (SPS) (Fortsetzung)

Programmierbeispiele für SPS

Stromlaufplan	Funktionsbaustein-Sprache (FBS) bzw. Darstellung	Kontaktplan (KOP) bzw. Erläuterung	Anweisungsliste (AWL)
Selbsthaltung mit vorrangigem Rücksetzen			LD (E01 OR A01) AND E02 ST A01
Selbsthaltung mit vorrangigem Setzen			LD (E01 AND A01) OR E02 ST A01
Einschaltverzögerung			LD E01 CAL TON 1 (IN: = E01, PT: = T #10s) ST A01
Wischkontaktnachbildung (Flankenauswertung)			LD E01 ANDN M02 ST M01 CAL SR M02 (S1: = M01, R: = E01) ST A01
Binäruntersetzer: Am Ausgang erscheint die halbe Ausgangsfrequenz von E 1.			LD E01 ANDN M01 ST S1 LD E01 AND M01 ST R11 CAL RS1 (S:=S1, R1:=R11) ST A01 LD A01 ANDN E01 ST S2 LDN E01 ANDN A01 ST R12 CAL RS2 (S:=S2, R1:=R12) ST A02

9.2 Steuerungstechnik

9.2.9 Schrittmotoren

Das Prinzip des Schrittmotors ↑ ↑ 3-10

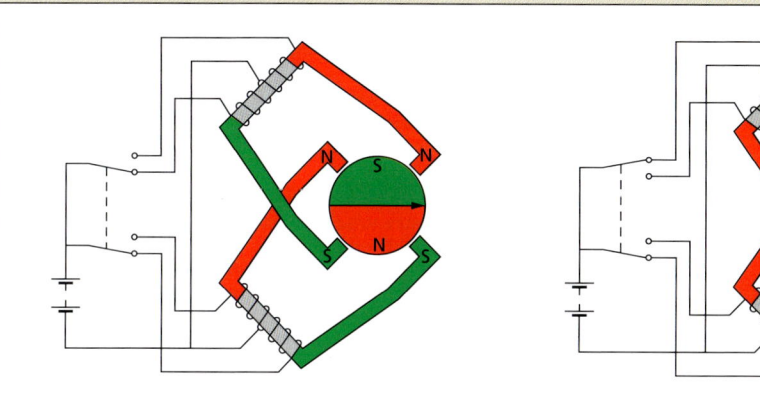

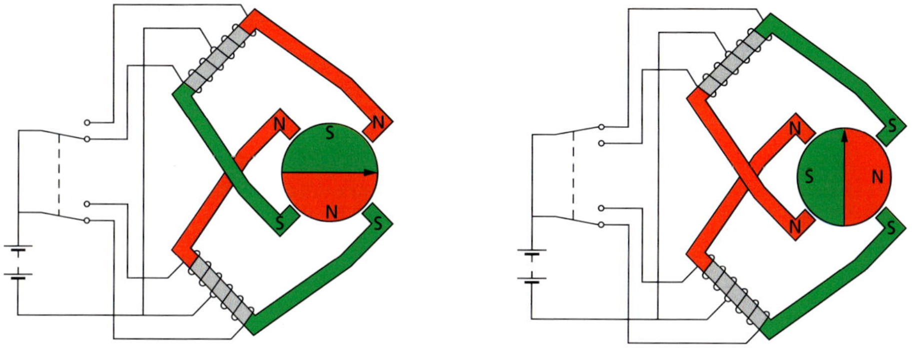

Aufbau und Wirkungsweise des Schrittmotors entsprechen der Synchronmaschine. Die Drehbewegung wird durch wechselweises Ansteuern der Statorwicklungen (Ändern der Polarität) mithilfe einer elektronischen Steuerung erreicht.
Das Bild verdeutlicht die Funktion eines 4-Strang-Schrittmotors. Nach Umschalten des Schalters dreht sich der Rotor um 90°. Bei Betrieb des Motors mit abwechselnder Umschaltung macht der Motor dann 90°-Schritte. Die Drehrichtung kann durch abwechselndes Umschalten in anderer Reihenfolge umgekehrt werden. Neben normaler Rotation erlaubt ein Schrittmotor auch exaktes Positionieren der Motorwelle.

Ansteuerung von Schrittmotoren

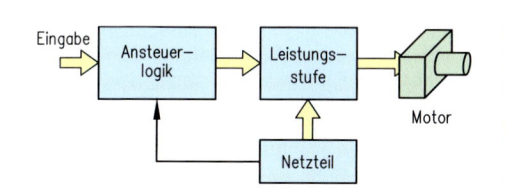

Ansteuerlogik, Leistungsstufe und Energieumformer (der Rotor mit den Spulen) bilden zusammen die Schrittmotor-Einheit. Bei der Ansteuerlogik kann es sich um einen Mikrocontroller handeln oder um spezielle Integrierte Schaltungen (z. B. TMC2208).

Unipolare Ansteuerung		Bipolare Ansteuerung	
Vorteil	Einfache Leistungsstufe	Vorteil	Cu-Volumen wird gut ausgenutzt; hohes Drehmoment; hohe Schrittfrequenz
Nachteil	Cu-Volumen wird nicht ausgenutzt; kein volles Drehmoment	Nachteil	Aufwendige Leistungsstufe

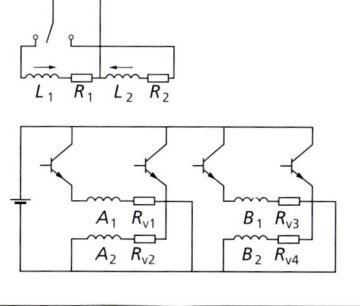

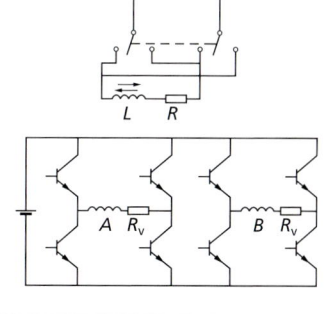

9.2 Steuerungstechnik

9.2.10 Sensorik

Induktive Näherungsschalter	Die Schwingkreisspule des Oszillators erzeugt vor der aktiven Fläche des Näherungsschalters ein magnetisches Wechselfeld. Beim Eintauchen eines Metallteils in dieses Feld wird der Schwingkreis bedämpft, sodass die Triggerstufe kippt und einen Wechsel des Ausgangszustandes herbeiführt. Nach Entfernen des Metallteils wird der ursprüngliche Schaltzustand wieder hergestellt.
Kapazitive Näherungsschalter	Zwei konzentrisch angeordnete metallische Elektroden auf der aktiven Fläche des Näherungsschalters wirken als Kondensator eines RC-Oszillators, der bei freier Fläche nicht schwingt. Gelangt ein Gegenstand in das elektrische Feld vor den Elektroden, vergrößert sich die Kapazität und der Oszillator schwingt. Die Triggerstufe kippt und wechselt den Ausgangszustand. Der Schaltabstand ist umso kleiner, je kleiner die Dielektrizitätskonstante des zu erfassenden Gegenstandes ist. Berechnungsfaktoren zur Ermittlung des Schaltabstandes sind: Metalle 1,0 Wasser 1,0 Holz 0,2 bis 0,7 PVC 0,6 Glas 0,5 Öl 0,1
Ultraschall-Näherungsschalter ↑	Ein Ultraschall-Sender emittiert Ultraschallwellen, die vom zu erfassenden Objekt reflektiert werden. Anschließend wird der Ultraschall-Wandler auf Empfangsbetrieb geschaltet. Die Zeit bis zum Eintreffen des Echos ist proportional zum Abstand des Objektes vom Näherungsschalter. Digitale Ausgänge ermöglichen eine Objekterkennung innerhalb des Erfassungsbereiches, der mit einem Potenziometer einstellbar ist. Ultraschall-Sensoren mit einem analogen Ausgang liefern ein elektrisches Signal, das proportional zum Abstand des zu erfassenden Objektes ist.
Aktiver Infrarot-Näherungsschalter	Infrarot-Näherungsschalter können passiv oder aktiv ausgeführt sein. Passive Sensoren reagieren auf warme, aktive Sensoren reagieren auf reflektierende Gegenstände. Das können aufgrund der verwendeten Infrarotstrahlung allerdings auch solche sein, denen man diese Eigenschaft ohne Weiteres nicht anmerkt. Damit Fremdlichtquellen keinen Einfluss auf den Sensor haben, wird die Lichtquelle mit einer bestimmten Frequenz moduliert, auf die der Empfangsteil reagiert. Um Störungen auszuschließen, wählt man eine Frequenz, die einen großen Abstand zum Netzbrummen und zu den von Fernbedienungen verwendeten Frequenzen hat. Einsatzbereiche sind z. B. automatische Wasserhähne oder Handtrockner.

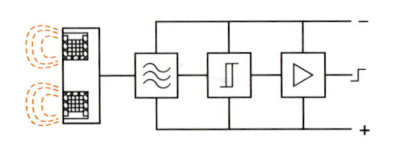

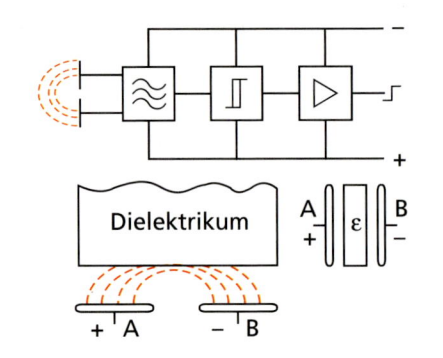

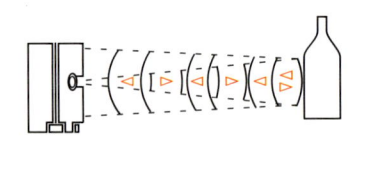

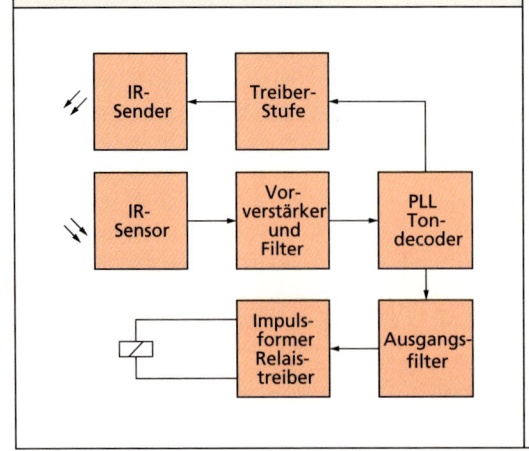

2-14 ↑
8-21

9.2 Steuerungstechnik

Einweg-Lichtschranke

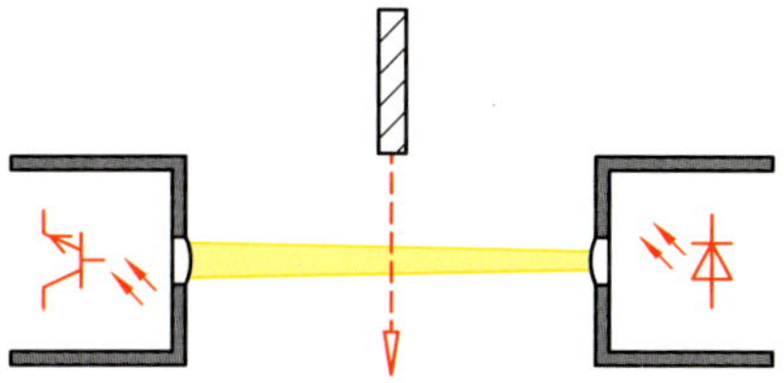

Sender und Empfänger sind räumlich getrennt und einander gegenüberliegend montiert. Eine Unterbrechung des Lichtstrahls löst im Empfänger einen Schaltvorgang aus.

Durch Synchronisation des Empfängers mit dem gepulsten Sender, auf die Sendefrequenz abgestimmte Filter im Empfänger und Infrarot-Filter wird eine hohe Störsicherheit gegen Fremdlicht erreicht.

Dem Nachteil des größeren Montage- und Installationsaufwandes im Vergleich zu den anderen Positionssensoren stehen die große Reichweite (bis > 100 m) und die Erkennung kleinster Gegenstände bei kleinen Abständen gegenüber.

Reflexions-Lichtschranke

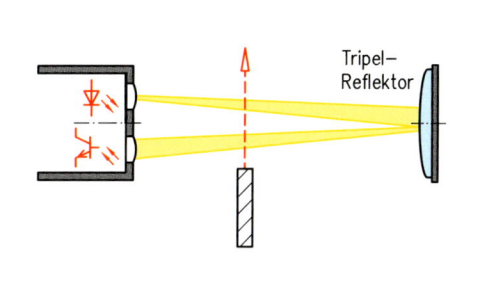

Tripel-Reflektor

Sender und Empfänger sind in einem Gehäuse untergebracht. Der Sender strahlt ein Lichtbündel auf einen gegenüberliegend angebrachten Reflektor aus Glas oder Kunststoff, sodass ein Teil des Lichtstrahls vom Reflektor zurück auf den Empfänger gelangt. Wird der Lichtweg vom zu erfassenden Objekt unterbrochen, so wird im Empfänger ein Schaltvorgang ausgelöst.

Dem erheblich reduzierten Montage- und Installationsaufwand steht eine geringere Reichweite gegenüber.

Reflexions-Lichttaster

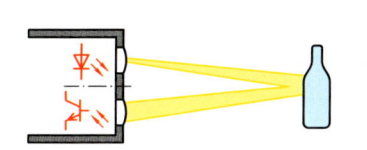

Sender und Empfänger sind in demselben Gehäuse untergebracht. Das zu erfassende Objekt wirkt selbst als Reflektor.

Reflexions-Lichttaster finden Anwendung, wenn weder Empfänger noch Reflektoren montiert werden können.

Von Nachteil ist die große Abhängigkeit der Reichweite von der Farbe, Oberfläche und Größe des zu erfassenden Objektes.

2-Leiter-Anschluss

Der Anschluss erfolgt wie bei mechanischen Grenztastern mit der Last in Reihe. Der Sensor erhält seine Versorgungsspannung von typ. 10 ... 60 V Gleichspannung (DC) oder 20 ... 250 V Wechselspannung (AC) über den Verbraucher. Deshalb fließt auch im gesperrten Zustand ein Ruhestrom von ca. 3 mA ... 5 mA. Im durchgeschalteten Zustand tritt bei maximalem Strom von ≤ 100 mA ein Spannungsfall von 5 V bis 10 V auf.

Gleichspannungsschalter sind verpolungssicher oder können z. T. mit beliebiger Polarität angeschlossen werden.
Wechselspannungsschalter sind meist für 2-Leiter-Anschluss ausgelegt und gegen Spannungsspitzen aus dem Netz geschützt.

3- und 4-Leiter-Anschluss

Die Versorgungsspannung wird über einen zusätzlichen Leiter zugeführt. Der Reststrom über den Verbraucher im gesperrten Zustand ist vernachlässigbar klein. Der Spannungsfall im durchgesteuerten Zustand bei einem maximalen Laststrom von typisch 200 mA beträgt nur ca. 2 V bis 4 V.

Näherungsschalter mit 4-Leiter-Anschluss haben einen antivalenten Ausgang und können als Umschalter eingesetzt werden.
Beide Ausführungen sind meist gegen Kurzschluss, Überlast und Zerstörung durch Spannungsspitzen beim Schalten induktiver Lasten geschützt.

Gleichspannungsschalter sind verpolungssicher oder mit beliebiger Polarität anschließbar.

9.2 Steuerungstechnik

9.2.11 Mikrocontroller (µC)

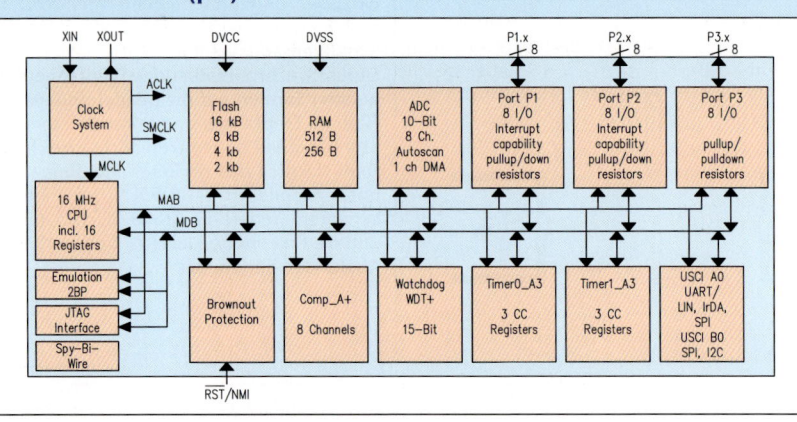

Für Steuerungsaufgaben innerhalb von Geräten verwendet man Mikrocontroller (µC). Neben einem Mikroprozessor (CPU) beinhaltet dieser noch weitere Funktionseinheiten:
- Programmspeicher (ROM typ. als Flash-Speicher)
- Arbeitsspeicher (RAM)
- Taktgenerator (Clock-System)
- Watchdog (Register zum Abfangen eines Programmabsturzes)
- Timer (für Zeitablaufsteuerungen, Pulserzeugung, etc.)
- Schnittstellen (UART = Universal Asynchronous Receiver Transmitter; SPI; I²C)
- A/D- und D/A-Wandler zur direkten Verarbeitung bzw. Ausgabe von Analogsignalen
- I/O-Ports (GPIOs = General Purpose Input Output)
- Komparatoren (Comp_A+)
- Interrupt-Controller zur Ereignissteuerung
- Programmier-Interface (JTAG; Spy-Bi-Wire)

Programmierung von Mikrocontrollern

Die Programmierung erfolgte ursprünglich in Assembler. Heute bieten die Hersteller komfortable Entwicklungsumgebungen (IDE = integrated development environment), die es erlauben in einer Hochsprache wie C (ANSI-C) oder BASIC zu programmieren. Die IDE erzeugt daraus den Maschinencode und speichert diesen in den Programmspeicher (Flash) ab.
1. Erstellen einer Problembeschreibung (Ablaufdiagramm, Strukturgramm).
2. Verbinden des Mikrocontrollers mit dem für die Programmierung vorgesehenen Computer (per Programmieradapter USB nach JTAG oder Spi-Bi-Wire).
3. Starten der herstellerspezifischen Programmierumgebung (IDE mit Interpreter, Compiler, Downloader).
4. Schreiben des Programmcodes auf Basis der Problembeschreibung in einer Hochsprache (meist ANSI-C). Zeitkritische Programmteile werden im Bedarfsfall in Mnemoniks bzw. Maschinencode geschrieben.
5. Compilieren des erstellten Programms und Laden in den Mikrocontroller (meist ein Vorgang).
6. Test des Programms.

Für Verbesserungen und zur Fehlerbeseitigung werden die Vorgänge 4. bis 6. wiederholt.

Programmierschnittstellen

JTAG (Joint Test Action Group) Standardschnittstelle für die Programmierung und für das Testen von Mikrocontrollern.
TCK (Test Clock/Prüftakt) – Takt zur synchronen Ausführung
TMS (Test Mode Select/Testmoduswahl) – bestimmt den nächsten Zustand
TDI (Test Data In) – Daten, gehen in die Test-/Programmierlogik des µC
TDO (Test Data Out) – Daten, kommen aus der Test-/Programmierlogik des µC
RST (Test Reset) – optionale Resetleitung
GND/Vss: Masse, Bezug, 0V

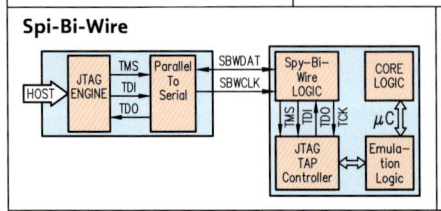

Spi-Bi-Wire

Serielle Programmierschnittstelle mit drei Leitungen. Die JTAG-Befehle werden in ein Zwei-Draht-Format serialisiert. Der Mikrocontroller muss dies unterstützen.
TEST/SBWCLK: serieller Takt (clock)
RST/SBWDAT: Datenleitung (TDO/TDI); gleichzeitig der Reset-Pin des Mikrocontrollers
GND: Masse, Bezug, 0V

9.2 Steuerungstechnik

Verwendung der GPIOs (General Purpose Input Output)

GPIOs sind Standard-Anschlüsse. Sie können Eingang oder Ausgang sein. Meistens ist hinter jedem GPIO ein Transistor mit einem Pullup-Widerstand. Als Ausgang kann ein GPIO aufgrund des Pullup-Widerstandes nur kleine Ströme liefern (typ. 1...5 mA) aber deutlich größere Ströme gegen Masse (GND) ableiten (typ. 10...25 mA). Als Eingang wird der Transistor gesperrt (hochohmig). Eine Logik stellt dann den Zustand am GPIO fest. Oft kann der Pullup-Widerstand auch abgeschaltet werden. Der Anschluss ist dann deaktiviert oder mit einem externen Pullup-Widerstand an andere Logikpegel angepaßt.

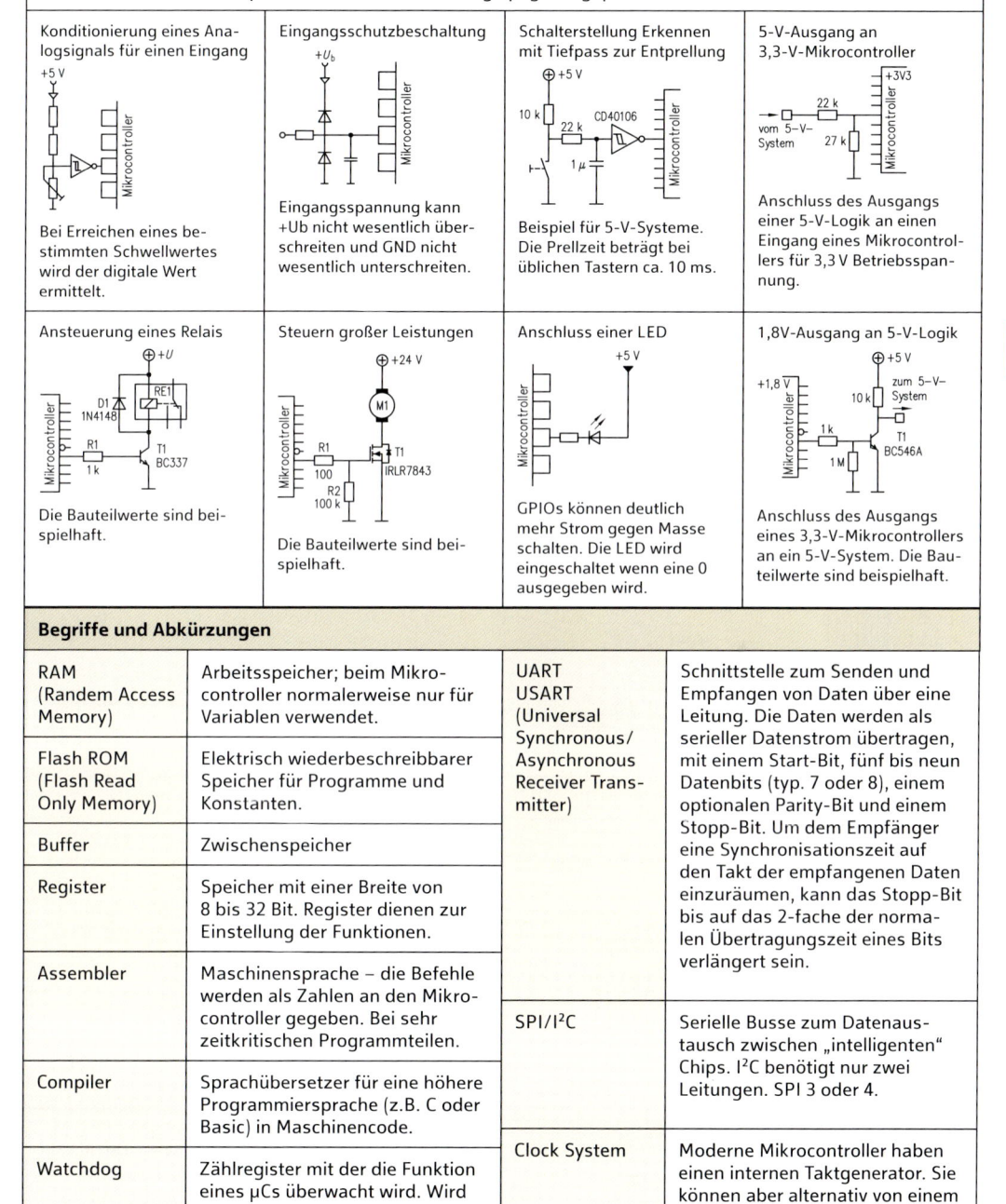

Konditionierung eines Analogsignals für einen Eingang	Eingangsschutzbeschaltung	Schalterstellung Erkennen mit Tiefpass zur Entprellung	5-V-Ausgang an 3,3-V-Mikrocontroller
Bei Erreichen eines bestimmten Schwellwertes wird der digitale Wert ermittelt.	Eingangsspannung kann +Ub nicht wesentlich überschreiten und GND nicht wesentlich unterschreiten.	Beispiel für 5-V-Systeme. Die Prellzeit beträgt bei üblichen Tastern ca. 10 ms.	Anschluss des Ausgangs einer 5-V-Logik an einen Eingang eines Mikrocontrollers für 3,3 V Betriebsspannung.
Ansteuerung eines Relais	**Steuern großer Leistungen**	**Anschluss einer LED**	**1,8V-Ausgang an 5-V-Logik**
Die Bauteilwerte sind beispielhaft.	Die Bauteilwerte sind beispielhaft.	GPIOs können deutlich mehr Strom gegen Masse schalten. Die LED wird eingeschaltet wenn eine 0 ausgegeben wird.	Anschluss des Ausgangs eines 3,3-V-Mikrocontrollers an ein 5-V-System. Die Bauteilwerte sind beispielhaft.

Begriffe und Abkürzungen

RAM (Randem Access Memory)	Arbeitsspeicher; beim Mikrocontroller normalerweise nur für Variablen verwendet.	UART USART (Universal Synchronous/ Asynchronous Receiver Transmitter)	Schnittstelle zum Senden und Empfangen von Daten über eine Leitung. Die Daten werden als serieller Datenstrom übertragen, mit einem Start-Bit, fünf bis neun Datenbits (typ. 7 oder 8), einem optionalen Parity-Bit und einem Stopp-Bit. Um dem Empfänger eine Synchronisationszeit auf den Takt der empfangenen Daten einzuräumen, kann das Stopp-Bit bis auf das 2-fache der normalen Übertragungszeit eines Bits verlängert sein.
Flash ROM (Flash Read Only Memory)	Elektrisch wiederbeschreibbarer Speicher für Programme und Konstanten.		
Buffer	Zwischenspeicher		
Register	Speicher mit einer Breite von 8 bis 32 Bit. Register dienen zur Einstellung der Funktionen.		
Assembler	Maschinensprache – die Befehle werden als Zahlen an den Mikrocontroller gegeben. Bei sehr zeitkritischen Programmteilen.	SPI/I²C	Serielle Busse zum Datenaustausch zwischen „intelligenten" Chips. I²C benötigt nur zwei Leitungen. SPI 3 oder 4.
Compiler	Sprachübersetzer für eine höhere Programmiersprache (z.B. C oder Basic) in Maschinencode.	Clock System	Moderne Mikrocontroller+ haben einen internen Taktgenerator. Sie können aber alternativ von einem Quarzoszillator (hohe Genauigkeit) getaktet werden.
Watchdog	Zählregister mit der die Funktion eines µCs überwacht wird. Wird eine Fehlfunktion erkannt, wird dies signalisiert oder eine Sprunganweisung eingeleitet.		

9.2 Steuerungstechnik

9.2.12 Feldbusse

Feldbusgrundlagen
- Struktur
- Topologie

Offene Feldbussysteme
- Controller Area Network CAN
- Profibus
- Interbus

Geschlossene Feldbussysteme

Ohne Feldbus: Pro zu steuerndes Gerät ist mindestens eine Leitung notwendig.

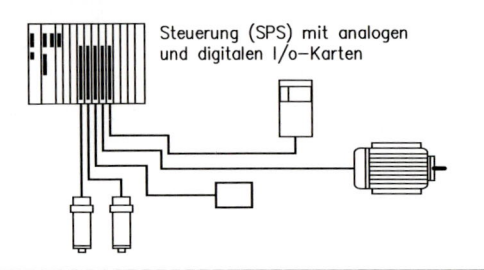

Steuerung (SPS) mit analogen und digitalen I/o-Karten

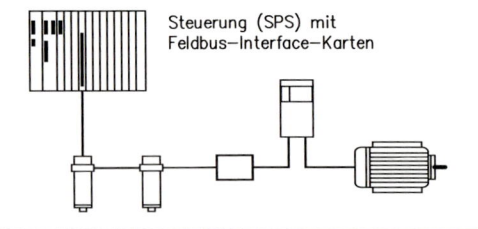

Feldbusse sind seriell arbeitende Bussysteme, die der automatisierten Datenübertragung in einer lokalen Umgebung dienen.

Die Vorteile, die ein Feldbussystem bietet, sind z. B.:

- die Dezentralisierung in der Automatisierungstechnik, wodurch Automatisierungsaufgaben auf mehrere kleinere Steuerungen verteilt werden, was mit einer höheren Produktionssicherheit einhergeht,
- die Reduzierung der Installationskosten durch Einsparung von Leitungen zu Sensoren und Aktoren,
- die Einbindung in der Prozessführung und Prozessüberwachung,
- verbesserte Flexibilität: Die Geräte können leicht örtlich verändert werden. Es muss lediglich die Busanbindung gewährleistet sein.

Mit Feldbus: Bidirektionale, digitale Kommunikation mit den Geräten über eine Leitung

Steuerung (SPS) mit Feldbus-Interface-Karten

Struktur von Feldbussystemen

Master-Slave-Struktur

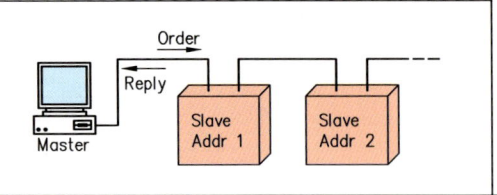

Die Master-Slave-Struktur wird bei Sensor-Aktor-Bussen eingesetzt, wobei sich der Master als Anschaltbaugruppe an der Steuerung befindet und die Slaves in der untersten Feldebene mit den Sensoren und Aktoren verbunden sind.
Beim Master-Slave-Prinzip ist die Reaktionszeit berechenbar (Echtzeitfähigkeit).

Multi-Master-Struktur

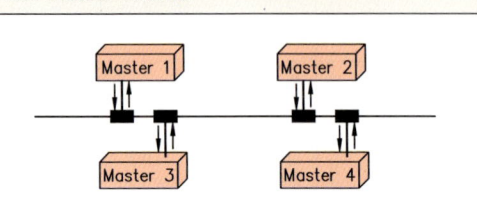

Die Multi-Master-Struktur wird vorwiegend bei Prozessbussystemen verwendet, wobei die Master unmittelbar mit den Steuerungsgeräten sowie übergeordneten Zellrechnern verbunden sind.
Daten können direkt zwischen beliebig vielen Teilnehmern ausgetauscht werden. Die Daten werden vom Master an die betreffenden Aktoren/Geräte weitergereicht.

9.2 Steuerungstechnik

Auswahlkriterien für Feldbussysteme

Technische Daten/Kriterien
- Geografische Kriterien
- Zeitliche Kriterien
- Andere technische Kriterien

Strategische Kriterien
- Standards
- Verfügbarkeit
- Andere strategische Kriterien

Technische Daten/Kriterien	
Geografische Kriterien	Beschreibung
Max. Ausdehnung	Größtmögliche Netzausdehnung, ggf. abhängig von Repeateranzahl und Medium
Max. Teilnehmerzahl	Maximaler Abstand zwischen zwei Netzkomponenten (Knoten, Stationen)
Topologie	Geometrische Lage und Anordnung der angeschlossenen Knoten am Netzwerk
Zeitliche Kriterien	Beschreibung
Datenübertragungsrate (physikalisch)	Max. phys. Datenübertragungsrate. Abhängig vom Medium. Gibt keinen Aufschluss über die Geschwindigkeit, mit der Nutzdaten übertragen werden.
Min. Reaktionszeit bei Multi-Master-Systemen (max. Latenzzeit)	Reaktionszeit ist die Zeit, die vom Beginn eines Sendewunsches einer Station verstreicht, bis diese die Daten komplett übertragen, also aufs Netz gegeben hat. Sie hängt vom Buszugriffsverfahren ab.
Max. Reaktionszeit	Max. Verzögerung, die beim Senden von Nachrichten auftreten kann. Abhängig von Zykluszeit, Teilnehmerzahl, Netzgröße, Medium, phys. Übertragungsrate
Min. Update-Zeit bei Master-Slave-Systemen	Zeit, um alle Slaves einmal abzufragen (Zykluszeit). Abhängig von der Nachrichtenlänge, Teilnehmerzahl, Netzausdehnung, Medium, phys. Übertragungsrate
Synchronisation	Art der Synchronisation mehrerer am Bus angeschlossener Geräte
Weitere technische Kriterien	Beschreibung
Max. Busteilnehmer	Angabe, wie viele Teilnehmer am Netzwerk angeschlossen werden können
Buszugriffsverfahren	Methode, mit der der Zugriff auf das Busmedium geregelt wird
Teilnehmerhierarchie	Gibt an, ob und in welcher Form eine Station den anderen übergeordnet ist.
Übertragungssicherheit (Hamming-Distanz, HD)	Maßzahl für die Störsicherheit des Codes. Gibt Auskunft über die Güte der Fehlererkennung.
Strategische Kriterien	
Standards	Beschreibung
Def. ISO/OSI-Ebenen	Angabe, welche Ebenen nach dem ISO/OSI-Referenzmodell festgelegt sind
Tragende Hersteller und Anwender	Hersteller, Anwender und Vereinigungen, die maßgeblich an der Entwicklung, Herstellung und Verbreitung des Busses beteiligt sind
Zertifizierung	Wer führt Test/Zertifizierung (Prüfung zur Sicherung der Kompatibilität) durch?
Verfügbarkeit	Beschreibung
PC-Anschaltkarten	Verfügbare Komponenten, Besonderheiten
Software	Verfügbare Komponenten, Besonderheiten
Wartung, Dienstleistung	Verfügbare Leistungen
Weitere strategische Kriterien	Beschreibung
Einsatzgebiete	Grobeinschätzung, wo der Bus am sinnvollsten einzusetzen ist
Zukunftsträchtigkeit	Einschätzung, welche Rolle der Bus in der Zukunft spielen wird

9.2 Steuerungstechnik

9.2.12 Feldbusse (Fortsetzung)

Controller Area Network – CAN
DIN EN 50325-1: 2003-07

Ankopplung eines Teilnehmers an den CAN-Bus

(Schaltbild: CAN-Teilnehmer mit CAN H und CAN L, Busleitung mit Bus-Abschlusswiderständen 124 Ω an beiden Enden, U_D)

Belegung des CAN-Bus-Anschlusssteckers

(9-Pin-D-Sub-Steckverbinder, Pinbelegung 1–9)

1 Reserviert
2 CAN–L
3 CAN–GND
4 Reserviert
5 Optional: CAN–Schirm
6 GND
7 CAN–H
8 Reserviert
9 CAN–V+ (optionale externe Versorgung)

Teilnehmerhierarchie	Multi-Master; jede Station kann uneingeschränkt mit jeder anderen Station kommunizieren.
Typ. Einsatzbereich	Automobile Automatisierungstechnik
Max. Ausdehnung	Abhängig von der Datenübertragungsrate bis 6700 m (bei 10 kBit/s)
Topologie	Linie mit Abschlusswiderstand
Übertragungsmedium	Kabel, 4-adrig, geschirmt/verdrillt
Datenübertragungsrate	bis 1 Mbit/s
Min. Reaktionszeit	< 160 µs bei 1 Mbit/s
Synchronisation	z. B. durch hochpriore Nachricht
Zugriffsverfahren	CSMA/CR (R = Resolve)
Max. Busteilnehmer	127
Übertragungssicherheit	Hamming-Distanz 6
Ausfallwahrscheinlichkeit (physikalisch)	Gilt wegen seiner aufwendigen Fehlererkennungsmechanismen als sehr zuverlässig.
Def. ISO/OSI-Ebenen	1, 2, 7
Gateways zu anderen Bussen/Netzen/Internet	AS-Interface; ARCNET, Profibus, Ethernet, USB

Nominale absolute Pegel gegen Masse

Spannung an	Rezessiv logisch 1	Dominant logisch 0
CAN H	2,5 V	3,5 V
CAN L	2,5 V	1,5 V
Zul. Differenz U_D = CANH-CANL	0 … 0,5 V	0,9 … 2,0 V

Profibus

Struktur bei Profibus-FMS

(Darstellung: Master 1, Master 2, Slave 1, Slave 2, Slave 3, Slave 4, Master 3, Slave 5, Token)

Verkabelung (RS485 über 9-Pin-D-Sub-Steckverbinder)

Station 1 – Station 2
RxD/TxD–P (3) ○
DGND (5) ○
VP (6) ○
RxD/TxD–N (8) ○
Abschirmung – Schutzerde

Busabschluss

(6) VP – 390 Ω
(3) RxD/TxD–P
Datenleitung – 220 Ω
(8) RxD/TxD–N
390 Ω
(5) DGND

Anschluss Bus (M12-Steckverbindung in IP65/67)

1 +5 V DC
2 A
3 GND
4 B
5 Shield

Teilnehmerhierarchie	Multi-Master, -Slave • DP (Dezentral Peripherie) • PA (Prozessautomatisierung)
Typ. Einsatzbereich	Variante DP: Ansteuerung von Sensoren/Aktoren Variante PA: Prozessautomation
Max. Ausdehnung	1200 m bei 9,6 kBit/s
Topologie	Linie mit Abschlusswiderständen; logisch bilden die aktiven Stationen (Master) einen Ring und die Slavestationen einen Stern.
Übertragungsmedium	Kabel (2-adrig, geschirmt, verdrillt), Lichtwellenleiter
Datenübertragungsrate	bis 12 Mbit/s
Min. Reaktionszeit (max. Latenzzeit)	Typ. 3,2 ms (Netz mit 2 Stationen)
Synchronisation	z. B. durch hochpriore Nachricht
Zugriffsverfahren	Dezentral: Token Passing für Master-Master-Kommunikation Zentral: Polling bei Master-Slave
Max. Busteilnehmer	126
Übertragungssicherheit	Hamming-Distanz = 4
Ausfallwahrscheinlichkeit (physikalisch)	RS485-Übertragungstechnik bis 500 Kbit/s, robust, bewährt
Def. ISO/OSI-Ebenen	1, 2, 7
Gateways zu anderen Bussen/Netzen/Internet	AS-Interface, USB, Ethernet, MAP

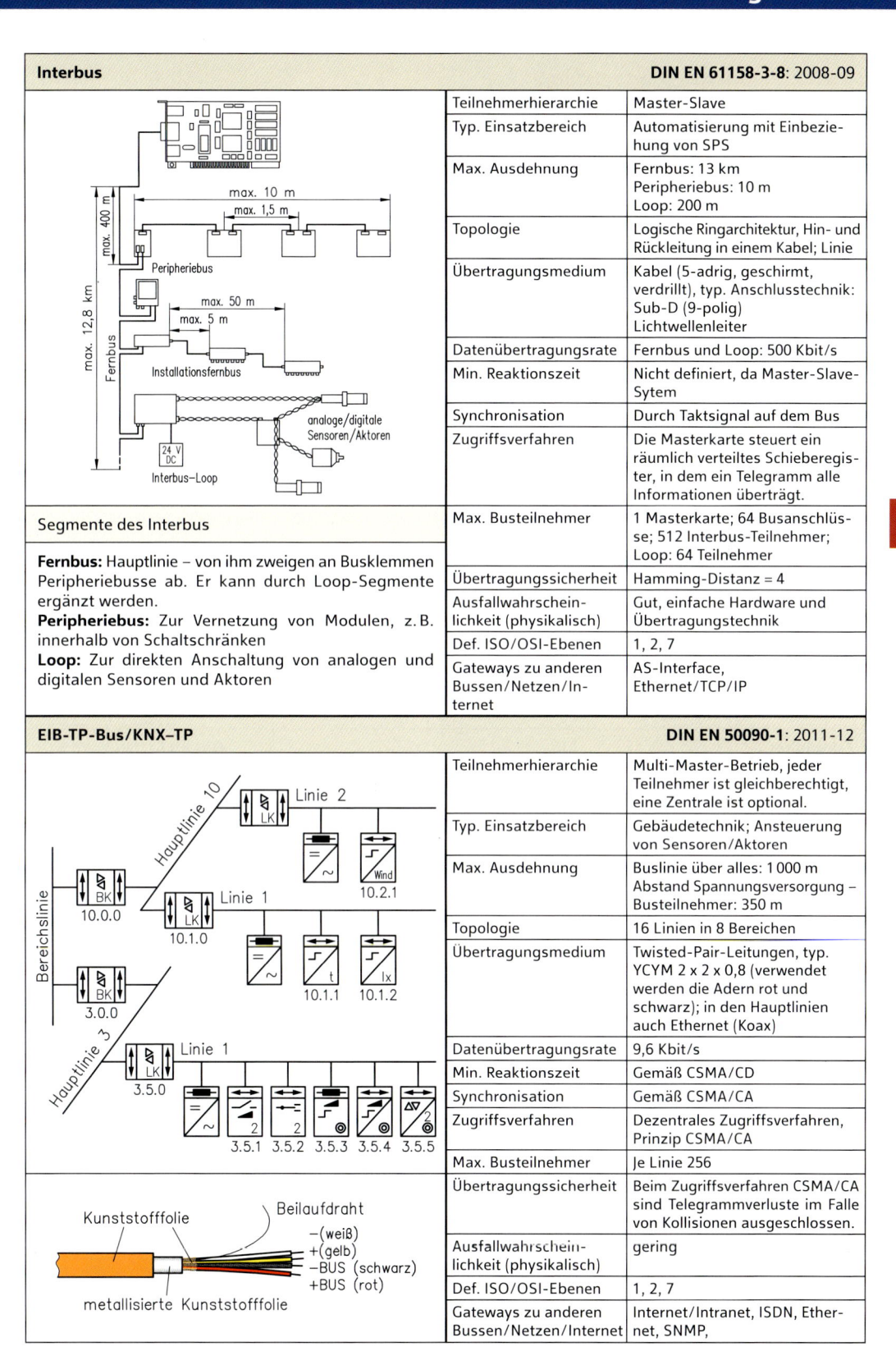

9.2 Steuerungstechnik

Interbus

DIN EN 61158-3-8: 2008-09

Teilnehmerhierarchie	Master-Slave
Typ. Einsatzbereich	Automatisierung mit Einbeziehung von SPS
Max. Ausdehnung	Fernbus: 13 km Peripheriebus: 10 m Loop: 200 m
Topologie	Logische Ringarchitektur, Hin- und Rückleitung in einem Kabel; Linie
Übertragungsmedium	Kabel (5-adrig, geschirmt, verdrillt), typ. Anschlusstechnik: Sub-D (9-polig) Lichtwellenleiter
Datenübertragungsrate	Fernbus und Loop: 500 Kbit/s
Min. Reaktionszeit	Nicht definiert, da Master-Slave-Sytem
Synchronisation	Durch Taktsignal auf dem Bus
Zugriffsverfahren	Die Masterkarte steuert ein räumlich verteiltes Schieberegister, in dem ein Telegramm alle Informationen überträgt.
Max. Busteilnehmer	1 Masterkarte; 64 Busanschlüsse; 512 Interbus-Teilnehmer; Loop: 64 Teilnehmer
Übertragungssicherheit	Hamming-Distanz = 4
Ausfallwahrscheinlichkeit (physikalisch)	Gut, einfache Hardware und Übertragungstechnik
Def. ISO/OSI-Ebenen	1, 2, 7
Gateways zu anderen Bussen/Netzen/Internet	AS-Interface, Ethernet/TCP/IP

Segmente des Interbus

Fernbus: Hauptlinie – von ihm zweigen an Busklemmen Peripheriebusse ab. Er kann durch Loop-Segmente ergänzt werden.
Peripheriebus: Zur Vernetzung von Modulen, z. B. innerhalb von Schaltschränken
Loop: Zur direkten Anschaltung von analogen und digitalen Sensoren und Aktoren

EIB-TP-Bus/KNX–TP

DIN EN 50090-1: 2011-12

Teilnehmerhierarchie	Multi-Master-Betrieb, jeder Teilnehmer ist gleichberechtigt, eine Zentrale ist optional.
Typ. Einsatzbereich	Gebäudetechnik; Ansteuerung von Sensoren/Aktoren
Max. Ausdehnung	Buslinie über alles: 1 000 m Abstand Spannungsversorgung – Busteilnehmer: 350 m
Topologie	16 Linien in 8 Bereichen
Übertragungsmedium	Twisted-Pair-Leitungen, typ. YCYM 2 x 2 x 0,8 (verwendet werden die Adern rot und schwarz); in den Hauptlinien auch Ethernet (Koax)
Datenübertragungsrate	9,6 Kbit/s
Min. Reaktionszeit	Gemäß CSMA/CD
Synchronisation	Gemäß CSMA/CA
Zugriffsverfahren	Dezentrales Zugriffsverfahren, Prinzip CSMA/CA
Max. Busteilnehmer	Je Linie 256
Übertragungssicherheit	Beim Zugriffsverfahren CSMA/CA sind Telegrammverluste im Falle von Kollisionen ausgeschlossen.
Ausfallwahrscheinlichkeit (physikalisch)	gering
Def. ISO/OSI-Ebenen	1, 2, 7
Gateways zu anderen Bussen/Netzen/Internet	Internet/Intranet, ISDN, Ethernet, SNMP,

9.2 Steuerungstechnik

9.2.12 Feldbusse (Fortsetzung)

AS-Interface — DIN EN 62026-2: 2020-12

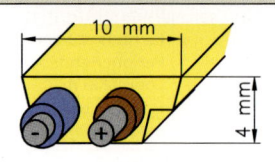

Über das zweiadrige Flachbandkabel des AS-Interface werden gleichzeitig Daten und Energie übertragen. Zum Schutz vor Verpolung ist die Kabelform codiert. Sensoren, Aktoren oder Module können mithilfe einer „Durchdringungstechnik" an jeder beliebigen Stelle angeschlossen werden. Dabei wird das Kabel nicht unterbrochen.
Zum Anschluss der Geräte werden Adapter mit M12-Stecker/Buchsen eingesetzt.

PIN-Belegung M12-Busstecker 
1 AS-Interface+
2 0 V (nur wenn fremdgespeist)
3 AS-Interface−
4 24 V (nur wenn fremdgespeist)

PIN-Belegung M12-Buchse (Rückmeldereingänge) 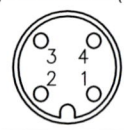
1 +24 V
2 Sensor 2
3 0 V
4 Sensor 1

Teilnehmerhierarchie	Single-Master-System, ein Master pollt zyklisch alle Slaves und tauscht mit ihnen Daten aus.
Typ. Einsatzbereich	Besonders geeignet für die Kommunikation zwischen industrieller Steuerung und Aktoren/Sensoren.
Max. Ausdehnung	100 m; mit Repeatern bis 300 m
Topologie	Bus-, Stern-, Ring- und Baumstrukturen sind möglich.
Übertragungsmedium	Zweiadriges gelbes Flachbandkabel, ungeschirmt, dient auch der Spannungsversorgung (24 V) für Buskomponenten und für Teilnehmer mit niedrigem Strombedarf
Datenübertragungsrate	167 Kbyte/s
Min. Reaktionszeit	Max. Zykluszeit: 10 ms
Synchronisation	
Zugriffsverfahren	Der Master kommuniziert über ein serielles Protokoll mit den Teilnehmern. Ein Telegramm besteht aus 4-Bit Nutzdaten.
Max. Busteilnehmer	62 in der Version 2.1
Übertragungssicherheit	Hamming-Distanz 5
Ausfallwahrscheinlichkeit (physikalisch)	gering bei sorgfältiger Installation
Def. ISO/OSI-Ebenen	1, 2, 7
Gateways zu anderen Bussen/Netzen/Internet	Profibus, CANbus, u. a.

ControlNet — DIN EN 61158-3: 2015-07

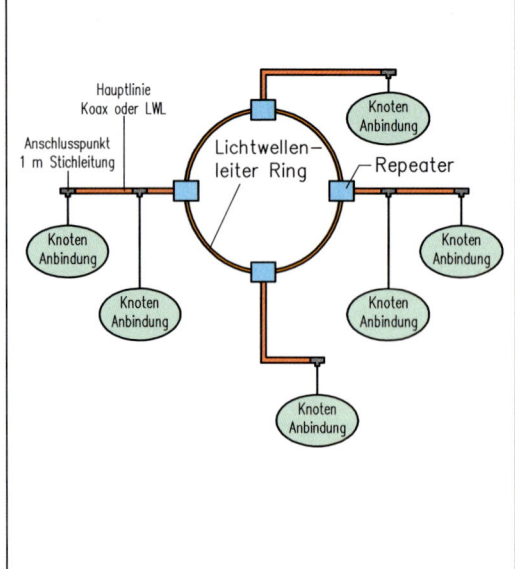

Teilnehmerhierarchie	Unterstützt viele bekannte Kommunikationsbeziehungen von Master/Slave über Multi-Master bis zu Peer-to-Peer
Typ. Einsatzbereich	Industrielle Anwendungen
Max. Ausdehnung	1 km; mit Repeatern bis 25 km
Topologie	Kann in Bus-, Baum und Sterntopologie aufgebaut werden; Unterstützung redundanter Netzwerke; mit LWL sind auch Ringstrukturen möglich
Übertragungsmedium	Koaxialkabel, RG-6, mit BNC-Stecker oder Lichtwellenleiter; azyklische Übertragung von Nachrichten
Datenübertragungsrate	5 Mbit/s
Min. Reaktionszeit	kurze Reaktionszeit
Synchronisation	Datenpakete mit 0...510 Byte
Zugriffsverfahren	CTDMA (Concurrent Time Domain Multiple Access)
Max. Busteilnehmer	99
Übertragungssicherheit	CRC-16 − Standard (serielle Übertragung mit Prüfsumme)
Ausfallwahrscheinlichkeit (physikalisch)	Gering, wegen der Möglichkeit Redundanzen aufzubauen
Def. ISO/OSI-Ebenen	1, 2, 3, 4
Gateways zu anderen Bussen/Netzen/Internet	Profibus, Interbus, AS-Interface, SPS, u. a.

9.2 Steuerungstechnik

9.2.13 Industrie 4.0, Leitseite

Mit Industrie 4.0 ist die Vernetzung von Sensoren mit Steuer-, Regel- und Informationssystemen sowie Auswertecomputern gemeint – aber auch mit Maschinen untereinander, die selbständig Informationen austauschen, auswerten und auf deren Grundlage reagieren können. Die Vernetzung geschied über Ethernet-Verbindungen (Kap. 5.2.4). Es wird das gleiche Netz benutzt, dass auch für das Word-Wide-Web verwendet wird. Jede angeschlossene Komponente hat eine eindeutige Hardware-Kennung (MAC-Adresse; Kap. 5.2.4), eine Software-Adresse (IP-Adresse) und kann mit anderen Komponenten im Netz kommunizieren. Die eingebundenen Geräte sind als „dumme" Datenlieferanten ausgelegt oder auch als „intelligente" Systeme die selbständig Entscheidungen treffen und mit Hilfe von Aktoren oder anderen „intelligenten" Systemen, diese auch umsetzen.

Begriffe und Abkürzungen

Internet of Things IoT Industrial Internet of Things IIoT	Bezeichnung für die selbständige Benutzung des Internets von „intelligenten" Geräten und Systemen. Die Geräte können ohne Eingriff von Menschen Daten bereitstellen oder sogar miteinander kommunizieren, Entscheidungen treffen und agieren. Im IIoT werden die speziellen Bedürfnisse industrieller Anwendungen berücksichtigt.	Typisch für den Aufbau eines mit IoT ausgestatteten Gerätes ist • ein integrierter Mikrocontroller (Kap. 9.2) oder • einfach nur Sensoren (Kap. 8) jeweils mit einer Ethernet-Schnittstelle ausgestattet. Die Ethernet-Schnittstelle wird oft separat mit einem speziellen IC realisiert, dass über I²C oder SPI (Kap. 4.2.6) mit dem Mikrocontroller oder den Sensoren kommuniziert. Die Anbindung erfolgt über Kabel oder per Funk (WLAN, ZigBee). Das IoT-Gerät arbeitet typischerweise als • Internet-Server, wenn es nur Daten zur Verfügung stellt. • Internet-Server und -Client, wenn es auch selbständig Anweisungen von einem entfernten Server abholen kann. Die abgeholten Anweisungen werden zur Steuerung des Gerätes verwendet. Der Aufstellort und damit die Entfernung zwischen den kommunizierenden Geräten und Systemen ist dank der weltweiten Vernetzung im Internet beliebig.	
Ethernet↑	Eine Technik, bestehend aus Hard-/Software-Komponenten, die vom Internet zur Datenübertragung verwendet wird.	Ethernet (Kap. 5.2.4) hat sich als Standard bei Netzwerken ethabliert. Es wird für in sich abgeschlossene LAN-Netzwerke als auch für das offene Internet verwendet. Beim Datenaustausch der „Industrie 4.0"-Technik erfolgt die Anbindung mit Ethernet-Netzwerken. Auch bei IoT sind es fast nur Ethernet-Verbindungen.	↑5-10
Radio-Frequency Identification RFID	Technisches System für das kontaktlose Lesen und Speichern von Daten zwischen Geräten (z.B. Sensor und Lesegerät).	Der eigentliche Datenträger im RFID-System heißt Transponder. Außerhalb der Reichweite des Lesegerätes verhält sich der Transponder passiv. Erst wenn der Transponder sich in der HF-Reichweite des Lesers befindet, wird der Transponder aktiv und kann identifiziert werden. Für die Energieversorgung des Transponders werden die Radiowellen des Lesegerätes verwendet. Sobald Transponder und Lesegerät sich im gegenseitigen Ansprechbereich befinden, kann das Lesegerät die ausgesendeten Signale des Transponders empfangen. Die Reichweiten liegen üblicherweise unter 10 m. Eingesetzte Trägerfrequenzen: 125 … 135 kHz; 13,56 MHz und 860 … 960 MHz Die RFID-Technik wird zur Identifikation (elektronischer Strichcode) von Dingen eingesetzt sowie für die kontaktlose Anbindung von Sensoren im IoT.	
Wirelss Local Area Network WLAN Umgangssprachlich auch Wi-Fi	Übertragung von Netzwerk-Protokollen im Nahbereich per Funk. Übliche Trägerfrequenzen sind 2,4 GHz Standard; bis 14 Teilnehmer/Kanäle 5,0 GHz bis 140 Teilnehmer/Kanäle 60,0 GHz bei sehr vielen Teilnehmern und geforderten hohen Datenraten	Im Standard IEEE 802.11 gibt es eine Luftschnittstelle für lokale Funknetzwerke. Es ist ein "schnurloses Ethernet" und definiert die Bitübertragungsschicht des OSI-Schichtenmodells für ein Wireless LAN. Drahtlose Netzwerkkarten lassen sich in vorhandene Ethernet (Kap. 5.2.4) einbinden. So ist es mit Einschränkungen (Zuverlässigkeit, Geschwindigkeit) möglich, eine schnurgebundene Ethernet-Verbindung nach IEEE 802.3 durch eine per WLAN nach IEEE 802.11 zu ersetzen. Die Reichweiten liegen unter 100 m. Drahtlose Netze sind auf Empfanggeräten mit ihrem Namen (SSID = Service Set Identifier) sichtbar.	

9.2 Steuerungstechnik

9.2.13 Industrie 4.0, Leitseite (Fortsetzung)

Begriffe und Abkürzungen (Fortsetzung)

ZigBee	Ein drahtloses Netz mit geringem Datenaufkommen und minimiertem Stromverbrauch für den Nahbereich. Ein wichtiges Ziel bei ZigBee ist die Vereinheitlichung im Bereich IoT.	Anwendung sind vor allem Anbindung von Sensoren und das Steuern von Geräten. Die aktuelle Spezifikation ist seit 2007 „ZigBee Pro". • Trägerfrequenz: 2,4 GHz; seltener 868 MHz • Reichweite: bis 100 m. Mit vermaschtem Netzen sind auch Reichweiten von mehreren Kilometern möglich. Jedes Funkmodul besitzt eine eindeutige 64-Bit-IEEE-Adresse.
ZigBee IP	Variante des „ZigBee"-Standards für drahtlose Netzwerke mit Anbindung an das Internet.	ZigBee IP arbeitet nach dem 6LoWPAN-Standard. Einzelne Knoten des ZigBee IP sind direkt erreichbar über IPv6 oder IPv4 (Kap. 5.2.4).
Bluetooth	Standardisierte Funkschnittstelle für Datenübertragung über kurze Strecken.	Bluetooth (Kap. 5.2.4) wird für den kontaktlosen Datenaustausch zwischen Sensoren und Geräten eingesetzt. Die Trägerfrequenz ist 2,4 GHz. Die Reichweite ist typischerweise bis 10 m. In Ausnahmefällen bis 100 m. Es lassen sich Piconetze (Kap. 5.2.4) damit bilden.
TCP/IP (transmission control protocol/internet protocol)	Das im Internet meist regulär unter Ethernet (Kap. 5.2.4) verwendete Protokoll zur Datenübertragung.	TCP/IP ist ein Protokoll für die Vermittlung und den Transport von Datenpaketen in einem dezentral organisierten Netzwerk. Es wird im LAN (Local Area Network) und im WAN (Wide Area Network) verwendet.
Data Distribution Service DDS	Protokoll, speziell entworfen für die Verwendung im Zusammenhang mit „Industrie 4.0" und speziell mit dem „Industrial Internet of Things IIoT". Es erlaubt „Echtzeitanwendungen".	Die DDS-Spezifikation enthält folgende Kernbestandteile: Ein Topic ist ein anwendungsspezifischer Datentyp, der festlegt, welche Art von Informationen ein DDS-Paket enthält. Eine Domain dient zur logischen Gliederung und enthält viele Topics. Ein Publisher ist ein Teilnehmer im DDS-System, der Daten (Topics) zur Verfügung stellt. Ein Subscriber ist ein Teilnehmer im DDS-System, der Empfänger für bestimmte Daten (Topics) ist. Subscriber müssen dem Publisher nicht bekannt sein. Der Datenaustausch gelingt, wenn die Art der vom Subscriber gesuchten Daten vom Publisher angeboten werden.
Cloud (Deutsch: „Wolke")	Ein virtueller Raum in dem sehr große Daten (Big Data) gesammelt, verwaltet und ausgetauscht werden.	Eine Cloud besteht aus mindestens einem Internet-Server (Kap. 5). Tatsächlich wird eine Cloud in der Regel aus einer „Server-Farm" gebildet, die an verschiedenen Standorten (auch weit – weltweit – voneinander entfernt) aufgestellt sind. Ein Cloudnutzer weiß nicht, wo seine Daten gespeichert sind. Mit Clouds können Daten für viele Teilnehmer gleichzeitig zur Verfügung gestellt werden – unabhängig vom Standort. Clouds werden von Menschen und von Geräten/Maschinen gleichermaßen genutzt. Der Zugriff auf eine Cloud erfolgt über die IP-Adresse mit Zugangskontrolle (Anmeldename und Passwort).
Künstliche Intelligenz KI Artifizielle Intelligenz AI	Systeme die selbständig Informationen entgegennehmen, verarbeiten, Entscheidungen treffen, reagieren und aus der Rückmeldung der Reaktion lernen (sich selber optimieren).	Systeme mit KI funktionieren mithilfe komplexer Algorithmen (Programmen), die auf schnellen Rechnern/Signalprozessoren oder je nach Gerät einfach nur mit schneller Logik (CPLD/FPGA; Kap. 4.2.8) abgearbeitet werden. Die Algorithmen können auf herkömmlicher und/oder auf Fuzzy Logik (Kap. 9.3.10) basieren („Deep Learning"). Teilgebiete der KI sind z. B. Mustererkennung und Muster- bzw. Verhaltensvorhersage.
Energy Harvesting	Als Energy Harvesting (Energie-Ernten) bezeichnet man die Gewinnung kleiner Mengen elektrischer Energie aus der Umwelt. Ziel ist die autarke Energieversorgung von Sensoren im IoT.	Energy Harvesting entstand aus der Not, abgelegen platzierte Sensoren des IoT ohne Netzanschluss und ohne Batterien betreiben zu wollen oder zu müssen. Als Energiequellen werden genutzt: • Licht (Solarzellen) • Wind (Generatoren mit Turbinen/Flügelräder) • Vibrationen (Piezoelemente, Magnet/Spule-Kombination) • Wärme/Wärmeströmung (Stirlingmotor, Peltierelement) • Elektromagnetische Strahlung (Antennen, Resonanzkreise). Es werden kleine Energiemengen gesammelt und benötigt. Zur Pufferung der Energie werden Akkumulatoren (Kap. 6.9.3) oder Kondensatoren mit hoher Kapazität („SuperCaps") verwendet.

9.3 Regelungstechnik

9.3.1 Einteilungen in der Regelungstechnik

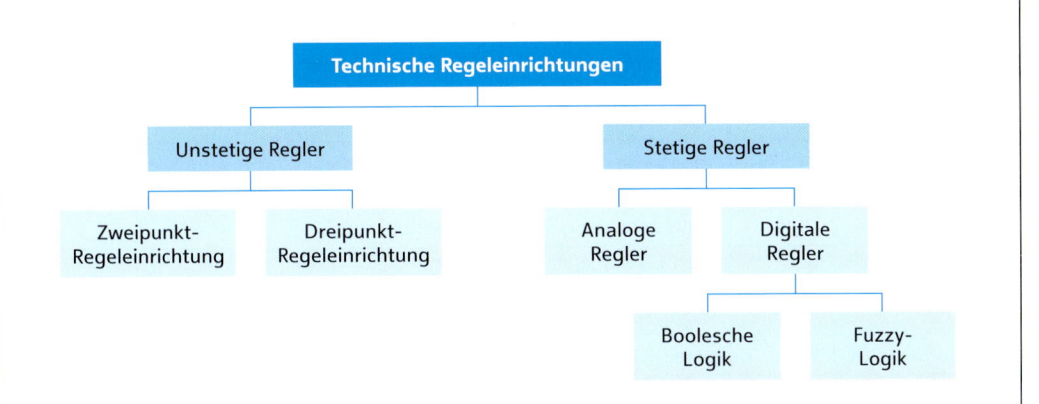

```
                    Technische Regeleinrichtungen
                   /                              \
        Unstetige Regler                    Stetige Regler
        /            \                      /            \
  Zweipunkt-     Dreipunkt-          Analoge        Digitale
Regeleinrichtung Regeleinrichtung    Regler         Regler
                                                   /        \
                                            Boolesche    Fuzzy-
                                              Logik      Logik
```

9.3.2 Kennzeichen des Regelns

- Die zu regelnde Größe wird fortlaufend erfasst.
- Die zu regelnde Größe wird mit der Führungsgröße verglichen.
- Die zu regelnde Größe wird durch Eingriffe in das System an die Führungsgröße angeglichen.
- Der Wirkungskreis ist geschlossen → Regelkreis.
- Die Ausgangsgröße wird rückgeführt → Stabilitätsprobleme.

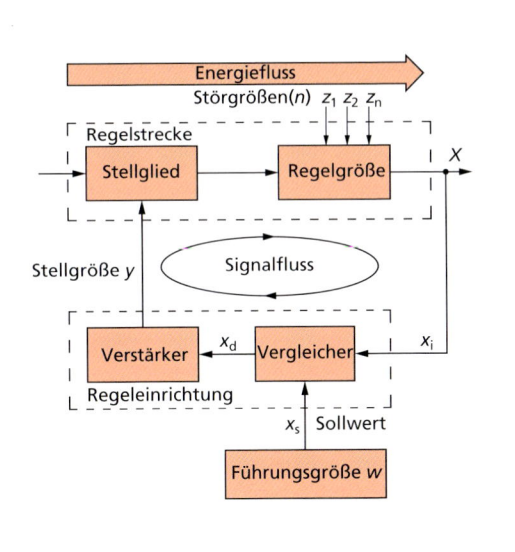

Beispiel: Drehzahlregelung

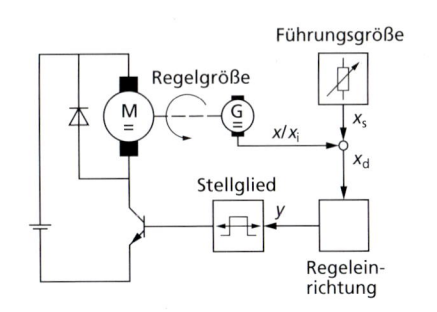

Der Generator G liefert eine Ausgangsspannung, die proportional zur Drehzahl steigt. Steigt die Spannung am Generator, verkleinert die Regeleinrichtung mithilfe des Stellgliedes die Energiezufuhr zum Motor. Fällt die Spannung, wird die Energiezufuhr erhöht.

Das Prinzip der Regelung kann eingesetzt werden, wenn
a) hohe Genauigkeit gefordert ist;
b) die Ausgangsgröße unabhängig vom Einfluss von Störgrößen auf einen konstanten Wert gehalten werden muss.

9.3 Regelungstechnik

9.3.3 Begriffe der Regelungstechnik

Begriff	Zeichen	Definition nach DIN IEC 60050-351: 2014-09 und DIN IEC 60072-6: 2008-04
Analogregler		Verarbeitet wertkontinuierliche, zeitkontinuierliche und/oder wertkontinuierliche, zeitdiskrete Signale
Ausgangsgröße	x_a	Physikalische Größe, die entsprechend festgelegten Regeln beeinflusst werden soll
Digitalregler		Verarbeitet wertdiskrete, zeitkontinuierliche und/oder wertdiskrete, zeitdiskrete Signale; Abtastregler
Dreipunkt-Regler		Regeleinrichtung mit drei Schaltstellungen
Führungsgröße	w	Eine den Regeleinrichtungen von außen zugeführte und von der Regelung unbeeinflusste Größe, der die Regelgröße in einer vorgegebenen Abhängigkeit folgen soll
Führungsbereich	W_h	Bereich, innerhalb dessen die Führungsgröße liegen kann
Nicht selbsttätige Regelung		Einrichtung, bei der ein Mensch die Funktion der Regeleinrichtung übernimmt (Handregelung)
Regeleinrichtung		(Auch Einrichtung oder Regler genannt) Die gesamte Einrichtung, die über das Stellglied aufgabengemäß (meist Konstanthaltung der Regelgröße) auf die Strecke einwirkt
Regelkreis		Alle Glieder des geschlossenen Wirkungsablaufs der Regelung bilden den Regelkreis (Zusammenhaltung von Regelstrecke und Regeleinrichtung).
Regelstrecke		(Auch Strecke genannt) Der gesamte Teil der Anlage, in dem die Regelgröße aufgabengemäß (meist Konstanthaltung) beeinflusst wird
Regelgröße	x	Größe, die in der Regelstrecke konstant gehalten oder nach einem vorgegebenen Programm beeinflusst werden soll
Regelbereich	X_h	Bereich, innerhalb dessen die Regelgröße unter Berücksichtigung der zulässigen Grenzen der Störgrößen eingestellt werden kann, ohne die Funktionsfähigkeit der Regelung zu beeinträchtigen
Istwert der Regelgröße	x_i	Der tatsächliche Wert der Regelgröße im betrachteten Zeitpunkt
Regelabweichung	x_w	Die Differenz zwischen Regelgröße und Führungsgröße $x_w = x - w$. Die negative Regelabweichung wird als Regeldifferenz bezeichnet $x_d = w - x = -x_w$.
Regeldifferenz	$e = w - x$	Anstelle des Begriffs „Regeldifferenz" wurde früher auch „Regelabweichung" verwendet.
Selbsttätige Regelung		Regeleinrichtung, die die Regeldifferenz zur Stellgröße selbstständig so verarbeitet, dass das Stellglied in geeigneter Weise verstellt wird
Stellgröße	y	Sie überträgt die steuernde Wirkung der Regeleinrichtung auf die Regelstrecke.
Stellbereich	Y_h	Bereich, innerhalb dessen die Stellgröße einstellbar ist
Stellglied		Am Eingang der Strecke liegendes Glied, das dort den Masse- oder Energiestrom entsprechend der Stellgröße beeinflusst
Störgröße	z	Von außen auf den Regelkreis einwirkende Störungen, die die Regelgröße ungewollt beeinträchtigen
Störbereich	Z_h	Bereich, innerhalb dessen die Störgröße liegen darf, ohne dass die Funktionsfähigkeit der Regelung beeinträchtigt wird
Übergangsfunktion		Funktion, die das Verhalten einer Regeleinrichtung bei einem Signalsprung am Eingang beschreibt (Sprungantwort)
Zwei(Drei)punkt-Regler		Regeleinrichtung mit zwei (drei) Schaltstellungen

9.3 Regelungstechnik

9.3.4 Zeitverhalten von Führungsgrößen und Regelkreisgliedern ↑8-32

Allgemeines	Zum Verständnis und zur Optimierung wird der Regelkreis sinnvollerweise längs des Wirkungsweges in gleichberechtigte, rückwirkungsfreie Glieder unterteilt – wobei Regelstrecke und Regeleinrichtung ebenfalls aus solchen Gliedern zusammengesetzt sein können.
	Ein solches Regelkreisglied kann im einfachsten Fall durch ein Rechteck mit einem Eingangssignal u und einem Ausgangssignal v dargestellt werden.

Sprungantwort oder Übergangsfunktion				
	\[Diagramm Sprungantwort\]		Zeitlicher Verlauf der Ausgangsgröße v nach einer sprungartigen Änderung der Eingangsgröße u.	
			Hat sie für alle $t \geq t_0$ das gleiche Vorzeichen und strebt für $t \to \infty$ gegen einen von Null verschiedenen endlichen Grenzwert, so lassen sich unten stehende Kennwerte bestimmen.	
			Wird sie auf die Sprunghöhe der Eingangsgröße bezogen, so entsteht die bezogene Sprungantwort, die Übertragungsfunktion: $$h(t) = \frac{v(t)}{u(t)}$$ Sie lässt sich mit geringem Aufwand experimentell ermitteln.	
Verzugszeit T_u	Bestimmt durch den Punkt t_0 und den Schnittpunkt der ersten Wendetangente mit der Zeitachse	Einschwingzeit	Ist beendet, wenn die Sprungantwort erstmalig eine der Grenzen der Einschwingtoleranz überschreitet.
Ausgleichszeit T_g	Ist bestimmt durch die Schnittpunkte der ersten Wendetangente mit der Zeitachse und der Abszissenparallele durch den Grenzwert.	Einschwingtoleranz	Differenz der zulässigen größten und kleinsten Abweichung der Sprungantwort vom Grenzwert
Halbwertszeit T_h	Sie endet, wenn die Sprungantwort erstmalig den halben Grenzwert erreicht.	Überschwingweite V_m	Gibt die maximale Abweichung der Sprungantwort vom Grenzwert nach dem erstmaligen Überschreiten einer der Grenzen der Einschwingtoleranz an.
Anschwingzeit	Sie vergeht vom Zeitpunkt t_0 an bis die Sprungantwort erstmalig eine der Grenzen der Einschwingtoleranz überschreitet.		

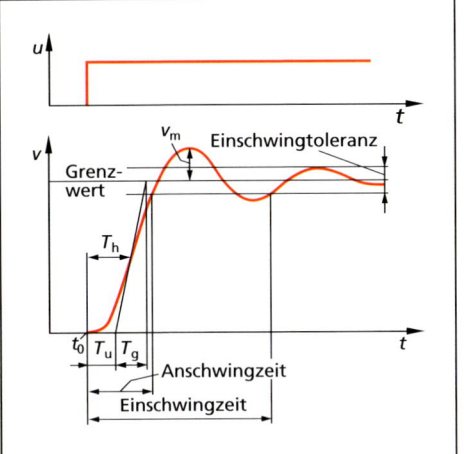

Impulsantwort oder Gewichtsfunktion	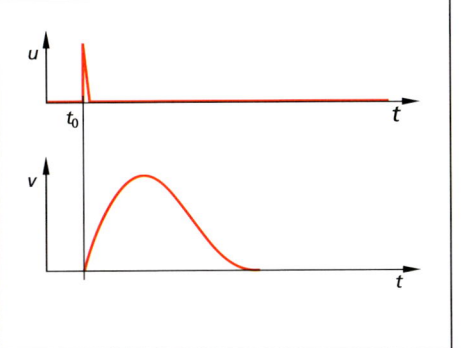	Die Impulsantwort ist der zeitliche Verlauf der Ausgangsgröße bei einem Nadelimpuls (im Idealfall der Differenzialquotient des Sprunges eines idealen Rechteckimpulses → Dirac-Impuls) als Eingangsgröße.
	\[Diagramm Impulsantwort\]	Wird die Impulsantwort auf die Zeitfläche der Eingangsgröße bezogen, entsteht die bezogene Impulsantwort, Gewichtsfunktion $$g(t) = \frac{v(t)}{u(t)}$$ genannt.

9.3 Regelungstechnik

9.3.4 Zeitverhalten von Führungsgrößen und Regelkreisgliedern (Fortsetzung)

Anstiegsantwort

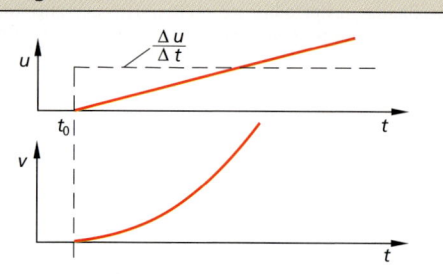

Die Anstiegsantwort ist der zeitliche Verlauf der Ausgangsgröße v bei einer Anstiegsfunktion mit bestimmter Änderungsgeschwindigkeit du/dt als Eingangsgröße.

Sinusantwort siehe Frequenzverhalten

9.3.5 Frequenzverhalten von Führungsgrößen und Regelkreisgliedern

Frequenzgang

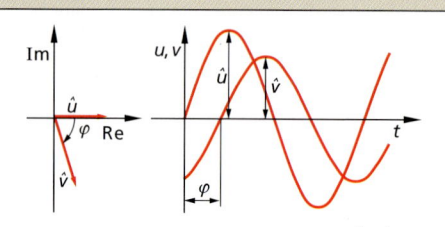

Der Frequenzgang, meist als Zeigerdarstellung in der komplexen Zahlenebene, ist die zusammenfassende Aussage über das Amplitudenverhältnis und die Phasenlage zwischen Ausgangs- und Eingangssignal bei verschiedenen Frequenzen.
Die Länge der Zeiger ergibt sich aus dem Amplitudenverhältnis v/u, die Winkelstellung aus der Phasenverschiebung des Ausgangssignals gegenüber dem Eingangssignal. Die komplexe Variable $j\omega$ wird häufig mit p abgekürzt geschrieben. Klingt die Schwingung mit dem Dämpfungsfaktor σ ab, so gilt entsprechend $p = j\omega + \sigma$.

$$F(j\omega) = \frac{\hat{v} \cdot e^{j(\omega t + \varphi)}}{\hat{u} \cdot e^{j\omega t}} = \frac{\hat{v}}{\hat{u}} e^{j\varphi} = \left|\frac{\hat{v}}{\hat{u}}\right| e^{j\varphi}$$

$$= |F(j\omega)| e^{j\varphi}$$

Ortskurve des Frequenzganges

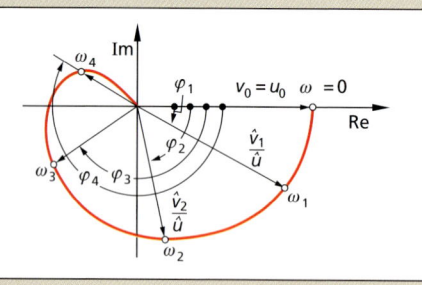

Werden Amplitudenverhältnis und Phasenlage für den Frequenzbereich $\omega = 0$ bis $\omega = \infty$ als Zeiger in die gaußsche Zahlenebene (Polarkoordinaten) eingetragen und die Endpunkte aller Zeiger miteinander verbunden, so erhält man die Ortskurve des Frequenzgangs, auch Nyquist-Diagramm genannt.

Amplituden und Phasengang

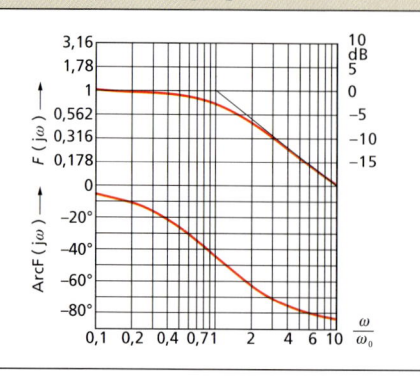

Der Amplitudengang ist das Amplitudenverhältnis $|F(j\omega)| = |\hat{v}/\hat{u}|$ in Abhängigkeit von der Frequenz; der Phasengang ist der Phasenwinkel Arc $F(j\omega) = \varphi$ des Frequenzganges in Abhängigkeit von der Frequenz.

Üblich ist die Darstellung im rechtwinkligen Koordinatensystem, wobei die Kreisfrequenz und der Amplitudengang meist im logarithmischen Maßstab oder in normierter Form dargestellt werden. Häufig wird der Amplitudengang auch in Dezibel (dB) aufgetragen.

Als Frequenzlinien, auch Bode-Diagramm genannt, werden Amplituden- und Phasengang gemeinsam in Abhängigkeit von dem logarithmisch abgebildeten Wert der Kreisfrequenz ω oder der normierten Kreisfrequenz ω/ω_0 dargestellt.

9.3 Regelungstechnik

9.3.6 Regelstrecken

Regelstrecken ohne Ausgleich (I-Strecken)

Strecken mit gegen ∞ gehendem Übertragungsbeiwert K_s (bzw. gegen 0 strebendem Ausgleichswert Q) sind meist auf I-Verhalten zurückzuführen.

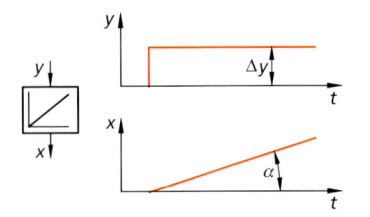

Die Regelgröße wächst nach einer Änderung der Stellgröße oder einer Störgrößenänderung stetig weiter an, ohne einem Endwert zuzustreben. Kenngröße ist der Anlaufwert A bei einer Verstellung des Stellgliedes um den ganzen Stellbereich Y_h. Ist eine Änderung um Y_h nicht möglich, wird die Stellgröße nur um den Betrag Δy verstellt und umgerechnet:

$$A = \frac{1}{\tan\alpha} = \frac{\Delta t}{\Delta x} \qquad A = \frac{\Delta t}{\Delta x} \cdot \frac{\Delta y}{\Delta Y_h}$$

Der Kehrwert des Anlaufwertes ist die maximale Änderungsgeschwindigkeit der Regelgröße, die bei einer Verstellung des Stellgliedes um den ganzen Stellbereich Y_h auftritt.

Regelstrecken mit Ausgleich (P-Strecken)

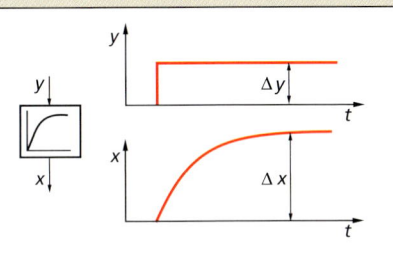

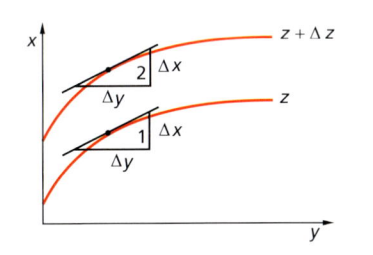

Die Regelgröße x strebt nach einer Stellgrößenänderung Δy oder Störgrößenänderung Δz einem neuen Endwert zu (Beharrungszustand). Kennzeichnend ist der Übertragungsbeiwert der Regelstrecke im Beharrungszustand K_s (auch Verstärkung der Regelstrecke genannt), bzw. der reziproke Wert von K_s, Ausgleichswert der Regelstrecke Q genannt, bei konstantem Werten der Störgrößen:

$$K_S = \frac{\Delta x}{\Delta y} \qquad Q = \frac{1}{K_S} = \frac{\Delta y}{\Delta x}$$

Je kleiner K_s, umso besser ist die Regelbarkeit. K_s und Q für einzelne Arbeitspunkte und Störgrößenwerte sind dem Strecken-Kennlinienfeld entnehmbar.
Zur Berechnung werden die Kennlinien oder Abschnitte davon durch Tangenten angenähert. Kennzeichen einer Regelstrecke mit Ausgleich ist ein endlicher K_s-Wert bzw. $Q > 0$; sie stellt ein P- oder P-T-Glied dar, dessen P-Beiwert K_p identisch mit K_s ist.

Regelstrecken mit Verzögerung

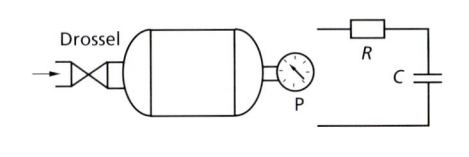

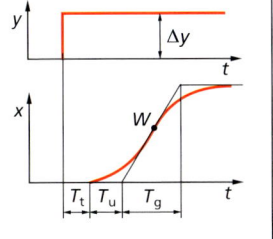

Reihenschaltung aus P-Systemen (Strecken mit Ausgleich) mit einem/mehreren T_1-System(en) (Strecken mit Trägheit). Eine Strecke 1. Ordnung entsteht z. B. bei einer Drosselstelle mit nachgeschaltetem Speicher. Reihenschaltung von n P-T_1-Gliedern führt zu einer Regelstrecke n. Ordnung. Die Sprungantwort gibt Aufschluss über die Regelbarkeit.
Je größer T_g/T_u, desto besser die Regelbarkeit der Strecke. Richtwerte:

$T_g/T_u \geq 10$ gut regelbar
$T_g/T_u \approx 6$ mäßig regelbar
$T_g/T_u \leq 3$ schwer regelbar

Bei Strecken mit Totzeit reagiert die Regelgröße erst nach Ablauf der Totzeit T_t auf eine Änderung der Stellgröße. Anstelle der Verzugszeit T_u ist die Totzeit T_t bzw. die Summe aus $T_t + T_u$ ein Maß für die Regelbarkeit.

W Wendepunkt
T_u Verzugszeit
T_g Ausgleichszeit
T_t Totzeit

9.3 Regelungstechnik

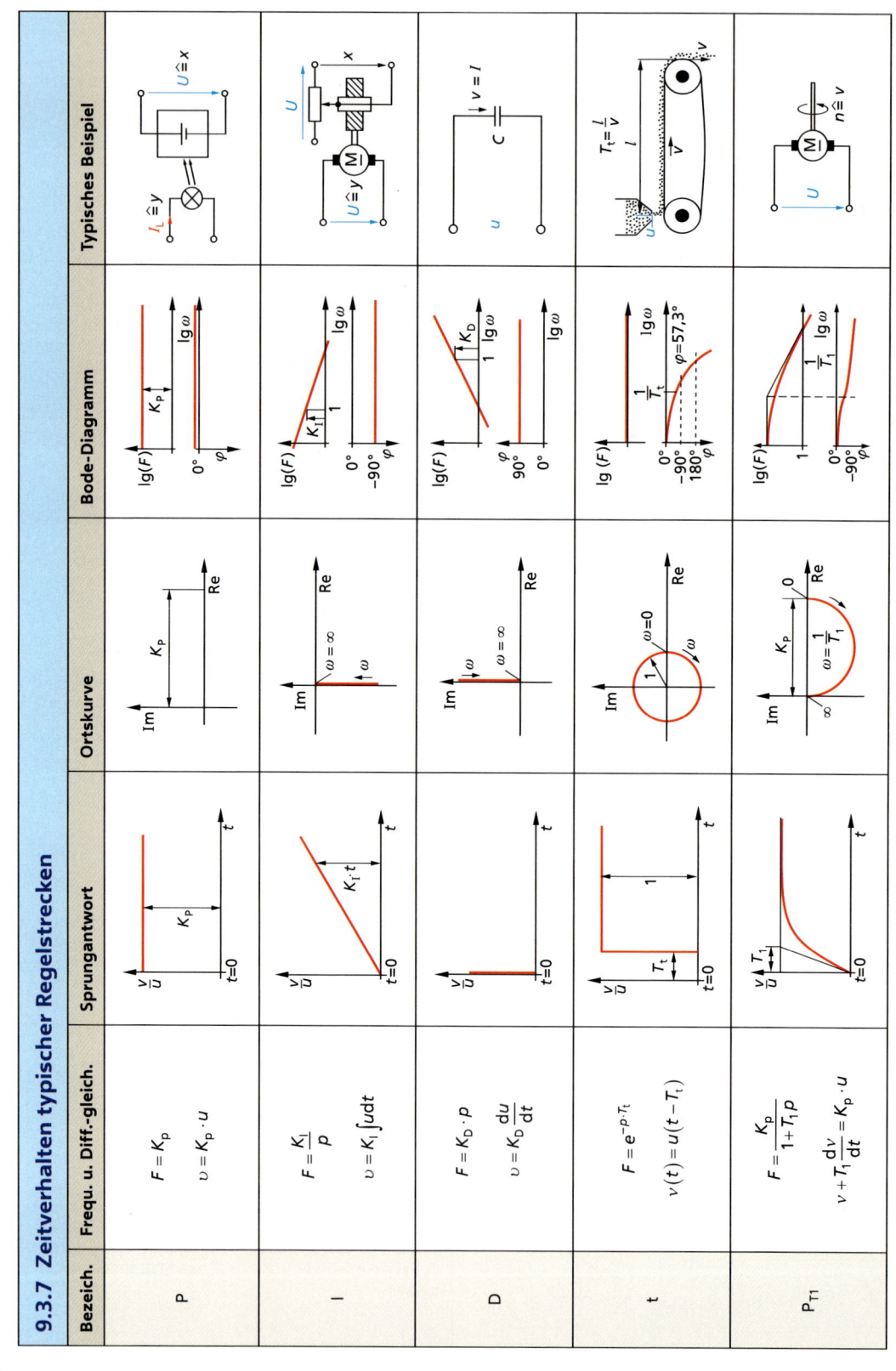

9.3.7 Zeitverhalten typischer Regelstrecken

Bezeich.	Frequ. u. Diff.-gleich.	Sprungantwort	Ortskurve	Bode-Diagramm	Typisches Beispiel
P	$F = K_P$ $\quad v = K_P \cdot u$				
I	$F = \dfrac{K_I}{p}$ $\quad v = K_I \int u \, dt$				
D	$F = K_D \cdot p$ $\quad v = K_D \dfrac{du}{dt}$				
t	$F = e^{-p \cdot T_t}$ $\quad v(t) = u(t - T_t)$				
P_{T1}	$F = \dfrac{K_P}{1 + T_1 p}$ $\quad v + T_1 \dfrac{dv}{dt} = K_P \cdot u$				

9.3 Regelungstechnik

Bezeich.	Frequ. u. Diff.-gleich.	Sprungantwort	Ortskurve	Bode-Diagramm	Typisches Beispiel
P_{T2}	$F = \dfrac{K_p}{1 + T_1 \cdot p + T_2^2 \cdot p^2}$ $v + T_1 \dfrac{dv}{dt} + T_2^2 \dfrac{d^2v}{dt^2} = K_p \cdot u$				
D_{T1}	$F = \dfrac{K_D \cdot p}{1 + T \cdot p}$ $v + T \dfrac{dv}{dt} = K_D \dfrac{du}{dt}$				
PI	$F = K_p\left(1 + \dfrac{1}{T_n \cdot p}\right)$ $v = K_p\left(u \cdot \dfrac{1}{T_n} \int u\, dt\right)$				
PD	$F = (1 + T \cdot p)$ $v = K_p\left(u + T_v \dfrac{du}{dt}\right)$				
PID	$F = K_p\left(1 + \dfrac{1}{T_n \cdot p} + T_v p\right)$ $v = K_p\left(u + \dfrac{1}{T_n}\int u\, dt + T_v \dfrac{du}{dt}\right)$				

9.3 Regelungstechnik

9.3.8 Typische dynamische Kennwerte von Regelstrecken

Regelgröße	T_t	T_u	A
Temperatur			
Kleiner elektrischer Laboratoriumsofen	0,5 min ... 1 min	5 min ... 15 min	1 s/°C
Großer elektrischer Glühofen	1 min ... 3 min	10 min ... 20 min	3 s/°C
Destillations-Kolonne	1 min ... 3 min	5 min ... 15 min	3 s/°C
Raumheizung	1 min ... 5 min	10 min ... 60 min	1 min/°C
Druck			
Dampfkessel (bei Mühlenfeuerung)	1 min ... 2 min	2 min ... 5 min	–
Gasrohrleitungen	0,1 s		
Wasserstand			
In Dampfkesseln	0,5 min ... 1 min		3 s/cm ... 10 s/cm
Drehfrequenz			
Dampfturbine	0		20 s/1000 U/min
Kleine Elektromotorantriebe	0	0,2 s ... 20 s	
Große Elektromotorantriebe	0	5 s ... 40 s	–
Spannung			
Kleine Generatoren	0	0,5 s ... 5 s	
Große Generatoren	0	5 s ... 10 s	–

9.3.9 Wahl einer geeigneten Regeleinrichtung bei gegebener Strecke

Strecke	Regler	P	I	PI	PD	PID
Reine Totzeit		Nicht brauchbar	Etwas schlechter als PI	Führung + Störung	Nicht brauchbar	Nicht brauchbar
Totzeit + Verzögerung 1. Ordnung		Nicht brauchbar	Schlechter als PI	Etwas schlechter als PID	Nicht brauchbar	Führung + Störung
Totzeit + Verzögerung 2. Ordnung		Nicht geeignet	Schlecht	Schlechter als PID	Schlecht	Führung + Störung
1. Ordnung + sehr kleine Totzeit		Führung	Nicht geeignet	Störung	Führung bei Verzugszeit	Störung bei Verzugszeit
Höherer Ordnung		Nicht geeignet	Schlechter als PID	Etwas schlechter als PID	Nicht geeignet	Führung + Störung
Ohne Ausgleich mit Verzögerung		Führung (ohne Verzögerung)	Unbrauchbar, Struktur instabil	Störung (ohne Verzögerung)	Führung	Störung

Es ist zu unterscheiden, ob der Einfluss von Störgrößen (Störung) auf die Regelgröße ausgeregelt werden soll oder der Istwert einer Folgeregelung einem laufend veränderten Sollwert nachgeführt werden soll (Führung). Zur Totzeit der Regelstrecke ist die Totzeit des Messfühlers zu addieren.

9.3 Regelungstechnik

9.3.10 Regler

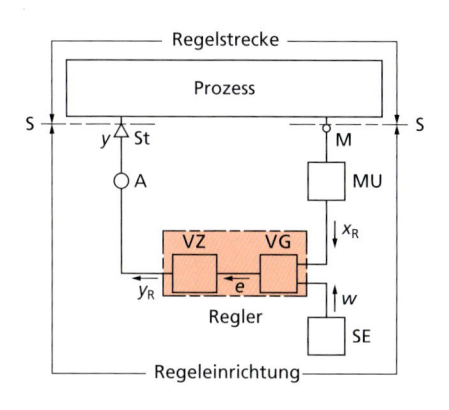

Nach DIN IEC 60050-351: 2009-06 ist der Regler ein Ausschnitt der Regeleinrichtung mit:

M	Messgrößen- aufnehmer	VZ	Verstärker mit Zusatzgliedern
MU	Messumformer	A	Stellantrieb
SE	Sollwertumformer	St	Stellglied
VG	Vergleicher	S	Schnittstellen

Der Regler umfasst mindestens den Vergleicher und ein wesentliches Bauglied, z. B. den Verstärker mit das Zeitverhalten bestimmenden Zusatzgliedern.

Bei **stetigen Reglern** kann die Stellgröße y_R innerhalb des Stellbereiches y_h jeden Wert annehmen. Im Gegensatz dazu kann die Stellgröße bei **unstetigen Reglern** nur zwei oder mehrere fixe Werte annehmen. Die Verwendung von Relais als Stellglied ergibt eine hohe Verstärkung bei geringem Aufwand.

Analoge Regeleinrichtungen (Beispiel: analoge Regler mit Operationsverstärker)

Typ, Schaltung/Reglerantwort	Kenngrößen/Bemerkungen
P-Regler (proportional wirkender Regler) $$K_{PR} = \frac{R_2}{R_1} = \frac{y - y_0}{x_d}$$ Sprungantwort: P-Regler programmiert als Funktion in Visual Basic: ``` Private Function pregler(xd AS Double, Kpr As Double) As Double pregler = xd * Kpr End Function ```	Bei Änderung der Regelgröße um die Regeldifferenz x_d ändert der Regler die Stellgröße unverzögert um einen verhältnisgleichen (proportionalen) Betrag. **Kenngröße:** Proportionalbeiwert K_{PR} $y - y_0 = K_{PR} \cdot x_d$ (y_0 = Startbedingung). Oft wird der auf den Regelbereich X_h bezogene P-Bereich X_P/X_h in Bruchteilen oder % angegeben. Je kleiner der K-Wert, umso geringer ist der Reglereingriff, umso gedämpfter verläuft die Regelung. Da der Regler beim Einwirken einer Störgröße eine veränderte Stellgröße aufrechterhalten muss, tritt eine bleibende Regeldifferenz auf (max. so groß wie der Proportionalbereich $X_P = 1/K_{PR} \cdot 100\,\%$). Ein zu großer K_{PR}-Wert führt zur Instabilität. Zwischen Stabilität und bleibender Regeldifferenz ist ein Kompromiss erforderlich. ↑ 7-27
I-Regler (integral wirkender Regler) Integrierbeiwert: $$K_{IR} = \frac{1}{x_d} \cdot \frac{dy}{dt} = \frac{1}{R_1 \cdot C_1}$$ Integrierzeit: $T_{IR} = 1/K_{IR}$ Sprungantwort: Der I-Regler programmiert als Funktion in Visual Basic. Die Zeit t ergibt sich durch das zyklische Aufrufen der Funktion: ``` Private Function iregler(xd As Double, Kir As Double) As Double diffsum = diffsum + xd 'diffsum ist global deklariert iregler = Kir * diffsum End Function ```	Die Änderungsgeschwindigkeit der Stellgröße $\Delta y / \Delta t$ ist proportional zur Regeldifferenz x_d. Die Änderung der Stellgröße entspricht dem Zeitintegral von x_d. **Kenngröße:** Integrierbeiwert K_{IR}; Integrierzeit T_{IR} $\Delta y / \Delta t = K_{IR} \cdot x_d$ $y - y_0 = K_{IR} \cdot \int x_d \, dt$. y_0 ist Anfangswert der Stellgröße zum Zeitpunkt der Regelgrößenänderung $t = 0$. Oft gibt man den Kehrwert von K_{IR} in normierter Form als Integrierzeit T_{IR} an. Ein I-Regler summiert x_d über die Zeit; das Stellglied wird so lange nachgestellt, bis x_d aufgehoben ist. Das Stellglied nimmt nach dem Ausregeln die ursprüngliche Lage nicht wieder ein; es kommt zum Überschwingen. Außerdem erfolgt der Eingriff langsam, weshalb meist PI- oder PID-Regler eingesetzt werden.

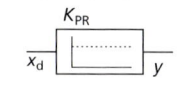

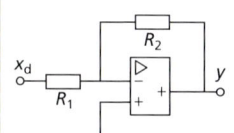

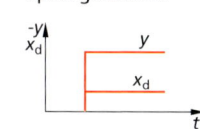

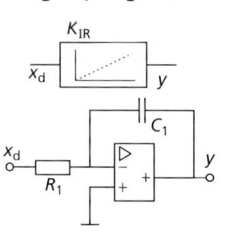

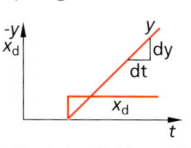

9.3 Regelungstechnik

9.3.10 Regler (Fortsetzung)

Analoge Regeleinrichtungen (Fortsetzung)

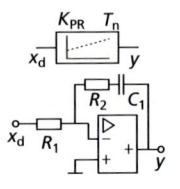

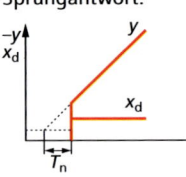

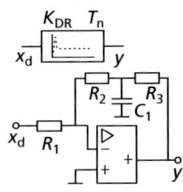

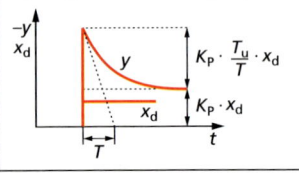

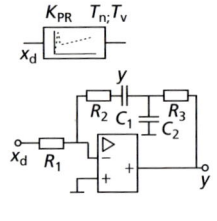

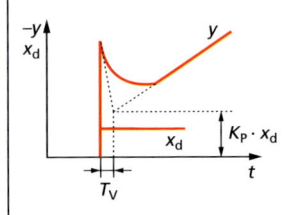

Typ, Schaltung/Reglerantwort	Kenngrößen/Bemerkungen
| **PI-Regler** ↑<br><br>Nachstellzeit:<br>$T_n = R_2 \cdot C_1 = K_P/K_I$<br><br>$K_P = R_2/R_1$<br>$K_I = 1/(C_1 \cdot R_1) = K_P/T_N$<br><br>Sprungantwort:<br><br>PI-Regler als Funktion in Visual Basic programmiert. Die Zeit ergibt sich aus den Aufrufintervallen:<br><br>```vb
Private Function piregler(xd As Double, _
    Kp As Double, Ki As Double) As Double
    diffsum = diffsum + xd  'diffsum ist global deklariert
    piregler = Kp * xd + Ki * diffsum
End Function
``` | Eine Änderung der Regelgröße bewirkt eine proportionale Veränderung der Stellgröße, der sich eine Verstellung der Stellgröße mit einer bestimmten Verstellgeschwindigkeit anschließt.<br><br>$$y - y_0 = x_d(K_P + K_I \cdot t)$$<br><br>**Kenngrößen:** Proportionalbeiwert $K_P$<br>Integrierbeiwert $K_I$<br>Nachstellzeit $T_n$<br><br>Während der Nachstellzeit ruft die I-Wirkung die gleiche Stellgrößenänderung hervor wie der P-Anteil. |
| **PD-Regler**

$K_P = (R_2 + R_3)/R_1$
$K_D = K_P \cdot T_V$

$T_V = C_1 \cdot \dfrac{(R_2 \cdot R_3)}{(R_2 + R_3)}$

Sprungantwort: $T \approx T_V \cdot 0{,}01 \ldots 0{,}001$ | Zum P-Anteil der Stellgröße wird noch ein Anteil entsprechend der Änderungsgeschwindigkeit der Regeldifferenz dx_d/dt addiert.

Kenngrößen: Proportionalbeiwert K_P
Differenzierbeiwert K_D
Vorhaltezeit T_V

T_V würde einen P-Regler benötigen, um die gleiche Änderung der Stellgröße zu bewirken, die ein PD-Regler sofort bewirkt.

$$y - y_0 = K_P \cdot x_d + K_D(\Delta x_d/\Delta t)$$

D-Glieder geben bei statischen Eingangsgrößen kein Stellsignal ab. Der D-Anteil bringt aber eine Erhöhung des K_{PR}-Wertes und damit schnelleres Eingreifen und eine kleinere Regeldifferenz. |
| **PID-Regler**

$K_P = (R_2 + R_3)/R_1$
$T_V = C_2 \cdot \dfrac{(R_2 \cdot R_3)}{(R_2 + R_3)}$
$T_n = C_1 \cdot (R_2 + R_3)$

Sprungantwort:

$K_{PR} = y/x_d$
$K_I = K_{PR}/T_n$
$K_D = T_V$ | Die Stellgrößenänderung setzt sich zusammen aus P-, I- und D-Anteil:

$$y - y_0 = K_{PR} \cdot x_d + K_{PR}/T_n \cdot x_d \Delta t + T_V(\Delta x_d/\Delta t)$$

Kenngrößen: Proportionalbeiwert K_{PR} bzw. K_P
Integrierbeiwert K_I oder Nachstellzeit T_n
Differenzierbeiwert K_D oder Vorhaltezeit T_V

Erst ändert sich die Stellgröße y um einen von der Änderungsgeschwindigkeit der Eingangsgröße $\Delta x_d/\Delta t$ abhängigen (D-)Beitrag. Nach T_V geht y auf einen dem Proportionalbereich entsprechenden Wert zurück und ändert sich dann gemäß T_n.
Gegenüber PI-Reglern verkleinert der D-Anteil die Zeit T_n; die bleibende Regeldifferenz des P-Anteils wird schneller ausgeregelt. Gegenüber PD-Reglern bringt der I-Anteil eine größere Vorhaltezeit; der PID-Regler kann während des Entstehens von x_d wirkungsvoller eingreifen. Fazit: PID-Regler sind so schnell wie PD-Regler bei völliger Ausregelung der Regeldifferenz. |
```

9.3 Regelungstechnik

Unstetige Regeleinrichtungen	
Kennlinie, Kenngrößen	**Zweipunkt-Regeleinrichtung**
T_t = Totzeit; T_s = Zeitkonstante	Die Stellgröße kann zwei Zustände annehmen: EIN und AUS. Wegen des unstetigen Verhaltens ist dieser Regler nur für Strecken geeignet, bei denen die Veränderung der Regelgröße zeitbehaftet (verzögert) erfolgt. **Praktische Eigenschaften:** einfache Bedienung; billig; einfacher Aufbau; ungenau: die Ausgangsgröße pendelt zwischen einem Höchst- und Niedrigstwert um den Sollwert herum; relativ langsam **Einsatzbeispiel:** Thermostat in einem Bügeleisen; Raumtemperatur-Regelung
Zeitverhalten	**Ausführungsbeispiel**
Kennlinie, Kenngrößen	**Dreipunkt-Regeleinrichtung**
T_t = Totzeit; T_s = Zeitkonstante	Die Stellgröße kann drei Zustände annehmen: Zustand I, AUS, Zustand II. Für Strecken mit verzögerter Veränderung. Oft ist zusätzlich hinter dem Schalter (Steller) ein integrierendes Glied (Dämpfungsglied, z. B. Induktivität, Stellmotor, Tiefpass) geschaltet, das starke Schwankungen der Regelgröße verhindert. **Praktische Eigenschaften:** wie Zweipunkt-Regler **Einsatzbeispiel:** Positionieren mit Stellmotor
Zeitverhalten	**Ausführungsbeispiel**

9.3 Regelungstechnik

9.3.10 Regler (Fortsetzung)

Fuzzy-Logik (unscharfe Logik) und neuronale Netze

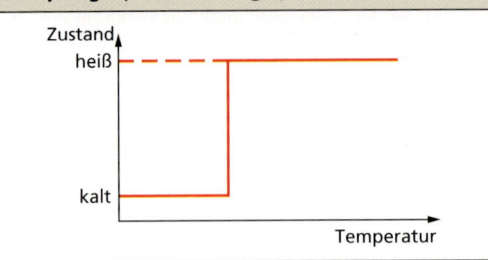

Wertebereich dualer Logik
Exakter Eingangswert
Exakter Ausgangswert
Alle Funktionen und Berechnungen werden auf zwei unterschiedliche Zustände zurückgeführt.

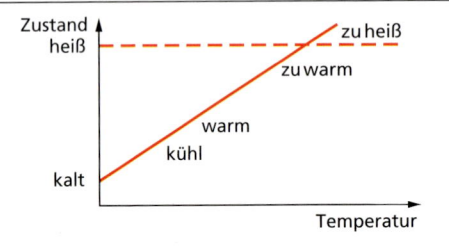

Wertebereich von Fuzzy-Logik
Eingangswertebereich
Ausgangswertebereich

Alle Funktionen und Berechnungen werden auf Ereignis- bzw. Ergebnismengen zurückgeführt. Zwischenwerte sind zulässig.

Wertebereich der Ausgangsgröße
Die Fuzzy-Logik berücksichtigt Ergebnismengen, die sich teilweise überschneiden.
Beispiel (links): Innerhalb der Ergebnisbereiche werden bestimmte Temperaturen zu einem gewissen Prozentsatz den Ergebnismengen (kalt, kühl, angenehm, warm, zu warm, heiß) zugeordnet.

Technische Gestaltung

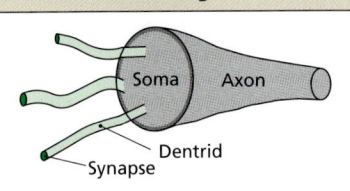

Teile einer Gehirnzelle (Neuron)

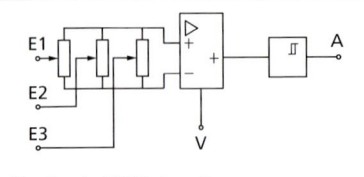

Ersatzschaltbild eines Neurons

Mit einem **digitalen Rechner** (z. B. PC) und entsprechender Programmierung lassen sich fuzzy-logische Aufgabenstellungen bearbeiten. Das Computerprogramm ahmt fuzzy-logische Entscheidungen nach.

Neuronale Netze eignen sich zur Lösung von Fuzzyaufgaben. Sie gehen in ihrem Aufbau von der Struktur des menschlichen Gehirns aus, das aus Milliarden von Gehirnzellen (Neuronen) besteht. Jede Zelle kann Rechen- oder Speicherfunktionen ausführen oder ein Teil davon sein. Die ausgeführte Funktion oder Zugehörigkeit zu einem Rechenwerk oder Speicherbereich kann sich zeitlich ändern. Die Neuronen sind untereinander durch Synapsen verbunden.
Die Funktion eines Neurons entspricht der eines addierenden Operationsverstärkers mit nachgeschaltetem Schmitt-Trigger und einstellbarer Verstärkung v. Über die Eingangskanäle werden die gewichteten Eingangssignale mit dem Faktor v an den Schmitt-Trigger gegeben, der bei Überschreitung des Schwellwertes einen Ausgangsimpuls abgibt. Die Neuronen werden zu einem Netz verknüpft.

Programmierung ↑ und Einsatzbereiche

Neuronale Netze werden trainiert. Es werden bestimmte Aufgaben und deren bekannte Lösungen an Ein- und Ausgängen des Netzes in Form von Spannungen angelegt.
Das Netz stellt sich dann selbst so ein, dass eine Übertragungsfunktion entsteht, die den Zusammenhang zwischen Eingangs- und Ausgangswerten beschreibt. Nach vielen unterschiedlichen Trainingsläufen hat das Netzwerk „gelernt".

Fuzzy-Logik und neuronale Netze liefern schnelle und grobe Ergebnisse. Sie sind dort einsetzbar, wo es nicht auf eine genaue Berechnung, sondern auf das schnelle Erfassen und Auswerten von Eingangswertebereichen ankommt:
- Spracherkennung und Spracherzeugung
- Erkennung von Handschrift
- Bilderkennung und Mustererkennung
- Regelung von Klimaanlagen und Haushaltsgeräten

9.3 Regelungstechnik

Fuzzy-Regler

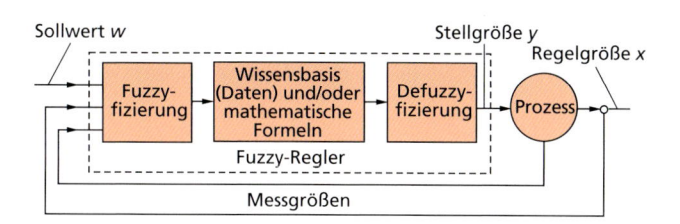

Fuzzy-Regler

Es handelt sich im Prinzip um einen digitalen Regler. Die Programmierung erfolgt jedoch nach der unscharfen Logik.

Vorteile der Fuzzy-Regler:
- schnelle Erfassung, schnelle Reaktion
- einfachere Beherrschung schwieriger und/oder schlecht beschreibbarer Strecken

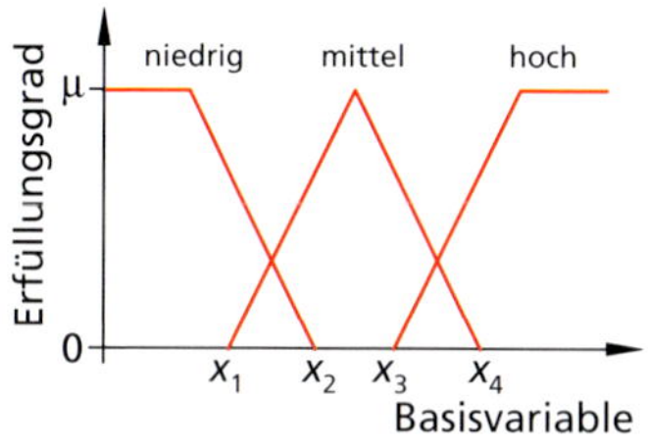

Prozessgrößen und Vorgaben stehen am Ende der Fuzzyfizierung als normierte, unscharfe Größen zur Verfügung. In der Wissensbasis werden die Größen mathematisch-analytisch und/oder logisch mithilfe von Stützwerten verknüpft. Bei der Defuzzyfizierung werden aus den unscharfen Ausgangsgrößen wieder scharfe Größen.

Fuzzyfizierung

Umwandlung der scharf definierten Basisvariablen in unscharfe Form, d. h. in verbal umschriebene Form. Beispielhaft sind drei sich überlappende linguistische Terme für die Zustände „niedrig", „mittel" und „hoch" und die Standardform der Zugehörigkeitsfunktionen abgebildet.

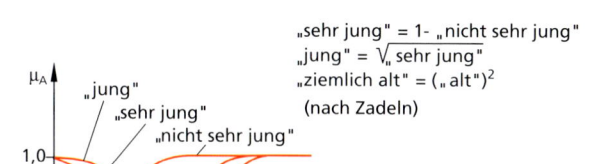

Beispiel:

Linguistischer Term	Bedingung
niedrig	Basisvariable $\leq x_2$
mittel	$x_1 \leq$ Basisvariable $\leq x_4$
hoch	$x_3 \leq$ Basisvariable

Wissensbasis (Inferenz)

Es wird die Zugehörigkeitsfunktion definiert. Es kann in Abhängigkeit von der Basisvariablen für jeden Term ein Erfüllungswert angegeben werden.

„sehr jung" = 1 − „nicht sehr jung"
„jung" = $\sqrt{\text{„sehr jung"}}$
„ziemlich alt" = („alt")^2

(nach Zadeln)

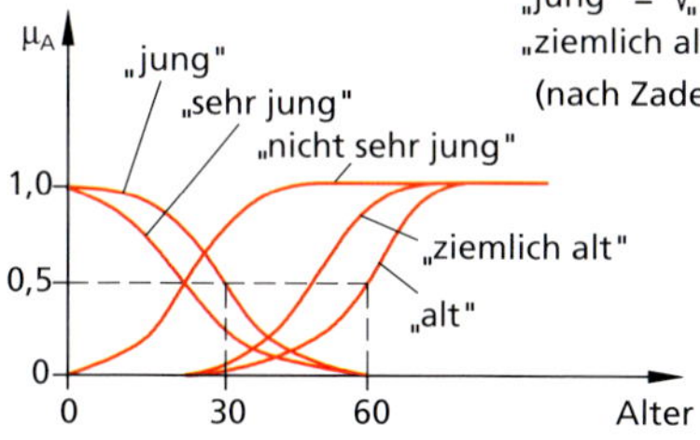

Beispiel: Zugehörigkeitsfunktion zur Altersbestimmung

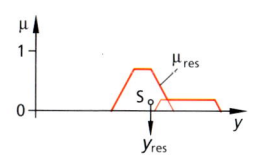

Defuzzyfizierung

Rückübersetzung der in der Inferenz ermittelten unscharfen Ausgangsgrößen in scharfe Werte

Schwerpunktmethode zur Defuzzyfizierung:

$$y_{res} = \frac{\int_0^\infty y \mu_{res}(y) dy}{\int_0^\infty \mu_{res}(y) dy}$$

9.3 Regelungstechnik

9.3.10 Regler (Fortsetzung)

Einsatz von Computern als Regler

Prinzip des Computereinsatzes	Prinzip eines Regelkreises unter Verwendung eines Computers
(Schaubild: Signalerfassung und Verstärkung – zu regelnder Prozess (Regelstrecke) mit Sensor(en), Störgrößen $Z_1 \dots Z_n$, Verstärkung der Regelgrößen und Regelelemente; Analog/Digital-Wandler (A/D), Digital/Analog-Wandler (D/A), Datenerfassung und Aufarbeitung; Ermittlung der Ausgangsgrößen mithilfe von Programmen; Signale x, y, u)	Die zu regelnden Größen des Prozesses werden erfasst, verstärkt, digitalisiert und einem Computer zugeführt. Ein Programm übernimmt die Bildung der Führungsgröße(n), die Berechnung der Regeldifferenz sowie die Aufgaben des Reglers.
Beispiel: Anbindung der Sensoren über Multiplexer	**Digitalisierung der Regelgrößen**
(Schaubild: Sensoren NTC, PTC, VDR (je 1 k) über Multiplexer an Messverstärker und A/D-Wandler, dann PC-Bus)	Die Analog/Digital-Wandlung findet in der Regel auf einer PC-Karte (A/D-Wandlerkarte) statt. Die Sensoren, die die Regelgrößen aufnehmen, werden entweder mithilfe eines Multiplexers nacheinander einem Messverstärker und A/D-Wandler zugeführt oder jeder Sensor ist an eine separate Messverstärker-A/D-Wandler-Kombination angebunden. Der digitalisierte Wert wird vom A/D-Wandler zwischengespeichert und vom Programm über den PC-Bus der Auswertung zugeführt.

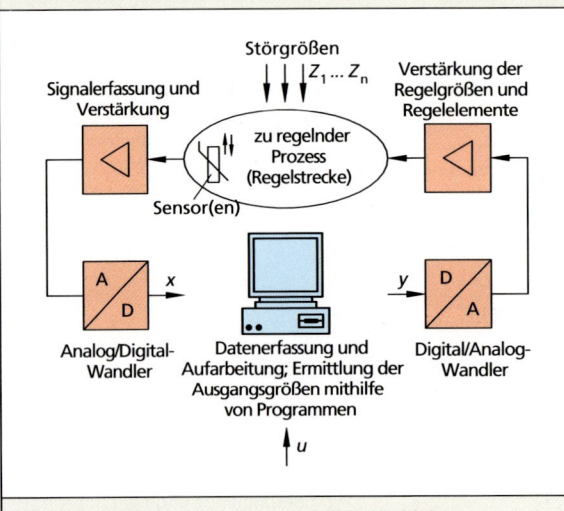

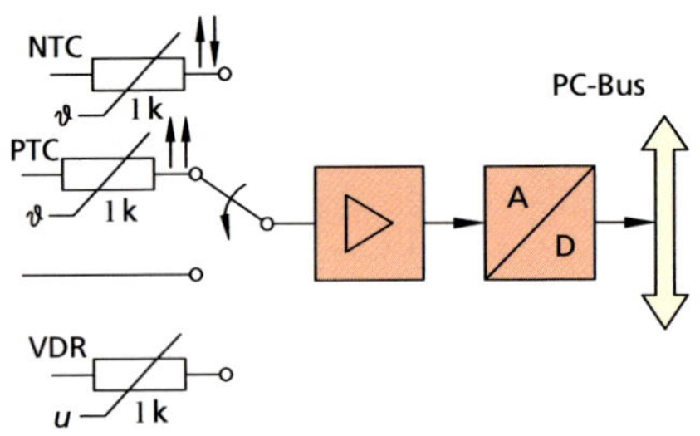

9.3.11 Stabilitätskriterien

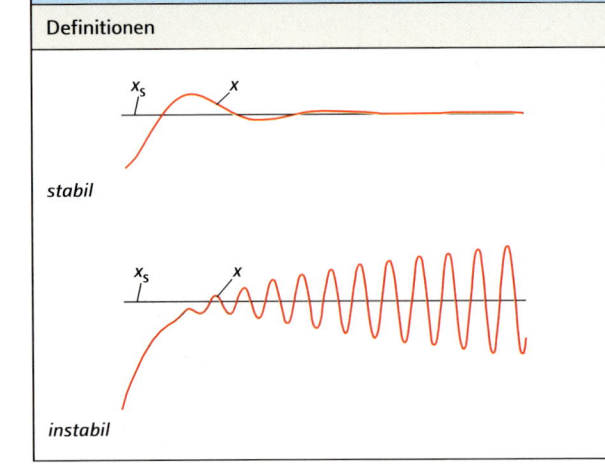

Definitionen	
(Diagramm: gedämpfte Schwingung x_s, x – *stabil*)	**Stabil** bedeutet, dass durch ein nicht periodisches Eingangssignal im Regelkreis keine oder nur eine gedämpfte, abklingende Schwingung entsteht.
(Diagramm: anwachsende Schwingung x_s, x – *instabil*)	**Instabil** bedeutet, dass bei beliebig kleinem Eingangssignal eine anwachsende Schwingung entsteht.
	Strukturstabil bedeutet, dass aufgrund der Struktur des Kreises (Art von Strecke und Regler) unabhängig von der Dimensionierung immer Stabilität vorliegt.

9.3 Regelungstechnik

9.3.12 Einstellung der Regler-Kennwerte (Optimierung)

Sprungantwort einer Reglerstrecke

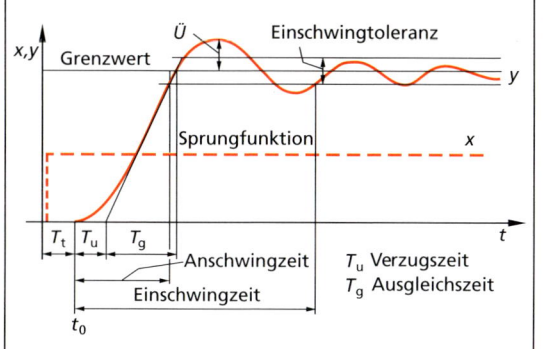

Zur Beurteilung und Einstellung der Regeleinrichtung wird meistens die Sprungantwort benutzt.

Die Regeleinrichtung ist umso besser eingestellt,

- je kürzer die Ausregelzeit (Einschwingzeit),
- je kleiner die Überschwingweite Ü der Regelgröße und
- je kleiner die bleibende Regelabweichung x_w ist.

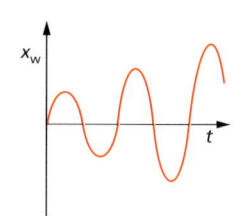

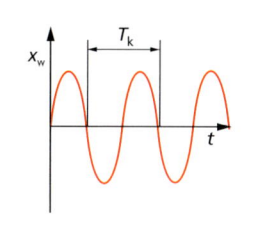

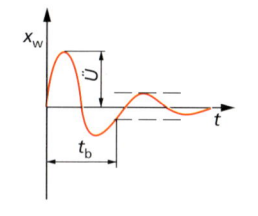

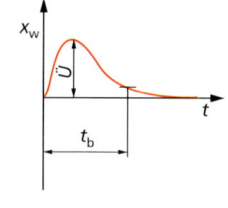

Bildbeschriftungen: Ü, Einschwingtoleranz, Grenzwert, Sprungfunktion, T_t, T_u, T_g, Anschwingzeit, Einschwingzeit, t_0, T_u Verzugszeit, T_g Ausgleichszeit

a) Instabil   b) Stabilitätsgrenze   c) Gedämpfte Schwingung   d) Aperiodische Dämpfung

Aufschluss gibt der Verlauf der Regelgröße als Funktion der Zeit

Zu (a): Im ungünstigsten Fall wird die Schwingung der Regelgröße um den Sollwert immer größer; der Regelkreis arbeitet instabil. Ursache ist meist eine zu große **Kreisverstärkung** $V_0 = |K_{PR} \cdot K_{PS}|$ bzw. ein zu kleiner **Regelfaktor**

$$R = \frac{1}{1 + |K_{PR} \cdot K_{PS}|} = \frac{1}{1 + V_0}\,.$$

Zu (b): Wird der Proportionalbeiwert K_{PR} soweit verringert, dass der Regelkreis stabil zu arbeiten beginnt (Stabilitätsgrenze), führt die Regelgröße sinusförmige Dauerschwingungen um den Sollwert aus. Kenngrößen hierfür sind die kritische Periodendauer T und der kritische Proportionalbeiwert K_{PRk}.

Zu (c und d): Weitere Verringerung von K_{PR} führt zum erwünschten Verhalten des Regelkreises. Kennwerte sind die Überschwingweite Ü der Regelgröße und die Beruhigungszeit t_b bis zum Erreichen der zulässigen Regelabweichung nach einem Einheitssprung der Führungsgröße w oder einer Störgröße z.

Einstellungen nach Ziegler und Nichols

Einsatz nur, wenn Betrieb an der Stabilitätsgrenze erlaubt ist. Zunächst werden keine Regelstreckendaten vorausgesetzt.

Vorgehensweise:

- Betrieb zuerst nur als P-Regler ($T_V = 0$, $T_n = \infty$).
- Der Proportionalbeiwert K_{PR} wird langsam erhöht, bis die Regelgröße x gerade Dauerschwingungen mit konstanter Amplitude ausführt (Stabilitätsgrenze). Der hierfür am Regler eingestellte Proportionalbeiwert heißt K_{PR}.
- Dann wird die kritische Periodendauer T_k der Reglergeschwindigkeit ermittelt.
- Die Werte für die Reglerparameter sind entsprechend der unteren Tabelle zu berechnen.
- Einstellung nach den errechneten Werten.

Regler	Proportional-beiwert K_{PR}	Nachstellzeit T_n	Vorhaltzeit T_v
P	$0{,}5 \cdot K_{PR}$	–	–
PI	$0{,}45 \cdot K_{PR}$	$0{,}85 \cdot T_k$	–
PD	$0{,}8 \cdot K_{PR}$	–	$0{,}12 \cdot T_k$
PID	$0{,}6 \cdot K_{PR}$	$0{,}5 \cdot T_k$	$0{,}12 \cdot T_k$

9.3 Regelungstechnik

9.3.12 Einstellung der Regler-Kennwerte (Fortsetzung)

Einstellregeln nach Chien, Hrones und Reswik

Von der Regelstrecke muss bekannt sein: der Übertragungsbeiwert K_s, die Ausgleichszeit T_g und die Verzugszeit T_u. Ermittlung z.B. durch Sprungantwort. Bei Regelstrecken mit Totzeit T_t verwendet man anstelle der Verzugszeit T_u die Ersatztotzeit $T_u + T_t$.

Bei Parameterermittlung nach der Tabelle ist zu unterscheiden, ob ein aperiodischer Regelverlauf oder ein Einschwingen der Regelgröße mit 20 % Überschwingen erreicht werden soll oder ob ein optimales Stör- oder ein optimales Führungsverhalten (Folgeregelung) angestrebt wird.

Regler	aperiodischer Regelverlauf		Regelverlauf mit 20 % Überschwingen	
	Störung	Führung	Störung	Führung
P	$K_{PR} \approx \dfrac{0{,}3\,T_g}{K_s\,T_u}$	$K_{PR} \approx \dfrac{0{,}3\,T_g}{K_s\,T_u}$	$K_{PR} \approx \dfrac{0{,}7\,T_g}{K_s\,T_u}$	$K_{PR} \approx \dfrac{0{,}7\,T_g}{K_s\,T_u}$
PI	$K_{PR} \approx \dfrac{0{,}6\,T_g}{K_s\,T_u}$ $T_n \approx 4 \cdot T_u$	$K_{PR} \approx \dfrac{0{,}35\,T_g}{K_s\,T_u}$ $T_n \approx 1{,}2 \cdot T_g$	$K_{PR} \approx \dfrac{0{,}7\,T_g}{K_s\,T_u}$ $T_n \approx 2{,}3 \cdot T_u$	$K_{PR} \approx \dfrac{0{,}6\,T_g}{K_s\,T_u}$ $T_n \approx T_g$
PID	$K_{PR} \approx \dfrac{0{,}95\,T_g}{K_s\,T_u}$ $T_n \approx 2{,}4 \cdot T_u$ $T_v \approx 0{,}42 \cdot T_u$	$K_{PR} \approx \dfrac{0{,}6\,T_g}{K_s\,T_u}$ $T_n \approx T_g$ $T_v \approx 0{,}5 \cdot T_u$	$K_{PR} \approx \dfrac{1{,}2\,T_g}{K_s\,T_u}$ $T_n \approx 2 \cdot T_u$ $T_v \approx 0{,}42 \cdot T_u$	$K_{PR} \approx \dfrac{0{,}95\,T_g}{K_s\,T_u}$ $T_n \approx 1{,}35 \cdot T_u$ $T_v \approx 0{,}47 \cdot T_u$

Reglereinstellung für Strecken ohne Ausgleich

Einstellwerte

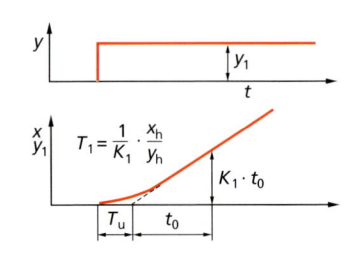

Regler	K_{PR}	T_n	T_v	x_p
P	$0{,}5 \dfrac{1}{K_I \cdot T_u}$			$2 \cdot \dfrac{T_u}{T_I} \cdot 100\,\%$
PD	$0{,}5 \dfrac{1}{K_I \cdot T_u}$		$0{,}5 \cdot T_u$	$2 \cdot \dfrac{T_u}{T_I} \cdot 100\,\%$
PI	$0{,}42 \dfrac{1}{K_I \cdot T_u}$	$5{,}8 \cdot T_u$		$2{,}4 \cdot \dfrac{T_u}{T_I} \cdot 100\,\%$
PID	$0{,}4 \dfrac{1}{K_I \cdot T_u}$	$3{,}2 \cdot T_u$	$0{,}8 \cdot T_u$	$2{,}5 \cdot \dfrac{T_u}{T_I} \cdot 100\,\%$

$T_1 = \dfrac{1}{K_1} \cdot \dfrac{x_h}{y_h}$

Integrierzeit T_t, Verzugszeit T_u und Integrierbeiwert K_1, z.B. mit Sprungantwort ermitteln

9.3.13 Kaskadenregelung

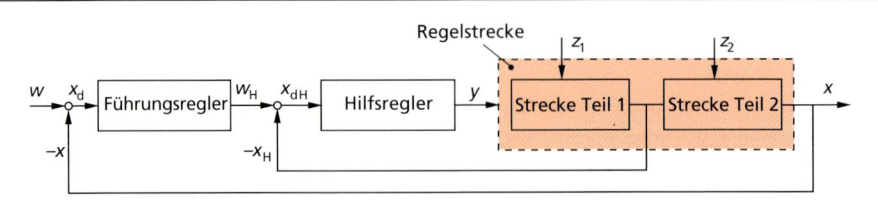

Das dynamische Verhalten von schwierigen Strecken mit einem Verhältnis $T_g/T_u < 2$ bis 3 ist durch eine Kaskadenregelung optimierbar. Der Regelkreis wird in Teilkreise zerlegt, die nur einen Teil der Gesamtverzugszeit haben. Die Kenngrößenbestimmung kann nach den o.a. Verfahren erfolgen.

Der innerste Hilfsregler (HR) wird an seine Teilstrecke angepasst, dann der nächste HR usw., zuletzt stellt man den Führungsregler ein. Komplizierte Regelaufgaben sind in einfache zerlegbar; Zwischengrößen sind begrenzbar; die Abnahme ist in Abschnitte aufteilbar.

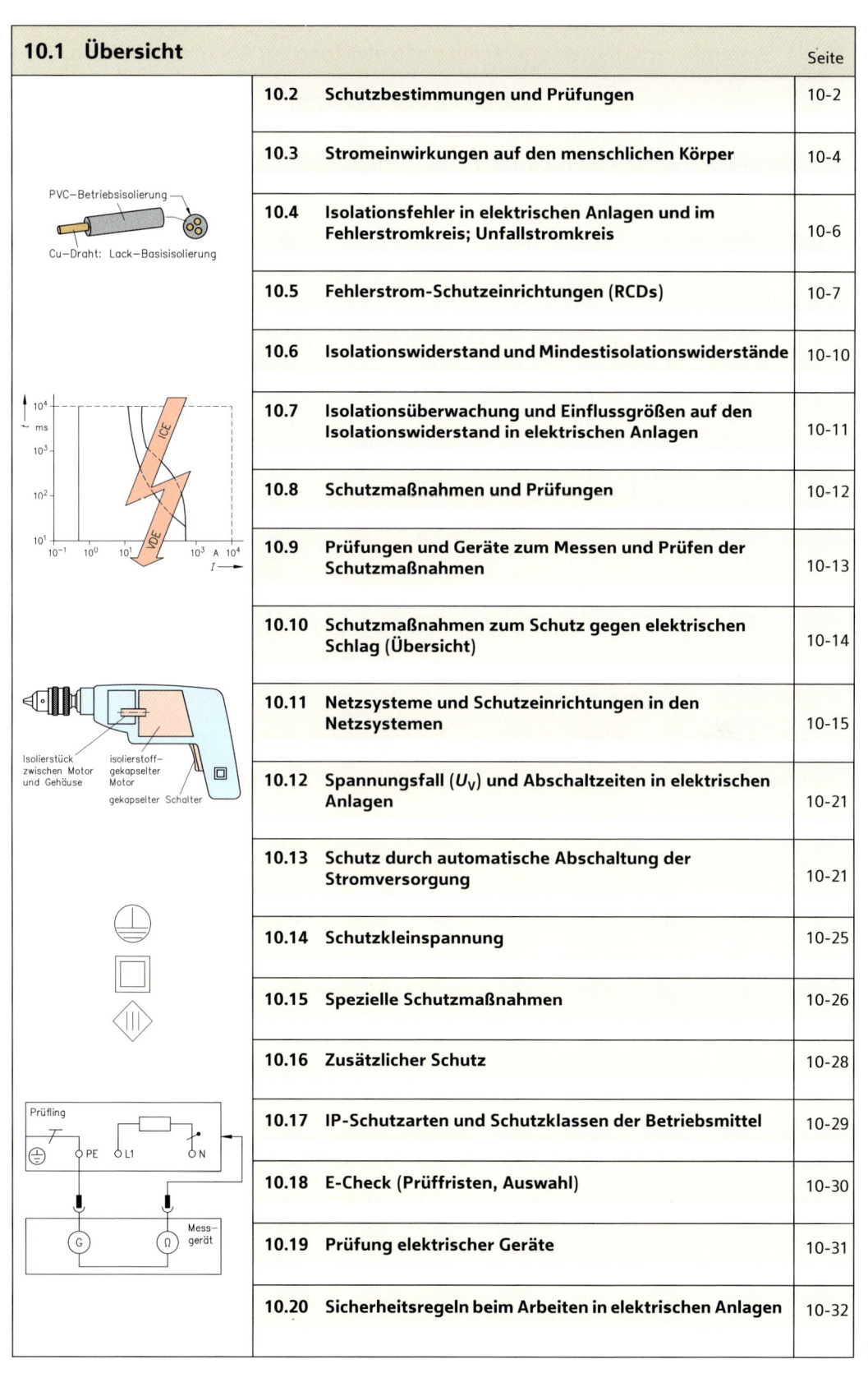

10 Schutzbestimmungen und Prüfungen

10.1 Übersicht

		Seite
10.2	Schutzbestimmungen und Prüfungen	10-2
10.3	Stromeinwirkungen auf den menschlichen Körper	10-4
10.4	Isolationsfehler in elektrischen Anlagen und im Fehlerstromkreis; Unfallstromkreis	10-6
10.5	Fehlerstrom-Schutzeinrichtungen (RCDs)	10-7
10.6	Isolationswiderstand und Mindestisolationswiderstände	10-10
10.7	Isolationsüberwachung und Einflussgrößen auf den Isolationswiderstand in elektrischen Anlagen	10-11
10.8	Schutzmaßnahmen und Prüfungen	10-12
10.9	Prüfungen und Geräte zum Messen und Prüfen der Schutzmaßnahmen	10-13
10.10	Schutzmaßnahmen zum Schutz gegen elektrischen Schlag (Übersicht)	10-14
10.11	Netzsysteme und Schutzeinrichtungen in den Netzsystemen	10-15
10.12	Spannungsfall (U_V) und Abschaltzeiten in elektrischen Anlagen	10-21
10.13	Schutz durch automatische Abschaltung der Stromversorgung	10-21
10.14	Schutzkleinspannung	10-25
10.15	Spezielle Schutzmaßnahmen	10-26
10.16	Zusätzlicher Schutz	10-28
10.17	IP-Schutzarten und Schutzklassen der Betriebsmittel	10-29
10.18	E-Check (Prüffristen, Auswahl)	10-30
10.19	Prüfung elektrischer Geräte	10-31
10.20	Sicherheitsregeln beim Arbeiten in elektrischen Anlagen	10-32

10.2 Schutzbestimmungen und Prüfungen

10.2.1 Systemkomponenten und Schutz von elektrischen Anlagen (Auswahl)

Elektrische Anlage

Leitung aus PVC

PVC-Betriebsisolierung
Cu-Draht: Lack-Basisisolierung

Schutz und Prüfung
- Betriebsmäßige Überlastung
- Vollkommene Kurzschlüsse

Kabel aus PVC und PE
- Elektrischer Widerstand
- Schirm und Isolierung
- Spannung, Verlustfaktor
- Abmessung, Biegung
- Vernetzungsgrad
- Lastwechsel
- Alterung

Kabel aus VPE

Zusatzprüfungen:
- Teilentladung
- Schrumpfung
- Längswasserdichtigkeit
- Alterung unter Wasser
- Geometrieanforderungen

Aufbau / Bezeichnung

- Mittelspannungsnetz (10 kV, 50 Hz)
- Ortsnetzstation (Transformator 10/0,4 kV)
- Niederspannungsnetz (400/230 V, 50 Hz)
- Abzweig
- Hausanschlussleitung
- Hauseinführungsleitung
- Hausanschlusskasten (HAK)
- Hauptleitung
- Stromkreisverteiler
- Stromkreise

Schutzbestimmungen und Prüfungsvorschriften (Auswahl)
- Elektrischer Schlag (Menschen und Tiere)
- Thermische Einflüsse (Eigen- und Fremderwärmung)
- Überspannungen (Datenverarbeitungsanlagen)
- Unterspannungen (Leistungsschalter löst bei einem eingestellten Wert aus)
- Trennen und Schalten
- Elektromagnetische Verträglichkeit (EMV)
- Brand und Brandbekämpfung
- Blitzeinwirkung und Explosionsschutz
- Beleuchtung am Arbeitsplatz
- Arbeiten an elektrischen Anlagen
- Erste Hilfe und Maßnahmen bei elektrischen Unfällen

Anlagenteil Badezimmer

Sondervorschriften: z. B. Schutzbereiche

Betriebsmittel Motor

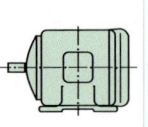

Schutzklasse I (mit PE-Anschluss), Schutzart IP 54 (Staub- und Spritzwasser)

Nicht elektrische Komponenten einer elektrischen Anlage

Schutzbestimmungen und Prüfungsvorschriften (Auswahl)
- Be- und Verarbeitungsmaschinen
- Gefährliche Arbeitsstoffe
- Transport von Gefahrstoffen
- Sicherheitskennzeichnung in Anlagen und am Arbeitsplatz nach BGV
- Brennbare Flüssigkeiten
- Persönliche Ausrüstung
- Bundesimmissionsschutzgesetz
- Verhalten bei Störfällen
- Abfallvermeidung und -entsorgung

Wichtige Kriterien für die normgerechte Errichtung und den bestimmungsgemäßen Betrieb von elektrischen Anlagen (Auswahl):

- Vorschriften, Normen
- Planung, Dokumentation
- Leistungsbedarf
- Schutzmaßnahmen zum Schutz gegen elektrischen Schlag
- Brandschutz in elektrischen Anlagen
- Auswahl der Leitungen hinsichtlich Spannungsfall und Strombelastbarkeit
- Planung und Ausführung Hausanschluss
- Hauptstromversorgung, Hauptleitung
- Selektivität von Überstrom-Schutzeinrichtungen (Hauptstromversorgung, Wohnanlagen)
- Kurzschlussfestigkeit von Betriebsmitteln
- Stromkreisverteiler
- Auswahl und Errichtung elektrischer Betriebsmittel
- Auswahl von Schutz- und Überwachungseinrichtungen
- Verlegen von Leitungen und Kabeln
- Installationsformen
- Fundamenterder
- Schutzpotenzialausgleich
- Blitzschutzanlagen
- Blitzschutz-Potenzialausgleich und Überspannungsschutz
- Schutzbereiche
- Ausstattung von elektrischen Anlagen
- Bedienung und Wartung

10.2 Schutzbestimmungen und Prüfungen

10.2.2 Internationale und nationale Normengremien

International
- IEC — 83 Mitgliedsstaaten[1]
- Europa: CENELEC (HD-Dokumente) (46 Länder)[2]

Deutschland
- DKE im DIN VDE
- VDEW, ZVEI, ZVEH, BMWi

Die DKE ist die in der Bundesrepublik Deutschland zuständige Organisation für Normen und Sicherheitsbestimmungen (VDE-Vorschriften) der Elektrotechnik, Elektronik und Informationstechnik

VDE Prüf- und Zertifizierungsinstitut

BMWi	Bundesministerium für Wirtschaft	IEC	International Electrotechnical Commission
CENELEC	Comité Européen de Normalisation Electrotechnique	VDE	Verband der Elektrotechnik, Elektronik, Informationstechnik e.V.
DIN	Deutsches Institut für Normung e.V.	VDEW	Vereinigung Deutscher Elektrizitätswerke e.V.
DKE	Deutsche Kommission Elektrotechnik, Elektronik, Informationstechnik	ZVEH	Zentralverband der Deutschen Elektrohandwerke e.V.
HD	Harmonisierungsdokumente	ZVEI	Zentralverband der Elektrotechnik- und Elektronik-Industrie e.V.

10.2.3 Gliederung der DIN VDE 0100[3]

DIN VDE 0100 Errichten von Niederspannungsanlagen

Gruppe 100 Anwendungsbereich, Allgemeine Anforderungen	Teil 100: Anwendungsbereich, Zweck und Grundsätze		
Gruppe 200 Begriffe	Teil 200: Begriffe		
Gruppe 200 Bestimmungen allgemeiner Merkmale	**Gruppe 400** Schutzmaßnahmen	**Gruppe 500** Auswahl und Errichtung elektrischer Betriebsmittel	**Gruppe 600** Prüfungen
Teil 300: Bestimmungen allgemeiner Merkmale mit den Abschnitten: • Leistungsbedarf • Gleichzeitigkeitsfaktor • Arten von Verteilungssystemen • Stromversorgungen • Aufteilung in Stromkreise • Verträglichkeit • Möglichkeit der Instandhaltung • Stromquellen • Äußere Einflüsse	Teil 410: Schutz gegen elektrischen Schlag Teil 420: Schutz gegen thermische Einflüsse Teil 430: Schutz von Kabeln und Leitungen bei Überstrom Teil 440: Schutz bei Überspannungen Teil 450: Schutz bei Unterspannungen Teil 460: Trennen und Schalten	Teil 510: Allgemeine Bestimmungen Teil 520: Kabel- und Leitungsanlagen Teil 530: Schalt- und Steuergeräte Teil 540: Erdung, Schutzleiter, Potenzialausgleichsleiter Teil 550: Sonstige elektrische Betriebsmittel Teil 560: Elektrische Anlagen für Sicherheitszwecke	Teil 610: Erstprüfungen mit den Abschnitten: • Besichtigen • Erproben und Messen • Schutzleiter und Potenzialausgleich • Isolationswiderstand • Schutz durch sichere Trennung • Schutz durch automatische Abschaltung der Stromversorgung • Polarität • Funktionsprüfungen • Nachweis des Spannungsfalls
Gruppe 700 Betriebsstätten, Räume und Anlagen besonderer Art	Teil 701: Räume mit Badewanne und Dusche	Teil 7... ...	Teil 7... ...	Teil 7... ...	Teil 7... ...

Rechte bei VDE
Aus: DIN VDE 0100-600 (VDE 0100-600): 2017-06
Anhang NE (informativ), Eingliederung dieser Norm in die DIN VDE 0100 (VDE 0100)
Die DIN VDE 0100 (Errichten von Niederspannungsanlagen) sind normativ abgestimmt und werden kontinuierlich in internationalen und europäischen Normengremien weiterentwickelt. Schutzmaßnahmen zum Schutz gegen elektrischen Schlag sind als Teil 410 wichtiger Bestandteil der DIN VDE 0100.

[1] 60 Vollmitglieder, 23 assoziierte Mitglieder (Stand 04/2016).
[2] 33 nationale elektrotechnische Komitees, 13 Beitrittskandidaten (Stand 04/2016).   [3] Stand 6/2008.

10.3 Stromeinwirkungen auf den menschlichen Körper

10.3.1 Die fünf Sicherheitsregeln[1]

Bis 1 000 V AC zwingend vorgeschrieben	1	Freischalten
	2	Gegen Wiedereinschalten sichern
	3	Spannungsfreiheit feststellen (mit zweipoligem Spannungsprüfer)
Zusätzliche Maßnahmen für U > 1 000 V AC	4	Erden und Kurzschließen (vorher unbedingt Spannungsfreiheit feststellen; Lichtbogengefahr)
	5	Benachbarte unter Spannung stehende Teile abdecken oder abschranken

10.3.2 Physikalische und physiologische Stromwirkungen

Physikalische/Chemische Wirkung (Anlagen und Lebewesen)	Physiologische Wirkung (ausschließlich Lebewesen)
Wärmewirkung	**Physiologische Wirkungen**
• Brandgefahr durch überlastete Leitungen und schlechte Leitungsverbindungen • Explosionsgefahr durch Kurzschlüsse • Vollkommene Kurzschlüsse • Überlastete Geräte Lebewesen: • Strommarken an Ein- und Austrittsstellen • Innere Verbrennung an Gelenken • Flüssigkeitsverluste • Verkochungen • Gerinnung von Eiweiß • Platzen der roten Blutkörperchen	• Muskelbewegung (Elektromedizin für Therapiezwecke mit 4 000 bis 5 000 Hz) • Muskelverkrampfungen • Muskelkontraktionen • Nervenstörungen • Atemlähmungen • Blutdrucksteigerungen • Herzstillstand • Herzkammerflimmern
Magnetische Wirkungen	**Elektrokardiogramm (EKG) Tierherz**
• Kraftwirkung bei Kurzschlussströmen Lebewesen: • Elektromagnetische Verträglichkeit (EMV)	Normalzustand / Herzkammerflimmern nach Stromschlag
Lichtwirkung	Der „elektrische Schlag" ist eine physiopathologische Erscheinung. Der rhythmisch betonte Herzschlag kann bei Stromwirkungen (etwa ab 50 mA, Einwirkdauer ca. 1 s) zu einem unkoordinierten Fibrilieren (Herzkammerflimmern) werden. Folge: Die Pumpwirkung des Herzens setzt aus und der Blutkreislauf bricht zusammen. Eintritt des klinischen Todes nach ca. vier Minuten.
Lebewesen: • Verbrennungen infolge Lichtbogen • Blendungen infolge Lichtbogen	
Chemische Wirkung	
• Korrosionsgefahr Lebewesen: • Zersetzen der Zellflüssigkeit	

10.3.3 Verhalten bei Stromunfällen

Spannungsfreiheit feststellen
↓
Verunfallten aus dem Gefahrenbereich bringen
↓
Arzt benachrichtigen
↓
Art der Verletzung feststellen

Unfallopfer atmet nicht, Kreislaufstillstand	Unfallopfer atmet, kein Schaden ermittelbar	Schock: Puls regelmäßig, Opfer fröstelt und schwitzt
Atemspende, Herzmassage; sofortiger Transport ins Krankenhaus	Verletzten in Seitenlage bringen; Untersuchung vom Arzt zweckmäßig	Verletzten in Schocklage bringen; sofortiger Transport ins Krankenhaus

[1] Die Reihenfolge ist zwingend vorgeschrieben.

10.3 Stromeinwirkungen auf den menschlichen Körper

10.3.4 Strom-Zeit-Gefährdungsbereiche bei Wechselstrom (AC)

Die physiologischen Beeinflussungen des elektrischen Stromes auf den menschlichen Körper hängen maßgeblich ab von folgenden Faktoren: Stromstärke, Einwirkungsdauer und Frequenz. Der Frequenzbereich 50–60 Hz zeigt für Wechselstrom das größte Gefährdungspotenzial. Bei Gleichstrom kann man von höheren Stromwerten ausgehen. Außerdem hängt die Gefährdung bei Gleichstromeinwirkung von der Stromrichtung ab. Das Diagramm zeigt den gegenwärtigen Erkenntnisstand des IEC-Berichts 419 an.

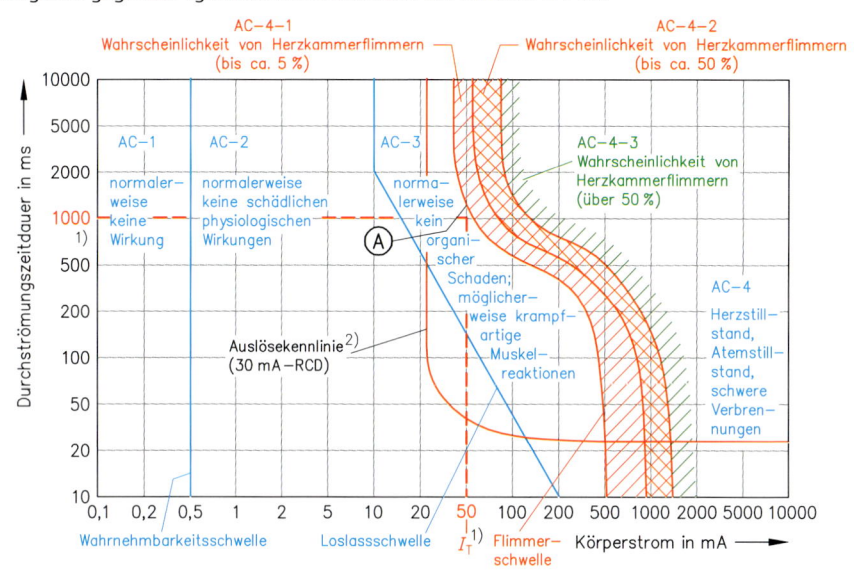

10.3.5 Fehlerstromkreis und höchstzulässige Berührungsspannung

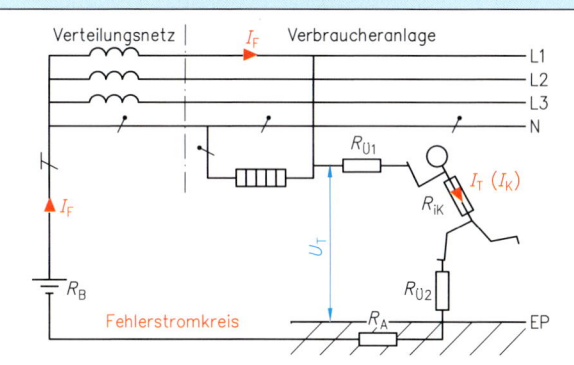

R_B Betriebserder
EP Erdpotenzial
$R_Ü$ Übergangswiderstände (Hand und Fuß)
R_{iK} Innerer Widerstand des menschlichen Körpers
R_A Anlagenerder
I_T Berührungsstrom
I_F Fehlerstrom
U_T Berührungsspannung
R_K Gesamtkörperwiderstand

$R_K = R_{Ü1} + R_{ik} + R_{Ü2} = 1000\ \Omega\ (1\ k\Omega)$
(Mittelwert)

Das Bild zeigt die direkte Berührung eines Menschen mit einem aktiven (stromführenden) Leiter und einen geschlossenen Fehlerstromkreis.
Zwischen der Ein- ($R_{Ü1}$) und Austrittsstelle ($R_{Ü2}$) fließt der Berührungsstrom I_T; im restlichen Stromkreis per Definition der Fehlerstrom I_F. Beide Ströme sind gleich groß, die Bezeichnungen in den Stromkreisabschnitten unterschiedlich. Die Größe des Berührungs-(bzw. Fehler-)Stromes wird durch den Gesamtwiderstand im Fehlerstromkreis begrenzt.
Kurzzeitig wirkende Stromstärken bis 50 mA AC kann der Mensch ertragen (s. Punkt A im Bild oben). Aus den entsprechenden Werten kann man nun die höchstzulässige Berührungsspannung (U_L) ableiten.

$U_T = I_T \cdot R_K = 50\ mA \cdot 1\ k\Omega$
$U_T = 50\ V$
($U_T = U_L$, L = Limit, Grenze)

U_L = Höchstzulässige Berührungsspannung
Grenzen von U_L: AC = 50 V, DC = 120 V
Für besondere Anwendungsfälle gelten kleinere (z. B. halbe) Werte.

---

[1] Eine Durchströmung von 50 mA für 1 s ist allgemein nicht mit Todesgefahr verbunden, kann jedoch Sekundärunfälle (z. B. schreckhafte Reaktionen) hervorrufen.

[2] Die Auslösekennlinie der RCD ($I_{\Delta N} \leq 30\ mA$) liegt vor der gefährlichen Flimmerschwelle.

10.4 Isolationsfehler in elektrischen Anlagen und im Fehlerstromkreis; Unfallstromkreis

Die Schaltskizze gibt Auskunft über Arten von Isolationsfehlern in elektrischen Anlagen. Die Ursachen und Definitionen von Isolationsfehlern werden entsprechend erläutert. Infolge eines Körperschlusses entsteht je nach Situation ein Fehler-(bzw. Unfall-)Stromkreis (hier im TT-System). Die wesentlichen Grundgrößen sind in den vereinfachten Stromkreisen erkennbar.

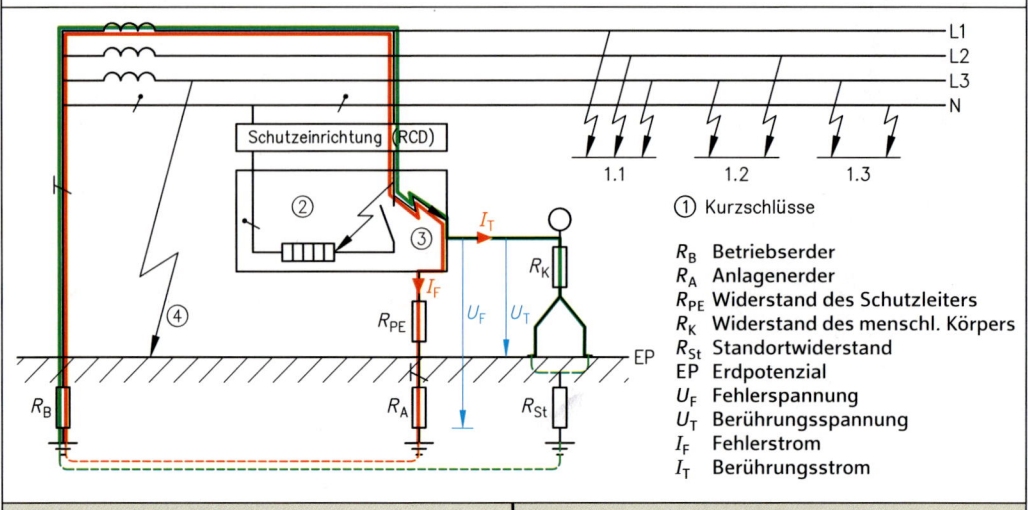

① Kurzschlüsse

- R_B Betriebserder
- R_A Anlagenerder
- R_{PE} Widerstand des Schutzleiters
- R_K Widerstand des menschl. Körpers
- R_{St} Standortwiderstand
- EP Erdpotenzial
- U_F Fehlerspannung
- U_T Berührungsspannung
- I_F Fehlerstrom
- I_T Berührungsstrom

Arten von Isolationsfehlern

Arten von Isolationsfehlern:
① Kurzschlüsse (brandgefährlich)
  - 1.1 dreipolig ⎫ nach Anzahl
  - 1.2 zweipolig ⎬ der beteiligten
  - 1.3 einpolig ⎭ Außenleiter
② Leiterschluss
③ Körperschluss (unfallgefährlich)
④ Erdschluss (brandgefährlich)

Definitionen von Isolationsfehlern

① **Kurzschluss**

Ein Kurzschluss ist ein zufällig oder absichtlich entstandener Strompfad zwischen zwei oder mehreren Teilen, durch den die elektrischen Potenzialdifferenzen zwischen diesen leitfähigen Teilen auf einen Wert gleich null oder nahezu null abfallen (neu IEV 195-04-11).[1)]

② **Leiterschluss**

Leiterschluss ist eine durch einen Fehler entstandene Verbindung zwischen betriebsmäßig unter Spannung stehenden Leitern (aktiven Teilen), wenn im Fehlerstromkreis ein Nutzwiderstand liegt.

③ **Körperschluss**

Körperschluss ist eine durch einen Fehler entstandene leitende Verbindung zwischen Körpern und aktiven Teilen elektrischer Betriebsmittel.

④ **Erdschluss**

Erdschluss ist ein unbeabsichtigtes Auftreten eines Strompfades zwischen einem aktiven Leiter und der Erde (IEV 195-04-11).[1)]

Isolationsfehler in elektrischen Anlagen

Isolationsfehler entstehen durch (Auswahl):
- Überspannungen und Überströme
- mechanische Einwirkungen
- Umweltbeeinflussungen

Folgende Schäden können auftreten (Auswahl):
- Ableitströme durch Alterung
- Kriechströme durch Feuchtigkeit und Schmutz
- Kurzschlussströme

Fehler- und Unfallstromkreis

Ein Fehlerstromkreis entsteht z. B. infolge eines Körperschlusses ③ in einem Betriebsmittel zwischen aktiven Teilen und dem leitfähigen, geerdeten Gehäuse. Es tritt ein Fehlerstrom auf, der durch den Widerstand im Fehlerstromkreis (rote Farbe) begrenzt wird. Der Fehlerstrom sorgt für die Abschaltung einer Schutzeinrichtung in der vorgeschriebenen Zeit; z. B. im TT-System praxisnah eine Fehlerstrom-Schutzeinrichtung (RCD).
Versagt die Schutzeinrichtung (z. B. bei PE-Unterbrechung) und berührt ein Lebewesen (Mensch oder Tier) den leitfähigen Körper des Betriebsmittels, entsteht ein Fehlerstromkreis, der hier wegen der Durchströmung des menschlichen Körpers Unfallstromkreis genannt wird (grüne Farbe). Der Berührungsstrom wird durch den Widerstand im Unfallstromkreis (zu ca. 90 % ist das der Körper- und Standortwiderstand) bestimmt.
Die Berührungsspannung U_T ist die Spannung, die am menschlichen Körper abfällt, also zwischen Stromeintrittsstelle und Stromaustrittsstelle. Die Fehlerspannung U_F ist stets größer als U_T (s. Abbildung oben).
Der Widerstand an der Fehlerstelle bleibt bei Berechnungen zur Bestimmung von Größen im Fehlerstromkreis unberücksichtigt.

[1)] IEV: International Electrotechnical Vocabulary (Internationales Elektrotechnisches Wörterbuch).

10.5 Fehlerstrom-Schutzeinrichtungen (RCDs)

10.5.1 Anwendung, Koordination und Einsatz von Fehlerstrom-Schutzeinrichtungen (RCDs)

RCCB u. RCBO		Anwendung, Koordination und Einsatz von RCDs		
I_n/A	$I_{\Delta N}$/A	Schutz gegen elektrischen Schlag mit RCDs	Koordination von RCDs	RCDs als Brandschutz

6 u. 8[1)]	0,01	Einsatz in den Schutzebenen:
		• Fehlerschutz (TN-, TT-, IT-System)
		• Zusatzschutz
		Zusatzschutz mit RCDs, $I_{\Delta N} \leq 30$ mA
		Auswahl:
		• Stromkreise
		  – in Räumen mit Badewanne oder Dusche,
		  – in medizinisch genutzten Räumen,
		  – mit Steckdosen in landwirtschaft- und gartenbaulichen Betriebsstätten
		• Endstromkreise für im Außenbereich verwendete tragbare Betriebsmittel mit $I_n \leq 32$ A
		• Steckdosenstromkreise mit $I_n \leq 20$ A für die Benutzung von Laien und zur allgemeinen Verwendung
			1. Selektivität:
			$I_{\Delta N}$ Typ $\boxed{S}$ > (8-10) $I_{\Delta N}$
			($I_{\Delta Nn}$ = nachgeordnete RCDs)
			
			2. Überlastschutz:
			$I_{nRCD} > I_{Betriebsstrom, ges}$
			
			3. Kurzschlussschutz:
			Back-up-Schutz gemäß Herstellerangaben
			
			4. Bemessungsströme:
			• $I_{nRCD} < I_{n\,SLS}$
			• $I_{nRCD} > I_{n\,nachgeord.\,LSS}$
				Erforderliche Mindestleistung für Brandentwicklung
				$P \approx 60–80$ W.
				RCD - Auslösung bei etwa 0,7 $I_{\Delta N}$
				$P_{Auslösung} = U \cdot 0{,}7\, I_{\Delta N}$
				Beispiele:
				1. $I_{\Delta N} < 0{,}5$ A
				$P = 230$ V · 0,7 · 0,5 A
				$P = 80{,}5$ W
				2. $I_{\Delta N} < 0{,}3$ A
				$P = 230$ V · 0,7 · 0,3 A
				$P = 48{,}3$ W
				Vorbeugender Brandschutz mit RCD:
				$I_{\Delta N} \leq 0{,}3$A

10	0,03			
13	0,1			
16	0,3			
20	0,5			
25	I_{nc}/kA[2)]			
32	3			
40	4,5			
50	6	**Auslöseverhalten durch die Auslösecharakteristik**	**Begriffe**	
63	10	Typ A: Auslösung bei plötzlich oder langsam ansteigenden sinusförmigen Wechselströmen und pulsierenden Gleichfehlerströmen	RCD: Residual Current protective Device (Fehlerstrom-Schutzeinrichtung, Oberbegriff für alle genormten Geräte) Vorher: Fehlerstromschutzschalter (FI-Schalter) $I_{\Delta N}$ Bemessungsdifferenzstrom für RCDs $I_{\Delta n}$ Nennfehlerstrom für FI-Schalter $I_{\Delta r}$ Zukünftig. IEC empfiehlt alle Bemessungswerte mit r = rated zu bezeichnen.	
80	15	Typ B: Wie Typ A, aber zusätzlich glatte Gleichfehlerströme		
100	20	Typ F: Auslösung wie bei Typ A. Zusätzlich werden Fehlerströme mit Mischfrequenzen beherrscht. Diese treten bei Betriebsmitteln auf, die Frequenzumrichter zur Drehzahlregelung nutzen. Typ K: Sie sind in ihrem Abschaltverhalten kurzzeitverzögert (Herstellerbezeichnung: Superresistente RCDs). Anw.: Ungewollte Auslösungen bei Gewittern, Betriebsmittel mit EMV-Kondensatoren.		
125	25			

10.5.2 Arten und Benennung von RCDs

Symbol	Typ	Erläuterung	Weitere RCDs und Differenzstromgeräte	
∿ ∿ - - -	A } B	RCCB (vorher FI) ohne eingebauten Überstromschutz	RCU (RCUnits): Früher FI-Block Fehlerstromauslöser zum Anbau an Leitungsschutzschalter CBR: Leitungsschutzschalter mit Fehlerstromauslöser	PRCD: Ortsveränderliche RCDs PRCD-S: Wie RRCD, aber mit erweitertem Schutzumfang
				Geräte für Überwachungsaufgaben
∿ ∿ - - -	A } B	RCBO (vorher FI/LS) mit eingebautem Überstromschutz	SRCD: Ortsfeste RCDs in Steckdosenausführung zur Schutzpegelerhöhung	RCM: Differenzstrom-Überwachungsgerät (RCMSs: Differenzstrom-Suchsystem)
				IMD: Isolation-Überwachungseinrichtung

[1)] Nur für RCBOs.   [2)] I_{nc}: Bemessungskurzschlussstrom   ▭ 6 000 ▭ I_{nc}

10.5 Fehlerstrom-Schutzeinrichtungen (RCDs)

10.5.3 Prinzipdarstellung und Funktion der allstromsensitiven RCD (Typ B)

Die RCD Typ B erfasst alle Fehlerströme:
- Sinusförmige Wechselströme,
- Pulsierende Gleichströme,
- Glatte Gleichströme und auch Ströme mit Oberschwingungen
1. Normung bis 1 kHz Oberschwingungen sind der Grundschwingung überlagert bei (Auswahl):
   - Motoren mit Frequenzumrichtern (Drehzahlsteuerung)
   - Netzteilen von EDV-Anlagen
   - EVGs von Beleuchtungsanlagen
2. Sondertyp B+ für höherfrequente Fehlerströme. Einsatz:
   - Motoren mit Antriebsreglern
   - Gehobener Brandschutz

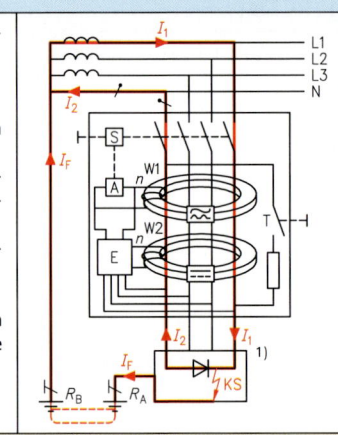

Systemkomponenten
W: Summenstromwandler
W1: Typ A, W2: Typ A und B
S: Mechanisches Schaltschloss
A: Auslösevorrichtung
n: Sekundärwicklung
T: Prüftaste und -widerstand bilden den Auslösebereich des Schalters
E: Elektronikeinheit: Resonanzkreis bestehend u. a. aus W2, Kondensator und passiven elektronischen Bauelementen garantiert die Funktionssicherheit und sorgt für eine zweckmäßige Auslöseabstimmung. Hinweis: Typ B hat W1 und W2.

Funktion RCD

Allstromsensitive RCDs haben als funktionsbestimmende Systemkomponenten zwei Summenstromwandler (W1 und W2). Alle aktiven Leiter werden durch den Summenstromwandler geführt; der Schutzleiter jedoch nicht. Das Funktionsprinzip der RCD basiert auf der 1. Kirchhoffschen Regel: Die geometrische Summe der zu jedem Zeitpunkt über die Stromkreise ab- und zufließenden Ströme (gilt für jede Stromart) ist ohne Isolationsfehler null. Im fehlerfreien Zustand hat der zufließende Strom I_1 die Größe des abfließenden Stromes I_2. Die Magnetflüsse von I_1 und I_2 heben sich im Summenstromwandler auf, da sie entgegen gerichtet sind: $\Phi_1 - \Phi_2 = 0$, $\Delta \Phi = 0$. Bei Körperschluss in den Betriebsmitteln fließt ein Fehlerstrom über den Schutzleiter ab. Der rückfließende Strom I_2 ist um den Fehlerstrom I_F kleiner als I_1. Die entgegengerichteten Magnetflüsse Φ_1 und Φ_2 sind unterschiedlich groß und heben sich im Summenstromwandler nicht mehr auf, $\Delta \Phi \neq 0$. Die Flussdifferenz (genauer die Flussänderungsgeschwindigkeit) induziert in der Sekundärwicklung, $\Delta \Phi / \Delta t = U_{ind}$. Der entstandene Induktionsstrom regt die Auslösespule an. Diese wirkt auf das Schaltschloss. Die RCD schaltet bei Erreichen des Bemessungsfehlerstromes (z. B. $I_{\Delta N} \leq 30$ mA) in der vorgeschriebenen Zeit allpolig ab. Hinweis: Eine RCD begrenzt nicht den Fehlerstrom auf z. B. 30 mA sondern die Abschaltzeit, z. B auf 0,3 s. Dieses Funktionsprinzip gilt für alle Stromarten.
W1 erfasst die sinusförmigen Wechselfehlerströme und die pulsartigen Gleichfehlerströme. W2 erfasst nur die glatten (reinen) Gleichfehlerströme. In W2 ist die Sekundärwicklung mit einem Frequenzgenerator gekoppelt. Dabei wird ein wechselmagnetischer Zustand erzeugt. Eine Änderung des Gleichfehlerstromes beeinflusst den wechselmagnetischen Zustand und gewährleistet so über die Elektronikeinheit die Ausschaltung.

Beispiel für Selektivität von RCDs

Beispiel: Baustromverteiler

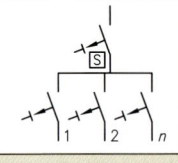

RCD $\boxed{S}$ [2]) löst langsamer als RCDs (1, 2 … n) aus und bei Versagen von RCDs (1, 2, … n).

Kurzzeitverzögernde RCDs

Sie reagieren etwas langsamer als Standardschalter, aber schneller als selektive RCDs. Anwendung: Verhindern von Fehlauslösungen, z. B. kurzzeitige Spannungsspitzen bei Gewittern. Einsatz: RCBO vor Gefriertruhe.

Anordnung von Fehlerstrom-Schutzeinrichtungen der Typen A + B

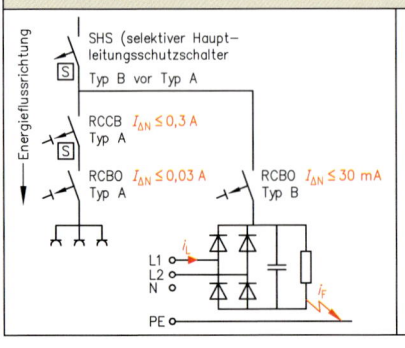

Hinweis: Eine Aufteilung der Steckdosenstromkreise 1, 2, 3 ist zu empfehlen, wenn die Summe der Ableitströme 0,4 x $I_{\Delta N}$ erreicht. Eine Auslösung der RCBO kann schon bei 0,5 $I_{\Delta N}$ erfolgen.

Abschaltung von RCDs

Allgemeine und selektive RCDs schalten zwischen 50 % – 100 % des $I_{\Delta N}$ ab. Allgemeine RCDs müssen spätestens nach 0,3 s und selektive nach 0,5 s bei 1,4 x $I_{\Delta N}$ abschalten. RCCBs und RCBOs schalten bei 70 % – 80 % des $I_{\Delta N}$ ab. Eine RCD muss spätestens bei Erreichen des $I_{\Delta N}$ auslösen. Die geforderten Auslösewerte werden in der Praxis weit unterschritten.

---

[1]) Vereinfachte Stromaufteilung in den Leitern L1, N und PE bei Körperschluss (KS). Spätestens bei $I_F > I_{\Delta N}$ schaltet die RCD allpolig ab.
[2]) Selektive Fehlerstrom-Schutzeinrichtung

10.5 Fehlerstrom-Schutzeinrichtungen (RCDs)

10.5.4 Aufschriften auf Typenschildern von RCDs

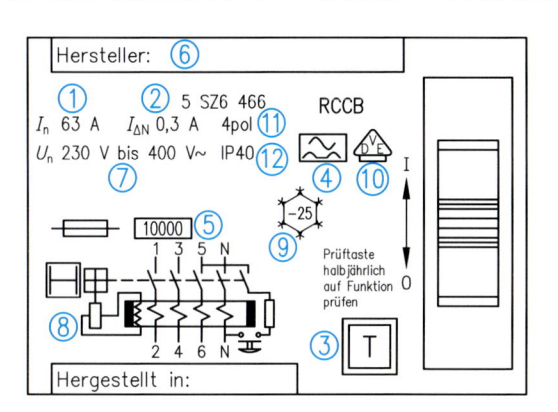

1 Bemessungsstrom
2 Bemessungsdifferenzstrom
3 Prüftaste für den Schalter
4 Auslösecharakteristik, Typ A
5 Zeichen für Bemessungsschaltvermögen
6 Typenbezeichnung mit Seriennummer
7 Bemessungsspannung
8 Schaltbild oder Anschlussbezeichnung
9 Temperaturzeichen Anwendung zwischen –25 °C und +40 °C
10 Prüfzeichen des VDE
11 Drehstromanschluss
12 Schutzart

10.5.5 Anwendungsbereiche für RCDs (ausgewählte Beispiele)

VDE-Bestimmungen DIN VDE	Anwendungsbereiche	Empfindlichkeit $I_{\Delta N}$ in mA
0100 Teil 410	Zusätzlicher Schutz gegen elektrischen Schlag für: • Allgemein zugängliche Steckdosen bis 20 A • Alle Endstromkreise im Außenbereich bis 32 A	≤ 30 ≤ 30
0100 Teil 701	Räume mit Badewanne oder Dusche: • Alle Stromkreise (außer Schutztrennung, SELV/PELV, fest angebrachte und elektrisch fest angeschlossene Warmwasserwärmer) • Für Stromkreise, deren Kabel und Leitungen in einer Badezimmerwand mit < 6 cm Verlegetiefe installiert sind	≤ 30 ≤ 30
0100 Teil 704	Baustellen: • Steckdosen bis 32 A • Fest angeschlossene, in der Hand gehaltene Betriebsmittel bis 32 A • Stromkreise für Steckdosen größer 32 A	≤ 30 ≤ 30 ≤ 500
0100 Teil 705	Landwirtschaftliche und gartenbauliche Betriebsstätten: • Steckdosenstromkreise • Alle anderen Stromkreise außer Verteilungsstromkreise • Brandschutz generell	≤ 30 ≤ 300 ≤ 300
0100 Teil 710	Medizinisch genutzte Bereiche: • Gruppe 1: Endstromkreise, Steckdosen und Beleuchtung innerhalb der Patientenbetreuung • Gruppe 2: Je nach zugeordneten Verbrauchern	≤ 30 ≤ 30 bis ≤ 300
0100 Teil 714	Beleuchtungsanlagen im Freien: • Betriebsmittel mit integrierter Beleuchtung	≤ 30
0660 Teil 600	Baustromverteiler: • Steckdosen bis 16 A • Sonstige Steckdosen	≤ 30 ≤ 500

10.6 Isolationswiderstand und Mindestisolationswiderstände

10.6.1 Isolationswiderstand

Technologie	Prüfung des R_{iso}
Der Isolationswiderstand R_{iso} ist der Widerstand der Isolierung (Durchgangs- und Oberflächenwiderstand) eines Leiters. Beurteilungskriterium ist der Widerstand zwischen den leitenden Teilen, die durch den Isolierstoff getrennt sind. Berücksichtigt wird dabei nur der ohmsche Anteil des R_{iso}.	Isolationswiderstandsmessung • vor Inbetriebnahme, • nach Erweiterung • oder Instandsetzung, • bei Wiederholungsprüfungen im ausgeschalteten Zustand der elektrischen Anlage durchführen.
Hinweise zur Durchführung (Auswahl)	**Messung des R_{iso}**
• Anlage oder Betriebsmittel ausschalten und von allen zugehörigen Systemteilen trennen (besonders Halbleiterbauelemente). • Zu prüfendes System gegen Erde entladen. • Messung darf nicht von Leck- oder Ableitströmen produzierenden Systemteilen beeinflusst werden. • Der R_{iso} ist temperaturabhängig. Bei ansteigender Temperatur nimmt der Isolationswiderstand zu. Zweckmäßige Umgebungstemperatur bei der Messung ist 20 °C.	R_{iso}-Messung muss durchgeführt werden für jeden aktiven Leiter gegen Erde und geerdete Systeme (PE- und PEN-Leiter). L1 – PE/PEN L2 – PE/PEN L3 – PE/PEN N – PE (wichtige Messung). Die Messungen L1-L2 bis L3-N können entfallen. Messspannung ist Gleichspannung, um kapazitive Beeinflussungen auszuschließen.
Ursachen für die Unterschreitung des Mindestisolationswiderstandes	**Forderungen an Isolationsmessgeräte (Geräte nach DIN EN 61557-10)**
• Alterung der Leiterisolation • Mechanische und chemische Beeinflussung • Umwelteinflüsse • Nichteinhaltung der Biegeradien von Leitungen und Kabeln • Nicht bestimmungsgemäße Installationsmethoden (z. B. Leitungslegung von Laien)	• Messspannung muss eine Gleichspannung sein. • Leerlaufspannung max. 50 % der Nennspannung • Kurzschlussstrom max. 12 mA • Gebrauchsfehler zwischen 25 % und 75 % der Skalenlänge darf nicht größer sein als ± 30 %.

10.6.2 Mindestwerte des Isolationswiderstandes

Nennspannung Stromkreise in V	Messgleich-spannung in V	Erstprüfung DIN VDE 0100-600 in MΩ	Wiederkehrende Prüfung DIN VDE 0105-100			
			Trockene Räume		Nasse Räume/im Freien	
			mit	ohne	mit	ohne
			angeschlossenen/eingeschalteten Verbraucher			
SELV/PELV	250	≥ 0,5	0,25 MΩ			
Bis 500 V AC/ FELV	1000	≥ 1,0	300 Ω/V	1000 Ω/V	150 Ω/V	500 Ω/V
≤ 500 V AC (Normalanlagen)	500	≥ 1,0				

Mindestisolationswiderstand bei Schutzklasse (SK)		
SK I	SK II	SK III
≥ 0,3 MΩ bei Geräten mit Heizelementen bis 3,5 kW. 1 MΩ für alle anderen Geräte der SK I	≥ 2 MΩ	≥ 0,25 MΩ

10.7 Isolationsüberwachung und Einflussgrößen auf den Isolationszustand in elektrischen Anlagen

10.7.1 Konstante Isolations-Überwachungs-Einrichtungen in IT-, TN- und TT-Systemen

Differenzstrom-Überwachungsgeräte (RCM) erfassen und überwachen den Differenzstrom in einem Netzabgang. Der Differenzstrom, der sich aus den Ableit- und Fehlerströmen ergibt, wird durch Summenstromwandler erfasst und in speziellen Geräten ausgewertet. Differenzstrom-Suchsysteme (RCMS) sind mehrkanalige Differenzstrom-Überwachungsgeräte, mit denen ein gesamtes Netz abgangsselektiv überwacht werden kann.

Isolations-Überwachungseinrichtungen (IMD) kontrollieren den Isolationswiderstand eines IT-Systems kontinuierlich während des Betriebes. Dabei wird über hochohmige Ankoppelungselemente eine Messspannung zwischen dem Netz und dem Schutzleiter überlagert. Der über den Schutzleiter fließende Messstrom aus dieser Quelle wird ausgewertet und mit einem eingestellten Referenzwert (Ansprechwert in kΩ) verglichen. Der Isolationswiderstand wird dabei unabhängig von der Netzspannung und von der Ableitkapazität erfasst. Mit sogenannten EDS-Systemen kann der Isolationsfehler zusätzlich im Betrieb lokalisiert werden.

In der Entwicklung befindet sich zurzeit eine Isolations-Überwachungseinrichtung für geerdete Netzsysteme (TN- oder TT-Systeme). Damit werden die gleichen Überwachungsmöglichkeiten wie im IT-System auch in den geerdeten Systemen möglich (Hinweis: Netzwerke und PC-Systeme können dann dauerhaft betrieben werden). In dieser Einrichtung wird ein kleiner Messstrom induktiv eingespeist und fließt über die Netzleiter, den Isolationswiderstand, die Ableitkapazitäten und den Schutzleiter zurück. Über die Auswertung des resistiven Anteils des Messstromes kann der Isolationswiderstand dann ermittelt werden.

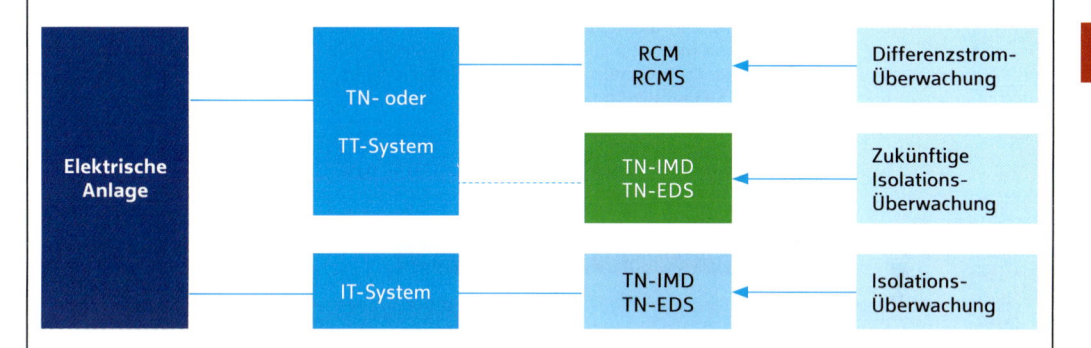

Elektrische Anlage			
	TN- oder TT-System	RCM / RCMS	Differenzstrom-Überwachung
		TN-IMD / TN-EDS	Zukünftige Isolations-Überwachung
	IT-System	TN-IMD / TN-EDS	Isolations-Überwachung

10.7.2 Einflussgrößen auf den Isolationszustand in elektrischen Anlagen

Kriterien für den Isolationszustand	Einflüsse auf den Isolationszustand (Auswahl)			Auswirkung von Isolationsfehlern
	Elektrisch	Mechanisch	Zeit/Umwelt	
• Durchgangswiderstand • Durchschlagsfestigkeit • Oberflächenwiderstand • Kriechstromfestigkeit • Lichtbogenfestigkeit • Permittivität • Dielektrischer Verlustfaktor • Elektrostatische Aufladung	• Überstrom • Überspannung • Blitz • Magnetische • Elektrostatische • Ionisierende	• Biegung • Knickung • Druck • Schlag • Schwingung (Vibration) • Eindringen (z. B. Nagel)	• Alterung • Temperatur • Feuchtigkeit • Lichteinwirkung • Verschmutzung • Tiere • Chemische Einwirkungen	• Kurz- und Leiterschlüsse • Erd- oder Körperschlüsse • Lichtbögen, die sich direkt oder aus widerstandsverringernden Isolationsfehlerstellen entwickeln
	Weitere Beeinflussungen des Isolationszustandes: Die jeweiligen Umgebungsbedingungen, die täglichen und jahreszeitlichen Veränderungen (Temperaturwechsel) können zu gravierenden Isolationsverschlechterungen in elektrischen Anlagen beitragen.			

10.8 Schutzmaßnahmen und Prüfungen

10.8.1 Schutzmaßnahmen und Prüfungen in Niederspannungsanlagen

Der Errichter installiert eine elektrische Anlage nach den anerkannten Regeln der Technik und sonstigen Vorschriften:

- DIN VDE 0100 (Bestimmungen für das Errichten von Starkstromanlagen mit Nennspannungen bis 1 000 V)
- DIN 18012 (Hausanschlussräume: Planungsgrundlagen)
- DIN 18014 (Fundamenterder: Allgemeine Planungsgrundlagen)
- DIN 18015 (Elektrische Anlagen in Wohngebäuden)
    - Teil 1: Planungsgrundlagen,
    - Teil 2: Art und Umfang der Mindestausstattung,
    - Teil 3: Leistungsführung und Anordnung der Betriebsmittel.

Die Technischen Anschlussbedingungen für den Anschluss an das Niederspannungsnetz (zurzeit TAB 2007) sind die für das Versorgungsgebiet geltenden Vorschriften der Elektrizitätsversorgungsunternehmen (EVU) und Verteilungsnetzbetreiber (VNB). Die TAB 2007 basieren auf den Vorschriften der Vereinbarung Deutscher Elektrizitätswerke e. V. (VDEW). Die Berufsgenossenschaft für Feinmechanik und Elektrotechnik (auch Träger der gesetzlichen Unfallversicherung) beschreibt in der DGUV Vorschrift 3 die Berufsgenossenschaftlichen Vorschriften für „Elektrische Anlagen und Betriebsmittel" (die DGUV Vorschrift 3 gilt auch für nicht elektrotechnische Arbeiten in der Nähe elektrischer Anlagen und Betriebsmittel).

Die TAB der EVU/VNB verpflichten den Errichter einer elektrischen Anlage, Prüfungen, die den ordnungsgemäßen Zustand der Anlage anzeigen, durchzuführen. Die Ergebnisse der Prüfungen werden in Prüfprotokollen (Übergabebericht + Prüfprotokoll) des ZVEH dokumentiert. Prüfprotokolle schützen sowohl den Errichter als auch den Betreiber einer elektrischen Anlage vor zivilrechtlichen Konsequenzen und Folgen. Im Zusammenhang mit Personen- und Sachschäden infolge eines Elektrounfalls können die Sicherheitsprüfungen in Strafprozessen als Beweislast dienen. Im Produkthaftungsgesetz und in den EU-Richtlinien Maschinen erhalten die Technischen Dokumentationen einen hohen haftungsrechtlichen Stellenwert. Der Hersteller von elektrischen Betriebsmitteln muss einen hohen Sicherheitsstandard einhalten.

10.8.2 Übersicht über Schutzmaßnahmen und Prüfungen

Schutzmaßnahmen und Prüfungen

Personen- und Anlagenschutz

Schutzmaßnahmen zum Schutz gegen elektrischen Schlag mit Schutzebenenkonzept:

1. Schutzebene: BASISSCHUTZ
2. Schutzebene: FEHLERSCHUTZ
3. Schutzebene: ZUSATZSCHUTZ

Weiterer Schutz (Auswahl)

Schutz gegen
- gefährliche Körperströme
- thermische Einflüsse
- Über- und Unterspannungen
- zu hohe Erwärmung

Schutz bei
- Kurzschluss
- Überstrom

Betriebsmittel- und Geräteschutz

- Schutzklassen ↑ (0, 1, 2, 3)
- Schutzarten (z. B. IP 44)

Prüfungen: Elektrische Anlagen und Betriebsmittel (Auswahl)

- Anlagen und Betriebsmittel (allgemein)[1]
- Anlagen und ortsfeste Betriebsmittel[1]
- Nicht ortsfeste Betriebsmittel, div. Anschlussleitungen mit Steckvorrichtungen[2]
- Schutzmaßnahmen mit RCDs in nicht stationären Anlagen[1]
- RCDs in
    - stationären Anlagen[3]
    - nicht stationären Anlagen[3]
- Spannungsprüfer
isolierte Werkzeuge, isolierende Schutzeinrichtungen, isolierende Schutzkleidung; (alle)[4]
- isolierende Schutzkleidung unter Sicherheitsaspekten[4]
- Spannungsprüfer: $U > 1$ kV unter Beachtung der Sicherheitvorschriften[1]

Prüfer:
[1] Elektrofachkraft
[2] Elektronisch unterwiesene Person
[3] Elektrolaie (Erprobung)
[4] Elektrolaie

10.9 Prüfungen und Geräte zum Messen und Prüfen der Schutzmaßnahmen

10.9.1 Prüfen in elektrischen Anlagen

Besichtigen	Erproben	Messen
Sind die Anforderungen des technischen Standards (DIN VDE) erfüllt?	Prüfvorrichtungen, Not-Aus-Schalter, Testlauf	Istzustand (Messwert) mit dem Sollzustand (Vergleichs- oder Maximalwert) vergleichen

10.9.2 Mess- und Prüfgeräte zur Überprüfung der Schutzmaßnahmen

Messaufgabe / Messgerät	Messfehler	Anmerkungen
Isolationswiderstand		Isolationszustand der elektrischen Anlage feststellen. Hinweise: Messgleichspannung, Nennstrom ≥ 1 mA, Messstrom ≤ 15 mA
Isolationsmessgeräte	±30 %	Batteriegeräte, Kurbelinduktoren
Widerstand • Erdungs- u. Schutzleiter • Schutzpotenzialausgleichsleiter		Widerstandswerte ermitteln Hinweise: Gleich- oder Wechselspannung, Leerlaufspannung 4 V–24 V, Messstrom ≥ 0,2 A im minimalen Messbereich; Skalenteilung 0,5 mm je 0,1 Ω
Erdungsmessgerät Widerstandsmessgerät	±30 %	Kompensations-Messverfahren, Strom-Spannungs-Verfahren (Sondenmessung) Geräte zur Niederohmmessung; oft in Kombination mit der Funktion Isolationswiderstandsmessung
Stromzangen	±10 %	Messverfahren mit zwei Stromzangen zur Bestimmung des Erdschleifenwiderstandes im TN- und TT-System
Schleifenimpedanz		Messen aller Widerstände in einer Netzschleife (z. B. alle elektrischen Widerstände im Fehlerstromkreis des TN-Systems)
Schleifenimpedanz-Messgerät	±30 %	Messgeräte für Gebäudeinstallationen und bei Netzen der VNBs/EVUs und Großindustrie
Abschaltbedingungen im Netzsystem		Überprüft wird die Einhaltung der Abschaltbedingungen in den Netzsystemen in Verbindung mit den entsprechenden Schutzeinrichtungen (RCD, ÜSE)
Prüfgerät VDE 0100 (Integrierte Schutzmaßnahme-Prüfgeräte) [1] Berührungsspannung [2] Anlagenerder [3] Auslösezeit [4] Auslösestrom [5] Berührungssp. im Auslösemoment	U_B: +20 % I_a: ±10 % t_a: ±10 %	Messfunktionen: $U_{L-PE,N}$, FI/RCD-Prüfung Impuls-Prüfstromverfahren: Messwerte U_B[1], R_A[2], t_a[3] Ansteigender Prüfstrom: Messwerte I_a[4], U_{B0}[5] Weitere Messfunktionen: Schleife, Erdung, Isolation Niederohm, Drehfeld, Spannungsfall
Isolationszustand		Kontrolle des Isolationszustandes in elektrischen Anlagen
Konstante Isolationsüberwachungs-Einrichtungen in den Netzsystemen		RCM: Differenzstrom – Überwachungsgerät (TN- u. TT-System) RCMS: Differenzstrom – Suchsysteme (TN- u. TT-System) IMD: Isolations-Überw.-Einr. (IT-System: akust. und opt. Meldung) EDS: Isolationsfehler – Sucheinrichtungen (IT-System)

10.10 Schutzmaßnahmen zum Schutz gegen elektrischen Schlag

Basierend auf DIN VDE 0100-410: 2007-06
Zusammenfassung der Normen
(Schutz gegen elektrischen Schlag (1997-01) und Anwendung der Schutzmaßnahmen (1996-02))

Schutzmaßnahme (Abschnitt)	Basisschutz 1. Schutzebene	Fehlerschutz 2. Schutzebene	Anwendung zusätzlicher Schutz ↑ 3. Schutzebene
			Anhänge und Tabellen (jeweils Auszüge)
Einleitung (410)[1]	Normative Verweisung und allgemeine Anforderungen.	Beachtung des Grundkonzepts: Basisschutz – Fehlerschutz – zusätzlicher Schutz	
Automatische Abschaltung ↑ der Stromversorgung (411)	Allgemeine Anforderungen an den Basisschutz (Schutz gegen direktes Berühren, z. B. Schutzisolierung)	Hinweise zur Schutzerdung und zum Schutzpotenzialausgleich. Automatische Abschaltung im Fehlerfall: TN-, TT- und IT-System. FELV (Schutzkleinspannung, ohne sichere Trennung)	Endstromkreise mit tragbaren Betriebsmitteln im Außenbereich. Steckdosenstromkreise für Laienbenutzung und allgem. Verwendung. Idealer Schutz: RCBO (FI/LS-Kombischalter)
Doppelte oder verstärke Isolierung ↑ (412)	Integriertes Konzept für Basis- und Fehlerschutz. Elektrische Betriebsmittel. Umhüllungen. Errichtungshinweise für Anlagen und Geräte. Anmerkungen zu Kabel- und Leitungsanlagen		Hinweise zu 412–414: Ein zusätzlicher Schutz ist nicht erforderlich. Basis- und Fehlerschutz garantieren ein zweckmäßiges Schutzkonzept.
			Anhang (Auszüge):
Schutztrennung ↑ (413)	Integriertes Konzept für Basis- und Fehlerschutz		Anhang A (normativ): Basisschutz, normale Bedingungen: Basisisolierung aktiver Teile, Abdeckungen oder Umhüllungen
Schutz durch Kleinspannung ↑ mittels SELV oder PELV (414)	Integriertes Konzept für Basis- und Fehlerschutz. Spannungsbereiche für AC und DC. Stromquellen und Anforderungen an SELV (Schutzkleinspannung) und PELV (Schutzkleinspannung mit sicherer Trennung).		Anhang B (normativ): Basisschutz, besondere Bedingungen: Hindernisse, Anordnung außerhalb des Handbereichs
Zusätzlicher Schutz ↑ (415)	Fehlerstrom-Schutzeinrichtungen (RCDs) $I_{\Delta N} \leq 30$ mA; Schutzpotenzialausgleich.		
Realisierung des Grundkonzepts	In jedem Teil einer elektrischen Anlage muss eine Schutzmaßnahme realisiert werden. Es sollten jedoch zwei (bei Versagen des Basisschutzes wirkt der Fehlerschutz) Schutzmaßnahmen als Prinzip der zweifachen Sicherheit angewendet werden. In speziellen Anwendungsfällen soll als 3. Schutzebene der Zusatzschutz wirksam sein. Der Basisschutz soll das direkte Berühren unter Spannung stehender (aktiver) Teile in elektrischen Anlagen verhindern. Der Fehlerschutz soll verhindern, dass bei Versagen des Basisschutzes eine gefährlich hohe Berührungsspannung auftritt oder an (fremden) leitfähigen Teilen bestehen bleibt. Der zusätzliche Schutz (oder Zusatzschutz) soll wirken • bei Versagen von Basis- und/oder Fehlerschutz und bei Sorglosigkeit der Nutzer der elektrischen Anlage, • bei Gefährdung von Personen in gesondert ausgewiesenen Anlageteilen (Einsatz von RCDs mit $I_{\Delta N} \leq 30$ mA).		Anhang C (normativ): Überwachte Anlagen: Nichtleitende Umgebung, Schutz durch erdfreien örtlichen Schutzpotenzialausgleich. Schutztrennung mit mehr als einem Verbrauchsmittel Anhang D (informativ): Vergleich: Vergleich alte (1997-01) – neue (2007-06) Norm Anhang NC (informativ): Eingliederung: Eingliederung dieser Norm in die DIN VDE 0100 Tabellen: Max. Abschaltzeiten (normativ), Spannungsbereiche AC und DC (informativ)

[1] Teil 410 (Die aktuelle DIN VDE 0100-410 beinhaltet die Teile 410 bis 415 und Anhänge).

10.11 Netzsysteme und Schutzeinrichtungen in den Netzsystemen

10.11.1 Netzsysteme im Überblick

	TN-Systeme ↑	TT-Systeme ↑	IT-Systeme ↑	↑ 10-21
Anwendung	Geschlossene Bebauung	Offene Bebauung	Hohe Verfügbarkeit	
Art der Erdverbindung	*Schaltbild mit R_B*	*Schaltbild mit R_B und R_A*	*Schaltbild mit R_A*	
Hinweise zu den Erdungsanlagen	Eine gemeinsame Erdungsanlage (R_B) im Verteilungsnetz (VN) und der Verbraucheranlage (VB).	Zwei getrennte, eigenständige Erdungsanlagen Verteilungsnetz (VN): Betriebserder, R_B Verbraucheranlage (VB): Anlagenerder, R_A	Eine Erdungsanlage (R_A) in der Verbraucheranlage (VB). Der Sternpunkt des Transformators im Verteilungsnetz (VN) ist isoliert oder über eine hochohmige (> 2 MΩ) Schutzfunkenstrecke geerdet.	
Schutz durch Überstrom-Schutzeinrichtungen (Sicherung oder Leitungsschutzautomaten)	TN-S-System; TN-C-System; TN-C-S-System	Einzelerdung; Gruppenerdung; Einzelerdung	Isolationsüberwachungseinrichtung, Einzelerdung; Gruppenerdung; Einzelerdung	
Schutz durch Fehlerstrom-Schutzeinrichtungen	TN-C-S-System	Gruppenerdung	Gruppenerdung	

10-15

10.11 Netzsysteme und Schutzeinrichtungen in den Netzsystemen

10.11.2 Betrachtungen zum Betrieb des TN- und TT-Systems

Wesentliche Unterschiede und gemeinsame Merkmale der beiden wichtigsten Netzsysteme (TN- und TT-System) werden erläutert. Ausgangspunkt sind die vereinfachten Schaltskizzen des TN- und TT-Systems mit Hinweisen über die Art der Erdverbindungen im Verteilungsnetz und in der Verbraucheranlage. Körperschlüsse im geerdeten Betriebsmittel zeigen die für beide Netzsysteme typische vereinfachte Fehlerstromkreise und deren entsprechende Besonderheiten. Spezielle Hinweise zu den Abschaltungsbedingungen und Informationen zur Erdungsanlage im Verteilungsnetz (TN-System) und zum Anlagenerder im TT-Sytem vermitteln Überblicks- und Detailwissen.

TN-System	TT-System
Netzsysteme nach Art der Erdverbindung (rot: vereinfachter Fehlerstromkreis)	
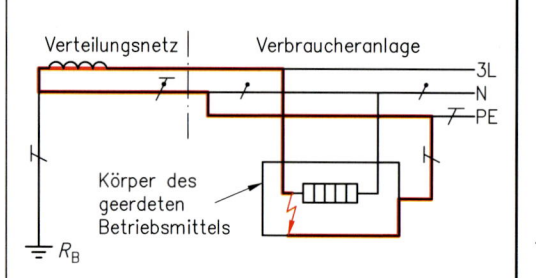 Eine gemeinsame Erdungsanlage: Alle zu erdenden leitfähigen Körper der Betriebsmittel werden leitungsmäßig mit dem Betriebserder verbunden.	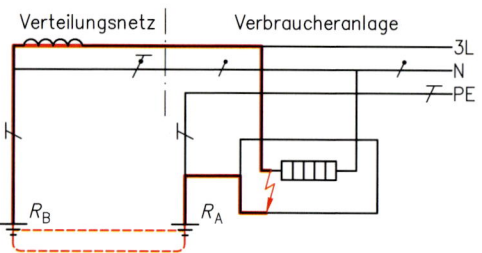 Zwei getrennte, eigenständige Erdungsanlagen: Betriebserder (R_B) des Verteilungsnetzes, eigener Anlagenerder (R_A) der Verbraucheranlage. Alle zu erdenden Einzelverbraucher müssen bei gemeinsamer Schutzeinrichtung an diesen Anlagenerder angeschlossen werden.
Vereinfachte Fehlerstromkreise	
Ein Körperschluss wird zum stromstarken Kurzschluss.	**Ein Körperschluss wird zum „stromschwächeren" Erdschluss.**
Verhältnisse in den Fehlerstromkreisen	
• Der Fehlerstrom fließt leitungsgebunden über metallene Leiter. • Der kleine Widerstand im Fehlerstromkreis verursacht große Abschaltströme. • Die geforderten Abschaltzeiten werden problemlos von den zugelassenen Schutzeinrichtungen (RCD, ÜSE) erreicht. RCD: Fehlerstrom-Schutzeinrichtung ÜSE: Überstrom-Schutzeinrichtung	• Der Fehlerstrom fließt sowohl leitungsgebunden über metallene Leiter als auch über das Erdreich (Erdübergangswiderstände von R_A und R_B). • Von der Leitfähigkeit des Erdreichs (großer Widerstand bei sandigem Boden, kleiner Widerstand bei Lehmboden) abhängiger Widerstand im Fehlerstromkreis und damit kleine Abschaltströme. • Die entsprechenden Abschaltzeiten gewährleisten praxisnah RCDs.
Abschaltbedingungen	
$I_a \cdot Z_s \leq U_0$ $U_0 = U_L - PE = 230$ V AC (Fast widerstandsloser Kurzschluss, daher $U_0 = 230$ V) I_a Abschaltstrom Z_s Schleifenwiderstand (Schleifenimpedanz) im Fehlerstromkreis U_0 Spannung gegen den geerdeten Leiter	$I_a \cdot R_A \leq U_L$ $I_a = I_{\Delta N}$ $U_L = 50$ V AC (Normalanlagen) (50 V sollten am Anlagenerder nicht überschritten werden.) $I_{\Delta N}$ Bemessungsdifferenzstrom der RCD (Für die Abschaltung mittels ÜSE ist der Fehlerstrom zu gering.) R_A Anlagenerder ($R_A \approx 0{,}9 \cdot Z_s$) Z_s Schleifenimpedanz im Fehlerstromkreis U_L Höchstzulässige Berührungsspannung

10.11 Netzsysteme und Schutzeinrichtungen in den Netzsystemen

TN-System	TT-System
Betriebserder (R_B)	Anlagenerder (R_A)

• Erdung eines Punktes (meist Sternpunkt des Transformators) im Verteilungsnetz
• Erden des PEN-Leiters durch Parallelschalten an diversen Stellen im Verteilungsnetz verkleinert den Gesamtwiderstand des Betriebserders.
 	
Spannungsbegrenzung des Außenleiters bei Erdschluss:
 	
$$\frac{R_B}{R_E} \leq \frac{U_L}{U_0 - U_L}$$
 	
Bei U_0 = 230 V
U_L = 50 V
$R_E \geq 3{,}6\, R_B$
 	
Absicht: Zwischen dem PEN-Leiter und einem beliebigen Erder soll keine größere Spannung als 50 V auftreten. / R_B: Gesamtwiderstand aller Betriebserder
R_E: Angenommener kleinster Erdungswiderstand von leitfähigen, nicht mit einem Schutzleiter verbundenen Teilen, über die ein Erdschluss entstehen kann.
	• Fundamenterder (ca. ab 1970)
	  – Ausführung: (30 x 3,5; 25 x 4) mm² verzinkter oder unverzinkter Stahl, Rundstahl d ≥ 10 mm
	  – Praxiswerte: Etwa 1–10 Ω je nach Bodenart
	Der Fundamenterder unterstützt die Wirkung des Schutzpotenzialausgleichs in elektrischen Anlagen.
	Weitere Erderarten als Anlagenerder:
	• Oberflächenerder (Verlegetiefe 0,5–4 m)
	• Tiefenerder (Stab- oder Rohrerder)
	• Plattenerder (bedeutungslos, Einsatz in Altanlagen vor 1970)
	
	Beabsichtigte Wirkung von R_A:
	Ein kleiner Anlagenerder vergrößert den Erdschlussstrom. Die Abschaltung der Schutzeinrichtung wird dadurch erleichtert.
	Die Widerstandswerte des Anlagenerders können jahreszeitlich je nach Bodenbeschaffenheit des Erdreichs bis zu 30 % schwanken.
	Das Maß für die elektrische Leitfähigkeit des Erdreichs ist der spezifische Erdwiderstand in Ω x m.
	Torf, Humus (feucht): ca. 10 Ω x m;
	Sandboden, Kies (trocken): ca. 1500 Ω x m

Beabsichtigte Wirkungen von R_B: Die Fehlerspannung am PEN-Leiter soll im Fehlerfall möglichst klein sein.	

10.11.3 Anwendung der Netzsysteme (Praxisbeispiel)

TN-C-System im Verteilungsnetz von der Transformatorenstation bis zum Hausanschlusskasten (HAK). TN-S-System in der Verbraucheranlage hinter dem HAK bis zum Drehstromkreis. Die Verbraucheranlage hat keinen Verteilerstromkreis.

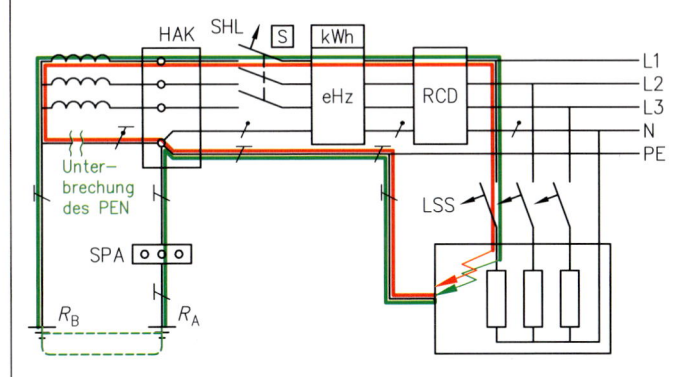

HAK: Hausanschlusskasten
SHL: Selektiver Hauptleitungs-Schutzschalter
eHZ: Elektronischer Haushaltszähler
RCD: Fehlerstrom-Schutzeinrichtung
LSS: Leitungsschutzschalter
SPA: Schutzpotenzialausgleich

Bei ordnungsgemäßer Anlage sorgt das TN-System für den entsprechenden Fehlerschutz in der elektrischen Anlage. Bei Körperschluss (KS) im Betriebsmittel löst die RCD aus (roter Fehlerstromkreis). Versagt die RCD, übernimmt der im Fehlerstromkreis liegende LSS (hier als Zusatzschutz wirkend) den Fehlerschutz.
Hinweis: Im TN-System fließt bei einem Körperschluss wegen des kleinen Widerstandes im Fehlerstromkreis ein großer Strom. Bei Bruch des PEN-Leiters wird aus dem TN-System ein TT-System. Der Körperschluss (KS) wird zum stromschwachen Erdschluss (grüner Fehlerstromkreis mit größerem Widerstand). Nur die RCD, jetzt als Fehlerschutz wirkend, kann die Verbraucheranlage allpolig abschalten.

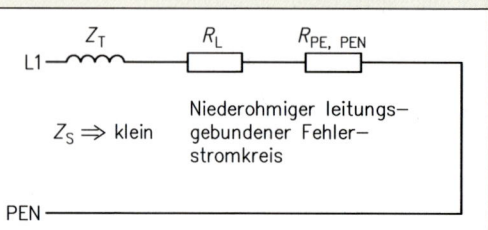

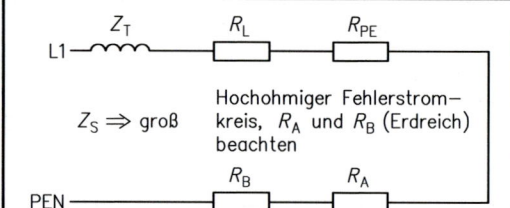

10.11 Netzsysteme und Schutzeinrichtungen in den Netzsystemen

10.11.4 Fehler-(Personen-)Schutz im TN- und TT-System

Untersucht wird ein Isolationsfehler zwischen L-PE (Körperschluss, s. S. 10-16) im Betriebsmittel Heizwiderstand in einer Verbraucheranlage im TN- und TT-System im Zusammenhang mit dem Fehlerschutz. Die Ersatzschaltbilder der vereinfachten Fehlerstromkreise verdeutlichen die Widerstandssituation (Impedanzen der Fehlerschleifen) in beiden Netzsystemen. Eine Berechnung (Einsatz eines Leistungsschutzschalters, LSS B16) für den zweckmäßigen Fehlerschutz zeigt: Fehlerschutz in TN-System mit Leistungsschutzschalter (LSS) möglich. Im TT-System muss eine Fehlerstrom-Schutzeinrichtung (RCD) eingesetzt werden.

TN-System	TT-System
Ersatzschaltbilder der vereinfachten Fehlerstromkreise	
Z_T, R_L, $R_{PE, PEN}$; $Z_S \Rightarrow$ klein; Niederohmiger leitungsgebundener Fehlerstromkreis	Z_T, R_L, R_{PE}; $Z_S \Rightarrow$ groß; Hochohmiger Fehlerstromkreis, R_A und R_B (Erdreich) beachten
Impedanzen der Fehlerschleifen	
Z_T Impedanz der Stromquelle R_L Leitungswiderstände Außenleiter bis Fehlerstelle $R_{PE, PEN}$ Widerstände PE- und PEN-Leiter zw. Fehler und Stromquelle	Z_T und R_L wie im TN-System R_{PE} Leitungswiderstand des PE-Leiters R_A Anlagenerder (Fundamenterder) R_B Betriebserder der Stromquelle
Anmerkung: Der Gehäusewiderstand und der Widerstand der Fehlerquelle bleiben unberücksichtigt.	
Konsequenzen für den zweckgemäßen Fehlerschutz	
Schutzeinrichtung für beide Netzsyteme: LSS B16, Leitungsschutzschalter, I_n = 16 A, Auslösecharakteristik B, magnetischer Auslöser bei Kurzschluss: I_{ak} = (3–5) x I_n, I_{ak} = 5 · I_n = 5 · 16 A = 80 A I_{ak} = 80 A ist der zu berücksichtigende Auslöserwert der Kennlinie.	
Abschaltforderung an die Schutzeinrichtung LSS B16 im TN- und TT-System	
$I_a = \dfrac{U_0}{Z_S}$ I_a Abschaltstrom der Schutzeinrichtung U_0 Spannung Außenleiter gegen Erde (230 V) Z_S Impedanz der Fehlerschleife	
Messwert: Z_S < 1 Ω (realistischer Wert, da leitungsgebundener Fehlerstromkreis)	Messwert: $Z_S \approx$ 14 Ω (realistischer Wert, bei schlecht leitendem Erdreich)
$I_a = \dfrac{U_0}{Z_S} = \dfrac{230\,V}{1\,\Omega} = 230\,A;\ I_a > I_{ak}$	$I_a = \dfrac{U_0}{Z_S} = \dfrac{230\,V}{14\,\Omega} = 16{,}43\,A;\ I_a < I_{ak}$
LSS B16 löst aus.	LSS B16 löst nicht aus.
Hinweis: Nach der aktuellen Norm gilt für das TT-System: Bei Verwendung LSS B16: $I_a = \dfrac{U_0}{Z_S}$ Bei Verwendung RCD: $I_a = \dfrac{U_L}{R_A}$ U_L Höchstzul. Berührungsspannung R_A Anlagenerder	Schutzeinrichtung: RCD, $I_{\Delta N} \leq$ 30 mA $I_a = \dfrac{U_L}{R_A} = \dfrac{50\,V}{12{,}6\,\Omega} = 3{,}97\,A;\ I_a > I_{\Delta N}$ ($R_A \approx 0{,}9 \cdot Z_S = 0{,}9 \cdot 14\,\Omega = 12{,}6\,\Omega$) RCD mit $I_{\Delta N} \leq$ 30 mA löst sicher aus.
Verwendete Schutzeinrichtung für den Fehlerschutz	
TN-System: Fehlerschutz mit LSS möglich	TT-System: Fehlerschutz nur mit RCD

10.11 Netzsysteme und Schutzeinrichtungen in den Netzsystemen

10.11.5 Schutzpotenzialausgleich und Schutzleiter

Schutzpotenzialausgleich

Schutzpotenzialausgleich (früher Hauptpotenzialausgleich) ist der Oberbegriff für alle Potenzialausgleichsmaßnahmen.

Zweck des Schutzpotenzialausgleichs:
1. Alle miteinander verbundenen leitfähigen Teile sollen auf ein annähernd gleiches Potenzial gebracht werden.
2. Im Fehlerfall auftretende Berührungsspannungen werden so verhindert oder stark reduziert.

Ausführung des Schutzpotenzialausgleichs:
An die Haupterdungsschiene werden folgende leitfähigen Systemteile angeschlossen (Zahlenangaben in mm^2 Cu):

Erdungsleiter:
– Schutzerdungsleiter
– Haupterdungsleiter (zum Fundamenterder)
– (Funktionserdungsleiter)

Von außen eingeführte leitfähige Teile: Gas- und Wasserrohre — **6**

Leitfähige Konstruktionsteile, Rohre oder Kanäle im Gebäude — **0**

Schutzpotenzialausgleichsleiter:
– Antennenanlage
– Fernmeldeanlage — **10**

PEN-Leiter des TN-Systems Verbindung von HAK — **25**

Erdungsanlagen andere Systeme; z.B. Blitzschutzanlage — **6**

Schutzpotenzialausgleich über die Haupterdungsschiene

Man unterscheidet:
- Schutzpotenzialausgleich aus Personenschutzgründen (nach DIN VDE 0100-410 und -540)
- Schutzpotenzialausgleich aus Funktionsgründen, z.B. EMV VDE 0800 (auch kombinierte Potenzialausgleichsanlage, CBN[1] genannt)

Querschnitte

Schutzpotenzialausgleich
- Normal: 0,5 · Querschnitt des Hauptschutzleiters.
- Mindestens: $6\ mm^2$ Cu oder gleichwertiger Leitwert.
- Mögliche Begrenzung: $25\ mm^2$ Cu oder gleichwertiger Leitwert.

Zusätzlicher Schutzpotenzialausgleich
- Normal:
  Zwischen zwei Körpern:
  1 · Querschnitt des kleineren PE. Zwischen einem Körper und einem fremden leitfähigen Teil:
  0,5 · Querschnitt des PE.
- Mindestens:
  Bei mechanischem Schutz $2,5\ mm^2$ Cu oder $4\ mm^2$ Al. Ohne mechanischen Schutz: $4\ mm^2$ Cu.

Prüfungen

Schutzleiter, Erdungsleiter, Schutzpotenzialausgleichsleiter
Sind besondere Forderungen zu berücksichtigen (TAB der VNB)?

Besichtigungen:
- Vorschriftsmäßige Legung
- Richtige Kennzeichnung (grüngelbe Aderisolation)
- Auswahl der Querschnitte
- Eignung der fremden leitfähigen Teile
- Kein Einbau von Schaltern oder Schutzorganen

Weitere Besichtigungen:
- Kein Vertauschen von Schutz- und Neutralleiter
- Funktion der Schutzkontakte in Steckvorrichtungen

Messungen:
- Entscheidung: Welche Schutzleiterabschnitte müssen gemessen werden?
- Messungen sind bei verdeckter Legung der Leitungen wichtig.
- Die vorschriftsmäßige, niederohmige Verbindung ist nachzuweisen. Exakte Widerstandswerte gibt es nicht.

Schutzleiter

Schutzmaßnahmen zum Schutz durch automatische Abschaltung der Stromversorgung (sog. Schutzleiter-Schutzmaßnahmen) erfordern den Anschluss des Schutzleiters an die leitfähigen Körper der Betriebsmittel und an fremde leitfähige Teile einer elektrischen Anlage. Schutzleiter müssen mit der/den Erdungsanlage(n) des entsprechenden Netzsystems durchgehend leitend verbunden werden.
Gasleitungen, Spannseile und Metallschläuche dürfen nicht als Schutzleiter verwendet werden.

Kennzeichnungen	Zuordnung von Leiterquerschnitten (A) in Leitungen und Kabeln	
	Stromführender Leiter	Schutzleiter
Abkürzung: PE (protective earth)	A in mm^2	A in mm^2
Symbol: ⏚	$A \leq 16$	A
Aderisolation: grün-gelb	$16 < A \leq 35$	16
Die grün-gelbe Aderisolation darf nur für Leiter mit Schutzfunktion (PE- und PEN-Leiter) verwendet werden.	$A > 35$	$A/2$

[1] CBN: Common Banding Network (gemeinsame Potenzialausgleichsanlage).

10.11 Netzsysteme und Schutzeinrichtungen in den Netzsystemen

10.11.6 (Fehler-)Schutz durch automatische Abschaltung der Stromversorgung

Bedingungen für jedes Netzsystem

- Prinzip der dreifachen Sicherheit:
  1. Schutzebene: Basisschutz (Schutz gegen direktes Berühren)
     (Einsatz von Betriebsmitteln der Schutzklasse II erlaubt)
  2. Schutzebene: Fehlerschutz (als Hauptschutz) (z. B. TT-System mit RCD)
  3. Schutzebene: Zusatzschutz (Einsatz von RCDs, $I_{\Delta N} \leq 30$ mA in vielfältiger Art)

- Die Schutzeinrichtung muss die Stromversorgung des zu schützenden Stromkreises oder Betriebsmittels in der festgelegten Zeit abschalten, wenn die entsprechenden höchstzulässigen Werte im Betrieb (z. B. $U_L \leq 50$ V) überschritten werden.

System nach Art der Erdverbindung	Koordinierung des Systems mit der Schutzeinrichtung	Schutzeinrichtung
TN-System TT-System IT-System		ÜSE: Überstrom- RCD: Fehlerstrom- } schutzeinrichtung IMD[1], RCM[2], EDS[3] (Einsatz nur im IT-System)

- In jedem Gebäude oder entsprechenden Einrichtung muss ein Schutzpotenzialausgleich über die Haupterdungsschiene (früher Hauptpotenzialausgleich) alle Erdungsleiter und fremde leitfähige Teile dauerhaft leitfähig verbinden.

- Alle Stromkreise (auch Schalt- und Tasterstromkreise) erhalten einen Schutzleiter, der entsprechend zu erden ist.

- Leitfähige Körper der Betriebsmittel müssen über einen Schutzleiter dauerhaft an das Erdungssystem angeschlossen werden.

- Gleichzeitig berührbare Körper müssen zweckmäßig mit dem gleichen Erdungssystem in Verbindung stehen.

- Übersteigt die höchstzulässige Berührungsspannung im Fehlerfall den vorgeschriebenen Wert, muss die entsprechende Schutzeinrichtung den zu schützenden Anlageteil in festgelegten Zeiten abschalten (s. Tabelle Abschaltzeiten S. 10-21).

- Werden die Abschaltzeiten nicht eingehalten, muss ein zusätzlicher Potenzialausgleich vorgesehen werden.

Prüfungen für jedes Netzsystem

Besichtigen (Auswahl):
1. Die Installationsvorschriften für Kennzeichnung, Auswahl (z. B. Querschnitt) und Verlegung von Schutzleiter, Erdungsleiter und Potenzialausgleichsleiter müssen unbedingt eingehalten werden.
2. Keine Verbindung der Schutzleiter mit aktiven Teilen
3. Keine Vertauschung zwischen Neutralleiter und Schutzleiter
4. Keine Schalter oder Schutzorgane in Schutzleiter und/oder PEN-Leiter
5. Koordinierung der Leiterquerschnitte mit den Nenn- und Einstellströmen der entsprechenden Schutzeinrichtungen
6. Richtige Auswahl der für das Netzsystem zutreffenden Schutzeinrichtung

Erproben (Auswahl):
1. Prüftaste der Schutzeinrichtungen betätigen
2. Melde- und Anzeigeeinrichtungen kontrollieren
3. Not-Aus-Einrichtungen kontrollieren
4. Verriegelungen und Schalterstellungsanzeigen kontrollieren
5. Spannungspolarität feststellen

Messungen (Auswahl):
Für jede neu errichtete oder geänderte elektrische Anlage ist der Isolationszustand zu ermitteln. Die Messung des Isolationswiderstandes muss zwischen jedem aktiven Leiter und der Erde vorgenommen werden.

Messungen zwischen:
- jedem Außenleiter (L1, L2, L3) und Erde (PE- oder PEN-Leiter)
- Neutralleiter N und Schutzleiter PE (wichtige Messung bei Einsatz von RCDs)

Hinweise:
1. $R_{iso} \geq 1{,}0$ MΩ bei $U_N \leq 500$ V AC
2. Schalter in den Stromkreisen schließen
3. Betriebsmittel mit elektrischen Bauteilen vom Netz trennen (da $U_{Mess} = 500$ V DC bei $I_{Mess} = 1$ mA, $I_{kmax} = 12$ mA)
4. Messung ohne Verbrauchsmittel, wenn $R_{iso} \leq 1{,}0$ MΩ
   - Verwechselungsprüfungen zwischen
     - Außenleitern (L1, L2, L3) und Schutzleiter (PE),
     - Neutralleiter (N) und Schutzleiter (PE), Erdschlussfreiheit des Neutralleiters beachten
   - Elektrische Durchgängigkeit der Schutz- und Schutzpotenzialausgleichsleiter
   - Niederohmige Widerstandsmessung aktiver Leiter in ringförmigen Endstromkreisen (Industrieanlagen)
   - Prüfung des Spannungsfalls

---

[1] IMD: Isolations-Überwachungseinrichtung. [2] RCM: Differenzstrom-Überwachungsgerät. [3] EDS: Isolationsfehler-Suchsystem.

10.12 Spannungsfall (U_V) und Abschaltzeiten in elektrischen Anlagen

Elektrische Anlage mit Nennspannungen bis 1000 V AC

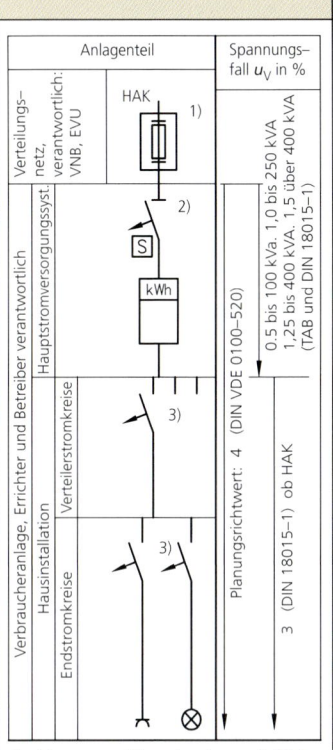

Anlagenteil (Diagramm mit Komponenten):
- HAK 1)
- S 2)
- kWh
- 3) Verteilerstromkreise
- 3) Endstromkreise

Verantwortlichkeiten:
- Verteilungsnetz, verantwortlich: VNB, EVU
- Hauptstromversorgungssyst.: Hauptstromversorgungsanlage
- Verbraucheranlage, Errichter und Betreiber verantwortlich: Hausinstallation, Endstromkreise

Spannungsfall u_V in %:
- 0,5 bis 100 kVA, 1,0 bis 250 kVA, 1,25 bis 400 kVA, 1,5 über 400 kVA (TAB und DIN 18015–1)
- 3 (DIN 18015–1) ab HAK
- Planungsrichtwert: 4 (DIN VDE 0100–520)

1. Hausanschlusskasten mit NH-Sicherung
2. Selektiver Hauptleitungsschutzschalter
3. LSS, Leitungsschutzschalter

Abschaltzeiten im TN- und TT-System für den zugeordneten Anlagenteil

Am Anfang des zu schützenden Leitungsabschnittes sollte eine Überstrom-Schutzeinrichtung (ÜSE) vorhanden sein, die im Fehlerfall den Überstrom abschaltet, der für den Überlastbereich der ÜSE festgelegt ist. Das ist der große Prüfstrom.

$I_2 \leq 1{,}45\, I_Z; \; I_n \geq I_Z \; (t_a \geq 1\,h)$

- I_2 Thermischer Auslösestrom (großer Prüfstrom)
- I_Z Strombelastbarkeit der Leitung
- I_n Bemessungsstrom der ÜSE

Bis zu 5 s in TN-Systemen
Bis zu 1 s in TT-Systemen

Maximale Abschaltzeiten (Auszug) in Endstromkreisen

System	50 V < U_0 ≥ 120 V		120 V < U_0 ≥ 230 V		230 V < U_0 ≥ 400 V		U_0 > 400 V	
	AC	DC	AC	DC	AC	DC	AC	DC
TN	0,8 s		0,4 s	5 s	0,2 s	0,4 s	0,1 s	0,1 s
TT	0,3 s		0,2 s	0,4 s	0,07 s	0,2 s	0,04 s	0,1 s

U_0 Nennwechselspannung oder Nenngleichspannung Außenleiter gegen Erde

Abschaltzeiten im IT-System

Bei Auftreten des 1. Fehlers (Erd- oder Kurzschluss) erfolgt keine Abschaltung.
Die Abschaltzeit beim 2. Fehler resultiert aus dem speziellen Aufbau des Systems.

1. Körper einzeln und in Gruppen geerdet. Abschaltzeit wie im TT-System.
2. Sind die Körper über Schutzleiter an einen Erder angeschlossen, gilt folgende Tabelle:

Neutralleiter mitverlegt		Neutralleiter nicht mitverlegt	
Nennspannung U_0/U	Abschaltzeit t_a	Nennspannung U	Abschaltzeit t_a
230 V / 400 V	0,8 s	400 V	0,4 s
400 V / 690 V	0,4 s	690 V	0,2 s
580 V / 1 000 V	0,2 s	1000 V	0,1 s

Abschaltzeiten bei Verwendung von RCDs

RCDs	Forderung t	In der Praxis t
normale	0,3 s	< 0,1 s
selektive	1,0 s	< 0,5 s

10.13 Schutz durch automatische Abschaltung der Stromversorgung

10.13.1 Beschreibung und Kurzzeichen der Netzsysteme

T N – C-S – System

1. Buchstabe: Erdungsverhältnisse der speisenden Stromquelle
- **T:** Direkte Erdung eines Punktes (Betriebserde des Transformators R_B)
- **I:** Entweder Isolierung aller aktiven Teile gegen Erde oder Verbindung eines Punktes mit der Erde über eine hochohmige Impedanz

2. Buchstabe: Erdungsverhältnisse der Körper der elektrischen Anlage
- **T:** Körper direkt geerdet (Anlagenerder R_A)
- **N:** Körper direkt mit dem Betriebserder R_B der speisenden Stromquelle verbunden. In Wechselspannungsnetzsystemen ist der geerdete Punkt meist der Sternpunkt des Transformators.

3. oder 3. und 4. Buchstabe: Anordnung des Neutralleiters und des Schutzleiters (TN-System)
- **C:** Neutral- und Schutzleiterfunktion kombiniert in einem Leiter, dem PEN-Leiter (TN-C-System)
- **S:** Neutral- und Schutzleiterfunktion durch getrennte Leiter (TN-S-System). Kombination: Anwendung im TN-C-S-System

10.13 Schutz durch automatische Abschaltung der Stromversorgung

10.13.2 TN-System

Bedingungen	Prüfungen
• Wichtig: Erdung des PEN- oder PE-Leiters im Verteilungsnetz. Der Netzbetreiber sorgt für die Einhaltung der sogenannten Spannungswaage: $R_B/R_E \leq U_L/(U_0 - U_L)$ R_B Gesamtwiderstand aller parallel geschalteten Erder zwischen Transformator und Hausanschlusskasten R_E Minimaler Widerstand bei Erdschluss U_L Höchstzulässige Berührungsspannung (z. B. 50 V AC) U_0 Bemessungsspannung gegen den geerdeten Leiter (U_0 = 230 V zwischen L1 und PE) Hinweis: Bei U_0 = 230 V und U_L = 50 V gilt: $R_E \geq 3,6 \cdot R_B$, d. h. die Berührungsspannung an R_B ist max. 50 V! • Schutzeinrichtungen für den Fehlerschutz: – Überstrom-Schutzeinrichtungen (ÜSE) – Fehlerstrom-Schutzeinrichtungen (RCDs) • Abschaltbedingung: $Z_S = \dfrac{U_0}{I_a}$ (ÜSE) $Z_S \leq \dfrac{U_0}{I_{\Delta N}}$ (RCD) Z_S Widerstand der Fehlerschleife (Schleifenimpedanz) U_0 Bemessungsspannung gegen den geerdeten Leiter I_a Abschaltstromstärke der ÜSE $I_{\Delta N}$ Bemessungsdifferenzstrom der RCD (z. B. $I_{\Delta N}$ < 30 mA) • Keine RCD im TN-C-System (der Fehlerschutz mit RCDs funktioniert nur im TN-S-System; auf der Eingangsseite der RCD sind N und PE zu trennen.) • Wichtiger Hinweis: Auf der Ausgangsseite (Lastseite) der RCD darf der N keine Verbindung zum PE haben. (Nachweis durch R_{iso}-Messung zwischen N und PE) • Verlegebedingungen für den PEN-Leiter: – Leiterquerschnitt A ≥ 10 mm² Cu oder ≥ 16 mm² AL – PEN-Leiter dürfen nicht für sich allein schaltbar sein. Das im PEN-Leiter liegende Schaltstück muss beim Einschalten voreilen und beim Ausschalten nacheilen. – PEN-Leiter dürfen keine Überstrom-Schutzrichtungen enthalten.	**Wichtige Voraussetzungen:** Der Errichter und der Netzbetreiber müssen die Anforderungen von DIN VDE 0100-410 einhalten. **Besichtigen:** Kenndaten oder Wirksamkeit der Schutzeinrichtungen (ÜSE, RCD) überprüfen. **Erproben:** Prüftaste der RCD betätigen. Hinweis: Damit wird nur die elektromechanische Funktionstüchtigkeit des „FI-Schalters" kontrolliert. **Messungen:** • Messungen oder Berechungen der Schleifenimpedanz • Überprüfung der Einhaltung der Beziehung $R_B/R_E \leq 50\ V/U_0 - 50\ V$ **TN-System mit Überstrom-Schutzeinrichtung** Überprüfen der Abschaltbedingung ($Z_S \cdot I_a \leq U_0$) durch Messung oder Berechnung. Messung des Schleifenwiderstandes (auch Schleifenimpedanz Z_S) oder des Kurzschlussstromes mit dem Nachweis auf Einhaltung der Abschaltzeiten der Überstrom-Schutzeinrichtung. **TN-System mit Fehlerstrom-Schutzeinrichtung** **Messungen:** Überprüfung der Abschaltbedingung ($Z_S \cdot I_{\Delta N} \leq U_0$) durch Messung. ($U_0$ Spannung gegen geerdeten Leiter.) Messen der Berührungsspannung (U_B) oder des Auslösestroms (I_a) der Fehlerstrom-Schutzeinrichtung mit einem FI-Prüfgerät oder speziellen Prüfschaltungen. Es müssen folgende Bedingungen erfüllt werden: • $U_B \leq U_L$ Die höchstzulässige Berührungsspannung U_L (50 V bzw. 25 V AC) darf bei Erreichen des Bemessungsdifferenzstromes (z. B. $I_{\Delta N}$ = 30 mA) nicht überschritten werden. • $I_\Delta \leq I_{\Delta N}$ Die FI-Schutzeinrichtung muss spätestens bei Erreichen des Bemessungsdifferenzstromes (z. B. $I_{\Delta N}$ = 30 mA) auslösen. I_Δ Auslösestrom Weitere Prüfungen im TN-System s. S. 10-20, Prüfungen für jedes Netzsystem.

Anwendungskriterien und Hinweise für das TN-System (Auswahl)

- Zweckmäßige Anwendung in Gebieten mit dichter Bebauung (Stadtgebiet)
- Bei offener Bebauung sollte am Hausanschlusskasten eine geringe Netzimpedanz vorliegen, damit die Abschaltbedingung für alle Endstromkreise garantiert werden kann.
- Das TN–System mit Fehlerstrom-Schutzeinrichtung (RCD) hat zwei unabhängige Schutzeinrichtungen für den Fehlerschutz. Versagt die RCD, übernimmt die Überstrom-Schutzeinrichtung (ÜSE) neben dem Kurzschluss- und Überlastschutz der Leitungen auch den Fehlerschutz bei Körperschluss, z. B. in einem Betriebsmittel eines Endstromkreises.
- Im Zusammenhang mit Maßnahmen zur Reduzierung von elektromagnetischen Störungen in Niederspannungsanlagen soll das reine TN-S-System angewendet werden (s. DIN VDE 0100-444: 2010-10).

10.13 Schutz durch automatische Abschaltung der Stromversorgung

10.13.3 TT-System

Bedingungen

Wichtig: Das TT-System verlangt zwei voneinander unabhängige Erdungsanlagen (R_B: Betriebserder im Verteilungsnetz, R_A: Anlagenerder der Verbraucheranlage), die sich nicht gegenseitig beeinflussen dürfen. 25 m als Mindestabstand zwischen R_A und R_B müssen eingehalten werden.
- Der Mittelpunkt (Neutralpunkt) des Verteilungsnetzes (Sternpunkt des Transformators) muss geerdet sein. Liegt kein Neutralpunkt vor, muss ein Außenleiter geerdet werden.
- Für die Verbraucheranlage ist zwingend einzuhalten: Die leitfähigen Körper der Betriebsmittel, die von einer gemeinsamen Schutzeinrichtung geschützt werden, dürfen nur an einen gemeinsamen Erder angeschlossen werden.
- Schutzeinrichtungen für den Fehlerschutz
  - Fehlerstrom-Schutzeinrichtungen (RCDs), praxisnah
  - Überstrom-Schutzeinrichtungen (ÜSE), praxisfremd
- Abschaltbedingungen:

$$R_A \leq \frac{U_L}{I_{\Delta N}} \text{ (RCDs)} \qquad Z_S = \frac{U_0}{I_a} \text{ (ÜSE)}$$

R_A Anlagenerder
U_L Höchstzulässige Berührungsspannung
$I_{\Delta N}$ Bemessungsdifferenzstrom der RCD
Z_s Widerstand der gesamten Fehlerschleife

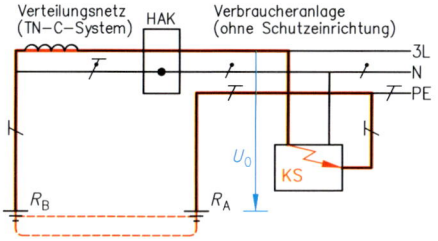

Die Impedanz der Fehlerschleife (Z_s) besteht aus den Leitungsabschnitten: Fehlerort – Schutzleiter des Körpers (PE) – Erdübergangswiderstände von R_A und R_B (Erdreich) – Erdungsleiter der Stromquelle – Stromquelle – Außenleiter bis zum Fehlerort.

U_0 Bemessungsspannung gegen den geerdeten Leiter
I_a Abschaltstromstärke der ÜSE

- Bei Einsatz von zeitverzögernden (selektiven) RCDs gilt die Abschaltungsbedingung: $R_A \leq U_L / 2\, I_{\Delta N}$.
- Niederohmige Leitungsverbindungen (Schutzleiter, Erdungsleiter) zum Anlagenerder, aber auch zum Betriebserder sind für die Einhaltung der Abschaltungen von großer Bedeutung.

Prüfungen

Wichtige Voraussetzung:
Es müssen die Anforderungen nach DIN VDE 0100-410: 2018-10 eingehalten werden.

Besichtigen:
Kenndaten oder Wirksamkeit der Schutzeinrichtungen (RCD, ÜSE) überprüfen.

Erproben:
Prüftaste der RCD betätigen
Hinweis: Damit wird nur die elektromechanische Funktionstüchtigkeit des FI-Schalters kontrolliert.

Messungen:
1. Ermittlung des Widerstandes des Anlagenerders (für alle gemeinsam geerdeten, leitfähigen Körper).
   Hinweis: Der Widerstandswert des Anlagenerders kann mit hinreichender Genauigkeit (ca. 90–95 %) mit einem Schutzmaßnahmenprüfgerät gemessen werden.
2. Im TT-System kann der zweckmäßige Fehlerschutz nur mit RCDs vorgenommen werden (s. S. 10-18).

Überprüfung der Abschaltbedingung durch Messung:
- $I_\Delta \leq I_\Delta$ (I_Δ Abschaltstrom der RCD)
- $U_L \leq 50$ V (Nachweis)
- (Alternativ: R_A ermitteln, wenn I_Δ oder U_L nicht festgestellt werden können.)

Hinweis:
Selektive (zeitverzögernde) RCDs können als alleiniger Schutz eingesetzt werden, wenn mit ihnen die erforderliche Abschaltzeit eingehalten wird.

Weitere Hinweise:
Der bestimmungsgemäße Betrieb des TT-Systems hängt von der Funktionstüchtigkeit der Fehlerstrom-Schutzeinrichtung ab.
Von besonderer Bedeutung ist die Größe des Anlagenerders für die Körper der elektrischen Betriebsmittel. Davon hängt ursächlich die Größe der Berührungsspannung ab.
Maximal zulässiger Widerstand des Anlagenerders R_A (s. Tabelle).
Hinweis: Der Erdungswiderstand R_A schwankt jahreszeitlich bis zu 30 Prozent. Deshalb sind in der Praxis wesentlich kleinere Werte für R_A erforderlich.

	Bemessungsdifferenzstrom $I_{\Delta N}$ in mA				
	10	30	100	300	500
R_A bei $U_L = 50$ V in Ω	5000	1666	500	166	100
$U_L = 25$ V in Ω	2500	833	250	83	50

Anwendungskriterien und Hinweise für das TT-System (Auswahl)

- Zweckmäßige Anwendung in Gebieten mit offener Bebauung (ländlicher Siedlungsraum)
- Die Erdungsanlagen der Verbraucheranlagen sollen sich nicht gegenseitig beeinflussen. Sonst sind bei geringem Abstand (< ca. 20 m) im Fehlerfall Beeinträchtigungen möglich.
- Weiterhin können sog. „Erdinseln" mit fehlendem oder undefiniertem Potenzialausgleich Spannungsverschleppungen und Gefährdungen in der Umgebung mit dichterer Bebauung verursachen.

10.13 Schutz durch automatische Abschaltung der Stromversorgung

10.13.4 IT-System

Bedingungen

1. **Besonderheiten des Betriebes**
   - Ein 1. Körperschluss (L1-PE) wird akustisch und/oder optisch gemeldet. Die Anlage ist betriebsbereit. Es erfolgt keine Abschaltung. Es gilt: $R_A \cdot I_d \leq U_L$
     - R_A Widerstand des Anlagenerders und aller Schutzleiterwiderstände
     - I_d Fehlerstrom des 1. Fehlers und die Summe aller Ableitströme
     - U_L Höchstzulässige Berührungsspannung
   - Ein 2. Körperschluss (L2/L3 – PE) schaltet die Anlage ab.

2. **Erdungsverhältnisse**
   Verteilungsnetz (erforderlich ist ein separater Transformator oder eigener Generator): Aktive Teile sind gegenüber Erde isoliert oder über eine hochohmige Impedanz (ausgeführt als Funkenstrecke, $R_{iso} \geq 2\,M\Omega$) geerdet.
   Verbraucheranlage: Körper sind einzeln/gruppenweise (dann gelten beim Auftreten des 2. Fehlers die Bedingungen des TT-Systems) über einen Schutzleiter geerdet.

3. **Überwachungs- und Schutzeinrichtungen**
   - Isolations-Überwachungseinrichtung, IMD (Wirkungsweise s. Abb.)
   - Differenzstrom-Überwachungseinrichtung, RCM (nicht schaltend)
   - Isolationsfehler-Suchsystem, EDS (lokalisiert z. B. den 1. Fehler)
   - Überstrom-Schutzeinrichtung, ÜSE
   - Fehlerstrom-Schutzeinrichtung, RCD

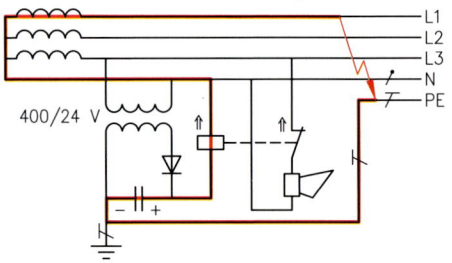

4. Abschaltbedingungen für den 2. auftretenden Fehler. Bedingungen wie:

TT-System (Einzel- oder Gruppenerdung)	TN-System (Gesamterdung)
$R_A \leq U_L / I_a$ R_A, U_L: s. o.	1. Ohne N-Leiter: $Z_S \leq U/2 \cdot I_a$ 2. Mit N-Leiter: $Z_S' \leq U_0/2 \cdot I_a$

- I_a Strom, der die automatische Abschaltung in der vorgeschriebenen Zeit für das entsprechende Netzsystem bewirkt
- Z_S Impedanz der Fehlerschleife, bestehend aus L- und PE-Leiter
- Z_S' Impedanz der Fehlerschleife, bestehend aus N- und PE-Leiter
- U Nennspannung zwischen den Außenleitern

Prüfungen

Besichtigen:
- Kein aktiver Leiter darf geerdet sein.
- Erdungssituation in der Verbraucheranlage feststellen.
  - Einzel- oder Gruppenerdung
  - gemeinsame Erdung

Erproben:
Funktion der IMDs kontrollieren.
Ansprechwert der Isolations-Überwachungseinrichtung ermitteln.

Messungen:
- Messung oder Abschätzung des I_d mithilfe der Planungsunterlagen der Anlage.
- Danach Bestimmung von $R_A = U_L / I_d$
- Abschaltbedingungen beim 2. auftretenden Fehler überprüfen:
  1. Bei Einzel- oder Gruppenerdung sind die Prüfbedingungen des TT-Systems maßgebend.
  2. Sind die Verbraucher in ihrer Gesamtheit mit dem Schutzleiter verbunden, müssen die Prüfbedingungen des TN-Systems angewendet werden.

Weitere Hinweise:
Im TN- und TT-System erfolgt im Fehlerfall eine automatische Abschaltung der Stromversorgung. Das IT-System kann beim Auftreten des ersten Fehlers noch weiterbetrieben werden. Erst beim zweiten auftretenden Fehler erfolgt die Abschaltung. Das IT-System ist so aufgebaut, dass bei Auftreten eines Körper- oder Erdschlusses nur ein geringer Fehlerstrom fließt. Es erfolgt jedoch eine optische und/oder akustische Meldung, die den Fehlerfall anzeigt.
Das IT-System wird angewendet, wenn von dem Betrieb der Anlage ein hoher Sicherheitsstandard gefordert wird. Es eignet sich auch besonders dann, wenn durch Unterbrechungen des Betriebsablaufes ein hoher Schaden entstehen könnte.
Das IT-System setzt eine eigene Stromversorgung voraus. Eine elektrische Verbindung zum vorgelagerten Netz (z. B. über Spartransformatoren) ist nicht erlaubt.

Einspeisemöglichkeiten:
- Generatoren
- Batterien
- Wechselrichter
- Transformatoren mit getrennten Wicklungen
- Umformer mit getrennten Wicklungen

Anwendungsbereiche für das IT-System:
- medizinisch genutzte Bereiche jeder Art
- chemische Industrie
- militärische Anlagen
- Ersatzstromerzeuger
- Bergbau unter Tage
- elektrische Ausrüstung von Schiffen
- Steuer- und Regelstromkreise

10.14 Schutzkleinspannung

Bezeich-nung	SELV Safety Extra Low Voltage	PELV Protection Extra Low Voltage	FELV Function Extra Low Voltage
	Kleinspannung mit sicherer Trennung		Kleinsp. ohne sichere Trennung
Norm	Eigenständige Schutzmaßnahme DIN VDE 0100-410 (VDE 0100-410): 2018-10, Abschnitt 414		Automatische Abschaltung der Stromversorgung: DIN VDE 0100-410 (VDE 0100-410):2018-10, Abschnitt 411.7
Bild	(Schaltbild L1-N mit sicherer Trennung, EP)	(Schaltbild L1-N mit sicherer Trennung, Erdung, EP)	(Schaltbild L1-N PE, keine Sichere Trennung, EP)
Erdverb.	Keine Erdung • aktiver Teile der SELV-Stromkreise, • leitfähiger Körper der Betriebsmittel.	Aktiver Leiter der SELV-Seite darf geerdet sein.	Leitfähige Körper der Betriebsmittel haben PE-(PEN-)Verbindung zum Primär- (oder speisenden) Stromkreis.
Strom-quelle	Sicherheitstransformatoren; Motorgeneratoren, Umformer, Generatoren (DIN EN 60034-1; VDE 0530-1: 2011-02); Elektrochemische Spannungsquellen und elektronische Einrichtungen (DIN EN 50178: 1998-04; VDE 0160: 1998-04)		Keine • Spartransformatoren, • Potenziometer, • Halbleiterbauelemente. Sonst wie SELV und PELV.
Konzept DIN VDE 0100-410 (2018-10)	**Basisschutz:**[1] • Sichere Erzeugung der Spannung • Sichere Trennung zu Stromkreisen höherer Spannung und von SELV- und PELV-Stromkreisen untereinander • Steckvorrichtungen dürfen nicht kompatibel mit anderen Stromkreisen sein. Anforderungen/Spannungsgrenzen: |	Geforderter Basisschutz	kein Basisschutz | |---|---|---| | SELV | AC(DC) 25 (60) V < U < 50 (120) V | AC(DC) U < 25 (60) V | | PELV | AC(DC) 25 (60) V < U < 50 (120) V | AC(DC) U < 12 (30) V | || **Basisschutz:** Isolierung oder Schutzart IP2X und höher. **Fehlerschutz:** Schutz durch automatische Abschaltung der Stromversorgung auf der Primärseite. PE-Anschluss am leitfähigen Gehäuse (s. Abbildung oben). Stecker und Steckdosen müssen nicht kompatibel mit anderen Stromkreisen sein. **Stromquellen:** Sicherheitstransformatoren.
Prüfungen	**Besichtigen:** Stromquelle, Betriebsmittel, Steckvorrichtungen, Erdfreiheit, Spannungsgrenzen **Erproben:** Eventuell Spannungsfestigkeit Leiter gegen Erde (5000 V AC, 1 min) **Messung:** Isolationswiderstand L gegen PE > 0,5 MΩ ($U_{prüf}$ = 250 V DC)		**Besichtigen:** Verwendungsnachweis für Betriebsmittel. **Messungen:** Kleinspannung auf der Sekundärseite des Trafos kontrollieren. R_{iso} der Leiter gegen PE messen: | Bemessungsspannung des Stromkreises U/V | R_{iso}/ MΩ | Messgleichspannung U_M/V | |---|---|---| | 500 | > 0,5 | 500 DC | | 500–1000 | > 1,0 | 1000 DC |
Anwendung	Grundidee: Die höchstzulässige Berührungsspannung (AC 50 V, DC 120 V) wird auf der Kleinspannungsseite nicht überschritten. Diese Spannungen sind ungefährlich. **Beispiele:** AC 6 V (besondere medizinische Geräte), AC 12 V (Geräte für Badewanne und Dusche), AC 24 V (elektromotorisches Spielzeug). Die zweite Maßnahme ist die sichere Trennung von anderen Stromkreisen.		Steuerstromkreise mit Relais, ferngesteuerte Schalter, Schütze und div. Betriebsmittel, deren Isolierung in Bezug auf Stromkreise mit höherer Spannung keine doppelte und verstärkte Isolierung haben.

[1] Fehlerschutz für SELV und PELV entfällt.

10.15 Spezielle Schutzmaßnahmen

10.15.1 Doppelte oder verstärkte Isolierung (vormals Schutzisolierung)

Doppelte Isolierung	Basisschutz			Verstärkte Isolierung	Basis- und Fehlerschutz
	• Schutz gegen direktes Berühren		☐		• Schutz gegen direktes Berühren • Schutz bei indirektem Berühren
	Durch Basisisolierung		Symbol A		Durch verstärkte Isolierung zwischen aktiven und berührbaren Teilen
	Fehlerschutz		Für Betriebsmittel der Schutzklasse II	 ⊠	Anzubringen an der Innen- und Außenseite der Umhüllung
	• Schutz bei indirektem Berühren			Symbol B	
	Durch zusätzliche Isolierung				

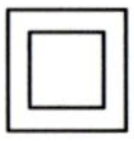

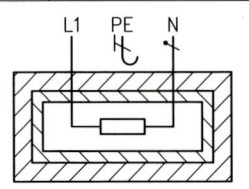

Der PE-Leiter darf im Betriebsmittel nicht an leitfähige Teile angeschlossen werden; jedoch nach Reparatur im Schutzkontaktstecker (Leitung ist somit fehlergeschützt).

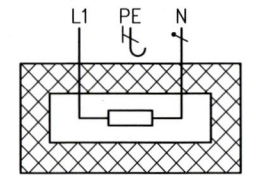

Anwendung der Schutzmaßnahme:
1. Leichte Handgeräte (z. B. Haushalt, Handbohrmaschine, s. Symbol A)
2. Während der Errichtung der Anlage erhalten die Betriebsmittel das Symbol B.

Anforderungen an Abdeckungen und Umhüllungen	Anwendung
Hierbei ist zu beachten: Die zusätzliche isolierende Umhüllung muss in Schutzart IP 2X bzw. IPXXB ausgeführt sein. Die zusätzliche isolierende Umhüllung muss die üblicherweise auftretenden Belastungen ohne Schaden aushalten. Durch die zusätzliche Isolierstoffumhüllung dürfen keine leitfähigen Teile geführt werden, wenn diese Spannungen verschleppen können. Wenn Deckel oder ähnliches in der zusätzlichen Isolierstoffumhüllung ohne Werkzeuge oder Schlüssel geöffnet werden können, müssen alle durch diese Öffnung berührbaren leitfähigen Teile durch eine Isolierstoffabdeckung nach Schutzart IP 2X bzw. IPXXB unzugänglich gemacht werden. Leitfähige Teile innerhalb der Isolierung dürfen nicht an einen Schutzleiter angeschlossen werden.	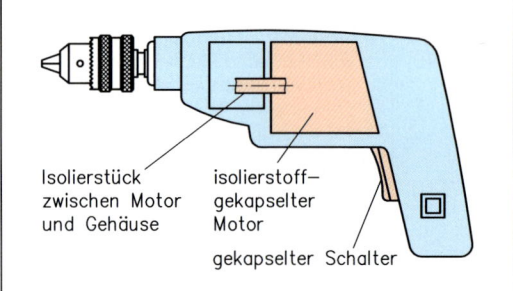 Isolierstück zwischen Motor und Gehäuse — isolierstoffgekapselter Motor — gekapselter Schalter *Schutzisolierte Handbohrmaschine*

Prüfungen: Hersteller-Typprüfung der Betriebsmittel, Sichtprüfung auf Beschädigung der Abdeckungen und Umhüllungen, Kontrolle der Durch- und Überschlagsfreiheit mit 4000 V AC (RMS), Dauer 1 min.

Mögliche Ausführung der Betriebsmittel, die die Anforderungen der Schutzmaßnahme „Doppelte oder verstärkte Isolierung" erfüllen

Betriebsmittel mit doppelter und verstärkter Isolierung	Betriebsmittel mit nur einer Basisisolierung	Betriebsmittel mit nicht isolierten aktiven Teilen
• Vollständige Isolierung • Betriebsmittel müssen typgeprüft sein (zweckmäßig mit Prüfsymbol von der VDE-Prüfstelle). • Deklarierung mit Symbol der Schutzklasse II	Für das Erreichen der Anforderungen an die Schutzmaßnahme werden die Betriebsmittel bei der Errichtung der Anlage mit einer Zusatzisolierung ausgerüstet.	Diese Betriebsmittel erhalten während der Montage eine verstärkte Isolierung, wenn die doppelte Isolierung aufgrund der Konstruktionsmerkmale nicht anwendbar ist.

10.15 Spezielle Schutzmaßnahmen

10.15.2 Schutztrennung

Basisschutz	Schutz gegen direktes Berühren	Durch Isolierung der aktiven Teile oder durch Abdeckungen oder Umhüllungen
Fehlerschutz	Schutz vor indirektem Berühren	Verbrauchsmittel ist vom speisenden Netz galvanisch sicher getrennt und es darf nicht geerdet werden.

Man unterscheidet grundsätzlich:
- Schutztrennung mit nur einem Verbrauchsmittel (allgem. Verwendung, Laienbenutzung, Rasiersteckdose)
- Schutztrennung mit mehr als einem Verbrauchsmittel (Überwachung durch Elektrofachkräfte oder unterwiesene Personen). Anwendung: Steuerstromkreise für Schützschaltungen.
  Hinweis: Die Körper der Verbrauchsmittel müssen mit einem erdfreien Schutzpotenzialausgleich untereinander verbunden werden (s. Abb.).

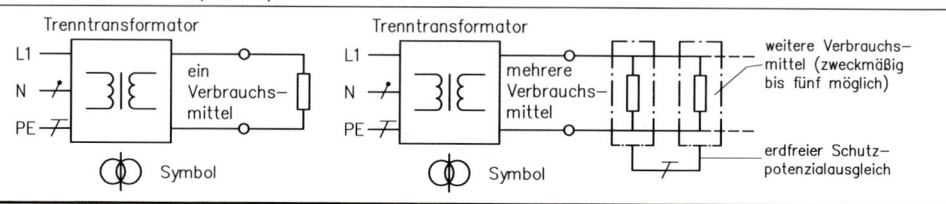

Bedingungen für die Anwendung der Schutzmaßnahme	Prüfungen
• Stromversorgung: Trenntransformatoren nach DIN EN 61558 (VDE 0570), Motorgeneratoren oder Generatoren nach DIN VDE 0530-25: 2018-12; VDE 0530-25: 2018-12, andere Stromquellen mit gleichwertiger Sicherheit (Batterien, Akkumulatoren) • Aktive Teile müssen potenzialfrei sein, d.h. sie haben keine Verbindung zur Erde oder aktiven Teilen anderer Stromkreise. • Die Spannung im Stromkreis mit Schutztrennung ist auf 500 V AC/DC begrenzt. • Die Leitungslänge beträgt 500 m. Geforderte Anwendung der Schutzmaßnahme: Nassschleifmaschine auf Baustellen, Leuchten in engen leitfähigen Räumen, Beleuchtung in Kesselanlagen (separater Leiter erforderlich).	**Besichtigen:** • Stromquellen • Sekundärsichere Trennung • Ein Verbrauchsmittel • Erdfreier Schutzpotenzialausgleich **Messungen:** • Schleifenimpedanz • Isolationswiderstand **Bei mehreren Verbrauchsmitteln:** • I_k mit Abschaltzeiten im TN-System kontrollieren • $R_{iso} > 1\ M\Omega$

10.15.3 Schutzmaßnahmen mit Schutzleiter im Vergleich mit Schutztrennung

Verglichen wird eine Schutzleiter-Schutzmaßnahme (hier TN-System) mit der Schutzmaßnahme Schutztrennung, die den Anschluss eines Schutzleiters verbietet. Beide Schutzmaßnahmen verhindern bei zweckmäßiger Anwendung im Fehlerfall eine unzulässig hohe Berührungsspannung.

Schutzleiter-Schutzmaßnahme	Schutztrennung
Diese Schutzmaßnahme ist gekennzeichnet durch einpolige Abschaltung bei Einsatz einer Überstrom-Schutzeinrichtung (ÜSE) oder durch allpolige Abschaltung, wenn eine Fehlerstrom-Schutzeinrichtung (RCD) den Fehlerschutz garantiert. Die leitfähigen Körper der Betriebsmittel erhalten einen PE-Anschluss.	Netzstromkreis und Verbraucherstromkreis sind galvanisch getrennt; es besteht keine elektrisch leitende Verbindung. Bei Körperschluss in den Betriebsmitteln entsteht daher kein Fehlerstromkreis. Prinzipiell sind die Betriebsmittel durch einen Sicherheitstransformator sicher vom speisenden Netz getrennt.

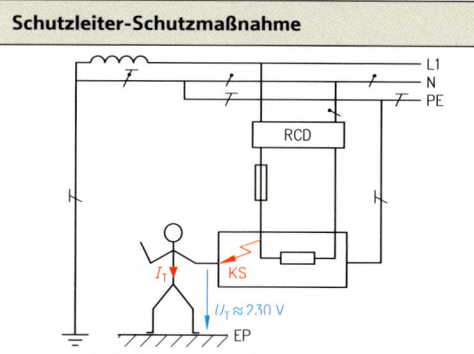

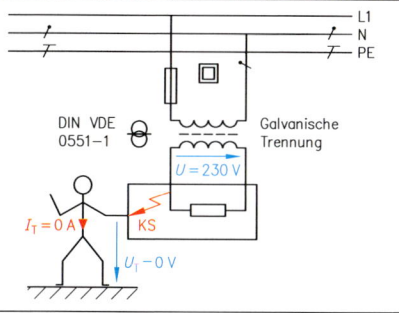

10.16 Zusätzlicher Schutz

10.16.1 Realisierung der Maßnahme zusätzlicher Schutz im TN- und TT-System

	1. Schutzebene	2. Schutzebene	3. Schutzebene	Netzsystem
TN-System	Basisschutz	Fehlerschutz	Zusatzschutz	Kombinierter Fehler- und Leitungsschutz mittels Überstrom-Schutzeinrichtung (ÜSE) und RCD
	Berührung der aktiven Teile wird durch Abdeckung verhindert.	Die 2. Schutzebene gewährleistet den Fehlerschutz gegen elektrischen Schlag und den Überlast- und Kurzschlussschutz der Leitung. Bei Versagen des Fehlerschutzes hilft der Zusatzschutz.		
	Ausschalter u. P. IP21 (Wohnbereich)	LSS B16	$I_{\Delta N} \leq 30$ mA	
TT-System	Basisschutz	Zusatzschutz	Fehlerschutz	Gestaffelter Schutz mittels RCDs als Fehlerschutz. Leitungsschutz mittels ÜSE.
	Berührung der aktiven Teile wird durch Abdeckung verhindert.	Verschiebung der Zusatzschutzebene. Selektivität des Fehlerschutzes durch $R_A = U_L / 2\, I_{\Delta N}$. Größten $I_{\Delta N}$ berücksichtigen.		
	Schutzkontaktsteckdose a. P. IP54 (Werkstatt)	$I_{\Delta N} \leq 30$ mA	$I_{\Delta N} \leq 300$ mA	

Das Prinzip der zweifachen Sicherheit wird im neuen Schutzkonzept der Schutzmaßnahmen gegen elektrischen Schlag berücksichtigt. Bei besonderer Gefährdung wird das Konzept quasi durch die 3. Schutzebene (zusätzlicher Schutz) erweitert.

10.16.2 Weitere Anwendungen der Maßnahme zusätzlicher Schutz

Der zusätzliche Schutz kommt in folgenden Fällen zur Anwendung:
- Einsatz von RCDs mit $I_{\Delta N} \leq 30$ mA in besonderen Stromkreisen:
  - Steckdosenstromkreise mit einem Bemessungsstrom bis einschließlich 20 A für die Benutzung durch Laien und zur allgemeinen Verwendung
  - Endstromkreise für im Außenbereich verwendete tragbare Betriebsmittel mit einem Bemessungsstrom bis einschließlich 32 A
  - Empfehlung: Für besonders gefährdete Stromkreise sollte pro Stromkreis eine RCD vorgesehen werden.
  - Ansonsten kann aufgeteilt werden, wenn die Ableitströme im zu schützenden Bereich 40 % des $I_{\Delta N}$ erreicht haben. Denn bei 50 % des $I_{\Delta N}$ ist eine Auslösung der RCD möglich.
- Wenn die entsprechenden Abschaltzeiten nicht erreicht werden, sollte ein zusätzlicher Schutzpotenzialausgleich vorgenommen werden.
- Einsatz von RCDs mit $I_{\Delta N} \leq 30$ mA für bestimmte Teile von DIN VDE 0100 (z. B. Teil 701 Räume mit Badewanne oder Dusche)
- Zusätzlicher Schutzpotenzialausgleich für bestimmte Teile von DIN VDE 0100, festgelegt für bestimmte Bereiche

Der zusätzliche Schutz ist eine Maßnahme, um den Personenschutz in elektrischen Anlagen unter besonderen Bedingungen zu erhöhen. Der zusätzliche Schutz ersetzt nicht die Schutzmaßnahmen für den Basis- und Fehlerschutz; er unterstützt diese (z. B. bei Nichteinhaltung der geforderten Abschaltzeiten).
Der Einsatz von hochempfindlichen Fehlerstrom-Schutzeinrichtungen (RCDs) der Typen A (pulsstromsensitiv) und B (allstromsensitiv) mit Bemessungsdifferenzströmen $I_{\Delta N} \leq 30$ mA garantiert in vielen Anwendungsfällen den zusätzlichen Schutz in elektrischen Anlagen. Der zusätzliche Schutz darf nicht in Gleichspannungssystemen angewendet werden.

10.17 IP-Schutzarten und Schutzklassen der Betriebsmittel

10.17.1 IP-Schutzarten — DIN EN 60529: 2014-09; VDE 0470-1: 2014-09

IP-Schutzarten
Beispiel: **IP 3 2 A W**

- Zusätzlicher Buchstabe A, B, C, D (fakultativ)
- 1. Ziffer: Fremdkörperschutz / Berührungsschutz
- 2. Ziffer: Wasserschutz
- Ergänzender Buchstabe H, M, S, W (fakultativ)

Schutz der Betriebsmittel gegen Eindringen von festen Fremdkörpern
Schutz von Personen gegen Zugang zu gefährlichen Teilen
Schutz der Betriebsmittel gegen schädliche Einwirkungen durch das Eindringen von Wasser

1. Kenn-ziffer	Bild-zeichen	Fremdkörperschutz / Berührungsschutz	2. Kenn-ziffer	Bild-zeichen	Wasserschutz
0		Kein Schutz	0		Kein Schutz
1		Schutz gegen Eindringen fester Fremdkörper ($d \geq 50$ mm)	1	Tropfwasser-geschützt	Schutz gegen senkrecht tropfendes Wasser (Tropfwasser)
1		Schutz gegen Berühren mit Handrücken			
2		Schutz gegen Eindringen fester Fremdkörper ($d \geq 12{,}5$ mm)	2		Schutz gegen schräg tropfendes Wasser (15°) (Tropfwasser)
2		Schutz gegen Berühren mit den Fingern			
3		Schutz gegen Eindringen fester Fremdkörper ($d \geq 2{,}5$ mm)	3	Regen-geschützt	Schutz gegen Sprühwasser bis 60° zur Senkrechten
3		Schutz gegen Berühren mit Werkzeugen			
4		Schutz gegen Eindringen fester Fremdkörper ($d \geq 1$ mm)	4	Spritzwasser-geschützt	Schutz gegen Spritzwasser aus allen Richtungen
4		Schutz gegen Berühren mit kleinen Werkzeugen, Drähten o. Ä.			
5	Staub-geschützt	Schutz gegen Staubablagerungen (Staubgeschützt)	5	Strahlwasser-geschützt	Schutz gegen Strahlwasser aus allen Richtungen
5		Vollkommener Berührungsschutz			
6	Staub-dicht	Schutz gegen Eindringen von Staub (Staubdicht)	6		Schutz gegen starkes Strahlwasser aus allen Richtungen
6		Vollkommener Berührungsschutz			
			7	Wasser-dicht	Schutz gegen zeitweiliges Untertauchen in Wasser
			8	Druckwasser-dicht ...bar	Schutz gegen dauerhaftes Untertauchen in Wasser

Schmutz und Feuchtigkeit beeinträchtigen Funktion und Lebensdauer elektr. Betriebsmittel. Deren Schutz gegen Berührung, Fremdkörper und Wasser wird durch die Schutzart erläutert und durch ein alphanumerisches Kennzeichen, den IP-Code (IP = International Protection) beschrieben. Die IP-Schutzarten sind ein bedeutender Beitrag zur Arbeitssicherheit im Gesamtkonzept Personenschutz gegen elektrischen Schlag.

Zusätzlicher Buchstabe	Erläuterung	Ergänzender Buchstabe	Erläuterung
A	Schutz gegen Berühren mit Handrücken	H	Hochspannungs-Betriebsmittel
B	Schutz gegen Berühren mit den Fingern	M	Wasserprüfung während des Betriebs (z. B. Läufer eines Motors)
C	Schutz gegen Berühren mit Werkzeugen ($d \geq 2{,}5$ mm, $l \geq 1$ mm)	S	Wasserprüfung bei Stillstand (z. B. Läufer eines Motors)
D	Schutz gegen Berühren mit Draht ($d \geq 1$ mm, $l \geq 100$ mm)	W	Schutz vor bestimmten Wetterbedingungen

10.17.2 Schutzklassen, SK

- **SK I** — Betriebsmittel mit Schutzleiteranschluss
- **SK II** — verstärkte oder doppelte Isolierung
- **SK III** — Schutzkleinspannung mit sicherer Trennung

10.18 E-Check (Prüffristen, Auswahl)

Wiederkehrende Prüfung von elektrischen Anlagen und Betriebsmitteln

Empfohlene Prüffristen: Prüffristen und Art der Prüfung elektrischer Anlagen und elektrischer Betriebsmittel nach DGUV Vorschrift 3 § 5 „Prüfungen".

Wiederkehrende Prüfung ortsfester elektrischer Anlagen und ortsfester elektrischer Betriebsmittel

Anlagen/Betriebsmittel	Prüffrist	Art der Prüfung	Prüfer
Elektrische Anlagen und ortsfeste Betriebsmittel	4 Jahre	Auf ordnungsgemäßen Zustand (DIN VDE 0105-100/A1: 2017-06; VDE 0105-100/A1: 2017-06)	Elektrofachkraft
Elektrische Anlagen und elektrische Betriebsmittel in „Betriebsstätten, Räumen und Anlagen besonderer Art" (DIN VDE 0100 Gruppe 700)	1 Jahr	Auf ordnungsgemäßen Zustand (DIN VDE 0105-100/A1: 2017-06; VDE 0105-100/A1: 2017-06)	Elektrofachkraft
Schutzmaßnahmen mit Fehlerstrom-Schutzeinrichtungen in vorübergehend stationären Anlagen (z. B. Baustellen)	1 Monat	Auf Wirksamkeit (Messung der Fehlerspannung und des Auslösestroms, Erdungswiderstandsmessung)	Elektrofachkraft oder elektrotechnisch unterwiesene Person bei Verwendung geeigneter Mess- und Prüfgeräte Benutzer
Fehlerstrom-, Differenzstrom- und Fehlerspannungs-Schutzschalter • in stationären Anlagen • in vorübergehend stationären Anlagen	6 Monate arbeitstäglich	Auf einwandfreie Funktion durch Betätigen der Prüfeinrichtung	

Wiederkehrende Prüfung ortsveränderlicher elektrischer Betriebsmittel

Anlagen/Betriebsmittel	Prüffrist	Art der Prüfung	Prüfer
• Ortsveränderliche elektrische Betriebsmittel (soweit benutzt) • Verlängerungs- und Geräteanschlussleitungen mit Steckvorrichtungen • Anschlussleitungen mit Stecker • Bewegliche Leitungen mit Stecker und Festanschluss	Richtwert 6 Monate, auf Baustellen 3 Monate. Wird bei den Prüfungen eine Fehlerquote < 2 % erreicht, kann die Prüffrist entsprechend verlängert werden. Auf Baustellen, in Fertigungsstätten und Werkstätten mindestens jährlich. In Büros mindestens alle 2 Jahre.	Auf ordnungsgemäßen Zustand (Inaugenscheinnahme) • Prüfung auf mechanische Beschädigung • Prüfung der angewandten Schutzmaßnahmen zum Schutz bei indirektem Berühren und Isolationswiderstandsmessung, im Einzelnen wie DIN EN 50678 Berichtigung 1:2021-12; VDE 0701 Berichtigung 1:2021-12 DIN EN 50699:2021-06; VDE 0702:2021-06	Elekrofachkraft oder elektrotechnisch unterwiesene Person bei Verwendung geeigneter Mess- und Prüfgeräte

Wiederkehrende Prüfung elektrischer Anlagen nach DIN VDE 0105 Teil 100
Messungen, Messverfahren und Werte/Richtwerte für die Messung in Anlagen mit Schutzmaßnahmen im TN-/TT-System

Messaufgabe	Messverfahren	Werte
Isolationswiderstand des Schutzleiters zu Neutral- und Außenleiter	Isolationswiderstandsmessung	≥ 300 Ω/V mit Verbraucher ≥ 1 000 Ω/V ohne Verbraucher bei einer Netzspannung bis 500 V und einer Netzspannung von 500 V
Verwechslung Schutz- und Außenleiter	Phasenprüfung oder Spannungsmessung gegen Erde	Netzspannung
Verwechslung Schutz- und Neutralleiter	Niederohmige Widerstandsmessung	< 1 Ω
Schutzpotenzialausgleich und zusätzl. Schutzpotenzialausgleich	Niederohmige Widerstandsmessung	< 1 Ω

10.19 Prüfung elektrischer Geräte

10.19.1 Allgemeines Besichtigen

- Sind offensichtliche Beschädigungen (Gehäuse, Leitung, Stecker) erkennbar?
- Sind Zugentlastung und Biegeschutz vorhanden? Ist der Zustand ordnungsgemäß?
- Ist die auf dem Gerät angegebene Schutzart an allen Teilen gewährleistet?
- Entsprechen die Bemessungsdaten der Verschleißteile (Gerätesicherung, Lampe) den vorgesehenen Werten?

10.19.2 Prüfen der Schutzleiter, Messen des Schutzleiterwiderstandes

Leitungen mit Schutzleiter sind einer Handprobe zu unterziehen (während der Messung mäßig ziehen, bewegen, rütteln usw.).
Durch Messen des Widerstandes zwischen der Anschlussstelle des Schutzleiters und dem Körper des Geräts ist nachzuweisen, dass die Verbindungen ordnungsgemäß und hinreichend niederohmig sind. Während der Messung ist die Anschlussleitung zu bewegen. Unzureichende Verbindungsstellen machen sich dann in der Veränderung des Widerstandswertes bemerkbar.

Messgrößen und Messwerte:
- Messspannung: U = 4–24 V
- Messstrom: ≥ 0,2 A (AC oder DC)
- Leitung bis 5 m: R_{PE} < 0,3 Ω (+0,1 Ω je weitere 7,5 m)

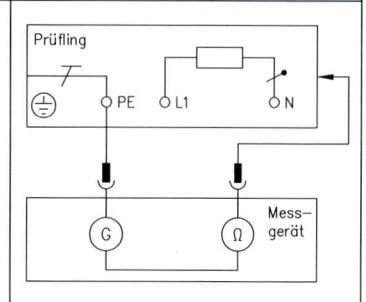

10.19.3 Prüfen der Isolierungen, Messen des Isolationswiderstandes und der Ableitströme

Isolationszustand

Vor der Messung prüfen:
- Können alle aktiven Teile bei der Messung erfasst werden?
- Kann die Prüfspannung vorhandene elektronische Bauteile zerstören?

Messen des Isolationswiderstandes

Bei der Messung müssen sich alle Schalter im eingeschalteten Zustand befinden.

Mindestisolationswiderstände (für Geräte)

Schutzklasse	Hinweise	R_{iso} in MΩ
I	Zwischen aktiven Teilen (L/N) und PE-Leiter	≥ 1
II	Zwischen aktiven Teilen (L/N) und berührbaren leitfähigen Teilen, die nicht am PE angeschlossen sind	≥ 2
III	Zwischen aktiven Teilen mit SELV und berührbaren leitfähigen Teilen	≥ 0,25

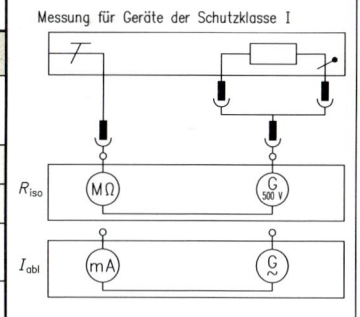

Messen der Ableitströme (nur z. T. abgebildet)

Hinweise:
1. Ableitströme bei elektrischen Geräten resultieren bevorzugt aus:
   - unzureichendem Isolationszustand (Nässe, Schmutz)
   - Heizungen mit Metallrohrmantel
   - Kapazitäten von Leitungen, Wicklungen und Entstörkondensatoren
2. Zu prüfendes Gerät mit Netzspannung versorgen.

Für Geräte der Schutzklasse I: Messen des Schutzleiterstromes.
Für Geräte mit nicht an den Schutzleiter angeschlossenen leitfähigen Teilen und den Schutzklassen I und II: Messen des Berührungsstromes.

Grenzwerte des Ableitstromes:
- Geräte der Schutzklasse I bis 3,5 kW: 3,5 mA
- Geräte der Schutzklasse I mit Heizelementen über 3,5 kW: < 1mA/kW.
- Geräte mit nicht an den Schutzleiter angeschlossenen leitfähigen berührbaren Teilen und den Schutzklassen I und II: max. 0,5 mA.

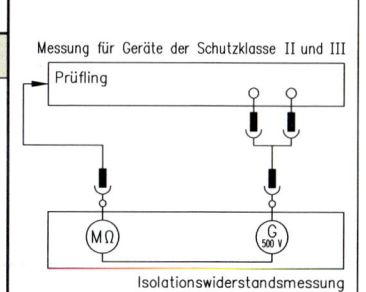

10.20 Sicherheitsregeln beim Arbeiten in elektrischen Anlagen

10.20.1 Die fünf Sicherheitsregeln

Herstellen und Sicherstellen des spannungsfreien Zustandes vor Arbeitsbeginn und Freigabe der Arbeit

a) Das zuständige Bedienungspersonal ist vor Beginn der Arbeiten, die nur im spannungsfreien Zustand ausgeführt werden dürfen, zu verständigen.

b) Wird die Arbeit von mehreren Personen gemeinschaftlich ausgeführt, so ist eine Person als Aufsicht zu bestimmen.

c) Die Reihenfolge der folgenden fünf Maßnahmen ist im Allgemeinen einzuhalten.

1. Freischalten

1.1 Es müssen alle Teile der Anlage freigeschaltet werden, an denen gearbeitet werden soll.

1.2 In Anlagen mit Nennspannungen über 1 kV müssen die erforderlichen Trennstrecken hergestellt werden. Sicherungstrennschalter genügen den Trennbedingungen nur im ausgeschalteten Zustand.
Hierbei muss auch ein im Sternpunktleiter liegender Schalter ausgeschaltet werden: Ausgenommen sind hiervon starr geerdete Netze.

1.3 Sofern die aufsichtsführende oder allein arbeitende Person nicht selbst freigeschaltet hat, muss die mündliche, fernmündliche, schriftliche oder fernschriftliche Bestätigung der Freischaltung abgewartet werden. Zur Vermeidung von Hörfehlern ist eine mündliche oder fernmündliche Meldung der Freischaltung von der aufsichtsführenden oder allein arbeitenden Person zu wiederholen und die Gegenbestätigung abzuwarten. Die Meldung muss Namen und erforderlichenfalls die Dienststelle der für das Freischalten und die richtige Übermittlung verantwortlichen Person enthalten.
Das Festlegen eines Zeitpunktes ersetzt die vorhergehende Forderung nicht. Es ist keine Bestätigung der vollzogenen Freischaltung, wenn die Spannung fehlt.

2. Gegen Wiedereinschalten sichern

2.1 Betriebsmittel, mit denen freigeschaltet wurde, sind gegen Wiedereinschalten zu sichern.

2.2 Für die Dauer der Arbeit muss ein Verbotsschild zuverlässig an Schaltgriffen, Antrieben oder Tastern der Betriebsmittel angebracht sein, mit denen ein Anlagenteil freigeschaltet worden ist oder unter Spannung gesetzt werden kann.

2.3 Zum Freischalten benutzte Sicherungseinsätze oder einschraubbare Leitungsschutzschalter müssen herausgenommen und sicher verwahrt oder durch Schraubkappen bzw. Blindeinsätze, die nur mit besonderem Werkzeug entfernbar sind, ersetzt werden.
Zum Freischalten verwendete festeingebaute Leitungsschutzschalter sind durch geeignete Maßnahmen, z.B. Klebfolien, gegen Wiedereinschalten zu sichern.

2.4 Bei Kraftantrieben sind die Mittel für deren Antriebskraft oder Steuerung, z.B. Strom, Federkraft oder Druckluft, unwirksam zu machen.

2.5 Bei handbetätigten Schaltgeräten müssen vorhandene Verriegelungseinrichtungen gegen Wiedereinschalten benutzt werden.

2.6 Ist eine sichere Übertragung gewährleistet, so dürfen Maßnahmen zum Sichern gegen Wiedereinschalten auch durch Fernsteuerung vorgenommen werden.

3. Spannungsfreiheit feststellen

3.1 Die Spannungsfreiheit darf nur durch eine Elektrofachkraft oder unterwiesene Person festgestellt werden.

3.2 In jedem Fall muss die Spannungsfreiheit an der Arbeitsstelle allpolig festgestellt werden.

3.3 Bei Kabeln und isolierten Leitungen darf vom Prüfen auf Spannungsfreiheit an der Arbeitsstelle abgesehen werden, wenn das freigeschaltete Kabel bzw. die isolierte Leitung eindeutig ermittelt ist.

4. Erden und Kurzschließen

4.1 Teile, an denen gearbeitet werden soll, müssen an der Arbeitsstelle erst geerdet und dann kurzgeschlossen werden.

4.2 Erdung und Kurzschließung müssen von der Arbeitsstelle aus sichtbar sein.
In der Nähe der Arbeitsstelle darf geerdet und kurzgeschlossen werden, wenn dies aus Sicherheitsgründen oder örtlichen Gegebenheiten erforderlich ist.

4.3 Vorrichtungen zum Erden und Kurzschließen müssen immer zuerst geerdet und erst dann mit den zu erdenden Leitern verbunden werden.

4.4 Soweit es die Messung erfordert, darf für die Dauer der Messung die Kurzschließung und Erdung aufgehoben werden.
Zum Einmessen von Fehlerstellen an Kabeln muss vor Arbeitsbeginn kurzzeitig geerdet und kurzgeschlossen werden.

4.5 Liegen Kabel mit durchgehender, allseitig geerdeter metallener Umhüllung im Einflussbereich von Wechselstrombahnen oder starr geerdeten Hochspannungsnetzen, so ist der Kabel-Metallmantel wegen möglicher Ausgleichs- und Induktionsströme an der Arbeitsstelle vor dem Auftrennen durch eine Leitung von mindestens 16 mm^2 Cu zu überbrücken.

4.6 Das Erden und Kurzschließen darf außer mit den dafür bestimmten Einrichtungen der Anlagen, z.B. Erdungsschalter, nur mit freigeführten Erdungs- und Kurzschließgeräten nach VDE 0683 vorgenommen werden. In Anlagen mit Nennspannungen bis 1 kV darf auch mit blanken Kupferseilen oder Kupferdrähten kurzgeschlossen werden.

4.7 Bei Erdungs- und Kurzschließseilen muss die Seillänge zwischen je zwei Anschlussstellen mindestens das 1,2-fache des Abstandes der Anschlussstellen betragen.

4.8 Beim Parallelschalten mehrerer Seile von Kurzschließvorrichtungen müssen folgende Bedingungen erfüllt sein: gleiche Seillänge, gleiche Seilquerschnitte, gleiche Anschließteile und Anschlussstücke, Einbau der Geräte dicht nebeneinander mit Parallelführung der Seile.

4.9 In Anlagen sowie für schutzisolierte Freileitungen mit Nennspannungen bis 1 kV darf vom Erden und Kurzschließen abgesehen werden, wenn der spannungsfreie Zustand gemäß der Maßnahmen 1., 2. und 3. sichergestellt ist.

5. Abdecken und Abschranken benachbarter, unter Spannung stehender Teile

Benachbarte, unter Spannung stehende Teile sind durch hinreichend feste und zuverlässig angebrachte isolierende Abdeckungen gegen zufälliges Berühren zu sichern, wenn aus zwingenden Gründen das Herstellen des spannungsfreien Zustandes nicht möglich ist.

11 Leistungselektronik und Antriebstechnik

11.1 Übersicht

		Seite
	11.2 Leistungsschilder	11-2
	11.3 Ermittlung von Übertemperaturen	11-2
$\vartheta_2 = \dfrac{R_{(\vartheta 2)}(k+\vartheta_1)}{R_{(\vartheta 1)}} - k$	11.3.1 Ermittlung der Übertemperatur von Wicklungen bis 200 °C	11-2
	11.3.2 Grenztemperaturen bei verschiedenen Isolierstoffklassen	11-3
$P_N/(n/1000)$ $< 0{,}67 \quad \geq 0{,}67\ldots 2{,}5$ $\geq 0{,}67\ldots 2{,}5 \quad \geq 10$	**11.4 Toleranzen elektrischer Maschinen**	11-3
	11.5 Ruhende Maschinen	11-4
	11.5.1 Transformatoren	11-4
	11.5.2 Statische Umrichter für die Antriebstechnik	11-12
	11.5.3 Statische Wechselrichter und unterbrechungsfreie Stromversorgungen (USV)	11-17
	11.5.4 Schaltnetzteile	11-19
	11.6 Rotierende Maschinen	11-22
	11.6.1 Betriebsarten von drehenden Maschinen	11-22
	11.6.2 Anschlussbezeichnungen und Drehsinn	11-24
	11.6.3 Drehstrommaschinen	11-25
	11.6.4 Wechselstrommotoren	11-30
	11.6.5 Gleichstrommaschinen	11-32
	11.6.6 Bauformen und Aufstellung von umlaufenden elektrischen Maschinen	11-35
	11.7 Lineare Maschinen	11-36
	11.7.1 Linearmotor	11-36
	11.7.2 Hubmagnete	11-36

11.2 Leistungsschilder

```
┌─────────────────────────────┐
│  ○         1           ○    │
│    Typ         2            │
│    3    4    Nr    5        │
│    6    7   V    8    A     │
│    9   10        11 cos 12  │
│    13      14   /min 15 Hz  │
│    16   17    18 V  19  A   │
│   I.C.L. 20  IP 21   22  t  │
│  ○         23          ○    │
└─────────────────────────────┘
```

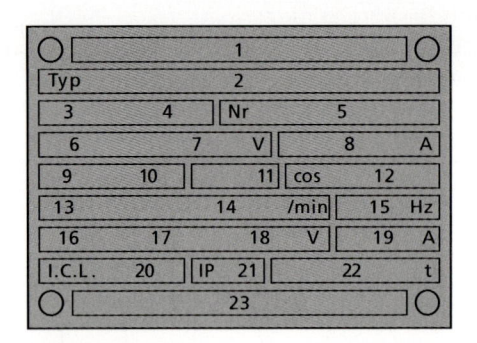

Erklärung der Felder

1 **Hersteller**

2 **Typ**, bei Normmotoren zusätzlich Baugröße

3 **Stromart**

4 **Art der Maschine**
Gen.   Generator
Mot.   Motor
Bl. M. Blindleistungsmaschine
U.   Umformer

5 **Fertigungsnummer** (oder Typ-Kennz.) und **Herstellungsjahr**

6 **Schaltungsart** der Wicklung von Wechselstrommaschinen, Schaltzeichen nach DIN EN 60617

7 **Nennspannung**

8 **Nennstrom**

9 **Nennleistung**

10 **Einheit und Leistung**

11 **Nennbetriebsarten**, Abkürzung und Bedeutung entsprechend DIN EN 60034-1; DIN VDE 0530-1: 2011-02

12 **Leistungsfaktor**
Bei Blindleistung aufnehmenden Synchron- und Blindleistungsmaschinen ist das Zeichen „u" für untererregt hinzugefügt.

13 **Drehrichtung** nach DIN VDE 0530

14 **Nenndrehfrequenz** und wenn notwendig, zulässige Überdrehfrequenz bzw. Schleuderdrehfrequenz und im Betrieb höchstzulässige Höchstdrehfrequenz

15 **Nennfrequenz** bei Wechselstrommaschinen

16 **Erregung** oder Err bei Gleichstrommaschinen, Synchronmaschinen oder Einanker-Umformern

17 **Schaltungsart** (Schaltzeichen) der Läuferwicklung, wenn keine Dreiphasenwicklung vorliegt

18 **Nennerregerspannung** bei Gleichstrom- und Synchronmaschinen

19 **Erregerstrom** für Nennbetrieb bei Gleichstrom- und Synchronmaschinen

20 **Isolierstoffklasse**
Kennbuchstabe nach DIN VDE 0530 und 0532 oder Grenz-Übertemperatur.
Bei unterschiedlicher Ausführung ist zunächst die Isolierstoffklasse der Ständerwicklung und dann – durch Schrägstrich getrennt – die der Läuferwicklung anzugeben.

21 **Schutzart**
Kennbuchstabe für Berührungs-, Fremdkörper- und Wasserschutz nach DIN EN 60529

22 **Gewicht** (ungefähr) in t bei Maschinen mit einem Gesamtgewicht über 1 t

23 **Zusätzliche Vermerke**
z. B. Kühlmittelmenge bei Fremdkühlung, Trägheitsmoment oder Trägheitskonstante, Jahr der Reparatur usw.

11.3 Ermittlung von Übertemperaturen

11.3.1 Ermittlung der Übertemperatur von Wicklungen bis 200 °C

Nach dem Widerstandsverfahren gilt:

$$\frac{R_{(\vartheta_1)}}{R_{(\vartheta_2)}} = \frac{k + \vartheta_1}{k + \vartheta_2}$$

daraus lässt sich die Übertemperatur ↑ wie folgt berechnen:

$$\vartheta_2 = \frac{R_{(\vartheta_2)}(k + \vartheta_1)}{R_{(\vartheta_1)}} - k$$

$R_{(\vartheta_1)}$ Widerstand des Prüflings im Kaltzustand (vor Beginn der Messung) bei der Temperatur ϑ_1 in Ω

ϑ_1 Temperatur der kalten Wicklung am Anfang der Messung (meist 20 °C)

$R_{(\vartheta_2)}$ Widerstand des Prüflings am Ende der Messung in Ω

ϑ_2 Wicklungstemperatur am Ende der Messung in °C

k Materialkonstante
235 K für Cu; 225 K für Al

11.3 Ermittlung von Übertemperaturen

11.3.2 Grenztemperaturen bei verschiedenen Isolierstoffklassen
DIN EN 60085: 2008-08

Maschinenteil	Isolierung nach Klasse					
	Y	A	E	B	F	H	C
1 Alle Wicklungen, mit Ausnahme von 2, 3 und 4	nicht festgelegt	60	75	80	105	125	nicht festgelegt
2 Wechselstromwicklungen von Maschinen < 600 W (VA) sowie Maschinen mit Eigenkühlung, ohne Lüfter (IC40): Wechselstromwicklungen der übrigen Maschinen mit P_N < 200 kW (kVA)		65 60	75 75	85 80	110 105	130 125	
3 Feldwicklungen von Vollpolläufer-Synchronmaschinen mit in Nuten eingebetteter Gleichstromwicklung				90	110	135	
4 Einlagige Feldwicklungen mit freiliegender blanker oder lackierter Metalloberfläche und einlagige Kompensationswicklungen		65	80	90	110	135	
5 Eisenkerne und andere Teile, die mit Wicklungen Berührung haben		60	75	80	100	125	
6 Kommutatoren und Schleifringe		60	70	80	90	100	
7 Dauernd kurzgeschlossene, nicht isolierte Wicklungen, Eisenkerne und andere Teile, die mit Wicklungen nicht in Berührung sind	Die Grenz-Übertemperaturen dürfen Isolationen und andere benachbarte Teile nicht gefährden.						
Grenztemperaturen je Isolierstoffklasse in °C	90	105	120	130	155	180	> 180

Die Werte gelten für eine maximale Eintrittstemperatur des Kühlmittels von 40 °C und eine Aufstellungshöhe < 1 000 m.

11.4 Toleranzen elektrischer Maschinen

Nenngröße	Art der Maschine	Zulässige Abweichung			
Drehfrequenz bei Nennlast in betriebswarmem Zustand	Nebenschlussmotor Reihenschlussmotor Doppelschlussmotor	$P_N/(n/1000)$	< 0,67	≥ 0,67...2,5	≥ 0,67...2,5	≥ 10
			±15 % ±20 %	±10 % ±15 %	±7,5 % ±10 %	±5 % ±7,5 %
	Drehstrom-Komm. mit Nebenschlussverhalten	−3 % der synchronen Drehfrequenz bei Höchstdrehfreq. +3 % der synchronen Drehfrequenz bei Mindestfrequenz			
Drehfrequenz- änderung zwischen Leerlauf und Nennlast	Gleichstrommotoren mit Nebenschluss- oder Doppelschluss-Verhalten	±20 % der gewährleisteten Drehfrequenzänderung; mindestens ±2 % der Nenndrehfrequenz			
Wirkungsgrad	Elektromotoren allgemein	Bei indirekter Ermittlung $P_N ≤ 50$ kW: $-0,15(1-\eta)$ $P_N > 50$ kW: $-0,10(1-\eta)$ Bei direkter Messung $-0,15(1-\eta)$			
Anzugsstrom	Käfigläufer Synchronmotoren	±20 % des gewährleisteten Anzugsstromes; keine Begrenzung nach unten			

11.5 Ruhende Maschinen

Ruhende Maschinen
- Transformatoren / Drosselspulen
- Statische Umrichter
  - Spannungseinprägend
  - Stromeinprägend
- Schaltnetzteile / unterbrechungsfreie Stromversorgungen

11.5.1 Transformatoren

Begriffe für Transformatoren	
Nennübersetzung $ü_N$	Das Verhältnis der Nennspannung einer Wicklung zu der niedrigeren oder gleichen Nennspannung einer anderen Wicklung
Leerlaufstrom I_0	Der über einen Leiteranschluss einer Wicklung fließende Strom, wenn Nennspannung U_N mit der Nennfrequenz f_N anliegt und die anderen Wicklungen unbelastet bleiben. Die Angabe erfolgt oft in % des Nennstromes dieser Wicklung. Bei Mehrwicklungstransformatoren bezieht sich dieser Prozentsatz auf die Wicklung mit der höchsten Nennleistung. Bei Mehrphasentransformatoren werden die Einzelströme oder der arithmetische Mittelwert dieser Leerlaufströme angegeben.
Nennleistung S_N	Die abgegebene Scheinleistung in kVA oder MVA legt einen bestimmten Nennstrom fest, der bei angelegter Nennspannung und festgelegten Bedingungen fließt.
Leerlaufverluste P_0	Die aufgenommene Wirkleistung, wenn an einer Wicklung Nennspannung mit der Nennfrequenz f_N anliegt und die anderen Wicklungen unbelastet bleiben
Kurzschlussverluste P_K	Die aufgenommene Wirkleistung, wenn eine Wicklung Nennstrom aufnimmt, während die andere Wicklung kurzgeschlossen ist. Die restlichen Wicklungen bleiben gegebenenfalls unbelastet.
Gesamtverluste P_G	$P_G = P_0 + P_K$
Nennkurzschlussspannung U_{kN}	Die mit Nennfrequenz an die Primärseite anzulegende Spannung, damit bei kurzgeschlossener Sekundärseite der Nennstrom I_N fließt. Die Angabe erfolgt meist in % der Nennspannung U_N der Wicklung, an die die Spannung angelegt wird. $u_{kN} = 100\ \%\ U_{kN}/U_N$ Die Kurzschlussspannung setzt sich aus dem mit dem Strom in Phase liegenden Spannungsfall U_R, u_R und die dem Strom um 90° vorauseilende Streuspannung U_X, u_X zusammen: $u_{kN}^2 = u_X^2 + u_R^2$ In Verteilnetzen setzt man meist Transformatoren mit $u_{kN} = 4\ \%$ ein, um den Spannungsfall klein zu halten. In Industrie- und Verteilnetzen hoher Leistung sind zur Begrenzung der Kurzschlussbeanspruchung Transformatoren mit $u_{kN} = 6\ \%$ vorzuziehen. Noch höher liegen die Nennkurzschlussspannungen der Mittel- und Großtransformatoren, um ausreichende Kurzschlussfestigkeit zu erzielen.
Spannungsänderung u_φ	Aus der Nennkurzschlussspannung u_{kN} und den Kurzschlussverlusten P_K kann man die Spannungsänderung bei einer beliebigen symmetrischen Belastung S und beliebigem $\cos\varphi$ berechnen. $u_\varphi = n \cdot u'_\varphi + 0{,}5 \dfrac{(n \cdot u''_\varphi)^2}{10^2} + 0{,}125 \dfrac{(n \cdot u''_\varphi)^4}{10^6}$ mit $n = S/S_N$ $u'_\varphi = u_{RN} \cdot \cos\varphi + u_{XN} \cdot \sin\varphi$ $u''_\varphi = u_{RN} \cdot \sin\varphi - u_{XN} \cdot \cos\varphi$	**Beispiel:** Zu berechnen ist die Spannungsänderung u_φ eines 50 kVA/600-V-Transformators bei Nennlast und $\cos\varphi = 0{,}8$ mit $u_R = 2{,}5\ \%$ und $u_{kN} = 3{,}6\ \%$. **Lösung:** $u_X = \sqrt{3{,}6^2 - 2{,}5^2} = \sqrt{2{,}59} = 2{,}6\ \%$ $u'_\varphi = 2{,}5\ \% \cdot 0{,}8 + 2{,}6\ \% \cdot 0{,}6 = 3{,}56\ \%$ $u''_\varphi = 2{,}5\ \% \cdot 0{,}6 - 2{,}6\ \% \cdot 0{,}8 = -0{,}58\ \%$ $u_\varphi = 3{,}56\ \% + 0{,}5\dfrac{(-0{,}58\ \%)^2}{10^2} + 0{,}125\dfrac{(-0{,}58\ \%)^4}{10^6}$ $\approx 3{,}56\ \%$

11.5 Ruhende Maschinen

Einphasentransformatoren ↑ 6-17

Idealer Transformator	$\ddot{u} = \dfrac{U_1}{U_2}$ $\dfrac{U_1}{U_2} = \dfrac{N_1}{N_2}$ $\dfrac{I_1}{I_2} = \dfrac{N_2}{N_1}$ für Widerstandstransformation: $Z' = Z \cdot \ddot{u}^2$ $R' = R \cdot \ddot{u}^2$ $X' = X \cdot \ddot{u}^2$	Kupfer- und Eisenverluste werden nicht berücksichtigt. U_1 Primärspannung U_2 Sekundärspannung N_1 Primäre Windungszahl N_2 Sekundäre Windungszahl I_1 Primärstrom I_2 Sekundärstrom $\ddot{u}$ Übersetzungsverhältnis
Realer Transformator	(Ersatzschaltbild mit R_{CU1}, $X_{1\sigma}$, R_{Fe}, X_{1h}, $X_{2\sigma}$, R_{CU2}) $U_2 = U_1 \cdot \ddot{u}$ $Z' = Z \cdot \ddot{u}^2$ $R_{CU2} = R_{CU1} \cdot \ddot{u}^2$ $I_2 = I_1 \cdot 1/\ddot{u}$ $X_{2\sigma} = X_{1\sigma} \cdot \ddot{u}^2$ Das Ersatzschaltbild stellt einen 1:1-Transformator dar. Die tatsächliche Ausgangsspannung U'_2 bzw. der tatsächliche Ausgangsstrom I'_2 ergibt sich unter Berücksichtigung des Übersetzungsverhältnisses $\ddot{u}$. $U'_2 = \underline{U}_2 \cdot \ddot{u}$ $I'_2 = \underline{I}_2 \cdot \ddot{u}$ $R_2 = R'_2/\ddot{u}^2$	Es werden auch die in der Praxis vorkommenden Kupfer- und Eisenverluste berücksichtigt. R_{CU1} Primärer Cu-Widerstand R_{CU2} Sekundärer Cu-Widerstand $X_{1\sigma}$ Streufluss der prim. Seite $X_{2\sigma}$ Streufluss der sek. Seite X_{1h} Hauptfluss (Kopplungsfluss) R_{Fe} Eisenverluste $\underline{U}_i = \underline{U}_1 - R_1 \cdot \underline{I}_1 - jX_{1\sigma} \cdot \underline{I}_1$ $\underline{U}_2 = \underline{U}_i - R_2 \cdot \underline{I}_2 - jX_{2\sigma} \cdot \underline{I}_2$ ↑ 1-4
Vereinfachtes Ersatzschaltbild für Leerlauf	(Schaltbild mit R_{Fe}, X_{1h}) (Zeigerdiagramm) $R_{CU} \ll R_{Fe}$; $X_\sigma \ll X_{1h}$	$R_{Fe} \approx U_1^2/P_0$ P_0 = Leerlaufleistung $I_1^2 = I_{FE}^2 + I_u^2$
Vereinfachtes Ersatzschaltbild für Kurzschluss	(Schaltbild mit R_{CU}, X_σ, $U_2=0$) (Zeigerdiagramm) R_{Fe} und X_{1h} vernachlässigbar, da $I_0 \ll I_2$ $R_{CU} = R_{CU1} + R_{CU2}$	$R_{CU} = P_K/I_1^2$ P_K = Kurzschlussleistung $Z_K = U_1/I_1$ $X_\sigma^2 = Z_K^2 - R_K^2$
Belastungsfall	(Schaltbild mit R_{CU}, X_σ, Z, U_2) (Zeigerdiagramm) $R_{CU1} \approx R_{CU2}$	U_2 hängt von I_2 und vom Lastwinkel φ ab (dies gilt bei Leistungstransformatoren).
Ersatzschaltbild bei hohen Frequenzen	(Schaltbild mit X_σ, Z, U_2) (Zeigerdiagramm)	$R_{CU}, R_{Fe} < X_\sigma$ X_{1h} vernachlässigbar, da $I_0 \ll I_2$

11.5 Ruhende Maschinen

Aufbau von Leistungstransformatoren

Anordnung von Wicklungen und Eisenkern bei Einphasen- und Dreiphasentransformatoren

3-11 ↑
6-18

Der magnetische Kreis ↑ ist bei Leistungstransformatoren aus dünnen kornorientierten Blechen (Kern- und Jochbleche) in Mantel- oder Schenkelform aufgebaut.

P Sitz der Primärwicklung   S Sitz der Sekundärwicklung

Kerntransformator	Für Einphasentransformatoren einsetzbar.
Manteltransformator	Bei Einphasentransformatoren am häufigsten eingesetzter Typ. Gegenüber dem Kerntransformator wird der magnetische Fluss besser geleitet. Dies führt zur Verringerung des Streufeldes.
Dreischenkeltransformator	Bei diesem, am häufigsten verwendeten Typ liegen alle drei Schenkel in einer Ebene.
Fünfschenkeltransformator	Vermeidet den Nachteil ungleicher Magnetisierungsströme in den einzelnen Strängen, die beim Dreischenkeltransformator auftreten können. Außerdem ist ein erheblicher Gewinn an Wickelhöhe durch Reduzierung des Jochquerschnittes auf den $1/\sqrt{3}$-fachen Wert des Schenkelquerschnittes zu erzielen. Die beiden außenliegenden Schenkel sind unbewickelt.
Dreiphasenmanteltransformator	Wie Fünfschenkeltransformator. Unterschiedlich ist die Lage der Wicklungen.
Dreiphasentransformator, Tempeltyp	Da bei einem symmetrischen Stromsystem die Summe der magnetischen Flüsse immer null ist, kann eine konstruktive Zusammenfassung von drei Einphasentransformatoren zum sogenannten Tempeltyp vorgenommen werden.

Bewicklung eines Transformators

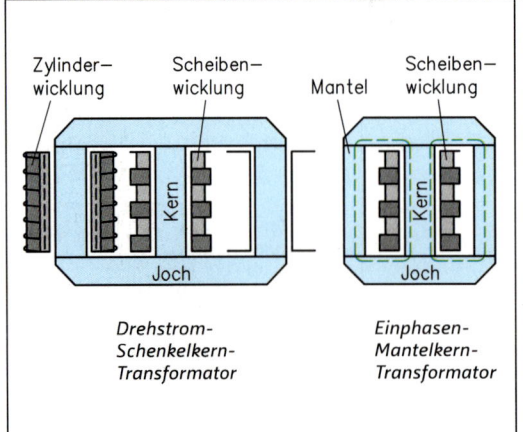

Meistens wird die Zylinderwicklung gewählt. Aus isolationstechnischen und mechanischen Gründen wird die Oberspannungswicklung auf die Unterspannungswicklung gewickelt.
Eine Verringerung der Kurzschlussspannung und Kurzschlusskräfte sowie Erhöhung der Leistung wird mit der doppelkonzentrischen Wicklung erreicht; die Unterspannungswicklung wird so in zwei Teile unterteilt, dass die Oberspannungswicklung radial innerhalb der unterteilten Unterspannungswicklung liegt. Für besonders geringe Streuung wird die Scheibenwicklung angewendet; Primär- und Sekundärwicklung werden unterteilt und abwechselnd übereinandergeschichtet.

Drehstrom-Schenkelkern-Transformator

Einphasen-Mantelkern-Transformator

11.5 Ruhende Maschinen

Transformator-Hauptgleichung

Mithilfe der Transformator-Hauptgleichung wird die Leerlaufspannung aus den Konstruktionsgrößen des idealen Transformators bestimmt.

$$|U_{sek0}| = N_{sek} \cdot \frac{\Delta \Phi}{\Delta t}$$

$$U_{sek0} = 4{,}443 \cdot B \cdot A_{Fe} \cdot f \cdot N_{sek}$$

U_{sek0}	sekundäre Leerlaufspannung	f	Frequenz in Hz
B	magnetischer Fluss	N	Windungszahl der Sekundärwicklung
A_{Fe}	Eisenquerschnitt		

Wicklungen und Schaltgruppen bei Drehstromtransformatoren

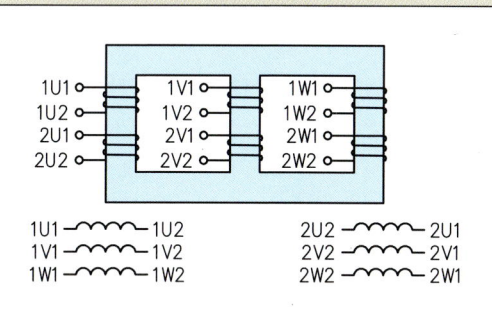

Die Wicklungen eines Dreiphasentransformators können je nach Anforderung auf unterschiedliche Weise zusammengeschaltet werden.

Unterspannungswicklung (US-Wicklung):
Die Wicklung für die niedrigste Nennspannung

Mittelspannungswicklung (MS-Wicklung):
Die Wicklung eines Mehrwicklungstransformators, deren Nennspannung zwischen denen der Wicklungen liegt

Oberspannungswicklung (OS-Wicklung):
Die Wicklung für die höchste Nennspannung

Schaltung		Schaltgruppenzeichen	
		OS-Wicklung	US-Wicklung
Dreieck-schaltung		D Bei herausgeführtem Sternpunkt DN	d Bei herausgeführtem Sternpunkt dn
Stern-schaltung		Y Bei herausgeführtem Sternpunkt YN	y Bei herausgeführtem Sternpunkt yn
Zickzack-schaltung		Z Bei herausgeführtem Sternpunkt ZN	z Bei herausgeführtem Sternpunkt zn

Die Schaltgruppenbezeichnung besteht aus:
- einem Großbuchstaben für die Schaltung der OS-Wicklung
- einem Kleinbuchstaben für die Schaltung der US-Wicklung, gegebenenfalls auch MS-Wicklung
- einer Kennzahl
- einem N bzw. n hinter dem Schaltungszeichen der Wicklung, bei herausgeführtem Sternpunkt

Die Kennzahl mit 30° multipliziert, gibt die Winkeldifferenz (Phasenverschiebung) zwischen den Zeigern der US-Wicklung und den entsprechenden Zeigern der OS-Wicklung (Bezugsgröße) an. Bei beiden Wicklungen wird vom vorhandenen oder einem gedachten Sternpunkt und den entsprechenden Anschlüssen ausgegangen.

Kennzahlermittlung	Beispiel
Spannungszeigerbild der OS-Wicklung mit dem Zifferblatt einer Uhr so in Deckung bringen, dass der Zeiger der Klemme IV auf die Ziffer 12 fällt. Dann an der Klemme 2V1 oder 2V2 der US-Seite die Kennzahl der Schaltgruppe ablesen.	*Schaltgruppe Dy5* *Schaltgruppe Yz11*

11.5 Ruhende Maschinen

Wicklungen und Schaltgruppen für Transformatoren

Bezeichnung		Zeigerbild		Schaltungsbild[1)]		Überset-zung $N_1 : N_2$	Alte Be-zeich-nung	Belastbarkeit d. Sternpunktes auf der Unter-spannungsseite
Kenn-zahl	Schalt-gruppe	OS	US	OS	US			
0	D d 0	△	△			$\frac{N_1}{N_2}$	A 1	—
	Y y 0	Y	Y			$\frac{N_1}{N_2}$	A 2	Mit maximal 10 % des Nennstromes belastbar
	D z 0	△	Z			$\frac{2N_1}{3N_2}$	A 3	Mit Nennstrom belastbar
5	D y 5	△	Y			$\frac{N_1}{\sqrt{3}\,N_2}$	C 1	Mit Nennstrom belastbar
	Y d 5	Y	△			$\frac{\sqrt{3}\,N_1}{N_2}$	C 2	—
	Y z 5	Y	Z			$\frac{2N_1}{\sqrt{3}\,N_2}$	C 3	Mit Nennstrom belastbar
6	D d 6	△	△			$\frac{N_1}{N_2}$	B 1	—
	Y y 6	Y	Y			$\frac{N_1}{N_2}$	B 2	Mit maximal 10 % des Nennstromes belastbar
	D z 6	△	Z			$\frac{2N_1}{3N_2}$	B 3	Mit Nennstrom belastbar
11	D y 11	△	Y			$\frac{N_1}{\sqrt{3}\,N_2}$	D 1	Mit Nennstrom belastbar
	Y d 11	Y	△			$\frac{\sqrt{3}\,N_1}{N_2}$	D 2	—
	Y z 11	Y	Z			$\frac{2N_1}{\sqrt{3}\,N_2}$	D 3	Mit Nennstrom belastbar
Einphasentransformatoren								
0	1 i 0	1.1 2.1 1.2 2.2				$\frac{N_1}{N_2}$	E	
	1 a 0		1.1 2.1 2			$\frac{N_1}{N_{ges}}$	E	

[1)] Bei den Wicklungen ist gleicher Wicklungssinn vorausgesetzt, d. h., räumlich gesehen sind in den Schaltungsbildern die Wicklungen nach unten geklappt zu denken. Herausgeführte Sternpunkte werden mit 1N bzw. 2N bezeichnet.

11.5 Ruhende Maschinen

Kurzschlussspannung und Kurzschlussstrom

	U_K	**Kurzschlussspannung:** Fließt bei kurzgeschlossener Sekundärwicklung in der Primärwicklung der Nennstrom I_N, liegt an der Primärwicklung die Kurzschlussspannung U_K an.
	u_k	Die auf die Nennspannung U_N bezogene **Kurzschlussspannung** u_k wird in % angegeben. $$u_k = \frac{U_K}{U_N} \cdot 100\,\%$$ Transformatoren mit hohem u_k sind „spannungsweich". Transformatoren mit niedrigem u_k sind „spannungssteif".
	I_{KD}	Der **Dauerkurzschlussstrom** stellt sich nach Abklingen des Kurzschlussstromstoßes ein und nimmt bei kleinem u_k einen gefährlich hohen Wert an. $$I_{KD} = \frac{I_N \cdot 100\,\%}{u_k}$$

Bauarten von Leistungstransformatoren

Leistungstransformator (LT)	Die elektrisch getrennten Wicklungen sind parallel zu den zugehörigen Netzen geschaltet. Die gesamte Leistung wird induktiv übertragen.
Spartransformator	Mindestens zwei Wicklungen sind elektrisch leitend hintereinander geschaltet. Die Durchgangsleistung wird teils leitend, teils induktiv übertragen.
Zusatztransformator	Beide Wicklungen sind galvanisch getrennt; eine Wicklung ist mit einem System in Reihe geschaltet, um dessen Spannung zu ändern. Die Primärwicklung liegt parallel zum zugehörigen Netz. Die Zusatzleistung wird rein induktiv übertragen.
Öltransformator	Kern und Wicklungen befinden sich in Öl. (In diesem Zusammenhang werden auch Kühl- und Isolierflüssigkeiten als Öl angesehen. Üblicherweise werden Transformatoren dann nach dem Handelsnamen ihrer Füllung bezeichnet, z. B. Clophentransformator.)
Trockentransformator	Weder Kern noch Wicklung befinden sich in einer Kühl- und Isolierflüssigkeit.

Kühlungsarten bei Leistungstransformatoren

Die ersten beiden Buchstaben geben Kühlmittel und Kühlmittelbewegung für die Wicklung und die letzten beiden Buchstaben Kühlmittel und Kühlmittelbewegung für die äußere Kühlung an. Trockentransformatoren ohne dicht schließendes Schutzgehäuse erhalten lediglich zwei Kurzzeichen für die Wicklungskühlung. Unterschiedliche Kühlungsarten eines Transformators werden mittels Schrägstrich getrennt.

Kühlmittel	Kurzzeichen	Kühlmittelbewegung	Kurzzeichen
Brennbare Kühl- und Isolierflüssigkeit (z. B. Mineralöl)	O	Natürlich	N
Nicht brennbare Kühl- u. Isolierflüssigkeit (z. B. Askarel „Clophen")	L	Erzwungen (Öl nicht gerichtet)	F
Gas	G	Erzwungen (Öl gerichtet)	D
Wasser	W		
Luft	A		

Beispiel: OFAF Öltransformator mit erzwungener Öl- und Luftkühlung
AN Trockentransformator ohne dicht schließendes Schutzgehäuse bei natürlicher Luftbewegung

11.5 Ruhende Maschinen

3-4 ↑

Leistungsaufnahme ↑, Leistungsabgabe und Wirkungsgrad bei Drehstromtransformatoren

Da die Belastungsart des Drehstromumspanners (ohmsche, induktive, kapazitive), die sich während des Betriebes laufend ändern kann, unbekannt ist, gilt als Nennleistung die sekundäre Scheinleistung S_{N2}.

Lastabgabe	$S_{N2} = U_{N2} \cdot I_{N2} \cdot \sqrt{3}$	VA
Lastaufnahme	$S_{N1} = U_{N1} \cdot I_{N1} \cdot \sqrt{3}$	VA
Abgeg. Wirkleistung	$P_2 = U_2 \cdot I_2 \cdot \sqrt{3} \cdot \cos\varphi_2$	W

Im Transformator entstehen Verluste. Die sekundäre Wirkleistung P_2 ist um die Eisenverluste
V_{Fe} = Ummagnetisierungsverluste und um die Kupferverluste V_{Cu} = Wicklungsverluste kleiner als die primäre Wirkleistung P_1.

Die Fe-Verluste sind konstant, die Cu-Verluste steigen mit der Stromaufnahme und sind damit direkt von der Größe der Scheinleistung S_{N2} der sekundär angeschlossenen Verbraucher abhängig.

Im Nennlastbereich ist der Unterschied zwischen P_1 und P_2 und dem primären und sekundären Wirkleistungsfaktor $\cos\varphi$ gering, sodass der Nennlast-Wirkungsgrad zwischen 0,95 und 0,99 liegt.
Leistungswirkungsgrad:

$$\eta = \frac{P_2}{P_2 + V_{Fe} + V_{Cu}} = \frac{P_2}{P_1}$$

Die Messung der Eisenverluste V_{Fe} erfolgt im Leerlaufversuch. Die Messung der Kupferverluste V_{Cu} erfolgt im Kurzschlussversuch.

Parallelbetrieb von Transformatoren

Parallelbetriebsbedingungen zur Vermeidung von Ausgleichsströmen

1. Die Nennspannungen der parallel zu schaltenden Wicklungen müssen gleich sein.
2. Die Kurzschlussspannungen der parallel zu schaltenden Transformatoren dürfen maximal 10 % vom Mittelwert der Kurzschlussspannungen abweichen. Andernfalls kann nicht pauschal die Nennleistung jedes Transformators berücksichtigt werden.
3. Das Verhältnis der Nennleistungen soll kleiner als 3:1 sein.
4. Die Phasenlage der Spannungen muss gleich sein. Bei **Einphasentransformatoren** kann eine falsche Phasenlage durch Umpolen korrigiert werden. **Drehstromtransformatoren** müssen gleiche Kennzahlen der Schaltgruppen haben. Ausnahme: Transformatoren der Kennzahl 5 können mit Transformatoren der Kennzahl 11 parallel geschaltet werden, wenn das folgende Anschlussschema eingehalten wird.

Geforderte Kennzahl	Vorhandene Kennzahl	Anschluss an die Leiter der					
		Oberspannungsseite			Unterspannungsseite		
		1L1	1L2	1L3	2L1	2L2	2L3
5	5	1U	1V	1W	2U	2V	2W
5	11	1U	1V	1W	2W	2V	2U
11	11	1U	1V	1W	2U	2V	2W
11	5	1U	1W	1V	2W	2V	2U

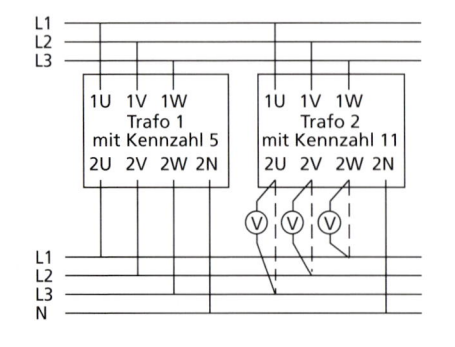

Prüfung der Phasenlage beim Parallelschalten

Im Beispiel links hat der erste Transformator die Kennzahl 5. Der parallel zu schaltende Transformator hat die Kennzahl 11. Gemäß der obigen Tabelle muss Anschluss 2U mit L3, Anschluss 2V mit L2 und Anschluss 2W mit L1 verbunden werden.

Nach Anschluss aller Primärwicklungen und eines Außenleiters auf der Sekundärseite darf zwischen den noch zu verbindenden Ausgangsklemmen und den zugehörigen Anschlusspunkten keine Spannung liegen. Die Überprüfung erfolgt z. B. mit Spannungsmessern.

11.5 Ruhende Maschinen

Lastaufteilung beim Parallelbetrieb

Zur Berechnung der Lastanteile aus den einzelnen Nennleistungen $S_1 \dots S_n$ (bei n parallel zu schaltenden Transformatoren) benötigt man die resultierende Kurzschlussspannung u_{kres}, die man folgendermaßen ermittelt:

$$u_{kres} = \frac{\sum S_N}{\frac{S_{N1}}{u_{k1}} + \frac{S_{N2}}{u_{k2}} + \dots + \frac{S_{Nn}}{u_{kn}}}$$

Es ist sicherzustellen, dass kein Transformator überlastet wird. Der Lastanteil des Transformators n ergibt sich zu:

$$S_n = S_{Nn} \cdot \frac{u_{kres}}{u_{kn}} \cdot \frac{\sum S}{\sum S_N}$$

Die Gesamtleistung setzt sich zusammen aus den Einzelleistungen:

$$\frac{\sum S}{u_{kres}} = \frac{S_{N1}}{u_{k1}} + \frac{S_{N2}}{u_{k2}} + \dots + \frac{S_{Nn}}{u_{kn}}$$

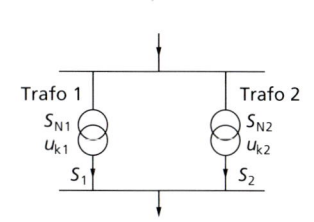

Sonderfall

Bei gleichen Kurzschlussspannungen

$$u_{k1} = u_{k2} = \dots u_{kn}$$

vereinfachen sich die Zusammenhänge wie folgt:

$$S_{Nges} = S_{N1} + S_{N2} + S_{N3} + \dots + S_{Nn}$$

Die von den einzelnen Transformatoren abgegebene Leistung beträgt:

$$S_1 = S_{ges} \cdot \frac{S_{N1}}{S_{Nges}} \text{ bzw. } S_n = S_{ges} \cdot \frac{S_{Nn}}{S_{Nges}}$$

Jeder Transformator kann mit seiner Nennleistung betrieben werden.

Anwendung: Verlustarmer Parallelbetrieb von Transformatoren gleicher Bauart und Leistung

Niederspannungsnetze werden oft über mehrere parallel geschaltete Transformatoren gleicher Bauart und Nennleistung gespeist. Die Zu- und Abschaltung erfolgt meist entsprechend wirtschaftlichen Überlegungen nach der geringsten Verlustleistung aller sich in Betrieb befindlichen Transformatoren und nicht nach dem jeweiligen Leistungsbedarf.

Formelzeichen

$S_{N1}, S_{N2}, \dots S_{Nn}$	Nennleistungen der einzelnen parallel geschalteten Transformatoren
$S_1, S_2, \dots S_n$	Lastabgaben der einzelnen parallel geschalteten Transformatoren
$\sum S$	Gesamte übertragene Leistung
$\sum S_N$	Summe der Nennleistungen der parallel geschalteten Transformatoren
u_{kres}	Resultierende Kurzschlussspannung der Parallelschaltung
$u_{k1}, u_{k2}, \dots u_{kn}$	Kurzschlussspannungen der einzelnen Transformatoren

Die Nennleistung von n in Betrieb befindlichen Transformatoren mit der Nennleistung S_N beträgt

$$P_{Vn} = nP_0 = \frac{S^2}{n^2 \cdot S_N^2} \cdot n \cdot P_k$$

Für die Zuschaltung eines weiteren Transformators ist die Gleichheit der Verluste maßgebend:

$$P_{Vn} = P_{V(n+1)} \rightarrow \frac{S}{S_N} = \sqrt{\frac{P_0}{P_k} \cdot n(n+1)}$$

Bei einem Verhältnis $P_0 : P_k = 1 : 6$ bei Öltransformatoren nach der Norm DIN EN 50588-1:2019-12 (als Ersatz für DIN EN 50464-1: 2012-6) ergibt sich die folgende Gegenüberstellung.

n	S/S_N	$S/n \cdot S_N$
1	0,577	0,577
2	1,000	0,500
3	1,416	0,472
4	1,825	0,457

Die Zuschaltung eines weiteren Transformators sollte etwa bei Halblast der sich in Betrieb befindlichen Transformatoren erfolgen. Eine hohe Auslastung der Transformatoren ist deshalb im Normalbetrieb nicht wirtschaftlich.

11.5 Ruhende Maschinen

11.5.2 Statische Umrichter für die Antriebstechnik

Statische Frequenzumformer
- Zwischenkreis-Umrichter
  - Spannungseinprägend (*U*-Umrichter)
    - Mit PAM-Modulation
  - Stromeinprägend (*I*-Umrichter)
    - Mit PWM-Modulation
- Direktumrichter
  - Trapezumrichter
  - Steuerumrichter

Umrichter formen Wechselstrom der Frequenz f_A in Wechselstrom der Frequenz f_B um, wobei gleichzeitig die Phasenzahl geändert werden kann (z. B. 1-Phasen-Wechselstrom in Drehstrom). Typische Einsatzbereiche:
- Drehzahlsteuerung/-regelung von Drehstrom-Asynchronmotoren
- Einspeisung von Energie in das Versorgungsnetz (z. B. bei Bremsvorgängen oder Windrädern)
- Formen einer Wechselspannung mit konstanter Frequenz und Amplitude aus einer stark schwankenden Batterie (z. B. bei einer Notstromversorgung)

Zwischenkreis-Umrichter

Prinzipieller Aufbau der Zwischenkreis-Umrichter	Netzwechselspannung → Gleichrichter → Zwischenkreis mit Gleichspannung bzw. Gleichstrom → Wechselrichter → Motor
	U, F = konst. U, I, f = variabel

Spannung einprägende Umrichter

Die Netzwechselspannung wird in eine Gleichspannung überführt, die mithilfe eines Wechselrichters in eine Wechselspannung (in ein Drehstromsystem) mit variabler Frequenz und Amplitude überführt wird. Durch die integrierende Wirkung der Motorinduktivität bildet sich der Strom sinusförmig ab.

Prinzip des *U*-Umrichters mit Pulsamplitudenmodulation (PAM) und Chopper	Eigenschaften
Ungesteuerter Gleichrichter – Chopper – Wechselrichter – M 3~ – Steuer- und Regelkreis – Eingangs- bzw. Steuersignale	• Konstantes U/f-Frequenzverhältnis; der Motor bleibt auch bei Überlastung nicht stehen. • Geeignet für Motor-Parallelbetrieb • Gleichmäßiger Motorlauf, auch bei niedrigen Drehzahlen • Kurzschlusssicher • Hoher Systemwirkungsgrad • Geräuscharmer Motorlauf • Bremsleistung kann nicht zurück ins Netz abgegeben werden.

Prinzip des *U*-Umrichters mit Pulsamplitudenmodulation (PAM) und gesteuertem Gleichrichter	Eigenschaften
Gesteuerter Gleichrichter – Wechselrichter – M 3~ – Steuer- und Regelkreis – Eingangs- bzw. Steuersignale	• Motoren-Parallelbetrieb möglich, wenn die Einschaltung der Motoren nicht zur Strombegrenzung führt • Guter Systemwirkungsgrad • Der Netzgleichrichter verursacht Netzrückwirkungen und Blindleistung. • Geht der Umformer in die Strombegrenzung, bleibt der Motor stehen. • Langsame Spannungsregelung, da die Thyristoren-Schaltpunkte nur jede Halbperiode geändert werden können • Störendes Pendelmoment bei sehr niedrigen Drehzahlen

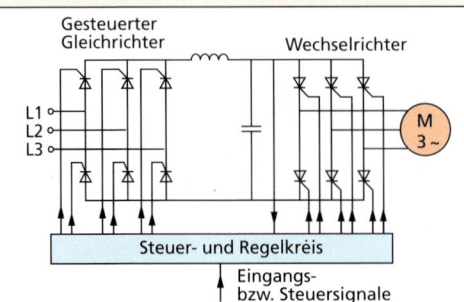

11.5 Ruhende Maschinen

Prinzip des U-Umrichters mit Pulsbreitenmodulation (PWM) und optionalem Brems-Chopper

↑ 7-32
7-36
7-40
11-18

Eigenschaften:
- Gleichmäßiger Motorenlauf bei niedrigen Drehzahlen
- Brems-Chopper möglich
- Motoren-Parallelbetrieb möglich, wenn die Motoren eingeschaltet werden können, ohne zur Strombegrenzung zu führen
- Guter Systemwirkungsgrad
- Teilweise kurzschlusssicher
- Motorgeräusche durch die Spannungskurvenform
- Motor bleibt stehen, wenn der Umrichter in die Strombegrenzung geht.
- Optional kann die Bremsleistung mithilfe eines Chopper-Transistors und eines Widerstandes (R) in Wärme umgewandelt werden. Damit sind höhere Bremsmomente realisierbar.

Betriebskennlinie:
- Die Motorspannung U_M steigt linear mit der Betriebsfrequenz des Motors an. Der magnetische Fluss ϕ im Motor ist konstant.
- Erreicht die Nennfrequenz f_N (normalerweise 50 Hz), dann hat auch die Motorspannung ihren Nennwert erreicht.
- Wird der Motor oberhalb seiner Nenndrehzahl $f > f_N$ betrieben, steigt die Motorspannung nicht weiter an. Das magnetische Feld nimmt ab (Feldschwächebetrieb).

Typ. Verlauf von Netzstrom und -spannung	**Arbeitsprinzip des PWM-Umrichters**: Beim PWM-Umrichter ist die Spannung bis zum Wechselrichter konstant. Sowohl Spannungs- als auch Frequenzänderungen erfolgen im Wechselrichter. Der Effektivwert der Motorspannung wird durch kürzeres oder längeres Durchschalten der Zwischenkreisspannung zum Motor verändert. Der Steuerkreis gewinnt die Ein- und Ausschaltzeitpunkte der Thyristoren aus den Schnittpunkten zwischen einer Sinus- und einer Dreieckspannung.
Typ. Verl. von Zw.-kreisstrom und -spannung	
	Spannungsanhebung im unteren Drehzahlbereich: Für ein konstantes Drehmoment muss die Motorspannung proportional zur Frequenz steigen/fallen. Zur Kompensation des ohmschen Widerstandsanteile der Motorwicklung bei niedrigen Frequenzen kann in diesem Bereich die Ausgangsspannung überproportional erhöht werden.
Typ. Verlauf von Motorstrom und -spannung	
	Maximale Drehzahl: Normmotoren mit Umrichterspeisung können bis zur doppelten Nenndrehzahl betrieben werden (100-Hz-Betrieb). Oberhalb von 50 Hz (Nenndrehzahl) bleibt die Ausgangsspannung konstant.

11.5 Ruhende Maschinen

11.5.2 Statische Umrichter für die Antriebstechnik (Fortsetzung)

Strom einprägende Umrichter

Die Netzwechselspannung wird in einen lastabhängig eingeprägten Gleichstrom überführt, der durch einen Wechselrichter in einen Wechselstrom (Drehstrom) mit variabler Frequenz und Amplitude überführt wird. Durch die integrierende Wirkung der Motorinduktivität bildet sich die Motorspannung lastabhängig sinusförmig ab.

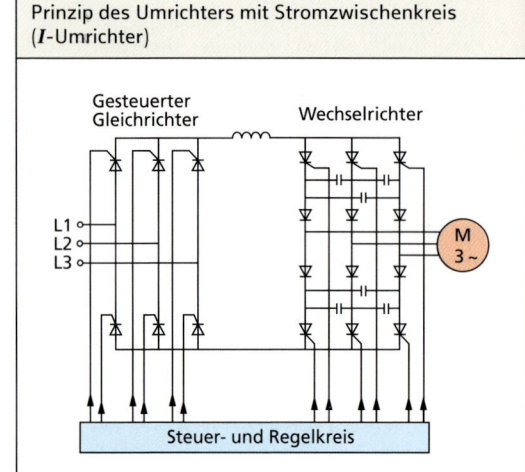

Prinzip des Umrichters mit Stromzwischenkreis (I-Umrichter)	Eigenschaften
Schaltbild: Gesteuerter Gleichrichter – Wechselrichter, Eingänge L1, L2, L3, Motor M 3~, Steuer- und Regelkreis	• Bremsleistung kann ohne zusätzliche Komponenten in das Netz zurückgespeist werden. • Kurzschlusssicher durch den stromgeprägten Zwischenkreis • Guter Gesamtwirkungsgrad • Geräuscharmer Motorlauf • Motoren-Parallelbetrieb nur schwer möglich • Störendes Pendelmoment bei sehr niedrigen Drehzahlen • Der gesteuerte Gleichrichter führt zu Netzstörungen und Verlusten. • Langsame Reaktion bei Lastwechsel • Nicht leerlauffest
Typ. Verlauf von Netzstrom und -spannung *Diagramm: U_{Netz}, I_{Netz} über $\omega_{Netz} \cdot t$*	**Typ. Einsatz:** Einmotorenbetrieb
	Betriebsart: In beiden Drehrichtungen motorisch antreiben und generatorisch bremsen; Vierquadrantenbetrieb
	Drehzahlstellbereich: ca. 1:15
Typ. Verl. von Zw.-kreisstrom und -spannung *Diagramm: U_d, I_d über $\omega_{Netz} \cdot t$*	**Bremsbetrieb:** Arbeitet der Motor als Generator, wird die Spannung über dem Motor umgekehrt und damit auch die Spannung im Zwischenkreis. Der Strom ändert die Richtung nicht.
	Kommutierungskondensatoren: Beim I-Umrichter sind die Kommutierungskondensatoren des Wechselrichters der Motorgröße angepasst. Deshalb ist der Parallelbetrieb von Motoren nicht ohne Weiteres möglich
Typ. Verlauf von Motorstrom und -spannung *Diagramm: U_{Mot}, I_{Mot} über $\omega_{Netz} \cdot t$*	**Nennspannung** / C_k je Strang
	400 V : $C_k = 1{,}2\ \mu F/A$
	660 V : $C_k = 0{,}416\ \mu F/A$

11.5 Ruhende Maschinen

Direktumrichter

Die Frequenzumformung erfolgt durch direktes Umschalten der Phasenspannungen des Primärnetzes ohne Benutzung eines Gleichstromzwischenkreises. Die Anzahl der benötigten Thyristoren und entsprechenden Ansteuereinrichtungen ist groß, sodass die Kosten des direkten Umrichters relativ hoch liegen. Die erreichbare Ausgangsfrequenz ist nach oben begrenzt, $f_2 = (0 \ldots 0{,}8) \cdot f_{Netz}$.

Trapez- oder Hüllkurvenumrichter

Leistungsteil einer Phase beim Trapezumrichter

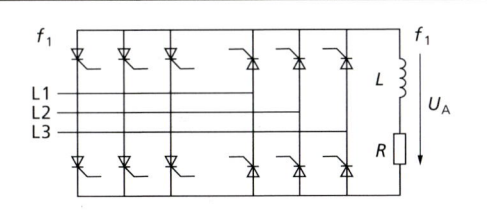

Spannung einer Phase beim Trapezumrichter

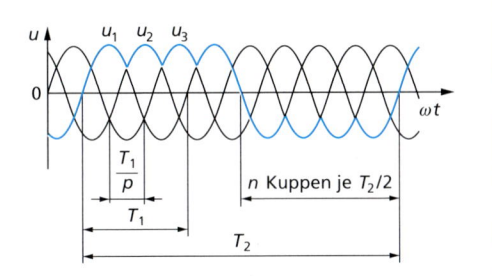

Die Spannung einer Ausgangsphase verläuft auf den Kuppen der Phasenspannungen des speisenden Drehstromnetzes.

$$T_2 = T_1 + 2(n-1)\frac{T_1}{p}$$

Es können nur diskrete, berechenbare Ausgangsfrequenzen f_2 erreicht werden (frequenzstarrer Umrichter):

$$\frac{f_2}{f_1} = \frac{1}{1 + \frac{2(n-1)}{p}}$$

n Anzahl der Spannungskuppen (1, 2, 3, ...)
p Pulszahl

Steuerumrichter

Sechspulsiger Steuerumrichter

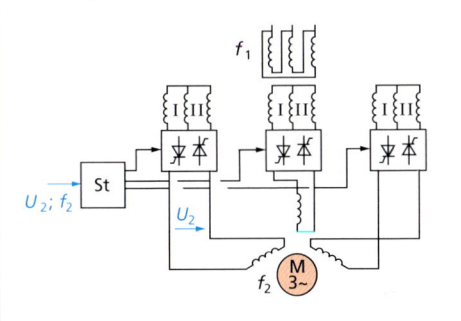

Beim Steuerumrichter werden die beiden gegenparallel arbeitenden Teilstromrichter so angesteuert, dass die abgegebene Ausgangsspannung einem vorgegebenen sinusförmigen Sollwert möglichst gut angenähert wird.
Jede Ausgangsphase wird hier von der Gegenparallelschaltung sechspulsiger Teilstromrichter gebildet. Insgesamt sind also mindestens $3 \cdot 2 \cdot 6 = 36$ Stromrichterventile erforderlich.

Spannung einer Phase beim Steuerumrichter

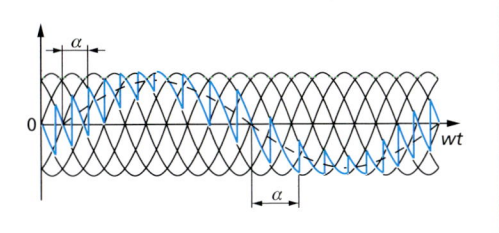

Eigenschaften

- Vierquadrantenbetrieb
- Ausgangsspannung mit geringem Oberschwingungsanteil
- hoher Blindleistungsbedarf
- Einsatz vorwiegend für langsamlaufende Einzel- oder Mehrmotoren-Drehstromantriebe
- Leistungsbereich bis zu mehreren Megawatt

11.5 Ruhende Maschinen

Netzrückwirkungen bei Umrichterbetrieb

Grund- und Oberschwingungsgehalt des Netzstromes netzgelöschter Stromrichter bei vollständiger Glättung

Bei symmetrischen Schaltungen entstehen folgende Oberschwingungen:

$$v = n \cdot p \pm 1 \quad \text{mit } n = 1, 2, 3, \ldots$$

p Pulszahl des Stromrichters

Der tatsächliche Effektivwert der stromrichtertypischen Oberschwingungen ist abhängig von Traforeaktanz, Steuerwinkel, Welligkeit des Zwischenstromes und dem Gesamtstrom.

Grundschwingungsgehalt (Verzerrungsfaktor)

$$g = \frac{I_1}{I}$$

I_1 Effektivwert der Grundschwingung des Stromes
I Effektivwert des gesamten Stromes

Oberschwingungsgehalt (Klirrfaktor)

$$k = \frac{\sqrt{\sum I_v^2}}{I}$$

$\sqrt{\sum I_v^2}$ Effektivwert der Oberschwingungen
I Gesamteffektivwert

Pulsanzahl des Stromrichters	2	3	6	12
Oberschwingungs-Ordnungszahlen	1, 3, 5, 7, 9, …	1, 2, 4, 5, 7, 8, …	1, 5, 7, 11, 13, …	11, 13, 23, 25, …
Spektrum	(Spektrum-Diagramm)	(Spektrum-Diagramm)	(Spektrum-Diagramm)	(Spektrum-Diagramm)
g	0,900	0,820	0,955	0,988
k	0,435	0,563	0,290	0,156
k/g	0,480	0,680	0,300	0,160

Verminderung der Oberschwingungsströme durch Saugkreise

Ein Saugkreis besteht aus einer Reihenschaltung eines Kondensators mit einer Drossel. Er stellt einen Kurzschluss dar für diejenige Oberschwingung, auf die er abgestimmt ist.

Beispiel: Saugkreisanlage zur Minderung der 5., 7. und 11. Oberschwingung

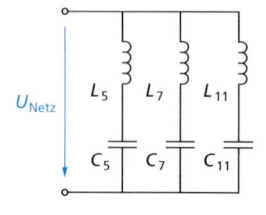

Es gilt für den Saugkreis zur Minderung der Oberschwingung v-ter Ordnung:

$$LC = \frac{1}{(v\omega_L)^2}$$

Die Kondensatoren müssen ausgelegt sein für den Strom:

$$I_{Cv} \approx \omega_L\, C\, U_{netz} + I_v$$

und für die Leistung:

$$P_C \approx \omega_L\, C\, (U_{netz})^2 + I_v^2/(v\omega_L\, C)$$

11.5 Ruhende Maschinen

11.5.3 Statische Wechselrichter und unterbrechungsfreie Stromversorgungen (USV)

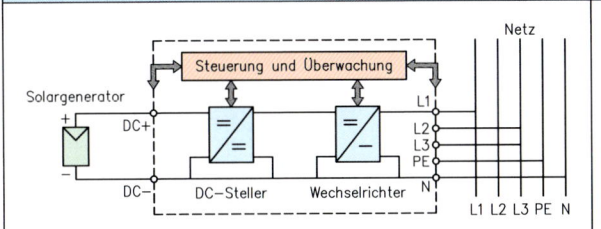

Ein Wechselrichter ↑ ist ein elektrisches Gerät, das Gleichspannung in Wechselspannung bzw. Gleichstrom in einen Wechselstrom umrichtet und in das Versorgungsnetz einspeist oder direkt vom Netz isolierte Verbraucher speist. Diese Geräte bestehen aus:
- einem **DC-Steller** (meist Hochsetzsteller),
- einem Leistungsteil mit dem eigentlichen **Wechselrichter**.

↑ 11-12

Fremdgeführter Wechselrichter	Selbstgeführter Wechselrichter
Die Schaltelemente (Thyristoren, GTOs, Triacs) werden durch den Takt der Wechselspannung des Stromversorgungsnetzes, in das sie einspeisen, an- und ausgeschaltet (synchronisiert). Typische Anwendungen: • Netzgekoppelte Fotovoltaikanlagen/Solargeneratoren • Netzkopplung von Windkraftanlagen • Energierückgewinnung (Bremsenergienutzung)	Die Schaltelemente (Transistoren, IGBTs) werden mit einem vom Wechselrichter selbst erzeugten Takt an- und ausgeschaltet. Es wird eine Wechselspannung unabhängig vom Stromnetz erzeugt („Inselnetz"). Typische Anwendungen: • Fotovoltaikanlagen für z. B. Berghütten • Mobile Geräte, Wechselrichter in Wohnmobilen • Unterbrechungsfreie Stromversorgungen (USV)
DC-Steller (Hochsetzsteller); MPP-Tracker	Der DC-Steller (oder MPP-Tracker; Maximum Point of Power) soll möglichst viel Leistung vom Eingang zum Ausgang transportieren. Er erzeugt eine Ausgangsspannung U_{OUT}, die höher ist als die Eingangsspannung U_{IN}. Für U_{OUT} gilt: $$U_{OUT} = \frac{U_{IN} \cdot (t_{ON} + t_{OFF})}{t_{OFF}} = U_{IN} \cdot \frac{T}{t_{OFF}} = \frac{1}{1-d} U_{IN}$$ T Periodendauer der Steuerspannung U_{st} t_{off}; t_{on} Ausschaltzeit bzw. Einschaltzeit während einer Periode
Wechselrichter	Der **Wechselrichter** wird oft in 3-Punkt-Halbbrücke mit IGBTs (Insulated Gate Bipolar Transistor) ausgeführt. Ein Pulsweitenmodulator steuert die Brücke an. Die Ausgangsspannung vor der Drosselspule besteht aus einer Impulsfolge unterschiedlicher Breite. Mithilfe der Drosselspule bildet sich ein sinusförmiger Strom.
Offline USV	**Online USV**
• Wenn ~ U_{Netz} vorhanden ist, wird diese direkt zum Ausgang durchgeschaltet (über einen Filter). • Bei Netzausfall wird U_{OUT} von einem Wechselrichter erzeugt. Energiequelle ist der Akkumulator. • Bei der Umschaltung von Netz auf Akkuversorgung tritt eine Unterbrechungszeit von 2 bis 4 ms auf.	• ~ U_{OUT} wird immer vom Wechselrichter gespeist. Der Akkumulator wird geladen bzw. die Ladung erhalten, solange ~ U_{Netz} vorhanden ist. • Bei Ausfall von ~ U_{Netz} erfolgt die Speisung des Wandlers durch den Akkumulator. • Unterbrechungsfreies Umschalten von Netz- auf Akkuversorgung.

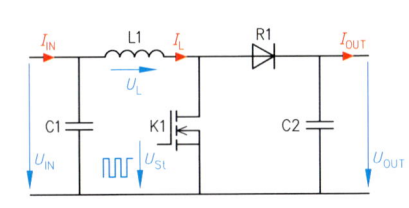

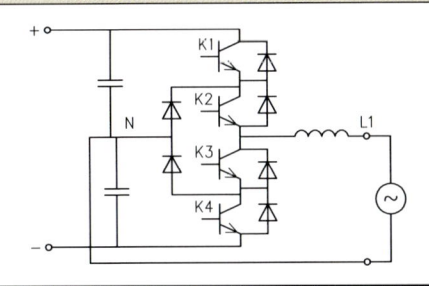

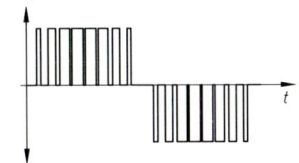

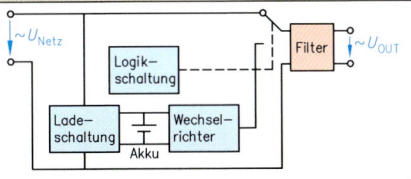

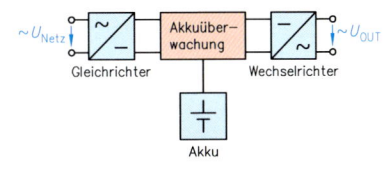

11.5 Ruhende Maschinen

Berechnungsgrundlagen für Gleichrichter- bzw. Stromrichterschaltungen

Bezeichnung	Einpuls-Mittelpunktschaltung M1U	Zweipuls-Mittelpunktschaltung M2U	Zweipuls-Brückenschaltung B2U	Dreipuls-Mittelpunktschaltung M3U	Sechspuls-Mittelpunktschaltung	Sechspuls-Brückenschaltung B6U
Schaltung						
Belastung	$R, (L)^{1)}$	$R, (L)$	$R, (L)$	$R, (L)$	$R, (L)$	$R, (L)$
	$U_G^{2)}$	U_G	U_G	U_G	U_G	U_G
Erforderliche Kennwerte der einzelnen Diode						
$U_{RRM}/U_{gl} >$	3,45	3,45	1,73	2,3	1,15	1,15
$U_{RRM}/U_{iEFF} >$	1,56	3,12	1,56	2,7	1,56	1,56
$I_{FAV}/I_{gl} >$	1,0	0,5	0,5	0,33	0,33	0,33
Charakteristische Werte der Schaltung						
U_{iEFF}/U_{gl}	2,22	1,11	1,11	0,86	0,74	0,74
I_{iEFF}/I_{gl}	1,57	0,78 (0,71)	1,11 (1,0)	0,58	0,82	0,82
$P_t/(U_{gl} \cdot I_{gl}) >$	3,1	1,48 (1,34)	1,24 (1,11)	1,35	1,05	1,05
U_{BrEFF}/U_{gl}	1,21	0,48	0,48	0,18	0,042	0,042
f_{Br}/f	1	2	2	3	6	6
	bis 0,05	bis 0,05	bis 0,05	bis 0,05	bis 0,05	bis 0,05

Mit: P_t = Typenleistung des Transformators
I_{gl} = Arithmetischer Mittelwert der Gleichspannung
I_{FAV} = Dauergrenzstrom
U_{gl} = Arithmetischer Mittelwert der Gleichspannung
U_{iEFF} = Effektivwert der Sekundärwicklung
I_{iEFF} = Effektivwert des Sekundärstroms

U_{RRM} = periodische Spitzensperrspannung
Die in Versorgungsnetzen zulässige Überspannung von 10 % ist in den Tabellenwerten berücksichtigt. Bei Kleintransformatoren ist evtl. die Leerlaufspannung zu beachten.

1) Die Werte für Widerstandsbelastung und induktive Belastung sind meist gleich. Abweichungen, die sich mit Glättungsdrosseln

$$L > 0,2 \frac{U_{Br}}{I_{gl} \cdot f_{Br}}$$

ergeben, sind in Klammern getrennt aufgeführt.

2) Bei Belastung mit Gegenspannung, z.B. mit Kondensatoren, Akkumulatoren oder Gleichstrommotoren gelten die unter U_G aufgeführten Werte.

11.5 Ruhende Maschinen

11.5.4 Schaltnetzteile

Einteilung der getakteten DC/DC-Wandler (Schaltnetzteile = SNTs)

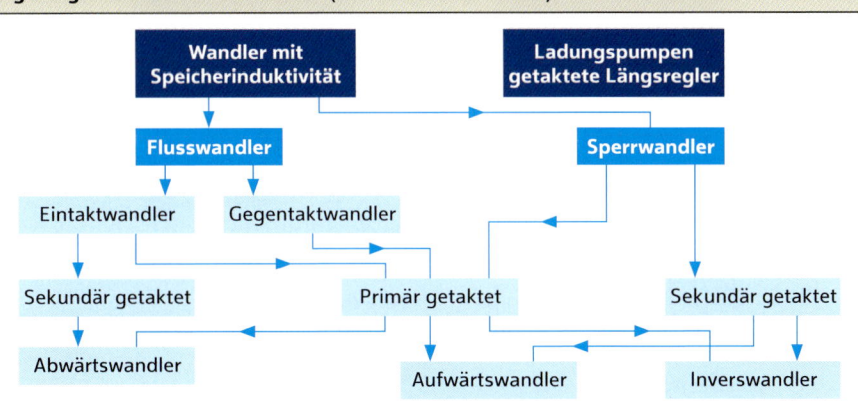

```
                Wandler mit                    Ladungspumpen
             Speicherinduktivität           getaktete Längsregler

            Flusswandler                     Sperrwandler

      Eintaktwandler   Gegentaktwandler

      Sekundär getaktet    Primär getaktet      Sekundär getaktet

      Abwärtswandler       Aufwärtswandler      Inverswandler
```

Der Aufbau von Schaltnetzteilen entspricht im Grundprinzip immer den hier vorgestellten. Die wesentliche Energieumwandlung erfolgt beim Zerhacken.

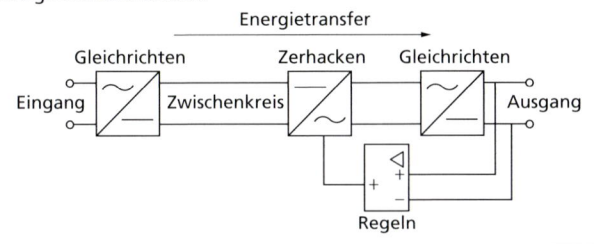

```
                        Energietransfer →
          Gleichrichten    Zerhacken    Gleichrichten
   Eingang ─[~/−]─ Zwischenkreis ─[−/~]─ ─[~/−]─ Ausgang
                                    │
                                  Regeln
```

Begriff	Beschreibung	Eigenschaften/Einsatz
Ladungspumpen	Getaktete Gleichspannungswandler ohne Speicherdrossel	Nur für sehr kleine Leistungen; mäßiger Wirkungsgrad
Sekundär getaktet	Das schaltende Element befindet sich hinter der galvanischen Trennung.	Schwerer 50-Hz-Netztransformator zur galvanischen Trennung erforderlich; guter Wirkungsgrad; geringe Anforderungen an die Bauelemente
Primär getaktet	Das schaltende Element befindet sich vor der galvanischen Trennung.	Leichter Hochfrequenztransformator übernimmt Energietransfer und galvanische Trennung; sehr guter Wirkungsgrad; hohe Anforderungen an die Bauelemente
Sperrwandler	Das magnetische Speicherelement (Transformator/Drossel) wird mit Gleichspannung beaufschlagt.	Einfache Bauweise; für Leistungen bis ca. 200 W geeignet; ungeeignet für sehr kleine Ausgangsspannungen
Flusswandler	Während beider Schaltzustände des schaltenden Elementes wird Energie transferiert.	Für kleine bis hohe Leistungen (bis ca. 800 W; in der Bauart als Gegentaktwandler auch für sehr hohe Leistungen (200 ... > 10000 W) einsetzbar
Hauptarten von sekundär getakteten Drosselwandlern		
Abwärtswandler (buck-converter)	Sekundär getakteter Wandler, bei dem die Ausgangsspannung kleiner ist als die Eingangsspannung	
Aufwärtswandler (boost-converter)	Sekundär getakteter Wandler, bei dem die Ausgangsspannung größer ist als die Eingangsspannung	
Inverswandler (flyback-converter)	Sekundär getakteter Wandler, bei dem die Ausgangsspannung die umgekehrte Polarität hat wie die Eingangsspannung	

11.5 Ruhende Maschinen

11.5.4 Schaltnetzteile (Fortsetzung)

Einsatzbereich verschiedener Schaltreglerkonzepte

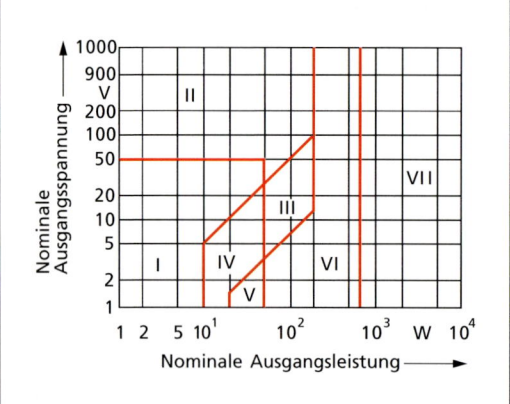

Bereiche I, IV und V:
Drosselwandler (für kleine Leistungen), sofern galvanische Trennung nicht erforderlich ist

Bereiche I und II:
Sperrwandler mit einer oder mehreren Ausgangsspannungen

Bereiche III und IV:
Sowohl Sperr- als auch Flusswandler

Bereiche V und VI:
Überwiegend Eintakt-Flusswandler

Bereich VII:
Gegentakt-Flusswandler

Drosselwandler

Abwärtswandler (buck-converter)

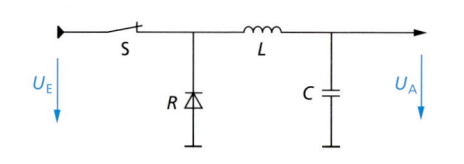

Einschaltphase (Schalter S ist geschlossen.)
Energie wird in der Drossel L und im Kondensator C gespeichert. Die Diode R sperrt.

Ausschaltphase (Schalter S ist geöffnet.)
Die in der Drossel L gespeicherte Energie wird über die Diode in den Kondensator umgeladen. Der Stromfluss wird aufrechterhalten.

Aufwärtswandler (boost-converter)

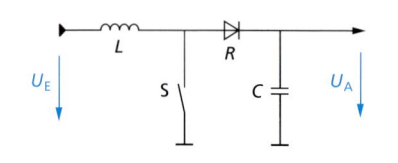

Einschaltphase (Schalter S ist geschlossen.)
Energie wird in der Drossel L gespeichert. Die Diode R sperrt.

Ausschaltphase (Schalter S ist geöffnet.)
Die gespeicherte Energie wird über die Diode in den Kondensator umgeladen. Dabei addieren sich die Spannungen über der Drossel und U_E.

Invertierender Wandler (flyback-converter)

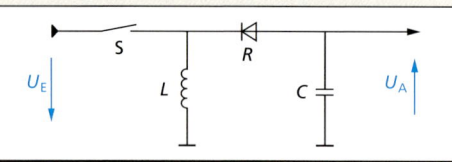

Einschaltphase (Schalter S ist geschlossen.)
Energie wird in der Drossel L gespeichert. Die Diode R sperrt.

Ausschaltphase (Schalter S ist geöffnet.)
Die gespeicherte Energie wird über die Diode in den Kondensator umgeladen.

Primär getaktete Wandler

Primär getakteter Sperrwandler

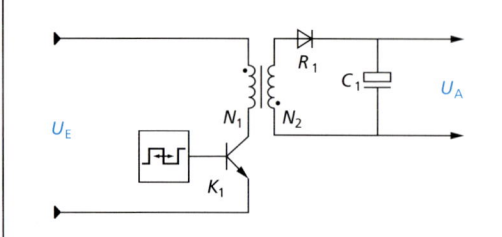

Der Transistor ist leitend:
Der Transformatorkern nimmt Energie auf.

Der Transistor sperrt:
Die gespeicherte Energie wird über die Diode in den Kondensator C_1 gespeist.

$U_{CEmax} = 2 \cdot U_E$ bei $v_T = 0{,}5$
v_T = Puls-/Pausenverhältnis = t_{ON}/T;
es muss immer gelten: $v_T \leq 0{,}5$
T = Periodendauer der Taktfrequenz = $t_{ON} + t_{OFF}$
t_{ON} = Einschaltdauer des Transistors = = $T - t_{OFF}$
t_{OFF} = Ausschaltdauer des Transistors = $T - t_{ON}$

11.5 Ruhende Maschinen

Sperrwandler mit mehreren Ausgangsspannungen

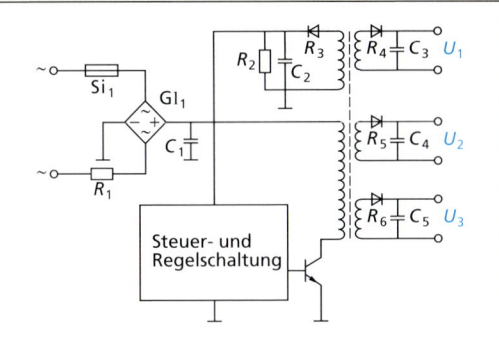

$U_{CEmax} = 2 \cdot U_E$ bei $v_T = 0{,}5$

Häufig wird eine Ausgangsspannung mithilfe einer Regelschleife über einen Optokoppler geregelt. Die anderen laufen frei mit.

Primär getakteter Flusswandler

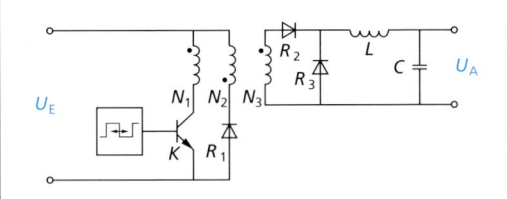

N_1 erfüllt die Aufgabe von L beim Abwärtswandler. Während der Leitphase fließt in N_1 und N_3 ein Strom. Während der Sperrphase öffnet die Diode R_3 und hält den Stromfluss in den Kondensator C aufrecht (vgl. Abwärtswandler). Gleichzeitig öffnet die Diode R_1 und leitet die im Transformator noch gespeicherte Energie zurück in den speisenden Kreis.

$$U_{CE} \leq 2 \cdot U_E$$

Gegentakt-Durchflusswandler

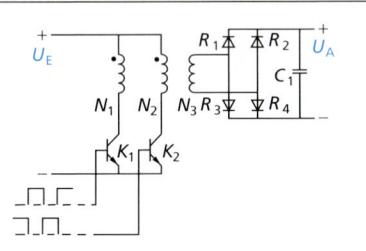

Die Transistoren werden abwechselnd durchgeschaltet. Der Wickelsinn der beiden Primärwicklungen ist gegensinnig. Es ist eine sehr gute Symmetrierung im Primärkreis erforderlich, damit keine Gleichstromvormagnetisierung im Trafo entsteht.

$$U_{CE} \leq 2 \cdot U_E$$

Halbbrücken-Gegentaktflusswandler

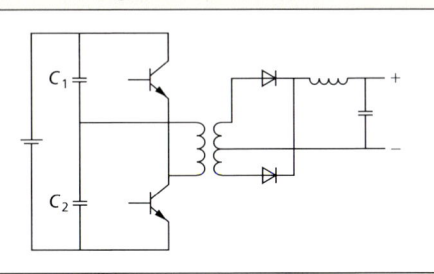

Die Kondensatoren C_1 und C_2 vermeiden die Gefahr der Gleichstromvormagnetisierung im Trafo, wie sie beim Gegentakt-Durchflusswandler besteht.

$$U_{CE} = U_E$$

Vollbrücken-Gegentaktflusswandler

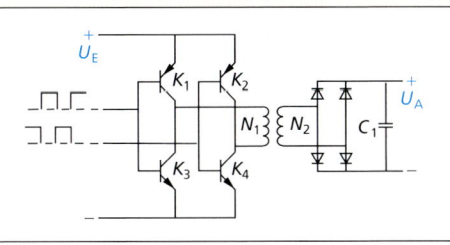

Es werden abwechselnd die Transistoren K_1–K_4 und K_2–K_3 durchgeschaltet.
Die Gegentakt-Brückenschaltung ermöglicht die Umsetzung besonders großer Leistungen. Problematisch ist die Ansteuerung der Transistoren, weil niemals alle Transistoren gleichzeitig leitend sein dürfen.

$$U_{CE} = U_E$$

11.6 Rotierende Maschinen

Rotierende Maschinen
- Betriebsarten
- Anschlussbezeichnungen

Drehstrommaschinen
- Asynchronmaschinen
- Synchronmaschinen

Wechselstrommotoren
- Asynchronmotor
- Motoren mit Hilfswicklung
- Reihenschlussmotor

Gleichstrommaschinen
- Nebenschlussmaschinen
- Reihenschlussmaschinen
- Doppelschlussmaschinen

11.6.1 Betriebsarten von drehenden Maschinen DIN EN 60034-1: 2015-02

Ein Motor erreicht seine zulässige Grenztemperatur unter der Voraussetzung, dass er im Dauerbetrieb läuft. Bei kurzzeitiger oder aussetzender Belastung erreicht der Motor nicht die zulässige Grenzerwärmung, wenn er nur die für Dauerbetrieb angegebene Leistung abgibt. In diesem Fall kann der Motor eine höhere Leistung in Übereinstimmung mit einem entsprechend höheren Drehmoment erbringen. Die Nennbetriebsart wird durch die Bezeichnungen S1-S10 angegeben und eventuell durch zusätzliche Parameter ergänzt. Es liegt in der Verantwortung des Käufers den Betrieb anzugeben.

Dauerbetrieb (S1)

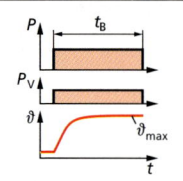

Ein Betrieb mit konstanter Belastung P, dessen Dauer (Belastungszeit t_B) ausreicht, den thermischen Beharrungszustand zu erreichen.

P_V Verluste
ϑ Temperatur

Kurzbetrieb (S2)

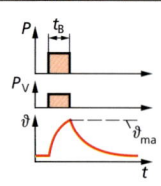

Die Betriebsdauer mit konstanter Belastung P reicht nicht aus, um den thermischen Beharrungszustand zu erreichen. In der Pause erfolgt Abkühlung.
Die Betriebsdauer bzw. die Belastungszeit t_B wird nach der Kurzbezeichnung angegeben (z. B. S2 30 min.).
Da der thermische Beharrungszustand nicht erreicht wird, kann die Maschine eine Leistung abgeben, die höher ist als die Nennleistung.

Aussetzbetrieb (S3)

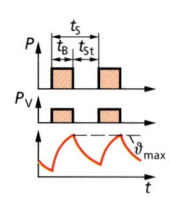

Der Betrieb ist eine Folge gleichartiger Spiele mit konstanter Nennlast und Stillstandszeit t_{St}. Der Anlaufstrom beeinflusst die Erwärmung nicht merklich. Die relative Einschaltdauer t_r ist:

$$t_r = \frac{t_B}{t_B + t_{St}} \cdot 100\%$$

Hinter der Kurzbezeichnung folgt die Angabe der relativen Einschaltdauer t_r und der Spieldauer t_S, falls diese von 10 min. abweicht (z. B. S3 30 %).

Aussetzbetrieb mit Einfluss des Anlaufvorgangs (S4)

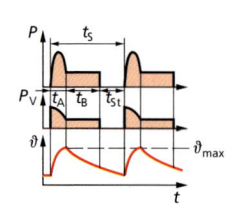

Betriebsart mit einer Folge gleichartiger Spiele aus merklicher Anlaufzeit, Zeit mit konstanter Belastung und Pause. Die relative Einschaltdauer t_r ergibt sich zu

$$t_r = \frac{t_A + t_B}{t_A + t_B + t_{St}} \cdot 100\%$$

Die Angabe wird erweitert um die Angabe der relativen Einschaltdauer sowie des Trägheitsmoments des Motors (J_M) und der Last (J_{ext}), beide auf die Motorwelle bezogen (z. B. S4 25 % J_M = 0,15 kg m²).

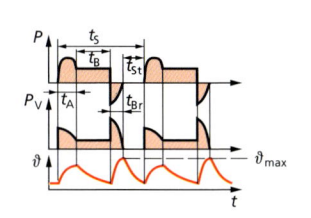

11.6 Rotierende Maschinen

	Aussetzbetrieb mit elektrischer Bremsung (S5)
	Betriebsart mit einer Folge gleichartiger Spiele aus merklicher Anlaufzeit, Zeit mit konstanter Belastung, Zeit schneller elektrischer Bremsung und Pause. $$t_r = \frac{t_A + t_B + t_{Br}}{t_A + t_B + t_{Br} + t_{St}} \cdot 100\,\%$$ Die Angabe wird erweitert um die Angabe der relativen Einschaltdauer sowie des Trägheitsmoments des Motors (J_M) und der Last (J_{ext}), beide auf die Motorwelle bezogen (z. B. S5 25 % J_M = 0,15 kg m²).
	Ununterbrochener periodischer Betrieb mit Aussetzbelastung (S6)
	Der Betrieb ist eine Folge gleichartiger Spiele aus Zeit mit konstanter Belastung und Leerlaufzeit. Es tritt keine Pause auf. Die relative Einschaltdauer ist: $$t_r = \frac{t_B}{t_B + t_L} \cdot 100\,\%$$ Die Angabe wird erweitert um die Angabe der relativen Einschaltdauer und der Spieldauer, falls diese von 10 min. abweicht (z. B. S6 40 %).
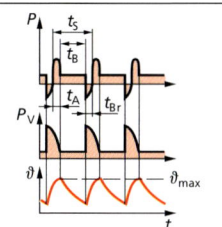	**Ununterbrochener periodischer Betrieb mit elektrischer Bremsung (S7)**
	Der Betrieb ist eine Folge gleichartiger Spiele aus merklicher Anlaufzeit, Zeit mit konstanter Belastung und Zeit mit schneller elektrischer Bremsung. Es tritt keine Pause auf. Das Kurzzeichen wird erweitert um das Trägheitsmoment des Motors (J_M) und der Last (J_{ext}), beide auf die Motorwelle bezogen (z. B. S7 J_M = 0,4 kg m², J_{ext} = 7,2 kg m²).
	Ununterbrochener periodischer Betrieb mit Drehzahländerung (S8)
	Folge gleichartiger Spiele aus Zeit mit konstanter Belastung und bestimmter Drehzahl; anschließend Zeit(en) mit anderer konstanter Drehfrequenz und Belastung. Das Kurzzeichen wird erweitert um das Trägheitsmoment des Motors (J_M) und das Trägheitsmoment der Last (J_{ext}), beide auf die Motorwelle bezogen, sowie die Last, die Drehzahl und die relative Einschaltdauer für jede infrage kommende Drehzahl (**Beispiel:** S8 J_M = 0,4 kg m², J_{ext} = 7,2 kg m² | 15 kW 740 min⁻¹ 30 % | 25 kW 980 min⁻¹ 40 % | 40 kW 1 460 min⁻¹ 30 %). Folgt der Nennleistung keine Kennzeichnung, so gilt Nenn-Dauerbetrieb.
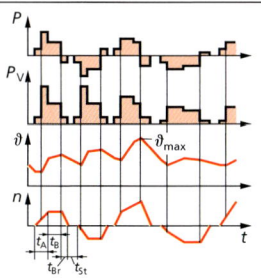	**Ununterbrochener Betrieb mit nicht periodischer Last- und Drehzahländerung (S9)**
	Belastung und Drehzahl ändern sich innerhalb des zulässigen Betriebsbereiches nicht periodisch. Häufig auftretende Belastungsspitzen können weit über der Nennleistung liegen.
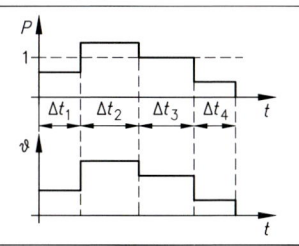	**Betrieb mit einzelnen konstanten Belastungen (S10)**
	Betrieb mit maximal vier einzelnen, konstanten Belastungszuständen, mit Einfluss auf die Motorerwärmung. Bei jedem Belastungszustand kann der thermische Beharrungszustand erreicht werden. Die Normwerte für die relative Einschaltdauer sind 15 %, 25 %, 40 %, 60 %, bezogen auf eine Spieldauer von max. 10 min. Eine abweichende Spieldauer muss auf dem Leistungsschild der Maschine angegeben werden (z. B. S10 30 min.).

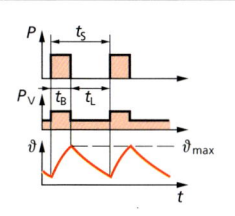

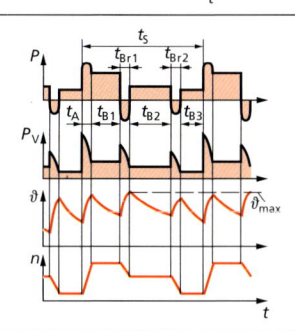

11.6 Rotierende Maschinen

11.6.2 Anschlussbezeichnung und Drehsinn

Anschlussbezeichnungen — DIN EN 60034-8; VDE 0530-8: 2014-10

Regeln für Anschlussbezeichnungen	Beispiele
• Jede Wicklung wird durch einen Großbuchstaben gekennzeichnet. Diesem Buchstaben kann eine Zahl vorangehen und eine Zahl folgen. • Die Zahl vor dem Buchstaben kennzeichnet Anfang, Ende oder Anzapfung der Wicklung: 1 steht für den Anfang, 2 steht für das Ende, 3, 4, … steht für eine Anzapfung der Wicklung. • Die Zahl vor dem Buchstaben kennzeichnet die Zugehörigkeit der Wicklung (z. B. zu einer Gruppe). • Die Zahlen oder eine der Zahlen können entfallen, wenn dadurch keine Missverständnisse entstehen.	1U1 1V1 1W1 / 1U2 1V2 1W2 — niedrige Drehzahl 2U1 2V1 2W1 / 2U2 2V2 2W2 — hohe Drehzahl U V W N — Dreiphasen-Asynchronmotor in Sternschaltung U V W — Dreiphasen-Asynchronmotor in Dreieckschaltung

Kommutatorlose Wechselstrommaschinen

Kennbuchstaben der Wicklungen			Beispiel
Primär	Strang 1 Strang 2 Strang 3 Sternpunkt	U V W N	Schleifringläufermotor: U V W N / K L M Q Synchronmaschine: U V W / F1 F2
Sekundär	Strang 1 Strang 2 Strang 3 Sternpunkt	K L M Q	
Andersartige Wicklungen		R, S, T, X, Y, Z	
Gleichstromdurchflossene Erregerwicklung		F	

Gleichstrom- und Einphasen-Kommutatormaschinen

Kennbuchstaben der Wicklungen			Beispiel
Ankerwicklung	A1	A2	Gleichstrom-Nebenschlussmotor mit Hilfsreihenwicklung und Wendepolwicklung (A1) (A2) (B1) (B2) (D1) (D2) (E1) (E2) A1, E1 ... D2, E2
Wendepolwicklung	B1	B2	
Kompensationswicklung	C1	C2	
Reihenschluss-Fremderregerwicklung	D1	D2	
Nebenschluss-Fremderregerwicklung	E1	E2	
Fremderregerwicklung	F1	F2	
Hilfswicklung (Längsachse)	H1	H2	
Hilfswicklung (Querachse)	I1	I2	

Drehsinn von umlaufenden elektrischen Maschinen — DIN EN 60034-8; VDE 0530-8: 2014-10

Definition	Beispiel

• Die Drehrichtung wird festgelegt durch den Blick auf die Stirnseite des einzigen Wellenendes oder bei zwei auf die des dickeren Wellenendes.
• Sind beide Wellenenden gleich dick, dann gilt als Blickrichtung
  – die Stirnseite des Wellenendes, das auf der anderen Seite des Ventilators (Lüfterrades) liegt bzw.
  – die Stirnseite des Wellenendes das auf der dem Kommutator abgewandten Maschinenseite liegt.
• Die Drehrichtung im Uhrzeigersinn gilt als Rechtslauf.
• Drehstrommaschinen drehen rechts, wenn die alphabetische Reihenfolge der Buchstaben der Anschlussbezeichnungen (U1, V1, W1) mit der Phasenfolge der Spannungen (L1, L2, L3) übereinstimmen.
• Gleichstrommaschinen drehen rechts, wenn die Wicklungen in gleicher Folge der nachgestellten Zahl in der Anschlussbezeichnung vom Strom durchflossen werden.
	Ventilator

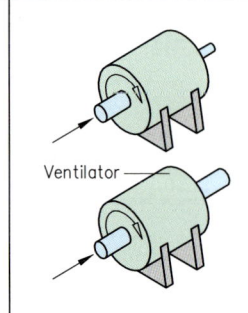

11.6 Rotierende Maschinen

11.6.3 Drehstrommaschinen

Drehstrom-Asynchronmaschine (Kurzschlussläufer-Motor/Generator)

Eigenschaften	• Preiswert • Robust, wartungsarm • Drehzahl ist abhängig von der Belastung • Schlechtes Anlaufdrehmoment • Nimmt stets Blindleistung auf	Anwendungen	• Fast ausschließlich als Motor • Hebezeuge • Verarbeitungsmaschinen • Lüfter • Förderbänder • Werkzeugmaschinen

Hochlaufkennlinie

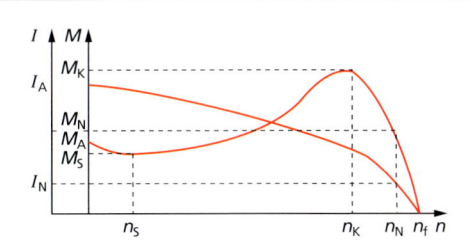

Belastungskennlinie

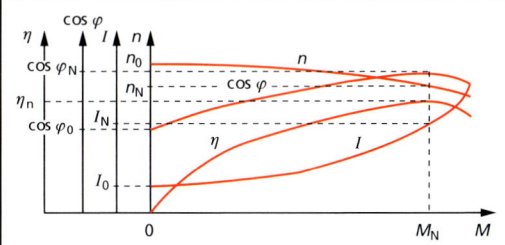

M_N Nenndrehmoment ↑
M_A Anlaufdrehmoment
M_S Kleinstes Drehmoment beim Hochlauf
M_K Kippmoment
I_A Anlaufstrom
I_N Nennstrom

η Wirkungsgrad
η_N Nennwirkungsgrad
I_N Nennstrom
I_0 Leerlaufstrom
n_0 Leerlaufdrehzahl
n_N Nenndrehzahl
$\cos\varphi_N$ $\cos\varphi$ bei Nennbetrieb

↑ 2-7

Schema einer Drehstrommaschine mit der Polpaarzahl p = 1 in Sternschaltung

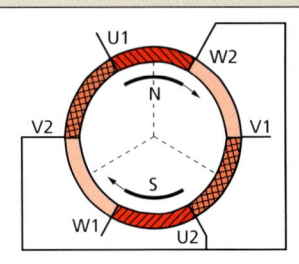

Je Wechselstromperiode dreht das Ständermagnetfeld um ein N-S-Polpaar p weiter.
n_F = Felddrehzahl = synchrone Drehzahl:

$$n_F = (f \cdot 60)/p \quad \text{in 1/min}$$

Der „Schlupf" $s = n_F - n$ bestimmt die Läuferfrequenz f_L. Er wird angegeben in 1/min oder % von n_F:

$$s/n_F = s\,\%/100\,\% = f_L/f$$

Mit steigender Belastung des Motors wird der Schlupf s größer und die Drehzahl nimmt ab. Mit der Drehzahl n ändert sich das Drehmoment M. Die Drehmoment-Drehfrequenz-Kennlinie lässt sich durch Wahl des Werkstoffes und der Form der Läuferstäbe beeinflussen.

Drehmomente:

$$M/M_K = 0{,}5 \cdot (s/s_K) + (s_K/s)$$

$$M = C_M \cdot U_{str}^2 \quad (C_M = \text{Drehmoment-Koeffinzient})$$

$$M_A \sim U^2 \quad M_A/M_N = 0{,}5\ldots 3$$

Anlaufzeit t_A in Sekunden:

$$t_A \approx 4 + 2 \cdot \sqrt{P_{kW}}$$

Wellenleistung:

$$P_{Welle} = U \cdot I \cdot \sqrt{3} \cdot \cos\varphi \cdot \eta$$

Anlaufstrom:

$$I_A/I_N = 3\ldots 7$$

Drehzahlen bei 50-Hz-Netzfrequenz

Polpaarzahl p	n_P min^{-1}
1	3 000
2	1 500
3	1 000

Der Kurzschlussläufer wird nur dann vom Drehfeld mitgenommen, wenn er langsamer läuft als die synchrone Felddrehzahl n_F, denn bei Gleichlauf wird keine elektromotorische Kraft induziert.

Asynchronmaschine im Generatorbetrieb

Die Asynchronmaschine als Generator funktioniert nur am Drehstromnetz, da sie ein Drehfeld braucht. Asynchrongeneratoren belasten das Netz induktiv.

11.6 Rotierende Maschinen

11.6.3 Drehstrommaschinen (Fortsetzung)

Typische Betriebswerte oberflächengekühlter Drehstrommotoren mit Käfigläufer

Leistungs-baugröße S (short) M (medium) L (large)	Nenn-leistung kW	Nenn-drehzahl min^{-1}	Nennstrom bei 230 V A	Nennstrom bei 400 V A	Nennstrom bei 500 V A	Wirkungsgrad η %	Leistungsfaktor cos φ	Anzugsmoment (Vielfaches des Nennmoments)	Kippmoment (Vielfaches des Nennmoments)	Anzugsstrom (Vielfaches des Nennstroms)	Gewicht netto ca. kg
Drehzahl 3000 min^{-1}											
63 b	0,25	2800	1,30	0,75	0,57	67,0	0,76	2,80	2,80	4,80	5
71 b	0,55	2780	2,35	1,36	1,03	73,5	0,84	2,90	2,70	5,50	7
90 S	1,50	2825	5,90	3,40	2,60	77,0	0,87	2,40	2,40	5,20	14
100 L	3,00	2885	10,9	6,30	4,80	83,0	0,87	2,70	3,10	6,60	24
132 S2	7,50	2920	27,2	15,70	12,00	84,5	0,86	2,90	2,60	6,40	59
180 M	22,00	2950	73,5	42,50	32,50	89,5	0,88	2,90	2,60	6,50	155
225 M	45,00	2965	143,0	83,0	63,00	92,0	0,90	2,20	2,40	6,50	340
280 S	75,00	2980	280,0	136,0	103,00	94,5	0,89	2,00	2,00	6,80	613
315 S	110,00	2980	342,0	198,0	150,00	93,0	0,91	1,35	2,80	6,80	785
Drehzahl 1500 min^{-1}											
63 b	0,12	1370	1,12	0,65	0,49	62,0	0,70	2,00	1,90	3,10	5
71 b	0,37	1375	1,97	1,14	0,87	69,0	0,72	2,40	2,30	3,70	7
90 S	1,10	1410	4,80	2,75	2,10	75,0	0,81	1,90	2,10	4,70	14
100 L1	2,20	1405	8,80	5,10	3,90	80,0	0,82	2,40	2,80	5,50	24
132 S	5,50	1440	19,70	11,40	8,70	86,0	0,85	2,60	3,20	6,20	62
180 M	18,50	1470	64,00	37,00	28,00	90,0	0,86	2,80	2,20	6,10	155
225 M	45,00	1470	147,00	85,00	65,00	92,5	0,87	2,60	2,40	6,50	370
280 S	75,00	1485	252,00	146,00	111,00	93,0	0,84	2,40	2,10	6,80	630
315 S	110,00	1485	343,00	198,00	150,00	93,5	0,90	1,90	2,10	6,60	845
Drehzahl 1000 min^{-1}											
71 b	0,25	865	1,73	1,00	0,76	55,0	0,72	1,80	2,00	2,50	7
90 S	0,75	890	4,15	2,40	1,80	62,0	0,77	1,70	1,90	3,20	15
100 L	1,50	940	7,80	4,50	3,40	73,0	0,70	2,10	2,50	4,00	24
132 S	3,00	960	11,70	6,80	5,20	83,0	0,80	2,60	2,80	5,80	62
160 L	11,00	965	40,60	23,50	17,80	88,0	0,82	2,30	2,60	6,50	135
180 M	15,00	965	54,00	31,00	23,50	89,0	0,83	2,00	1,90	5,80	175
225 M	30,00	975	105,00	61,00	46,50	91,0	0,83	2,60	2,10	6,20	350
280 S	45,00	990	145,00	84,00	64,00	92,5	0,88	2,30	2,20	6,70	660
315 S	75,00	985	252,00	146,00	111,00	93,0	0,84	2,40	2,40	6,20	845
Drehzahl 750 min^{-1}											
71 b	0,12	655	1,20	0,70	0,53	51,0	0,60	2,20	2,00	2,00	7
90 S	0,37	690	2,60	1,50	1,14	63,0	0,60	1,80	1,90	2,70	15
100 L1	0,75	700	4,30	2,50	1,90	67,0	0,68	2,00	2,00	3,50	24
112 M	1,50	700	7,60	4,35	3,30	74,0	0,72	1,90	2,20	3,70	43
132 S	2,20	715	10,20	5,90	4,50	81,0	0,70	2,10	2,30	4,20	62
180 L	11,00	720	41,50	24,00	18,20	86,5	0,81	2,10	1,80	5,50	175
225 M	22,00	725	84,00	48,50	37,00	89,0	0,78	2,60	2,30	5,00	360
280 S	37,00	740	130,00	75,00	57,00	92,5	0,81	2,20	2,00	5,50	640
315 M2	90,00	740	313,00	181,00	138,00	93,5	0,81	2,50	2,40	7,20	1010

11.6 Rotierende Maschinen

Synchronmaschine (Motor/Generator)				
Motor			**Generator**	
Eigen-schaften	• Drehzahl ist unabhängig von der Belastung • Fällt bei Überlast außer Tritt • Selbstanlauf ist nur durch zusätzliche Anlaufkäfigwicklung oder durch Kurzschluss der Erregerwicklung möglich • Der Blindstromanteil ist durch den Erregerstrom einstellbar		Eigen-schaften	• Klemmenspannung ist abhängig von Drehzahl und Last • Fällt bei Überlast außer Tritt • Frequenz hängt ab von Drehzahl und Polpaarzahl
Anwen-dungen	• Drehzahlkonstante Antriebe • Kolbenverdichter • Umformersätze • Phasenschieber • Schiffschraubenantriebe		Anwen-dungen	• Erzeugung von Drehstrom im Bereich kleiner bis größter Leistungen z. B. in Kraftwerken oder bei Inselbetrieb zur Versorgung abgeschlossener Areale • Notstromaggregate
Belas-tungs-kennlinie	n/n_F vs M/M_N (konstant bei 1)		Ein-poliges Ersatz-schaltbild	Schaltbild mit G, U_0, X_{Li}, R_i, I, U
Abhängig-keit des Eingangs-stromes von Belas-tung und Feldstrom	I vs I_f Diagramm: cos α = 1, Außer Tritt, Nennlast, Halblast, Leerlauf, induktiver Bereich untererregt, kapazitiver Bereich übererregt		Belas-tungs-kenn-linien bei kon-stantem Erreger-strom	U vs I: Kurven 1 (ohmsch), 2 (induktiv), 3 (kapazitiv), U_N
Drehzahl/Anlauf	Drehzahl wie bei Asynchronmaschine, aber ohne Schlupf: $$n_F = (f \cdot 60)/p \quad \text{in } 1/\text{min}$$ Anlaufdrehmoment: $$M_A/M_N = 0{,}5 \ldots 1{,}2$$ Wellenleistung wie bei der Asynchronmaschine. Anlaufstrom: $$I_A/I_N = 1{,}5 \ldots 4{,}5$$ Anlauf über Dämpferwicklung ähnlich wie beim Käfigläufermotor. Nach dem Hochlaufen wird an die bis dahin kurzgeschlossene Läuferwicklung Gleichspannung angelegt – das Polrad fällt in Synchronismus.			Spannung und Leistung werden von der Belastungsart bestimmt. Bei ohmscher (1) und induktiver (2) Belastung sinkt die Spannung ab – Konstanthaltung erfolgt durch Erhöhung des Erregerstromes. Bei kapazitiver (3) Belastung erhöht sich die Klemmenspannung – Konstanthaltung erfolgt durch Verringern des Erregerstromes. Generatoren benötigen eine in weiten Grenzen veränderbare Erregerspannung, um den Erregerstrom dem Belastungszustand entsprechend einstellen zu können. Kraftwerksgeneratoren werden übererregt betrieben.

11.6 Rotierende Maschinen

Anschluss von Drehstrommaschinen

Anschluss der Drehstrom-Asynchronmaschine für Rechtslauf

Statoranschluss in Sternschaltung	Statoranschluss in Dreieckschaltung
- Strangspannung U_{str} = Außenleiterspannung/$\sqrt{3}$ - Strangstrom I_{str} = Leiterstrom - Verglichen mit Dreieckschaltung niedriges Drehmoment	- Strangspannung U_{str} = Außenleiterspannung - Strangstrom I_{str} = Leiterstrom/$\sqrt{3}$ - Verglichen mit Sternschaltung hohes Drehmoment
Klemmbrett (Sternschaltung)	Klemmbrett (Dreieckschaltung)

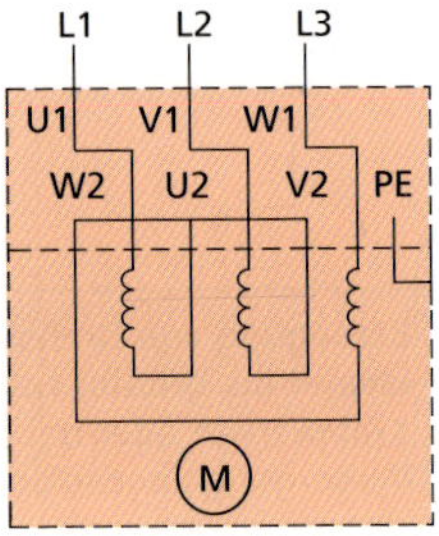

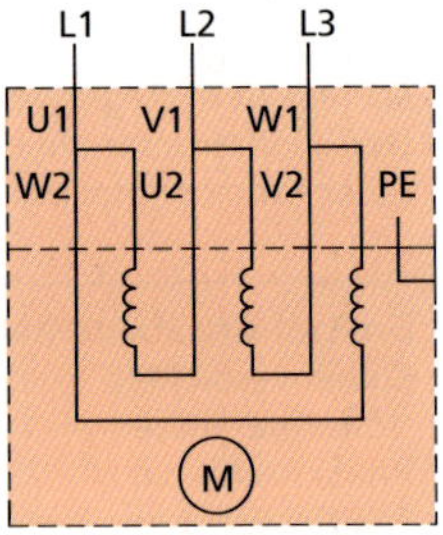

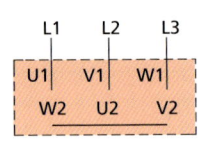

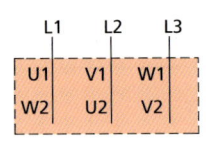

Bei Rechtslauf stimmen die alphabetische Reihenfolge der Buchstaben und die zeitliche Phasenfolge der Spannungen überein (L1 → U1 L2 → V1 L3 → W1).

Für Linkslauf müssen, bezogen auf den Rechtslauf, zwei Netzzuleitungen vertauscht werden:
z. B. L1 an V1, L2 an U1, L3 an W1.

Anschluss der Drehstrom-Synchronmaschine

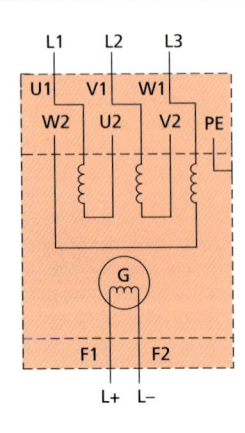

Statoranschluss:
Wie bei der Drehstrom-Asynchronmaschine

Läuferanschluss (Erregerspannung):
F1 = Plus; F2 = Minus

Klemmbrett; Anschluss des Läufers
(entfällt bei Maschinen mit Permanentmagnet)

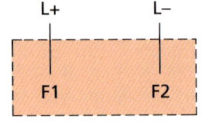

11.6 Rotierende Maschinen

Anbaumaße und Hüllmaße — DIN EN 50347: 2003-09

Bau-größe	Anbaumaße in mm					Oberflächengekühlt Hüllmaße in mm				Innengekühlt Hüllmaße in mm			
	h	σ	b	w_1	x	XA	XB	Y	Z	XA	XB	Y	Z
56	56	71	90	36	M5	62	104	174	166				
63	63	80	100	40	M6	73	110	210	181				
71	71	90	112	45	M6	78	130	224	196				
80	80	100	125	50	M8	96	154	256	214				
90 S	90	100	146	56	M 8	104	176	286	244				
90 L		125						298					
100 L	100	140	160	63	M10	122	194	342	266				
112 M	112	140	190	70		134	218	372	300				
132 S	132	140	216	89	M10	158	232	406	356				
132 M		178						440					
160 M	160	210	254	108	M12	186	274	542	480	212	304	566	440
160 L		254						562					
180 M	180	241	279	121	M12	206	312	602	554	230	346	616	505
180 L		279						632					
200 M	200	267	318	133	M16	240	382	680	600	258	388	680	570
200 L		305										746	
225 S	225	286	356	149	M16	270	488	764	675	–	–	–	–
225 M		311								288	442	740	640
250 S	250	311	460	168	M20	300	462	874	730	316	490	790	710
250 M		349										820	
280 S	280	368	457	190	M20	332	522	984	792	364	536	920	785
280 M		419						1036				970	
315 S	315	406	508	216	M24	372	576	1050	865	396	586	990	865
315 M		457						1100				1040	

Wellenende und Zuordnung der Leistungen — DIN EN 50347: 2003-09

Bau-größe	Wellenende (Z) Drehfrequ. in U/min		Leistung in kW bei 50 Hz Drehfelddrehfrequenz in U/min				Wellenende (Z) Drehfrequ. in U/min		Leistung in kW bei 50 Hz Drehfelddrehfrequenz in U/min			
	3000	1500	3000	1500	1000	750	3000	1500	3000	1500	1000	750
56	9 × 20		0,09[1]	0,06[1]								
63	11 × 23		0,18[1]	0,12[1]								
71	14 × 30		0,37[1]	0,25[1]								
80	19 × 40		0,75[1]	0,55[1]	0,37[1]							
90 S	24 × 50		1,5	1,1	0,75							
90 L			2,2	1,5	1,1							
100 L	28 × 60		3	2,2[1]	1,5	0,75[1]						
112 M			4	4	2,2	1,5						
132 S	38 × 80		5,5[1]	5,5	3	2,2						
132 M			–	7,5	4[1]	3						
160 M	42 × 110		11[1]	11	7,5	4[1]	48 × 110		15	11	7,5	5,5
160 L			18,5	15	11	5,5			18,5[1]	15[1]	11	7,5
180 M	48 × 110		22	18,5	–	–	55 × 110		30	22	15	11
180 L			–	22	15	11			37	30	18,5	15
200 M	55 × 110		–	–	–	–	60 × 140		45	37	22	18,5
200 L			30[1]	30	18,5[1]	15			55	45	30	22
225 S	55 × 110	60 × 140	–	37	–	18,5	60 × 140	65 × 140	–	–	–	–
225 M				45	30	22			75	55	37	30
250 S	60 × 140	65 × 140	–	–	–	–	65 × 140	75 × 140	90	75	45	37
250 M				55	37	30			100	90	55	45
280 S	65 × 140	75 × 140		75	45	37	65 × 140	80 × 140	–	110	75	55
280 M				90	55	45			132	90	75
315 S	65 × 140	80 × 140		110	75	55	70 × 140	90 × 170	160	110	90
315 M				132	90	75			200	132	110

[1] Oder der nächstfolgende Leistungswert nach zurückgezogener DIN 42973. Norm wurde ersetzt durch DIN EN 50347.

11.6 Rotierende Maschinen

11.6.4 Wechselstrommotoren

Asynchronmotor an Wechselspannung	Wechselstrommotor mit Hilfswicklung	
(6-15 ↑)	Kondensatormotor ↑	mit Widerstand
Schaltbild: N, L1, n>, C_A, C_B, U1 V1 W1 / W2 U2 V2, M	*Schaltbild: L1, n>, N, C_A, C_B, U1 Z1 / Z2 U2, M*	*Schaltbild: n>, L1 N, U1 Z1 / Z2 U2, M*
Kennlinie M(n): Drehstrom, M_N, M_A, Wechselstrom	*Kennlinie M(n): mit C_A, ohne C_A*	*Kennlinie M(n)*
U_{Netz} / C_B: 110 V — 200 µF · P/kW 230 V — 70 µF · P/kW 400 V — 20 µF · P/kW $C_A = 2 \cdot C_B$	$Q_{CB} = 1\ \text{kvar} \cdot \text{P/kW}$ $C_A = 3 \cdot C_B$	Wegen der hohen Stromwärmeverluste im Hilfsstrang wird dieser abgeschaltet, wenn der Motor angelaufen ist. Die erreichbare Phasenverschiebung ist kleiner als bei der Ausführung mit Kondensator.
Nebenschlussverhalten	**Nebenschlussverhalten**	**Nebenschlussverhalten**
Wirkungsgrad 0,5 … 0,75 $M_A \approx 12\ \%$ von M_A bei Drehstrom (gilt ohne C_A) $M_N \approx 80\ \%$ von M_N bei Drehstrom $M \sim U^2$ $M_A/M_N = 1 \ldots 3$	Wirkungsgrad 0,5 … 0,7 Für Drehzahlen unter 3000 min^{-1} $M_A/M_N = 2 \ldots 5$ $M \sim U^2$ Mit C_A höheres Anlaufmoment Überwiegend für Leistungen unter 250 W	Einfache Bauweise Wirkungsgrad 0,5 … 0,7 Für Drehzahlen unter 3000 min^{-1} $M_A/M_N = 2 \ldots 5$ $M \sim U^2$
Anwendung überwiegend in Baumaschinen und Antrieben in der Landwirtschaft	Anwendung überwiegend in Haushaltsgeräten wie z. B. Waschmaschinen	Anwendung überwiegend in Haushaltsgeräten wie z. B. Waschmaschinen

11.6 Rotierende Maschinen

Reihenschlussmotor (Universalmotor)	Spaltpolmotor	Permanentmagnetmotor
Zweipoliger Kommutatormotor mit Reihenschlussverhalten	Reihenschlussverhalten	Kommutatormotor für Wechsel- und Gleichspannung/-strom
Funktioniert an Wechselspannung/-strom und an Gleichspannung/-strom gleichermaßen	Einfache Bauweise für Leistungen unter 150 W	Überwiegend für den Niederspannungsbereich 12 ... 24 V
Drehzahlen > 3000 min^{-1} sind möglich	Für Drehzahlen unter 3000 min^{-1}	Drehzahlen ≥ 2000 min^{-1} sind möglich
Wirkungsgrad 0,5 ... 0,8	Wirkungsgrad = 0,1 ... 0,35	Wirkungsgrad 0,6 ... 0,85
$M \sim I^2$	$M \sim U^2$	$M \sim I, \Phi$
$M_A/M_N = 2 ... 5$	$M_A/M_N = 0,2 ... 1$	$M_A/M_N = 4 ... 6$
Anwendung überwiegend in Haushaltsgeräten wie Staubsauger oder Küchenmaschinen und elektrisch betriebenen Werkzeugen	Anwendung überwiegend in Haushaltsgeräten für kleine Leistungen	Anwendung z. B. in elektrischem Spielzeug, im Auto, in Kleinstwerkzeugmaschinen und in der Computerperipherie; aber auch in Haartrocknern

11.6 Rotierende Maschinen

11.6.5 Gleichstrommaschinen

Gleichstrommotoren

Motor	Nebenschlussmotor	Reihenschlussmotor	Doppelschlussmotor
Stromlaufplan Rechtslauf	(Schaltplan)	(Schaltplan)	(Schaltplan)
Anschließen Rechtslauf	A L– E / 1B1 E2 2B2 E1	A L– / 1B1 D1 2B2 D2	A E L– / E1–E2 / 1B1 D1 2B2 D2
Linkslauf	L– A E / 1B1 E2 2B2 E1	A L– / 1B1 D1 2B2 D2	E A L– / E1–E2 / 1B1 D1 2B2 D2
Drehmoment-Drehzahl-Kennlinien (normierte Darstellung)	n/n_N vs M/M_N: $U_A=100\%; \Phi_E=40\%$; $U_A=100\%; \Phi_E=100\%$; $U_A=50\%; \Phi_E=100\%$	n/n_N vs M/M_N: $U=100\%$; $U=75\%$; $U=50\%$	n/n_N vs M/M_N: $U_A=100\%; \Phi_E=30\%$; $U_A=100\%; \Phi_E=100\%$; $U_A=50\%$
Eigenschaften	Bleiben Ankerspannung und Erregung konstant, so haben Belastungsänderungen nur wenig Einfluss auf die Drehzahl. Durch Feldschwächung lässt sich die Nenndrehzahl bis ca. 3:1 überschreiten. Das Unterschreiten der Nenndrehzahl bei konstanter Belastung ist nur durch Verringerung der Ankerspannung möglich.	Der Reihenschlussmotor entwickelt ein sehr hohes Anzugsmoment. Völlige Entlastung (Leerlauf) kann zum Durchgehen (Zerstörung) führen. Bei Belastung nimmt die Drehzahl schnell ab. Die Drehzahlerhöhung über die Nenndrehzahl erfolgt mittels Parallelwiderstand zur Feldwicklung.	Das Drehmoment-Drehzahl-Verhalten liegt zwischen dem des Nebenschluss- und dem des Reihenschlussmotors. Die Leerlaufdrehzahl ist begrenzt. Die Drehzahleinstellung erfolgt wie beim Nebenschlussmotor. Aus Stabilitätsgründen müssen die Erregerwicklungen gleichsinnig durchflossen werden.

11.6 Rotierende Maschinen

Gleichstromgeneratoren			
	Nebenschlussgenerator (selbsterregt)	Reihenschlussgenerator	Doppelschlussgenerator (mitkompoundiert)
Stromlaufplan Rechtslauf			
Anschließen Rechtslauf			
Linkslauf			
Belastungskennlinien bei konstanter Drehzahl			
Eigenschaften	Belastungsänderungen haben nur geringe Spannungsänderungen zur Folge, die jedoch bei Selbsterregung höher als bei Fremderregung sind. Die Spannungseinstellung erfolgt mittels Feldsteller. Damit der Restmagnetismus erhalten bleibt, muss bei Drehrichtungsumkehr der Erregerstrom seine Richtung beibehalten.	Bis zur magnetischen Sättigung des Eisens steigt die Spannung mit dem Strom an. Zur Spannungseinstellung muss ein Stellwiderstand parallel zur Feldwicklung geschaltet werden. Bei Rückstrom polt sich die Maschine um. Der Reihenschlussgenerator liefert den größten Kurzschlussstrom; seine praktische Bedeutung ist sehr gering.	a) Der Spannungsfall des Nebenschlussgenerators infolge Belastung lässt sich durch eine die Nebenschlusswicklung unterstützende Reihenschlusswicklung vermeiden (kompoundieren). b) Durch Überkompoundierung lässt sich auch der Spannungsfall auf den Leitungen ausgleichen. c) Sollen mehrere Generatoren parallel arbeiten, wird gegenkompoundiert (Umpolung der Reihenschlussfeldwicklung).

11.6 Rotierende Maschinen

11.6.5 Gleichstrommaschinen (Fortsetzung)

Ein- und Mehrquadrantenantriebe

Antriebe erfordern vielfach sowohl ein treibendes als auch bremsendes Drehmoment, sodass dieselbe Maschine ohne Änderung der Schaltung zeitweise als Motor und zeitweise als Generator arbeiten muss. Häufig kommen noch beide Drehrichtungen hinzu.

Die möglichen Betriebsarten lassen sich anschaulich im kartesischen Koordinatensystem (hier am Beispiel der Gleichstrommaschine) darstellen. Die Felder zwischen den Koordinaten werden als Quadranten bezeichnet, entgegen dem Uhrzeigersinn gezählt und mit den römischen Ziffern I bis IV gekennzeichnet. Der Drehrichtung Rechtslauf und dem rechtsdrehenden Moment werden positive Vorzeichen zugeordnet.

Beispiel: Gleichstrommaschine

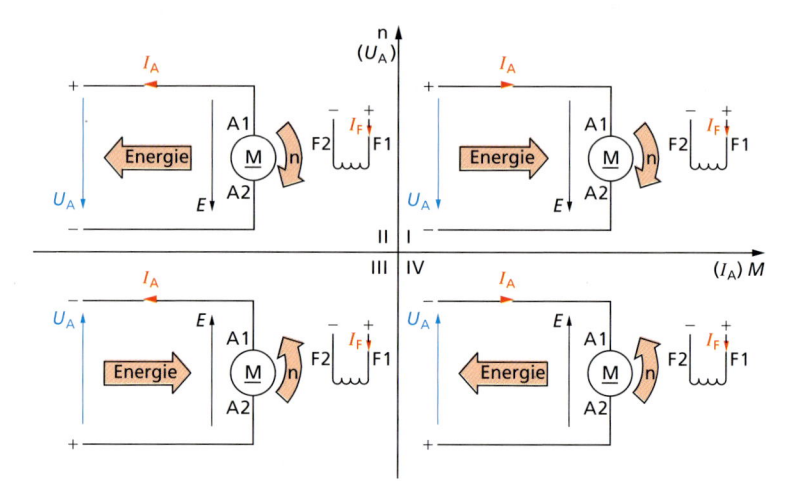

In den Quadranten I und III wirkt die Maschine als Motor, in den Quadranten II und IV als Generator. Bei Generatorbetrieb wird die in elektrische Energie umgewandelte mechanische Energie über Widerstände in Wärme umgesetzt oder über einen Wechselrichter in das Netz zurückgespeist.

Einquadrantantrieb

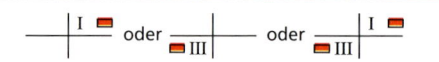

Einquadrantantriebe eignen sich nur für den Motorbetrieb. Sie arbeiten im I. und/oder III. Quadranten. Werden beide Drehrichtungen ohne Bremsbetrieb benötigt, erfolgt bei stehendem Motor die Polaritätsumkehr mit Schützen im Anker- oder Feldkreis.

Zweiquadrantenantrieb

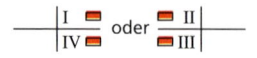

Zweiquadrantenantriebe arbeiten i. d. R. in den Quadranten I und IV oder III und II. Es sind Antriebe mit zwei Drehrichtungen, aber nur einer Drehmomentrichtung. Sie ergibt sich z. B. bei Hubwerken, deren Ladegeschirr kein Kraftsenken notwendig macht. Dafür setzt man vollgesteuerte Einfachstromrichter ein.

Vierquadrantenantrieb

Vierquadrantenantriebe arbeiten mit zwei Drehmomentrichtungen und zwei Drehrichtungen mit der vorteilhaften Möglichkeit der geführten Bremsung und Zwischenbremsung durch Netzrückspeisung. Diese Rückspeisung erfolgt über die Stromrichtungsumkehr; sie kann im Ankerkreis (Abb. oben) oder im Feldkreis (Abb. unten) des Motors vorgenommen werden.

Feldumsteuerung

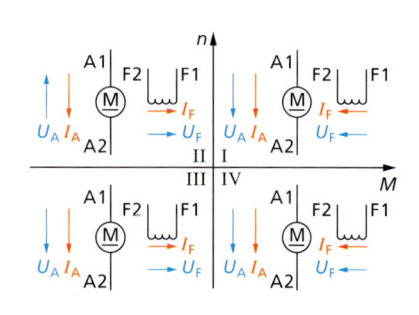

11.6 Rotierende Maschinen

11.6.6 Bauformen und Aufstellung von umlaufenden elektrischen Maschinen
DIN EN 60034-7; VDE 0530-7: 2001-12

Das Bezeichnungssystem wird als IM-Code (IM = **I**nternational **M**ounting) spezifiziert. Es sind die beiden Bezeichnungssysteme Code I und Code II vorgesehen:

Code I	Code II
Alphanumerische Bezeichnung, anwendbar für Motoren mit Schildlagern und nur einem Wellenende; Bezeichnung besteht aus den Buchstaben IM, einem weiteren Buchstaben und einer/zwei Ziffern.	Rein numerische Bezeichnung, anwendbar für einen größeren Bereich von Motoren inkl. dem des Codes I; Bezeichnung besteht aus den Buchstaben IM und vier Ziffern.

Buchstabe	Erklärung		1. Ziffer	Erklärung
B	Maschinen mit Schildlager und horizontaler Welle		1	Für Fußanbau, mit Schildlager
V	Maschinen mit Schildlager und vertikaler Welle		2	Für Fuß- und Flanschanbau, mit Schildlager
			3	Für Flanschanbau, mit Schildlager, Flansch am Lagerschild
Die folgende Zahl bezieht sich auf:			4	
• die Art der Lagerung			5	Wie 3, jedoch Flansch am Gehäuse
• die Befestigung			6	Ohne Lager
• die Art des Wellenendes			7	Mit Schildlager und Stehlager
			8	Nur mit Stehlager
			9	Vertikal, nicht durch 1 bis 4 abgedeckt Mit besonderer Aufstellung

Reicht Code I zur Beschreibung der Bauform einer rotierenden Maschine nicht aus, dann ist Code II anzuwenden.	2. Ziffer: Art der Befestigung und Lagerung, 3. Ziffer: Lage des Wellenendes, 4. Ziffer: Art des Wellenendes
Beispiel: IM B 3 International Mounting Lagerschild und horizontale Welle Lagerbefestigung und Wellenende	**Beispiel:** IM 1 0 0 1 International Mounting Bauform (Fußanbau mit Schildlager) Lagerung und Befestigungsart Lage des Wellenendes und der Befestigung Art des Wellenendes

Auswahl an Bauformen

Bezeichnung Code I (oben) Code II (unten)	Bild	Erklärung	Bezeichnung Code I (oben) Code II (unten)	Bild	Erklärung
IM B3 IM 1001		2 Lagerschilde, Gehäuse mit Füßen, Befestigung auf Unterbau, freies Wellenende	IM V1 IM 3011		Befestigungsflansch am unteren Lagerschild, freies Wellenende, Zugang von der Gehäuseseite
IM B5 IM 3001		2 Lagerschilde, Gehäuse ohne Füße, Befestigungsflansch, in Lagernähe, Zugang von der Gehäuseseite, freies Wellenende	IM V3 IM 3031		2 Lagerschilde, Befestigungsflansch oben auf der Antriebsseite; freies Wellenende; Zugang von der Gehäuseseite
IM B6 IM 1051		Welle horizontal; Füße an der Wand und links bei Blick auf das Wellenende	IM V4 IM 3211		Befestigungsflansch oben entgegen der Antriebsseite; Zugang von der Gehäuseseite
IM B7 IM 1061		2 Lagerschilde, Füße an der Wand und rechts bei Blick auf das Wellenende, horizontale Welle	IM V5 IM 1011		2 Lagerschilde, Gehäuse mit Füßen zur Wandbefestigung/auf Unterbau, freies Wellenende unten
IM B8 IM 1071		2 Lagerschilde mit Füßen, Gehäuse für Deckenbefestigung, freies Wellenende	IM V10 IM 4011		2 Lagerschilde, Befestigungsflansch auf Antriebsseite, freies Wellenende
IM B35 IM 2001		2 Lagerschilde, mit Füßen, Aufstellung auf Unterbau mit zusätzlichem Befestigungsflansch, Zugang von der Gehäuseseite	V15 IM 2011		2 Lagerschilde, mit Füßen, Befestigungsflansch an der Wand, zusätzlicher Befestigungsflansch unten

11.7 Lineare Maschinen

11.7.1 Linearmotor

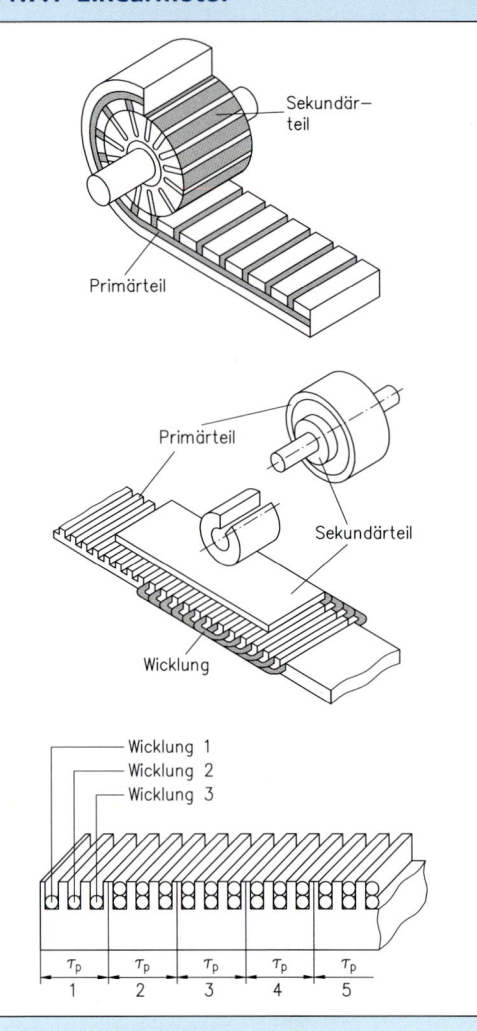

Stellt man sich den Ständer einer Asynchronmaschine vor, der in radialer Richtung aufgeschnitten und in eine Richtung ausgebreitet wird, erhält man die einfachste Form eines Linearmotors. Der Primärteil ist der Teil des Motors, welcher vom Drehstromnetz gespeist wird.

Der Sekundärteil entspricht dem Induktormotor (Läufer bei der Asynchronmaschine).

Wird in den Primärteil eine dreiphasige Wicklung eingelegt und mit Drehstrom gespeist, entsteht ein elektromagnetisches Wanderfeld, das sich längs der Polfläche mit der Geschwindigkeit $v = 2 \cdot \tau_p \cdot f$ bewegt. Dabei ist τ_p der Abstand zweier folgender Magnetpole (siehe Abbildung links).

Wie bei den rotierenden Maschinen kann ein Linearmotor als Synchron- oder Asynchronmotor ausgeführt werden.

Die Vorteile des Linearmotors:

- Sehr gute Positioniergenauigkeit (µm-Bereich)
- Keine Haft- und Gleitreibung
- Massenmäßige Entlastung des beweglichen Teils (Sekundärteil), da der Antrieb im Wesentlichen im Primärteil lokalisiert ist
- Zug- und Hubkraft sind unabhängig von der Haftreibung und Neigung der Strecke, da der Antrieb infolge eines Magnetfeldes stattfindet.

11.7.2 Hubmagnete

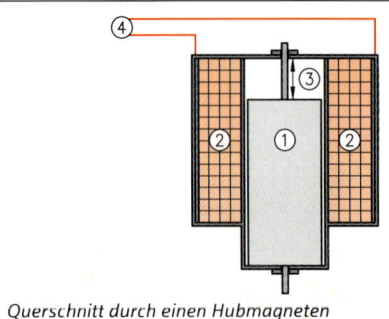

Querschnitt durch einen Hubmagneten

① Zylinder aus Eisen
② Magnetspule
③ Hubhöhe
④ Anschlussdrähte

Ein Hubmagnet ist ein Gerät, bei dem die Hubbewegung s von der Hubanfangslage in die Hubendlage durch elektromagnetische Kraftwirkung F_M und bei dem die Rückstellung durch äußere Kräfte erfolgt. Der Richtung der Kraftabgabe des Ankers entsprechend wird unterschieden zwischen ziehender und drückender Ausführung.

Je nach Einsatz werden unterschiedliche Typen mit spezifischen Magnetkraft-Hub-Kennlinien ($F_M = f(s)$) eingesetzt:

- Fallende Kennlinie
- Waagerechte Kennlinie
- Ansteigende Kennlinie

12 Elektrische Anlagen

12.1 Übersicht

			Seite
	12.2	**Erzeugung und Verteilung elektrischer Energie**	12-2
		Erneuerbare und nicht erneuerbare Energieträger Kraftwerkstypen	
	12.3	**Isolierte Leitungen und Kabel**	12-6
		Aufbau und Kurzzeichen von festen und flexiblen Leitungen und Kabeln Leitungsbemessung	
	12.4	**Sicherungen**	12-19
		Schmelzsicherungen und Leitungsschutzschalter Sicherungsauswahl in Abhängigkeit von Verlegebedingungen	
	12.5	**Blindleistungskompensation**	12-31
		Schaltungsarten Kondensatorbemessung	
	12.6	**Überspannungsschutz und EMV**	12-33
		Innerer und äußerer Blitzschutz Elektromagnetische Verträglichkeit (EMV) Explosionsschutz	
	12.7	**Gebäudeautomation**	12-46
		Bussysteme Sensoren und Aktoren	
	12.8	**Installations- und Kommunikationsschaltungen**	12-51
		Darstellungsarten Grundschaltungen	
	12.9	**Elektrowärme**	12-59
		Warmwasserbereitung Behaglichkeit	
	12.10	**Beleuchtungstechnik**	12-61
		Lichtquellen und Sockeltypen Berechnungsmethoden für Innen- und Außenbeleuchtungen	
	12.11	**Betriebsführung und Instandhaltung**	12-80
		Erste Hilfe bei Elektrounfällen	

12.2 Erzeugung und Verteilung elektrischer Energie

12.2.1 Erneuerbare Energieträger

Energieform	Verfügbarkeit	Kraftwerkstyp	Prinzip	Hinweise
Wasserkraft	Niederschlag, Abschmelzen	Laufwasser-, Speicher- und Pumpspeicherkraftwerke, z. B. Waldeck II: 480 MW, $\Delta h = 360$ m	Umwandlung der potenziellen Energie des aufgestauten Wassers	Unbegrenzter Vorrat, keine Verbrennungsabgase
Windkraft	Windbewegung	W-Energiekonverter, Aufwindkraftanlagen typisch 200–600 W/m² Rotorfläche	Einsatz der Energie der bewegten Luft	Unbegrenzter Vorrat, keine Verbrennungsabgase, begrenzte Verfügbarkeit
Solarenergie	Sonneneinstrahlung, Meereswärme	Solarstromanlage typisch 200–250 W_{peak}/m² Meereswärme-Kraftwerk	**Solarkollektor:** Sonnenstrahlung wird in Form von Wärme auf ein Medium übertragen. **Solarzelle:** Direktumwandlung von Licht in elektrische Energie	Unbegrenzt vorhanden, standortgebunden, kontinuierliche Energie infolge Tag-Nacht-Rhythmus
Biomasse-Energie	Pflanzlich-tierisch nachwachsende Substanz	Heizkraftwerk z. B. HKW Recklinghausen: 16,5 MW_{elek}, betrieben mit Altholz	In Biomasse gespeicherte Sonnenenergie kann über thermochemische Verfahren umgenutzt werden.	Sehr großer Vorrat, hoher Energieinhalt, Umweltschäden bei massiver Nutzung
Geothermik	Wärmeenergieinhalt des Erdkerns	Geothermisches Heizkraftwerk, z. B. Braunau-Simbach: 7 MW_{th}, Wasser aus 1900 m Tiefe, 80 °C	Wärmeenergieinhalt aus Ursprungswärme und radioaktivem Zerfall wird ausgenutzt.	Unerschöpflicher Wärmevorrat bei ständiger Verfügbarkeit
Gravitationsenergie oder Gezeitenenergie	Tidenhub (Unterschied Ebbe-Flut) Wellenbewegung	Strömunskraftwerk, Gezeitenkraftwerk, z. B. Rance (Fr): 240 MW bei 12–16 m Tidenhub	Kinetische Energie des bewegten Wassers wird in elektrische Energie umgewandelt.	Unbegrenzter Vorrat, Leistung ist von den Tidenhüben abhängig

12.2.2 Nicht erneuerbare Energieträger

Fossile Energieträger: • Kohle, Braunkohle, Steinkohle • Torf • Erdöl, Ölsande, Ölschiefer • Erdgas	Entstehung: Eingestrahlte Sonnenenergie ist in feste, flüssige und gasförmige Rohstoffe verwandelt worden. Die Vorräte sind unterschiedlich begrenzt.	Wärmekraftmaschinen: • Dampfkraftwerk • Gasturbinenkraftwerk • Kombikraftwerk (Einsatz von Gas- und Dampfturbine) • Blockheizkraftwerk (Verbrennungsmotor mit Generator gekoppelt)	Kesselverfeuerung des Primärenergieträgers. Überhitzer erwärmt den sich entwickelnden Dampf, der über Leitungen in den Hochdruckteil einer dreistufigen Turbine strömt. Dampfdruck treibt die Turbine an, die mit einem Generator gekoppelt ist. Rückführung des kondensierten Dampfes in den Systemkreislauf	Umweltbelastung durch Abgase, relativ gut transportabel und lagerfähig, große Energieausnutzung
Kernbrennstoffe: • Uran • Thorium	Uranerz: In Pechblende enthaltenes Uranoxid. Thorium: Gemisch aus Plutonium und Uran 235	Leichtwasserreaktor: • Druckwasserreaktor • Siedewasserreaktor Hochtemperaturreaktor Schneller Brutreaktor Schwerwasserreaktor	Die Kernbindungsenergie wird durch Spaltung der Kernbrennstoffe in Wärmeenergie umgewandelt.	Sehr hoher Ausnutzungsgrad, Strahlenbelastung, Entsorgungsproblematik, politisch umstritten

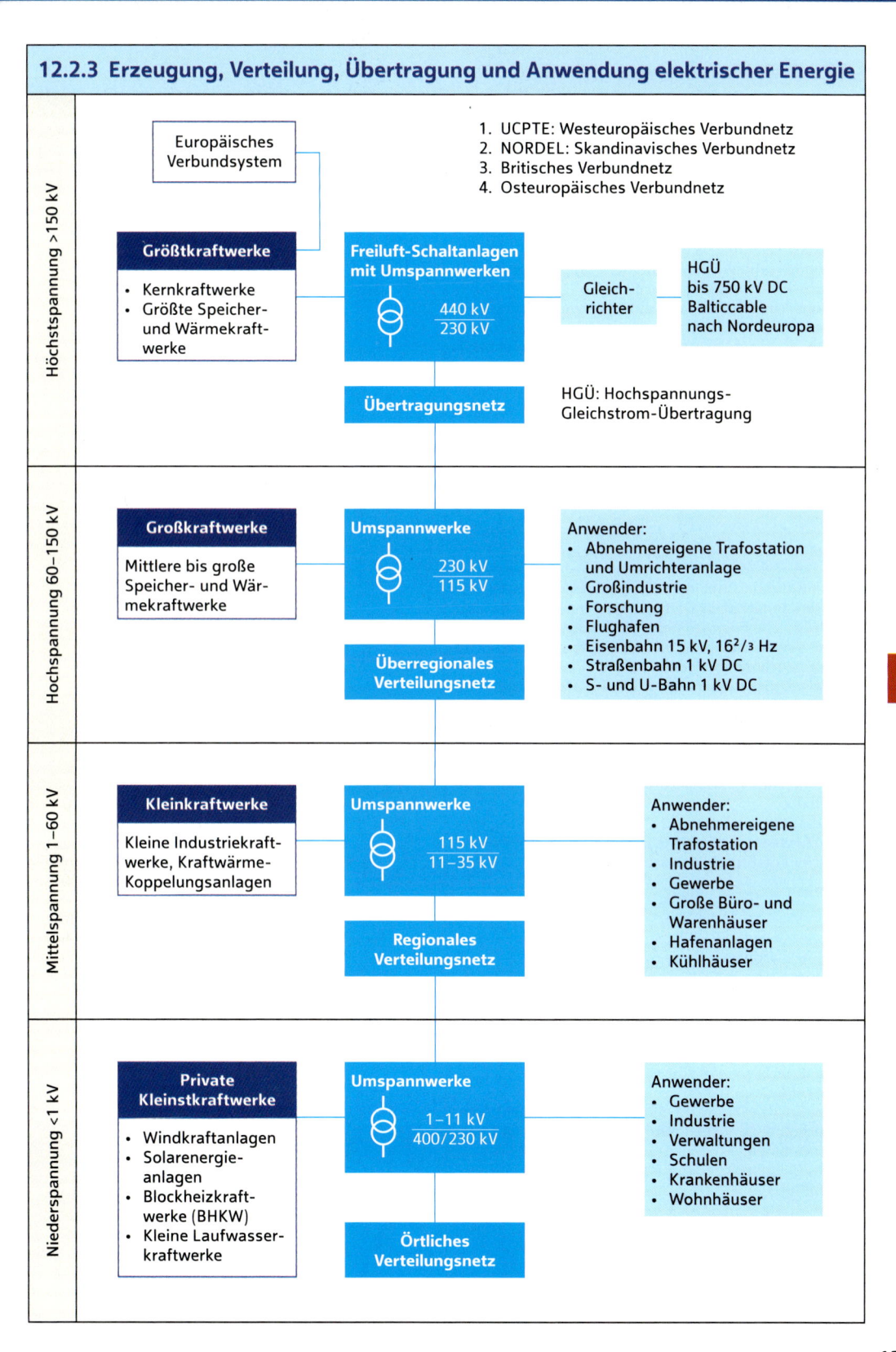

12.2 Erzeugung und Verteilung elektrischer Energie

12.2.3 Erzeugung, Verteilung, Übertragung und Anwendung elektrischer Energie

1. UCPTE: Westeuropäisches Verbundnetz
2. NORDEL: Skandinavisches Verbundnetz
3. Britisches Verbundnetz
4. Osteuropäisches Verbundnetz

HGÜ: Hochspannungs-Gleichstrom-Übertragung

Höchstspannung >150 kV

- Europäisches Verbundsystem
- **Größtkraftwerke**
  - Kernkraftwerke
  - Größte Speicher- und Wärmekraftwerke
- Freiluft-Schaltanlagen mit Umspannwerken: 440 kV / 230 kV
- Gleichrichter → HGÜ bis 750 kV DC, Balticcable nach Nordeuropa
- Übertragungsnetz

Hochspannung 60–150 kV

- **Großkraftwerke**
  - Mittlere bis große Speicher- und Wärmekraftwerke
- Umspannwerke: 230 kV / 115 kV
- Überregionales Verteilungsnetz
- Anwender:
  - Abnehmereigene Trafostation und Umrichteranlage
  - Großindustrie
  - Forschung
  - Flughafen
  - Eisenbahn 15 kV, 16 2/3 Hz
  - Straßenbahn 1 kV DC
  - S- und U-Bahn 1 kV DC

Mittelspannung 1–60 kV

- **Kleinkraftwerke**
  - Kleine Industriekraftwerke, Kraftwärme-Koppelungsanlagen
- Umspannwerke: 115 kV / 11–35 kV
- Regionales Verteilungsnetz
- Anwender:
  - Abnehmereigene Trafostation
  - Industrie
  - Gewerbe
  - Große Büro- und Warenhäuser
  - Hafenanlagen
  - Kühlhäuser

Niederspannung <1 kV

- **Private Kleinstkraftwerke**
  - Windkraftanlagen
  - Solarenergieanlagen
  - Blockheizkraftwerke (BHKW)
  - Kleine Laufwasserkraftwerke
- Umspannwerke: 1–11 kV / 400/230 V
- Örtliches Verteilungsnetz
- Anwender:
  - Gewerbe
  - Industrie
  - Verwaltungen
  - Schulen
  - Krankenhäuser
  - Wohnhäuser

12.2 Erzeugung und Verteilung elektrischer Energie

12.2.4 Kraftwerkstypen

Heizkraftwerk

- Heizkraftwerke sind Dampf-, aber auch Gasturbinenkraftwerke, in denen der carnotsche Kreisprozess abläuft.
- Umwandlung der chemischen Energie zunächst in Dampf, dann in kinetische (Turbine) und abschließend in elektrische Energie (Generator)
- Kondensationsanlage führt den entspannten Dampf zurück in den Wirkungskreislauf.
- Hohe Wirtschaftlichkeit durch Verwertung des Abdampfes für Heizwecke (Kraft-Wärme-Kopplung)
- Erhöhung der Wirtschaftlichkeit durch Kombination aus Gas- und Dampfturbinenkraftwerken
- Rauchgasentschwefelung ist Pflicht.

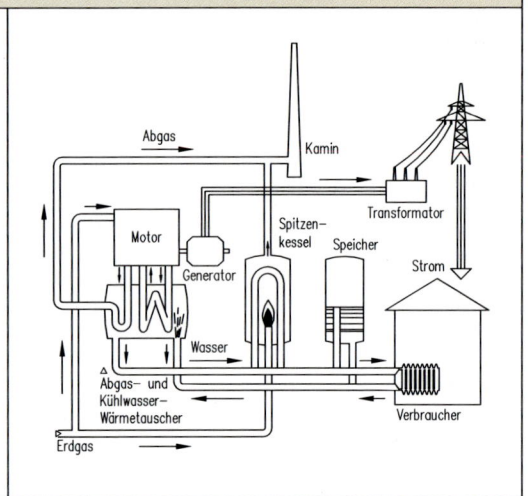

Kernkraftwerk (Bild Druckwasserreaktor)

- Umwandlung nuklearer Energie durch spaltbares Uran zunächst in Dampf, dann in kinetische und elektrische Energie (siehe Heizkraftwerk)
- Im Siedewasserreaktor verdampft das Kühlmittel Wasser direkt im Reaktorkern.
- Beim Druckwasserreaktor kann Wasser wegen des hohen Betriebsdruckes im Reaktorkern nur im Primärkreislauf erhitzt werden. Im weiteren Prozess wird das Medium im Sekundärkreislauf über einen Wärmetauscher verdampft.
- Kernspaltung erfolgt ohne Emission von Kohlendioxid.
- Geplanter Ausstieg aus der Kernenergie im Jahr 2023 wegen Sicherheitsbedenken und problematischer Entsorgung des atomaren Abfalls

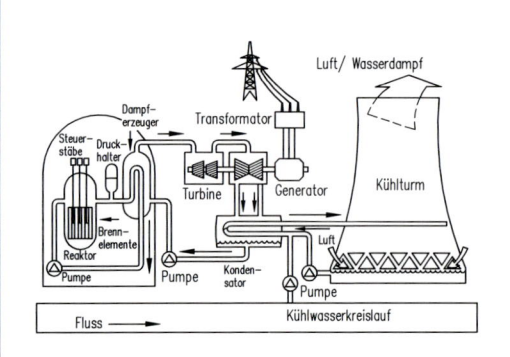

Wasserkraftwerk

- In Wasserkraftwerken wird die potenzielle Energie des fließenden Wassers ausgenutzt.
- In Laufwasserkraftwerken wird zufließendes Wasser durch ein Stauwehr bei geringer Speicherung aufgestaut. Die Wassermassen durchströmen Franzis- oder Kaplanturbinen.
- Bei Speicherkraftwerken strömt Wasser aus höher gelegenen Stauseen durch Druckleitungen auf Peltonturbinen.
- Das Pumpspeicherwerk ist ein besonderes Speicherkraftwerk.

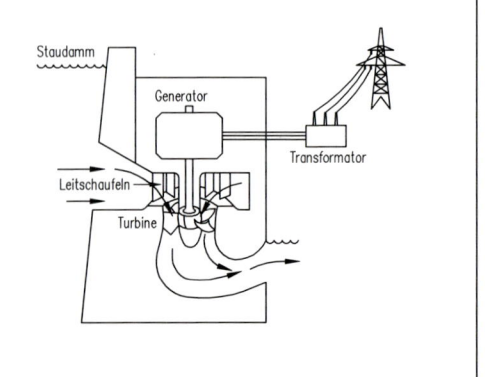

12.2 Erzeugung und Verteilung elektrischer Energie

Windkraftwerk

- Ein Windkraftwerk besteht aus mehreren einzelnen Windkraftanlagen auf dem Festland oder vor der Küste (Offshore).
- Hauptbestandteile der Windkraftanlage sind Windturbine, Getriebe und Generator. Infolge der Drehbewegung der Rotorwelle wird ein Generator angetrieben.
- Ausnutzung der Windenergie ist erst bei einer Windgeschwindigkeit von 5 m/s im Jahresmittel zweckmäßig.
- Im Inselbetrieb ohne, im Verbund- und Netzparallelbetrieb mit Verbindung zum öffentlichen Netz der Stromversorgung

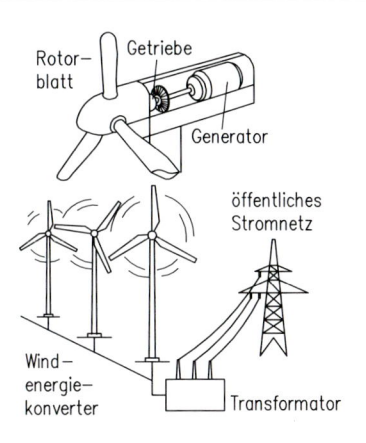

12.2.5 Netzformen in Verteilungsnetzen

Strahlennetz	Ringnetz	Maschennetz
Einseitig gerichteter Energiefluss, strahlenförmig von nur einem Einspeisepunkt in mehrere Leitungsstrecken ausgehend. **Merkmale:** • Einfacher, übersichtlicher Netzaufbau • Kostengünstige Wartung • Geringe Versorgungssicherheit • Großer Spannungsfall am Leitungsende, dadurch begrenzte Belastbarkeit • Große Spannungsschwankungen möglich • Kleiner Kurzschlussstrom	Ringnetze sind geschlossene Versorgungssysteme. Sie besitzen ein oder zwei Einspeisestellen, der Ringschluss muss möglich sein. Ringnetze haben eine günstigere Stromverteilung bei kleineren Spannungsfällen. **Merkmale:** • Aufwendiger Netzaufbau • Höchste Versorgungssicherheit • Günstige Erweiterung	Maschennetze entstehen durch die Verbindung aller Speise- und Knotenpunkte in einem Netzsystem. Dadurch entsteht die höchste Versorgungssicherheit. Maschennetze sind geschlossene Netze, die Energieversorgung erfolgt stets von mehreren Trafostationen. • Geringe Leitungsverluste • Gute Spannungshaltung • Hoher Kurzschlussstrom

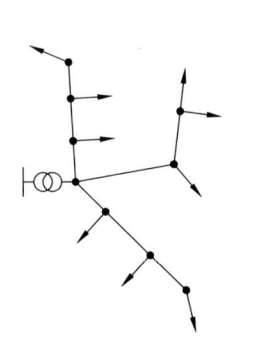

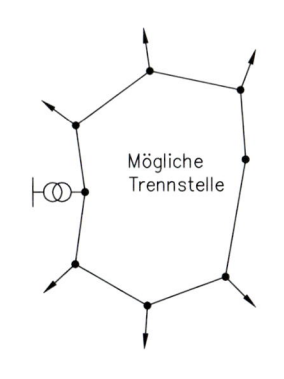

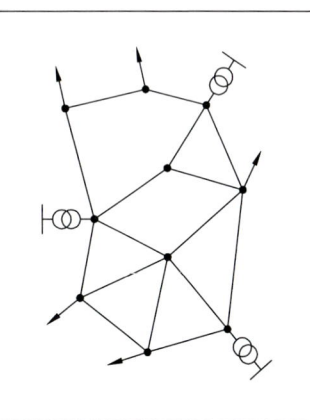

Beurteilungskriterien zur Netzgestaltung: Planungs- und Investitionsumfang, Betriebskosten und -führung, Versorgungssicherheit, Übersichtlichkeit, Schutzmaßnahmen, Spannungsfall, Leistungsverlust, Kurzschlussleistung

12.3 Isolierte Leitungen und Kabel

12.3.1 Farben und Kurzzeichen (deutsch/englisch)

Farbe	Kurzz.	Farbe	Kurzz.	Farbe	Kurzz.	Farbe	Kurzz.	Farbe	Kurzz.
Blau[1]	bl, BU[6]	Grau	gr, GY	Braun	br, BN	Violett	vi, VT	Naturfarben	nf
Gelb	ge, YE	Rot	rt, RD	Schwarz	sw, BK	Türkis	tk, TQ	Glasklar	gk
Grün	gn, GN	Weiß	ws, WH	Orange	or, OG	Rosa	rs, PK	Transparent	tr

12.3.2 Kennzeichnung isolierter und blanker Leiter — DIN EN 60445: 2018-02

Leiterbezeichnung		Kennzeichnungen			Bemerkungen
		Alpha-numerisch	Bild-zeichen	Farbe	
Gleich-stromnetz	Positiv	L +	+	rt	Einadrige isolierte Leiter bei Innenverdrahtungen von Geräten sollten vorzugsweise schwarz ausgeführt werden. Ist nur eine zusätzliche Farbe für die individuelle Kennzeichnung von getrennten Leitergruppen erforderlich, sollte braun bevorzugt werden.
	Negativ	L –	–	ws	
	Mittelleiter	M		Hellblau[3]	
Wechsel-stromnetz	Außenleiter 1	L 1		sw	
	Außenleiter 2	L 2		br	
	Außenleiter 3	L 3		gr	
	Mittelleiter	N		Hellblau[3]	
Schutzleiter		PE	⏚	Grün-gelb[4]	**Frühere Aderkennzeichnung (vor 1967):** Als Mittel- oder Nullleiter wurde bei Leitungen oder Kunststoffkabeln die hellgraue Ader, bei papierisolierten Kabeln die naturfarbene Ader verwendet. Als Schutzleiter wurde bei allen Leitungen und Kabeln ohne konzentrischen Leiter die rote Ader verwendet.
Neutralleiter mit Schutzfunktion		PEN	⏚	Grün-gelb[4]	
Erde		E	⏚	[2]	
Fremdspannungsarme Erde		TE		[2]	

12.3.3 Aderkennzeichnung isolierter Starkstromleitungen/-kabel

Anzahl Adern	Mit grüngelb gekennzeichnete Ader[7]	Ohne grüngelb gekennzeichnete Ader[7]	Mit konzentrischem Leiter	Bemerkungen
Leitungen/Kabel für feste Verlegung				
2	gnge/sw[5]	bl/br	sw/bl	Farbkennzeichnung für einadrige ummantelte Leitungen und Kabel: Schutzleiter: gnge, Neutralleiter: bl, Außenleiter: br, sw, gr. Für spezielle Anwendungen andere Farben.
3	gnge/bl/br	br/sw/gr	sw/bl/br	
4	gnge/br/sw/gr	bl/br/sw/gr	sw/bl/br/sw	
5	gnge/bl/br/sw/gr	bl/br/sw/gr/sw	sw mit Zahlenaufdr.	
6 und mehr	gnge, weitere Adern sw mit Zahlenaufdruck	sw mit Zahlenaufdr.	sw mit Zahlenaufdr.	
Flexible Leitungen				
	Mit grüngelber Ader[7]	Ohne grüngelbe Ader[7]		Vieladrige Leitungen mit Gummiisolierung dürfen auch eine grüngelb gekennzeichnete und eine blaue oder eine blaue und eine braune Ader aufweisen. Sind weitere Lagen vorhanden, befindet sich in jeder eine braune Ader; alle übrigen Adern in allen Lagen sind gleichfarbig, aber nicht grün, gelb, blau oder braun. In vieladrigen Leitungen und Kabeln besteht die Bedruckung aus einer sich wiederholenden Zahl, deren Leserichtung durch Unterstreichung angegeben ist.
2	–	bl/br		
3	gnge/bl/br	br/sw/gr		
4	gnge/br/sw/gr	bl/br/sw/gr		
5	gnge/bl/br/sw/gr	bl/br/sw/gr/sw		
6 und mehr	gnge/weitere Adern sw mit Zahlenaufdr.	Ader sw mit Zahlenaufdruck		

[1] In harmonisierten Bestimmungen der Starkstromtechnik z. Z. mit hellblau (hbl) bezeichnet. [2] Farbkennzeichnung nicht festgelegt. [3] Ist kein Mittelleiter vorhanden, kann der hellblaue Leiter in einem mehradrigen Kabel auch für andere Zwecke, jedoch nicht für den Schutzleiter, verwendet werden. [4] Diese Farbkennzeichnung darf für keinen anderen Zweck verwendet werden. [5] Nur zulässig bei Leiterquerschnitten ab 10 mm^2 Cu oder 16 mm^2 Al. [6] Englische Abkürzungen nach DIN IEC 60757: 1986-07. [7] Neue harmonisierte Farbkennzeichnung ab 1/2003.

12.3 Isolierte Leitungen und Kabel

12.3.4 Aufbau und Kurzzeichen von nicht harmonisierten Leitungen (nationale Typen)

1. Block: Leitungsaufbau von innen (Leiter) nach außen (Mantel)

A	Ader, Aluminium	ÖU	Öl- und benzinfest und flammwidrig
B	Beimantel	P	Papierumhüllung
C	Abschirmung (C = kapazitiver Schutz)	R	Rohrdraht
F	Flachleitung, Stegleitung	S	Sonderleitung, stark mech. Beanspruchung
G	Gummihülle	SS	Sehr starke mechanische Beanspruchung
H	Abschirmung, Hochfrequenzschutz	T	Trosse (Tragseil)
I	Verlegung im Putz	U	Umhüllung
K	Korrosionsschutz	V	Verdrehungssicher
L	Leichte mech. Beanspr., z. B. Leuchtröhren	W	Wetterfest, erhöhte Wärmebeständigkeit
M	Mantel, mittlere mech. Beanspruchung	Y	Kunststoffisolierung, PVC
N	Normleitung, 1. Buchstabe der Zeichenfolge	Z	Zinkmantel, Zugentlastung
Ö	Öl- und benzinfest	4	Wärmebeständige Gummimischung

2. Block: Schutzleiter

J	Mit Schutzleiter	O	Ohne Schutzleiter

3. Block: Aderzahl und Leiterquerschnitt in mm^2

Beispiel:	Bauartkurzzeichen nach nationaler Norm	**NYM**	–	**J**	**3 x 1,5**
		1. Block		2. Block	3. Block

12.3.5 Isolierte Starkstromleitungen, nationale Typen

Bauart	Bauartkurz-zeichen	Nennspannung U_0/U [2] V	Aderanzahl	Leiterquerschnitt, Leiteraufbau [1] mm^2	Verwendung
Leitungen für feste Verlegung					
Stegleitungen	NYIF NYIFY	230/400	2 ... 5 2 u. 3	1,5 ... 2,5 e 1,5 ... 4 e	Verlegung im oder unter Putz in trockenen Räumen
PVC-Mantelleitungen	NYM	300/500	1 2 ... 5 7	1,5 ... 10 e 16 m 1,5 ... 10 e 16 ... 35 m 1,5 ... 2,5 e	Verlegung über, auf, im und unter Putz in trockenen, feuchten und nassen Räumen, Mauerwerk, Beton (nicht in Rüttel- oder Stampfbeton), auch im Freien (ohne Sonneneinstrahlung)
PVC-Mantelleitungen mit Traggeflecht	NYMZ	300/500	2 ... 5	1,5 ... 10 e 16 m	Bei selbsttragender Aufhängung auch im Freien; Spannweiten bis 50 m
PVC-Mantelleitungen mit Tragseil	NYMT	300/500	2 ... 5	1,5 ... 10 e 16 ... 35 m	Bei selbsttragender Aufhängung auch im Freien; Spannweiten bis 50 m
Umhüllte Rohrdrähte für Räume mit HF-Anlagen	NHYRUZY	300/500	2 ... 4 5	1,5 ... 10 e 16 ... 25 m 1,5 ... 6 e	Verlegung in Räumen mit Hochfrequenz-Anlagen, nicht in explosionsgefährdeten Räumen
Bleimantelleitungen	NYBUY	300/500	2 ... 4 5	1,5 ... 10 e 16 ... 35 m 1,5 ... 6 e	Für Anwendungen, bei denen Einwirkungen durch Lösungsmittel/Chemikalien zu erwarten sind, auch in explosionsgefähr. Bereichen
Wetterfeste PVC-Leitungen	NFYW	0,6/1 kV	1	6 ... 50 m	Verwendung als Hausanschlussleitungen nach DIN VDE 0211: 1985-12
Illuminations-Flachleitungen	NIFLÖU	300/500	2	1,5 f	Für Lichtketten mit besonderen Lampenfassungen
PVC-Leuchtröhrenleitungen	NYL	4/8 kV	1	1,5 f	Für Leuchtröhrenanlagen nach DIN EN 50107-1: 2003-06; in Rohre verlegen
PVC-Leuchtröhrenleit. mit Metallumhüllung	NYLRZY NYLY	4/8 kV	1	1,5 f	Für Leuchtröhrenanlagen nach DIN EN 50107-1: 2003-06

[1] e = eindrähtiger, f = feindrähtiger, ff = feinstdrähtiger, m = mehrdrähtiger Leiter.
[2] U_0: Spannung zwischen Leiter und metallener Umhüllung oder Erde. U: Spannung zwischen Außenleitern eines Drehstromsystems.

12.3 Isolierte Leitungen und Kabel

12.3.5 Isolierte Starkstromleitungen, nationale Typen (Fortsetzung)

Bauart	Bauartkurzzeichen	Nennspannung U_0/U V	Aderanzahl	Leiterquerschnitt, Leiteraufbau[1)] mm²	Verwendung
Dachständer-Einführungsleitung	NYDY	300/500	4	10 ... 35 m	Für Dachständeranschlüsse zum Einführen in Dachständerrohre
Halogenfreie Mantelleitung mit verbessertem Verhalten im Brandfall	NHXMH	300/500	1 2 ... 5 7	1,5 ... 10 e 16 m 1,5 ... 10 e 16 ... 35 m 1,5 ... 2,5 e	Zur Verlegung über, auf, im, unter Putz in trockenen und nassen Räumen, im Mauerwerk, im Beton (nicht direkt in Rüttelbeton), im Freien
Halogenfreie Aderleitung mit verbessertem Verhalten im Brandfall	NHXA NHXAF	450/750	1 1	0,5 ... 10 e 6 ... 400 m 0,5 ... 240 f	In tr. Räumen zur Verdrahtung von Leuchten, Geräten, Schaltanlagen; für Verlegung in Rohren, geschlossenen Installationskanälen
Flexible Leitungen					
Leitungen für Photovoltaikanlagen	H1Z2Z2-K	1/1 kV AC 1,5/1,5 kV DC	1	1 ... 240 f, verzinnt	Solarleitungen gem. DIN EN 50618:2015-11, halogenfrei, witterungs-, UV- und ozonbeständig
PVC-Schlauchleitungen	NYMHYV	300/500	2 ... 5	1 und 1,5 f	Für den Anschluss gewerblich genutzter Bodenreinigungsgeräte
PVC-Steuerleitungen	NYSLYÖ NYSLYCYÖ	300/500	3 ... 60	0,5 ... 2,5 f	Für Steuergeräte an Werkzeugmaschinen, Förderanlagen usw., in trockenen, feuchten, nassen Räumen
Silikonaderschnüre mit erh. Wärmebeständigkeit (180 °C)	N2GSA rd N2GSA fl	300/300	2 u. 3 2	0,75 ... 1,5 f 0,75 ... 1,5 f	Für den Anschluss von Heizgeräten und Leuchten
Silikonschlauchleitungen mit erh. Wärmebeständigkeit (180 °C)	N2GMH2G	300/500	2 ... 5	0,75 ... 2,5 f	Bei hohen Umgebungstemperaturen in trockenen, feuchten und nassen Räumen, auch im Freien; geringe mech. Beanspruchung
Sonder-Gummischlauchleitungen	NMHVÖU	230/400	2 ... 4 3 ... 4	0,75 f 1,5 f	Zum Anschluss von Elektrowerkzeugen; hohe Verdrehbeanspruchung
Geschirmte Gummischlauchleitungen	NSHCÖU	0,6/1 kV	2 ... 4	1,5 ... 16 f	Bei hohen mechanischen Beanspruchungen in trockenen, feuchten, nassen Räumen und im Freien, wenn elektrische Schirmung erf.
Gummischlauchleitungen NSSH ...	NSSHÖU	0,6/1 kV	1 2 ... 4 5 ... 7 vielad.	2,5 ... 400 f 1,5 ... 185 f 1,5 ... 95 f 1,5 ... 4 f	Für sehr hohe mechanische Beanspruchung; Bergbau, Baustellen, Industrie; in trockenen und feuchten Räumen, im Freien; auch feste Verlegung auf Putz
Gummischlauchleitungen für Hebezeuge	NSHTÖU	0,6/1 kV	3 u.4 5 ... 7 vielad.	1,5 ... 240 f 1,5 ... 95 f 1,5 ... 4 f	Für Fälle, bei denen häufiges Auf- und Abwickeln auftritt bei gleichzeitiger Zug- und Torsionsbean., bei Zwangsführung der Leit.
Schweißleitungen	NSLFFÖU	bis 100 V	1	16 ... 185 f	Verbindung vom Schweißgerät zur Elektrode
Gummiflachleitungen	NGFLGÖU	300/500	2 ... 24 3 ... 8 3 ... 7 3 u. 4	1 ... 2,5 f 1 ... 4 f 1 ... 35 f 1 ... 95 f	Anschluss bewegter Teile von Werkzeugmaschinen, Förderanlagen usw. bei Biegungen in nur einer Ebene; in trockenen, feuchten und nassen Räumen und im Freien
Leitungstrossen	NTM ... WÖU NTS ... WÖU	0,6/1 kV bis 20/35 kV	1 ... 4 5 ... 7 vielad.	2,5 ... 185 f 1,5 ... 95 f 2,5 ... 4 f	Für sehr hohe mechanische Beanspruchung, z. B. Bergbau, Baustellen, Industrie. Weitere Nennspannungen siehe DIN VDE 0250-813: 1985-05.
Schlauchleitung mit Polyurethanmantel	NGMH11YÖ	300/500	2 ... 5 3 ... 4	0,75 ... 2,5 f 4 ... 6 f	Für hohe mechanische Beanspruchung (scheuern, schleifen) in trockenen und nassen Räumen und im Freien. Anschluss von Elektr.-Werkzeug

[1)] e = eindrähtiger, f = feindrähtiger, ff = feinstdrähtiger, m = mehrdrähtiger Leiter.

12.3 Isolierte Leitungen und Kabel

12.3.6 Mindestquerschnitte für Leitungen

Verlegungsart		Querschnitt in mm²		Verlegungsart	Querschnitt in mm² Cu
		bei Al	bei Cu		
Feste geschützte Verlegung		2,5	1,5	**Bewegliche Leitungen zum Anschluss von:**	
Leitungen in Schaltanlagen und Verteilern	bis 2,5 A	–	0,5	Leichten Handgeräten bis 1 A und 2 m Länge	0,1
	über 2,5 bis 16 A	–	0,75		
	über 16 A	–	1,0	Geräten bis 2,5 A und 2 m Leitungslänge	0,5
Offene Verlegung auf Isolatoren				Geräten, Gerätesteck- und Kupplungsdosen bis 10 A	0,75
Abstand der Befestigungspunkte	bis 20 m	16	4	Geräten über 10 A, Mehrfachsteck-, Gerätesteck- und Kupplungsdosen über 10 bis 16 A	1,0
	über 20 bis 45 m	16 m	6		
Fassungsadern			0,75	Lichtketten für Innenräume zwischen Lichtkette und Stecker	0,75
				zwischen einzelnen Lampen	0,5

12.3.7 Aufbau und Kurzzeichen von harmonisierten Leitungen

Das Kurzzeichen für harmonisierte Starkstromkabel/isolierte Starkstromleitungen setzt sich aus drei Teilen zusammen; Teil 1 enthält die Bestimmungsart und die Nennspannung; Teil 2 beschreibt den Aufbau; Teil 3 umfasst Angaben über Adernzahl und Leitungsquerschnitt.

Kennzeichen der Bestimmung
- Harmonisierte Bestimmung — H
- Anerkannter nationaler Typ — A

Nennspannung U_0/U
- 300/300 V — 03
- 300/500 V — 05
- 450/750 V — 07

Isolier- und Mantelwerkstoff
- Ethylenpropylen-Kautschuk — B
- Polyethylen — E
- Ethylenvinylacetat-Copolymere — G
- Glasfaserbeflechtung — J
- Mineralisolierung — M
- Chloropren-Kautschuk — N
- Polyurethan — Q
- Ethylenpropylen-Kautschuk, Natur-Kautschuk oder Elastomer — R
- Silikon-Kautschuk — S
- Textilbeflechtung — T
- PVC (weich) — V
- Vernetztes Polyethylen — X

... — **Nennquerschnitt des Leiters**

Schutzleiter
- X — ohne Schutzleiter
- G — mit Schutzleiter

... — **Aderzahl**

Leiterart
- F — Feindrähtig (flexibel)
- H — Feinstdrähtig (flexibel)
- K — Feindrähtig (fest verlegt)
- M — Milliken-Leiter
- R — Mehrdrähtig, rund
- S — Mehrdrähtig, Sektor
- U — Eindrähtig, rund
- W — Eindrähtig, Sektor
- Y — Lahnlitze

Besonderheiten im Aufbau
- H — Flach, aufteilbar
- H2 — Flach, nicht aufteilbar
- H3 — Stegleitung

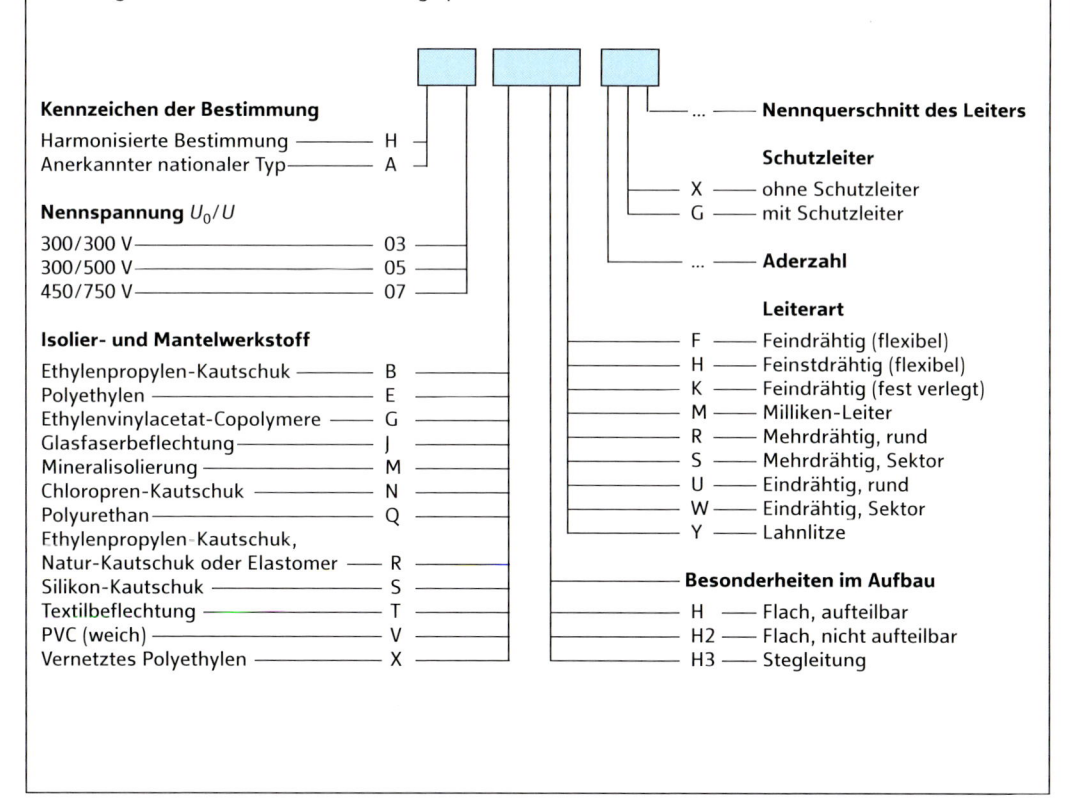

12.3 Isolierte Leitungen und Kabel

12.3.8 PVC-isolierte Leitungen

Bauart	Bauart-kurzzeichen	Nennspannung U_0/U V	Aderanzahl	Leiterquerschnitt, Leiteraufbau[1] mm^2	Verwendung
Leitungen für feste Verlegung					
PVC-Verdrahtungsleitungen	H05V-U H05V-K	300/500	1	0,5 ... 1 e 0,5 ... 1 f	Für die innere Verdrahtung von Geräten, Leuchten. Für Signalanlagen in Rohren auf und unter Putz
PVC-Aderleitungen	H07V-U H07V-R H07V-K	450/750	1	1,5 ... 10 e 6 ... 400 m 1,5 ... 240 f	Für Verlegung in Rohren auf, in und unter Putz sowie in geschlossenen Installationskanälen
Wärmebeständige PVC-Verdrahtungsleitung	H05V2-U H05V2-K	300/500	1 1	0,5 ... 2,5 e 0,5 ... 2,5 f	Für die innere Verdrahtung von Leuchten, Wärmegeräten bis 85 °C Berührungstemperatur
Wärmebeständige PVC-Aderleitung	H07V2-U H07V2-R H07V2-K	450/750	1	1,5 ... 2,5 e 1,5 ... 2,5 m 1,5 ... 2,5 f	Innere Verdrahtung von Betriebsmitteln; höchste Berührungstemperatur 85 °C; höchste Leitertemperatur 90 °C
Kältebeständige PVC-Aderleitung	H07V3-U H07V3-R H07V3-K	450/750	1 1 1	1,5 ... 10 e 1,5 ... 400 m 1,5 ... 240 f	Verlegung in Rohren auf, in, unter Putz; in geschlossenen Installationskanälen bis −25 °C. Mit mechanischem Schutz in Anlagen auch bis 600/1 000 V
PVC-Lichterkettenleitung	H03VH7-H	300/300	1	0,5 ff	Innenraum-Lichterketten mit E5-Fassungen, P_{max} = 100 W
Flexible Leitungen					
Leichte Zwillingsleitungen	H03VH-Y	300/300	2	0,1 (Lahnlitze)	Anschluss besonders leichter Handgeräte, bis 2 m Länge zul., Strombelastung nicht über 0,2 A
Zwillingsleitungen	H03VH-H	300/300	2	0,5 und 0,75 ff	Anschluss leichter Elektrogeräte bei sehr geringen mechanischen Beanspruchungen
PVC-Schlauchleitungen 03VV	H03VV-F H03VVH2-F A03VV-F	300/300	2 ... 4 2 3 ... 4	0,5 ... 0,75 f 0,5 ... 0,75 f 0,5 ... 0,75 f	Anschluss leichter Elektrogeräte bei geringen mechanischen Beanspruchungen
PVC-Schlauchleitungen 05VV	H05VV-F H05VVH2-F A05VV-F	300/500	2 ... 5 7 2 3 ... 5 7	0,75 ... 4 f 1 ... 2,5 f 0,75 f 0,75 ... 4 f 1 ... 2,5 f	Anschluss von Elektrogeräten mit mittleren mechanischen Beanspruchungen auch in feuchten und nassen Räumen
PVC-Flachleitungen 05VVH6	H05VVH6-F H05VVD3H6-F	300/500	3 ... 5 6 ... 24	1 f 0,75 und 1 f	Installation von Transportanlagen, Werkzeugmaschinen; für Aufzüge, Hebezeuge bei einer freien Einhängelänge bis 35 m und einer Fahrgeschwindigkeit bis 1,6 m/s. (Nicht im Freien oder bei Umgebungstemp. < 0 °C bzw. > 40 °C)
PVC-Flachleitungen 07VVH6	H07VVH6-F H07VVD3H6-F A07VVH6-F A07VVD3H6-F	450/750	3 ... 12 4 und 5 4 5	1,5 und 2,5 f 4 ... 25 f 25 f 1,5 ... 25 f	

[1] e = eindrähtiger, f = feindrähtiger, ff = feinstdrähtiger, m = mehrdrähtiger Leiter.

12.3 Isolierte Leitungen und Kabel

12.3.9 Gummiisolierte Leitungen

Bauart	Bauart-kurzzeichen	Nennspannung U_0/U V	Aderanzahl	Leiterquerschnitt, Leiteraufbau[1] mm^2	Verwendung
Leitungen für feste Verlegung					
Silikonaderleitungen erh. Wärmebeständigkeit (180 °C)	H05SJ-K A05SJ-K A05SJ-U	300/500	1	0,5 … 16 f 25 … 95 f 1 … 16 e	Für Umgebungstemperaturen über 55 °C; innere Verdrahtung von Leuchten, Wärmegeräten; in Schaltanlagen
Wärmebeständige Gummiaderleitungen	H07G-U H07G-R H07G-K	450/750	1	0,5 … 10 e 1,5 … 95 m 0,5 … 95 f	Für Leuchten (Durchgangsverdrahtung), in Wärmegeräten, Schaltanlagen, Verteilern bis 110 °C
Flexible Leitungen					
Gummiaderschnüre	H03RT-F	300/300	2 u.3	0,75 … 1,5 f	Bei geringen mechanischen Beanspruchungen für den Anschluss von Heizgeräten (z. B. Bügeleisen)
Gummischlauchleitungen 05RR	H05RR-F A05RR-F A05RRT-F	300/500	2 u. 5 3 u. 4 3 u. 4 5	0,75 … 2,5 f 0,75 … 6 f 0,75 … 6 f 0,75 … 2,5 f	Anschluss von Elektrogeräten bei geringen mechanischen Beanspruchungen in Haushalten, Büros; in Möbeln
Illuminationsleitungen	H05RN-F H05RNH2-F	300/500	1 2	0,75 … 1,5 f 1,5 f	Für Lichterketten, dekorative Einrichtungen; auch im Freien
Gummischlauchleitungen 05RN	H05RN-F A05RN-F	300/500	1 … 3 4	0,75 … 1 f 0,75 f	Anschluss von Elektrogeräten bei geringen mechanischen Beanspruchungen in trockenen und nassen Räumen, im Freien; in Möbeln
Gummischlauchleitungen 07RN	H07RN-F A07RN-F	450/750	1 2 u. 5 3 u. 4 3 u. 4 5 7, 12, 18 27, 36	1,5 … 500 f 1 … 25 f 1 … 300 f 1 … 300 f 1 … 25 f 1,5 … 4 f 1,5 … 2,5 f	Bei mittleren mechanischen Beanspruchungen in trockenen, feuchten und nassen Räumen, im Freien; für Geräte in gewerblichen und landwirtschaftlichen Betrieben; transportable Motore auf Baustellen; auch für feste Verlegung auf Putz
Gummiisolierte Aufzugssteuerleitungen 05RT und 05RN	H05RTD5-F H05RND5-F H05RTD3-F H05RND3-F A05R … D5FM-F	300/500	4 … 24	0,75 f	Anschluss von Aufzugs-, Förder- und Transportanlagen; bewegte Teile von Werkzeugmaschinen und Großgeräten bei mittlerer mechanischer Beanspruchung. Für die Installation von Aufzügen und Hebezeuge, deren freie Einhängelängen 35 m und deren Fahrgeschwindigkeit 1,6 m/s nicht überschreiten
Gummiisolierte Aufzugssteuerleitung 07RT und 07RN	H07RTD5-F H07RND5-F H07RTD3-F H07RND3-F A07R … D5FM-F	450/750	4 … 24	1 f	
Schweißleitung	H01N2-D H01N2-E	100 100	1 1	10 … 185 10 … 185	Mit normaler Flexibilität Mit bes. hoher Flexibilität

[1] e = eindrähtiger, f = feindrähtiger, ff = feinstdrähtiger, m = mehrdrähtiger Leiter.

12.3 Isolierte Leitungen und Kabel

12.3.10 Allgemeines für Kabel bis 18/30 kV

Kurzzeichen

Kurz-zeichen	Bedeutung	Kurz-zeichen	Bedeutung
Bauartkurzzeichen für Kabel mit Kunststoffisolierung		**Bauartkurzzeichen für Kabel mit Papierisolierung**	
A	Aluminiumleiter	A	Aluminiumleiter
Y	Isolierung aus Polyvinylchlorid (PVC)	H	Schirmung beim Höchstädter Kabel
2Y	Isolierung aus Polyethylen (PE)	E	Einzeln mit Metallmantel umgebene Adern (Dreimantelkabel)
2X	Isolierung aus vernetztem Polyethylen (VPE)		
C	Konzentrischer Leiter aus Kupfer	K	Bleimantel
CW	Konzentrischer Leiter aus Kupfer, wellenförmig aufgebracht	KL	Gepresster, glatter Aluminiummantel
		E	Schutzhülle mit eingebetteter Schicht aus Elastomerband oder Kunststofffolie
CE	Konzentrischer Leiter aus Kupfer bei 3-adrigen Kabeln über jede Ader aufgebracht	Y	Innere PVC-Schutzhülle
S	Schirm aus Kupfer	B	Bewehrung aus Stahlband
SE	Schirm aus Kupfer bei 3-adrigen Kabeln über jede Ader aufgebracht	F	Bewehrung aus Stahlflachdraht
		FO	Bewehrung aus Stahlflachdraht, offen
K	Bleimantel	R	Bewehrung aus Stahlrunddraht
Y	PVC-Schutzhülle zwischen Kupferschirm bzw. konzentrischem Leiter und Bewehrung	RO	Bewehrung aus Stahlrunddraht, offen
		G	Gegen- oder Haltewendel aus Stahlband
F	Bewehrung aus verzinkten Stahlflachdrähten	Z	Bewehrung aus Z-förmigem Stahlprofildraht
R	Bewehrung aus verzinkten Stahlrunddrähten	A	Schutzhülle aus Faserstoffen
G	Gegen- oder Haltewendel aus verzinktem Stahlband	Y	PVC-Mantel
Y	PVC-Mantel	YV	Verstärkter PVC-Mantel
2Y	PE-Mantel	–J[1]	Kabel mit grün-gelb (grün-naturfarben) gekennzeichneter Ader
–J[1]	Kabel mit grün-gelb gekennzeichneter Ader	–O[1]	Kabel ohne grün-gelb (grün-naturfarben) gekennzeichnete Ader
–O[1]	Kabel ohne grün-gelb gekennzeichnete Ader		

Kurzzeichen für Leiterform und -art

RE	Eindrähtiger Rundleiter	SE	Eindrähtiger Sektorleiter
RM	Mehrdrähtiger Rundleiter	SM	Mehrdrähtiger Sektorleiter
RF	Feindrähtiger Rundleiter		

Nennspannung

Höchste dauernd zulässige Betriebsspannung

Nennspannung U_0/U	Höchste Spannung U_m in		
	Drehstromsysteme	Einphasensystemen	
		beide Außenleiter isoliert	ein Außenleiter geerdet
kV/kV	kV	kV	kV
0,6/1	1,2	1,4	0,7
3,6/6	7,2	8,3	4,1
6/10	12	14	7
12/20	24	28	14
18/30	36	42	21

Es werden die Spannungen U_0/U angegeben:
U_0 Spannung zwischen Leiter und metallener Umhüllung oder Erde
U Spannung zwischen Außenleitern eines Drehstromsystems

Für den Einsatz in Drehstromsystemen sind Kabel geeignet mit einer Nennspannung $U_N = \sqrt{3} \cdot U_0$.

Für den Einsatz in Einphasensystemen mit beiden Außenleitern isoliert sind Kabel geeignet für eine Nennspannung $U_N = 2 \cdot U_0$.

Für den Einsatz in Einphasensystemen mit einem geerdeten Außenleiter sind Kabel geeignet für eine Nennspannung $U_N = U_0$.

[1] Für Kabel mit U_0/U 0,6/1 kV.

12.3 Isolierte Leitungen und Kabel

12.3.11 Einsatzgebiete von Kabeln mit Nennspannungen U_0/U bis 18/30 kV

Kabel	Zulässige Einsatzgebiete				
	in Innenräumen	im Freien	in Erde	in Wasser[2]	in Beton
Kabel mit massegetränkter Papierisolierung und Metallmantel (ausgenommen Gasdruck- und Ölkabel) nach DIN VDE 0276-621: 1997-05[1]	×	×	×	×	
Installationskabel mit Isolierung aus Polyethylen (VPE) und Mantel aus PVC nach DIN VDE 0262: 1995-12	×	×			×
Kabel mit Kunststoffisolierung und Bleimantel für Starkstromanlagen nach DIN VDE 0265: 1995-12	×	×	×	×	×
Halogenfreie Kabel mit verbessertem Verhalten im Brandfall: Nennspannungen U_0/U 0,6/1 kV nach DIN VDE 0266: 2000-03	×	×			×
Kabel mit Isolierung und Mantel aus thermoplastischem PVC; Nennspannungen bis 6/10 kV nach DIN VDE 0271: 2007-01	×	×	×	×	×[3]
Kabel mit Isolierung aus vernetztem Polyethylen und Mantel aus thermoplast. PVC; Nennspannung U_0/U 0,6/1 kV nach DIN VDE 0276-603: 2018-04	×	×	×	×	×
Kabel mit Isolierung aus vernetztem Polyethylen; Nennspannungen U_0/U 6/17, 12/20, 18/30 kV nach DIN VDE 0276-620: 2018-04	×	×	×	×	

12.3.12 Aufbau von Kabeln

Kurzzeichen	Aufbau	Aderanzahl	Leiterquerschnitt mm²
Kabel (Isolation und Mantel: PVC) bis 6/10 kV			
NYY	Isolierung (Y) und Mantel (Y) aus PVC	1 ... 40	1,5 ... 1 000
NYCWY	Wie NYY mit konzentrischem, wellenförmigem Leiter (CW)	3 ... 40	1,5 ... 240
NYFGY	Wie NYY mit Stahldrahtflachbewehrung (FG)	3	25 ... 240
NYCYFGY	Wie NYFGY mit konzentrischem Leiter (C)		
NYSEY	Wie NYY mit Kupferschirm, einzeln über den Adern (SE)	3	25 ... 240
NAYY	Wie NYY mit Aluminiumleiter (A)	4	25 ... 185
NAYCWY	Wie NAYY mit konzentrischem, wellenförmigem Leiter (CW)	3	25 ... 185
NAYSEY	Wie NYSEY mit Aluminiumleiter	3	25 ... 240
Kabel (Isolation: vernetztes Polyethylen, Mantel: PVC) für 0,6/1 kV			
NA2XY	Aluminiumleiter (A), Isolierung aus vernetztem Polyethylen VPE (2X), Mantel aus PVC (Y)	1 ... 4	25 ... 240
NA2XCWY	Wie NA2XY mit konzentrischem, wellenförmigem Leiter (CW)		
Halogenfreie Kabel für 0,6/1 kV			
NHXHX	Isolierung und Mantel aus vernetzter, halogenfreier Polymer-Mischung (HX)	1 ... 40	1,5 ... 500
NHXCHX	Wie NHXHX mit konzentrischem Kupferleiter		
Installationskabel für 0,6/1 kV			
NI2XY	Installationskabel (I), Isolierung VPE (2X), Mantel PVC (Y)	1 ... 40	1,5 ... 35

[1] Zulässig auch, wenn die Gefahr der Einwirkung von Lösungsmitteln und Treibstoffen besteht.
[2] Wenn nach der Verlegung keine mechanische Beschädigung zu erwarten ist.
[3] Gilt nur für Kabel mit der Nennspannung U_0/U 0,6/1 kV.

12.3 Isolierte Leitungen und Kabel

12.3.12 Aufbau von Kabeln (Fortsetzung)

Kurzzeichen	Aufbau	Aderanzahl	Leiterquerschnitt mm^2
Kabel für 6/10 kV, 12/20 kV und 18/30 kV			
N2XS2Y NA2XS2Y	Isolierung aus vernetztem Polyethylen (2X), Schirm aus Kupfer (S), Mantel aus thermoplastischem Polyethylen (2Y) Wie N2XS2Y mit Aluminiumleiter (A)	1	25 ... 500
Kabel für feste Verlegung auf Schiffen mit 0,6/1 kV			
MGG MGCG	Gummiisolierung (G) und Gummimantel (G) Wie MGG mit Schirm aus Kupferdrähten (C)		1,5 ... 300

12.3.13 Aufbau und Verwendung von Kabeln für große Nennspannungen

Kurzzeichen	Aufbau	Verwendung
Kabel für U_0/U von 18/30 kV bis 87/150 kV		
N2XS(FL)2Y	Isolation vernetztes Polyethylen VPE (2X), Kupferschirm (S), längswasserdicht (FL), AL/PE-Schichtenmantel (2Y)	In Drehstromnetzen • deren Sternpunkt niederohmig geerdet ist, • deren Sternpunkt gelöscht oder isoliert ist (Erdschluss nicht länger als 8 h anstehend, Gesamtdauer aller Erdschlüsse im Jahr < 125 h).
Niederdruck-Ölkabel für Nennspannungen bis 230/400 kV		
NÖKUDEY	Niederdruckölkabel (Ö), Bleimantel (K), unmagnetische Druckschutzbandage (UD), Schutzhülle und eingebettete Schicht (E), PVC-Mantel (Y)	
Gasaußendruckkabel für Nennspannungen bis 127/220 kV		
NPKDVFST2Y NPAKDGLST2Y	Gasaußendruckkabel (P), Bleimantel (K), unmagnetische Druckschutzbandage (D), verseilte Adern (V), Stahlflachdrahtbewehrung (F), Stahlrohr (ST), PE-Schutzhülle (2Y) Wie NPKDVFST2Y mit Aluminiumleiter, unmagnetische Gleitdrähte (GL) statt Stahlflachdrahtbewehrung	
Gasinnendruckkabel für Nennspannungen bis 127/220 kV		
NIKLEY NIAVST2Y	Gasinnendruckkabel (I), glatter Aluminiummantel (KL), Schutzhülle mit eingebetteter Schicht (E), PVC-Mantel (Y) Wie NIKLEY mit Aluminiumleiter, verseilte Adern (V), Stahlflachdrahtbewehrung (F), Stahlrohr (ST), PE-Schutzhülle (2Y)	

12.3.14 Zulässige Biegeradien für Kabel mit U_0/U bis 18/30 kV

Kabel	Kunststoffkabel		Papierisolierte Kabel	
	$U_0 = 0,6$ kV	$U_0 > 0,6$ kV	Mit Bleimantel oder gewelltem Al-Mantel	Mit glattem Al-Mantel
Einadrig	15 · d	15 · d	25 · d	30 · d
Mehradrig vieladrig	12 · d	15 · d	15 · d	25 · d

d = Kabeldurchmesser

Beim einmaligen Biegen können die Biegeradien auf die Hälfte verringert werden, wenn fachgemäße Bearbeitung (auf 30 °C erwärmen, über Schablone biegen) sichergestellt ist.

12.3 Isolierte Leitungen und Kabel

12.3.15 Kurzzeichen für die Bezeichnung von Installationsleitungen und Kabeln für Fernmeldeanlagen

Kurzzeichen	Bedeutung	Kurzzeichen	Bedeutung
Installationsleitungen		D	Konzentrische Lage aus Kupferdrähten, z. B. in Signalkabeln der Bahn
J-	Installationskabel und Stegleitung	M	Bleimantel
JE-	Installationskabel für Industrie-Elektronik	Mz	Bleimantel mit Erhärtungszusatz
Y	Isolierhülle oder Mantel aus Polyvinylchlorid (PVC)	L	Glatter Aluminiummantel
		LD	Aluminiumwellmantel
2Y	Isolierhülle/Mantel aus Polyethylen (PE)	(L)2Y	Schichtenmantel
(St)	Statischer Schirm	F(L)2Y	Kabelseele mit Petrolatfüllung und Schichtenmantel
(Zg)	Zugentlastung aus gebündelten Glasgarnen	W	Stahlwellmantel
Lg	Lagenverseilung	b	Bewehrung
Bd	Bündelverseilung	(Z)	Stahldrahtgeflecht über PVC-Innenmantel
Li	Litzenleiter aus Drähten	c	Schutzhülle aus Jute und zähflüssiger Masse
C	Schirm aus Kupferdrahtgeflecht	E	Masseschicht mit Kunststoffband
F	Stegleitung, flach	DM	Dieselhorst-Martin-Vierer
StIII	Stern-Vierer mit besonderen Eigenschaften	F	Stern-Vierer in Streckenfernkabeln der Bahn
		St	Stern-Vierer
		StI	Stern-Vierer
Kabel		StIII	Stern-Vierer mit besonderen Eigenschaften
A-	Außenkabel	PiMF	Geschirmtes Paar (in Metallfolie)
AB-	Außenkabel mit Blitzschutzforderungen	S	Signalkabel der Bahn
AJ-	Außenkabel mit Induktionsschutzforderungen	Bd	Bündelverseilung
G-	Grubenkabel	Lg	Lagenverseilung
GJ-	Grubenkabel mit Induktionsschutzforderungen		
P	Isolierhülle aus Papier		
Y	Mantel oder Schutzhülle aus PVC		
Yv	Verstärkte Schutzhülle aus PVC		
2Y	Isolierhülle aus Voll-PE oder Mantel oder Schutzhülle aus Polyethylen (PE)		
2Yv	Verstärkte Schutzhülle aus PE		
O2Y	Isolierhülle aus Zell-PE		

Beispiel:
JE-Y(St) Y 8 × 2 × 0,8 Bd
Installationskabel für Industrie-Elektronik mit PVC-Isolierhülle, statischem Schirm, PVC-Mantel, 8 Paaren mit Kupferleitern von 0,8 mm Durchmesser und in Bündelverseilung

12.3.16 Installationsleitungen für Fernmeldeanlagen

Bezeichnung Kurzzeichen	Aderzahlen bzw. Doppeladerzahlen	Leiterdurchmesser mm	Max. Leiterwiderstand Ω/km	Mindest-Isolationswiderstand MΩ/km	Verseilelement bzw. Verseilart	Verwendung
Installationsdraht Y	1, 2, 3, 4 (Adern)	0,6	65	100	Mehradrig: Schlaglänge ≈ 50 mm	In trockenen und zeitweise feuchten Betriebsstätten
		0,8	36,6			
Stegleitung J-FY	2, 3 (Adern)	0,6	65		Parallel angeordnet	Wie oben, in und unter Putz
Einführungsdraht 2YY	1 (Ader)	1,0 verzinnt	23,4	5000	–	Wie oben, im Freien, in und unter Putz
Installationskabel J-Y (St) Y … Lg	2, 4, 6, 10, 16, 20, 24, 30, 40, 50, 60, 80, 100 (Doppeladern)	0,6	130	100	In Paaren verseilt	In trockenen und feuchten Betriebsstätten, in und unter Putz
		0,8	73,2 (Schleife)			
Installationskabel JE-Y (St) Y … Bd	2, 4, 8, 12, 20, 32, 40 (Doppeladern)	0,8	73,2 (Schleife)		Bündelverseilung Paar	Wie oben, im Freien bei fester Verlegung
Installationskabel JE-YCY … Bd						

Siehe auch DIN EN 50441-2: 2012-10.

12.3 Isolierte Leitungen und Kabel

12.3.17 Koaxiale HF-Kabel (Antennenkabel)

Kabeltyp	Anwendung Verlegung	Abmaße in mm	elektr. Daten	Dämpfung in dB/100 m
KOKA 702	Einzel- und Gemeinschafts- antennenempfangsanlagen Auf- oder Unterputz in Rohren	$d = 0{,}75$ $D = 4{,}8$ $D_a = 7{,}0$ $r_{st} = 35$ $r_{dy} = 70$	$Z_L = 75\ \Omega$ $R = 4{,}28\ \Omega$ $k = 0{,}66$	1 MHz: 0,8 68 MHz: 6,5 100 MHz: 8,5 300 MHz: 14,8 800 MHz: 26,0 1 750 MHz: 40,0
KOKA 712	Einzel- und Gemeinschafts- antennenempfangsanlagen Auf- oder Unterputz in Rohren	$d = 0{,}75$ $D = 4{,}8$ $D_a = 6{,}8$ $r_{st} = 70$ $r_{dy} = 340$	$Z_L = 75\ \Omega$ $R = 4{,}85\ \Omega$ $k = 0{,}66$	1 MHz: 0,8 68 MHz: 6,4 100 MHz: 8,4 300 MHz: 14,5 800 MHz: 25,2 1 750 MHz: 40,0
KOKA 792	Empfängeranschlusskabel	$d = 0{,}6$ $D = 3{,}3$ $D_a = 5{,}0$ $r_{st} = 50$ $r_{dy} = 250$	$Z_L = 75\ \Omega$ $R = 10{,}02\ \Omega$ $k = 0{,}66$	1 MHz: 1,1 68 MHz: 9,6 100 MHz: 12,0 300 MHz: 22,0 800 MHz: 41,0 1 750 MHz: 65,0
KOKA 715	Vorwiegend Außeninstalla- tion Auf- oder Unterputz in Rohren	$d = 0{,}75$ $D = 4{,}8$ $D_a = 6{,}8$ $r_{st} = 70$ $r_{dy} = 340$	$Z_L = 75\ \Omega$ $R = 4{,}85\ \Omega$ $k = 0{,}66$	1 MHz: 0,8 68 MHz: 6,4 100 MHz: 8,2 300 MHz: 14,5 800 MHz: 25,2 1 750 MHz: 40,0
KOKA 744	Große Gemeinschaftsan- tennenempfangsanlagen Auf- oder Unterputz, Erdver- legung	$d = 1{,}8$ $D = 11{,}5$ $D_a = 14{,}8$ $r_{st} = 150$ $r_{dy} = 750$	$Z_L = 75\ \Omega$ $R = 1{,}08\ \Omega$ $k = 0{,}66$	1 MHz: 0,3 68 MHz: 2,7 100 MHz: 3,4 300 MHz: 6,2 800 MHz: 11,5 1 750 MHz: 20,1
KOKA 751	Große Gemeinschaftsanten- nenempfangsanlagen Freilei- tung: Zugbelastung 5490 N	$d = 1{,}1$ $D = 7{,}3$ $D_a = 10{,}6$ $r_{st} = 105$ $r_{dy} = 575$	$Z_L = 75\ \Omega$ $R = 2{,}31\ \Omega$ $k = 0{,}66$	1 MHz: 0,5 68 MHz: 4,2 100 MHz: 5,3 300 MHz: 9,6 800 MHz: 17,0 1 750 MHz: 28,0

Aufbau und Kenndaten

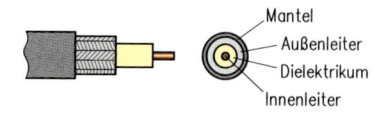

Mantel – Außenleiter – Dielektrikum – Innenleiter

Abmessungen:
d Durchmesser des Innenleiters
D Innendurchmesser des Außenleiters
D_a Außendurchmesser des Mantels

Wellenwiderstand Z_L:
Eigenschaft einer Übertragungsstrecke

Gleichstromwiderstand R: Widerstand der Schleife aus Innen- und Außenleiter für 100 m Kabel bei 20 °C

Verkürzungsfaktor k: Gibt an, um wie viel die Signal- fortpflanzungsgeschwindigkeit v auf der Leitung klei- ner ist als die Lichtgeschwindigkeit c_0.

Biegeradius:
r Kleinster zulässiger Biegeradius
r_{st} Für einmaliges Biegen (feste Montage)
r_{dy} Für mehrmaliges Biegen (bewegte Anwendung)

12.3 Isolierte Leitungen und Kabel

12.3.18 Spannungsfall auf belasteten Zuleitungen — DIN 18015-1: 2020-05

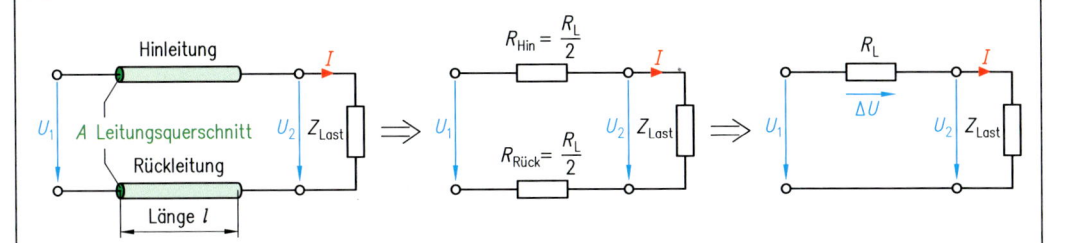

U_1	Spannung am Leitungsanfang
U_2	Spannung am Leitungsende
R_{Hin}	Widerstand des Hinleiters
$R_{Rück}$	Widerstand des Rückleiters
Z_{Last}	Lastimpedanz
R_L	Widerstandswert der gesamten Leitung
l	Leiterlänge
A	Leiterquerschnittsfläche

Für den Spannungsfall gilt näherungsweise: $\Delta U \approx U_1 - U_2$

12.3.19 Leitungsberechnung

Beispiel:

In einer Entfernung von 52 m vom Zähler soll ein Durchlauferhitzer (P = 3 kW) einphasig an ein 3/N/PE/230 V/400 V/50 Hz-Netz angeschlossen werden. Als Anschlussleitung ist eine Leitung des Typs NYM-J 3 x 2,5 vorgesehen. Nach DIN 18015-1: 2020-05 darf der Spannungsfall auf der Anschlussleitung 3 % nicht übersteigen. Gesucht ist der Spannungsfall in V und in Prozent.

Lösung:

$$\Delta U_2 = \frac{2 \cdot l \cdot P}{\gamma \cdot A \cdot U_1} = \frac{2 \cdot 52\,\text{m} \cdot 3\,\text{kW}}{56 \frac{\text{m}}{\Omega \cdot \text{mm}^2} \cdot 2{,}5\,\text{mm}^2 \cdot 230\,\text{V}} = 9{,}7\,\text{V} \quad \text{oder} \quad \Delta U = \frac{2 \cdot l \cdot I \cos\varphi}{\gamma \cdot A} = \frac{2 \cdot 52\,\text{m} \cdot 13{,}04\,A \cdot 1}{56 \frac{\text{m}}{\Omega \cdot \text{mm}^2} \cdot 2{,}5\,\text{mm}^2} = 9{,}7\,\text{V}$$

$\Delta u = \frac{\Delta U}{U_1} \cdot 100\,\% = \frac{9{,}7\,\text{V}}{230\,\text{V}} \cdot 100\,\% = 4{,}2\,\%$ — Der Maximalwert des Spannungsfalls wäre überschritten, der Querschnitt ist zu gering angesetzt.

Unverzweigte Leitungen

	Gleichstromleitung	Wechselstromleitung	Drehstromleitung
Spannungsfall ΔU in V	$\Delta U = \frac{2 \cdot l \cdot I}{\gamma \cdot A}$ oder $\Delta U = \frac{2 \cdot l \cdot P}{\gamma \cdot A \cdot U_1}$	$\Delta U = \frac{2 \cdot l \cdot I \cdot \cos\varphi}{\gamma \cdot A}$ oder $\Delta U = \frac{2 \cdot l \cdot P}{\gamma \cdot A \cdot U_1}$	$\Delta U = \frac{\sqrt{3} \cdot l \cdot I \cdot \cos\varphi}{\gamma \cdot A}$ oder $\Delta U = \frac{l \cdot P}{\gamma \cdot A \cdot U_1}$
Spannungsfall Δu in %		$\Delta u = \frac{\Delta U}{U_1} \cdot 100\,\%$	
Verlustleistung P_V in W	$P_V = \frac{2 \cdot l \cdot I^2}{\gamma \cdot A}$	$P_V = \frac{2 \cdot l \cdot I^2}{\gamma \cdot A}$	$P_V = \frac{3 \cdot l \cdot I^2}{\gamma \cdot A}$
Legende	I Stromstärke in A l Länge in m $\cos\varphi$ Leistungsfaktor	γ spezif. Leitfähigkeit in $\frac{\text{m}}{\Omega \cdot \text{mm}^2}$	U_1 Netzspannung in V, Außenleiterspannung bei Drehstrom

12.3 Isolierte Leitungen und Kabel

12.3.19 Leitungsberechnung (Fortsetzung)

Verzweigte Leitungen mit einheitlichem Leiterquerschnitt

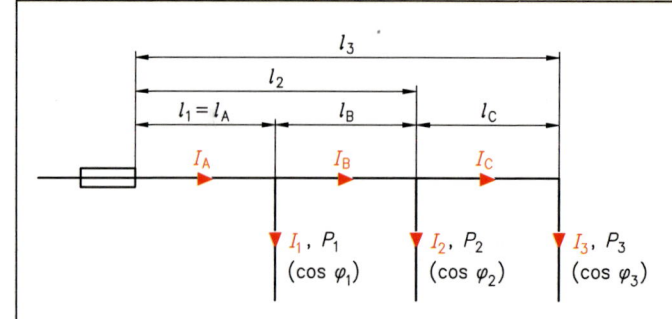

		Legende
l_1, l_2	Leitungslängen bis zu den Abzweigen in m	
l_A, l_B	Längen der Hauptabschnitte in m	
I_1, I_2	Zweigströme in A	
I_A, I_B	Ströme der Hauptabschnitte in A	
P_1, P_2	Zweigwirkleistungen in W	

$\cos\varphi_1, \cos\varphi_2, \cos\varphi_3$: nur bei Wechsel- bzw. Drehstrom

	Gleichstromleitung	Wechselstromleitung	Drehstromleitung
Spannungsfall ΔU in V	$\Delta U = \dfrac{2}{\gamma \cdot A} \cdot \Sigma(I \cdot l)$ $\Delta U = \dfrac{2}{\gamma \cdot A \cdot U_1} \cdot \Sigma(P \cdot l)$ $\Sigma(I \cdot l) = I_1 \cdot l_1 + I_2 \cdot l_2 + \dots$	$\Delta U = \dfrac{2 \cdot \cos\varphi_m}{\gamma \cdot A} \cdot \Sigma(I \cdot l)$ $\Delta U = \dfrac{2}{\gamma \cdot A \cdot U_1} \cdot \Sigma(P \cdot l)$ $\Sigma(P \cdot l) = P_1 \cdot l_1 + P_2 \cdot l_2 + \dots$	$\Delta U = \dfrac{\sqrt{3} \cdot \cos\varphi_m}{\gamma \cdot A} \cdot \Sigma(I \cdot l)$ $\Delta U = \dfrac{1}{\gamma \cdot A \cdot U_1} \cdot \Sigma(P \cdot l)$
Spannungsfall Δu in %	$\Delta u = \dfrac{\Delta U}{U_1} \cdot 100\,\%$		
Verlustleistung P_V in W	$P_V = \dfrac{2}{\gamma \cdot A} \cdot \Sigma(l \cdot I^2)$	$P_V = \dfrac{2}{\gamma \cdot A} \cdot \Sigma(l \cdot I^2)$	$P_V = \dfrac{3}{\gamma \cdot A} \cdot \Sigma(l \cdot I^2)$

$\Sigma(l \cdot I^2) = l_A \cdot I_A^2 + l_B \cdot I_B^2 + l_C \cdot I_C^2 + \dots$

$I_A = I_1 + I_2 + I_3 + \dots$
$I_B = I_2 + I_3 + \dots$
$I_C = I_3 + \dots$

Legende: $\cos\varphi_m$ mittlerer Leistungsfaktor; γ spezif. Leitfähigkeit in $\dfrac{m}{\Omega \cdot mm^2}$; U_1 Netzspannung in V, Außenleiterspannung bei Drehstrom

Beispiel:
Drei Verbraucher ($P_1 = 12{,}6$ kW, $P_2 = 9$ kW und $P_3 = 18$ kW) werden über eine verzweigte Drehstromkupferleitung mit dem Querschnitt A = 4 mm² in einem 400 V-Netz versorgt. Die Leitungslängen zwischen den Abzweigen und der Sicherung betragen $l_1 = 12$ m, $l_2 = 20$ m und $l_3 = 28$ m. Gesucht ist der Spannungsfall in V.

Lösung:

$$\Delta U = \dfrac{1}{\gamma \cdot A \cdot U_1} \cdot \Sigma(P \cdot l) = \dfrac{1}{56 \, \dfrac{m}{\Omega \cdot mm^2} \cdot 4 \, mm^2 \cdot 400 \, V} \cdot (12\,600\,W \cdot 12\,m + 9\,000\,W \cdot 20\,m + 18\,000\,W \cdot 28\,m) = \underline{\underline{9{,}3\,V}}$$

12.4 Sicherungen

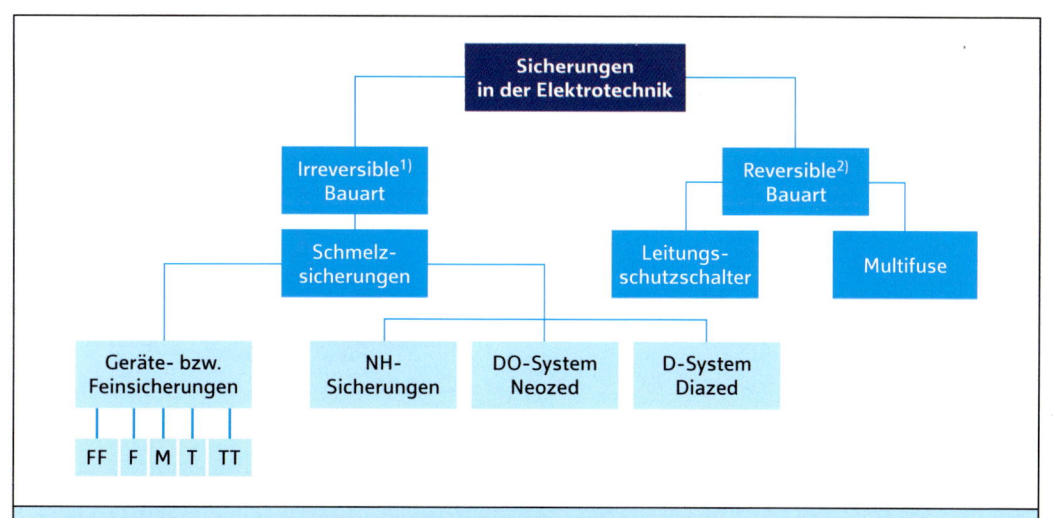

```
                    Sicherungen
                 in der Elektrotechnik
                    /              \
          Irreversible[1]        Reversible[2]
             Bauart                  Bauart
              |                    /        \
         Schmelz-           Leitungs-      Multifuse
        sicherungen       schutzschalter
        /    |      \
  Geräte- bzw.  NH-      DO-System   D-System
  Feinsicherungen Sicherungen Neozed  Diazed
  /  |  |  \
 FF  F  M  T  TT
```

12.4.1 Funktions- und Betriebsklassen von Niederspannungssicherungen

Funktionsklassen		Betriebsklassen	
g	Ganzbereichssicherungen, die Ströme bis wenigstens zu ihrem Nennstrom dauernd führen können und Ströme vom kleinsten Schmelzstrom bis zum Nennausschaltstrom ausschalten können	gG gR gB gTr	Ganzbereichsschutz für allgemeine Zwecke, praktisch identischer Nachfolger von gL Ganzbereichs-Halbleiterschutz Ganzbereichs-Bergbauanlagenschutz Ganzbereichs-Transformatorenschutz
a	Teilbereichssicherungen, die Ströme bis zu ihrem Nennstrom dauernd führen können und Ströme oberhalb eines bestimmten Vielfachen ihres Nennstromes bis zum Nennausschaltstrom ausschalten können	aM aR	Teilbereichs-Schaltgeräteschutz Teilbereichs-Halbleiterschutz
		Symbol zur Kennzeichnung von Halbleiterschutz-Sicherungseinsätzen	⊟ ⌵

Nennspannungen in V					
Wechselspannung	**230** 1 000	**380**	**500**	**660**	**750**
Gleichspannung	**220** 1 200	**440** **1 500**	500 2 400	**600** **3 000**	750

Fettgedruckte Werte bevorzugt.

Nennströme in A							
2	4	6	10	16	20	25	32	35
40	50	63	80	100	125	160	200	250
315	400	500	630	800	1 000	1 250		

Sicherungseinsätze der Kabel- und Leitungsschutzsicherungen verhalten sich selektiv, wenn ihre Nennströme im Verhältnis 1 : 1,6 stehen; das gilt nur für Nennströme ≥ 16 A.

Kennfarben			
Nennstrom A	Farbe des Anzeigers	Nennstrom A	Farbe des Anzeigers
2	Rosa	25	Gelb
4	Braun	35	Schwarz
6	Grün	50	Weiß
10	Rot	63	Kupfer
16	Grau	80	Silber
20	Blau	100	Rot

Nennausschaltstrom in kA	
Vorzugswerte, je nach Bauart und Betriebsklasse	
Wechselstromkreise	25, 50, 100 (Effektivwert)
Gleichstromkreise	8, 25

[1] Nicht umkehrbar, der Sicherungseinsatz muss ersetzt werden.
[2] Umkehrbar, der Leitungsschutzschalter ist nach Ausschaltung und Fehlerbeseitigung wieder einschaltbar.

12.4 Sicherungen

12.4.2 Irreversible Bauart (Schmelzsicherungen)

NH-Niederspannungssicherungen **DIN VDE 0636-2**: 2014-09

Bemessungsströme für NH-Sicherungseinsätze

Bemessungsstrom (I_n) in A

6, 10, 16, 20, 25, 32, 35, 40, 50, 63, 80, 100, 125, 160, 200, 224 (nur gL), 250, 315, 400, 500, 630, 800, 1000, 1250

Das NH-Sicherungssystem (Niederspannungs-Hochleistungssicherung) hat Messerkontakte. Die Sicherungseinsätze sind in ihrem Gebrauch nicht unverwechselbar und nicht berührungssicher (wie z. B. das D- oder D0-System).

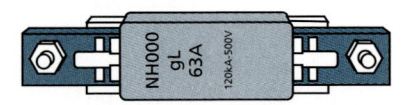

Einsatzbereich:
bis 680 V AC und 660 V DC bis 1 250 A

Nennströme in A für Kabel- und Leitungsschutzsicherungen

Baugröße	~ 660 V	~ 500 V ... 440 V
00	6 bis 100	6 bis 100
0	–	6 bis 160
1	80 bis 200	80 bis 250
2	125 bis 315	125 bis 400
3	315 bis 500	315 bis 630
4a	500 bis 800	500 bis 1 250

Die untere Grenze der Umgebungstemperatur beträgt –15 °C; die obere +80 °C (bei Belastung).

Strom- und Zeitwerte für das Nichtabschmelzen und das Abschmelzen von Sicherungseinsätzen

Nennstrom I_N	Prüfstrom		Prüf-dauer
A	kleiner	größer	h
Bis 4	1,5 I_N	2,1 I_N	1
Über 4 bis 10	1,5 I_N	1,9 I_N	1
Über 10 bis 25	1,4 I_N	1,75 I_N	1
Über 25 bis 63	1,3 I_N	1,6 I_N	1
Über 63 bis 160	1,3 I_N	1,6 I_N	2
Über 160 bis 400	1,3 I_N	1,6 I_N	3
Über 400	1,3 I_N	1,6 I_N	4

I^2-t-Grenzwerte von NH-Sicherungseinsätzen

Die Schmelz- und Ausschalt-I^2-t-Werte liegen zwischen den angegebenen Grenzwerten.

I_n A	$I^2 t_{min}$ A²s	$I^2 t_{max}$ A²s	I_n A	$I^2 t_{min}$ A²s	$I^2 t_{max}$ A²s	I_n A	$I^2 t_{min}$ A²s	$I^2 t_{max}$ A²s	I_n A	$I^2 t_{min}$ A²s	$I^2 t_{max}$ A²s
2	0,68	16,4	32	1 740	5 750	125	36 000	104 000	400	557 000	1 600 000
4	4,9	67,6	35	3 030	6 750	160	64 000	185 000	500	900 000	2 700 000
6	16,4	194	40	4 000	9 000	200	104 000	302 000	630	1 600 000	5 470 000
10	67,6	640	50	5 750	13 700						
16	291	1 210	63	9 000	21 200	224	139 000	412 000	800	2 700 000	10 000 000
20	640	2 500	80	13 700	36 000	250	185 000	557 000	1 000	5 470 000	17 400 000
25	1 210	4 000	100	21 200	64 000	315	302 000	900 000	1 250	10 000 000	33 100 000

Das NH-Sicherungssystem darf wegen der Unverwechselbarkeit und des fehlenden Berührungsschutzes nur von Fachkräften oder unterwiesenen Personen bedient werden. Dazu ist Spezialwerkzeug (Sicherungseinsatzhalter, Armstulpe und Gesichtsschutz) erforderlich. NH-Sicherungen können mit einer Anzeigevorrichtung ausgerüstet sein, die den entsprechenden Schaltzustand (betriebsfähig oder unterbrochen) anzeigt. NH-Sicherungen zeichnen sich gegenüber D- und DO-Sicherungen durch ein zweckmäßigeres Auslöseverhalten aus. D- und DO-Sicherungen weisen einen Schmelzleiter auf, NH-Sicherungen bestehen aus einem fein abgestimmten Schmelzleitersystem (bis zu vier Schmelzleiter sind parallel geschaltet). Aussehen, Form, Art und Material sind unterschiedlich je nach Hersteller.

12.4 Sicherungen

Strom-Zeit-Bereiche für NH-Sicherungseinsätze der Betriebsklasse gG[1]

Die Zeit-Strom-Kennlinien zeigen das zeitliche Verhalten von Sicherungseinsätzen in Abhängigkeit vom Ausschaltstrom, der die Sicherungen zum Schmelzen und Ausschalten bringt. Die linke Kennlinie eines Nennstromwertes stellt die Minimalwerte (Schmelzzeit-Kennlinie), die rechte Kennlinie die Maximalwerte (Ausschaltzeit-Kennlinie) dar.

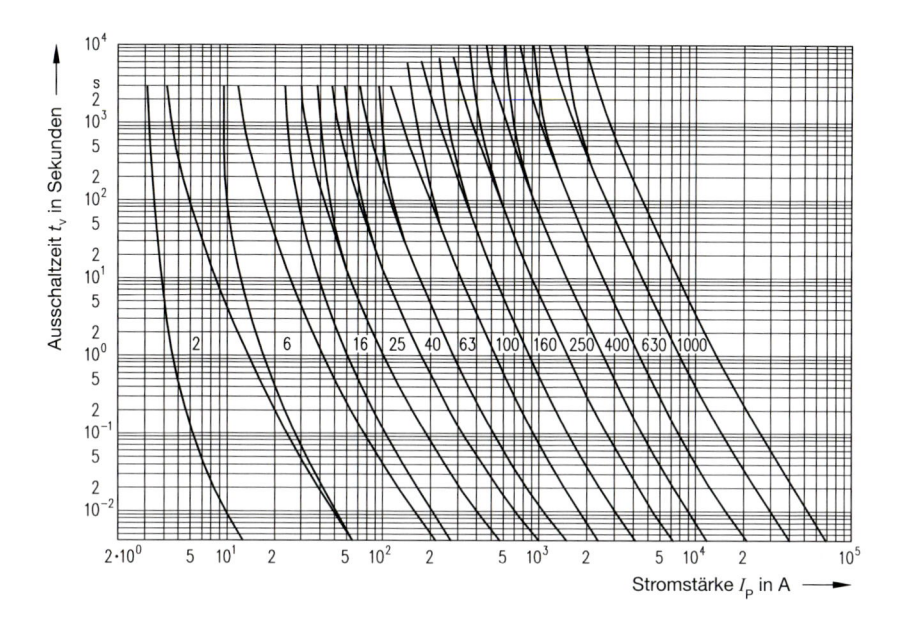

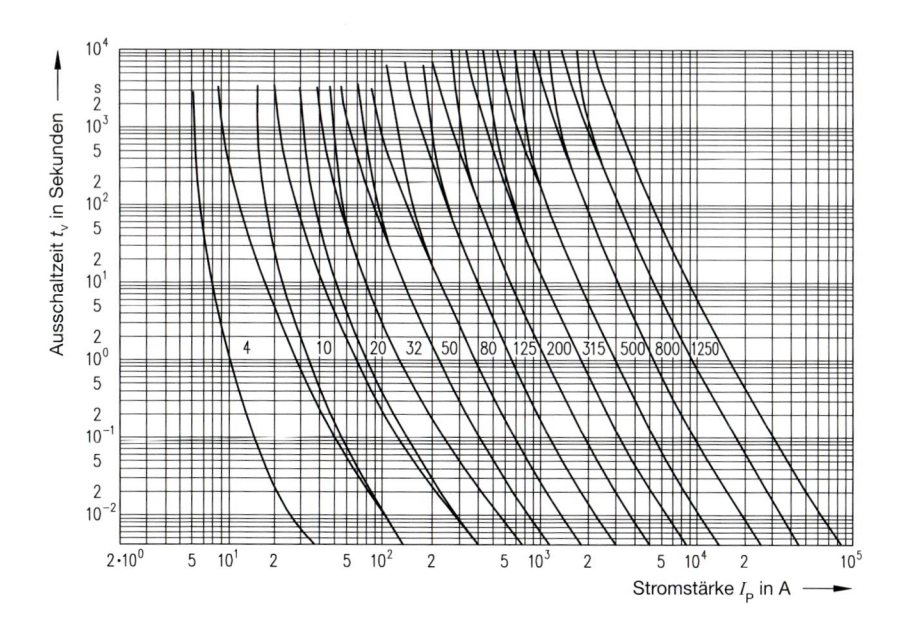

[1] Die Zeit-Strom-Bereiche sind mit hinreichender Genauigkeit auch für Sicherungen der veralteten Betriebsklasse gL gültig.

12.4 Sicherungen

12.4.2 Irreversible Bauart (Schmelzsicherungen) (Fortsetzung)

D (DIAZED)- und DO (NEOZED)-Sicherungssysteme, Schraubensicherungen

Kennzeichnung					D-System (DIAZED)
Sicherung und Passeinsatz		Sockel Nenn-strom	Gewindegröße der Schraubklappe		
Nenn-strom in A	Kenn-farbe	in A	DIAZED	NEOZED	
2 4 6 10 16 20 25	Rosa Braun Grün Rot Grau Blau Gelb	25	D II (E 27)	DO 1 (E 14) DO 2 (E 18)	Einsatzbereich: 500 V AC bis 100 A 660 V AC und 600 V DC bis 63 A **DO-System (NEOZED)**
35 50 63	Schwarz Weiß Kupfer	63	D III (E 33)		
80 100	Silber Rot	100	D IV (R 1 ¼")	DO 3 (M30 × 2)	Einsatzbereich: 400 V AC und 250 V DC bis 100 A

Die D- und DO-Sicherungssysteme zeichnen sich durch die Unverwechselbarkeit der Sicherungseinsätze bezüglich der Nennströme aus. Das wird durch die Abstufung der Fußdurchmesser der Sicherungseinsätze und die entsprechend dazu gehörenden Passeinsätze (Passschrauben beim D-System oder Passhülsen beim DO-System) realisiert.
Im Gegensatz zum NH-Sicherungssystem weisen Schraubsicherungen einen Berührungsschutz auf. Deshalb können D- und DO-Sicherungseinsätze z. T. auch von Laien in z. B. zugänglichen alten Hausverteilungen ausgewechselt werden (s. nachfolgende Tabelle).

Stromgrenzen für das Auswechseln von Sicherungseinsätzen für Anlagen im Betrieb bei Nennspannungen bis 1 000 V   **DIN VDE 0105-100**: 2015-10

Sicherungssystem Typ	Nennspannung in V		Nennstrom in A		Laien	Elektrofachkräfte, elektrotechnisch unterwiesene Personen
DO, D	Bis	AC 400	Bis Über	63 63	Ja Nein	Ja Nein
D	Über	AC 400	Bis Über	16 16	Nein Nein	Ja Nein
DO, D	Bis	DC 25	Über	0	Ja	Ja
DO	Über DC Über DC Über DC	25 bis 60 60 bis 120 120	Bis Bis Bis	6 2 0	Nein Nein Nein	Ja Ja Nein
D	Über DC Über DC Über DC Über DC	25 bis 60 60 bis 120 120 bis 750 750	Bis Bis Bis Über	16 5 1 0	Nein Nein Nein Nein	Ja Ja Ja Nein

12.4 Sicherungen

Zeit/Strom-Bereiche für gG-Niederspannungs-Sicherungseinsätze
(D-System: Baugrößen D01 bis D03 und DII bis DIV)

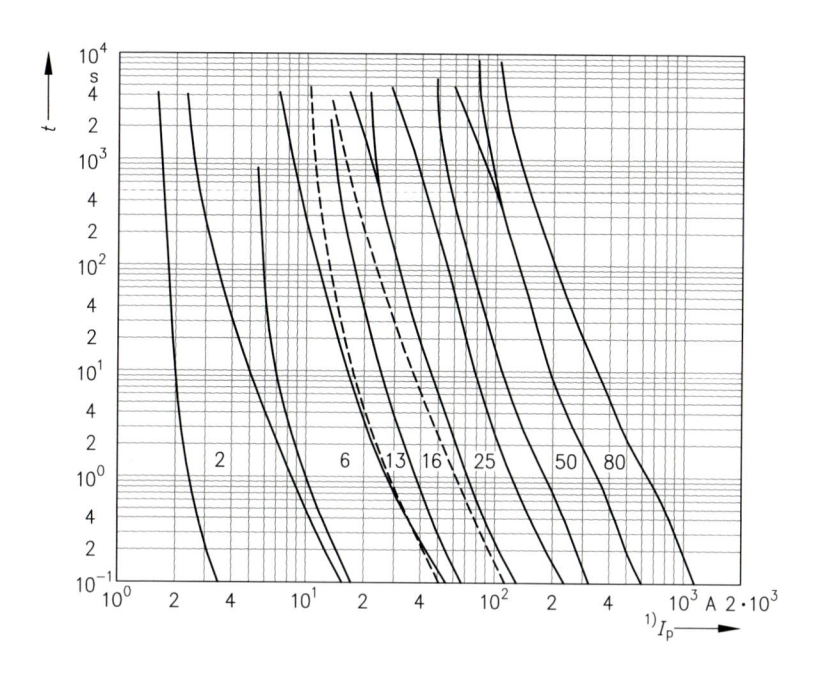

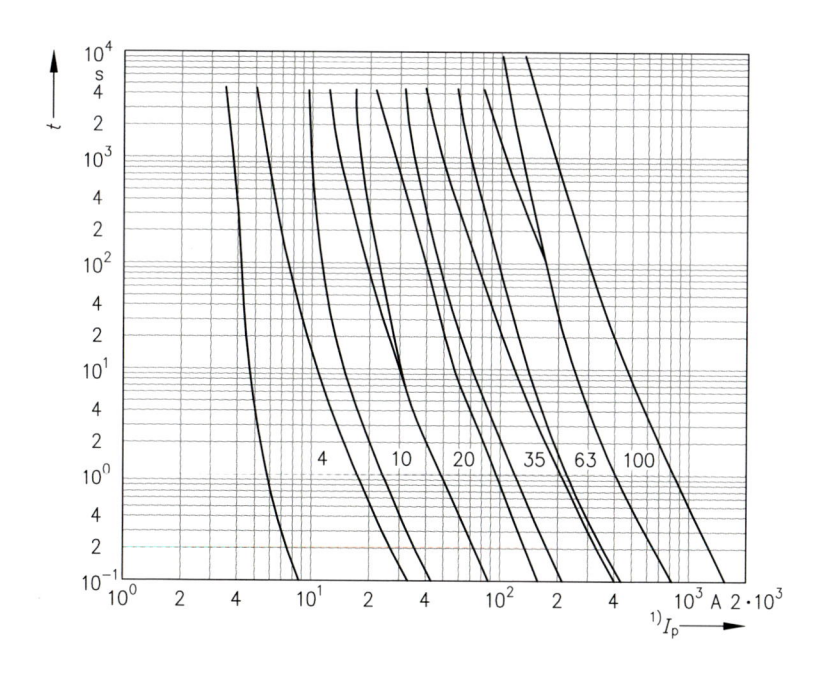

[1] I_p – Stoßkurzschlussstrom (max. möglicher Augenblickswert des zu erwartenden Kurzschlussstromes).

12.4 Sicherungen

12.4.3 Reversible Bauart

Leitungsschutzschalter   **DIN EN 60898-1:** VDE 0641-11:2020-11

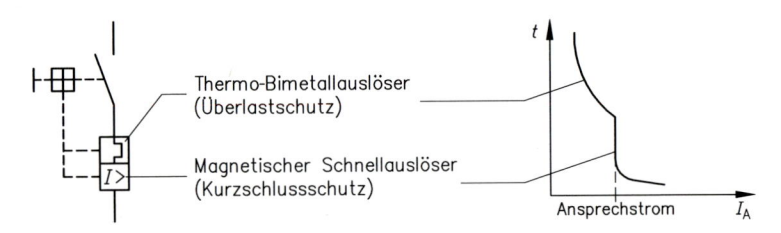

Leitungsschutzschalter (mit Funktionssymbolik)   *Auslösekennlinie (vereinfacht)*

Leitungsschutzschalter (LS-Schalter) haben einen verzögert wirkenden Thermo-Bimetallauslöser (Überstromauslöser) und einen unverzögert reagierenden elektromagnetischen Auslöser (Kurzschlussstromauslöser). Beide Auslöser werden vom Betriebsstrom, der über den Schaltkontakt fließt, beeinflusst. Bei entsprechendem Überstrom lösen sie die Verklinkung, die den Schaltkontakt öffnet.
Bemessungsstrom (auch Nennstrom), Bemessungsschaltvermögen (Effektivwert des maximalen unbeeinflussten Kurzschlussstromes) und Energiebegrenzungsklasse (früher Selektivitätsklasse) sind relevante Kennwerte des LS-Schalters.
Weitere Kennwerte, Auslösecharakteristika und Einsatzmöglichkeiten s. nachfolgende Seiten

Aufschriften von Leitungsschutzschaltern

Beispiel: (vereinfacht)

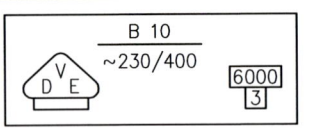

B 10   ~230/400   6000   3   VDE

B	Auslösecharakteristik
10	Bemessungsstrom in A
~230/400	Bemessungsspannungen in V
6000	Bemessungsschaltvermögen
3	Energiebegrenzungsklasse

Weitere Aufschriften auf dem Typenschild:
- Bildzeichen der Spannungsart
- Bezugstemperatur, wenn von 30 °C abweichend
- Herkunftszeichen
- Herstellerkennzeichen, auch mit Katalognummer

Auswahlkriterien:
- Selektivität zu vorgeschalteten Schmelzsicherungen Back-up-Schutz: Wird das Bemessungsschaltvermögen eines LS-Schalters an seiner Einbaustelle überschritten, muss diesem eine Sicherung vorgeschaltet werden.

Bemessungsstrom in A

6	10	13	16	20	25	32
40	50	63	80	100	125	

Bemessungsschaltvermögen in A

1 500	3 000	4 500	6 000
10 000	15 000	20 000	25 000

Zulässige $I^2 \cdot t$-(Durchlass-)Werte für LS-Schalter mit Bemessungsströmen bis 16 A (Werte ohne Klammer) und über 16 A bis 32 A (Werte in Klammern)

Bemessungs-schalt-vermögen in A	Energiebegrenzungsklassen				
	1	2		3	
	$I^2 t_{max}$ in A² s	$I^2 t_{max}$ in A² s		$I^2 t_{max}$ in A² s	
	Charakteristik B und C	Charakteristik B	Charakteristik C	Charakteristik B	Charakteristik C
3 000	keine	31 000 (40 000)	37 000 (50 000)	15 000 (18 000)	18 000 (22 000)
6 000	Grenzwerte	100 000 (130 000)	120 000 (160 000)	35 000 (45 000)	42 000 (55 000)
10 000	festgelegt	240 000 (310 000)	290 000 (370 000)	70 000 (90 000)	84 000 (110 000)

12.4 Sicherungen

12.4.4 Übersicht und Kennwerte von Leitungsschutzschaltern

Typ	Auslösung ($n \times I_n$) Unverzögert	Auslösung ($n \times I_n$) Verzögert	Beschreibung	Bemessungsstrom I_n in A [1]	Norm	Einsatz, Beispiele
A	2–3	1,13–1,45	Begrenzter Halbleiterschutz		DIN EN 60898-1 VDE 0641-11: 2020-11	Messkreise mit Wandlern
B	3–5	1,13–1,45	Allgemeiner Leitungs- und Kabelschutz, Charakteristik C: Einschaltstromspitzen, z. B. Leuchtengruppen, Schweißtransformatoren	6–63	DIN EN 60898-1 VDE 0641-11: 2020-11	Universalschutz für Leitungen und Kabel, Wohn- und Gebäude-installation, Beleuchtungs- und Steckdosenstromkreise, Charakteristik C: Reine Glühlampenstromkreise mit vielen Einzellampen
C	5–10	1,13–1,45		6–63	DIN EN 60898-1 VDE 0641-11: 2020-11	
D	10–20	1,13–1,45	Schutz für stark impulserzeugende Betriebsmittel, Magnetisierungsstrom von Transformatoren (Rusheffekt), Magnetventile	$I_n \leq 32\,A : 16 \times I_n$ $I_n \leq 32\,A : 13 \times I_n$ $I_n \leq 63\,A : 14 \times I_n$	DIN EN 60898-1 VDE 0641-11: 2020-11	Anwendung mit hohen Einschaltströmen (Einschaltspitzen), der Typ wird in Deutschland nicht akzeptiert, international genormt
E	5–6,25	1,05–1,2	Selektiver Haupt-Leitungsschutzschalter	10–100	DIN VDE 0641-21: 2018-09 – (SHU)[2] DIN VDE 0641-21: 2018-09 – (SHA)[3]	Selektive Trennvorrichtung vor dem Zähler, s. TAB 2007
G	2,5–10	1,05–1,35	General-Charakteristik	6–32	CEE-Publikation 19, 1. Ausgabe	Geringer Dauerstrom
H	2–3	1,5–1,9	Haushalts-Leitungsschutz	6–63	DIN EN 60898-1 VDE 0641-11: 2020-11	Vorgängertyp von B (seit 1946), bis 1978 eingesetzt
K	8–14	1,05–1,2	Kraft-Charakteristik	0,2–63	DIN EN IEC 60947-2 VDE 0660-102: 2020-05	Betriebsmittel mit hohen Anlaufströmen
L	3,6–5,25	1,05 – k $k = 1,6 – 2,1$ k ist nennstromabhängig	Licht- und Leitungsschutz	4–63	DIN EN 60898-1 VDE 0641-11: 2020-11	Bis 30.06.1990 hergestellt, bis 30.09.1990 einsetzbar, Vorgängertyp (seit 1923) von B, unterschiedliche k-Faktoren wegen leistungsschwacher Netze
U	5,25–12	1,05 – 1,9	Universal-Charakteristik	16–25	CEE-Publikation 19, 2. Ausgabe	In Deutschland wenig eingesetzt
Z	2–3	1,05–1,2	Schutz vor Halbleiterbauelementen	0,5–63	Siehe Charakteristik K	Halbleiterbauelemente, Messkreise mit Spannungswandlern

[1] Stufen in A: 0,5; 1; 1,6; 2; 3; 4; 8; 10; 13; 16; 20; 25; 32; 40; 50; 63.
[2] SHU: Selektiver Haupt-Leitungsschutzschalter, spannungsunabhängig.
[3] SHA: Selektiver Haupt-Leitungsschutzschalter, spannungsabhängig.

12.4 Sicherungen

12.4.5 Auslösekennlinien von Leitungsschutzschaltern

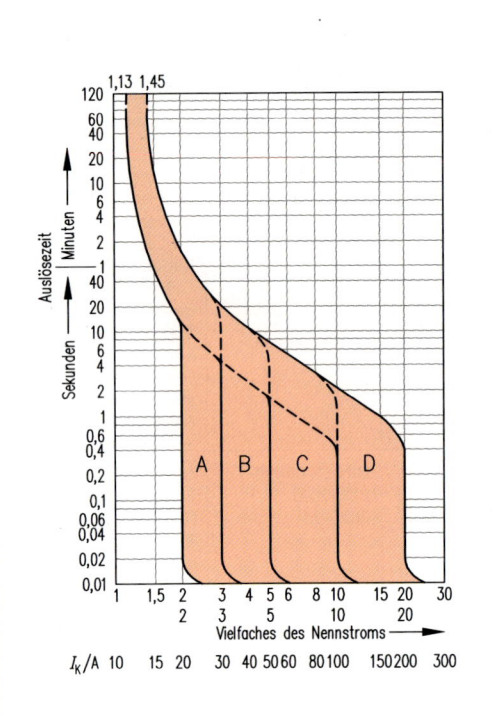

Selektiver Haupt-Leitungsschutzschalter
Auslösecharakteristik E

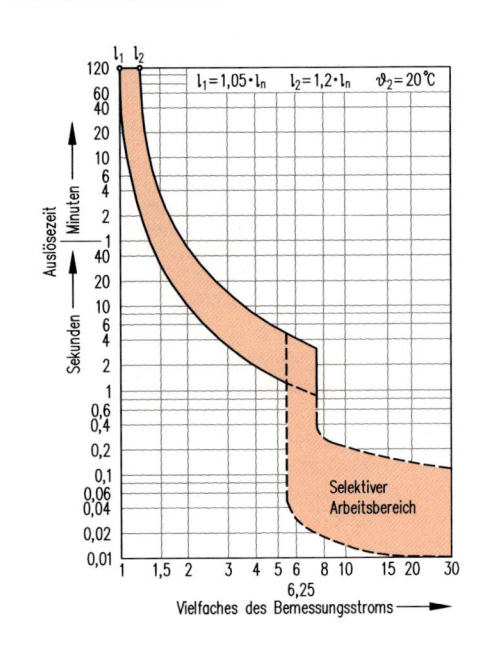

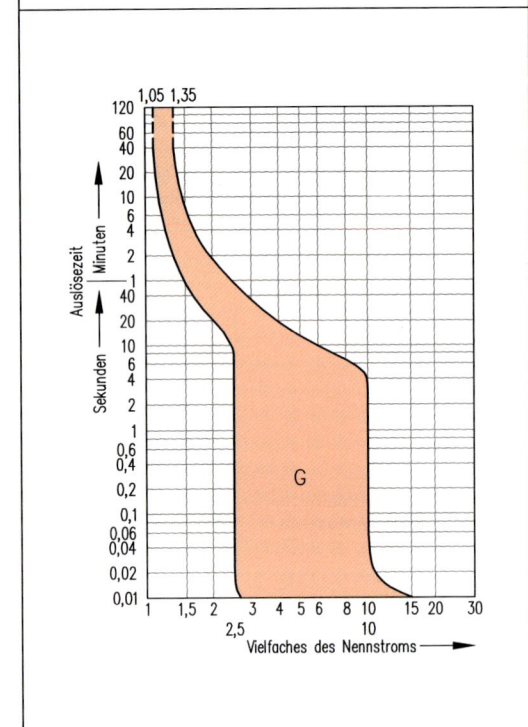

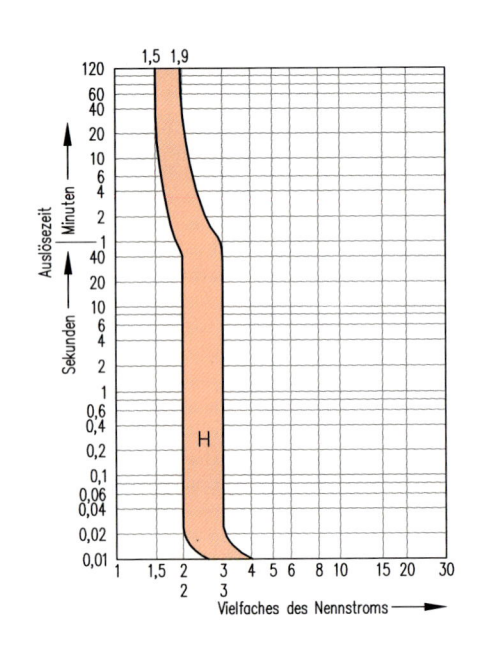

$I_1 = 1{,}05 \cdot I_n \quad I_2 = 1{,}2 \cdot I_n \quad \vartheta_2 = 20\,°C$

12.4 Sicherungen

12.4.5 Auslösekennlinien von Leitungsschutzschaltern (Fortsetzung)

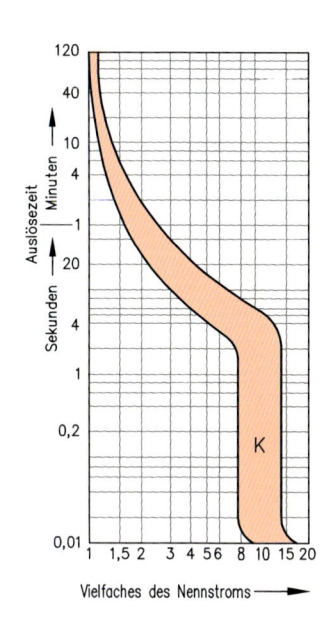

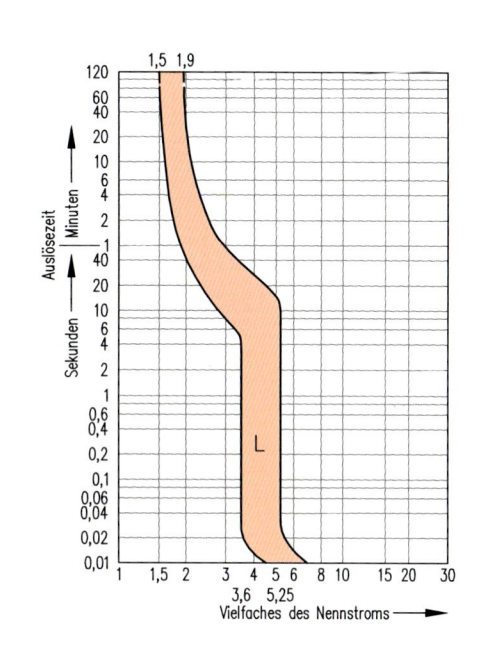

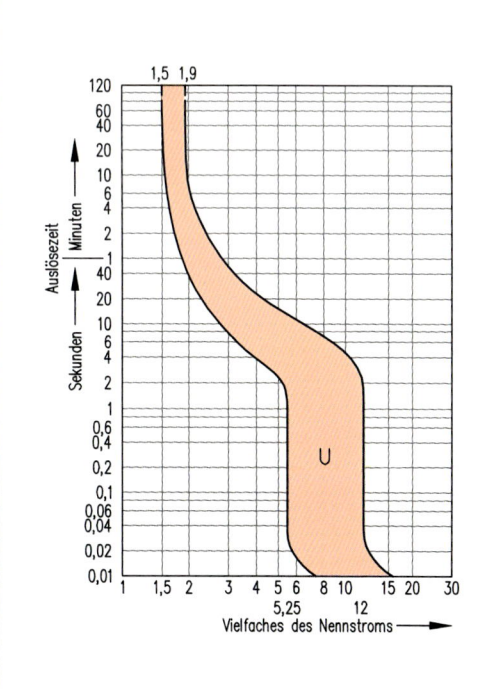

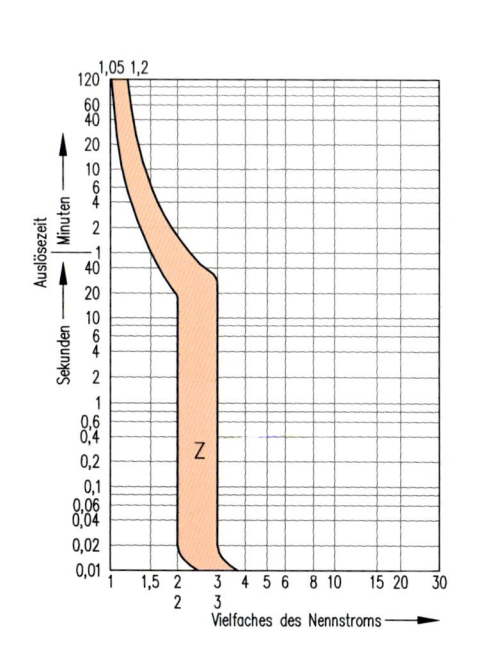

12.4 Sicherungen

12.4.6 Verlegebedingungen für Leitungen für feste Verlegung

Verlegeart

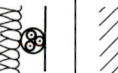

A1	A2	B1	B2
In wärmedämmenden Wänden		Auf oder in Wänden oder unter Putz, in Elektroinstallationsrohren oder -kanälen	
 • Aderleitungen im E-I-Rohr • Aderleitungen im E-I-Rohr in geschlossenen Fußbodenkanälen • Aderleitungen, einadrige Mantelleitungen, mehradrige Leitung im E-I-Kanal im Fußboden	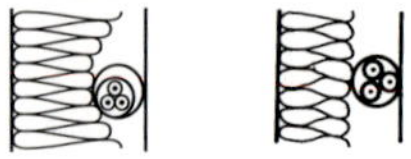 • Mehradrige Leitungen im E-I-Rohr • Mehradrige Leitung in der Wand	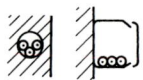  • Aderleitungen im Elektroinstallationsrohr auf oder in der Wand bzw. in der Decke • Aderleitungen im E-I-Rohr in belüfteten Fußbodenkanälen • Aderleitungen im E-I-Kanal auf der Wand	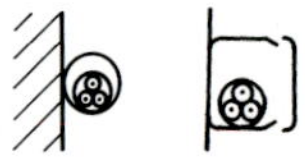 • Mehradrige Leitungen im E-I-Rohr auf der Wand oder auf dem Fußboden • Mehradrige Leitungen im E-I-Kanal auf der Wand oder auf dem Fußboden

C	D	E
Auf oder in Wänden oder unter Putz, direkt verlegt	Verlegung in der Erde	Frei in der Luft, ungehinderte Wärmeabgabe gesichert
• Mehradrige Leitung auf der Wand oder auf dem Fußboden • Mehradrige Leitung in offenen oder belüfteten Kanälen • Einadrige Mantelleitungen auf der Wand oder auf dem Fußboden • Mehradrige Leitung, Stegleitung in der Wand oder unter Putz • Mehradrige Leitung in der Decke	Mehradriges Kabel oder mehradrige, ummantelte Installationsleitung im Elektroinstallationsrohr oder im Kabelschacht in der Erde	• Mehradrige Leitung mit einem Abstand von der Wand $\geq 0{,}3 \cdot d$ • Nebeneinander liegende Leitungen mit einem Zwischenraum $\geq 0{,}2 \cdot d$ • Übereinander liegende Leitungen mit einem senkrechten Zwischenraum $\geq 0{,}2 \cdot d$ (d = Leitungsdurchmesser)

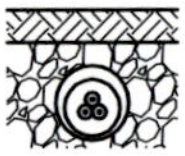

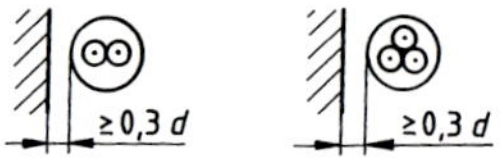

Umrechnungsfaktoren f_1 für abweichende Umgebungstemperaturen gem. DIN VDE 0298-4:2013-06

Umgebungstemperatur ϑ_{Amb} in °C	10	15	20	25	30	35	40	45	50	55	60
Umrechnungsfaktor f_1 bei $\vartheta_{Leiter} = 60\,°C$	1,29	1,22	1,15	1,08	1,0	0,91	0,82	0,71	0,58	0,41	–
Umrechnungsfaktor f_1 bei $\vartheta_{Leiter} = 70\,°C$	1,22	1,17	1,12	1,06	1,0	0,94	0,87	0,79	0,71	0,61	0,5
Umrechnungsfaktor f_1 bei $\vartheta_{Leiter} = 80\,°C$	1,18	1,14	1,10	1,05	1,0	0,95	0,89	0,84	0,77	0,71	0,63

Umrechnungsfaktoren f_2 für Häufung von Kabeln oder Leitungen

Anordnung der Leitungen		Anzahl mehradriger Leitungen bzw. Anzahl der Wechsel- oder Drehstromkreise aus einadrigen Leitungen (2 oder 3 stromführende Leiter)						
		1	2	3	4	5	6	7	8
Gebündelt direkt auf der Wand; im Elektroinstallationsrohr oder -kanal auf oder in der Wand	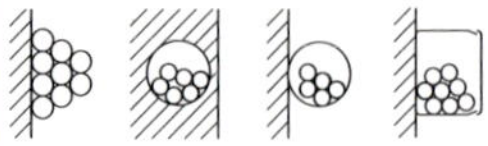	1,0	0,8	0,7	0,65	0,6	0,57	0,54	0,52
Einlagig auf der Wand oder dem Fußboden, mit Berührung		1,0	0,85	0,79	0,75	0,73	0,72	0,72	0,71
Einlagig unter der Decke, mit Berührung	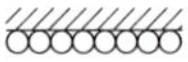	0,95	0,81	0,72	0,68	0,66	0,64	0,63	0,62

12.4 Sicherungen

12.4.7 Strombelastbarkeit von Leitungen und Kabeln sowie Zuordnung von Überstromschutzeinrichtungen

Strombelastbarkeit bei einer Grenztemperatur zwischen Leiteroberfläche und Isolierung von 70 °C und einer Umgebungstemperatur von 30 °C

↑ 12-7
12-9

Verlegeart	A1				A2				B1				B2			
Belastete Adern	2		3		2		3		2		3		2		3	
Nennquerschnitt in mm² Cu	I_r	I_n	I_r	I_n	I_r	I_n	I_r	I_n	I_r	I_n	I_r	I_n	I_r	I_n	I_r	I_n
1,5	15,5	13	13,5	13	15,5	13	13	13	17,5	16	15,5	13	16,5	16	15	13
2,5	19,5	16	18	16	18,5	16	17,5	16	24	20	21	20	23	20	20	20
4	26	25	24	20	25	25	23	20	32	32	28	25	30	25	27	25
6	34	32	31	25	32	32	29	25	41	40	36	35	38	35	34	32
10	46	40	42	40	43	40	39	35	57	50	50	50	52	50	46	40
16	61	50	56	50	57	50	52	50	76	63	68	63	69	63	62	50
25	80	80	73	63	75	63	68	63	101	100	89	80	90	80	80	80
35	99	80	89	80	92	80	83	80	125	125	110	100	111	100	99	80
50	119	100	108	100	110	100	99	80	151	125	134	125	133	125	118	100

Verlegeart	C				D				E				Legende:
Belastete Adern	2		3		2		3		2		3		
Nennquerschnitt in mm² Cu	I_r	I_n	I_r	I_n	I_r	I_n	I_r	I_n	I_r	I_n	I_r	I_n	
1,5	19,5	16	17,5	16	18,5	16	15,5	13	22	20	18,5	16	
2,5	27	25	24	20	25	25	21	20	30	25	25	25	
4	36	35	32	32	32	32	27	25	40	40	34	32	
6	46	40	41	40	40	35	34	32	51	50	43	40	
10	63	63	57	50	54	50	45	35	70	63	60	50	
16	85	80	76	63	69	63	59	50	94	80	80	80	
25	112	100	96	80	88	80	76	63	119	100	101	100	
35	138	125	119	100	106	100	91	80	148	125	126	125	
50	168	160	144	125	126	125	108	100	180	160	153	125	

Legende:
I_r Bemessungswert der Strombelastbarkeit von Kabeln und Leitungen in A
I_n Bemessungswert der Leitungsschutzsicherungen gG und LS-Schalter mit einem Auslöseschaltstrom $I_a \leq 1{,}45 \cdot I_n$

Zuordnung der Überstromschutzeinrichtungen

Kabel und Leitungen werden vor Überlastung geschützt, wenn folgende Bedingungen erfüllt sind:

1. $I_b \leq I_n \leq I_z$ mit $I_z = f_1 \cdot f_2 \cdot I_r$

2. $I_a \leq 1{,}45 \cdot I_z$ [1)]

f_1 Umrechnungsfaktor für abweichende Umgebungstemperaturen
f_2 Umrechnungsfaktor für Häufung
I_r Bemessungswert der Strombelastbarkeit von Kabeln und Leitungen in A
I_z Strombelastbarkeit von Kabeln und Leitungen bei abweichenden Betriebsbedingungen (Temperaturen, Häufung) in A
I_a Auslösestrom der Schutzeinrichtung in A

[1)] Stehen Überstromschutzeinrichtungen mit der Charakteristik $I_a = 1{,}45 \cdot I_n$ zur Verfügung, gilt die Beziehung $I_n \leq I_z$. Dies ist z. B. für Leitungsschutzschalter der Charakteristik „B" und „C" nach DIN EN 60898-1 VDE 0641-11:2020-11.

12.4 Sicherungen

12.4.8 Auslöseverhalten von Leitungsschutzschaltern (Beispiele)

Auslöse-kennlinie	Nennstrom-bereich I_n in A	Thermische Auslöser		Grenzen der Auslöse- oder Nichtauslösezeit t	Elektro-magnetische Auslöser Prüfströme	Auslöse-zeit
		kleiner Prüfstrom I_1	großer Prüfstrom $I_2 = k \cdot I_n$			
B	6 bis 63	$1{,}13 \cdot I_n$	$1{,}45 \cdot I_n$	≥ 1 h (keine Auslösung) < 1 h (Auslösung)	$3 \cdot I_n$ $5 \cdot I_n$	≥ 0,1 s < 0,1 s
C	6 bis 63	$1{,}13 \cdot I_n$	$1{,}45 \cdot I_n$	≥ 1 h (keine Auslösung) < 1 h (Auslösung)	$5 \cdot I_n$ $10 \cdot I_n$	≥ 0,1 s < 0,1 s
B, C			$2{,}55 \cdot I_n$	1 s < t < 60 s (I_n ≤ 32 A) 1 s < t < 120 s (I_n > 32 A)		

Überlastungsschutz

$I_b \leq I_n \leq I_z$

$I_2 \leq 1{,}45 \cdot I_z$

$I_n \leq \dfrac{1{,}45}{k} \cdot I_z$

$I_2 = k \cdot I_n$

- I_b Zu erwartender Betriebsstrom in A
- I_N Nennstrom des Schutzorgans in A
- I_Z Strombelastbarkeit der Leitung/des Kabels in A
- k Faktor zur Errechnung des Auslösestroms (großer Prüfstrom)
- I_2 Auslösestrom des Schutzorgans (großer Prüfstrom)

Haben die Schutzeinrichtungen einen großen Prüfstrom $I_2 \leq 1{,}45 \cdot I_n$, dann gilt $I_n \leq I_z$. Diese Bedingung erfüllen LS-Schalter der Charakteristik B und C nach DIN EN 60898-1 VDE 0641-11: 2020-11.

Beispiel:
Eine 3-adrige NYM-Leitung soll bei einer Umgebungstemperatur von 20 °C als Einzelleitung auf der Wand verlegt werden; der Betriebsstrom I_b beträgt 38 A.

Lösung:
Querschnitt nach Tabelle S. 12-29 für Verlegeart C:

$S = 6$ mm² ($I_z = I_r \cdot f_1 = 41$ A $\cdot 1{,}12 = 45{,}92$ A; $I_n = 40$ A).

Die Bedingung:

$I_b \leq I_n \leq I_z$ (38 A ≤ 40 A ≤ 45,92 A)

ist erfüllt.

Gewählt wird: Schmelzsicherung mit $I_n = 40$ A (siehe S. 12-29) und $I_2 = 1{,}6 \cdot I_n$.

Die Bedingung $I_2 \leq 1{,}45 \cdot I_z$ mit $I_2 = k \cdot I_n$ ist zu überprüfen:

$I_n \leq \dfrac{1{,}45 \cdot I_z}{k} = \dfrac{1{,}45 \cdot 45{,}92 \text{ A}}{1{,}6} = 41{,}6$ A

$I_n \leq 41{,}6$ A

Der nächst kleinere Sicherungs-Nennstrom ist 40 A; der Überlastungsschutz ist mit dieser Sicherung gegeben.

Kurzschlussschutz

$$t = \left(\dfrac{k \cdot S}{I}\right)^2$$

- t zulässige Ausschaltzeit in s
- S Leiterquerschnitt in mm²
- I Kurzschlussstrom in A
- k leitungsspezifischer Faktor mit den folgenden Werten

Werkstoff der Isolierung	Leiter aus	
	Cu	Al
Gummi (G)	135	87
Polyvinylchlorid (PVC)	115	74
Vernetztes Polyethylen (VPE)	143	94
Ethylenpropylen-Kautschuk (EPR)	143	94
Butyl-Kautschuk (||K)	135	87

Die aus den Auslösekennlinien der Schutzorgane ablesbare Abschaltzeit für einen Kurzschlussstrom darf die errechnete (maximal zulässige) Abschaltzeit nicht übersteigen. Sind für LS-Schalter die errechneten Zeiten nicht kleiner als 0,1 s, ist Kurzschlussschutz gewährleistet; bei Ausschaltzeiten kleiner als 0,1 s ist eine Kontrolle nach dem Stromwärmeimpuls $I^2 \cdot t \leq k^2 \cdot S^2$ erforderlich.

Beispiel: Eine PVC-isolierte Leitung (Faktor $k = 115$) mit $S = 1{,}5$ mm² soll durch einen LS-Schalter der Charakteristik B als Schutzorgan geschützt werden. Der Kurzschlussstrom soll 3000 A betragen (Wert ist für Hausverteilungen angemessen).

Lösung: Die zulässige Ausschaltzeit:

$t \leq \dfrac{k^2 \cdot S^2}{I^2} = \dfrac{115^2 \cdot 1{,}5^2}{3000^2} = 0{,}0033$ s

Da $t < 0{,}1$ s, muss eine Kontrolle nach dem Stromwärmeimpuls durchgeführt werden:

$I^2 \cdot t \leq k^2 \cdot S^2 = 115^2 \cdot 1{,}5^2 = 29\,756$ A² s

Gewählt wird: LS-Schalter 16 A der Energiebegrenzungsklasse 3 ($I^2 t = 15\,000$ A² s) mit dem Schaltvermögen 3000 A (s. Tabelle S. 12-24).

---

[1] Nenn-Bezugstemperatur 30 °C.

12.5 Blindleistungskompensation

12.5.1 Grundlagen

Infolge der relativen Phasenverschiebung von 180° zwischen induktivem und kapazitivem Wechselstrom kann induktiver Blindstrom durch kapazitiven und kapazitiver durch induktiven Blindstrom kompensiert werden. In der Praxis wird induktiver Blindstrom (Blindleistung) von Motoren, Transformatoren, Schaltgeräten usw. durch Kondensatoren kompensiert.

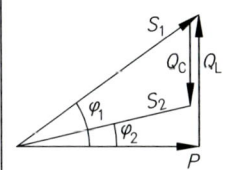

$$Q_L = \frac{U_L^2}{\omega \cdot L}$$

$$Q_C = U_C^2 \cdot \omega \cdot C$$

$$\omega = 2 \cdot \pi \cdot f$$

P	Wirkleistung
S_1	Scheinleistung vor der Kompensation
φ_1	Phasenwinkel vor der Kompensation
S_2	Scheinleistung nach der Kompensation
φ_2	Phasenwinkel nach der Kompensation
Q_L	Induktive Blindleistung
Q_C	Kapazitive Blindleistung

Grund zur Kompensation: Jeder Blindstrom verursacht in ohmschen Widerständen (hier im gesamten vorgeschalteten Netz) Wirkleistungsverluste, die vom speisenden Generator aufgebracht werden müssen. Eine Kompensation führt damit zur Energieeinsparung. So sind z. B. Leuchten ab 22 W Leuchtstofflampenleistung in Einzelschaltung und ab 14 W je L-Lampe in Tandemschaltung zu kompensieren.

Achtung! Eine Kompensation auf $\varphi = 0$ ($\cos \varphi = 1$) ist wegen Resonanzeffekten zu vermeiden. Diese verursachen Spannungs-/Stromüberhöhungen, welche zu Schäden an den beteiligten Geräten führen. Eine Kompensation auf $\cos \varphi = 0{,}9$ bis $0{,}98$ ist notwendig. Bei Reihenkompensation sind Kondensatoren für ca. eine 2,1-fache Netznennspannung einzusetzen.

12.5.2 Schaltungen

Einzelkompensation	Gruppenkompensation	Zentralkompensation
Für einzelne Verbraucher (z. B. Motoren, Leuchtstofflampen) im Dauerbetrieb	Für größere Anzahl kleiner Verbraucher (z. B. Motoren, Leuchtstofflampen)	Für größere Anlagen mit vielen kleinen und mittleren Verbrauchern, die in der Regel nicht alle gleichzeitig in Betrieb sind. Die Kondensatoren werden automatisch über Regler geschaltet.

Beim Einschalten von Kondensatoren kann der Einschaltstrom das 30-fache des Nennstromes betragen. Bei abgeschalteten Kondensatoren muss deren Spannung ggf. mit einem Entladewiderstand in 1 min. unter 50 V gesenkt werden.

12.5.3 Kondensatorbemessung

$$Q_C = P(\tan\varphi_1 - \tan\varphi_2)$$

$$C = \frac{Q_C}{U_C^2 \cdot 2\pi \cdot f}$$

Im Drehstromsystem ist die Drehstromleistung P einzusetzen und je Phase ist $C/3$ anzuschalten.

Q_c	Kondensator-Blindleistung in var/kvar
P	Wirkleistung in W/kW
φ_1	Phasenwinkel vor der Kompensation
φ_2	Phasenwinkel nach der Kompensation
C	notwendige Kapazität in F
U_c	Spannung über dem Kondensator
f	Netzfrequenz, hier 50 Hz

12.5 Blindleistungskompensation

12.5.3 Kondensatorbemessung (Fortsetzung)

Beispiel: Der Leistungsfaktor eines Drehstrommotors (P_{zu} = 11 kW) soll durch Kompensation von 0,73 auf 0,90 verbessert werden. Wie sind die Kondensatoren in Dreieckschaltung zu dimensionieren?

Anmerkung: Bei der Kompensation in Sternschaltung gilt: U_c = 230 V

1. $\cos\varphi_1 = 0{,}73 \rightarrow \varphi_1 = 43{,}11° \rightarrow \tan\varphi_1 = 0{,}936$
2. $\cos\varphi_2 = 0{,}90 \rightarrow \varphi_2 = 25{,}84° \rightarrow \tan\varphi_2 = 0{,}484$
3. $Q_C = 11\ \text{kW} \cdot (0{,}936 - 0{,}484) = 4{,}97\ \text{kvar}$
4. $C = \dfrac{4{,}97\ \text{kvar}}{(400\ \text{V})^2 \cdot 2 \cdot \pi \cdot 50\ \text{Hz}} = 99\ \mu F$
5. Pro Phase sind demnach 33 μF anzusetzen.

Tabelle zur Ermittlung des Faktors ($\tan\varphi_1 - \tan\varphi_2$) zur Berechnung der kapazitiven Blindleistung bei verschiedenen Leistungsfaktoren

Vorhandener $\cos\varphi_1$	Gewünschter Leistungsfaktor $\cos\varphi_2$												
	0,7	0,75	0,8	0,82	0,84	0,86	0,88	0,9	0,92	0,94	0,96	0,98	1
0,50	0,71	0,85	0,98	1,03	1,09	1,14	1,19	1,25	1,31	1,37	1,44	1,53	1,73
0,52	0,62	0,76	0,89	0,94	1,00	1,05	1,10	1,16	1,22	1,28	1,35	1,44	1,64
0,54	0,54	0,68	0,81	0,86	0,91	0,97	1,02	1,07	1,13	1,20	1,27	1,36	1,56
0,56	0,46	0,60	0,73	0,78	0,83	0,89	0,94	1,00	1,05	1,12	1,19	1,28	1,48
0,58	0,38	0,52	0,65	0,71	0,76	0,81	0,86	0,92	0,98	1,04	1,11	1,20	1,40
0,60	0,31	0,45	0,58	0,64	0,69	0,74	0,79	0,85	0,91	0,97	1,04	1,13	1,33
0,62	0,25	0,38	0,52	0,57	0,62	0,67	0,73	0,78	0,84	0,90	0,97	1,06	1,27
0,64	0,18	0,32	0,45	0,50	0,55	0,61	0,66	0,72	0,77	0,84	0,91	1,00	1,20
0,66	0,12	0,26	0,39	0,44	0,49	0,54	0,60	0,65	0,71	0,78	0,85	0,94	1,14
0,68	0,06	0,20	0,33	0,38	0,43	0,48	0,54	0,59	0,65	0,72	0,79	0,88	1,08
0,70		0,14	0,27	0,32	0,37	0,43	0,48	0,54	0,59	0,66	0,73	0,82	1,02
0,72		0,08	0,21	0,27	0,32	0,37	0,42	0,48	0,54	0,60	0,67	0,76	0,96
0,74		0,03	0,16	0,21	0,26	0,32	0,37	0,42	0,48	0,55	0,62	0,71	0,91
0,76			0,11	0,16	0,21	0,26	0,32	0,37	0,43	0,49	0,56	0,65	0,86
0,78			0,05	0,10	0,16	0,21	0,26	0,32	0,38	0,44	0,51	0,60	0,80
0,80				0,05	0,10	0,16	0,21	0,27	0,32	0,39	0,46	0,55	0,75
0,82					0,05	0,10	0,16	0,21	0,27	0,34	0,41	0,49	0,70
0,84						0,05	0,11	0,16	0,22	0,28	0,35	0,44	0,65
0,86							0,05	0,11	0,17	0,23	0,30	0,39	0,59
0,88								0,06	0,11	0,18	0,25	0,34	0,54
0,90									0,06	0,12	0,19	0,28	0,48
0,92										0,06	0,13	0,22	0,43
0,94											0,07	0,16	0,36
0,96												0,09	0,29
0,98													0,20

Trafo-Nennleistung in kVA	Kondensatorleistung in kvar Trafo-Oberspannungen in kV			Motornennleistung kW	Kondensatorleistung kvar	Motornennleistung kW	Kondensatorleistung kvar
	5 … 10	15 … 20	25 … 30				
25	2	2,5	3	1 … 1,2	0,6	12 … 16	6
75	5	6	7	1,6 … 2	0,9	20 … 25	9
100	6	8	10	2 … 3	1,2	25 … 30	10
250	15	18	22	4 … 5	2	40 … 50	16
315	18	20	24	5 … 7	2,5	50 … 60	20
630	28	32,5	40	9 … 12	4,5	80 … 100	35

12.6 Überspannungsschutz und EMV

12.6.1 Überspannungsursache und Höhe

Ursache und Höhe von Überspannungen sind im Bild dargestellt.

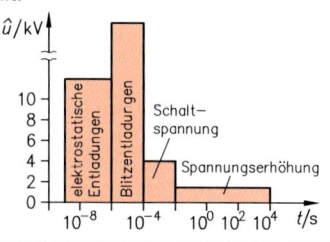

12.6.2 Prüfstrom für Blitz-/Schaltüberspannungen

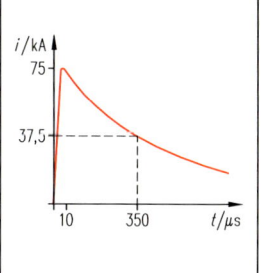

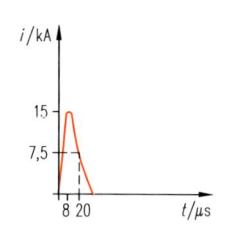

12.6.3 Blitzstromwirkung

Blitzstromparameter		Wirkung
$Q = \int i \, dt$	Ladung bis 300 As	Abbrand am Einschlagpunkt
$E = \int i^2 \, dt$	Energie bis 10 MJ/Ω	Kraftwirkung und Leitererwärmung
(di/dt)	max. Steilheit bis 200 kA/μs	Induzierte Spannungsspitze in benachbarten Leiterschleifen
i_{max}	Scheitelstrom bis 200 kA	Maximale Potenzialanhebung: $u_{max} = i_{max} \cdot R_A$
R_A	Erderausbreitungswiderstand	

Zur Vermeidung der ungewollten Blitzstromwirkung sind an gefährdeten Bauten außerhalb und innerhalb derselben entsprechende Vorkehrungen zu treffen (äußerer und innerer Blitzschutz). Zusätzliche Überspannungsableiter in elektrischen Netzen von Gebäuden sollen Sekundärschäden an elektrischen und elektronischen Geräten verhindern.

12.6.4 Äußerer Blitzschutz

Der Schutzbereich einer Fangeinrichtung ist definiert als Raum unterhalb eines Schutzwinkels von 45° ausgehend von den oberen Punkten der Fangeinrichtung.

Gebäudehöhe in m	Notwendige Maßnahmen
≤ 20	Höhe der Fangeinrichtung so bemessen, dass Bauwerk im Schutzraum von 45° liegt
> 20 ≤ 30	Wie vorher, zusätzlich sind größere Metallteile mit der Ableitung zu verbinden
> 30	Wie vorher, zusätzlich ist Gebäude mit Netz von Fangleitung zu umgeben, dessen Maschenweite nicht mehr als 20 m beträgt

zeltförmiger Schutzbereich *kegelförmiger Schutzbereich*

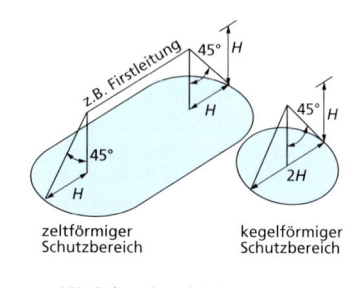

45°-Schutzbereich für H ≤ 20 m

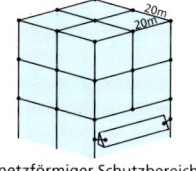

Fang- und Ableitungen, rund

Werkstoff	Durchmesser in mm
Stahl feuerverzinkt	10
Aluminium	8 bis 10
Kupfer	8

Größere, durchgehende Metallteile an oder in Gebäuden dürfen in die Ableitung einbezogen werden.

netzförmiger Schutzbereich

Gebäudehöhe H > 30 m

12.6 Überspannungsschutz und EMV

12.6.4 Äußerer Blitzschutz (Fortsetzung)

Näherung

Nähert sich eine blitzstromführende Leitung einem Metallteil, so muss ein Mindestabstand d eingehalten werden, um ein Überspringen des Blitzes zu verhindern.

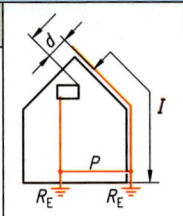

Näherung d

	eine Ableitung	n Ableitung
ohne Potenzialausgleich P	$\geq \dfrac{l}{5n} + \dfrac{R_A}{5}$	$\geq \dfrac{l}{7n} + \dfrac{R_A}{5}$
mit Potenzialausgleich P	$\geq \dfrac{l}{5n}$	$\geq \dfrac{l}{7n}$

Erdausbreitungswiderstand und Erder

Zum gefahrlosen Ableiten des Blitzstromes sind hinreichend kleine Ausbreitungswiderstände nötig. Diese werden mit einer genügend großen Erderanlage erreicht.

Erderanlage	Ausbreitungswiderstand R_A/Ω
Senkrechter Stab	$\dfrac{\varrho_E}{L}$
Sternförmig	$\dfrac{2 \cdot \varrho_E}{L}$
Ringförmig	$\dfrac{2 \cdot \varrho_E}{3D}$
Maschenförmig	$\dfrac{\varrho_E}{2L}$
Plattenförmig	$\dfrac{\varrho_E}{4{,}5 \cdot a}$

ϱ_E spez. Erdwiderstand (Ωm)
L Erderlänge
D fiktiver Ringdurchmesser $D = 1{,}13 \sqrt{A}$
A von Erdungsanlage umschlossene Fläche (m²)
a Kantenlänge der Erderplatte (m)
   bei Rechteck $a = \sqrt{b \cdot c}$

Jahreszeitliche Schwankungen von R_A:

Erdbodenart	Spez. Erdwiderstand ϱ_E (Ωm)	Erderwerkstoff	Mindestquerschnitt (mm²)
Steinig	3000	Stahl, feuerverzinkt rechteckig	100
Sandig, trocken	1000	Stahl, rund (Tiefenerder)	314
Sandig, feucht	300	Stahl, rund (Oberflächenerder)	78
Lehmig, Ackerboden	100	Kupfer, rechteckig	35[1]; 50

12.6.5 Innerer Blitzschutz

Potenzialausgleich

Um unzulässige Berührungsspannungen zu vermeiden, sind Metallteile von Installationen und Konstruktionen mit den Blitzschutzeinrichtungen elektrisch leitend zu verbinden.

Potenzialausgleichsleitung	Mindestquerschnitt (mm²)
Kupfer	10
Aluminium	16
Stahl	50

Eine direkte Verbindung zur elektrischen Anlage ist zulässig mit
- dem PEN-Leiter, wenn ein TN-C-System vorliegt und der Sternpunkt des Umspanners niederspannungsseitig geerdet ist,
- Erdungsanlagen von Hochspannungsanlagen über 1 kV,
- Erdungsanlagen in Fernmelde- und Antennenanlagen, wenn dadurch keine Störungen zu erwarten sind.

Eine indirekte Verbindung über Trennfunkenstrecken ist zulässig mit
- Erdung von Gleich- und Wechselstrombahnen, wenn bei direktem Zusammenschluss signaltechnische Störungen zu erwarten sind,
- Messerden in Labors,
- Anlagen mit kathodischem Korrosionsschutz.

[1] Für Starkstromanlagen.

12.6 Überspannungsschutz und EMV

Blitzschutzanlagen eines Wohnhauses

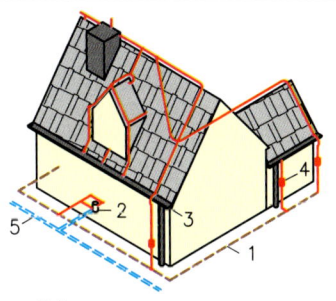

Schornstein in Firstnähe (über 1,20 m)

Schornstein in Dachrinnennähe (bis 1,20 m)

1 Erdsammelleitung
2 Überbrückung des Wasserzählers
3 Dachrinnenanschluss
4 Trennstück
5 Wasserleitung

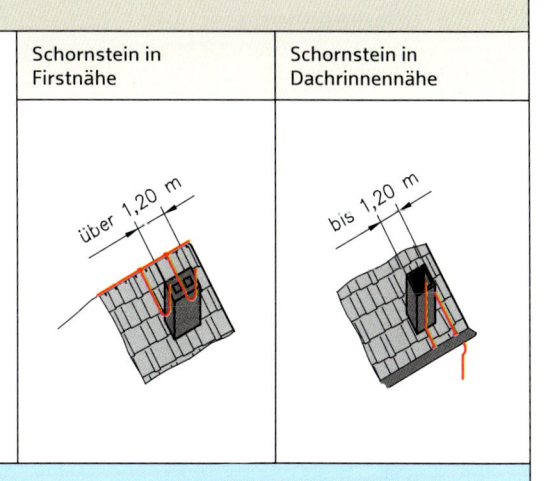

12.6.6 Überspannungsschutz

↑ 6-10

Sind unzulässige Überspannungen zu erwarten, sind diese Leiter mittels Überspannungsableiter an den Potenzialausgleich anzuschließen. Ventilableiter sind funkenbildende, Varistoren funkenfreie Ableiter. Beide Arten gehen beim Überschreiten des Schutzpegels in einen niederohmigen Zustand über und bauen somit die Überspannungen ab. Dabei können kurzfristig sehr hohe Ableitströme, insbesondere bei Blitzeinschlägen, auftreten. Nach Unterschreiten des Schutzpegels gehen die Ableiter selbsttätig in den hochohmigen Zustand über und verändern den Verlauf der Versorgungsspannung nicht. Diese Forderungen sind nur mit einer gestaffelten Reihe von Überspannungsableitern erfüllbar.

Energienetze

Ableiter/Pegel	Aufgabe	Einsatzort
A < 6 kV	Blitzstromableitung Prüfung: 10/350-Welle	EVU-Netz
B < 4 kV	Blitzstromableitung an Gebäudeeinführung Prüfung: 10/350-Welle	Gebäudehauptverteilung
C < 2,5 kV	Überspannungsabbau in gebäudeinternen Netzen Prüfung: 8/20-Welle	Unterverteilung
D < 1,5 kV	Überspannungsabbau am Gerätenetzanschluss Prüfung: 8/20-Welle	Steckdose bzw. vor Festanschluss

Informationsnetze

Der Einsatz elektronischer Geräte setzt einen deutlichen Überspannungsabbau im speisenden Netz voraus. Diese Geräte sind nur begrenzt spannungsfest und durch einen Prüfschärfegrad definiert.

Netzart	Prüfschärfegrad	Zulässige Spannung in kV
Telekommunikation	1	0,5
Datenübertragung	2	1
Bussysteme	3	2
Sende- und Empfangsanlagen	4	4

Der Prüfschärfegrad wird vom Gerätehersteller vorgegeben. Die in diesen Netzen zum Einsatz gelangenden speziellen Ableiter besitzen eine Einfügungsdämpfung und eine obere Grenzfrequenz, die es zu beachten gilt. Diese Ableiter müssen die Einhaltung bzw. Unterschreitung der zulässigen Spannung sicherstellen.

12.6 Überspannungsschutz und EMV

12.6.6 Überspannungsschutz (Fortsetzung)

Schaltüberspannungen

Begrenzungs-schaltung bei **Gleichstrom** (6-10 ↑)	(Schaltbild Diode)	(Schaltbild Diode und Zenerdiode)	(Schaltbild Varistor)
Begrenzungs-element	Diode	Diode und Zenerdiode	Varistor
Prinzipieller zeitlicher Verlauf der Spulenspannung u nach dem Abschalten $\gamma = \dfrac{\hat{u}}{E}$	$\gamma = -0{,}5$ bis 0	$\gamma = -5$ bis $-0{,}5$	$\gamma = -5$ bis $-1{,}5$
Prinzipieller zeitlicher Verlauf des Spulenstromes i nach dem Abschalten	(Diagramm)	(Diagramm)	(Diagramm)
Begrenzungs-schaltung bei **Wechselstrom** ↑ (6-10 ↑)	(Schaltbild gegengeschaltete Zenerdioden)	(Schaltbild Varistor)	(Schaltbild RC-Glied)
Begrenzungs-element	Gegengeschaltete Zenerdiode	Varistor	RC-Glied schwingend bemessen
Prinzipieller zeitlicher Verlauf der Spulenspannung u nach dem Abschalten	(Diagramm mit U_0, u_{max}, t_0)	(Diagramm mit U_0, u_{max}, t_0)	(Diagramm mit U_0, t_{max}, U_{S0}, u_{max})
Prinzipieller zeitlicher Verlauf des Spulenstromes i nach dem Abschalten	(Diagramm mit $\sqrt{2}\,I_N$)	(Diagramm mit $\sqrt{2}\,I_N$)	(Diagramm mit $\sqrt{2}\,I_N$)

12.6 Überspannungsschutz und EMV

Schaltungsbeispiele zur Überspannungsbegrenzung

Breitbandstörquellen: Störgrößen am Entstehungsort begrenzen, leitungsbedingte Einkopplung entfällt.

Schaltkontakt	z. B. für Klingel, el. Zählwerk	$C = 0{,}1$ bis 1 µF $R = 20$ bis 100 Ω
Geräte (C_K = Koppelkapazität zum Gehäuse)		$C_X = 0{,}1$ µF Ortsveränderliche Geräte $C_Y \leq 7500$ pF Ortsfeste Geräte $C_Y \leq 35\,000$ pF Schutzisolation: Erdverbindung entfällt
Leuchtröhre mit Hochspannungsanlage		$C = 0{,}1$ bis $0{,}5$ µF $L = 30$ bis 50 mH A Röhrenfassung S Sicherung
Thyristorsteuerung		Entstörung durch Breitband-Vierpol-Kondensator C_{XY} ($0{,}2$ F + 2×2500 pF)
Motor oder Generator mit Stromwender	großer Motor / kleiner Motor	$C_1 = 0{,}1$ bis 2 µF $C_2 = 5000$ pF $C_3 = 0{,}02$ bis $0{,}1$ µF S Sicherung

Überspannungen, die über die Netzleitungen in Störsenken eindringen, sind mithilfe von Überspannungsableitern zu begrenzen.

Schmalbandstörquellen: Bei Funkstörungen ($0{,}15$ bis 300 MHz) frequenzabhängige Werte einhalten. Dauerstörung: $t > 200$ ms. Knackstörung: $t < 200$ ms.

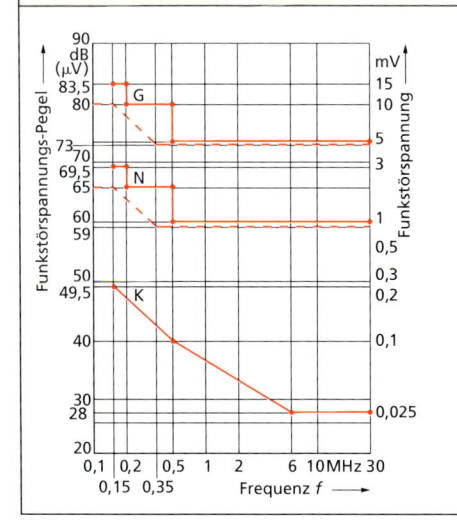

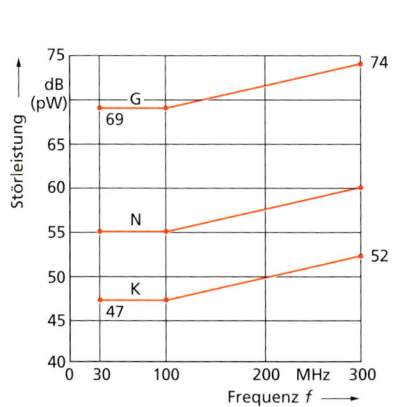

Die Buchstaben in den Störschutzzeichen geben die Einhaltung der in den Bildern angegebenen Pegel an.

12.6 Überspannungsschutz und EMV

12.6.7 Elektromagnetische Verträglichkeit (EMV)

Eine elektrische Spannung U hat im Raum ein elektrisches Feld E, ein Strom I ein magnetisches Feld H zur Folge. Ein Maß für die von den Feldern transportierte Leistung je Flächeneinheit ist der poyntingsche Vektor S.

$$S = E \times H \;[\text{W/m}^2]$$

Wird diese Leistung infolge hoher Spannung und Ströme des verursachenden Stromkreises (Störquelle) zu groß, kann die Funktionsfähigkeit mikroelektronischer Schaltung (Störsenke) empfindlich gestört, ja sogar zerstört werden. Die zu steuernden oder zu regelnden Prozesse geraten außer Kontrolle. Die Folgen können unüberschaubar werden. Lebende Zellen können zerstört werden (vgl. EMV-Gesetz).

Beeinflussungsweg	Frequenzspektrum	Art	Gegenmaßnahmen
Störquelle	Schmalbandig (diskret. Spektrum)	Funksender, HF-Generator (Schweiß-, Mikrowellengeräte), getaktete Einrichtungen (Mikroprozessoren, Netzgeräte)	Verringern der nach außen abgegebenen Energie (z. B. Schirmung). Mit abnehmender Wellenlänge Verkleinern der Spaltbreite. Die abgestrahlte Energie steigt etwa mit der 3. Potenz der Spalt(Maschen)weite.
	Breitbandig	Schaltgeräte, Halbleiter, Kommutator-Motoren, Zündanlagen, Zweipunktregler, Blitz- und elektrostatische Entladungen	Wenn möglich, begrenzen der Überspannung am Entstehungsort
↓ Kopplung	Schmal- und breitbandig	Kapazitiv, induktiv, galvanisch, Strahlung	Verkleinern der Kopplung
↓ Störsenke	Schmalbandig	Funkempfänger, Datenübertragungsanlagen, frequenzcodierte Einrichtungen	Erhöhen der Störfestigkeit durch schaltungstechnische Maßnahmen
	Breitbandig	Steuer- und Regeleinrichtungen	$\text{Störabstand} = \dfrac{\text{Störschwelle}}{\text{Störsignal}} > 6\;\text{dB}$

Kopplungsarten

Die Erscheinung der Beeinflussung ist stets an beide Feldkomponenten E und H gebunden. Wird eine der beiden genügend klein, ist es möglich, die Verhältnisse rechnerisch überschaubar zu gestalten.

Feldverhältnis	Spannungseinkopplung	Rechenmodell
$E \gg H$	Kapazitiv	Kapazitiver Spannungsteiler
$E \ll H$	Induktiv	Transformator
$E \approx H$	Induktiv und kapazitiv, Strahlung	Kapazitiver Spannungsteiler und Trafo, Antenne

12.6 Überspannungsschutz und EMV

Feld/Frequenz	Kopplungsart	Leiteranordnung	Charakteristik	Gegenmaßnahmen
Nahfeld quasistatisch ≤ 30 MHz $\overline{12} < \lambda/2\pi$	Kapazitiv	$I_C = C \dfrac{dU_1}{dt}$	Zeitlich veränderliche Störspannung U_1 verursacht störende Spannung U_2 infolge Stromfluss über Koppelkapazität C_{12} $U_2 = U_1 \dfrac{1}{1 + C_E/C_{12}}$	• Elektrische Schirmung • Reduzieren von C_{12} durch Vergrößern des Abstandes $\overline{12}$ • Vergrößern von C_E durch z. B. Abstandsverringerung $\overline{2E}$
	Induktiv	$U_2 = M_{12} \dfrac{dI_1}{dt}$	Induktive Leitungskomponente der störenden Leitung 1 induziert bei zeitlich veränderl. Strom I_1 in der gestörten indukt. Leitungskomponente 2 eine Störspannung U_2 $M_{12} = k\sqrt{L_1 \cdot L_2}$ $k < 1$	• Magnetische Schirmung • Reduzieren von M durch Vergrößern des Abstandes $\overline{12}$ • Paariges Verdrillen der Leitung 2 mit Rückleitung (etwa 30 Schläge/1 m) • Verringern von L_1, rechteckige Leiterquerschnitte (Sandwichleitung)
	Galvanisch	$U_2 = I_1 R + jL \dfrac{dI_1}{dt}$	Haben Störquelle und Störsenke eine gemeinsame Rückleitung, verursacht der Strom des Störers I_1 eine Spannung U_2 im gestörten Kreis (ohmscher Anteil kann durch hohen Rückleitquerschnitt minimiert werden; induktiver Anteil bei schnellem Lastwechsel kritisch)	• Vermeiden, zumindest Verringern der Länge der gemeinsamen Rückleitung • Galvanische Trennung der Rückleitung 1 + 2 • Reduzieren von L (Sandwichleitung; Rückleitung nicht magn. Material) • Sternförmiges Erdungssystem • Anwendung von Optokopplern
Fernfeld dynamisch > 30 MHz $\overline{12} > \lambda/2\pi$	Elektromagnetische Welle (Strahlung)		Genügend schnell veränd. Ströme und Spannungen erzeugen schnell veränd. el. und magn. Felder, die senkrecht aufeinander stehen, sich gegenseitig aufbauen und sich über den Wellenwiderstand Z_0 des Raumes ausbreiten. $Z_0 = E/H = 377\,\Omega$. Beim Auftreffen der Welle auf die gestörte Leitung 2 werden Spannungen und in deren Folge Ströme verursacht.	• Schirmung der Senke (Problemstellen sind Lüftungsöffnung und Stoßfugen). Mit abnehmender Wellenlänge Verringern der Maschenweite. Entscheidend ist der freie Maschenquerschnitt. Die Schirmdämpfung ist für ferromagnetische Materialien am höchsten, da beide Feldkomponenten E und H gedämpft werden. Schirmfoliendicken sollen größer als die frequenzabh. Eindringtiefe sein (Skineffekt).

12.6 Überspannungsschutz und EMV

12.6.7 Elektromagnetische Verträglichkeit (EMV) (Fortsetzung)

Erreichen des notwendigen Störabstandes – Störquelle

Zur Sicherstellung des nötigen Störabstandes sind frequenzabhängige Störpegel/-spannungen einzuhalten.

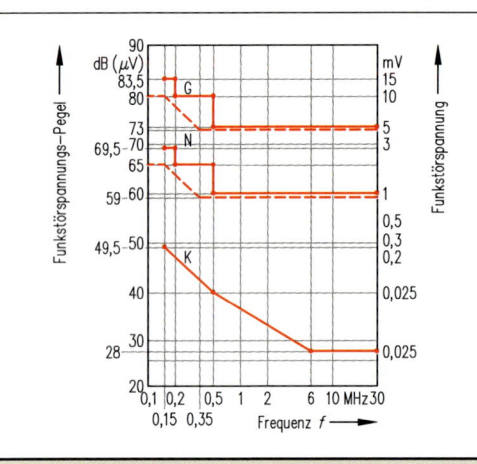

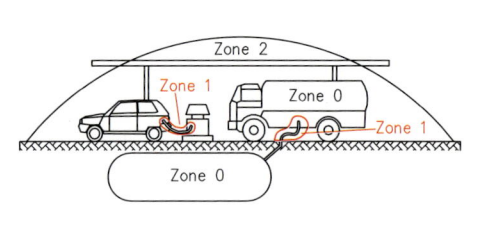

Zonenzuordnung s. S. 12-45

Erreichen des notwendigen Störabstandes – Störsenke

Von Geräten, die gestört werden könnten, sind folgende äußere Größen ohne Störungen zu ertragen:

Netzspannungseinbruch	20 ms	quasistat. elektr. Feld	1 V/m
elektromagnet. Welle	10 V/m (bis 500 MHz) 3 V/m (über 500 MHz)	quasistat. magnet. Feld	100 mT/m

Darüber hinaus gehende Störgrößen erfordern zusätzliche Maßnahmen.

Maßnahmen im beeinflussten System	Voraussetzung	Bauteil
Signalsiebung am Eingang	Die Frequenzspektren von Nutz- und Störsignal müssen genügend weit auseinander liegen.	Filter; z. B. *RC*-Siebglieder für geringe, *LC*-Glieder für große Übergangssteilheiten
Reduzieren der Arbeitsgeschwindigkeit	Der Grad der Reduzierung wird durch die notwendige Arbeitsgeschwindigkeit begrenzt.	• Schaltkreise mit niedriger Arbeitsgeschwindigkeit sind störfester. • Integrationskondensator am Eingang
Erhöhen des Leistungshubes zwischen *L* und 0-Zustand	Nutzsignalpegel genügend groß	• Lineare oder nichtlineare Spannungsteiler am Systemeingang
Verdrosseln von Stromversorgungseingängen	Kurzzeitige Netzspannungseinbrüche sowie überlagerte Störspannungsverläufe sollen nicht zu Systemstörungen führen, Sperrschaltungen symmetrisch ausführen	Vgl. Entstörschaltungen für Netzleitungen

12.6 Überspannungsschutz und EMV

CE-Zeichen

CE — Elektrotechnische Erzeugnisse, die den EMV-Gesetzen unterliegen und in der Europäischen Union eingesetzt werden, müssen das CE-Zeichen auf den Erzeugnissen und/oder der Verpackung tragen. Dieses CE-Zeichen wird vom Hersteller vergeben.

International	Europäisch	National	Störarten	Umgebung
DIN EN IEC 61000-6-1 VDE 0839-6-1:2019-11	DIN EN IEC 61000-6-1 VDE 0839-6-1:2019-11	DIN EN IEC 61000-6-1 VDE 0839-6-1:2019-11	Störaussendung	Wohnbereich
DIN EN IEC 61000-6-2 VDE 0839-6-2:2019-11	DIN EN IEC 61000-6-2 VDE 0839-6-2:2019-11	DIN EN IEC 61000-6-2 VDE 0839-6-2:2019-11	Störaussendung	Industriebereich

Darüber hinaus gelten weitere Vorschriften.

Filterung

Störgrößen können auch über Netz- und Informationsleitungen aus- und eindringen. Daher werden hier vorsorglich Filterschaltungen (Tiefpässe) angewendet.

Anwendung	Einfügungsdämpfung	Bemerkung	Schaltungsprinzip
Stromversorgungsleitung 1- bis 3-Phasensysteme 4 bis 200 A	(Diagramm: a_S über Frequenz f, 10–100 kHz, bis 100 dB)	Geringe Übergangssteilheit wegen weit auseinander liegenden Durchlass- und Sperrfrequenzen	(Schaltbild L1–L1', N–N')
Informationsleitung	(Diagramm: a_S über Frequenz f, 10–100 kHz, bis 100 dB)	2- und Mehrfachglieder je nach erforderlich steilem Dämpfungsverlauf	(Schaltbild L1–L1')

Schirmung

Ein geschlossener elektrisch leitender, geerdeter Schirm ist innen frei von äußeren elektrischen Feldern; Störenergie S gleich null. Technische Schirme erreichen wegen Spalten keine 100 % Schirmwirkung.

Die Schirmdämpfung a_S in dB ist definiert $a_S = 20 \lg \left| \dfrac{E_a}{E_i} \right|$; $a_S = 20 \lg \left| \dfrac{H_a}{H_i} \right|$

a_S	E_a/E_i bzw. H_a/H_i	a_S	E_a/E_i bzw. H_a/H_i	
3	$\sqrt{2}$	40	100	E_i, H_i Feldstärke innerhalb des Schirmes
20	10	60	1 000	E_a, H_a Feldstärke außerhalb des Schirmes

Leitungsschirmung			Gehäuseschirmung		
Frequenz	Leitungsaufbau	a_S	Frequenz	Zul. Störstrahlung	a_S
200 MHz	Paarig verdrillt, verklebt, Außenschirm	36 dB	30–1000 MHz bis 2500 MHz	$1 \cdot 10^{-10}$ W(20 dBpW) $2 \cdot 10^{-8}$ W(43 dBpW)	75/65 dB 55 dB
600 MHz	Paarig verdrillt, zentriert, verklebt, Paar-Folienschirm, Geflechtschirm außen	36 dB	Besonders einstrahlungsgefährdet sind Schirmaufspeisungen an Knickstellen, Quetschungen, Anschlussstellen. Zulässige Biegeradien einhalten!		

12.6 Überspannungsschutz und EMV

12.6.7 Elektromagnetische Verträglichkeit (EMV) (Fortsetzung)

Schirmdämpfung

Geflecht, Maschenweite in mm	a_s für elektrische Felder in dB bei f/MHz					Folien- material Dicke/mm	a_s für magnetische Felder in dB bei f/MHz				
	0,01	0,1	1,0	10	100		0,01	0,1	1,0	10	100
4	40	70	90	75	60	Cu 0,1	50	75	95	140	220
10	20	50	80	90	40	Fe 0,1	35	70	130	260	–
15	15	40	70	80	90	Fe 1,0	120	130	–	–	–

Fensterschirmung

Fenster sind Öffnungen für elektromagnetische Strahlung. Abhilfe schafft metallbedampftes Drahtglas. Mehrfachanordnung erhöht Schirmwirkung.

Glas- schirm	f in MHz	a_s in dB	Lichtdurchlass in %
Einfach	1,0	50	60
Zweifach	10	80	25
Dreifach	100	110	15
Vierfach	1 000	110	10

Schirmqualität

a_s in dB	Dämpfungsqualität
< 10	Nahezu wirkungslos
10 bis 30	Minimale Anforderungen
31 bis 60	Mittlere Anforderungen
61 bis 90	Hohe Anforderungen
91 bis 120	Max. Möglichkeit

Eindringtiefe

Elektromagnetische Strahlung dringt infolge des Skineffekts in Abhängigkeit von der Frequenz in lebende Zellen ein.

Quelle	Frequenz/GHz	Eindringungstiefe/cm
Mobilfunk	Bis 0,5	10 bis 1
Radar	1,0 bis 35,0	etwa 0,1

Abhörsicherheit

EDV-Anlagen und Geräte geben ihre Verarbeitungssignale bei ungenügender Schirmung auch als Strahlung ab. Diese können mittels Richtantenne und Verstärker bis zu einer Entfernung von 100 m und mehr mitgehört werden. Diese Zugriffe sind verboten!

Physiologische Wirkung

Elektrische und magnetische Felder üben Kraft auf elektrische Ladungsträger (Elektronen, Protonen, Ionen, elektrisch unsymmetrische Wassermoleküle) aus. Beim Wechselfeld entsteht im Takt der Frequenz u. a. Reibungswärme. Der Erwärmungsgrad hängt ab von Einwirkdauer, Frequenz (Eindringtiefe) und Masse des zu erwärmenden Körpers. Der Gesetzgeber hat Grenzwerte mit großen Sicherheitsfaktoren für absorbierte HF-Energie über eine Einwirkdauer von 6 min. festgelegt.

Allgemeiner Bereich	Arbeitsbereich
0,08 W/kg	0,4 W/kg

Babys und Kinder sind wegen ihres geringen Körpergewichts besonders betroffen. In der Nähe von Kindergärten, Schulen, Kliniken sollten deshalb keine Sendemasten errichtet werden.

Quelle	Frequenz	Zulässiger Wert	Mindestabstand
Hochspannungseinrichtungen 220 kV 380 kV	50/60 Hz	5 kV/m 80 A/m	0 m 10 m
Sender MW	1,4 MHz	73,5 V/m	350 m; 1,8 MW
KW	10 MHz	27,5 V/m	220 m; 750 kW
UKW	108 MHz	2 W/m²	250 m; 100 kW
VHF	216 MHz	2 W/m²	150 m; 300 kW
UHF	890 MHz	4 W/m²	75 m; 5 MW
D-Netz	960 MHz	4 W/m²	0 m; 2 W
Radar Flug Verkehr	10 GHz 35 GHz	10 W/m²	200 m; 20 kW 0,5 m; 100 mW

12.6 Überspannungsschutz und EMV

Strahlungswerte von Antennen

Mobilfunkantennen mit ausgesprochener Richtcharakteristik weisen bei Betriebsfrequenzen von 900 bis 1 800 MHz etwa folgende Strahlungswerte in Abhängigkeit vom Aufenthaltsort bezogen auf einen zulässigen Strahlungswert von 4 W/m² auf:

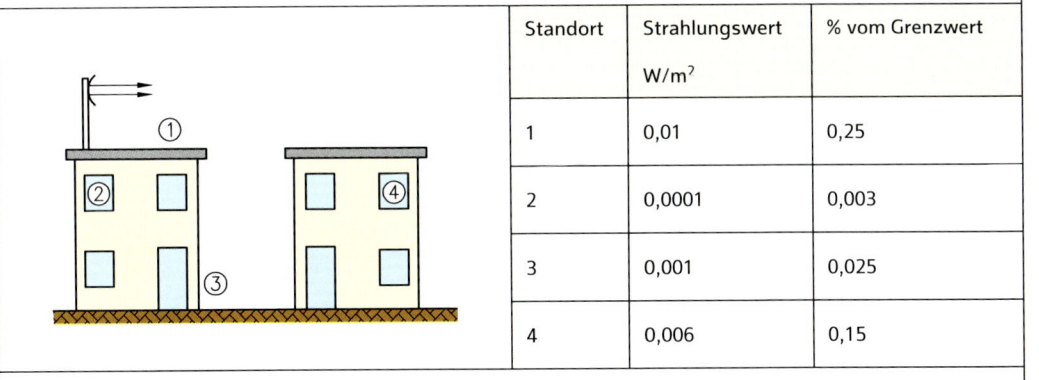

Standort	Strahlungswert W/m²	% vom Grenzwert
1	0,01	0,25
2	0,0001	0,003
3	0,001	0,025
4	0,006	0,15

Bei Einwirkung von mehreren Antennen sind höhere Strahlungswerte zu erwarten.
Höhere Werte sind auch bei Antennen mit anderer Richtcharakteristik zu verzeichnen.

12.6.8 Elektrostatische Aufladung

Reibung und anschließende Ladungstrennung können bei verschiedenen Stoffen (außer elektrischen Leitern) elektrostatische Aufladung bis zu einigen kV verursachen (z.B. strömende Flüssigkeiten – wie Kraftstoffe –, Abwickeln bzw. Abziehen von Folien, Kunststoffen, Papier usw.), sofern deren Oberflächenwiderstand etwa 10^3 MΩ überschreitet. Die Höhe der Aufladung ist auch von Geschwindigkeit und Dauer der Reibung abhängig. Ist die „Reibungselektrizität" groß genug oder nähert sich ein entgegengesetzt geladener oder geerdeter Gegenstand, so kommt es zur Entladung.

Die Entladungsenergie W beträgt maximal:

$$W = \tfrac{1}{2} C U^2$$

Ihre Größenordnung liegt zwischen einigen µWs bis mWs.
C Kapazität der aufgeladenen Einrichtung
U Spannung zu Beginn der Funkentladung

Die Folge derartiger Entladungen kann bei Mensch und Tier zu Schockreaktionen führen. Empfindliche Halbleiterbauelemente werden zerstört. Der kurzzeitige Impuls kann benachbarte Leitungen unzulässig beeinflussen. Ist die Entladung mit einem Funkenüberschlag verbunden, ist die Zündung explosibler Gemische möglich.

Unzulässige Aufladungen können durch vorbeugende Ableitung über einen wirksamen Widerstand von etwa 1 MΩ, im Fall des Schutzes von Menschen 100 kΩ bis etwa 10 kΩ vermieden werden. Hierzu sind ausreichend leitfähige Fußböden, Schuhwerk und Kleidung erforderlich. Gelegentlich reicht eine Erhöhung der Luftfeuchte > 70 % aus. Bei strömenden Flüssigkeiten ist zusätzlich deren Geschwindigkeit zu reduzieren.

Bei Gefahr elektrostatischer Aufladung in explosionsgefährdeten Bereichen (Zone 10) sind leitfähige Teile an Kunststoffteilen mit einer Kapazität ab 10 pF über Ableitwiderstand zu „erden".

Kapazität der leitfähigen Teile gegen Erde/pF	Erforderlicher Ableitwiderstand/MΩ
> 1 000	< 1
< 1 000	< 10
< 100	< 100

12.6 Überspannungsschutz und EMV

12.6.9 Explosionsschutz

Explosive Gemische

Bei Lagerung und Verarbeitung brennbarer Gase, Dämpfe, Nebel, Flüssigkeiten oder Stäube können in Verbindung mit Luftsauerstoff explosionsfähige Gemische entstehen, deren Entzündung durch Funken und hohe Oberflächentemperaturen möglich ist. Für jedes explosible Gemisch gibt es einen Explosionsbereich.

Temperaturklasse	Zündtemperatur/°C	zulässige Oberflächentemp./°C
T1	> 450	450
T2	> 300 bis 450	300
T3	> 200 bis 300	200
T4	> 135 bis 200	135
T5	> 100 bis 135	100
T6	> 85 bis 100	85

```
├──── Methan 4,9 vis 15,4
├──── Äthylalkohol 3,5 bis 15
├──── Wasserstoff 4,0 bis 75,6
├──── Äthylenoxid 3,8 bis 100
0  10  20  30  40  50  60  70  80  90  100
                                    Vol. %
```

Bei brennbaren Flüssigkeiten bildet der **Flammpunkt** ein zusätzliches Entzündungskriterium. Hierbei bilden sich Dämpfe über der Flüssigkeit in explosibler Menge.

Innerhalb eines Explosionsbereiches existiert ein Punkt oder Bereich, in dem eine minimale Energie zum Zünden ausreicht. Dieser Punkt/Bereich wird **Mindestzündbereich** genannt.

Gefahrenklasse	Flammpunkt/°C
A I	< 21
A II	21 bis 55
A III	> 55 bis 100
B	< 21 für Flüssgkeiten, die sich bei 15 °C in Wasser lösen

Luftgemische mit	Mindestzündenergie/mWs
Stäuben	
Kohle	40
Baumwolle	25
Holz	20
Gasen	
Methan	0,28
Propan	0,25
Kohlenwasserstoff mit	
Einfachbindung	0,2
Doppelbindung	0,02
Wasserstoff	0,019
Schwefelkohlenstoff	0,009

Einordnung explosibler Gemische (Beispiele)

Stoffgemisch	Ex-gruppe	Temp.-klasse	Flammpunkt/°C
Methan	IIA	T1	–
Propan	IIA	T1	–
Wasserstoff	IIC	T1	–
Ottokraftstoff	IIA	T3	< 21
Heizöl EL	IIA	T3	> 55
Schwefelkohlenstoff	IIC	T6	< −20

Hierfür sind **Explosionsgruppen** mit einem Mindestzündstromverhältnis festgelegt, bezogen auf Methan (Wert 1). Es werden zwei Explosionsgruppen unterschieden:
I schlagwettergefährdete Gruben
II explosionsgefährdete Bereiche

Explosionsgefährdete Zonen

Gase, Dämpfe oder Nebel, die schwerer als Luft sind, sammeln sich am Boden, leichter als Luft, unter der Decke.
Je nach Wahrscheinlichkeit des Auftretens explosibler Gemische werden verschiedene Zonen unterschieden:

Explosionsgruppe	Mindestzündstromverhältnis
II A	> 0,8
II B	0,45 bis 0,8
II C	< 0,45

Zone	Ex-Atmosphäre	Beispiele
	Gase, Dämpfe oder Nebel	
0	Ständig oder langzeitlich	Behälterinneres
1	Gelegentlich	Fülleinrichtungsnähe
2	Selten und kurzzeitig	Umgebung von Zone 1
	Brennbare Stäube	
10	Langzeitlich oder häufig	Mühleninneres
11	Gelegentlich und kurzzeitig	Staubatmosphäre

Explosible Gemische können auch durch zu hohe Oberflächentemperaturen von Geräten gezündet werden. Deshalb sind je nach der Zündfähigkeit des Explosionsgemisches zusätzlich **Temperaturklassen** einzuhalten.

Die zutreffenden Zonen sind bei der zuständigen Aufsichtsbehörde zu erfragen.

12.6 Überspannungsschutz und EMV

Zündschutzart elektrischer Betriebsmittel

Die eingesetzten Betriebsmittel müssen zündgeschützt sein. Dabei werden folgende Zündschutzarten mit zugehörigem Kurzzeichen unterschieden:

Zündschutzart	Kurzzeichen	Anwendungsbeispiel
Druckfeste Kapselung	d	Schaltgeräte
Erhöhte Sicherheit	e	Leuchten, Abzw.dosen
Eigensicherheit	i	MSR-Geräte
Ölkapselung	o	Ölumspanner
Überdruckkapselung	p	Schaltschränke
Sandkapselung	q	Kleintransformatoren

Kennzeichnung explosionsgeschützter Betriebsmittel

Betriebsmittel, die für eine oder mehrere Zündschutzart(en) zugelassen sind, werden mit dem Symbol **EEx** gekennzeichnet.
E: entspricht der Europanorm
Ex: Explosionsschutz vorhanden
Zusätzlich sind Zündschutzart, Explosionsgruppe und Temperaturklasse anzugeben, z. B. EEx d IIB T3.

Anforderungen an explosionsgeschützte Betriebsmittel

Nur für den jeweiligen Einsatzfall geprüfte und gekennzeichnete Betriebsmittel einsetzen. Für Schutz vor direktem Berühren ist gesonderter Schutzleiter erforderlich (z. B. FI-Schutz).
Der Isolationswiderstand aller Leiter gegen Erde muss ohne Abklemmen des Neutralleiters gemessen werden können.

Kabel und Leitungen	Flammwidrige Mäntel. Zusätzlicher Schutz vor mechanischen, chemischen und thermischen Einflüssen. Eigensichere Stromkreise sind blau zu kennzeichnen. Diese Kabel und Leitungen getrennt verlegen. Einführungsöffnungen in den Ex-Bereich mit geeigneter Masse verschließen. Mindestquerschnitt für massive Kupferleiter:	
	Aderzahl/Art	Mindestquerschnitt
	ein- bis fünfadrig	1,5 mm^2
	ab 6-adrig	1,0 mm^2
	Informationsleitung	0,5 mm^2
	Bei feindrähtigen Kupferleitern (außer Informationsleitungen) kann eine Querschnittsstufe niedriger gewählt werden.	
Schutzeinrichtungen	Müssen alle Außenleiter abschalten können und gegen Wiedereinschaltung in den Zonen 0 und 1 gesichert sein.	

Leuchten
Einstiftsockel-Leuchtstofflampe mit Zündstreifen bevorzugen. Glühlampen nur mit integrierter Sicherung einsetzen. In Handlampen nur stoßfeste Glühlampen verwenden.

Steckdosen
Müssen so verriegelt sein, dass ein Ziehen und Einführen des Steckers nur im spannungslosen Zustand möglich ist.

Sicherungen
In Gehäuse einsetzen, die so verriegelt sind, dass ein Auswechseln nur im spannungslosen Zustand möglich ist.

Installationshinweise ↑ 12-40

Zone 0
Nur für Zone 0 zugelassene/gekennzeichnete Betriebsmittel verwenden. Kurzschlüsse innerhalb von 0,25 s abschalten. Kabel und Leitungen mit zusätzlichem Metallmantel sichern. Isolationswiderstand zwischen Metallmantel und Leitern mindestens 100 Ω/V der Nennspannung. Für eigensichere Stromkreise nur Geräte der Kategorie „ia" zulässig. Potenzialausgleich hier oder in unmittelbarer Nähe durchführen.

Zone 1
Nur Betriebsmittel verwenden, die für die erforderliche Zündschutzart, Explosionsgruppe und Temperaturklasse zugelassen und gekennzeichnet sind. Eigensichere Stromkreise sind ohne Einschränkung zulässig.

Zone 2
Betriebsmittel, bei denen betriebsmäßige Funken und Temperaturen zu keiner Zündung explosibler Gemische führen, einsetzen. Überlast- und Kurzschlussfall bleiben unberücksichtigt. Betriebsmittel, mit unzulässigen Funken und/oder Temperaturen im Innern, müssen auf vereinfachte Art überdruckgekapselt sein. Eignung zum Einsatz in Zone 2 ist vom Gerätehersteller zu bescheinigen.

Zone 10
Betriebsmittel nur mit Schutzart IP 65, eigensichere mit IP 20 einsetzen. Oberflächentemperatur darf maximal 2/3 der Zündtemperatur des Staub-Luftgemisches betragen. Elektrostatische Aufladungen sind mittels Widerstand abzuleiten.

Zone 11
Betriebsmittel mindestens in Schutzart IP 54 (Motoren IP 44) einsetzen. Deren zulässige Oberflächentemperatur darf 2/3 der Zündtemperatur des Staub-Luftgemischs nicht überschreiten. Werden 80 °C überschritten, ist das auf dem Betriebsmittel anzugeben. Einsatzeignung ist zu überprüfen.

12.7 Gebäudeautomation

12.7.1 Allgemeines

Mithilfe der Rechentechnik oder auf Basis von Halbleiterbausteinen lassen sich programmierbare Steuerungen in Gebäuden und Produktionsabläufen einsetzen. Komfort, Energieeinsparungen, einfache Bedienung, geringerer Verdrahtungs- und Montageaufwand können auf einfache Weise realisiert werden. Dabei wird je nach Verwendung von Datenverarbeitungsanlagen oder programmierbaren Steuerungen unterschieden in Leittechnik und Systemtechnik.

12.7.2 Begriffe

Begriff	Erläuterung
LON	Spezieller Feldbus zur Verbindung von Sensoren und Aktoren mit der Steuereinheit
Feldbus	Datenbus für Sensoren und Aktoren
Bus	Elektrisches Netz zur Informationsübertragung
LCN	**L**ocal **c**ontrol **n**etwork
Sensor	Gerät, welches physikalische Größen quantitativ erfasst und ein Datentelegramm erstellt
Aktor	Befehlerkennendes, -auswertendes und -ausführendes Gerät
Knoten	Gerät mit Sender und Empfänger, zugehöriger Schnittstelle und Stromversorgung
Adresse	Kenncode, der Quell- und/oder Zielknoten (auch mehreren) eindeutig zugeordnet ist
EIB	**E**uropäischer **I**nstallations-**B**us

12.7.3 Gebäudeleittechnik

Hierbei steuert ein Leitrechner weitere Rechner der zweiten Ebene. Der Leitrechner ist mit diesen Rechnern über eine Busleitung verbunden (Koaxial- oder Glasfaserkabel). Die Rechner der zweiten Ebene steuern ihrerseits sogenannte Switches (Schaltstellen), die mehrere Ausgänge besitzen, damit mehrere Aktoren schalten und auch für mögliche Erweiterungen problemlos genutzt werden können.

12.7.4 Gebäudesystemtechnik

Hierbei wird auf einen Leitrechner verzichtet. Die Rechner der zweiten Ebene werden durch eine speicherprogrammierbare Steuerung (SPS) ersetzt. Kernstück der SPS sind drei Prozessoren. Im Rahmen des EIB sind Sensoren↑ und Aktoren mit Mikrocontrollern↑ ausgerüstet, die ihre Adresse und den Befehlsinhalt nach ihrer Programmierung selbstständig aufstellen bzw. erkennen. Durch Mehrfachsendung der Daten wird die Erkennungssicherheit der Empfänger deutlich erhöht.

Prozessor	Aufgaben
Steuerung	Effektive Signalverarbeitung
Arithmetik	Datenberechnung und Programmorganisation
Ein-/Ausgabe	Datenübertragung zu den dezentralen Einheiten

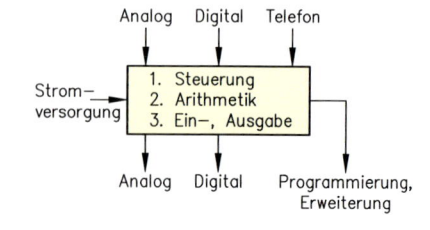

Die Programmierung↑ der Steuerung erfolgt entsprechend der Kundenwünsche mittels eines Notebooks.

12.7 Gebäudeautomation

Datenübertragungsverfahren

1. Das Energienetz wird gleichzeitig als Bus genutzt (z. B. Powernet EIB).
   Die Datenübertragung vom Sensor zum Aktor erfolgt über das zweiadrige Stromversorgungsnetz. Dieses übernimmt gleichzeitig die Stromversorgung des Mikrocontrollers. Integrierte Filter sorgen für eine Trennung der Dateninformation von der Wechselstromversorgung (230 V). Zur Erhöhung der Übertragungssicherheit werden die Eingänge der angeschlossenen Geräte nur in der Nähe des Nulldurchganges der Netzspannung für den Datenempfang geöffnet. Die Wirkungsweise geht aus nachfolgenden Bildern hervor.

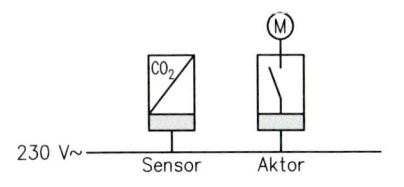

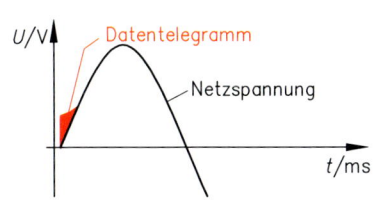

2. Ein Teil des Energienetzes (Neutralleiter) wird mit zur Datenübertragung genutzt (**L**ocal **C**ontrol **N**etwork, LCN).
   Die Daten werden von einer zusätzlichen Ader übertragen. Als Rückleitung wird hierfür gleichzeitig der Stromversorgungs-Nullleiter benutzt.

3. Ein gesondertes Bussystem wird verwendet (z. B. EIB).
   Neben der Stromversorgungsleitung ist zusätzlich eine 2-adrige Busleitung zur Datenübertragung erforderlich.

4. Die Datenübertragung erfolgt per Funk. (Frequenzbereich von 868 bis 870 MHz bei Funk EIB).
   Jeder Busteilnehmer ist mit einem Empfänger und Sender ausgerüstet. Der Sender strahlt die Daten erneut aus und erweitert somit die Reichweite. Die Stromversorgung erfolgt über Batterie oder das 230 V-Netz. Der EIB-Funkbus ist mit allen EIB-Systemen kompatibel.

Sensoren

↑ 9-14 ff.

Sensoren mit analogem oder digitalem Ausgang werden in vielfältiger Weise verwendet. Sie geben ihre Informationen an die SPS bzw. adressieren diese und leiten sie an den Bus.

Sensoren	ausführbare Funktion
Windwächter	Windgeschwindigkeit
Helligkeit	Helligkeit im Freien und/oder in Räumen
Temperatur	Temperatur im Freien und/oder in Räumen
Drehzahl	Drehzahl rotierender Teile
Messumformer	Erfassen beliebiger Zustandsgrößen für die Prozesssteuerung
Bewegungsmelder	Erfassen von Personenzugängen
Rauchmelder	Erkennen von Bränden in der Entstehungsphase
Schalter/Taster	Manueller Eingriff in den programmierten Ablauf

Mittels Schalter/Taster oder Fernbedienung kann jederzeit in den Programmablauf eingegriffen werden, um individuell gewünschte Schaltzustände zu realisieren. Auch über Telefon kann mit einem entsprechenden Modem in den Programmablauf eingegriffen werden (z. B. Herunterlassen der Jalousien vom Urlaubsort aus; Umstellen der Heizung auf Tagbetrieb von unterwegs vor der Rückkehr usw.).

12.7 Gebäudeautomation

12.7.4 Gebäudesystemtechnik (Fortsetzung)

Aktoren

Die Eingangsinformationen werden nach einem vorgegebenen Programm verknüpft, bzw. die adressierten erkannt und die Ausgangsinformationen betätigen die entsprechenden Aktoren, z. B. eine Schalteinheit. Eine Schalteinheit besitzt in der Regel mehrere Ausgänge, um mehrere Vorgänge zu- oder abschalten zu können. Zweckmäßigerweise sind auch Reserveausgänge für zukünftige Erweiterungen vorzusehen.

Aktoren für	Ausführbare Funktion
Beleuchtung	Ein-/Ausschalten (auch verzögert), Dimmen, Umschalten, Anwesenheitssimulation, Warnung vor dem Eindringen unberechtigter Personen
Jalousien	Schließen/Öffnen in Abhängigkeit von Helligkeit, Wind, Sonneneinstrahlung, Anwesenheit von Personen
Heizung	Regelung in Abhängigkeit von Außentemperatur, Anwesenheit, Uhrzeit, Wochentag
Lüftung	Einschalten in Abhängigkeit von Temperatur, Luftfeuchte, Sauerstoffgehalt
Alarmgeber	Alarmauslösung bei Einbrüchen
Drehzahl	Drehzahlregelung von Elektroantrieben, z. B. Lüftung

Datennetzaufbau

Mit steigender Zahl der Ein- und Ausgangsinformationen steigt auch die erforderliche Arbeitsgeschwindigkeit (Datenübertragungsrate) der Steuerung. Dafür sind alle eingesetzten Leitungen und Systemelemente auszuwählen. Steuerungen, die nur geringe Datenmengen verarbeiten, sind störunempfindlicher. Bei kleineren

Anwendung	Übertragungsrate kbit/s	Frequenzbereich kHz
Einfamilienhaus Wohnung	2	10 bis 100
Größere Gebäude	5	100 bis 150
Industrie	10	150 bis 500

Steuerungen kann die Steuereinheit im Bereich der Zählertafel angeordnet werden. Diese werden in Form von Reiheneinbaugeräten angeboten. Beim nachträglichen Einbau in vorhandene Gebäude empfiehlt sich die Verwendung eines Netzbusses. Aufwendigere Steuerungen für z. B. Hotels, Bürokomplexe, Produktionsgebäude werden zweckmäßigerweise über ein LON realisiert. Dabei wird die zentrale Steuereinheit in dezentrale Knoten aufgelöst. Jeder Knoten erhält eine logische, codierte Adresse.
Die Verkabelung des LON muss wegen größerer Datenmengen/Datengeschwindigkeit in einer der nachfolgend gezeigten Weisen geschehen.

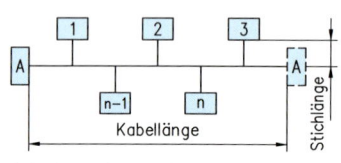

Linienbus, ein-/zweiseitig abgeschlossen

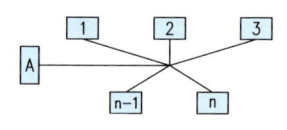

Sternförmiger Bus

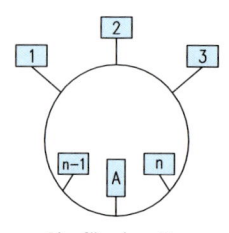

Ringförmiger Bus

A   Abschlusswiderstand
1, 2, 3, ... n–1, n   Knotenzahl

Der Abschlusswiderstand A verhindert störende Signalreflexionen durch Anpassung, die zu Signalverfälschungen führen können. Mischungen aus den genannten Netzformen sind möglich. Als Busleitung wird eine 2-adrige, paarig verdrillte abgeschirmte Leitung vorzugsweise für 24 V verwendet.

12.7 Gebäudeautomation

Wirkungsweise EIB: Ein Sensor (z. B. Helligkeit) gibt einen adressierten und codierten Befehl über den Bus an den Beleuchtungsaktor. Nur hier wird der adressierte Befehl erkannt und umgesetzt (z. B. Ein/Aus). Ein Befehl (Telegramm) besteht aus zwei Teilen, der Adresse und dem Ausführungsbefehl.

Buszugriffsverfahren/Datentelegramm

Der Sensor löst im Rahmen des vorgegebenen Programms einen codierten und adressierten Befehl (Telegramm) über den Bus an den zugehörigen Aktor aus. Vom Sensor werden bei dem EIB vor Sendebeginn des Telegramms folgende Informationsschritte im Rahmen eines Zugriffsverfahrens eingeleitet:

lfd. Schrittnummer	Informationsinhalt
1	Ein sendebereiter Knoten prüft den Bus auf Informationsfreiheit. Ist der Bus bereits belegt, wird der Sendebetrieb später erneut gestartet. Datenkollision wird vermieden!
2	Wird der Sendebetrieb begonnen, vergleicht der Knoten laufend die gesendeten Informationen mit seinen über den Bus gehenden Informationen. Bei Abweichungen wird der Vorgang abgebrochen und später erneut gestartet.
3	Starten zufällig zwei Knoten, unterbricht der Knoten seine Sendung, der im Augenblick 0-Signal sendet, im Bus aber L-Signal vom anderen Knoten feststellt.
4	Sind vorstehende Bedingungen positiv erfüllt, beginnt der Sendevorgang ohne Datenkollision.

Der Aufbau des Telegramms ist nachfolgend dargestellt:

1 = Priorität der Information (8 bit)
2 = Sendeadresse (16 bit)
3 = Empfängeradresse (16 bit)
4 = Information zum Leitungsweg (3 bit)
5 = Länge der Nutzinformation (4 bit)
6 = Befehlsdaten für den Empfänger (bis 16 bit)
7 = Prüfdaten (8 bit)
8 = Quittung über ausgeführten Befehl

Die Blöcke 1 bis 7 gehören zum Sendetelegramm. Die Zeit zur Abarbeitung der Blöcke 1 bis 8 je nach Umfang des Empfängerbefehls: bis 40 ms. Die verschiedenen EIB-Bussysteme sind wegen des gleichen Telegrammaufbaus miteinander koppelbar.

Zulässige Leitungslängen

Stromversorgungs- und Busleitungen dürfen wegen der mit der Länge zunehmenden Verluste eine bestimmte Größe nicht überschreiten. Als Richtgröße können die in der Tabelle angegebenen Werte gelten:

Aderdurchmesser der Busleitung mm	Linien-, Stern-, Ringbus		Mischbus	
	Max. Kabellänge m	Max. Stichlänge m	Max. Kabellänge m	Max. Stichlänge m
1,3	2000	3	500	400
0,8	1000	3	500	400
0,65	750	3	500	300
0,5	500	3	250	200

12.7 Gebäudeautomation

12.7.4 Gebäudesystemtechnik (Fortsetzung)

KNX

KNX ist ein europäischer Standard eines Gebäudeinstallationsbusses. Dieser versteht sich als Weiterentwicklung der Feldbusse EIB, BatiBus und EHS.

1996 wurde dieser Standard von führenden europäischen Unternehmen der Elektrotechnik und Gebäudeinstallationstechnik mit dem Ziel höherer Flexibilität verabschiedet.

Technisch trennt KNX die Steuer- und Energieversorgung voneinander, um so die gewünschte Flexibilität zu erreichen. Nachträgliche Änderungen sind somit wesentlich einfacher zu realisieren.

Alle Geräte kommunizieren, wie üblich, über den Bus und können in ihrer Funktionsweise jederzeit angepasst werden. Weiterhin ist durch die Standardisierung eine Kommunikation von Geräten unterschiedlicher Hersteller gewährleistet.

Übertragungsraten elektrischer Leitungen

Leitungsart	Symbol	Erreichbare Datenrate
Paarig verdrillte Leitung (**T**wisted **P**air)	TP	bis 1,25 Mbit/s
Netzleitung 230 V (**P**ower **L**ine)	PL	5 kbit/s

Mithilfe von Lichtwellenleitern (LWL) oder Koaxialkabel sind höhere Datenraten erreichbar.

Prinzipschaltung des EIB

Das Wirkprinzip des EIB geht aus dem nachfolgenden Bild hervor.
Im Bild ist eine Linie, die Grundeinheit des EIB dargestellt. Über Linienkoppler können bis zwölf Linien zu einem Bereich und analog bis zu 15 Bereichslinien zusammengefasst werden. Jeder Sensor besitzt dabei einen Mikrocontroller, der das Datentelegramm entsprechend der vorgenommenen Programmierung erstellt und sendet.

Jeder Aktor, ebenfalls mit einem Mikrocontroller ausgerüstet, erkennt seinen Adresscode, entschlüsselt den Ausführungsbefehl und führt ihn aus. Nach der Ausführung erfolgt eine codierte Rückmeldung an den Sensor zum ausgeführten Befehl.

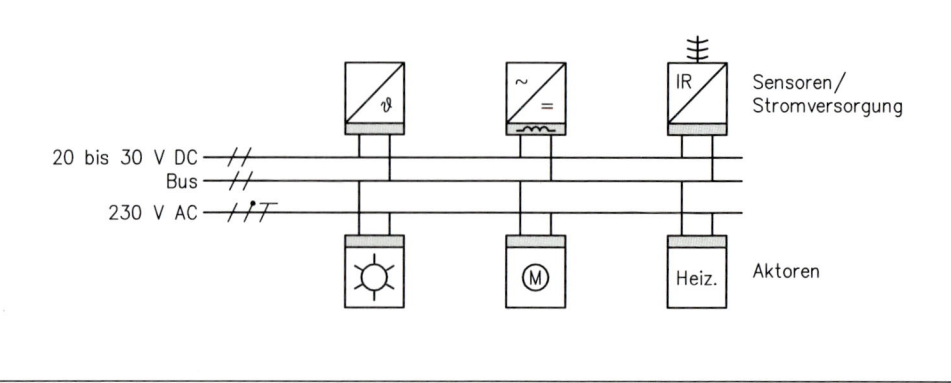

12.8 Installations- und Kommunikationsschaltungen

12.8.1 Schaltpläne für Installationsschaltungen

Stromlaufplan in zusammenhängender Darstellung (Stromlaufplan i. z. D.)	Stromlaufplan in aufgelöster Darstellung (Stromlaufplan i. a. D.)	Installationsschaltplan (räumliche Anordnung: siehe Stromlaufplan i. z. D.)
		L1/N/PE: Stromführender Leiter, Neutral- u. Schutzleiter 230 V~50 Hz: Nennspannung und Nennfrequenz Verlegung in Rohr, unter Putz Querschnitt 1,5 mm², Kupfer

[1] Der PE-Leiter wird im Schalter Q1 nicht angeschlossen (lose Klemme). Die Leitung mit PE-Leiter ist auf diese Weise fehlergeschützt. Erhöhte Schutzwirkung bei Beschädigung der Leitung (s. DIN VDE 0100-410: 2018-10).

Im zusammenhängenden Stromlaufplan (Stromlaufplan i. z. D.) und im Installationsschaltplan ist die lagerichtige räumliche Anordnung der Betriebsmittel die vereinbarte Darstellungsform. Der aufgelöste Stromlaufplan (Stromlaufplan i. a. D.) ist übersichtlicher, um die Schaltungsanalyse zu erleichtern. In Schaltungskombinationen (z. B. Wechselschaltung, Ausschaltung, Steckdose ↑) erkennt man separate, leicht zu verfolgende Stromwege. Auf den PE-Leitern kann im Stromlaufplan i. a. D. verzichtet werden, wenn beide Stromlaufpläne dokumentiert werden.
Im Installationsschaltplan werden die Betriebsmittel annähernd lagerichtig, z. B in Bauzeichnungen, eingetragen. Die räumliche Anordnung entspricht der im Stromlaufplan i. z. D.

↑ 12-53

12.8.2 Kenn- und Anschlussbezeichnungen und Schaltzustände in Installationsschaltungen (ausgewählte Beispiele in Stromlaufplänen)

Grafische Symbole für Schaltungsunterlagen und elektrische Betriebsmittel sind in der DIN EN IEC 81346-2: 2020-10 festgelegt. Die Kenn- und Anschlussbezeichnungen für Niederspannungsschaltgeräte enthalten die Normen DIN EN 50013: 1978-05 und DIN EN 50042: 1982-09. Netzleiter erhalten eine alphanumerische Kennzeichnung (z. B.: L1/N/PE: Wechselstromnetz; L1/L2/L3/N/PE: Drehstromnetz, Fünfleitersystem).

Wechselschalter	Glühlampe oder Kontrolllampe	Abzweigdose
Q1 — Kontaktbezeichnung Betriebsmittelkennzeichnung	Zu beachten ist die Bezeichnungsanordnung bei vertikaler/horizontaler Leitungsführung.	Leitung ungeschnitten durch X1 (z.B. Schaltdraht)

Stromlaufpläne zeigen immer den ausgeschalteten Zustand (Nullstellung) einer Schaltung oder elektrischen Anlage. Der betätigte Zustand wird mit einem Doppelpfeil (⇑) am entsprechenden Betriebsmittel verdeutlicht.
Hinweis: Auf diese Weise können in komplexeren Schaltungen und Schaltungskombinationen die verschiedenen Schaltzustände leichter erklärt werden.

Aus- oder Stellschalter (Schließer)			Wechselschalter		Glühlampe	
unbetätigt	betätigt wahlweise Darstellung		unbetätigt	betätigt	ausgeschaltet	eingeschaltet

12.8 Installations- und Kommunikationsschaltungen

12.8.3 Ausschaltung von zwei Glühlampen

Stromlaufplan i. z. D./Installationsschaltplan

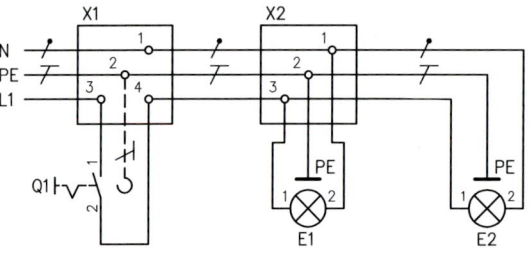

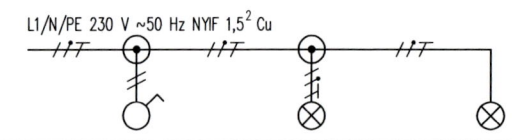

Stromlaufplan i. a. D.

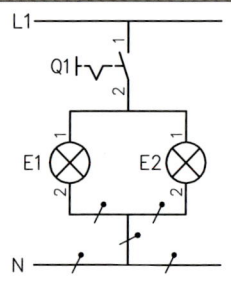

Hinweise: Der Neutralleiter darf nicht über Q1 geschaltet werden.
E1 liegt parallel zu E2.
NYIF: Stegleitung

12.8.4 Serienschaltung

Stromlaufplan i. z. D./Installationsschaltplan

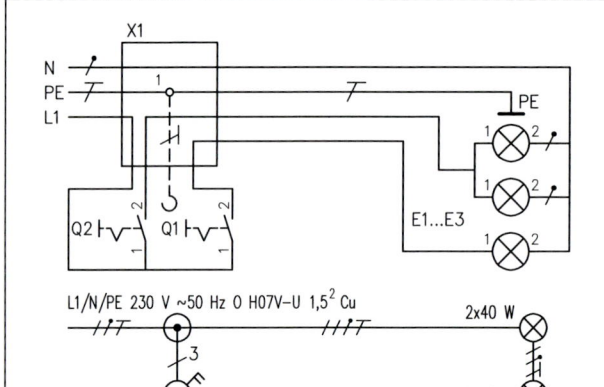

Stromlaufplan i. a. D.

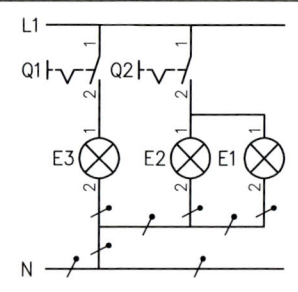

Hinweise: Eine Serienschaltung kombiniert zwei Ausschaltungen.
O: Einzelleitungen im Rohr. Die Leitungen werden ungeschnitten durch X1 geführt.
H07V-U: Eindrähtige Kunststoffaderleitung.

12.8.5 Wechselschaltung

Stromlaufplan i. z. D./Installationsschaltplan

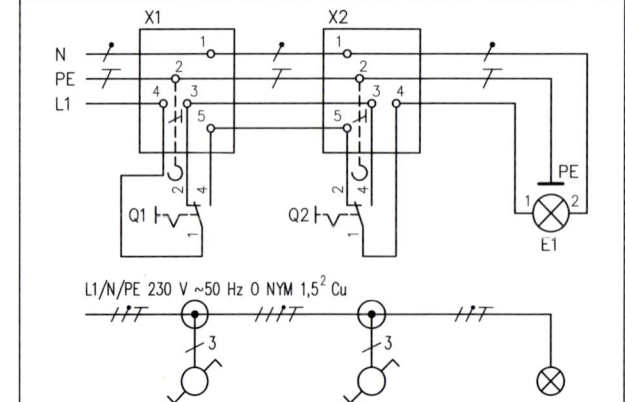

Stromlaufplan i. a. D.

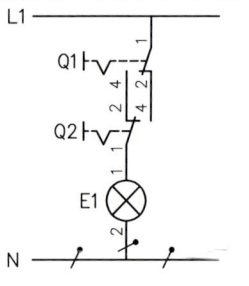

Hinweise: Zwei Betätigungsstellen (Q1, Q2) schalten das Betriebsmittel (E1) ein oder aus.
NYM: Mantelleitung

12.8 Installations- und Kommunikationsschaltungen

12.8.6 Sparwechselschaltung

Stromlaufplan i. a. D.

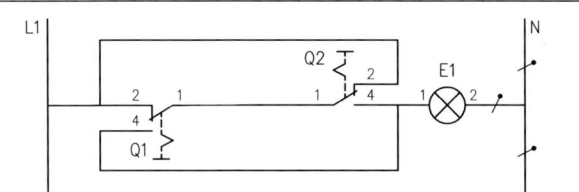

Hinweise: L1 an jeden Schalter. Eine korrespondierende Leitung zwischen den Schaltern. Dadurch wird eine Leitung gespart. Steckdosen unter jedem Schalter sind so besser möglich.

12.8.7 Wechselschaltung mit Ausschaltung und Steckdose

Stromlaufplan i. z. D./Installationsschaltplan

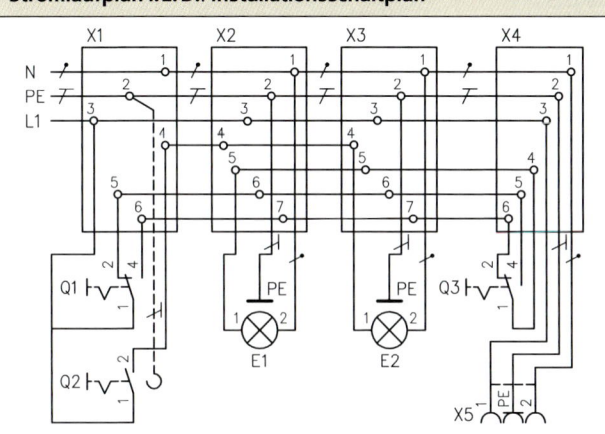

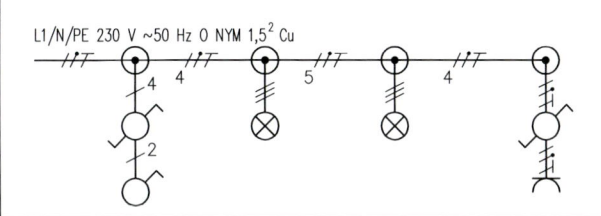

Stromlaufplan i. a. D.

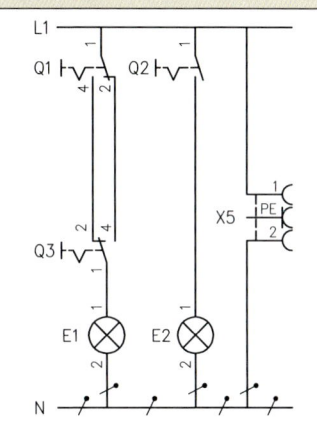

Hinweise:
Q1, Q3 schalten E1.
Q2 schaltet E2.
L1 und S1 und S2.
Im Stromlaufplan i. a. D. sind die Stromwege übersichtlicher; die Schaltungsanalyse wird einfacher.

12.8.8 Kreuzschaltung

Stromlaufplan i. z. D./Installationsschaltplan

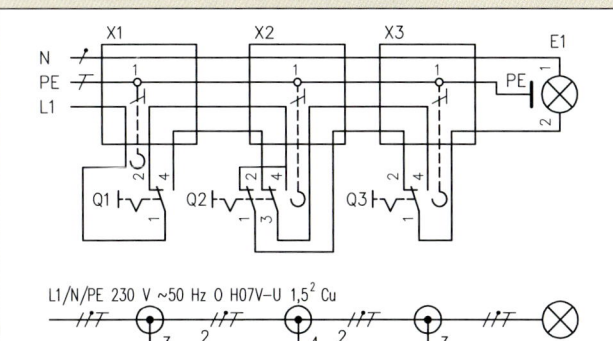

Stromlaufplan i. a. D.

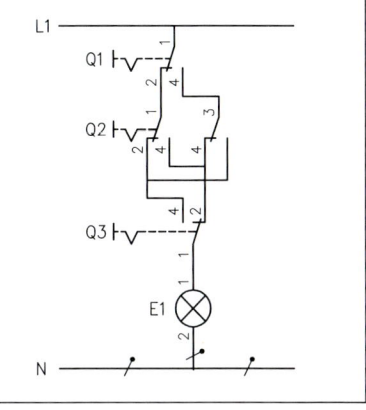

12-53

12.8 Installations- und Kommunikationsschaltungen

12.8.9 Stromstoßschaltung (Steuerspannung = Netzspannung)

Stromlaufplan i. z. D./Installationsschaltplan

Stromlaufplan i. a. D.

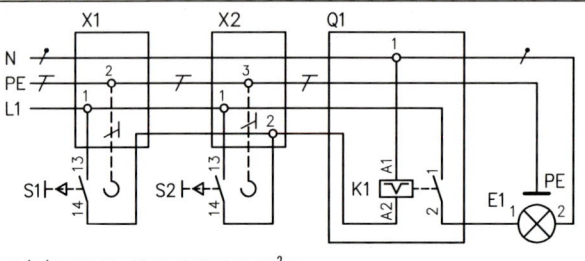

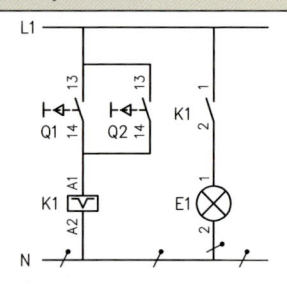

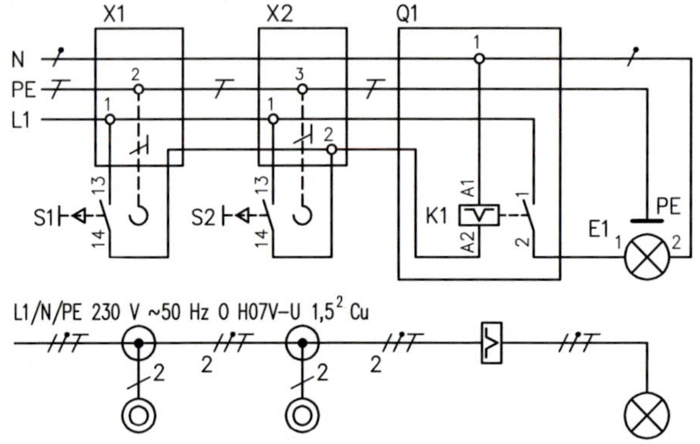

Hinweis: Ein elektromagnetischer Stellschalter wird bei jedem Stromstoß ein- oder ausgeschaltet.

12.8.10 Stromstoßschaltung (Steuerspannung = Kleinspannung)

Stromlaufplan i. z. D./Installationsschaltplan

Stromlaufplan i. a. D.

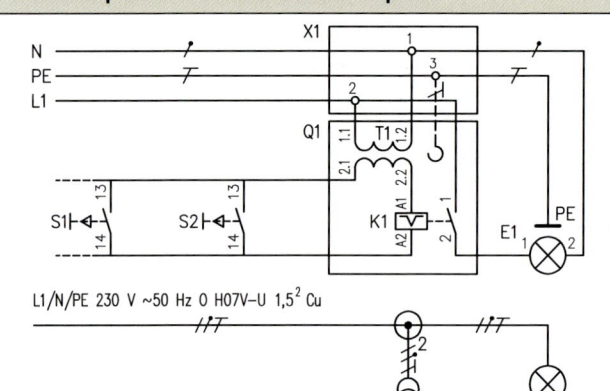

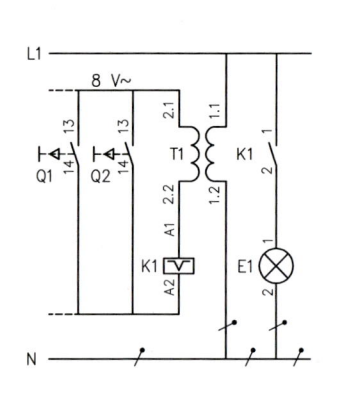

12.8.11 Automatische Treppenhausbeleuchtung

Stromlaufplan i. z. D./Installationsschaltplan

Stromlaufplan i. a. D.

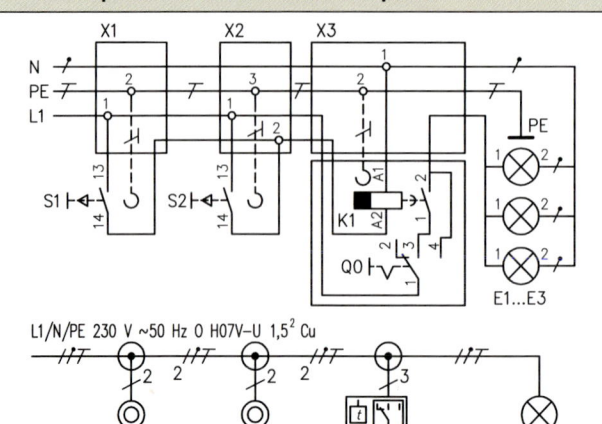

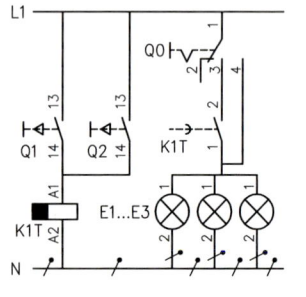

Schalterstellungen:
2: Aus
3: Minutenbetrieb
4: Dauerbetrieb

12.8 Installations- und Kommunikationsschaltungen

12.8.12 Dimmer- und Sensorschaltungen

Ein Dimmer ist ein elektronischer Steuerschalter, der phasenanschnitts- oder phasenabschnittsgesteuert arbeitet. Hauptbestandteil eines Dimmers ist ein Wechselstromsteller, der mit einer Schaltkombination Diac und Triac ausgerüstet ist. Auch Thyristoren lassen sich in Wechselstromkreisen zur stufenlosen Helligkeitssteuerung von Glühlampen einsetzen.

Ein Schaltdimmer ist zugleich Schalter und Steuerelement. Er erlaubt es, eine Beleuchtung zu schalten und diese in ihrer Helligkeit stufenlos einzustellen.

Der Tastdimmer verarbeitet die Anweisungen „Schalten" und „Dimmen" durch unterschiedlich langes Betätigen der Bedienfläche (Kurzhubtaster). Ein- und Ausschalten erfolgt bei kurzer Betätigung. Die Dauerbetätigung bewirkt die Helligkeitsregulierung.

Sensordimmer arbeiten prinzipiell wie Sensorschalter. Durch Verstellen eines Potenziometers ist das Dimmen möglich.

Schaltsymbole für Dimmer- und Sensorschaltungen (Auszüge)

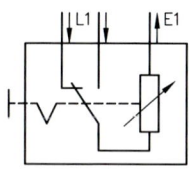

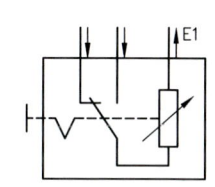

Zweileiter-Anschluss (Ausschaltung)

Dreileiter-Anschluss (Wechselschaltung)

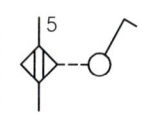

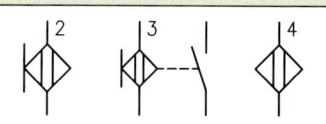

1 Dimmer (Installationsschaltplan)
2 Berührungssensor
3 Tastdimmer
4 Näherungssensor
5 Näherungsschalter

Dimmer: Anschluss für Ausschaltung

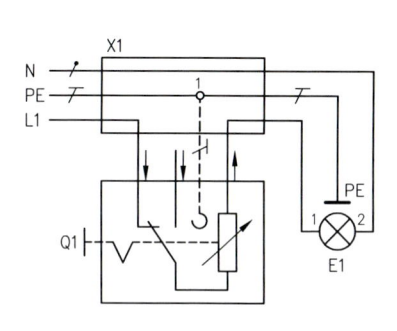

Dimmer: Anschluss für Wechselschaltung

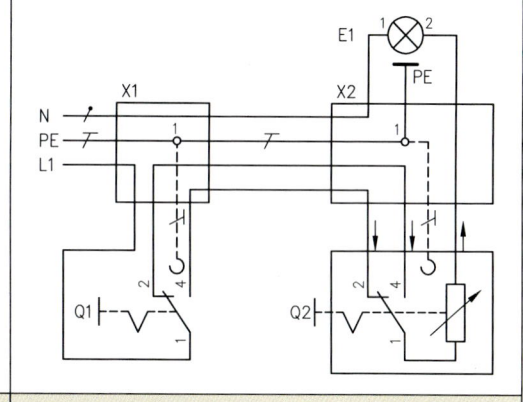

Ausschaltung mit Tastdimmer

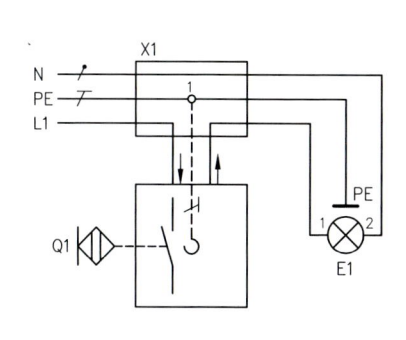

Wechselschaltung mit Sensoren

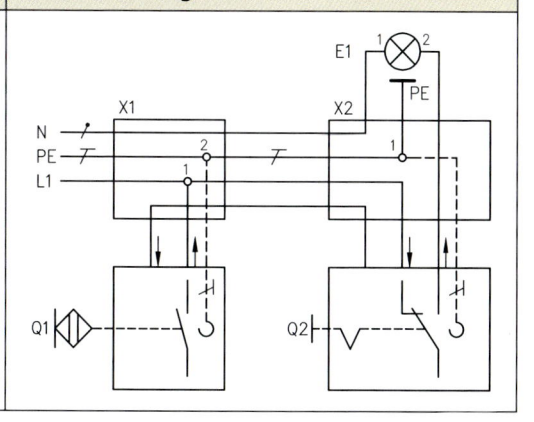

12.8 Installations- und Kommunikationsschaltungen

12.8.13 Kommunikationsanlagen

Rufanlagen	Sprechanlagen	Türöffneranlagen	Überwachungsanlagen
Rufanlagen (meist Wechselstrombetrieb) sind Klingel- und Signalanlagen. Die Stromversorgung erfolgt über Netzteile mit kurzschlussfesten und schutzisolierten Transformatoren mit $U_{max} \leq 24$ V AC. Geräte: Ruftaster, Wecker, Klingel, Gong, Summer, Läutewerke (Zweispulen- oder Einspulen-Geräte)	Sprechanlagen (in der Regel Gleichstrombetrieb) ermöglichen den Sprechverkehr zwischen zwei Stationen (z. B. Haustür – Wohnung). Wechselsprechanlagen erlauben nur eine Übertragungsrichtung, Gegensprechanlagen garantieren zu jedem Zeitpunkt den Zweirichtungsverkehr. Geräte: Lautsprecher, Mikrofone und Fernhörer	Klingelanlagen und Sprechanlagen sind häufig kombiniert mit einer Türöffneranlage. Der Türöffnerstromkreis wird mit Wechselspannung von einem zentralen Netzgerät gespeist. Für die Entsperrung des Türriegels sorgt ein Drehblatt. Die Tür kann dann bei Betätigung des Türöffners aufgedrückt werden.	Moderne Kommunikationsanlagen sind mit einer Videoüberwachung ausgestattet. Der Monitor ist in die Wohnungssprechstelle integriert, die fernsteuerbare, mit Weitwinkelobjektiven ausgestattete Kamera an der Türstation. Für die Bildsignale ist eine Koaxialleitung zwischen Türstation und der Wohnungssprechstelle erforderlich.

12.8.14 Rufschaltung (Weckerschaltung)

Stromlaufplan i. z. D.	Installationsschaltplan
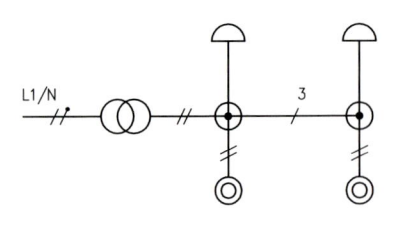	Mit den Tastern S1 und S2 können die Wecker P1 und P2 geschaltet werden. Klingeltransformator T1: 230/8 V~ 50 Hz

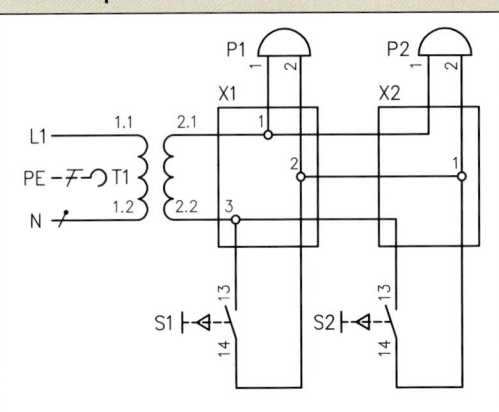

12.8.15 Sprechanlagen (prinzipieller Aufbau)

Gegensprechanlage	Wechselsprechanlage
Gegensprechanlagen erlauben ein Fernsprechen zwischen zwei Stationen. Beide Gegenrichtungen sind offen. Vorteil: Bedienung ist einfach, keine Gesprächssteuerung notwendig. Nachteil: Rückkopplungen bei großer Lautstärke des Lautsprechers möglich.	Wechselsprechanlagen erlauben nur eine Sprechrichtung. Der Gesprächsaustausch kann also nur wechselseitig erfolgen. Die Umschaltung von Empfang auf Senden geschieht mit speziellen Tastern, die einen Lautsprecher in ein Mikrofon verwandeln. Bei Türsprechanlagen realisiert das die Sprechtaste in der Türstation.

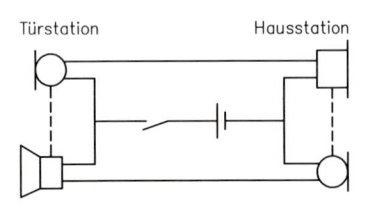

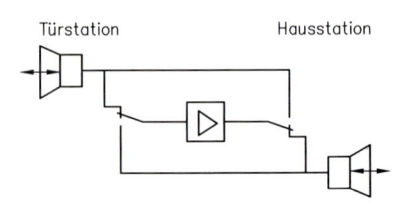

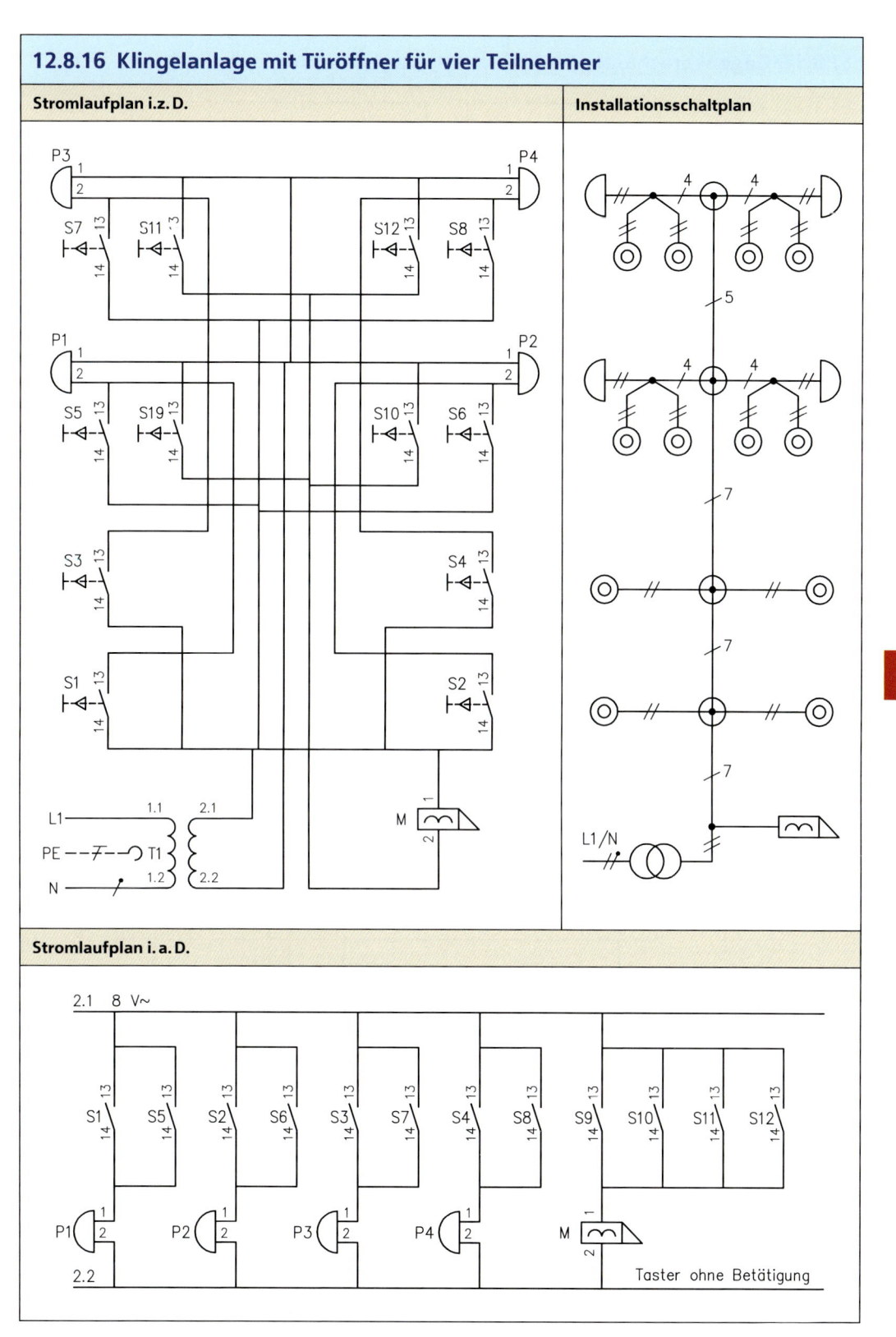

12.8 Installations- und Kommunikationsschaltungen

12.8.16 Klingelanlage mit Türöffner für vier Teilnehmer

Stromlaufplan i.z.D.

Installationsschaltplan

Stromlaufplan i.a.D.

2.1 8 V~

Taster ohne Betätigung

12-57

12.8 Installations- und Kommunikationsschaltungen

12.8.17 Gegensprechanlage mit wechselseitigem Anruf (Stromlaufplan i. z. D.)

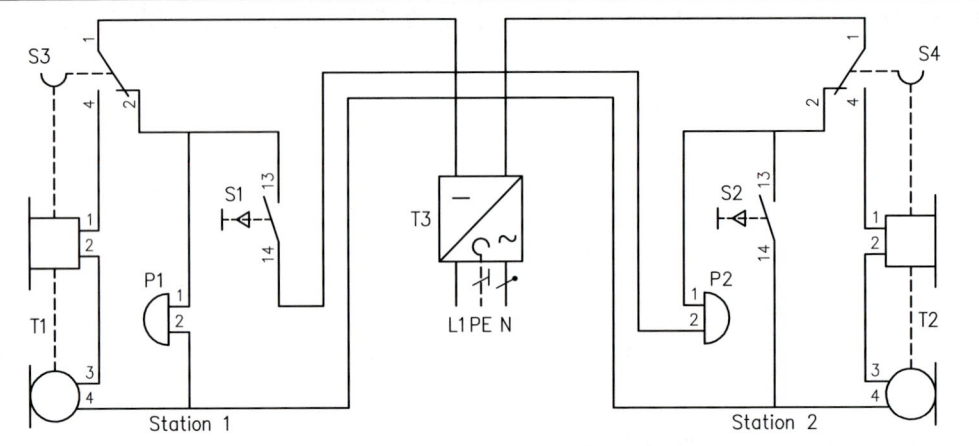

Station 1 — Station 2

12.8.18 Sprechanlage (mit Verstärkern) mit Signalanlage und Türöffner (Str. i. z. D.)

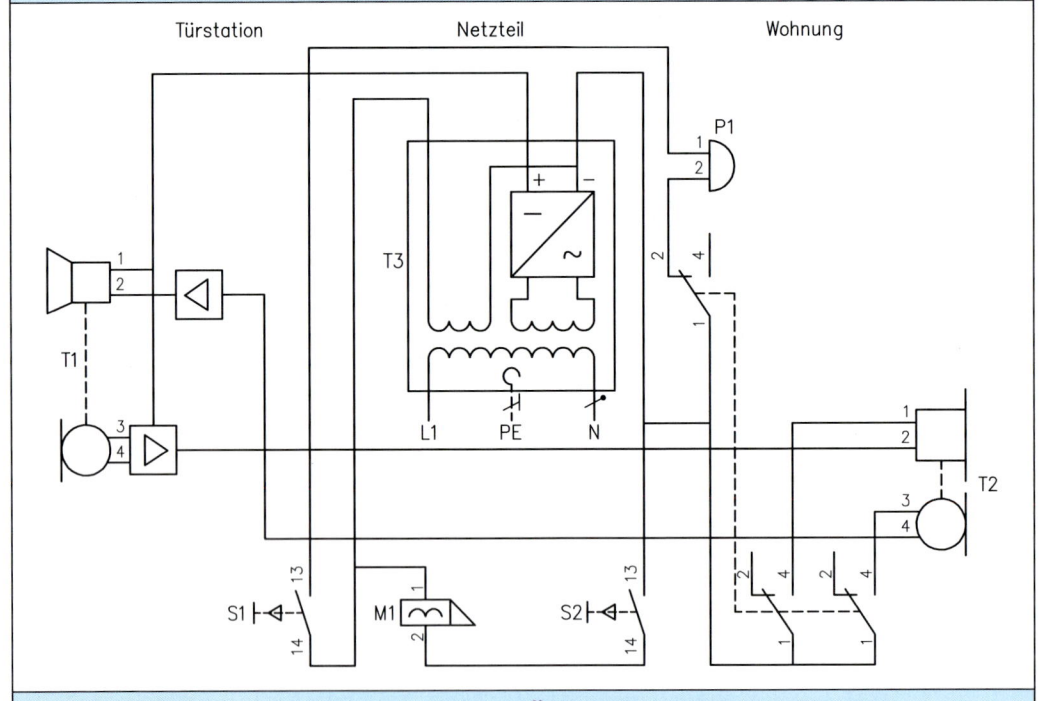

Türstation — Netzteil — Wohnung

12.8.19 Systemkomponenten einer Video-Überwachungsanlage (Prinzipdarstellung)

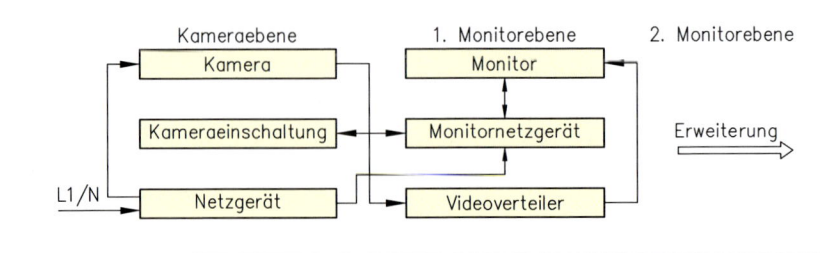

Kameraebene — 1. Monitorebene — 2. Monitorebene

Kamera → Monitor

Kameraeinschaltung → Monitornetzgerät → Erweiterung

L1/N → Netzgerät → Videoverteiler

12.9 Elektrowärme

12.9.1 Raumheizung

Behaglichkeitstemperaturen in Abhängigkeit von der Luftfeuchte

Um Heizkosten zu sparen, kann es zweckmäßig sein, Wasserverdampfer (-sprüher) aufzustellen.

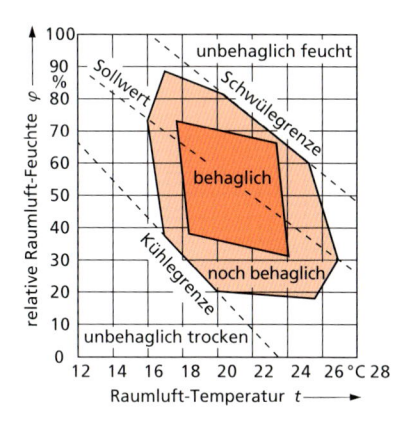

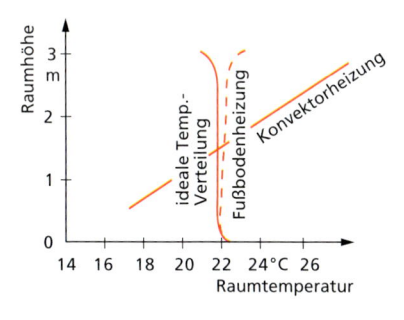

Grundlage einer Raumheizungsberechnung ist die Errechnung des Wärmedurchgangs durch Wände, Decke, Fußboden usw. Die über eine Fläche abströmende Wärme muss als elektrische Leistung zugeführt werden.

$$P = U \cdot S \cdot (t_2 - t_1)$$

$$U = \frac{1}{R_k}$$

- P Leistung in W
- U Wärmedurchgangszahl in W/(K · m²)
- S Fläche in m² (Wand, Decke ...)
- t_2 Zimmertemperatur
- t_1 Außentemperatur
- R_k Wärmewiderstand

↑ 2-12f.

Tabelle der U-Werte

Fläche	U in $\frac{W}{K \cdot m^2}$
Stein-Außenwand, 11,5 cm	2,8
Stein-Außenwand, 24 cm	2,0
Stein-Außenwand, 36,5 cm	1,2
Stein-Innenwand, 11,5 cm	2,5
Stein-Innenwand, 24 cm	1,7
Stein-Innenwand, 36,5 cm	1,0
Decke (je nach Dicke)	0,6 bis 1,4
Fußboden (je nach Dicke)	0,45 bis 1,1
Innentür	2,3
Einfachfenster	7,0
Verbundfenster	3,5
Doppelfenster	2,7

Für Räume mit mehreren Außenwänden ist noch ein Zuschlag von 10 bis 15 % erforderlich.

Raumart	Günstigste Temp./°C
Bad	24
Wohnraum	20
Küche	20
Schlafraum	15
Treppe, Flur	15

Die notwendige Heizleistung(-arbeit) ist abhängig vom Gebäudewärmeschutz und der Größe der Wohnfläche.

Gebäudewärmeschutz	Spez. Heizleistung W/m²	Jährl. Heizarbeit kWh/m²
Gut	80	60
Mittel	120	160
Schlecht	180	280

Heizart	Typische Merkmale
Nachtspeicher	Einzelgerät pro Zimmer günstig, Nachttarif
Zentralspeicher	Raumheizung und Warmwasserversorgung
Fußbodenheizung	Elektrische Flächenheizer oder mittels Warmwasser; bis 10 % Heizkostenersparnis im Vergleich zu Wandheizkörpern
Wärmepumpe	35 % Wärmeenergie aus el. Antrieb 65 % Wärmeenergie aus Wärmequelle, z. B. Erdwärme

12.9 Elektrowärme

12.9.2 Warmwasserbereitung

Warmwasserbedarf		
Gewerbe/ Anwendung	Wasser von 60 °C Liter/Tag	Bezogen auf je
Bäckereien Teigbereitung Maschinenreinigung Betriebsreinigung Körperpflege	50 0,5 30	1 m² Backfläche 1 m² Betriebsfläche Beschäftigten
Fleischereien Maschinen- und Gerätereinigung Betriebsreinigung	80 1	Schwein/ Woche 1 m² Betriebsfläche
Friseurbetriebe Herrensalon Damensalon bis 8 Nassplätze 9 ... 14 Nassplätze mehr als 14 Nassplätze	40 100 80 60	Nassplatz Nassplatz Nassplatz Nassplatz
Hotels Zimmer mit Bad und Dusche Zimmer mit Dusche Pensionen, Heime	120 ... 180 50 ... 95 25 ... 50	Gast Gast Gast

Ermittlung der Warmwasserleistung von Durchlauferhitzern

Beispiel: Ein 18-kW-Durchlauferhitzer soll Wasser mit 37 °C erzeugen; Kaltwassertemperatur 10 °C.

Wie groß ist die Warmwasserleistung?

Lösung: $\Delta\vartheta$ = 37 °C – 10 °C = 27 °C → 9,5 l/min.

12.9.3 Installationshinweise für Elektrowärmequellen

Elektrowärmequelle	
	≥ 4,4 kW Drehstromanschluss, in gefährdeten Räumen auf nicht brennbarer Unterlage
• Niedrig-Temperatur-Strahler	100 bis 200 W/m², FI-Schutz
• E-Herd	≥ 2,0 kW Drehstromanschluss, bewegliche Anschlussleitung 5 x 2,5 mm² Cu über Herdanschlussdose
• Durchlauferhitzer	≥ 6,0 kW kein selbsttätiges Wiedereinschalten sonst Auslösen des Leitungsschutzes bei mehreren Geräten. Heißwassergeräte haben hohen Ableitstrom, ev. FI-Auslösung. Bis 2,0 kW Schutzkontaktstecker 10 A.
• Mikrowelle	Wechselfeldfrequenz 2,45 GHz von Magnetron mit Anodenspannung bis 6,0 kV. Betriebsanleitung unbedingt beachten!
• Haartrockner	Mindestens Schutzklasse II, Lockenwickler Schutzklasse III mit U_{nenn} ≤ 25 V
Heizungs-, Klimagerät	≥ 2,0 kW Drehstromanschluss

12.10 Beleuchtungstechnik

12.10.1 Größen, Einheiten und Begriffe

Größen und Zeichen	Einheit	Erläuterung	
Lichtstrom Φ	lm (Lumen)	Der von einer Lichtquelle ausgestrahlte oder auf eine Fläche auftreffende Strahlungsfluss. Φ_L Lichtstrom einer Leuchte; Φ_l Lichtstrom der Lampen einer Leuchte; Φ_N Nutzlichtstrom; Φ_0 Anfangslichtstrom	
Lichtmenge Q	lm h (Lumenstunde)	$Q = \Phi \cdot t$	Produkt aus Lichtstrom und Zeit
Lichtstärke I	cd (Candela)	$I = \Phi/\Omega$	Quotient aus dem von einer Lichtquelle in einer bestimmten Richtung ausgesandten Lichtstrom und dem durchstrahlten Raumwinkel
Beleuchtungsstärke E	1 lm/m^2 = 1 lx (Lux)	$E = \Phi/A$	Quotient aus dem auf eine Fläche auftreffenden Lichtstrom und der Größe der Fläche
Leuchtdichte L	cd/cm^2 bei _Selbststrahlern_ cd/m^2 bei Flächen	$L = \Phi/(\Omega \cdot A \cos \alpha)$	Quotient aus dem durch eine Fläche in einer bestimmten Richtung durchtretenden Lichtstrom und dem Produkt aus dem durchstrahlten Raumwinkel und der Projektion der Fläche auf eine zur betrachteten Richtung senkrechten Ebene
Belichtung H	lx s	$H = E \cdot t$	Produkt aus der Beleuchtungsstärke und Dauer des Beleuchtungsvorganges
Lichtausbeute η	lm/W	$\eta = \Phi/P$	Verhältnis des abgegebenen Lichtstromes zur aufgewendeten Leistung
Reflexionsgrad	1	Verhältnis des von einem Körper zurückgestrahlten Lichtstromes zu dem auffallenden Lichtstrom. Der Reflexionsgrad gilt für gerichtete, gestreute und gemischte Reflexion.	
Absorptionsgrad α	1	Verhältnis des von einem Körper absorbierten Lichtstromes zu dem auffallenden Lichtstrom $\varrho + \tau + \alpha = 1$	
Gleichmäßigkeit g	1	$g = \dfrac{E_{min}}{E_{max}}$ bzw. $\dfrac{E_{min}}{E_m}$	Verhältnis der kleinsten zur größten bzw. mittleren Beleuchtungsstärke auf einer Fläche
Messebene		Im Innenraum 0,85 m über dem Boden, bei Außenanlagen auf der Fahrbahn oder maximal 20 cm darüber	
Raumwinkel Ω	sr (Steradiant)	$\Omega = A/r^2$	Der Raumwinkel schneidet aus einer Kugel mit dem Radius r die Fläche A aus. Ein voller Raumwinkel beträgt $4\pi \cdot$ sr
Lichtstärkeverteilungskurve (LKV)	cd	Gibt die Lichtstärke I_α einer Lichtquelle in Abhängigkeit vom Ausstrahlungswinkel α an. Darstellung in Polarkoordinaten für $\Phi = 1\,000$ lm	

12.10 Beleuchtungstechnik

12.10.2 Lichtfarben/Farbwiedergabe

Lichtfarben von Lichtquellen werden mit der Farbtemperatur eines schwarzen Körpers beschrieben. Im Bild ist die Strahlungsenergieverteilung eines schwarzen Körpers bei verschiedenen absoluten Temperaturen T über der Wellenlänge λ angegeben. Die Gesamtstrahlung w je Sekunde und Oberflächeneinheit:

$$w = \sigma T^4, \quad \sigma \text{ Stefan-Boltzmann-Konstante}$$

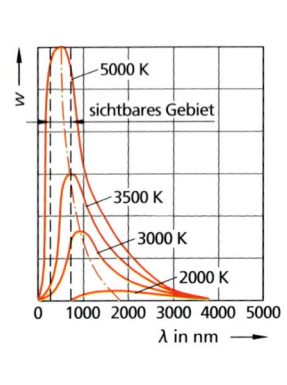

Strahlungsenergieverteilung eines schwarzen Körpers bei verschiedenen Temperaturen T

W Strahlungsenergie
λ Wellenlänge
$W \sim T^4$

Emissionsspektren von Lampen		
Typ	Strahlungsmaximum	Optische Eigenschaft
Glühlampe	Infrarot	Hoher Rotanteil
Halogenlampe	Rot-gelb	Brillantes Licht
Quecksilberdampflampe	Blau	Kalt wirkend
Natriumdampflampe	Grün-gelb	Kontrastsehen
Leuchtstofflampe	Effektfarben	Rot, grün, blau

Farbtemperatur/K	Lichtfarbe
< 3000	warmwhite
= 3300 bis 5000	coolwhite
> 5000	daylightwhite

Bei Leuchtstofflampen können mittels Mischung verschiedener Leuchtstoffe unterschiedliche Lichtfarben erzeugt werden. Die Farbwiedergabe ist abhängig von der spektralen Zusammensetzung des ausgestrahlten Lichts (Ra-Index), optimale Farbwiedergabe bei tageslichtähnlicher Spektralzusammensetzung.

Code national	Lichtfarbe	Code national	Lichtfarbe
10	daylight	31	warmwhite, spezial
20	coolwhite	41	spezialweiß
21	coolwhite, spezial	60	red
25	universalweiß	66	green
30	warmwhite	67	blue

Internationaler 3-stelliger Code:
1. Stelle: Farbwiedergabe (Ra-Index)
2. und 3. Stelle: Farbtemperatur

Beispiel: L 13 W/640
Leuchtstofflampe 13 Watt
Ra = 60 bis 69,
Farbtemp./Lichtfarbe 4000 K.

Farbwiedergabe		Lichtfarbe/geeigneter Lampentyp		
Gruppe	Ra-Wert	5000 K daylightwhite	4000 K neutralwhite	3300 K warmwhite
Sehr gut	1A	Halogen-Metalldampflampen	–	Halogenglühlampen
	1B	80 bis 89	Spezialleuchtstoff- und Kompaktlampen Lichtfarbe 21	Spezialkompaktlampen Lichtfarben 31 und 41
		Spezialleuchtstofflampen, Lichtfarbe 11		
Gut	2A	70 bis 79	Lichtquellen mit Lichtfarbe 10	–
		Lichtquellen mit Lichtfarbe 10		
	2B	60 bis 69	–	Lichtquellen mit Lichtfarbe 20	Quecksilberdampf-/Hochdrucklampen
Weniger gut	3	40 bis 59	–	Quecksilberdampflampen	Lichtquellen mit Lichtfarbe 30
	4	20 bis 39	–	–	Natriumdampflampe

12.10 Beleuchtungstechnik

12.10.3 Lichtquellen

Glühlampen

Glühlampen haben kurzzeitig einen hohen Einschaltstrom ($\approx 10\,I_N$). Wolframglühdraht mit $T \approx 3500$ K erzeugt hohen Infrarotanteil, geringe Lichtausbeute, visueller Wirkungsgrad $\approx 5\,\%$.

Halogenlampen

Bei Halogenlampen bis 65 W ist ein Abstand zu brennbaren Teilen von 0,5 m und ab 100 W von 1,0 m einzuhalten.

Standardlampen für 230 V

Leistungsaufnahme W	Lichtstrom		Sockel
	lm	lm/W	
25	230	9,2	
40	430	10,7	E14
60	730	12,1	E27
75	960	12,8	
100	1 380	13,8	
150	2 220	14,8	
200	3 150	15,7	

Krypton-Glühlampen 230 V

Leistung W	Lichtstrom		Sockel
	lm	lm/W	
25	240	9,6	
40	450	11,3	
60	780	13,0	E27
75	1 050	14,0	
100	1 470	14,7	

Lampen der Hauptreihe von 40 W bis 200 W werden mit Doppelwendel geliefert. Sie geben bis 20 % mehr Licht als Einfachwendellampen. Lampen von 25 W bis 200 W sind mattiert und klar; Lampen von 300 W bis 1 000 W klar. Mattierte Lampen verringern die Blendung und dämpfen die Schattenbildung.

Mit steigender Glühfadentemperatur wird weniger Wärme und mehr sichtbares Licht erzeugt. Mittels Krypton- oder Halogenfüllung wird dabei der Fadenverdampfung entgegengewirkt.

Eine **EU-Verordnung** vom September 2009 regelt das schrittweise Verschwinden ineffizienter Glühlampen vom Markt.

Mischlichtlampen 230 V

Zur Verbesserung der Lichtausbeute und der Farbwiedergabe von Glühlampen wurden Mischlichtlampen entwickelt. Hier sind eine Wolframwendel und eine Quecksilberdampfentladungsröhre in einem innen mit Leuchtstoff beschichteten Glaskolben in Reihe geschaltet.

Leistung W	Lichtstrom		Durchmesser/ Länge mm	Sockel
	lm	lm/W		
160	3 100	19,4	75/170	E27
250	5 600	22,4	90/230	E40
500	14 000	28,0	120/300	E40

Halogen-Reflektorglühlampen ↑ 12 V, Sockel GU5.3

Leistung W	20	35	50	65
Strahlungswinkel (°)	8, 12, 24, 38, 50			
Lampen ø mm	51			

Glühlampen mit Leuchtstoff 230 V ↑ 12-68

Zur Verbesserung der Farbwiedergabeeigenschaften von Glühlampen wurden mit Leuchtstoff innenbeschichtete Glühlampen entwickelt. Damit steht eine blendungsfreie Lichtquelle zur Verfügung.

Halogen-Glühlampen ↑ 230 V, Sockel R7S/E14/E27/GU10

Leistung W	100	150	250	500	1 000
lm/W	14	14	17	19	21
Länge mm	80	80	120	120	190

↑ 12-68

Leistung W	Lichtstrom		Durchmesser/ Länge mm	Sockel
	lm	lm/W		
40	410	10,3	60/105	E27
60	720	12,0		
75	920	12,3		
100	1 300	13,0		

12.10 Beleuchtungstechnik

12.10.3 Lichtquellen (Fortsetzung)

Leuchtstofflampen

Standard-Leuchtstofflampen, 26 mm Rohrdurchmesser, Stabform, Sockel G13 mit EVG (IVG)

Leistung/Lichtfarbe	Lichtstrom lm	Lichtstrom lm/W	Länge mm
L18W/25 L18W/20 L18W/30	1100 1150 1150	61,1 63,9 63,9	590
L36W/25 L36W/20 L36W/30	2600 2850 2850	72,2 79,2 79,2	1 200
L58W/25 L58W/20 L58W/30	4100 4600 4600	70,7 79,3 79,3	1 500

Spezial-Leuchtstofflampen, 26 mm Rohrdurchmesser, Stabform, Sockel G13 mit EVG (IVG)

Leistung/Lichtfarbe	Lichtstrom lm	Lichtstrom lm/W	Länge mm
L18W/21 L18W/31 L18W/41	1 350	75	590
L36W/21 L36W/31 L36W/41	3 350	93	1 200
L58W/21 L58W/31 L58W/41	5 200	89,7	1 500

Standard-Leuchtstofflampen ↑, 38 mm Rohrdurchmesser, U-Form, Sockel 2G13 mit IVG

Leistung/Lichtfarbe	Lichtstrom lm	Lichtstrom lm/W	Länge mm
L20W/25	950	47,5	310
L40W/25 L40W/30	2400 2700	60,0 67,5	607 607
L65W/25 L65W/30	3900 4500	60,0 69,2	765 765

Spezial-Leuchtstofflampen, 38 mm Rohrdurchmesser, U-Form, Sockel 2G13 mit IVG

Leistung/Lichtfarbe	Lichtstrom lm	Lichtstrom lm/W	Länge mm
L40W/21 L40W/31	2800 2800	70 70	570 570
L65W/21	4300	66,2	570*

* Spezial-Vorschaltgerät erforderlich

Standard-Leuchtstofflampen, 16 mm Rohrdurchmesser, Stabform, Sockel G5 mit EVG

Leistung/Lichtfarbe	Lichtstrom lm	Lichtstrom lm/W	Länge mm
L4W/25	120	30,0	136
L6W/25	240	40,0	212
L8W/25	330	41,3	288
L13W/25	700	53,9	517

Spezial-Leuchtstofflampen ↑, 16 mm Rohrdurchmesser, Stabform, Sockel G5 mit EVG

Leistung/Lichtfarbe	Lichtstrom lm	Lichtstrom lm/W	Länge mm
L8W/21 L8W/41	450 450	56,3 56,3	288 288
L13W/21 L13W/41	950 950	73,1 73,1	517 517

Kompakt-Leuchtstofflampen

Hohe Lichtausbeute (≈ 4,5-fach) und ca. 10-fache Lebensdauer gegenüber der Glühlampe. Ein Lichtstromvergleich ergibt folgendes Bild:

Kompakt-Leuchtstofflampe/W	Glühlampe/W	Kompakt-Leuchtstofflampe/W	Glühlampe/W
5 7	25 40	11 15	60 75

12.10 Beleuchtungstechnik

Kompakt-Leuchtstofflampen mit gesondertem Vorschaltgerät, Sockel G23; mit EVG/IVG

Leistung/Lichtfarbe	Lichtstrom lm	Lichtstrom lm/W	Länge mm
KL5W/21 KL5W/31 KL5W/41	250	50,0	108
KL7W/21 KL7W/31 KL7W/41	400	57,1	138
KL9W/21 KL9W/31 KL9W/41	600	66,7	168
KL11W/21 KL11W/31 KL11W/41	900	81,1	238
KL13W/21 KL13W/31 KL13W/41	900	69,2	113
KL18W/21 KL18W/31 KL18W/41	1 200	66,7	123*
KL26W/21 KL26W/31 KL26W/41	1 800	69,2	138*

* Mit Sockel G24d2.

Kompakt-Leuchtstofflampen mit elektronischem Vorschaltgerät im Sockel E14; 230 V

Leistung/Lichtfarbe	Lichtstrom lm	Lichtstrom lm/W	Länge mm
EL3W/41	100	33,3	113
EL5W/41	240	48,0	124
EL7W/41	400	57,1	131
EL11W/41	600	54,6	142

Kompakt-Leuchtstofflampen mit elektronischem Vorschaltgerät im Sockel E27; 230 V

Leistung/Lichtfarbe	Lichtstrom lm	Lichtstrom lm/W	Länge mm
EL5W/41	240	48,0	121
EL7W/41	400	57,1	129
EL11W/41	600	54,6	138
EL15W/41	900	60,0	140
EL20W/41	1 200	60,0	154
EL23W/41	1 500	65,2	173

↑ 12-68

Lumineszenzdioden (LED)

- Lichterzeugung durch Elektronen-Quantensprung eines geeigneten, angeregten Halbleitermoleküls
- Entstehung von monochromatischem Licht ohne UV-Anteile mit Lichtausbeuten bis zu 60 lm/W
- Kleinste Bauweise
- Lebensdauer bei Raumtemperatur: 50 000 h
- Sofortiger Kaltstart möglich, leicht dimmbar
- Lichtfarben: rot, gelb, grün oder blau. Bildung von weiß durch Lumineszenskonversion

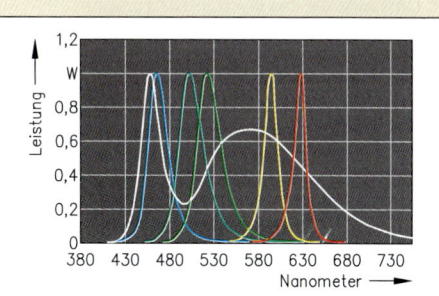

Lichtfarbe	Wellenlänge nm	Farbtemperatur Kelvin	Betriebsspann./V	Leistung W	Betriebsspann./V	Leistung W
rot	650	–	10	4	24	75
gelb	560	–	10	4	24	75
blau	460	–	10	4	24	75
coolwhite	–	4 700	10	3,5	24	58
daylightwhite	–	5 400	10	3,5	24	58

Durch Dioden-Mehrfachanordnung wird eine Lichtstromaddition erreicht.

↑ 12-70

12.10 Beleuchtungstechnik

12.10.3 Lichtquellen (Fortsetzung)

Leuchtstofflampen – Elektrodenvorheizung und Starter

Induktive Schaltung		Induktiv-kompensierte Schaltung	
	Das Vorschaltgerät (Drosselspule) liegt in Reihe mit der Lampe und zu ihr parallel der Starter (mit Glimmzünder und Entstörkondensator). $\cos\varphi \approx 0{,}5$		Parallel zum Netz wird der Kompensationskondensator angeordnet. $\cos\varphi \approx 0{,}9$
Kapazitive Schaltung		**Kapazitive Schaltung**	
	Das Vorschaltgerät besteht aus einem Kondensator und einer Drosselspule in Reihe. Überkompensierte Schaltung. $\cos\varphi \approx 0{,}5$ kapazitiv		Je Lampe ist ein Spezialvorschaltgerät erforderlich. $\cos\varphi \approx 0{,}5$ kapazitiv
Induktive Tandemschaltung		**Kapazitive Tandemschaltung**	
	Schaltung eignet sich für Lampen von 4–40 W, wobei zwei Lampen in Reihe an 230 V~ liegen. Vorschaltgerät: Drosselspule $\cos\varphi \approx 0{,}5$. Zur Kompensation Kondensator parallel zum Netz schalten		Für Lampen von 4–40 W. Zwei Lampen (z. B. 2 × 15 W) werden an einem Vorschaltgerät (30 W) betrieben. $\cos\varphi \approx 0{,}5$ kapazitiv
Duo-Schaltung			
		Bei dieser Schaltung sind stets zwei Lampen zusammengefasst, entweder in einer zweilampigen oder zwei einlampigen Leuchten. Die eine Lampe wird dabei in induktiver, die andere in kapazitiver Schaltung betrieben. Je Lampe ist ein Vorschaltgerät erforderlich. (Auch kapazitive und induktive Tandemschaltung können zusammen in Duo-Schaltung betrieben werden.) $\cos\varphi \approx 1$	

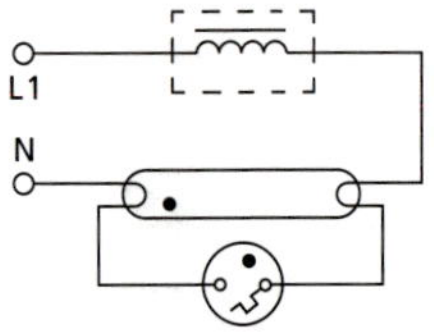

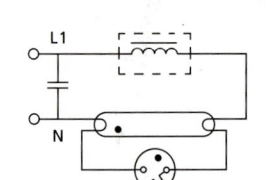

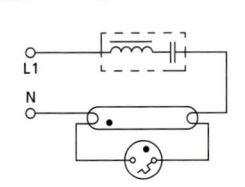

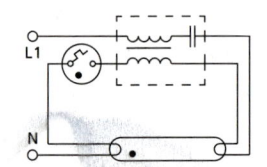

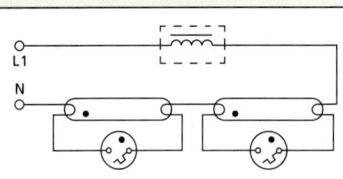

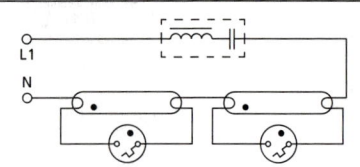

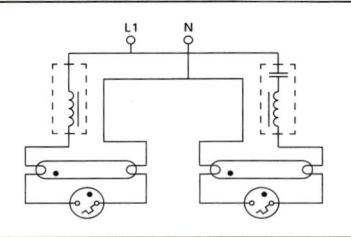

Leuchtstofflampen – Elektrodenvorheizung ohne Starter

Induktive RS-Schaltung		RD-Schaltung	
	Transformator heizt Elektroden vor. Zündung nach ca. 1–2 s flackerfrei. Zündhilfe durch Zündnetz über Lampe		Vorschaltgerät: Drosselspule und Kondensator. Reihenresonanzkreiszündung (Spannungserhöhung!)

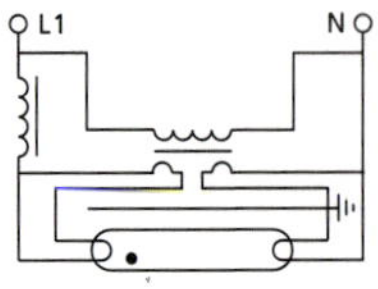

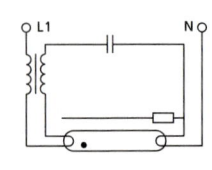

12.10 Beleuchtungstechnik

Der Lichtstrom von Leuchtstofflampen nimmt mit der Zahl der Betriebsstunden ab.

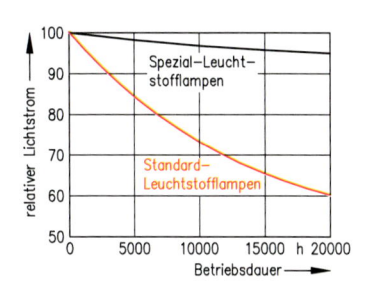

Der Lichtstrom von Leuchtstofflampen ist temperaturabhängig.

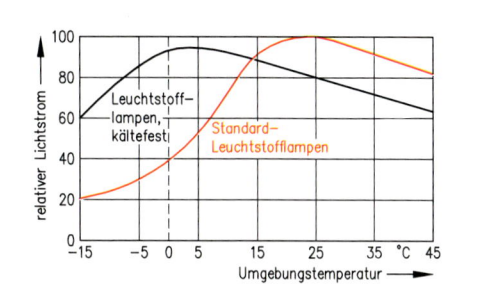

Entladungslampen

Entladungslampen erzeugen Licht durch Lichtbogenentladung. Dem Entladungsgefäß werden geringe Mengen Metall bzw. Metallhalogene beigegeben. Diese emittieren nach Anregung durch den Lichtbogen das abgestrahlte Licht. Natrium erzeugt einen hohen Gelb-, Quecksilber einen Blauanteil. Metallhalogene ergeben ein tageslichtähnliches Spektrum.

Natriumdampf-Hochdrucklampen

Leistung W	Lichtstrom lm	lm/W	Durchmesser/Länge mm	Sockel
50	3 400	68	70/155	E27
70	5 700	81	70/155	E27
100	8 700	87	75/180	E40
150	14 500	97	90/230	E40
250	26 000	106	90/230	E40
400	47 000	117	120/285	E40
600	73 000	121	120/285	E40
1 000	125 000	125	160/335	E40

Quecksilberdampflampen

Leistung W	Lichtstrom lm	lm/W	Durchmesser/Länge mm	Sockel
50	1 900	38	55/130	E27
80	3 600	45	70/155	E27
125	6 200	50	75/175	E27
250	13 000	52	90/230	E40
400	23 000	58	120/285	E40
700	42 000	60	150/340	E40
1 000	57 000	57	160/335	E40

Natriumdampf-Niederdrucklampen

Leistung W	Lichtstrom lm	lm/W	Durchmesser/Länge mm	Sockel
18	1 800	100	54/ 216	BY22d
35	4 600	171	54/ 311	BY22d
55	8 000	145	54/ 425	BY22d
90	13 150	150	68/ 528	BY22d
135	22 500	166	68/ 775	BY22d
180	32 000	177	68/1 120	BY22d

Halogen-Metalldampflampen

Leistung W	Lichtstrom lm	lm/W	Durchmesser/Länge mm	Sockel
70	5 300	76	64/140	E27
100	8 200	82	64/140	E27
150	11 500	77	64/140	E27
250	19 000	76	46/225	E40
400	32 000	80	46/275	E40
1 000	92 000	92	76/340	E40
1 000	200 000	100	100/430	E40
3 500	320 000	91	100/430	E40

12.10 Beleuchtungstechnik

12.10.3 Lichtquellen (Fortsetzung)

Schaltungen von Metalldampflampen

Induktive Schaltung für Quecksilberdampf-Hochdrucklampen

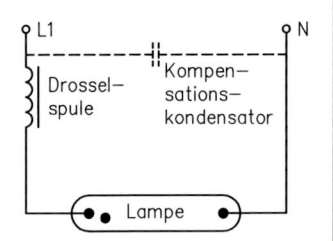

Schaltung mit Zündgerät für Halogen-Metalldampflampe und Natriumdampf-Hochdrucklampe

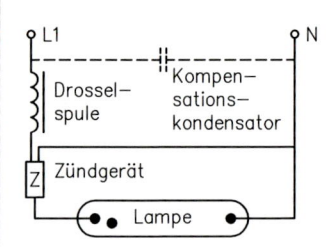

Schaltung mit Streufeld-Transformator für Natriumdampf-Niederdrucklampe

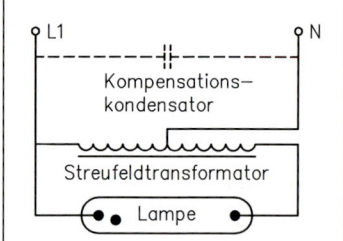

Sockelauswahl

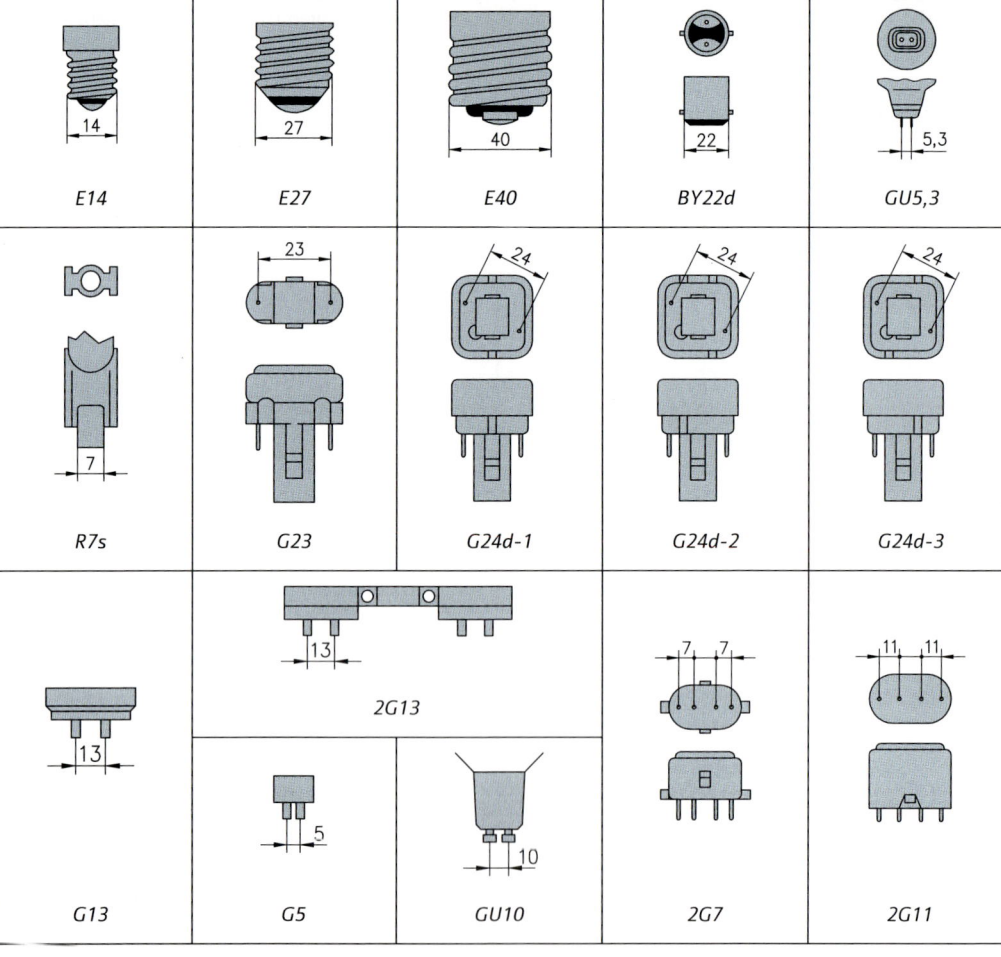

E14	E27	E40	BY22d	GU5,3
R7s	G23	G24d-1	G24d-2	G24d-3
G13	2G13		2G7	2G11
	G5	GU10		

Die Sockel G23 und G24 sind für den Betrieb mit Starter und Drossel, die Sockel G24q und 2G für den Betrieb mit elektronischem Vorschaltgerät (HF-Betrieb) vorgesehen (Maße in mm).

12.10 Beleuchtungstechnik

Vorschaltgeräte	
Bei Lichtquellen mit Lichtbogenentladung steigt der Strom infolge Stoßionisation der Gasionen mit emittierten Elektronen stark an. Zerstörung der Lichtquelle.	U vs I Kennlinie: Stoßionisation, Sättigung
Aufgaben des Vorschaltgerätes	**Wirkungsweise des elektronischen Vorschaltgerätes**
Vorheizen der Lampenelektroden Erzeugen eines hohen Zündimpulses Begrenzen des Lampenstromes	Gleichgerichtete Netzspannung wird zerhackt, in HF-Wechselspannung gewandelt und auf Lampenspannung transformiert. Nachteil: Netzoberwellen
Induktives Vorschaltgerät (IVG)	**Elektronisches Vorschaltgerät (EVG)**
• Lampe wird mit Netzfrequenz betrieben. Nachteil: Stroboskopeffekt • Separater Bimetallstarter leitet Elektrodenvorheizung und Zündimpuls ein. Entstörkondensator ist integriert. • Verzögerter flackernder Start • Funkstörung während der Zündimpulse möglich • Hohe Wärmeentwicklung, Wirkungsgrad gering. Eingeschränkter Einsatz. Energielabel C bis D. Einsatz in Neuanlagen untersagt. Produktion in Europa, USA und Japan eingestellt. • Besonderer Starter mit Sicherung schaltet defekte Lampe ab. Über Knopf von Hand wieder einschaltbar. Besonders für Tandemschaltung geeignet.	• Mit HF-Spannung höhere Lichtausbeute, bis 30 % Energielabel A und flimmerfreies Licht • Optimale Elektrodenvorheizung, leicht verzögerter flackerfreier Start. Nach Zündung Heizstromabschaltung, damit verlängerte Lampenlebensdauer (bis 40 %) • Gute Funkentstörung • Geringe Wärmeentwicklung. Daher einsetzbar in Leuchten mit dem Zeichen: ▽M • Automatische Abschaltung bei defekter Lampe • Dimmbarkeit bei spezieller Ausführung • Entstörkondensatoren bedingen Dauerfehlerstrom max. 35 EVG je FI-Schutzschalter $\Delta I = 30$ mA.

Zuordnung von Vorschaltgeräten zu Entladungslampen

Lampentyp	Vorschaltgerät	Eigenschaft
Kompakt-Leuchtstofflampe:		
• mit Schraubsockel	EVG im Sockel integriert	Flackerfreier Sofortstart bis –25 °C
• mit Stecksockel	IVG oder EVG	Bei IVG Starter und Entstörkondensator im Sockel
Leuchtstofflampen	IVG oder EVG	EVG für 16 und 26 mm Rohrdurchmesser (Warmstart-EVG verlängert Lampenlebensdauer) Für Lampen mit 38 mm Durchmesser nur IVG
Entladungslampen:		
• Natrium-Hochdrucklampe	Elektronisch	Integriertes Zündgerät
• Quecksilberdampflampe	Elektronisch	Ohne Zündgerät
• Halogen-Metalldampflampe	Konventionell oder elektronisch	Für Sofortstart heißer Lampe spezielles Zündgerät erforderlich

12.10 Beleuchtungstechnik

12.10.4 Berechnung von Beleuchtungsanlagen

Physiologische Einflüsse

Das menschliche Auge nimmt elektromagnetische Wellen nur begrenzt mit Wellenlängen von 400 bis 780 nm Licht wahr. In diesem sichtbaren Bereich werden einzelne Wellenlängen als Farben empfunden.

Wellenlängen sichtbarer Bereich nm	Farbempfindung
400	Violett
450	Blau
500	Grün
550	Gelb
600	Orange
700	Rot

Wellenlänge in nm	
$1 \cdot 10^6$	IR-C
3000	IR-B
1400	IR-A
780	Rot / Gelb / Grün / Violett
380	UV-A
315	UV-B
280	UV-C
100	

Wellenlängen unter 400 nm sind für Menschen unsichtbar und werden als ultraviolette Strahlung (UV) bezeichnet.

Wellenlängen über 780 nm sind ebenfalls unsichtbar und werden mit Infrarot (IR) bezeichnet.
Infrarot und Ultraviolett werden von der Körperoberfläche der Lebewesen wahrgenommen. Besonders Gefahr bringend für Hautzellen sind UV-B- und UV-C-Strahlungen.

Kosmetische Hautbräunungsstrahler sollten neben dem sichtbaren Anteil nur im UV-A-Bereich arbeiten.
Die Empfindlichkeit des menschlichen Auges für die sichtbaren Farben ist nicht gleichmäßig hoch.
Für das hell angepasste (hell adaptierte) Auge liegt die größte Empfindlichkeit V_λ im Gelbbereich.
Das dunkel angepasste (dunkel adaptierte) Auge erreicht seine größte Empfindlichkeit V'_λ im Grünbereich. Die Anpassungszeit von hell nach dunkel ist größer als umgekehrt. Dieser Sachverhalt ist wichtig, z. B. für Tunnelbeleuchtungen und höchstzulässige Geschwindigkeiten von Fahrzeugen bei Tunnelein- und -ausfahrt.

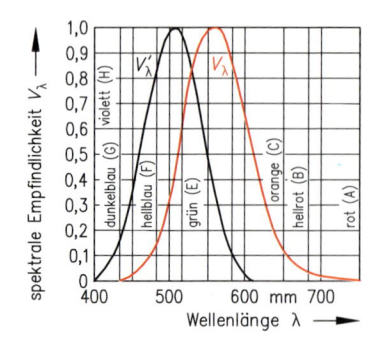

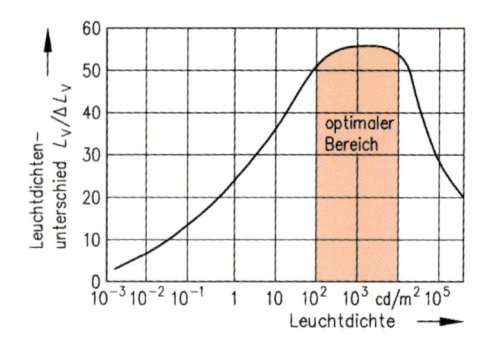

Für gutes Sehen sind auch genügend große Helligkeitsunterschiede (Kontraste) von Körpern und Flächen wichtig. Das Maximum der Kontrastempfindlichkeit liegt im Leuchtdichtebereich von 10^2 bis 10^4 cd/m².

12.10 Beleuchtungstechnik

Innenraumbeleuchtung – Berechnung nach dem Wirkungsgradverfahren

Bestimmung der Anzahl n der Lampen:

$$n = \frac{p \cdot E \cdot A}{\Phi_L \cdot \eta_{LB} \cdot \eta_R}$$

Bestimmung des Raumindex k:

$$k = \frac{a \cdot b}{h \cdot (a + b)}$$

n	Anzahl der gleichmäßig im Raum verteilten Lampen
$p^{1)}$	Faktor, der Alterung und Verschmutzung der Lampen berücksichtigt
E	Erforderliche Beleuchtungsstärke
A	Grundfläche des Raumes in m², ($A = a \cdot b$)
Φ_L	Lampenlichtstrom
η_{LB}	Leuchtenbetriebswirkungsgrad
η_R	Raumwirkungsgrad (berücksichtigt Decken- und Wandreflexion)
k	Raumindex
a	Raumlänge in m
b	Raumbreite in m
h	Leuchtenhöhe über der Nutzebene

[1] Für den Planungsfaktor p gilt:
$p = 1{,}25$ bei normaler Verschmutzung
$p = 1{,}43$ bei erhöhter Verschmutzung
$p = 1{,}67$ bei starker Verschmutzung

Beleuchtungsstärke E für verschiedene Tätigkeiten und Raumarten

Beleuchtungsstärke in lx	Tätigkeit/Raumart	Beleuchtungsstärke in lx	Tätigkeit/Raumart
100	Umkleide- und Sanitärräume, Suchen in Lagern, Verkehrswege, in Gebäuden, Produktion mit gelegentlichem Eingriff	500	Büros, Datenverarbeitung, feine Montagen, Holzbe- und -verarbeitung
200	Räume mit Publikumsverkehr, Lager mit Leseaufgaben, grobe Arbeiten	750	Großraumbüros mit hellen Wänden, technisches Zeichnen, Mess- und Kontrollarbeitsplätze
300	Büroarbeitsplätze in Fensternähe, Besprechungs-, Verkaufs- und Unterrichtsräume, Mess- und Steuerwarten, Drehen, Bohren usw., mittelfeine Montagen	1 000	Großraumbüros mit dunklen Wänden, feinste Montagen, Waren- und Farbkontrollen

Reflexionsgrade ρ von Farben und Materialien für weißes Licht

Farbe	ρ	Farbe	ρ	Farbe	ρ
Weiß	0,70 bis 0,80	Hellgrau	0,40 bis 0,45	Mittelgrau	0,20 bis 0,25
Gelb	0,55 bis 0,75	Beige, ocker	0,25 bis 0,35	Dunkelgrün	0,10 bis 0,15
Hellgrün	0,45 bis 0,50	Hellbraun	0,25 bis 0,35	Dunkelblau	0,10 bis 0,15
Rosa	0,45 bis 0,50	Olivgrün	0,25 bis 0,35	Dunkelrot	0,10 bis 0,15
Hellblau	0,40 bis 0,45	Orange	0,20 bis 0,25	Schwarz	0,04

Material	ρ	Material	ρ	Material	ρ
Spiegel	0,90 bis 0,94	Stahl	0,55 bis 0,65	Sandstein	0,30 bis 0,40
Aluminium	0,85 bis 0,90	Messing	0,55 bis 0,60	Ziegel	0,15 bis 0,40
Zeichenpapier	0,70 bis 0,75	Holz, hell	0,40 bis 0,50	Granit	0,15 bis 0,25
Chrom	0,60 bis 0,70	Mörtel	0,35 bis 0,50	Holz, dunkel	0,15 bis 0,20
Marmor	0,60 bis 0,70	Beton	0,30 bis 0,50	Asphalt	0,08 bis 0,15

12.10 Beleuchtungstechnik

12.10.4 Berechnung von Beleuchtungsanlagen (Fortsetzung)

Lichtstärkeverteilungskurve, Leuchtenbetriebs- und Raumwirkungsgrad

Lichtstärkeverteilungskurve (LVK) bei 1000 lm	Leuchte		Leuchtenbetriebswirkungsgrad η_{LB}	Reflexionsgrade ρ, Raumindex k und Raumwirkungsgrad η_R								
				Decke ρ_1	0,8				0,5			0,3
				Wände ρ_2	0,5		0,3		0,5		0,3	0,3
				Boden ρ_3	0,3	0,1	0,3	0,1	0,3	0,1	0,3	0,1	0,1
Direkt, stark gerichtet	Spiegelraster, eng strahlend		0,6	Raumindex k	Raumwirkungsgrad η_R in %							
	Spiegelreflektor, einlampig		0,8	0,6	61	58	54	52	59	57	53	51	51
				1,0	80	75	73	69	76	73	70	68	67
				1,5	95	86	88	82	90	84	84	80	79
	Rundreflektor		0,75	2,0	102	91	96	87	95	89	91	86	84
				3,0	111	97	106	95	103	95	99	92	91
				5,0	119	102	115	100	109	98	106	97	96
Direkt, tief strahlend	Wanne, prismatisch		0,65	Raumindex k	Raumwirkungsgrad η_R in %							
	Spiegelraster, breit strahlend		0,6	0,6	52	49	43	42	49	48	42	41	41
				1,0	73	67	64	60	69	65	61	59	58
				1,5	89	81	81	75	83	78	77	73	72
	Spiegelreflektor, 2-lampig		0,75	2,0	97	86	89	81	90	83	84	79	78
				3,0	107	94	101	90	99	91	94	88	86
				5,0	116	100	111	97	106	96	102	94	93
Vorwiegend direkt, breit strahlend	Glasleuchte		0,7	Raumindex k	Raumwirkungsgrad η_R in %							
	Wanne, prismatisch		0,65	0,6	41	39	31	30	37	35	29	28	27
				1,0	59	55	49	46	52	50	44	43	41
				1,5	74	67	64	60	66	61	58	55	52
				2,0	83	74	73	67	73	68	66	62	59
				3,0	95	83	87	77	83	76	77	71	68
	Wanne, opal		0,5	5,0	106	91	99	86	91	83	87	80	76
Gleichförmig, allseitig abstrahlend	Frei strahlend		0,9	Raumindex k	Raumwirkungsgrad η_R in %							
	Lamellenraster		0,82	0,6	36	34	27	26	29	28	23	22	19
				1,0	52	48	43	40	41	39	35	33	29
				1,5	65	59	56	52	52	49	45	43	38
				2,0	74	66	65	59	58	54	52	49	43
				3,0	84	74	77	68	66	61	61	57	50
	Opalglas		0,8	5,0	94	81	88	77	74	67	70	80	86
Indirekt, hoch strahlend	Kehle, breit, weiß		0,7	Raumindex k	Raumwirkungsgrad η_R in %							
	Kehle, schmal, weiß		0,5	0,6	15	15	9	10	11	12	6	8	5
				1,0	28	27	20	19	18	19	13	13	8
				1,5	41	39	31	30	26	25	20	19	13
				2,0	51	48	41	40	32	30	26	25	16
				3,0	65	58	55	52	39	37	34	32	20
				5,0	77	68	70	63	45	43	42	39	24

12.10 Beleuchtungstechnik

Beleuchtung im Freien

Bei Beleuchtung im Freien, insbesondere von Straßen und Plätzen, kommt es an auf:

- ausreichende Beleuchtungsstärke E,
- hinreichende Gleichmäßigkeit der Beleuchtungsstärke,
- Blendungsfreiheit,
- Kontrastsehen.

Wegen der sehr dunklen Straßen- und Platzoberflächen wird der sehr kleine reflektierte Lichtanteil vernachlässigt. Deshalb bietet sich die punktweise Berechnung der Beleuchtungsstärke nach dem Entfernungsgesetz an. Die Lichtquelle wird dabei als punktförmig angenommen.

Berechnung nach der Lichtpunktmethode

Entfernungsgesetz

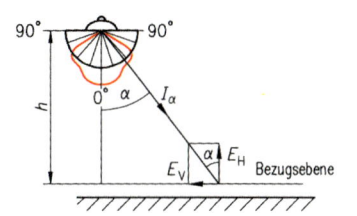

$$E_H = \frac{I_\alpha}{h^2} \cos^3 \alpha$$

Voraussetzung

Die Lichtstärkeverteilungskurve der zum Einsatz kommenden Leuchte ist bekannt (Herstellerangabe). Diese Verteilungskurven werden normiert in Candela/1 000 lm angegeben.

E_H Horizontale Beleuchtungsstärke in lx (für angestrahlte Objekte ist die vertikale Komponente E_V wichtig; $E_V = E_H \cdot tg\, \alpha$)
I_α Lichtstärke der Leuchte in Strahlungsrichtung in cd
α Betrachteter Ausstrahlungswinkel der Leuchte
h Lichtpunkthöhe über der Bezugsebene in m

$\quad h = H - 1$

H Lichtpunkthöhe über Straßen-/Platzoberfläche in m

Lichtpunktmethode

Bei Beleuchtung mit zwei Leuchten mit einem Abstand a addieren sich die Lichtstärke- und Beleuchtungsstärkeanteile im jeweils betrachteten Punkt.
Für zwei gleiche Leuchten mit gleichen Lichtquellen (Regelfall) ergeben sich die Beziehungen:

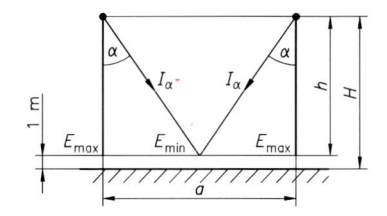

$$E_{H_{min}} = \frac{2 \cdot I_\alpha}{h^2} \cos^3 \alpha$$

↑ 12-74

$$g = \frac{E_{min}}{E_{max}}$$

g Gleichmäßigkeit der Beleuchtungsstärke
a Leuchtenabstand in m ($> 4\,h$)

Somit kann punktweise der Beleuchtungsstärke- und Gleichmäßigkeitsverlauf über der Bezugsebene berechnet werden.

12.10 Beleuchtungstechnik

12.10.4 Berechnung von Beleuchtungsanlagen (Fortsetzung)

Richtwerte für Beleuchtung im Freien

Verkehrsraum	Beleuchtungsstärke lx	Gleichmäßigkeit g	Blendungsklasse KB
Straßen und Plätze			
Schwacher Verkehr	3	0,1	2
Mittlerer Verkehr	7	0,2	2
Starker Verkehr	15	0,3	1
Großstadtverkehr	30	0,3	1
Fabrikgelände			
Schwacher Verkehr	2	0,2	2
Starker Verkehr	5	0,3	1
Treppen			
Schwacher Verkehr	15	0,3	1
Starker Verkehr	30	0,3	1
Wasserverkehrsanlagen			
Schwacher Verkehr	3	0,3	2
Starker Verkehr	15	0,3	1

Klasse der Blendungsbegrenzung KB (Blendungsklasse)		Kontrastsehen	
KB	Maximale Lichtstärke der Lichtquelle cd/1 000 lm	Kontrast	Helligkeitsunterschied
		Klein	Objekthelligkeit wenig verschieden von Hintergrundhelligkeit
1	10 bis 30 jedoch max. 500 bis 1 000 cd	Mittel	Objekthelligkeit weicht ab von Hintergrundhelligkeit
2	50 bis 100 jedoch max. 1000 bis 2 000 cd	Groß	Objekthelligkeit deutlich verschieden von Hintergrundhelligkeit

α in °	$\cos^3 \alpha$	α in °	$\cos^3 \alpha$	α in °	$\cos^3 \alpha$
0	1,000	32	0,610	62	0,103
2	0,998	34	0,570	64	0,084
4	0,993	36	0,530	66	0,067
6	0,984	38	0,489	68	0,053
8	0,971	40	0,450	70	0,040
10	0,955	42	0,410	72	0,030
12	0,936	44	0,372	74	0,021
14	0,913	46	0,335	76	0,014
16	0,888	48	0,300	78	0,009
18	0,860	50	0,266	80	0,005
20	0,830	52	0,233	82	0,003
22	0,797	54	0,203	84	0,001
24	0,762	56	0,175	86	$3 \cdot 10^{-4}$
26	0,726	58	0,149	88	$4 \cdot 10^{-5}$
28	0,688	60	0,125	90	0,000
30	0,650				

12.10 Beleuchtungstechnik

Richtwerte für die ortsfeste Beleuchtung von Straßen innerhalb bebauter Gebiete[1] (außerhalb von Knotenpunkten)

Straßenquerschnitt ohne Mittelstreifen

Straßenart	Verkehrsstärke bei Dunkelheit in Kfz/(h × Fahrstreifen)											
	600			300			100			100		
	Überschreitungsdauer in h/Jahr											
	≥ 200			≥ 300			≥ 300			< 300		
	L_n	U_1	KB	L_n	U_1	KB	L_n	U_1	KB	L_n	U_1	KB
Ortsstraße												
Bebaut, ruhiger Verkehr auf/an der Fahrbahn	2	0,7	1	2	0,7	1	1,5	0,6	1	0,5	0,4	2
Bebaut, kein ruhiger Verkehr auf/an der Fahrbahn	2	0,7	1	1,5	0,6	1	1	0,6	2	0,5	0,4	2
Anbaufrei, kein ruhiger Verkehr auf/an der Fahrbahn	1,5	0,6	1	1,5	0,6	1	1	0,6	2	0,5	0,4	2
Kraftfahrstraßen (Z. 331 StVO)												
$v_{zul} > 70$ km/h	1,5	0,6	1	1	0,6	1	0,5	0,6	2	0,5	0,6	2
$v_{zul} \leq 70$ km/h	1	0,6	1	1	0,6	1	0,5	0,5	2	0,5	0,5	2

Straßenquerschnitt mit Mittelstreifen

Straßenart	Verkehrsstärke bei Dunkelheit in Kfz/(h × Fahrstreifen)											
	900			600			200			200		
	Überschreitungsdauer in h/Jahr											
	≥ 200			≥ 300			≥ 300			< 300		
	L_n	U_1	KB	L_n	U_1	KB	L_n	U_1	KB	L_n	U_1	KB
Ortsstraße												
Bebaut, ruhiger Verkehr auf/an der Fahrbahn	2	0,7	1	2	0,7	1	1,5	0,6	1	1	0,6	2
Bebaut, kein ruhiger Verkehr auf/an der Fahrbahn	1,5	0,6	1	1,5	0,6	1	1	0,6	2	0,5	0,5	2
Anbaufrei, kein ruhiger Verkehr auf/an der Fahrbahn	1	0,6	1	1	0,6	1	0,5	0,5	2	0,5	0,5	2
Kraftfahrstraßen (Z. 331 StVO)												
$v_{zul} > 70$ km/h	1,5	0,6	1	1	0,6	1	0,5	0,6	2	0,5	0,6	2
$v_{zul} \leq 70$ km/h	1	0,6	1	0,5	0,6	1	0,5	0,6	1	0,5	0,6	1
Kraftfahrstraßen (Z. 330 StVO)												
$V_{zul} > 110$ km/h	1	0,7	1	1	0,7	1	1	0,7	1	1	0,7	1
$V_{zul} \leq 110$ km/h	1	0,7	1	0,5	0,6	1	0,5	0,6	1	0,5	0,6	1

[1] L_n Nennleuchtdichte in cd/m²; U_1 Längsgleichmäßigkeit = L_{min}/L_{max}. Lichtpunktabstand: a < 30 m; $U_1 + 0{,}05$; a > 40 m; $U_1 - 0{,}05$.

12.10 Beleuchtungstechnik

12.10.4 Berechnung von Beleuchtungsanlagen (Fortsetzung)

Grundsätze für Beleuchtung im Freien

- Je größer die Lichtpunkthöhe, desto größer die ausgeleuchtete Fläche. Jedoch nimmt mit zunehmender Höhe die Beleuchtungsstärke ab. Hier ist ein Optimum zu suchen.
  Faustregel: Die Lichtpunkthöhe h sollte mindestens ein Drittel der Straßenbreite betragen.

- Mit zunehmendem Leuchtenabstand a nimmt die notwendige Leuchtenzahl ab. Jedoch ist darauf zu achten, dass die minimale Beleuchtungsstärke nicht unterschritten wird.
  Faustregel: Bei Tiefstrahlern und Leuchten für direktes Licht

    $a = 3$ bis $4\ h$,

  bei Breitstrahlern

    $a = 4$ bis $6\ h$.

- Bei einseitiger Anordnung von Straßenleuchten ist zum Zwecke einer symmetrischen Ausleuchtung ein Mastüberhang in Richtung Straßenmitte notwendig. Dieser Überhang kann mit leicht nach oben geneigter Leuchtenanordnung in Grenzen gehalten werden.

- Die Beleuchtungseinrichtungen von öffentlichen Straßen und Plätzen können zeitgeschaltet (siehe Beleuchtungskalender) oder helligkeitsgeschaltet werden. Letzteres bietet die Möglichkeit, bei Dunkelheit am Tage (starke Bewölkung, Nebel usw.) automatisch die Beleuchtung einzuschalten.

- Helligkeitsunterschiede im Straßenverlauf müssen wegen der größeren Dunkeladaptionszeit in Grenzen gehalten werden (vgl. Abstufung des Lichtstromes im Verlauf einer Adaptionsstrecke). Das gilt insbesondere für längere Tunnel- und Brückeneinfahrten. Bei den Ausfahrten sind im Allgemeinen wegen der deutlich geringeren Helladaptionszeit keine besonderen Maßnahmen erforderlich.

Beleuchtungskalender (Mitteleuropäische Zeit)

Monat	Beleuchtungszeit		Monat	Beleuchtungszeit	
	Beginn	Ende		Beginn	Ende
Januar 1.–10.	16^{35}	7^{50}	Juli 1.–10.	20^{50}	3^{15}
Januar 12.–20.	16^{50}	7^{50}	Juli 12.–20.	20^{40}	3^{45}
Januar 21.–31.	17^{05}	7^{40}	Juli 21.–31.	20^{30}	4^{20}
Februar 1.–10.	17^{25}	7^{25}	August 1.–10.	20^{10}	4^{2}
Februar 12.–20.	17^{40}	7^{05}	August 12.–20.	19^{50}	4^{35}
Februar 21.–28.	18^{00}	6^{45}	August 21.–31.	19^{30}	4^{50}
März 1.–10.	18^{15}	6^{30}	September 1.–10.	19^{05}	5^{10}
März 12.–20.	18^{30}	6^{10}	September 12.–20.	18^{45}	5^{25}
März 21.–31.	18^{45}	5^{45}	September 21.–30.	18^{20}	5^{40}
April 1.–10.	19^{05}	5^{20}	Oktober 1.–10.	18^{00}	6^{00}
April 12.–20.	19^{20}	5^{00}	Oktober 12.–20.	17^{35}	6^{15}
April 21.–30.	19^{40}	4^{35}	Oktober 21.–31.	17^{15}	6^{30}
Mai 1.–10.	19^{55}	4^{15}	November 1.–10.	16^{55}	6^{50}
Mai 12.–20.	20^{10}	4^{00}	November 12.–20.	16^{40}	7^{05}
Mai 21.–31.	20^{25}	3^{45}	November 21.–30.	16^{30}	7^{20}
Juni 1.–10.	20^{35}	3^{35}	Dezember 1.–10.	16^{25}	7^{35}
Juni 12.–20.	20^{45}	3^{30}	Dezember 12.–20.	16^{20}	7^{45}
Juni 21.–30.	20^{50}	3^{15}	Dezember 21.–31.	16^{25}	7^{50}

12.10 Beleuchtungstechnik

Abstufung des Lichtstromes im Verlauf einer Adaptionsstrecke

Φ_{Hpt} Lichtstrom vor der Adaptionsstrecke
Φ_{red} Reduzierter Lichtstrom in der folgenden Adaptationsstrecke
L_{Hpt} Leuchtdichte vor der Adaptionsstrecke
L_{red} Leuchtdichte in der folgenden Adaptationsstrecke

Die nebenstehenden Bedingungen sind sowohl bei Einfahrten als auch bei im Lichtstrom abgestuften Adaptationsstrecken einzuhalten.

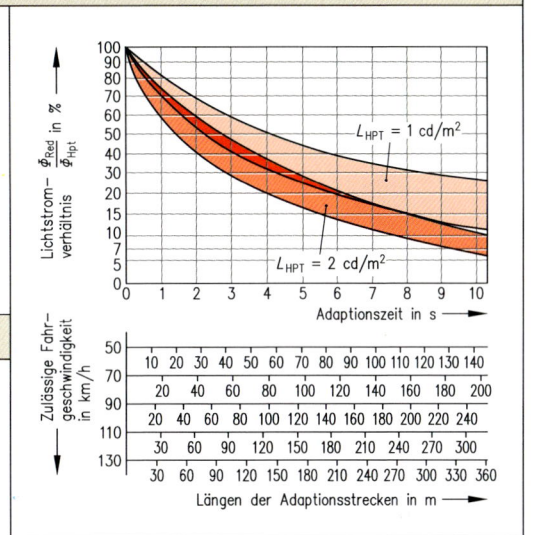

Berechnungsbeispiel

Beispiel:
Eine Straße von 22 m Breite soll mit Leuchten für direktes Licht beleuchtet werden, Mindestbeleuchtung 4 lx.

Lösung: Lichtpunkthöhe $h > 1/3$ der Straßenbreite

$$h > \frac{1}{3} \cdot 22\,\text{m} > 7{,}33\,\text{m}; \quad \text{gewählt } h = 8\,\text{m}$$

Nach der Fluchtlinientafel ergibt sich mit $h = 8$ m und $a/2 = 12$ m ein Winkel von 56°. Der $\cos^3 \alpha$ 0,175. Damit errechnet sich die benötigte Lichtstärke I_α zu

$$I_\alpha = \frac{E_{min} \cdot h^2}{2 \cdot \cos^3 \alpha} = \frac{4\,\text{lx} \cdot 8^2\,\text{m}^2}{2 \cdot 0{,}175} \approx 730\,\text{cd}.$$

Aus der Lichtstärkeverteilungskurve der verwendeten Leuchten liest man auf Linie B unter 56° eine Lichtstärke 134 cd ab. Die Lampe muss also den 730 : 134 = 5,45-fachen Lichtstrom der für 1 000 lm angegebenen Lichtstärkeverteilungslinie abgeben, also 5 450 lm. Gewählt wird eine Quecksilberdampf-Hochdrucklampe von 125 W mit 6 300 lm.

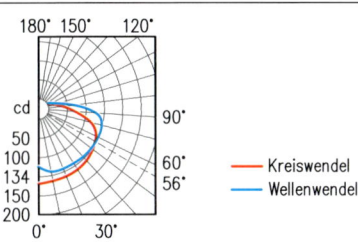

Leuchtencharakteristika – Auswahl

Für Straßen- und Platzbeleuchtungen werden vorzugsweise Leuchten mit direkter/vorwiegend direkter und bei Fassadenbeleuchtung mit indirekter Charakteristik verwendet.

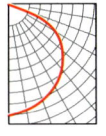

direkt 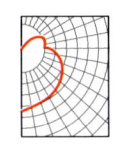   vorwiegend direkt 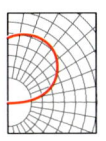   indirekt

Lichtstärkeverteilung einer Leuchte für direktes Licht für 1 000 lm

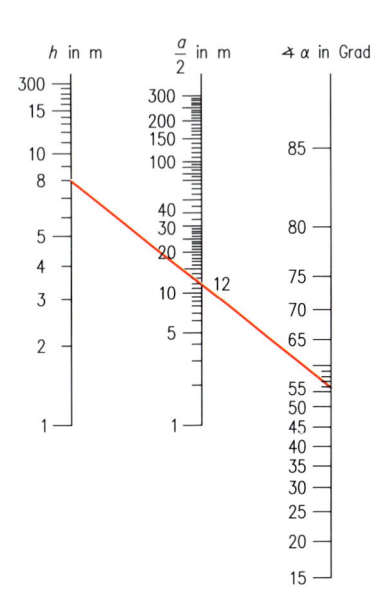

— Kreiswendel
— Wellenwendel

Fluchtlinientafel nach G. Laue

12.10 Beleuchtungstechnik

12.10.4 Berechnung von Beleuchtungsanlagen (Fortsetzung)

Sinnbilder zur Darstellung der Straßenbeleuchtung in Lageplänen

Leuchten

Art	Leuchte, allgemein	Ansatzleuchte	Aufsatzleuchte	Hängeleuchte
Elektrisch, allgemein	✕	⤳	✦	✦
Kolbenförmige Lichtquellen elektrisch	▭	⊣▭	⊤▭	⊥▭
Stabförmige Lichtquellen elektrisch	⬭	⊣⬭	⊤⬭	⊥⬭
Gas	◇	⊣◇	⊤◇	⊥◇

Lichtmaste

Holzmast	Gittermast	Stahlmast	Betonmast	Aluminiummast	Kunststoffmast
(H)	(Gi)	(S)	(B)	(Al)	(K)

Zubehör				Beispiel	
Spannseil	Mauerhaken	Anschluss- und Übergangskasten	Schaltstelle	Gittermast mit elektrischer Ansatzleuchte	
────	▰◀	▰■	─[S]─	(Gi)─✕	

12.10.5 Montage von Leuchten

Leuchten sind je nach Schutzklasse in Maßnahmen zum Schutz von Leben vor elektrischem Schlag einzubeziehen. Leuchten müssen auch einen Schutzgrad gegen Umwelteinflüsse aufweisen und dürfen ihre Montageunterlagen sowie Umgebung nicht unzulässig erwärmen.

Schutz-Klasse	Symbol	Maßnahme	Symbol	Maßnahme
I	⏚	Anschlussstelle für Schutzleiter. Alle berührbaren Metallteile sind elektrisch leitend damit verbunden. Anschluss mit Netzschutzleiter erforderlich.	▽F	Leuchte mit Entladungslampe. Untergrundentzündungstemperatur < 180 °C (z. B. Holz)
			▽F ▽F	Leuchte mit Entladungslampe. Begrenzte Entzündungstemperatur des Untergrunds (feuer- und explosionsgefährdete Bereiche)
II	▢	Metallteile, die im Fehlerfall Spannung führen können, sind schutzisoliert. Anschlussstelle für Schutzleiter nicht vorhanden	▽M	Möbeleinbauleuchte für normal entflammbare Materialien < 130 °C (z. B. lackierte Hölzer)
III	◇III◇	Leuchte wird mit Kleinspannung ≤ 50 V betrieben. Kleinspannung wird über Sicherheitstransformator erzeugt. Unterwasserleuchte ≤ 25 V	▽M ▽M	Möbeleinbauleuchte für Material mit unbekannter Entzündungstemperatur < 115 °C
			◖→✕m	Sicherheitsabstand x in m in Strahlungsrichtung der Leuchte

12.10 Beleuchtungstechnik

Intern. Schutz-art-zeichen	Schutzgrade für 1. Ziffer Fremdkörperschutz	Schutzgrade für 2. Ziffer Wasserschutz	Bildzeichen
IP 20	Abgedeckt	Kein Schutz	–
IP 40	Fremdkörper (bis ø 1 mm)	Kein Schutz	–
IP 50	Staubgeschützt	Kein Schutz	❋
IP 60	Staubdicht	Kein Schutz	◈
IP 22	Abgedeckt	Schräges Tropfwasser	⬤
IP 23	Abgedeckt	Regen	⬛
IP 43	Fremdkörper (bis ø 1 mm)	Regen	⬛
IP 44	Fremdkörper (bis ø 1 mm)	Spritzwasser	⚠
IP 53	Staubgeschützt	Regen	❋ ⬛
IP 54	Staubgeschützt	Spritzwasser	❋ ⚠
IP 55	Staubgeschützt	Strahlwasser	❋ ⚠⚠
IP 65	Staubdicht	Strahlwasser	◈ ⚠⚠
IP 67	Staubdicht	Wasserdicht	◈ ⬤⬤
IP 68	Staubdicht	Druckwasserdicht	◈ ⬤⬤…

Schutzgrade IP XY für Leuchten

↑10-29

Y						
8					X	
7					X	
6						
5				X	X	
4			X	X		
3	X		X	X		
2	X					
1						
0	X		X	X		
	2	3	4	5	6	X

Vorstehende Tabelle enthält allgemein übliche Schutzgrade für Installationsmaterial und Leuchten.

Versorgungsspannung, Anlauf- und Wiederzündzeit

In den Leuchten ist eine Versorgungsspannung von 220 bis 240 V zu gewährleisten. Bei einem zehnprozentigen Absinken der Spannung geben die Lampen noch Licht ab, welches jedoch weder in Helligkeit noch Farbspektrum den Nennwerten entspricht. Spannungstoleranzen von ±3 % wirken sich nicht auf die Lichtqualität aus. Kurzzeitige Spannungseinbrüche sollen ±5 % nicht überschreiten.

Beim Einsatz von Entladungslampen leitet ein Hochspannungsimpuls die Entladung ein. Der einsetzende elektrische Strom lässt das Startgas verdampfen. Nach Erreichen des nötigen Dampfdruckes emittiert die Lampe ihren Nennlichtstrom sowie ihre Nennlichtfarbe. Dieser Sachverhalt gilt qualitativ auch für die Wiederentzündung nach zeitlich begrenzten Spannungseinbrüchen.

Anlaufzeit min	Wiederzündzeit min
3 bis 10	1 bis 6

Diese Zeiten nehmen mit abnehmender Temperatur zu.

12.11 Betriebsführung und Instandhaltung

12.11.1 Betriebsführung

Die Betriebsführung umfasst alle Maßnahmen zur Vorbeugung oder Verringerung der Auswirkung subjektiver Bedienungsfehler.

Typische Bedienungsfehler

- Übersehen einer Meldung, eines Alarmsignals
- Falsche Schlussfolgerung bei Meldung
- Verwechselung von Bedienelementen
- Versehentliche Betätigung von Bedienelementen
- Unqualifiziertes Verstellen von Reglern usw.

Möglichkeiten der Einschränkung von Bedienfehlern

- Auswahl des Bedienungspersonals nach charakterlichen und fachlichen Gesichtspunkten
- Einweisung des Betriebspersonals in zu verantwortende Betriebsabläufe. Periodische Unterweisungen mit schriftlicher Bestätigung. Auswertung aufgetretener Fehlhandlungen. Bei groben oder vorsätzlichen Verstößen mit erheblich nachteiligen Auswirkungen sind personelle Konsequenzen oft unausweichlich.

Den subjektiven Fehlern ist auch mit konstruktiven Gestaltungsmaßnahmen entgegenzuwirken.

Übliche Gestaltungsmaßnahmen

- Informationsreduzierung auf ein für eine fehlerfreie Betriebsführung notwendiges Maß
- Ausschalten konzentrationsmindernder Einflüsse (Einhaltung von Mindestbeleuchtungsstärken, Vermeidung von Blendung, Zuführung sauerstoffreicher und temperierter Atemluft, Vermeidung von Lärm)
- Übersichtliche Anordnung von Anzeige- und Bedienelementen
- Rechtzeitige optische und/oder akustische Warnung zu Beginn einer Fehlhandlung
- Logische elektrische oder mechanische Verriegelung zur Sperrung von Fehlbetätigungen
- Anwendung von zu ziehenden Betätigungsorganen bzw. solcher mit zwei Bewegungsrichtungen (Ziehen/Drehen)
- Auslösen wichtiger Befehle über zwei Schaltorgane bzw. zwei Schaltschritte (erst Anwahl, dann Auslösen des Schaltbefehls).

12.11.2 Instandhaltung

Im Bild ist die Ausfallrate von Geräten und Anlagen über der Betriebszeit dargestellt.

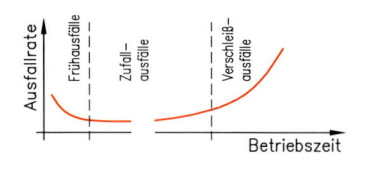

Ausfallart	Ursache	Abhilfe
Frühausfall	Herstellungs- oder Materialfehler	Prüfungen im Herstellungsprozess, Bauelementevoralterung
Verschleiß	Ungenügende Inspektion oder Wartung	Verkürzung des Wartungsintervalls, Austausch von Bauelementen

Übersicht

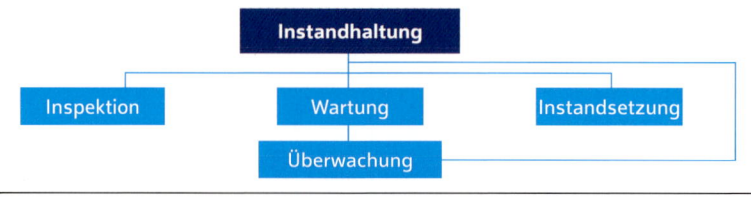

```
                Instandhaltung
        ┌───────────┼───────────┐
    Inspektion   Wartung    Instandsetzung
                     │
                Überwachung
```

Ziel aller Instandhaltungsmaßnahmen ist die höchstmögliche Verfügbarkeit (MTBF) von elektrischen Anlagen durch Reduzierung der Ausfallzeit (MDT). Das Maß hierfür ist der Quotient A.

$$A = \frac{MTBF}{MTBF + MDT}$$

$$A < 1$$

Je weniger A sich von 1 unterscheidet, desto sicherer ist das Gerät/die Anlage.

MTBF = mean time between failures   MDT = mean down time

12.11 Betriebsführung und Instandhaltung

Inspektion
↑ 10-13

Die Inspektion beinhaltet alle Maßnahmen zur Feststellung und Beurteilung des Istzustandes einer Anlage durch
- regelmäßige Zustandskontrollen,
- Trendbeobachtung,
- Schadensdiagnose.

Hierfür können folgende Verfahren angewendet werden:
- gerätelose Verfahren für die Anfangsprüfung (z. B. Sichtprüfung)
- exaktes Messen mit Geräten zur Bestimmung der Merkmalswerte

Wartung

Durch Wartungsmaßnahmen soll der Abbau des vorhandenen Abnutzungsvorrats verzögert werden. Zu diesen Maßnahmen zählen Reinigung, Schmierung, Ergänzung von Verbrauchsmaterial wie Schmiermittel, Registrierpapier usw. Wartungsintervalle und -umfang sind in der Regel nach Angaben der Gerätehersteller durchzuführen bzw. aus dem Verschleißverlauf abzuleiten. Die Wartung hat zum Ziel, den plötzlichen Ausfall von Geräten und Anlagen (Havarie) zu verhindern, zumindest die Ausfallzeit zu verringern. Diese Arbeiten sind nur im spannungslosen Zustand der elektrischen Geräte und Anlagen durchzuführen.

Instandsetzung

Die Instandsetzung umfasst die Arbeiten zur Beseitigung von Verschleißschäden. Verschleißteile sind auch vorbeugend nach Plan auszuwechseln. Dabei ist ein Außerbetriebsetzen der Anlage nötig. Reservehaltung ausgewählter Verschleißteile ist sinnvoll. Die Servicefreundlichkeit der Geräte und Anlagen kann die Ausfallzeit deutlich verkürzen. Zur Servicefreundlichkeit gehören u. a.:
- Einsatz von Geräten mit Prüfanschlüssen,
- automatische Meldung von Gerätedefekten,
- Ablaufschemata zur Fehlersuche für das Personal.

Im Bild ist die Ausfallrate über der Betriebszeit dargestellt.

O   Einzelbeobachtung
t_1 Zeit bis zur Meldung
Δt_a Zeit zwischen Meldung und Alarmauslösung
Δt_b Zeit zwischen Meldung und Ausfall

Die Zeit vom Alarm bis zum Ausfall ist kleiner als die von der Meldung bis zum Alarm. Mit der Kenntnis des zeitlichen Verlaufs der Ausfallrate/des Verschleißgrades können Wartungs- und vorbeugende Instandsetzungsfristen festgelegt werden.

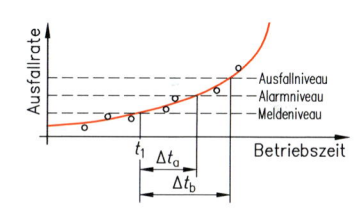

Überwachung

Die Überwachung umfasst die Einhaltungskontrolle vorstehender Maßnahmen durch staatliche oder befugte interne Organe. Den dabei festgelegten Maßnahmen ist Folge zu leisten.

Beispiele für Kontroll- und Wartungsarbeiten

Kontroll- und Wartungsarbeiten sind je nach Verschleißgrad und Umweltbeanspruchung nach einem angepassten, vorgegebenen Rhythmus durchzuführen.

Gerät	Kontroll-/Wartungsfrist
Mittelspannungsschalter	1 000 Last- oder 5 Kurzschlussabschaltungen
Fehlerstromschutzschalter	Prüftaste nach 1 bis 3 Monaten betätigen
Fehlerstromschutzschaltung	Mittels Prüfadapter (5, 30 oder 300 mA usw.) jährlich
Berührungsschutz	Mittels „Prüffinger" nach intern festgelegten Fristen
Öltransformatoren	Kontrolle des Ölstands und des höchstzulässigen Wassergehaltes nach Angaben des Herstellers
Elektromotoren	Ausreichende Lagerschmierung und -abdichtung nach Herstellerangaben, bzw. intern festgelegten Fristen
Leuchten	Lichtquellenaustausch nach Ablauf der Lebensdauer (zulässiger Lichtstromverlust)

12.11 Betriebsführung und Instandhaltung

12.11.2 Instandhaltung (Fortsetzung)

Pflichtprüfung auf Baustellen			Funktionsprüfung – Schwerpunkte	
Wegen häufigem Ortswechsel und rauer Einsatzbedingungen sind verkürzte Prüfzeiten einzuhalten.			Die Mindestwerte des Isolationswiderstandes sind abhängig von der Schutzklasse. ↑	
Gerät	**Prüfzeit**	**Maßnahme**	**Geräte**	**Maßnahme**
RCD[1]	Täglich	Prüftaster betätigen	Schutzklasse I	Isolationswiderstand ≥ 0,3 MΩ bei Geräten mit Heizelementen bis 3,5 kW ≥ 1 MΩ für alle anderen Geräte
RCD	Monatlich	Mittels Prüfeinrichtung	Schutzklasse II	Isolationswiderstand ≥ 2 MΩ
Ortsveränd. Betriebsmittel	3-monatl.	Prüfung auf ordnungsgemäßen Zustand	Schutzklasse III	Isolationswiderstand ≥ 0,25 MΩ
Ortsfeste Betriebsmittel	Jährlich		Schutzleiter	Widestandsmessung, dabei Zuleitung bewegen
Schweißeinrichtungen	Nach Ortswechsel	Metallische Unterlagen nicht an Erdleitung anschließen, Irrströme, Brandgefahr	Drehstromsteckdose	Bei Vorderansicht Rechtsdrehfeld
Schadhafte Geräte/Betriebsmittel sind auszuwechseln, gegebenenfalls ordnungsgemäß instand zu setzen. Nach der Instandsetzung ist eine Funktionsprüfung durchzuführen.			Drehstrommotor	Bei falscher Drehrichtung zwei Außenleiter vertauschen

12.11.3 Erste Hilfe bei Elektrounfällen

Jede Person ist zu Hilfeleistungen entsprechend ihrer individuellen Möglichkeiten gesetzlich verpflichtet! Bei Elektrounfällen sind folgende Maßnahmen durchzuführen:

1. Stromkreis sofort unterbrechen. Ist das nicht möglich, verletzte Person mit nicht leitendem Gegenstand von spannungsführenden Teilen entfernen und nicht mit der ungeschützten Hand berühren!
2. Eventuellen Atemstillstand feststellen. Bei Atemstillstand sind keine Atemgeräusche oder Brustkorbbewegung feststellbar. In diesem Fall sofort mit Atemspende beginnen.
3. Eventuellen Kreislaufstillstand feststellen. Bei Kreislaufstillstand ist der Puls nicht fühlbar, die Pupillen sind geweitet, die verunglückte Person zeigt keine Reaktion. Äußere Herzmassage durch ausgebildete Helfer/-innen durchführen.
4. Überprüfung auf Schock der verletzten Person. Anzeichen von Schock sind Blässe, kalte Haut, Schweiß, schwankender Puls, Unruhe. Bei einem oder mehreren Anzeichen verletzte Person sicher lagern, vor Auskühlung bewahren (abdecken), Puls und Atmung kontrollieren. Setzt letztere aus, sofort mit Beatmung und Herzmassage beginnen!
5. Überprüfung auf äußere Verbrennungen. Liegen solche vor, diese keimfrei abdecken. In keinem Fall Öl, Salben oder Puder auftragen! Schluckweise Tee oder Wasser reichen, wenn verunglückte Person ansprechbar ist.
6. Bei Bewusstlosigkeit und vorhandener Atmung verletzte Person in stabile Seitenlage bringen, vor Auskühlung schützen, unter Beobachtung halten.
7. Ärztliches Fachpersonal möglichst frühzeitig verständigen lassen. Begonnene Wiederbelebungsversuche bis zum Eintreffen des ärztlichen Fachpersonals nicht unterbrechen.

[1] RCD (Residual Current Protective Device) Fehlerstrom-Schutzeinrichtung

13 Technische Kommunikation

13.1 Übersicht

	Seite
13.2 Zeichentechnische Grundlagen	13-2
13.2.1 Linien	13-2
13.2.2 Schreibpapier-Endformate	13-2
13.2.3 Grafische Darstellungen	13-3
13.2.4 Axonometrische (parallele) Projektionen	13-3
13.2.5 Schriften	13-4
13.2.6 Maßstäbe für Zeichnungen	13-4
13.3 Technische Darstellungen	13-4
13.3.1 Orthogonale Darstellungen	13-4
13.3.2 Maßeintragung in Zeichnungen	13-5
13.3.3 Schnitte	13-6
13.4 Dokumente der Elektrotechnik	13-7
13.4.1 Dokumentarten für Schaltpläne	13-7
13.4.2 Darstellungen in Schaltplänen	13-8
13.4.3 Ausführungsregeln für Schaltpläne	13-8
13.5 Kennzeichnung von elektrischen Betriebsmitteln	13-10
13.6 Schaltzeichen	13-13
13.6.1 Symbolelemente und Kennzeichnung für Schaltzeichen	13-13
13.6.2 Schaltzeichen für Leiter und Verbinder	13-14
13.6.3 Schaltzeichen für passive Bauelemente	13-14
13.6.4 Schaltzeichen für Halbleiter und Elektronenröhren	13-15
13.6.5 Schaltzeichen für die Erzeugung/Umwandlung elektrischer Energie	13-16
13.6.6 Schaltzeichen für Schaltgeräte und Schutzeinrichtungen	13-17
13.6.7 Schaltzeichen für Mess-, Melde- und Signaleinrichtungen	13-19
13.6.8 Schaltzeichen für Elektroinstallation	13-20
13.6.9 Schaltzeichen für Vermittlungs- und Endeinrichtungen	13-21
13.6.10 Schaltzeichen für Übertragungseinrichtungen	13-22
13.6.11 Binäre Elemente	13-23
13.6.12 Analoge Elemente	13-25
13.6.13 Europäischer Installationsbus (EIB)	13-26
13.7 Bildzeichen der Elektrotechnik	13-27

13.2 Zeichentechnische Grundlagen

13.2.1 Linien — DIN EN ISO 128-2: 2022-02

Nr.	Linienarten		Linienbreiten d in mm	Anwendungsbeispiele
01.2	Volllinie, breit	———	0,35 0,5 0,7 1,0	Sichtbare Kanten und Umrisse
01.1	Volllinie, schmal	———	0,18 0,25 0,35 0,5	Maß-, Maßhilfslinien, Schraffuren, Hinweislinien
01.1	Freihandlinie, schmal	∿∿∿		Begrenzung abgebrochener oder unterbrochener Ansichten und Schnitte
01.1	Zickzacklinie, schmal	—⋀—		
02.2	Strichlinie, breit	– – – – –	0,35 0,5 0,7 1,0	Bereich zulässiger Oberflächenbehandlung, z. B. Wärmebehandlung
02.1	Strichlinie, schmal	– – – – –	0,18 0,25 0,35 0,5	Verdeckte Kanten und Umrisse
04.2	Strichpunktlinie, langer Strich breit	—·—·—	0,35 0,5 0,7 1,0	Schnittebenen
04.1	Strichpunktlinie, langer Strich schmal	—·—·—	0,18 0,25 0,35 0,5	Mittellinien, Symmetrielinien
05.1	Strichzweipunktlinie	—··—··—	0,18 0,25 0,35 0,5	Umrisse vor Umformung, Umrisse von angrenzenden Teilen

Gestaltung der Linien — DIN EN ISO 128-2: 2022-02

Linienart Nr.	Linienelement	Länge	Linienabstände:
04	Punkte	$\leq d$	$\geq 2d$ bei parallelen Linien, jedoch mindestens 0,7 mm
02; 04	Lücken	$3d$	
02	Striche	$12d$	
04	Lange Striche	$\approx 24d$	

13.2.2 Schreibpapier-Endformate — DIN EN ISO 216: 2007-12

Hauptreihe (ISO-A-Reihe)		Zusatzreihe[1] (ISO-B-Reihe)		Streifenformate[2] (Beispiele)	
Benennung	Abmessung (mm)	Benennung	Abmessung (mm)	Benennung	Abmessung (mm)
A0	841 × 1189	B0	1000 × 1414	1/3 A4	99 × 210
A1	594 × 841	B1	707 × 1000	1/4 A4	74 × 210
A2	420 × 594	B2	500 × 707	1/8 A7	13 × 74
A3	297 × 420	B3	353 × 500		
A4	210 × 297	B4	250 × 353	Format A4:	1/4 A4
A5	148 × 210	B5	176 × 250		1/4 A4
A6	105 × 148	B6	125 × 176		1/4 A4
A7	74 × 105	B7	88 × 125		1/4 A4
A8	52 × 74	B8	62 × 88		

[1] Für Ausnahmefälle, wenn Zwischenformate aus A-Reihe benötigt werden.
[2] Möglichst aus abgeleiteten Formaten der A-Reihe bilden.

13.2 Zeichentechnische Grundlagen

13.2.3 Grafische Darstellungen DIN 461: 1973-03

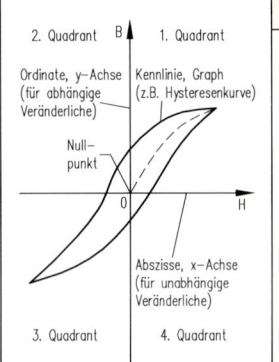

Kartesisches Koordinatensystem

Jeder Punkt ist festgelegt durch Angabe der beiden Abstände von den zueinander rechtwinkligen Achsen. Die waagerechte Achse (Abszisse, x-Achse) für die unabhängige Veränderliche und die senkrechte Achse (Ordinate, y-Achse) für die abhängige Veränderliche schneiden sich im Nullpunkt. Die beiden Achsen teilen das Koordinatensystem in ein Achsenkreuz mit vier Quadranten in folgender Zuordnung:

Quadrant	x-Achse	y-Achse
1	+	+
2	−	+
3	−	−
4	+	−

Sollen drei Größen in einem Achsenkreuz dargestellt werden, ist jeweils eine Größe als Parameter konstant zu halten. Es entstehen dadurch mehrere Graphen mit verschiedenen Parametern, die eine Kurvenschar bilden.
Ausführung:
- Formelzeichen stehen unter der waagerechten und links neben der senkrechten Pfeilspitze.
- Beschriftung: Vertikale Normschrift, Formelzeichen und Hinweisziffern kursiv, lesbar von unten, in Ausnahmefällen von rechts
- Verhältnis der Linienbreiten: Kennlinie : Achse : Netz
  $\qquad\qquad\qquad\qquad\qquad\qquad\qquad$ 1 $\quad$ 0,5 $\quad$ 0,25
- Die Achsen erhalten eine bezifferte Teilung in Schritten von $1 \cdot 10^n$, $2 \cdot 10^n$ oder $5 \cdot 10^n$ mit n 0, 1, 2 ... Negative Werte sind mit Minus (−), die Nullpunkte beider Achsen mit Null (0) zu kennzeichnen.
- Zum Ablesen kann ein Koordinatennetz mit Beschriftung außerhalb der Diagrammfläche bis zu den Randlinien ergänzt werden. Die Einheitenzeichen stehen am rechten Ende der Abszisse bzw. am oberen Ende der Ordinate zwischen den beiden letzten Ziffern.

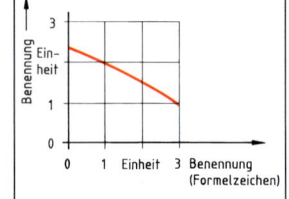

Polarkoordinatensystem

Im Polarkoordinatensystem wird der vom Nullpunkt (Pol) nach rechts oder nach unten gehenden Achse meist der Winkel Null zugeordnet. Der Winkel wird positiv entgegen dem Uhrzeigersinn bzw. negativ im Uhrzeigersinn abgetragen. Der Radius nimmt vom Nullpunkt nach außen hin zu. Zur Erzeugung eines Koordinatennetzes wird die Teilung des Radius mit konzentrischen Kreisen, die des Winkels mit Strahlen eingetragen.
Beispiel: Lichtstärkeverteilung einer Leuchte (cd/klm)

13.2.4 Axonometrische (parallele) Projektionen DIN ISO 5456-3: 1998-04

Isometrie

Drei Ansichten des Objektes werden gleichwertig abgebildet. Die gleichen Achsenwinkel ergeben eine leichte Unanschaulichkeit durch Symmetrie der Kanten.

Achsenwinkel $\qquad\qquad \alpha_x = \alpha_y = 30°$

Länge der Ellipsenachsen $\quad a_1 = \sqrt{\frac{3}{2}}s \approx 1{,}22\,s \quad b_1 = \sqrt{\frac{1}{2}}s \approx 0{,}71\,s$

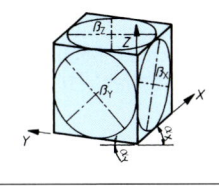

Dimetrie

Eine Ansicht des Objektes wird bevorzugt dargestellt. Durch die einfachen, aber größeren Verkürzungsfaktoren wirkt die Zeichnung etwas größer als die isometrische Projektion.

Achsenwinkel $\qquad\qquad \alpha_x = 42° \qquad \alpha_y = 7°$
Verkürzungsfaktor $\qquad k_x = 0{,}5 \qquad k_y = k_z = 1$

13.2 Zeichentechnische Grundlagen

13.2.5 Schriften — DIN EN ISO 3098-2: 2000-11

Schriftformen:
- A (Engschrift)   vertikal und kursiv[1]
- B (Mittelschrift) vertikal (zu bevorzugen) und kursiv[1]
- CB (CAD-Schrift)   vertikal (zu bevorzugen) und kursiv[1], Maße wie A oder B

Schriftform B, vertikal

ABCDEFGHIJKLMNO
PQRSTUVWXYZ
aabcdefghijklmnop
qrstuvwxyz
ÄÖÜääöüß±□
[(!?.;'-=+×·√%&)]⌀
12345677890 IV X

Merkmal		Schriftform Verhältnis zu h	
		A	B
h	Schrifthöhe, Höhe der Großbuchstaben	14/14	10/10
c_1	Höhe der Kleinbuchstaben	10/14	7/10
c_2	Unterlänge der Kleinbuchstaben	4/14	3/10
c_3	Oberlänge der Kleinbuchstaben	4/14	3/10
a	Abstand zwischen den Schriftzeichen	2/14	2/10
b	Abstand zwischen den Grundlinien	25/14	19/10
b[2]		21/14	15/10
b[3]		17/14	13/10
e	Abstand zwischen den Wörtern	6/14	6/10
d	Linienbreite	1/14	1/10

Schrifthöhen h (in mm): 1,8; 2,5; 3,5; 5; 7; 10; 14; 20

13.2.6 Maßstäbe für Zeichnungen — DIN ISO 5455: 1979-12

Verkleinerungs-maßstäbe	1:100 1:10	1:50 1:5	1:20 1:2	Natürlicher Maßstab 1:1
Vergrößerungs-maßstäbe	10:1 100:1	2:1 20:1	5:1 50:1	Weitere Maßstäbe als Vielfache von 10, Hauptmaßstab groß im Schriftfeld, übrige klein und bei der jeweiligen Darstellung

13.3 Technische Darstellungen

13.3.1 Orthogonale Darstellungen — DIN ISO 5456-2: 1998-04

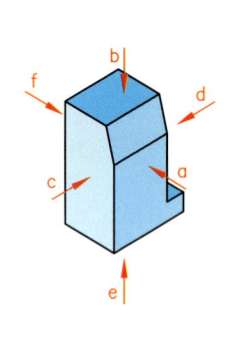

Betrachtungsrichtung		Bezeichnung der Ansicht
Ansicht in Richtung	Ansicht von	
a	vorne	A
b	oben	B
c	links	C
d	rechts	D
e	unten	E
f	hinten	F

Ansicht A	Hauptansicht
Ansicht B	Die Draufsicht liegt unterhalb.
Ansicht E	Die Untersicht liegt oberhalb.
Ansicht C	Die Seitenansicht von links liegt rechts.
Ansicht D	Die Seitenansicht von rechts liegt links.
Ansicht F	Die Rückansicht darf rechts oder links liegen.

Die Anordnung des Werkstückes wird von der Gebrauchslage bestimmt. Die Hauptansicht A soll die wichtigsten Merkmale erkennen lassen. Weitere Ansichten (auch verdeckte Kanten) werden nur gezeichnet, wenn dies für die eindeutige Darstellung und Bemaßung nötig ist. Falls erforderlich, können Werkstücke oder Teile davon durch Teilansichten, Schnitte oder Einzelheiten dargestellt werden.

---

[1] Um 15° nach rechts geneigt.   [2] Groß- und Kleinbuchstaben ohne diakritische Zeichen.   [3] Nur Großbuchstaben.

13.3.2 Maßeintragung in Zeichnungen DIN EN ISO 129-1: 2022-02

Grundregeln

- Doppelbemaßungen sind zu vermeiden, ebenso die Bemaßung verdeckter Kanten.
- Eingetragene Maße sind Nennmaße. Sind Toleranzangaben erforderlich, so stehen diese hinter den Nennmaßen.
- Alle Maße in derselben Einheit angeben. Bevorzugte Einheit (mm) nicht eintragen. Abweichende Einheiten (z. B. 3,5 m, 30°) müssen angegeben werden.
- Zusammengehörige Maße in einer Ansicht eintragen.
- Maßzahlen sollen von unten oder von rechts lesbar sein (in Gebrauchslage der Zeichnung). Ausnahme: Lesbarkeit von links, wenn sich eine Bemaßung im schraffierten Bereich nicht vermeiden lässt. Die Zahlen 6 und 9 können dann einen Punkt erhalten.

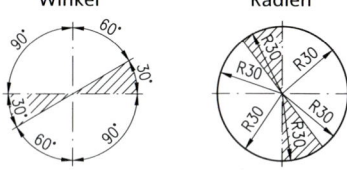

Maßlinien ①

Gerade oder gekrümmte schmale Volllinie parallel zu der zu bemaßenden Größe zwischen zwei Körperkanten, einer Körperkante und einer Maßhilfslinie, zwei Maßhilfslinien
Mindestabstände:
10 mm zu den Körperkanten, 7 mm zwischen zwei parallelen Maßlinien
Maßlinien sollen sich möglichst nicht schneiden.

Maßhilfslinien ②

Verbindungslinie (schmale Volllinie) zwischen dem zu bemaßenden Körper und der zugehörigen Maßlinie

Mittellinien ③

Kennzeichnen als schmale Strichpunktlinie die Mitte symmetrischer Körper. Sie können als Maßhilfslinie genutzt werden.

Maßlinienbegrenzung

Einheitliche Ausführung auf einer Zeichnung. Am Kreisbogen ist nur der Maßpfeil zugelassen.
Arten:
① Maßpfeile ausgefüllt, nicht ausgefüllt, offen. Anwendung: Metallgewerbe (Maschinenbau, Elektrotechnik)
② Schrägstriche. Anwendung: Baugewerbe, für Skizzen
③ Punkte bei Platzmangel

Bohrungen, Durchmesser, Gewinde

① Das Symbol ø steht vor der Maßzahl. Bei Bohrungen ist die nutzbare Tiefe anzugeben.
② Bei Gewindesacklöchern ist die Kernlochtiefe anzugeben.

Radien, Rundungen, Kugeln

① Der Buchstabe R steht vor der Maßzahl. Der Mittelpunkt wird durch Mittellinien angegeben. In eindeutigen Fällen kann das Mittellinienkreuz entfallen.
② Bei sehr großen Radien Maßlinie rechtwinklig abgeknickt zeichnen.
③ Bei Kugeln steht das S (engl. Spherical) vor der Durchmesser- bzw. Radienbemaßung.

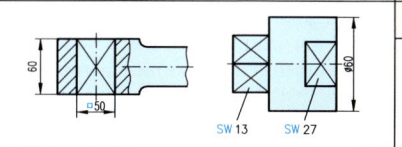

Ebene Fläche, Schlüsselweite SW

Das Diagonalkreuz kennzeichnet die ebene Fläche (erforderlich bei nur einer Ansicht). SW: Angabe bei genormten 4- od. 6-Kanten, deren Form aus der Darstellung (Benennung) erkennbar ist.

13.3 Technische Darstellungen

13.3.2 Maßeintragung in Zeichnungen (Fortsetzung)

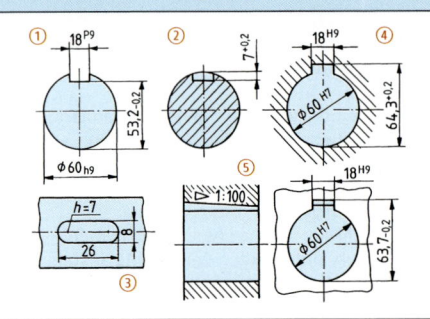

Nuten

Beispiele mit Angaben von Toleranzen und Passungen
① Bemaßung einer durchgehenden Nute in einer Welle
② Bemaßung einer nicht durchgehenden Nute in einer Welle
③ Angabe der Nutentiefe in der Draufsicht (vereinfacht bei nur einer Ansicht)
④ Bemaßung der Nuten für Passfedern in zylindrischen Bohrungen
⑤ Bemaßung der Keilnuten in Naben

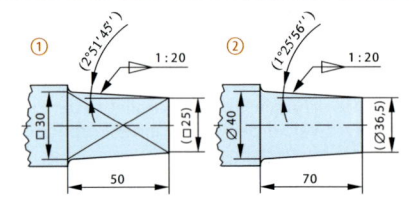

Verjüngungen

Die Abbildungen zeigen die Bemaßung eines pyramidenförmigen ① und eines kegelförmigen Übergangs ②. Zur Erleichterung der Fertigungsvorbereitung dient die Angabe des Einstellwinkels (halber Kegelwinkel).

13.3.3 Schnitte   DIN EN ISO 128-3: 2022-02

Allgemein

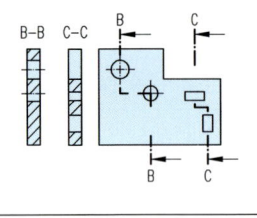

Schnittansichten oder Schnitte sind mit zwei gleichen Großbuchstaben zu kennzeichnen. Der Schnittverlauf (die Schnittebene) wird mit einer breiten Strichpunktlinie hervorgehoben, an deren Enden Bezugspfeile die Betrachtungsrichtung angeben. Die Schnittflächen werden schraffiert (schmale Volllinie unter 45° zu den Hauptachsen/Umrissen) dargestellt. Schmale Schnittflächen (z. B. Bleche, Profile) können voll geschwärzt werden.

Schnitt

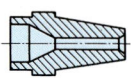

Darstellung der Umrisse eines Gegenstandes in einer oder mehreren Schnittebenen. Verdeckte Details (z. B. Kanten) werden nur dann gezeichnet, wenn es zum Verständnis unbedingt erforderlich ist.

Halbschnitt

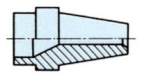

Symmetrische Gegenstände können, getrennt durch die Mittellinie, zur Hälfte geschnitten und zur Hälfte in Ansicht dargestellt werden.

Teilschnitt

Nur ein Teilbereich (Ausbruch) des Gegenstandes wird geschnitten dargestellt.

Schnittverlauf in mehreren Ebenen

① Im Winkel zueinander liegende Schnittebenen werden zur Verdeutlichung der Darstellung in eine Projektionsebene gedreht.
② Parallel und schräg versetzte Schnittebenen werden verkürzt (als Projektion) dargestellt.

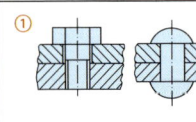

Teile ohne Längsschnitt

① Volle Teile wie Achsen, Wellen, Befestigungsteile u. Ä.
② Rippen, Stege, Speichen u. Ä. werden in der Regel nicht geschnitten.

13.4 Dokumente der Elektrotechnik

```
                  Dokumente der Elektrotechnik
                  (DIN EN 61082-1; VDE 0040-1: 2015-10)
        ┌──────────────┬──────────────┬──────────────┐
    Zeichnung      Schaltplan      Diagramm      Tabelle, Liste
```

13.4.1 Dokumentarten für Schaltpläne

Dokument	Inhalt
Übersichtsschaltplan	Einfacher, häufig einpoliger Schaltplan, der die wichtigsten Verbindungen/Beziehungen zwischen den Geräten/Betriebsmitteln innerhalb eines Systems, einer Installation oder einer Ausrüstung zeigt
Funktionsschaltplan	Schaltplan, der Informationen über das funktionale Verhalten eines Objektes, z. B. einer Steuerungsanlage, bereitstellt
Ersatzschaltplan	Funktionsschaltplan, der Informationen über das elektrische und/oder magnetische Verhaltensmodell eines Objektes bereitstellt, z. B. für Transformatorberechnungen
Ablaufplan	Plan (Tabelle) zur Darstellung der Reihenfolge von Vorgängen oder der Zustände von Teilen eines Systems
Stromlaufplan	Schaltplan, der Informationen über die Ausführung und Wechselbeziehungen der Stromkreise eines Objektes, z. B. einer Anlage, bereitstellt. Das geschieht mithilfe von grafischen Symbolen (Schaltzeichen), Verbindungslinien, Referenzkennzeichen, Anschlusskennzeichen, Signalpegelfestlegungen (Logik-Signale), Angaben zu den Stromwegen (Pfade) sowie zusätzlichen Informationen zum Verständnis der Funktion. **Beispiel:** s. Seite 13-9
Lageplan	Stellt die räumliche Lage von Gebäuden, Versorgungsnetzen, Wegen u. Ä. sowie deren Zugangsmöglichkeiten dar
Installationsplan	Plan (Bauzeichnung), der die räumliche Lage einer Elektroinstallation mit ihren Verbindungen darstellt
Gruppenzeichnung	Zeichnung, welche maßstäblich und räumlich eine Gruppe zusammengebauter Teile darstellt
Anordnungsplan	Gruppenzeichnung (vereinfacht oder ergänzt) mit zweckorientierten Informationen **Beispiel:** Frontansicht eines Gerätes/Betriebsmittels mit gekennzeichneten Mess- und Schalteinrichtungen
Geräteverdrahtungsplan	Schaltplan, der die Verbindungen innerhalb einer Baueinheit (Gerät) darstellt
Verbindungsschaltplan	Schaltplan, der Informationen über die (physikalischen) Verbindungen zwischen Komponenten und Einheiten bereitstellt. Das geschieht mithilfe von Informationen über Leitungs- oder Kabeltyp (z. B. Typkennzeichen, Material, Anzahl der Leiter), Referenzkennzeichen, Leiter- oder Kabelnummer sowie der Darstellung der verbundenen Objekte.
Anschlussplan	Verbindungsschaltplan für die internen und/oder externen Verbindungen von Anschlüssen. Er kann auch tabellarisch (Anschlusstabelle) dargestellt werden.
Anschlusstabelle	Enthält Informationen über Verbindungen zwischen den Komponenten von Anlagen, z. B. technischen Daten zu Leitungs- und Kabeltypen, Identifikation der verbundenen Objekte (Referenz- und/oder Anschlusskennzeichen).
Kabelplan	Verbindungsschaltplan mit Informationen über die Kabel-/Leiterverbindungen zwischen verschiedenen Baueinheiten. Er kann auch tabellarisch (Kabeltabelle) dargestellt werden.
Blockschaltplan	Übersichtsschaltplan mit überwiegend Blocksymbolen
Erdungsplan	Anordnungsplan mit räumlicher Lage von Komponenten eines Erdungssystems

13.4 Dokumente der Elektrotechnik

13.4.2 Darstellungen in Schaltplänen

Schaltzeichen sind grafische Symbole (Grundsymbole), mit deren Hilfe die Komponenten elektrotechnischer Anlagen (z. B. Einzelteile, Geräte, Funktionseinheiten, elektrische Betriebsmittel) in Schaltplänen dargestellt werden. Schaltzeichen müssen DIN EN 60617, T. 1-13 entsprechen.

Zusammengesetzte Schaltzeichen entstehen aus der Kombination genormter Grundsymbole. **Beispiel:** Zusammengesetztes Schaltzeichen eines Schaltgerätes	Ist in den o. g. Normen kein geeignetes Schaltzeichen enthalten, so kann mithilfe genormter Grundsymbole und unter Beachtung der DIN EN 61082-1 eine neues Schaltzeichen entworfen werden. **Beispiel:** Neues Schaltzeichen für einen Sicherungsautomaten

Darstellung der Komponenten

Zusammenhängend ①	Wiederholt ③
Schaltzeichen funktionell voneinander abhängiger Bauteile in einem Gerät/Betriebsmittel werden zusammenhängend (benachbart) dargestellt.	Zum Erhalt eines klaren Layouts und zur besseren Übersicht werden die Schaltzeichen wiederholt dargestellt und mit Referenzkennzeichen versehen. Vereinfachte Darstellungen mit entsprechender Kennzeichnung sind zulässig.
Aufgelöst ②	**Einpolig**
Schaltzeichen der Geräte/Betriebsmittel werden aufgelöst dargestellt, um das Verfolgen von Strompfaden zu erleichtern und ein klares Layout (ohne Kreuzungen) zu erhalten. Referenzkennzeichen stellen den Zusammenhang der Symbole dar.	Zwei oder mehrere Verbindungen im Schaltplan werden durch eine Linie dargestellt.
	Mehrpolig
	Jede Verbindung im Schaltplan wird durch eine eigene Linie dargestellt.

13.4.3 Ausführungsregeln für Schaltpläne

Hinweise für die Darstellung der Informationen in Schaltplänen
(vorrangig Stromlaufpläne und Übersichtsschaltpläne)

Alle Dokumente sind auf eine praxisnahe Anwendung zu orientieren.	Die Dokumente müssen in ihrem Inhalt (Schaltung, Bilder, Tabellen u. Ä.) klar und gut verständlich sein. Die Texte sind eindeutig zu formulieren.
Das angewendete System der Kennzeichnung muss eine schnelle Identifizierung aller Betriebsmittel ermöglichen.	Signalflussrichtung in Schaltplänen: von links nach rechts oder von oben nach unten. Blocksymbole für Signalverarbeitung sowie Schaltzeichen für binäre und analoge Elemente sind vorrangig für einen Signalfluss von links nach rechts entworfen. Abweichungen, z. B. aus Gründen der Eindeutigkeit einer Schaltungsdarstellung, sind zulässig.
Handbetätigte oder elektromechanische Betriebsmittel, z. B. Relais, Schütze, Schalter, werden im spannungslosen (nichtbetätigten) Zustand oder in der geöffneten (Aus-)Stellung dargestellt. Abweichende Darstellungen sind im Schaltplan zu vermerken.[2]	Jedes Schaltzeichen ist zu kennzeichnen (Referenzkennzeichnung). Die Eintragung erfolgt unmittelbar am Schaltzeichen. Oberhalb des Schaltzeichens bei horizontalen Verbindungslinien, links vom Schaltzeichen bei vertikalen Verbindungslinien. ④

[1] Die Angabe des Vorzeichens (–) in Zuordnung zu den Kennbuchstaben der dargestellten elektrischen Betriebsmittel erfolgt nur in den Kapiteln 13-8 und 13-9. In den anderen Kapiteln wurde auf die Angabe von Vorzeichen in den Schaltplänen verzichtet.

[2] Beispielsweise durch einen Pfeil ⇑ am Schaltzeichen.

13.4 Dokumente der Elektrotechnik

Anschlusskennzeichen sind unmittelbar an den Anschlüssen einzutragen, oberhalb horizontaler und links von vertikalen Verbindungslinien. ⑤	Verbindungslinien (horizontal oder vertikal) in Schaltplänen sollen geradlinig sein. Knicke und Kreuzungen sind möglichst zu vermeiden. Schräge Linien nur dann, wenn die Klarheit des Schaltplanes verbessert wird.
Die Zeichenformate werden in Raster (Module) eingeteilt. Modulmaße (in mm): 2,5; 3,5; 5,0; 7,0; 10,0; 14,0. Schaltzeichen werden auf Rasterlinien dargestellt und enden an Kreuzungslinien von Rasterlinien.	Zu Verbindungslinien gehörende technische Daten sollten in der Nähe – oberhalb von horizontalen und links von vertikalen – Verbindungslinien angeordnet werden. ⑨ **Beispiele** für die abgekürzte Darstellung von elektrischen Bemessungswerten von AC- und DC-Stromkreisen: • Gleichspannung 110 V: DC 110 V • 3-Phasen-Dreileitersystem 400 V: 3 AC 400 V • 3-Phasen-Fünfleitersystem mit N und PE 400/230 V: 3/N/PE AC 400/230 V 50 Hz
Seitenlayout: Die Zeichenformate werden unterteilt in ein Inhaltsfeld (z. B. zur Darstellung einer Schaltung) und ein oder mehrere Indentifikationsfelder (z. B. ein Schriftfeld mit relevanten Daten).	
Schaltzeichen oder deren Teile müssen in funktionsbezogenen Schaltplänen schnell und vollständig auffindbar sein. Dazu dienen z. B. folgende Verständigungshilfen: • Feldeinteilung der Zeichenformate mit Buchstaben und Zahlen ⑥ • Nummerierung der Strompfade in den Stromlaufplänen ⑦ • tabellarische Darstellung der Kontaktbelegung in Zuordnung zu den Antriebselementen ⑧	Zur Vereinfachung ihrer Darstellung dürfen mehrere parallele Verbindungsleitungen durch eine Linie zusammengefasst (gebündelt) werden. **Beispiel:**
	Beschriftungen in Schaltplänen müssen von unten und/oder rechts lesbar sein. ⑩
	Bestimmte Stromkreise oder Leitungen können z. B. durch breitere Linien oder unterschiedliche Farben hervorgehoben werden.

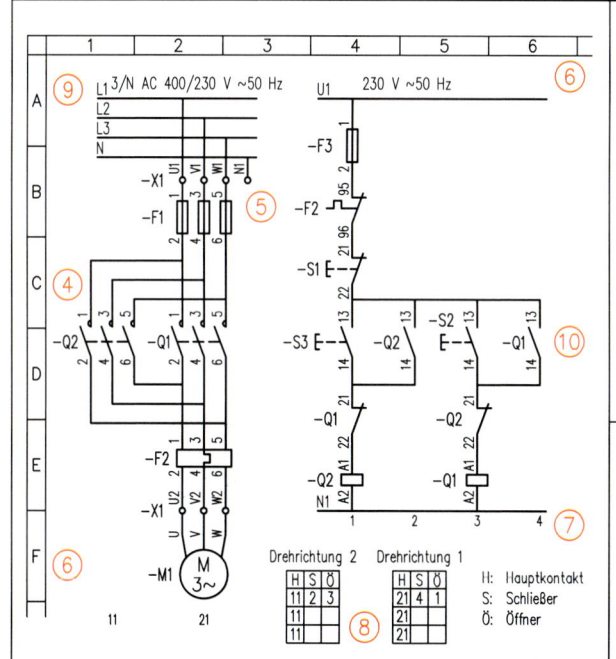

Beispiel: Stromlaufplan eines Antriebssystems für zwei Drehrichtungen in aufgelöster Darstellung mit Darstellung der Hinweise zur Ausführung von Schaltplänen ②

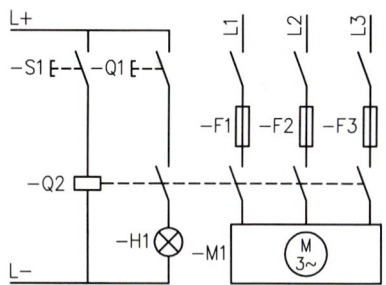

Beispiel: Zusammenhängende Darstellung der Schaltungskomponenten ①

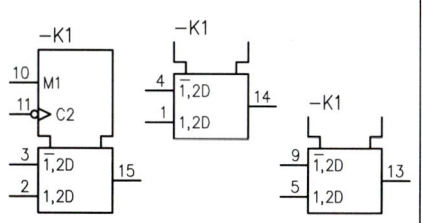

Beispiel: Vereinfachte wiederholte Darstellung eines Multiplexers (der gemeinsame Steuerblock ist nur einmal dargestellt) ③

13.5 Kennzeichnung von elektrischen Betriebsmitteln

Referenzkennzeichen — DIN EN 81346-1: 2010-05

Referenzkennzeichen dienen der unverwechselbaren Identifikation von Objekten (z. B. elektrische Betriebsmittel) mit dem Ziel, Objektinformationen in unterschiedlichen Dokumentenarten in Beziehung zu setzen und diese nach bestimmten Strukturen zu ordnen und/oder zu untergliedern. Sie werden gebildet als Einzelebenen-Referenzkennzeichen und Mehrebenen-Referenzkennzeichen als Verkettung (Aneinanderreihung) von Einzelebenen-Referenzkennzeichen unter Beachtung genormter Gliederungsprinzipien (Strukturbaum).

Strukturen der Referenzkennzeichen

Funktionsbezogen	Produktbezogen	Ortsbezogen
Erläutert den Zweck von Objekten als Teilfunktion im System (z. B. in einem Antriebssystem). Vorzeichen: =	Basiert auf Art und Weise, wie ein System aus Teilobjekten zusammengesetzt ist. Vorzeichen: −	Basiert auf einer Lagebeschreibung von Objekten. Vorzeichen: +

Format der Referenzkennzeichen

Vorzeichen und wahlweise
– ein Buchstabencode
– ein Buchstabencode und eine Zahl
– eine Zahl

Beispiele für Einzelebenen-Referenzkennzeichen

Funktionsbezogen	Produktbezogen	Ortsbezogen
= B 1	− E 1	+ G 1
= E B	− RELAY	+ R U
= 1 2 3	− 5 6 1	+ 1 0 1

Beziehungen zwischen Mehrebenen- und Einzelebenen-Referenzkennzeichen

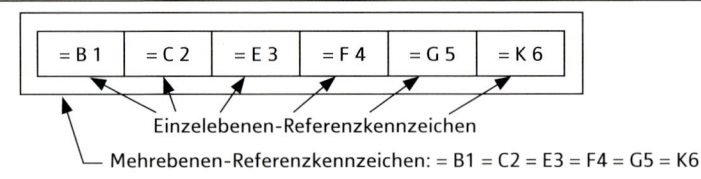

= B 1   = C 2   = E 3   = F 4   = G 5   = K 6

Einzelebenen-Referenzkennzeichen
Mehrebenen-Referenzkennzeichen: = B1 = C2 = E3 = F4 = G5 = K6

Klassifizierung von Objekten — DIN EN IEC 81346-2: 2020-10

Prinzip der Klassifizierung

Jedes Objekt (z. B. elektrisches Betriebsmittel) wird als Teil eines Prozesses mit einem Eingang und einem Ausgang angesehen und durch Zweck oder Aufgabe charakterisiert. Den Objekten sind Kennbuchstaben, unterteilt in Klassen, zugeordnet (s. Tabelle Seite 13-12).

Eingang (z. B. elektr. Energie) → **Objekt** (z. B. Heizung) → **Ausgang** (Wärmeenergie)

Wichtige Grundregeln

- Kennzeichnung des Objektes nach seiner Hauptaufgabe (Eingangsklasse)
  Beispiel: Elektr. Heizkörper mit „E" (Wärmeenergie), nicht mit „R" (Widerstand)
- Kennzeichnung des Objektes nach seinem Hauptzweck
  Beispiel: Leistungstransistor als Schaltelement mit „Q" (Schalten eines Energieflusses), nicht mit „K" (Verarbeitung von Signalen)

Unterklassen

Zur detaillierteren Objektbeschreibung wird ein dreistufiges Klassifizierungsschema mit bis zu drei Stufen eingesetzt.

Beispiel: E B A
- E = Eingangsklasse (Objekt zum Aussenden)
- B = Unterklasse (Elektroheizobjekt) (s. Tab. Seite 13-11)
- A = Unter-Unterklasse (Elektroheizobjekt Wärmebereitstellung durch Flüssigkeit)

13.5 Kennzeichnung von elektrischen Betriebsmitteln

Kennbuchstaben für Objekte (Beispiele für elektrische Betriebsmittel) — DIN EN IEC 81346-2: 2020-10

Beispiele für Hauptklassen E und Q

	Definition der Unterklasse	Beispiele
EAA	Lichtobjekt mit Elektrizität/elektrische Leuchte	Glühlampe, Leuchtstoffröhre, Laser, Maser, UV-Strahler
EBB	Elektroheizobjekt, Wärmebereitstellung durch eine Oberfläche/Elektroheizfläche	Bratplatte, Heizmatte, Sauna
EPD	Heizwärmeobjekt, Wärmebereitstellung durch Luftgebläse	Heizluftgebläse
QAA	Steuerungsobjekt für elektrischen Strom in einem Stromkreis, unter normalen Betriebsbedingungen	Schütz, Motoranlasser
QAB	Steuerungsobjekt für elektrischen Strom in einem Stromkreis, unter unnormalen (fehlerhaften) Betriebsbedingungen	Schutzschalter
QBA	Elektrisches Trennobjekt nur zur mechanischen Isolation des nachgeschalteten Kreises vom vorgeschalteten Kreis	Trennschalter, Lasttrennschalter

Kennzeichnungsgrundsätze — DIN EN 60445: 2018-02

Anschlüsse an elektrischen Betriebsmitteln: Zulässig sind nur lateinische Großbuchstaben und arabische Ziffern. Die Buchstaben I und O dürfen nicht angewendet werden; die Symbole „+" und „–" sind zulässig.

Beispiele

Schaltelement mit 2 Endanschlüssen und 2 Anzapfungen

Betriebsmittel mit 6 Anschlüssen

Betriebsmittel mit 2 Gruppen von Elementen

Kennzeichnung von Betriebsmittelanschlüssen und Leiterenden — DIN EN 60445: 2018-02

Bestimmte Leiter	Kennzeichnung Leiter	Anschlüsse	Farben[1)]	Schaltzeichen	Bestimmte Leiter	Kennzeichnung Leiter	Anschlüsse	Farben[1)]	Schaltzeichen
Wechselstromleiter	AC	AC	–	∼	Schutzleiter	PE	PE	gnge	⏚
Außenleiter 1	L1	U	sw, br, gr[2)]		PEN-Leiter	PEN	PEN	gnge, bl[4)]	[5)]
Außenleiter 2	L2	V			PEL-Leiter	PEL	PEL		
Außenleiter 3	L3	W			PEM-Leiter	PEM	PEM		
Mittelleiter	M	M	bl[3)]	[5)]	Schutzpotenzial-Ausgleichsleiter	PB	PB		
Neutralleiter	N	N						gnge	
Gleichstromleiter	DC	DC	–	━━━	– geerdet	PBE	PBE		[5)]
Positiv	L+	+	rt	+	– ungeerdet	PBU	PBU		
Negativ	L–	–	ws	–	Funktionserdungsleiter	FE	FE	rs	
					Funktionspotenzial-Ausgleichsleiter	FB	FB		[5)]

[1)] Erläuterungen s. Tabelle 12.3.1 (Seite 12-6).   [2)] Bevorzugte Farben, wahlweise zugelassen.   [3)] Häufig hellblau.
[4)] Die Farbwahl (gnge oder bl) wird national festgelegt.   [5)] Nicht festgelegt.

13.5 Kennzeichnung von elektrischen Betriebsmitteln

Objektklassifizierung mit Kennbuchstaben der Eingangsklassen DIN EN IEC 81346-2: 2020-10

Kennbuchstabe	Zweck oder Aufgabe des Objektes (Eingangsklasse)	Beispiele
A	Übergeordnete Aufgabe, gilt für Objekte, die auf mehrere Objekte verschiedener Klassen einwirken	Zentraler Leitstand
B	Objekt zur Erfassung und Darstellung von Informationen/Erkennungsobjekt	Buchholzrelais, Fühler, Fotozelle, Mikrofon, Messwandler, Sensor, Näherungsschalter
C	Objekt zum Speichern für späteres Abrufen/Speicherobjekt	Kondensator, Festplatte, Arbeitsspeicher, Pufferbatterie, CD-ROM-Laufwerk, Drosselspule
E	Objekt zum Aussenden/Aussendeobjekt	Glühlampe, Heizung, Laser, Kühlschrank, Boiler, Leuchtstofflampe
F	Objekt zum Schutz vor den Auswirkungen gefährlicher oder unerwünschter Bedingungen/Schutzobjekt	Sicherung, Leitungsschutzschalter, RCD, Überspannungsableiter, thermisches Überlastrelais
G	Objekt zum Bereitstellen eines steuerbaren Durchflusses/Erzeugungsobjekt	Batterie, Generator, Solarzelle, Ventilator, Brennstoffzelle, Pumpe
H	Objekt zur Behandlung von Stoffen/Stoffbearbeitungsobjekt	Zentrifuge, Abscheider, Reaktor, Sintereinrichtungen, Mischer, Presse
K	Objekt zur Verarbeitung von Eingangssignalen und Bereitstellung eines geeigneten Ausgangs/Informationsverarbeitungsobjekt	Schaltrelais, Hilfsschütz, Transistor, Regler, Filter, Steuerventil, CPU, Mikroprozessor
M	Objekt zur Ausübung mechanischer Bewegung oder Kraft/Antriebsobjekt	Elektromotor, Betätigungsspule, Stellantrieb, Linearmotor, Turbine
N	Objekt zum teilweisen oder vollständigen Einschließen eines anderen Objektes/Abdeckobjekt	Dichtung, Abdeckgitter, Türe, Muffe, Abdeckung
P	Objekt zur Bereitstellung wahrnehmbarer Informationen/Präsentierobjekt	Klingel, Lautsprecher, Messinstrument, Uhr, LED, Drucker, Synchronoskop, Signallampe, Textdisplay
Q	Objekt zur Steuerung von Zugang oder Durchfluss/Steuerobjekt	Leistungsschalter, Leistungsschütz, Anlasser, Leistungstransistor, Thyristor, Trennschalter
R	Objekt zum Begrenzen oder Stabilisieren/Begrenzungsobjekt	Diode, Widerstand, Begrenzer, Rückschlagventil, Regelventil
S	Objekt zum Erkennen einer menschlichen Handlung und Bereitstellung einer entsprechenden Reaktion/Objekt zur menschlichen Interaktion	Steuerschalter, Quittierschalter, Tastatur, Maus, Lichtgriffel, Sollwerteinsteller, Wahlschalter
T	Objekt zum Transformieren/Transformierobjekt	Transformator, Verstärker, Antenne, AC/DC-Umformer, Gleichrichter, Signalwandler, Frequenzwandler, Modulator, Getriebe
U	Objekt zur Verortung anderer Objekte/Halteobjekt	Isolator, Montageplatte, Gehäuse, Kanal, Lager
W	Objekt zum Leiten von einem Ort zu einem anderen/Leitobjekt	Kabel, Sammelschiene, Lichtwellenleiter, Datenbus, Welle
X	Objekt zur Bereitstellung einer Schnittstelle zu einem anderen Ort/Schnittstellenobjekt	Steckdose, Klemme, Verbinder, Klemmleiste

Die Kennbuchstaben D, J, I, V, Y und Z sind für spätere Normungen vorgesehen.
Die Kennbuchstaben I und O werden aus Verwechslungsgründen nicht angewendet.

13.6 Schaltzeichen

13.6.1 Symbolelemente und Kennzeichnung für Schaltzeichen DIN EN 60617-2: 1997-08

Schaltzeichen	Erklärung	Schaltzeichen	Erklärung	Schaltzeichen	Erklärung
Konturen, Umhüllungen		**Wirkung, Wirkungsrichtung, Strahlung**			Betätigung durch Flüssigkeitspegel
	Betriebsmittel, Gerät, Funktionseinheit[1]		Thermische Wirkung		Betätigung durch Strömung
	Gehäuse, Hülle, Kolben[1]		Elektromagnetische Wirkung		Kraftantrieb, allgemein
	Begrenzungslinie, Trennlinie[2]		Magnetostriktive Wirkung		Schaltschloss mit elektromechanischer Freigabe
	Abschirmung		Magnetfeld-Wirkung oder -Abhängigkeit	oder	Wirkverbindung, allgemein (mechanisch, pneumatisch oder hydraulisch)
Strom, Spannung, Frequenz			Halbleitereffekt	oder	Verzögerte Wirkung
	Gleichstrom		Verzögerung		Selbsttätiger Rückgang in Richtung des Dreiecks
	Wechselstrom, allg., Niedere Frequenz		Übertragung, Signalfluss • in einer Richtung • in beiden Richtungen gleichzeitig		Raste, nicht selbsttätiger Rückgang
	Mittlere Frequenz		Senden		Sperre, verklinkt
	Hohe Frequenz		Empfangen	**Verschiedenes**	
Begrenzung, Veränderbarkeit			Strahlung, nicht ionisierend: • elektromagnetisch • kohärent		Erde, allgemein
	Veränderbarkeit allgemein				Schutzerde mit Schutzleiteranschluss
	Veränderbarkeit nicht linear		Strahlung ionisierend	oder	Masse, Gehäuse
	Einstellbarkeit • linear, allgemein • trimmbar	**Antriebe, mechanische Stellteile**			Fremdspannungsarme Erde
	Stufige Funktion		Handantrieb, allgemein		Äquipotenzial
	Stetige Funktion		Betätigung durch Ziehen		Ideale Stromquelle
	Regelung oder automatische Steuerung		Betätigung durch Drücken		Ideale Spannungsquelle
	Beispiel: stetige Einstellbarkeit		Betätigung durch Annähern		Gleichrichtung
	Verstärker mit automatischer Verstärkungssteuerung		Betätigung durch Berühren		Verstärkung
Richtung von Kraft und Bewegung			Notschalter		Siebung, Filterung
	Geradlinig, in Pfeilrichtung wirkend		Betätigung durch thermischen Antrieb, z. B. Bimetallrelais		Fehler (Anzeige eines angenommenen Fehlerortes)
	Geradlinig, in beide Richtungen wirkend		Betätigung durch Motor		Überschlag, Isolationsfehler
	Drehung in Pfeilrichtung		Betätigung durch elektromagnetischen Antrieb		Dauermagnet
			Betätigung durch elektromagnetisches Gerät, z. B. Überstromschutz		Prüfpunkthinweis an einem Leiter
					Beweglicher Kontakt, Beispiel: Schleifkontakt
					Umsetzer, Umformer, Umrichter, allgemein.

[1] Angaben innerhalb oder außerhalb der Kontur kennzeichnen das Gerät oder die Funktion.
[2] Kennzeichnet funktional zusammengehörende Betriebsmittel.

13.6 Schaltzeichen

13.6.2 Schaltzeichen für Leiter und Verbinder — DIN EN 60617-3: 1997-08

Schaltz.	Erklärung	Schaltz.	Erklärung	Schaltz.	Erklärung
•	Verbindung von Leitern	(L1/L2 Kreuzung)	Tauschen von Leitern **Beispiel:** Wechsel der Folge der Außenleiter L1 und L2	—(—)—	Steckverbindung, Verbindung von zwei Buchsen mit einem Stecker (U-Stecker)
○	Anschluss, **Beispiel:** Klemme[1]	3~ GS (mit Sternpunkt)	Neutralpunkt **Beispiel:** Drehstrom-Synchrongenerator mit herausgeführtem Sternpunkt (Neutralpunkt)	—(—(—	Steckverbindung mit Adapter
⊤ oder T	Abzweig von Leitern			—Y—	Steckverbindung mit Abzweigbuchse
—	Leiter, Leitung, Kabel			—o—o— oder ⊢⊣	Trennstelle, Lasche geschlossen
⫽⫽⫽ oder /⁴	Anwendung[2]	9 10 11 12 13	Anschlussleiste, Klemmleiste mit Anschlussbezeichnungen		
∿	Leiter, bewegbar	—⊂	Buchse, **Beispiel:** Pol einer Steckdose	—o o—	Trennstelle, Lasche offen
—⊖—	Koaxialkabel	—	Stecker, **Beispiel:** Pol eines Steckers	—×—	Schaltklinke, Trennklinke
—⊖— (geschirmt)	Koaxialkabel, geschirmt	—⊂—	Buchse und Stecker, Steckverbindung		Stecker und Klinke, längerer Stecker: Steckerspitze, kürzerer Stecker: Manschette
—⊖—○	Koaxiale Leitung mit Anschlussstelle	(Buchse fest, Stecker bewegl.)	Steckverbindung, Steckerseite fest, Buchsenseite beweglich		
n	Verzweigung[3]				
10—▭—10	**Beispiel:** Stromkreis mit zehn parallelen und identischen Widerständen				

13.6.3 Schaltzeichen für passive Bauelemente — DIN EN 60617-4: 1997-08

Schaltz.	Erklärung	Schaltz.	Erklärung	Schaltz.	Erklärung
▭	Widerstand, allgem. Dämpfungsglied, allgemein	┴┬	Kondensator allgem.		Piezoelektrischer Kristall mit zwei Elektroden
	Widerstand mit festen Anzapfungen	+╫	Kondensator, gepolt, z. B. Elektrolytkondensator	▽	Elektret
	Shunt, Nebenschlusswiderstand (Strom- und Spannungsanschl. getrennt)	┴╫	Durchführungskondensator	⋂⋂⋂	Magnetostriktive Verzögerungsleitung mit drei Wicklungen
⫽	Widerstand, veränderbar	⊁	Kondensator, einstellbar	—○—○—	Koaxiale Verzögerungsleitung
⌐⫽	Widerstand mit Schleifkontakt	+╫ U	Kondensator, gepolt, spannungsabhängig	⊣▨⊢	Festkörper-Verzögerungsleitung mit piezoelektrischen Wandlern
⌐▭	Widerstand mit Schleifkontakt, Potenziometer	∿	Induktivität, Spule, Drossel, Wicklung		
⫽▭	Widerstand, einstellbar, Potenziometer	⋂⋂⋂	Induktivität mit festen Anzapfungen	│	Magnetkern
⫽ U	Widerstand, spannungsabhängig, Varistor	⫽⋂	Induktivität stetig veränderbar, mit Magnetkern	⋀	Fluss-, Stromrichtungskennzeichen
▭▭▭▭	Heizelement	⋂⋂	Induktivität mit Magnetkern	Fluss↑ Strom→	**Beispiel:** Magnetkern mit einer Wicklung mit m Windungen und Angabe der Richtung von Strom und Fluss
		⋂⋂⋂	Induktivität stufig veränderbar		
		⫽⋂	Variometer		
		—⊖⋂⊖—	Koaxiale Drossel mit Magnetkern		

[1] Kreis darf auch ausgefüllt werden. [2] Kennzeichnung der Leiteranzahl durch Querstriche oder Zahlen.
[3] Abzweig von *n* identischen Parallelstromkreisen.

13.6 Schaltzeichen

13.6.4 Schaltzeichen für Halbleiter und Elektronenröhren   DIN EN 60617-5: 1997-08

Schaltz.	Erklärung	Schaltz.	Erklärung	Schaltz.	Erklärung
Symbolelemente			Breakdown-Diode (gegeneinander geschaltete Z-Dioden)	**Transistoren**	
	Halbleiterzone mit • einem ohmschen Anschluss				PNP-Transistor
	• mehreren ohmschen Anschlüssen		Tunneldiode		NPN-Transistor (Kollektor mit Gehäuse verbunden)
	Halbleiterzone • P-Gebiet beeinflusst N-Zone		Kapazitätsdiode		NPN-Transistor mit zwei Basisanschlüssen
	• N-Gebiet beeinflusst P-Zone		Diode, temperaturabhängig		Unijunction-Transistor (Doppelbasis-Transistor) mit P-Basis
	Kennzeichen • Schottky-Effekt		Bidirektionale Diode		
	• Tunnel-Effekt				PNP-Fototransistor
	• Durchbrucheffekt in einer Richtung (Zener-Effekt)		Schottkydiode		Sperrschicht-Feldeffekt-Transistor (JFET) mit N-Kanal
	• Durchbrucheffekt in beiden Richtungen	**Thyristoren**			Sperrschicht-Feldeffekt-Transistor (JFET) mit P-Kanal
	• Rückwärtseffekt		Thyristordiode, rückwärts sperrend		Isolierschicht-Feldeffekt-Transistor (IGFET)
Lichtempfindliche Elemente			Thyristordiode, rückwärts leitend		Verarmungstyp • ein Gate, N-Kanal
	Fotowiderstand		Thyristordiode, bidirektional, Diac		Anreicherungstyp • ein Gate, P-Kanal
	Fotodiode		Thyristortriode, rückwärts sperrend Thyristor, allgemein		
	Fotoelement, Fotozelle		Thyristortriode, rückwärts sperrend • Anode gesteuert		• ein Gate, P-Kanal, mit herausgeführtem Substratanschluss
	Fototransistor, PNP-Typ dargestellt		• Katode gesteuert		IGFET, Verarmungstyp, N-Kanal mit zwei Gates und herausgeführtem Substratanschluss
	Optokoppler, dargestellt mit Leuchtdiode und Fototransistor (NPN-Typ)		Abschalt-Thyristortriode • Anode gesteuert	**Röhren, Detektoren**	
Magnetempfindliche Elemente			• Katode gesteuert		**Beispiele:** Zählrohr
	Widerstand, magnetfeldempfindlich		Thyristortriode, rückwärts sperrend		Ionisationskammer, allgemein
	Hall-Generator mit vier Anschlüssen		Thyristortriode, bidirektional, Triac		Katodenstrahlröhre (Bildröhre)
	Magnetischer Koppler		Thyristortriode, rückwärts leitend • Anode gesteuert		
Dioden			• Katode gesteuert		
	Halbleiterdiode, allgemein				
	Leuchtdiode (LED)				
	Z-Diode, Durchbruch-Diode				

13.6 Schaltzeichen

13.6.5 Schaltzeichen für die Erzeugung/Umwandlung elektrischer Energie
DIN EN 60617-6: 1997-08

Schaltzeichen	Erklärung	Schaltzeichen	Erklärung	Schaltzeichen	Erklärung
Schaltungen der Wicklungen			Schrittmotor, allgemein		Synchronmotor, einphasig
△	Dreieckschaltung		Gleichstrom-Reihenschlussmotor		Drehstrom-Synchrongenerator in Sternschaltung, mit herausgeführtem Neutralleiter
	Offene Dreieckschaltung		Gleichstrom-Nebenschlussmotor		
Y	Sternschaltung				
	Sternschaltung mit herausgeführtem Neutralleiter		Gleichstrom-Doppelschlussgenerator, mit Anschlüssen und Bürsten		Drehstrom-Umformer mit Nebenschlusserregung
	Zickzackschaltung		Gleichstrom-Umformer rotierend, mit gemeinsamer Feldwicklung (Einankerumformer)		Drehstrom-Asynchronmotor mit Käfigläufer
Maschinenarten					
✱	Maschine, allgemein Kennzeichen anstelle des Sterns: C Umformer G Generator GS Synchrongenerator M Motor MG Maschine als Motor oder Generator nutzbar MS Synchronmotor		Wechselstrom-Reihenschlussmotor, einphasig		Drehstrom-Asynchronmotor mit Schleifringläufer
(M)	Linearmotor, allgemein		Drehstrom-Reihenschlussmotor		Drehstrom-Linearmotor mit Bewegung in einer Richtung

Schaltzeichen		Erklärung	Schaltzeichen		Erklärung
Form 1	Form 2		Form 1	Form 2	
Transformatoren					
		Einphasentransformator (Transformator mit zwei Wicklungen), Spannungswandler			Drehstromtransformator in Stern-/Dreieckschaltung
		Transformator mit Mittenanzapfung an einer Wicklung			Drehstromtransformator in Stern-/Zickzackschaltung mit herausgeführtem Neutralleiter
		Spartransformator			Drehstromtransformator (Dreiwickler) in Stern-/Stern-/Dreieckschaltung
		Schaltung von drei Einphasentransformatoren zu einer Drehstromeinheit in Stern-/Dreieckschaltung			Drehstromtransformator mit Last-Stufenschalter in Stern-/Dreieckschaltung

13.6 Schaltzeichen

Schaltzeichen Form 1	Schaltzeichen Form 2	Erklärung
Drosseln		
		Drosselspule
		Drehstromdrosselspule, in Sternschaltung
		Drehstromdrosselspule, stufig regelbar, in offener Schaltung
Messwandler		
Siehe Einphasentransformator		Spannungswandler
		Stromwandler
		Stromwandler mit sechs Primärwindungen (Durchfädelwandler)
		Stromwandler mit zwei Kernen und zwei Sekundärwicklungen, dargestellt mit Anschlüssen
		Summenstromwandler

Schaltzeichen	Erklärung
Leistungsumrichter	
	Gleichstrom-Umrichter
	Gleichrichter
	Gleichrichter in Brückenschaltung
	Wechselrichter
	Gleichrichter/Wechselrichter, umschaltbar
	Wechselstromumrichter
	Spannungskonstanthalter
Akkumulatoren	
	Akkumulator, Primärzelle Anmerkung: Längere Linie: + Pol Kürzere Linie: – Pol
oder	Akkumulatorenbatterie

13.6.6 Schaltzeichen für Schaltgeräte und Schutzeinrichtungen DIN EN 60617-7: 1997-08

Schaltzeichen	Erklärung	Schaltzeichen	Erklärung	Schaltzeichen	Erklärung
Funktionskennzeichnung[2]		**Schaltelemente (Kontakte)**			Betätigter Schließer[1] (nicht in Nullstellung)
	Schütz	oder	Schließer, Schalter, allgemein		
	Leistungsschalter		Öffner		Betätigter Öffner[1] (nicht in Nullstellung)
	Trennschalter		Wechsler, mit Unterbrechung		Wischer, Kontakt bei • Betätigung
	Lasttrennschalter				
	Selbsttätige Auslösung	oder	Wechsler, ohne Unterbrechung		• Rückfall
	Endschalter, Grenzschalter		Wechsler, mit Mittelstellung Aus		Schließer, voreilend
	Selbsttätiger Rückgang		Zwillingsschließer		Schließer, nacheilend
	Nicht selbsttätiger Rückgang				Öffner, voreilend
	Zwangsbestätigung		Zwillingsöffner		Öffner, nacheilend

[1] Schaltzeichen international nicht genormt.   [2] Als Zusatzsymbol am Schaltzeichen.

13.6 Schaltzeichen

13.6.6 Schaltzeichen für Schaltgeräte und Schutzeinrichtungen (Fortsetzung)

Schaltzeichen	Erklärung	Schaltzeichen	Erklärung	Schaltzeichen	Erklärung
	Schließer, schließt verzögert bei Aktivierung des Gerätes		Zweiwegeschalter (Mittelstellung Aus) mit selbsttätigem Rückgang aus linker Schaltstellung und nicht selbsttätigem Rückgang aus rechter Schaltstellung	**Elektromechanische Antriebe**	
	Öffner, öffnet verzögert bei Aktivierung des Gerätes				Antrieb, Relaisspule
	Beispiel: Kontaktsatz mit einem unverzögerten Schließer, einem anzugverzögerten Schließer und einem abfallverzögerten Öffner		Endschalter (Schließer)		Antrieb • mit zwei getrennten Wicklungen
			Endschalter (Öffner)		• mit Rückfallverzögerung
	Schließer mit nicht selbsttätigem Rückgang		Erdungsschalter		• mit Ansprechverzögerung
	Schließer mit selbsttätigem Rückgang		Thermoschalter, z. B. Bimetall		• mit Ansprech- und Rückfallverzögerung
Schalter			Starter für Leuchtstofflampe (Gasentladungsröhre mit Thermokontakt)		• eines Wechselstromrelais
	Handbetätigter Schalter, allgemein				• eines Stützrelais
	Druckschalter (nicht rastend), Taster		Quecksilberschalter mit drei Anschlüssen		• gegen Wechselstrom unempfindlich
	Druckschalter (rastend)				• Thermorelais
	Drehschalter (nicht rastend)		Berührungsempfindlicher Schalter		• eines schnell schaltenden Relais
	Taster, Schließer zwangsbetätigt (z. B. Alarm)		Näherungsempfindlicher Schalter, betätigt durch Näherung eines Magneten		Fortschaltrelais, Stromstoßrelais
	Pilz-Notdrucktaster mit zwangsbetätigtem und selbsthaltendem Öffner		Dreipoliger motor- oder handbetätigter Schalter mit selbsttätiger Auslösung • bei Überlast oder Überstrom • mit Magnetspule (Fernauslösung) • mit Hand (mit Sperre)		Polarisierte Relais Punkt kennz. positiven Anschluss der Spule und die zugehörige Kontaktstellung • selbsttätig rückstellend, arbeitet nur bei angegebener Stromrichtung
	Schütz mit Schließer und Öffner, (Leistungskontakt)				
	Schütz mit selbsttätiger Auslösung			**Anlasser (Blocksymbole)**	
	Leistungsschalter		Mehrstellungsschalter mit Schaltstellungsdiagramm (Betätigungsbereich und -richtung werden durch Pfeile angezeigt)		Anlasser, allgemein
	Lasttrennschalter				Anlasser mit • Stern-Dreieck-Schalt.
	Trennschalter, Leerschalter		Stufendrehschalter mit 16 Schaltstellungen und 6 Anschlüssen, bezeichnet mit A–F		• Thyristoren, stetig veränderbar
	Elektronischer Schalter, allgemein				• Widerständen

13-18

13.6 Schaltzeichen

Schaltzeichen	Erklärung	Schaltzeichen	Erklärung	Schaltzeichen	Erklärung
Sicherungen			Selektiver Hauptleitungs-Schutzschalter (SLS)	**Schutzrelais, Messrelais**	
	Sicherung, allgemein		Fehlerstrom-Schutzeinrichtung (ehem. FI-Schutzschalter) 4-polig (RCD)[2]		Anmerkung: Im konkreten Fall wird der Stern durch Buchstaben oder Kennzeichen ersetzt, welche die Eigenschaften des Relais angeben
	Sicherungstrennschalter		Selektive Fehlerstrom-Schutzeinrichtung (zeitverzögernd wirkend)		
	NH-Sicherung, mit Angabe von Größe (0) und Nennstrom (35 A)		Kombinierter LSS und RCD Für I_n = 16 A, $I_{\Delta N} \leq$ 30 mA (RCBO 16/0,03)	$U = 0$	**Beispiele:** Nullspannungsrelais
Schutzschalter[1]		**Ableiter**			
	Leitungsschutzschalter (LSS)		Überspannungsableiter	$I >$	Überstromrelais, verzögert
			Funkenstrecke		
	Dreipoliger Motorschutzschalter mit thermischer und magnetischer Überstromauslösung		Überspannungsableiter in einer Gasentladungsröhre		Buchholzrelais

13.6.7 Schaltzeichen für Mess-, Melde- und Signaleinrichtungen DIN EN 60617-8: 1997-08

Schaltzeichen	Erklärung	Schaltzeichen	Erklärung	Schaltzeichen	Erklärung
Messgeräte, allgemeine Symbole		**Anzeigende Messgeräte**		**Messgeber**	
✳	Messgerät[3] • anzeigend	V	**Beispiele:** Spannungsmesser	–∪+ oder ∪	Thermoelement • mit Angabe der Polarität • Kennz. des negativen Pols durch breite Linie
✳	• aufzeichnend	A	Strommesser		
✳	• integrierend z. B. Zähler (s. u.)	W	Leistungsmesser		Thermoelement mit nicht isoliertem Heizelement
	Messwerk mit einem Strom- oder Spannungspfad[4]	cos φ	Leistungsfaktormesser		
		T	Synchronoskop	✳	Drehmelder, allgemein
	Messwerk zur Produktbildung (z. B. Leistungsmesser)	∿	Oszilloskop		Anmerkung: Anst. des Sterns Funktionserläuterung durch Buchstaben: Erster Buchstabe
Integrierende Messgeräte		**Aufzeichnende Messgeräte**			C Steuerung R Zerleger in Komponenten (Resolver) T Drehwinkel
Wh	**Beispiele:** Elektrizitätszähler	W	**Beispiele:** Wirkleistungsschreiber		Zweiter Buchstabe B Verdrehbare Ständerwicklung
Wh	Zweitarifzähler	⌇	Kurvenschreiber		D Differenzial R Empfänger T Transformator X Geber, Sender
		Elektrische Uhren			
Wh P_{max}	Maximumzähler		Uhr, allgemein		
			Hauptuhr	TX	Drehwinkelgeber
			Uhr mit Schalter		

[1] Schaltzeichen international nicht genormt. [2] Residual Current protective Device. [3] Im konkreten Fall wird der Stern durch eine der folgenden Angaben ersetzt: – Einheit der zu messenden Größe (z. B. Spannung); – Formelzeichen (z. B. cos φ); – Chemische Formel; – Andere Kennz. (z. B. Richtungspfeil). [4] Falls erford. können die Pfade in unterschiedlichen Linienbreiten dargestellt werden.

13.6 Schaltzeichen

13.6.7 Schaltzeichen für Mess-, Melde- und Signaleinrichtungen (Fortsetzung)

Schaltzeichen	Erklärung	Schaltzeichen	Erklärung	Schaltzeichen	Erklärung
Fernmesseinrichtungen			Brandmelder		Sichtmelder, elektromechanisch, Schauzeichen, Fallklappe
	Fernmesssender, Telemetriesender		Meldeeinheit, allgemein		Stellungsanzeiger mit einer Ruhestellung (Störstellung) und zwei Arbeitsstellungen
	Fernmessempfänger, Telemetrieempfänger		Sammelmeldeeinheit, blinkend		
Zähleinrichtungen			Lichtschranke mit Lichtsender (Gleichlicht), Lichtempfänger m. analogem Ausgang		Quittiermelder
	Impulszähler, elektrisch betätigt				Hupe, Horn
	Impulszähler mit Vielfach-Kontaktgeber (Kontakte schließen bei 10^2 und 10^3 der erfassten Impulse)		Fallklappenrelais, rastend, rückstellbar		Wecker, Klingel
Meldeeinrichtungen		**Leuchtmelder, Signaleinrichtungen**			Gong
	Melder mit Glimmlampe		Leuchtmelder, allg., Lampe Anmerkung[1]		Summer
	Temperaturmelder				Sirene
	Rauchmelder, selbsttätig, lichtabhängig		Leuchtmelder, blinkend		

13.6.8 Schaltzeichen für Elektroinstallation — DIN EN 60617-11: 1997-08

Schaltzeichen	Erklärung	Schaltzeichen	Erklärung	Schaltzeichen	Erklärung
Leitungen		**Anschlüsse, Verteiler**			Abschaltbare Steckdose
	Leitung, nach oben führend		Dose (Leerdose), allgemein		Steckdose mit verriegeltem Schalter
	Leitung, nach unten führend		Anschlussdose		Steckdose mit Trenntrafo
	Leitung, nach oben und unten führend		Hausanschlusskasten		Fernmeldesteckdose, allgemein Anmerkung: Zur Unterscheidung werden z. B. folgende Bezeichnungen verwendet:
	Leitung, auf Putz		Verteiler		
	Leitung, im Putz		Zählertafel		
	Leitung, unter Putz				
Kennzeichnung besonderer Leiter		**Steckdosen**			TP Telefon
	Neutralleiter (N) Mittelleiter (M)		Steckdose, allgemein		FX Telefax
	Schutzleiter (PE)		Schutzkontaktsteckdose, dargestellt als 2-fach Dose		M Mikrofon
	Neutralleiter mit Schutzfunktion (PEN)				⏵ Lautsprecher
	Kombination: drei Leiter, ein Neutralleiter, ein Schutzleiter		Schutzkontaktsteck-Wdose für Drehstrom, 5-polig		FM UKW-Rundfunk TV Fernsehen TX Telex

[1] Es ist zulässig, die Farbe des Leuchtmelders anzugeben (DIN IEC 60757): RD, rot; YE, gelb; GN, grün; BU, blau; WH, weiß. Weiterhin darf die Lampenart angegeben werden, z. B.: NE, Neon; XE, Xenon; IN, Glühfaden; IR, Infrarot; LED, Leuchtdiode.

13.6 Schaltzeichen

Schaltzeichen	Erklärung	Schaltzeichen	Erklärung	Schaltzeichen	Erklärung
Schalter, Taster			Taster	**Hausgeräte**	
	Schalter, allgemein		Taster mit Leuchte	E	Elektrogerät, allgemein
	Ausschalter • einpolig		Stromstoßschalter		Elektroherd, allgemein
	• Darstellung im Stromlaufplan	$Lx<$	Dämmerungsschalter		Mikrowellenherd
	Serienschalter • einpolig	**Leuchten**			Heißwasserspeicher
	• Darstellung im Stromlaufplan		Leuchte, allgemein		Geschirrspüler
			Leuchte für Leuchtstofflampe, allgemein		
	Wechselschalter • einpolig	n	Leuchte für n Leuchtstofflampen		Waschmaschine
			Leuchte, schaltbar		Speicherheizer
	• Darstellung im Stromlaufplan		Leuchte, Helligkeit veränderbar	*	Klimagerät
	Kreuzschalter • einpolig		Sicherheitsleuchte	***	Kühlschrank
			Sicherheitsleuchte mit eingebauter Stromversorgung	* ***	Gefrierschrank
	• Darstellung im Stromlaufplan		Scheinwerfer		Zeiterfasser
	Dimmer		Leuchtenauslass mit Leitung		Türöffner
	Zugschalter		Vorschaltgerät für Entladungslampen[1]		Gegensprechstelle

13.6.9 Schaltzeichen für Vermittlungs- und Endeinrichtungen DIN EN 60617-9: 1997-08

Schaltzeichen	Erklärung	Schaltzeichen	Erklärung	Schaltzeichen	Erklärung
	Koppelstufe • allgemein		Wähler mit zwei unterschiedlichen Einstellvorgängen, mit Nullstellung		Automatische Wähleinrichtung
$x \downarrow y$	• mit x Eingängen und y Ausgängen		Wähler mit Darstellung der Ausgänge		Handvermittlung
	• mit einer Gruppe von Eingängen und zwei Gruppen von Ausgängen		Koordinatenschalter, allgemein		Vermittlungszentrale, allgemein
	Koppelfeld über drei Koppelstufen	1 2 3 4 10	Koppelreihe eines Koordinatenschalters		Fernsprecher • allgemein
	Wahlstufe allgemein, mit einer Koppelstufe				• mit Tastwahlblock
					Münzfernsprecher

[1] Anwendung nur bei Trennung Leuchte – Vorschaltgerät.

13.6 Schaltzeichen

13.6.9 Schaltzeichen für Vermittlungs- und Endeinrichtungen (Fortsetzung)

Schaltzeichen	Erklärung	Schaltzeichen	Erklärung	Schaltzeichen	Erklärung
	Wandlerkopf, allgem. * Kennzeichen innerhalb des Schaltzeichens:		Beispiel: Löschkopf, magnetisch		T.-Umsetzer, vollduplex
	• Magnetischer Typ		Mikrofon, allgemein		
	• Elektromagnetischer Typ				Hydrofon Ultraschall-Sender/-Empfänger
	• Stereo		Kopfhörer		
	• Platte				Magnetplattenspeicher
	• Band, Film		Lautsprecher, allg.		Halbleiterspeicher, Ringkernspeicher
	• Zylinder, Walze, Trommel				
	• Aufnehmen oder Wiedergeben		Telegrafen-Sende- und Empfangsgerät, halbduplex		Aufzeichnungsgerät, allgemein
	• Aufnehmen und Wiedergeben		Faksimile-Empfangsgerät		Wiedergabegerät mit Lichtabtastung CD-Gerät
	• Löschen				

13.6.10 Schaltzeichen für Übertragungseinrichtungen DIN EN 60617-10: 1997-08

Schaltzeichen	Erklärung	Schaltzeichen	Erklärung	Schaltzeichen	Erklärung
F T V S	Kennzeichnung des Verwendungszweckes • Fernsprechen • Telegrafie und Datenübertragung • Bildübertragung (Fernsehen) • Tonübertragung (Fernseh- und Tonrundfunk) Beispiel: Funkstrecke, auf der Fernsehen und Fernsprechen übertragen werden		oder Verstärker, allgemein mit Ein- u. Ausgang		Sinusgenerator, 500 Hz
			Verstärker mit von außen einstellbarer Verstärkung		Pulsgenerator
		A	Dämpfungsglied, allgemein		Frequenzumsetzer, Umsetzung von f_1 nach f_2
			Filter, allgemein		Modulator, allg. Demodulator, allg. Diskriminator, allg. Erläuterung: a: modulierender oder modulierter Signaleingang b: modulierender oder modulierter Signalausgang c: Eingang der Trägerwelle
			Hochpass		
			Tiefpass		
			Bandpass		
	Antenne, allgemein		Bandsperre		
	Falt-, Schleifendipolantenne		Entzerrer, allgemein		Lichtwellenleiter (LWL): • allgemein
	Parabolantenne mit Rechteck-Hohlleiterzuleitung		Zerhacker, elektronisch		Verbindung von LWL, fest
	Funkstelle, allgemein		Begrenzer, allgemein		Stecker und Buchse für LWL
	Rechteck-Hohlleiter		Gabel, Entkoppler		Optischer Sender, Lichtsender
	Koaxial-Hohlleiter				
	Kopplung an einem Rechteck-Hohlleiter		Laser (optischer Maser), allgemein		Optischer Empfänger, Lichtempfänger

13.6 Schaltzeichen

13.6.11 Binäre Elemente — DIN EN 60617-12: 1999-04

Aufbau der Symbole

externe Logik-Zustände oder Logik-Pegel → interne Logik-Zustände

Ein Logik-Pegel bezeichnet die physikalische Eigenschaft, die einen Logik-Zustand einer binären Variablen darstellt. Die Logik-Zustände werden mit den Ziffern 0 („0-Zustand") und 1 („1-Zustand") gekennzeichnet.
Eine binäre Variable kann beliebigen physikalischen Größen gleichgesetzt werden, für die zwei getrennte Wertebereiche definiert werden können. Diese Wertebereiche werden Logik-Pegel genannt und mit H (High) und L (Low) bezeichnet.

Kontur — bevorzugte Stelle für das allgemeine Kennzeichen
Eingangslinien / Ausgangslinien
alternative Stelle für das allgemeine Kennzeichen

Konturen

- Element-Kontur, als Quadrat dargestellt
- Steuerblock-Kontur
- Ausgangsblock-Kontur

Verdeutlichung: Zusammengehörige Elemente mit Steuerblock und Kennzeichnung der Ein- und Ausgänge

Symbol	Erklärung
Kennzeichen an Ein- u. Ausgängen	
	Negation
⟶o[	An einem Eingang
]o⟶	An einem Ausgang. Die Anschlusslinie kann auch durch den Kreis führen.
	Logik-Polarität
⟶▷[	An einem Eingang
]◁⟶	An einem Ausgang
	Dynamischer Eingang
⟶▷[	Wirkung bei äußerem Zustandswechsel von 0 nach 1
⟶o▷[	Wirkung bei äußerem Zustandswechsel von 1 nach 0
⟶◁▷[	Dyn. Eingang mit Polaritätsindikator, Wirkung bei äußerem Übergang vom H- zum L-Pegel
	Interne Verbindung
--⊢⊣--	Der interne Zustand des Eingangs vom rechten Element korrespondiert mit dem internen Zustand des Ausgangs vom linken Element.
--⊢o⊣--	Interne Verbindung mit Negation
--⊢▷⊣--	Interne Verbindung mit dynamischer Wirkung
[⊣--	Interner (virtueller) Eingang
--⊢]	Interner (virtueller) Ausgang

Symbol	Erklärung
Kennzeichen innerhalb d. Kontur	
*	Ausgang
*	Eingang
	Kennzeichen anstelle des Sterns:
⌐	Retardiert
!	Vergleich
◇	Offen, z. B. offener Kollektor
◇	Offen, H-Typ
◇	Offen, L-Typ
◇	Passiver Pulldown
◇	Passiver Pullup
▽	Tri-state
▷	Verstärkung
E	Erweiterung
⎍	Schwellwert, Hysterese
„1"	Fixed-Mode
CT*	Inhalt. Der Stern ist durch eine Inhaltsangabe (z. B. eines Zählers) zu ersetzen.
P_m	Operanden „m" ist durch einen konkreten Wert zu ersetzen. Bevorzugte Operandenbuchstaben sind P oder Q.
+ m	Zähler, aufwärts
– m	Zähler, abwärts
→ m	Schiebe, von oben nach unten oder links nach rechts
← m	Schiebe, von unten nach oben oder rechts nach links

13.6 Schaltzeichen

13.6.11 Binäre Elemente (Fortsetzung)

Symbol	Erklärung	Symbol	Erklärung	Symbol	Erklärung
	Kombinatorische Elemente		**Bistabile Elemente**		**Codierer**
&	UND-Element, allgemein	S/R	RS-Flipflop	x/y	Codierer, Code-Umsetzer, allgemein
≥1	ODER-Element, allgemein	1J C1 1K R	JK-Flipflop, zweiflankengesteuert mit Rücksetzeingang	HPRI/BCD	Code-Umsetzer von 1-aus-9- auf BCD-Code mit Priorität des jeweils höchsten Wertes
	Schwellwert-Element, allgemein	1D C1	D-Flipflop, einzustandsgesteuert		
			Monostabile Elemente		
=m	(m aus n)-Element	⎍	Nachtriggerbar während des Ausgangsimpulses		**Speicher**
		1 ⎍	Nicht nachtriggerbar während des Ausgangsimpulses	ROM32×8	Nur-Lese-Speicher 32 × 8 bit
1	NICHT-Element Inverter		**Astabile Elemente**		
	Arithmetische Elemente	G ⎍⎍	Taktgenerator allgemein (das Symbol ⎍⎍ darf entfallen)		
*	Das *-Zeichen muss durch das Funktionskennzeichen entsprechend der mathematischen Funktion ersetzt werden.	G ⎍⎍	Gesteuertes astabiles Element, allgemein	RAM 4×4	Schreib-Lese-Speicher 4 × 4 bit mit getrennten Eingängen für Schreib- und Leseadressen
Σ	Addierer, allgemein	CTRDIV10	**Zähler, Schieberegister** Zweirichtungszähler, dekadisch, synchron		
P–Q	Subtrahierer, allg.				
CPG	Übertragungseinheit, allgemein für parallele Übertragsbildung				
Π	Multiplizierer, allg.	SRG8	Schieberegister, 8 bit, mit seriellem Eingang und komplementären seriellen Ausgängen	DPY	**Anzeigeelemente** Anzeigeelement, allg. m_1–m_K und * sind durch konkrete Angaben zu ersetzen. Siebensegmentanzeige mit Dezimalpunkt
COMP	Zahlenkomparator, allgemein				
ALU	Arithmetisch-logische Einheit, allgemein				
	Digitale Verzögerungselemente	DX	Demultiplexer 1 aus 8 (z. B. SN 74LS138)	DPY	
t_1 t_2	t_1 und t_2 können durch die tatsächlichen Verzögerungszeiten ersetzt werden.		**Multiplexer, Demultiplexer**		
	Leistungselemente, Treiber	MUX	Multiplexer 1 aus 8 (z. B. SN 74 151)		**Beispiel:** Abhängigkeitsnotation ODER-Abhängigkeit
1 ▷	Treiber mit invertierendem offenem Kollektor-Ausgang vom L-Typ				Vm-Eingang
ĪEN	Bus-Treiber mit Schwellwert-Eingängen und Tri-State-Ausgängen, vierfach				Vm-Ausgang

13.6 Schaltzeichen

Abhängigkeitsnotation (Beziehungen zwischen Ein- und Ausgängen)

Buch-stabe(n)	Abhängig-keitsart	Wirkung auf gesteuerten Eingang oder Ausgang, wenn sich der steuernde Eingang in folgendem Logik-Zustand befindet:	
		1-Zustand	0-Zustand
A	Adressen	Erlaubt Aktion (Adresse ausgewählt)	Verhindert Aktion (Adresse nicht ausgewählt)
C	Steuerung	Erlaubt Aktion	Verhindert Aktion
EN	Freigabe (Enable)	Erlaubt Aktion Anmerkung: Die Wirkung dieses Eingangs auf die von ihm gesteuerten Ausgänge ist die gleiche wie die eines EN-Eingangs. Die Wirkung dieses Eingangs auf die von ihm gesteuerten Eingänge ist die gleiche wie die eines M-Eingangs.	• Verhindert Aktion gesteuerter Eingänge • Bewirkt den externen hochohmigen Zustand an offenen und Tri-State-Ausgängen; der interne Logik-Zustand der Tri-State-Ausgänge wird nicht beeinflusst. • Bewirkt hochohmige L-Pegel an passiven Pulldown-Ausgängen und hochohmige H-Pegel an passiven Pullup-Ausgängen • Bewirkt den 0-Zustand an anderen Ausgängen
G	UND	Erlaubt Aktion des normal definierten Logik-Zustands	Bewirkt den 0-Zustand
M	Mode	Erlaubt Aktion (Modus ausgewählt)	Verhindert Aktion (Modus nicht ausgewählt)
N	Negation	Negiert den normal definierten Logik-Zustand	Keine Wirkung
R	Rücksetz	Gesteuerter Ausgang eines bistabilen Elements Reagiert wie bei S = 0, R = 1	Keine Wirkung
S	Setz	Gesteuerter Ausgang eines bistabilen Elements Reagiert wie bei S = 1, R = 0	Keine Wirkung
V	ODER	Bewirkt 1-Zustand	Erlaubt Aktion
X	Transmission	Weg durchgeschaltet	Kein Weg durchgeschaltet
Z	Verbindungen	Bewirkt 1-Zustand	Bewirkt 0-Zustand

13.6.12 Analoge Elemente DIN EN 60617-13: 1994-01

Symbol	Erklärung	Symbol	Erklärung	Symbol	Erklärung
Allgemein gilt: Bei Entwurf und Kombination der Symbole sollen die Regeln für binäre Elemente beachtet werden.		$\frac{d}{dt}$	Differenzierend	**Ausführung**	Mathem. Funktion allgemein $f(x_1 \ldots x_n)$ wird ersetzt durch ein Symbol oder eine Grafik. $x_1 \ldots x_n$ wird ersetzt durch Angaben der Argumente der Funktion.
		$\int$	Integrierend	$f(x_1, \ldots, x_n)$, x_1 … x_n	
Kennzeichen		U/f	Umsetzung, z. B. Spannung-Frequenz		
–	Invertierend	∩	Analoger Eingang		**Beispiel:**
+	Nicht invertierend	#	Digitaler Ausgang	-2 XY, a → X, b → Y → u	Multiplizierer mit einem Bewertungsfaktor von -2 $u = -2ab$
∩	Analoges Signal	⊸ U	Spannungsversorgungsanschluss (links)	Σ ▷ 10, a → +0,1, b → +0,1, c → +0,2, d → +0,5, e → +1,0 → u	Summierender Verstärker $u = -10(0{,}1a + 0{,}1b + 0{,}2c + 0{,}5d + 1{,}0e)$ $= -(a + b + 2c + 5d + 10e)$
#	Digitales Signal	I	Stromversorgungsausgang		
Σ	Summierend				

13.6 Schaltzeichen

13.6.12 Analoge Elemente (Fortsetzung)

Symbol	Erklärung	Symbol	Erklärung	Symbol	Erklärung
	Verstärker mit 2 Ausgängen. Der nicht invertierende Ausgang hat den Faktor 2, der invertierende den Faktor 3.		Umsetzer, Spannung in Frequenz		Analogschalter
	Differenzialverstärker mit 10000-facher Verstärkung				Analog-Multiplexer/Demultiplexer, dreifach
	Analog/Digitalumsetzer, der den Eingangswert in einen 4-Bit-Binärcode umsetzt		Spannungsregler, positiv, fest		

13.6.13 Europäischer Installationsbus (EIB)

Schaltzeichen	Erklärung	Schaltzeichen	Erklärung	Schaltzeichen	Erklärung
Basisgeräte			Allgemein Sensor mit Hilfsspannung, z. B. AC	**Aktoren**	
	Spannungsversorgung SV		Jalousiesensor z. B. 2 Kanäle		Aktor, allgemein
	Drossel DR		Binärsensor, z. B. 4 Kanäle, z. B. für DC		Aktor mit Hilfsspannung
	Netzgerät NG Spannungsversorgung mit Drossel		Binärsensor, z. B. 4 Kanäle, z. B. für AC		Aktor mit Zeitverzögerung
	Busankoppler		IR-Sender, z. B. 4 Kanäle		Schaltaktor, Schaltgerät, Binärausgang n-Kanäle, nicht potenzialfrei
	Verbinder		IR-Empfänger/Decoder, z. B. 4 Kanäle		Schaltaktor, n-Kanäle, potenzialfrei
	Linienkoppler LK, Bereichskoppler BK, Linienverstärker LV, xx: LK, BK oder LV		Sensoren • Helligkeit l_x • Temperatur ϑ • Zeit/Uhr t • Windgeschwindigkeit m/s xx: l_x, ϑ, t oder m/s		Jalousieaktor, Jalousieschalter, 2 Kanäle
	Schnittstelle RS 232				Dimmaktor, Schalt-/Dimmaktor
	Netzkoppler EIB zu ISDN				Analogaktor
	Logikbaustein		Rauchmelder	**Sonstige Elemente**	
Sensoren			Bewegungsmelder (Passiv Infrarot)		Schaltgeräte mit z. B. Binäreingang/Binärausgang, 2 Kanäle
	Tastsensor, z. B. Taster mit 2 Schließern		Zeitwertschalter, Zeitschaltuhr		Anzeigeeinheit, Informations-Display
	Dimmsensor, z. B. 2 Kanäle				

13.7 Bildzeichen der Elektrotechnik

Anwendung:
- Industrie (Betriebsmittel und Geräte)
- Hausgeräte
- Medizinisch-technische Geräte
- Kommunikationstechnik

Zweck:
Information des Bedienenden über Funktion und Betrieb der jeweiligen elektrischen Einrichtung

Symbole und Erläuterungen — DIN ISO 7000: 2008-12

Symbol	Erklärung	Symbol	Erklärung	Symbol	Erklärung
	Ein, On	→	Bewegung in Pfeilrichtung, begrenzt		Fernbedienung
○	Aus, Off	↔	Bewegung in zwei Richtungen		Steuern
	Ein/Aus, stellend	↷	Drehbewegung in Pfeilrichtung		Regeln
	Ein/Aus, tastend	↶↷	Drehbewegung in zwei Richtungen		Automatischer Ablauf
	Vorbereiten	⊢→	Bewegung aus einer Begrenzung in Pfeilrichtung, begrenzt		Handbetätigung
	Bereit, Fertig	→⊣	Bewegung in Pfeilrichtung aus einer Begrenzung		Fühler, allgemein, Messort, Wächter
◇ ▷ 1)	Start, Ingangsetzung	↻	Umdrehungen, Drehzahl	▽	Höhenstand, Niveau
◇	Schnellstart	100/min	Umdrehungen, dargestellt: Rechtsdrehung mit 100 Umdrehungen je Minute		Niveau regeln
○ ◇ 1)	Stopp, Anhalten		Drehzahl ändern		Temperatur regeln
△	Schnellstopp	→○←	Nullstellung	⇒	Funktionspfeil
▽ ‖ 1)	Pause, Unterbrechung	←○→	Nullpunktverschiebung	⇒○	Bremse, festgestellt
	Störung		Bewegung mit Umkehr in Gegenrichtung	⇒○	Bremse, gelöst
→	Bewegung in Pfeilrichtung		Spurwechsel, Spurwahl		Elektrische Maschine
--→	Bewegung in Pfeilrichtung, unterbrochen	↺	Drehrichtung entgegen Uhrzeigersinn	−+	Batterie, Gleichstromversorgung

1) Teilweise Anwendung, z. B. Rundfunk-/Fernsehtechnik.

13-27

13.7 Bildzeichen der Elektrotechnik (Fortsetzung)

Symbol	Erklärung	Symbol	Erklärung	Symbol	Erklärung
	Elektrischer Hauptschalter		Warnblinkanlage		Fernsehen, Bildschirm
	Netzstecker		Achtung, allgemeine Gefahrenstelle		Kontrast
	Verändern einer Größe		Gefährliche elektrische Spannung		Helligkeit
	Einstellen		Schutzklasse I Schutzleiter		Helligkeit/Kontrast
	Füllstandanzeige		Schutzklasse II Schutzisolierung		Balance
	Elektrische Energie		Schutzklasse III Schutzkleinspannung	oder	Normallauf
	Pneumatische Energie		Sicherheitstransformator, gekapselt	oder	Schnelllauf
	Hydraulische Energie		Sperre, gesperrt		Lautsprecher
	Wärmeenergie		Sperre aufheben, nicht gesperrt		Kassette
	Wasserdampf		Türöffner		Videorecorder
	Raum heizen, allgemein		Beleuchtung, Licht		Auswerfer
	Handschalter		Eingabefehler, Bedienfehler		Bandlaufrichtung
	Fußschalter		Kühlen		CD-Wiedergabegerät
	Bürste, rotierend		Kühleinrichtung bis −6 °C		Datenspeicher
	Zählen	**	Kühleinrichtung bis −12 °C		Drucker
	Rauer Betrieb	***	Kühleinrichtung bis −18 °C		Diskette
	Thermometer, Temperaturmessstelle		Gefrierfach		Maus
	Akustischer Signalgeber		Einsparen		Identifikationskarte, Ein-/Ausgabe
	Ventilation, Lüftung	C	Löschen (Clear) Überführung in Grundstellung		Batteriekontrolle
	Uhr, zeitlicher Ablauf	M	Speichern (Memory)		Einsetzen/Entnahme von Tonträgern

14 Werkstoffe und Normteile

14.1 Übersicht

	Seite
14.2 Chemische Elemente und ihre Verbindungen	14-2
14.2.1 Das Periodensystem der Elemente	14-2
14.2.2 Reine Metalle	14-3
14.2.3 Legierungen	14-3
14.2.4 Kontaktwerkstoffe	14-4
14.3 Stahl und Eisen: Werkstoffnormung	14-5
14.3.1 Begriffsbestimmung: Einteilung der Stähle	14-5
14.3.2 Kurznamen für Stähle	14-5
14.4 Magnetische Werkstoffe	14-6
14.4.1 Elektroblech und Elektroband	14-6
14.4.2 Dauermagnetwerkstoffe	14-7
14.5 Nichteisenmetalle: Kupfer und Legierungen	14-8
14.5.1 Kennzeichnungssysteme für Kupfer und Legierungen	14-8
14.5.2 Kupfer	14-9
14.5.3 Kupfer für Bleche und Bänder der Elektrotechnik	14-9
14.5.4 Kupferlegierungen	14-10
14.5.5 Aluminium für die Elektrotechnik	14-10
14.5.6 Widerstandslegierungen	14-11
14.5.7 Thermobimetalle	14-11
14.5.8 Heizleiterlegierungen für Rund- und Flachdrähte	14-12
14.5.9 Hart- und Weichlote sowie Flussmittel	14-12
14.6 Drähte und Schienen	14-14
14.7 Kunststoffe	14-18
14.7.1 Kennzeichnung der Polymere	14-18
14.7.2 Thermo- und Duroplaste	14-19
14.8 Isolierstoffe	14-22
14.8.1 Eigenschaften elektrischer Isolierstoffe	14-22
14.8.2 Keramische und Glasisolierstoffe	14-23
14.8.3 Kennwerte für keramische und Glasisolierstoffe	14-24
14.9 Maschinennormteile	14-25
14.9.1 Schrauben	14-25
14.9.2 Muttern	14-28

14.2 Chemische Elemente und ihre Verbindungen

14.2.1 Das Periodensystem der Elemente

Periodensystem der Elemente

Legende:
- Ordnungszahl (Protonenzahl)
- Elementsymbol
- Elementname
- Schmelztemperatur in °C (Schätzwerte in Klammern)
- Siedetemperatur in °C (Schätzwerte in Klammern)
- Atommasse in u (Werte in Klammern geben die Masse eines wichtigen Isotops an)
- Dichte in g/cm³ bei 25 °C (bei Gasen in g/l)
- Elektronegativität

Beispiel: 29 **Cu** Kupfer, 63,55, 1085, 2570, 8,96, 1,9

Farb-/Symbollegende:
- schwarz = feste Elemente
- rot = gasförmige Elemente
- blau = flüssige Elemente
- weiß = künstliche Elemente, fest
- ★ = radioaktive Elemente
- Metalle / Halbmetalle / Nichtmetalle / Chemie noch unbekannt

Hauptgruppen / Nebengruppen

Periode	I	II	III	IV	V	VI	VII	VIII (Nebengr.)									III	IV	V	VI	VII	VIII
1.	1 **H** Wasserstoff 1,01 −259 −253 0,08 2,2																					2 **He** Helium 4,00 −270 −269 0,17 –
2.	3 **Li** Lithium 6,94 181 1347 0,53 1,0	4 **Be** Beryllium 9,01 1287 2480 1,85 1,5															5 **B** Bor 10,81 2080 3860 2,34 2,0	6 **C** Kohlenstoff 12,01 3730 4830 2,26 2,5	7 **N** Stickstoff 14,01 −210 −196 1,14 3,0	8 **O** Sauerstoff 15,99 −219 −183 1,31 3,4	9 **F** Fluor 18,99 −220 −188 1,58 4,0	10 **Ne** Neon 20,18 −249 −246 0,82 –
3.	11 **Na** Natrium 22,99 98 883 0,97 0,9	12 **Mg** Magnesium 24,31 650 1093 1,74 1,2															13 **Al** Aluminium 26,98 660 2450 2,70 1,6	14 **Si** Silicium 28,09 1420 3220 2,33 1,9	15 **P** Phosphor 30,97 44 280 1,82 2,2	16 **S** Schwefel 32,06 115 445 2,07 2,6	17 **Cl** Chlor 35,45 −101 −34 3,2	18 **Ar** Argon 39,95 −189 −186 1,66 –
4.	19 **K** Kalium 39,10 63 759 0,86 0,8	20 **Ca** Calcium 40,08 842 1484 1,55 1,0	21 **Sc** Scandium 44,96 1540 2730 3,0 1,4	22 **Ti** Titan 47,88 1670 3400 4,5 1,5	23 **V** Vanadium 50,94 1920 3400 5,8 1,6	24 **Cr** Chrom 52,00 1860 2680 7,19 1,6	25 **Mn** Mangan 54,94 1246 2060 7,43 1,5	26 **Fe** Eisen 55,85 1536 2900 7,86 1,8	27 **Co** Cobalt 58,93 1495 2880 8,9 1,9	28 **Ni** Nickel 58,69 1455 2920 8,9 1,9	29 **Cu** Kupfer 63,55 1085 2570 8,96 1,9	30 **Zn** Zink 65,39 420 907 7,14 1,7					31 **Ga** Gallium 69,72 30 2200 5,91 1,7	32 **Ge** Germanium 72,60 938 2833 5,32 2,0	33 **As** Arsen 74,92 817 614 5,72 2,2	34 **Se** Selen 78,96 220 685 4,80 2,5	35 **Br** Brom 79,90 −7 59 3,12 3,0	36 **Kr** Krypton 83,80 −157 −152 3,48 –
5.	37 **Rb** Rubidium 85,47 39 688 1,53 0,8	38 **Sr** Strontium 87,62 777 1412 2,6 1,0	39 **Y** Yttrium 88,91 1500 2930 4,5 1,0	40 **Zr** Zirconium 91,22 1850 4400 6,49 1,2	41 **Nb** Niob 92,91 2480 4850 8,55 1,6	42 **Mo** Molybdän 95,94 2620 4680 10,2 1,6	43 **Tc★** Technetium (98) 2140 4600 11,5 1,9	44 **Ru** Ruthenium 101,07 2300 3900 12,2 2,2	45 **Rh** Rhodium 102,91 1970 3730 12,4 2,2	46 **Pd** Palladium 106,40 1555 3125 12,0 2,2	47 **Ag** Silber 107,87 962 2200 10,5 1,9	48 **Cd** Cadmium 112,41 321 767 8,65 1,7					49 **In** Indium 114,82 157 2080 7,31 1,8	50 **Sn** Zinn 118,71 232 2602 7,30 1,8	51 **Sb** Antimon 121,75 631 1587 6,7 2,1	52 **Te** Tellur 127,60 450 1990 6,24 2,1	53 **I** Iod 126,90 114 184 4,94 2,7	54 **Xe** Xenon 131,29 −112 −108 5,49 –
6.	55 **Cs** Caesium 132,91 28 668 1,87 0,8	56 **Ba** Barium 137,33 727 1845 3,5 0,9	57–71 Lanthanoide	72 **Hf** Hafnium 178,49 2230 4700 13,3 1,3	73 **Ta** Tantal 180,95 2990 5500 16,7 1,5	74 **W** Wolfram 183,85 3410 5650 19,3 2,4	75 **Re** Rhenium 186,2 3180 5630 21,0 1,9	76 **Os** Osmium 190,20 3000 5500 22,4 2,2	77 **Ir** Iridium 192,22 2450 4500 22,5 2,2	78 **Pt** Platin 195,08 1770 3825 21,4 2,2	79 **Au** Gold 196,97 1064 2500 19,3 2,5	80 **Hg** Quecksilber 200,59 −39 357 13,53 2,0					81 **Tl** Thallium 204,38 304 1457 11,85 2,0	82 **Pb** Blei 207,20 327 1746 11,3 1,8	83 **Bi** Bismut 208,98 271 1560 9,8 2,0	84 **Po★** Polonium (209) 254 962 9,4 2,1	85 **At★** Astat (210) 302 335 – 2,2	86 **Rn★** Radon (222) −71 −62 9,23 –
7.	87 **Fr★** Francium (223) (27) (680) 1,87 0,7	88 **Ra★** Radium (226,03) 700 1530 5 0,9	89–103 Actinoide	104 **Rf★** Rutherfordium (261)	105 **Db★** Dubnium (262)	106 **Sg★** Seaborgium (266)	107 **Bh★** Bohrium (264)	108 **Hs★** Hassium (269)	109 **Mt★** Meitnerium (268)	110 **Ds★** Darmstadtium (269)	111 **Rg★** Roentgenium (272)	112 **Cn★** Copernicium (277)					113 **Nh★** Nihonium (284)	114 **Fl★** Flerovium (289)	115 **Mc★** Moscovium (288)	116 **Lv★** Livermorium (292)	117 **Ts★** Tennessine (292)	118 **Og★** Oganesson (294)

Lanthanoide:

| 57 **La** Lanthan 138,91 920 3450 6,17 1,1 | 58 **Ce** Cer 140,12 799 3424 6,78 1,1 | 59 **Pr** Praseodym 140,91 935 3130 6,77 1,1 | 60 **Nd** Neodym 144,24 1020 3030 7,00 1,2 | 61 **Pm★** Promethium (145) (1030) (2730) 7,54 – | 62 **Sm** Samarium 150,4 1070 1900 7,54 1,2 | 63 **Eu** Europium 151,96 826 1440 5,26 – | 64 **Gd** Gadolinium 157,25 1310 3000 7,89 1,1 | 65 **Tb** Terbium 158,93 1360 2800 8,27 1,2 | 66 **Dy** Dysprosium 162,50 1410 2600 8,54 1,2 | 67 **Ho** Holmium 164,93 1460 2600 8,80 1,2 | 68 **Er** Erbium 167,26 1500 2900 9,05 1,2 | 69 **Tm** Thulium 168,93 1550 1730 9,33 1,2 | 70 **Yb** Ytterbium 173,04 824 1430 6,98 1,1 | 71 **Lu** Lutetium 174,97 1650 3330 9,84 1,2 |

Actinoide:

| 89 **Ac★** Actinium (227) 1050 3200 1,1 | 90 **Th★** Thorium 232,04 1700 4200 11,7 1,1 | 91 **Pa★** Protactinium 231,04 (1230) 15,4 1,5 | 92 **U★** Uran 238,03 1130 3820 18,90 1,7 | 93 **Np★** Neptunium (237,05) 640 20,4 1,3 | 94 **Pu★** Plutonium (244) 640 19,8 1,3 | 95 **Am★** Americium (243) 850 2600 11,7 1,3 | 96 **Cm★** Curium (247) 7 – | 97 **Bk★** Berkelium (247) | 98 **Cf★** Californium (251) | 99 **Es★** Einsteinium (252) | 100 **Fm★** Fermium (257) | 101 **Md★** Mendelevium (258) | 102 **No★** Nobelium (259) | 103 **Lr★** Lawrencium (266) |

14.2 Chemische Elemente und ihre Verbindungen

14.2.2 Reine Metalle

Metall	Elementsymbol; Ordnungszahl	Dichte ϱ (20 °C) $\frac{g}{cm^3}$	Schmelzpunkt (1,03 bar) °C	Siedepunkt (1,03 bar) °C	Spezifische Wärmekapazität c (20 … 100 °C) $\frac{kJ}{kg \cdot K}$	Wärmeleitfähigkeit λ (0 °C) $\frac{W}{m \cdot K}$	Längenausdeh.-koeff. α (0 … 100 °C) $\frac{10^{-6}}{°C}$	Spezifischer Widerstand ϱ $\frac{\Omega \cdot mm^2}{m}$	Elektrische Leitfähigkeit γ $\frac{m}{\Omega \cdot mm^2}$	Temperaturbeiwert α $\frac{10^{-3}}{K}$
Aluminium	Al; 13	2,70	660	2500	0,896	231	23,9	0,0265	37,8	4,7
Antimon	Sb; 51	6,69	630,5	1635	0,21	231	10,8	0,386	2,59	5,4
Beryllium	Be; 4	1,85	1285	2970	1,99	159	12	0,032	31,2	9,0
Blei	Pb; 82	11,34	327,4	1750	0,128	35,3	29	0,21	4,77	4,2
Cadmium	Cd; 48	8,65	321	767	0,233	96,2	31	0,073	13,7	4,2
Chrom	Cr; 24	7,19	1903	2500	0,44	–	8,5	0,15	6,76	–
Cobalt	Co; 27	8,89	1492	3185	0,428	68,6	14,2	0,056	17,8	5,9
Eisen	Fe; 26	7,87	1539	3070	0,465	72,3	11,9	0,1	10	4,6
Gallium	Ga; 31	5,91	29,78	2400	0,335	–	18	0,4	2,5	4,0
Germanium	Ge; 32	5,32	936	2700	0,306	–	6	890	0,0011	1,4
Gold	Au; 79	19,28	1063	2950	0,133	310	14,2	0,021	47,6	4,0
Iridium	Ir; 77	22,55	2454	4527	0,134	58,5	6,6	0,049	20,4	4,1
Kalium	K; 19	0,862	63,5	754	0,72	96,2	84	0,063	15,9	5,7
Kupfer	Cu; 29	8,93	1083	2595	0,386	395	16,8	0,0173	58	4,3
Lithium	Li; 3	0,53	180,5	1340	3,44	67	58	0,085	11,7	4,9
Magnesium	Mg; 12	1,74	650	1105	0,102	143	26	0,043	23,3	4,1
Mangan	Mn; 25	7,47	1244	2041	0,486	50	22,8	0,39	2,56	5,3
Molybdän	Mo; 42	10,22	2620	5550	0,247	142	5,3	0,05	20	4,7
Natrium	Na; 11	0,966	97,8	881	1,165	138	71	0,043	23,3	5,4
Nickel	Ni; 28	8,9	1458	2730	–	92,2	13,3	0,069	14,5	6,7
Osmium	Os; 76	22,48	2700	4400	0,131	–	7,0	0,095	10,5	4,2
Palladium	Pd; 46	11,99	1552	2930	0,247	70,3	10,6	0,098	10,2	3,7
Platin	Pt; 78	21,45	1769	3800	0,134	71,2	9,0	0,098	10,2	3,9
Quecksilber	Hg; 80	13,55	–38,84	356,6	0,139	8,05	–	0,9407	1,063	0,99
Rhenium	Re; 75	21,02	3180	5500	0,137	–	4	0,19	5,26	4,5
Rhodium	Rh; 45	12,42	1960	3670	0,247	87,5	9	0,043	23,3	4,4
Selen	Se; 34	4,26	220	68,5	0,377	–	–	–	–	–
Silber	Ag; 47	10,5	961,3	2177	0,234	410	19,7	0,0149	67,1	4,1
Silicium	Si; 14	2,33	1420	2600	0,71	–	7	1000	0,001	–
Tantal	Ta; 73	16,67	2990	4100	0,138	54,5	6,58	0,14	7,14	3,5
Titan	Ti; 22	4,508	1668	3260	0,616	–	–	0,42	2,38	5,4
Uran	U; 92	19,05	1130	3500	0,106	25,67	–	0,21	4,76	2,8
Vanadium	V; 23	5,96	1890	3000	0,487	–	–	–	–	3,9
Wolfram	W; 74	19,25	3380	6000	0,135	162	4,5	0,055	18,2	4,8
Zink	Zn; 30	7,134	419,5	908,5	0,388	113	30	0,057	17,6	4,2
Zinn	Sn; 50	7,285	231,9	2507	0,227	66	23	0,115	8,7	4,6

14.2.3 Legierungen

AlMgSi	–	2,7	–	–	–	–	23	0,033	30,3	3,6
CrAl 20 5	–	7,2	1500	–	0,462	–	12	1,37	0,73	0,05
CuNi 44	–	8,9	1280	–	0,411	–	15,2	0,49	2,04	0,04
CuMn 12 Ni	–	8,4	960	–	0,408	–	19,5	0,43	2,33	0,01
CuNi 30 Mn	–	8,8	1180	–	0,399	–	16	0,4	2,5	0,15
CuZn 36	–	8,3	950	–	0,391	–	18,5	0,07	14,3	1,3

14.2 Chemische Elemente und ihre Verbindungen

14.2.4 Kontaktwerkstoffe

Werkstoff	Dichte ϱ $\frac{g}{cm^3}$	Schmelz-punkt °C	Siede-punkt °C	Spez. elektr. Widerstand ϱ $\frac{\Omega \cdot mm^2}{m}$	Temperaturbeiwert α des elektr. Widerst. $\frac{10^{-3}}{K}$	Elektr. Leitfähigkeit γ $\frac{m}{\Omega \cdot mm^2}$	Wärmeleitfähigkeit λ $\frac{W}{m \cdot °C}$
Kontaktlegierungen							
Kupfergruppe:							
Cu-Ag (2 ... 6 % Ag) (Silberbronze)	9,2	1010	2500	0,026	–	38	113
Cu + 0,7 % Cr (Elmedur)	8,92	1075	2600	0,021	–	48	335
Cu-Si-Bronze 0,2 Si	8,7	1096	2500	0,067	2,6	28	–
Cu-Ni-Si 97,4/2/0,6 (Kuprodur)	8,8	1050	2650	0,084	–	12	67
Silbergruppe:							
Ag mit 2 % Cu + Ni (Hartsilber)	10,45	945	2150	0,0193	3,5	52	406
Ag-Cu 90/10	10,3	900	2150	0,019	3,7	52	343
Ag-Cd 92/8	10,4	930	950	0,035	1,9	28	172
Ag-Au 90/10	11,4	965	2160	0,036	–	28	197
Ag-Pd 96/4	10,54	985	2200	0,037	1,74	27	222
Goldgruppe:							
Au-Ni 95/5	18,2	1010	2600	0,14	0,68	7,1	–
Au-Cu 92/8	18,5	950	2400	0,105	0,42	10	84
Au-Ag 92/8	18,7	1045	2300	0,09	–	11	92
Au-Pt 90/10	19,5	1150	2600	0,125	0,98	8,3	100
Au-Ag-Cu 70/20/10	15,1	890	2200	0,14	0,446	7,2	92
Au-Ag-Pt 67/26/7	17,1	1100	2400	0,15	–	6,7	71
Platingruppe:							
Pt-Ir 90/10	21,6	1790	4400	0,245	2,2	5,5	46
Pt-Ir 80/20	21,7	1840	4450	0,31	0,77	3,21	18
Pt-W 88/12	21,1	1920	4800	0,48	0,23	2,1	–
Pt-Cu 90/10	19	1610	3400	0,65	0,06	1,51	–
Pt-Ag 70/30	12,8	1090	2600	0,3	0,3	3,4	–
Palladiumgruppe:							
Pd-Ag 40/60	11	1230	2200	0,204	0,34	4,9	–
Pd-Ag 60/40	11,3	1360	2500	0,42	0,006	2,4	–
Pd-Cu 60/40	10,5	1230	2450	0,37	0,28	2,7	–
Pd-Cu-Ni 80/10/10	11,2	1430	3800	0,37	0,8	2,7	–
Pd-W 90/10	12,6	1730	4300	0,38	0,83	2,65	–
Pd-W 80/20	13,4	1840	4600	1,09	0,06	0,91	–
Gesinterte Kontaktwerkstoffe							
Silber-Nickel 90/10	10,1	960	2150	0,02	–	50	356
Silber-Nickel 70/30	9,7	960	2150	0,025	–	40	264
Silber-Cadmiumoxid (10 % CdO)	10,2	960	2150	0,0208	–	43	285
Silber-Zinnoxid (5 % SnO$_2$)	9,8	960	2150	0,0205	–	49	–
Silber-Grafit (2,5 % C)	9,5	960	2150	0,021	–	48	–
Wolfram-Kupfer 80/20	15,5	1050	2240	0,05	–	20	155
Wolfram-Silber 80/20	15,5	960	2150	0,045	–	22	230
Silber-Wolframcarbid: 50/50	13	960	2150	0,045	–	22	–
20/80	12,5	960	2150	0,05	–	20	–
Wolframcarbid	15,8	2870	–	0,053	–	19	29

14.3 Stahl und Eisen: Werkstoffnormung

14.3.1 Begriffsbestimmung: Einteilung der Stähle

Stahl (ein Werkstoff, der hauptsächlich aus Eisen besteht mit < 2 % C)

- Grundstahl
  - Unlegiert
  - Beispiele: Allg. Baustahl
- Qualitätsstahl
  - Unlegiert: Federstahl
  - Legiert: Feinkornbaustahl
- Edelstahl
  - Unlegiert: Einsatzstahl
  - Legiert: Wälzlagerstahl

14.3.2 Kurznamen für Stähle — DIN EN 10027-1: 2017-01

Nach dem Hauptanwendungsbereich und den wesentlichen Eigenschaften

Stahl-gruppe	Verwendung	Eigenschaften (Kennzahlen)
S G P L E H T D	Stahlbau Stahlguss Druckbehälterbau Rohrleitungsbau Maschinenbau Flacherzeugnisse, höherfeste Stähle Verpackungsblech Flacherzeugnisse, sonstige Stähle	Mindeststreck-grenze R_e in N/mm² und/oder weitere Kennwerte
M	Elektroblech, -band	Max. Ummagne-tisierungsverlust in W/kg × 100; Nenndicke in mm × 100

Beispiele:

M 400 – 50 A
S 235 – JR

- Hauptsymbol: Stahlgruppe
- Eigenschaft
  - (400: 400 : 100 = 4 W/kg max. Ummagnetisierungsverlust)
  - (235: Streckgrenze R_e = 235 N/mm²)
- 1. Zusatzsymbol[1]
  - (50: 50:100 = 0,5 mm Nenndicke)
  - (JR: 27 J Kerbschlagarbeit bei +20 °C)
- 2. Zusatzsymbol[1]

2. Zusatzsymbol[1] für Stahlgruppe M:
- Nicht kornorientiert — A[2]
- Unlegiert (nicht schlussgeglüht) — D[2]
- Legiert (nicht schlussgeglüht) — E[2]
- Kornorientiert, mit hoher Permeabilität — P[2]
- Konventionell kornorientiert — S[2]

Nach der chemischen Zusammensetzung

Unlegierter Stahl mit Mn < 1 %	Unleg. Stahl mit Mn ≥ 1 %, leg. Stahl mit < 5 % Zusatz	Leg. Stahl mit mind. einem Bestandteil ≥ 5 % Zusatz	Schnellarbeitsstahl
Kennbuchstabe: C	Kein Kennbuchstabe	Kennbuchstabe: X	Kennbuchstabe: HS
Beispiel: C 60 E :100 = 0,6 % Kohlenstoff Eigenschaft/Verwendung	**Beispiel: 17 Cr Ni 4-6** :100 = 0,17 % Kohlenstoff :4 = 1 % Chrom :4 = 1,5 % Nickel	**Beispiel: X 6 Cr 13** :100 = 0,06 % Kohlenstoff 13 % Chrom	**Beispiel: HS 6-5-2** Bestandteile 6: 6 % Wolfram 5: 5 % Molybdän 2: 2 % Vanadium _: 0 % Cobalt
E Max. S-Gehalt R Vorg. Bereich des S-Gehaltes C Kaltumformbark. S Für Federn U Für Werkzeuge W Für Schweißdraht D Zum Drahtziehen	Faktoren: 4 10 100 1000	Bestandteile; Kurzzeichen: Cr, Co, Mn, Ni, Si, W Al, Be, Pb, Cu, Mo, Nb, Ta, Ti, V, Zr, C, Ce, P, S, N, Bor	Angabe der Prozentgehalte (ohne Symbole) in der Reihenfolge: W, Mo, V, Co

[1] Bedeutung und Zusammensetzung sind von der Stahlgruppe abhängig.
[2] Für magnetische Induktion bei 50 Hz von 1,5 Tesla.
[3] Für magnetische Induktion bei 50 Hz von 1,7 Tesla.

14.4 Magnetische Werkstoffe

14.4.1 Elektroblech und Elektroband

Kurzname nach DIN EN 10027-1	Nenn-dicke	Ummagnetisierungsverlust P bei 50 Hz in W/kg (max.)			Magnetische Polarisation J in T (min.) bei Feldstärke in A/m				Stapel-faktor (min.)	Dichte ϱ
	mm	1,5 T	1,0 T	1,7 T	800	2500	5000	10000		kg/dm³
kaltgewalzt, nicht kornorientiert, schlussgeglüht									**DIN EN 10106: 2016-03** [1]	
M250-35A	0,35	2,50	1,00			1,49	1,60	1,70	0,95	7,60
M300-35A	0,35	3,00	1,20			1,49	1,60	1,70	0,95	7,65
M270-50A	0,50	2,70	1,10			1,49	1,60	1,70	0,96	7,60
M290-50A	0,50	2,90	1,15			1,49	1,60	1,70	0,96	7,60
M400-50A	0,50	4,00	1,70			1,53	1,63	1,73	0,96	7,70
M530-50A	0,50	5,30	2,30			1,56	1,65	1,75	0,96	7,70
M700-50A	0,50	7,00	3,00			1,60	1,69	1,77	0,96	7,80
M350-65A	0,65	3,50	1,50			1,49	1,60	1,70	0,97	7,60
M470-65A	0,65	4,70	2,00			1,53	1,63	1,73	0,97	7,65
M600-65A	0,65	6,00	2,60			1,56	1,66	1,76	0,97	7,75
M800-65A	0,65	8,00	3,60			1,60	1,70	1,78	0,97	7,80
M1000-65A	0,65	10,00	4,40			1,61	1,71	1,80	0,97	7,80
kornorientiert									**DIN EN 10107: 2014-07** [1]	
M110-23S	0,23	0,73		1,10	1,78				0,945	7,65
M120-23S	0,23	0,77		1,20	1,78				0,945	7,65
M120-27S	0,27	0,80		1,20	1,78				0,950	7,65
M130-27S	0,27	0,85		1,30	1,78				0,950	7,65
M140-30S	0,30	0,92		1,40	1,78				0,955	7,65
M145-35S	0,35	1,03		1,45	1,78				0,960	7,65
M85-23P	0,23			0,85	1,88				0,945	7,65
M110-30P	0,30			1,10	1,88				0,955	7,65
M125-35P	0,35			1,25	1,88				0,960	7,65
kaltgewalzt, nicht schlussgeglüht									**DIN EN 10341: 2006-08** [2]	
M340-50K	0,50	3,40	1,42			1,54	1,62	1,72		7,65
M390-50K	0,50	3,90	1,62			1,56	1,64	1,74		7,70
M450-50K	0,50	4,50	1,92			1,57	1,65	1,75		7,75
M560-50K	0,50	5,60	2,42			1,58	1,66	1,76		7,80
M390-65K	0,65	3,90	1,62			1,54	1,62	1,72		7,65
M450-65K	0,65	4,50	1,92			1,56	1,64	1,74		7,70
M520-65K	0,65	5,20	2,22			1,57	1,65	1,75		7,75
M630-65K	0,65	6,30	2,72			1,58	1,66	1,76		7,80
kaltgewalzt, nicht schlussgeglüht									**DIN EN 10341: 2006-08** [3]	
M660-50K	0,50	6,60	2,80			1,62	1,70	1,79		7,85
M890-50K	0,50	8,90	3,70			1,60	1,68	1,78		7,85
M1050-50K	0,50	10,50	4,30			1,57	1,65	1,77		7,85
M800-65K	0,65	8,00	3,30			1,62	1,70	1,79		7,85
M1000-65K	0,65	10,00	4,20			1,60	1,68	1,78		7,85
M1200-65K	0,65	12,00	5,00			1,57	1,65	1,77		7,85

[1] Nachfolgenorm von DIN 46400.
[2] Nachfolgenorm von DIN 46400 und DIN EN 10165.
[3] Nachfolgenorm von DIN 46400 und DIN EN 10126.

14.4 Magnetische Werkstoffe

14.4.2 Dauermagnetwerkstoffe — DIN IEC 60404-8-1: 2016-02

Gruppe		Kurzname	Hauptbestandteile
Hartmagnetische Legierungen:	R1 R6 R3 R5 R7	AlNiCo CrFeCo FeCoVCr RECo REFeB	Aluminium-Nickel-Cobalt-Eisen-Titan-Legierung Chrom-Eisen-Cobalt-Legierung Eisen-Cobalt-Vanadium-Chrom-Legierung Seltenerd-Cobalt-Legierung Seltenerd-Eisen-Bor-Legierung
Hartmagnetische keramische Werkstoffe:	S1	Hartferrit	Hartmagnetische Ferrite: $Mo \cdot x\, Fe_2O_3$ (mit M = Ba, Sr und/oder Pb und x = 4,5 bis 6,5)
Gebundene hartmagnetische Werkstoffe:	U1 U2 U3 U4	AlNiCo RECo REFeB Hartferrit	Gebundene Aluminium-Nickel-Cobalt-Eisen-Titan-Magnete Gebundene Seltenerd-Cobalt-Magnete Gebundene Seltenerd-Eisen-Bor-Magnete Gebundene Hartferrite

Werkstoff Kurzzeichen	Code-nummer	Art	Her-stellung	Remanenz B_r mT	Koerzitiv-feldstärke H_{cB}[1] kA/m	H_{cJ}[2] kA/m	$(B \cdot H)_{max}$-Wert kJ/m³	Relative permanente Permeabilität μ_{rec}	Curie-Temp °C	Be-triebs-temp. °C	Dichte ϱ g/cm³
AlNiCo 9/5	R1-0-1	i	G, S	550	44	47	9	7	750	550	6,8
AlNiCo 12/6	R1-0-2	i	G, S	630	52	55	11,6	7,5		550	7,0
AlNiCo 17/9	R1-0-3	i	G, S	580	80	86	17,0	7,5		550	7,1
AlNiCo 37/5	R1-1-1	a	G	1 180	48	49	37	4		550	7,3
AlNiCo 44/5	R1-1-3	a	G	1 200	52	53	44	3	800	550	7,3
AlNiCo 60/11	R1-1-4	a	G	900	110	112	60	2	bis	550	7,3
AlNiCo 58/5	R1-1-6	a	G	1 300	52	53	58	3	850	550	7,3
AlNiCo 72/12	R1-1-7	a	G	1 050	118	120	72	2		550	7,3
AlNiCo 31/11	R1-1-12	a	S	760	107	111	31	3		550	7,1
AlNiCo 33/15	R1-1-13	a	S	650	135	150	33	2		550	7,1
CrFeCo 12/4	R6-0-1	i	G, S	800	40	42	12	6	620	500	7,6
CrFeCo 10/3	R6-0-2	i	G, S	850	27	29	10	6	bis	500	7,6
CrFeCo 28/5	R6-1-1	a	G, S	1 000	45	46	28	3,5	640	500	7,6
CrFeCo 30/4	R6-1-2	a	G, S	1 150	40	41	30	3,5	720	500	7,6
CrFeCo 35/5	R6-1-3	a	G, S	1 050	50	51	35	3,5		500	7,6
FeCoVCr 11/2	R3-1-1	a	G	800	24	24	11	5		500	8,1
RECo₅ 140/120	R5-1-1	a	S	860	600	1200	140	1,05	720	<250	8,3…
RECo₁₇ 200/150	R5-1-16	a	S	1 050	700	1500	200	1,1	820		8,4
REFeB 210/240	R7-1-9	a	S	1 060	760	2400	210	1,05	310	200	7,4…
REFeB 360/90	R7-1-15	a	S	1 350	800	900	360	1,05			7,5
Hartferrit 7/21	S1-0-1	i	S	190	125	210	6,5	1,2			4,9
Hartferrit 20/19	S1-1-1	a	S	320	170	190	20	1,1			4,8
Hartferrit 24/23	S1-1-2	a	S	350	215	230	24	1,1	450	250	4,8
Hartferrit 25/14	S1-1-3	a	S	380	130	135	25	1,1			5,0
Hartferrit 24/35	S1-1-10	a	S	360	260	350	24	1,1			4,8
Harrferrit 35/25	S1-1-14	a	S	430	245	250	35	1,1			4,95
AlNiCo 3/5p	U1-0-30	i	D	280	37	46	3,1	2,5	750	Kleber	5,3
AlNiCo 5/6p	U1-0-31	i	D	320	46	56	5,2	2,5	bis	ab-	5,4
AlNiCo 7/8p	U1-0-32	i	D	340	72	84	7,0	2,5	850	hängig	5,5
RECo 20/60p	U2-0-25	i	SG	350	200	600	20	1,15	820	Kleber	5,6
RECo 110/75p	U2-0-35	a	F	780	480	750	110	1,05		abh.	6,8
REFeB 30/90p	U3-0-23	i	SG	440	280	900	30	1,15	310	Kleber	4,6
REFeB 82/68p	U3-0-32	i	D	700	500	680	82	1,25		abh.	6,2
Hartferrit 1/18p	U4-0-20	i	SG	70	50	175	0,8	1,1	310	Kleber	2,3
Hartferrit 3/18p	U4-0-21	i	SG	135	85	175	3,2	1,1		abh.	3,8

[1] Koerzitivfeldstärke der magnetischen Flussdichte.
[2] Koerzitivfeldstärke der magnetischen Polarisation.

D … Druckguss   F … Formpressen   i … isotrop
G … Guss   S … Sintern   a … anisotrop
SG … Spritzguss

14.5 Nichteisenmetalle: Kupfer und Legierungen

14.5.1 Kennzeichnungssysteme für Kupfer und Legierungen

Europäisches Werkstoffnummernsystem für Kupfer und Legierungen DIN EN 1412: 2017-01

Beispiel: C R 0 0 2 A

- Stelle 1: C = Kupferwerkstoff
- Stelle 2: s. Tabelle unten
- Stelle 3…5: Eine Zahl zwischen 000 und 999 (nur Zählnummer, ohne bestimmte Bedeutung)
- Stelle 6: Bezeichnung der Werkstoffgruppe s. Tabelle unten

Stelle 2	Bedeutung der Buchstaben	Stelle 6	Bedeutung Werkstoffgruppe
B	Werkstoffe in Blockform (z. B. Masseln) zum Umschmelzen bei der Herstellung von Gusserzeugnissen	A oder B	Kupfer
		C oder D	Niedriglegierte Cu-Leg. (Leg.elemente < 5 %)
C	Werkstoffe in Form von Gusserzeugnissen	E oder F	Kupfersonderlegierungen (Leg.elemente ≥ 5 %)
		G	Kupfer-Aluminium-Legierungen
F	Schweißzusatzwerkstoffe und Hartlote	H	Kupfer-Nickel-Legierungen
		J	Kupfer-Nickel-Zink-Legierungen
M	Vorlegierungen	K	Kupfer-Zinn-Legierungen
R	Raffiniertes Kupfer in Rohformen		
S	Werkstoffe in Form von Schrott	L oder M	Kupfer-Zink-Legierungen, Zweistofflegierungen
W	Knetwerkstoffe	N oder P	Kupfer-Zink-Blei-Legierungen
X	Nicht genormte Werkstoffe	R oder S	Kupfer-Zink-Blei-Mehrstofflegierungen

Kupfer und Legierungen: Zustandsbezeichnungen DIN EN 1173: 2008-08

Buchstabe	Zu bezeichnende verbindliche Eigenschaft	Beispiel für	Anwendung in Produktnormen
A	Bruchdehnung	A = 7 %	Draht EN 13602 – **Cu-OF – A007** – …[1]
B	Federbiegegrenze	B = 410 N/mm²	Band EN 1654 – **CuSn8 – B410** – …[1]
D	Gezogen, ohne festgelegte mechanische Eigenschaften	D	Rohr EN … – **Cu-ETP – D** – …[1]
G	Korngröße	G = 20	Band EN 1652 – **CuZn37 – GO20** – …[1]
H	Härte (Brinell oder Vickers)	HB = 150	Blech EN 1652 – **CuZn37 – H150** – …[1]
M	Wie gefertigt, ohne festgelegte mech. Eigenschaften	M	Hohlstange EN 12168 – **CuZn36Pb3 – M** – …[1]
R	Zugfestigkeit	R_m = 500 N/mm²	Stange EN 12164 – **CuZn39Pb3 – R500** – …[1]
Y	0,2 %-Dehngrenze	$R_{p0,2}$ = 460 N/mm²	Band EN 1654 – **CuZn30 – Y460** – …[1]
S	Zusätzliche Behandlung „Entspannen"	R_m = 340 N/mm², nach S	Rohr EN … – **CuZn20Al2As – R340S** –…[1]

Werkstoffkurzzeichen für Kupfer-Gusslegierungen DIN EN 1982: 2017-11

Beispiel: Cu Ni10 Fe1 Mn1 – C – GC

- 1. Stelle: Angabe des Grundwerkstoffes
- Folgestellen: Legierungselemente mit der Kennzahl für die Massengehalte in Prozent in fallender Reihenfolge

Erzeugnisformen		Gießverfahren	
B	Blockmetalle	GS	Sandguss
C	Gussstücke	GM	Kokillenguss
		GZ	Schleuderguss
		GC	Strangguss
		GP	Druckguss

[1] Weitere Ergänzungen nach entsprechender Produktnorm.

14.5 Nichteisenmetalle: Kupfer und Legierungen

14.5.2 Kupfer

Werkstoff-nummer ↑	Kurz-zeichen	Chemische Zusammen-setzung in %	spez. Massen-widerstand	spez. Leit-fähigkeit	Anwendung, Eigenschaft
Kupfer-Katoden					**DIN EN 1978**: 1998-05
CR001A	Cu-CATH-1 (KE-Cu)[1]	99,99 % Cu; max. 0,0065 % andere Elemente	0,15176 Ω · g/m²	58,58 MS/m	Hoch leitfähige Cu-Baugruppen Elektrische und andere Halbzeuge
CR002A	Cu-CATH-2 (KE-Cu)[1]	min. 99,90 % Cu einschließ-lich max. 0,015 % Ag	0,15328 Ω · g/m²	58,00 MS/m	
Unlegiertes Kupfer, sauerstoffhaltig					**DIN EN 1976**: 2013-01
CR004A	Cu-ETP (E1-Cu58)[1]	min. 99,90 % Cu, max. 0,04 % O, max. 0,005 % Pb	0,15328 Ω · g/m²	58,00 MS/m	Halbzeuge für Elektronik und E-Technik
CR005A	Cu-FRHC (E2-Cu58)[1]	min. 99,90 % Cu, max. 0,04 % O	0,15328 Ω · g/m²	58,00 MS/m	Halbzeuge für Elektronik und E-Technik
Unlegiertes Kupfer, sauerstofffrei					**DIN EN 1976**: 2013-01
CR008A	Cu-OF (OF-Cu)[1]	min. 99,95 % Cu max. 0,005 % Pb	0,15328 Ω · g/m²	58,00 MS/m	Halbzeuge mit hoher H-Beständigkeit
Unlegiertes Kupfer, phosphorhaltig					**DIN EN 1976**: 2013-01
CR020A	Cu-PHC (SE-Cu)[1]	min. 99,95 % Cu 0,001…0,006 % P	0,15328 Ω · g/m²	58,00 MS/m	Halbzeuge; gut löt- und schweißbar
CR023A	Cu-DLP (SW-Cu)[1]	min. 99,90 % Cu 0,005…0,013 % P	–	–	Halbzeuge; gut löt- und schweißbar
CR024A	Cu-DHP (SF-Cu)[1]	min. 99,90 % Cu 0,015…0,040 % P	–	–	Halbzeuge; sehr gut löt- und schweißbar

14.5.3 Kupfer für Bleche und Bänder der Elektrotechnik DIN EN 13599: 2014-12

Werkstoff Nummer↑ / Kurzzeichen	Zu-stand	Dicke t in mm		Zugfestig-keit R_m in N/mm²		0,2-Grenze $R_{p\,0,2}$ in N/mm²	Bruchdeh-nung $A_{50\,mm}$ in % (min.) für t		Vickers-härte HV		spez. Volumen-widerstand in Ω · mm²/m max.	spez. Leit-fähig-keit in MS/m
		von	bis	von	bis		≤ 2,5	> 2,5	min.	max.		
CW004A / Cu-ETP[2]	M	10	25	Wie gefertigt							0,01754 0,01786[3]	57,0 56,0[3]
CW005A / Cu-FRHC[2]	H040 R220[2]	0,10 0,10	5 5	– 220	– 260	– –	– 33	– 42	40 –	65 –	0,01724 0,01754[3]	58,0 57,0[3]
CW008A / Cu-OF	H040 R200	0,20 0,20	10 10	– 200	– 250	– –	– –	– 42	40 –	65 –		
CW013A / CuAg0,10[2]	H065 R240	0,10 0,10	10 10	– 240	– 300	– 180	– 8	– 15	65 –	95 –	0,01754 0,01786[3]	57,0 56,0[3]
CW016A / CuAg0,10P	H090 R290	0,10 0,10	10 10	– 290	– 360	– 250	– 4	– 6	90 –	110 –		
CW020A / Cu-PHC												
CW021A / Cu-HCP[2]	H110 R360	0,10 0,10	2 2	– 360	– –	– 320	– 2	– –	110 –	– –	0,01786 0,01818[3]	56,0 55,0[3]

Hinweise:
M … Zustand ohne festgelegte Anforderungen an die mechanischen Eigenschaften.
Die angegebenen elektrischen Eigenschaften gelten bei 20 °C.
1 MS/m entspricht 1 **m/(Ω · mm²)**.

[1] Kurzzeichen nach zurückgezogener DIN 1708. [2] Für diese Werkstoffe mit Dicken von 0,1 mm bis 0,2 mm gelten folgende Werte: R_m min. 200 N/mm² und $A_{50\,mm}$ min. 28 %. [3] Diese Werte gelten für die Werkstoffe CW021A (Cu-HCP) und CW016A (CuAg0,10P).

14.5 Nichteisenmetalle: Kupfer und Legierungen

14.5.4 Kupferlegierungen — DIN CEN/TS 13388: 2020-09

14-8 ↑

Werkstoffbezeichnung ↑ Nummer	Kurzzeichen	Zusammensetzung (Massenanteil) in %	Dichte kg/dm³	Verwendung
Kupfer-Zink-Legierung				
CW500L	CuZn5	94 … 96 Cu, Rest Zn. Zul.: 0,02 Al, 0,05 Fe, 0,3 Ni, 0,05 Pb, 0,1 Sn	8,9	Für Dämpferstäbe, als Emaillier-Qualität
CW501L	CuZn10	89 … 91 Cu, Rest Zn. Zul.: wie CuZn5	8,8	Installationsteile für Elektrotechnik
CW502L	CuZn15	84 … 86 Cu, Rest Zn. Zul.: wie CuZn5	8,8	Für Schlauchrohre, Druckmessgeräte, Hülsen für Federungskörper
CW503L	CuZn20	79 … 81 Cu, Rest Zn. Zul.: wie CuZn5	8,7	
CW504L	CuZn28	71 … 73 Cu, Rest Zn. Zul.: wie CuZn5	8,6	Musikinstrumente, Blattfedern, Tiefziehteile aller Art, Kühlerbänder
CW505L	CuZn30	69 … 71 Cu, Rest Zn. Zul.: wie CuZn5	8,5	
CW506L	CuZn33	66 … 68 Cu, Rest Zn. Zul.: wie CuZn5	8,5	Kühlerbänder
CW507L	CuZn36	63,5 … 65,5 Cu, Rest Zn. Zul.: wie CuZn5	8,4	Zifferblätter, sonst wie CuZn37
CW508L	CuZn37	62 … 64 Cu, Rest Zn. Zul.: 0,05 Al, 0,1 Fe, 0,3 Ni, 0,1 Pb, 0,1 Sn	8,4	Hauptleg. für Kaltumformen durch Tiefziehen, Drücken, Stauchen, Walzen
CW509L	CuZn40	59,5 … 61,5 Cu, Rest Zn. Zul.: 0,05 Al, 0,2 Fe, 0,3 Ni, 0,2 Pb, 0,2 Sn	8,4	Beschlag- und Schlossteile, Nippeldraht, Kondensatorböden
Kupfer-Zinn-Legierungen				
CW450K	CuSn4	3,5 … 4,5 Sn, 0,01 … 0,4 P, Rest Cu. Zulässig: 0,1 Fe, 0,2 Ni, 0,02 Pb, 0,2 Zn	8,9	Strom führende Federn, Steckverbinder
CW452K	CuSn6	5,5 … 7 Sn, sonst wie CuSn4	8,8	Federn, Steckverbinder, Siebdrähte
CW453K	CuSn8	7,5 … 8,5 Sn, sonst wie CuSn4	8,8	Gleitelemente, Holländermesser
Kupfer-Nickel-Legierungen				
CW351H	CuNi9Sn2	8,5 … 10,5 Ni, 1,8 … 2,8 Sn, Rest Cu. Zulässig: 0,3 Fe, 0,3 Mn, 0,03 Pb, 0,1 Zn	8,9	Federnde Kontakte (Relais, Schalter, Steckverbinder), Lötrahmen, Gehäuse
CW352H	CuNi10Fe1Mn	9 … 11 Ni, 1 … 2 Fe, 0,5 … 1 Mn, Rest Cu. Zulässig: 0,05 C, 0,02 Pb, 0,05 S, 0,5 Zn, 0,02 P, 0,1 Co (wird als Ni gezählt)	8,9	Rohre für Seewasserleitungen; Rohre, Platten, Böden für Wärmetauscher
CW350H	CuNi25	24 … 26 Ni, Rest Cu. Zulässig: 0,3 Fe, 0,5 Mn, 0,05 C, 0,02 Pb, 0,05 S, 0,5 Zn;[1]	8,9	Münzlegierung, Plattierwerkstoff

14.5.5 Aluminium für die Elektrotechnik — DIN EN 14121: 2009-09

Kurzzeichen (DIN EN 573 und DIN EN 515)	Zugfestigkeit R_m N/mm²	0,2 % Dehngrenze N/mm²	Bruchdehn. A_{50} in %	Brinellhärte HBW	Elektrische Leitfähigkeit MS/m	Verwendung
EN-AW-1350A-F	65	–	–	–	34,5	Bleche, Bänder
EN-AW-1350A-O	65 … 105	20	22	20	35,4	
EN-AW-1350A-H19	150	130	1	45	34,0	
EN-AW-1350A-H24	105 … 150	75	3	33	34,5	
EN-AW-1350A-H26	120 … 165	90	2	38	34,5	
EN-AW-1350A-H28	140	110	2	41	34,0	

[1] Auch zulässig: 0,03 Sn und 0,1 Co.

14.5 Nichteisenmetalle: Kupfer und Legierungen

14.5.6 Widerstandslegierungen   DIN 17471: 1983-04   ↑14-8

Kurzzeichen↑	Zusammensetzung (Massenanteile) in %						Spez. Widerstand b. 20 °C $\Omega \cdot mm^2/m$	Anwendungsgrenze °C	Temperaturkoeffizient d. Widerstands zwischen 20 und 105 °C $10^{-6}/K$	Verwendung
	Al	Cr	Fe	Mn	Si	Ni	Cu			
CuNi2	–	–	–	–	–	2	Rest	0,05	300	+1 000 … +1 600	Niedrigohmige Widerstände, Heizdrähte ger. Temperatur
CuNi6	–	–	–	–	–	6	Rest	0,10	300	+500 … +900	
CuMn3	–	–	–	3	–	–	Rest	0,125	200	+280 … +380	Niedrigohmige Widerstände ger. Belastung
CuNi10	–	–	–	–	–	10	Rest	0,15	400	+350 … +450	Wie CuNi2/CuNi6
CuNi23Mn	–	–	–	1,5	–	23	Rest	0,3	500	+220 … +280	Widerstände, Heizdrähte und -kabel
CuNi30Mn	–	–	–	3	–	30	Rest	0,4	500	+ 80 … +130	Widerstände, Anlasser, Kennmelder
CuMn12Ni	–	–	–	12	–	2	Rest	0,43	140	–10 … +10	Präzisions- und Messwiderstände
CuNi44	–	–	–	1	–	44	Rest	0,49	600	–80 … +40	Widerstände, Potenziometer, Heizdrähte
CuMn12NiAl	1,2	–	–	12	–	5	Rest	0,5	500	–50 … +50	Widerstände
NiCr8020	–	20	–	–	–	Rest	–	1,08	600	+50 … +150	Hochohmige Widerstände, Heizleiter
NiCr6015	–	15	20	–	–	Rest	–	1,11	600	+100 … +200	
NiCr20AlSi	3,5	20	0,5	0,5	1	Rest	–	1,32	200	–50 … +50	Hochohmige Präzisions- und Messwiderstände

14.5.7 Thermobimetalle   DIN 1715-1: 1983-11

Kurzzeichen	Werkstoffkurzzeichen	Spezifische thermische[1]		Linearitätsbereich °C	Anwendung bis °C	Spez. elektr. Widerstand bei 20 °C $\mu\Omega \cdot m$	Wärmeleitzahl W/(m·K)
		Krümmung $10^{-6} K^{-1}$	Ausbiegung $10^{-6} K^{-1}$				
TB20110	MnCuNi	39,0 ±5 %	20,8	– 20 … 200	350	1,10 ±5 %	6
TB1577A	NiMn20 6	28,5 ±5 %	15,5	– 20 … 200	450	0,78 ±5 %	13
TB1577B	X60NiMn14 7	28,5 ±5 %	15,5	– 20 … 200	450	0,78 ±5 %	13
TB1170A	NiMn20 6	22,0 ±5 %	11,7	– 20 … 380	450	0,70 ±5 %	13
TB1170B	X60NiMn14 7	22,0 ±5 %	11,7	– 20 … 380	450	0,70 ±5 %	13
TB1075	NiCr16 11	20,0 ±5 %	10,8	– 20 … 200	550	0,75 ±5 %	19
TB0965	NiMn20 6	18,6 ±5 %	9,8	– 20 … 425	450	0,65 ±5 %	15
TB1555	NiMn20 6	28,2 ±5 %	15,0	– 20 … 200	450	0,55 ±5 %	16
TB1435	NiMn20 6	27,4 ±5 %	14,8	– 20 … 200	450	0,35 ±5 %	22
TB1425	NiMn20 6	26,1 ±5 %	14,0	– 20 … 200	450	0,25 ±7 %	28
TB1511	NiMn20 6	27,8 ±5 %	15,0	– 20 … 200	400	0,11 ±10 %	70
TB1109	NiMn20 6	21,6 ±5 %	11,5	– 20 … 380	400	0,09 ±10 %	88

Das Kurzzeichen TB … wird gebildet aus dem Wert für die spezifische thermische Ausbiegung α in $10^{-6} \cdot K^{-1}$ und dem Wert des spezifischen elektrischen Widerstands ϱ in $\mu\Omega m \cdot 100$.

[1] Für den Temperaturbereich 20 bis 130 °C.

14.5 Nichteisenmetalle: Kupfer und Legierungen

14.5.8 Heizleiterlegierungen für Rund- und Flachdrähte — DIN 17470: 1984-10

Kurzname	Zusammensetzung Massenanteile in %				Spez. elektr. Widerstand $\varrho^{1)}$ in $\Omega \cdot mm^2/m$ bei °C						Dichte bei 20 °C	Zugfestigkeit$^{2)}$	Wärmeausdehnungskoeffizient $10^{-6}/K$ zwischen 20 °C und		
	Al	Cr	Fe	Ni	20	200	400	600	800	1100			400 °C	800 °C	1000 °C
					±5 %	±6 %	±7 %		±8 %		g/cm³	N/mm²			
NiCr 80 20	–	20	–	80	1,12	1,13	1,15	1,15	1,14	1,16	8,3	650	15	16	17
NiCr 70 30	–	30	–	70	1,19	1,22	1,24	1,24	1,24	1,25	8,1	650	15	16	17
NiCr 60 15	–	15	22	60	1,13	1,16	1,20	1,21	1,22	1,26	8,2	600	15	16	17
NiCr 30 20	–	20	Rest	30	1,04	1,11	1,17	1,22	1,26	1,32	7,9	600	16	18	19
CrNi 25 20	–	25	Rest	20	0,95	1,03	1,11	1,18	1,22	1,28	7,8	600	17	18	19
CrAl 25 5	5	25	Rest	–	1,44	1,44	1,45	1,46	1,48	1,49	7,1	600	12	14	15
CrAl 20 5	5	20	Rest	–	1,37	1,38	1,39	1,42	1,44	1,45	7,2	600	12	14	15
CrAl 14 4	4	14	Rest	–	1,25	1,27	1,30	1,34	1,39	1,44	7,3	600	12	14	15

Kurzname	Obere Anwendungstemperatur an Luft °C	Beständigkeit bei 20 °C gegen atmosphärische Korrosion	Beständigkeit bis obere Anwendungstemperatur gegen				
			Luft und andere sauerstoffhaltige Gase	stickstoffhaltige, sauerstoffarme Gase	schwefelhaltige Gase oxidierend	schwefelhaltige Gase reduzierend	Aufkohlung
NiCr 80 20	1200	Hoch	Hoch	Hoch	Gering	Gering	Gering
NiCr 70 30	1200	Hoch	Hoch	Hoch	Mittel	Gering	Gering
NiCr 60 15	1150	Hoch	Hoch	Hoch	Gering	Gering	Hoch
NiCr 30 20	1100	Hoch	Hoch	Mittel	Mittel	Gering	Hoch
CrNi 25 20	1050	Hoch	Hoch	Mittel	Hoch	Hoch	Mittel
CrAl 25 5	1300	Mittel	Hoch	Gering	Hoch	Hoch	Hoch
CrAl 20 5	1200	Mittel	Hoch	Gering	Hoch	Hoch	Hoch
CrAl 14 4	1000	Mittel	Hoch	Gering	Hoch	Hoch	Hoch

14.5.9 Hart- und Weichlote sowie Flussmittel

Flussmittel — DIN EN ISO 18496: 2021-12; DIN EN ISO 9454-1: 2016-07

Zum Hartlöten (DIN EN 1045)			Zum Weichlöten (DIN EN ISO 9454-1: 2016-07) Symbolaufschlüsselung: Flussmittel-				Flussm.-Typ- und Wirkung Kurzzeichen		
Normzeichen	WR$^{3)}$	Wirktemp. °C	-typ 1. Stelle	-basis 2. Stelle	-aktivator 3. Stelle	-art 4. St.	DIN EN ISO 9454-1: 2016-07	DIN 8511 (alt)	WR$^{3)}$
FH10	k	550–800	① Harz	① Kolophonium	① Ohne Aktivator	Ⓐ Flüssig	3.2.2.	F-SW11	k
FH11	k	550–800		② Ohne Kolophonium	② Mit Halogenen aktiviert		3.1.1.	F-SW12	k
FH12	k	550–850			③ Ohne Halogene aktiviert		3.2.1.	F-SW13	k
FH20	k	700–1000	② Organisch	① Wasserlöslich		Ⓑ Fest	3.1.1.	F-SW21	bk
FH21	nk	750–1100		② Nicht wasserlöslich			3.1.2.	F-SW22	bk
FH30	nk	über 1000					2.1.3.	F-SW23	bk
FH40	k	600–1000					2.1.1.	F-SW24	bk
			③ Anorganisch	① Salze	① Mit Ammoniumchlorid ② Ohne Ammoniumchlorid	Ⓒ Paste	1.2.2.	F-SW28	bk
FL10	k	über 550					1.1.1.	F-SW31	nk
FL20	nk	über 550					1.1.3.	F-SW32	nk
				② Säuren	① Phosphorsäure ② Andere Säure		2.2.3.	F-SW34	nk
				③ Alkalisch	① Amine, Ammoniak		3.1.1.	F-LW-1	k
							2.1.3.	F-LW-2	k

FH = zum Hartlöten von Schwermetallen
FL = zum Hartlöten von Leichtmetallen

$^{1)}$ Die Werte gelten für den Zustand, der sich nach 15 min. langem Glühen bei über 600 °C und anschließender langsamer Abkühlung (Abkühlungsgeschwindigkeit ≤ 10 K/min) einstellt. $^{2)}$ Bei 20 °C, weich geglüht. $^{3)}$ **WR** = Wirkung der Rückstände: **k** = korrosiv, **nk** = nicht korrosiv, **bk** = bedingt korrosiv, **-nk** = i. Allg. nicht korrosiv.

14.5 Nichteisenmetalle: Kupfer und Legierungen

Weichlote — DIN EN ISO 9453: 2021-01, DIN 1707-100: 2017-10

Legierungsgruppe	Nr.	Legierungskurzzeichen	altes Kurzzeichen nach DIN 1707	Schmelztemperatur[1] in °C	Hinweise für die Verwendung
Zinn-Blei	102	S-Sn63Pb37E[3]	–	183	Schmierlot, Elektronik, gedruckte Schaltungen, Elektroindustrie, Verzinnung
	104	S-Sn60Pb40E[3]	–	183–190	
	112	S-Pb50Sn50E[3]	–	183–215	
	–[2]	S-Pb60Sn40E[3]	–	183–235	
Zinn-Blei mit Cu oder Ag	161	S-Sn60Pb39Cu1	L-Sn60PbCu2	183–190	Elektrogerätebau, Elektronik, Miniaturtechnik, gedruckte Schaltungen
	162	S-Sn50Pb49Cu1	L-Sn50PbCu	183–215	
	171	S-Sn62Pb36Ag2	L-Sn63PbAg	179	
	182	S-Pb95Ag5	L-PbAg5	304–370	Für hohe Betriebstemperaturen
Zinn-Blei mit Sb oder Cd	132	S-Sn60Pb40Sb	L-Sn60Pb(Sb)	183–190	Verzinnung, Elektroindustrie, Thermosicherungen, Feinlötungen
	151	S-Sn50Pb32Cd18	L-SnPbCd18	145	
Sonder- und Aluminiumweichlote (1707-100)	–[2]	S-Cd73Zn22Ag5	L-CdZnAg5	270–310	Elektroindustrie, E-Motoren, Isolierstoffklasse F
	–[2]	S-Cd68Zn22Ag10	L-CdZnAg10	270–380	
	–[2]	S-Sn60Zn40	L-SnZn40	200–340	Reiblöten, Ultraschalllöten, Al-Kabelmäntel mit Flussmittel
	–[2]	S-Cd80Zn20	L-CdZn20	265–280	

Hartlote — DIN EN ISO 17672: 2017-01, DIN EN ISO 3677: 2016-12

Kennzeichnung nach DIN EN ISO 17672	ISO 3677	Kurzzeichen nach zurückgezogener Norm DIN 8513	Schmelztemperatur[1]	Arbeitstemp. °C	Hinweise für die Verwendung
Kupferhartlote					
CU 922	B-Cu94Sn(P)-910/1040	L-CuSn6	910–1040	1040	Eisen und Nickelwerkstoffe
–	B-Cu88Sn(P)-825/990	L-CuSn12	825–990	990	
CU 680	B-Cu60Zn(Si)(Mn)-870/900	L-CuZn40	870–900	900	St, Cu, Ni, Cu- und Ni-Leg., St, Ni, Ni-Leg., Temperguss, GG
CU 773	B-Cu48ZnNi(Si)890/920	L-CuNi10Zn42	890–920	910	
Aluminiumlote					
Al 107	B-Al92Si-575/615	L-AlSi7,5	575–615	610	Lotplattierte Bleche, Bänder
Al 110	B-Al90Si-575/590	L-AlSi10	575–590	600	Lotplattierte Bleche, Bänder
Al 112	B-Al88Si-575/585	L-AlSi12	575–585	595	AlMg und AlMgSi bis 2 % Mg-Gehalt
Silberhartlote					
CuP 284	B-Cu80AgP-645/800	L-Ag15P	650–800	710	Bronze, Messing, Rotguss, Cu, CuZn- und CuSn-Legierungen
CuP 281	B-Cu89PAg-645/815	L-Ag5P	650–815	710	
–	B-Ag60CuZn-695/730	L-Ag60	695–730	710	Stahl, Temperguss, Kupfer und Kupferlegierungen, Nickel und Nickellegierungen
Ag 225	B-Cu40ZnAg-700/790	L-Ag25	700–790	780	
–	B-Cu44ZnAg(Si)-690/810	L-Ag20	690–810	810	
Ag 212	B-Cu48ZnAg(Si)-800/830	L-Ag12	800–830	830	
Ag 350	B-Ag50CdZnCu-620/640	L-Ag50Cd	620–640	640	
Ag 340	B-Ag40ZnCdCu-595/630	L-Ag40Cd	595–630	610	
–	B-Cu40ZnAgCd-605/765	L-Ag20Cd	605–765	750	

[1] Unterer Wert Solidustemperatur, oberer Wert Liquidustemperatur.
[2] Ohne Legierungsgruppennummer nach DIN EN ISO 17672: 2017-01.
[3] E = Elektronik-Qualität.

14.6 Drähte und Schienen

Kennwerte für Drähte und Schienen

Kennwerte für Runddrähte aus Kupfer, lackisoliert — DIN EN 60317-0-1: 2020-11; VDE 0474-317-0-1: 2020-11

Nenn-durch-messer	Mindestzunahme durch die Isolation in mm			Größter Außen-durchmesser in mm			Widerstand[1] in Ω/m			Durchschlag-U[1] K.-w in V bei		
	G. 1	G. 2	G. 3	G. 1	G. 2	G. 3	K.-w.	N.-w.	G.-w.	G. 1	G. 2	G. 3
0,018	0,002	0,004	0,006	0,022	0,024	0,026	60,46	67,18	73,89	110	225	350
0,020	0,002	0,004	0,007	0,024	0,027	0,030	48,97	54,41	59,85	120	250	410
0,022	0,002	0,005	0,008	0,027	0,030	0,033	40,47	44,97	49,47	130	275	470
0,025	0,003	0,005	0,008	0,031	0,034	0,037	31,34	34,82	38,31	150	300	470
0,028	0,003	0,006	0,009	0,034	0,038	0,042	24,99	27,76	30,54	170	325	530
0,032	0,003	0,007	0,010	0,039	0,043	0,047	19,13	21,25	23,38	190	375	590
0,036	0,004	0,008	0,011	0,044	0,049	0,053	15,160	16,79	18,420	225	425	650
0,040	0,004	0,008	0,012	0,049	0,054	0,058	12,160	13,60	14,920	250	475	710
0,045	0,005	0,009	0,013	0,055	0,061	0,066	9,705	10,75	11,790	275	550	710
0,050	0,005	0,010	0,014	0,060	0,066	0,072	7,922	8,706	9,489	300	600	830
0,056	0,006	0,011	0,015	0,067	0,074	0,081	6,316	6,940	7,565	325	650	890
0,063	0,006	0,012	0,017	0,076	0,083	0,090	5,045	5,484	5,922	375	700	1020
0,071	0,007	0,012	0,018	0,084	0,091	0,097	3,941	4,318	4,747	425	700	1100
0,080	0,007	0,014	0,020	0,094	0,101	0,108	3,133	3,401	3,703	425	850	1200
0,090	0,008	0,015	0,022	0,105	0,113	0,120	2,495	2,687	2,900	500	900	1300
0,100	0,008	0,016	0,023	0,117	0,125	0,132	2,034	2,176	2,333	500	950	1400
0,112	0,009	0,017	0,026	0,130	0,139	0,147	1,632	1,735	1,848	1300	2700	3900
0,125	0,010	0,019	0,028	0,144	0,154	0,163	1,317	1,393	1,475	1500	2800	4100
0,140	0,011	0,021	0,030	0,160	0,171	0,181	1,055	1,110	1,170	1600	3000	4200
0,160	0,012	0,023	0,033	0,182	0,194	0,205	0,8122	0,8502	0,8906	1700	3200	4400
0,180	0,013	0,025	0,036	0,204	0,217	0,229	0,6444	0,6718	0,7007	1700	3300	4700
0,200	0,014	0,027	0,039	0,226	0,239	0,252	0,5237	0,5441	0,5657	1800	3500	5100
0,224	0,015	0,029	0,043	0,252	0,266	0,280	0,4188	0,4338	0,4495	1900	3700	5200
0,250	0,017	0,032	0,048	0,281	0,297	0,312	0,3345	0,3482	0,3628	2100	3900	5500
0,280	0,018	0,033	0,050	0,312	0,329	0,345	0,2676	0,2776	0,2882	2200	4000	5800
0,315	0,019	0,035	0,053	0,349	0,367	0,384	0,2121	0,2193	0,2770	2200	4100	6100
0,355	0,020	0,038	0,057	0,392	0,411	0,428	0,1674	0,1727	0,1782	2300	4300	6400
0,400	0,021	0,040	0,060	0,439	0,459	0,478	0,1316	0,1360	0,1407	2300	4400	6600
0,450	0,022	0,042	0,064	0,491	0,513	0,533	0,1042	0,1075	0,1109	2300	4400	6800
0,500	0,024	0,045	0,067	0,544	0,566	0,587	0,08462	0,08706	0,08959	2400	4600	7000
0,560	0,025	0,047	0,071	0,606	0,630	0,653	0,06736	0,06940	0,07153	2500	4600	7100
0,630	0,027	0,050	0,075	0,679	0,704	0,728	0,05335	0,05484	0,05638	2600	4800	7100
0,710	0,028	0,053	0,080	0,762	0,789	0,814	0,04198	0,04318	0,04442	2600	4800	7200
0,800	0,030	0,056	0,085	0,855	0,884	0,911	0,03305	0,03401	0,03500	2600	4900	7400
0,900	0,032	0,060	0,090	0,959	0,989	1,018	0,02612	0,02687	0,02765	2700	5000	7600
1,000	0,034	0,063	0,095	1,062	1,094	1,124	0,02116	0,02176	0,02240			
1,120	0,034	0,065	0,098	1,184	1,217	1,248		0,01735		ø 1,000 bis 2,500:		
1,250	0,035	0,067	0,100	1,316	1,349	1,381		0,01393		2700	5000	7600
1,400	0,036	0,069	0,103	1,468	1,502	1,535		0,01110		ø über 2,500:		
1,600	0,038	0,071	0,107	1,670	1,706	1,740		0,008502		1300	2500	3800
1,800	0,039	0,073	0,110	1,872	1,909	1,944						
2,000	0,040	0,075	0,113	2,074	2,112	2,148						
2,240	0,041	0,077	0,116	2,316	2,355	2,392						
2,500	0,042	0,079	0,119	2,578	2,618	2,656						
2,800	0,043	0,081	0,123	2,880	2,922	2,961						
3,150	0,045	0,084	0,127	3,233	3,276	3,316						
3,550	0,046	0,086	0,130	3,635	3,679	3,721						
4,000	0,047	0,089	0,134	4,088	4,133	4,176						
4,500	0,049	0,092	0,138	4,591	4,637	4,681						
5,000	0,050	0,094	0,142	5,093	5,141	5,186						

Kleinster Außendurchmesser:
Grad 1: Nenn-ø + Mindestzunahme im Grad 1
Grad 2: Größter Außen-ø im Grad 1 + 0,001 mm
Grad 3: Größter Außen-ø im Grad 2 + 0,001 mm
G. ... Grad
G.-w. ... Größtwert   K.-w. ... Kleinstwert
N.-w. ... Nennwert
Die R-Werte sind bis ø = 0,063 mm verbindlich; für größere ø sind die genannten Werte zu vereinbaren.

[1] Bei 20 °C.

14.6 Drähte und Schienen

Kennwerte für Runddrähte aus Kupfer, verzinnbare Litzen, lackisoliert, mit Polyurethan und Seide umhüllt, Klasse 130
DIN EN 60317-11: 2000-10

Zahl der Drähte	Nenndurchmesser des einzelnen Drahtes in mm									Erklärungen
	0,025					0,400				
	Sp. 1 d in mm	Sp. 2 S in mm²	Sp. 3 R in Ω/m	Sp. 4 R in Ω/m	Sp. 5 R in Ω/m	Sp. 1 d in mm	Sp. 2 S in mm²	Sp. 3 R in Ω/m	Sp. 4 R in Ω/m	Sp. 5 R in Ω/m	
3	0,095	0,00150	11,84	10,45	13,03	0,930	0,384	0,0462	0,0439	0,0500	Sp. 1: Nennaußendurchmesser
4	0,105	0,00200	8,879	7,835	9,783	1,065	0,512	0,0347	0,0329	0,0375	Sp. 2: Nennquerschnittsfläche
5	0,115	0,00250	7,103	6,268	7,815	1,195	0,614	0,0277	0,0263	0,0300	Sp. 3: Nennwiderstand R
6	0,120	0,00300	5,919	5,223	6,513	1,300	0,769	0,0231	0,0219	0,0250	Sp. 4: Kleinstwert für R
8	0,135	0,00401	4,440	3,918	4,885	1,490	1,02	0,0173	0,0165	0,0187	Sp. 5: Größtwert für R
10	0,145	0,00501	3,552	3,134	3,908	1,655	1,28	0,0139	0,0132	0,0150	
12	0,160	0,00601	2,960	2,612	3,256	1,805	1,54	0,0116	0,0110	0,0125	
16	0,180	0,00801	2,220	1,959	2,442	2,090	2,05	0,00867	0,00823	0,00937	
20	0,195	0,0100	1,776	1,567	1,954	2,345	2,56	0,00694	0,00658	0,00750	
25	0,220	0,0125	1,421	1,254	1,563	2,635	3,20	0,00555	0,00526	0,00600	

Kennwerte für Runddrähte aus Aluminium, lackisoliert
DIN EN 60317-0-3: 2020-09; VDE 0474-317-0-3: 2020-09

Nenndurchmesser	Mindestzunahme durch die Isolation in mm			Größter Außendurchmesser in mm			Widerstand[1] in Ω/m			Durchschlag-U[1] K.-w. in V bei		
	G. 1	G. 2	G. 3	G. 1	G. 2	G. 3	K.-w.	N.-w.	G.-w.	G. 1	G. 2	G. 3
0,250	0,017	0,032	0,048	0,281	0,297	0,312	0,5452	0,5683	0,5927	2100	3900	5500
0,280	0,018	0,033	0,050	0,312	0,329	0,345	0,4361	0,4530	0,4708	2200	4000	5800
0,315	0,019	0,035	0,053	0,349	0,367	0,384	0,3456	0,3579	0,3708	2200	4100	6100
0,355	0,020	0,038	0,057	0,392	0,411	0,428	0,2729	0,2818	0,2911	2300	4300	6400
0,400	0,021	0,040	0,060	0,439	0,459	0,478	0,2144	0,2229	0,2299	2300	4400	6600
0,450	0,022	0,042	0,064	0,491	0,513	0,533	0,1699	0,1754	0,1811	2300	4400	6800
0,500	0,024	0,045	0,067	0,544	0,566	0,587	0,1379	0,1421	0,1464	2400	4600	7000
0,560	0,025	0,047	0,071	0,606	0,630	0,653	0,1098	0,1133	0,1169	2500	4600	7100
0,630	0,027	0,050	0,075	0,679	0,704	0,728	0,08695	0,08948	0,09211	2600	4800	7100
0,710	0,028	0,053	0,080	0,762	0,789	0,814	0,06842	0,07045	0,07257	2600	4800	7200
0,800	0,030	0,056	0,085	0,855	0,844	0,911	0,05387	0,05549	0,05718	2600	4900	7400
0,900	0,032	0,060	0,090	0,959	0,989	1,018	0,04257	0,04385	0,04518	2700	5000	7600
1,000	0,034	0,063	0,095	1,062	1,094	1,124	0,03448	0,03552	0,03659			
1,120	0,034	0,065	0,098	1,184	1,217	1,248		0,02831		ø 1,000 bis 2,500: 2700	5000	7600
1,250	0,035	0,067	0,100	1,316	1,349	1,381		0,02273		ø über 2,500: 1300	2500	3800
1,400	0,036	0,069	0,103	1,468	1,502	1,535		0,01812				
1,600	0,038	0,071	0,107	1,670	1,706	1,740		0,01387				
1,800	0,039	0,073	0,110	1,872	1,909	1,944		0,01096				
2,000	0,040	0,075	0,113	2,074	2,112	2,148		0,008879				
2,240	0,041	0,077	0,116	2,316	2,355	2,392		0,007078				
2,500	0,042	0,079	0,119	2,578	2,618	2,656		0,005683				
2,800	0,043	0,081	0,123	2,880	2,922	2,961		0,004530				
3,150	0,045	0,084	0,127	3,233	3,276	3,316		0,003579				
3,550	0,046	0,086	0,130	3,635	3,679	3,721		0,002818				
4,000	0,047	0,089	0,134	4,088	4,133	4,176		0,002220				
4,500	0,049	0,092	0,138	4,591	4,637	4,681		0,001754				
5,000	0,050	0,094	0,142	5,093	5,141	5,186		0,001421				

Kleinster Außendurchmesser:
Grad 1: Nenn-ø + Mindestzunahme im Grad 1
Grad 2: Größter Außen-ø im Grad 1 + 0,001 mm
Grad 3: Größter Außen-ø im Grad 2 + 0,001 mm
G. ... Grad
K.-w. ... Kleinstwert
G.-w. ... Größtwert
N.-w. ... Nennwert

[1] Bei 20 °C.

14.6 Drähte und Schienen

Kennwerte für Drähte und Schienen (Fortsetzung)

Runddrähte aus Nickel-Widerstandslegierungen, blank — DIN 46463: 1981-05

Durch-messer mm	Quer-schnitt mm²	NiCr 80 20 Nennwert	NiCr 80 20 zul. Abw.	NiCr 60 15 Nennwert	NiCr 60 15 zul. Abw.	NiCr 20 AlSi Nennwert	NiCr 20 AlSi zul. Abw.
0,01	0,0000785	13 800		14 100		16 800	
0,011	0,00009503	11 400		11 700		13 900	
0,013	0,0001327	8 140	±10 %	8 360	±10 %	9 950	±10 %
0,014	0,0001539	7 020		7 210		8 570	
0,016	0,0002011	5 370		5 520		6 570	
0,018	0,0002545	4 240		4 360		5 190	
0,02	0,0003142	3 440		3 530		4 200	
0,022	0,0003801	2 840		2 920		3 470	
0,025	0,0004909	2 200	±8 %	2 260	±8 %	2 690	±8 %
0,028	0,0006158	1 750		1 800		2 140	
(0,03)	0,0007069	1 530		1 570		1 870	
0,032	0,0008042	1 340		1 380		1 640	
0,036	0,001018	1 060		1 090		1 300	
0,04	0,001257	859		883		1 050	
0,045	0,001590	679	±8 %	698	±8 %	830	±8 %
0,05	0,001964	550		565		672	
0,056	0,002463	438		451		536	
(0,06)	0,002827	382		393		467	
0,063	0,003117	346		356		423	
0,071	0,003959	273		280		333	
0,08	0,005027	215	±8 %	221	±8 %	263	±8 %
0,09	0,006362	170		174		207	
0,1	0,007854	138		141		168	
0,112	0,009852	110		113		134	
0,125	0,01227	88,0		90,5		108	
0,14	0,01539	70,2	±5 %	72,1	±5 %	85,7	±5 %
(0,15)	0,01767	61,1		62,8		74,7	
0,16	0,02011	53,7		55,2		65,7	
0,18	0,02545	42,4		43,6		51,9	
0,2	0,03142	34,4		35,3		42,0	
0,224	0,03941	27,4		28,2		33,5	
0,25	0,04909	22,0	±5 %	22,6	±5 %	26,9	±5 %
0,28	0,06158	17,5		18,0		21,4	
(0,3)	0,07069	15,3		15,7		18,7	
0,315	0,07793	13,9		14,2		16,9	
0,355	0,09898	10,9		11,2		13,3	
0,4	0,1257	8,59		8,83		10,5	
0,45	0,1590	6,79	±5 %	6,98	±5 %	8,30	±5 %
0,5	0,1964	5,50		5,65		6,72	
0,56	0,2463	4,38		4,51		5,36	
(0,6)	0,2827	3,82		3,93		4,67	
0,63	0,3117	3,46		3,56		4,23	
0,71	0,3959	2,73		2,80		–	
0,8	0,5027	2,15	±5 %	2,21	±5 %	–	±5 %
0,9	0,6362	1,70		1,75		–	
1	0,7854	1,38		1,41		–	

14.6 Drähte und Schienen

Werkstoff	Spez. elektr. Widerstand bei 20 °C $\Omega \cdot mm^2/m$	Temperatur-Koeffizient des Widerstands $10^{-6}/K$
NiCr 80 20	≈ 1,08	+50 ... +150
NiCr 60 15	≈ 1,11	+100 ... +200
NiCr 20 AlSi	≈ 1,32	−50 ... +50

Bei Verwendung für Präzisionswiderstände wird der Temperatur-Koeffizient für NiCr 20 AlSi auf Werte zwischen + 10 und − 10 · 10^{-6} eingestellt.

Strombelastbarkeit blanker Widerstandsdrähte

Durchmesser mm	Querschnitt mm^2	Belastbarkeit Dauerbetrieb A/mm^2	A
0,1	0,0078	9,9	0,077
0,2	0,0314	7,6	0,24
0,3	0,0707	6,7	0,47
0,4	0,126	6,0	0,76
0,5	0,196	5,6	1,1
0,6	0,283	5,3	1,5
0,7	0,385	5,0	1,9
0,8	0,503	4,8	2,4
0,9	0,636	4,6	2,9
1,0	0,785	4,4	3,5
1,1	0,95	4,3	4,1
1,2	1,13	4,1	4,7
1,3	1,33	4,0	5,4
1,4	1,54	4,0	6,2
1,5	1,77	3,9	6,9
1,6	2,01	3,8	7,6
1,7	2,27	3,7	8,5
1,8	2,54	3,6	9,3
1,9	2,84	3,6	10,2
2,0	3,14	3,5	11,1
2,2	3,80	3,4	13,0
2,5	4,91	3,3	16,1
2,8	6,16	3,2	19,5
3,0	7,07	3,0	21,3
3,3	8,55	3,0	25,6
3,5	9,62	2,9	28,2

Dauerbelastbarkeit einer Sammelschiene aus Kupfer oder Aluminium

Querschnitt mm^2	Abmessungen mm	Kupfer (blank) Gew. kg/m	Kupfer zul. Dauerbel.[1] A	Aluminium (blank) A	Aluminium (blank) Gew. kg/m
23,5	12 × 2	0,209	108	84	0,0633
29,5	15 × 2	0,262	128	100	0,0795
44,5	15 × 3	0,396	162	126	0,120
39,5	20 × 2	0,351	162	127	0,107
59,5	20 × 3	0,529	204	159	0,161
99,1	20 × 5	0,882	274	214	0,268
199	20 × 10	1,77	427	331	0,538
74,5	25 × 3	0,663	245	190	0,201
124	25 × 5	1,11	327	255	0,335
89,5	30 × 3	0,796	285	222	0,242
149	30 × 5	1,33	379	295	0,403
299	30 × 10	2,66	573	445	0,808
119	40 × 3	1,06	366	285	0,323
199	40 × 5	1,77	482	376	0,538
399	40 × 10	3,55	715	557	1,08
249	50 × 5	2,22	583	455	0,673
499	50 × 10	4,44	852	667	1,35
299	60 × 5	2,66	688	533	0,808
599	60 × 10	5,33	985	774	1,62
399	80 × 5	3,55	885	688	1,08
799	80 × 10	7,11	1 240	983	2,16
499	100 × 5	4,44	1 080	846	1,35
999	100 × 10	8,89	1 490	1 190	2,70
1 500	100 × 15	–	–	1 450	4,04
1 200	120 × 10	10,7	1 740	1 390	3,24
1 800	120 × 15	–	–	1 680	4,86
1 600	160 × 10	14,2	2 220	1 780	4,32
2 400	160 × 15	–	–	2 130	6,47
2 000	200 × 10	17,8	2 690	2 160	5,40
3 000	200 × 15	–	–	2 580	8,09

Stromschienen mit Kreisquerschnitt

ø/Querschitt mm/mm^2	Gewicht Cu kg/m	Gewicht Al kg/m	Dauerstrom in A bei Gleich- und Wechselstrom bis 60 Hz Kupfer gestr.	Kupfer blank	Aluminium gestr.	Aluminium blank
5/19,6	0,175	0,053	95	85	75	67
8/50,3	0,447	0,136	179	159	142	124
10/78,5	0,699	0,212	243	213	193	167
16/201	1,79	0,543	464	401	370	314
20/314	2,80	0,848	629	539	504	424
32/804	7,16	2,17	1 160	976	954	789
50/1960	17,5	5,30	1 930	1 610	1 680	1 360

Die **Dauerstromwerte** gelten für Stromschienen in Innenanlagen bei 35 °C Lufttemperatur und 65 °C Schienentemperatur.

[1] Die Belastbarkeit gilt für hochkant stehende Schienen für Wechselstrom bis 60 Hz.

14.7 Kunststoffe

14.7.1 Kennzeichnung der Polymere — DIN EN ISO 1043-1: 2016-09

Aufbau des Kurzzeichens	PVC □ □ — P □ □ □
	1 2 3

Stelle	Erläuterung
1	**Kurzzeichen für polymere Werkstoffe** (z. B. PVC für Polyvinylchlorid).
2	Zahlen nach den ersten Buchstaben kennzeichnen verschiedene **Kondensationsreihen** (z. B. PA11 für Polymer aus 11-Aminoundecansäure).
3	Kennbuchstaben für **besondere Eigenschaften**; möglich sind bis zu vier Angaben (z. B. PVC-P für Polyvinylchlorid, weichmacherhaltig).

Stelle 1 und 2: Kurzzeichen für polymere Werkstoffe

Kurzzeichen	Erklärung	Kurzzeichen	Erklärung	Kurzzeichen	Erklärung
ABS	Acrylnitril-Butadien-Styrol Kunststoff	PA66	Polymer aus Hexamethylendiamin und Adipinsäure	PTFE	Polytetrafluorethylen
AMMA	Acrylnitril-Methylmethacrylat Kunststoff	PA610	Polymer aus Hexamethylendiamin und Sebazinsäure	PUR	Polyurethan
ASA	Acrylnitril-Styrol-Acrylat Kunststoff	PA66/610	Polymer aus Hexamethylendiamin, Adipinsäure und Sebazinsäure	PVAC	Polyvinylacetat
CA	Celluloseacetat	PAN	Polyacrylnitril	PVAL	Polyvinylalkohol
CAB	Celluloseacetatbutyrat	PB	Polybuten	PVB	Polyvinylbutyrat
CEF	Cellulose-Formaldehyd H.	PBT	Polybutylenterephthalat	PVC	Polyvinylchlorid
CF	Cresol-Formaldehyd Harz	PC	Polycarbonat	PVDC	Polyvinylidenchlorid
CMC	Carboxymethylcellulose	PCTFE	Polychlortrifluorethylen	PVDF	Polyvinylidenfluorid
CN	Cellulosenitrat	PDAP	Polydiallylphthalat	PVF	Polyvinylfluorid
CP	Cellulosepropionat	PE	Polyethylen	PVFM	Polyvinylformal
CTA	Cellulosetriacetat	PEOX	Polyethylenoxid	PVK	Poly-N-Vinylcarbazol
EC	Ethylcellulose	PET	Polyethylenterephthalat	PVP	Poly-N-Vinylpyrrolidon
EEAK	Ethylen-Ethylacrylat	PF	Phenol-Formaldehyd	SAN	Styrol-Acrylnitril Kunststoff
EP	Epoxid Harz	PI	Polyimid	SB	Styrol-Butadien Kunststoff
ETFE	Ethylen-Tetrafluorethylen K.	PIB	Polyisobuten	SMAH	Styrol-Maleinsäureanhydrid Kunststoff
EVAC	Ethylen-Vinylacetat K.	PIR	Polyisocyanurat	SMS	Styrol-α-Methylstyrol Kunststoff
EVOH	Ethylen-Vinylalkohol K.	PMI	Polymethacrylimid	UF	Urea-Formaldehyd Harz
MBS	Methylmethacrylat-Butadien-Styrol Kunststoff	PMMA	Polymethylmethacrylat	UP	Ungesättigtes Polyester H.
MC	Methylcellulose	PMP	Poly-4-Methylpenten-(1)	VCE	Vinylchlorid-Ethylen K.
MF	Melamin-Formaldehyd H.	POM	Polyoxymethylen, Polyformaldehyd	VCE-MAK	Vinylchlorid-Ethylen-Methylacrylat Kunststoff
MP	Melamin-Phenol-Harz	PP	Polypropylen	VCE-VAC	Vinylchlorid-Ethylen-Vinylacetat Kunststoff
PA	Polyamid	PPE	Polyphenylenether	VCMAK	Vinylchlorid-Methylacrylat Kunststoff
PA6	Polymer aus ε-Caprolactam	PPOX	Polypropylenoxid	VCOAK	Vinylchlorid-Octylacrylat Kunststoff
PA11	Polymer aus 11-Aminoundecansäure	PPS	Polyphenylensulfid	VCVAC	Vinylchlorid-Vinylacetat Kunststoff
PA12	Polymer aus ω-Dodekanlactam	PPSU	Polyphenylensulfon	VCVDC	Vinylchlorid-Vinylidenchlorid Kunststoff
		PS	Polystyrol		
		PS-ST	Polystyrol, syndiotaktisch		
		PSU	Polysulfon		

Stelle 3: Kennzeichen für besondere Eigenschaften

Zeichen	Eigenschaften	Zeichen	Eigenschaften	Zeichen	Eigenschaften
C	Chloriert	I	Schlagzäh	R	Erhöht; Resol
D	Dichte	L	Linear; niedrig	ST	syndiotaktisch
E	Verschäumt, verschäumbar	M	Mittel; molekular	U	Ultra; weichmacherfrei
F	Flexibel; flüssig	N	Normal; Novolak	V	Sehr
H	Hoch	P	Weichmacherhaltig	W	Gewicht
				X	Vernetzt; vernetzbar

K. = Kunststoff   H. = Harz

14.7 Kunststoffe

14.7.2 Thermo- und Duroplaste

Thermoplaste (Plastomere)

Werkstoff nach DIN EN ISO 1043-1: 2016-09	Handelsname	Chemische Beständigkeit	Eigenschaften	Verwendung
CA Celluloseacetat CAB, CP	Cellidor, Cellit, Cellan, Trolit	Benzin, Benzol, Trichlorethylen	Hart, zäh, glasklar, einfärbbar, hohe Wasseraufnahme, geruch-, geschmackfrei, schalldämmend	Bis 80 °C, Brillengestelle, Folien, Gerätegehäuse, Werkzeuggriffe
PA Polyamid	Durethan, Rilsan, Ultramid, Vestamid, Nylon, Perlon	Alkohol, Kraftstoffe, Öle, schwache Laugen, Säuren, Salze	Hart, sehr zäh, teilkristallin, abriebfest, gleitfähig, schall-, schwingungsdämpfend, maßbeständig	Bis 100 °C formbest., kurzzeitig bis 150 °C, Druckschläuche, Feinwerktechnik, Lager, Fasern, Zahnräder
PC Polycarbonat	Makrolon, Makrofol, Lexan	Alkohol, Benzin, Öl, schwache Säuren	Hart, steif, schlagfest, formstabil, glasklar, glänzend, elektr. Isolierung	Bis 135 °C, schlagzäh bis –100 °C, Gehäuse, Schalter, Stecker, Filme, Lacke
PE Polyethylen	Hostalen, Lupolen, Vestolen, Trolen	Laugen, Lösungsmittel, Säuren, keine Wasseraufnahme, witterungsbeständig	Weich, flexibel (PE-LD) bis steif, unzerbrechlich (PE-HD), teilkristallin, durchscheinend bis milchig, geruchfrei	Bis 80 °C (PE-LD), bis 100 °C (PE-HD), Behälter, Dichtungen, Hohlkörper, Folien, Isoliermaterial, Rohre
PI Polyimid	Kapton, Vespel	Fast alle Lösungsmittel (außer Laugen)	Abriebfest, formbeständig, sehr gute Gleit- und elektrische Eigenschaften, geringste Gasdurchlässigkeit, strahlenbeständig	Bis 280 °C dauernd, bis 480 °C kurzzeitig, bis –240 °C kältebeständig, Formgebung durch Sintern, Dichtungen, Lager
PMMA Polymethylmethacrylat	Degulan, Plexiglas, Resarit	Schwache Laugen, Säuren, Benzin, witterungsbeständig	Hart, spröde, splittert nicht, alterungsbeständig, transparent	Bis 90 °C, Modelle, Leuchten, Sicherheitsverglasungen, Zeichengeräte
POM Polyoxymethylen	Delrin, Hostaform, Ultraform	Fast alle Lösungsmittel	Hart, zäh, teilkristallin, maßbeständig, geringe Wasseraufnahme	Bis 150 °C, Armaturen, Beschläge, Lager, Zahnräder
PP Polypropylen	Hostalen PP, Luparen, Novolen, Vestolen P	Ähnlich PE	Hart, unzerbrechlich, formstabil, teilkristallin, geruch-, geschmackfrei	Bis 130 °C, versprödet unter 0 °C, Batteriekästen, Geräteteile, Waschmaschinenteile
PS Polystyrol	Hostyron, Trolitul, Vestyron	Alkohol, Laugen, Öl, Säuren, Wasser	Hart, spröde, steif, glasklar, glänzend, einfärbbar, geruch- und geschmackfrei	Bis 80 °C, Isolierfolien, Spielwaren, Verpackungen, Zeichengeräte
SB Styrol-Butadien	Hostyren, Polystyrol 400, Vestyron 500	Wie PS	Schlagfest, schwer zerbrechlich, Versprödung durch Licht, Wärme, sonst wie PS	Bis 70 °C, Behälter, Elektroinstallation, Geräte- und Tiefziehteile
SAN Styrol-Acrylnitril	Luran, Vestoran	Ätherische Öle, sonst wie PS	Sehr schlagzäh, steif, stabil, temperatur-, wechselbeständig	Bis 95 °C, Battteriekästen, Gerätegehäuse, Spielwaren

14.7 Kunststoffe

14.7.2 Thermo- und Duroplaste (Fortsetzung)

Werkstoff nach DIN EN ISO 1043-1: 2016-09	Handelsname	Chemische Beständigkeit	Eigenschaften	Verwendung
ABS Acrylnitril-Butadien-Styrol	Novodur, Terluran, Vestodur	Besser als PS	Alterungsbeständig, sonst wie SAN	Bis 95 °C, Armaturen, Batteriekästen, Schutzhelme
PS-E Polystyrol verschäumt	Styropor, Vestypor	Wie SB	Geringe Dichte, gute Schall-, Wärmedämmung	Platten für Wärme-, Schallschutz, Schwimmkörper, Verpackungen
PVC-HD Polyvinylchlorid	Hostalit, Trosiplast, Vestolit, Vinnol, Vinoflex	Alkohol, Laugen, Säuren, Mineralöl	Abriebfest, hornartig, zäh	Bis 60 °C, Rohre, Fittings, Folien, Hohlkörper, Batteriekästen
PVC-LD Polyvinylchlorid	Acella, Mipolam, Skay, Vestolit	Etwas geringer als PVC hart	Abriebfest, gummi- bis lederartig, keine Wasseraufnahme	Bis 80 °C, Bekleidung, Bodenbelag, Folien, el. Isolierung
PTFE Polytetrafluorethylen	Hostaflon, Teflon	Beste Beständigkeit	Hart, zäh, teilkristallin, keine Wasseraufnahme, sehr gute Gleit- und elektrische Eigenschaften, nicht benetzbar	Bis 250 °C, kältebeständig bis −90 °C, Formgebung durch Sintern, Beschichtungen, Dichtungen, Isolierfolien, Lager
Duroplaste (Duromere)				
EP Epoxyd-Harz	Araldit, Epikote, Epoxin, Lekutherm, Uhu-plus	Alkohol, schwache Laugen, Säuren, Lösungsmittel, geringe Wasseraufnahme, witterungsbeständig	Hart, zäh, schwer, zerbrechlich, glasklar bis gelblich, gute Haft- und elektrische Eigenschaften, geruch- und geschmackfrei	Bis 130 °C, Gieß-, Laminier-, Kleb- und Lackharz, elektrische Isolierungen, Schalter, Geräte
PF Phenol-Formaldehyd	Alberite, Bakelite, Corephan, Luphen, Supraplast	Schwache Laugen, Säuren, Lösungsmittel, Wasser	Hart, spröde, gelbbraun, einfärbbar, gute elektrische Isolierung	Bis 100 °C, Schalter, Gehäuse, Kupplungs-, Bremsbeläge, Lager, Hartpapier, Schichtpressholz, Gieß-, Kleb-, Laminierharz
PUR Polyurethan	Bayflex, Contilan, Desmocoll, Lycra, Moltopren, Ultramid, Vulkollan	Schwache Laugen, Säuren, Lösungsmittel, Öl, Treibstoffe	Hart, zäh, (Duroplast) bis weich, elastisch (Elastomer), abriebfest, gelblich, gute Haftfähigkeit, alterungsbeständig	Kupplungsbeläge, Lager, Laufrollen, Riemen, Zahnräder, Lack und Klebharz, Schaumformteile
UF Urea-Formaldehyd MF Melamin-Formald.	Hornitex, Kaurit, Pollopas, Resamin, Resopal, Urecoll	Lösungsmittel, Öl	Hart, schlagfest, glasklar, lichtecht, geruch- und geschmackfrei	MF bis 130 °C, UF bis 90 °C, Holzleim, Haushalts-, Küchengeräte, Möbelschichtstoffe
UP Ungesättigter Polyester	Aldenol, Laminac, Leguval, Palatal, Vestopal, Diolen, Trevira	Schwache Laugen, Säuren, Lösungsmittel, witterungsbeständig	Je nach Füllstoff hart, zäh bis weich elastisch, glasklar, glänzend, einfärbbar, gute Haft- und elektrische Eigenschaften	Bis 120 °C, Fasern, Textilien, Gieß-, Laminier-, Kleb- und Lackharz, Kunstharzbeton

14.7 Kunststoffe

Eigenschaften von Kunststoffen

Kunststoff	Kurzzeichen	Mechanische Eigenschaften			Elektrische Eigenschaften		
		Dichte kg/dm^3	Zugfestigkeit N/mm^2	Kerbschlagzähigkeit $N \cdot mm/mm^2$	Spez. Widerstand $\Omega \cdot cm^{1)}$	Oberflächenwiderstand $\Omega^{1)}$	Permittivitätszahl ε_r
Acrylnitril-Butadien-Styrol Kunststoff	ABS	1,04...1,06	32...45	10^{15}	10^{15}	10^{13}	2,4...5
Celluloseacetat	CA	1,27...1,40	25...70	15	10^{12}		5
Ethylcellulose	EC	1,14	49...63		10^{15}		4
Epoxid Harz	EP	1,9	30...40	3	10^{14}	10^{12}	3,5...5
Perfluorethylen-Propylen Kunststoff	PFEP	2,12...2,17	22...28	13...15	10^{18}	10^{17}	2,1
Melamin-Formaldehyd H.	MF	1,5	30	1,5	10^{11}	10^{8}	9
Polyamid	PA	1,1...1,2	60...80		10^{10}	10^{10}	3...4
Polybuthylenter-ephthalat	PBT	1,31	40	4	10^{16}	10^{13}	3
Polycarbonat	PC	1,2	60	20...30	10^{16}	10^{13}	3
Polydiallylphthalat	PDAP	1,51...1,78	40...75		10^{13}	10^{13}	5,2
Polyethylen	Weich-PE	0,92	8...20		10^{17}	10^{14}	2,3
	Hart-PE	0,95	20...30		10^{17}	10^{14}	2,5
Polyethylenterephthalat	PET	1,37	47	4	10^{16}	10^{16}	4
Phenol-Formaldehyd	PF	1,4	25	1,5	10^{11}	10^{8}	6
Polyimid(-folie)	PI	1,7	180		10^{18}	10^{15}	3
Polymethylmethacrylat	PMMA	1,20	50...70	2	10^{15}	10^{15}	3
Polyoxymethylen	POM	1,4	70		10^{15}		4
Polypropylen	PP	0,9	20...35	3...17	10^{17}	10^{13}	2,5
Polyphenylensulfid	PPS	1,34	75		10^{16}		3,1
Polystyrol	PS	1,05	45	2...2,5	10^{14}	10^{13}	2,3...2,5
Polysulfon	PSU	1,24	50...100		10^{16}		3,1
Polytetrafluorethylen	PTFE	2,2	15...30		10^{16}	10^{17}	2
Polyurethan	PUR	1,1...1,2	20...60		10^{15}	10^{14}	3...4
Polyvinylchlorid	Weich-PVC	1,16...1,35	10...20		10^{11}	10^{11}	3...8
	Hart-PVC	1,38...1,55	50...70	2...50	10^{15}	10^{13}	3,5
Poly-N-Vinylcarbazol	PVK	1,19	20...30	2	10^{16}	10^{14}	3
Styrol-Acrylnitril K.	SAN	1,08	75	2...3	10^{16}	10^{13}	2,6...3,4
Ungesättigter Polyester	UP	1,4...2,0	18...28	3	10^{13}	10^{10}	3...4

[1] Mindestwerte.

14.8 Isolierstoffe

14.8.1 Eigenschaften elektrischer Isolierstoffe

Werkstoff	Spez. Widerstand Ω cm	Permittivitätszahl ε_r bei 20 °C	Verlustfaktor für $f = 1$ kHz $\tan \delta \cdot 10^{-3}$	Durchschlagfestigkeit bei 20 °C kV_{eff}/cm	Dichte kg/dm³
Epoxidharz EP	10^{15} bis 10^{16}	3,2 bis 3,9	5 bis 8	200 bis 450	1,8
Glas	$> 10^{10}$	3,5 bis 9	0,5 bis 10	100 bis 400	2,5
Glimmer	10^{14} bis 10^{17}	4 bis 8	0,1 bis 1	600 bis 2000	2,6 bis 3
Hartgewebe	10^{10} bis 10^{12}	5 bis 8	40 bis 80	60 bis 300	1,3 bis 1,4
Hartgummi	10^{15} bis 10^{16}	3 bis 3,5	2,5 bis 25	100 bis 150	1,2
Hartpapier	10^{12} bis 10^{14}	4 bis 6	30 bis 100	100 bis 200	1,4
Hartporzellan	10^{11} bis 10^{12}	5 bis 6,5	10 bis 20	340 bis 380	2,3 bis 2,5
Luft		1		24	0,00129
Naturgummi	10^{15} bis 10^{16}	2,2 bis 2,8	2 bis 10	100 bis 300	1
Papier, imprägniert	bis 10^{15}	2,5 bis 4	1,5 bis 10	160	0,94
Phenolharz	10^{12}	5	bis 250	200	1,25
Polyamid (PA 66)	10^{14}	3,5	20	400	1,12 bis 1,15
Polycarbonat PC	$> 10^{16}$	3	≈ 1	250 bis 1000	1,2
Polyesterharz UP	10^{13} bis 10^{15}	3 bis 7	3 bis 30	250 bis 450	1,6 bis 1,8
Polyethylen PE	10^{16} bis 10^{17}	2,3	0,5	600	0,92
Polyoxymethylen POM	10^{15}	4	1 bis 1,5	700	1,42
Polypropylen PP	10^{18}	2,25	0,5	400	0,9
Polystyrol PS	10^{19}	2,5	0,1 bis 0,3	600	1,05
Polyurethan PUR	bis 10^{13}	3,1 bis 4	15 bis 60	200 bis 250	1,2
Pressspan	–	2,5 bis 4	–	100 bis 130	1,2 bis 1,4
PVC hart (Vinidur)	10^{16} bis 10^{17}	3,2 bis 3,5	20	400	1,3 bis 1,4
PVC-Isoliermischung	10^{15} bis 10^{16}	5 bis 8	100 bis 150	200 bis 500	1,28
Quarz	10^{14} bis 10^{16}	1,7 bis 4,4	0,1		2,7
Quarzglas	10^{15} bis 10^{19}	4,2	0,5	250 bis 400	2,2
Rutil Typ 311	10^{12}	40 bis 60	0,3 bis 2	100 bis 200	3,7
Silikonharz	10^{15}	3	0,5 bis 1	200 bis 700	1,65
Steatit Typ 211	10^{12}	6	1,5 bis 2,5	300 bis 450	2,7
Teflon	bis 10^{16}	2	0,2 bis 0,5	400	2,2
Transformatorenöl	bis 10^{13}	2 bis 2,5	1	125 bis 230	0,8

14.8 Isolierstoffe

14.8.2 Keramische und Glasisolierstoffe DIN EN 60672-1: 1996-05

Hg	Gr	Ug	Werkstoffart	Hauptanwendung
C	C100	C 110	Quarzporzellane	Hoch- und Niederspannungsisolatoren
		C 111	Quarzporzellane, gepresst	Niederspannungsisolatoren
		C 112	Cristobalitporzellane	Hoch- und Niederspannungsisolatoren
		C 120	Tonerdeporzellane > 110 MPa	Hoch- und Niederspannungsisolatoren
		C 130	Tonerdeporzellane > 160 MPa	Hoch- und Niederspannungsisolatoren, Kleine hoch feste Teile
		C 140	Lithiumporzellane	Isolatoren, mit hoher Temp. wechselbeständigkeit
	C200	C 210	Niederspannungssteatite > 80 MPa	Hf-Isolatoren; Isolatoren für Heizelemente
		C 220	Standartsteatite > 120 MPa	Hf-Isolatoren; Isolatoren für Heizelemente; Gussteile
		C 221	Steatite > 140 MPa	Radiofrequenzisolatoren; Isolatoren für elektronische Bauteile/elektrische Heizelemente
		C 230	Steatite, porös	Bearbeitbare Isolatoren, berstbare Durchführungen
		C 240	Forsterite, porös	Entgasbare Isolatoren
		C 250	Forsterite, dicht	Vakuumgehäuse, zum Verbinden mit Eisenlegierungen
	C300	C 310	Basis Titandioxid	Kondensatoren für hohe Frequenzen
		C 320	Basis Magnesiumtitanat	Kondensatoren für hohe Frequenzen
		C 330	Titandioxid u. a. Oxide	Kondensatoren für hohe Frequenzen
		C 331	Titandioxid u. a. Oxide	Kondensatoren für hohe Frequenzen
		C 340	Basis Ca- und Sr/Bi-titanat	Kondensatoren für hohe Frequenzen
		C 350	Basis ferroelektrische Perowskite	Kondensatoren mit hoher Permittivität
		C 351	Basis ferroelektrische Perowskite	Kondensatoren mit sehr hoher Permittivität
	C400	C 410	Cordierit, dicht	Isolatoren für Sicherungen; Heizelementeträger
		C 420	Celsian, dicht	Besondere Isolatoren
		C 430	Basis Calciumoxid, dicht	Besondere Isolatoren
		C 440	Basis Zirkon	Besondere Isolatoren
	C500	C 510	Basis Aluminiumsilicat	Heizelementisolatoren bis 1 000 °C
		C 511	Basis Mg-aluminiumsilicat	Heizelementisolatoren bis 1 000 °C
		C 512	Basis Mg-aluminiumsilicat	Isolatoren bis 1 000 °C
		C 520	Basis Cordierit	Wicklungsformen usw. bis 1 200 °C
		C 530	Basis Aluminiumsilicat	Isolatoren bis 1 300 °C und höher
	C600	C 610	Mullitkeramik, > 50–65 % Al_2O_3	Feuerfeste Isolatoren, Hitzeschutzrohre
		C 620	Mullitkeramik, > 65–80 % Al_2O_3	Feuerfeste Isolatoren, Hitzeschutzrohre
	C700	C 780	Al_2O_3-haltige Keramik > 80 %	Kleine bis mittlere Isolatoren
		C 786	Al_2O_3-haltige Keramik > 86 %	Kleine bis mittlere Isolatoren, Substrate
		C 795	Al_2O_3-haltige Keramik > 95 %	Verlustarme Isolatoren und Substrate
		C 799	Al_2O_3-haltige Keramik > 99 %	Extrem verlustarme Isolatoren und Substrate
	C800	C 810	Berylliumoxidkeramiken	Spezielle hitzeableitende Isolatoren
		C 820	Magnesiumoxidkeramiken	Berstbare Durchführungen und andere Isolatoren
	C900	C 910	Aluminiumnitride	Isolierende Wärmeableiter, Substrate
		C 920	Bornitride	Bearbeitbare Durchführungen, andere Isolatoren
		C 930	Siliciumnitride, porös	Thermoelementschutzrohre, Rohre für flüssige Metalle
		C 935	Siliciumnitride, dicht	Spezielle hoch feste Isolatoren
GC	GC100	GC 110	Glaskeramiken	Verschiedene Isolatorentypen
		GC 120	Glaskeramiken, gesinterte Typen	Beschichtungen, gesinterte Formteile
GM	GM100	GM 110	Glasgebundene Glimmer natürlicher Basis	Komplex geformte Isolatoren für Niederspannungsanwendungen
		GM 120	Glasgebundene Glimmer synthetischer Basis	Komplex geformte Isolatoren für Niederspannungsanwendungen
G	G100	G 110	Alkalikalksilicat, thermisch entspannt	Netzfrequenzisolatoren
		G 110	Alkalikalksilicat, thermisch gehärtet	Netzfrequenzisolatoren
	G200	G 220	Chemisch resistentes Borosilicatglas	Temperaturwechselbeständige Isolatoren
		G 231	Borosilicatglas	Verlustarme Isolatoren
		G 232	Borosilicatglas	Hochspannungsisolatoren
	G400	–	Aluminiumkalksilicatgläser	Glasversiegelte Durchführungen
	G500	–	Bleialkalisilicatgläser	Glas-Metallverbindungen
	G600	–	Bariumalkalisilicatgläser	Glas-Metallverbindungen
	G700	G 795	Kieselgläser > 95 % bis 99 % SiO_2	Heizelementträger, Rohre für Infrarotstrahler
		G 799	Kieselgläser > 99 % SiO_2	Heizelementträger, Rohre für Infrarotstrahler

Gr ... Gruppe **Hg** ... Hauptgruppen **C** ... Keramiken **GC** ... Glaskeramiken
Ug ... Untergruppe **G** ... Gläser **GM** ... Glimmer, glasgebunden

14.8 Isolierstoffe

14.8.3 Kennwerte für keramische und Glasisolierstoffe DIN EN 60672-1: 1996-05

Spalte	1	2	3	4	5	6	7	8	9	10	11	12	13	14
Unter-gruppe[1)]	ϱ Mg m^{-3}	δ MPa	E GPa	E_d kV mm^{-1}	ε_T –	$\tan_{48}$ 10^{-3}	$\tan_{MHz}$ 10^{-3}	α_{30-600} 10^{-6}K^{-1}	λ_{30-100} Wm^{-1}K^{-1}	ΔT K	ϱ_{30} m	ϱ_{200} m	T_{p1} °C	$T_{p0,01}$ °C
C110	2,2	50	60	20	6–7	25	12	4–7	1–2,5	150	10^{11}	10^6	200	350
C111	2,2	40	–	–	–	–	–	4–7	1–2,5	150	10^{10}	10^6	200	350
C112	2,3	80	70	20	5–6	25	12	6–8	1,4–2,5	150	10^{11}	10^6	200	350
C120	2,3	90	–	20	6–7	25	12	4–7	1,2–2,6	150	10^{11}	10^6	200	350
C130	2,5	140	100	20	6–7,5	30	15	5–7	1,5–4,0	150	10^{11}	10^6	200	350
C140	2,0	50	–	15	5–7	10	10	1–3	1,0–2,5	250	10^{11}	10^7	200	350
C210	2,3	80	60	–	6	25	7	6–8	1–2,5	80	10^{10}	10^7	200	400
C220	2,6	120	80	15	6	5	3	7–9	2–3	80	10^{11}	10^8	350	530
C221	2,7	140	110	20	6	1,5	1,2	7–9	2–3	100	10^{11}	10^9	500	800
C230	1,8	30	–	–	–	–	–	8–10	1,5–2	–	–	10^8	500	800
C240	1,9	35	–	–	–	–	–	8–10	1,4–2	–	–	10^9	500	800
C250	2,8	140	–	20	7	1,5	0,5	9–11	3–4	80	10^{11}	10^9	500	800
C310	3,5	70	–	8	40–100	–	2	–	3–4	–	10^{10}	–	–	–
C320	3,1	70	–	8	12–40	–	1,5	–	3,5–4	–	10^9	–	–	–
C330	4,0	80	–	10	25–50	–	0,8	–	–	–	10^9	–	–	–
C331	4,5	80	–	10	30–70	–	1,0	–	–	–	10^9	–	–	–
C340	3,0	70	–	6	100–700	–	5	–	–	–	10^9	–	–	–
C350	4,0	50	–	2	350–3000	–	35	–	–	–	10^8	–	–	–
C351	4,0	50	–	2	>3000	–	35	–	–	–	10^8	–	–	–
C410	2,1	60	–	10	5	25	7	2–4	1,2–2,5	250	10^{10}	10^6	200	400
C420	2,7	80	–	15	7	10	0,5	3,5–6	1,5–2,5	200	10^{12}	10^{11}	600	900
C430	2,3	80	80	15	6–7	5	5	–	1–2,5	150	10^{11}	10^8	200	350
C440	2,5	100	130	–	8–12	5	5	–	5–8	150	10^{11}	10^8	200	350
C510	1,9	25	–	–	–	–	–	3–6	1,2–1,7	150	–	10^7	–	500
C511	1,9	25	–	–	–	–	–	4–6	1,3–1,8	200	–	10^7	–	500
C512	1,8	15	–	–	–	–	–	3–6	1–1,5	250	–	10^7	–	500
C520	1,9	30	40	–	–	–	–	2–4	1,3–1,8	300	–	10^7	–	500
C530	2,1	30	–	–	–	–	–	4–6	1,4–2,0	350	–	10^8	–	600
C610	2,6	120	100	17	8	–	–	5–7	2–6	150	10^{11}	10^9	300	600
C620	2,8	150	150	15	8	–	–	5–7	6–15	150	10^{11}	10^9	300	600
C780	3,2	200	200	10	8	1	1,5	6–8	10–16	140	10^{12}	10^{10}	400	700
C786	3,4	250	220	15	9	0,5	1	6–8	14–24	140	10^{12}	10^{10}	500	800
C795	3,5	280	280	15	9	0,5	1	6–8	16–28	140	10^{12}	10^{10}	500	800
C799	3,7	300	300	17	9	0,2	1	7–8	19–30	150	10^{12}	10^{10}	500	800
C810	2,8	150	300	13	7	1	1	7–8,5	150–250	180	10^{12}	10^{10}	600	900
C820	2,5	50	90	–	10	–	–	11–13	6–10	–	–	–	600	1 000
C910	3,0	200	300	20	–	2	2	4,5–5	>100	200	10^{12}	10^{10}	500	800
C920	2,5	20	–	–	–	2	2	–	10–50	–	10^{12}	10^{10}	500	800
C930	1,9	80	80	–	–	2	2	2,5–3,5	5–15	250	–	–	–	–
C935	3,0	300	250	20	8–12	2	2	2,5–3,5	15–45	250	10^{11}	10^7	200	300
GC110	–	50	50	20	–	–	–	–	1–5	–	10^{10}	–	200	300
GC120	–	50	50	15	–	–	–	–	1–5	–	10^{10}	–	200	300
GM110	2,2	50	40	10	–	–	–	–	1–5	100	10^9	–	150	200
GM120	2,2	50	50	10	–	–	–	–	1–5	100	10^{10}	–	200	300
G110	2,4	30	70	25	6,5–7,6	30	10	8,5–10[2)]						
G110	2,4	150	70	25	7,3–7,6	60	60	8,5–10[2)]						
G220	2,2	30	60	30	4,0–5,5	20	10	3–5[2)]						
G231	2,2	30	60	30	4,9–5,5	3,5	2	4,6–5,1[2)]						
G232	2,3	30	70	30	5–6	30	8	4,6–5,5[2)]						
G400	2,5	30	80	30	5,5–7,5	2,5	3	4–4,6[2)]						
G500	2,8	30	60	–	6–8	3	2	8–10[2)]						
G600	2,6	30	70	–	6,5–7,5	4	2,5	9–10[2)]						
G795	2,1	30	70	30	3,5–4	1,0	1,0	0,5–1,0[2)]						
G799	2,1	30	70	30	3,7–3,9	0,5	0,5	0,5–0,7[2)]						

Sp. 1: **Rohdichte**, min.
Sp. 2: **Biegefestigkeit**, min., unglasiert
Sp. 3: **Elastizitätsmodul**, min.
Sp. 4: **Durchschlagfestigkeit**, min.
Sp. 5: **Permittivitätszahl**, 48–62 Hz
Sp. 6, 7: **Verlustfaktor** $\tan \delta$ bei 20 °C max. bei 48–62 Hz bzw. 1 MHz
Sp. 8: **Längenausdehnungskoeff.** 30–600 °C
Sp. 9: **Wärmeleitfähigkeit** 30–100 °C
Sp. 10: **Temperaturwechselbeständigkeit**, min.

Sp. 11, 12: spez. **Durchgangswiderstand** bei 30 und 200 °C
Sp. 13, 14: entsprechende **Mindesttemperatur für den spez. Widerstand** 1 und 0,01 MΩ m

[1)] Siehe Seite 14-23.   [2)] Temperaturbereich 30–700 °C.

14.9 Maschinennormteile

14.9.1 Schrauben

Ausführungen von Schrauben

Bild	Benennung	DIN	Bild	Benennung	DIN	
	Senkschraube mit Schlitz	EN ISO 2009		Zylinderschraube mit Innensechskant und niedrigem Kopf Dgl. mit Schlüsselführung	EN ISO ... ... 4762 ↑ ... 7984 ↑ ... 6912	↑14-26 ↑14-26
	Senkschraube mit Kreuzschlitz	EN ISO 7046				
	Zylinderschraube mit Schlitz	EN ISO 1207		Linsensenkschraube mit Kreuzschlitz	EN ISO 7047	
	Flachkopfschraube mit Schlitz	EN ISO 1580		Sechskant-Gewinde-Schneidschraube (auch Zylinder-, Senk- u. Linsensenkschraube) Dgl. mit Kreuzschlitz (nicht Sechskantschr.)	7513 ↑ 7516	↑14-28
	Linsensenkschraube mit Schlitz	EN ISO 2010				
	Linsensenkschraube mit Kreuzschlitz	EN ISO 7047				
	Kreuzlochschraube mit Schlitz	404		Flachkopf-Blechschraube mit Schlitz Kreuzschlitz und Linsenkopf ohne Bund mit Bund Senkkopf Linsensenkkopf Bohrschraube mit Flachkopf, Kreuzsch. Sechskant u. Bund	EN ISO 1481 bis 1483 7975 ↑ EN ISO ... ... 7049 968 ... 7050 ... 7051 ... 15481 ↑ ... 15480 ↑	↑14-27 ↑14-27 ↑14-27
	Gewindestift mit Schaft	EN ISO 2342				
	Gewindestift mit Schlitz und Ringschneide	EN 27436				
	Gewindestift mit Schlitz und Kegelstumpf	EN ISO 4766				
	Gewindestift mit Schlitz und Spitze	EN 27434		Linsensenk-Holzschr. mit Schlitz mit Kreuzschlitz weitere Holzschr.: Halbrund mit Schlitz mit Kreuzschlitz Senk mit Schlitz mit Kreuzschlitz	95 7995 96 7996 97 7997	
	Augenschraube	444				
	Augenschraube mit kleinem Auge	81 698				
	Rändelschraube, hohe Form	464		Flügelschrauben	316	
	Vierkantschraube mit Bund	478		Hammerschraube mit Vierkant mit Nase mit großem Kopf Hammerschraube[1]	186 188 7992 261	
	Sechskantschraube	7990				
	Sechskantschraube mit großen Schlüsselweiten, hochfest	EN 14399-4		Flachkopfschraube mit Schlitz und kleinem Kopf und großem Kopf	920 921	
	Sechskant-Passschraube mit langem Gewindezapfen	609		Flachrundschraube mit Vierkantansatz	603	
	Senkschraube mit Innensechskant	EN ISO 10642		Stiftschraube Einschraubende ≈ 2 d Einschraubende ≈ 1 d Einschraubende ≈ 1,25 d Einschraubende ≈ 2,5 d	835 938 939 940	

[1] aus Kunststoff

14.9 Maschinennormteile

Zylinderschrauben mit Innensechskant

Zylinderschrauben (Maße in mm) — DIN EN ISO 4762: 2004-06

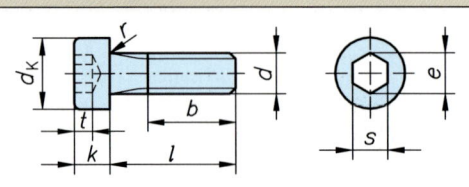

d	b	d_k[1]	e	t	k	r	s	l
M 1,6	15	3	1,73	0,7	1,6	0,1	1,5	2,5 … 16
M 2	16	3,8	1,73	1	2	0,1	1,5	3 … 20
M 2,5	17	4,5	2,303	1,1	2,5	0,1	2	4 … 25
M 3	18	5,5	2,873	1,3	3	0,1	2,5	5 … 30
M 4	20	7	3,443	2	4	0,2	3	6 … 40
M 5	22	8,5	4,583	2,5	5	0,2	4	8 … 50
M 6	24	10	5,723	3	6	0,25	5	10 … 60
M 8	28	13	6,863	4	8	0,4	6	12 … 80
M 10	32	16	9,149	5	10	0,4	8	16 … 100
M 12	36	18	11,429	6	12	0,6	10	20 … 120
M 14	40	21	13,716	7	14	0,6	12	25 … 140
M 16	44	24	16,996	8	16	0,6	14	25 … 160
M 20	52	30	19,37	10	20	0,8	17	30 … 200

Beispiel: Bezeichnung einer Zylinderschraube mit Innensechskant, mit Gewinde M 10, Nennlänge l = 60 mm und einer Festigkeitsklasse 10.9

Zylinderschraube DIN EN ISO 4762: 2004-06 – **M 10 × 60 – 10.9**

Stufung der Nennlängen l in mm: 2,5; 3; 4; 5; 6; 8; 10; 12; 16; 20; 25; 30; 35; 40; 45; 50; 55; 60; 65; 70; 80; 90; 100; 110; 120; 130; 140; 150; 160; 180; 200

Zylinderschrauben mit niedrigem Kopf (Maße in mm) — DIN 7984: 2022-03

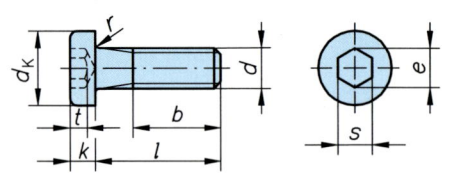

d_1	b	d_k	$e \approx$	k	r	s	t	l
M 3	12	5,5	2,3	2	0,1	2	1,5	5 … 20
M 4	14	7	2,87	2,8	0,2	2,5	2,3	6 … 25
M 5	16	8,5	3,44	3,5	0,2	3	2,7	8 … 30
M 6	18	10	4,58	4	0,25	4	3	10 … 40
M 8	22	13	5,72	5	0,4	5	3,8	12 … 80
M 10	26	16	8,01	6	0,4	7	4,5	16 … 100
M 12	30	18	9,15	7	0,6	8	5	20 … 80
M 14	34	21	11,43	8	0,6	10	5,3	30 … 80
M 16	38	24	13,72	9	0,6	12	5,5	30 … 80
M 18	42	27	13,72	10	0,6	12	6,5	40 … 100

Beispiel: Bezeichnung einer Zylinderschraube mit Innensechskant, mit niedrigem Kopf, Gewinde M 3, Nennlänge l = 8 mm und einer Festigkeitsklasse 8.8

Zylinderschraube DIN 7984: 2022-03 – **M 3 × 8 – 8.8**

Stufung der Nennlängen l in mm: 5; 6; 8; 10; 12; 16; 20; 25; 30; 35; 40; 45; 50; 60; 70; 80; 90; 100

Linsen-Blechschrauben[2] mit Bund und Kreuzschlitz H oder Z — DIN 968: 2008-05

(alle Maße in mm)
Form C mit Spitze   Form F mit Zapfen

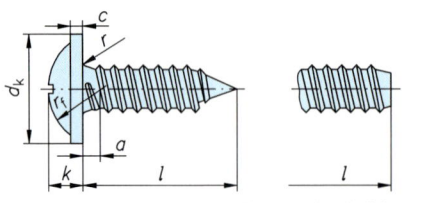

Gewindegröße	P[3]	a max	d_k max	k max	r min	$r_f \approx$	l
ST 2,9	1,1	1,1	7,5	2,35	0,1	3,8	6,5 … 19
ST 3,5	1,3	1,3	9,0	2,6	0,1	4,6	9,5 … 25
ST 4,2	1,4	1,4	10,0	3,05	0,2	5,8	9,5 … 32
ST 4,8	1,6	1,6	11,5	3,55	0,2	6,6	9,5 … 38
ST 5,5	1,8	1,8	13,0	3,8	0,25	7,8	13 … 38
ST 6,3	1,8	1,8	14,5	4,55	0,25	8,2	13 … 38

übrige Maße wie linkes Bild

Kreuzschlitz: Form H   Form Z

Beispiel: Bezeichnung einer Linsen-Blechschraube aus Stahl mit der Gewindegröße ST 4,2, Nennlänge l = 16 mm, der Spitze Form C und Kreuzschlitz Z

Blechschraube DIN 968: 2008-05 – **ST 4,2 × 16 – St**[4] **– C – Z**

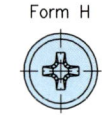

Stufung der Nennlängen l in mm: 6,5; 9,5; 13; 16; 19; 22; 25; 32; 38

[1] Für glatte Köpfe.   [2] Aus Stahl oder nichtrostendem Stahl.   [3] P = Gewindesteigung.
[4] Nichtrostender Stahl: A2-20H; A4-20H oder A5-20H.

14.9 Maschinennormteile

Blechschraubenverbindungen — DIN 7975: 2016-04

Grenzen der Blechdicken und Kernlochdurchmesser (alle Angaben mm)

Gewinde-größe	Blechdicke Untere Grenze s_{min}	Blechdicke Obere Grenze s_{max}	Kernloch-durchmesser[1] von	Kernloch-durchmesser[1] bis
ST 2,9	1,1	2,2	2,2	2,5
ST 3,5	1,3	2,8	2,6	3,1
ST 3,9	1,3	3	2,9	3,5
ST 4,2	1,4	3,5	3,1	3,7
ST 4,8	1,6	4	3,6	4,3
ST 5,5	1,8	4,5	4,2	5,0
ST 6,3	1,8	5	4,9	5,8
ST 8	2,1	6,5	6,3	7,4

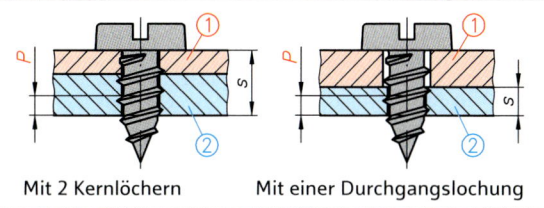

Erklärungen:
Die Blechdicken s der zu verschraubenden Teile ① und ② müssen größer sein als die Steigung (P) des Gewindes der gewählten Blechschraube (linke Abb.).

Bei Blechdicken an der unteren Grenze (s_{min}) und/oder geringer Festigkeit des Blechwerkstoffes ($R_m \leq 100$ N/mm²) in der Tabelle den kleinen Kernlochdurchmesser wählen.

Bei großen Blechdicken (s_{max}) und großer Werkstofffestigkeit (R_m bis 500 N/mm²) in der Tabelle den großen Kernlochdurchmesser wählen.

Ist die Blechdicke vom Teil ② ausreichend, dann wird das Teil 1 mit einem Durchgangsloch versehen (rechte Abb.).

Mit 2 Kernlöchern — Mit einer Durchgangslochung

Bohrschrauben mit Blechschraubengewinde[2]

DIN EN ISO 15480: 2000-02
DIN EN ISO 15482: 2000-02 — Kreuzschlitz Form H Form Z
DIN EN ISO 15481: 2000-02 — Kreuzschlitz Form H Form Z
DIN EN ISO 15483: 2000-02 — Kreuzschlitz Form H Form Z

Bohrschrauben: Maße in mm

Gewinde			ST 2,9	ST 3,5	ST 4,2	ST 4,8	ST 5,5	ST 6,3
Blechdicke		von	0,7	0,7	1,75	1,75	1,75	2
		bis	1,9	2,25	3	4,4	5,25	6
d_p-ø		max.	2,5	3,0	3,6	4,2	4,8	5,4
Nenn-länge l	9,5	Gewinde-länge l_g	3,25	2,85	–	–	–	–
	13		6,6	6,2	4,3	3,7	–	–
	16		9,6	9,2	7,3	5,8	5	–
	19		12,5	12,1	10,3	8,7	8	7
	22		–	15,1	13,3	11,7	11	10
	25		–	18,1	16,3	14,7	14	13
	32		–	–	23	21,5	21	20
	38		–	–	29	27,5	27	26

[1] Kleiner Kernlochdurchmesser für s_{min}, größer Kernlochdurchmesser für s_{max}; genaue Zwischenwerte siehe DIN 7975.
[2] Bohren bei der Montage ihr Kernloch selbst und formen ihr Gegengewinde selbst.

14.9 Maschinennormteile

Gewinde-Schneidschrauben[1] — DIN 7513: 1995-09

Form	Bild	Norm[2]	Form	Bild	Norm[2]
A		DIN EN ISO 4017: 2015-05	FE		DIN EN ISO 2009: 2011-12
BE		DIN EN ISO 1207: 2011-10	GE		DIN EN ISO 2010: 2011-12

Form	BE, FE und GE		A, BE, FE und GE			
Gewinde d	M 2,5	M 3	M 4	M 5	M 6	M 8
Kernlochdurchmesser	2,2	2,7	3,6	4,5	5,5	7,4
Nennlänge l	6 ... 20	6 ... 22	8 ... 25	10 ... 30	12 ... 35	14 ... 40

14.9.2 Muttern

Ausführungen von Muttern

Bild	Benennung	DIN	Bild	Benennung	DIN
	Rohrmutter mit Rohrgewinde	431		Hutmutter, selbstsichernd (Hutmutter, hohe Form)	986 1587
	Sechskantmutter, niedrige Form	EN ISO 4036		Sechskantmutter 1,5 d hoch mit Bund	6331
	Sechskantmutter Typ 1 mit metrischem Feingewinde	EN ISO 8673		Kronenmutter hohe Form niedrige Form	935 979
	Sechskantmutter Typ 2 mit metrischem Feingewinde	EN ISO 8674			
	Sechskantmutter 1,5 d hoch	6330			
	Sechskantmutter mit großen Schlüsselweiten	EN 14399-4			
	Vierkantmutter, Produktklasse C	557		Einschraubmutter (Schraubdübel)	7965
	Vierkantmutter, niedrige Form	562		Dreikantmutter (für schlagwetter- und explosionsgeschützte Geräte)	22425
	Flache Rändelmutter (Hohe Rändelmutter)	467 466			
	Vierkant-Schweißmutter Sechskant-Schweißmutter	928 929		Schlitzmutter	546
	Hutmutter, niedrige Form	917		Zweilochmutter	547
	Sechskantmutter, selbstsichernd, niedrige Form	EN ISO 10511			
	Flügelmuttern	315		Kreuzlochmutter	548

[1] Schneiden bei der Montage ihr Gegengewinde selbst.   [2] Für die übrigen Maße.

15 Arbeits- und Umweltschutz

15.1 Übersicht

		Seite
15.2	**Überblick und Grundbegriffe**	15-2
15.2.1	Überblick: Belastungen am Arbeitsplatz/Arbeits- und Umweltschutz	15-2
15.2.2	Grundbegriffe und Abkürzungen	15-2
15.3	**Gefahrstoffverordnung**	15-3
	Pflichten zum Schutz vor Gefahrstoffen am Arbeitsplatz	15-3
	– Ermittlungspflicht, Kennzeichnungspflicht	
	– Auskunftspflicht, Sicherheitsdatenblatt	
	– Rangfolge der Schuzmabnahmen	
	– Betriebsanweisung (jährliche Unterweisung)	
15.3.1	Biostoffverordnung	15-4
15.4	**Gefahrstoffe am Arbeitsplatz**	15-5
15.4.1	Aufnahmewege und Schutzmaßnahmen	15-5
15.4.2	Quellen typischer Gefahrstoffe	15-5
	– Asbest	15-6
	– Batterien und Akkus	15-6
	– Leuchtmittel	15-6
	– Isolationswerkstoffe, Kondensatoren	15-6
	– PVC Bauteile, vernickelte Kontakte, Elektronik-Produktion	15-7
	– Lote und Flussmittel	15-7
	– Lösungsmittel	15-8
	– Klebstoffe	15-9
	Hinweise zur Gefahrenreduzierung	
15.5	**Gefahrstoffe: Grenz- und Stoffwerte**	15-10
	Die neue GefStoffV kennt nur noch die gesundheitsbasierten Grenzwerte „Arbeitsplatzgrenzwert (AGW)" und „Biologischer Grenzwert (BGW)". Der Arbeitsplatzgrenzwert (AGW) ist nach der Gefahrstoffverordnung (GefStoffV) der Grenzwert für die zeitlich gewichtete durchschnittliche Konzentration eines Stoffes in der Luft am Arbeitsplatz in Bezug auf einen gegebenen Bezugszeitraum. Er gibt an, bis zu welcher Konzentration eines Stoffs akute oder chronische schädliche Auswirkungen auf die Gesundheit von Beschäftigten im Allgemeinen **nicht** zu erwarten sind. Der biologische Grenzwert (BGW) ist der Grenzwert für die toxikologisch arbeitsmedizinisch abgeleitete Konzentration eines Stoffes in einem biologischen Material, bei dem im Allgemeinen die Gesundheit eines Beschäftigten **nicht** beeinträchtigt wird.	
15.5.1	AGW- und BGW-Werte	15-10
15.6	**Sicherheitskennzeichen**	15-16
15.6.1	Hinweisschilder zur Arbeitssicherheit	15-16
15.6.2	Sicherheitskennzeichnung nach Technischen Regeln für Arbeitsstätten (ASR)	15-17
15.6.3	Gefahrstoff-Kennzeichungssystem auf Basis von GHS und CLP-Verordnung (EG)	15-18
15.6.4	Gegenüberstellung Gefahrensymbolik ALT und NEU nach GHS	15-20
15.7	**Umweltschutz**	15-21
15.7.1	Übersicht: Umweltrelevante Betriebsbereiche	15-21
15.7.2	Abfall: Entsorgung gefährlicher Abfälle	15-21

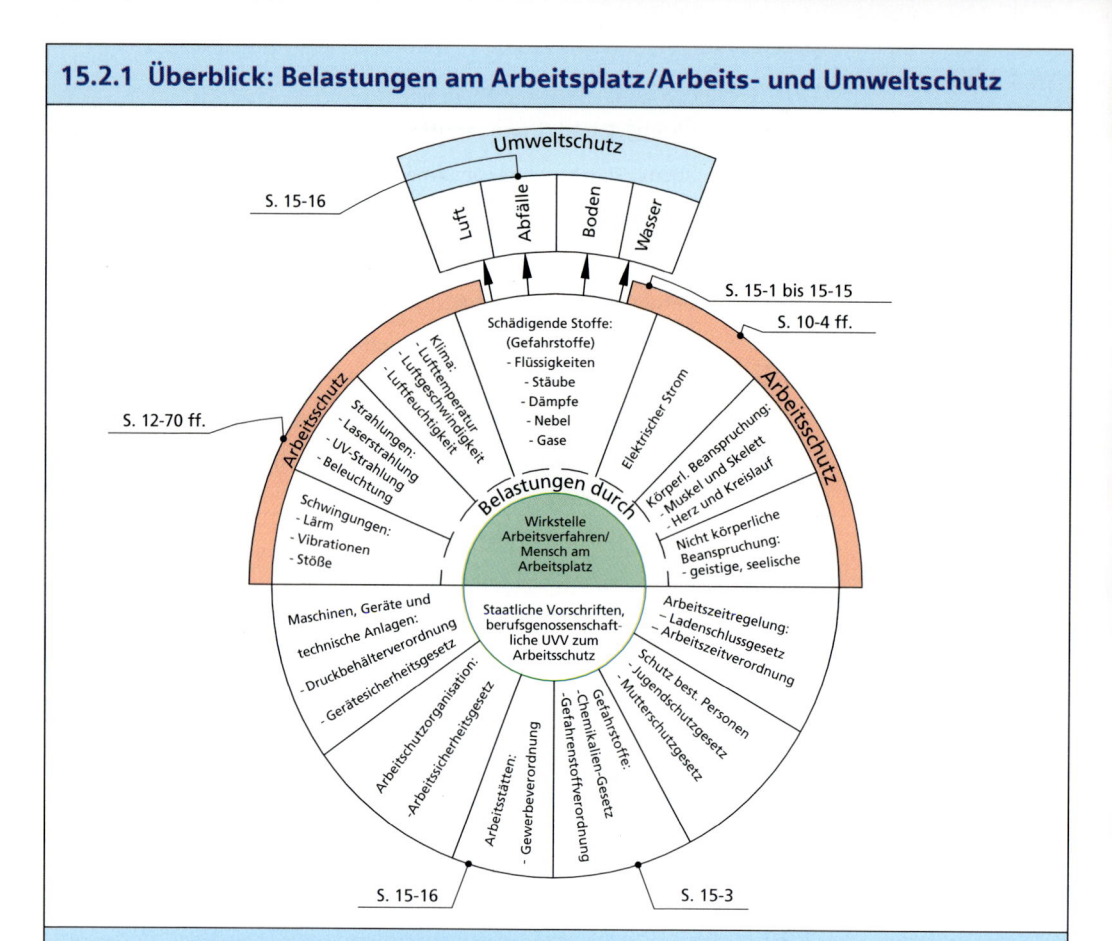

15.2 Überblick und Grundbegriffe

15.2.1 Überblick: Belastungen am Arbeitsplatz/Arbeits- und Umweltschutz

Umweltschutz (S. 15-16): Luft, Abfälle, Boden, Wasser

Arbeitsschutz (S. 15-1 bis 15-15; S. 10-4 ff.)

Belastungen durch Wirkstelle Arbeitsverfahren/Mensch am Arbeitsplatz; Staatliche Vorschriften, berufsgenossenschaftliche UVV zum Arbeitsschutz:

- Schädigende Stoffe (Gefahrstoffe): Flüssigkeiten, Stäube, Dämpfe, Nebel, Gase
- Klima: Lufttemperatur, Luftgeschwindigkeit, Luftfeuchtigkeit (S. 12-70 ff.)
- Strahlungen: Laserstrahlung, UV-Strahlung, Beleuchtung
- Schwingungen: Lärm, Vibrationen, Stöße
- Maschinen, Geräte und technische Anlagen: Druckbehälterverordnung, Gerätesicherheitsgesetz
- Arbeitsschutzorganisation: Arbeitssicherheitsgesetz
- Arbeitsstätten: Gewerbeverordnung (S. 15-16)
- Gefahrstoffe: Chemikalien-Gesetz, Gefahrenstoffverordnung
- Schutz best. Personen: Jugendschutzgesetz, Mutterschutzgesetz (S. 15-3)
- Arbeitszeitregelung: Ladenschlussgesetz, Arbeitszeitverordnung
- Elektrischer Strom
- Körperl. Beanspruchung: Muskel und Skelett, Herz und Kreislauf
- Nicht körperliche Beanspruchung: geistige, seelische

15.2.2 Grundbegriffe und Abkürzungen

AGW[1] ↑ (15-8 ff. ↑)	**Arbeitsplatzgrenzwert:** Dieser gibt an, bei welcher Konzentration eines Stoffes akute oder chronische schädliche Auswirkungen auf die Gesundheit im Allgemeinen **nicht** zu erwarten sind. Der Grenzwert bezieht sich auf die zeitlich gewichtete durchschnittliche Konzentration eines Stoffes in der Luft am Arbeitsplatz.	**TRK**[2]	**Technische Richtkonzentration** – ersatzlos gestrichen
		TRBS	**Technische Regeln für Betriebssicherheit:** Diese konkretisiert die Betriebssicherheitsverordnung (BetrSichV) hinsichtlich der Ermittlung und Bewertung von Gefährdungen sowie die Ableitung von geeigneten Maßnahmen.
BGW	**Biologischer Grenzwert:** Dieser ist der Grenzwert für die toxikologisch-arbeitsmedizinisch abgeleitete Konzentration eines Stoffes, seines Metaboliten oder eines Beanspruchungsindikators im entsprechenden biologischen Material, bei dem im Allgemeinen die Gesundheit eines Beschäftigten **nicht** beeinträchtigt wird.	**TRGS**	**Technische Regeln für Gefahrstoffe:** Diese werden vom Ausschuss für Gefahrstoffe herausgegeben und geben Hinweise für einen Gefahren mindernden Umgang mit Gefahrstoffen.
		UVV	**Unfallverhütungsvorschriften:** Diese werden von den Berufsgenossenschaften erarbeitet und stellen verbindliches Recht nach der Reichsversicherungsordnung dar.

[1] Die neue Gefahrstoffverordnung (GefStoffV) hat nur noch einen Bewertungsmaßstab für die Luftbelastung mit Gefahrstoffen. Der Begriff **MAK** (Maximale Arbeitsplatzkonzentration) wurde ersetzt durch den Begriff **AGW** (Arbeitsplatzgrenzwert). Die von der DFG (Deutsche Forschungsgemeinschaft) erstellten MAK-Werte werden in der TRGS 900 als AGW-Werte veröffentlicht.

[2] Der Begriff **TRK** (Technische Richtkonzentration) wurde ersatzlos gestrichen.

15.3 Gefahrstoffverordnung

Pflichten zum Schutz vor Gefahrstoffen am Arbeitsplatz GefStoffV

Ermittlungspflicht § 6 GefStoffV (TRGS 400)	Der Arbeitgeber muss vor dem Einsatz eines Stoffes, einer Zubereitung oder eines Erzeugnisses in seinem Betrieb ermitteln, ob die Beschäftigten Tätigkeiten mit Gefahrstoffen ausüben oder ob bei Tätigkeiten Gefahrstoffe entstehen oder freigesetzt werden können.

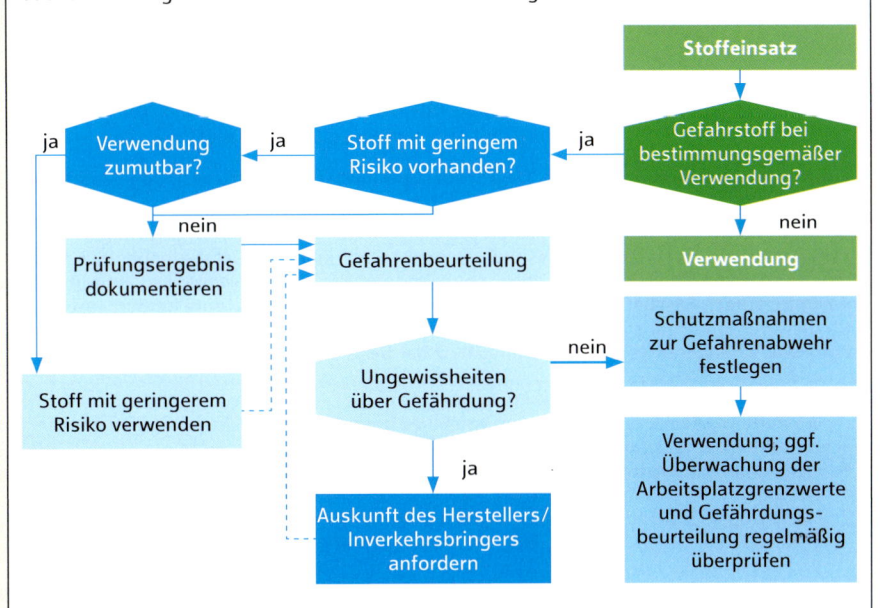

Flussdiagramm:

Stoffeinsatz → Gefahrstoff bei bestimmungsgemäßer Verwendung?
- ja → Stoff mit geringem Risiko vorhanden?
  - ja → Verwendung zumutbar?
    - ja → Stoff mit geringerem Risiko verwenden
    - nein → Prüfungsergebnis dokumentieren → Gefahrenbeurteilung
  - nein → Gefahrenbeurteilung → Ungewissheiten über Gefährdung?
    - ja → Auskunft des Herstellers/Inverkehrsbringers anfordern
    - nein → Schutzmaßnahmen zur Gefahrenabwehr festlegen
- nein → Verwendung → Schutzmaßnahmen zur Gefahrenabwehr festlegen → Verwendung; ggf. Überwachung der Arbeitsplatzgrenzwerte und Gefährdungsbeurteilung regelmäßig überprüfen

Der Arbeitgeber muss ein **Verzeichnis** (Name, gefährliche Eigenschaft, Mengenbereich und Einsatzbereiche) über die eingesetzten Gefahrstoffe führen.

Kennzeichnungspflicht § 4 GefStoffV	Gefährliche Stoffe, Zubereitungen und Erzeugnisse sind verpackungs- und kennzeichnungspflichtig ↑ auch bei ihrer Verwendung. Weil bei der Kennzeichnungspflicht dadurch Lücken bestehen, dass nicht unbedingt alle Inhaltsstoffe erfasst werden, trifft folgende Aussage zu: Kennzeichnung bedeutet in jedem Fall „Gefahr". Keine Kennzeichnung schließt eine Gefahr nicht in jedem Falle aus!
Sicherheitsdatenblatt und Auskunftspflicht § 5 GefStoffV	Das Sicherheitsdatenblatt gibt detaillierte Auskunft über die Gefahren, die von einem Produkt für Mensch und Umwelt ausgehen. Dem Verwender muss das Sicherheitsdatenblatt über die/den gefährliche/n Zubereitung/Stoff spätestens bei der ersten Lieferung zugeleitet werden. Auch muss es auf Verlangen des berufsmäßigen Verwenders geliefert werden. Ändert sich bei krebserzeugenden, keimzellmutagenen oder reproduktionstoxischen Stoffen die genannte Konzentrationsgrenze, so muss das Sicherheitsdatenblatt erneut übermittelt werden.
Rangfolge der Schutzmaßnahmen § 7–13 GefStoffV (TRGS 500)	Werden beim Umgang mit Gefahrstoffen Schutzmaßnahmen erforderlich, so ist den sicherheitstechnischen Maßnahmen stets der Vorzug vor persönlicher Schutzausrüstung zu geben.	1. Verhindern, dass Gefahrstoffe frei werden. Abkapselung des fraglichen Arbeitsprozesses 2. Gefahrstoffe an der Entstehungsstelle absaugen 3. Geeignete Lüftungsmaßnahmen vorsehen 4. Persönliche Schutzausrüstung zur Verfügung stellen
Betriebsanweisung § 14 GefStoffV (TRGS 555)	Es muss für den betreffenden Arbeitsplatz eine schriftliche arbeitsplatz- und stoffbezogene Betriebsanweisung erstellt werden, in der die beim Umgang mit dem Gefahrstoff auftretenden Gefahren für Mensch und Umwelt sowie die erforderlichen Schutzmaßnahmen und Verhaltensregeln festgelegt werden. Die Unterweisung muss vor Aufnahme der Beschäftigung und danach mindestens jährlich arbeitsplatzbezogen durchgeführt werden. Inhalt und Zeitpunkt der Unterweisung sind schriftlich festzuhalten und von den Unterwiesenen durch Unterschrift zu bestätigen.

↑ 15-12 ff

15.3 Gefahrstoffverordnung

15.3.1 Biostoffverordnung

Biologische Arbeitsstoffe sind oft nicht sichtbar.

Um Beschäftigte und Dritte bei ihrer beruflichen Arbeit vor den Einwirkungen von Mikroorganismen (Bakterien, Pilze, Viren), und Parasiten zu schützen, hat der Gesetzgeber die Verordnung über Sicherheit und Gesundheitsschutz bei Tätigkeiten mit Biologischen Arbeitsstoffen (Biostoffverordnung – BioStoffV) verabschiedet.

**Verordnung über Sicherheit und Gesundheitsschutz
bei Tätigkeiten mit biologischen Arbeitsstoffen
(Biostoffverordnung – BioStoffV)**

Abschnitt 1 Anwendungsbereich, Begriffsbestimmungen und Risikogruppeneinstufung

§ 1 Anwendungsbereich
(1) Diese Verordnung gilt für Tätigkeiten mit Biologischen Arbeitsstoffen (Biostoffen). Sie regelt Maßnahmen zum Schutz von Sicherheit und Gesundheit der Beschäftigten vor Gefährdungen durch diese Tätigkeiten. Sie regelt zugleich auch Maßnahmen zum Schutz anderer Personen, soweit diese aufgrund des Verwendens von Biostoffen durch Beschäftigte oder durch Unternehmer ohne Beschäftigte gefährdet werden können.
(2) Die Verordnung gilt auch für Tätigkeiten, die dem Gentechnikrecht unterliegen, sofern dort keine gleichwertigen oder strengeren Regelungen zum Schutz der Beschäftigten bestehen.

§ 3 Einstufung von Biostoffen in Risikogruppen
(1) Biostoffe werden entsprechend dem von ihnen ausgehenden Infektionsrisiko nach dem Stand der Wissenschaft in eine der folgenden Risikogruppen eingestuft:
1. Risikogruppe 1: Biostoffe, bei denen es unwahrscheinlich ist, dass sie beim Menschen eine Krankheit hervorrufen,
2. Risikogruppe 2: Biostoffe, die eine Krankheit beim Menschen hervorrufen können und eine Gefahr für Beschäftigte darstellen könnten; eine Verbreitung in der Bevölkerung ist unwahrscheinlich; eine wirksame Vorbeugung oder Behandlung ist normalerweise möglich,
3. Risikogruppe 3: Biostoffe, die eine schwere Krankheit beim Menschen hervorrufen und eine ernste Gefahr für Beschäftigte darstellen können; die Gefahr einer Verbreitung in der Bevölkerung kann bestehen, doch ist normalerweise eine wirksame Vorbeugung oder Behandlung möglich,
4. Risikogruppe 4: Biostoffe, die eine schwere Krankheit beim Menschen hervorrufen und eine ernste Gefahr für Beschäftigte darstellen; die Gefahr einer Verbreitung in der Bevölkerung ist unter Umständen groß; normalerweise ist eine wirksame Vorbeugung oder Behandlung nicht möglich.

Abschnitt 3 Grundpflichten und Schutzmaßnahmen

§ 8 Grundpflichten
(1) Der Arbeitgeber hat die Belange des Arbeitsschutzes in Bezug auf Tätigkeiten mit Biostoffen in seine betriebliche Organisation einzubinden und hierfür die erforderlichen personellen, finanziellen und organisatorischen Voraussetzungen zu schaffen. Dabei hat er die Vertretungen der Beschäftigten in geeigneter Form zu beteiligen. Insbesondere hat er sicherzustellen, dass
1. bei der Gestaltung der Arbeitsorganisation, des Arbeitsverfahrens und des Arbeitsplatzes sowie bei der Auswahl und Bereitstellung der Arbeitsmittel alle mit der Sicherheit und Gesundheit der Beschäftigten zusammenhängenden Faktoren, einschließlich der psychischen, ausreichend berücksichtigt werden,
2. die Beschäftigten oder ihre Vertretungen im Rahmen der betrieblichen Möglichkeiten beteiligt werden, wenn neue Arbeitsmittel eingeführt werden sollen, die Einfluss auf die Sicherheit und Gesundheit der Beschäftigten haben.
(2) Der Arbeitgeber hat geeignete Maßnahmen zu ergreifen, um bei den Beschäftigten ein Sicherheitsbewusstsein zu schaffen und den innerbetrieblichen Arbeitsschutz bei Tätigkeiten mit Biostoffen fortzuentwickeln.
(3) Der Arbeitgeber darf eine Tätigkeit mit Biostoffen erst aufnehmen lassen, nachdem die Gefährdungsbeurteilung nach § 4 durchgeführt und die erforderlichen Maßnahmen ergriffen wurden.
(4) Der Arbeitgeber hat vor Aufnahme der Tätigkeit
1. gefährliche Biostoffe vorrangig durch solche zu ersetzen, die nicht oder weniger gefährlich sind, soweit dies nach der Art der Tätigkeit oder nach dem Stand der Technik möglich ist,
2. Arbeitsverfahren und Arbeitsmittel so auszuwählen oder zu gestalten, dass Biostoffe am Arbeitsplatz nicht frei werden, wenn die Gefährdung der Beschäftigten nicht durch eine Maßnahme nach Nummer 1 ausgeschlossen werden kann,
3. die Exposition der Beschäftigten durch geeignete bauliche, technische und organisatorische Maßnahmen auf ein Minimum zu reduzieren, wenn eine Gefährdung der Beschäftigten nicht durch eine Maßnahme nach Nummer 1 oder Nummer 2 verhindert werden kann oder die Biostoffe bestimmungsgemäß freigesetzt werden,
4. zusätzlich persönliche Schutzausrüstung zur Verfügung zu stellen, wenn die Maßnahmen nach den Nummern 1 bis 3 nicht ausreichen, um die Gefährdung auszuschließen oder ausreichend zu verringern; der Ar-

15.3 Gefahrstoffverordnung

beitgeber hat den Einsatz belastender persönlicher Schutzausrüstung auf das unbedingt erforderliche Maß zu beschränken und darf sie nicht als Dauermaßnahme vorsehen.

(5) Der Arbeitgeber hat die Schutzmaßnahmen auf der Grundlage der Gefährdungsbeurteilung nach dem Stand der Technik sowie nach gesicherten wissenschaftlichen Erkenntnissen festzulegen und zu ergreifen. Dazu hat er die Vorschriften dieser Verordnung einschließlich der Anhänge zu beachten und die nach § 19 Absatz 4 Nummer 1 bekannt gegebenen Regeln und Erkenntnisse zu berücksichtigen. Bei Einhaltung der Regeln und Erkenntnisse ist davon auszugehen, dass die gestellten Anforderungen erfüllt sind (Vermutungswirkung). Von diesen Regeln und Erkenntnissen kann abgewichen werden, wenn durch andere Maßnahmen zumindest in vergleichbarer Weise der Schutz von Sicherheit und Gesundheit der Beschäftigten gewährleistet wird. Haben sich der Stand der Technik oder gesicherte wissenschaftliche Erkenntnisse fortentwickelt und erhöht sich die Arbeitssicherheit durch diese Fortentwicklung erheblich, sind die Schutzmaßnahmen innerhalb einer angemessenen Frist anzupassen.

(6) Der Arbeitgeber hat die Funktion der technischen Schutzmaßnahmen regelmäßig und deren Wirksamkeit mindestens jedes zweite Jahr zu überprüfen. Die Ergebnisse und das Datum der Wirksamkeitsprüfung sind in der Dokumentation nach § 7 zu vermerken. Wurde für einen Arbeitsbereich, ein Arbeitsverfahren oder einen Anlagetyp in einer Bekanntmachung nach § 19 Absatz 4 ein Wert festgelegt, der die nach dem Stand der Technik erreichbare Konzentration der Biostoffe in der Luft am Arbeitsplatz beschreibt (Technischer Kontrollwert), so ist dieser Wert für die Wirksamkeitsüberprüfung der entsprechenden Schutzmaßnahmen heranzuziehen.

(7) Der Arbeitgeber darf in Heimarbeit nur Tätigkeiten mit Biostoffen der Risikogruppe 1 ohne sensibilisierende oder toxische Wirkung ausüben lassen.

Einstufung des Coronavirus in die Risikogruppe 3
Das Coronavirus (SARS-CoV-2) ähnelt dem Virus (SARS-CoV-1), welches 2002 die SARS-Epidemie ausgelöst hatte. Dieses Virus wurde damals in die Risikogruppe 3 eingestuft.
Das Coronavirus (SARS-CoV-2) wurde 2020 aus Präventionsgründen in die Risikogruppe 3 nach BioStoffV eingestuft.

15.4 Gefahrstoffe am Arbeitsplatz

15.4.1 Aufnahmewege und Schutzmaßnahmen

Aufnahmewege	Schutzmaßnahmen
Eindringen: Gase, Dämpfe, Stäube	Augenschutz, Ohrenschutz
Einatmen: Gase, Dämpfe, Stäube, Aerosole	Absaugung am Entstehungsort, wirksame Arbeitsplatzbelüftung, Atemschutz mit geeignetem Filtereinsatz
Verschlucken: Stäube, Flüssigkeiten	Nicht essen, trinken und rauchen am Arbeitsplatz
Hautresorption: (Aufnahme über die Haut) Stäube, Flüssigkeiten	Geeignete Schutzhandschuhe und/oder Arbeitsschutzkleidung oder ggf. Vollschutzanzug tragen

15.4.2 Quellen typischer Gefahrstoffe

Quelle	Gefahrstoff[1]	Erläuterungen; Gesundheitsgefahren
Asbest	Asbest	Arbeiten an asbesthaltigen Teilen von Gebäuden, Geräten, Maschinen, Anlagen, Fahrzeugen und sonstigen Erzeugnissen sind verboten. Satz 1 gilt nicht für 1. Abbrucharbeiten, 2. Sanierungs- und Instandhaltungsarbeiten mit Ausnahme von Arbeiten, die zu einem Abtrag der Oberfläche von Asbestprodukten führen, es sei denn, es handelt

15.4 Gefahrstoffe am Arbeitsplatz

15.4.2 Quellen typischer Gefahrstoffe

Quelle	Gefahrstoff[1]	Erläuterungen; Gesundheitsgefahren
Asbest (Fortsetzung)	Asbest	sich um emissionsarme Verfahren, die behördlich oder von den Trägern der gesetzlichen Unfallversicherung anerkannt sind. Zu den Verfahren, die zum verbotenen Abtrag von asbesthaltigen Oberflächen führen, zählen insbesondere Abschleifen, Druckreinigen, Abbürsten und Bohren, 3. Tätigkeiten mit messtechnischer Begleitung, die zu einem Abtrag der Oberfläche von Asbestprodukten führen und die notwendigerweise durchgeführt werden müssen, um eine Anerkennung als emissionsarmes Verfahren zu erhalten. Zu den nach Satz 1 verbotenen Arbeiten zählen auch Überdeckungs-, Überbauungs- und Aufständerungsarbeiten an Asbestzementdächern und -wandverkleidungen sowie Reinigungs- und Beschichtungsarbeiten an unbeschichteten Asbestzementdächern und -wandverkleidungen. Die weitere Verwendung von bei Arbeiten anfallenden asbesthaltigen Gegenständen und Materialien zu anderen Zwecken als der Abfallbeseitigung oder Abfallverwertung ist verboten.
Batterien und Akkus	Nickel[1] Cadmium[1] und Cd-Verbindungen Blei[1] Quecksilber[1]	Diese Bauteile enthalten umweltgefährdende und gesundheitsschädliche Stoffe; insbesondere staubförmige Nickelverbindungen können zu allergischen oder entzündlichen Erkrankungen des Atemtraktes, u.U. sogar zu Lungen- oder Nasenhöhlenkrebs führen. Cadmium ist krebserzeugend, kann zu Nierenschäden und Knochenveränderungen führen, außerdem steht es im Verdacht, erbgut- und fruchtschädigend zu sein. Blei ist ein starkes Umweltgift. Quecksilberdämpfe können zu Darmstörungen, Nierenschäden bis -versagen führen.
Entladungs-, Leuchtstoff-, Energiesparlampen	Quecksilber[1]	Hg wird verwendet, um eine möglichst stromsparende Lichtausbeute zu erzielen; eingeatmete Dämpfe führen nach chemischer Wirkung zu Vergiftung (Darmstörungen, Nierenschäden bis -versagen).
Isolationswerkstoff	Polyvinylchlorid (PVC)	Die Stäube können krankhafte Bindegewebsbildung bewirken (Staublungenerkrankung durch schädliche Wirkung im Alveolarraum). Nur bei halogenfreiem PVC (temperaturbeständig bis ca. 105 °C, nicht halogenfrei beständig bis 60 °C und kurzfristig bis 70 °C) werden im Brandfall keine korrosiven (Salzsäure) und toxischen Gase (Chlor[1]- und Chlorwasserstoffgas[1]) und Stoffe freigesetzt.
Kondensatoren und Kleinkondensatoren (bis 1 kvar)	Polychlorierte Biphenyle (PCB)[1] Polychlorierte Terphenyle (PCT) [1]	Geregelte Kondensatoren mit mehr als 1 l PCB/PCT-haltiger Flüssigkeit dürfen seit dem 1.12.93 nicht mehr betrieben werden. Für die übrigen PCB/PCT-haltigen Kondensatoren galten Übergangsfristen bis 31.12.1999. Kleinkondensatoren werden vornehmlich in Leuchtstofflampen, Waschmaschinen, Dunstabzugshauben und Ölbrennern eingesetzt. Die Bezeichnungen MP, MKP, MPK weisen auf PCB-Freiheit hin. PCB und PCT führen zu Leber-, Milz- und Nierenschäden und wirken krebsauslösend.

[1] **AGW-Wert** s. S. 15-8 ff.

15.4 Gefahrstoffe am Arbeitsplatz

Quelle	Gefahrstoff[1]	Erläuterungen; Gesundheitsgefahren
Hart-PVC-Bauteile	Cadmium[1] Chlorwasserstoff	Insbesondere bei Bauteilen mit hoher Stabilität wurden in der Vergangenheit dem PVC cadmiumhaltige Stabilisatoren zugesetzt. Des Weiteren wurden cadmiumhaltige Stabilisatoren auch in Weich-PVC-Produkten verwendet, um das Produkt bei höheren Temperaturen zu stabilisieren. Bei der Verbrennung von PVC entsteht der für Menschen und Umwelt schädliche Chlorwasserstoff (Salzsäure), und es können auch krebserzeugende Dioxine entstehen. Cadmium ist krebserregend, kann zu Nierenschäden und Knochenveränderungen führen, außerdem steht es im Verdacht, erbgut- und fruchtschädigend zu sein. Cadmiumhaltige Stabilisatoren können heute im Wesentlichen durch organische Metallverbindungen ersetzt werden.
Vernickelte elektrische Kontakte und Verbindungsteile in Schaltanlagen	Nickel und Nickelverbindungen	Werden alternativ zu versilberten Kontakten eingesetzt in speziellen Industriebereichen, in denen stark schwefelhaltige Grundstoffe verarbeitet werden; insbesondere staubförmige Nickelverbindungen können zu allergischen oder entzündlichen Erkrankungen des Atemtraktes, u. U. sogar zu Lungen- oder Nasenhöhlenkrebs führen.
Mikrochip-Produktion	Arsenwasserstoff[1], arsenige Säure	Das unangenehm nach Knoblauch riechende Gas ist krebserregend und führt bei Einatmung kleiner Mengen zu lebensbedrohlichen Nieren- und Leberschäden (über die Zerstörung von roten Blutkörperchen).
Mikrochip- u. Elektronik-Produktion	Lösemittel[1]	Belastungen in Reinräumen können zu Gehirntumorerkrankungen führen nach US-amerik. Forschungsergebnissen.
Halbleiterproduktionsverfahren	Chlor[1]gas und Chlorwasserstoff[1]	Werden in Plasma-Ätzanlagen und Sputtleranlagen emittiert; das Gas reizt stark die Augen und Atemwege, hohe Konzentrationen führen zu starken Verätzungen der Schleimhäute sowie Kehlkopfkrampf mit Todesfolge.
Löten/Flussmittel, Lote	Kollophonium	Flussmittel- u. Lötfettbestandteil zur Erhöhung des Erweichungspunktes, Siedepunkt 197 bis 199 °C; kann zu Fließschnupfen, Kopfschmerzen, asthmatischen Beschwerden und Allergien führen. Konzentrationen von weniger als 0,05 mg/m³ Gesamtaldehyd können das Kollophoniumlötrauchasthma auslösen. Beim Zerfall von Kollophonium (Harz) entsteht das Allergen Formaldehyd[1].
	Hydrazin	Flussmittelbestandteil zur Bindung des Sauerstoffes; ist krebserregend, reizt und verätzt Haut, Augen und Schleimhäute.
	Fluoride[1] Fluorwasserstoff[1]	Flussmittelbestandteile; Gefährdung der Augen u. Schleimhäute, Bronchialkatarrh, Verätzungen
	Cadmiumoxidrauch	Bestandteil von Cd-haltigen Hartloten; Cd ist krebserregend und steht im Verdacht, erbgutschädigend sowie fruchtschädigend zu sein.
	Bernsteinsäure[1]	Als Aktivatorzusatz im Flussmittel; siedet bei 235 °C unter Bildung von Bernsteinsäureanhydrid, das auf Haut, Augen und Atemwege reizend wirkt.

[1] **AGW-Wert** s. S. 15-8 ff.

15.4 Gefahrstoffe am Arbeitsplatz

15.4.2 Quellen typischer Gefahrstoffe (Fortsetzung)

Quelle	Gefahrstoff[1]	Erläuterungen; Gesundheitsgefahren
Lösemittel (Gemisch verschiedener Einzelstoffe zum Reinigen und Entfetten)		Haben bereits bei Raumtemperatur einen hohen Dampfdruck, also ein großes Bestreben zu verdunsten, deshalb werden diese hauptsächlich über die Lunge aufgenommen. Bei körperlicher Arbeit werden täglich bis zu 20 m^3 Luft eingeatmet. Hohe Dosen in kurzer Zeit führen zu akuten Vergiftungen, kleine Dosen über längere Zeit aufgenommen, können zu den bekannten chronischen Schädigungen oder Sensibilisierungen führen.
	Aceton[1]	Reizt Schleimhäute, kann zu Leber- und Nierenschäden sowie chronischen Kopfschmerzen führen.
	Benzol	Krebserzeugend, reichert sich im Gehirn an, schädigt Blutbildungszentren.
	iso-Butanol[1] 2-Butanon[1]	Augen- und Schleimhautreizungen treten bereits unterhalb des AGW-Wertes auf; führt zu Kopfschmerzen, Schwindel und Schläfrigkeit; Fruchtschädigung noch ungeklärt; kann die Haut schädigen.
	Butylacetat[1]	Verursacht Reizung der Schleimhäute; führt zu Magenschmerzen, Übelkeit, Erbrechen, Schwindelgefühl und Ohnmacht.
	Cyclohexan[1]	Wirkt akut narkotisch und chronisch degenerierend auf das periphere Nervensystem; Gefahr der Hautekzembildung.
	Dichlormethan[1]	Auch Methylenchlorid genannt; krebsverdächtig, Fruchtschädigung noch ungeklärt; verursacht Kopfschmerz, Schwindel, Schläfrigkeit und Appetitlosigkeit.
	Ethanol[1] Ethylacetat[1]	Fruchtschädigung ungeklärt; führt zu lokalen Schleimhautschäden und wirkt auf das Zentralnervensystem; führt zu Schleimhautreizungen und Zahnfleischentzündungen.
	Ethylbenzol	Wirkt stark reizend auf Augen und obere Atemwege; dringt leicht durch die Haut; wirkt auf das Zentralnervensystem.
	Ethylglycol[1]	Wirkt reizend auf Schleimhäute der Augen und des Atemtrakts.
	n-Hexan[1]	Konzentrationen über 0,5 % führen nach 10 min. zu Schwindelerscheinungen; wird im Fettgewebe gespeichert und wirkt chronisch degenerierend auf das periphere Nervensystem.
	Isopropylacetat[1]	Dämpfe wirken etwas betäubend und verursachen leichte Reizungen der Augen und Atmungsorgane.
	Methanol[1]	Auch Bestandteil von Nitroverdünnern; durchdringt leicht die Haut, Fruchtschädigungspotenzial noch ungeklärt, verursacht Appetitlosigkeit, Schleimhautreizungen, Kopfschmerzen, Sehstörungen, Leberschwellungen und Leibesschmerzen.
	Tetrachlormethan[1]	Auch Tetrachlorkohlenstoff genannt; krebsverdächtig, Fruchtschädigung bei Einhaltung des AGW-Wertes ausgeschlossen; gefährlicher Leberschädiger, allg. Lösungsmittelschädigungen.
	Toluol[1]	Fruchtschädigung ist unwahrscheinlich bei Einhaltung des AGW-Wertes; führt zu Kopfschmerzen.

[1] **AGW-Wert** s. S. 15-8 ff.

15.4 Gefahrstoffe am Arbeitsplatz

Quelle	Gefahrstoff[1)2)] ↑	Erläuterungen; Gesundheitsgefahren	↑ 15-6 ff.
Lösemittel (Fortsetzung)	Toluol[1)] ↑ Fortsetzung	Müdigkeit, Übelkeit und Schlafstörungen; seltener treten permanente Schäden des zentralen, peripheren und vegetativen Nervensystems auf.	↑ 15-8
	Xylol[1)] ↑	Fruchtschädigung ungeklärt; Dämpfe schädigen besonders das Zentralnervensystem; längeres Einatmen niedriger Konzentrationen erzeugt Kopfschmerzen und Schwindel.	↑ 15-9
Lösemittel- und Dispersions-Klebstoffe	Acrylnitril ↑	Krebserzeugend, dringt leicht durch die Haut; führt nach Berührung mit der Haut zu Übelkeit, Kopfschmerzen, Schwindel und Krämpfen.	↑ 15-10
	1,3-Butadien ↑	Wirkstoffbestandteil; krebserzeugend, wirkt nur in hohen Konzentrationen narkotisch sowie reizend auf Augen und Augenschleimhäute.	↑ 15-10
	Styrol[1)] ↑	Harzbindemittelbestandteil; Fruchtschädigung bei Einhaltung des AGW-Wertes ausgeschlossen; Giftwirkungen wie bei Toluol und Xylol.	↑ 15-13
	Vinylacetat ↑	Filmbildnerbestandteil; wenig toxisch, kann zu Hautentzündungen führen.	↑ 15-14
	Vinylchlorid ↑	Filmbildnerbestandteil; krebserzeugend; führt nach Zersetzung durch saure Gase und Nebel zu Reizerscheinungen an Augen, Nase und Rachen.	↑ 15-14
	Vinylidenchlorid ↑	(1,1-Dichlorethen)[1)] Filmbildnerbestandteil; führt zu Hirnnervenstörungen durch Verunreinigungen von Chlor- und Dichloracetylen.	↑ 15-14
Reaktions- klebstoffe	Formaldehyd[1)]	Geruchsschwelle liegt bei 0,05–1,0 ml/m³; 0,01–1,5 ml/m³ führen zu Augenreizungen; krebsverdächtig und kann allergische Erscheinungen auslösen.	
	Phenol[1)] ↑	Harzbindemittelbestandteil; dringt leicht durch die Haut; schädigt das Zentralnervensystem, Leber und Nieren; kleine Mengen in der Luft verfärben den Urin grünlich-braun.	↑ 15-13
Schmelz- klebstoff	Styrol[1)] 1,3-Butadien Vinylacetat[1)]	Siehe oben; Harzbindemittelbestandteil Siehe oben; Wirkstoffbestandteil Siehe oben; Filmbildnerbestandteil	

Hinweise zur Gefahrenreduzierung

1. Die konkret beim Arbeitsverfahren auftretenden Gefahrstoffe/Gefahren anhand der gesetzlichen Herstellerkennzeichnungspflicht für die verwendeten Produkte ermitteln und beachten. Erläuterungen zu den dabei verwendeten Symbolen ↑. ↑ 15-13 ff.
2. Das Sicherheitsdatenblatt ↑ über das verwendete Produkt vom Hersteller bzw. Lieferanten anfordern und die darin detailliert aufgeführten Angaben zu konkreten Schutzmaßnahmen, Lagerung und Handhabung beachten. ↑ 15-3
3. Das Arbeitsverfahren und die eingesetzten Stoffe im Kontext von TRBS (Technische Regeln für Betriebssicherheit) und TRGS (Technische Regeln für Gefahrstoffe) prüfen.
4. Den Arbeitsplatz gut belüften und entstehende Gefahrstoffe möglichst nah am Entstehungsort absaugen und durch geeignetes Filtermaterial absorbieren. Anhand der physikalischen Eigenschaften des Stoffes muss die geeignete Absaugung (Rand- oder/und Absaugung von oben) ermittelt werden. ↑ 15-6 ff.
5. Grundsätzlich geschlossene Arbeitskleidung tragen und am Arbeitsplatz nicht essen, trinken oder rauchen.

[1)] **AGW-Wert** s. S. 15-8 ff.

15.5 Gefahrstoffe: Grenz- und Stoffwerte

15.5.1 AGW[1])- und BGW-Werte (Auswahl)

Auszug aus TRGS 900

Spalte: 1	2	3	4	5	6	7	8	9	10	11	12	13	14	15	16	17	18	19	20
Stoff	Chemische bzw. Brutto-Formel	AGW[1])/ TRK[2]) ml/m³ (ppm)	Dichte kg/dm³[3]) g/dm³[4])	rel. Gas-dichte	Flamm-punkt °C	Zünd-temp. °C	Fest-punkt °C 1013 mbar	Siede-punkt °C 1013 mbar	Gefahren-symbol/ Dampf-druck bei 20 °C	W G K	Gefähr-lichkeit	Atem-Filter Gas / P a r		EG-Nr./ Listen-Nr.	CAS-Nr.	ml/m³ (ppm)	mg/m³	Über-schrei-tungsfak-tor	Bemerkungen
Aceton	C_3H_6O	500	0,79	2,01	<-20	540	-95,35	56,2	F, Xi/240	0	B	AX	-	200-662-2	67-64-1	500	1200	2(I)	AGS, DFG, EU, Y
Acrylnitril	C_3H_3N	3	0,806	1,83	-5	480	-83,55	77,3	F, T, N/116	3	K2, H, Sh	A	-				1,25 A 10 E	2(II)	AGS, DFG, Y
Allgemeiner Staubgrenzwert (siehe auch Nummer 2.4) Alveolengängige Fraktion Einatembare Fraktion																			
Ammoniak	NH_3	20	0,77[4])	0,60	-	630	-77,74	-33,35	T, N/8520	2	C	K	-	231-635-3	7664-41-7	20	14	2(I)	DFG, EU, Y
Anilin	C_6H_7N		1,02	3,22	76	630	-5,98	184,40	T, N/0,8	2	K4, C, H, Sh	A	(P3)	200-539-3	62-53-3	2	7,7	2(II)	DFG, H, Y, Sh, EU, 11
Arsenverbindungen	-	-	-	-	-	-	-	-	T, N/-	3	K1, M3, H	-	P3				1 E	2(II)	DFG, Y
Arsenwasserstoff	/	3,48[4])	-	-	-	-	-	-55	T, F+, N/16	3	/	B	-				1,5 E	1(I)	DFG, 4, Y
Asbesthaltiger Feinstaub	-	-	-	-	-	-	-	-	a/-	-	K1	-	P2	217-617-8	1912-24-9				
Atrazin (ISO)																			
Baumwollstaub																			
Benzol	C_6H_6	1	0,88	2,70	-11	555	5,53	80,10	F, T/101	3	K1, M3, H	A	-				0,04 A	1(I)	DFG, Sa
Benzol-1,2,4-tricarbonsäure-1,2-anhydrid (Rauch)														209-008-0	552-30-7				
Benzo[a]pyren	$C_{20}H_{12}$	-	1,35	-	-	-	180	495,5	T, N/-	3	K2, M2, H	-	P3						
Benzylalkohol														202-859-9	100-51-6	5	22	2(I)	DFG, H, Y, 11
Bernsteinsäure														203-740-4	110-15-6		2 E	2(I)	DFG, Y
Blei	Pb	-	11,35	-	-	-	327,50	1740	T, N/-	-	K2, M3	-	P2						
Bleitetraethyl	$C_8H_{20}Pb$	-	1,65	11,2	80	-	-136,8	200 Zers	T+, N/0,35	3	H, B	A	(P3)	233-139-2	10043-35-3		0,5 E	2(I)	AGS, Y, 10
Borsäure und Natriumborate														231-778-1	7726-95-6	0,1	0,7	1(I)	EU, AGS
1,3-Butadien	C_4H_6	5	0,62[4])	1,92	-85	415	-108,97	-4,41	F+, T/2477	1	K1, M2	AX	-						
Butan	C_4H_{10}	1000	2,71[4])	2,11	-60	365	-138,35	0,50	F+/2,1	0	D	AX	-	203-448-7	106-97-8	1000	2400	4(II)	DFG
Butan-1-ol			0,8	2,56	24...35	340...390	-89,3...-114,7	117,7...99,5	Xn/4...40	1		A	-	200-751-6	71-36-3	100	310	1(I)	DFG, Y
iso-Butanol	$C_6H_{10}O$	100									C			201-159-0	78-93-3				
Butanon	C_6H_8O	200	0,81	2,49	-1	505	-86,9	79,57	F, Xi/105	1	H, C	A	-			200	600	1(I)	DFG, EU, H, Y
2-Butoxyethylacetat														203-933-3	112-07-2	10	65	2(I)	EU, DFG, H, Y, 11
iso-Butylacetat	$C_6H_{12}O_2$	100	0,88	4,01	22...27	370	-76,3	Zers	-/12...21	1	C	A	-						

Erklärung der Kurzzeichen, Fußnoten und Spalten s. S. 15-15.

15.5 Gefahrstoffe: Grenz- und Stoffwerte

Spalte: 1	2	3	4	5	6	7	8	9	10	11	12	13	14	15	16	17	18	19	20
Stoff	Chemische Brutto-Formel	AGW[1]/ TRK[2] ml/m³ (ppm)	Dichte kg/dm³[3] g/dm³[4]	rel. Gas-dichte	Flamm-punkt °C	Zünd-temp. °C	Fest-punkt °C 1013 mbar	Siede-punkt °C 1013 mbar	Gefahren-symbol/ Dampf-druck bei 20 °C	W G K	Gefähr-lichkeit	Atem-Filter Gas	Atem-Filter Par.	EG-Nr./ Listen-Nr.	CAS-Nr.	ml/m³ (ppm)	mg/m³	Über-schrei-tungsfaktor	Bemerkungen
Cadmium + Cd-Verb.	–	–	–	–	–	–	–	–	T+, F, N/–	3	K1, M3, H	–	P3	231-152-8	7440-43-9	–	0,002 (E)	8(II)	AGS, X, 10, 39
Calciumdihydroxid								3570	Xi/–	1		–	–	215-137-3	1305-62-0	–	1 E	2(I)	Y, EU, DFG
Calciumoxid	CaO	–	3,40	–	–	–	2614				C	–	P2	215-138-9	1305-78-8	–	1 E	2(I)	Y, DFG, EU
Calciumsulfat														231-900-3	7778-18-9	–	6 A		DFG
Carbonylchlorid (Phosgen)	COCl₂	0,1	1,38[4]	3,50	–	–	–127,8	7,56	T+/–	–	C	B	(P3)	231-959-5	7782-50-5	0,5	1,5	1(I)	DFG, EU, Y
Chlor	Cl₂	0,5	3,21[4]	2,49	–	–	–101,0	–34,10	T, N/–	2	C	B	(P3)						
1-Chlor-2,3-epoxypropan [Epichlorhydrin]	C₃H₅ClO	3	1,18	3,20	28	385	–25,6	116,56	T/16	3	K2, H, M3, Sh	A	(P3)	231-959-5	7782-50-5	0,5	1,5	1(I)	DFG, Y
Chloressigsäure														201-178-4	79-11-8	0,5	2	2(I)	DFG, Y, 11
Chlorwasserstoff (Salzsäure)	HCl	2	1,64[4]	1,27	–	–	–114,2	–85,05	T, C/–	1	C	E	(P2)	231-157-5	7440-47-3	–	2 E	1(I)	EU, 10
Chrom und anorganische Chrom(II) und (III)-Verbindungen (ausgenommen namentlich genannte)																			
Chrom-VI-Verbindungen	–	–	–	–	–	–	–	–	T+, N/–	–	K1, M2, H, Sh	–	P3						
Cobalt-Verbindungen	–	–	–	–	–	–	–	–	–/–	–	K2, M3, Sah, H	B	P3						
Cyanacrylsäuremethylester	C₅H₅NO₂	2	1,28	3,84	–	–	liq	–	Xi/–	–	D	A	–						
Cyclohexan	C₆H₁₂	200	0,78	2,91	>112	–	6,55	80,74	F, Xn, N/104	1	D	–	P2	202-327-6	94-36-0	–	5 E	1(I)	DFG
Dibenzoylperoxid	C₁₄H₁₀O₄	–	1,32	–	–	80	110	–	E, Xi/–	–	–	–	–	200-863-5	75-34-3	50	210	2(II)	DFG, Y, H, EU
1,1-Dichlorethan	C₂H₄Cl₂	100	1,18	3,42	–10	660	–97,6	57,25	F, Xn/240	–	C	AX	–						
1,2-Dichlorethan	C₂H₄Cl₂	5	1,25	3,42	13	440	–35,75	82,9	T, F/87	–	K2, H	A	–	208-750-2	540-59-0	200	800	2(II)	DFG
1,2-Dichlorethylen sym. (cis-[2058597, 156-59-2] und trans-[2058602, 156-60-5])																			
Dichlormethan	CH₂Cl₂	50	1,33	2,93	13	605	–93,7	40,67	Xn/475	2	K5, H, B	AX	–	200-838-9	75-09-2	50	180	2(II)	DFG, H, Z, EU
Diethylether	C₄H₁₀O	400	0,71	2,56	<–20	180	–116,4	34,6	F+, Xn/587	1	D	AX	–	200-467-2	60-29-7	400	1200	1(I)	DFG, EU
Diisocyanat toluol (2,4-; 2,6-)	C₉H₆N₂O₂	–	1,22	6,02	127	–	14...22	120...250	T+/–	2	K3, Sah	B	(P3)	204-661-8	123-91-1	20	73	2(II)	DFG, EU, H, Y
1,4-Dioxan	C₄H₈O₂	20	1,03	3,04	11	375	11,8	101,32	F, Xn/41	2	K4, C, H	A	–						
Diphenylmethan-4,4'-diisocyanat	C₁₅H₁₀N₂O₂	–	1,21	8,64	212	7500	39,5	–	Xn/–	–	K4, C, H, Sah	B	(P2)						
Eichen- u. Buchenholzstaub	–	–	–	–	–	–	–	–	–/–	–	K1	–	P3						
Essigsäure	C₂H₄O₂													200-580-7	64-19-7	10	25	2(II)	DFG, EU, Y
Ethanol	C₂H₆O	500	0,79	1,59	12	425	–114,2	78,33	F/59	0	K5, M5, C	A	–	200-578-6	64-17-5	200	380	4(II)	DFG, Y
2-Ethoxyethylacetat	C₆H₁₂O₃	2	0,98	4,57	52	380	61,7	156,4	T/–	1	H, B	A	–						
Ethylacetat	C₄H₈O₂	400	0,90	3,04	–4	460	–82,4	171,5	F/97	–	K4, C, H	A	–	205-500-4	141-78-6	200	730	2(I)	DFG, EU, Y
Ethylacrylat	C₅H₈O₂	2	0,94	3,46	9	350	–71,2	99,8	F, Xi/39	2	C, Sh, H	A	–	205-438-8	140-88-5	2	8,3	2(I)	DFG, EU, H, Y, Sh
Ethylbenzol	C₈H₁₀	20	0,87	3,67	15...23	430	–94,98	136,2	F, Xn/9	1	K4, C, H	A	–	202-849-4	100-41-4	20	88	2(II)	DFG, H, Y, EU

Erklärung der Kurzzeichen, Fußnoten und Spalten s. S. 15-15.

15.5 Gefahrstoffe: Grenz- und Stoffwerte

Spalte: 1	2	3	4	5	6	7	8	9	10	11	12	13	14	15	16	17	18	19	20
Stoff	Chemische bzw. Brutto-Formel	AGW[1]/ TRK[2] ml/m³ (ppm)	Dichte kg/ dm³ [3]) g/dm³ [4])	rel. Gas-dichte	Flamm-punkt °C	Zünd-temp. °C	Fest-punkt °C 1013 mbar	Siede-punkt °C 1013 mbar	Gefahren-symbol/ Dampf-druck bei 20 °C	W G K	Gefähr-lichkeit	Atem-Filter G a s	Atem-Filter P a r.	EG-Nr./ Listen-Nr.	CAS-Nr.	ml/m³ (ppm)	mg/m³	Über-schrei-tungsfak-tor	Bemerkungen
Ethylglykol	$C_4H_{10}O_2$	2	0,93	3,11	40	235	−70	135,6	T/−5	−	H, B	−	−	203-234-3	104-76-7	10	54	1(I)	DFG, Y, EU, 11
2-Ethylhexan-1-ol (2-Ethoxy-ethanol)																			
Fluor	F_2	/	1,69[4]	1,31	−	−	−219,61	−188,13	T+, O, C/−	−	E	B	−	231-954-8	7782-41-4	1	1,6	2(I)	EU, 13
Fluoride (als Fluor berechnet)						−	−	−	−/−	−	H, C		−		16984-48-8		1 E	4(II)	EU, DFG, Y, H
Fluorwasserstoff (Flusssäure)	HF	1	0,90[4]	0,69	−	−	−83,57	19,54	T+, C/1033	1	C	E	(P2)	231-634-8	7664-39-3	1	0,83	2(I)	DFG, EU, Y, H
Formaldehyd	HCHO	0,3	−	1,04	60	300	−92	−21	T, C/−	2	K4, M5, Sh, C	B	(P3)	200-001-8	50-00-0	0,3	0,37	2(I)	AGS, Sh, Y, X
Germanium															231-164-3	7440-56-4		0,850 E	2(I)	AGS, 10
Germaniumdioxid															215-180-8	1310-53-8		0,850 E	2(I)	AGS, 10
Glycerin															200-289-5	56-81-5		200 E	2(I)	DFG, Y
Hartholzstaub																		2 E		EU, 28, 38
n-Hexan	C_6H_{14}	50	0,66	2,98	<−20	240	−95,3	68,7	−/160	1	C	A	−	203-777-6	110-54-3	50	180	8(II)	DFG, EU, Y
Hydrazin	N_2H_4	0,1	1,01	1,11	52	270	1,54	113,5	T, N/13	3	**K2, H, Sh**	K	−	231-180-0	7440-74-6		0,0001 A	8(II)	AGS, 10
Indium															200-857-2	75-28-5	1000	2400	4(II)	DFG
Isobutan							−	−191,5							203-745-1	110-19-0	62	300		Y, AGS, EU
Isobutylacetat	$C_5H_{10}O_4$	100	0,87	3,53	4	460	−73,4	88,4	F/33	1	D	A	−	203-562-7	108-22-5	10	46	2(I)	DFG
Isopropylacetat	$C_{10}H_{16}O$	/	0,99	5,26	66	−	178,8	209 sub	F, Xi/−	−	F	A	−						
Kampfer																				
Kerosin (Erdöl) (C9 − C14 Aliphaten)															232-366-4	8008-20-6		Vgl. Num-mer 2.9		AGS, Y
Kieselsäuren, amorphe															231-545-4	7631-86-9		4 E	2(I)	DFG, 2, Y
Kohlenmonoxid	CO	30	1,25[4]	0,97	−	605	−199		F+, T/−	0	B	CO	−						
Kohlenstoffdioxid															204-696-9	124-38-9	5000	9100	2(II)	DFG, EU
Kohlenstoffdisulfid															200-843-6	75-15-0	10	30	2(II)	AGS, EU, H
Kohlenstoffmonoxid															211-128-3	630-08-0	30	35	2(II)	DFG, Z, EU
Kohlenstofftetrachlorid															200-262-8	56-23-5	0,5	3,2	2(II)	DFG, H, Y, EU
Kohlenwasserstoffgemische, Verwendung als Lösemittel (Lösemittelkohlenwasserstoffe), additiv-frei																				AGS
Fraktionen (RCP-Gruppen): - C6-C8 Aliphaten - C9-C14 Aliphaten - C9-C14 Aromater																		Vgl. Num-mer 2.9		
Kokosnussöl															232-282-8	8001-31-8		5 A	4(II)	DFG, Y
Maleinsäureanhydrid	$C_4H_2O_3$	0,1	1,48	3,39	103	380	52,85	202 sub	C/0,15	1	Sah, C	A	P2	203-571-6	108-31-6	0,02	0,081	1; = 2,5 = (I)	DFG, Sah, Y, 11
Methylalkohol (Methanol)	CH_4O	200	0,79[4]	1,11	11	455	−182,5	−161,49	F, T/128	−	H, C	AX	−	200-659-6	67-56-1	100	13C	2(II)	DFG, EU, H, Y

Erklärung der Kurzzeichen, Fußnoten und Spalten s. S. 15-15.

15.5 Gefahrstoffe: Grenz- und Stoffwerte

Spalte: 1	2	3	4	5	6	7	8	9	10	11	12	13	14	15	16	17	18	19	20
Stoff	Chemische bzw. Brutto-Formel	AGW[1]/TRK[2] ml/m³ (ppm)	Dichte kg/dm³[3]) g/dm³[4])	rel. Gas-dichte	Flamm-punkt °C	Zünd-temp. °C	Fest-punkt °C 1013 mbar	Siede-punkt °C 1013 mbar	Gefahren-symbol/ Dampf-druck bei 20 °C	W G K	Gefähr-lichkeit	Atem-Filter G a s / P a r.		EG-Nr./ Listen-Nr.	CAS-Nr.	ml/m³ (ppm)	mg/m³	Über-schrei-tungsfak-tor	Bemerkungen
Naphthalin	$C_{10}H_8$	10	1,18	4,43	80	540	80,29	217	Xn, N, T/0,04	2	K2, M3, H	A	–	202-049-5	91-20-3	0,4	2	4(I)	AGS, H, Y, EU, 11, 27
1-Naphthylamin		–	–	–	–	–	–	–	–	–	–	–	–	205-138-7	134-32-7	0,17	1 E	4(II)	AGS, H, 11
2-Naphthylamin	$C_{10}H_9N$	–	1,22	4,95	157	–	112	306,1	T,/–	–	K1, H, M3	–	P3	231-111-4	7440-02-0		0,030 E	8(II)	AGS, Sh, Y, 10, 24, 31
Nickelmetall		–	–	–	–	–	–	–	–	–	K1, Sah	–	P3	231-111-4	7440-02-0		0,006 A	8(II)	AGS, 24, Sh, Y
Nikotin	$C_{10}H_{14}N_2$	/	1,01	5,60, H	95	240	–79	–	T+, N/0,057	–	H	A	(P3)	200-193-3	54-11-5	0,1	0,5	2(II)	AGS, H, 11, 13, H
Nitrobenzol		–	–	–	–	–	–	–	–	–	–	–	–	202-716-0	98-95-3		0,51	4(II)	EU, DFG, H, _Y, 11
Oxalsäure		–	–	–	–	–	–	–	–	–	K3	–	–	205-634-3	144-62-7		1 E	1(I)	H, EU, 13
Ozon	O_3	–	2,14[4])	1,66	–	–	–192,7	–111,9	T+, O, C/–	–	K3	B	–						
Pentachlorphenol	C_6HCl_5O	–	1,98	9,20	–	–	191	312 Zers	T, N/–	3	**K2, H**	A	P3	203-632-7	108-95-2	2	8	2(II)	EU, H, 11
Phenol	C_6H_6O	–	1,07	3,25	82	595	40,85	181,75	T, C/–	2	K3, H, M3	A	–	200-870-3	75-44-5	0,1	0,41	2(II)	DFG, EU, AGS, Y
Phosgen														601-810-2	12185-10-3		0,01 E	2(II)	AGS, Y
Phosphor, weiss/gelb																				
Phthalsäureanhydrid	$C_8H_4O_3$	/	1,53	5,12	152	580	131,6	284,5 sub	Xi/–	–	Sa	A	(P2)						EU, 13
Polyvinylchlorid		–	1,38	–	–	–	–	–	–/–	–	K4, C	–	P2						
Platin (Metall)		–	–	–	–	–	–	–	–	–	–	–	–	231-116-1	7440-06-4		1 E	8(II)	EU, DFG, H, Sh
Quecksilber	Hg	–	–	–	–	–	–	–	T+, N/–	–	K3, H, Sh, D	Hg	P3	231-106-7	7439-97-6		0,02		
Salpetersäure	HNO_3	/	1,51	2,18	–	–	–41,59	83 Zers	O, C/–	2	E	E	(P2)	231-714-2	7697-37-2	1	2,6	8(II)	EU, 13, 16
Schwefeldioxid	SO_2	1	–	2,26	–	–	–75,52	–10,08	T/21	1	C	E	–	231-195-2	7446-09-5	1	2,7	1(I)	AGS, Y, EU
Schwefelsäure	H_2SO_4	–	1,84	–	–	–	10,38	279,6	C/–	1	K4, C	–	P2	231-639-5	7664-39-9		0,1 E	1(I)	DFG, EU, Y
Selen														231-957-4	7782-49-2	DFG, Y, 10	0,05 E	1(II)	DFG, Y
Selenverbindungen, anorganische														0,05 E	1[II]					
Silber														231-131-3	7440-22-4		0,1 E	8(II)	DFG, EU
Stickstoffdioxid	NO_2	0,5	1,45	1,59	–	–	–11,25	21,15	T+, O/960	–	K3, D	–	–	233-272-6	10102-44-0	0,5	0,95	2(II)	EU, 22a
Stickstoffmonoxid														233-271-0	10102-43-9	2	2,5	2(II)	EU, AGS, 22b
Styrol	C_8H_8	20	0,91	3,60	32	490	–30,63	145,14	Xn/6	2	K5, C, H[5])	A	–	202-851-5	100-42-5	20	86	2(II)	DFG, Y
Terpentinöl		–	0,86	–	33..35	>220	<–40	150...177	Xn, N/6,6	–	K3, Sh	A	–	200-935-6					
Tetrachlor-1,2-difluor-ethan (R 112)															76-12-0	200	1700		DFG
1,1,2,2-Tetrachlorethan														201-197-8	79-34-5	1	7	2(II)	AGS, DFG, H

Erklärung der Kurzzeichen, Fußnoten und Spalten s. S. 15-15.

15.5 Gefahrstoffe: Grenz- und Stoffwerte

Spalte: 1	2	3	4	5	6	7	8	9	10	11	12	13	14	15	16	17	18	19	20
Stoff	Chemische bzw. Brutto-Formel	AGW[1]/ TRK[2] ml/m³ (ppm)	Dichte kg/dm³ [3] g/dm³ [4]	rel. Gas-dichte	Flamm-punkt °C	Zünd-temp. °C	Fest-punkt °C 1013 mbar	Siede-punkt °C 1013 mbar	Gefahren-symbol/ Dampf-druck bei 20 °C	W G K	Gefähr-lichkeit	Atem-Filter Gas	Atem-Filter Par.	EG-Nr./ Listen-Nr.	CAS-Nr.	ml/m³ (ppm)	mg/m³	Über-schrei-tungsfak-tor	Bemerkungen
Tetrachlorethen	C_2Cl_4	/	1,62	5,73	-	-	-22,4	121,2	Xn, N/19	3	K3, H	A	-	204-825-9	127-18-4	10	69	2(II)	EU, DFG, H, Y
Tetrachlorethylen (Per)																			
Tetrachlormethan	CCl_4	0,5	1,59	5,31	-	>982	-22,99	76,54	T, N/120	3	K4, H, C	A	-	203-625-9	108-88-3	50	190	2(II)	DFG, EU, H, Y
Toluol	C_7H_8	50	0,86	3,18	6	535	-94,99	110,62	F, Xn/29	2	H, C	A	-	200-756-3	71-55-6	100	550	1(II)	DFG, EU, H, Y
1,1,1-Trichlorethan	$C_2H_3Cl_3$	200	1,34	4,61	-	537	-32,6	73,7	Xn, N/133	3	H, C	A	-	201-166-9	79-00-5	1	5,5	2(I)	DFG, H
1,1,2-Trichlorethan	$C_2H_3Cl_3$	10	1,44	4,54	-	460	-36,7	113,65	Xn/25	-	K3, H	A	-						
Trichlorethen	C_2HCl_3	-	1,46	4,75	-	410	-86,8	86,7	T/77	3	K1, M3, H	A	-						
Trichlorfluormethan	CCl_3F	1000	1,49		-	-	-110,5	23,77	Xn, N/889	2	C	-	-	203-545-4	108-05-4	10	36	1;-2=(I)	DFG, EU, H, Y
Vinylacetat	$C_4H_6O_2$	-	0,93	2,97	-8	385	-93,2	72,8	F/120	2	K3	A	-						
Vinylchlorid	C_2H_3Cl	2	0,91[4]	2,16	-78	415	-153,7	-13,7	F+, T/1, 2	2	K1, H[5]	AX	-						
Vinylidenchlorid (1,1-Dichlorethen)	$C_2H_2Cl_2$	2	1,21	3,35	-10	530	-122,1	31,6	F+, Xn/667	-	K3, C	AX	-						
Wasserstoffperoxid														231-765-0	7722-84-1	0,5	0,71	1(I)	DFG, Y
Xylol (alle Isomere)	C_8H_{10}	100	0,87	3,67	25...30	-	13...47	141+3	Xn/7...9	2	H, D	A	-	215-535-7 202-422-2 203-576-3 203-396-5	1330-20-7 95-47-6 108-38-3 106-42-3	50	220	2(II)	DFG, EU, H
Zinkchromat	$ZnCrO_4$	-	3,40	-	-	-	-	-	T, N	-	K1, Sh, H, M2	-	P3						
Zinn-Verbindungen org.	-	/	-	-	-	-	-	-	-/-	2		-	-						
Zinn(II)-Verbindungen, anorganische																	8 E		EU, AGS, 10
Zinn(IV)-Verbindungen, anorganische																	2 E		EU, 13, 10
Zitronensäure														201-069-1	77-92-9		2 E	2(I)	DFG, Y

Erklärung der Kurzzeichen, Fußnoten und Spalten s. S. 15-15.

15.5 Gefahrstoffe: Grenz- und Stoffwerte

Erklärungen:

Spalte 3 u. 4: AGW oder TRK[2] (TRK-Werte gelten für krebserzeugende Stoffe und sind **fett** gekennzeichnet.
- **F** = gemessen als Feinstaub
- **G** = gemessen als Gesamtstaub
- **A** = alveolengängiger Aerosolanteil
- **E** = einatembarer Aerosolanteil
- **/** = noch keine ausreichenden Informationen zur Aufstellung eines AGW-Wertes

Spalte 6: Das Verhältnis der Dichte eines gasförmigen Stoffes zur Dichte trockener Luft

Spalte 7, 8, 9 und 10: Die angegebenen Werte beziehen sich auf Normalbedingungen bei 1013 mbar
- **Zers** = Zersetzung
- **sub** = sublimiert (unmittelbarer Übergang in den Gaszustand)
- **liq** = flüssig

Spalte 11: a) Bedeutung der Kennbuchstaben ↑ für das Gefahrensymbol gemäß Gefahrstoffverordnung s. S. 15-12 f.

b) Nach dem Querstrich wird der Dampfdruck in mbar bei 20 °C angegeben. Er zeigt, wie groß das Bestreben einer Flüssigkeit ist, in den gasförmigen Zustand überzugehen, d. h. zu verdunsten.

Spalte 12: WGK = Wassergefährdungsklasse:
- **0** = im Allg. kein gefährdender Stoff
- **1** = schwach gefährdender Stoff
- **2** = Wasser gefährdender Stoff
- **3** = stark gefährdender Stoff

Spalte 13: Gefährlichkeit gem. Gefahrstoffverordnung

a) Krebsgruppen:
- **K1** = wirken beim Menschen krebserregend
- **K2** = wirken im Tierversuch krebserregend, dieselbe Wirkung wird beim Menschen angenommen
- **K3** = begründeter Verdacht auf krebserzeugende Wirkung beim Menschen
- **K4, K5** = bei Einhaltung des Grenzwertes (Spalte 3+4) ist kein nennenswertes Krebsrisiko zu erwarten

b) Fruchtschädigungsgruppen (Leibesfrucht):
- **A** = Risiko der Fruchtschädigung ist sicher nachgewiesen
- **B** = Risiko der Fruchtschädigung ist wahrscheinlich
- **C** = Risiko der Fruchtschädigung braucht bei Einhaltung des AGW-Wertes nicht befürchtet werden
- **D** = Fruchtschädigung nicht ausgeschlossen (Einstufung in A, B oder C ist noch nicht möglich)
- **E** = Lassen sich noch keiner Gruppe zuordnen

c) Keimzellmutagene Gruppen:
- **M1** = Genmutationen (= Gm) beim Menschen (Nachkommen) nachgewiesen
- **M2** = Gm bei Tieren nachgewiesen
- **M3** = Schädigung des genetischen Materials der Keimzelle oder Verdacht auf eine mutagene Wirkung
- **M5** = kein nennenswerter Beitrag zu Gm bei Einhaltung des AGW-Wertes

d) Schädigungen über Hautaufnahme:
- **H** = Hautresorption, diese Stoffe vermögen leicht die Haut zu durchdringen

e) Allergische Krankheitserscheinungen durch sensibilisierende Stoffe (ist auch möglich bei Einhaltung des AGW-Wertes):
- **Sa** = atemwegssensibilisierende Stoffe
- **Sh** = hautsensibilisierende Stoffe
- **Sah** = a.- + h.-sensibilisierende Stoffe
- **SP** = photosensibilisierende Stoffe

Spalte 14, 15: Gas- u. Partikelfilter entfernen jeweils bestimmte Schadstoffe und dürfen angewendet werden, wenn die Umgebungsatmosphäre mindestens 17 Vol.-% Sauerstoff enthält.

Gasfiltertypen[6]/Kennfarbe: DIN EN 14387: 2008-05
- **A/braun:** für organische Gase und Dämpfe
- **B/grau:** für anorganische Gase und Dämpfe
- **E/gelb:** für Schwefeldioxid u. a.
- **AX/braun:** für niedrigsiedende organische Verbindungen

Partikelfilterklassen[7]: DIN EN 143: 2007-02
- **P1:** gegen feste inerte P., Rückhaltevermögen >80 %
- **P2:** feste u. flüssige (Xn/Xi)-P., Rückhalteverm. >94 %
- **P3:** feste u. flüssige (T/T+)-Partikel, Rückhalteverm. >99,95 %

[1] Siehe Fußnote [1] auf S. 15-2. [2] Siehe Fußnote [2] auf S. 15-2. [3] Feste und flüssige Stoffe werden in kg/dm³ angegeben. [4] Gasförmige Stoffe werden in g/dm³ angegeben. [5] Nach Angaben der amerikanischen TLV-Liste. [6] Beim Einsatz von Gasfiltern dürfen keine schädlichen Partikel vorhanden sein. [7] Kennfarbe Weiß; beim Einsatz von Partikelfiltern dürfen keine schädlichen Gase vorhanden sein.

Verwendete Abkürzungen, Symbole, Ziffern und Erläuterungen

Spalten „Stoffidentität"
- **CAS-Nr.** Registriernummer des „Chemical Abstract Service"
- **EG-Nr.** Registriernummer des „European Inventory of Existing Chemical Substances" (EINECS)
- **Listen-Nr.** Zuordnung von Nummern aus der Vor-Registrierung oder Registrierung nach der EU-REACH-Verordnung"

Spalten „Arbeitsplatzgrenzwert"
- **E** einatembare Fraktion (siehe Nummer 1 Abs. 6)
- **A** alveolengängige Fraktion (siehe Nummer 1 Abs. 6)

Spalte „Spitzenbegrenzung"
- **1 bis 8** Überschreitungsfaktoren und
- **( )** Kategorie für Kurzzeitwerte (siehe Nummer 2.3)
- **==** Momentanwert

Spalte „Bemerkungen"
- **H** hautresorptiv (siehe Nummer 2.6)
- **X** krebserzeugender Stoff der Kat. 1A oder 1B oder krebserzeugende Tätigkeit oder Verfahren nach § 2 Absatz 3 Nr. 4 der Gefahrstoffverordnung – es ist zusätzlich § 10 GefStoffV zu beachten
- **Y** ein Risiko der Fruchtschädigung braucht bei Einhaltung des Arbeitsplatzgrenzwertes und des biologischen Grenzwertes (BGW) nicht befürchtet zu werden (siehe Nummer 2.7)
- **Z** ein Risiko der Fruchtschädigung kann auch bei Einhaltung des AGW und des BGW nicht ausgeschlossen werden (siehe Nummer 2.7)

Mit den folgenden Kürzeln in dieser Spalte wird auf die Herkunft der Arbeitsplatzgrenzwerte und evtl. Begründungspapiere verwiesen
- **AGS** Ausschuss für Gefahrstoffe
- **DFG** Senatskommission zur Prüfung gesundheitsschädlicher Arbeitsstoffe der DFG (MAK-Kommission)
- **EU** Europäische Union (Von der EU wurde ein Luftgrenzwert festgelegt: Abweichungen bei Wert und Spitzenbegrenzung sind möglich.)
- **NL-Experten** Internationale Expertengruppe zur Reevaluierung niederländischer Grenzwerte (Committee on Updating of Occupational Exposure Limits, a committee of the Health Council of the Netherlands)

15.6 Sicherheitskennzeichen

15.6.1 Hinweisschilder zur Arbeitssicherheit — DIN EN ISO 7010

Rettungszeichen: weißes Bildzeichen auf grünem Grund	E001 Notausgang (links)	E003 Erste Hilfe	E007 Sammelstelle	E011 Augenspüleinrichtung	E012 Notdusche	E013 Krankentrage
Gebotszeichen: weißes Bildzeichen auf blauem Grund	M003 Gehörschutz benutzen	M004 Augenschutz benutzen	M008 Fußschutz benutzen	M009 Handschuhe benutzen	M010 Schutzkleidung benutzen	M041 Antistatisches Schuhwerk benutzen
Warnzeichen: schwarzes Bildzeichen auf gelbfarbenem Grund	W001 Allgemeines Warnzeichen	W002 Warnung vor explosionsgefährlichen Stoffen	W003 Warnung vor radioaktiven Stoffen[1)]	W004 Warnung vor Laserstrahl	W010 Warnung vor niedriger Temperatur	W012 Warnung vor elektrischer Spannung
	W014 Warnung vor Flurförderfahrzeugen	W015 Warnung vor schwebender Last	W016 Warnung vor giftigen Stoffen	W017 Warnung vor heißer Oberfläche	W021 Warnung vor feuergefährlichen Stoffen	W023 Warnung vor ätzenden Stoffen
Verbotszeichen: schwarzes Bildzeichen auf weißem Grund + rotfarbene Kennung	P003 Keine offene Flamme, Feuer, offene Zündquelle und Rauchen verboten	P004 Für Fußgänger verboten	P005 Kein Trinkwasser	P010 Berühren verboten	P011 Mit Wasser löschen verboten	P023 Abstellen oder Lagern verboten

15.6 Sicherheitskennzeichen

15.6.2 Sicherheitskennzeichnung nach Technischen Regeln für Arbeitsstätten (ASR)

Alle Sicherheitskennzeichen, die für die Gewährleistung der Arbeitssicherheit gemäß der Gefährdungsbeurteilung nötig sind, sind **ein „Muss"**. Sie geben konkrete Hinweise, wie man sich zu verhalten hat. Auch **Gebotszeichen** sind keine „Kann-Vorgabe", sondern **verpflichtend**.

Zeichen	Form	Farbe	Piktogramm	Anwendungsbeispiel	Sicherheitskennzeichen
Rettungszeichen	quadratisch (rechteckig in Kombination mit einem Zusatzzeichen, z. B. Richtungspfeil)	grün	weiß	• Sammelstelle	
Brandschutzzeichen	quadratisch (rechteckig in Kombination mit einem Zusatzzeichen, z. B. Richtungspfeil)	rot	Weiß	• Löschschlauch	
Gebotszeichen	rund	blau	weiß	• Fußschutz benutzen	
Verbotszeichen	rund	weißer Hintergrund, roter Rand mit rotem Querstrich	schwarz	• Berühren verboten	
Warnzeichen	dreieckig	gelb	schwarz	• Warnung vor elektr. Spannung	

15.6 Sicherheitskennzeichen

15.6.3 Gefahrstoff-Kennzeichnungssystem auf Basis von GHS[1] und CLP-Verordnung (EG)

Gefahren-Piktogramm und Code Nr.			
	GHS01	GHS02	GHS03
(Bedeutung)	(explodierende Bombe)	(Flamme)	(Flamme über Kreis)
Signalwort	Gefahr oder Achtung	Gefahr oder Achtung	Gefahr oder Achtung
Gefahren-Piktogramm und Code Nr.	GHS04	GHS05	GHS06
(Bedeutung)	(Gasflasche)	(Ätzwirkung)	(Totenkopf)
Signalwort	Achtung	Achtung	Gefahr
Gefahren-Piktogramm und Code Nr.	GHS07	GHS08	GHS09
(Bedeutung)	(Ausrufezeichen)	(Gesundheitsgefahr)	(Umwelt)
Signalwort	Achtung	Gefahr oder Achtung	Achtung

Anmerkung: Diese 9 rot umrandeten Gefahrenpiktogramme ersetzen die bisherigen Gefahrensymbole ↑ auf orangegelbem Grund. Die R-Sätze werden ersetzt durch H-Sätze (engl. **H**azard Statement).
Die Signalwörter geben Auskunft über den relativen Gefährdungsgrad:
- GEFAHR für schwerwiegende Gefahrenkategorien
- ACHTUNG für die weniger schwerwiegenden Gefahrenkategorien

Kodierungssystem für Gefahrenhinweise	Kodierungssystem für Sicherheitshinweise
H 3 1 1 (Giftig bei Hautkontakt)[2]	P 2 8 0 (Schutzhandschuhe tragen)[2]

└─ laufende Nummer
└── Gruppierung   2 = physikalische Gefahren
              3 = Gesundheitsgefahren
              4 = Umweltgefahren
	└─ laufende Nummer
	└── Gruppierung 1 = Allgemein
	              2 = Vorsorgemaßnahmen
	              3 = Empfehlungen
	              4 = Lagerhinweis
	              5 = Entsorgung

steht für Gefahrenhinweis (**H**azard Statement)	steht für Sicherheitshinweis (**P**recautionary Statement)

[1] Kurzzeichen für das im Jahr 2003 von den Vereinten Nationen erarbeitete Einstufungs- und Kennzeichnungssystem: **G**lobally **H**armonised **S**ystem of **C**lassification and **L**abelling of Chemicals.
[2] Gilt für das Arbeiten mit Methanol (Lösungsmittel).

15.6 Sicherheitskennzeichen

Beispiel: Kennzeichnung eines Stoffes		Gefahrensymbol und -bezeichnung; -kennbuchstabe	Erläuterungen
Name des Stoffes	Methanol		
Gefahrensymbol	☠ 🔥	Ätzend	Stoffe, die durch Berührung die Haut zerstören (eine schwere Verätzung liegt vor, wenn die Haut von Versuchstieren in ihrer gesamten Dicke in weniger als 3 min zerstört ist)
Gefahrenbezeichnung	Leicht entzündlich; giftig		
Gefahrenhinweise (R-Sätze)	Leicht entzündlich; giftig beim Einatmen …	Sehr giftig	Stoffe, die durch Einatmen (inhalativ), Verschlucken (oral) oder Aufnahme durch die Haut (dermal) erhebliche Gesundheitsschäden oder den Tod verursachen können
Sicherheitsratschläge (S-Sätze)	Darf nicht in die Hände von Kindern gelangen; Schutzkleidung tragen …		
Hersteller	Name, Anschrift		
Gefahrensymbol und -bezeichnung; -kennbuchstabe	Erläuterungen	Giftig	
Explosionsgefährlich	Stoffe in festem oder flüssigem Zustand, die durch Erwärmung oder eine nicht außergewöhnliche Beanspruchung, z. B. durch Schlag, zur Explosion gebracht werden	Gesundheitsschädlich	Stoffe, die durch Einatmen (inhalativ), Verschlucken (oral) oder Aufnahme durch die Haut (dermal) Gesundheitsschäden geringeren Ausmaßes verursachen können
Brandfördernd	Stoffe, die bei Berührung mit anderen, insbesondere entzündlichen Stoffen so reagieren, dass Wärme in großer Menge frei wird	Reizend	Stoffe, die ohne ätzend zu sein, nach ein- oder mehrmaliger Berührung mit der Haut Entzündungen verursachen können
Leicht entzündlich oder Hoch entzündlich	Stoffe, die sich bei gewöhnlichen Temperaturen erhitzen und entzünden können oder in festem Zustand durch kurzzeitige Einwirkung einer Zündquelle entzündet werden	Umweltgefährdend	Stoffe, die eine giftige oder schädliche Wirkung für Pflanzen, Tiere, Boden- und Wasserorganismen oder Bienen haben. Ebenso Stoffe, die die Ozonschicht gefährden oder sonstige schädliche Wirkung für die Umwelt haben

15.6 Sicherheitskennzeichen

15.6.4 Gegenüberstellung Gefahrensymbolik ALT und NEU nach GHS

Gefahrensymbol ALT	Gefahrenpiktogramm NEU	Gefahrenhinweis H-Sätze NEU	Gefahrensymbol ALT	Gefahrenpiktogramm NEU	Gefahrenhinweis H-Sätze NEU
EXPLOSIONSGEFÄHRLICH	GEFAHR	H200 H201, H202 H203 H240, H241	SEHR GIFTIG (T+)	GEFAHR	H300 H310 H330
Keine Kennzeichnung	ACHTUNG	H204 (explosiv, Kat. 1.4)	GIFTIG (T+)		H301 H311
HOCH ENTZÜNDLICH (F)	GEFAHR	H220 H222 H224	GIFTIG (T+)	GEFAHR	H340 H350 H360 H370 H372
LEICHT ENTZÜNDLICH (F)	ACHTUNG	H225 H228	GESUNDHEITSSCHÄDLICH (Xn)		H334 H304
ENTZÜNDLICH — Kein Symbol	ACHTUNG	H223 H226	(Xn)	ACHTUNG	H341 H351 H361 H371 H373
LEICHT ENTZÜNDLICH (F)		H250 H260 H261	(Xn)	ACHTUNG	H302 H312 H332
HOCH ENTZÜNDLICH (F)	GEFAHR	H241 H242 H251 H242 H252	ÄTZEND (C)	GEFAHR	H314
BRAND FÖRDERND (O)	ACHTUNG	H241 H242 H242	REIZEND (Xi)		H318
BRAND FÖRDERND (O)	GEFAHR	H270 H271, H272	REIZEND (Xi)	ACHTUNG	H315 H319 H317
	ACHTUNG	H272	Kein Symbol für narkotischen Effekt		H335 H336
Keine Kennzeichnung	ACHTUNG	H280 H281	UMWELTGEFÄHRLICH (N)	ACHTUNG	H400 H410
Keine Kennzeichnung	ACHTUNG	H290	UMWELTGEFÄHRLICH (N)		H411 (chronisch gewässergefährdend, Kat. 2)

(Linke Seite: PHYSIKALISCHE GEFAHREN; Rechte Seite: GESUNDHEITSGEFAHREN / UMWELTGEFAHREN)

15.7 Umweltschutz

15.7.1 Übersicht: Umweltrelevante Betriebsbereiche

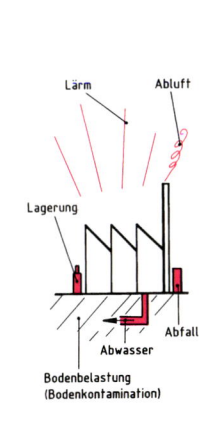

Umweltrelevante Betriebsbereiche	Aspekte z. B.	Rechtliche Grundlagen[1]
Abfall	PCB-haltige Kondensatoren	Abfallgesetz (AbfG), Abfall- und Reststoffüberwachungs-Verordnung
Abluft	Schadstoffe aus Arbeitsplatzabsaugung	Bundesimmissionsschutzgesetz (BImSchG) + Verordnungen dazu (BImSchV)
Abwasser	Reinigen von Leiterplatten	Wasserhaushaltsgesetz (WHG), Abwasserabgabengesetz (AbwAG)
Bodenbelastung	Quecksilber	Abfallgesetz (AbfG) u. a.
Lagerung	Lösungsmittel	Gewerbeordnung (GewO), Bundesimmissionsschutzgesetz (BImSchG)
Lärm	Von Maschinen- u. Arb.-Platzabsaugung	Bundesimmissionsschutzgesetz (BImSchG) + Verordnungen
Transport	Gefährliche Abfälle	Gesetz über Beförderung gefährlicher Güter + Verordnungen

15.7.2 Abfall: Entsorgung gefährlicher Abfälle

Abfall-Schl.Nr.	Behördliche Bezeichnung	Erläuterungen	Besondere Hinweise	SE
150299D1	Aufsaug- und Filtermaterialien, Wischtücher und Schutzkleidung mit schädlichen Verunreinigungen	Aktivkohlefiltereinsätze aus Luftreinigung und Atemschutz	Aktivkohle kann regeneriert werden; Rückgabe beim Handel erfragen	
160602	Nickel-Cadmium-Akkumulatoren	Akkus von Schraubern und Bohrmaschinen	Rückgabe an Lieferanten	×
160603	Quecksilberhaltige Batterien	Knopfzellen, Monozellen	Rückgabe an Lieferanten	×
060404	Quecksilber, quecksilberhaltige Rückstände, Quecksilberdampflampen	Leuchtstoffröhren	Unbrauchbare Röhren können verwertet werden; unzerstört z. Handel bringen	×
140102	halogenierte Lösemittel und Lösemittelgemische	Lösemittel, z. B. Wasch- od. Testbenzine; Gemische mit Tri oder Per	Tri und Per nicht mit chlorfreien mischen (problematische Aufarbeitung)	–
140103	andere Lösemittel und Lösemittelgemische	Terpentin, Terpentinersatz, Testbenzin, Alkohole, Aceton, Nitro- u. Waschverdünner usw.	Keine CKW-haltigen Lösemittel od. Abbeizer wie Tri, Per dazumischen; lassen sich aufarbeiten	–
150199D1	Verpackungen mit schädlichen Verunreinigungen	Eimer, Tuben, Kartuschen, Tonerkartuschen	Entleerte[2] Behältnisse sind kein Sonderabfall	–
–	Elektro- und Elektronikschrott	Computer, Aus- und Eingabegeräte	Rückgabe an den Lieferanten, Entsorger oder an Verwertungsbetriebe	–

SE = Sammelentsorgung; × = in der Regel ist eine Sammelentsorgung möglich;
[1] Außer den bundesrechtlichen Grundlagen müssen die landesrechtlichen beachtet werden.
[2] Pinsel- oder spachtelrein.

16 Betriebs- und Arbeitswelt

16.1 Übersicht

		Seite
16.2	Unternehmensformen	16-2
16.3	Vertragsgestaltung	16-3
16.4	Preisgestaltung und Materialbeschaffung	16-5
16.5	Projektmanagement	16-10
16.6	Qualitätssicherung	16-14
16.7	Prozessstabilität	16-15
16.8	Dokumentationsarten	16-16
16.9	Lernen und Arbeiten	16-20
16.10	Präsentation	16-21
16.11	Arbeitsvertrag	16-23
16.12	Berufsausbildungsvertrag	16-23
16.13	Berufsbildungsgesetz	16-24
16.14	Jugendarbeitsschutzgesetz	16-24
16.15	Kündigungsschutzgesetz	16-25
16.16	Betriebsrat	16-25
16.17	Rentenversicherung	16-26
16.18	Gerichte in Deutschland	16-26

16 Betriebs- und Arbeitswelt

16.2 Unternehmensformen

Unten finden Sie einen Auszug der deutschen Unternehmensformen. Es handelt sich bei den hier angeführten um die üblichsten.

Rechtsform	Gesellschaft bürgerlichen Rechts (BGB-Gesellschaft)	Offene Handelsgesellschaft	Gesellschaft mit beschränkter Haftung	Aktiengesellschaft
Abkürzung	GbR	OHG	GmbH	AG
Register	kein Eintrag	Handelsregister	Handelsregister	Handelsregister
Kapitaleinlage	Nicht vorgeschrieben	Nicht vorgeschrieben	25 000 EUR Stammkapital (bei UG 1 EUR)	50 000 EUR
Geschäftsführung	Jede gesellschaftende Person	Jede gesellschaftende Person	Geschäftsführer/-in; bestellt durch Gesellschaft	Vorstand; bestellt durch Aufsichtsrat
Haftung	Die Gesellschafenden gesamtschuldnerisch und persönlich	Die Gesellschafenden gesamtschuldnerisch und persönlich	Gesellschaftsvermögen	Gesellschaftsvermögen
Gewinnbeteiligung	4 % der Einlage; Rest gleichmäßig nach Köpfen	4 % der Einlage; Rest gleichmäßig nach Köpfen	Anteilsmäßig bzw. nach Vertrag	Anteilsmäßig (Dividende)
Auflösungsgrund	Tod; Liquidation; Kündigung	Tod; Liquidation; Kündigung	Beschluss	Beschluss

Die Tabelle liefert die Antwort auf die Fragestellung, welche Eigenschaften verschiedene Unternehmensformen aufweisen.

Beispiel: Welches Stammkapital benötige ich für die Gründung einer GmbH und welche Haftung besteht?

Handlungsschritte

Rechtsform GmbH in Spalten heraussuchen und unter Kapitaleinlage und Haftung die entsprechenden Einträge nachlesen.

Um eine GmbH zu gründen, werden mindestens 25 000 EUR Stammkapital benötigt. Auf das Firmenkonto ist davon mindestens 50 %, also 12 500 EUR, einzuzahlen. Eine Ausnahme bildet hier die sogenannte Unternehmergesellschaft (UG). Um diese zu gründen, wird ein Mindestkapital von nur einem Euro benötigt.

Die GmbH haftet nach § 13 Abs. 2 GmbHG mit ihrem Gesellschaftsvermögen. Sie hat also sämtliche Verbindlichkeiten unbeschränkt aus ihrem Gesellschaftsvermögen zu erbringen.

16.3 Vertragsgestaltung

Als Vertrag bezeichnet man eine von zwei oder mehreren Seiten geschlossene Vereinbarung. Der Vertrag kommt durch gegenseitige Willenserklärungen zustande, die auf eine Herbeiführung oder Unterlassung bestimmter Leistungen ausgerichtet ist.

Schuldrechtliche Vertragsarten im Privatrecht

Art	Beschreibung	Grundlage
Kaufvertrag	Verpflichtung der verkaufenden Person zur Übergabe und Eigentumsverschaffung an der Sache gegen Zahlung des Kaufpreises	§ 433 BGB
Schenkungsvertrag	Versprechen einer unentgeltlichen Zuwendung	§ 516 BGB
Handelskauf	Kaufvertrag – eine bzw. beide Parteien sind Kaufleute	§§ 373–381 HGB
Mietvertrag	Entgeltliche Gebrauchsüberlassung einer Mietsache	§ 535 BGB
Pachtvertrag	Entgeltliche Gebrauchsüberlassung an Sachen und Rechten einschließlich des Rechts zur Fruchtziehung	§ 581 BGB
Leihvertrag	Unentgeltliche Gebrauchsüberlassung einer Sache	§§ 598–606 BGB
Leasingvertrag	Gebrauchsüberlassung gegen Amortisationsentgelt, das in Raten an die leasinggebende Person zu zahlen ist, wobei allein die leasingnehmende Person das Risiko der Zerstörung oder Beschädigung des Leasinggegenstandes trifft. Etwaige Mängelansprüche werden nur gegen die Herstellerfirma, nicht gegen die leasinggebende Person eingeräumt	Nicht im BGB geregelt, atypischer Mietvertrag
Darlehensvertrag	Verpflichtung der darlehensgebenden Person, einen Geldbetrag gegen Zahlung von Zinsen zur Verfügung zu stellen	§ 488 BGB
Dienstvertrag	Verpflichtung zur Erbringung der vertraglich vereinbarten Tätigkeit gegen Vergütung	§ 611 BGB
Arbeitsvertrag	Variante des Dienstvertrages. Verpflichtung zur Erbringung der vertraglich vereinbarten, aber weisungsgebundenen Tätigkeit gegen Vergütung	§ 611 BGB
Werkvertrag	Verpflichtung des Unternehmens zur Erbringung eines Tätigkeitserfolges gegen Vergütung	§ 631 BGB
Reisevertrag	Unterart des Werkvertrages. Das reiseveranstaltende Unternehmen wird verpflichtet, den Reisenden eine Gesamtheit von Reiseleistungen mangelfrei zu erbringen.	§ 651a BGB
Maklervertrag	Die auftraggebende Person verpflichtet sich, der Immobilien vermittelnden Person für den Nachweis einer Abschlussgelegenheit oder für eine Vertragsvermittlung eine Vergütung (Maklerlohn) zu zahlen.	§ 652 BGB
Frachtvertrag	Entspricht einem Beförderungsvertrag; Vertrag über den Transport von Waren und Gütern, das frachtführende Unternehmen ist zur Beförderung des Frachtguts verpflichtet	§ 407 HGB

16.3 Vertragsgestaltung (Fortsetzung)

Art	Beschreibung	Grundlage
Speditionsvertrag	Das Speditionsunternehmen übernimmt die Besorgung der Versendung eines Frachtgutes gegen Entgelt. Abgrenzung zum Frachtvertrag: Das frachtführende Unternehmen schuldet den Transport, das Speditionsunternehmen die Organisation des Transportes (z. B. Auswahl der Transportmittel, Auswahl und Beauftragung des Unternehmens, Versicherung des Gutes).	§ 453 HGB
Auftrag	Eine Aufforderung an eine andere Person, bestimmte Handlungen vorzunehmen.	§§ 662–674 BGB
Bürgschaft	Der Bürge verpflichtet sich, gegenüber dem Gläubiger eines Dritten (= Hauptschuldner) für die Erfüllung von Verbindlichkeiten des Dritten einzustehen, der Gläubiger sichert sich dadurch im Fall einer Zahlungsunfähigkeit des Hauptschuldners ab.	§ 765 BGB
Schuldversprechen, Schuldanerkenntnis	Der Schuldner verspricht dem Gläubiger eine Leistung oder erkennt eine bestehende Schuld an. Unterschied nur in der Formulierung: „Ich verspreche ..." und „Ich erkenne ... an"	§ 780 BGB, § 781 BGB
Schuldverschreibungsverträge	Entspricht einer Anleihe bzw. einer Obligation Überbegriff für verzinsliche Wertpapiere	Nicht im BGB geregelt
Gesellschaftsvertrag	Vertragliche Grundlage einer Gesellschaft, regelt die Rechte und Pflichten der gesellschaftenden Personen und deren Verhältnis zueinander	§ 705 BGB
Factoringvertrag	Abtretung von Forderungen durch ein Unternehmen an dessen Bank, die vor Fälligkeit den Wert der Forderungen abzüglich eigener Gebühren und Provision an das Unternehmen auszahlt oder gutschreibt	Nicht im BGB geregelt, Gegenstand ist aber eine Forderungsabtretung nach § 398 BGB
Franchisevertrag	Die franchisegebende Person ermächtigt die franchisenehmende Person gegen Gebühr, die Vertriebsrechte unter Nutzung von Marken, Warenzeichen, Geschäftsform Know-how und sonstigen Rechten wahrzunehmen.	Nicht im BGB geregelt, Gegenstand ist aber die Einräumung von Nutzungsrechten nach § 581 BGB
Mietkaufvertrag	Mischform zwischen Leasing und Miete Die mietende Person bekommt das Recht, die gemietete Sache innerhalb einer bestimmten Frist zu einem vorher definierten Preis unter Anrechnung der gezahlten Mieten käuflich zu erwerben.	Nicht im BGB geregelt, atypischer Miet-/Leasingvertrag
Sale-Lease-Back-Vertrag	Entspricht Rückmietkauf und ist eine Sonderform des Leasing. Eine Sache wird verkauft und wieder zurückgeleast.	Nicht im BGB geregelt, atypischer Leasingvertrag

16 Betriebs- und Arbeitswelt

16.4 Preisgestaltung und Materialbeschaffung

Preisgestaltung

Kosten — Gewinn — Preispolitik — Markt — Gesetzliche Rahmenbedingungen

Vor der Einführung eines neuen Produktes am Markt muss die zu verwendende Preisstrategie festgelegt werden.

Bezeichnung	Erläuterung
Festpreisstrategie	Das Produkt hat ein festes Preisniveau.
Hochpreisstrategie	Das Preisniveau wird hoch angesetzt. (Qualitätsprodukte, Qualitätsführerschaft)
Niedrigpreisstrategie	Das Preisniveau wird niedrig angesetzt. (Billigprodukte, Kostenführerschaft)
Mittelpreisstrategie	Das Preisniveau ist normal. (Standardprodukte)
Yield-Management	Das Preisniveau ist dynamisch in Abhängigkeit bekannter Nachfrage (Kapazitätssteuerung, z. B. im Transport)
Preiswettbewerbsstrategie	Die Preise haben anfangs ein bestimmtes Preisniveau, ändern sich aber im Laufe der Zeit. Somit ergibt sich: • Preisführer (hat den höchsten Preis), • Preisfolger (wird dem Preis des Preisführers ständig angepasst, liegt aber unter diesem), • Preiskämpfer (hat den niedrigsten Preis).
Preisabfolgestrategie	Der Preis wird im Laufe der Zeit planmäßig geändert.
Abschöpfungsstrategie („skimming pricing")	Hoher Startpreis, der schrittweise mit steigendem Absatz gesenkt wird. Bei jeder Käufergruppe kann der maximale Preis abgeschöpft werden.
Penetrationsstrategie („penetration pricing")	Niedriger Startpreis, der zu hohen Marktanteilen und starkem Absatz führen soll. Der Preis wird später (je nach Strategie) geändert.
Automatisches Herabsetzungs-System („automatic markdown system")	Eine von Edgar A. Filene eingesetzte Preisabfolgestrategie in seinem 1909 gegründeten Bostoner Warenhaus. Dabei wird der Verkaufspreis bei jedem Artikel mit zunehmender Lagerdauer systematisch reduziert (25, 50, 75 %). Gleichzeitig werden die reduzierten Artikel in die unteren Geschosse umpositioniert („Basement System").

16 Betriebs- und Arbeitswelt

16.4 Preisgestaltung und Materialbeschaffung (Fortsetzung)

Materialbeschaffung

Die Materialbeschaffung beschäftigt sich mit dem Erwerb, der Lagerung und der Entsorgung der zur Produktion erforderlichen Einsatzfaktoren.

Im weiteren Sinne sind dies: Werkstoffe, Betriebsmittel, Arbeits- und Dienstleistungen, Rechte und Kapital.
Im engeren Sinne versteht man darunter Roh-, Werk-, Hilfs- und Betriebsstoffe sowie Handelswaren.

Zielsetzung: Die benötigten Materialien zur richtigen Zeit am richtigen Ort in der richtigen Menge und gewünschten Qualität zum bestmöglichen Preis zu beschaffen:
„Materialwirtschaftliches Optimum".

Stellung der Materialien im Produktionsprozess:

- Primärbedarf (Enderzeugnisse, Ersatzteile)
- Sekundärbedarf (Rohstoffe, Einzelteile, Baugruppen)
- Tertiärbedarf (Materialien, die nicht unmittelbar in die Produktion eingehen, Hilfs- und Betriebsstoffe)
- Zusatzbedarf (Verschnitt, Reparaturen)
- Werkzeuge
- Handelswaren

Formeln zum Lagerbestand und Bedarf:

	Tatsächlicher Lagerbestand		Sekundärbedarf
−	Reservierter Bestand	+	Zusatzbedarf
−	Sicherheitsbestand	=	Bruttobedarf
+	Bestellbestand	−	Verfügbarer Lagerbestand
=	Verfügbarer Lagerbestand	=	Nettobedarf

Teilaufgaben	Erläuterung
Bedarfsermittlung	Kernfrage: „Was wird benötigt?"
	Grundlage: ABC-Analyse (Schwerpunktschaffung der Güter nach Mengen- und Wertanteil)
	Ermittlungsvarianten:
	• Verbrauchsgesteuerte/Stochastische Ermittlung (aus Verbrauchsstatistiken wird auf zukünftigen Verbrauch geschlossen)
	• Plangesteuerte/Deterministische Ermittlung (mithilfe der Brutto- u. Nettobedarfsrechnung)
	• Geschätzte/Heuristische Ermittlung (subjektive Abschätzung durch einen Disponenten, nur geeignet für geringwertige Produkte)
Bestandskontrolle	Kernfrage: „Erfassung aller vorhandenen Bestände"
	Ermittlung durch Inventur (Stichtagsinventur zu einem bestimmten Datum oder permanente Inventur mit Lagerbuchführung)

16 Betriebs- und Arbeitswelt

Teilaufgaben	Erläuterung
Beschaffungsmarkt-forschung	Kernfrage: „Wer liefert die gewünschten Materialien?" Informationsquellen: • Extern: Messen, Adressbücher, Fachzeitschriften … • Intern: Datenbanken der Lieferanten, Umsätze … Datenerhebung: • Häufig durch Marktforschungsinstitute • Aus Primärdaten (unmittelbar neugewonnene Daten) werden Sekundärdaten abgeleitet Lieferantenauswahl, Entscheidungsfindung durch: • Auswahl- und KO-Kriterien • Nutzwertanalysen • Bezugspreisvergleiche
Einkaufsorganisation	Interne Organisation nach Lieferanten, Produktklassen oder Kundschaft Externe Organisation durch zentrale Beschaffung (nur eine Stelle bezieht von den Lieferanten) oder dezentrale Beschaffung (mehrere Stellen beziehen von den Lieferanten).
Bestellmengen-optimierung	Kernfrage: „Wie viel soll pro Bestellung bestellt werden?" Beschaffungskosten (je mehr bestellt, desto weniger Kosten) und Lagerkosten (je mehr gelagert, desto mehr Kosten) verlaufen gegensätzlich. Ermittlung der minimalen Beschaffungs- und Lagerkosten mit der klassischen Andlerschen Formel: X_{opt} optimale Bestellmenge B Bedarfsmenge K Kosten pro Bestellung P Bezugspreis LKS Lagerkostensatz LK Lagerkosten D Durchschnittsbestand $$X_{opt} = \sqrt{\frac{200 \cdot B \cdot K}{LKS \cdot P}}$$ $$LKS = \frac{LK}{D} \cdot 100\,\%$$

16 Betriebs- und Arbeitswelt

16.4 Preisgestaltung und Materialbeschaffung (Fortsetzung)

Teilaufgaben	Erläuterung
Bestellzeitplanung	Kernfrage: „Wann soll bestellt werden?" **Bestellpunkteverfahren:** • Lagerbestandsprüfung nach jeder Entnahme • Wenn der Meldebestand erreicht wird, wird bestellt • Bei verbrauchsgesteuertem Bedarf • $B_{meld} = B_{mind} + V \cdot T$ B_{meld}: Meldebestand $\qquad B_{mind}$: Mindestbestand V: Durchschnittlicher Verbrauch pro Zeiteinheit $\qquad T$: Lieferzeit *[Diagramm: Bestand über Zeit mit Höchstbestand, Meldebestand (1 000), Mindestbestand (300), Beschaffungszeit]* **Bestellrhythmusverfahren:** • Lagerbestandsprüfung im festen zeitlichen Zyklus • Unterschiedliche Mengen je Bestellung • Bei plangesteuertem Bedarf *[Diagramm: Bestand über Zeit mit Höchstbestand, Bestellmenge, Mindestbestand (300), Beschaffungszeit, Bestellrhythmus]*
Andere Teilaufgaben	Lagerhaltung, Entsorgung von Materialien und Auswertung der Beschaffung (Steuerung mit Kennzahlen)

16 Betriebs- und Arbeitswelt

Kalkulation

```
        Kosten    |    Gewinn
        ----------+----------
           Preispolitik
        ----------+----------
        Markt     |    Gesetz
```

Kalkulationsarten

Divisionskalkulation	Die gesamten Kosten werden durch die produzierte Menge dividiert. Ergebnis ist der Kostenanteil je Produkt.
Zuschlagskalkulation	Voraussetzung: Kostenarten- und Kostenstellenrechnung Die Kosten werden für jedes einzelne Produkt getrennt ausgerechnet. Dabei werden die Kostenstellen anteilig mit Zuschlagssätzen den Produkten zugerechnet.
Kundenkalkulation	Die Profitabilität einzelner Kunden wird aus dem Marktergebnis mit dem Kunden, der Bedeutung des Kunden und der Aktivität der Geschäftsbeziehung ermittelt, Erlöse und Kosten des Kunden werden abgezogen. Aus dem entstehenden Kundenwert können Marketingmaßnahmen abgeleitet werden.
Deckungsbeitrags-rechnung	Mit der Deckungsbeitragsrechnung wird das Betriebsergebnis ermittelt. Dabei unterscheidet man die einstufige (einfache Rechnung) und die mehrstufige (Unterscheidung der fixen Kosten in unterschiedliche Bereiche) Deckungsbeitragsrechnung

Produkte	A	B	C	D	Gesamt
Umsatzerlös	300	500	160	200	1160
− Variable Kosten	140	250	60	120	570
= Deckungsbeitrag I	160	250	100	80	590
− Produktfixe Kosten	60	130	120	30	340
= Deckungsbeitrag II	100	120	−20	50	250
− Bereichsfixe Kosten			110	20	130
= Deckungsbeitrag III	100	10	−20	30	120
− Unternehmensfixe Kosten					15
= Betriebsergebnis					105

16 Betriebs- und Arbeitswelt

16.5 Projektmanagement

Projektmanagement dient als Instrumentarium zur Erhöhung der Leistungssicherheit und Prozessbeherrschung in der Projektarbeit. Es ist ein Konzept der systematischen Arbeitsweise bei nicht genormten Abläufen und unterstützt eine erfolgreiche Projektarbeit im Hinblick auf Termine, Kosten, Leistungen und die Einhaltung der Qualitätsparameter.

Für ein **Projekt** gibt es bestimmte Merkmale (nach DIN 69901):
- Zeitlich, finanziell und personell begrenzt
- Eindeutige Aufgaben- und Zielstellung
- Festgelegte Verantwortungen
- Neuer, einmaliger Vorgang mit komplexer Struktur, Einzelaufgaben und spezifischer Organisation

Das **Management** beinhaltet: Vorbereitung, Planung, Koordinierung, Überwachung, Steuerung.

Nutzen des Projektmanagements:
- klare Ziele für alle Beteiligten
- definierte und personifizierte Verantwortung
- Strukturierung von Abläufen und Ereignissen
- ergebnisorientierte Planung und Steuerung
- rechtzeitiges Handeln
- Herstellung eindeutiger Zustände

Ablauf und Instrumente

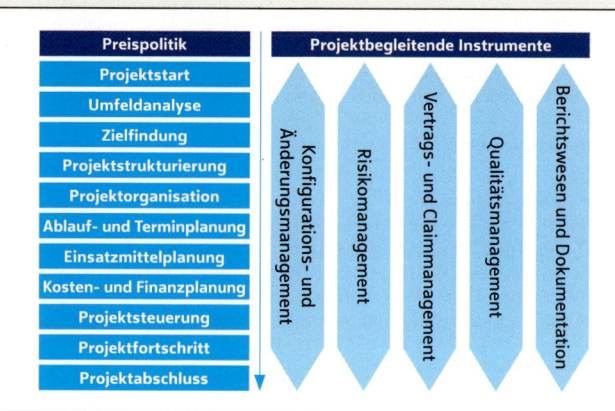

Ablauf:
- Preispolitik
- Projektstart
- Umfeldanalyse
- Zielfindung
- Projektstrukturierung
- Projektorganisation
- Ablauf- und Terminplanung
- Einsatzmittelplanung
- Kosten- und Finanzplanung
- Projektsteuerung
- Projektfortschritt
- Projektabschluss

Projektbegleitende Instrumente:
- Konfigurations- und Änderungsmanagement
- Risikomanagement
- Vertrags- und Claimmanagement
- Qualitätsmanagement
- Berichtswesen und Dokumentation

Projektplanung

Die Projektplanung erfolgt mithilfe der Netzplantechnik. Sie wird in der DIN 69900-1 beschrieben und ist ein Instrument zur Steuerung, Planung und Überwachung von Vorgängen.

- Ein **Vorgang** beschreibt ein bestimmtes Geschehen.
- Die **Pufferzeit** ist der zeitliche Spielraum für einen Vorgang.
- Der **kritische Pfad** ist die Anordnung der Vorgänge, die die Gesamtdauer des Projektes bestimmen. Dabei haben die einzelnen Vorgänge keine freie Pufferzeit.
- **Anordnungsbeziehungen** kennzeichnen die Abhängigkeit der einzelnen Vorgänge.

Beispiel eines Netzplanes (der kritische Pfad ist rot gekennzeichnet):

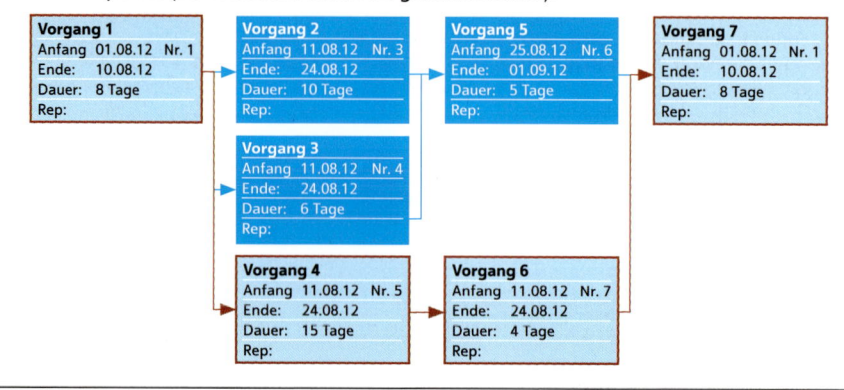

Vorgang 1
Anfang 01.08.12 Nr. 1
Ende: 10.08.12
Dauer: 8 Tage
Rep:

Vorgang 2
Anfang 11.08.12 Nr. 3
Ende: 24.08.12
Dauer: 10 Tage
Rep:

Vorgang 5
Anfang 25.08.12 Nr. 6
Ende: 01.09.12
Dauer: 5 Tage
Rep:

Vorgang 7
Anfang 01.08.12 Nr. 1
Ende: 10.08.12
Dauer: 8 Tage
Rep:

Vorgang 3
Anfang 11.08.12 Nr. 4
Ende: 24.08.12
Dauer: 6 Tage
Rep:

Vorgang 4
Anfang 11.08.12 Nr. 5
Ende: 24.08.12
Dauer: 15 Tage
Rep:

Vorgang 6
Anfang 11.08.12 Nr. 7
Ende: 24.08.12
Dauer: 4 Tage
Rep:

16 Betriebs- und Arbeitswelt

16.5.1 Projektplanung

Projektplanung stellt eine Hauptaufgabe im Projektmanagement dar und dient der bestmöglichen Vorbereitung der Projektdurchführung. Dabei werden der Projektstrukturplan und der Projektablaufplan zur Grobplanung und der Projektterminplan zur Feinplanung eingesetzt.

Projektstrukturplan

- Objekt- oder tätigkeitsbezogen
- Aufwandsabschätzung: Projekt wird in Teilaufgaben zerlegt, um den Aufwand abschätzen zu können
- Klare Definition der Leistungen, Kosten und Termine sowie der Zuständig- und Verantwortlichkeiten

Projektablaufplan

- Aus dem Projektstrukturplan entwickelt
- Übersicht über die Bearbeitung der Ziele (in welcher Struktur, nacheinander und/oder parallel)

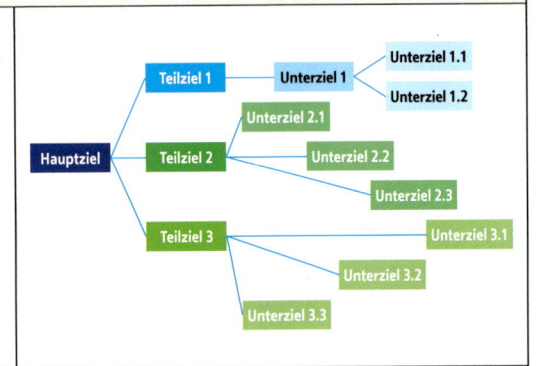

Projektterminplan

- Planung, welche Ziele von wem wann zu erledigen sind
- Feste Vergabe von Start- und Endterminen

Kapazitäts- und Kostenplan:
- Darstellung der erforderlichen Ressourcen (Personal, Geräte, Kosten) in Abhängigkeit von Zeiteinheiten (Stunden, Tage, Wochen)
- Unterscheidung in Ressourcen- oder zeittreue Planung:
  - Bei gering verfügbaren Ressourcen verschiebt sich möglicherweise die Zeitplanung nach hinten.
  - Ist die Zeitplanung fest vorgeschrieben, müssen möglicherweise zusätzliche Ressourcen eingesetzt werden.

Gesamtkostenplan:
- Wird aus den Kapazitäts- und Kostenplänen erstellt
- Summe aller Kosten für ein Projekt

Qualitätsplan:
- Dient der Überprüfung der Qualitätsziele eines Projektes
- Grundlagen hierfür werden unter anderem in der DIN EN ISO 9000 festgelegt.

16 Betriebs- und Arbeitswelt

16.5 Projektmanagement (Fortsetzung)

16.5.2 Teamarbeit (Ablauforganisation)

Definition Team:

- Zusammenschluss mehrerer gleichgestellter Personen zum gemeinsamen Bearbeiten einer bestimmten definierten Aufgabe
- Mindestens zwei Mitglieder, wobei alle Mitglieder vollwertig sind. (D. h. es existiert keine hierarchische Struktur, alle Mitglieder vertreten ihre Meinung offen und kritisieren sachlich.)
- Ein Team agiert als geschlossene, individuelle Einheit (d. h. vollständiger Informationstausch im Team, geschlossene Präsentation nach außen).

Teamgrößen und Entscheidungsmöglichkeiten:

- Kleine Teams für direkte und effektive Problemlösung, geringe Teamkosten, weniger Kreativität
- Große Teams für kreative und informative Problemlösung, für Detailarbeiten Aufsplittung notwendig, hohe Teamkosten
- Bei größerer Mitgliederzahl und unabhängiger Beurteilung können sich Gruppenentscheidungen als sinnvoll erweisen.
- Gefahr bei großen Gruppen: Entscheidungszusammenhalt führt zur Meinungsunterdrückung (das sog. Groupthink-Phänomen).

Arbeitstechniken:

- Protokollführung bei Besprechungen und klare Aufgabenteilung
- Motivationsförderung durch Pausenregelung, Brainstorming, Pro-/Contra-Diskussionen, Ist-/Soll-Diskussionen
- Nutzen unterschiedlicher Präsentationstechniken und -hilfsmittel (Diagramme, Matrizen, Tabellen, Portfolios, Flipcharts, Beamer, Powerpoint)

16.5.3 Konfliktbewältigung

Definition:
Unter Konfliktbewältigung versteht man das gemeinsame Lösen von unterschiedlichen Meinungen in Arbeitsgruppen durch Konfliktberatung und Vermittlung. Eine Eskalation soll vermieden werden.

Ursachen:

Konflikte:
- Unterschiedliche Ziele und Interessen
- Verschiedene persönliche Werte
- Misstrauen, Vorurteile, Antipathien
- Missverhältnisse zwischen Ansprüchen und verfügbaren Mitteln
- Unterschiedliche Arbeitsmethoden
- Unterschiedliche Informationen

16.5.3 Konfliktbewältigung (Fortsetzung)

Signale:
- Schlechte Stimmung im Team durch aggressive und verhärtete Diskussionen
- Streitereien über Kleinigkeiten
- Mangelnde Kompromissbereitschaft
- Schlechte Arbeitsmoral, Unpünktlichkeit, Abwesenheit, Unzuverlässigkeit
- Suche nach der schuldigen Person und nicht nach der Lösung

Vorteile von Konflikten:
- Veränderungen sind möglich, Stagnation wird verhindert
- Anregen von Interesse und Neugierde
- Definition von Problemen und deren Lösung

Konfliktbehandlung:
- Wer ist beteiligt?
- Was für ein Problem besteht?
- Wie wichtig ist das Problem für den Verlauf des Projektes?
- Problemlösung finden!

Konfliktgesprächsführung:
- Konflikte gezielt und offen ansprechen
- Vermitteln von Offenheit, Geduld, Aufmerksamkeit
- Vereinbarungen treffen

Konflikteskalation:
- Nach dem österreichischen Ökonom Friedrich Glasl
- 9-stufiges Modell mit je drei Stufen einer „win-win", „win-lose" und „lose-lose" Situation
- Beschreibung der Verhaltensweisen von zwei Konfliktparteien
- Deeskalationsmöglichkeiten durch Moderation, Vermittlung/Mediation oder Machteingriff

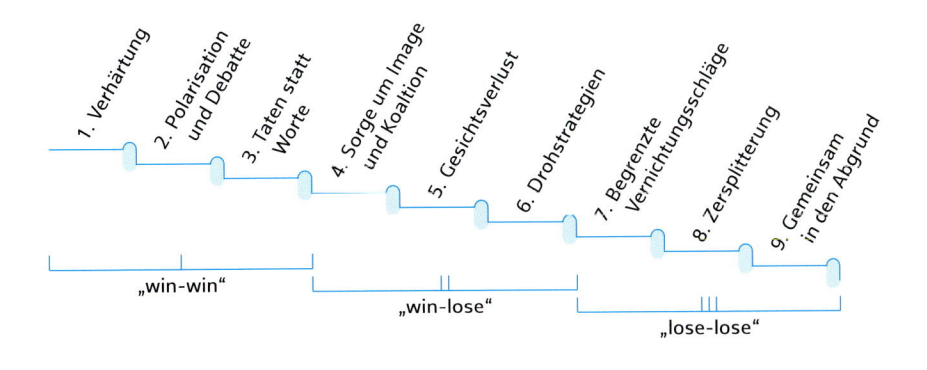

Stufen der Konflikteskalation nach Glasl:
1. Verhärtung
2. Polarisation und Debatte
3. Taten statt Worte
4. Sorge um Image und Koalition
5. Gesichtsverlust
6. Drohstrategien
7. Begrenzte Vernichtungsschläge
8. Zersplitterung
9. Gemeinsam in den Abgrund

Stufen 1–3: „win-win"
Stufen 4–6: „win-lose"
Stufen 7–9: „lose-lose"

16.6 Qualitätssicherung

Qualitätssicherung beschreibt Maßnahmen zum Erreichen und zur Sicherung eines bestimmten Niveaus an Qualität (vgl. DIN EN ISO 9000: 2015-11, Qualitätsmanagementsysteme).

Maßnahmen	Beschreibung
Erstmuster	Nachweis über geforderte Qualitäten
Fertigungskontrollen	Regelmäßige Überprüfung bei Serienproduktionen, Stichproben
Nutzertests	Ausgewählte Nutzergruppen können Produkte vorab testen
Wareneingangsprüfung	Überprüfen von eingegangenen Waren auf Fehler
Lieferantenbewertung	Auswertung der Lieferqualität und -zeit, Nutzen von A-B-C-Analysen
Dokumentationen	Festhalten von Ergebnissen

Qualitätssicherung durch Institutionen

Einige bekannte Institutionen zur Qualitätssicherung und Überwachung sind in nachfolgender Liste aufgezeichnet:

Institution	Beschreibung
ICRT	International Consumer Research & Testing Ltd mit Sitz in London
	Internationale Einrichtung und Dachorganisation für Gemeinschaftstests
StiWa	Stiftung Warentest
	Deutsche Verbraucherschutzorganisation, die Waren und Dienstleistungen von unterschiedlichen Anbietern prüft.
TÜV	Technischer-Überwachungs-Verein
	Abkürzung für Vereine, die technische Sicherheitsprüfungen durchführen, insbesondere in den Bereichen Kfz-Überwachung sowie Geräte- und Produktsicherheit
DEKRA	Deutscher Kraftfahrzeug-Überwachungs-Verein e. V.
	Schwerpunkte sind die Prüfung von Kraftfahrzeugen und technischen Anlagen
Verbraucherzentralen	Unabhängige gemeinnützige Organisationen, überwiegend mit öffentlichen Mitteln finanziert, um Verbraucher und Verbraucherinnen zu informieren, zu beraten und mit rechtlichem Beistand zu unterstützen
DIN	Deutsches Institut für Normierung e. V.
	Deutsche privatwirtschaftlich getragene Organisation, die Normen und Standards erarbeitet

16 Betriebs- und Arbeitswelt

16.7 Prozessstabilität

Definition:
Ein Prozess hat gleichbleibende und vorhersagbare Ergebnisse.

Nachweis:
Durchführen und Auswerten von Qualitätssicherungsmaßnahmen (Qualitätsregelkarte)

Voraussetzung:
- Prozess läuft stabil.
- Prozess bleibt unter Kontrolle.

Regelkarte:

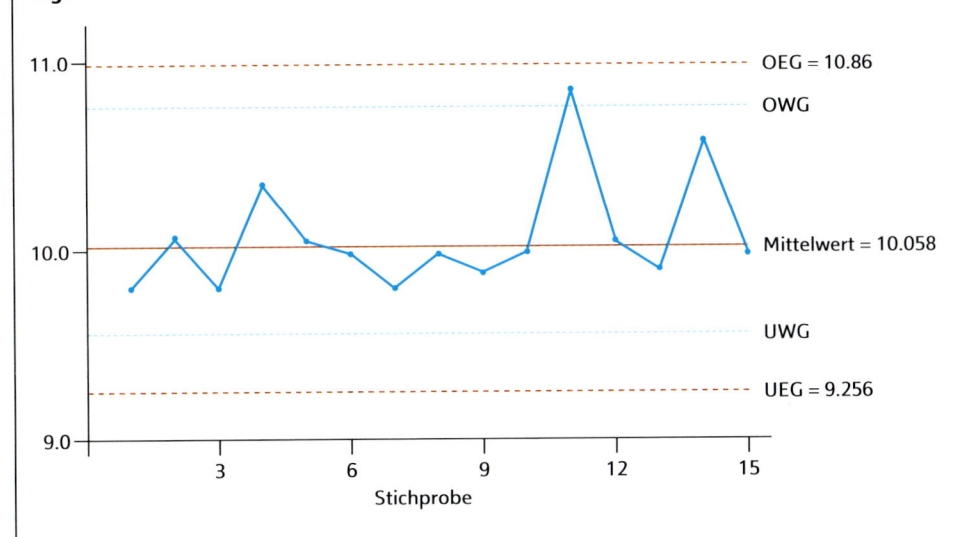

OEG = 10.86
OWG
Mittelwert = 10.058
UWG
UEG = 9.256

Stichprobe

- OEG/UEG: Obere/Untere Eingriffsgrenze
- OWG/UWG: Obere/Untere Warngrenze

Auswertung der Regelkartendaten:
- Arithmetische Mittel bilden
- Standardabweichungen festlegen

Methoden der Prozessoptimierung:

- Six Sigma:
  Analyse von Geschäftsvorgängen mit statistischen Mitteln; Orientierung an wirtschaftlichen Kenngrößen und an Bedürfnissen der Kundschaft

- KVP:
  Kontinuierlicher Verbesserungsprozess; stetige Verbesserung in kleinen Schritten und andauernde Teamarbeit

- TQM:
  Totales-Qualitäts-Management; Qualität als Systemziel in einer Organisation einführen, benötigt die Unterstützung aller Mitarbeitenden

16 Betriebs- und Arbeitswelt

16.8 Dokumentationsarten

16.8.1 Geschäftsbrief

DIN 5008: 2020-03

Gesetzliche Bestimmungen zum Geschäftsbrief

Ein Geschäftsbrief muss gemäß Handelsrecht einige Mindestanforderungen aufweisen. Näheres regeln § 37a HGB, § 80 Abs. 1 S. 1 Aktiengesetz sowie § 35a Abs. 1 S. 1 GmbH-Gesetz. Dies sind zum Beispiel:

- Firmenname
- Rechtsform der Firma
- Sitz
- Registergericht
- Handelsregisternummer
- Namen der Geschäftsführer und Geschäftsführerinnen

Die Darstellung eines Geschäftsbriefes regelt in Deutschland die DIN 5008. In diese Norm wurde die zuvor gültige DIN 676 vollständig integriert.

Nach DIN 5008 gibt es zwei verschiedene Vorlagen.
- Form A – Geschäftsbrief mit hochgestelltem Anschriftenfeld
- Form B – Geschäftsbrief mit tiefgestelltem Anschriftenfeld

Bezeichnung	Maßangaben
DIN A4 Brief	297 mm hoch, 210 mm breit
Fluchtlinie links	25 mm vom linken Blattrand
Zeilenende rechter Briefrand	10 mm vom rechten Blattrand (Briefkopf und Informationsblock) 20 mm vom rechten Blattrand (Text)
Briefkopf	27 mm vom oberen Blattrand für Form A 45 mm vom oberen Blattrand für Form B
Anschriftenfeld	45 mm hoch inklusive Rücksendeangabe, 85 mm breit, 20 mm vom linken Blattrand beginnend
Informationsblock	Ihr Zeichen, Ihre Nachricht, Name, Datum usw. 125 mm vom linken Blattrand
Textkörper	beginnend an der Fluchtlinie links
Brieffuß	beginnend an der Fluchtlinie links

16 Betriebs- und Arbeitswelt

16.8.1 Geschäftsbrief (Fortsetzung)

Beispiel eines Geschäftsbriefes in der Form A

MUSTERFIRMA Musterdruckerei	Kopf (Firmenschriftzug, Logo usw.) Absender	

← 25 mm → Musterfirma, Musterstraße, 01234 Musterstadt

Musterfirma **Herrn** **Max Mustermann** **Musterstraße 123** **01234 Musterstadt**	Anschrift	Ihr Zeichen: AB1234 Unser Zeichen: CD 5678 Telefon: 012345 123451 Fax: 012345 123459 Email: Info@musterfirma.de Datum: 01.01.2023	Informationsblock

← 125 mm →

Thema DIN 5008 — Betreff

Sehr geehrte Damen und Herren, — Anrede

dies ist eine Word-Vorlage angelehnt an die Norm DIN 5008. Sie stellt die Form A eines Geschäftsbriefes dar, die einen Informationsblock verwendet.

• Die Vorgaben sind nur als eine Empfehlung zu sehen. — Brieftext

Beachten Sie eine übersichtliche Gliederung des Textes.

Mit freundlichen Grüßen — Grußformel

Musterfirma

F. Friedrich
[Unterschrift] — Unterschrift(en)

← 20 mm →

Anlagen
Angebot, Handout, Tabelle etc. — Anlagenvermerk

Musterfirma GmbH, Musterstraße 987, 01234 Musterstadt   Handelsregister München,   Geschäftsangaben
Geschäftsführer: Dr. Martin Meier   Musterbank
    IBAN: DE12 1234 1234 1234 12

16.8 Dokumentationsarten (Fortsetzung)

16.8.2 Prospektarten

Arten	Beschreibung
Produktbeschreibungen	Hier sind überwiegend technische Beschreibungen gemeint. Diese beschreiben ein Produkt detailliert und mit technischen Daten.
Bedienungsanleitungen	Anleitungen zum Umgang mit Geräten. Bedienungsanleitungen haben einen Lerncharakter.
Projektdokumentationen	Projektdokumentationen sollen Aufschluss darüber geben, welches Problem zu lösen war (IST-Zustand) und welches Lösungskonzept man verwendet hat (SOLL-Konzept).
Technische Zeichnungen	Technische Zeichnungen sind Dokumentationen in grafischer Form, die alle nötigen Informationen für die Herstellung eines Produktes visualisieren.
Betriebsanweisungen	Betriebsanweisungen sind Dokumente, die auf Gefahren hinweisen. In Deutschland müssen Betriebsanweisungen für biologische Arbeitsstoffe, Gefahrenstoffe, deren Zubereitungen und Maschinen erstellt werden.
Betriebsanleitungen	Betriebsanleitungen enthalten alle nötigen Informationen, um ein Produkt betreiben zu können.

16.8.3 Betriebsanleitung

Betriebsanleitungen sollten folgende Informationen enthalten:

Kriterien	Beschreibung
Transport/Lagerung	Umgebungsbedingungen, Konservierung, Hinweise auf Frostgefahren; Abstützungen für Transport und Lagerung
Montage	Gewichte, Angaben für Fundamente, erforderliche Befestigungsmittel, Aufstellungsbedingungen, Brandschutzmaßnahmen, erforderliche Ausrüstungsteile, Fließbilder, Schalt- und Stromlaufpläne, Logikpläne, Montageablauf, Warnhinweise, Verbote
Erstmalige Inbetriebnahme	Erforderliche Zusatzstoffe, Ablauf der Inbetriebnahme, erforderliche Funktionsprüfungen, Dichtheitsprüfungen, Hinweise auf erforderliche Prüfung vor Inbetriebnahme durch zugelassene Stellen
Benutzung	Berücksichtigung der unterschiedlichen, erforderlichen bzw. zulässigen Umgebungsbedingungen, Betriebsbedingungen
Wartung	Erforderliche Prüfhandlungen der Nutzenden, Beschreibung der erforderlichen Wartungsarbeiten, Fristen, zulässige Betriebsstunden, Angaben zu wiederkehrenden Prüfungen, Liste der Verschleiß- und Auswechselteile, Hinweise auf wiederkehrende Prüfungen durch zugelassene Überwachungsstellen
Inspektionen	Angaben zu den erforderlichen Inspektionen, Inspektionsintervalle, Warnhinweise, Verbote
Instandsetzungen	Vorgehensweise für bestimmte Instandsetzungsmaßnahmen, Hinweise auf Gefahren, Verbote

16.8.4 Diagrammkarten

Punkt-/Streudiagramm

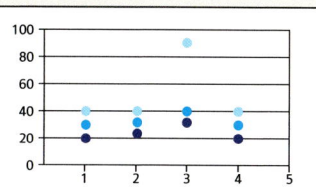

Diagramm mit 2 Achsen, Werte werden als Punkt, Kreis, Kreuz oder Symbol eingetragen

Stab-/Säulen-/Balkendiagramm

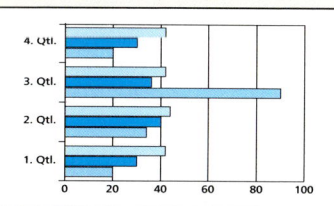

Diagramm mit 2 Achsen, Werte werden als Linie (Stabdiagramm) oder Fläche (Säulen-/Balkendiagramm) dargestellt

Kreis-/Kuchen-/Tortendiagramm & Ringdiagramm

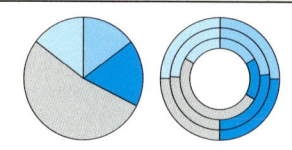

Diagramm als Kreis, zeigt die Einzelwerte als Teil des Gesamtwertes an

Ringdiagramm als Erweiterung des Kreises mit mehreren Ringen für verschiedene Werte

Netz-/Spinnennetz-/Radar-/Sterndiagramm

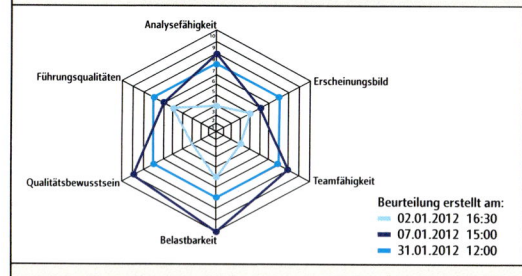

Diagramm mit mehreren Achsen (je Datenreihe eine), die von der Mitte ausgehen, die Werte werden miteinander mit Linien verbunden

Liniendiagramm

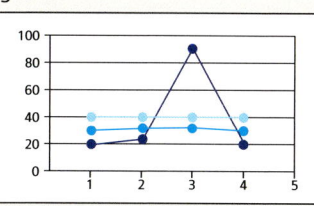

Diagramm mit 2 Achsen, Werte werden als Punkte eingetragen und mit einer Linie verbunden

Gantt-Diagramm/Balkenplan

Diagramm nach Henry L. Gantt (1861–1919), wird oft im Projektmanagement eingesetzt und zeigt die Werte als Balken in einer zeitlichen Abfolge.

16 Betriebs- und Arbeitswelt

16.9 Lernen und Arbeiten

- Selbstständiges Lernen und Arbeiten hat einen hohen Stellenwert.
- Selbstständigkeit ist eine wichtige Qualifikation.
- Durch andauernde Veränderungen in der Gesellschaft, Arbeitswelt und Technik ist stetige Weiterbildung notwendig.
- Dies setzt eine Informationskompetenz voraus.

Die folgende Tabelle soll verschiedene Lernstrategien benennen und erklären:

Lernstrategie	Erklärung	Beispiel
Kognitive Strategie	Erarbeitung, Strukturierung und Nutzung von Wissen; vorhandenes Wissen prüfen und aktualisieren	Unterstreichung, Übersichten erstellen
Wiederholungsstrategie	erlerntes Wissen wiederholen	Texte abschreiben, aufsagen
Elaborationsstrategie	differenziertes Ausarbeiten von Wissen	Beispiele finden
Organisationsstrategie	Ordnungsbeziehungen in Wissensbereichen aufbauen	Mindmapping
Selbstkontrollstrategie	situations- und aufgabenangemessenes Lernen	Lernplan, Pausenregelung
Wissensnutzungsstrategie	„träges Wissen" (Wissen ist theoretisch vorhanden, kann aber nicht angewendet werden) vermeiden	Wissen auf andere Problemfelder übertragen
Motivationsstrategie	sich selbst zum Lernen motivieren	Ziele setzen, Pausenregelung, Belohnungen, Gestaltung der Lernumgebung
Kooperationsstrategie	gemeinsames Lernen	Gruppenarbeit
Domänenspezifische Strategie	Strategie, die zu einem spezifischen Fachbereich gehört, führt durch praktisches Lösen von Problemen zu Fachwissen	Lösungsschemata des Fachbereiches erlernen und anwenden

Lernstile, Lernmodelle	Beschreibung
Visuell/Auditiv/Lesen und Schreiben/Kinästhetisch	Lernen durch Sehen/Hören/Verarbeitung von Texten/praktische Anwendung
Kolb-Modell	Differenzierung in entscheidende, denkende, entdeckende oder praktizierende Personen
Honey & Mumford-Modell	Differenzierung in aktive, nachdenkende, theoretisierende oder pragmatisierende Personen
Felder-Modell	Aktives und reflektives Lernen, induktives und schlussfolgerndes Lernen, sensorisches und intuitives Lernen, visuelles und auditives Lernen, sequentielles und globales Lernen

16 Betriebs- und Arbeitswelt

16.9 Lernen und Arbeiten (Fortsetzung)

Kriterien, die das Lernen beeinflussen:

Arbeitsplatzgestaltung	sauber, aufgeräumt, ausreichend beleuchtet und gelüftet, Störfaktoren (Musik) reduzieren
Arbeitsplanung	Arbeit in Abschnitte aufteilen, von „leicht" nach „schwer" arbeiten, biologische Leistungskurve und das sog. „Suppenkoma" beachten
Ressourcenmanagement	Einteilung der Zeit, Wissensmanagement (wann, wie und woher)
Gedächtnisleistung	Unterteilung in Kurz- und Langzeitgedächtnis

16.10 Präsentation

Präsentationen von Projekten haben einen hohen Stellenwert und sollen einen Vortrag unterstützen. Um erfolgreich eine Präsentation zu halten, sind aber einige Kriterien, die in nebenstehender Grafik zusammengefasst sind, zu beachten.

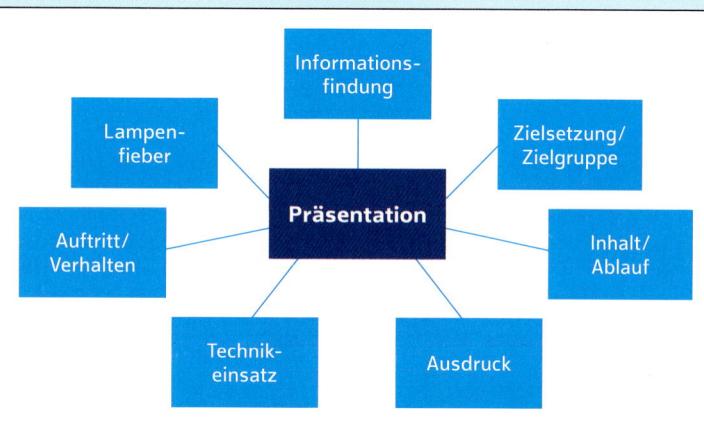

Grafik: Präsentation – Informationsfindung, Zielsetzung/Zielgruppe, Inhalt/Ablauf, Ausdruck, Technikeinsatz, Auftritt/Verhalten, Lampenfieber

Kriterium	Beschreibung
Informationsfindung	Sammeln und Sortieren aller relevanten Informationen für den Vortrag
Zielsetzung/Zielgruppe	Was ist das Ziel der vortragenden Person?
	Was ist das Ziel der Präsentation? (Information, Erklärung, Überzeugungsarbeit)
	Wen will ich erreichen? (Zielgruppenorientierung an Anzahl, Alter, Geschlecht, Beruf, Bildungsstand, Vorwissen, Einstellung, Erwartung)
	Welche Motive haben die Zuhörenden?
Inhalt/Ablauf	Gliederung in Begrüßung, Einleitung, Hauptteil, Fazit, Fragestellung, Verabschiedung und Schluss
	Logischer und strukturierter Aufbau der einzelnen Abschnitte
	Sachliche Richtigkeit und Aktualität
	Beispiele anführen
Ausdruck	Folien oder Charts übersichtlich halten und nicht überladen
	Farben, Bilder und Grafiken lockern auf
	Prägende Schlagwörter verwenden; keine Romane schreiben

16 Betriebs- und Arbeitswelt

16.10 Präsentation (Fortsetzung)

Kriterium	Beschreibung
Technikeinsatz	Optimale Abstimmung genutzter Medien
	Prüfen, ob Einsatz möglich ist (Leinwand, Tisch für Beamer oder Lautsprecher für Film/Tonwiedergaben)
	Overheadprojektor für vorbereitete Folien (Texte, Bilder)
	Flipchart für Vorbereitetes oder für Kernaussagen, Notizen, Schlagwörter und Fragen während der Präsentation
	Stellwand für Brainstorming, Ideenlisten, Plakate
	Wandtafel/Whiteboard für Strukturbilder
	PC/Laptop mit Beamer für Powerpoint-Präsentationen oder Filme
	Handout zum Verdeutlichen eines roten Fadens (Thesenpapier mit Schrift, Tischvorlage mit Bild oder Tabelle)

Vortragsgestaltung	
Ein Vortrag gliedert sich wie folgt auf:	
Einleitung	Begrüßung, Vorstellung, Zielsetzung des Vortrages, Zeitdauer und grober Ablauf
Hauptteil	Logische Gliederung und Aufschlüsselung der Informationen, Sichtweisen erörtern, Ist-Soll-Abgleich, Problemvorstellung und Lösung, Beispielfindung
Schluss	Kernaussagen wiederholen, Fazit ziehen, Denkansätze schaffen, Fragen der Zuhörenden ermöglichen, Dank und Schluss

Gestaltungselemente	Kriterien
Folien	nicht überladen; einheitlich gestalten; eine Überschrift pro Folie
Text	geeignete Schriftart, Größe und Farbe wählen; Schlüsselwörter und prägnante, kurze Sätze verwenden
Grafiken	Linien, Pfeile, Rahmen oder Punkte; Symbole; Bilder
Diagramme	Diagramme einfach, verständlich und übersichtlich halten
Sprache	Auf Einsatz der Stimme, Geschwindigkeit und Verständlichkeit achten; frei sprechen; Fachsprache nutzen
Körpersprache	Blickkontakt herstellen und halten; Mimik und Gestik vorteilhaft einsetzen; sicheres Auftreten vermitteln
Medien	Overheadprojektor; Flipchart; Stellwand; Whiteboard; Beamer
Handout	Schlagwörter, Schlüsselsätze und Grafiken zusammenfassen

16 Betriebs- und Arbeitswelt

16.11 Arbeitsvertrag

Im Arbeitsvertrag werden neben persönlichen und betrieblichen Daten die Art der Tätigkeit, die Höhe der Vergütung, weitere Leistungspflichten, Zeit und Ort der Arbeitsleistung, die Dauer des Arbeitsverhältnisses und eine mögliche Probezeit beschrieben. Ebenfalls enthalten sind Pflichten der arbeitgebenden Person wie Urlaub, Entgeltfortzahlung bei Krankheiten sowie Kündigungsfristen.

16.12 Berufsausbildungsvertrag

Der Vertrag ist in § 10 Berufsbildungsgesetz (BBiG) ↑ geregelt, ist Voraussetzung für die betriebliche **Berufsausbildung** und muss schriftlich abgeschlossen werden. Bestandteil des Berufsausbildungsvertrages ist die **Ausbildungsordnung** des jeweiligen Berufes.

↑ 16-24

Inhalt des Berufsausbildungsvertrages

- Namen und Anschriften der Vertragspartner
- Ziel der Ausbildung, sowie sachliche und zeitliche Gliederung der Ausbildung
- Beginn, Dauer und Ort der Ausbildung
- Dauer der Probezeit
- Ausbildungsmaßnahmen außerhalb des Betriebes
- Zahlung und Höhe der Ausbildungsvergütung
- Dauer der regelmäßigen Arbeitszeit und des Urlaubs
- Voraussetzungen, unter denen der Vertrag gekündigt werden kann
- Sonstige Vereinbarungen
- Unterschriften aller Vertragspartner
- Eintragungsvermerk der zuständigen Stelle

Pflichten des Ausbildenden	Pflichten des Auszubildenden
Vermitteln der zum Erreichen der Ausbildungsziele erforderlichen Fertigkeiten und Kenntnisse	Erwerb der geforderten Fertigkeiten und Kenntnisse
Ausbildungsmittel und Werkzeuge kostenfrei zur Verfügung stellen	Sorgfältiger Umgang mit dem zur Verfügung gestellten Werkzeug
Zum Besuch der Berufsschule und Führen des Berichtsheftes anhalten	Regelmäßiger Besuch der Berufsschule, Führen des Berichtsheftes
Keine Gefährdung des Auszubildenden, charakterliche Förderung des Auszubildenden	Einhalten der betrieblichen Ordnung, den Weisungen des Ausbildenden Folge leisten
Einsatz des Auszubildenden nur zu Ausbildungszwecken, Einhaltung der Arbeits- und Pausenzeiten	Teilnahme an ärztlichen Untersuchungen laut Jugendarbeitsschutzgesetz
Freistellen für Teilnahme am Berufsschulunterricht und Prüfungen	Teilnahme an Maßnahmen nach § 15 des BBiG
Gewährung einer angemessenen Vergütung und des vereinbarten Urlaubs	Stillschweigen über Betriebs- und Geschäftsgeheimnisse
Zeugnis bei Beendigung des Ausbildungsverhältnisses ausstellen	

16 Betriebs- und Arbeitswelt

16.13 Berufsbildungsgesetz (BBiG)

Das Berufsbildungsgesetz (BBiG) regelt in Deutschland die Berufsausbildung, die Berufsausbildungsvorbereitung, die Fortbildung sowie die berufliche Umschulung.

Inhalte des BBiG	
Allgemeine Vorschriften	Ziele und Begriffe der Berufsbildung
Ordnung der Berufsausbildung, Anerkennung von Ausbildungsberufen	Ausbildungsordnung, Ausbildungsdauer, Abkürzung und Verlängerung der Ausbildungszeit
Berufsausbildungsverhältnis	Vertrag, Pflichten der Auszubildenden und Ausbildenden, Vergütung, Beginn und Beendigung
Prüfungswesen	Abschlussprüfung, Prüfungsausschüsse, Zulassung zur Abschlussprüfung, Prüfungsordnung
Berufliche Fortbildung	Fortbildungsordnung, Berücksichtigung ausländischer Vorqualifikationen, Fortbildungsprüfungen
Berufliche Umschulung	Umschulungsordnung, Umschulungsmaßnahmen; Umschulungsprüfungen
Berufsbildung für besondere Personengruppen	Berufsbildung behinderter Menschen, Berufsausbildungsvorbereitung

16.14 Jugendarbeitsschutzgesetz

Arbeitszeit	40 Stunden in der Woche, maximal 8,5 Stunden am Tag
Pausen	Bei einer Arbeitszeit von 4 bis 6 Stunden: 30 Minuten Pause, ab 6 Stunden 60 Minuten; erste Pause (mindestens 15 Minuten) nach spätestens 4,5 Stunden; frühestens eine Stunde nach Beginn und spätestens eine Stunde vor Beendigung der Arbeitszeit
Urlaub	15-Jährige: 30 Werktage; 16-Jährige: 27 Werktage; 17-Jährige: 25 Werktage
Zeitraum	Arbeitszeit grundsätzlich zwischen 6 und 20 Uhr, Ausnahmen für Bäckereien, Gaststätten, kulturelle Veranstaltungen
Mehrarbeit	Nur in absoluten Notfällen möglich, muss durch entsprechende Verkürzung der regulären Arbeitszeit ausgeglichen werden
Feiertage	Um Brückentage besser nutzen zu können, ist das Vor- und Nacharbeiten zulässig. Für Sonn- und Feiertage gilt ein Beschäftigungsverbot. Ausnahmen: Krankenanstalten, Pflege- und Kinderheime, Landwirtschaft, Schaustellergewerbe, kulturelle Aufführungen, Sportveranstaltungen, ärztlicher Notdienst, Gaststättengewerbe; Ausgleich für Beschäftigung am Feiertag durch Freistellung an einem berufsschulfreien Tag; generell keine Beschäftigung: 24.12., 25.12., 31.12., 01.01., Ostern, 01.05.
Akkordarbeit/gefährliche Arbeiten	Generelles Verbot

16 Betriebs- und Arbeitswelt

16.15 Kündigungsschutzgesetz

Das Kündigungsschutzgesetz beschränkt die Kündigungsmöglichkeiten durch die arbeitgebende Person auf sozial gerechtfertigte Kündigungen. Es wird dabei unterschieden zwischen personenbedingten, verhaltensbedingten und betriebsbedingten Kündigungen.

Personenbed. Kündigung	Verhaltensbed. Kündigung	Betriebsbed. Kündigung
Nur dann möglich, wenn der Arbeitnehmer die Arbeit nicht mehr ausführen kann, häufigster Grund: Krankheit.	Fehlverhalten der beschäftigten Person, das eine Weiterbeschäftigung für die arbeitgebende Person unzumutbar macht. Diese Kündigung wird oft als fristlose oder außerordentliche Kündigung ausgesprochen, ohne Einhaltung von Kündigungsfristen; Voraussetzung: eine vorherige Abmahnung durch die arbeitgebende Person. Beispiele: Diebstahl, Unzuverlässigkeit (Zuspätkommen, Blaumachen), Alkohol- oder Drogenkonsum.	Sachliche Gründe führen zum Wegfall des Arbeitsplatzes, z. B. Umsatzeinbußen, Umstrukturierungen, Betriebsschließungen. Sozialauswahl beachten: Dauer der Betriebszugehörigkeit, Lebensalter, Unterhaltspflichten, vorliegende Schwerbehinderung

Die Kündigung ist nur wirksam, wenn nicht innerhalb von drei Wochen beim Arbeitsgericht Widerspruch eingelegt wird.

16.16 Betriebsrat

Allgemeine Aufgaben des Betriebsrates

- Belange der Arbeitnehmenden vertreten (vor allem der benachteiligten Arbeitnehmenden)

- Schutz der Arbeitnehmenden (geltende Normen, Arbeitsschutz, betrieblicher Umweltschutz)

- Förderung der Gleichberechtigung und der Vereinbarkeit von Beruf und Familie

- Wahl einer Jugend- und Auszubildendenvertretung

- Zur Beratung kann eine sachverständige Person hinzugezogen werden.

- **Anspruch auf Information** durch die arbeitgebende Person, insbesondere Personalplanung, technische und organisatorische Veränderungen sowie personelle Einzelmaßnahmen (Kündigungen, Versetzungen, Einstellungen); bei Kündigungen ist der Betriebsrat hinzuzuziehen

- **Echte Mitbestimmung:** Arbeitszeit, Pausen, Mehrarbeit, Betriebsordnung, Leistungs- und Verhaltenskontrolle, Arbeitsschutz, Entlohnungsgrundsätze, Urlaub, betriebliche Weiterbildung, Zielvereinbarungen

- **Erzwingbares Mitbestimmungsrecht:** bei Einschränkung, Verlegung oder Stilllegung des Betriebes oder von Betriebsteilen, Zusammenschluss oder Spaltung, grundsätzlichen Änderungen der Organisation oder neuer Arbeitsmethoden/Fertigungsverfahren

- Weitere Gremien: Jugend- und Auszubildendenvertretung, Schwerbehindertenvertretung, Wirtschaftsausschuss, Sprecherausschuss

- **Jugend- und Auszubildendenvertretung:** Interessenvertretung der Jugendlichen unter 18 Jahren und Auszubildenden unter 25 Jahren. Zu wählen in allen Betrieben und Dienststellen, die mindestens 5 Jugendliche und Auszubildende beschäftigen.

16 Betriebs- und Arbeitswelt

16.17 Rentenversicherung

Rentenversicherung steht für verschiedene Organisationen zur Finanzierung der Altersvorsorge:
- die gesetzliche Versicherung zur Altersvorsorge in Deutschland,
- die Organisation der deutschen gesetzlichen Rentenversicherungsträger,
- eine Leistungsart der privaten Lebensversicherung, siehe Rentenversicherung (Erlebensversicherung).

Gesetzliche Rentenversicherung
- zur Alterssicherung der gesetzlich versicherten Arbeitnehmenden
- die einbezahlten Beiträge werden für die Zahlung der aktuellen Renten verwendet (Umlageverfahren)
- mit Leistung der Beiträge wird ein Anspruch auf Rente erworben (Generationenvertrag)

Innerhalb der Renten ist zu unterscheiden in
- Versichertenrenten (Altersrenten, Erwerbsminderungsrenten) und
- Hinterbliebenenrenten

16.18 Gerichte in Deutschland

Gerichtsbezeichnung	Zuständig für
Arbeitsgericht (Landes- und Bundesarbeitsgericht)	Arbeitsrecht, Tarifrecht
Finanzgericht (Bundesfinanzhof)	Steuerrecht, Zölle
Amtsgericht (Landesgericht, Oberlandesgericht, Bundesgerichtshof)	Zivil- und Strafrecht
Sozialgericht (Landes- und Bundessozialgericht)	Rechtsfragen mit Sozialversicherungsträgern
Bundesverfassungsgericht (Verfassungsgerichte der Länder)	Rechtsfragen zu Grundgesetz und Landesverfassungen
Verwaltungsgericht (Oberverwaltungsgericht, Bundesverwaltungsgericht)	Rechtsfragen der öffentlichen Verwaltung (ohne Sozial- und Finanzgericht)

17 Prüfungsvorbereitung

17.1 Übersicht

		Seite
17.2	Prüfungsablauf in handwerklichen Elektroberufen	17-2
17.3	Prüfungsablauf in industriellen Elektroberufen	17-3
17.4	Der betriebliche Auftrag	17-4
17.5	Lesen	17-6

17 Prüfungsvorbereitung

17.2 Prüfungsablauf in handwerklichen Elektroberufen[1)][2)]

Prüfungsbereich	Inhalt	Zeit	Gewichtung	Bemerkungen
Teil 1 der Gesellenprüfung		**max 10 h**	**40 %**	
Arbeitsauftrag	**Praktischer Teil:** • Komplexe Arbeitsaufgabe (Planung, Durchführung, Kontrolle, Dokumentation) • Situative Gesprächsphasen **Schriftlicher Teil:** • Aufgaben, die sich auf die komplexe Arbeitsaufgabe beziehen, ggf. gebunden und ungebunden	max 10 min max 2 h	40 %	Geprüft werden Ausbildungsinhalte der ersten 18 Ausbildungsmonate. **Teil 1** soll vor dem Ende des zweiten Ausbildungsjahres stattfinden.
Teil 2 der Gesellenprüfung			**60 %**	
Kundenauftrag	**Arbeitsaufgabe, die einem Kundenauftrag entspricht:** • Information, Planung, Durchführung, Dokumentation • Fachgespräch	16 h max 20 min	17,5 % 7,5 %	
Systementwurf	**Schriftliche Aufgaben**, ggf. gebunden und ungebunden	max 120 min	12,5 %	
Funktions- und Systemanalyse	**Schriftliche Aufgaben**, ggf. gebunden und ungebunden	max 120 min	12,5 %	
Wirtschafts- und Sozialkunde	**Schriftliche Aufgaben**, ggf. gebunden und ungebunden	max 60 min	10 %	

Bestehensregelung

Die Gesellenprüfung ist bestanden, wenn

- im Gesamtergebnis von *Teil 1* und *Teil 2* **und**
- im Ergebnis von *Teil 2* **und**
- im Prüfungsbereich *Kundenauftrag* **und**
- in mindestens zwei der drei Prüfungsbereiche *Systementwurf, Funktions- und Systemanalyse* und *Wirtschafts- und Sozialkunde* mindestens ausreichende Leistungen erbracht wurden **und**
- in keinem der Prüfungsbereiche von *Teil 2* ungenügende Leistungen erbracht wurden

Mdl. Ergänzungsprüfung in den drei schriftlichen Bereichen von *Teil 2* **auf Antrag des Prüflings** möglich,

- sofern für das Bestehen bedeutsam **und**
- sofern im betreffenden schriftlichen Teil keine ausreichenden Leistungen erzielt wurden

[1)] In der Verordnung aufgeführte Ausbildungsberufe
  1.) Elektroniker/-in für Energie- und Gebäudetechnik
  2.) Elektroniker/-in für Automatisierungstechnik
  3.) Elektroniker/-in für Informations- und Telekommunikationstechnik
[2)] Quelle: Verordnung über die Berufsausbildung zum/zur Elektroniker/-in vom 25. Juli 2008

17 Prüfungsvorbereitung

17.3 Prüfungsablauf in industriellen Elektroberufen[1) 3)]

Prüfungsbereich	Inhalt		Zeit	Gewichtung	Bemerkungen
Teil 1 der Abschlussprüfung			**max 8 h**	**40 %**	
Komplexe Arbeitsaufgabe	**Praktischer Teil:** • Planung, Durchführung, Kontrolle, Dokumentation • Situative Gesprächsphasen **Schriftlicher Teil:** • Aufgaben, die sich auf die komplexe Arbeitsaufgabe beziehen, ggf. gebunden und ungebunden		max 10 min max 1,5 h	40 %	Geprüft werden Ausbildungsinhalte der ersten 18 Ausbildungsmonate. **Teil 1** soll vor dem Ende des zweiten Ausbildungsjahres stattfinden.
Teil 2 der Abschlussprüfung				**60 %**	
Arbeitsauftrag	entweder:	**Betrieblicher Auftrag:** • Information, Planung, Durchführung, Kontrolle, Dokumentation • Praxisbezogene Unterlagen • Fachgespräch	18 h[2)] max 30 min	30 %	Der Ausbildungsbetrieb wählt die Prüfungsvariante aus und teilt sie dem Prüfling und der zuständigen Stelle mit der Anmeldung zur Prüfung mit. Dem Prüfungsausschuss ist vor der Durchführung des **betrieblichen Auftrages** die Aufgabenstellung einschließlich eines geplanten Bearbeitungszeitraums zur Genehmigung vorzulegen.
	oder:	**Praktische Arbeitsaufgabe:** • Vorbereitung, Durchführung, Nachbereitung, Dokumentation • Begleitendes Fachgespräch	14 h max 20 min		
Systementwurf	**Schriftliche Aufgaben**, ggf. gebunden und ungebunden (Teil A und Teil B)		max 120 min	12 %	
Funktions- und Systemanalyse	**Schriftliche Aufgaben**, ggf. gebunden und ungebunden (Teil A und Teil B)		max 120 min	12 %	
Wirtschafts- und Sozialkunde	**Schriftliche Aufgaben**, ggf. gebunden und ungebunden (Teil A und Teil B)		max 60 min	6 %	
Bestehensregelung Die Abschlussprüfung ist bestanden, wenn • im Gesamtergebnis von *Teil 1* und *Teil 2* **und** • im Prüfungsbereich *Arbeitsauftrag* **und** • im Gesamtergebnis der drei Prüfungsbereiche *Systementwurf, Funktions- und Systemanalyse* und *Wirtschafts- und Sozialkunde* mindestens ausreichende Leistungen erbracht wurden, **und** • in zwei der drei Prüfungsbereichen *Systementwurf, Funktions- und Systemanalyse* und *Wirtschafts- und Sozialkunde* mindestens ausreichende **und** im verbleibenden dritten Prüfungsbereich keine ungenügenden Leistungen erbracht wurden					Mdl. Ergänzungsprüfung in den drei schriftlichen Bereichen von *Teil 2* **auf Antrag des Prüflings** oder **nach Ermessen des Prüfungsausschusses** möglich, sofern für das Bestehen bedeutsam

[1)] In der Verordnung aufgeführte Ausbildungsberufe
 1.) Elektroniker/-in für Gebäude- und Infrastruktursysteme   24 h
 2.) Elektroniker/-in für Betriebstechnik   18 h
 3.) Elektroniker/-in für Automatisierungstechnik   18 h
 4.) Elektroniker/-in für Geräte und Systeme   20 h
 5.) Systeminformatiker/-in   20 h
 6.) Elektroniker/-in für luftfahrttechnische Systeme   18 h

[2)] Bearbeitungszeit des betrieblichen Auftrags:

[3)] Quelle: Verordnung über die Berufsausbildung in den industriellen Elektroberufen vom 24. Juli 2007

17 Prüfungsvorbereitung

17.4 Der betriebliche Auftrag

Beschreibung

Ein betrieblicher Auftrag ist ein realer Arbeitsauftrag, bei dessen Abwicklung typische Tätigkeiten eines Berufsbildes ausgeübt werden und dessen Ausführung für den betrieblichen Ablauf von Bedeutung ist. Der betriebliche Auftrag kann in der Produktion, der Instandhaltung, aber auch in der Ausbildungswerkstatt angesiedelt sein. Als betriebliche Aufträge im Rahmen der Abschlussprüfung Teil 2 eignen sich jene, deren Ausführung je nach Ausbildungsberuf innerhalb 18 h bis 24 h abgeschlossen ist. Zur Prüfungsleistung gehören die

- praktische Abwicklung des betrieblichen Auftrags.
- die Anfertigung einer Dokumentation mit praxisbezogenen Unterlagen und
- ein Fachgespräch, das maximal 30 Minuten dauern darf.

Eingang in die Bewertung der Prüfungsleistung findet jedoch nur das Fachgespräch.

Zielsetzung

Die/der Auszubildende erbringt mit der Ausführung eines betrieblichen Auftrags den Nachweis, eine vollständige Handlung, bestehend aus den Phasen *Information, Planung, Ausführung* und *Kontrolle*, unter Beachtung wirtschaftlicher und betriebsorganisatorischer Rahmenbedingungen qualifiziert ausführen zu können.

Durchführung eines betrieblichen Auftrags als Variante 1 der Abschlussprüfung Teil 2		
Teilschritt	Inhalt	Bemerkungen
Antragstellung/ Genehmigung	**Auftragsantrag:** Die/der Auszubildende reicht mit dem Auftragsantrag eine genaue Auftragsbeschreibung, eine phasenbezogene Darstellung der Abwicklung (Information, Planung, Durchführung und Kontrolle) und eine detaillierte Zeitplanung ein. **Genehmigung:** Der Prüfungsausschuss überprüft den Antrag auf Plausibilität in Bezug auf Phasenstruktur, Zeitplanung und Durchführbarkeit.	Der Ausbildungsbetrieb muss sicherstellen, dass keine schutzwürdigen Betriebs- oder Kundendaten betroffen sind.
Auftragsabwicklung	Die Auftragsabwicklung erfolgt in den Phasen: **Information:** Arbeitsaufträge analysieren, Informationen beschaffen, technische und organisatorische Schnittstellen klären, Lösungsvarianten unter technischen, betriebswirtschaftlichen und ökologischen Gesichtspunkten bewerten und auswählen **Planung:** Auftragsabläufe planen und abstimmen, Teilaufgaben festlegen, Planungsunterlagen erstellen, Arbeitsabläufe und Zuständigkeiten am Einsatzort berücksichtigen **Durchführung:** Aufträge durchführen, Funktion und Sicherheit prüfen und dokumentieren, Normen und Spezifikationen zur Qualität und Sicherheit der Anlagen beachten sowie Ursachen von Fehlern und Mängeln systematisch suchen und beheben **Kontrolle:** Produkte frei- und übergeben, Fachauskünfte erteilen, Abnahmeprotokolle anfertigen, Arbeitsergebnisse und Leistungen dokumentieren und bewerten, Leistungen abrechnen und System- bzw. Anlagendaten und -unterlagen dokumentieren	Die Strukturierung durch nebenstehende Phasen ist verpflichtend und bereits bei der Antragstellung zu berücksichtigen.

17 Prüfungsvorbereitung

Durchführung eines betrieblichen Auftrags (Fortsetzung)		
Teilschritt	Inhalt	Bemerkungen
Dokumentation mit praxisbezogenen Unterlagen	Die Dokumentation soll eine handlungsorientierte Darstellung des betrieblichen Auftrags sein und besteht aus • den vorgeschriebenen Formblättern (Deckblatt, Inhaltsverzeichnis, Kopie des genehmigten Antrags, **Prozessmatrix**[1], Protokoll der Durchführung) und • den praxisbezogenen Unterlagen, wie z. B. Inbetriebnahmeprotokoll, Messprotokoll, Prüfprotokoll, Stücklisten, Schaltpläne, Gesprächsnotizen, Funktionsbeschreibung, … Die/der Auszubildende stellt die im Verlauf der Auftragsdurchführung entstehenden praxisbezogenen Unterlagen (s. o.) zusammen, sie werden also nicht speziell für die Prüfung angefertigt. Insofern handelt es sich also nicht um eine Dokumentation, wie sie aus anderen Ausbildungsberufen bekannt ist.	Die Dokumentation dient dem Prüfungsausschuss zur Vorbereitung auf das Fachgespräch und ist **nicht** Teil der Bewertung. Dennoch führt eine nicht sachgerecht angefertigte Dokumentation ggf. zu Punktabzug bis hin zum Nichtbestehen!
Fachgespräch	Die/der Auszubildende weist im Rahmen des Fachgespräches, das maximal 30 Minuten dauert, die notwendige Handlungskompetenz nach, betriebs- und auftragsbezogene Abläufe angemessen geplant, ausgeführt und bewertet zu haben. Grundlage des Fachgespräches ist die Dokumentation (s. o.). Das Fachgespräch ist der einzig zu bewertende Prüfungsgegenstand innerhalb des betrieblichen Auftrags. **Ablauf:** • Ein Vertreter des Prüfungsausschusses eröffnet das Gespräch (Begrüßung, Vorstellung der Ausschussmitglieder) und klärt Formalia (Identität und Gesundheitszustand der/des Auszubildenden, Befangenheit). • Die/der Auszubildende erhält die Gelegenheit, in einem kurzen Eingangsreferat den betrieblichen Auftrag vorzustellen und damit den Einstieg in das Fachgespräch zu finden. Der Vortrag wird nicht mitbewertet und unterliegt daher weder formalen noch medialen Anforderungen. • Verlauf und Inhalte des Fachgespräches orientieren sich an der Phasenstruktur der Auftragsabwicklung (*Information, Planung, Durchführung* und *Kontrolle*) und werden von einem Vertreter des Prüfungsausschusses protokolliert. • Die vom Prüfungsausschuss ausgewählten Gesprächsthemen und Fragen zielen ausschließlich darauf ab, die prozessrelevanten Qualifikationen in Bezug auf den konkreten betrieblichen Auftrag zu bewerten. • Ein Vertreter des Prüfungsausschusses beendet das Gespräch und teilt gegebenenfalls[2] der/dem Auszubildenden nach kurzer Beratungszeit das Prüfungsergebnis mit, sofern es sich beim Fachgespräch um die letzte Prüfungsleistung handelt.	Dem Prüfungsausschuss geht es nicht um *richtig* oder *falsch*, sondern um die schlüssige Darstellung komplexer Sachverhalte und Entscheidungen, die unter anderen Umständen auch anders hätten ausfallen können. Zur Betonung der Praxisnähe ist es ausdrücklich erwünscht, dass die/der Auszubildende über betriebseigene Regelungen berichtet.

[1] Die Prozess- oder Beurteilungsmatrix gliedert die Phasen des betrieblichen Auftrags (Information, Planung, Durchführung und Kontrolle) in Aufgaben und Teilaufgaben. Jeder Teilaufgabe sind Punkte zugeordnet. Innerhalb einer Aufgabe ist durch Auswahl geeigneter Teilaufgaben eine Mindestpunktzahl zu gewährleisten, wodurch über alle Phasen eine Minimalanforderung des betrieblichen Auftrags definiert und eine Vergleichbarkeit im Anspruchsniveau sichergestellt ist.
[2] Die Industrie- und Handelskammern verfahren nicht einheitlich.

17 Prüfungsvorbereitung

17.5 Lesen

Allgemeines zum Lesen:

- Definition: Anhand weniger Strukturmerkmale erkennen, um welche Wörter es sich handelt
- Die Lesekompetenz gehört zu den Grundkompetenzen des Menschen (neben Schreiben und Rechnen)
- Schätzungen gehen von 7 bis 12 % Analphabeten in Deutschland aus (Stand: 2004)

Lesegeschwindigkeit:

- Abhängig von Alter und Komplexität der Texte
- Kann trainiert werden
- Durchschnittliche Lesegeschwindigkeit bei Erwachsenen: 200-240 WPM; bei geübten Lesern: 450-600 WPM; bei professionellen Schnelllesern: 1500-3800 WPM
- Durchschnittliche Lesegeschwindigkeit bei Jugendlichen mit Ergebnissen unterschiedlicher Tests:

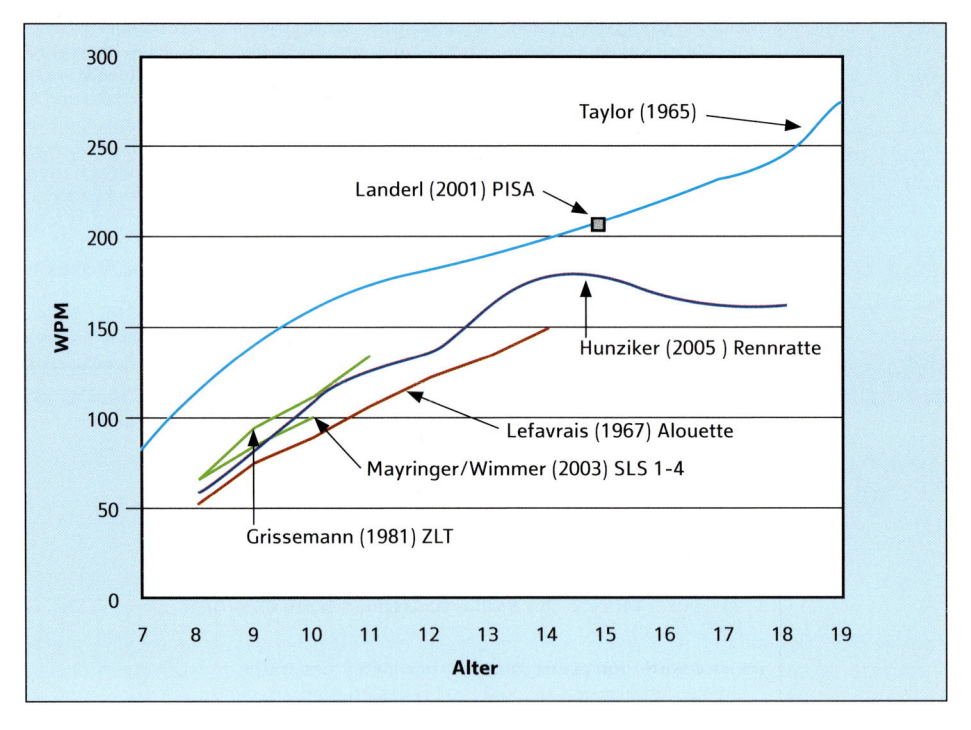

Lesegeschwindigkeit in WPM (Wörtern pro Minute) nach Alter

17 Prüfungsvorbereitung

Zum Lesen und Verstehen von Texten gibt es unterschiedliche Techniken:	
Buchstabieren	Grundlage des Lesens Die Buchstaben werden einzeln erkannt und bekannten Wörtern zugeordnet. Sehr langsamer Vorgang
Wörter erkennen	Nur ein Teil der Buchstaben wird erfasst und einem Wort zugeordnet. Textverständnis nicht vollständig gewährleistet Beispiel: trotz Fehler und fehlender Buchstaben werden die Wörter erkannt („Haben Sie gewusst, dass ein Leser drei Augen hat? Nämlich zwei äußere und ein inneres?") **Hbn Si gnwuszt, daz ain Lesr dri Augn ht? Nemliah zvei öüssre and ain inres?**
Lesen und Sinn erfassen	Ist nur gewährleistet, wenn die Lesegeschwindigkeit schnell genug ist (> 240 Wörter pro Minute), da der Anfang des Textes nach einer bestimmten Zeit vergessen wird
Querlesen	Schnelle Leseart mit unterschiedlichen Techniken Relativ hohe Lesegeschwindigkeit wird erreicht
Skimming	Technik des Querlesens Kernfrage: Worum geht es in dem Text? Um welche Textart handelt es sich? Welche Schlüsselwörter gibt es?
Scanning	Technik des Querlesens Der Text wird nach bestimmten Informationen durchsucht und überflogen
Schnelllesen	Sehr schnelle Leseart mit unterschiedlichen Techniken Sehr hohe Lesegeschwindigkeit wird erreicht Die Wirksamkeit von unterschiedlichen Schnelllese-Trainingsmöglichkeiten ist umstritten Beispiele hierfür: Speed-Reading, Photo-Reading, Flächen-Lesen, Highspeed-Reading, Mental Reading, Alpha-Lesen, Prime Reading

18 Normen- und Stichwortverzeichnis

18 Übersicht

			Seite
	18.1	Verzeichnis der behandelten Normen und Vorschriften	18-4
	18.2	Stichwortverzeichnis Englisch-Deutsch	18-6
	18.3	Stichwortverzeichnis Deutsch-Englisch	18-44

Deutsches Institut für Normung e.V. (DIN)

Das Deutsche Institut für Normung e.V. (DIN) ist ein Unternehmen der Privatwirtschaft und bietet Dienstleistungen auf dem Gebiet der Normung in der Bundesrepublik Deutschland an. Die Grundlage für DIN-Normen bilden gesicherte Ergebnisse aus Wissenschaft und Technik. Sie entstehen aufgrund der Initiative interessierter Partner, z. B. aus der deutschen Wirtschaft.

Das Deutsche Institut für Normung ist der Partner der Unternehmen, um im Rahmen einer Selbstverwaltungsaufgabe für Standardisierung zu sorgen.

Um die deutschen Interessen in Verhandlungen zur internationalen Normung zu vertreten, ist die DIN als nationale Organisation über einen Vertrag mit der Bundesrepublik Deutschland offiziell anerkannt.

DIN weltweit

Weltweit einheitliche Normen sorgen für den Abbau von Handelserschwernissen und beflügeln das Exportgeschäft der deutschen Wirtschaft. Das Deutsche Institut für Normung stellt die Beachtung der nationalen Interessen europa- und weltweit sicher. Deutsche DIN-Experten arbeiten national und international in Normengremien und sind an den Entscheidungsprozessen verantwortlich beteiligt.

DIN europäisch

Für den funktionierenden europäischen Binnenmarkt sind einheitliche Normen eine der entscheidenden Voraussetzungen. Alle Mitgliedsländer verfügen idealerweise über identische Normen, um technische Handelshemmnisse zu beseitigen.

Internationale Beratungsdienste

Das Deutsche Institut für Normung unterstützt insbesondere Entwicklungs- und Schwellenländer bei dem Aufbau und der Weiterentwicklung ihrer Normensysteme.

CEN	Europäisches Komitee für Normung (European Comittee for Standardization), verantwortlich für europäische Normen (EN)
DIN-Norm	Deutsche Norm, herausgegeben vom Deutschen Institut für Normung e.V. (DIN)
EN-Norm	Europäische Norm, herausgegeben von CEN (Communité Europeén de Normalisation), Brüssel
DIN-EN-Norm	Europäische Norm mit dem Status einer deutschen Norm, Herausgabe durch DIN
IEC-Norm	Internationale Norm der International Electrotechnical Commission (IEC), insbesondere aus dem Bereich Elektrotechnik
DIN-IEC-Norm	Deutsche Norm, unverändert aus der IEC-Norm entnommen
ISO-Norm	Internationale Norm der International Standardization Organisation (ISO), Genf, insbesondere aus dem Bereich Maschinenbau
DIN-ISO-Norm	ISO-Norm mit dem Status einer DIN-Norm
VDE-Bestimmung	Elektrotechnische Norm, erarbeitet vom Verband der Elektrotechnik Elektronik Informationstechnik e.V. (VDE)
DIN-VDE-Norm	VDE-Bestimmung mit dem Status einer deutschen Norm
DIN-EN-Norm (VDE)	DIN-EN-Norm, zugleich VDE-Bestimmung
VDI-Richtlinie	Empfehlungen des Vereins Deutscher Ingenieure (VDI), noch nicht genormt
DIN-EN-IEC	Deutsche Übernahme einer unter der Federführung von IEC oder CEN entstandenen Norm, die dann von beiden Organisationen veröffentlicht wurde
DIN-EN-ISO	Europäische Norm, die unverändert eine ISO-Norm wurde mit Grundlage einer deutschen Fassung als DIN-Norm
ÖVE	Norm des Österreichischen Vereins für Elektrotechnik
ANSI, NEMA	Standards der Normungsinstitute der USA

18.1 Verzeichnis der behandelten Normen und Vorschriften

DIN

95 . . . . **14**-25	562 . . . . **14**-28	1587 . . . . **14**-28	17471 . . . . **14**-11
96 . . . . **14**-25	603 . . . . **14**-25	1707 . . . . **14**-13	18012 . . . . **10**-12
97 . . . . **14**-25	609 . . . . **14**-25	1715 . . . . **14**-11	18014 . . . . **10**-12
186 . . . . **14**-25	835 . . . . **14**-25	2137 . . . . **5**-13	18015 . . . . . **10**-12, **10**-21,
188 . . . . **14**-25	917 . . . . **14**-28	4000 . . . . **6**-18, **6**-20	**12**-17
261 . . . . **14**-25	920 . . . . **14**-25	5008 . . . . **16**-16	22425 . . . . **14**-28
315 . . . . **14**-28	921 . . . . **14**-25	5473 . . . . **1**-2	41300 . . . . **6**-19
316 . . . . **14**-25	928 . . . . **14**-28	5483 . . . . **3**-16	41494 . . . . **6**-33
323 . . . . **6**-2	929 . . . . **14**-28	6330 . . . . **14**-28	43807 . . . . **8**-35
404 . . . . **14**-25	935 . . . . **14**-28	6331 . . . . **14**-28	43856 . . . . **8**-36
431 . . . . **14**-28	938 . . . . **14**-25	7513 . . . . **14**-25, **14**-28	45630 . . . . **8**-15
444 . . . . **14**-25	939 . . . . **14**-25	7516 . . . . **14**-25	46463 . . . . **14**-16
461 . . . . **13**-3	940 . . . . **14**-25	7965 . . . . **14**-28	66000 . . . . **4**-2
464 . . . . **14**-25	968 . . . . **14**-25 f.	7975 . . . . **14**-25, **14**-27	66020 . . . . **5**-9
466 . . . . **14**-28	979 . . . . **14**-28	7984 . . . . **14**-25, **14**-26	66258 . . . . **5**-9
467 . . . . **14**-28	986 . . . . **14**-28	7990 . . . . **14**-25	66259 . . . . **5**-9
478 . . . . **14**-25	1301 . . . . **2**-2 f.	7992 . . . . **14**-25	69900 . . . . **16**-10
546 . . . . **14**-28	1302 . . . . **1**-2	7995 . . . . **14**-25	69901 . . . . **16**-10
547 . . . . **14**-28	1303 . . . . **1**-8	7996 . . . . **14**-25	81698 . . . . **14**-25
548 . . . . **14**-28	1304 . . . . **2**-3, **2**-5	7997 . . . . **14**-25	
557 . . . . **14**-28	1315 . . . . **1**-9	17470 . . . . **14**-12	

DIN EN

143 . . . . **15**-15	14399 . . . . **14**-25	**11**-22, **11**-24, **11**-35	60672 . . . . **14**-23 f.
515 . . . . **14**-10	27434 . . . . **14**-25	60038 . . . . **3**-3	60898 . . . . **12**-24
573 . . . . **14**-10	27436 . . . . **14**-25	60051 . . . . **8**-4, **8**-6	60947 . . . . **12**-25
1045 . . . . **14**-12	29454 . . . . **14**-12	60062 . . . . **6**-2 f.	61000 . . . . **12**-41
1173 . . . . **14**-8	50013 . . . . **12**-51	60085 . . . . **11**-3	61082 . . . . **13**-7 f.
1412 . . . . **14**-8	50042 . . . . **12**-51	60086 . . . . **6**-25	61131 . . . . **9**-9 ff.
1976 . . . . **14**-9	50090 . . . . **9**-21	60097 . . . . **6**-33	61158 . . . . **9**-21 f.
1978 . . . . **14**-9	50107 . . . . **12**-7	60127 . . . . **6**-22	61188 . . . . **6**-33
1982 . . . . **14**-8	50178 . . . . **10**-25	60252 . . . . **6**-15	61249 . . . . **6**-33 f.
10027 . . . . **14**-5 f.	50325 . . . . **9**-20	60317 . . . . **14**-14 f.	61515 . . . . **8**-18
10106 . . . . . . **6**-17 f., **14**-6	50347 . . . . **11**-29	60393 . . . . **6**-6	61557 . . . . **10**-10
10107 . . . . **14**-6	50441 . . . . **12**-15	60445 . . . . **12**-6, **13**-11	61558 . . . . **10**-27
10341 . . . . **14**-6	50588 . . . . **11**-11	60529 . . . . . . **10**-29, **11**-2	62026 . . . . **9**-22
13599 . . . . **14**-9	50678 . . . . **10**-30	60584 . . . . **8**-18 f.	62056 . . . . **8**-38
14121 . . . . **14**-10	50699 . . . . **10**-30	60617 . . . . . . **11**-2, **13**-8,	140100 . . . . **6**-4
14387 . . . . **15**-11	60034 . . . . . . **10**-25, **11**-2,	**13**-13 ff.	140401 . . . . **6**-5

DIN EN ISO

128 . . . . **13**-2, **13**-6	1481 . . . . **14**-25	2010 . . . . . . **14**-25, **14**-28	4036 . . . . **14**-28
129 . . . . **13**-5	1482 . . . . **14**-25	2342 . . . . **14**-25	4762 . . . . **14**-25 f.
216 . . . . **13**-2	1483 . . . . **14**-25	3098 . . . . **13**-4	4766 . . . . **14**-25
1043 . . . . **14**-18 ff.	1580 . . . . **14**-25	3677 . . . . **14**-13	5167 . . . . **8**-17
1207 . . . . . . **14**-25, **14**-28	2009 . . . . . . **14**-25, **14**-28	4017 . . . . **14**-28	6912 . . . . **14**-25

18.1 Verzeichnis der behandelten Normen und Vorschriften

7010 . . . . **15**-16	7051 . . . . **14**-25	9453 . . . . **14**-13	15482 . . . . **14**-27
7046 . . . . **14**-25	7984 . . . . **14**-25	10511 . . . . **14**-28	15483 . . . . **14**-27
7047 . . . . **14**-25	8673 . . . . **14**-28	10642 . . . . **14**-25	17672 . . . . **14**-13
7049 . . . . **14**-25	8674 . . . . **14**-28	15480 . . . . . . **14**-25, **14**-27	
7050 . . . . **14**-25	9000 . . . . **16**-11	15481 . . . . . . **14**-25, **14**-27	

DIN EN IEC

61293 . . . . **3**-2   81346-2 . . **12**-51, **13**-10 ff.

DIN IEC

60050 . . . **9**-3 f., **9**-26, **9**-33	60072 . . . . **9**-26	60404 . . . . **14**-7	60757 . . . . **12**-6, **13**-20
60063 . . . . **6**-2	60204 . . . . **9**-4 f.	60625 . . . . **8**-29	

DIN ISO

5455 . . . . **13**-4   5456 . . . . **13**-3 f.   7000 . . . . **13**-27

DIN VDE

0100**10**-3, **10**-9 f., **10**-12 ff., **10**-30, **12**-17, **12**-51	0250 . . . . **12**-8	0271 . . . . **12**-13	0603 . . . . **8**-38
0105 **10**-10, **10**-30, **12**-22	0262 . . . . **12**-13	0276 . . . . **12**-13	0636 . . . . **12**-20
0211 . . . . **12**-7	0265 . . . . **12**-13	0530 . . . . . . **10**-25 f., **11**-2	0641 . . . . **12**-24 f., **12**-29 f.
	0266 . . . . **12**-13	0532 . . . . **11**-2	0660 . . . . **10**-9

ISO

10646 . . . . **5**-23

VDE

0040 . . . . **13**-7	0660 . . . . **10**-9	0160 . . . . **10**-25	0560 . . . . **6**-15
0570 . . . . **10**-27	0683 . . . . **10**-32	0820 . . . . **6**-2	
0641 . . . . **12**-24	0800 . . . . **10**-19	0530 . . **11**-2, **11**-24, **11**-35	

Sonstiges

Abfallgesetz (AbfG) **15**-21
Abwasserabgabengesetz (AbwAG) **15**-21
Biostoffverordnung (BioStoffV) **15**-4
Bundesimmissionsschutzgesetz (BImSchG) **15**-21
CLP-Verordnung (Classification, Labelling and Packing) **15**-18
Deutsche Forschungsgemeinschaft (DFG) . . . . **15**-2 ff.

DGUV Vorschrift 3 . . . . **10**-12, **10**-30
DIN CEN/TS 13388 **14**-10
EMV-Gesetz **12**-41
Gefahrstoffverordnung (GefStoffV) . . . . . . **15**-3, **15**-11 f.
Gesetz über Beförderung gefährlicher Güter (GG-BefG) **15**-16
Gewerbeordnung (GewO) **15**-16

GHS (Globally Harmonised System of Classification and Labelling of Chemicals) . . . . **15**-18 f.
Sicherheitsregeln nach Technischen Regeln für Arbeitsstätten (ASR) . . . **15**-17
Technische Anschlussbedingungen (TAB) . . . **10**-12, **10**-19, **10**-21

Technische Regeln für Betriebssicherheit (TRBS) . . . . **15**-2 ff.
Technische Regeln für Gefahrstoffe (TRGS) **15**-2, **15**-9
Unfallverhütungsvorschriften (UVV) **15**-2
Wasserhaushaltsgesetz (WHG) **15**-16

18.2 Stichwortverzeichnis Englisch-Deutsch

°C (degrees Celsius) → °C (Grad Celsius) **2**-2
16-segment display → **16**-Segment-Anzeige **7**-54
19" rack system → 19"-Aufbausystem **6**-35
1-out-of-10 code → **1**-aus-**10**-Code **4**-5
2-conductor → **2**-Leiter **9**-15
3-conductor → **3**-Leiter **9**-15
4-bit adder → **4**-Bit-Addierer **4**-13
4-bit D/A converter → **4**-Bit-DA-Wandler **4**-34
4-conductor → **4**-Leiter **9**-15
7-segment display → **7**-Segment-Anzeige **7**-54
µC (microcontroller) → µC (Mikrocontroller) .... **9**-16f.
Ω (Ohm) → Ω (Ohm) **2**-2

A

A (ampere) → A (Ampere) **2**-2
Abbreviations for steel → Kurznamen für Stähle . **14**-5
Absolute current level → Absoluter Strompegel . **3**-28
Absolute error → Absoluter Fehler **8**-4
Absolute level → Absoluter Pegel **3**-28
Absolute power level → Absoluter
  Leistungspegel **3**-28
Absolute voltage level → Absoluter
  Spannungspegel **3**-28
Absolute zero in the Kelvin temperature scale →
  Nullpunkt der Kelvin-Temperaturskala **2**-5
Absorbed dose of radiation → Absorbierte Strah-
  lungsmenge **2**-13
Absorption circuit → Saugkreis **11**-16
Absorption coefficient → Absorptionsgrad **12**-61
AC (alternating current) → AC **13**-11
AC line → Wechselstromleitung **12**-18
AC meter → Wechselstromzähler **8**-7
AC motor → Wechselstrommotor **11**-30
AC power adapter → Wechselspannungswandler. **8**-33
AC power controller → Wechselstromsteller **12**-55
AC switchgear for systems above 1 kV → Wechsel-
  strom-Schaltgeräte für Anlagen über 1 kV **3**-3
AC transformer → Wechselstromwandler **8**-33
AC voltage → Wechselspannung **3**-2, **3**-16
Acceleration → Beschleunigung **2**-8
  - measurement → Messung **8**-25
Acceptor → Akzeptor **7**-2
Accident circuit → Unfallstromkreis **10**-6
Accident prevention regulations → UVV
  (Unfallverhütungsvorschriften) **15**-2
Accident prevention regulations (UVV) →
  Unfallverhütungsvorschriften (UVV) **15**-2
Accumulated errors → additive Fehler **8**-5
Accumulation → Häufung **12**-28
Accumulator → Akkumulator **6**-26
Acoustic parameters → Akustische Grund-
  größen .... **2**-14f.
Action → Aktion **13**-25
Action flow → Wirkungsablauf **9**-26
Active component → Wirkkomponente **3**-18
Activation energy → Aktivierungsenergie **7**-2, **7**-6
Active energy meter → Wirkverbrauchzähler ... **8**-36f.
Active parts → Aktive Teile **10**-24, **10**-27
Actuating variable → Stellgröße **9**-26
Actuator → Aktor .... **5**-18, **12**-46ff.
Actuator → Stellglied **9**-2
A-D converter, specification → AD-Wandler,
  Spezifikation **4**-35
Adaption path → Adaptionsstrecke **12**-77
Adder → Addierer **4**-13
Addition → Addition **1**-5
Addition of forces → Kräfteaddition **2**-7
Additional protection → zusätzlicher Schutz ... **10**-28
Additional protection → Zusatzschutz **10**-12
Address bus → Adressbus **5**-2
Addressing → Adressierung **4**-24
Adhesive → Klebstoff **15**-9
Adjacent side → Ankathete **1**-9
Adjusting range → Stellbereich **9**-26
Administrative court → Verwaltungsgericht **16**-26
Admittance → Admittanz .... **33**-20ff.
ADU process → ADU-Verfahren **4**-31
Aerial → Antenne **12**-16, **12**-43
  - system → Anlage **12**-34
  - cable → Kabel **12**-16
AG → AG **16**-2
AGP (Accelerated Graphics Port) → AGP **5**-3
Aiken code → Aiken-Code **4**-5
Air space → Luftspalt **3**-11
Airborne noise → Luftschall **2**-14
Alarm circuit → Weckerschaltung **12**-56
Algebra → Algebra .... **1**-3ff.
Alkali-manganese cell → Alkali-Mangan-Zelle .. **6**-25
Allergic symptom → Allergische Krankheits-
  erscheinung **15**-15
Alloys → Legierungen .... **14**-3, **14**-8ff.
  - labelling systems → Kennzeichnungssysteme **14**-10
  - non-ferrous metals → Nichteisenmetalle .. **14**-8ff.
Alternating current (AC) → Wechselstrom **3**-2,
  3-4, **3**-14
Alternating switch → Wechselschaltung **12**-52

18.2 Stichwortverzeichnis Englisch-Deutsch

ALU → ALU **5**-2, **14**-24
Aluminium for electrical engineering → Aluminium für die Elektrotechnik **14**-10
Aluminium solders → Aluminiumlote **14**-13
American Standard Code for Information Interchange (ASCII) → American Standard Code for Information-Interchange (ASCII) **5**-21
Amount of material → Stoffmenge **2**-2
Amount of radiation → Strahlungsmenge **2**-13
Amount of radiation reflected → Reflektierte Strahlungsmenge **2**-13
Amount of z → Betrag von z **1**-4
Ampere (A) → Ampere (A) **2**-2
Amplification → Verstärkung **3**-26
Amplification factor → Verstärkungsfaktor **3**-26
Amplification measurement → Verstärkungsmaß **3**-26
Amplifier valve → Verstärkerröhre **7**-45
Amplifier → Verstärker . . . . **4**-18, **4**-34 ff., **7**-4, **7**-13 ff., **7**-17
 - transistor → Transistor . . . . **7**-17 ff.
Amplitude → Amplitude **3**-16
Analogue element → Analoges Element **13**-25
Analogue value → Analoge Größe **4**-2
Analogue/Digital → Analog/Digital-
 - transducer → Wandler **4**-31
 - converter → Umsetzer **4**-5, **4**-24
 - conversion (ADC) → Wandlung (ADU) **9**-38
AND (conjunction) → UND (Konjunktion) **4**-6
AND function → UND-Funktion **4**-2
Angle → Winkel . . . . **1**-9 f.
Angle of deflection → Ablenkungswinkel **2**-17
Angle of incidence → Einfallswinkel **2**-16
Angle of reflection → Reflexionswinkel **2**-16
Angle unit → Winkeleinheit **1**-9
Angular function → Winkelfunktion . . . . **1**-9 f.
 - for the same angle → für gleiche Winkel **1**-10
 - in the quadrant → in den Quadranten **1**-10
Angular measurement → Winkelmessung **8**-21
Angular velocity → Winkelgeschwindigkeit . **2**-8, **3**-14
Anode → Anode . . . . **6**-29, **7**-35, **7**-45 ff., **7**-50, **7**-55, **13**-15
ANSI (American National Standards Institute) → ANSI (American National Standards Institute) **16**-4
ANSI code → ANSI-Code **5**-22
Anti-interference capacitor → Entstörkondensatoren **12**-69
Antivalence → Antivalenz **4**-6
Apparent density → Rohdichte **14**-24
Apparent impedance runs → Scheinwiderstandsverlauf **3**-25
Apparent power → Scheinleistung **3**-4

Application program → Anwendungsprogramm . . **9**-9
Arc discharge → Bogenentladung **7**-47, **12**-67
Arc length → Kreisbogenlänge **1**-9
Archimedes principle → Archimedisches Gesetz . . **2**-9
Area coupler → Bereichskoppler **13**-26
Area lines → Bereichslinie **12**-50
Areas of medical application → Medizinisch genutzte Bereiche **10**-9
Argument of Z → Argument von z **1**-4
Arithmetic → Arithmetik . . . . **1**-3 ff.
Arithmetic mean → Arithmetischer Mittelwert . . . **3**-16
Aron circuit → Aron-Schaltung **8**-34
Articles of Association → Gesellschaftsvertrag . . **16**-4
AS interface → AS-Interface **9**-22
ASCII code → ASCII-Code **5**-21
Assembly → Aufstellung **11**-35
Assembly plan → Anordnungsplan **13**-7
Assembly, housing for mounting → Baugruppe, Gehäuse zur Aufnahme **6**-35
Assignment of claim → Forderungsabtretung . . **16**-4
Associative law → Assoziativgesetz **4**-2
Astable circuit → Astabile Kippschaltung **4**-8
Astable multivibrator → Astabiler Multivibrator . . **7**-30
Astable trigger element → Astabiles Kippglied . . . **4**-8
Asynchronous counter → Asynchroner Zähler . . . **4**-10
Asynchronous machine → Asynchronmaschine **11**-25
Asynchronous motor → Asynchronmotor **11**-30
ATA → ATA **5**-3
ATAPI → ATAPI **5**-3
Attenuation → Dämpfung **3**-26
Attenuation characteristic → Dämpfungskennwert **3**-28
Attenuation coefficient → Dämpfungsfaktor . . **3**-27 f.
Attenuation factor → Dämpfungsmaß **3**-28
Attraction → Anziehung **3**-12
Automatic cut-off → automatische Abschaltung **10**-14
Automatic price reduction strategy → Automatisches Herabsetzungssystem **16**-5
Autotransformer → Spartransformatoren . . . **10**-24 f., **11**-9, **13**-16
Auxiliary current circuit → Hilfsstromkreise **9**-5
Auxiliary winding → Hilfswicklung **11**-30
Availability → Verfügbarkeit **6**-26, **9**-10, **12**-2, **12**-80
Avalanche breakdown → Lawinendurchbruch . . . **7**-12, **7**-16, **7**-49
Avalanche diode → Avalanche-Diode **7**-12, **7**-34
Avalanche diode → Lawinendiode **7**-12, **7**-49
Avalanche diode oscillator → Lawinendioden-Oszillator **7**-12
Avalanche effect → Avalanche-Effekt **7**-5
Avalanche effect → Lawineneffekt . . . . **7**-5 ff., **7**-49

18.2 Stichwortverzeichnis Englisch-Deutsch

Average length of magnetic field lines → Mittlere Feldlinienlänge 3-11
Axial moment of inertia → Axiales Trägheitsmoment 2-11
Axial section modulus → Axiales Widerstandsmoment 2-11
Axonometric projection → Axonometrische Projektion 13-3

B

Backup selection depending on installation conditions → Sicherungsauswahl in Abhängigkeit von Verlegebedingungen .... 12-19ff.
Backward diode → Backward-Diode 7-11
Balanced load → Symmetrische Belastung 3-4
Ball → Kugel 1-14
Ballast → Vorschaltgerät 12-69
 - electrical → elektrisch (EVG) 12-69
 - inductive → induktiv (IVG) 12-69
Band pass → Bandpass 13-22
Band width → Bandbreite 3-27
Band-stop filter → Bandsperre 13-22
Barkhausen equation → Barkhausen-Gleichung . 7-45
Barrier layer capacitance → Sperrschichtkapazität 7-11ff., 7-48
Barrier layer semiconductor devices → Sperrschicht-Halbleiterbauelemente .... 7-5ff.
Base → Basis 7-13
Base factor → Basisgröße 2-2
Base number → Basiszahl 4-3
Basic circuit → Grundschaltung ..... 7-17, 7-39, 7-45, 12-51 ff.
Basic Input Output System (BIOS) → Basic Input Output System (BIOS) 5-24
Basic laws in a circuit → Grundgesetze im Stromkreis .... 3-5ff.
Basic laws in an AC circuit → Grundgesetze im Wechselstromkreis .... 3-16ff.
Basic protection → Basisschutz 10-12
Basic terms and abbreviations → Grundbegriffe und Abkürzungen 15-2
Basic terms in digital technology → Grundbegriffe der Digitaltechnik 4-2
Basic terms in mechanics → Grundbegriffe der Mechanik .... 2-6ff.
Basic unit → Basiseinheit 2-2
Basics of heating technology → Wärmetechnische Grundlagen .... 2-12ff.
Basics of technical drawing → Zeichentechnische Grundlagen .... 13-2ff.
Battery → Akku 15-6
Battery → Batterie 6-23ff., 15-6
BCD → BCD 4-5
BCD code → BCD-Code 4-5
BCD meter → BCD-Zähler 4-11

Bearing → Lagerung 15-21
Bearing pin radius → Lagerzapfenradius 2-8
Bell system → Klingelanlage 12-57
Bend → Biegung 2-11
Bend → Bogen 1-9
Bending line → Biegelinie 2-11
Bending moment → Biegemoment 2-11
Bending radius → Biegeradius 12-16
Bending radius → Krümmungsradius .... 2-17 f.
Bias voltage → Vorspannung 7-16, 7-40, 8-2
Bidirectional diodes (diac) → Zweirichtungsdiode (Diac) 7-31
Bimetallic instrument → Bimetallmesswerk 8-7
Binary → Binär 5-19
Binary counter → Dualzähler 4-10
Binary digit → Binärzeichen 4-2
Binary elements → binäre Elemente .... 13-23 f.
Binary logarithm → Binärer Logarithmus 1-3
Binary number → Binärzahl 4-3
Binary number → Dualzahl 4-3
Biological limit value (BLV) → BGW (Biologischer Grenzwert) 15-2
Biological limit value (BLV) → Biologischer Grenzwert (BGW) 15-2
Biomass energy → Biomasse-Energie 12-2
BIOS → BIOS 5-24
Bipolar → Bipolar 5-18
Bipolar transistors → Bipolare Transistoren ... 7-13ff.
Bistable elements → Bistabile Elemente 13-24
Bistable multivibrator → Bistabiler Multivibrator 7-28, 7-30
Bistable relays → Bistabile Relais 6-31
Bistable trigger element → Bistabiles Kippglied .. 4-9
Bistable trigger element → Kippglied 4-8
Bit → Bit 4-2, 5-20
Blocking voltage → Sperrspannung ... 7-3, 7-7, 7-10, 7-12, 7-16, 7-33ff., 7-48, 11-18
Bluetooth → Bluetooth 5-11
Bode diagram → Bode-Diagramm .... 9-30 f.
Body, effect of electrical current on the human body → Körper, Stromeinwirkung auf den menschlichen .... 10-4 f.
Boiling point → Siedepunkt .... 14-3 f., 15-9ff.
Bolzmann constant → Boltzmann-Konstante 2-5
BOOL → BOOL 9-10

18.2 Stichwortverzeichnis Englisch-Deutsch

Boolean algebra → Boolesche Algebra **4**-2
Boolean algebra → Schaltalgebra **4**-2
Bootstrap circuit → Bootstrap-Schaltung **7**-24
Branched circuits → verzweigte Stromkreise **3**-6
Branching point → Verzweigung **5**-29
Brazing → Hartlöten **14**-12
Brazing solder → Hartlote..................... **14**-13
Breakdown region → Durchbruchbereich ... **7**-9, **7**-39
Breakdown voltage → Durchbruchspannung ..... **7**-9, **7**-31 ff., **7**-39 f.
Break-even analysis → Deckungsbeitragsrechnung **16**-9
Breaks → Pausen......................... **16**-24
Breathing filter → Atem-Filter .... **15**-10 ff.
Bridge circuit → Brückenschaltung **3**-7, **11**-18
Briggsian logarithm → Briggscher Logarithmus .. **1**-3
Broadband interference source → Breitbandstörquelle **12**-37
Brochure types → Prospektarten.............. **16**-18
Broken rational function → Gebrochenrationale Funktion..................................... **1**-11
Brokerage contract → Maklervertrag........... **16**-3
Building automation → Gebäudeautomation. . **12**-46 ff.
Building management technology → Gebäudeleittechnik..................................... **12**-46
Bulk → Bulk .... **7**-38 ff.
Bulk, substrate → Körper, Substrat **7**-38
Buoyancy in liquids and gases → Auftrieb in Flüssigkeiten und Gasen **2**-9
Burning point → Flammpunkt .... **12**-44, **15**-8 ff.
Bus → Bus .... **12**-46 ff.
Bus bar out of copper or aluminium → Sammelschiene aus Kupfer oder Aluminium... **14**-17
Bus coupling → Busankoppler **13**-26
BUS interface → BUS-Schnittstelle **5**-6
Bus line → Busleitungen..................... **12**-49
Bus participant → Busteilnehmer .... **9**-19 ff.
Bus system → Bussystem.................... **12**-46
Business letter → Geschäftsbrief............. **16**-16
Byte → Byte **4**-2, **5**-20

C

C (Coulomb) → C (Coulomb) **2**-2
C (programming language) → C (Programmiersprache) **5**-32
C# → C#................................. **5**-32
C++ → C++ **5**-32
Cables → Kabel **12**-12
Cables for telecommunications equipment → Kabel für Fernmeldeanlagen **12**-15
Cables, construction and short designations for bared and insulated cables → Kabel, Aufbau und Kurzzeichen von blanken und isolierten............ **12**-6 ff.
Cables, insulated → Kabel, isolierte.......... **12**-6 ff.
Calculation of a power transformer → Berechnung eines Netztransformators **6**-17
Calculation of areas → Flächenberechnung **1**-14
Call system → Rufanlage **12**-56
CAN → CAN................................ **9**-20
Cancer group → Krebsgruppe **15**-15
Candela → Candela **2**-2
Capacitance → Kapazitätswert................. **6**-3
Capacitance diode → Kapazitätsdiode **7**-10
Capacitive proximity sensors → Kapazitive Näherungsschalter **9**-14
Capacitive reactive power → Kapazitive Blindleistung................................ **12**-31
Capacitor → Kondensator..... **3**-9 f., **6**-2, **6**-13 f., **15**-4
 - in direct-current circuit → im Gleichstromkreis **3**-13
 - dimensions → Bemessung .... **12**-31 f.
 - capacity → Kapazität .... **3**-9 f.
 - motor → Motor...................... **11**-30
 - nominal value → Nennwert.............. **6**-13 f.
 - voltage → Spannung................... **3**-15
Capacity and cost evaluation → Kapazitäts- und Kostenplan **16**-11
Capacity → Kapazität **3**-9
 - of capacitors → von Kondensatoren **3**-9
Capital stock → Stammkapital................ **16**-2
Carbon resistor → Kohleschichtwiderstand **6**-4
Carrier accumulation effect → Trägerstaueffekt................................. **7**-33 ff.
Carrier storage effect → Ladungsträgerstaueffekt. **7**-5
Cartesian coordinate system → Kartesisches Koordinatensystem **13**-3
Cascade connection → Kettenschaltung........ **4**-11
Cascade control → Kaskadenregelung **9**-40
Cascode circuit → Kaskode-Schaltung **7**-24
Cathetus → Kathete......................... **1**-9
Cathode → Katode......... **6**-29, **7**-44 ff., **7**-50, **7**-55, **13**-15, **14**-9
Cathode grounded circuit → Katodenbasisschaltung **7**-45
CD-ROM → CD-ROM....................... **5**-5
CE mark → CE-Zeichen..................... **12**-41
CENELEC → CENELEC..................... **10**-3
Centesimal degree → Neugrad................. **1**-9
Central compensation → Zentralkompensation . . **12**-31

18.2 Stichwortverzeichnis Englisch-Deutsch

Central Processing Unit (CPU) → Central Processing Unit (CPU) **5**-2
Central unit → Zentraleinheit
- internal structure → interner Aufbau **5**-3
Centre of curvature → Krümmungsmittelpunkt . . . . **2**-17f.
Ceramic and glass insulating products → keramische und Glasisolierstoffe **14**-24
Ceramic capacitors → Keramikkondensatoren . . . **6**-13
Ceramic materials → Keramische Stoffe **14**-23
- parameter → Kennwert **14**-24
Changing physical formulas → Umstellen physikalischer Formeln **1**-3
Channel → Kanal **7**-37
Characteristic curve → Kennlinie . . . .
4-34, **6**-7 ff., **6**-10, **6**-27 ff., **7**-3 ff., **7**-31 ff., **7**-37, **7**-41, **7**-45 ff., **8**-5, **8**-18, **8**-20, **8**-28, **9**-29, **9**-35, **10**-5, **11**-25, **11**-27, **11**-32 ff., **12**-21, **12**-26 ff., **13**-3
Characteristic impedance of vacuum → Wellenwiderstand des Vakuums **2**-5
Characteristic line recorder → Kennlinienschreiber **7**-14
Characters → Schriftzeichen **5**-16, **13**-4
Characters of set theory → Zeichen der Mengenlehre **1**-2
Charge carrier → Ladungsträger . . **7**-2, **7**-5 ff., **7**-12 ff., **7**-31 ff., **7**-38, **7**-41, **7**-48 f., **12**-42
Charging capacitor condenser → Ladekondensator **7**-8
Charging characteristic → Ladekennlinie **6**-27
Charging process → Ladeverfahren **6**-29
Charging → Ladung **3**-2, **3**-9, **3**-15
- of capacitors → von Kondensatoren **3**-10
Chemical element → Chemisches Element . . . **14**-2 ff.
Chopper → Chopper **11**-13
Circle → Kreis **1**-11, **1**-14
Circuit → Stromkreis **3**-6
Circuit breaker → Leitungsschutzschalter . . . . **12**-24 ff.
Circuit breaking → Ausschaltung **12**-52
Circuit diagram → Übersichtsschaltplan . . . . **13**-7 f.
Circuit diagram → Stromlaufplan . . . . **12**-51 ff.
- dissolved representation → aufgelöste Darstellung **12**-51
- coherent representation → zusammenhängende Darstellung **12**-51
Circuit protection → Leitungsschutz **10**-28, **12**-19, **12**-60
Circular motion → Kreisbewegung **2**-8
Circular ring → Kreisring **1**-14
Circulating memory → Umlaufspeicher **4**-12
Circulation time → Umlaufzeit **2**-8
Class A operation → A-Betrieb **7**-17

Class AB operation → AB-Betrieb **7**-17
Class B operation → B-Betrieb **7**-17, **7**-24
Class C operation → C-Betrieb **7**-17
Classification of objects → Klassifizierung von Objekten **13**-10
Classification → Einteilungen
- in control engineering → in der Regelungstechnik **9**-25
- in control technology → in der Steuerungstechnik **9**-2
Classrooms → Unterrichtsräume **12**-71
Clear → Clear **13**-28
Clock speed → Taktfrequenz **5**-2
Closed loop control circuit → Regelkreis **9**-26
CLP regulation → CLP-Verordnung **15**-18
CMOS → CMOS **4**-14
Coaxial cable → Koaxialkabel **9**-22, **12**-50, **13**-14
Coaxial cable → Konzentrisches Kabel **3**-12
Code letters → Kennbuchstaben . . . . **13**-9 ff.
- of main classes → der Hauptklassen **13**-12
- for sub-classes → für Unterklassen **13**-11
Code → Code **4**-5
- digital technology → Digitaltechnik **4**-5
- software → Software . . . . **5**-21 ff.
- shifter → Umsetzer **13**-24
- word → Wort **4**-5
Coding system → Kodierungssystem **15**-14
Coefficient of dynamic friction → Gleitreibungszahl **2**-8
Coefficient of reflection → Reflexionsgrad **12**-61, **12**-71
Coercive field strength → Koerzitivfeldstärke **3**-11
Coil body → Spulenkörper **6**-20
Coil voltage → Spulenspannung **3**-15
Coil → Spule . . . . **3**-9 f.
- in the DC circuit → im Gleichstromkreis **3**-13
Cold resistance → Kaltwiderstand **3**-5
Collective lens → Sammellinse **2**-18
Collector → Kollektor . . . . **7**-13, **13**-15, **13**-23 f.
Colour identification of resistances → Farbkennzeichnung von Widerständen **6**-3
Colour rendering → Farbwiedergabe **12**-62
Colour temperature → Farbtemperatur . . . **7**-51, **12**-62, **12**-65
Colours → Farben **12**-6, **12**-19
Comfort → Behaglichkeit **12**-59
Command → Befehl **5**-17
Commercial order → Betrieblicher Auftrag **17**-3
Commercial register → Handelsregister **16**-2
Commercial transaction → Handelskauf **16**-3
Common gate circuit → Gateschaltung **7**-39
Common logarithm → Dekadischer Logarithmus . **1**-3

18.2 Stichwortverzeichnis Englisch-Deutsch

Common mode amplification → Gleichtaktverstärkung **7**-25
Common mode rejection → Gleichtaktunterdrückung **7**-25
Common nominal currents → Gebräuchliche Nennströme **3**-3
Common-base circuit → Basisschaltung . **7**-17, **7**-21 ff., **7**-39, **7**-45
Common-collector circuit → Kollektorschaltung . **7**-17
Communication → Kommunikation .... **13**-1 ff.
Communication circuit → Kommunikationsschaltung .... **12**-51 ff.
Communication system → Kommunikationsanlage **12**-56
Commutation → Kommutierung **7**-36
Commutative law → Kommutativgesetz **4**-2
Compact disc (CD) → Compact Disk (CD) **5**-5
Compact fluorescent lamps → Kompakt-Leuchtstofflampe **12**-64
Company → Unternehmen **12**-50
Company assets → Gesellschaftsvermögen **16**-2
Comparator → Komparator .... **4**-32 ff., **7**-26, **7**-28, **8**-30, **13**-24
Comparator resistance → Vergleichswiderstand .. **3**-7
Compensating capacitor → Kompensationskondensator **7**-26, **12**-66
Compensation → Kompensation .... **4**-34, **7**-10, **7**-26, **8**-27, **11**-13, **12**-31 f., **12**-66
Compensation currents → Ausgleichsströme **3**-8
Compensation time → Ausgleichszeit **9**-27
Compensation value → Ausgleichswert **9**-29
Competitive price strategy → Preiswettbewerbsstrategie **16**-5
Compiler → Compiler **5**-27
Complementary transistor → Komplementärer Transistor **7**-21
Complete series → Gesamtreihe **3**-3
Complex alternating current calculation → Komplexe Wechselstromrechnung **3**-20
Complex conjugate number → Konjugiert komplexe Zahl .... **1**-4 f.
Complex apparent impedance → Komplexer Scheinwiderstand .... **3**-19 f.
Complex measurement setups → Komplexe Messaufbauten .... **8**-29 ff.
Complex number → Komplexe Zahl ...... **1**-2, **1**-4 f.
Complexe Programmable Logic Device → Komplexe programmierbare Logikeinheit **4**-26
Complex work task → Komplexe Arbeitsaufgabe **17**-3
Component form → Komponentenform **1**-4
Component test → Komponententest **8**-28

Components → Bauelemente .... **6**-1 ff.
- electrical engineering → der Elektrotechnik .. **6**-1 ff.
- electronic → elektronisch .... **7**-1 ff.
- labelling → Kennzeichnung .... **6**-2 f.
- magnet-dependent → magnetfeldabhängig . **7**-41
- optoelectronic → optoelektronisch .... **7**-48 ff.
- schematic symbols for passive components → Schaltzeichen für passive **13**-14
Compound generator → Doppelschlussgenerator **11**-33
Compound motor → Doppelschlussmotor **11**-32
Compression stress → Druckspannung **2**-11
Computer → Computer **5**-2
Computer mouse → Computermaus **5**-14
Computer technology → Computertechnik ..... **5**-1 ff.
Concatenation factor → Verkettungsfaktor **3**-17
Concave lens → Konkavlinsen **2**-18
Concave mirror → Konkavspiegel **2**-17
Condition of insulation → Isolationszustand ... **10**-11
Conductance → Leitwert **3**-5
Conductivity → Leitfähigkeit .... **2**-4, **2**-12 f., **3**-5 f., **6**-28, **7**-2 f., **7**-31 f., **7**-38, **7**-42, **7**-49, **8**-16, **8**-26, **10**-16 f., **12**-17 f., **14**-3 f., **14**-9 f., **14**-24
Conductor → Leiter .... **3**-3, **8**-18, **9**-15, **10**-5 f., **10**-8, **10**-10
Conductor against material → Leiter gegen Masse **3**-14
Conductor connections → Leiterverbindungen .. **13**-7
Conductor cross-section → Leiterquerschnitt **3**-5
Conductor fault → Leiterschluss **10**-6
Conductor marking → Aderkennzeichnung **12**-6
Conductor resistance → Leiterwiderstand **3**-5
Conductor spacing → Leiterabstand **3**-14
Conflict dialogue → Konfliktgesprächsführung . **16**-13
Conflict escalation → Konflikteskalation **16**-13
Conflict handling → Konfliktbehandlung **16**-13
Conflict management → Konfliktbewältigung . **16**-12
Conjunction → Konjunktion **4**-6
Connection in series → Serienschaltung **12**-52
Connection type → Betriebsschaltung **7**-51
Constant angular speed → Konstante Winkelgeschwindigkeit **2**-8
Constant current source → Konstantstromquelle .... **7**-24 f.
Constant speed → Konstante Geschwindigkeit ... **2**-8
Constant voltage source → Konstantspannungsquelle **7**-24
Constants of physics → Konstanten der Physik ... **2**-5
Construction → Bauart
- irreversible → irreversibel **6**-22
- reversible → reversibel **6**-21
Consumer's installation → Verbraucheranlage .... **10**-15 ff.

18.2 Stichwortverzeichnis Englisch-Deutsch

Contact alloy → Kontaktlegierungen **14**-4
Contact bounce → Kontaktentprellung **4**-17
Contact current → Berührungsstrom . . . . **10**-5f.
Contact material → Kontaktwerkstoffe
 - physical properties → physikalische Eigenschaft **14**-4
Contact plan → Kontaktplan (KOP) . . . . **9**-11f.
Contact plan → KOP (Kontaktplan) . . . . **9**-11f.
Continuous action controller → Stetige Regler . . . **9**-25
Continuous flow heater → Durchlauferhitzer . . . **12**-60
Continuous operation → Dauerbetrieb . . **11**-22, **12**-29, **14**-17
Continuous signal value → Wertkontinuierliches Signal **4**-30
Continuous value → Gleichwert **3**-14
Continuous-time signal → Zeitkontinuierliches Signal **4**-30
Contract for work → Werkvertrag **16**-3
Control → Regelung **6**-7f., **9**-1, **9**-25ff., **11**-12, **12**-48, **13**-13
Control → Steuerung **9**-1ff., **10**-32, **12**-46, **12**-48, **13**-13, **13**-19, **13**-25
Control bus → Steuerbus **5**-2
Control cabinet → Schaltschrank **9**-21, **12**-45
Control card → Regelkarte **16**-15
Control characteristic → Zündkennlinie . . . . **7**-32ff.
Control circuit → Steuerstromkreis **9**-5
Control device → Regeleinrichtung **9**-35
 - selection of a suitable device → Wahl einer geeigneten **9**-32
Control switch → Steuerschalter **12**-55, **13**-12
Control technology → Leittechnik **12**-46
Control technology → Steuerungstechnik . . . . . . **9**-2ff.
 - definitions → Begriffe **9**-3
 - classifications → Einteilungen **9**-2
Control technology → Regelungstechnik . . . . . **9**-25ff.
 - definitions → Begriffe **9**-26
 - classifications → Einteilungen **9**-25
Control transformer → Steuertransformator **9**-5
Control voltage → Steuerspannung **9**-5
Control → Steuerung **5**-18
 - with contacts → mit Schützen **9**-6
 - programmable logic → speicherprogrammierbar (SPS) . . . . **9**-9ff.
 - and control technology → und Regelungstechnik . . . . **9**-1ff.
 - types → Arten **9**-4
Control, marking → Steuern, Kennzeichen **9**-2
Control, markings → Regeln, Kennzeichen **9**-23
Controlled operation → Gesteuerter Betrieb **7**-36
Controlled system → Steuerstrecke **9**-2
Controlled system → Regelstrecke **9**-29

 - with compensation → mit Ausgleich **9**-29
 - without compensation → ohne Ausgleich **9**-29
 - typical dynamic characteristics → typische dynamische Kennwerte **9**-32
 - timing → Zeitverhalten **9**-30
Controlled variable → Regelgröße **9**-26
Controller → Regler **9**-33
Controller parameters, adjustment (optimization) → Regler-Kennwerte, Einstellung (Optimierung) **9**-39
Controller settings → Reglereinstellung **9**-40
Controlling → Prüfen **8**-3, **9**-10, **10**-1ff., **10**-13, **10**-31f., **15**-3
Controlling equipment → Steuereinrichtung **9**-3
ControlNet → ControlNet **9**-24
Conversion formula → Formelumstellung **1**-3
Conversion table for units of angle → Umrechnungstabelle für Winkeleinheiten **1**-9
Conversion → Umrechnung
 - a parallel circuit in a series circuit → einer Parallelschaltung in eine Reihenschaltung **3**-17
 - a series circuit in a parallel circuit → einer Reihenschaltung in eine Parallelschaltung **3**-17
Converter → Stromrichter **7**-36, **11**-15ff., **11**-34
Converter → Umrichter **11**-12
Converter circuit → Stromrichterschaltung **11**-18
Convex lens → Konvexlinsen **2**-18
Convex mirror → Konvexspiegel **2**-17
Cooling element → Kühlkörper **5**-3, **7**-43
Cooling plate → Kühlblech **7**-43
Coordinate system → Koordinatensystem **13**-3
Copper and alloys → Kupfer und Legierungen . . **14**-8ff.
 - material designations → Zustandsbezeichnung **14**-8
Copper nickel alloy → Kupfer-Nickel-Legierung **14**-10
Copper tin alloy → Kupfer-Zinn-Legierung **14**-10
Copper zinc alloy → Kupfer-Zink-Legierung **14**-10
Copper → Kupfer . . . . **14**-8ff.
 - group → Gruppe **14**-4
 - cast alloy → Gusslegierung **14**-8
 - brazing solder → Hartlote **14**-13
 - identification system → Kennzeichnungssystem **14**-8
 - alloy → Legierung **14**-10
 - non-ferrous material → Nichteisenmetalle . . . **14**-8
Core → Kern **7**-56
Core hole diameter → Kernlochdurchmesser . . . **14**-27
Core loss → Ummagnetisierungsverlust **14**-5
Core plate → Kernblech **6**-18
Corona discharge → Glimmentladung **7**-47
Corrosion protection → Korrosionsschutz . **12**-7, **12**-34

18-12

18.2 Stichwortverzeichnis Englisch-Deutsch

Cosine → Cosinus 1-9
Cost calculation → Kalkulation 16-9
Costing types → Kalkulationsarten 16-9
Costs → Kosten 9-18, 11-15, 12-5, 12-59
Cotangent → Cotangens 1-9
Coulomb → Coulomb 2-2
Counting method → Zählverfahren 4-32
Coupler → Koppler .. 7-53, 11-21, 12-39, 12-50, 13-15
Coupling → Kopplung 12-38
Coupling capacitors → Koppelkondensatoren .. 6-13f.
Coupling mode → Kopplungsart ..... 7-21ff., 12-38f.
CPLD → CPLD 4-26
CPU → CPU................................... 5-2f.
Crest factor → Scheitelfaktor 3-16, 8-12
Critical path analysis → Netzplantechnik 16-10
Criticality → Gefährlichkeit .... 15-10ff.
Cross connection → Kreuzschaltung.......... 12-53
Cross current → Querstrom 3-7
Cross current ratio → Querstromverhältnis 3-7
Cross reference list → Querverweisliste 9-10
Cross section → Querschnitt .... 2-2, 2-11, 2-13, 6-18ff., 10-19f., 11-36, 12-9, 12-18, 12-51, 14-16f.
Crystal lattice → Kristallgitter................... 7-2
Cumulative charge → Gesamtladung 3-10
Current → Strom 3-2
Current attenuation factor → Stromdämpfungsfaktor 3-28
Current attenuation measurement → Stromdämpfungsmaß 3-26
Current branch point → Stromverzweigungspunkt 3-6
Current capacity → Strombelastbarkeit . 12-29, 14-17
- of lines → von Leitungen.................. 12-29
Current density → Stromdichte 3-5
Current effects on human body → Stromeinwirkungen auf den menschlichen Körper .... 10-4f.
Current feedback → Stromgegenkopplung 7-24
Current gain → Stromverstärkung...... 7-13f., 7-17, 7-19, 7-21
Current heat → Stromwärme 3-4
Current impulse connection → Stromstoßschaltung 12-54
Current level → Strompegel 3-28
Current linkage → Durchflutung 3-10
Current measurement → Strommessung 8-10
Current paths → Stromwege 12-51, 12-53, 13-7
Current rating → Stromstärke 2-2, 3-2
Current source → Stromquelle.... 7-24ff., 7-36, 10-3, 10-14, 10-18, 10-21, 10-23, 10-25, 10-27, 13-13
Current transformer → Stromwandler... 8-33, 8-36f., 10-8, 10-11, 13-17
Current voltage converter → I-Umrichter 11-14
Current-carrying coil → Stromdurchflossene Spule 3-14
Current-carrying conductor → Stromdurchflossener Leiter 3-14
Currents → Ströme
- time-dependent → zeitabhängig........... 3-16
Current-time hazard area → Strom-Zeit-Gefährdungsbereich...................... 10-5
Current-voltage-transformer → Strom-Spannungswandler 7-27
Customer costing → Kundenkalkulation........ 16-9
Customer order → Kundenauftrag............. 17-2
Cut-off → Abschaltung 10-20
Cut-off currents → Abschaltströme........... 10-16
Cut-off frequency → Grenzfrequenz 3-27, 4-31, 7-14, 7-19ff., 7-26, 7-39, 7-51, 12-35
Cut-off thyristor (GTO) → Abschaltthyristor (GTO) 7-35
Cut-off time → Abschaltzeit................. 10-21
Cuts → Schnitte 13-6
Cycloconverter → Hüllkurvenumrichter........ 11-15
Cycloconverter → Steuerumrichter 11-15
Cylinder → Zylinder 1-14
- to level → gegenüber Ebene.............. 3-10
Cylindrical capacitor → Zylinderkondensator 3-9
Cylindrical ring → Zylindrischer Ring.......... 1-14

D

D flip-flop → D-Flipflop 4-9
D/A converter, specification → DA-Wandler, Spezifikation 4-35
Dahlander pole changing → Dahlanderschaltung . 9-8
Damage caused by skin contact → Schädigungen über Hautaufnahme...................... 15-15
Danger designation → Gefahrenbezeichnung .. 15-19
Danger sign → Gefahrensymbol 15-15
Darlington circuit → Darlington-Schaltung . 4-18, 7-24
Data bus → Datenbus......................... 5-2
Data interface → Datenschnittstelle 8-38
Data network structure → Datennetzaufbau ... 12-48
Data telegram → Datentelegramm 8-38, 12-49
Data transmission process → Datenübertragungsverfahren.............................. 12-47
Data type → Datentyp....................... 9-9f.
Database → Datenbank 5-28
DCE → DÜE............................... 5-10
De Morgan's theorem → De Morgansches Gesetz 4-2
Debenture → Schuldverschreibungsverträge.... 16-4

18.2 Stichwortverzeichnis Englisch-Deutsch

Decadic code → Dekadischer Code 4-5
Decibel (dB) → Dezibel (dB) 3-28
Decimal → Dezimal 5-19
Decimal number → Dezimalzahl 4-3
Decoder → Decodierer 4-11
Decrementer → Abwärtszähler 9-11
Deed of gift → Schenkungsvertrag 16-3
Definition: classification of steel → Begriffsbestimmung: Einteilung der Stähle 14-5
Definitions → Begriffe
 - measuring technology → der Messtechnik ... 8-2f.
 - automatic control engineering → der Regelungstechnik 9-26
 - control engineering → der Steuerungstechnik . 9-3
Degeneration → Gegenkopplung .... 7-14, 7-22ff.
 - basic circuit → Grundschaltung 7-23
Degree → Altgrad 1-9
Degree of protection → Schutzgrad 12-79
Degrees (old degrees) → Grad (Altgrad) 1-9
Degrees Celsius → Grad Celsius 2-2, 2-12
Degrees Fahrenheit → Grad Fahrenheit 2-12
DEKRA → DEKRA 16-14
Delay → Verzögerung 2-8
Delay line → Laufzeitkette 4-16
Delete, Reset → Löschen, löschen ... 4-25, 5-13, 7-36, 9-17, 13-22, 13-28, 15-12
Delta → Dreieck 1-10, 1-14
Delta alternating current → Dreieckwechselspannung 1-13
Delta connection → Dreieckschaltung ... 3-17, 11-28
Delta contactor → Dreieckschütz 9-7
Delta mixed voltage → Dreieckmischspannung .. 1-13
Delta-star transformation → Dreieck-Stern-Umwandlung 3-8
Demultiplexer → Demultiplexer 4-13
Density → Dichte .... 2-6, 14-3f., 15-8ff.
Dependency notation → Abhängigkeitsnotation 13-25
Depletion type → Depletionstyp 7-37
Depletion type → Verarmungstyp 7-37, 13-15
Depth of penetration → Eindringtiefe 12-42
Derivative element → D-Glied 9-34
Derivative element → Differenzierglied 3-26
Design → Bauform 6-9, 6-15, 6-21, 6-24, 6-29, 7-40, 7-50, 11-35
Design and use of circuit boards → Gestaltung und Anwendung von Leiterplatten 6-33
Design elements → Gestaltungselemente 16-22
Design of circuit boards → Gestaltung von Leiterplatten 6-33
Design rules for printed circuit boards → Ausführungsregeln für Schaltpläne 13-8

Designs → Ausführungen
 - of nuts → von Muttern 14-28
 - of screws → von Schrauben 14-25
Detector → Melder .... 13-19f.
Determinate signal → Determiniertes Signal ... 4-30
Determination → Ermittlung
 - temperature rise of windings to 200 °C → der Übertemperatur von Wicklungen bis 200 °C ... 11-2
 - of the true value → des wahren Wertes 8-4
 - of excess temperatures → von Übertemperaturen .... 11-2f.
Determine an absence of voltage → Spannungsfreiheit feststellen 10-4, 10-32
Device capacitor → Gerätekondensator 6-15
Devices → Geräte 10-31f., 11-17
DFT → DFT 4-37
Diac → Diac 7-31
Diagram → Diagramm 7-15, 8-31
Diagrammatic map → Diagrammkarten 16-19
diameter measurement device → Durchmesserzeiger 1-7
DIAZED → DIAZED 12-22
Dielectric → Dielektrikum 6-14
Dielectric constant → Dielektrizitätszahl 6-16
Dielectric constant → Feldkonstante 2-5, 3-9
Dielectric constants → Elektrische Feldkonstante 2-5, 3-9
Dielectric strength → Durchschlagfestigkeit 3-9, 14-24
Dielectric strength → Elektrische Durchschlagfestigkeit 3-9
Differential amplifier → Differenzverstärker ... 7-25
Differential current → Differenzstromgerät ... 10-7
Differential quantity → Differenzmenge 1-2
Differentiator → Differenzierer 7-27
Diffusion current → Diffusionsstrom 7-5, 7-45
Digit counting tube → Ziffernzählröhre 7-47
Digital controller → Digitale Regler 9-25
Digital filter → Digitale Filter 4-38
Digital technology → Digitaltechnik 4-2
Digital Versatile Disk (DVD) → Digital Versatile Disk (DVD) 5-5
Digital-analogue conversion → Digital-Analog-Wandlung 4-34
Digital-analogue converter → Digital-Analog-Umsetzer (DAU) 5-18
Dim → Dimmen 12-55
Dimension line → Maßlinien 13-5
Dimensioning → Bemaßung 13-4
Dimmer → Dimmer 7-35, 9-4, 12-55, 13-21
Dimmer switch → Dimmerschaltung 12-55
DIN (German Institute for Standardization) → DIN (Deutsches Institut für Normung). 10-3, 16-2f., 16-14

18.2 Stichwortverzeichnis Englisch-Deutsch

DIN-EN-ISO → DIN-EN-ISO **16**-3
DIN EN standard → DIN-EN-Norm **16**-3
DIN IEC standard → DIN-IEC-Norm **16**-3
DIN ISO standard → DIN-ISO-Norm **16**-3
DIN standard → DIN-Norm **16**-3
DIN VDE standard → DIN-VDE-Norm **16**-3
DIN plug → DIN-Stecker **5**-12
Diode → Diode **6**-9f., **6**-31, **7**-3, **7**-6ff., **7**-18, **7**-31, **7**-34ff., **7**-45, **7**-48ff., **8**-11ff., **8**-22, **11**-18ff., **12**-36, **13**-12, **13**-15
Diode characteristic → Diodenkennlinie **7**-3, **7**-6
Diode thyristor → Thyristordiode **7**-31, **13**-15
Dioptre → Dioptrie **2**-18
Direct converter → Direktumrichter **11**-15
Direct coupling → Gleichstromkopplung **7**-21
Direct current → Gleichstrom **3**-2
Direct current generator → Gleichstromgenerator **11**-33
Direct current lead → Gleichstromleitung **12**-18
Direct current machines → Gleichstrommaschinen .... **11**-32ff.
Direct current motor → Gleichstrommotor **11**-32
Direct current voltage → Gleichspannung **3**-2
Direction → Richtung **1**-8
Direction of counting → Zählrichtung **7**-13
Direction of rotation → Drehrichtung **11**-2, **11**-14, **11**-24
Direction of rotation → Umlaufsinn **3**-7
Directly opposed equal vectors → Entgegengesetzt gleiche Vektoren **1**-8
Discharge → Entladung **3**-15
Discharge lamp → Entladungslampe **12**-67
Disconnect → Freischalten **10**-32
Discontinuous controller → Unstetige Regler.... **9**-25
Discrete Fourier transform (DFT) → Diskrete Fourier-Transformation (DFT) **4**-37
Discrete resistor → Einzelwiderstand **3**-6
Discrete signal value → Wertdiskretes Signal ... **4**-30
Discrete-time signal → Zeitdiskretes Signal..... **4**-30
Discriminator of voltage → Fensterdiskriminator **7**-28
Disjunction → Disjunktion **4**-6
Dispersing lens → Zerstreuungslinse **2**-18
Dispersion → Dispersion **7**-56, **15**-9
Displacement current → Verschiebestrom **7**-5
Display component → Anzeigebauelement .... **7**-54f.

Display unit → Anzeigeeinheit **13**-26
Disposal of hazardous waste → Entsorgung gefährlicher Abfälle **15**-21
Distributive law → Distributivgesetz **4**-2
Distributor → Verteiler **12**-9, **12**-11, **13**-20
Disturbance variable → Störgröße **9**-21
Disturbing pulse → Störimpuls **4**-15
Dividends → Dividende **16**-2
Division → Division **1**-5
DKE → DKE **10**-3
Documentation → Dokumentation . **4**-25, **10**-2, **10**-12
Documents in electrical engineering → Dokumente der Elektrotechnik **13**-7
Domain → Definitionsbereich **1**-2
Donor → Donator **7**-2
Door intercom system → Türsprechanlagen ... **12**-56
Door opening system → Türöffneranlage **12**-56
Doping → Dotierung **7**-52
Doppler effect → Doppler-Effekt **8**-16, **8**-24
Double circuit line → Doppelleitung **3**-12
Double or enhanced insulation → doppelte oder verstärkte Isolierung **10**-26
Drafting of contracts → Vertragsgestaltung **16**-3
Drain → Drain .... **7**-38ff.
- Drain connection → Drainschaltung **7**-39
- Drain current → Drainstrom .... **7**-39f.
Drawing → Zeichnung .... **13**-2ff.
- dimensioning → Maßeintragung .... **13**-5f.
- measuring unit → Maßstab **13**-4
Drilling screws → Bohrschrauben **14**-27
Drive → Antrieb **11**-34, **13**-13, **13**-18
- output → Leistung **2**-10
- technology → Technik .... **11**-1ff.
Dry rooms → Trockene Räume **10**-10
DTE → DÜE **5**-9
D-type trigger element → D-Kippglied **4**-9
Dual in-line housing (DIL) → Dual-in-Line-Gehäuse (DIL) **6**-31
Dual logarithm → Dualer Logarithmus **1**-3
Dual-slope process → Dual-Slope-Verfahren ... **4**-33
Durability → Dauerbelastbarkeit **14**-17
Duty to investigate → Ermittlungspflicht **15**-3
DVD (Digital Versatile Disk) → DVD (Digital Versatile Disk) **5**-5
Dynamic friction → Gleitreibung **2**-8

E

Earth and short circuit → Erden und Kurzschließen **10**-32
Earth contact → Erdschluss **10**-6
Earth electrode → Erder **12**-34

Earth electrode resistance → Erdausbreitungswiderstand **12**-34
Earthing → Erdung **9**-5, **10**-3, **10**-13
Earthing conductor → Erdungsleiter ... **10**-19f., **10**-23

18.2 Stichwortverzeichnis Englisch-Deutsch

Earthing conductor current → Schutzleiterstrom **10**-31
Earthing conductor resistor → Schutzleiterwiderstand **10**-31
Earthing equipment conductor → Schutzleiter. . **10**-19
Earthing resistance → Erdungswiderstand **10**-17, **10**-23, **10**-30
Eavesdropping security → Abhörsicherheit **12**-42
E-check → E-Check **10**-30
ECL → ECL **4**-14
Economics and social studies → Wirtschafts- und Sozialkunde . . . . **17**-2f.
Economy pole changing connection → Sparwechselschaltung **12**-53
Editor → Editor **5**-27
EEPROM → EEPROM **4**-25
Eex → Eex **12**-45
Effective conductor length → Wirksame Leiterlänge **3**-12
Effective current → Stromwirkung **10**-4
Effective dead time → Verzugszeit **9**-27
Effective force → Wirksame Kraft **2**-7
Effective measurement → Effektivwertmessung . **8**-12
Effective power → Wirkleistung **3**-4
Effective value → Effektivwert **3**-16
Efficiency → Wirkungsgrad **2**-10, **3**-4
Efficiency method → Wirkungsgradverfahren . . **12**-71
eHZ → eHZ **8**-38
EIB systems → EIB-Systeme **12**-47
EIB (European Installation Bus) → EIB (Europäischer Installationsbus) **9**-21, **12**-46, **12**-50, **13**-26
Elasticity modulus → Elastizitätsmodul **14**-24
ELD (Electrical Luminescence Display) → ELD (Electrical Luminescence Display) **7**-55
Electric charge → Elektrische Ladung **3**-2, **3**-9
Electric current → Elektrische Stromstärke . . . **2**-2, **3**-2
Electric field → Elektrisches Feld **3**-9
Electric field strength → Elektrische Feldstärke . . . **3**-9
Electric flux density → Elektrische Flussdichte **3**-9
Electric motor → Elektromotor **11**-3, **12**-81
Electric sheet → Elektroblech . . . . **14**-5f.
Electric shock → Elektrischer Schlag **10**-2
Electric shock, protective measures → Elektrischer Schlag, Schutzmaßnahmen **10**-14
Electric strip → Elektroband . . . . **14**-5f.
Electric tension → Elektrische Spannung **3**-2
Electrical accident → Elektrounfall **10**-4, **12**-82
Electrical appliances → Elektrogeräte . . . . **12**-10f.
Electrical characteristics → Elektrische Eigenschaften **6**-34
Electrical conductivity → Elektrische Leitfähigkeit **2**-4, **7**-2ff., **14**-3, **14**-10
Electrical devices, testing → Elektrische Geräte, Prüfung **10**-31
Electrical displacement → Elektrische Verschiebung **3**-9
Electrical energy stored → Elektrisch gespeicherte Energie **3**-10
Electrical energy, generation and distribution → Elektrische Energie, Erzeugung und Verteilung . . . . **12**-2ff.
Electrical engineering → Elektrotechnik
 - components → Bauelemente . . . . **6**-1**ff.**
 - graphical symbols → Bildzeichen . . . . **13**-27f.
 - documents → Dokumente . . . . **13**-7ff.
Electrical equipment → Elektrische Betriebsmittel **3**-3, **13**-10
Electrical insulating properties → Eigenschaften elektrischer Isolierstoffe **14**-22
Electrical machines, tolerance → Elektrische Maschinen, Toleranz **11**-3
Electrical mains → Hauptleitung . . **10**-2, **10**-17, **13**-19
Electrical output → Elektrische Leistung **3**-4
Electrical power installations → Starkstromanlagen **10**-12f., **12**-13, **12**-34
Electrical resistance → Elektrischer Widerstand . . **2**-4, **6**-34
Electrical stove → Elektroherd **13**-21
Electrical system → Elektrische Anlage . . . . **12**-1ff.
 - insulation error → Isolationsfehler **10**-6
 - safety rules when working → Sicherheitsregeln beim Arbeiten **10**-32
 - voltage drop and switch-off time → Spannungsfall und Abschaltzeit **10**-21
Electrical work → Elektrische Arbeit **3**-4
Electrical work and heat → Elektrische Arbeit und Wärme **3**-4
Electricity Generating Company → Elektrizitätsversorgungsunternehmen (EVU) **10**-12
Electricity Generating Company → EVU (Elektrizitätsversorgungsunternehmen) **10**-12
Electricity meter → Elektrizitätszähler . . . . **8**-36f.
Electrode → Elektrode **7**-47
Electrodynamic movement → Elektrodynamisches Messwerk **8**-7
Electrodynamic movement → Messwerk **8**-7
Electroheat → Elektrowärme . . . . **12**-59f.
Electroluminescent display → Elektrolumineszenzbildschirm **7**-55
Electroluminescent foil → Elektrolumineszenzfolie **7**-52
Electrolyte capacitor → Elektrolytkondensator . . **6**-15
Electromagnetic compatibility (EMC) → Elektromagnetische Verträglichkeit (EMV) **12**-38

18.2 Stichwortverzeichnis Englisch-Deutsch

Electron → Elektron .... 2-5, 3-2, 7-2, 7-5, 7-12, 7-45 ff.
Electronic ballast → EVG (Elektronisches Vorschaltgerät) 12-69
Electronic component → Elektronisches Bauelement .... 7-1 ff.
Electronic domestic supply meter → Elektronischer Haushaltszähler (eHZ) 8-38
Electronic domestic supply meter → Haushaltszähler 8-38
Electronic production → Elektronik-Produktion 15-7
Electronic tube → Elektronenröhre ..... 7-25, 7-45 ff., 7-55
Electrostatic charge → Elektrostatische Aufladung 12-43
Electrostatic discharge → Elektrostatische Entladungen 12-38
Electro-thermal analogy → Elektro-thermische Analogie 7-43
Element symbol → Elementsymbol 14-3
Element → Element
- analogue → analog .... 13-25 f.
- binary → binär .... 13-23 f.
Elementary charge → Elementarladung 2-5, 3-2
Elementary function → Elementare Funktion 1-11
Elements in closed loop control circuits → Regelkreisglieder .... 9-27 f.
- frequency response → Frequenzverhalten ... 9-28
- timing → Zeitverhalten 9-27
Ellipse → Ellipse 1-11, 1-14
EMC (electromagnetic compatibility) → EMV (elektromagnetische Verträglichkeit) .... 12-33 ff.
EMERGENCY STOP → NOT-AUS 10-13
EMERGENCY STOP → NOT-HALT 9-4
Emission → Emission 12-4
Emission spectrum → Emissionsprektum 12-62
Emitter → Emitter 7-13, 7-31
- Emitter circuit → Emitterschaltung ..... 7-4, 7-13, 7-17, 7-19 ff., 7-24 f.
Employment contract → Arbeitsvertrag 16-3
EN standard → EN-Norm 16-3
Energy flow direction → Energieflussrichtung 8-38
Energy input → Zugeführte Arbeit 2-10, 3-4
Energy network → Energienetz 12-35
Energy saving lamp → Energiesparlampe 15-6
Energy source → Energieträger 12-2
Energy store → Energiespeicher 6-23
Energy → Energie 2-10
- of a current-carrying coil → einer stromdurchflossenen Spule 3-12
- of a charged capacitor → eines geladenen Kondensators 3-10
Enhancement type → Anreicherungstyp 7-37, 13-15
Entering mass in drawings → Maßeintragung in Zeichnungen 13-5
Environmental protection → Umweltschutz 15-2, 15-21
Environmentally-relevant operation areas → Umweltrelevante Betriebsbereiche 15-21
E-Paper → Elektronisches Papier 7-53
EPROM → EPROM 4-25
Equal vectors → Gleiche Vektoren 1-8
Equating method → Gleichsetzungsmethode 1-4
Equation → Gleichung .... 1-3 ff.
- first degree with one unknown → ersten Grades mit einer Unbekannten 1-3
- first degree with two unknowns → ersten Grades mit zwei Unbekannten 1-4
- second degree → zweiten Grades 1-4
Equipment → Betriebsmittel 3-3, 13-10
Equipment connection → Betriebsmittelanschluss 13-11
Equipment identification → Betriebsmittelkennzeichnung .... 13-10 ff.
Equipment, measuring and testing of protective measures → Geräte, Messen und Prüfen der Schutzmaßnahmen 10-13
Equivalence → Äquijunktion 4-6
Equivalence → Äquivalenz 4-6
Equivalent network → Ersatzschaltung .... 4-6, 7-9 ff., 7-19, 7-25, 7-38, 7-43
- for coils and capacitors → für Spulen und Kondensatoren 3-27
Equivalent series and parallel connection → Gleichwertige Reihen- und Parallelschaltung 3-17
Error variable → Regeldifferenz 9-26
Esaki diode → Esaki-Diode 7-11
Esaki diode → Tunneldiode 7-11, 13-15
Establishing requirements → Bedarfsermittlung . 16-6
Etching → Ätzung 15-7, 15-9
Ethernet → Ethernet .... 5-10, 9-20 f.
European Installation Bus (EIB) → Europäischer Installationsbus (EIB) 13-26
Evacuation signs → Rettungszeichen 15-16
Excess temperature of windings → Übertemperatur von Wicklungen 11-2
Exclusive OR (antivaleince) → Ex(klusiv)-ODER (Antivalenz) 4-6
Exhaust air → Abluft 15-21
Expansion due to heat → Ausdehnung durch Wärme 2-13

18.2 Stichwortverzeichnis Englisch-Deutsch

Expansion of the measurement range → Messbereichserweiterung **8**-10
Expert system → Expertensystem **5**-28
Explosion group → Explosionsgruppe **12**-44
Explosion hazard areas → Explosionsgefährdete Bereiche **12**-44, **12**-78,
Explosion hazard zones → Explosionsgefährdete Zonen **12**-44
Explosion protection → Explosionsschutz .... **12**-44f.
Exponential function → Exponentialfunktion **1**-2, **1**-11
Exponentiate → Potenzieren **1**-5
Exposure → Belichtung..................... **12**-61

Exterior lighting → Außenbeleuchtung
- calculation methods → Berechnungsmethoden .... **12**-61ff.
External conductor → Außenleiter.. **9**-5, **10**-6, **10**-17f.
External conductor current → Außenleiterstrom **3**-4, **3**-17
External conductor voltage → Außenleiterspannung **3**-4, **3**-17
External converters → Fremdgeführte Stromrichter **7**-36
External lightning protection → äußerer Blitzschutz................................ **12**-33
Extra-low voltage → Kleinspannung **10**-25, **12**-54

F

F (Farad) → F (Farad)......................... **2**-2
Factoring agreement → Factoringvertrag **16**-4
Fail-safe cut-off → Fehlersichere Abschaltung .. **9**-10
Fan-In → Fan-In............................. **4**-16
Fan-out → Fan-Out **4**-16
Farad (F) → Farad (F)........................ **2**-2
Faraday constant → Faraday-Konstante......... **2**-5
Fast Fourier transformation (FFT) → Fast Fourier-Transformation (FFT) **4**-37
Fault calculation and measurement error → Fehlerrechnung und Messfehler .... **8**-4f.
Fault class → Fehlerklasse **8**-33
Fault distance → Störabstand **4**-15
Fault protection → Fehlerschutz **10**-12, **10**-18
Fault protection through automatic cut-off of power supply → Fehlerschutz durch automatische Abschaltung der Stromversorgung............. **10**-20
Fault voltage → Fehlerspannung .. **10**-6, **10**-17, **10**-30
Fault-free operation → Störfestigkeit **9**-3
Feed in/power supply → Einspeisung......... **11**-12
Feedback → Rückkopplung **7**-22
FELV → FELV............................. **10**-25
FET (junction field-effect transistor) → FET (Sperrschicht-Feldeffekttransistor)................. **7**-38
FFT (Fast Fourier Transformer) → FFT (Fast Fourier-Transformation) **4**-37
Fibre glass cable → Glasfaserkabel........... **12**-46
Field bus → Feldbus **9**-18, **12**-46
Field bus system → Feldbussystem........... **9**-18f.
Field current → Feldstrom................ **7**-5, **7**-45
Field effect transistor (FET) → Feldeffekttransistor (FET)................................. **7**-25, **7**-37
Field plate → Feldplatte **7**-41
Field strength → Feldstärke **3**-11
FIFO → FIFO.............................. **4**-12
File → Datei **5**-25

File → Ordner **5**-25
File system → Dateisystem.................. **5**-26
Film resistors → Schichtwiderstände **6**-4
Filter → Filter **4**-38
- digital → digital **4**-38
Filter circuit → Filterschaltung **12**-41
Final examination → Abschlussprüfung **17**-3
Final format of writing paper → Schreibpapier-Endformat **13**-2
Financial court → Finanzgericht.............. **16**-26
FIR → FIR **4**-38
Fire alarm → Brandmelder **13**-20
Fire fighting measures → Brandbekämpfung.... **10**-2
Fire protection → Brandschutz................ **10**-7
Firewire → Firewire **5**-6
First aid for electrical accidents → Erste Hilfe bei Elektrounfällen **12**-82
First breakdown → Erster Durchbruch **7**-16
Five safety rules → Fünf Sicherheitsregeln...... **10**-4
Fixed materials → Feste Stoffe.................. **2**-6
Fixed point → Festpunkt................... **15**-10ff.
Fixed price strategy → Festpreisstrategie....... **16**-5
Fixed resistor → Festwiderstand **6**-4
Flash converter → Flash-Konverter **4**-33
Flash converter → Parallelumsetzer **4**-33
Flash EEPROM → Flash EEPROM........... **4**-25
Flash memory cell → Flashspeicherzelle......... **5**-4
Flat wire → Flachdraht
- heating conductor alloy → Heizleiterlegierung................................ **14**-12
Flatbed scanner → Flachbettscanner **5**-14
Flexible hose → Schlauchleitung .... **12**-8, **12**-10f.
Flexural compressive stress → Biegedruckspannung **2**-11
Flexural strength → Biegefestigkeit........... **14**-24
Flexural tensile stress → Biegezugspannung.... **2**-11

18.2 Stichwortverzeichnis Englisch-Deutsch

Flip flop → Flipflop.............................. **4**-9
Floating-point number → Gleitkommazahl **4**-4
Floor loading → Bodenbelastung **15**-21
Flow chart → Ablaufplan....................... **5**-31
Flow measurement → Durchflussmessung .... **8**-16 f.
Fluorescent lamp → Leuchtstofflampe ... **7**-47, **12**-31, **12**-45, **12**-62, **12**-64 ff., **13**-12, **13**-18, **13**-21, **15**-4
Flux → Fluss..................................... **3**-11
Flux converter → Flusswandler **11**-19
Flux density → Flussdichte................. **3**-9, **3**-11
Flux material → Flussmittel **14**-12, **15**-7
Flux material – type and effect → Flussmittel-Typ und Wirkung **14**-12
Flux quantum → Flussquant.................... **2**-5
Flyback converter → Sperrwandler .... **11**-19 f.
Focal distance → Brennweite **2**-17, **2**-18
Focal point → Brennpunkt **2**-17
Foetal damage group → Fruchtschädigungsgruppe **15**-15
Fonts → Schriften **13**-4
Force → Kraft **2**-6
 - on current-carrying conductors in a magnetic field → auf stromdurchflossenen Leiter im Magnetfeld............................. **3**-12
 - in a magnetic field → im Magnetfeld........ **3**-12
Force at an angle → Kräfte unter einem Winkel ... **2**-7
Force measurement → Kraftmessung.......... **8**-26
Force vector → Kraftvektor.................... **2**-6
Form factor → Formfaktor **3**-16, **8**-12
Forms of complex numbers → Formen komplexer Zahlen **1**-4
Formula symbol → Formelzeichen........... **2**-43 f.
Fortran → Fortran **5**-32
Forward bias → Durchlassspannung....... **7**-7, **7**-31
Forward converter → Durchflusswandler **11**-21
Forward current → Durchlassstrom...... **7**-3 ff., **7**-12, **7**-31 ff.
Fossil fuels → Fossile Energieträger **12**-2
Fourier coefficient → Fourierkoeffizient **1**-12
Fourier decomposition → Fourierzerlegung **1**-12
Fourier series → Fourierreihe.................. **1**-12
Four-layer diode → Vierschichtdiode **7**-31

Four-wire system → Vierleiternetz.............. **3**-3
FPGA → FPGA **4**-26
Franchise agreement → Franchisevertrag **16**-4
Freight forwarding contract → Speditionsvertrag . **16**-4
Frequency → Frequenz **2**-14, **3**-16
Frequency hopping → Frequency Hopping...... **5**-11
Frequency response → Frequenzverhalten...... **3**-26
Frequency transformation → Frequenztransformation **8**-31
Frequency weighting → Frequenzbewertung.... **8**-15
Friction → Reibung............................ **2**-8
Friction force → Reibungskraft................. **2**-8
Friction torque → Reibungsmoment **2**-8
Frontside bus → Frontside-Bus **5**-3
Full adder → Volladdierer **4**-13
Full angle → Vollwinkel **1**-9
Full bridge → Vollbrücke **8**-23
Full wave rectified sine-wave voltage → Doppelweggleichgerichtete Sinusspannung **1**-13
Full-range fuse → Ganzbereichssicherung..... **12**-19
Function and system analysis → Funktions- und Systemanalyse .... **17**-2 f.
Function curve → Funktionskurve **1**-10
Function generator → Funktionsgenerator...... **8**-30
Function test → Funktionsprüfung **12**-82
Function values for important angular sizes → Funktionswerte wichtiger Winkelgrößen **1**-10
Functions → Funktionen .... **1**-9 ff.
Fundamental component → Grundschwingung. **11**-16
Fundamental mathematics → Mathematische Grundlagen .... **1**-1 ff.
Fundamentals of electrical engineering → Grundlagen der Elektrotechnik .... **3**-1 ff.
Fundamentals, technical drawing → Grundlagen, zeichentechnische .... **13**-2 ff.
Fuse → Geräteschutzsicherung **6**-22
Fuse → Schmelzsicherung **12**-20, **12**-22
Fuse → Sicherung .... **6**-21, **12**-19 ff.
Fuzzy controller → Fuzzy-Regler **9**-37
Fuzzy logic → Fuzzy-Logik **9**-36
Fuzzy logic → unscharfe Logik................. **9**-36
Fuzzyfication → Fuzzyfizierung **9**-37

G

GAL → GAL.................................... **4**-26
Gas constant → Gaskonstante.................. **2**-5
Gas density → Gasdichte .... **15**-10 ff.
Gas discharge tube → Gasentladungsröhre..... **7**-47, **13**-19
Gas filter types → Gasfiltertypen **15**-15
Gas tube → Gasableiter **6**-10

Gases → Gase **2**-6
Gate → Gate **7**-38
Gate → Gatter.... **4**-6, **4**-10, **4**-14 ff., **4**-27, **4**-32, **7**-42
Gateway → Gateway .... **9**-20 f.
GbR → GbR................................... **16**-2
GefStoffV – Ordinance on Hazardous Substances → Gefahrstoffverordnung (GefStoffV) **15**-3

18.2 Stichwortverzeichnis Englisch-Deutsch

General ideal gas law → Allgemeine Zustandsgleichung des idealen Gases. **2**-9
General symbols → Allgemeine Formelzeichen . . **2**-3f.
Generation and distribution of electrical energy → Erzeugung und Verteilung elektrischer Energie. . . . . **12**-2ff.
Generator control → Generatorregel. **3**-12
Generators → Generatoren. . . . . **9**-32, **10**-24ff.
Geometric representation of complex numbers → Geometrische Darstellung komplexer Zahlen. **1**-5
Geothermal energy → Geothermik **12**-2
German Civil Code → BGB. **16**-3
German Commercial Code → HGB **16**-3
German Federal Constitutional Court → Bundesverfassungsgericht **16**-26
German Research Foundation (DFG) → Deutsche Forschungsgemeinschaft (DFG) . . . . **15**-2ff.
GHS (Globally Harmonized System of Classification and Labelling of Chemicals) → GHS (Gefahrenstoff-Kennzeichnungssystem) **15**-18
Glixon code → Glixon-Code **4**-5
Globally Harmonized System of Classification and Labelling of Chemicals (GHS) → Gefahrstoff-Kennzeichnungssystem (GHS). **15**-18
GmbH → GmbH **16**-2
Gold group → Goldgruppe **14**-4
Gon (new degrees) → Gon (Neugrad) **1**-9
Graphical representation → Grafische Darstellung **13**-3
Graphical symbols in electrical engineering → Bildzeichen der Elektrotechnik . . . . **13**-27f.
Graphical symbols → Schaltzeichen **13**-13
 - production of electrical energy → Erzeugung elektrischer Energie. **13**-16
 - terminal equipment → Endeinrichtungen . . . **13**-21
 - electrical installation → Elektroinstallation . . **13**-20
 - electron tubes → Elektronenröhren **13**-15
 - semiconductors → Halbleiter **13**-15
 - identification → Kennzeichnung **13**-13
 - conductor → Leiter. **13**-14
 - alarm systems → Meldeeinrichtungen **13**-19
 - measuring devices → Messeinrichtungen. . . **13**-19
 - passive components → passive Bauelemente **13**-14
 - switching devices → Schaltgeräte **13**-17
 - protective equipments → Schutzeinrichtungen **13**-17
 - signal devices → Signaleinrichtungen **13**-19
 - symbol elements → Symbolelemente **13**-13
 - transmission equipment → Übertragungseinrichtungen. **13**-22
 - conversion of electrical energy → Umwandlung elektrischer Energie. **13**-16
 - connectors → Verbinder **13**-14
 - switching equipment → Vermittlungseinrichtungen **13**-21
Gravitational acceleration → Fallbeschleunigung . **2**-5
Gravitational constant → Gravitationskonstante. . **2**-5
Gravitational energy → Gravitationsenergie. **12**-2
Greek alphabet → Griechisches Alphabet. **2**-5
Greinacher circuit → Greinacher-Schaltung **7**-8
Grid → Gitter. **7**-45ff., **7**-55
Grid transformer → Netztransformator **6**-17
Grounded-anode configuration → Anodenbasisschaltung. **7**-45
Ground-grid configuration → Gitterbasisschaltung **7**-45
Group compensation → Gruppenkompensation. **12**-31
Group of germ cell mutagens → keimzellmutagene Gruppe. **15**-11
GTO (gate turn-off thyristor) → GTO (Abschaltthyristor). **7**-35
Gunn element → Gunn-Element **7**-12
Gunn oscillator → Gunn-Oszillator **7**-12
Gyrator → Gyrator **7**-27

H

H (Henry) → H (Henry). **2**-2
h parameter → h-Parameter. . . . . **7**-19f.
Half adder → Halbaddierer. **4**-13
Half bridge → Halbbrücke. **8**-23
Half wave rectified sine-wave voltage → Einweggleichgerichtete Sinusspannung **1**-13
Hall effect → Halleffekt **7**-41, **8**-14
Hall generator → Hallgenerator **7**-41
Halogen lamp → Halogenlampe. **12**-63
Halogen light bulbs → Halogen-Glühlampe **12**-63
Halogen reflector bulb → Halogen-Reflektorglühlampe **12**-63
Hand-held scanner → Handscanner **5**-14
Handling error → Bedienungsfehler **12**-80
Hard drive → Festplatte **5**-4
Hard PVC components → Hart-PVC-Bauteile **15**-7
Hardware → Hardware . . . . **5**-2ff.
Hardwired logic → Festverdrahtete Logik. . . . . . **4**-6ff.
Hard-wired programmed logic controller → Verbindungsprogrammierte Steuerung (VPS) **9**-3
Harmonic component → Oberschwingung. **11**-16
Harmonized lines → harmonisierte Leitungen . . . **12**-9
Hartley circuit → Hartley-Schaltung **7**-28

18.2 Stichwortverzeichnis Englisch-Deutsch

Hazard identification letter → Gefahrenkennbuchstabe **15**-19
Hazard note → Gefahrenhinweis **15**-18
Hazard reduction → Gefahrenreduzierung **15**-7
Hazardous area → Gefährdungsbereich **10**-5
Hazardous material → Gefahrstoff
 - at work → am Arbeitsplatz .... **15**-2ff.
 - identification → Kennzeichnung **15**-12
 - source → Quelle .... **15**-6ff.
 - physical properties → Stoffwerte .... **15**-10ff.
 - symbols → Symbole **15**-14
Hazardous to health → Gesundheitsschädlich .. **15**-19
Hazardous waste → gefährlicher Abfall **15**-21
HDD → HDD **5**-4
Heat → Wärme **3**-4
Heat capacity → Wärmekapazität **2**-4, **2**-12, **7**-43, **14**-3
Heat conduction → Wärmeleitung **2**-13
Heat current → Wärmestrom **2**-13
Heat dissipation → Wärmeableitung **7**-43
Heat flow volume → Wärmemenge **2**-12
Heat of evaporation → Verdampfungswärme ... **2**-12
Heat transfer → Wärmedurchgang **12**-59
Heat transfer coefficient → Wärmedurchgangs-
zahl **12**-59
Heat transmission coefficient → U-Werte **12**-59
Heating → Heizung **7**-45
Heating line alloy → Heizleiterlegierungen **14**-12
Heating plant → Heizkraftwerk **12**-4
Henry (H) → Henry (H) **2**-2
Hertz (Hz) → Hertz (Hz) **2**-2
Hexadecimal → Sedezimal **5**-19
Hexadecimal number → Hexadezimalzahl **4**-3

Hexadecimal number → Sedezimalzahl **4**-3
Hexagon socket → Innensechskant **14**-26
High price strategy → Hochpreisstrategie **16**-5
High-pass → Hochpass **3**-26
High-pressure sodium lamp → Natrium-Hochdruck-
lampe **12**-67
High-voltage → Hochspannung **12**-3
Hire purchase agreement → Mietkaufvertrag ... **16**-4
Holding current → Haltestrom .... **7**-31 f.
Holes → Löcher **7**-2, **7**-5
Holiday → Urlaub **16**-24
Hollow cylinder → Hohlzylinder **1**-14
Homogeneous electric field → Homogenes elektri-
sches Feld **3**-9
Hot water generation → Warmwasser-
bereitung **12**-60
Housing → Gehäuse **4**-14, **4**-27, **6**-16, **6**-31,
6-35, **7**-43, **7**-44, **7**-50, **8**-28, **8**-38, **9**-15, **9**-17, **10**-6,
10-18, **10**-25, **10**-31, **11**-9, **11**-35, **12**-37, **12**-41, **12**-
45, **13**-13, **13**-15, **14**-10, **14**-19 ff.
HPGL → HPGL **5**-17
Hydraulic press → Hydraulische Presse **2**-9
Hydroelectric power → Wasserkraft **12**-2
Hydroelectric power station → Wasserkraftwerk. **12**-4
Hydrostatic pressure → Hydrostatischer Druck ... **2**-9
Hyperbola → Hyperbel **1**-11
Hyperbola of power dissipation → Verlustleistungs-
hyperbel **7**-4
Hypotenuse → Hypotenuse **1**-9
Hysteresis curve → Hysteresekurve **3**-11
Hz (Hertz) → Hz (Hertz) **2**-2

I

I^2L → I^2L **4**-14
IDE → IDE .... **5**-4 f.
Identification colours → Kennfarben **9**-4, **12**-19
Identification systems for copper and alloys → Kenn-
zeichnungssysteme für Kupfer und Legierungen. **14**-8
Idle current → Leerlauf **3**-7
Idle Hall voltage → Leerlaufhallspannung **7**-41
IEC BUS → IEC-Bus **5**-6, **8**-29
IEC BUS controller → IEC-Bus-Steuerung **8**-29
IEC standard → IEC-Norm **16**-3
Igniting current → Zündstrom .... **7**-32 ff.
Ignition → Zünden .... **7**-32 ff., **12**-44
Ignition temperature → Zündtemperatur ..... **12**-44 ff.
Ignitron → Ignitron **7**-47
Ignition electrode → Zündelektrode **7**-47
IIR → IIR **4**-38
Illumination foil → Leuchtfolien **7**-52

Illuminance → Beleuchtungsstärke. **7**-49, **12**-61, **12**-71
Illustration → Darstellung
 - in circuit diagram → im Schaltplan **13**-8
 - graphical → grafisch **13**-3
 - orthogonal → orthogonal **13**-4
 - technical → technisch .... **13**-4 ff.
Image size → Bildgröße **2**-17, **2**-18
Imaginary parts of z → Imaginärteil von z **1**-4
Imaginary unit → Imaginäre Einheit **1**-4
Impact sound → Trittschall **2**-14
Impedance → Impedanz **3**-18, **3**-21
Impedance conversion → Impedanztransfor-
mation **7**-27
Impedance converter → Impedanzwandler **4**-31, **7**-27
Implication → Implikation, Subjunktion **4**-6
Important angular sizes → Wichtige Winkel-
größen **1**-10

18.2 Stichwortverzeichnis Englisch-Deutsch

Impurity conduction → Störstellenleitung ... 7-2, 7-6
Incremental resistance → differenzieller Widerstand 7-9
Incrementer → Aufwärtszähler 9-11
Index → Index 2-5
Indicator light → Leuchtmelder 9-4
Indicator light, colour code → Leuchtmelder, Kennfarben 9-4
Indices → Indizes 2-5
Indirect voltage converter → U-Umrichter 11-12
Inductance → Induktivität 3-12
Inducted voltage → Induzierte Spannung 3-12
Induction law → Induktionsgesetz 3-12
Induction → Induktion 3-12
- of movement → der Bewegung 3-12
Inductive ballast → IVG (Induktives Vorschaltgerät) 12-69
Inductive proximity sensors/switches → Induktive Näherungsschalter 9-14
Industrial tribunal → Arbeitsgericht 16-26
Infinite Impulse Response → Infinite Impulse Response 4-38
Information gathering → Informationsfindung . 16-21
Information network → Informationsnetz 12-35
Information sign → Hinweisschild 15-16
Infra-red interface → Infrarotschnittstelle 5-11
Inhibition → Inhibition 4-6
Initial magnetisation curve → Neukurve 3-11
Initial phase → Nullphasenwinkel 1-4
Inner product → Inneres Produkt 1-8
Inner resistance → Innerer Widerstand 3-8, 7-45
Input characteristic → Eingangskennlinie .. 7-14, 7-37
Input device → Eingabegerät 5-12
Input resistance → Eingangswiderstand 7-14ff., 7-39ff., 7-45, 8-10ff., 8-27
Input value → Eingangsgröße .... 9-2ff.
Inspection → Inspektion 12-81
Inspection → Prüfung .... 10-1ff.
- of electric devices → elektrischer Geräte 10-31
- in low voltage systems → in Niederspannungsanlagen 10-12
- protective policy → Schutzbestimmungen .. 10-2f.
- protective measures → Schutzmaßnahmen . 10-12
Inspection period → Prüffrist 10-30
- E-check → E-Check 10-30
Installation and communication circuits → Installations- und Kommunikationsschaltungen .... 12-51ff.
Installation bus → Installationsbus 13-26
Installation cable → Installationskabel .. 12-13, 12-15
Installation circuit → Installationsschaltung 12-51
Installation line → Installationsleitung 12-15

Installation of equipment and cables for telecommunication equipments → Installationsanlagen und Kabel für Fernmeldeanlagen 12-15
Installation sites → Baustellen 12-82
Installation size, common → Baugröße, gängige 6-23
Instantaneous value → Augenblickswert 3-16
Instruction → Anweisung 9-3
Instruction list → Anweisungsliste .... 9-11f.
Insulated conductors and cables → Isolierte Leitungen und Kabel .... 12-6ff.
Insulated-gate FET → Isolierschicht-FET 7-37
Insulating glass material → Glasisolierstoff... 14-23f.
- characteristic → Kennwerte 14-24
Insulating material → Isolationswerkstoff 15-6
Insulating material → Isolierstoff 14-22
- density → Dichte 14-22
- dielectric strength → Durchschlagfestigkeit . 14-22
- properties → Eigenschaften 14-22
- class, limit temperature → Klasse, Grenztemperatur 11-3
- relative permittivity → Permittivitätszahl ... 14-22
- specific resistance → Spezifischer Widerstand 14-3, 14-22
- loss factor → Verlustfaktor 14-22
Insulation → Isolierung 10-26
Insulation fault → Isolationsfehler 10-6
Insulation monitoring → Isolationsüberwachung 10-11
Insulation monitoring unit → Isolations-Überwachungs-Einrichtung 10-11
Insulation resistance → Isolationswiderstand .. 10-10
Insulation resistance and minimum insulation resistance → Isolationswiderstand und Mindestisolationswiderstände 10-10
Insulation resistance in electrical systems, insulating monitoring and Influencing factors → Isolationswiderstand in elektrischen Anlagen, Isolationsüberwachung und Einflussgrößen 10-11
Integers → Ganze Zahlen 1-2
Integral action controller → I-Regler 9-33
Integral element → Integrierglied 3-26
Integrated analogue circuit → Integrierte Analogschaltung 7-42
Integrated circuit → Integrierte Schaltung 7-9, 7-25, 7-42
Integrated circuit (IC) → Monolithische integrierte Halbleiterschaltung 7-42
Integrated circuit layer → Integrierte Schichtschaltung 7-42
Integrated digital circuit → Integrierte Digitalschaltung 7-42
Integrator → Integrierer 7-27

18.2 Stichwortverzeichnis Englisch-Deutsch

Interaction of forces → Zusammenwirken von Kräften.................................. 2-7
Interbus → Interbus...................... 9-21
Intercom system → Gegensprechanlage 12-58
Intercom system → Sprechanlage...... 12-56, 12-58
Interface → Interface..................... 4-17
Interface → Schnittstelle.................. 5-2
Interface function → Schnittstellenfunktion...... 9-9
Interface module → Anschaltbaugruppe 9-18
Interference error → Beeinflussungsfehler....... 8-4
Interference error → Einflussfehler............ 8-4
Interior illumination → Innenbeleuchtung
 - method of calculation → Berechnungsmethode .... 12-61 ff.
Interlocking → Verriegelungen.............. 10-20
Intermediate circuit converter → Zwischenkreis-Umrichter.................. 11-12
Internal and external lightning protection → Innerer und äußerer Blitzschutz................... 12-33 ff.
Internal clock → Systemtakt..................... 5-2
Internal lightning protection → Innerer Blitzschutz 12-34
Internal structure of the central unit → Interner Aufbau der Zentraleinheit 5-3
International system of units → Internationales Einheitensystem................. 2-2
Internet → Internet .... 9-20 ff.

Interpreter → Interpreter 5-27
Intrinsic conduction → Eigenleitung .. 7-2, 7-5 f., 7-12
Intrinsic zone → Intrinsische Zone........ 7-12, 7-49
Inverse converter → Inverswandler........... 11-19
inversion of loci → Inversion von Ortskurven . 1-6, 3-23
inversion of elementary loci → Inversion von elementaren Ortskurven 1-7
Inverted locus → Invertierte Ortskurve .... 1-6 f., 3-22
Inverter → Wechselrichter (USV) 11-17
Inverting amplifier → Invertierender Verstärker 7-27, 8-11
Inverting converter → Invertierender Wandler .. 11-20
Ionisation → Ionisation................. 7-47, 12-69
Ionisation chamber → Ionisationskammer .. 7-47, 13-15
Ions → Ionen 7-2, 7-5, 7-45, 7-47, 8-24, 12-42, 12-69
IP → IP 10-29
 - protection types → Schutzarten........... 10-29
 - code → Code..................... 10-29
IrDA → IrDA 5-11
Iron → Eisen 14-5
Irrational function → Irrationale Funktion....... 1-11
Irreversible type → Irreversible Bauart 6-22
Irritation → Reizung....................... 15-6 f.
ISO standard → ISO-Norm................. 16-3
IT system → IT-System 10-15, 10-24

J

J (Joule) → J (Joule) 2-2
Java → Java....................... 5-32
JavaScript → JavaScript.................. 5-32
JK flip flop → JK-Flipflop .... 4-9 f.
Joule (J) → Joule (J)........................ 2-2

Journeyman's examination → Gesellenprüfung.. 17-2
Junction field-effect transistor → Sperrschicht-Feldeffekttransistor (FET) 7-37
Junction point → Knotenpunkt.................. 3-6
Junction rule → Knotenpunktregel.............. 3-6

K

K (Kelvin) → K (Kelvin)........................ 2-2
Karnaugh-Veitch boards (KV boards) → Karnaugh-Veitch-Tafeln (KV-Tafeln) 4-7
Kelvin → Kelvin................. 2-2, 2-12
Kilogram → Kilogramm................. 2-2
Kinetic energy → Kinetische Energie........... 2-10
Kirchhoff theorem → Kirchhoffsches Gesetz ... 3-6 f., 10-8

Kirchhoff's first law → Erster kirchhoffscher Satz . 3-6
Klystron → Klystron..................... 7-46
Knowledge base → Wissensbasis 9-37
KNX → KNX..................... 12-50
Krypton light bulb → Krypton-Glühlampe 12-63
KUSA circuit → KUSA-Schaltung 9-8
KV boards → KV-Tafeln..................... 4-7

L

Labelling → Kennzeichen
 - of control systems → des Regelns.......... 9-23
 - of controlling → des Steuerns 9-2

 - for special properties → für besondere Eigenschaften 14-18
 - of polymers → der Polymere............. 14-18

18.2 Stichwortverzeichnis Englisch-Deutsch

Labelling → Kennzeichnung
- of equipment connections → von Betriebsmittelanschlüssen 13-11
- of electric equipment → von elektrischen Betriebsmitteln 13-10
- and symbols for hazardous materials → und Symbole für Gefahrstoffe .... 15-12f.
- principles → Grundsätze 13-11
- mandatory → Pflicht 15-3

Largest maximum value → größter Maximalwert 3-16
Laser → Laser 7-53
Laser diode → Laserdiode 7-48, 7-52
Law on the Protection Against Unfair Dismissal → Kündigungsschutzgesetz 16-25
Laws in simple and branched circuits → Gesetze in einfachen und verzweigten Stromkreisen 3-6
laying conditions → Verlegebedingungen 12-28
Laying system → Verlegeart................ 12-28
Layout plans → Lagepläne................ 12-78
LC low-pass → LC-Tiefpass................ 7-8
LCD (Liquid Crystal Display) → LCD (Flüssigkristallanzeige)....................... 7-53ff., 8-38
LCN → LCN 12-46
Lead → Blei................................... 6-26
Lead accumulator → Bleiakkumulator.......... 6-28
Leading-in → Einleitung 10-14
Lead-lag circuit → Duo-Schaltung........ 12-66
Leakage current → Reststrom 7-16
Learning model → Lernmodelle........... 16-20
Learning strategy → Lernstrategie 16-20
Learning styles → Lernstile 16-20
Leasing agreement → Leasingvertrag 16-3
Leclanché cell → Leclanché-Zelle............. 6-25
LED (light emitting diode) → LED (Lumineszenzdiode).................... 7-48, 7-51ff., 12-65, 13-12
Left-hand rule → Linke-Hand-Regel 3-12
Length → Länge............................. 2-2
Length expansion → Längenausdehnung 2-13
Length expansion coefficient → Längenausdehnungskoeffizient 2-13, 14-3, 14-24
Length of lever arm → Hebelarmlänge 2-11
Length of the conductor → Leiterlänge.......... 3-6
Level → Pegel............................. 3-26
Level assignment → Pegelzuordnung........... 4-2
Level converter → Pegelumsetzer 4-18
Lever arm → Hebelarm 2-7
Libaw-Craig Code → Libaw-Craig-Code 4-5
LIFO → LIFO 4-12
Lifting capacity → Hubleistung 2-10
Lifting height → Hubhöhe................. 2-10
Lifting magnet → Hubmagnet 11-36

Light bulb → Glühlampe.................... 12-63
Light colour → Lichtfarbe................... 12-62
Light conductor → Lichtwellenleiter 7-56, 9-20ff., 12-50, 13-12, 13-22
Light current → Lichtstrom................. 12-61
Light distribution curve → Lichtstärkeverteilungskurve 12-61, 12-72
Light emitting diode (LED) → Lumineszenzdiode (LED) 7-48, 7-51ff., 12-65, 13-12
Light measurements → Lichttechnische Größen 7-49
Light receiver (photosensors) → Lichtempfänger (Fotosensoren) 7-48ff., 13-20, 13-22
Light sources and types of socket → Lichtquellen und Sockeltypen......................... 12-61ff.
Light-emitting diode → Leuchtdioden ..7-48, 7-51ff., 12-65, 13-12
Lighting → Leuchten....10-27, 12-8ff., 12-31, 12-45, 12-72f.
Lighting calendar → Beleuchtungskalender.... 12-76
Lighting characteristics → Leuchtencharakteristika 12-77
Lighting efficiency → Beleuchtungswirkungsgrad 12-71
Lighting efficiency → Leuchtenbetriebswirkungsgrad .... 12-71f.
Lighting technology → Beleuchtungstechnik .... 12-61ff.
Light modulator → Lichtmodulator 7-53
Lightning conductor → Fangleitung 12-33
Lightning effect → Blitzstromwirkung 12-33
Lightning protector → Blitzschutz........ 12-33f.
Li-IO → Li-IO 6-30
Li-ion battery → Li-Ion-Akku................. 6-26
Limit of the sheet thickness → Grenzen der Blechdicke....................................... 14-27
Limit switch → Grenztaster 9-15
Limit temperature → Grenztemperatur........ 11-3
Limiting value, limit → Grenzwert . 1-2, 4-30, 7-4, 7-7, 7-16ff., 7-39ff., 9-3, 9-25, 9-37, 10-31, 12-20, 12-24, 12-42ff., 15-2ff., 15-11
Line amplifier → Leitungsverstärker 7-27
Line amplifier → Linienverstärker 13-26
Line calculation → Leitungsberechnung......12-17f.
Line coupler → Linienkoppler.......... 12-50, 13-26
Line dimensioning → Leitungsbemessung.... 12-6ff.
Line resistance → Leitungswiderstand.......... 3-6
Line shielding → Leitungsschirmung 12-41
Line thickness → Linienbreite .... 13-2ff.
Linear function → Lineare Funktion............. 1-11
Linear half-wave rectifier → Linearer Einweggleichrichter................................. 7-28

18.2 Stichwortverzeichnis Englisch-Deutsch

Linear machines → Lineare Maschinen....... **11**-36
Linear motor → Linearmotor **11**-36
Linearity → Linearität **4**-35, **5**-18, **7**-6, **7**-14, **7**-41, **8**-5, **8**-14, **8**-21 ff.
Linearity error → Linearitätsfehler........... **8**-5
Lines → Linien **13**-2
Lines → Leitungen .... **12**-6 ff.
- isolated → isoliert .... **12**-6 ff.
- structure and short designations for bared and isolated lines → Aufbau und Kurzzeichen von blanken und isolierten................. **12**-6 ff.
Linux → Linux........................... **5**-26
Liquid → Flüssigkeit **2**-6, **2**-9
Liquid Crystal Display → Liquid Crystal Display.. **5**-15
Liquid Crystal Display (LCD) → Flüssigkristallanzeige (LCD) .... **7**-53 ff., **8**-38
Liquid crystal screen → Flüssigkristallbildschirm **7**-55
Lithium-ion → Lithium-Ion................. **6**-30
Lithium-polymer → Lithium-Polymer **6**-26, **6**-30
Load current → Laststrom **3**-7
Load resistor → Lastwiderstand **3**-8
Load → Belastung **3**-4, **3**-7
- at workplace → am Arbeitsplatz........... **15**-2
Loaded carrier → Belasteter Träger........... **2**-11
Loaded voltage divider → Belasteter Spannungsteiler **3**-7
Loaded voltage generator → Belasteter Spannungserzeuger.................................. **3**-8
Loan agreement → Darlehensvertrag **16**-3
Loan agreement → Leihvertrag **16**-3
Lock gate (inhibition) → Sperrgatter (Inhibition) .. **4**-6
Locus → Ortskurve .... **1**-6 f., **9**-30 f.
Loci → Ortslinien .... **1**-6 f., **3**-22, **9**-30 f.

loci for simple alternating current circuits → Ortskurven für einfache Wechselstromschaltungen .. **3**-23 ff.
Log function → Logarithmusfunktion **1**-11
Logarithm → Logarithmus **1**-3
Logarithm systems → Logarithmensysteme **1**-3
Logic controllers → Verknüpfungssteuerungen... **9**-3
Logic → Logik
- hardwired → festverdrahtete .... **4**-6 ff.
- programmable → programmierbare ...... **4**-24 ff.
LON → LON **12**-46
Longitudinal wave → Längswelle.............. **2**-14
Loop → Schleife................. **4**-32, **5**-29, **10**-13
Loop impedance → Schleifenimpdanz **10**-13
Loss angle → Verlustwinkel **3**-27
Loss factor → Verlustfaktor **6**-16, **14**-25
Loss resistance → Verlustwiderstand **3**-27
Loudness → Lautheit...................... **2**-15
Low pass → Tiefpass...................... **3**-26
Low price strategy → Niedrigpreisstrategie **16**-5
Low voltage → Niederspannung **12**-3
Low voltage safety fuse → Niederspannungssicherung................................ **12**-19
Lower frequency limit → Untere Grenzfrequenz . **3**-27
Low-pressure sodium vapour lamp → Natriumdampf-Niederdrucklampe **12**-67
LPT (line printer) → LPT (Line Printer) **5**-6
LSB → LSB **4**-5
LSI → LSI................................ **7**-42
LTI system → LTI-System **8**-32
Luminance → Leuchtdichte **7**-49, **7**-54, **12**-61
Luminance → Lichtmenge **12**-61
Luminous efficiency → Lichtausbeute......... **12**-61
Luminous intensity → Lichtstärke **2**-2, **12**-61

M

m (meter) → m (Meter) **2**-2
Machines → Maschinen
- type of construction and setup for rotating electric machines → Bauformen und Aufstellung von umlaufenden elektrischen............. **11**-35
- mode of rotation → Betriebsart von drehenden .... **11**-22 f.
- linear → linear....................... **11**-36
- rotating → rotierend .... **11**-22 ff.
- resting → ruhend **11**-4
Magnetic circuit with air space → Magnetischer Kreis mit Luftspalt **3**-11
Magnetic components → Magnetfeldabhängige Bauelemente **7**-41
Magnetic conductance → Magnetischer Leitwert **3**-11

Magnetic field → Magnetisches Feld........... **3**-10
Magnetic field constant → Magnetische Feldkonstante....................... **2**-5, **3**-11
Magnetic field strength → Magnetische Feldstärke .... **3**-10 f.
Magnetic flux → Magnetischer Fluss........... **3**-11
Magnetic flux density → Magnetische Flussdichte **3**-11
Magnetic flux quantum → Magnetisches Flussquant.................................... **2**-5
Magnetic materials → Magnetische Werkstoffe .. **14**-6 f.
Magnetic remanence → Magnetische Remanenz **3**-11
Magnetic resistance → Magnetischer Widerstand **3**-11
Magnetic voltage → Magnetische Spannung.... **3**-10

18.2 Stichwortverzeichnis Englisch-Deutsch

Magnetically non-coupled coils → Magnetisch nicht gekoppelte Spulen 3-15
Magnetron → Magnetron 7-46, 12-60
Main application → Hauptanwendung 14-23
Main class → Hauptklasse 13-12
Main earthing terminal → Haupterdungsschiene. 10-19
Main equipotential bonding → Hauptpotenzialausgleich 10-19
Main lines → Hauptlinie 9-21
Main service connection room → Hausanschlussraum 10-12
Main switch → Hauptschalter............ 13-28
Mains contactor → Netzschütz 9-7
Mains voltage → Netzspannung 3-3
Maintenance → Instandhaltung............ 12-80ff.
Maintenance → Wartung 12-81
Make contact → Schließer... 4-17, 6-31f., 9-7, 12-51, 13-17f.
Management → Management 16-10
Management Board → Vorstand 16-2
Managing Director → Geschäftsführer 16-2
Man-machine interface (MMI) → Mensch-Maschine-Schnittstelle (MMI)............ 9-9
Mass → Masse............ 2-2, 2-6
Mass ratio of protons and electrons → Massenverhältnis Proton/Elektron............ 2-5
Mass storage device → Massenspeicher .... 5-4f.
Matching → Paarung............ 2-8
Material → Stoff............ 2-12, 15-8ff.
Material numbering system for copper and alloys → Werkstoffnummernsystem für Kupfer und Legierungen............ 14-8
Material procurement → Materialbeschaffung .. 16-6
Material standards → Werkstoffnormung 14-5
Materials → Werkstoffe 14-1
- magnetic → magnetisch .... 14-6f.
- and standard parts → und Normteile ..... 14-1ff.
Mathematical figures → Mathematische Zeichen . 1-2
Maximum cut-off time → Maximale Abschaltzeiten 10-21
Maximum cyclic magnetisation loss → maximaler Ummagnetisierungsverlust............ 14-5
Maximum operation voltage → Maximale Betriebsmittel spannung 3-3
Maximum permissible contact voltage → höchstzulässige Berührungsspannung............ 10-5
Mean value → Mittelwert 3-16
Mean voltage → Mittelspannung............ 12-3
Measurement chain → Messkette 8-3
Measurement device → Messgerät............ 8-6ff.
- symbols → Symbole............ 8-6
Measurement error → Messabweichung 8-4

Measurement error → Messfehler............ 8-4f.
Measurement errors and error analysis → Messfehler und Fehlerrechnung............ 8-4f.
Measurement method → Messverfahren 8-2ff., 10-30
Measurement of mixed voltages and mixed currents → Messen von Mischspannungen und Mischströmen............ 8-12
Measurement of non-electrical quantities → Messung nichtelektrischer Größen............ 8-14ff.
Measurement plane → Messebene............ 12-61
Measurement range → Messbereich............ 8-2
Measurement setups, complex → Messaufbauten, komplexe............ 8-29ff.
Measurement technology → Messtechnik ...... 8-2f.
Measuring principle → Messprinzip .. 8-2, 8-20, 8-23
Measuring transformer → Messwandler.. 8-33, 13-17
Mechanics of liquids and gases → Mechanik der Flüssigkeiten und Gase 2-9
Medium → Medium............ 2-16
Medium price strategy → Mittelpreisstrategie... 16-5
Medium-level protection, surge protection modules → Mittelschutz, Überspannungsschutzmodule.... 6-10
Meissner circuit → Meißner-Schaltung............ 7-28
Melt adhesive → Schmelzklebstoff 15-9
Melting heat → Schmelzwärme 2-12
Melting point → Schmelzpunkt .... 14-3f.
Memory → Speicher 4-11f., 4-24f., 5-2f., 5-24, 6-14, 6-23, 9-3
Mercury-vapour lamp → Quecksilberdampflampe 7-47, 12-67
Mesh → Masche............ 3-7
Mesh rule → Maschenregel 3-7
Meshed network → Maschennetz 12-5
Metal glaze resistor → Metallglasurwiderstand... 6-4
Metal halide lamp → Halogen-Metalldampflampe 12-67
Metal hydride rechargeable battery → Nickel-Metallhydrid-Akkumulator............ 6-29
Metal-film resistor → Metallschichtwiderstand... 6-4
Metallic film resistor → Metalloxidschichtwiderstand 6-4
Metallic paper capacitor → Metallpapierkondensatoren............ 6-13
Metallized cellulose acetate film (MKU) → MKU.. 6-14
Metallized polycarbonate film (MKC) → MKC.... 6-14
Metallized polyethylene terephthalate film (MKT) → MKT............ 6-13
Metallized polypropylene film (MKP) → MKP.... 6-14
Metals and alloys → Metalle und Legierungen... 14-3
Metals → Metalle............ 3-5
- pure → reine 14-3
Meter → Zähler .... 4-10f.

18.2 Stichwortverzeichnis Englisch-Deutsch

Meter amplifier → Instrumentenverstärker 7-27
Meter constant → Zählerkonstante 3-4
Meter disc rotations → Zählerscheibenumdrehungen 3-4
Meter type rectifier → Messgleichrichter 8-11
Meter-kilogram-second (MKS) → MKS 6-14
Method for lighting point → Lichtpunktmethode 12-73
Methods → Methoden..... 8-2f., 10-13, 10-18, 10-31
Metre → Meter 2-2
Microchip production → Mikrochip-Produktion.. 15-7
Microcontroller → Mikrocontroller....... 4-24, 9-16f.
– system development package → Systementwicklungspaket 4-25
Microfuse → Feinsicherung .... 6-21f.
Microprocessor → Mikroprozessor 4-24
Microwave diode → Mikrowellendiode 7-12
Microwave ovens → Mikrowellenherde... 7-46, 13-21
Microwave tube → Mikrowellenröhre 7-46
Mid-point tapping → Mittelpunktschaltung.... 11-18
Mini DIN plug → Mini-DIN-Stecker 5-12
Miniature transformer → Kleintransformator .. 6-17ff.
Minimum cross-section → Mindestquerschnitt.. 12-9
Minimum insulation resistance → Mindestisolationswiderstand 10-10
Minimum value → Minimalwert 3-16
Minority carrier → Minoritätsträger........ 7-2, 7-15
Minority carrier avalanche → Minoritätsträgerlawine.................................... 7-12
Mirror function → Spiegelfunktion............. 1-11
Mixed currents, measurement → Mischströme, messen 8-12
Mixed light lamps → Mischlichtlampe......... 12-63
Mixed quadratic equation → Gemischt-quadratische Gleichung................................... 1-4
Mixing temperature of liquids → Mischtemperatur von Flüssigkeiten............................ 2-12
Mode → Modus 7-56, 13-25
Modes of operation for rotating machines → Betriebsarten von drehenden Maschinen .... 11-22f.
Mod-n counter → Mod-n-Zähler 4-11
Modular dimensions → Rastermaß 6-33
Modulus of resistance → Widerstandsmoment.. 2-11
Mol → Mol.................................. 2-2
Molar gas constant → Molare Gaskonstante 2-5
Moment of inertia → Trägheitsmoment .... 2-10f.
Monitor → Bildschirmgerät.............. 5-15, 7-55
Monitoring system → Überwachungsanlage ... 12-56
Monoflop (one shot one-shot multivibrator) → Monoflop.................................... 4-8
Monostable flip flop circuit → Monostabile Kippschaltung.................................. 4-8
Monostable multivibrator → Monostabiler Multivibrator 7-30
Monostable relays → Monostabile Relais 6-31
Monostable trigger element → Monostabiles Kippglied.................................... 4-8
Monotony → Monotonie..................... 4-35
MOS power transistor → MOS-Leistungstransistor 7-40
MOS-FET → MOS-FET 7-37
Most significant bit (MSB) → Höchstwertiges Bit (MSB)................................... 4-5
Mother board → Hauptplatine 5-3
Motor → Motor...................... 9-1, 9-6f.
Motor capacitor → Motorkondensator 6-15
Motor circuit-breaker → Motorschutzschalter .. 13-19
Motor control → Motorsteuerung 9-6
Motor control performance → Motorregel 3-14
Mounting dimension → Anbaumaß........... 11-29
Movement → Bewegung...................... 2-8
Moving coil mechanism → Drehspulmesswerk ... 8-7
Moving iron movement → Dreheisenmesswerk... 8-7
MPP trackers → MPP-Tracker............... 11-17
MSB (most significant bit) → MSB............. 4-5
MSI → MSI 7-42
Multifuse → Multifuse...................... 6-21
Multiplexer → Multiplexer.................... 4-13
Multiplication → Multiplikation 1-5
Multiplicative error → multiplikative Fehler 8-5
Multi-position switch → Mehrstellungsschalter. 13-18
Multi-quadrant drive → Mehrquadrantenantrieb.. 11-34
Multivibrator → Multivibrator... 4-8, 7-28, 7-30, 8-30
Municipal court → Amtsgericht 16-26
MUX → MUX.............................. 8-30

N

N (newton) → N (Newton)..................... 2-2
NAND → NAND 4-6
Narrowband interference sound → Schmalbandstörquelle.................................. 12-37
Natural exponential function → Natürliche Exponentialfunktion 1-11
Natural logarithm → Natürlicher Logarithmus.... 1-3
Natural number → Natürliche Zahl 1-2, 1-11
n-channel depletion-mode FET → n-Kanal-Verarmungs-FET 7-38
n-channel enhancement type FET → n-Kanal-Anreicherungs-FET........................ 7-38
n-channel junction FET → n-Kanal-Sperrschicht-FET 7-38
Negation → Negation 4-6

18.2 Stichwortverzeichnis Englisch-Deutsch

Negative logic → Negative Logik **4**-2
Negative Temperature Coefficient → Negativer Temperatur-Koeffizient **6**-7
Negative temperature coefficient resistor → Heißleiter **6**-7
NEMA (National Electrical Manufacturers Association) → NEMA (National Electrical Manufacturers Association)..................................... **16**-3
NEOZED → NEOZED **12**-22
Neperscher logarithm → Neperscher Logarithmus.. **1**-3
Neural network → neuronales Netz............. **9**-34
Neutral conductor → Neutralleiter....**10**-19ff., **10**-30, **12**-6, **12**-45, **12**-47, **12**-52, **13**-11, **13**-16, **13**-20
Newton → Newton......................... **2**-2
NH fuse → NH-Sicherungseinsatz....... **3**-3, **12**-20f.
NH fuse base → NH-Sicherungsunterteil **3**-3
NH fuse system → NH-Sicherungssystem **12**-20
NI 100 → NI 100 .... **8**-20
NiCd battery → NiCd-Akku **6**-29
Nickel metal hydride → Nickel-Metallhydrid..... **6**-26
Nickel-cadmium batteries → Nickel-Cadmium-Akkumulator **6**-29
Nickel-plated electrical contacts → vernickelte elektrische Kontakte........................ **15**-7
NiMH battery → NiMH-Akku................. **6**-29
n-line conduction → n-Leitung **7**-2, **7**-5, **7**-12
NMOS → NMOS........................ **4**-14
Noise → Geräusch **2**-14
Noise → Lärm.......................... **15**-21
Noise → Rauschen **7**-15, **8**-32
Noise factor → Rauschzahl.................. **7**-15
No-load voltage → Leerlaufspannung **3**-8

Nominal values of capacitors → Nennwerte von Kondensatoren .... **6**-13f.
NON (negation) → NICHT (Negation) **4**-6
Non-electrical values, measurement → nichtelektische Größen, Messung .... **8**-14ff.
Non-ferrous metal → Nichteisenmetalle...... **14**-8ff.
- copper and alloy → Kupfer und Legierungen................................ **14**-8ff.
NON-function → NICHT-Funktion **4**-2
Non-harmonized lines → nicht harmonisierte Leitungen................................ **12**-7
Non-inverting amplifier → Nicht invertierender Verstärker **7**-27
Non-renewable sources of energy → Nicht erneuerbare Energieträger **12**-2
Non-retriggerable → Nicht nachtriggerbar..... **13**-24
NOR → NOR **4**-6
Normal force → Normalkraft **2**-8
Normal form → Normalform.................. **1**-4
Northbridge → Northbridge **5**-3
Notation → Darstellungsart .... **12**-51ff.
NTC → NTC **6**-7
Nuclear fuel → Kernbrennstoff................ **12**-2
Nuclear power plant → Kernkraftwerk **12**-4
Null modem → Null-Modem................. **5**-10
Number imprint → Zahlenaufdruck............ **12**-6
Number of windings → Windungszahl **3**-10
Number representation in digital technology → Zahlendarstellung in der Digitaltechnik........ **4**-3f.
Number system → Zahlensystem **5**-19
Nuts → Muttern **14**-28
NYM-line → NYM-Leitung **12**-7

O

Object → Objekt........................... **13**-10
Object distance → Gegenstandsabstand ...... **2**-17f.
Object size → Gegenstandsgröße .... **2**-17f.
Obligation to disclose → Auskunftspflicht **15**-3
Obligations of the trainee → Pflichten des Auszubildenden................................. **16**-23
Obligations of the trainer → Pflichten des Ausbildenden................................. **16**-23
Obligations to protect against hazardous substances in the workplace, GefStoffV 20**10**-12 → Pflichten zum Schutz vor Gefahrstoffen am Arbeitsplatz, GefStoffV 20**10**-12 .... **15**-3
Occupational safety → Arbeitssicherheit **15**-12
Occupational safety and environmental protection → Arbeits- und Umweltschutz................. **15**-1
Octal → Oktal **5**-19
Office package → Office-Paket **5**-28

Offset → Offset **4**-4, **4**-34f., **7**-25
Offset error → Offset-Fehler **4**-35
OHG → OHG........................... **16**-2
Ohm → Ohm............................. **2**-2
Ohm's law → Ohmsches Gesetz **3**-6
OLED (Organic light-emitting diode) → OLED (Organische Lumineszenzdiode) **7**-52
One's complement → 1er-Komplement **4**-4
Operating capacitor → Betriebskondensator.... **6**-15
Operating instructions → Betriebsanleitung ... **16**-18
Operating instructions → Betriebsanweisung ... **15**-3
Operating mode → Betriebsart **11**-22
Operating point → Arbeitspunkt **7**-10, **7**-17ff., **7**-22, **7**-29, **7**-40, **7**-45, **8**-33, **9**-29
- setting → Einstellung................. **7**-17, **7**-40
- stabilisation → Stabilisierung..... **6**-7, **7**-18, **7**-21
Operating system → Betriebssystem **5**-24

18.2 Stichwortverzeichnis Englisch-Deutsch

Operating value → Betriebswert **7**-21, **7**-46, **7**-54, **11**-26
Operation and maintenance → Betriebsführung und Instandhaltung .... **12**-80 ff.
Operational amplifier → Operationsverstärker .. **4**-18, **4**-34, **7**-25 ff., **7**-42, **9**-33, **9**-36
Operational areas → Betriebsbereich **15**-21
- environmentally relevant → umweltrelevant. **15**-21
Operational earth → Betriebserder **10**-17
Opposite leg → Gegenkathete **1**-9
Optic → Optik............................... **2**-16 ff.
Optical coupler → Optokoppler **7**-53
Optoelectronic component → Optoelektronisches Bauelement............................... **7**-48 ff.
Optoelectronic couplers → Optoelektronische Koppler **7**-53
OR (disjunction) → ODER (Disjunktion).......... **4**-6
Order → Auftrag **16**-4
Order cycle process → Bestellrythmusverfahren . **16**-8
Order point process → Bestellpunktverfahren.. **16**-8
Order processing → Auftragsabwicklung....... **17**-4
Order quantity optimisation → Bestellmengenoptimierung **16**-7
Order scheduling → Bestellzeitplanung **16**-8
Ordinal number → Ordnungszahl **14**-2
Organic light-emitting diode (OLED) → Organische Lumineszenzdiode (OLED) **7**-52

Orthogonal presentation → Orthogonale Darstellung **13**-4
Oscillation period → Periodendauer **3**-16
Oscillator → Oszillator . **4**-32, **7**-11 f., **7**-28, **8**-30, **9**-14
Oscilloscope → Oszilloskop .... **8**-27 f.
OTA → OTA................................. **7**-26
Output characteristic → Ausgangskennlinie...... **7**-4, **7**-14 f., **7**-37
Output device → Ausgabegerät............... **5**-15 f.
Output power → Abgegebene Leistung **3**-4
Output resistance → Ausgangswiderstand ..... **7**-17, **7**-21 ff., **7**-39, **7**-45
Output work → Abgegebene Arbeit............. **3**-4
OVE (Austrian Electrotechnical Association) → ÖVE (Österreichischer Verband für Elektrotechnik) .. **16**-3
Overall cost evaluation → Gesamtkostenplan .. **16**-11
Overall efficiency → Gesamtwirkungsgrad...... **2**-10
Overload → Überlast............ **9**-15, **10**-28, **11**-12, **11**-27, **12**-29, **12**-45, **13**-18
Overload protection → Überlastungsschutz.... **12**-30
Overshoot → Überschwingweite **9**-27
Overtemperature, identification of → Übertemperaturen, Ermittlung von......................... **11**-2
Overview → Übersicht
- stress at work → Belastungen am Arbeitsplatz **15**-2
- environmentally-relevant operating areas → Umweltrelevante Betriebsbereiche **15**-15

P

PAL → PAL **4**-26
Palladium group → Palladiumgruppe **14**-4
Pan head tapping screw → Linsen-Blechschraube **14**-26
Parabola → Parabel........................ **1**-11
Parallel connection → Parallelschaltung **3**-8, **3**-15
 - equivalent → gleichwertige................ **3**-17
 - of capacitors → von Kondensatoren **3**-10
 - of resistances → von Widerständen **3**-6
Parallel cylinders with identical rings → Parallele Zylinder mit gleichen Ringen................ **3**-10
Parallel interface → Parallelschnittstelle......... **5**-6
Parallel inverter → Parallelwechselrichter....... **7**-36
Parallel operation → Parallelbetrieb .... **11**-10 f.
Parallel port/interface → Parallele Schnittstelle... **5**-6
Parallel resonant circuit → Parallelschwingkreis . **3**-25
Parallelogram → Parallelogramm **1**-14
Parameter → Kenngröße.................... **7**-14
Parameter → Parameter .... **1**-6, **4**-30, **5**-17, **7**-4, **7**-14, **7**-19 ff., **7**-39, **7**-43, **11**-22, **13**-3
Parameter → Kennwert......... **3**-26, **6**-9, **7**-7, **7**-15, **7**-45, **11**-18
 - for attenuation → Dämpfungskennwert **3**-28

- for wires and rails → für Drähte und Schienen .... **14**-14 ff.
- for insulating materials for ceramic and glass → für keramische und Glasisolierstoffe........ **14**-24
- for round aluminium wires → für Runddrähte aus Aluminium..................... **14**-15
- for round copper wires → für Runddrähte aus Kupfer .... **14**-14 f.
- for circuit breakers → von Leitungsschutzschalter **12**-25
- for open loop control systems → von Regelstrecken .... **9**-26, **9**-32, **9**-39 f.
Partial views → Teilansichten.................. **13**-4
Participant → Teilnehmer .... **9**-18 ff., **12**-57
Particle filter classes → Partikelfilterklassen ... **15**-15
Pascal's law → Gesetz von Pascal.............. **2**-9
Passive component → Passive Bauelemente ... **13**-14
PATA → PATA **5**-3
Path → Weg **2**-8
Path measurement → Wegmessung........... **8**-21
PC → PC .... **5**-2 f., **5**-10, **5**-18
PC actuators → PC-Aktorik **5**-18

18.2 Stichwortverzeichnis Englisch-Deutsch

PC sensor → PC-Sensorik **5**-18
PCI → PCI **5**-3
PCI express → PCI-Express **5**-3
P-controller → P-Regler **9**-33
PD controller → PD-Regler. **9**-34
Peak point current → Höckerstrom . . . . . . **7**-11, **7**-31 f.
Peak point voltage → Höckerspannung **7**-11
Peak value → Maximalwert. **3**-16
Peak value → Scheitelwert **3**-16
Peak value → Spitzenwert **3**-16
Peak voltage → Höchstspannung **12**-3
Pearl → Pearl **5**-32
PELV → PELV **10**-25
Penetration strategy → Penetrationsstrategie. . . **16**-5
Pension insurance → Rentenversicherung **16**-26
Pentode → Pentode. **7**-45
Performance → Güte. **3**-25
Performance, power → Leistung **2**-10
 - with rotational movement → bei Rotations-
   bewegung. **2**-10
performance/power triangle → Leistungsdreieck . **3**-4
Periodic function → Periodische Funktion. **1**-12
Periodic table of elements → Periodensystem der
 Elemente **14**-2
Peripheral Component Interconnect (PCI) → Periphe-
 ral Component Interconnect (PCI). **5**-3
Peripheral speed → Umfangsgeschwindigkeit. . . . **2**-8
Permanent magnet material → Dauermagnetwerk-
 stoff **14**-7
Permanent magnet motor → Permanentmagnetmotor
 11-31
Permeability → Permeabilität. **3**-11
Permissible voltage loss → Zulässiger Spannungs-
 fall **12**-17
Permittivity → Permittivität. **3**-9
Permittivity value → Permittivitätszahl **3**-9, **14**-24
Personal fault protection → Fehler-(Personen-)
 Schutz **10**-18
Personal protection → Personenschutz **10**-18
pH measurement → pH-Messung **8**-25
Phase controlled modulator → Phasenanschnitt-
 steuerung **7**-34
Phase sequence deletion → Phasenfolgelöschung **7**-36
Phase shift angle → Phasenverschiebungswinkel **3**-16
Phase situation incoming and outgoing voltage →
 Phasenlage bzw. Eingangs- und Ausgangsspan-
 nung. **3**-26
Phase-element current → Strangstrom **3**-4, **3**-17
Phase-element voltage → Strangspannung. **3**-4, **3**-17
Phasor diagram → Zeigerbild. **11**-8
Photo flashlight → Fotoblitzlicht **7**-47
Photo sensor → Fotosensor. . . . . **7**-48 ff.

Photo transistor → Fototransistor. . . . . **7**-48 ff., **13**-15
Photoconductive cell → Fotowiderstand. . . . . . **7**-49 f.,
 8-22, **13**-15
Photodiode → Fotodiode . . . **7**-3, **7**-48 ff., **8**-22, **13**-15
Photodiode characteristic → Fotodioden-Kennlinie **7**-3
Photoelectric cell → Fotoelement. . . . . . . **7**-48 ff., **8**-22,
 13-15
Photoelectric cell → Fotozelle. . . . . . **7**-3, **7**-47 ff., **8**-22,
 13-12, **13**-15
Photoelectric multiplier → Fotovervielfacher . . . **7**-50 f.
Photoelectric sensitivity → Lichtempfindlichkeit
 . . . . **7**-50 f.
Photometry → Lichtstärkemessung **8**-22
Photosensor assembly → Lichtschranke **9**-15
Phototransmitter → Lichtsender . . . . **7**-48, **7**-51 f.,
 13-20 ff.
pH-value measurement → ph-Wert-Messung . . . **8**-25
Physical formulae → Physikalische Formeln **1**-3
Physical principles → Physikalische Grundlagen . **2**-1 ff.
Physical properties, metal and alloys → Physikalische
 Eigenschaften Metalle und Legierungen **14**-3
Physical values → Physikalische Größen **12**-46
Physiological effect → Physiologische Wirkung **12**-42
PI controller → PI-Regler **9**-34
Piconet → Piconet **5**-11
PID controller → PID-Regler. **9**-34
PIN diode → PIN-Diode. **7**-12
Piston pressure → Kolbendruck. **2**-9
Pixel → Pixel **7**-55
PLA → PLA **4**-26
Planck's constant → Planck-Konstante **2**-5
Plasma → Plasma . . . . **7**-2, **7**-47 f., **7**-54, **15**-5
Plasma display → Plasma-Anzeige. **7**-54
Plastics → Kunststoffe **14**-18
 - density → Dichte **14**-21
 - notched impact strength → Kerbschlagzähig-
   keit. **14**-21
 - surface resistance → Oberflächenwider-
   stand. **14**-21
 - dielectric constant → Permittivitätszahl **14**-21
 - specific resistance → Spezifischer Wider-
   stand. **14**-21
 - tensile strength → Zugfestigkeit **14**-21
Plate capacitor → Plattenkondensator **3**-9
Platinum group → Platingruppe **14**-4
PLD → PLD. **4**-26
PLE → PLE **4**-25
p-line conduction → p-Leitung **7**-2, **7**-5
Plotter → Plotter **5**-17
Plug-in → Steckdosen. . . . . **10**-7 ff., **10**-14, **10**-25,
 10-28, **12**-25, **12**-35, **12**-45, **12**-51, **12**-53, **12**-82,
 13-12, **13**-14, **13**-20

18.2 Stichwortverzeichnis Englisch-Deutsch

Plug-in device → Steckvorrichtung 3-3
Pneumatic standard signal → Pneumatisches Einheitssignal 8-17
pn-junction → pn-Übergang 7-5ff., 7-12ff., 7-31, 7-37ff., 7-48
Point to point connection → Punkt-zu-Punkt-Verbindung 5-11
Pointing device → Zeigegerät 5-14
pointwise inversion of loci → Punktweise Inversion von Ortskurven 1-6
Polar coordinate system → Polarkoordinatensystem 13-3
Polar section modulus → Polares Widerstandsmoment 2-11
Polymer → Polymere 14-18
PolySwitch → PolySwitch 6-21
Positive feedback → Mitkopplung 4-8, 4-17, 7-22, 7-26
Positive logic → Positive Logik 4-2
Positive Temperature Coefficient (PTC) → Positive Temperature Coefficient (PTC) 6-8
Positive temperature coefficient resistor → Kaltleiter 6-8
Potential → Potenzial 2-4, 5-18, 7-5, 7-38, 7-41, 7-45ff., 7-55, 8-25, 10-19
Potential compensation → Potenzialausgleich . 12-34
Potential energy → Potenzielle Energie 2-10
Potentiometer → Drehwiderstand 6-6
Potentiometer → Kompensator 8-14
Potentiometer → Potenziometer 6-6
Power adjustment → Leistungsanpassung 3-8
Power amplification → Leistungsverstärkung . . . 7-15, 7-17, 7-21
Power and power factor measurements → Leistungs- und Leistungsfaktor-Messung . . . . 8-34f.
Power attenuation factor → Leistungsdämpfungsfaktor 3-28
Power attenuation measure → Leistungsdämpfungsmaß 3-28
Power cable → Starkstromkabel 12-9
Power consumption → Leistungsaufnahme 7-52, 7-54, 11-10, 12-63
Power distribution system operator → Verteilungsnetzbetreiber VNB 10-12
Power electronics and drive engineering → Leistungselektronik und Antriebstechnik . . . . 11-1ff.
Power factor → Leistungsfaktor 3-4
Power factor measurement → Leistungsfaktor-Messung . . . . 8-34f.
Power input → Zugeführte Leistung 3-4
Power level → Leistungspegel 3-28
Power line → Starkstromleitung 12-7
Power loss dissipation → Verlustleistung . . . 4-14, 6-9, 7-10, 7-16, 7-29, 7-31, 7-39ff., 8-12, 11-11, 12-17ff.

Power measurement → Leistungsmessung . 3-4, 8-34
Power measurement device → Leistungsmessgerät 8-35
Power supply connection → Netzanschluss 12-82
Power supply functions → Stromversorgungsfunktionen 9-9
Power supply system → Netzsystem 10-15
Power transmission factor → Leistungsübertragungsfaktor 3-28
Power transmission factor → Stromübertragungsfaktor 3-28
Power transmission measurement → Stromübertragungsmaß 3-28
Power transmission size → Leistungsübertragungsmaß 3-28
Practical component → Praktischer Teil 17-3
Practical work task → Praktische Arbeitsaufgabe 17-3
Precision full-wave rectifier → Präzisions-Zweiweggleichrichter 7-28
Prefixes for units → Vorsätze vor Einheiten 2-3
Presentation → Präsentation 16-21
Presentation generator → Präsentationsgenerator 5-28
Presentation techniques → Vortragsgestaltung 16-22
Pressure → Druck 2-9, 2-11
Pressure in liquids → Druck in Flüssigkeiten 2-9
Pressure measurement → Druckmessung 8-26
Pressure unit → Druckeinheit 2-9
Price skimming strategy → Abschöpfungsstrategie 16-5
Pricing → Preisgestaltung 16-5
Pricing policy → Preispolitik 16-5, 16-9
Primary element → Primärelement 6-23
Primary trigger → Primärauslöser 3-3
Printed circuit board (PCB) → Gedruckte Schaltung . . . . 6-33f.
Printed circuit board → Leiterplatte 6-33
 - application → Anwendung 6-33
 - design → Gestaltung 6-33
Printer → Drucker 5-16
Priority of protective measures → Rangfolge der Schutzmaßnahmen 15-3
Prism → Prisma 1-14, 2-17
Prism angle → Prismenwinkel 2-17
Prism material → Prismenwerkstoff 2-17
Process → Prozess 5-26, 9-3, 9-18, 9-33, 9-37f., 10-12, 12-4, 12-38, 13-10, 15-3
Process costing → Divisionskalkulation 16-9
Process stability → Prozessstabilität 16-15
Processor → Prozessor 4-24f., 4-33, 4-38, 5-2f., 5-24, 8-30, 9-13, 9-16f., 12-38, 12-46
Procurement market research → Beschaffungsmarktforschung 16-7

18.2 Stichwortverzeichnis Englisch-Deutsch

Professional discussion → Fachgespräch...... 17-4f.
Profibus → Profibus 9-18
Programmable Array Logic (PAL) → Programmable Array Logic (PAL) 4-26
Programmable logic → Programmierbare Logik .... 4-24ff.
Programmable Logic Array (PLA) → Programmable Logic Array (PLA) 4-26
Programmable Logic Device (PLD) → Programmable Logic Device (PLD) 4-26
Programmable Logic Element (PLE) → Programmable Logic Element (PLE) 4-25
Programme → Programm .... 5-27f.
Programme flow chart → Programmablaufplan . 5-31
Programming → Programmierung 5-31
Programming function → Programmierfunktion .. 9-9
Programming language → Programmiersprache 5-33
Prohibition signs → Verbotszeichen 15-12
Project → Projekt 16-10
Project management → Projektmanagement .. 16-10
Project planning → Projektplanung........... 16-10
Project schedule → Projekttermimplan 16-11
Project structure plan → Projektstrukturplan... 16-11
Project workflow → Projektablaufplan 16-11
Projections → Projektionen 13-3
PROM → PROM 4-25
Promise to perform an act → Schuldversprechen 16-4
Properties of plastics → Eigenschaften von Kunststoffen 14-21
Proportional action coefficient → Proportionalbeiwert 9-31f.
Proportional range → Proportionaler Bereich ... 7-39
Proportional region → Proportionalbereich .... 9-33f.
Protection class → Schutzklasse 10-29
Protection → Schutz .... 10-2ff.
 - automatic cut-off of the power supply → automatische Abschaltung der Stromversorgung ...10-14, 10-20ff.

 - against electric shock → gegen elektrischen Schlag 10-14
 - additional → zusätzlich 10-28
Protection → Schütz 6-31, 9-6
 - control → Steuerung 9-6
Protective insulation → Schutzisolierung 10-26
Protective potential compensation → Schutzpotenzialausgleich 10-19
Protective separation → Schutztrennung...... 10-27
Protocol → Protokoll 5-10f., 5-14
Proximity switch → Näherungsschalter 9-14
PS/2 → PS/2 5-12
PT 100 → PT 100 8-20
PTC (Positive Temperature Coefficient) → PTC (Positive Temperature Coefficient) 6-8
PT-T1 element → P-T1-Glied 9-29
Pulsating quantity → Mischgröße 3-16
Pulsating voltage → Mischspannung 8-12
Pulse → Impuls 4-30
Pulse constant → Impulskonstante............ 8-38
Pulse duration → Impulsdauer............... 3-26
Pulse response → Impulsantwort 9-27
Pulse-width modulation → Pulsbreitenmodulation 11-13
Purchase agreement → Kaufvertrag 16-3
Purchasing organisation → Einkaufsorganisation 16-7
Pure metals → Reine Metalle 14-3
Push button switch → Taster 9-4
Push-pull circuit → Gegentakt-Schaltung....... 7-24
Push-pull converter → Gegentaktwandler ... 11-19ff.
PVC-insulated cables → PVC-isolierte Leitungen 12-10
Pyramid → Pyramide........................ 1-14

Q

Quadrants → Quadranten 1-10
Quadratic equation → Quadratische Gleichung... 1-4
Quadratic function → Quadratische Funktion ... 1-11
Quadripole parameter → Vierpolparameter..... 7-19
Quality assurance → Qualitätssicherung 16-14

Quality plan → Qualitätsplan................. 16-11
Quantization → Quantisierung 4-31
Quantization error → Quantisierungsfehler . 4-35, 8-5
Quantization noise → Quantisierungsrauschen . 4-31
Quarter-bridge → Viertelbrücke............... 8-23

18.2 Stichwortverzeichnis Englisch-Deutsch

R

Rad (radians) → rad (Radiant) 2-2
Radar technology → Radartechnik.............. 7-46
Radial network → Strahlennetz 12-5
Radian measure → Bogenmaß.................. 1-9
Radiant → Radiant........................ 2-2
Radiant (radian measure) → Radiant (Bogenmaß). 1-9
Radiation levels of antennas → Strahlungswerte von Antennen........................ 12-43
Radio interference suppression → Funkentstörung 7-34
Rails → Schienen .... 14-14ff.
- characteristic values → Kennwerte ...... 14-14ff.
RAM → RAM........................ 5-2
Ramp response → Anstiegsantwort 9-28
Random access memory → Schreib-Lese-Speicher 9-3
Range of values → Wertebereich................ 1-2
Rated current → Bemessungsstrom 12-20, 12-25
Rated current → Nennstrom.................... 3-3
Rated differential current → Bemessungsdifferenzstrom .... 10-27f.
Rated voltage → Bemessungsspannung ..... 10-22f.
Rating plate → Leistungsschild 11-2
Rational numbers → Rationale Zahlen 1-2
Ratios and values of mixed sizes → Anteile und Werte an Mischgrößen...................... 3-16
RC coupling → RC-Kopplung................... 7-22
RC element → RC-Glied 4-17, 6-14, 12-36
RC generator → RC-Generator 7-28
RC low-pass → RC-Tiefpass 7-8
RC oscillator → RC-Oszillator 7-28, 9-14
RCBO → RCBO 10-7
RCCB → RCCB........................ 10-7
RCD → RCD........................ 10-7
- switching off → Abschaltung 10-8
- applications → Anwendungsbereiche 10-9
- inscriptions → Aufschriften................. 10-9
- function → Funktion...................... 10-8
- short-time delayed → kurzzeitverzögernd ... 10-8
- selectivity → Selektivität 10-8
Reach through → Durchgriff.................. 7-45
Reactance → Blindwiderstand 2-4, 32-7
Reactive adhesives → Reaktionsklebstoffe...... 15-9
Reactive component → Blindkomponente 3-20
Reactive power → Blindleistung................ 3-4
Reactive power compensation → Blindleistungskompensation...................... 12-31f.
Read → Lesen........................ 17-6
Read d → Auslesekopf...................... 8-38
Read only memory → Nur-Lese-Speicher....... 4-25
Read Only Memory → Read Only Memory 9-16

Reading error → Ablesefehler 8-4
Reading speed → Lesegeschwindigkeit 17-6
Real image → Reelles Bild.................... 2-17f.
Real numbers → Reelle Zahlen.................. 1-2
Real part of z → Realteil von z 1-4
Rectangle → Rechteck.................... 1-14
Rectangular mixed voltage → Rechteckmischspannung........................ 1-12
Rectangular pulse → Rechteckimpuls 1-12
Rectangular pyramid → Rechteckige Pyramide .. 1-14
Rectangular SMD capacitor → Rechteckiger SMD-Kondensator 6-16
Rectified value → Gleichrichtwert.............. 3-16
Rectifier → Gleichrichter .... 8-6ff.
Reed relays → Reed-Relais 6-31
Reference element → Referenzelement.......... 7-9
Reference input → Führungsgröße .... 9-26ff.
- frequency response → Frequenzverhalten ... 9-28
- times response → Zeitverhalten............. 9-27
Reference mark → Referenzkennzeichen 13-10
Reflection → Reflexion..................... 2-16
- optics → Optik 2-16
reflection on unit circle → Spiegelung am Einheitskreis 1-6
Refraction → Brechung.................... 2-16
Refractive index profile → Brechzahlprofil 7-56
Refractive index → Brechzahl.................. 2-16
- of the medium → des Mediums 2-18
- of the prism material → des Prismenwerkstoffs 2-17
Refractive power → Brechwert................. 2-18
Refulgence → Leuchtenbetriebsgrad 12-72
Regular rectangular pyramids → Regelmäßige rechteckige Pyramide........................ 1-14
Regulation (EC) → Verordnung (EG)........... 15-14
Regulator → Steller 3-3, 7-36, 8-6, 9-2, 9-35, 11-17, 11-33, 12-55, 13-12
Reinforced insulation → verstärkte Isolierung .. 10-26
Relationship between the trigonometric functions for the same angle → Beziehung zwischen den Winkelfunktionen für gleiche Winkel 1-10
Relationship of the trigonometric functions in quadrants → Beziehung der Winkelfunktionen in den Quadranten...................... 1-10
Relative atomic mass → Relative Atommasse ... 14-2
Relative error → Relativer Fehler 8-4
Relative gas density → relative Gasdichte ... 15-10ff.
Relative level → Relativer Pegel 3-28
Relative permeability → Permeabilitätszahl..... 3-11
Relative voltage level → Relativer Spannungspegel 3-28

18.2 Stichwortverzeichnis Englisch-Deutsch

Relay → Relais 6-31
Renewable energy source → Erneuerbare Energieträger 12-2
Rental contract → Mietvertrag 16-3
Repairs → Instandsetzung 12-81
Repeated inspection → wiederkehrende Prüfung 10-30
Repeater → Repeater................... 9-19, 9-22
Repetition → Wiederholung 4-36
Repulsion → Abstoßung 3-12
Requirement → Bedarf 16-6
Residual control difference → Bleibende Regeldifferenz .... 9-33f.
Residual current → Fehlerstrom............. 10-5ff.
Residual current circuit → Fehlerstromkreis..... 10-5
Residual current circuit, insulation failure in electrical systems → Fehlerstromkreis, Isolationsfehler in elektrischen Anlagen 10-6
Residual current protection device (RCDs) → Fehlerstrom-Schutzeinrichtung (RCDs) 10-7
Residual digital error → digitaler Restfehler...... 8-5
Residual error, digital → Restfehler, digitaler..... 8-5
Residual magnetism → Restmagnetismus 3-11
Resistance alloys → Widerstandslegierungen .. 14-11
Resistance change → Widerstandsänderung..... 3-5
Resistance circuit → Widerstandsschaltung.... 3-18f.
Resistance strain gauge → Dehnungsmessstreifen (DMS).................... 8-23
Resistance thermometer → Widerstandsthermometer 8-20
Resistance wire → Widerstandsdraht 14-17
Resistance → Widerstand................. 3-5, 6-3
 - of a lead → eines Leiters.................... 3-5
 - variable → variabel...................... 6-6ff.
Resistant nickel alloy → Nickel-Widerstandslegierung 14-16
Resistor (component) → Widerstand (Bauteil).... 6-2
Resolution → Auflösung .... 4-35, 8-21, 8-24ff.
Resolution → Resolution..................... 4-35
Resonance circle frequency → Resonanzkreisfrequenz 3-27
Resonance frequency → Resonanzfrequenz 3-27
Resonant circuit → Schwingkreis............... 3-27
Resonant circuit coil → Schwingkreisspule....... 3-27
Response time → Anschwingzeit......... 9-27, 9-39
Rest mass → Ruhemasse
 - of electron → des Elektrons 2-5
 - of neutron → des Neutrons.................. 2-5
 - of proton → des Protons.................... 2-5
Restart → Wiederanlauf 9-10
Reverse conducting thyristor → Rückwärts leitender Thyristor (RLT)..................... 7-35
Reverse current → Sperrstrom......... 7-3, 7-5, 7-7, 7-16, 7-48f.
Reversible counter → Zweirichtungszähler...... 8-38
Reversible type → Reversible Bauart........... 6-21
Reversion of rotation → Drehrichtungsumkehr . 11-33
Right-angled triangular → Rechtwinkliges Dreieck 1-10
Right-hand rule → Rechte-Hand-Regel.......... 3-12
Ring network → Ringnetz 12-5
Ringer circuit → Rufschaltung 12-56
Risk of explosion → Explosionsgefahr . 12-7, 12-43f., 12-78, 15-12f.
RLT → RLT.................... 7-35
Rolling friction → Rollreibung.................. 2-8
Rolling friction coefficient → Rollreibungszahl.... 2-8
Rolls, pulleys → Rollen................... 2-8, 5-13
ROM → ROM.................... 4-25
Roman numerals → Römische Ziffern 2-4
Room index → Raumindex .... 12-71f.
Room utilization factor → Raumwirkungsgrad.. 12-72
Rooms → Räume 10-3, 10-7, 10-9, 10-27f., 10-30, 12-7ff., 12-10f., 12-59f., 12-71, 15-5
Root extraction → Radizieren 1-5
Root function → Wurzelfunktion 1-11
Rotary motion → Drehbewegung................ 2-7
Rotating machinery → Rotierende Maschinen .. 11-22ff.
Rotation → Rotation 2-8, 8-17, 9-13
Rotation frequency → Umdrehungsfrequenz..... 2-8
Rotational energy → Rotationsenergie 2-10
Rotational motion → Rotationsbewegung 2-10
Round cell → Rundzelle.................. 6-23, 6-25
Round wires → Runddrähte 14-16
 - of Aluminium → aus Aluminium............. 14-15
 - of copper → aus Kupfer.................. 14-15
 - heating element alloys → Heizleiterlegierungen 14-12
R-phrases → R-Sätze .... 15-18ff.
RS flip-flop → RS-Flipflop.................... 4-9
RS232 interface → RS232-Schnittstelle.......... 5-9
Rubber insulated wire → Gummiisolierte Leitung 12-11
Rydberg constant → Rydberg-Konstante 2-5

18.2 Stichwortverzeichnis Englisch-Deutsch

S

S (Siemens) → S (Siemens) 2-2
Safe operating area → Sicherer Arbeitsbereich .. 7-16
Safety data sheet → Sicherheitsdatenblatt 15-3
Safety devices → Schutzeinrichtung .... 10-7 ff., 10-15 ff.
- in the power supply system → in den Netzsystemen 10-15
Safety extra-low voltage (SELV) → Schutzkleinspannung 10-25
Safety instructions → Sicherheitshinweise 15-18
Safety labelling → Sicherheitskennzeichen .. 15-16 ff.
Safety measure → Schutzmaßnahme 7-53, 10-12, 15-4
Safety measures → Schutzmaßnahmen
- and tests → und Prüfungen 10-12
- LED and laser → LED und Laser 7-53
- protection against electric shock (overview) → Schutz gegen elektrischen Schlag (Übersicht).. 10-14
- special → spezielle.................... 10-26
Safety regulations and tests → Schutzbestimmungen und Prüfungen .... 10-1 ff.
Safety rules → Sicherheitsregeln.............. 10-4
- when working on electrical systems → beim Arbeiten in elektrischen Anlagen.......... 10-32
Safety transformers → Sicherheitstransformatoren................................ 10-25
Sale and lease back contract → Sale-Lease-Back-Vertrag...................................... 16-4
Sample and hold → Sample and Hold.......... 4-31
Sample/hold circuit → Abtast-Halte-Kreis 4-31
Sampling → Abtastung..................... 4-31
SATA → SATA 5-3
Saturation range → Sättigungsbereich......... 7-39
Sawtooth alternating current voltage → Sägezahnwechselspannung....................... 1-13
Sawtooth mixed voltage → Sägezahnmischspannung...................................... 1-13
Scalar product → Skalarprodukt 1-8
Scanner → Scanner 5-14
Schematics → Schaltplan 13-7
- rule of construction → Ausführungsregel 13-8
- presentation → Darstellung 13-8
- type of document → Dokumentart.......... 13-7
Schmitt trigger → Schmitt-Trigger.... 4-8, 4-14, 4-17, 7-30, 8-30, 9-32
Schottky → Schottky....... 4-14 f., 7-12, 7-48, 13-15
Screen quality → Schirmqualität 12-42
Screw connection → Schraubenverbindung.... 14-27
screws → Schrauben..................... 14-25 ff.
SDK → SDK............................. 4-25
Second → Sekunde 2-2

Second breakdown → Zweiter Durchbruch...... 7-16
Second law of Kirchhoff → Zweiter kirchhoffscher Satz 3-7
Secondary element → Sekundärelement . 6-23, 6-26 f.
Secure against re-starting → Gegen Wiedereinschalten sichern 10-32
Seebeck effect → Seebeck-Effekt 8-18
Segment → Segment............ 7-54 f., 9-21, 13-24
Selection of a suitable control device for a given line → Wahl einer geeigneten Regeleinrichtung bei gegebener Strecke 9-31
Selection of direction of rotation → Drehrichtungswahl 9-6
Selective main circuit breaker → Selektiver Haupt-Leitungsschutzschalter 12-25
Selectivity → Selektivität.................... 10-7 f.
Self-ballasted mercury-vapour lamp → Quecksilberdampf-Hochdrucklampe 12-68
Self-commutated converter → Selbstgeführte Stromrichter 7-36
Self-inductance → Selbstinduktivität 3-12
- of coils → von Spulen 3-12
Self-induction voltage → Selbstinduktionsspannung 3-12
Self-tapping screw → Gewinde-Schneidschraube 14-28
SELV → SELV 10-25
Semiconductor → Halbleiter....... 7-2, 13-13, 13-15
Semiconductor components → Halbleiterbauelemente 7-5, 7-43, 7-44
- packages (selection) → Gehäuse (Auswahl).. 7-44
- heat dissipation → Wärmeableitung 7-43
Semiconductor memory → Halbleiterspeicher... 4-12
Sense of rotation → Drehsinn 11-24
Sensitizing substances → sensibilisierende Stoffe.................................... 15-15
Sensor → Aufnehmer .... 8-21 ff.
Sensor → Sensor 5-18
Sensor technology → Sensorik .... 9-14 f.
Sensors and actuators → Sensoren und Aktoren .... 12-46 ff.
Sequential control → Ablaufsteuerung .... 9-3 ff.
Serial interface → Serielle Schnittstelle......... 5-9 f.
Serial resonant circuit → Reihenschwingkreis ... 3-27
Serial wound generator → Reihenschlussgenerator 11-33
Serial wound motor → Reihenschlussmotor... 11-31 f.
Serial/Parallel Advanced Technology Attachment → Serial/Parallel Advanced Technology Attachment . 5-3

18.2 Stichwortverzeichnis Englisch-Deutsch

Series connection → Reihenschaltung 3-8, 3-13
- equivalent → gleichwertige 3-17
- of capacitors → von Kondensatoren 3-10
- of resistances → von Widerständen 3-6
Service contract → Dienstvertrag 16-3
Servicing → Instandhaltung 12-81
Set of Fourier decompositions → Zusammenstellung von Fourierzerlegungen .... 1-12 f.
Set theory → Mengenlehre 1-2
Set → Menge
- of integer numbers → der ganzen Zahlen 1-2
- of complex numbers → der komplexen Zahlen . 1-2
- of natural numbers → der natürlichen Zahlen . 1-2
- of rational numbers → der rationalen Zahlen .. 1-2
- of real numbers → der reellen Zahlen 1-2
Setting the controller parameters (optimization) → Einstellung der Regler-Kennwerte (Optimierung)...9-39 f.
Settling time → Einschwingzeit 4-35
Shaded pole motor → Spaltpolmotor 11-31
Shareholder → Gesellschafter 16-2
Shear strain → Scherung 2-11
Shear stress → Schubspannung 2-11
Sheet metal connections → Blechschraubenverbindung 14-27
Sheets and strips → Bleche und Bänder 14-9
Shell → Shell 5-26
Shell casing → Schalengehäuse 6-35
Shielded housing → Gehäuseschirmung 12-41
Shielding → Schirmung 12-41
Shielding attenuation → Schirmdämpfung 12-42
Shift register → Schieberegister 4-11
Shipping contract → Frachtvertrag 16-3
Short circuit → Körperschluss 10-6
Short designations → Kurzzeichen
- for power supply systems → der Netzsysteme 10-21
- for polymer materials → für polymere Werkstoffe 14-18
Short material designations for copper alloys → Werkstoffkurzzeichen für Kupfer-Gusslegierungen .. 14-8
Short-circuit → Kurzschluss 10-6
Short-circuit current → Kurzschlussstrom 3-8
Short-circuit protection → Kurzschlussschutz .. 12-30
Shunt → Shunt 8-10
Shunt-wound generator → Nebelschlussgenerator 11-33
Shunt-wound motor → Nebenschlussmotor .. 11-32
SI prefixes → SI-Vorsätze 2-3
SI units → SI-Einheiten .... 2-2 ff.
Siemens → Siemens 2-2
Siemens circuit → Siemens-Schaltung 7-8
Sieving → Siebung 6-14, 6-16, 7-8, 12-40, 13-13
Sigma-delta converter → Sigma-Delta-Wandler . 4-32

Sign giving orders → Gebotszeichen 15-16
Signal analysis → Signalanalyse 4-36, 8-31
Signal edge → Signalflanke 4-17
Signal noise ratio → Signal-Rauschabstand 8-5
Signal processing → Signalaufbereitung ..... 4-30 ff.
Signal processing → Signalverarbeitung ..... 4-1 ff.
Signal processing functions → Signalverarbeitungsfunktionen 9-9
Signal processor → Signalprozessor 4-24
Signal transit time → Signallaufzeit 4-16
Signal types → Signaltypen 4-30
Signalling device → Signalgeber 4-25, 13-28
Signals → Signale .... 4-30 ff.
Silo memory (FIFO) → Silo-Speicher (FIFO) 4-12
Silver brazing alloy → Silberhartlote 14-13
Silver group → Silbergruppe 14-4
Simple electrical circuit → einfacher Stromkreis .. 3-6
Sine → Sinus 1-9, 3-16
Sine function response → Sinusantwort 9-28
Sine wave generators → Sinus-Generatoren 7-28
Single capacity → Einzelkapazität 3-10
Single charge → Einzelladung 3-10
Single compensation → Einzelkompensation .. 12-31
Single conductor length → Einfache Leiterlänge .. 3-6
Single efficiency → Einzelwirkungsgrad 2-10
Single electrical conductance → Einzelleitwert 3-6
Single voltage → Einzelspannung 3-10
Single-phase transformer → Einphasentransformator 11-5
Single photon metering → Einzelphotonenzählung 7-49
Single-pulse centre tap connection → Einpulsmittelpunktschaltung 7-8
Single-slope method → Single-Slope-Verfahren . 4-32
Single-stage cascade → einstufige Kaskade 7-8
Sintered contact materials → Gesinterte Kontaktwerkstoffe 14-4
Sinusoidal alternating current → Sinusförmiger Wechselstrom 3-4, 3-16
Sinusoidal voltage → Sinusspannung 1-13
Sinusoidal voltage → Sinusstrom 3-2
Skin absorption → Hautaufnahme 15-15
Slew-rate → Slew-rate 7-28
Slide wire bridge → Schleifdrahtbrücke 3-7
Slip → Schlupf 11-25
Small capacitor → Kleinkondensator 15-6
Smallest minimum value → Kleinster Minimalwert 3-16
SMD capacitor → SMD-Kondensator 6-16
SMD resistor → SMD-Widerstand 6-5
SMD tantalum capacitor → SMD-Tantal-Kondensator 6-16

18.2 Stichwortverzeichnis Englisch-Deutsch

Smoothing → Glättung **6**-14, **7**-8, **11**-16, **11**-18
Smoothing factor → Glättungsfaktor **7**-10
Social court → Sozialgericht **16**-26
Socket → Sockel **12**-68
Socket head cap screw → Zylinderschraube mit Innensechskant **14**-26
Soft solders → Weichlote **14**-13
Soft-soldering → Weichlöten **14**-12
Software → Software .... **5**-21 ff., **5**-27
Solar cell → Solarzelle .. **7**-3, **7**-6, **7**-48 ff., **12**-2, **13**-12
Solar energy → Solarenergie **12**-2
Solar generator → Solargenerator **7**-48, **11**-17
solders → Lote **15**-5
Solid angle → Raumwinkel **12**-61
Solid state drive → Solid State Festplatte **5**-4
Solvents → Lösemittel .... **15**-7 f.
  - and dispersal adhesives → und Dispersions-Klebstoffe **15**-7
SOT → SOT **7**-44
Sound → Schall **2**-14
Sound area → Schallbereich **2**-14
Sound intensity → Schallintensität **2**-15
Sound level measurement → Schallpegelmessung **8**-15
Sound output → Schallleistung **2**-15
Sound particle velocity → Schallschnelle **2**-15
Sound pressure → Schalldruck **2**-15
Sound pressure level → Schalldruckpegel . **2**-15, **8**-15
Sound velocity → Schallgeschwindigkeit **2**-14
Source circuit → Sourceschaltung **7**-39
Source of interference → Störquelle **12**-38
Source voltage → Quellenspannung **3**-8
Source → Quelle **7**-38
  - typical hazardous substances → typischer Gefahrstoffe **15**-4
Southbridge → Southbridge **5**-3
Space charge → Raumladung **7**-5, **7**-12, **7**-45
Space heating → Raumheizung **12**-59
Span → Spannweite **12**-7
Special character → Sonderzeichen **5**-23
Special protection measures → Spezielle Schutzmaßnahmen **10**-26
Special tube → Spezialröhre **7**-46
Specific electrical resistance → Spezifischer elektrischer Widerstand **14**-4
Specific elementary charge → Spezifische Elementarladung **2**-5
Specific heat capacity → Spezifische Wärmekapazität **2**-12, **14**-3
Specific heat of fusion → Spezifische Schmelzwärme **2**-12
Specific heat of vaporization → Spezifische Verdampfungswärme **2**-12

Specific resistance → Spezifischer Widerstand **3**-5, **14**-3
Specifications → Spezifikationen
  - for AD converters → von AD-Wandlern **4**-35
  - for DA converters → von DA-Wandlern **4**-35
Speed measurement → Drehzahlmessung **8**-14
Speed measurement → Geschwindigkeitsmessung **8**-24
Speed of light in a vacuum → Lichtgeschwindigkeit im Vakuum **2**-5
Spherical capacitor → Kugelkondensator **3**-9
S-phrase → S-Sätze .... **15**-12 f.
Spreading resistance → Ausbreitungswiderstand **12**-34
Spreadsheet calculations → Tabellenkalkulation. **5**-28
Square → Quadrat **13**-23
Square-wave voltage → Rechteckwechselspannung **1**-12
Squirrel cage motor → Kurzschlussläufer **11**-25
SSD → SSD **5**-4
SSI → SSI **7**-42
Stability criteria → Stabilitätskriterien **9**-38
Stabilizing factor → Stabilisierungsfaktor **7**-10
Stack (LIFO) → Stapelspeicher (LIFO) **4**-12
Standard → Normteile .... **14**-1 ff.
Standard machine parts → Maschinennormteile .... **14**-25 ff.
Standard molar volume of ideal gas → Molares Normvolumen des idealen Gases **2**-5
Standard sizes → Gängige Baugröße **6**-23
Standard voltages of electrical equipment → Normspannungen für elektrische Betriebsmittel **3**-3
Standards for drawing → Maßstäbe für Zeichnungen **13**-4
Star connection → Sternschaltung **3**-17, **11**-28
Star contactor → Sternschütz **9**-7
Star-delta circuit → Stern-Dreieck-Schaltung **9**-7
Star-delta transformation → Stern-Dreieck-Umwandlung **3**-8
Starter → Anlasser **3**-3
Starter batteries → Starterbatterien **6**-27
Starting capacitor → Anlaufkondensator **6**-15
Starting current → Anlaufstrom ... **7**-45, **11**-22, **11**-25, **11**-27, **12**-25
Starting value → Ausgangsgröße .... **9**-24 ff., **9**-36 ff.
Static friction → Haftreibung **2**-8
Static friction coefficient → Haftreibungszahl **2**-8
Static inverter for drive technology → Statische Umrichter für die Antriebstechnik .... **11**-12 ff.
Stationary machine → Ruhende Maschinen **11**-4
Statutory pension insurance → Gesetzliche Rentenversicherung **16**-26

18.2 Stichwortverzeichnis Englisch-Deutsch

Steam → Dämpfe.............................. 2-6
Steam pressure → Dampfdruck............. 15-8ff.
Steel → Stahl 14-5
 - chemical composition → chemische Zusammensetzung 14-5
 - main areas of application → Hauptanwendungsbereich 14-5
 - abbreviations → Kurznamen.............. 14-5
 - essential qualities → wesentliche Eigenschaften 14-5
Stefan-Boltzmann constant → Stefan-Boltzmann-Konstante 2-5
Step → Schritt 4-31, 7-14, 9-4, 13-3
Step response → Sprungantwort....... 9-27, 9-30f.
Step switch → Stufenschalter 13-16
Step-down converter → Abwärtswandler...... 11-19
Stepping motor → Schrittmotor................ 9-13
Step-up converter → Aufwärtswandler..... 11-19f.
Step-up converter → Hochsetzteller.......... 11-17
Stick → Stick.................................... 5-5
Stochastic signal → Stochastisches Signal...... 4-30
Stock → Lagerbestand 16-6
Stock Control → Bestandskontrolle............ 16-6
Storage programmable control → Speicherprogrammierte Steuerung (SPS)..................... 9-9
Storage programmable control → SPS (Speicherprogrammierte Steuerung) 9-9
Straight → Gerade............................. 1-11
Strain gauge → DMS (Dehnungsmessstreifen).. 8-23
Strain waves → Dehnwellen.................... 2-14
Strategic pricing strategy → Preisabfolgestrategie 16-5
Strength of materials → Festigkeitslehre 2-11
STRING → STRING.............................. 9-10
Structure chart → Struktogramm............... 5-29
Structure of a computer → Struktur eines Computers.................................... 5-2
Structure-born noise → Körperschall 2-14
Subclasses → Unterklassen.................... 13-11
Subjunction → Subjunktion 4-6
Subpixel → Subpixel........................... 7-55
Subsection fuse → Teilbereichssicherung...... 12-19
Subset → Teilmenge 1-2
Substitution method → Einsetzungsmethode ... 1-4
Substraction method → Subtraktionsmethode .. 1-4
Substreams → Teilströme...................... 3-6
Subtraction → Subtraktion 1-5
Subtraction of forces → Kräftesubtraktion...... 2-7
Successive approximation → Sukzessive Approximation 4-33
Summation method → Additionsmethode...... 1-4

Suppressor diode → Suppressor-Diode........ 6-10
Surcharge costing → Zuschlagskalkulation 16-9
Surety → Bürgschaft 16-4
Surge arrester → Überspannungsableiter 6-10
Surge protection → Überspannungsschutz .. 12-35ff.
Surge protection device → Überstrom-Schutzeinrichtung 10-15, 10-22
Surge protection module → Überspannungsschutzmodul 6-10
Surge protection, over voltage conductor → Feinschutz, Überspannungsleiter 6-10
Susceptible equipment → Störsenke.......... 12-38
Switch → Switch............................... 6-21
Switch mode power supplies → Schaltnetzteil.. 11-19
Switch on → Anschalten 3-15
Switch → Schalter 3-3
 - transistor → Transistor .... 7-29f.
Switching devices for systems up to 1 kV → Schaltgeräte für Anlagen bis 1 kV.................... 3-3
Switching group → Schaltgruppe .... 11-7f.
Switching operations with capacitor or coil → Schaltvorgänge mit Kondensator oder Spule 3-15
Switching → Schaltung 3-26
 - printed → gedruckt .... 6-33f.
 - integrated (overview) → integriert (Übersicht) . 7-42
 - types → Arten............................ 12-31f.
Switch-on delay → Einschaltverzögerung 9-12
Symbol → Sinnbild................. 5-31, 8-6, 12-78
Symbols and marking of switching characters → Symbolelemente und Kennzeichnung für Schaltzeichen 13-13
Symbols for measuring device → Symbole für Messgeräte 8-6
Symptom → Krankheitserscheinung.......... 15-11
Synchronous counter → Synchroner Zähler .... 4-10f.
Synchronous generator → Synchrongenerator . 13-16
Synchronous machine → Synchronmaschine... 11-27
Synchronous motor → Synchronmotor........ 13-16
Synchronous rectifier → Synchrongleichrichter .. 8-11
System bus → Systembus..................... 5-3
System care → Systempflege.................. 5-27
System Design Kit (SDK) → System Design Kit (SDK) 4-25
System design → Systementwurf .... 17-2f.
 - functional and systems analysis → Funktions- und Systemanalyse........................... 17-3
System earth electrode → Anlagenerder 10-17
Systems analysis → Systemanalyse 8-32

18.2 Stichwortverzeichnis Englisch-Deutsch

T

T (Tesla) → T (Tesla) **2**-2
Tandem connection → Tandemschaltung **12**-66
Tangent → Tangens **1**-9
Tape-wound core → Schnittbandkern **6**-19
Teamwork → Teamarbeit **16**-12
Technical communication → Technische Kommunikation .... **13**-1 ff.
Technical illustration → Technische Darstellung . **13**-4
Telegram → Telegramm **12**-49
Temperature → Temperatur **2**-2, **2**-12
Temperature behaviour → Temperaturverhalten .. **6**-24, **7**-6, **7**-9, **7**-15, **7**-33, **7**-40 f., **7**-49
Temperature classes → Temperaturklassen **12**-44
Temperature coefficient → Temperaturkoeffizient **6**-16
Temperature coefficient → Temperaturbeiwert ... **3**-5, **14**-3
- of electrical resistance → des elektrischen Widerstands **14**-4
Temperature difference → Temperaturdifferenz .. **3**-5
Temperature difference → Temperaturunterschied **2**-13
Temperature measurement → Temperaturmessung **8**-18
Temporal change in the current → Zeitliche Änderung des Stroms **3**-12
Tenancy agreement → Pachtvertrag **16**-3
Tendency to oscillate → Schwingneigung .. **4**-38, **7**-26
Tensile stress → Zugspannung **2**-11
Tension → Zug **2**-11
Terminal voltage → Klemmenspannung **3**-8
Terminal → Anschluss **11**-24, **11**-28, **12**-51
- designation → Bezeichnung **11**-24, **12**-51
- connection plan → Plan **13**-7
Tesla → Tesla **2**-2
Testing bridge → Messbrücke **8**-13
Tetrad code → Tetradischer Code **4**-5
Thermal conductivity → Wärmeleitfähigkeit ... **2**-12 f., **14**-3 f., **14**-24
Thermal efficiency → Wärmewirkungsgrad **3**-4
Thermal motion → Wärmebewegung **7**-5
Thermal radiation → Wärmestrahlung **2**-13
Thermal resistance → Wärmewiderstand .... **6**-4, **7**-43 ff., **12**-59
Thermal resistance → Warmwiderstand **3**-5
Thermal shock resistance → Temperaturwechselbeständigkeit **14**-24
Thermobimetals → Thermobimetalle **14**-11
Thermocouple → Thermoelement **8**-18
Thermocouple transmitter → Thermoumformer . **8**-12

Thermometers → Thermometer **8**-18
Thermoplastics and thermosets → Thermo- und Duroplaste .... **14**-19 ff.
Thermoplastics → Thermoplaste .... **14**-19 f.
- chemical resistance → chemische Beständigkeit **14**-19
- features → Eigenschaften **14**-19
- trade name → Handelsname **14**-19
- use → Verwendung **14**-19
Thermosetting materials → Duroplaste **14**-20
Thick film circuits → Dickschichtschaltung **7**-42
Thin film circuit → Dünnschichtschaltung **7**-42
Thread → Gewinde .... **13**-5, **14**-25 ff.
Three-phase active energy meter → Drehstrom-Wirkverbrauchszähler **8**-37
Three-phase alternating current → Drehstrom ... **3**-2, **3**-17
Three-phase alternating current → Dreiphasenwechselstrom **3**-17
Three-phase alternating current by symmetric load → Drehstrom bei symmetrischer Belastung **3**-4
Three-phase alternating current drives → Drehstromantriebe **11**-15
Three-phase alternating current line → Drehstromleitung **12**-18
Three-phase asynchronous motors → Drehstrom-Asynchronmotoren **11**-12
Three-phase four-wire power supply system → Drehstrom-Vierleiternetz **3**-3
Three-phase machine → Drehstrommaschine .... **11**-25 ff.
Three-phase power supply system → Drehstromnetz **3**-3
Three-phase reactive energy meter → Drehstrom-Blindverbrauchszähler **8**-37
Three-phase transformer → Drehstromtransformator **11**-7
Three-wire power supply system → Dreileiternetz **3**-3
Threshold limit value (TLV) → AGW (Arbeitsplatzgrenzwert) .... **15**-2, **15**-8 ff.
Threshold value switch → Schwellwertschalter ... **4**-8
Threshold voltage → Schleusenspannung ..... **7**-6 ff., **7**-14, **8**-11
Threshold voltage → Schwellspannung **5**-9, **7**-39
Throttle → Drossel **13**-17
Throttle converter → Drosselwandler **11**-20
Throw → Bildabstand **2**-17, **2**-18
Thyratron → Thyratron **7**-47

18-39

18.2 Stichwortverzeichnis Englisch-Deutsch

Thyristor → Thyristor .... **7**-32 ff., **11**-12 ff., **12**-37, **12**-55, **13**-11 f., **13**-15, **13**-18
Tidal energy → Gezeitenenergie **12**-2
Tightening torque → Anzugsmoment **11**-26
Time → Zeit. **2**-2
Time constant → Zeitkonstante **3**-15, **3**-26
Time pattern control → Zeitplansteuerung **9**-4
Time relay → Zeitrelais **9**-7
Time response → Zeitverhalten ...... **4**-28, **6**-32, **7**-6, **7**-29, **7**-33, **7**-35, **7**-49, **8**-18, **9**-27 ff., **9**-33, **9**-35
   - of typical controlled systems → typischer Regelstrecken **9**-30
   - of controlled variables and control circuit elements → von Führungsgrößen und Regelkreisgliedern .... **9**-25 f.
Time weighting → Zeitbewertung **8**-15
Time-dependent currents → Zeitabhängige Ströme **3**-16
Time-dependent currents and voltages → Zeitabhängige Ströme und Spannungen **3**-2
Timer → Zeitgeber **9**-11
Timing chain → Steuerkette **9**-2
TN system → TN-System .... **10**-15 ff.
TN-C system → TN-C-System. **10**-17
TN-C-S system → TN-C-S-System **10**-15, **10**-21
TN-S system → TN-S-System **10**-15
to cut-off → Abschalten **3**-13
to reset → Rücksetzen. .... **9**-11 f.
to solder → Löten **15**-7
Tolerance → Toleranz **11**-3
Tolerances of electrical machines → Toleranzen elektrischer Maschinen **11**-3
Topology → Topologie. .... **9**-18 ff.
Torque → Drehmoment. **2**-7
Torsion → Verdrehung. **2**-11
Torsional moment → Torsionsmoment **2**-11
Total attenuation of a transmission chain → Gesamtdämpfungsmaß einer Übertragungskette **3**-28
Total capacity → Gesamtkapazität **3**-10
Total conductance → Gesamtleitwert **3**-6
Total current → Gesamtstrom **3**-6
Total reflection → Totalreflexion **2**-16
Total resistance → Gesamtwiderstand **3**-6
Total voltage → Gesamtspannung. **3**-10
Touch voltage → Berührungsspannung **10**-5
Touchpad → Touchpad **5**-14
Toxic → Giftig .... **15**-18 f.
Trackball → Trackball. **5**-14
Tracker → Tracker. **11**-17
Transadmittance → Steilheit. .. **4**-17, **7**-14, **7**-19, **7**-26, **7**-39 f., **7**-45, **12**-33, **12**-40 ff.
Transconductance → Vorwärtssteilheit. **7**-19, **7**-26

Transconductance amplifier (OTA) → Transconductance-Verstärker (OTA) **7**-26
Transducer → Umsetzer ... **4**-5, **4**-18 ff., **13**-13, **13**-22, **13**-24, **13**-26
Transformer → Transformator .... **6**-17, **11**-4 f.
Transformer → Übertrager **7**-21
Transformer → Wandler .... **11**-19 ff.
Transformer board → Wandlerkarte **5**-18
Transformer core → Transformatorkern .... **6**-18 f.
Transformer coupling → Übertragerkopplung ... **7**-21
Transient oscillation → Einschwingen **9**-40
Transient value tolerance → Einschwingtoleranz. **9**-27
Transistor → Transistor **4**-18, **5**-15, **7**-4,
   - bipolar → bipolar .... **7**-13 ff.
   - as a switch → als Schalter. .... **7**-29 f.
   - as an amplifier → als Verstärker. .... **7**-17 ff.
Transistor-transistor-logic → Transistor-Transistor-Logik **4**-14
Transit time → Laufzeit. **4**-16
Transit time diode → Laufzeit-Diode. **7**-12
Translation → Translation **2**-8, **5**-30
Transmission chain → Übertragungskette **3**-28
Transmission characteristic → Übertragungskennlinie **7**-14
Transmission factor → Übertragungsfaktor **3**-28
Transmission level → Übertragungsmaß **3**-28
Transmission ratio → Übersetzungsverhältnis. ... **2**-9
Transport → Transport **15**-15
Trapezoidal AC voltage → Trapezwechselspannung **1**-13
Trapezoidal inverter → Trapezumrichter **11**-15
Travel agreement → Reisevertrag **16**-3
TRGS (Technical Rules for Hazardous Materials) → TRGS (Technische Regeln für Gefahrstoffe) **15**-2
TRBS (Technical Rules for Operational Safety) → TRBS (Technische Regeln für Betriebssicherheit) **15**-2
TRGS 900 → TRGS 900 .... **15**-8 ff.
Triac → Triac **7**-35, **11**-17, **12**-55, **13**-15
Trigger circuit → Kippschaltung **4**-8
Trigger component → Trigger-Bauelement. ... **7**-31 ff.
Trigonometric form → Trigonometrische Form. ... **1**-4
Trigonometric function values for important angular sizes → Trigonometrische Funktionswerte wichtiger Winkelgrößen **1**-10
Triode → Triode **7**-45, **7**-55, **13**-15
Triode thyristor → Thyristortriode **13**-15
Tripping characteristics of circuit breakers → Auslösekennlinien von Leitungsschutzschaltern **12**-26
TRK (technical guidelines concentration) → TRK (Technische Richtkonzentration) .... **15**-2, **15**-10 ff.
TRK values → TRK-Werte .... **15**-10 ff.
True value → wahrer Wert. **8**-4

18.2 Stichwortverzeichnis Englisch-Deutsch

Truth table → Wahrheitstabelle **4**-7, **4**-13
TT system → TT-System . . **10**-6, **10**-15 f., **10**-18, **10**-23
TTL → TTL. **4**-14
Tubes, gas-filled → Röhren, gasgefüllte **7**-47
Turn off time → Freiwerdezeit . . . . **7**-33 ff.
TÜV → TÜV. **16**-14
Two-position controller → Zweipunktregler **12**-38
Two-pulse bridge circuit → Zweipuls-Brückenschaltung **7**-8, **11**-18
Two's complement → 2er-Komplement **4**-4
Two's complement → Zweierkomplement **4**-4
Two-step action controller → Zweipunkt-Regeleinrichtung **9**-35
Two-wire DTE-DCE connection → Zweidraht DTE-DCE-Verbindung. **5**-10
Two-wire DTE-DTE connection → Zweidraht DTE-DTE-Verbindung **5**-10
Type of cable → Kabeltyp **12**-16
Type of ignition protection for electric resources → Zündschutzart elektrischer Betriebsmittel **12**-45
Type of line → Linienart **13**-2
Type of material → Werkstoffart **14**-23
Type of power plant → Kraftwerkstyp . . . . **12**-2 ff.
Type of relay contact → Relais-Kontaktart **6**-32
Type of socket → Sockeltypen . . . . **12**-63 ff.
Types of businesses → Unternehmensformen . . . **16**-2
Types of documentation → Dokumentarten. **13**-7
Typical dynamic characteristics for controlled systems → Typische dynamische Kennwerte von Regelstrecken **9**-32

U

ULSI → ULSI **7**-42
Ultrasound proximity switch → Ultraschall Näherungsschalter **9**-14
Uncontrolled operation → Ungesteuerter Betrieb . **7**-36
Uncontrolled rectifier → Ungesteuerte Gleichrichter. **7**-36
Unicode → Unicode **5**-23
Uniform circular motion → Gleichförmige Kreisbewegung **2**-8
Uniform linear motion → Geradlinig gleichförmige Bewegung **2**-8
Uniform motion → Gleichförmige Bewegung **2**-8
Uniform rectilinear motion → Gleichmäßig beschleunigte Bewegung **2**-8
Uniformity → Gleichmäßigkeit **12**-61
Unijunction transistor → Doppelbasisdiode **7**-31
Unijunction transistor → Unijunction-Transistor
. . . . **7**-31 f., **13**-15
Uninterrupted power supply (inverter) → USV (Wechselrichter) **11**-17
Unipolar → Unipolar **5**-18
Unipolar transistors → Unipolare Transistoren . . **7**-37
Unit → Einheit **1**-8, **2**-2
Unit system → Einheitensystem **2**-2
Units according to DIN 1301 → Einheiten nach DIN 1301 . . . . **2**-2
Units and symbols → Einheiten und Zeichen **2**-2
Units outside the SI according to DIN 1301 → Einheiten außerhalb des SI nach DIN 1301 . . . . **2**-2
Universal motor → Universalmotor **11**-31
Universal Serial Bus (USB) → Universal Serial Bus (USB) **5**-3, **5**-7
Unloaded voltage divider → Unbelasteter Spannungsteiler **3**-7
Upper cut-off frequency → Obere Grenzfrequenz . **3**-27
Uptake route → Aufnahmewege **15**-5
Usage rights → Nutzungsrechte **16**-4
USB → USB **5**-3, **5**-7
USB bus → USB-Bus **5**-7
USB stick → USB-Stick **5**-5
Use of printed circuit boards → Anwendung von Leiterplatten **6**-31
Useful heat → Nutzwärme **3**-4
User instructions → Gebrauchsanleitung **8**-6
Utilisation categories → Betriebsklasse . **12**-19, **12**-21
Utilisation costs → Betriebskosten **12**-5

V

V (Volt) → V (Volt). **2**-2
V.24 → V.24 . . . . **5**-9
V²LSI → V²LSI **7**-42
Vacuum → Vakuum . . . . **2**-2, **2**-5, **7**-2, **7**-42, **7**-45, **7**-48 ff., **14**-23
Vacuum fluorescent display (VFD) → Vakuum-Fluoreszenz-Anzeige (VFD) **7**-55
Valence → Wertigkeit **14**-2
Valley current → Talstrom . . . . **7**-11, **7**-31 ff.
Valley value → Talwert. **3**-16
Valley voltage → Talspannung **7**-11
Value and discrete-time signal → Wert- und zeitdiskretes Signal **4**-30
Varactor diode → Varaktordiode **7**-11

18.2 Stichwortverzeichnis Englisch-Deutsch

Variable → Variable **1**-3
Variable resistors → Variable Widerstände..... **6**-6 ff.
Varistor → Varistor........................... **6**-9
VDE → VDE.................................... **10**-3
VDE designation → VDE-Bestimmung **16**-3
VDEW → VDEW **10**-3
VDI guideline → VDI-Richtlinie............... **16**-3
VDR → VDR.................................... **6**-9
VDR resistors → VDR-Widerstände............. **6**-9
Vector → Vektor **1**-8, **2**-7
Vector product → Vektorprodukt **1**-8
Velocity → Geschwindigkeit **2**-8
Velocity variation → Geschwindigkeitsveränderung........................ **2**-8
Very toxic → Sehr giftig..................... **15**-19
VFD → VFD.................................... **7**-55
virtual image → Virtuelles Bild .... **2**-17 f.
viruses → Viren **5**-27
Visual Basic → Visual Basic **5**-30
Visual inspection → Sichtprüfung **10**-26
VLSI → VLSI.................................. **7**-42
VNB → VNB.................................... **10**-12
Vocational Training Act → Berufsbildungsgesetz **16**-24
Vocational training contract → Berufsausbildungsvertrag.......................... **16**-23
Volt (V) → Volt (V).......................... **2**-2
Voltage → Spannung........................... **3**-2
Voltage amplification → Spannungsverstärkung.. **7**-14, **7**-17, **7**-21, **7**-25 ff., **7**-39, **7**-45
Voltage attenuation factor → Spannungsdämpfungsfaktor................................ **3**-28
Voltage attenuation measure → Spannungsdämpfungsmaß................................ **3**-28

Voltage comparator → Spannungskomparator .. **7**-26
Voltage divider → Spannungsteiler **3**-7
Voltage doubling → Spannungsverdopplung..... **7**-8
Voltage drop → Spannungsfall .... **10**-21, **12**-17 f.
- on line → auf Leitung...................... **3**-6
Voltage feedback → Spannungsrückwirkung.... **7**-14, **7**-19
Voltage feed-in → Spannungsversorgung ..... **9**-21 f., **13**-26
Voltage generator → Spannungserzeuger **3**-8
Voltage level → Spannungspegel............... **3**-28
Voltage measurement → Spannungsmessung .. **8**-10
Voltage negative feedback → Spannungsgegenkopplung................................ **7**-24
Voltage ratio → Spannungsverhältnis.......... **3**-26
Voltage source → Spannungsquelle **3**-13, **7**-10, **7**-24, **7**-48, **10**-25, **13**-13
Voltage stabilization → Spannungsstabilisierung . **6**-9, **7**-10
Voltage test → Spannungsprüfung **12**-82
Voltage transformer → Spannungswandler **8**-33
Voltage transmission factor → Spannungsübertragungsfaktor.......................... **3**-28
Voltage transmission factor → Spannungsübertragungsmaß............................ **3**-28
Voltaic cell → Galvanisches Element **6**-23
Volume calculation → Volumenberechnung **1**-14
Volume expansion → Volumenausdehnung...... **2**-13
Volume expansion coefficient → Volumenausdehnungskoeffizient............................ **2**-13
Volume level → Lautstärkepegel **2**-15
Volume → Volumen **2**-9
Von Klitzing constant → von-Klitzing-Konstante.. **2**-5
VPS → VPS.................................... **9**-3

W

W (Watt) → W (Watt)......................... **2**-2
Warning symbol → Warnzeichen.............. **15**-12
Waste → Abfall............................... **15**-21
Waste code number → Abfall-Schl.Nr. **15**-21
Waste water → Abwasser...................... **15**-21
Water hazard class → Wassergefährdungsklasse **15**-15
Watt (W) → Watt (W) **2**-2
Wave shape → Kurvenform **3**-14
Wavelength → Wellenlänge **2**-14
Wb (Weber) → Wb (Weber)..................... **2**-2
Weber (Wb) → Weber (Wb)..................... **2**-2
Weighing method → Wägeverfahren............ **4**-33
Weight → Gewichtskraft...................... **2**-10
Welding transformer → Schweißtransformator. **12**-25
WGK → WGK.................................. **15**-10 ff.

Wheatstone bridge → Wheatstonesche Brücke... **3**-7
Wheatstone measurement bridge → Wheatstone-Messbrücke................................ **8**-13
Wien-Robinson bridge → Wien-Robinson-Brücke. **7**-28
Wind power → Windkraft...................... **12**-2
Wind power plant → Windkraftwerk **12**-5
Winding → Wicklung.......................... **11**-2
Winding temperature → Wicklungstemperatur .. **11**-2
Window shielding → Fensterschirmung **12**-42
Windows → Windows **5**-25
Wires → Drähte .... **14**-14 ff.
- parameters → Kennwerte .... **14**-14 ff.
Wiring plan → Verdrahtungsplan.............. **13**-7
Word processing → Textverarbeitung **5**-28
Work → Arbeit **2**-10

18.2 Stichwortverzeichnis Englisch-Deutsch

Work area → Arbeitsbereich......... **5**-28, **6**-8, **7**-11, **7**-16, **7**-39, **12**-42
Work function (resigning) → Austrittsarbeit. **7**-2, **7**-45
Work order → Arbeitsauftrag................ **17**-2f.
Work protection → Arbeitsschutz **15**-2
Working hours → Arbeitszeit................ **16**-24
Working resistance → Arbeitswiderstand........ **7**-4
Workplace exposure limit (WEL) → Arbeitsplatzgrenzwert (AGW) .... **15**-2, **15**-8ff.
Workplace safety ordinance: → Betriebssicherheitsverordnung **15**-2

Workplace → Arbeitsplatz
- contamination → Belastung **15**-2
- hazardous material → Gefahrstoff.......... **15**-2
- Obligation to provide protection against hazardous materials (GefStoffV 20**10**-12) → Pflichten zum Schutz vor Gefahrstoffen (GefStoffV 20**10**-12) **15**-3
Works council → Betriebsrat **16**-25
Written component → Schriftlicher Teil......... **17**-3
Written tasks → Schriftliche Aufgaben **17**-3

X

X-Windows → X-Windows **5**-26

Y

Yield-Management → Ertragsmangement **16**-5
Youth and training representative → Jugend- und Auszubildendenvertretung **16**-25

Youth Employment Act → Jugendarbeitsschutzgesetz **16**-24
y-parameter → y-Parameter **7**-19, **7**-20

Z

Zener diode → Z-Diode............ **7**-6, **7**-9f., **13**-15
Zener effect → Zener-Effekt............... **7**-5, **7**-11
Zener voltage → Z-Spannung................... **7**-9

ZTE diode → ZTE-Diode **7**-9
ZVEH → ZVEH............................. **10**-3
ZVEI → ZVEI **10**-3

18.3 Stichwortverzeichnis Deutsch-Englisch

°C (Grad Celsius) → °C (degrees Celsius) **2**-2
16-Segment-Anzeige → 16-segment display.... **7**-54
19"-Aufbausystem → 19" rack system **6**-35
1-aus-10-Code → 1-out-of-10 code **4**-5
1er-Komplement → One's complement **4**-4
2er-Komplement → Two's complement **4**-4
2-Leiter → 2-conductor...................... **9**-15
3-Leiter → 3-conductor...................... **9**-15
4-Bit-Addierer → 4-bit adder **4**-13
4-Bit-DA-Wandler → 4-bit D/A converter....... **4**-34
4-Leiter → 4-conductor...................... **9**-15
7-Segment-Anzeige → 7-segment display...... **7**-54
µC (Mikrocontroller) → µC (microcontroller).... **9**-16 f.
Ω (Ohm) → Ω (Ohm) **2**-2

A

A (Ampere) → A (ampere)..................... **2**-2
AB-Betrieb → Class AB operation **7**-17
A-Betrieb → Class A operation................ **7**-17
Abfall → Waste **15**-21
Abfall-Schl.Nr. → Waste code number **15**-21
Abgegebene Arbeit → Output work............. **3**-4
Abgegebene Leistung → Output power **3**-4
Abhängigkeitsnotation → Dependency notation **13**-25
Abhörsicherheit → Eavesdropping security **12**-42
Ablaufplan → Flow chart..................... **5**-31
Ablaufsteuerung → Sequential control .... **9**-3 ff.
Ablenkungswinkel → Angle of deflection **2**-17
Ablesefehler → Reading error **8**-4
Abluft → Exhaust air **15**-21
Abschalten → to cut-off **3**-15
Abschaltströme → Cut-off currents........... **10**-16
Abschaltthyristor (GTO) → Cut-off thyristor (GTO) **7**-35
Abschaltung → Cut-off **10**-20
Abschaltzeit → Cut-off time **10**-21
Abschlussprüfung → Final examination **17**-3
Abschöpfungsstrategie → Price skimming strategy **16**-5
Absoluter Fehler → Absolute error **8**-4
Absoluter Leistungspegel → Absolute power level **3**-28
Absoluter Pegel → Absolute level **3**-28
Absoluter Spannungspegel → Absolute voltage level **3**-28
Absoluter Strompegel → Absolute current level . **3**-28
Absorbierte Strahlungsmenge → Absorbed dose of radiation **2**-13
Absorptionsgrad → Absorption coefficient **12**-61
Abstoßung → Repulsion **3**-12
Abtast-Halte-Kreis → Sample/hold circuit **4**-31
Abtastung → Sampling...................... **4**-31
Abwärtswandler → Step-down converter...... **11**-19
Abwärtszähler → Decrementer **9**-11
Abwasser → Waste water.................... **15**-21
AC → AC (alternating current) **13**-11
Adaptionsstrecke → Adaption path........... **12**-77
Addierer → Adder **4**-13
Addition → Addition **1**-5
Additionsmethode → Summation method **1**-4
additive Fehler → Accumulated errors **8**-5
Aderkennzeichnung → Conductor marking **12**-6
Admittanz → Admittance .... **3**-20 f.
Adressbus → Address bus **5**-2
Adressierung → Addressing................... **4**-24
ADU-Verfahren → ADU process............... **4**-31
AD-Wandler, Spezifikation → A/D converter, specification **4**-35
AG → AG **16**-2
AGP → AGP (Accelerated Graphics Port)......... **5**-3
AGW (Arbeitsplatzgrenzwert) → Threshold limit value (TLV).................................. **15**-2, **15**-8 ff.
Aiken-Code → Aiken code.................... **4**-5
Akku → Battery **15**-6
Akkumulator → Accumulator **6**-26
Aktion → Action **13**-25
Aktive Teile → Active parts **10**-24, **10**-27
Aktivierungsenergie → Activation energy.... **7**-2, **7**-6
Aktor → Actuator................... **5**-18, **12**-46 ff.
Akustische Grundgrößen → Acoustic parameters .... **2**-14 f.
Akzeptor → Acceptor........................ **7**-2
Algebra → Algebra.......................... **1**-3 ff.
Alkali-Mangan-Zelle → Alkali-manganese cell .. **6**-25
Allergische Krankheitserscheinung → Allergic symptom **15**-11
Allgemeine Formelzeichen → General symbols .. **2**-3 f.
Allgemeine Zustandsgleichung des idealen Gases → General ideal gas law **2**-9
Altgrad → Degree **1**-9
ALU → ALU........................... **4**-24, **5**-2
Aluminium für die Elektrotechnik → Aluminium for electrical engineering...................... **14**-10

18.3 Stichwortverzeichnis Deutsch-Englisch

Aluminiumlote → Aluminium solders **14**-13
American Standard Code for Information-Interchange (ASCII) → American Standard Code for Information Interchange (ASCII) **5**-21
Ampere (A) → Ampere (A) **2**-2
Amplitude → Amplitude **3**-16
Amtsgericht → Municipal court **16**-26
Analog/Digital- → Analogue/Digital
- Wandler → transducer..................... **4**-31
- Umsetzer → converter................. **4**-5, **4**-24
- Wandlung (ADU) → conversion (ADC)..... **4**-31 ff.
Analoge Größe → Analogue value............. **4**-2
Analoges Element → Analogue element....... **13**-25
Anbaumaß → Mounting dimension........... **11**-29
Ankathete → Adjacent side **1**-9
Anlagenerder → System earth electrode **10**-17
Anlasser → Starter........................... **3**-3
Anlaufkondensator → Starting capacitor **6**-15
Anlaufstrom → Starting current...**7**-45, **11**-22, **11**-25, **11**-27, **12**-25
Anode → Anode..........**6**-29, **7**-35, **7**-45 ff., **7**-50, **7**-55, **13**-15
Anodenbasisschaltung → Grounded-anode configuration........................ **7**-45
Anordnungsplan → Assembly plan............ **13**-7
Anreicherungstyp → Enhancement type.. **7**-37, **13**-15
Anschaltbaugruppe → Interface module **9**-18
Anschalten → Switch on **3**-15
Anschluss → Terminal.......... **11**-24, **11**-28, **12**-51
- Bezeichnung → designation........ **11**-24, **12**-51
- Plan → connection plan................. **13**-7
Anschwingzeit → Response time......... **9**-27, **9**-39
ANSI (American National Standards Institute) → ANSI (American National Standards Institute)....... **18**-3
ANSI-Code → ANSI code................. **5**-21
Anstiegsantwort → Ramp response **9**-28
Anteile und Werte an Mischgrößen → Ratios and values of mixed sizes........................ **3**-16
Antenne → Aerial...................... **12**-16, **12**-43
- Anlage → system **12**-34
- Kabel → cable..................... **12**-16
Antivalenz → Antivalence **4**-6
Antrieb → Drive **11**-34, **13**-13, **13**-18
- Leistung → output **2**-10
- Technik → technology .... **11**-1 ff.
Anweisung → Instruction **9**-3
Anweisungsliste → Instruction list ....**9**-11 f.
Anwendung von Leiterplatten → Use of printed circuit boards **6**-33
Anwendungsprogramm → Application program.. **9**-9
Anzeigebauelement → Display component ....**7**-54 f.
Anzeigeeinheit → Display unit............. **13**-26

Anziehung → Attraction **3**-12
Anzugsmoment → Tightening torque......... **11**-26
Äquijunktion → Equivalence................... **4**-6
Äquivalenz → Equivalence................... **4**-6
Arbeit → Work **2**-10
Arbeits- und Umweltschutz → Occupational safety and environmental protection................ **15**-1
Arbeitsauftrag → Work order................**17**-2 f.
Arbeitsbereich → Work area.... **5**-28, **6**-8, **7**-11, **7**-16, **7**-39, **12**-42
Arbeitsgericht → Industrial tribunal **16**-26
Arbeitsplatz → Workplace
- Belastung → contamination **15**-2
- Gefahrstoff → hazardous material.......... **15**-3
- Pflichten zum Schutz vor Gefahrstoffen (GefStoffV 2010-12) → Obligation to provide protection against hazardous materials (GefStoffV 2010-12)................................ **15**-3
Arbeitsplatzgrenzwert (AGW) → Workplace exposure limit (WEL)....................... **15**-2, **15**-8 ff.
Arbeitspunkt → Operating point ....**7**-10, **7**-17 ff., **7**-22, **7**-29, **7**-40, **7**-45, **8**-33, **9**-29
- Einstellung → setting................. **7**-17, **7**-40
- Stabilisierung → stabilisation..... **6**-7, **7**-18, **7**-21
Arbeitsschutz → Work protection **15**-2
Arbeitssicherheit → Occupational safety **15**-12
Arbeitsvertrag → Employment contract **16**-3
Arbeitswiderstand → Working resistance........ **7**-4
Arbeitszeit → Working hours **16**-24
Archimedisches Gesetz → Archimedes principle.. **2**-9
Argument von z → Argument of Z.............. **1**-4
Arithmetik → Arithmetic .... **1**-3 ff.
Arithmetischer Mittelwert → Arithmetic mean... **3**-16
Aron-Schaltung → Aron circuit................ **8**-34
ASCII-Code → ASCII code **5**-21
AS-Interface → AS interface................. **9**-22
Assoziativgesetz → Associative law **4**-2
Astabile Kippschaltung → Astable circuit........ **4**-8
Astabiler Multivibrator → Astable multivibrator.. **7**-30
Astabiles Kippglied → Astable trigger element ... **4**-8
Asynchroner Zähler → Asynchronous counter... **4**-10
Asynchronmaschine → Asynchronous machine **11**-25
Asynchronmotor → Asynchronous motor...... **11**-30
ATA → ATA **5**-3
ATAPI → ATAPI **5**-3
Atem-Filter → Breathing filter .... **15**-10 ff.
Ätzung → Etching ....**15**-7, **15**-19Auflösung → Resolution... **4**-35, **8**-21, **8**-24 ff.
Aufnahmewege → Uptake route **15**-5
Aufnehmer → Sensor .... **8**-21 ff.
Aufstellung → Assembly.................... **11**-35
Auftrag → Order **16**-4

18.3 Stichwortverzeichnis Deutsch-Englisch

Auftragsabwicklung → Order processing....... **17**-4
Auftrieb in Flüssigkeiten und Gasen → Buoyancy in liquids and gases............................ **2**-9
Aufwärtswandler → Step-up converter....... **11**-19 f.
Aufwärtszähler → Incrementer **9**-11
Augenblickswert → Instantaneous value **3**-16
Ausbreitungswiderstand → Spreading resistance **12**-34
Ausdehnung durch Wärme → Expansion due to heat **2**-13
Ausführungen → Designs
 - von Muttern → of nuts.................... **14**-28
 - von Schrauben → of screws **14**-25
Ausführungsregeln für Schaltpläne → Design rules for printed circuit boards...................... **13**-8
Ausgabegerät → Output device.............. **5**-15 f.
Ausgangsgröße → Starting value .... **9**-26 ff., **9**-36 ff.
Ausgangskennlinie → Output characteristic...... **7**-4, **7**-14 f., **7**-37
Ausgangswiderstand → Output resistance ..... **7**-17, **7**-21 ff., **7**-39, **7**-45
Ausgleichsströme → Compensation currents..... **3**-8
Ausgleichswert → Compensation value **9**-29
Ausgleichszeit → Compensation time.......... **9**-27
Auskunftspflicht → Obligation to disclose **15**-3
Auslesekopf → Read d...................... **8**-38
Auslösekennlinien von Leitungsschutzschaltern → Tripping characteristics of circuit breakers **12**-26
Ausschaltung → Circuit breaking............. **12**-52
Außenbeleuchtung → Exterior lighting
 - Berechnungsmethoden → calculation methods .... **12**-61 ff.
Außenleiter → External conductor.. **9**-5, **10**-6, **10**-17 f.
Außenleiterspannung → External conductor voltage **3**-4, **3**-17
Außenleiterstrom → External conductor current .. **3**-4, **3**-17
äußerer Blitzschutz → External lightning protection **12**-33
Austrittsarbeit → Work function (resigning)...... **7**-2, **7**-45
automatische Abschaltung → Automatic cut-off . **10**-14
Automatisches Herabsetzungssystem → Automatic price reduction strategy.................... **16**-5
Avalanche-Diode → Avalanche diode **7**-12, **7**-34
Avalanche-Effekt → Avalanche effect **7**-5
Axiales Trägheitsmoment → Axial moment of inertia **2**-11
Axiales Widerstandsmoment → Axial section modulus **2**-11
Axonometrische Projektion → Axonometric projection **13**-3

B

Backward-Diode → Backward diode........... **7**-11
Bandbreite → Band width.................... **3**-25
Bandpass → Band pass **13**-22
Bandsperre → Band-stop filter **13**-22
Barkhausen-Gleichung → Barkhausen equation. **7**-45
Basic Input Output System (BIOS) → Basic Input Output System (BIOS)...................... **5**-24
Basis → Base **7**-13
Basiseinheit → Basic unit **2**-2
Basisgröße → Base factor.................... **2**-2
Basisschaltung → Common-base circuit........ **7**-17, **7**-21 ff., **7**-39, **7**-45
Basisschutz → Basic protection........ **10**-12, **10**-14
Basiszahl → Base number **4**-3
Batterie → Battery.................. **6**-23 ff., **15**-4
Bauart → Construction
 - irreversibel → irreversible **6**-22
 - reversibel → reversible **6**-21
Bauelemente → Components
 - der Elektrotechnik → electrical engineering .. **6**-1 ff.
 - elektronisch → electronic .... **7**-1 ff.
 - Kennzeichnung → labelling................ **6**-2 f.
 - magnetfeldabhängig → magnet-dependent . **7**-41
 - optoelektronisch → optoelectronic .... **7**-48 ff.
 - Schaltzeichen für passive → schematic symbols for passive components **13**-14
Bauform → Design . **6**-9, **6**-15, **6**-21, **6**-24, **6**-29, **7**-40, **7**-50, **11**-35
Baugröße, gängige → Installation size, common **6**-23
Baugruppe, Gehäuse zur Aufnahme → Assembly, housing for mounting **6**-35
Baustellen → Installation sites............... **12**-82
B-Betrieb → Class B operation........... **7**-17, **7**-24
BCD → BCD................................ **4**-5
BCD-Code → BCD code..................... **4**-5
BCD-Zähler → BCD meter................... **4**-11
Bedarf → Requirement **16**-6
Bedarfsermittlung → Establishing requirements . **16**-6
Bedienungsfehler → handling error.......... **12**-80
Beeinflussungsfehler → Interference error....... **8**-4
Befehl → Command........................ **5**-17
Begriffe → Definitions
 - der Messtechnik → measuring technology... **8**-2 f.
 - der Regelungstechnik → automatic control engineering **9**-26
 - der Steuerungstechnik → control engineering . **9**-3

18.3 Stichwortverzeichnis Deutsch-Englisch

Begriffsbestimmung: Einteilung der Stähle → Definition: classification of steel.................. **14**-5
Behaglichkeit → Comfort **12**-59
Belasteter Spannungserzeuger → Loaded voltage generator..................................... **3**-8
Belasteter Spannungsteiler → Loaded voltage divider **3**-7
Belasteter Träger → Loaded carrier............ **2**-11
Belastung → Load **3**-4, **3**-7
 - am Arbeitsplatz → at workplace............. **15**-2
Beleuchtungskalender → Lighting calendar.... **12**-76
Beleuchtungsstärke → Illuminance. **7**-49, **12**-61, **12**-71
Beleuchtungstechnik → Lighting technology .. **12**-61 ff.
Beleuchtungswirkungsgrad → Lighting efficiency................................. **12**-71
Belichtung → Exposure..................... **12**-61
Bemaßung → Dimensioning.................. **13**-4
Bemessungsdifferenzstrom → Rated differential current..................................... **10**-7 f.
Bemessungsspannung → Rated voltage ..... **10**-22 f.
Bemessungsstrom → Rated current **12**-20, **12**-25
Berechnung eines Netztransformators → Calculation of a power transformer **6**-17
Bereichskoppler → Area coupler **13**-26
Bereichslinie → Area lines................... **12**-50
Berufsbildungsgesetz → Vocational Training Act . **16**-24
Berufsausbildungsvertrag → Vocational training contract **16**-23
Berührungsspannung → Touch voltage **10**-5
Berührungsstrom → Contact current.......... **10**-5 f.
Beschaffungsmarktforschung → Procurement market research..................................... **16**-7
Beschleunigung → Acceleration................ **2**-8
 - Messung → measurement **8**-25
Bestandskontrolle → Stock Control............ **16**-6
Bestellmengenoptimierung → Order quantity optimisation **16**-7
Bestellpunkteverfahren → Order point process.. **16**-8
Bestellrythmusverfahren → Order cycle process . **16**-8
Bestellzeitplanung → Order scheduling **16**-8
Betrag von z → Amount of z................... **1**-4
Betrieblicher Auftrag → Commercial order...... **17**-3
Betriebsanleitung → Operating instructions ... **16**-18
Betriebsanweisung → Operating instructions ... **15**-3
Betriebsart → Operating mode **11**-22
Betriebsarten von drehenden Maschinen → Modes of operation for rotating machines.......... **11**-22 f.
Betriebsbereich → Operational areas **15**-21
 - umweltrelevant → environmentally relevant.. **15**-21
Betriebserder → Operational earth **10**-17
Betriebsführung und Instandhaltung → Operation and maintenance .... **12**-80 ff.
Betriebsklasse → Utilisation categories . **12**-19, **12**-21
Betriebskondensator → Operating capacitor.... **6**-15
Betriebskosten → Utilisation costs **12**-5
Betriebsmittel → Equipment.............. **3**-3, **13**-10
Betriebsmittelanschluss → Equipment connection **13**-11
Betriebsmittelkennzeichnung → Equipment identification........................... **13**-10 ff.
Betriebsrat → Works council **16**-25
Betriebsschaltung → Connection type **7**-51
Betriebssicherheitsverordnung → Workplace safety ordinance:..................................... **15**-2
Betriebssystem → Operating system **5**-24
Betriebswert → Operating value **7**-21, **7**-46, **7**-54, **11**-26
Bewegung → Movement..................... **2**-8
Beziehung der Winkelfunktionen in den Quadranten → Relationship of the trigonometric functions in quadrants **1**-10
Beziehung zwischen den Winkelfunktionen für gleiche Winkel → Relationship between the trigonometric functions for the same angle **1**-10
BGB → German Civil Code..................... **16**-3
BGW (Biologischer Grenzwert) → Biological limit value (BLV).. **15**-2
Biegedruckspannung → Flexural compressive stress **2**-11
Biegefestigkeit → Flexural strength........... **14**-24
Biegelinie → Bending line................... **2**-11
Biegemoment → Bending moment **2**-11
Biegeradius → Bending radius............... **12**-16
Biegezugspannung → Flexural tensile stress.... **2**-11
Biegung → Bend **2**-11
Bildabstand → Throw **2**-17, **2**-18
Bildgröße → Image size **2**-17, **2**-18
Bildschirmgerät → Monitor.............. **5**-15, **7**-55
Bildzeichen der Elektrotechnik → Graphical symbols in electrical engineering..................... **13**-27 f.
Bimetallmesswerk → Bimetallic instrument...... **8**-7
Binär → Binary............................. **5**-19
binäre Elemente → Binary elements .... **13**-23 f.
Binärer Logarithmus → Binary logarithm **1**-3
Binärzahl → Binary number **4**-3
Binärzeichen → Binary digit **4**-2
Biologischer Grenzwert (BGW) → Biological limit value (BLV).. **15**-2
Biomasse-Energie → Biomass energy **12**-2
BIOS → BIOS **5**-24
Bipolar → Bipolar........................... **5**-18
Bipolare Transistoren → Bipolar transistors... **7**-13 ff.
Bistabile Elemente → Bistable elements....... **13**-24
Bistabile Relais → Bistable relays **6**-31

18.3 Stichwortverzeichnis Deutsch-Englisch

Bistabiler Multivibrator → Bistable multi-
vibrator **7**-28, **7**-30
Bistabiles Kippglied → Bistable trigger element .. **4**-9
Bit → Bit **4**-2, **5**-20
Bleche und Bänder → Sheets and strips **14**-9
Blechschraubenverbindung → Sheet metal
connections **14**-27
Blei → Lead **6**-26
Bleiakkumulator → Lead accumulator **6**-28
Bleibende Regeldifferenz → Residual control
difference .... **9**-33 f.
Blindkomponente → Reactive component **3**-20
Blindleistung → Reactive power **3**-4
Blindleistungskompensation → Reactive power
compensation .... **12**-31 f.
Blindwiderstand → Reactance **2**-4, **3**-27
Blitzschutz → Lightning protector .... **12**-33 ff.
Blitzstromwirkung → Lightning effect **12**-33
Bluetooth → Bluetooth **5**-11
Bode-Diagramm → Bode diagram .... **9**-30 f.
Bodenbelastung → Floor loading **15**-21
Bogen → Bend **1**-9
Bogenentladung → Arc discharge **7**-47, **12**-67
Bogenmaß → Radian measure **1**-9
Bohrschrauben → Drilling screws **14**-27
Boltzmann-Konstante → Bolzmann constant **2**-5
BOOL → BOOL **9**-10
Boolesche Algebra → Boolean algebra **4**-2

Bootstrap-Schaltung → Bootstrap circuit **7**-24
Brandbekämpfung → Fire fighting measures **10**-2
Brandmelder → Fire alarm **13**-20
Brandschutz → Fire protection **10**-7
Brechung → Refraction **2**-16
Brechwert → Refractive power **2**-18
Brechzahl → Refractive index **2**-16
- des Mediums → of the medium **2**-18
- des Prismenwerkstoffs → of the prism
material **2**-17
Brechzahlprofil → Refractive index profile **7**-56
Breitbandstörquelle → Broadband interference
source **12**-37
Brennpunkt → Focal point **2**-17
Brennweite → Focal distance **2**-17, **2**-18
Briggscher Logarithmus → Briggsian logarithm .. **1**-3
Brückenschaltung → Bridge circuit **3**-7, **11**-18
Bulk → Bulk .... **7**-38 ff.
Bundesverfassungsgericht → German Federal
Constitutional Court **16**-26
Bürgschaft → Surety **16**-4
Bus → Bus .... **12**-46 ff.
Busankoppler → Bus coupling **13**-26
Busleitungen → Bus line **12**-49
BUS-Schnittstelle → BUS interface **5**-6
Bussystem → Bus system **12**-46
Busteilnehmer → Bus participant .... **9**-19 ff.
Byte → Byte **4**-2, **5**-20

C

C (Coulomb) → C (Coulomb) **2**-2
C (Programmiersprache) → C (programming
language) **5**-32
C# → C# **5**-32
C++ → C++ **5**-32
CAN → CAN **9**-20
Candela → Candela **2**-2
C-Betrieb → Class C operation **7**-17
CD-ROM → CD-ROM **5**-5
CENELEC → CENELEC **10**-3
Central Processing Unit (CPU) → Central Processing
Unit (CPU) **5**-2
CE-Zeichen → CE mark **12**-41
Chemisches Element → Chemical element .... **14**-2 ff.
Chopper → Chopper **11**-13
Clear → Clear **13**-28
CLP-Verordnung → CLP regulation **15**-18
CMOS → CMOS **4**-14

Code → Code **4**-5
- Digitaltechnik → digital technology **4**-5
- Software → software .... **5**-21 ff.
- Umsetzer → shifter **13**-24
- Wort → word **4**-5
Compact Disk (CD) → Compact disc (CD) **5**-5
Compiler → Compiler **5**-27
Complex- oder Clustered-PLD → Complex or cluste-
red PLD **4**-26
Computer → Computer **5**-2
Computermaus → Computer mouse **5**-14
Computertechnik → Computer technology .... **5**-1 ff.
ControlNet → ControlNet **9**-22
Cosinus → Cosine **1**-9
Cotangens → Cotangent **1**-9
Coulomb → Coulomb **2**-2
CPLD → CPLD **4**-26
CPU → CPU .... **5**-2 f.

18.3 Stichwortverzeichnis Deutsch-Englisch

D

Dahlanderschaltung → Dahlander pole changing . **9**-8
Dampfdruck → Steam pressure . . . . **15**-8 ff.
Dämpfe → Steam **2**-6
Dämpfung → Attenuation **3**-28
Dämpfungsfaktor → Attenuation coefficient . . . **3**-27 f.
Dämpfungskennwert → Attenuation characteristic **3**-28
Dämpfungsmaß → Attenuation factor **3**-28
Darlehensvertrag → Loan agreement **16**-3
Darlington-Schaltung → Darlington circuit . **4**-18, **7**-24
Darstellung → Illustration
  - im Schaltplan → in circuit diagram **13**-8
  - grafisch → graphical **13**-3
  - orthogonal → orthogonal **13**-4
  - technisch → technical . . . . **13**-4 ff.
Darstellungsart → Notation . . . . **12**-51 ff.
Datei → File **5**-25
Dateisystem → File system **5**-26
Datenbank → Database **5**-28
Datenbus → Data bus **5**-2
Datennetzaufbau → Data network structure . . . **12**-48
Datenschnittstelle → Data interface **8**-38
Datentelegramm → Data telegram **8**-38, **12**-49
Datentyp → Data type . . . . **9**-9 f.
Datenübertragungsverfahren → Data transmission process **12**-47
Dauerbelastbarkeit → Durability **14**-17
Dauerbetrieb → Continuous operation **11**-22, **12**-29, **14**-17
Dauermagnetwerkstoff → Permanent magnet material **14**-7
DA-Wandler, Spezifikation → D/A converter, specification **4**-35
DÜE → DCE **5**-10
De Morgansches Gesetz → De Morgan's theorem **4**-2
Deckungsbeitragsrechnung → Break-even analysis **16**-9
Decodierer → Decoder **4**-11
DEE → DTE . . . . **5**-9 f.
Definitionsbereich → Domain **1**-2
Dehnungsmessstreifen (DMS) → Resistance strain gauge **8**-23
Dehnwellen → Strain waves **2**-14
Dekadischer Code → Decadic code **4**-5
Dekadischer Logarithmus → Common logarithm . **1**-3
DEKRA → DEKRA **16**-14
Demultiplexer → Demultiplexer **4**-13
Depletionstyp → Depletion type **7**-37
Determiniertes Signal → Determinate signal **4**-30

Deutsche Forschungsgemeinschaft (DFG) → German Research Foundation (DFG) . . . . **15**-2 ff.
Dezibel (dB) → Decibel (dB) **3**-28
Dezimal → Decimal **5**-19
Dezimalzahl → Decimal number **4**-3
D-Flipflop → D flip-flop **4**-9
DFT → DFT **4**-37
D-Glied → Derivative element **9**-34
Diac → Diac **7**-31
Diagramm → Diagram **7**-15, **8**-31
Diagrammkarten → Diagrammatic map **16**-19
DIAZED → DIAZED **12**-22
Dichte → Density . . . . **2**-6, **14**-3 f., **15**-8 ff.
Dickschichtschaltung → Thick film circuits **7**-42
Dielektrikum → Dielectric **6**-14
Dielektrizitätszahl → Dielectric constant **6**-16
Dienstvertrag → Service contract **16**-3
differenzieller Widerstand → Incremental resistance **7**-9
Differenzierer → Differentiator **7**-27
Differenzierglied → Derivative element **3**-26
Differenzmenge → Differential quantity **1**-2
Differenzstromgerät → Differential current **10**-7
Differenzverstärker → Differential amplifier **7**-25
Diffusionsstrom → Diffusion current **7**-5, **7**-45
Digital Versatile Disk (DVD) → Digital Versatile Disk (DVD) **5**-5
Digital-Analog-Umsetzer (DAU) → Digital-analogue converter **5**-18
Digital-Analog-Wandlung → Digital-analogue conversion **4**-34
Digitale Filter → Digital filter **4**-38
Digitale Regler → Digital controller **9**-25
digitaler Restfehler → Residual digital error **8**-5
Digitaltechnik → Digital technology **4**-2
Dimmen → Dim **12**-55
Dimmer → Dimmer **7**-35, **9**-4, **12**-55, **13**-21
Dimmerschaltung → Dimmer switch **12**-55
DIN (Deutsches Institut für Normung) → DIN (German Institute for Standardization) . . . . **10**-3, **16**-2 f., **16**-14
DIN-EN-ISO → DIN-EN-ISO **18**-3
DIN-EN-Norm → DIN EN standard **18**-3
DIN-IEC-Norm → DIN IEC standard **18**-3
DIN-ISO-Norm → DIN ISO standard **18**-3
DIN-Norm → DIN standard **18**-3
DIN-Stecker → DIN plug **5**-12
DIN-VDE-Norm → DIN VDE standard **18**-3
Diode → Diode . . . . **6**-9 f., **6**-31, **7**-3, **7**-6 ff., **7**-18, **7**-31, **7**-34 ff., **7**-45, **7**-48 ff., **8**-11 ff., **8**-22, **11**-18 ff., **12**-36, **13**-12, **13**-15

18.3 Stichwortverzeichnis Deutsch-Englisch

Diodenkennlinie → Diode characteristic **7**-3, **7**-6
Dioptrie → Dioptre **2**-18
Direktumrichter → Direct converter **11**-15
Disjunktion → Disjunction **4**-6
Diskrete Fourier-Transformation (DFT) → Discrete Fourier transform (DFT) **4**-37
Dispersion → Dispersion **7**-56, **15**-9
Distributivgesetz → Distributive law **4**-2
Dividende → Dividends **16**-2
Division → Division **1**-5
Divisionskalkulation → Process costing **16**-9
DKE → DKE **10**-3
D-Kippglied → D-type trigger element **4**-9
DMS (Dehnungsmessstreifen) → Strain gauge .. **8**-23
Dokumentarten → Types of documentation **13**-7
Dokumentation → Documentation . **4**-25, **10**-2, **10**-12
Dokumente der Elektrotechnik → Documents in electrical engineering **13**-7
Donator → Donor **7**-2
Doppelbasisdiode → Unijunction transistor **7**-31
Doppelleitung → Double circuit line **3**-12
Doppelschlussgenerator → Compound generator **11**-33
Doppelschlussmotor → Compound motor **11**-32
doppelte oder verstärkte Isolierung → Double or enhanced insulation **10**-26
Doppelweggleichgerichtete Sinusspannung → Full wave rectified sine-wave voltage **1**-13
Doppler-Effekt → Doppler effect **8**-16, **8**-24
Dotierung → Doping **7**-52
Drähte → Wires .... **14**-14 ff.
 - Kennwerte → parameters .... **14**-14 ff.
Drain → Drain .... **7**-38 ff.
 - Drainschaltung → Drain connection **7**-39
 - Drainstrom → Drain current .... **7**-39 f.
Drehbewegung → Rotary motion **2**-7
Dreheisenmesswerk → Moving iron movement ... **8**-7
Drehmoment → Torque **2**-7
Drehrichtung → Direction of rotation **11**-2, **11**-14, **11**-24
Drehrichtungsumkehr → Reversion of rotation . **11**-33
Drehrichtungswahl → Selection of direction of rotation **9**-6
Drehsinn → Sense of rotation **11**-24
Drehspulmesswerk → Moving coil mechanism ... **8**-7
Drehstrom → Three-phase alternating current ... **3**-2, **3**-17
Drehstrom bei symmetrischer Belastung → Three-phase alternating current by symmetric load **3**-4
Drehstromantriebe → Three-phase alternating current drives **11**-15
Drehstrom-Asynchronmotoren → Three-phase asynchronous motors **11**-12
Drehstrom-Blindverbrauchzähler → Three-phase reactive energy meter **8**-37
Drehstromleitung → Three-phase alternating current line **12**-18
Drehstrommaschine → Three-phase machine .... **11**-25 ff.
Drehstromnetz → Three-phase power supply system **3**-3
Drehstromtransformator → Three-phase transformer **11**-7
Drehstrom-Vierleiternetz → Three-phase four-wire power supply system **3**-3
Drehstrom-Wirkverbrauchzähler → Three-phase active energy meter **8**-37
Drehwiderstand → Potentiometer **6**-6
Drehzahlmessung → Speed measurement **8**-14
Dreieck → Delta **1**-10, **1**-14
Dreieckmischspannung → Delta mixed voltage .. **1**-13
Dreieckschaltung → Delta connection **3**-17, **11**-28
Dreieckschütz → Delta contactor **9**-7
Dreieck-Stern-Umwandlung → Delta-star transformation **3**-8
Dreieckwechselspannung → Delta alternating current **1**-13
Dreileiternetz → Three-wire power supply system **3**-3
Dreiphasenwechselstrom → Three-phase alternating current **3**-17
Drossel → Throttle **13**-17
Drosselwandler → Throttle converter **11**-20
Druck → Pressure **2**-9, **2**-11
Druck in Flüssigkeiten → Pressure in liquids **2**-9
Druckeinheit → Pressure unit **2**-9
Drucker → Printer **5**-16
Druckmessung → Pressure measurement **8**-26
Druckspannung → Compression stress **2**-11
DTE → DTE **5**-10
DTE-DTE-Null-Modem-Verbindung → DTE-DTE null modem connection **5**-9
Dualer Logarithmus → Dual logarithm **1**-3
Dual-in-Line-Gehäuse (DIL) → Dual in-line housing (DIL) **6**-31
Dual-Slope-Verfahren → Dual-slope process .. **4**-33
Dualzahl → Binary number **4**-3
Dualzähler → Binary counter **4**-10
Dünnschichtschaltung → Thin film circuit **7**-42
Duo-Schaltung → Lead-lag circuit **12**-66
Durchbruchbereich → Breakdown region ... **7**-9, **7**-39
Durchbruchspannung → Breakdown voltage .... **7**-9, **7**-31 ff., **7**-39 f.
Durchflussmessung → Flow measurement .... **8**-16 f.
Durchflusswandler → Forward converter **11**-21

18.3 Stichwortverzeichnis Deutsch-Englisch

Durchflutung → Current linkage 3-10
Durchgriff → Reach through................... 7-45
Durchlassspannung → Forward bias....... 7-7, 7-31
Durchlassstrom → Forward current......7-3 ff., 7-12, 7-31 ff.
Durchlauferhitzer → Continuous flow heater ... 12-60
Durchmesserzeiger → diameter measurement device 1-7
Durchschlagfestigkeit → Dielectric strength. 3-9, 14-24
Duroplaste → Thermosetting materials 14-20
DVD (Digital Versatile Disk) → DVD (Digital Versatile Disk)...................................... 5-5

E

E-Check → E-check 10-30
ECL → ECL 4-14
Editor → Editor............................. 5-27
EEPROM → EEPROM..................... 4-25
Eex → Eex 12-45
Effektivwert → Effective value 3-16
Effektivwertmessung → Effective measurement . 8-12
eHZ → eHZ 8-38
EIB (Europäischer Installationsbus) → EIB (European Installation Bus) 9-21, 12-46, 12-50, 13-26
EIB-Systeme → EIB systems.................. 12-47
Eigenleitung → Intrinsic conduction .. 7-2, 7-5 f., 7-12
Eigenschaften elektrischer Isolierstoffe → Electrical insulating properties 14-22
Eigenschaften von Kunststoffen → Properties of plastics.................................... 14-21
Eindringtiefe → Depth of penetration 12-42
Einfache Leiterlänge → Single conductor length .. 3-6
einfacher Stromkreis → Simple electrical circuit .. 3-6
Einfallswinkel → Angle of incidence 2-16
Einflussfehler → Interference error 8-4
Eingabegerät → Input device 5-12
Eingangsgröße → Input value .... 9-2 ff.
Eingangskennlinie → Input characteristic.. 7-14, 7-37
Eingangswiderstand → Input resistance .....7-14 ff., 7-39 ff., 7-45, 8-10 ff., 8-27
Einheit → Unit 1-8, 2-2
Einheiten außerhalb des SI nach DIN 1301 → Units outside the SI according to DIN 1301........... 2-2
Einheiten nach DIN 1301 → Units according to DIN 1301 2-2
Einheiten und Zeichen → Units and symbols 2-2
Einheitensystem → Unit system 2-2
Einkaufsorganisation → Purchasing organisation 16-7
Einleitung → Leading-in 10-14
Einphasentransformator → Single-phase transformer 11-5
Einpulsmittelpunktschaltung → Single-pulse centre tap connection 7-8
Einschaltverzögerung → Switch-on delay 9-12
Einschwingen → Transient oscillation.......... 9-40
Einschwingtoleranz → Transient value tolerance. 9-27
Einschwingzeit → Settling time 4-35

Einsetzungsmethode → Substitution method 1-4
Einspeisung → Feed in/power supply......... 11-12
Einstellung der Regler-Kennwerte (Optimierung) → Setting the controller parameters (optimization) ....9-39 f.
einstufige Kaskade → Single-stage cascade 7-8
Einteilungen → Classification
 - in der Regelungstechnik → in control engineering 9-25
 - in der Steuerungstechnik → in control technology 9-2
Einweggleichgerichtete Sinusspannung → Half wave rectified sine-wave voltage 1-13
Einzelkapazität → Single capacity............. 3-10
Einzelkompensation → Single compensation .. 12-31
Einzelladung → Single charge 3-10
Einzelleitwert → Single electrical conductance.... 3-6
Einzelphotonenzählung → single photon metering 7-49
Einzelspannung → Single voltage 3-10
Einzelwiderstand → Discrete resistor 3-6
Einzelwirkungsgrad → Single efficiency 2-10
Eisen → Iron................................ 14-5
Elastizitätsmodul → Elasticity modulus 14-24
ELD (Electrical Luminescence Display) → ELD (Electrical Luminescence Display) 7-55
Elektrisch gespeicherte Energie → Electrical energy stored.................................... 3-10
Elektrische Anlage → Electrical system....... 12-1 ff.
 - Isolationsfehler → insulation error.......... 10-6
 - Sicherheitsregeln beim Arbeiten → safety rules when working......................... 10-32
 - Spannungsfall und Abschaltzeit → voltage drop and switch-off time...................... 10-21
Elektrische Arbeit → Electrical work 3-4
Elektrische Arbeit und Wärme → Electrical work and heat 3-4
Elektrische Betriebsmittel → Electrical equipment 3-3, 13-10
Elektrische Durchschlagfestigkeit → Dielectric strength..................................... 3-9
Elektrische Eigenschaften → Electrical characteristics 6-34

18.3 Stichwortverzeichnis Deutsch-Englisch

Elektrische Energie, Erzeugung und Verteilung → Electrical energy, generation and distribution ..... **12**-2 ff.
Elektrische Feldkonstante → Dielectric constants **2**-5, **3**-9
Elektrische Feldstärke → Electric field strength ... **3**-9
Elektrische Flussdichte → Electric flux density **3**-9
Elektrische Geräte, Prüfung → Electrical devices, testing **10**-31
Elektrische Ladung → Electric charge **3**-2, **3**-9
Elektrische Leistung → Electrical output **3**-4
Elektrische Leitfähigkeit → Electrical conductivity .. **2**-4, **7**-2 ff., **14**-3, **14**-10
Elektrische Maschinen, Toleranz → Electrical machines, tolerance **11**-3
Elektrische Spannung → Electric tension **3**-2
Elektrische Stromstärke → Electric current ... **2**-2, **3**-2
Elektrische Verschiebung → Electrical displacement **3**-9
Elektrischer Schlag → Electric shock **10**-2
Elektrischer Schlag, Schutzmaßnahmen → Electric shock, protective measures **10**-14
Elektrischer Widerstand → Electrical resistance .. **2**-4, **6**-34
Elektrisches Feld → Electric field **3**-9
Elektrizitätsversorgungsunternehmen (EVU) → Electricity Generating Company **10**-12
Elektrizitätszähler → Electricity meter ..... **8**-36 f.
Elektroband → Electric strip ..... **14**-5 f.
Elektroblech → Electric sheet ..... **14**-5 f.
Elektrode → Electrode **7**-47
Elektrodynamisches Messwerk → Electrodynamic movement **8**-7
Elektrogeräte → Electrical appliances ..... **12**-10 f.
Elektroherd → Electrical stove **13**-21
Elektrolumineszenzbildschirm → Electroluminescent display **7**-55
Elektrolumineszenzfolie → Electroluminescent foil **7**-52
Elektrolytkondensator → Electrolyte capacitor .. **6**-15
Elektromagnetische Verträglichkeit (EMV) → Electromagnetic compatibility (EMC) **12**-38
Elektromotor → Electric motor **11**-3, **12**-81
Elektron → Electron ..... **2**-5, **3**-2, **7**-2, **7**-5, **7**-12, **7**-45 ff.
Elektronenröhre → Electronic tube ..... **7**-25, **7**-45 ff., **7**-55
Elektronik-Produktion → Electronic production .. **15**-7
Elektronischer Haushaltszähler (eHZ) → Electronic domestic supply meter **8**-38
Elektronisches Bauelement → Electronic component ..... **7**-1 ff.
Elektronisches Papier → E-Paper **7**-53

Elektrostatische Aufladung → Electrostatic charge **12**-43
Elektrostatische Entladungen → Electrostatic discharge **12**-38
Elektrotechnik → Electrical engineering
- Bauelemente → components ..... **6**-1 ff.
- Bildzeichen → graphical symbols ..... **13**-27 f.
- Dokumente → documents ..... **13**-7 ff.
Elektrothermische Analogie → Electro-thermal analogy **7**-43
Elektrounfall → Electrical accident **12**-82
Elektrowärme → Electroheat ..... **12**-59 f.
Element → Element
- analog → analogue ..... **13**-25 f.
- binär → binary ..... **13**-23 f.
Elementare Funktion → Elementary function **1**-11
Elementarladung → Elementary charge **2**-5, **3**-2
Elementsymbol → Element symbol **14**-3
Ellipse → Ellipse **1**-11, **1**-14
E-Mail → E-mail **5**-23
Emission → Emission **12**-4
Emissionsspektrum → Emission spectrum **12**-62
Emitter → Emitter **7**-13, **7**-31
- Emitterschaltung → Emitter circuit ..... **7**-4, **7**-13, **7**-17, **7**-19 ff., **7**-24 f.
EMV (elektromagnetische Verträglichkeit) → EMC (electromagnetic compatibility) ..... **12**-33 ff.
Energie → Energy **2**-10
- einer stromdurchflossenen Spule → of a current-carrying coil **3**-12
- eines geladenen Kondensators → of a charged capacitor **3**-10
Energieflussrichtung → Energy flow direction ... **8**-38
Energienetz → Energy network **12**-35
Energiesparlampe → Energy saving lamp **15**-6
Energiespeicher → Energy store **6**-23
Energieträger → Energy source **12**-2
EN-Norm → EN standard **16**-3
Entgegengesetzt gleiche Vektoren → Directly opposed equal vectors **1**-8
Entladung → Discharge **3**-12
Entladungslampe → Discharge lamp **12**-67
Entsorgung gefährlicher Abfälle → Disposal of hazardous waste **15**-21
Entstörkondensatoren → Anti-interference capacitor **12**-69
EPROM → EPROM **4**-25
Erdausbreitungswiderstand → Earth electrode resistance **12**-34
Erden und Kurzschließen → Earth and short circuit **10**-32
Erder → Earth electrode **12**-34

18.3 Stichwortverzeichnis Deutsch-Englisch

Erdschluss → Earth contact **10**-6
Erdung → Earthing **9**-5, **10**-3, **10**-13
Erdungsleiter → Earthing conductor ... **10**-19 f., **10**-23
Erdungswiderstand → Earthing resistance **10**-17, **10**-23, **10**-30
Ermittlung → Determination
- der Übertemperatur von Wicklungen bis 200 °C → temperature rise of windings to 200 °C **11**-2
- des wahren Wertes → of the true value....... **8**-4
- von Übertemperaturen → of excess temperatures .... **11**-2 f.
Ermittlungspflicht → Duty to investigate **15**-3
Erneuerbare Energieträger → Renewable energy source **12**-2
Ersatzschaltung → Equivalent network.......... **4**-6, **7**-9 ff., **7**-19, **7**-25, **7**-38, **7**-43
- für Spulen und Kondensatoren → for coils and capacitors............................ **3**-27
Erste Hilfe bei Elektrounfällen → First aid for electrical accidents **12**-82
Erster Durchbruch → First breakdown **7**-16
Erster kirchhoffscher Satz → Kirchhoff's first law . **3**-6
Ertragsmangement → Yield-Management....... **16**-5

Erzeugung und Verteilung elektrischer Energie → Generation and distribution of electrical energy . **12**-2 ff.
Esaki-Diode → Esaki diode.................... **7**-11
Ethernet → Ethernet .... **5**-10, **9**-20 f.
Europäischer Installationsbus (EIB) → European Installation Bus (EIB) **13**-26
EVG (Elektronisches Vorschaltgerät) → Electronic ballast **12**-69
EVU (Elektrizitätsversorgungsunternehmen) → Electricity Generating Company................. **10**-12
Ex(klusiv)-ODER (Antivalenz) → Exclusive OR (antivalence) **4**-6
Expertensystem → Expert system **5**-28
Explosionsgefahr → Risk of explosion . **12**-7, **12**-43 f., **12**-78, **15**-12 f.
Explosionsgefährdete Bereiche → Explosion hazard areas **12**-44, **12**-78
Explosionsgefährdete Zonen → Explosion hazard zones **12**-44
Explosionsgruppe → Explosion group **12**-44
Explosionsschutz → Explosion protection .... **12**-44 f.
Exponentialfunktion → Exponential function **1**-2, **1**-11

F

F (Farad) → F (Farad)........................ **2**-2
Fachgespräch → Professional discussion...... **17**-4 f.
Factoringvertrag → Factoring agreement....... **16**-4
Fallbeschleunigung → Gravitational acceleration . **2**-5
Fangleitung → Lightning conductor **12**-33
Fan-In → Fan-In........................... **4**-16
Fan-Out → Fan-out **4**-16
Farad (F) → Farad (F)........................ **2**-2
Faraday-Konstante → Faraday constant......... **2**-5
Farben → Colours.................... **12**-6, **12**-19
Farbkennzeichnung von Widerständen → Colour identification of resistances **6**-3
Farbtemperatur → Colour temperature... **7**-51, **12**-62, **12**-65
Farbwiedergabe → Colour rendering.......... **12**-62
Fast Fourier-Transformation (FFT) → Fast Fourier transformation (FFT) **4**-37
Fehler-(Personen-)Schutz → Personal fault protection **10**-18
Fehlerklasse → Fault class **8**-33
Fehlerrechnung und Messfehler → Fault calculation and measurement error..................... **8**-4 f.
Fehlerschutz → Fault protection . **10**-12, **10**-14, **10**-18
Fehlerschutz durch automatische Abschaltung der Stromversorgung → Fault protection through automatic cut-off of power supply **10**-20

Fehlersichere Abschaltung → Fail-safe cut-off .. **9**-10
Fehlerspannung → Fault voltage .. **10**-6, **10**-17, **10**-30
Fehlerstrom → Residual current.............. **10**-5 ff.
Fehlerstromkreis → Residual current circuit..... **10**-5
Fehlerstromkreis, Isolationsfehler in elektrischen Anlagen → Residual current circuit, insulation failure in electrical systems........................ **10**-6
Fehlerstrom-Schutzeinrichtung (RCDs) → Residual current protection device (RCDs) **10**-7
Feinschutz, Überspannungsleiter → Surge protection, over voltage conductor **6**-10
Feinsicherung → Microfuse .... **6**-21 f.
Feldbus → Field bus **9**-18, **12**-46
Feldbussystem → Field bus system.......... **9**-18 f.
Feldeffekttransistor (FET) → Field effect transistor (FET)................................ **7**-25, **7**-37
Feldkonstante → Dielectric constant........ **2**-5, **3**-9
Feldplatte → Field plate **7**-41
Feldstärke → Field strength **3**-11
Feldstrom → Field current............... **7**-5, **7**-45
FELV → FELV............................... **10**-25
Fensterdiskriminator → Discriminator of voltage **7**-28
Fensterschirmung → Window shielding **12**-42
Feste Stoffe → Fixed materials................. **2**-6
Festigkeitslehre → Strength of materials **2**-11

18.3 Stichwortverzeichnis Deutsch-Englisch

Festplatte → Hard drive 5-4
Festpreisstrategie → Fixed price strategy 16-5
Festpunkt → Fixed point .... 15-10 ff.
Festverdrahtete Logik → Hardwired logic ...... 4-6 ff.
Festwiderstand → Fixed resistor 6-4
FET (Sperrschicht-Feldeffekttransistor) → FET (junction field-effect transistor) 7-38
FFT (Fast Fourier-Transformation) → FFT (Fast Fourier Transformer) 4-37
FIFO → FIFO 4-12
Filter → Filter 4-38
- digital → digital 4-38
Filterschaltung → Filter circuit 12-41
Finanzgericht → Financial court 16-26
FIR → FIR 4-38
Firewire → Firewire 5-6
Flachbettscanner → Flatbed scanner 5-14
Flachdraht → Flat wire
- Heizleiterlegierung → heating conductor alloy 14-12
Flächenberechnung → Calculation of areas 1-14
Flammpunkt → Burning point .... 12-44, 15-8 ff.
Flash EEPROM → Flash EEPROM 4-25
Flash-Konverter → Flash converter 4-33
Flashspeicherzelle → Flash memory cell 5-4
Flipflop → Flip flop 4-9
Fluss → Flux 3-11
Flussdichte → Flux density 3-9, 3-11
Flüssigkeit → Liquid 2-6, 2-9
Flüssigkristallanzeige (LCD) → Liquid Crystal Display (LCD) .... 7-53 ff., 8-38
Flüssigkristallbildschirm → Liquid crystal screen 7-55
Flussmittel → Flux material 14-12, 15-7
Flussmittel-Typ und Wirkung → Flux material – type and effect 14-12
Flussquant → Flux quantum 2-5
Flusswandler → Flux converter 11-19
Forderungsabtretung → Assignment of claim .. 16-4
Formelumstellung → Conversion formula 1-3
Formelzeichen → Formula symbol .... 2-3 f.
Formen komplexer Zahlen → Forms of complex numbers 1-4
Formfaktor → Form factor 3-16, 8-12
Fortran → Fortran 5-32
Fossile Energieträger → Fossil fuels 12-2
Fotoblitzlicht → Photo flashlight 7-47
Fotodiode → Photodiode ... 7-3, 7-48 ff., 8-22, 13-15

Fotodioden-Kennlinie → Photodiode characteristic . 7-3
Fotoelement → Photoelectric cell .... 7-48 ff., 8-22, 13-15
Fotosensor → Photo sensor .... 7-48 ff.
Fototransistor → Photo transistor ..... 7-48 ff., 13-15
Fotovervielfacher → Photoelectric multiplier ... 7-50 f.
Fotowiderstand → Photoconductive cell ...... 7-49 f., 8-22, 13-15
Fotozelle → Photoelectric cell .... 7-3, 7-47 ff., 8-22, 13-12, 13-15
Fourierkoeffizient → Fourier coefficient 1-12
Fourierreihe → Fourier series 1-12
Fourierzerlegung → Fourier decomposition 1-12
FPGA → FPGA 4-26
Frachtvertrag → Shipping contract 16-3
Franchisevertrag → Franchise agreement 16-4
Freischalten → Disconnect 10-32
Freiwerdezeit → Turn off time .... 7-33 ff.
Fremdgeführte Stromrichter → External converters 7-36
Frequency Hopping → Frequency hopping 5-11
Frequenz → Frequency 2-14, 3-16
Frequenzbewertung → Frequency weighting 8-15
Frequenztransformation → Frequency transformation 8-31
Frequenzverhalten → Frequency response 3-26
Frontside-Bus → Frontside bus 5-3
Fruchtschädigungsgruppe → Foetal damage group 15-15
Führungsgröße → Reference input .... 9-26 ff.
- Frequenzverhalten → frequency response ... 9-28
- Zeitverhalten → times response 9-27
Fünf Sicherheitsregeln → Five safety rules 10-4
Funkentstörung → Radio interference suppression 7-34
Funktionen → Functions .... 1-9 ff.
Funktions- und Systemanalyse → Function and system analysis .... 17-2 f.
Funktionsgenerator → Function generator 8-30
Funktionskurve → Function curve 1-10
Funktionsprüfung → Function test 12-82
Funktionswerte wichtiger Winkelgrößen → Function values for important angular sizes 1-10
Fuzzyfizierung → Fuzzyfication 9-37
Fuzzy-Logik → Fuzzy logic 9-36
Fuzzy-Regler → Fuzzy controller 9-37

18.3 Stichwortverzeichnis Deutsch-Englisch

G

GAL → GAL **4**-26
Galvanisches Element → Voltaic cell **6**-23
Gängige Baugröße → Standard sizes **6**-23
Ganzbereichssicherung → Full-range fuse **12**-19
Ganze Zahlen → Integers **1**-2
Gasableiter → Gas tube **6**-10
Gasdichte → Gas density .... **15**-10 ff.
Gase → Gases **2**-6
Gasentladungsröhre → Gas discharge tube..... **7**-47, **13**-19
Gasfiltertypen → Gas filter types **15**-15
Gaskonstante → Gas constant **2**-5
Gate → Gate **7**-38
Gateschaltung → Common gate circuit **7**-39
Gateway → Gateway .... **9**-20 f.
Gatter → Gate.... **4**-6, **4**-10, **4**-14 ff., **4**-27, **4**-32, **7**-42
GbR → GbR **16**-2
Gebäudeautomation → Building automation .. **12**-46 ff.
Gebäudeleittechnik → Building management technology **12**-46
Gebotszeichen → Sign giving orders **15**-16
Gebräuchliche Nennströme → Common nominal currents **3**-3
Gebrauchsanleitung → User instructions **8**-6
Gebrochenrationale Funktion → Broken rational function **1**-11
Gedruckte Schaltung → Printed circuit board (PCB) .... **6**-33 f.
Gefährdungsbereich → Hazardous area **10**-5
Gefahrenbezeichnung → Danger designation .. **15**-19
Gefahrenhinweis → Hazard note **15**-18
Gefahrenkennbuchstabe → Hazard identification letter **15**-19
Gefahrenreduzierung → Hazard reduction **15**-9
Gefahrensymbol → Danger sign **15**-15
gefährlicher Abfall → Hazardous waste **15**-21
Gefährlichkeit → Criticality .... **15**-10 ff.
Gefahrstoff → Hazardous material
 - am Arbeitsplatz → at work .... **15**-2 ff.
 - Kennzeichnung → identification.......... **15**-12
 - Quelle → source .... **15**-6 ff.
 - Stoffwerte → physical properties .... **15**-10 ff.
 - Symbole → symbols **15**-14
Gefahrstoff-Kennzeichnungssystem (GHS) → Globally Harmonized System of Classification and Labelling of Chemicals (GHS) **15**-18
Gefahrstoffverordnung (GefStoffV) → GefStoffV – Ordinance on Hazardous Substances **15**-3
Gegen Wiedereinschalten sichern → Secure against re-starting **10**-32

Gegenkathete → Opposite leg **1**-9
Gegenkopplung → Degeneration........ **7**-14, **7**-22 ff.
 - Grundschaltung → basic circuit **7**-23
Gegensprechanlage → Intercom system **12**-56
Gegenstandsabstand → Object distance ......**2**-17 f.
Gegenstandsgröße → Object size ....**2**-17 f.
Gegentakt-Schaltung → Push-pull circuit....... **7**-24
Gegentaktwandler → Push-pull converter ... **11**-19 ff.
Gehäuse → Housing .... **4**-14, **4**-27, **6**-16, **6**-31, **6**-35, **7**-43, **7**-44, **7**-50, **8**-28, **8**-38, **9**-15, **9**-17, **10**-6, **10**-18, **10**-25, **10**-31, **11**-9, **11**-35, **12**-37, **12**-41, **12**-45, **13**-13, **13**-15, **14**-10, **14**-19 ff.
Gehäuseschirmung → Shielded housing **12**-41
Gemischt-quadratische Gleichung → Mixed quadratic equation **1**-4
Generatoren → Generators........... **9**-32, **10**-24 ff.
Generatorregel → Generator control **3**-12
Geometrische Darstellung komplexer Zahlen → Geometric representation of complex numbers .. **1**-5
Geothermik → Geothermal energy **12**-2
Gerade → Straight **1**-11
Geradlinig gleichförmige Bewegung → Uniform linear motion **2**-8
Geräte → Devices ....**10**-31 f., **11**-17
Geräte, Messen und Prüfen der Schutzmaßnahmen → Equipment, measuring and testing of protective measures **10**-13
Gerätekondensator → Device capacitor **6**-15
Geräteschutzsicherung → Fuse **6**-22
Geräusch → Noise **2**-14
Gesamtdämpfungsmaß einer Übertragungskette → Total attenuation of a transmission chain **3**-28
Gesamtkapazität → Total capacity **3**-10
Gesamtkostenplan → Overall cost evaluation .. **16**-11
Gesamtladung → Cumulative charge **3**-10
Gesamtleitwert → Total conductance **3**-6
Gesamtreihe → Complete series **3**-3
Gesamtspannung → Total voltage **3**-10
Gesamtstrom → Total current **3**-6
Gesamtwiderstand → Total resistance **3**-6
Gesamtwirkungsgrad → Overall efficiency **2**-10
Geschäftsbrief → Business letter **16**-16
Geschäftsführer → Managing Director **16**-2
Geschwindigkeit → Velocity **2**-8
Geschwindigkeitsmessung → Speed measurement **8**-24
Geschwindigkeitsveränderung → Velocity variation **2**-8
Gesellenprüfung → Journeyman's examination.. **17**-2
Gesellschafter → Shareholder **16**-2

18.3 Stichwortverzeichnis Deutsch-Englisch

Gesellschaftsvermögen → Company assets..... **16**-2
Gesellschaftsvertrag → Articles of Association .. **16**-4
Gesetz von Pascal → Pascal's law **2**-9
Gesetze in einfachen und verzweigten Stromkreisen → Laws in simple and branched circuits.... **3**-6
Gesetzliche Rentenversicherung → Statutory pension insurance **16**-26
Gesinterte Kontaktwerkstoffe → Sintered contact materials **14**-4
Gestaltung und Anwendung von Leiterplatten → Design and use of circuit boards **6**-33
Gestaltung von Leiterplatten → Design of circuit boards **6**-33
Gestaltungselemente → Design elements **16**-22
Gesteuerter Betrieb → Controlled operation..... **7**-36
Gesundheitsschädlich → Hazardous to health.. **15**-19
Gewichtskraft → Weight..................... **2**-10
Gewinde → Thread .... **13**-5, **14**-25 ff.
Gewinde-Schneidschraube → Self-tapping screw **14**-28
Gezeitenenergie → Tidal energy **12**-2
GHS (Gefahrenstoff-Kennzeichnungssystem) → GHS (Globally Harmonized System of Classification and Labelling of Chemicals) **15**-18
Giftig → Toxic ....**15**-18 f.
Gitter → Grid.................. **7**-45 ff., **7**-55
Gitterbasisschaltung → Ground-grid configuration **7**-45
Glasfaserkabel → Fibre glass cable........... **12**-46
Glasisolierstoff → Insulating glass material...**14**-23 f.
 - Kennwerte → characteristic **14**-24
Glättung → Smoothing **6**-14, **7**-8, **11**-16, **11**-18
Glättungsfaktor → Smoothing factor **7**-10
Gleiche Vektoren → Equal vectors **1**-8
Gleichförmige Bewegung → Uniform motion..... **2**-8
Gleichförmige Kreisbewegung → Uniform circular motion **2**-8
Gleichmäßig beschleunigte Bewegung → Uniform rectilinear motion..................... **2**-8
Gleichmäßigkeit → Uniformity **12**-61
Gleichrichter → Rectifier .... **8**-6 ff.
Gleichrichtwert → Rectified value.............. **3**-16
Gleichsetzungsmethode → Equating method **1**-4
Gleichspannung → Direct current voltage **3**-2
Gleichstrom → Direct current.................. **3**-2
Gleichstromgenerator → Direct current generator................... **11**-33
Gleichstromkopplung → Direct coupling....... **7**-21
Gleichstromleitung → Direct current lead...... **12**-18
Gleichstrommaschine → Direct current machine .... **11**-32 ff.
Gleichstrommotor → Direct current motor **11**-32

Gleichtaktunterdrückung → Common mode rejection **7**-25
Gleichtaktverstärkung → Common mode amplification **7**-25
Gleichung → Equation..................... **1**-3 ff.
 - ersten Grades mit einer Unbekannten → first degree with one unknown **1**-3
 - ersten Grades mit zwei Unbekannten → first degree with two unknowns **1**-4
 - zweiten Grades → second degree **1**-4
Gleichwert → Continuous value **3**-16
Gleichwertige Reihen- und Parallelschaltung → Equivalent series and parallel connection **3**-17
Gleitkommazahl → Floating-point number **4**-4
Gleitreibung → Dynamic friction **2**-8
Gleitreibungszahl → Coefficient of dynamic friction **2**-8
Glimmentladung → Corona discharge.......... **7**-47
Glixon-Code → Glixon code **4**-5
Glühlampe → Light bulb.................. **12**-63
GmbH → GmbH **16**-2
Goldgruppe → Gold group **14**-4
Gon (Neugrad) → Gon (new degrees) **1**-9
Grad (Altgrad) → Degrees (old degrees)......... **1**-9
Grad Celsius → Degrees Celsius........... **2**-2, **2**-12
Grad Fahrenheit → Degrees Fahrenheit **2**-12
Grafische Darstellung → Graphical representation **13**-3
Gravitationsenergie → Gravitational energy..... **12**-2
Gravitationskonstante → Gravitational constant.. **2**-5
Greinacher-Schaltung → Greinacher circuit **7**-8
Grenzen der Blechdicke → Limit of the sheet thickness................... **14**-27
Grenzfrequenz → Cut-off frequency ...... **3**-26, **4**-31, **7**-14, **7**-19 ff., **7**-26, **7**-39, **7**-51, **12**-35
Grenztaster → Limit switch **9**-15
Grenztemperatur → Limit temperature......... **11**-3
Grenzwert → Limiting value, limit .... **1**-2, **4**-30, **7**-4, **7**-7, **7**-16 ff., **7**-39 ff., **9**-3, **9**-27, **9**-39, **10**-31, **12**-20, **12**-24, **12**-42 ff., **15**-2 ff., **15**-11
Griechisches Alphabet → Greek alphabet........ **2**-5
größter Maximalwert → Largest maximum value .. **3**-16
Grundbegriffe der Digitaltechnik → Basic terms in digital technology................... **4**-2
Grundbegriffe der Mechanik → Basic terms in mechanics.................. **2**-6 ff.
Grundbegriffe und Abkürzungen → Basic terms and abbreviations................. **15**-2
Grundgesetze im Stromkreis → Basic laws in a circuit .... **3**-5 ff.
Grundgesetze im Wechselstromkreis → Basic laws in an AC circuit .... **3**-16 ff.

18.3 Stichwortverzeichnis Deutsch-Englisch

Grundlagen der Elektrotechnik → Fundamentals of electrical engineering . . . . 3-1 ff.
Grundlagen, zeichentechnische → Fundamentals, technical drawing . . . . 13-2 ff.
Grundschaltung → Basic circuit . . . . . 7-17, 7-39, 7-45, 12-51 ff.
Grundschwingung → Fundamental component . 11-16
Gruppenkompensation → Group compensation 12-31
GTO (Abschaltthyristor) → GTO (gate turn-off thyristor) 7-35
Gummiisolierte Leitung → Rubber insulated wire 12-11
Gunn-Element → Gunn element 7-12
Gunn-Oszillator → Gunn oscillator 7-12
Güte → Performance 3-27
Gyrator → Gyrator 7-27

H

H (Henry) → H (Henry). 2-2
Haftreibung → Static friction 2-8
Haftreibungszahl → Static friction coefficient 2-8
Halbaddierer → Half adder. 4-13
Halbbrücke → Half bridge. 8-23
Halbleiter → Semiconductor. 7-2, 13-13, 13-15
Halbleiterbauelemente → Semiconductor components 7-5, 7-43, 7-44
  - Gehäuse (Auswahl) → packages (selection) . . 7-44
  - Wärmeableitung → heat dissipation 7-43
Halbleiterspeicher → Semiconductor memory . . . 4-12
Halleffekt → Hall effect 7-41, 8-14
Hallgenerator → Hall generator 7-41
Halogen-Glühlampe → Halogen light bulbs 12-63
Halogenlampe → Halogen lamp. 12-63
Halogen-Metalldampflampe → Metal halide lamp 12-67
Halogen-Reflektorglühlampe → Halogen reflector bulb 12-63
Haltestrom → Holding current . . . . 7-31 f.
Handelskauf → Commercial transaction 16-3
Handelsregister → Commercial register 16-2
Handscanner → Hand-held scanner 5-14
Hardware → Hardware . . . . 5-2 ff.
harmonisierte Leitungen → Harmonized lines . . . 12-9
Hartley-Schaltung → Hartley circuit 7-28
Hartlote → Brazing solder. 14-13
Hartlöten → Brazing 14-12
Hart-PVC-Bauteile → Hard PVC components 15-7
Häufung → Accumulation. 12-28
Hauptanwendung → Main application 14-23
Haupterdungsschiene → Main earthing terminal 10-19
Hauptklasse → Main class 13-12
Hauptleitung → Electrical mains . . 10-2, 10-17, 13-19
Hauptlinie → Main lines 9-21
Hauptplatine → Mother board 5-3
Hauptpotenzialausgleich → Main equipotential bonding 10-19
Hauptschalter → Main switch. 13-28
Hausanschlussraum → Main service connection room. 10-12
Haushaltszähler → Electronic domestic supply meter 8-38
Hautaufnahme → Skin absorption 15-15
HDD → HDD 5-4
Hebelarm → Lever arm 2-7
Hebelarmlänge → Length of lever arm 2-11
Heißleiter → Negative temperature coefficient resistor. 6-7
Heizkraftwerk → Heating plant 12-4
Heizleiterlegierungen → heating line alloy 14-12
Heizung → Heating 7-45
Henry (H) → Henry (H). 2-2
Hertz (Hz) → Hertz (Hz). 2-2
Hexadezimalzahl → Hexadecimal number 4-3
HGB → German Commercial Code 16-3
Hilfsstromkreise → Auxiliary current circuit 9-5
Hilfswicklung → Auxiliary winding. 11-30
Hinweisschild → Information sign 15-16
Hochpass → High-pass. 3-26
Hochpreisstrategie → High price strategy 16-5
Hochsetzsteller → Step-up converter 11-17
Hochspannung → High-voltage. 12-3
Höchstspannung → Peak voltage 12-3
Höchstwertiges Bit (MSB) → Most significant bit (MSB). 4-5
höchstzulässige Berührungsspannung → Maximum permissible contact voltage 10-5
Höckerspannung → Peak point voltage 7-11
Höckerstrom → Peak point current . . . . . . 7-11, 7-31 f.
Hohlzylinder → Hollow cylinder 1-14
Homogenes elektrisches Feld → Homogeneous electric field 3-9
h-Parameter → h parameter. . . . . 7-19 f.
HPGL → HPGL 5-17
Hubhöhe → Lifting height. 2-10
Hubleistung → Lifting capacity 2-10
Hubmagnet → Lifting magnet 11-36
Hüllkurvenumrichter → Cycloconverter. 11-15

18.3 Stichwortverzeichnis Deutsch-Englisch

Hydraulische Presse → Hydraulic press 2-9
Hydrostatischer Druck → Hydrostatic pressure... 2-9
Hyperbel → Hyperbola 1-11
Hypotenuse → Hypotenuse 1-9
Hysteresekurve → Hysteresis curve 3-11
Hz (Hertz) → Hz (Hertz)..................... 2-2

I

I²L → I²L 4-14
IDE → IDE .... 5-4 f.
IEC-Bus → IEC BUS 5-6, 8-29
IEC-Bus-Steuerung → IEC BUS controller 8-29
IEC-Norm → IEC standard.................... 18-3
Ignitron → Ignitron 7-47
IIR → IIR 4-38
Imaginäre Einheit → Imaginary unit 1-4
Imaginärteil von z → Imaginary parts of z 1-4
Impedanz → Impedance................ 3-20, 3-23
Impedanztransformation → Impedance
  conversion................................ 7-27
Impedanzwandler → Impedance converter . 4-31, 7-27
Implikation, Subjunktion → Implication 4-6
Impuls → Pulse 4-30
Impulsantwort → Pulse response 9-27
Impulsdauer → Pulse duration................ 3-26
Impulskonstante → Pulse constant............ 8-38
Index → Index 2-5
Indizes → Indices........................... 2-5
Induktion → Induction....................... 3-12
  - der Bewegung → of movement 3-12
Induktionsgesetz → Induction law 3-12
Induktive Näherungsschalter → Inductive proximity
  sensors/switches 9-14
Induktives Vorschaltgerät (IVG) → Inductive
  ballast 12-69
Induktivität → Inductance.................... 3-12
Induzierte Spannung → Inducted voltage 3-12
Infinite Impulse Response → Infinite Impulse
  Response................................ 4-38
Informationsfindung → Information gathering . 16-21
Informationsnetz → Information network 12-35
Infrarotschnittstelle → Infra-red interface 5-11
Inhibition → Inhibition....................... 4-6
Innenbeleuchtung → Interior illumination
  - Berechnungsmethode → method of
    calculation .... 12-61 ff.
Innensechskant → Hexagon socket.......... 14-26
Innerer Blitzschutz → Internal lightning
  protection 12-34
Innerer und äußerer Blitzschutz → Internal and
  external lightning protection............. 12-33 ff.
Innerer Widerstand → Inner resistance 3-8, 7-45
Inneres Produkt → Inner product.............. 1-8
Inspektion → inspection 12-81

Installations- und Kommunikationsschaltungen →
  Installation and communication circuits .... 12-51 ff.
Installationsanlagen und Kabel für Fernmelde-
  anlagen → Installation of equipment and cables
  for telecommunication equipments 12-15
Installationsbus → Installation bus........... 13-26
Installationskabel → Installation cable.. 12-13, 12-15
Installationsleitung → Installation line 12-15
Installationsschaltung → Installation circuit.... 12-51
Instandhaltung → Maintenance............ 12-80 ff.
Instandhaltung → servicing 12-81
Instandsetzung → Repairs 12-81
Instrumentenverstärker → Meter amplifier 7-27
Integrierer → Integrator 7-27
Integrierglied → Integral element 3-26
Integrierte Analogschaltung → Integrated analogue
  circuit 7-42
Integrierte Digitalschaltung → Integrated digital
  circuit 7-42
Integrierte Schaltung → Integrated circuit 7-9,
  7-25, 7-42
Integrierte Schichtschaltung → Integrated circuit
  layer 7-42
Interbus → Interbus......................... 9-21
Interface → Interface........................ 4-17
Internationales Einheitensystem → International
  system of units 2-2
Interner Aufbau der Zentraleinheit → Internal
  structure of the central unit................ 5-3
Internet → Internet .... 9-20 ff.
Interpreter → Interpreter 5-27
Intrinsische Zone → Intrinsic zone......... 7-12, 7-49
Inversion von elementaren Ortskurven → inversion
  of elementary loci........................ 1-7
Inversion von Ortskurven → inversion of loci .. 1-6, 3-23
Inverswandler → Inverse converter........... 11-19
Invertierender Verstärker → Inverting
  amplifier 7-27, 8-11
Invertierender Wandler → Inverting converter .. 11-20
Invertierte Ortskurve → Inverted locus .... 1-6 f., 3-23
Ionen → Ions .7-2, 7-5, 7-45, 7-47, 8-24, 12-42, 12-69
Ionisation → Ionisation................. 7-47, 12-69
Ionisationskammer → Ionisation chamber 7-47, 13-15
IP → IP 10-29
  - Schutzarten → protection types........... 10-29
  - Code → code.......................... 10-29

18-58

18.3 Stichwortverzeichnis Deutsch-Englisch

IrDA → IrDA **5**-11
I-Regler → Integral action controller **9**-32
Irrationale Funktion → Irrational function....... **1**-11
Irreversible Bauart → Irreversible type **6**-22
Isolationsfehler → Insulation fault.............. **10**-6
Isolationsüberwachung → Insulation monitoring . **10**-11
Isolations-Überwachungs-Einrichtung → Insulation monitoring unit........................... **10**-11
Isolationswerkstoff → Insulating material **15**-6
Isolationswiderstand → Insulation resistance .. **10**-10
Isolationswiderstand in elektrischen Anlagen, Isolationsüberwachung und Einflussgrößen → Insulation resistance in electrical systems, insulating monitoring and Influencing factors **10**-11
Isolationswiderstand und Mindestisolationswiderstände → Insulation resistance and minimum insulation resistance **10**-10
Isolationszustand → Condition of insulation ... **10**-11

Isolierschicht-FET → Insulated-gate FET **7**-37
Isolierstoff → Insulating material **14**-22
 - Dichte → density **14**-22
 - Durchschlagfestigkeit → dielectric strength . **14**-22
 - Eigenschaften → properties **14**-22
 - Klasse, Grenztemperatur → class, limit temperature **11**-3
 - Permittivitätszahl → relative permittivity ... **14**-22
 - Spezifischer Widerstand → specific resistance **14**-22
 - Verlustfaktor → loss factor **14**-22
Isolierte Leitungen und Kabel → Insulated conductors and cables................................ **12**-6 ff.
Isolierung → Insulation.................... **10**-26
ISO-Norm → ISO standard.................... **16**-3
IT-System → IT system **10**-15, **10**-24
I-Umrichter → Current voltage converter **11**-14
IVG (Induktives Vorschaltgerät) → Inductive ballast **12**-69

J

J (Joule) → J (Joule).......................... **2**-2
Java → Java.................................. **5**-32
JavaScript → JavaScript...................... **5**-32
JK-Flipflop → JK flip flop .... **4**-9 f.
Joule (J) → Joule (J)......................... **2**-2

Jugend- und Auszubildendenvertretung → Youth and training representative **16**-25
Jugendarbeitsschutzgesetz → Youth Employment Act **16**-24

K

K (Kelvin) → K (Kelvin)....................... **2**-2
Kabel → Cables **12**-12
Kabel für Fernmeldeanlagen → Cables for telecommunications equipment.................... **12**-15
Kabel, Aufbau und Kurzzeichen von blanken und isolierten → Cables, construction and short designations for bared and insulated cables................................. **12**-6 ff.
Kabel, isolierte → Cables, insulated.......... **12**-6 ff.
Kabeltyp → Type of cable **12**-16
Kalkulation → Cost calculation................ **16**-9
Kalkulationsarten → Costing types **16**-9
Kaltleiter → Positive temperature coefficient resistor................................... **6**-8
Kaltwiderstand → Cold resistance............. **3**-5
Kanal → Channel **7**-37
Kapazität → Capacity **3**-9
 - von Kondensatoren → of capacitors **3**-9
Kapazitäts- und Kostenplan → Capacity and cost evaluation **16**-11
Kapazitätsdiode → Capacitance diode **7**-10
Kapazitätswert → Capacitance................ **6**-3

Kapazitive Blindleistung → Capacitive reactive power **12**-31
Kapazitive Näherungsschalter → Capacitive proximity sensors **9**-14
Karnaugh-Veitch-Tafeln (KV-Tafeln) → Karnaugh-Veitch boards (KV boards)................... **4**-7
Kartesisches Koordinatensystem → Cartesian coordinate system **13**-3
Kaskadenregelung → Cascade control **9**-40
Kaskode-Schaltung → Cascode circuit **7**-24
Kathete → Cathetus......................... **1**-9
Katode → Cathode.........**6**-29, **7**-44 ff., **7**-50, **7**-55, **13**-15, **14**-9
Katodenbasisschaltung → Cathode grounded circuit **7**-45
Kaufvertrag → Purchase agreement **16**-3
keimzellmutagene Gruppe → Group of germ cell mutagens **15**-11
Kelvin → Kelvin....................... **2**-2, **2**-12
Kennbuchstaben → Code letters .... **13**-9 ff.
 - der Hauptklassen → of main classes....... **13**-12
 - für Unterklassen → for sub-classes........ **13**-11

18.3 Stichwortverzeichnis Deutsch-Englisch

Kennfarben → Identification colours **9**-4, **12**-19
Kenngröße → Parameter **7**-14
Kennlinie → Characteristic curve .... **4**-34, **6**-7 ff., **6**-10, **6**-27 ff., **7**-3 ff., **7**-31 ff., **7**-37, **7**-41, **7**-45 ff., **8**-5, **8**-18, **8**-20, **8**-28, **9**-29, **9**-35, **10**-5, **11**-25, **11**-27, **11**-32 ff., **12**-21, **12**-26 ff., **13**-3
Kennlinienschreiber → Characteristic line recorder **7**-14
Kennwert → Parameter **3**-28, **6**-9, **7**-7, **7**-15, **7**-45, **11**-18
- Dämpfungskennwert → for attenuation **3**-28
- für Drähte und Schienen → for wires and rails .... **14**-14 ff.
- für keramische und Glasisolierstoffe → for insulating materials for ceramic and glass ... **14**-24
- für Runddrähte aus Aluminium → for round aluminium wires **14**-15
- für Runddrähte aus Kupfer → for round copper wires .... **14**-14 f.
- von Leitungsschutzschalter → for circuit breakers **12**-25
- von Regelstrecken → for open loop control systems .... **9**-27, **9**-32, **9**-39 f.
Kennzeichen → Labelling
- des Regelns → of control systems **9**-25
- des Steuerns → of controlling **9**-2
- für besondere Eigenschaften → for special properties **14**-18
Kennzeichnung → Labelling
- der Polymere → of polymers **14**-18
- von Betriebsmittelanschlüssen → of equipment connections **13**-11
- von elektrischen Betriebsmitteln → of electric equipment **13**-10
- und Symbole für Gefahrstoffe → and symbols for hazardous materials .... **15**-12 f.
- Grundsätze → principles **13**-11
- Pflicht → mandatory **15**-3
Kennzeichnungssysteme für Kupfer und Legierungen → Identification systems for copper and alloys **14**-8
Keramikkondensatoren → Ceramic capacitors ... **6**-13
Keramische Stoffe → Ceramic materials **14**-23
- Kennwert → parameter **14**-24
keramische und Glasisolierstoffe → Ceramic and glass insulating products **14**-24
Kern → Core **7**-56
Kernblech → Core plate **6**-18
Kernbrennstoff → Nuclear fuel **12**-2
Kernkraftwerk → Nuclear power plant **12**-4
Kernlochdurchmesser → Core hole diameter ... **14**-27
Kettenschaltung → Cascade connection **4**-11

Kilogramm → Kilogram **2**-2
Kinetische Energie → Kinetic energy **2**-10
Kippglied → Bistable trigger element **4**-8
Kippschaltung → Trigger circuit **4**-8
Kirchhoffsches Gesetz → Kirchhoff theorem ... **3**-6 f., **10**-8
Klassifizierung von Objekten → Classification of objects **13**-10
Klebstoff → Adhesive **15**-9
Kleinkondensator → Small capacitor **15**-6
Kleinspannung → Extra-low voltage **10**-25, **12**-54
Kleinster Minimalwert → Smallest minimum value **3**-16
Kleintransformator → Miniature transformer ... **6**-17 ff.
Klemmenspannung → Terminal voltage **3**-8
Klingelanlage → Bell system **12**-57
Klystron → Klystron **7**-46
Knotenpunkt → Junction point **3**-6
Knotenpunktregel → Junction rule **3**-6
KNX → KNX **12**-50
Koaxialkabel → Coaxial cable **9**-22, **12**-50, **13**-14
Kodierungssystem → Coding system **15**-14
Koerzitivfeldstärke → Coercive field strength **3**-11
Kohleschichtwiderstand → Carbon resistor **6**-4
Kolbendruck → Piston pressure **2**-9
Kollektor → Collector .... **7**-13, **13**-15, **13**-23 f.
Kollektorschaltung → Common-collector circuit . **7**-17
Kommunikation → Communication .... **13**-1 ff.
Kommunikationsanlage → Communication system **12**-56
Kommunikationsschaltung → Communication circuit .... **12**-51 ff.
Kommutativgesetz → Commutative law **4**-2
Kommutierung → Commutation **7**-36
Kompakt-Leuchtstofflampe → Compact fluorescent lamps **12**-64
Komparator → Comparator .... **4**-32 ff., **7**-26, **7**-28, **8**-30, **13**-24
Kompensation → Compensation .... **4**-34, **7**-10, **7**-26, **8**-27, **11**-13, **12**-31 f., **12**-66
Kompensationskondensator → Compensating capacitor **7**-26, **12**-66
Kompensator → Potentiometer **8**-14
Komplementärer Transistor → Complementary transistor **7**-21
Komplexe Arbeitsaufgabe → Complex work task **17**-3
Komplexe Messaufbauten → Complex measurement setups .... **8**-29 ff.
Komplexe Wechselstromrechnung → Complex alternating current calculation **3**-20
Komplexe Zahl → Complex number .... **1**-2, **1**-4 f.

18.3 Stichwortverzeichnis Deutsch-Englisch

Komplexer Scheinwiderstand → Complex apparent impedance . . . . 3-21 f.
Komponentenform → Component form 1-4
Komponententest → Component test 8-28
Kondensator → Capacitor . . . . 3-9 f., 6-2, 6-13 f., 15-4
 - im Gleichstromkreis → in direct-current circuit 3-15
 - Bemessung → dimensions . . . . 12-31 f.
 - Kapazität → capacity . . . . 3-9 f.
 - Motor → motor 11-30
 - Nennwert → nominal value . . . . 6-13 f.
 - Spannung → voltage 3-13
Konfliktbehandlung → Conflict handling 16-13
Konfliktbewältigung → Conflict management . . 16-12 f.
Konflikteskalation → Conflict escalation 16-13
Konfliktgesprächsführung → Conflict dialogue . 16-13
Konjugiert komplexe Zahl → Complex conjugate number . . . . 1-4 f.
Konjunktion → Conjunction 4-6
Konkavlinsen → Concave lens 2-18
Konkavspiegel → Concave mirror 2-17
Konstante Geschwindigkeit → Constant speed . . . 2-8
Konstante Winkelgeschwindigkeit → Constant angular speed 2-8
Konstanten der Physik → Constants of physics . . . 2-5
Konstantspannungsquelle → Constant voltage source 7-24
Konstantstromquelle → Constant current source . . . . 7-24 f.
Kontaktlegierungen → Contact alloy 14-4
Kontaktplan (KOP) → Contact plan . . . . 9-11 f.
Kontaktentprellung → Contact bounce 4-17
Kontaktwerkstoffe → Contact material
 - physikalische Eigenschaft → physical properties 14-4
Konvexlinsen → Convex lens 2-18
Konvexspiegel → Convex mirror 2-17
Konzentrisches Kabel → Coaxial cable 3-12
Koordinatensystem → Coordinate system 13-3
KOP (Kontaktplan) → Contact plan . . . . 9-11 f.
Koppelkondensatoren → Coupling capacitors . . 6-13 f.
Koppler → Coupler 7-53, 11-21, 12-39, 12-50, 13-15
Kopplung → Coupling 12-38
Kopplungsart → Coupling mode . . . . 7-21 ff., 12-38 ff.
Körper, Stromeinwirkung auf den menschlichen → Body, effect of electrical current on the human body . . . . 10-4 f.
Körper, Substrat → Bulk, substrate 7-38
Körperschall → Structure-born noise 2-14
Körperschluss → Short circuit 10-6
Korrosionsschutz → Corrosion protection 12-7, 12-34

Kosten → Costs 9-18, 11-15, 12-5, 12-59
Kraft → Force 2-6
 - auf stromdurchflossenen Leiter im Magnetfeld → on current-carrying conductors in a magnetic field 3-12
 - im Magnetfeld → in a magnetic field 3-12
Kräfte unter einem Winkel → Force at an angle . . . 2-7
Kräfteaddition → Addition of forces 2-7
Kräftesubtraktion → Subtraction of forces 2-7
Kraftmessung → Force measurement 8-26
Kraftvektor → Force vector 2-6
Kraftwerkstyp → Type of power plant . . . . 12-2 ff.
Krankheitserscheinung → Symptom 15-15
Krebsgruppe → Cancer group 15-15
Kreis → Circle 1-11, 1-14
Kreisbewegung → Circular motion 2-8
Kreisbogenlänge → Arc length 1-9
Kreisring → Circular ring 1-14
Kreuzschaltung → Cross connection 12-53
Kristallgitter → Crystal lattice 7-2
Krümmungsmittelpunkt → Centre of curvature . . . . 2-17 f.
Krümmungsradius → Bending radius . . . . 2-17 f.
Krypton-Glühlampe → Krypton light bulb 12-63
Kugel → Ball 1-14
Kugelkondensator → Spherical capacitor 3-9
Kühlblech → Cooling plate 7-43
Kühlkörper → Cooling element 5-3, 7-43
Kundenauftrag → Customer order 17-2
Kundenkalkulation → Customer costing 16-9
Kündigungsschutzgesetz → Law on the Protection Against Unfair Dismissal 16-25
Kunststoffe → Plastics 14-18
 - Dichte → density 14-21
 - Kerbschlagzähigkeit → notched impact strength 14-21
 - Oberflächenwiderstand → surface resistance 14-21
 - Permittivitätszahl → dielectric constant 14-21
 - Spezifischer Widerstand → specific resistance 14-21
 - Zugfestigkeit → tensile strength 14-21
Kupfer und Legierungen → Copper and alloys . . . . 14-8 ff.
 - Zustandsbezeichnung → material designations 14-8
Kupfer → Copper . . . . 14-8 ff.
 - Gruppe → group 14-4
 - Gusslegierung → cast alloy 14-8
 - Hartlote → brazing solder 14-13
 - Kennzeichnungssystem → identification system 14-8

18.3 Stichwortverzeichnis Deutsch-Englisch

- Legierung → alloy ... **14**-10
- Nichteisenmetalle → non-ferrous material ... **14**-8
Kupfer-Nickel-Legierung → Copper nickel alloy ... **14**-10
Kupfer-Zink-Legierung → Copper zinc alloy ... **14**-10
Kupfer-Zinn-Legierung → Copper tin alloy ... **14**-10
Kurvenform → Wave shape ... **3**-16
Kurznamen für Stähle → Abbreviations for steel ... **14**-5
Kurzschluss → Short-circuit ... **10**-6
Kurzschlussläufer → Squirrel cage motor ... **11**-25
Kurzschlussschutz → Short-circuit protection ... **12**-30
Kurzschlussstrom → Short-circuit current ... **3**-8
Kurzzeichen → Short designations
- der Netzsysteme → for power supply systems ... **10**-21
- für polymere Werkstoffe → for polymer materials ... **14**-18
KUSA-Schaltung → KUSA circuit ... **9**-8
KV-Tafeln → KV boards ... **4**-7

L

Ladekennlinie → Charging characteristic ... **6**-27
Ladekondensator → Charging capacitor condenser ... **7**-8
Ladeverfahren → Charging process ... **6**-29
Ladung → Charging ... **3**-2, **3**-9, **3**-15
- von Kondensatoren → of capacitors ... **3**-10
Ladungsträger → Charge carrier ... **7**-2, **7**-5 ff., **7**-12 ff., **7**-31 ff., **7**-38, **7**-41, **7**-48 f., **7**-52, **12**-42
Ladungsträgerstaueffekt → Carrier storage effect ... **7**-5
Lagepläne → Layout plans ... **12**-78
Lagerbestand → Stock ... **16**-6
Lagerung → Bearing ... **15**-21
Lagerzapfenradius → Bearing pin radius ... **2**-8
Länge → Length ... **2**-2
Längenausdehnung → Length expansion ... **2**-13
Längenausdehnungskoeffizient → Length expansion coefficient ... **2**-13, **14**-3, **14**-24
Längswelle → Longitudinal wave ... **2**-14
Lärm → Noise ... **15**-21
Laser → Laser ... **7**-53
Laserdiode → Laser diode ... **7**-48, **7**-52
Laststrom → Load current ... **3**-7
Lastwiderstand → Load resistor ... **3**-8
Laufzeit → Transit time ... **4**-16
Laufzeit-Diode → Transit time diode ... **7**-12
Laufzeitkette → Delay line ... **4**-16
Lautheit → Loudness ... **2**-15
Lautstärkepegel → Volume level ... **2**-15
Lawinendiode → Avalanche diode ... **7**-12, **7**-49
Lawinendioden-Oszillator → Avalanche diode oscillator ... **7**-12
Lawinendurchbruch → Avalanche breakdown ... **7**-12, **7**-16, **7**-49
Lawineneffekt → Avalanche effect ... **7**-5 ff., **7**-49
LCD (Flüssigkristallanzeige) → LCD (Liquid Crystal Display) ... **7**-53 ff., **8**-38
LCN → LCN ... **12**-46
LC-Tiefpass → LC low-pass ... **7**-8
Leasingvertrag → Leasing agreement ... **16**-3
Leclanché-Zelle → Leclanché cell ... **6**-25
LED (Lumineszenzdiode) → LED (light emitting diode) ... **7**-48, **7**-51 ff., **12**-65, **13**-12
Leerlauf → Idle current ... **3**-7
Leerlaufhallspannung → Idle Hall voltage ... **7**-41
Leerlaufspannung → No-load voltage ... **3**-8
Legierungen → Alloys ... **14**-3, **14**-8 ff.
- Kennzeichnungssysteme → labelling systems **14**-8
- Nichteisenmetalle → non-ferrous metals ... **14**-8
Leihvertrag → Loan agreement ... **16**-3
Leistung → Performance, power ... **2**-10
- bei Rotationsbewegung → with rotational movement ... **2**-10
Leistungs- und Leistungsfaktor-Messung → Power and power factor measurements ... **8**-34 f.
Leistungsanpassung → Power adjustment ... **3**-8
Leistungsaufnahme → Power consumption ... **7**-52, **7**-54, **11**-10, **12**-63
Leistungsdämpfungsfaktor → Power attenuation factor ... **3**-28
Leistungsdämpfungsmaß → Power attenuation measure ... **3**-28
Leistungsdreieck → performance/power triangle ... **3**-4
Leistungselektronik und Antriebstechnik → Power electronics and drive engineering ... **11**-1 ff.
Leistungsfaktor → Power factor ... **3**-4
Leistungsfaktor-Messung → Power factor measurement ... **8**-34 f.
Leistungsmessgerät → Power measurement device ... **8**-35
Leistungsmessung → Power measurement ... **3**-4, **8**-34
Leistungspegel → Power level ... **3**-28
Leistungsschild → Rating plate ... **11**-2
Leistungsübertragungsfaktor → Power transmission factor ... **3**-28
Leistungsübertragungsmaß → Power transmission size ... **3**-28
Leistungsverstärkung → Power amplification ... **7**-15, **7**-17, **7**-21

18.3 Stichwortverzeichnis Deutsch-Englisch

Leiter → Conductor .... 3-3, 8-18, 9-15, 10-5 f., 10-8, 10-10
Leiter gegen Masse → Conductor against material 3-12
Leiterabstand → Conductor spacing 3-12
Leiterlänge → Length of the conductor.......... 3-6
Leiterplatte → Printed circuit board............ 6-33
  - Anwendung → application 6-33
  - Gestaltung → design..................... 6-33
Leiterquerschnitt → Conductor cross-section 3-5
Leiterschluss → Conductor fault 10-6
Leiterverbindungen → Conductor connections .. 13-7
Leiterwiderstand → Conductor resistance 3-5
Leitfähigkeit → Conductivity .... 2-4, 2-12 f., 3-5 f., 6-28, 7-2 f., 7-31 f., 7-38, 7-42, 7-49, 8-16, 8-26, 10-16 f., 12-17 f., 14-3 f., 14-9 f., 14-24
Leittechnik → Control technology 12-46
Leitung → Lines.......................... 12-6 ff.
  - isoliert → isolated .... 12-6 ff.
  - Aufbau und Kurzzeichen von blanken und isolierten → structure and short designations for bared and isolated lines .... 12-6 ff.
Leitungsbemessung → Line dimensioning.... 12-6 ff.
Leitungsberechnung → Line calculation...... 12-17 f.
Leitungsschirmung → Line shielding 12-41
Leitungsschutz → Circuit protection 10-28, 12-19, 12-60
Leitungsschutzschalter → Circuit breaker.... 12-24 ff.
Leitungsverstärker → Line amplifier 7-27
Leitungswiderstand → Line resistance.......... 3-6
Leitwert → Conductance....................... 3-5
Lernmodelle → Learning model............... 16-20
Lernstile → Learning styles 16-20
Lernstrategie → Learning strategy 16-20
Lesegeschwindigkeit → Reading speed 17-6
Lesen → Read........................ 17-6
Leuchtdichte → Luminance 7-49, 7-54, 12-61
Leuchtdioden → Light-emitting diode ..7-48, 7-51 ff., 12-65, 13-12
Leuchten → Lighting..........10-27, 12-8 ff., 12-31, 12-45, 12-72 f.
Leuchtenbetriebsgrad → Refulgence 12-72
Leuchtenbetriebswirkungsgrad → Lighting efficiency .... 12-71 f.
Leuchtencharakteristika → Lighting characteristics 12-77
Leuchtfolien → Illumination foil 7-52
Leuchtmelder → Indicator light 9-4
Leuchtmelder, Kennfarben → Indicator light, colour code 9-4
Leuchtstofflampe → Fluorescent lamp ...7-47, 12-31, 12-45, 12-62, 12-64 ff., 13-12, 13-18, 13-21, 15-4

Libaw-Craig-Code → Libaw-Craig Code 4-5
Lichtausbeute → Luminous efficiency......... 12-61
Lichtempfänger (Fotosensoren) → Light receiver (photosensors) .... 7-48 ff., 13-20, 13-22
Lichtempfindlichkeit → Photoelectric sensitivity .... 7-50 f.
Lichtfarbe → Light colour..................... 12-62
Lichtgeschwindigkeit im Vakuum → Speed of light in a vacuum 2-5
Lichtmenge → Luminance 12-61
Lichtmodulatoren → Light modulator.......... 7-53
Lichtpunktmethode → Method for lighting point 12-73
Lichtquellen und Sockeltypen → Light sources and types of socket .... 12-61 ff.
Lichtschranke → Photosensor assembly 9-15
Lichtsender → Phototransmitter .... 7-48, 7-51 f., 13-20 ff.
Lichtstärke → Luminous intensity 2-2, 12-61
Lichtstärkemessung → Photometry 8-22
Lichtstärkeverteilungskurve → Light distribution curve 12-61, 12-72
Lichtstrom → Light current................... 12-61
Lichttechnische Größen → Light measurements 7-49
Lichtwellenleiter → Light conductor ....7-56, 9-20 ff., 12-50, 13-12, 13-22
LIFO → LIFO............................... 4-12
Li-IO → Li-IO 6-30
Li-Ion-Akku → Li-ion battery 6-26
Lineare Funktion → Linear function............ 1-11
Lineare Maschinen → Linear machines........ 11-36
Linearer Einweggleichrichter → Linear half-wave rectifier....................... 7-28
Linearität → Linearity .... 4-35, 5-18, 7-6, 7-14, 7-41, 8-5, 8-14, 8-21 ff.
Linearitätsfehler → Linearity error.............. 8-5
Linearmotor → Linear motor 11-36
Linien → Lines 13-2
Linienart → Type of line 13-2
Linienbreite → Line thickness .... 13-2 ff.
Linienkoppler → Line coupler.......... 12-50, 13-26
Linienverstärker → Line amplifier 13-26
Linke-Hand-Regel → Left-hand rule 3-12
Linsen-Blechschraube → Pan head tapping screw 14-26
Linux → Linux........................... 5-26
Liquid Crystal Display → Liquid Crystal Display.. 5-15
Lithium-Ion → Lithium-ion.................. 6-30
Lithium-Polymer → Lithium-polymer 6-26, 6-30
Löcher → Holes 7-2, 7-5
Logarithmensysteme → Logarithm systems 1-3
Logarithmus → Logarithm 1-3
Logarithmusfunktion → Log function 1-11

18.3 Stichwortverzeichnis Deutsch-Englisch

Logik → Logic
- festverdrahtete → hardwired .... **4**-6 ff.
- programmierbare → programmable ...... **4**-24 ff.
LON → LON **12**-46
Löschen → Delete, Reset **4**-25, **5**-13, **7**-36, **9**-17, **13**-22, **13**-28, **15**-12
Lösemittel → Solvents. .... **15**-7 f.
- und Dispersions-Klebstoffe → and dispersal adhesives **15**-7
Lote → solders **15**-5
Löten → to solder **15**-7
LPT (Line Printer) → LPT (line printer) **5**-6
LSB → LSB **4**-5
LSI → LSI. **7**-42
LTI-System → LTI system **8**-32
Luftschall → Airborne noise **2**-14
Luftspalt → Air space **3**-11
Lumineszenzdiode (LED) → Light emitting diode (LED) .... **7**-48, **7**-51 ff., **12**-65, **13**-12

M

m (Meter) → m (meter) **2**-2
Magnetfeldabhängige Bauelemente → Magnetic components **7**-41
Magnetisch nicht gekoppelte Spulen → Magnetically non-coupled coils..................... **3**-15
Magnetische Feldkonstante → Magnetic field constant. **2**-5, **3**-11
Magnetische Feldstärke → Magnetic field strength. .... **3**-10 f.
Magnetische Flussdichte → Magnetic flux density **3**-11
Magnetische Remanenz → Magnetic remanence. **3**-11
Magnetische Spannung → Magnetic voltage.... **3**-10
Magnetische Werkstoffe → Magnetic materials. **14**-6 f.
Magnetischer Fluss → Magnetic flux. **3**-11
Magnetischer Kreis mit Luftspalt → Magnetic circuit with air space. **3**-11
Magnetischer Leitwert → Magnetic conductance **3**-11
Magnetischer Widerstand → Magnetic resistance **3**-11
Magnetisches Feld → Magnetic field. **3**-10
Magnetisches Flussquant → Magnetic flux quantum **2**-5
Magnetron → Magnetron **7**-46, **12**-60
Maklervertrag → Brokerage contract. **16**-3
Management → Management **16**-10
Masche → Mesh. **3**-7
Maschennetz → Meshed network **12**-5
Maschenregel → Mesh rule **3**-7
Maschinen → Machines
- Bauformen und Aufstellung von umlaufenden elektrischen → type of construction and setup for rotating electric machines. **11**-35
- Betriebsart von drehenden → mode of rotation .... **11**-22 f.
- linear → linear. **11** 36
- rotierend → rotating .... **11**-22 ff.
- ruhend → resting **11**-4
Maschinennormteile → Standard machine parts. .... **14**-25 f.
Masse → Mass...................... **2**-2, **2**-6
Maßeintragung in Zeichnungen → Entering mass in drawings **13**-5
Massenspeicher → Mass storage device .... **5**-4 f.
Massenverhältnis Proton/Elektron → Mass ratio of protons and electrons **2**-5
Maßlinien → Dimension line. **13**-5
Maßstäbe für Zeichnungen → Standards for drawing **13**-4
Materialbeschaffung → Material procurement .. **16**-6
Mathematische Grundlagen → Fundamental mathematics .... **1**-1 ff.
Mathematische Zeichen → Mathematical figures **1**-2
Maximale Abschaltzeiten → Maximum cut-off time **10**-21
Maximale Betriebs mittel spannung → Maximum operation voltage **3**-3
maximaler Ummagnetisierungsverlust → Maximum cyclic magnetisation loss. **14**-5
Maximalwert → Peak value. **3**-16
Mechanik der Flüssigkeiten und Gase → Mechanics of liquids and gases **2**-9
Medium → Medium. **2**-16
Medizinisch genutzte Bereiche → Areas of medical application. **10**-9
Mehrquadrantenantrieb → Multi-quadrant drive. **11**-34
Mehrstellungsschalter → Multi-position switch.. **13**-18
Meißner-Schaltung → Meissner circuit **7**-28
Melder → Detector. .... **13**-19 f.
Menge → Set
- der ganzen Zahlen → of integer numbers..... **1**-2
- der komplexen Zahlen → of complex numbers. **1**-2
- der natürlichen Zahlen → of natural numbers . **1**-2
- der rationalen Zahlen → of rational numbers.. **1**-2
- der reellen Zahlen → of real numbers **1**-2

18.3 Stichwortverzeichnis Deutsch-Englisch

Mengenlehre → Set theory 1-2
Mensch-Maschine-Schnittstelle (MMI) → Man-machine interface (MMI) 9-9
Messabweichung → Measurement error 8-4
Messaufbauten, komplexe → Measurement setups, complex .... 8-29 ff.
Messbereich → Measurement range 8-2
Messbereichserweiterung → Expansion of the measurement range 8-10
Messbrücke → Testing bridge 8-13
Messebene → Measurement plane 12-61
Messen von Mischspannungen und Mischströmen → Measurement of mixed voltages and mixed currents 8-12
Messfehler → Measurement error .... 8-4 f.
Messfehler und Fehlerrechnung → Measurement errors and error analysis .... 8-4 f.
Messgerät → Measurement device .... 8-6 ff.
- Symbole → symbols 8-6
Messgleichrichter → Meter type rectifier 8-11
Messkette → Measurement chain 8-3
Messprinzip → Measuring principle .. 8-2, 8-20, 8-23
Messtechnik → Measurement technology ...... 8-2 f.
Messung nichtelektrischer Größen → Measurement of non-electrical quantities .... 8-14 ff.
Messverfahren → Measurement method ...... 8-2 ff., 10-30
Messwandler → Measuring transformer .. 8-33, 13-17
Messwerk → Electrodynamic movement 8-7
Metalle und Legierungen → Metals and alloys ... 14-3
Metalle → Metals 3-5
- reine → pure 14-3
Metallglasurwiderstand → Metal glaze resistor ... 6-4
Metalloxidschichtwiderstand → Metallic film resistor 6-4
Metallpapierkondensatoren → Metallic paper capacitor 6-13
Metallschichtwiderstand → Metal-film resistor ... 6-4
Meter → Metre 2-2
Methoden → Methods ..... 8-2 f., 10-13, 10-18, 10-31
Mietkaufvertrag → Hire purchase agreement ... 16-4
Mietvertrag → Rental contract 16-3
Mikrochip-Produktion → Microchip production .. 15-7
Mikrocontroller → Microcontroller .... 4-24, 9-16 f.
- Systementwicklungspaket → system development package 4-25
Mikroprozessor → Microprocessor 4-24
Mikrowellendiode → Microwave diode 7-12
Mikrowellenherde → Microwave ovens ... 7-46, 13-21
Mikrowellenröhre → Microwave tube 7-46
Mindestisolationswiderstand → Minimum insulation resistance 10-10

Mindestquerschnitt → Minimum cross-section .. 12-9
Mini-DIN-Stecker → Mini DIN plug 5-12
Minimalwert → Minimum value 3-16
Minoritätsträger → Minority carrier 7-2, 7-15
Minoritätsträgerlawine → Minority carrier avalanche 7-12
Mischgröße → Pulsating quantity 3-16
Mischlichtlampe → Mixed light lamps 12-63
Mischspannung → Pulsating voltage 8-12
Mischströme, messen → Mixed currents, measurement 8-12
Mischtemperatur von Flüssigkeiten → Mixing temperature of liquids 2-12
Mitkopplung → Positive feedback 4-8, 4-17, 7-22, 7-26
Mittelpreisstrategie → Medium price strategy ... 16-5
Mittelpunktschaltung → Mid-point tapping 11-18
Mittelschutz, Überspannungsschutzmodule → Medium-level protection, surge protection modules 6-10
Mittelspannung → Mean voltage 12-3
Mittelwert → Mean value 3-16
Mittlere Feldlinienlänge → Average length of magnetic field lines 3-11
MKC → Metallized polycarbonate film (MKC) 6-14
MKP → Metallized polypropylene film (MKP) 6-14
MKS → Meter-kilogram-second (MKS) 6-14
MKT → Metallized polyethylene terephthalate film (MKT) 6-13
MKU → Metallized cellulose acetate film (MKU) .. 6-14
Mod-n-Zähler → Mod-n counter 4-11
Modus → Mode 7-56, 13-25
Mol → Mol 2-2
Molare Gaskonstante → Molar gas constant 2-5
Molares Normvolumen des idealen Gases → Standard molar volume of ideal gas 2-5
Monoflop → Monoflop (one shot one-shot multivibrator) 4-8
Monolithische integrierte Halbleiterschaltung → Integrated circuit (IC) 7-42
Monostabile Kippschaltung → Monostable flip flop circuit 4-8
Monostabile Relais → Monostable relays 6-31
Monostabiler Multivibrator → Monostable multivibrator 7-30
Monostabiles Kippglied → Monostable trigger element 4-8
Monotonie → Monotony 4-35
MOS-FET → MOS-FET 7-37
MOS-Leistungstransistor → MOS power transistor 7-40
Motor → Motor .... 9-1, 9-6 f.

18.3 Stichwortverzeichnis Deutsch-Englisch

Motorkondensator → Motor capacitor **6**-15
Motorregel → Motor control performance **3**-12
Motorschutzschalter → Motor circuit-breaker . . **13**-19
Motorsteuerung → Motor control **9**-6
MPP-Tracker → MPP trackers **11**-17
MSB → MSB (most significant bit) **4**-5
MSI → MSI **7**-42
Multifuse → Multifuse **6**-21
Multiplexer → Multiplexer **4**-13
Multiplikation → Multiplication **1**-5
multiplikative Fehler → Multiplicative error **8**-5
Multivibrator → Multivibrator **4**-8, **7**-28, **7**-30, **8**-30
Muttern → Nuts **14**-28
MUX → MUX **8**-30

N

N (Newton) → N (newton) **2**-2
Näherungsschalter → Proximity switch **9**-14
NAND → NAND **4**-6
Natriumdampflampe → Sodium-vapour lamp . . . **7**-47
Natriumdampf-Niederdrucklampe → Low-pressure sodium vapour lamp **12**-67
Natrium-Hochdrucklampe → High-pressure sodium lamp **12**-67
Natürliche Exponentialfunktion → Natural exponential function **1**-11
Natürliche Zahl → Natural number **1**-2, **1**-11
Natürlicher Logarithmus → Natural logarithm **1**-3
Nebelschlussgenerator → Shunt-wound generator **11**-33
Nebenschlussmotor → Shunt-wound motor . . . **11**-32
Negation → Negation **4**-6
Negative Logik → Negative logic **4**-2
Negativer Temperatur-Koeffizient → Negative Temperature Coefficient **6**-7
NEMA (National Electrical Manufacturers Association) → NEMA (National Electrical Manufacturers Association) **18**-3
Nennstrom → Rated current **3**-3
Nennwerte von Kondensatoren → Nominal values of capacitors . . . . **6**-13 f.
NEOZED → NEOZED **12**-22
Neperscher Logarithmus → Neperscher logarithm **1**-3
Netzanschluss → Power supply connection **12**-82
Netzplantechnik → Critical path analysis **16**-10
Netzschütz → Mains contactor **9**-7
Netzspannung → Mains voltage **3**-3
Netzsystem → Power supply system **10**-15
Netztransformator → Grid transformer **6**-17
Neugrad → Centesimal degree **1**-9
Neukurve → Initial magnetisation curve **3**-11
neuronales Netz → Neural network **9**-36
Neutralleiter → Neutral conductor . . . **10**-19 ff., **10**-30, **12** 6, **12** 45, **12** 47, **12** 52, **13** 11, **13** 16, **13** 20
Newton → Newton **2**-2
NH-Sicherungseinsatz → NH fuse . . . . **3**-3, **12**-20 f.
NH-Sicherungssystem → NH fuse system **12**-20
NH-Sicherungsunterteil → NH fuse base **3**-3
NI 100 → NI 100 . . . . **8**-20
NiCd-Akku → NiCd battery **6**-29
NICHT (Negation) → NON (negation) **4**-6
Nicht erneuerbare Energieträger → Non-renewable sources of energy **12**-2
nicht harmonisierte Leitungen → Non-harmonized lines **12**-7
Nicht invertierender Verstärker → Non-inverting amplifier **7**-27
Nicht nachtriggerbar → Non-retriggerable **13**-24
Nichteisenmetalle → Non-ferrous metal . . . . . . **14**-8 ff.
 - Kupfer und Legierungen → copper and alloy . . . . **14**-8 ff.
nichtelektische Größen, Messung → Non-electrical values, measurement . . . . **8**-14 ff.
NICHT-Funktion → NON-function **4**-2
Nickel-Cadmium-Akkumulator → Nickel-cadmium batteries **6**-29
Nickel-Metallhydrid → Nickel metal hydride **6**-26
Nickel-Metallhydrid-Akkumulator → Metal hydride rechargeable battery **6**-29
Nickel-Widerstandslegierung → Resistant nickel alloy **14**-16
Niederspannung → Low voltage **12**-3
Niederspannungssicherung → Low voltage safety fuse **12**-19
Niedrigpreisstrategie → Low price strategy **16**-5
NiMH-Akku → NiMH battery **6**-29
n-Kanal-Anreicherungs-FET → n-channel enhancement type FET **7**-38
n-Kanal-Sperrschicht-FET → n-channel junction FET **7**-38
n-Kanal-Verarmungs-FET → n-channel depletion-mode FET **7**-38
n-Leitung → n-line conduction **7**-2, **7**-5, **7**-12
NMOS → NMOS **4**-14
NOR → NOR **4**-6
Normalform → Normal form **1**-4
Normalkraft → Normal force **2**-8

18.3 Stichwortverzeichnis Deutsch-Englisch

Normspannungen für elektrische Betriebsmittel → Standard voltages of electrical equipment **3**-3
Normteile → Standard. .... **14**-1 ff.
Northbridge → Northbridge **5**-3
NOT-AUS → EMERGENCY STOP. **10**-13
NOT-HALT → EMERGENCY STOP. **9**-4
NTC → NTC **6**-7
Null-Modem → Null modem **5**-10
Nullphasenwinkel → Initial phase **1**-4
Nullpunkt der Kelvin-Temperaturskala → Absolute zero in the Kelvin temperature scale **2**-5
Nur-Lese-Speicher → Read only memory **4**-25
Nutzungsrechte → Usage rights **16**-4
Nutzwärme → Useful heat **3**-4
NYM-Leitung → NYM- line **12**-7

O

Obere Grenzfrequenz → Upper cut-off frequency **3**-27
Oberschwingung → Harmonic component **11**-16
Objekt → Object **13**-10
ODER (Disjunktion) → OR (disjunction) **4**-6
Office-Paket → Office package **5**-28
Offset → Offset .... **4**-4, **4**-34 f., **7**-25
Offset-Fehler → Offset error **4**-35
OHG → OHG **16**-2
Ohm → Ohm. **2**-2
Ohmsches Gesetz → Ohm's law **3**-6
Oktal → Octal **5**-19
OLED (organische Lumineszenzdiode) → OLED (organic light-emitting diode) **7**-52
Operationsverstärker → Operational amplifier . . **4**-18, **4**-34, **7**-25 ff., **7**-42, **9**-33, **9**-36
Optik → Optic .... **2**-16 ff.
Optoelektronische Koppler → Optoelectronic couplers **7**-53
Optoelektronisches Bauelement → Optoelectronic component .... **7**-48 ff.
Optokoppler → Optical coupler **7**-53
Ordner → File **5**-25
Ordnungszahl → Ordinal number **14**-2
Organische Lumineszenzdiode (OLED) → Organic light-emitting diode (OLED) **7**-52
Orthogonale Darstellung → Orthogonal presentation **13**-4
Ortskurve → Locus .... **1**-6 f., **9**-30 f.
Ortskurven für einfache Wechselstromschaltungen → Loci for simple alternating current circuits ... **3**-21 ff.
Ortslinien → Loci .... **1**-6 f., **3**-23, **9**-30 f.
Oszillator → Oscillator . **4**-32, **7**-11 f., **7**-28, **8**-30, **9**-14
Oszilloskop → Oscilloscope .... **8**-27 f.
OTA → OTA **7**-26
ÖVE (Österreichischer Verband für Elektrotechnik) → OVE (Austrian Electrotechnical Association) **18**-3

P

Paarung → Matching **2**-8
Pachtvertrag → Tenancy agreement **16**-3
PAL → PAL **4**-26
Palladiumgruppe → Palladium group **14**-4
Parabel → Parabola **1**-11
Parallelbetrieb → Parallel operation .... **11**-10 f.
Parallele Schnittstelle → Parallel port/interface... **5**-6
Parallele Zylinder mit gleichen Ringen → Parallel cylinders with identical rings. **3**-10
Parallelogramm → Parallelogram **1**-14
Parallelschaltung → Parallel connection **3**-8, **3**-13
 - gleichwertige → equivalent **3**-15
 - von Kondensatoren → of capacitors **3**-10
 - von Widerständen → of resistances **3**-6
Parallelschnittstelle → Parallel interface **5**-6
Parallelschwingkreis → Parallel resonant circuit . **3**-25
Parallelumsetzer → Flash converter **4**-33
Parallelwechselrichter → Parallel inverter **7**-36
Parameter → Parameter .... **1**-6, **4**-30, **5**-17, **7**-4, **7**-14, **7**-19 ff., **7**-39, **7**-43, **11**-22, **13**-3
Partikelfilterklassen → Particle filter classes ... **15**-15
Passive Bauelemente → Passive component ... **13**-14
PATA → PATA **5**-3
Pausen → Breaks **16**-24
PC → PC .... **5**-2 f., **5**-10, **5**-18
PC-Aktorik → PC actuators **5**-18
PCI → PCI **5**-3
PCI-Express → PCI express **5**-3
PC-Sensorik → PC sensor **5**-18
PD-Regler → PD controller **9**-32
Pearl → Pearl **5**-32
Pegel → Level **3**-28
Pegelumsetzer → Level converter **4**-18
Pegelzuordnung → Level assignment **4**-2
PELV → PELV **10**-25
Penetrationsstrategie → Penetration strategy ... **16**-5

18.3 Stichwortverzeichnis Deutsch-Englisch

Pentode → Pentode 7-45
Periodendauer → Oscillation period 3-16
Periodensystem der Elemente → Periodic table of elements 14-2
Periodische Funktion → Periodic function 1-12
Peripheral Component Interconnect (PCI) → Peripheral Component Interconnect (PCI) 5-3
Permanentmagnetmotor → Permanent magnet motor 11-31
Permeabilität → Permeability 3-11
Permeabilitätszahl → Relative permeability 3-11
Permittivität → Permittivity 3-9
Permittivitätszahl → Permittivity value 3-9, 14-24
Personenschutz → Personal protection 10-18
Pflichten des Ausbildenden → Obligations of the trainer 16-23
Pflichten des Auszubildenden → Obligations of the trainee 16-23
Pflichten zum Schutz vor Gefahrstoffen am Arbeitsplatz, GefStoffV 2010-12 → Obligations to protect against hazardous substances in the workplace, GefStoffV 2010-12 15-3
Phasenanschnittsteuerung → Phase controlled modulator 7-34
Phasenfolgelöschung → Phase sequence deletion 7-36
Phasenlage bzw. Eingangs- und Ausgangsspannung → Phase situation incoming and outgoing voltage . 3-26
Phasenverschiebungswinkel → Phase shift angle . 3-16
PHD → PHD 4-26
pH-Messung → pH measurement 8-25
ph-Wert-Messung → pH-value measurement . . . 8-25
Physikalische Eigenschaften Metalle und Legierungen → Physical properties, metal and alloys . . . 14-3
Physikalische Formeln → Physical formulae 1-3
Physikalische Größen → Physical values 12-46
Physikalische Grundlagen → Physical principles 2-1 ff.
Physiologische Wirkung → Physiological effect 12-42
Piconet → Piconet 5-11
PID-Regler → PID controller 9-34
PIN-Diode → PIN diode 7-12
PI-Regler → PI controller 9-34
Pixel → Pixel 7-55
PLA → PLA 4-26
Planck-Konstante → Planck's constant 2-5
Plasma → Plasma . . . . 7-2, 7-47 f., 7-54, 15-5
Plasma-Anzeige → Plasma display 7-54
Platingruppe → Platinum group 14-4
Plattenkondensator → Plate capacitor 3-9
PLD → PLD 4-26
PLE → PLE 4-25
p-Leitung → p-line conduction 7-2, 7-5
Plotter → Plotter 5-17
PLS → PLS 4-26
PML → PML 4-26
Pneumatisches Einheitssignal → Pneumatic standard signal 8-17
pn-Übergang → pn-junction . . . . 7-5 ff., 7-12 ff., 7-31, 7-37 ff., 7-48
Polares Widerstandsmoment → Polar section modulus 2-11
Polarkoordinatensystem → Polar coordinate system 13-3
Polymere → Polymer 14-18
PolySwitch → PolySwitch 6-21
Positive Logik → Positive logic 4-2
Positive Temperature Coefficient (PTC) → Positive Temperature Coefficient (PTC) 6-8
Potenzial → Potential . . . . . 2-4, 5-18, 7-5, 7-38, 7-41, 7-45 ff., 7-55, 8-25, 10-19
Potenzialausgleich → Potential compensation . 12-34
Potenzielle Energie → Potential energy 2-10
Potenzieren → Exponentiate 1-5
Potenziometer → Potentiometer 6-6
Praktische Arbeitsaufgabe → Practical work task 17-3
Praktischer Teil → Practical component 17-3
Präsentation → Presentation 16-21
Präsentationsgenerator → Presentation generator 5-28
Präzisions-Zweiweggleichrichter → Precision full-wave rectifier 7-28
P-Regler → P-controller 9-33
Preisabfolgestrategie → Strategic pricing strategy 16-5
Preisgestaltung → Pricing 16-5
Preispolitik → Pricing policy 16-5, 16-9
Preiswettbewerbsstrategie → Competitive price strategy 16-5
Primärauslöser → Primary trigger 3-3
Primärelement → Primary element 6-23
Prisma → Prism 1-14, 2-17
Prismenwerkstoff → Prism material 2-17
Prismenwinkel → Prism angle 2-17
Profibus → Profibus 9-18
Programm → Programme . . . . 5-27 f.
Programmablaufplan → Programme flow chart . 5-31
Programmable Array Logic (PAL) → Programmable Array Logic (PAL) 4-26
Programmable High-Speed Decoder (PHD) → Programmable High-Speed Decoder (PHD) 4-26
Programmable Logic Array (PLA) → Programmable Logic Array (PLA) 4-26
Programmable Logic Device (PLD) → Programmable Logic Device (PLD) 4-26
Programmable Logic Element (PLE) → Programmable Logic Element (PLE) 4-25

18.3 Stichwortverzeichnis Deutsch-Englisch

Programmable Logic Sequencer (PLS) → Programmable Logic Sequencer (PLS)................. **4**-26
Programmable Macro Logic (PML) → Programmable Macro Logic (PML)......................... **4**-26
Programmierbare Logik → Programmable logic. .**4**-24 ff.
Programmierfunktion → Programming function . . **9**-9
Programmiersprache → Programming language **5**-33
Programmierung → Programming **5**-31
Projekt → Project........................... **16**-10
Projektablaufplan → Project workflow **16**-11
Projektionen → Projections **13**-3
Projektmanagement → Project management . . **16**-10
Projektplanung → Project planning........... **16**-10
Projektstrukturplan → Project structure plan. . . **16**-11
Projektterminplan → Project schedule **16**-11
PROM → PROM **4**-25
Proportionalbeiwert → Proportional action coefficient ....**9**-31 f.
Proportionalbereich → Proportional region . . . .**9**-33 f.
Proportionaler Bereich → Proportional range . . **7**-39
Prospektarten → Brochure types.............. **16**-18
Protokoll → Protocol ....**5**-10 f., **5**-14
Prozess → Process .... **5**-26, **9**-3, **9**-18, **9**-33, **9**-37 f., **10**-12, **12**-4, **12**-38, **13**-10, **15**-3
Prozessor → Processor.......... **4**-24 f., **4**-33, **4**-38, **5**-2 f., **5**-24, **8**-30, **9**-13, **9**-16 f., **12**-38, **12**-46
Prozessstabilität → Process stability **16**-15
Prüfen → Controlling.............**8**-3, **9**-10, **10**-1 ff., **10**-13, **10**-31 f., **15**-3
Prüffrist → Inspection period................ **10**-30
- E-Check → E-check **10**-30
Prüfung → Inspection .... **10**-1 ff.
- elektrischer Geräte → of electric devices.... **10**-31
- in Niederspannungsanlagen → in low voltage systems................................ **10**-12
- Schutzbestimmungen → protective policy . .**10**-2 f.
- Schutzmaßnahmen → protective measures . **10**-12
PS/2 → PS/2 .... **5**-12
PT 100 → PT 100 .... **8**-20
P-T1-Glied → PT-T1 element **9**-29
PTC (Positive Temperature Coefficient) → PTC (Positive Temperature Coefficient) **6**-8
Pulsbreitenmodulation → Pulse-width modulation **11**-13
Punktweise Inversion von Ortskurven → pointwise inversion of loci............................. **1**-6
Punkt-zu-Punkt-Verbindung → Point to point connection................................ **5**-11
PVC-isolierte Leitungen → PVC-insulated cables **12**-10
Pyramide → Pyramid...................... **1**-14

Q

Quadranten → Quadrants **1**-10
Quadrat → Square......................... **13**-23
Quadratische Funktion → Quadratic function . . . **1**-11
Quadratische Gleichung → Quadratic equation. . . **1**-4
Qualitätsplan → Quality plan................ **16**-11
Qualitätssicherung → Quality assurance **16**-14
Quantisierung → Quantization **4**-31
Quantisierungsfehler → Quantization error. . **4**-35, **8**-5
Quantisierungsrauschen → Quantization noise . **4**-31
Quecksilberdampf-Hochdrucklampe → Self-ballasted mercury-vapour lamp..................... **12**-68
Quecksilberdampflampe → Mercury-vapour lamp **7**-47, **12**-67
Quelle → Source............................ **7**-38
- typischer Gefahrstoffe → typical hazardous substances **15**-4
Quellenspannung → Source voltage............ **3**-8
Querschnitt → Cross section .... **2**-3, **2**-11, **2**-13, **6**-18 ff., **10**-19 f., **11**-36, **12**-9, **12**-18, **12**-51, **14**-16 f.
Querstrom → Cross current **3**-7
Querstromverhältnis → Cross current ratio **3**-7
Querverweisliste → Cross reference list **9**-10

R

rad (Radiant) → Rad (radians) **2**-2
Radartechnik → Radar technology.............. **7**-46
Radiant → Radiant........................... **2**-2
Radiant (Bogenmaß) → Radiant (radian measure) . **1**-9
Radizieren → Root extraction................... **1**-5
RAM → RAM **5**-2
Rangfolge der Schutzmaßnahmen → Priority of protective measures........................ **15**-3
Rastermaß → Modular dimensions **6**-33
Rationale Zahlen → Rational numbers **1**-2
Räume → Rooms .... **10**-3, **10**-7, **10**-9, **10**-27 f., **10**-30, **12**-7 ff., **12**-10 f., **12**-59 f., **12**-71, **15**-5
Raumheizung → Space heating **12**-59
Raumindex → Room index ....**12**-71 f.
Raumladung → Space charge **7**-5, **7**-12, **7**-45
Raumwinkel → Solid angle **12**-61

18.3 Stichwortverzeichnis Deutsch-Englisch

Raumwirkungsgrad → Room utilization factor . . **12**-72
Rauschen → Noise **7**-15, **8**-32
Rauschzahl → Noise factor **7**-15
RCBO → RCBO **10**-7
RCCB → RCCB **10**-7
RCD → RCD **10**-7
 - Abschaltung → switching off **10**-8
 - Anwendungsbereiche → applications **10**-9
 - Aufschriften → inscriptions **10**-9
 - Funktion → function **10**-8
 - kurzzeitverzögernd → short-time delayed . . . **10**-8
 - Selektivität → selectivity **10**-8
RC-Generator → RC generator **7**-28
RC-Glied → RC element **4**-17, **6**-14, **12**-36
RC-Kopplung → RC coupling **7**-22
RC-Oszillator → RC oscillator **7**-28, **9**-14
RC-Tiefpass → RC low-pass **7**-8
Read Only Memory → Read Only Memory **9**-16
Reaktionsklebstoffe → Reactive adhesives **15**-9
Realteil von z → Real part of z **1**-4
Rechteck → Rectangle **1**-14
Rechteckige Pyramide → Rectangular pyramid . . **1**-14
Rechteckiger SMD-Kondensator → Rectangular SMD capacitor **6**-16
Rechteckimpuls → Rectangular pulse **1**-12
Rechteckmischspannung → Rectangular mixed voltage **1**-12
Rechteckwechselspannung → Square-wave voltage **1**-12
Rechte-Hand-Regel → Right-hand rule **3**-12
Rechtwinkliges Dreieck → Right-angled triangular . **1**-10
Reed-Relais → Reed relays **6**-31
Reelle Zahlen → Real numbers **1**-2
Reelles Bild → Real image . . . . **2**-17 f.
Referenzelement → Reference element **7**-9
Referenzkennzeichen → Reference mark **13**-10
Reflektierte Strahlungsmenge → Amount of radiation reflected **2**-13
Reflexion → Reflection **2**-16
 - Optik → optics **2**-16
Reflexionsgrad → Coefficient of reflection **12**-61, **12**-71
Reflexionswinkel → Angle of reflection **2**-16
Regeldifferenz → Error variable **9**-24
Regeleinrichtung → Control device **9**-35
 - Wahl einer geeigneten → selection of a suitable device **9**-32
Regelgröße → Controlled variable **9**-26
Regelkarte → Control card **16**-15
Regelkreis → Closed loop control circuit **9**-26
Regelkreisglieder → Elements in closed loop control circuits . . . . **9**-27 f.

 - Frequenzverhalten → frequency response . . . **9**-28
 - Zeitverhalten → timing **9**-27
Regelmäßige rechteckige Pyramide → Regular rectangular pyramids **1**-14
Regeln, Kennzeichen → Control, markings **9**-25
Regelstrecke → Controlled system **9**-29
 - mit Ausgleich → with compensation **9**-29
 - ohne Ausgleich → without compensation **9**-29
 - typische dynamische Kennwerte → typical dynamic characteristics **9**-32
 - Zeitverhalten → timing **9**-30
Regelung → Control . . . . **6**-7 f., **9**-1 ff., **9**-25 ff., **11**-12, **12**-48, **13**-13
Regelungstechnik → Control technology . . . . . **9**-25 ff.
 - Begriffe → definitions **9**-26
 - Einteilungen → classifications **9**-25
Regler → Controller **9**-33
Reglereinstellung → Controller settings **9**-40
Regler-Kennwerte, Einstellung (Optimierung) → Controller parameters, adjustment (optimization) **9**-39
Reibung → Friction **2**-8
Reibungskraft → Friction force **2**-8
Reibungsmoment → Friction torque **2**-8
Reihenschaltung → Series connection **3**-8, **3**-15
 - gleichwertige → equivalent **3**-17
 - von Kondensatoren → of capacitors **3**-10
 - von Widerständen → of resistances **3**-6
Reihenschlussgenerator → Serial wound generator **11**-33
Reihenschlussmotor → Serial wound motor . . . **11**-31 f.
Reihenschwingkreis → Serial resonant circuit . . . **3**-25
Reine Metalle → Pure metals **14**-3
Reisevertrag → Travel agreement **16**-3
Reizung → Irritation . . . . **15**-6 ff.
Relais → Relay **6**-31
Relais-Kontaktart → Type of relay contact **6**-32
Relative Atommasse → Relative atomic mass . . . **14**-2
relative Gasdichte → Relative gas density . . . **15**-10 ff.
Relativer Fehler → Relative error **8**-4
Relativer Pegel → Relative level **3**-28
Relativer Spannungspegel → Relative voltage level **3**-28
Rentenversicherung → Pension insurance **16**-26
Repeater → Repeater **9**-19, **9**-22
Resolution → Resolution **4**-35
Resonanzfrequenz → Resonance frequency **3**-25
Resonanzkreisfrequenz → Resonance circle frequency **3**-27
Restfehler, digitaler → Residual error, digital **8**-5
Restmagnetismus → Residual magnetism **3**-11
Reststrom → Leakage current **7**-16

18.3 Stichwortverzeichnis Deutsch-Englisch

Rettungszeichen → Evacuation signs 15-16
Reversible Bauart → Reversible type 6-21
Richtung → Direction......................... 1-8
Ringnetz → Ring network 12-5
RLT → RLT................................... 7-35
Rohdichte → Apparent density............... 14-24
Röhren, gasgefüllte → Tubes, gas-filled........ 7-47
Rollen → Rolls, pulleys.................... 2-8, 5-13
Rollreibung → Rolling friction................... 2-8
Rollreibungszahl → Rolling friction coefficient.... 2-8
ROM → ROM................................. 4-25
Römische Ziffern → Roman numerals 2-4
Rotation → Rotation 2-8, 8-17, 9-13
Rotationsbewegung → Rotational motion 2-10
Rotationsenergie → Rotational energy 2-10
Rotierende Maschinen → Rotating
 machinery .... 11-22 ff.
RS232-Schnittstelle → RS232 interface.......... 5-9
R-Sätze → R-phrases .... 15-18 ff.
RS-Flipflop → RS flip-flop..................... 4-9
Rückkopplung → Feedback 7-22
Rücksetzen → to reset....................... 9-11 f.
Rückwärts leitender Thyristor (RLT) → Reverse
 conducting thyristor........................ 7-35
Rufanlage → Call system 12-56
Rufschaltung → Ringer circuit 12-56
Ruhemasse → Rest mass
 - des Elektrons → of electron 2-5
 - des Neutrons → of neutron................. 2-5
 - des Protons → of proton.................... 2-5
Ruhende Maschinen → Stationary machine..... 11-4
Runddrähte → Round wires 14-16
 - aus Aluminium → of Aluminium........... 14-15
 - aus Kupfer → of copper................... 14-15
 - Heizleiterlegierungen → heating element
  alloys................................... 14-12
Rundzelle → Round cell.................. 6-23, 6-25
Rydberg-Konstante → Rydberg constant 2-5

S

S (Siemens) → S (Siemens) 2-2
Sägezahnmischspannung → Sawtooth mixed
 voltage 1-13
Sägezahnwechselspannung → Sawtooth alternating
 current voltage 1-13
Sale-Lease-Back-Vertrag → Sale and lease back
 contract 16-4
Sammellinse → Collective lens................ 2-18
Sammelschiene aus Kupfer oder Aluminium → Bus
 bar out of copper or aluminium 14-17
Sample and Hold → Sample and hold.......... 4-31
SATA → SATA 5-3
Sättigungsbereich → Saturation range......... 7-39
Saugkreis → Absorption circuit 11-16
Scanner → Scanner.......................... 5-14
Schädigungen über Hautaufnahme → Damage
 caused by skin contact..................... 15-15
Schalengehäuse → Shell casing............... 6-35
Schall → Sound 2-14
Schallbereich → Sound area.................. 2-14
Schalldruck → Sound pressure 2-15
Schalldruckpegel → Sound pressure level . 2-15, 8-15
Schallgeschwindigkeit → Sound velocity 2-14
Schallintensität → Sound intensity 2-15
Schallleistung → Sound output 2-15
Schallpegelmessung → Sound level measurement 8-15
Schallschnelle → Sound particle velocity 2-15
Schaltalgebra → Boolean algebra 4-2
Schalter → Switch 3-3
 - Transistor → transistor .... 7-29 f.
Schaltgeräte für Anlagen bis 1 kV → Switching
 devices for systems up to 1 kV 3-3
Schaltgruppe → Switching group ....11-7 f.
Schaltnetzteil → Switch mode power supplies.. 11-19
Schaltplan → Schematics 13-7
 - Ausführungsregel → rule of construction 13-8
 - Darstellung → presentation 13-8
 - Dokumentart → type of document.......... 13-7
Schaltschrank → Control cabinet........ 9-23, 12-45
Schaltung → Switching...................... 3-24
 - gedruckt → printed ....6-33 f.
 - integriert (Übersicht) → integrated
  (overview)............................... 7-42
 - Arten → types..........................12-31 f.
Schaltvorgänge mit Kondensator oder Spule →
 Switching operations with capacitor or coil..... 3-13
Schaltzeichen → Graphical symbols 13-13
 - Erzeugung elektrischer Energie → production of
  electrical energy......................... 13-16
 - Endeinrichtungen → terminal equipment ... 13-21
 - Elektroinstallation → electrical installation.. 13-20
 - Elektronenröhren → electron tubes 13-15
 - Halbleiter → semiconductors 13-15
 - Kennzeichnung → identification........... 13-13
 - Leiter → conductor...................... 13-14
 - Meldeeinrichtungen → alarm systems 13-19
 - Messeinrichtungen → measuring devices... 13-19
 - passive Bauelemente → passive components 13-14
 - Schaltgeräte → switching devices 13-17
 - Schutzeinrichtungen → protective equipments 13-17

18.3 Stichwortverzeichnis Deutsch-Englisch

- Signaleinrichtungen → signal devices **13**-19
- Symbolelemente → symbol elements **13**-13
- Übertragungseinrichtungen → transmission equipment **13**-22
- Umwandlung elektrischer Energie → conversion of electrical energy........................ **13**-16
- Verbinder → connectors **13**-14
- Vermittlungseinrichtungen → switching equipment................................**13**-21

Scheinleistung → Apparent power **3**-4
Scheinwiderstandsverlauf → Apparent impedance runs **3**-27
Scheitelfaktor → Crest factor **3**-16, **8**-12
Scheitelwert → Peak value **3**-14
Schenkungsvertrag → Deed of gift **16**-3
Scherung → Shear strain **2**-11
Schichtwiderstände → Film resistors **6**-4
Schieberegister → Shift register **4**-11
Schienen → Rails .... **14**-14 ff.
- Kennwerte → characteristic values ...... **14**-14 ff.
Schirmdämpfung → Shielding attenuation..... **12**-42
Schirmqualität → Screen quality **12**-42
Schirmung → Shielding...................... **12**-41
Schlauchleitung → Flexible hose .... **12**-8, **12**-10 f.
Schleifdrahtbrücke → Slide wire bridge **3**-7
Schleife → Loop...................... **4**-32, **5**-29
Schleifenimpdanz → loop impedance......... **10**-13
Schleusenspannung → Threshold voltage ..... **7**-6 ff., **7**-14, **8**-11
Schließer → Make contact......... **4**-17, **6**-31 f., **9**-7, **12**-51, **13**-17 f.
Schlupf → Slip **11**-25
Schmalbandstörquelle → Narrowband interference sound................................... **12**-37
Schmelzklebstoff → Melt adhesive **15**-9
Schmelzpunkt → Melting point ....**14**-3 f.
Schmelzsicherung → Fuse **12**-20, **12**-22
Schmelzwärme → Melting heat **2**-12
Schmitt-Trigger → Schmitt trigger.... **4**-8, **4**-14, **4**-17, **7**-30, **8**-30, **9**-36
Schnittbandkern → Tape-wound core.......... **6**-19
Schnitte → Cuts **13**-6
Schnittstelle → Interface..................... **5**-2
Schnittstellenfunktion → Interface function...... **9**-9
Schottky → Schottky....... **4**-14 f., **7**-12, **7**-48, **13**-15
Schrauben → screws..................... **14**-31 ff.
Schraubenverbindung → Screw connection.... **14**-27
Schreib-Lese-Speicher → Random access memory **9**-3
Schreibpapier-Endformat → Final format of writing paper **13**-2
Schriften → Fonts **13**-4
Schriftliche Aufgaben → Written tasks **17**-3

Schriftlicher Teil → Written component......... **17**-3
Schriftzeichen → Characters **5**-16, **13**-4
Schritt → Step **4**-31, **7**-14, **9**-4, **13**-3
Schrittmotor → Stepping motor............. **9**-13
Schubspannung → Shear stress **2**-11
Schuldverschreibungsverträge → Debenture.... **16**-4
Schuldversprechen → Promise to perform an act. **16**-4
Schutz → Protection .... **10**-2 ff.
- automatische Abschaltung der Stromversorgung → automatic cut-off of the power supply.......................**10**-14, **10**-20 ff.
- gegen elektrischen Schlag → against electric shock **10**-14
- zusätzlich → additional **10**-28
Schütz → Protection..................... **6**-31, **9**-6
- Steuerung → control...................... **9**-6
Schutzbestimmungen und Prüfungen → Safety regulations and tests................... **10**-1 ff.
Schutzeinrichtung → Safety devices. **10**-7 ff., **10**-15 ff.
- in den Netzsystemen → in the power supply system.................................. **10**-15
Schutzgrad → Degree of protection **12**-79
Schutzisolierung → Protective insulation **10**-26
Schutzklasse → Protection class **10**-29
Schutzkleinspannung → Safety extra-low voltage (SELV)................................. **10**-25
Schutzleiter → Earthing equipment conductor.. **10**-19
Schutzleiterstrom → Earthing conductor current. **10**-31
Schutzleiterwiderstand → Earthing conductor resistor **10**-31
Schutzmaßnahme → Safety measure **10**-12, **15**-4
Schutzmaßnahmen → Safety measures
- LED und Laser → LED and laser............ **7**-53
- und Prüfungen → and tests **10**-12
- Schutz gegen elektrischen Schlag (Übersicht) → protection against electric shock (overview) . **10**-14
- spezielle → special..................... **10**-26
Schutzpotenzialausgleich → Protective potential compensation **10**-19
Schutztrennung → Protective separation...... **10**-27
Schweißtransformator → Welding transformer . **12**-25
Schwellspannung → Threshold voltage **5**-9, **7**-39
Schwellwertschalter → Threshold value switch ... **4**-8
Schwingkreis → Resonant circuit................ **3**-25
Schwingkreisspule → Resonant circuit coil...... **3**-25
Schwingneigung → Tendency to oscillate.. **4**-38, **7**-26
SDK → SDK.............................. **4**-25
Sedezimal → Hexadecimal **5**-19
Sedezimalzahl → Hexadecimal number **4**-3
Seebeck-Effekt → Seebeck effect **8**-18
Segment → Segment..........**7**-54 f., **9**-21, **13**-24
Sehr giftig → Very toxic................... **15**-9

18.3 Stichwortverzeichnis Deutsch-Englisch

Sekundärelement → Secondary element . . **6**-23, **6**-26 f.
Sekunde → Second **2**-2
Selbstgeführte Stromrichter → Self-commutated converter **7**-36
Selbstinduktionsspannung → Self-induction voltage **3**-12
Selbstinduktivität → Self-inductance **3**-12
- von Spulen → of coils **3**-12
Selektiver Haupt-Leitungsschutzschalter → Selective main circuit breaker **12**-25
Selektivität → Selectivity . . . . **10**-7 f.
SELV → SELV **10**-25
sensibilisierende Stoffe → Sensitizing substances **15**-15
Sensor → Sensor **5**-18
Sensoren und Aktoren → Sensors and actuators . . . . **12**-46 ff.
Sensorik → Sensor technology . . . . **9**-14 f.
Serial/Parallel Advanced Technology Attachment → Serial/Parallel Advanced Technology Attachment . **5**-3
Serielle Schnittstelle → Serial interface . . . . **5**-9 f.
Serienschaltung → Connection in series **12**-52
Shell → Shell **5**-26
Shunt → Shunt **8**-10
Sicherer Arbeitsbereich → Safe operating area . . **7**-16
Sicherheitsdatenblatt → Safety data sheet **15**-3
Sicherheitshinweise → Safety instructions **15**-18
Sicherheitskennzeichen → Safety labelling . . **15**-16 ff.
Sicherheitsregeln → Safety rules **10**-4
- beim Arbeiten in elektrischen Anlagen → when working on electrical systems **10**-32
Sicherheitstransformatoren → Safety transformers **10**-25
Sicherung → Fuse . . . . **6**-21, **12**-19 ff.
Sicherungsauswahl in Abhängigkeit von Verlegebedingungen → Backup selection depending on installation conditions . . . . **12**-19 ff.
Sichtprüfung → Visual inspection **10**-26
Siebung → Sieving **6**-14, **6**-16, **7**-8, **12**-40, **13**-13
Siedepunkt → Boiling point . . . . **14**-3 f., **15**-9 f.
SI-Einheiten → SI units . . . . **2**-2 ff.
Siemens → Siemens **2**-2
Siemens-Schaltung → Siemens circuit **7**-8
Sigma-Delta-Wandler → Sigma-delta converter . **4**-32
Signalanalyse → Signal analysis **4**-36, **8**-31
Signalaufbereitung → Signal processing . . . . . **4**-30 ff.
Signale → Signals . . . . **4**-30 ff.
Signalflanke → Signal edge **4**-17
Signalgeber → Signalling device **4**-25, **13**-28
Signallaufzeit → Signal transit time **4**-16
Signalprozessor → Signal processor **4**-24
Signal-Rauschabstand → Signal noise ratio **8**-5
Signaltypen → Signal types **4**-30
Signalverarbeitung → Signal processing . . . . . . **4**-1 ff.
Signalverarbeitungsfunktionen → Signal processing functions **9**-9
Silbergruppe → Silver group **14**-4
Silberhartlote → Silver brazing alloy **14**-13
Silo-Speicher (FIFO) → Silo memory (FIFO) **4**-12
Single-Slope-Verfahren → Single-slope method . **4**-32
Sinnbild → Symbol **5**-29, **8**-6, **12**-78
Sinus → Sine **1**-9, **3**-16
Sinusantwort → Sine function response **9**-28
Sinusförmiger Wechselstrom → Sinusoidal alternating current **3**-4, **3**-16
Sinus-Generatoren → Sine wave generators **7**-28
Sinusspannung → Sinusoidal voltage **1**-13
Sinusstrom → Sinusoidal voltage **3**-2
SI-Vorsätze → SI prefixes **2**-3
Skalarprodukt → Scalar product **1**-8
Slew-rate → Slew-rate **7**-26
SMD-Kondensator → SMD capacitor **6**-16
SMD-Tantal-Kondensator → SMD tantalum capacitor **6**-16
SMD-Widerstand → SMD resistor **6**-5
Sockel → Socket **12**-68
Sockeltypen → Type of socket . . . . **12**-63 ff.
Software → Software . . . . **5**-19 ff., **5**-27
Solarenergie → Solar energy **12**-2
Solargenerator → Solar generator **7**-48, **11**-17
Solarzelle → Solar cell . . **7**-3, **7**-6, **7**-48 ff., **12**-2, **13**-12
Solid State Festplatte → Solid state drive **5**-4
Sonderzeichen → Special character **5**-23
SOT → SOT **7**-44
Sourceschaltung → Source circuit **7**-39
Southbridge → Southbridge **5**-3
Sozialgericht → Social court **16**-26
Spaltpolmotor → Shaded pole motor **11**-31
Spannung → Voltage **3**-2
Spannungsdämpfungsfaktor → Voltage attenuation factor **3**-28
Spannungsdämpfungsmaß → Voltage attenuation measure **3**-28
Spannungserzeuger → Voltage generator **3**-8
Spannungsfall → Voltage drop . . . . **10**-21, **12**-17 f.
- auf Leitung → on line **3**-6
Spannungsfreiheit feststellen → Determine an absence of voltage **10**-4, **10**-32
Spannungsgegenkoppplung → Voltage negative feedback **7**-24
Spannungskomparator → Voltage comparator . . **7**-26
Spannungsmessung → Voltage measurement . . **8**-10
Spannungspegel → Voltage level **3**-28
Spannungsprüfung → Voltage test **12**-82

18.3 Stichwortverzeichnis Deutsch-Englisch

Spannungsquelle → Voltage source 3-13, 7-10, 7-24, 7-48, 10-25, 13-13
Spannungsrückwirkung → Voltage feedback.... 7-14, 7-19
Spannungsstabilisierung → Voltage stabilization.. 6-9, 7-10
Spannungsteiler → Voltage divider 3-7
Spannungsübertragungsfaktor → Voltage transmission factor 3-28
Spannungsübertragungsmaß → Voltage transmission factor 3-26
Spannungsverdopplung → Voltage doubling 7-8
Spannungsverhältnis → Voltage ratio 3-24
Spannungsversorgung → Voltage feed-in .... 9-21 f., 13-26
Spannungsverstärkung → Voltage amplification . 7-14, 7-17, 7-21, 7-25 ff., 7-39, 7-45
Spannungswandler → Voltage transformer 8-33
Spannweite → Span 12-7
Spartransformatoren → Autotransformer ... 10-24 f., 11-9, 13-16
Sparwechselschaltung → Economy pole changing connection................................. 12-53
Speditionsvertrag → Freight forwarding contract . 16-4
Speicher → Memory ..... 4-11 f., 4-24 f., 5-2 f., 5-24, 6-14, 6-23, 9-3
Speicherprogrammierte Steuerung (SPS) → Storage programmable control...................... 9-9
Sperrgatter (Inhibition) → Lock gate (inhibition) .. 4-6
Sperrschicht-Feldeffekttransistor (FET) → Junction field-effect transistor....................... 7-37
Sperrschicht-Halbleiterbauelemente → Barrier layer semiconductor devices .... 7-5 ff.
Sperrschichtkapazität → Barrier layer capacitance .... 7-11 ff., 7-48
Sperrspannung → Blocking voltage ... 7-3, 7-7, 7-10, 7-12, 7-16, 7-33 ff., 7-48, 11-18
Sperrstrom → Reverse current. 7-3, 7-5, 7-7, 7-16, 7-48 f.
Sperrwandler → Flyback converter ....11-19 f.
Spezialröhre → Special tube................... 7-46
Spezielle Schutzmaßnahmen → Special protection measures................................. 10-26
Spezifikationen → Specifications
 - von AD-Wandlern → for AD converters...... 4-35
 - von DA-Wandlern → for DA converters...... 4-35
Spezifische Elementarladung → Specific elementary charge 2-5
Spezifische Schmelzwärme → Specific heat of fusion 2-12
Spezifische Verdampfungswärme → Specific heat of vaporization 2-12

Spezifische Wärmekapazität → Specific heat capacity 2-12, 14-3
Spezifischer elektrischer Widerstand → Specific electrical resistance 14-4
Spezifischer Widerstand → Specific resistance. 3-5, 14-3
Spiegelfunktion → Mirror function............. 1-11
Spiegelung am Einheitskreis → reflection on unit circle..................................... 1-6
Spitzenwert → Peak value 3-16
Sprechanlage → Intercom system 12-56, 12-58
Sprungantwort → Step response........ 9-27, 9-30 f.
SPS (Speicherprogrammierte Steuerung) → Storage programmable control 9-9
Spule → Coil ....3-9 f.
 - im Gleichstromkreis → in the DC circuit...... 3-13
Spulenkörper → Coil body.................... 6-20
Spulenspannung → Coil voltage 3-15
S-Sätze → S-phrase ....15-12 f.
SSD → SSD............................. 5-4
SSI → SSI 7-42
Stabilisierungsfaktor → Stabilizing factor 7-10
Stabilitätskriterien → Stability criteria.......... 9-38
Stahl → Steel 14-5
 - chemische Zusammensetzung → chemical composition 14-5
 - Hauptanwendungsbereich → main areas of application 14-5
 - Kurznamen → abbreviations............... 14-5
 - wesentliche Eigenschaften → essential qualities 14-5
Stammkapital → Capital stock 16-2
Stapelspeicher (LIFO) → Stack (LIFO)......... 4-12
Starkstromanlagen → Electrical power installations ....10-12 f., 12-13, 12-34
Starkstromkabel → Power cable 12-9
Starkstromleitung → Power line................ 12-7
Starterbatterien → Starter batteries 6-27
Statische Umrichter für die Antriebstechnik → Static inverter for drive technology............. 11-12 ff.
Steckdosen → Plug-in........................ 10-7 ff., 10-14, 10-25, 10-28, 12-25, 12-35, 12-45, 12-51, 12-53, 12-82, 13-12, 13-14, 13-20
Steckvorrichtung → Plug-in device 3-3
Stefan-Boltzmann-Konstante → Stefan-Boltzmann constant................................. 2-5
Stellbereich → Adjusting range 9-26
Steilheit → Transadmittance.. 4-17, 7-14, 7-19, 7-26, 7-39 f., 7-45, 12-33, 12-40 ff.
Steller → Regulator 3-3, 7-36, 9-2, 9-35, 11-17
Stellglied → Actuator........................ 9-2
Stellgröße → Actuating variable............... 9-26
Stern-Dreieck-Schaltung → Star-delta circuit 9-7

18.3 Stichwortverzeichnis Deutsch-Englisch

Stern-Dreieck-Umwandlung → Star-delta transformation **3**-8
Sternschaltung → Star connection **3**-17, **11**-28
Sternschütz → Star contactor **9**-7
Stetige Regler → Continuous action controller . . . **9**-23
Steuerbus → Control bus **5**-2
Steuereinrichtung → Controlling equipment **9**-3
Steuerkette → Timing chain **9**-2
Steuern, Kennzeichen → Control, marking **9**-2
Steuerschalter → Control switch **12**-55, **13**-12
Steuerspannung → Control voltage **9**-5
Steuerstrecke → Controlled system **9**-2
Steuerstromkreis → Control circuit **9**-5
Steuertransformator → Control transformer **9**-5
Steuerumrichter → Cycloconverter **11**-15
Steuerung → Control . . . . . **9**-1 ff., **10**-32, **12**-46, **12**-48, **13**-13, **13**-19, **13**-25
Steuerung → Control **5**-18
- mit Schützen → with contacts **9**-6
- speicherprogrammierbar (SPS) → programmable logic . . . . **9**-9 ff.
- und Regelungstechnik → and control technology . . . . **9**-1 ff.
- Arten → types **9**-4
Steuerungstechnik → Control technology . . . . . . **9**-2 ff.
- Begriffe → definitions **9**-3
- Einteilungen → classifications **9**-2
Stick → Stick **5**-5
Stochastisches Signal → Stochastic signal **4**-30
Stoff → Material . . . . **2**-12, **15**-8 ff.
Stoffmenge → Amount of material **2**-2
Störabstand → Fault distance **4**-15
Störfestigkeit → Fault-free operation **9**-3
Störgröße → Disturbance variable **9**-26
Störimpuls → Disturbing pulse **4**-15
Störquelle → Source of interference **12**-38
Störsenke → Susceptible equipment **12**-38
Störstellenleitung → Impurity conduction . . . **7**-2, **7**-6
Strahlennetz → Radial network **12**-5
Strahlungsmenge → Amount of radiation **2**-13
Strahlungswerte von Antennen → Radiation levels of antennas **12**-43
Strangspannung → Phase-element voltage . **3**-4, **3**-17
Strangstrom → Phase-element current **3**-4, **3**-17
STRING → STRING **9**-10
Strom → Current **3**-2
Strombelastbarkeit → Current capacity . **12**-29, **14**-17
- von Leitungen → of lines **12**-29
Stromdämpfungsfaktor → Current attenuation factor **3**-27
Stromdämpfungsmaß → Current attenuation measurement **3**-27
Stromdichte → Current density **3**-5
Stromdurchflossene Spule → Current-carrying coil **3**-12
Stromdurchflossener Leiter → Current-carrying conductor **3**-12
Ströme → Currents
- zeitabhängig → time-dependent **3**-16
Stromeinwirkungen auf den menschlichen Körper → Current effects on human body . . . . **10**-4 f.
Stromgegenkopplung → Current feedback **7**-24
Stromkreis → Circuit **3**-6
Stromlaufplan → Circuit diagram . . . . **12**-51 ff.
- aufgelöste Darstellung → dissolved representation **12**-51
- zusammenhängende Darstellung → coherent representation **12**-51
Strommessung → Current measurement **8**-10
Strompegel → Current level **3**-26
Stromquelle → Current source . . . . **7**-24 ff., **7**-36, **10**-3, **10**-14, **10**-18, **10**-21, **10**-23, **10**-25, **10**-27, **13**-13
Stromrichter → Converter . . . . . . **7**-36, **11**-15 ff., **11**-34
Stromrichterschaltung → Converter circuit **11**-18
Stromspannungswandler → Current-voltage-transformer **7**-27
Stromstärke → Current rating **2**-2, **3**-2
Stromstoßschaltung → Current impulse connection **12**-54
Stromübertragungsfaktor → Power transmission factor **3**-26
Stromübertragungsmaß → Power transmission measurement **3**-28
Stromunfall → electrical accident **10**-4
Stromversorgungsfunktionen → Power supply functions **9**-9
Stromverstärkung → Current gain . . . . . . **7**-13 f., **7**-17, **7**-19, **7**-21
Stromverzweigungspunkt → Current branch point . **3**-6
Stromwandler → Current transformer . . . **8**-33, **8**-36 f., **10**-8, **10**-11, **13**-17
Stromwärme → Current heat **3**-4
Stromwege → Current paths **12**-51, **12**-53, **13**-7
Stromwirkung → effective current **10**-4
Strom-Zeit-Gefährdungsbereich → Current-time hazard area **10**-5
Struktogramm → Structure chart **5**-29
Struktur eines Computers → Structure of a computer **5**-2
Stufenschalter → Step switch **13**-16
Subjunktion → Subjunction **4**-6
Subtraktion → Subtraction **1**-5
Subtraktionsmethode → Substraction method . . . **1**-4
Sukzessive Approximation → Successive approximation **4**-33

18.3 Stichwortverzeichnis Deutsch-Englisch

Suppressor-Diode → Suppressor diode **6**-10
Switch → Switch............................ **6**-21
Symbole für Messgeräte → Symbols for measuring device................................... **8**-6
Symbolelemente und Kennzeichnung für Schaltzeichen → Symbols and marking of switching characters **13**-13
Symmetrische Belastung → Balanced load....... **3**-4
Synchroner Zähler → Synchronous counter .... **4**-10 f.
Synchrongenerator → Synchronous generator . **13**-16
Synchrongleichrichter → Synchronous rectifier .. **8**-11
Synchronmaschine → Synchronous machine... **11**-27
Synchronmotor → Synchronous motor **13**-16
System Design Kit (SDK) → System Design Kit (SDK) **4**-25
Systemanalyse → Systems analysis **8**-32
Systembus → System bus..................... **5**-3
Systementwurf → System design .... **17**-2 f.
- Funktions- und Systemanalyse → functional and systems analysis **17**-3
Systempflege → System care................. **5**-27
Systemtakt → Internal clock................... **5**-2

T

T (Tesla) → T (Tesla) **2**-2
Tabellenkalkulation → Spreadsheet calculations. **5**-28
Taktfrequenz → Clock speed **5**-2
Talspannung → Valley voltage................. **7**-11
Talstrom → Valley current............ **7**-11, **7**-31 ff.
Talwert → Valley value....................... **3**-16
Tandemschaltung → Tandem connection...... **12**-66
Tangens → Tangent.......................... **1**-9
Taster → Push button switch **9**-4
Teamarbeit → Teamwork **16**-12
Technische Darstellung → Technical illustration . **13**-4
Technische Kommunikation → Technical communication................................... **13**-1 ff.
Teilansichten → Partial views................. **13**-4
Teilbereichssicherung → Subsection fuse...... **12**-19
Teilmenge → Subset **1**-2
Teilnehmer → Participant .... **9**-18 ff., **12**-57
Teilströme → Substreams..................... **3**-6
Telegramm → Telegram **12**-49
Temperatur → Temperature **2**-2, **2**-12
Temperaturbeiwert → Temperature coefficient ... **3**-5, **14**-3
- des elektrischen Widerstands → of electrical resistance **14**-4
Temperaturdifferenz → Temperature difference .. **3**-5
Temperaturklassen → Temperature classes.... **12**-44
Temperaturkoeffizient → Temperature coefficient **6**-16
Temperaturmessung → Temperature measurement **8**-18
Temperaturunterschied → Temperature difference **2**-13
Temperaturverhalten → Temperature behaviour .. **6**-24, **7**-6, **7**-9, **7**-15, **7**-33, **7**-40 f., **7**-49
Temperaturwechselbeständigkeit → Thermal shock resistance **14**-24
Tesla → Tesla **2**-2
Tetradischer Code → Tetrad code **4**-5
Textverarbeitung → Word processing **5**-28
Thermo- und Duroplaste → Thermoplastics and thermosets .... **14**-19 ff.
Thermobimetalle → Thermobimetals **14**-11
Thermoelement → Thermocouple **8**-18
Thermometer → Thermometers................ **8**-18
Thermoplaste → Thermoplastics........... **14**-19 ff.
- chemische Beständigkeit → chemical resistance **14**-19
- Eigenschaften → features................. **14**-19
- Handelsname → trade name **14**-19
- Verwendung → use **14**-19
Thermoumformer → Thermocouple transmitter . **8**-12
Thyratron → Thyratron **7**-47
Thyristor → Thyristor ...... **7**-32 ff., **11**-12 ff., **12**-37, **12**-55, **13**-11 f., **13**-15, **13**-18
Thyristordiode → Diode thyristor **7**-31, **13**-15
Thyristortriode → Triode thyristor **13**-15
Tiefpass → Low pass......................... **3**-24
TN-C-S-System → TN-C-S system...... **10**-15, **10**-21
TN-C-System → TN-C system................ **10**-17
TN-S-System → TN-S system **10**-15
TN-System → TN system .... **10**-15 ff.
Toleranz → Tolerance **11**-3
Toleranzen elektrischer Maschinen → Tolerances of electrical machines...................... **11**-3
Topologie → Topology.................... **9**-18 ff.
Torsionsmoment → Torsional moment......... **2**-11
Totalreflexion → Total reflection **2**-16
Touchpad → Touchpad **5**-14
Trackball → Trackball........................ **5**-14
Tracker → Tracker........................... **11**-17
Trägerstaueffekt → Carrier accumulation effect .. **7**-33 ff.
Trägheitsmoment → Moment of inertia .... **2**-10 f.
Transconductance-Verstärker (OTA) → Transconductance amplifier (OTA)...................... **7**-26
Transformator → Transformer .... **6**-17, **11**-4 f.
Transformatorkern → Transformer core .... **6**-18 f.

18.3 Stichwortverzeichnis Deutsch-Englisch

Transistor → Transistor.............**4**-18, **5**-15, **7**-4,
- bipolar → bipolar......................**7**-13 ff.
- als Schalter → as a switch................**7**-29 f.
- als Verstärker → as an amplifier..........**7**-17 ff.
Transistor-Transistor-Logik (TTL) → Transistor-transistorlogic................**4**-14
Translation → Translation.................**2**-8, **5**-30
Transport → Transport...................**15**-15
Trapezumrichter → Trapezoidal inverter.......**11**-15
Trapezwechselspannung → Trapezoidal AC voltage....................................**1**-13
TRBS (Technische Regeln für Betriebssicherheit) → TRBS (Technical Rules for Operational Safety)..................................**15**-2
TRGS (Technische Regeln für Gefahrstoffe) → TRGS (Technical Rules for Hazardous Materials).....**15**-2
TRGS 900 → TRGS 900....................**15**-8 ff.
Triac → Triac............**7**-35, **11**-17, **12**-55, **13**-15
Trigger-Bauelement → Trigger component....**7**-31 ff.
Trigonometrische Form → Trigonometric form....**1**-4
Trigonometrische Funktionswerte wichtiger Winkelgrößen → Trigonometric function values for important angular sizes.....................**1**-10
Triode → Triode................**7**-45, **7**-55, **13**-15
Trittschall → Impact sound...................**2**-14
TRK (Technische Richtkonzentration) → TRK (technical guidelines concentration)...........**15**-2, **15**-10 ff.
TRK-Werte → TRK values...................**15**-10 ff.
Trockene Räume → Dry rooms................**10**-10
TTL → TTL................................**4**-14
TT-System → TT system..............**10**-6, **10**-15 f. **10**-18, **10**-23
Tunneldiode → Esaki diode...............**7**-11, **13**-15
Türöffneranlage → Door opening system......**12**-56
Türsprechanlagen → Door intercom system...**12**-56
TÜV → TÜV................................**16**-14
Typische dynamische Kennwerte von Regelstrecken → Typical dynamic characteristics for controlled systems....................................**9**-32

U

Überlast → Overload............**9**-15, **10**-28, **11**-12, **11**-27, **12**-29, **12**-45, **13**-18
Überlastungsschutz → Overload protection....**12**-30
Überschwingweite → Overshoot..............**9**-27
Übersetzungsverhältnis → Transmission ratio....**2**-9
Übersicht → Overview
 - Belastungen am Arbeitsplatz → stress at work **15**-2
 - Umweltrelevante Betriebsbereiche → environmentally-relevant operating areas............**15**-21
Übersichtsschaltplan → Circuit diagram.......**13**-7 f.
Überspannungsableiter → Surge arrester......**6**-10
Überspannungsschutz → Surge protection..**12**-35 ff.
Überspannungsschutzmodul → Surge protection module....................................**6**-10
Überstrom-Schutzeinrichtung → Surge protection device...............................**10**-15, **10**-22
Übertemperatur von Wicklungen → Excess temperature of windings........................**11**-2
Übertemperaturen, Ermittlung von → Overtemperature, identification of.....................**11**-2
Übertrager → Transformer...................**7**-21
Übertragerkopplung → Transformer coupling...**7**-21
Übertragungsfaktor → Transmission factor.....**3**-27
Übertragungskennlinie → Transmission characteristic................................**7**-14
Übertragungskette → Transmission chain......**3**-28
Übertragungsmaß → Transmission level......**3**-28
Überwachungsanlage → Monitoring system...**12**-56
ULSI → ULSI...............................**7**-42
Ultraschall Näherungsschalter → Ultrasound proximity switch....................................**9**-14
Umdrehungsfrequenz → Rotation frequency.....**2**-8
Umfangsgeschwindigkeit → Peripheral speed....**2**-8
Umlaufsinn → Direction of rotation.............**3**-7
Umlaufspeicher → Circulating memory.........**4**-12
Umlaufzeit → Circulation time.................**2**-8
Ummagnetisierungsverlust → Core loss........**14**-5
Umrechnung → Conversion
 - einer Parallelschaltung in eine Reihenschaltung → a parallel circuit in a series circuit...........**3**-17
 - einer Reihenschaltung in eine Parallelschaltung → a series circuit in a parallel circuit...........**3**-17
Umrechnungstabelle für Winkeleinheiten → Conversion table for units of angle...................**1**-9
Umrichter → Converter.....................**11**-12
Umsetzer → Transducer........**4**-5, **4**-18 ff., **13**-13, **13**-22, **13**-24, **13**-26
Umstellen physikalischer Formeln → Changing physical formulas..........................**1**-3
Umweltrelevante Betriebsbereiche → Environmentally-relevant operation areas..............**15**-21
Umweltschutz → Environmental protection......................**15**-2, **15**-21
Unbelasteter Spannungsteiler → Unloaded voltage divider.....................................**3**-7
UND (Konjunktion) → AND (conjunction).......**4**-6
UND-Funktion → AND function.................**4**-2
Unfallstromkreis → Accident circuit............**10**-6

18.3 Stichwortverzeichnis Deutsch-Englisch

Unfallverhütungsvorschriften (UVV) → Accident prevention regulations (UVV) 15-2
Ungesteuerte Gleichrichter → Uncontrolled rectifier 7-36
Ungesteuerter Betrieb → Uncontrolled operation 7-36
Unicode → Unicode 5-23
Unijunction-Transistor → Unijunction transistor 7-31 f., 13-15
Unipolar → Unipolar 5-18
Unipolare Transistoren → Unipolar transistors .. 7-37
Universal Serial Bus (USB) → Universal Serial Bus (USB) 5-3, 5-7
Universalmotor → Universal motor 11-31
unscharfe Logik → Fuzzy logic 9-36
Unstetige Regler → Discontinuous controller 9-25
Untere Grenzfrequenz → Lower frequency limit . 3-27
Unterklassen → Subclasses 13-11
Unternehmen → Company 12-50
Unternehmensformen → Types of businesses... 16-2
Unterrichtsräume → Classrooms............ 12-71
Urlaub → Holiday................... 16-24
USB → USB..................... 5-3, 5-7
USB-Bus → USB bus 5-7
USB-Stick → USB stick 5-5
USV (Wechselrichter) → Uninterrupted power supply (inverter) 11-17
U-Umrichter → Indirect voltage converter 11-12
UVV (Unfallverhütungsvorschriften) → Accident prevention regulations....................... 15-2
U-Werte → Heat transmission coefficient...... 12-59

V

V (Volt) → V (Volt)........................ 2-2
V.24 → V.24............................ 5-9
V²LSI → V²LSI............................ 7-42
Vakuum → Vacuum .... 2-2, 2-5, 7-2, 7-42, 7-45, 7-48 ff., 14-23
Vakuum-Fluoreszenz-Anzeige (VFD) → Vacuum fluorescent display (VFD) 7-55
Varaktordiode → Varactor diode 7-11
Variable → Variable 1-3
Variable Widerstände → Variable resistors..... 6-6 ff.
Varistor → Varistor....................... 6-9
VDE → VDE........................... 10-3
VDE-Bestimmung → VDE designation 16-3
VDEW → VDEW........................ 10-3
VDI-Richtlinie → VDI guideline................. 16-3
VDR → VDR........................... 6-9
VDR-Widerstände → VDR resistors............. 6-9
Vektor → Vector 1-8, 2-7
Vektorprodukt → Vector product 1-8
Verarmungstyp → Depletion type 7-37, 13-15
Verbindungsprogrammierte Steuerung (VPS) → Hard-wired programmed logic controller 9-3
Verbotszeichen → Prohibition signs 15-12
Verbraucheranlage → Consumer's installation .... 10-15 ff.
Verdampfungswärme → Heat of evaporation ... 2-12
Verdrahtungsplan → Wiring plan.............. 13-7
Verdrehung → Torsion...................... 2-11
Verfügbarkeit → Availability 6-26, 9-10, 9-19, 12-2, 12-80
Vergleichswiderstand → Comparator resistance.. 3-7
Verkettungsfaktor → Concatenation factor 3-17
Verknüpfungssteuerungen → Logic controllers... 9-3
Verlegeart → Laying system................ 12-28
Verlegebedingungen → laying conditions 12-28
Verlustfaktor → Loss factor 6-16, 14-24
Verlustleistung → Power loss dissipation... 4-14, 6-9, 7-10, 7-16, 7-29, 7-31, 7-39 ff., 8-12, 11-11, 12-17 ff.
Verlustleistungshyperbel → Hyperbola of power dissipation........................... 7-4
Verlustwiderstand → Loss resistance 3-25
Verlustwinkel → Loss angle 3-25
vernickelte elektrische Kontakte → Nickel-plated electrical contacts....................... 15-7
Verordnung (EG) → Regulation (EC).......... 15-14
Verriegelungen → Interlocking................ 10-20
Verschiebestrom → Displacement current 7-5
Verstärker → Amplifier .... 4-18, 4-34 ff., 7-4, 7-13 ff., 7-17
- Transistor → transistor .... 7-17 ff.
Verstärkerröhre → Amplifier valve 7-45
verstärkte Isolierung → Reinforced insulation .. 10-26
Verstärkung → Amplification 3-26
Verstärkungsfaktor → Amplification factor 3-26
Verstärkungsmaß → Amplification measurement........................... 3-28
Verteiler → Distributor.......... 12-9, 12-11, 13-20
Verteilungsnetzbetreiber VNB → Power distribution system operator 10-12
Vertragsgestaltung → Drafting of contracts.... 16-3 f.
Verwaltungsgericht → Administrative court.... 16-26
Verzögerung → Delay 2-8
Verzugszeit → Effective dead time 9-27
verzweigte Stromkreise → Branched circuits..... 3-6
Verzweigung → Branching point 5-29
VFD → VFD........................... 7-55

18.3 Stichwortverzeichnis Deutsch-Englisch

Vierleiternetz → Four-wire system **3**-3
Vierpolparameter → Quadripole parameter **7**-19
Vierschichtdiode → Four-layer diode **7**-31
Viertelbrücke → Quarter-bridge **8**-23
Viren → Viruses **5**-27
Virtuelles Bild → Virtual image . . . . **2**-17 f.
Visual Basic → Visual Basic **5**-30
VLSI → VLSI **7**-42
VNB → VNB **10**-12
Volladdierer → Full adder **4**-13
Vollbrücke → Full bridge **8**-23
Vollwinkel → Full angle **1**-9
Volt (V) → Volt (V) **2**-2
Volumen → Volume **2**-9
Volumenausdehnung → Volume expansion **2**-13
Volumenausdehnungskoeffizient → Volume expansion coefficient **2**-13
Volumenberechnung → Volume calculation **1**-14
von-Klitzing-Konstante → Von Klitzing constant . . **2**-5
Vorsätze vor Einheiten → Prefixes for units **2**-3
Vorschaltgerät → ballast **12**-69
 - elektrisch (EVG) → electrical **12**-69
 - induktiv (IVG) → inductive **12**-69
Vorspannung → Bias voltage **7**-16, **7**-40, **8**-22
Vorstand → Management Board **16**-2
Vortragsgestaltung → Presentation techniques **16**-22
Vorwärtssteilheit → Transconductance **7**-19, **7**-26
VPS → VPS **9**-3

W

W (Watt) → W (Watt) **2**-2
Wägeverfahren → Weighing method **4**-33
Wahl einer geeigneten Regeleinrichtung bei gegebener Strecke → Selection of a suitable control device for a given line **9**-32
wahrer Wert → True value **8**-4
Wahrheitstabelle → Truth table **4**-7, **4**-13
Wandler → Transformer . . . . **11**-19 ff.
Wandlerkarte → Transformer board **5**-18
Wärme → Heat **3**-4
Wärmeableitung → Heat dissipation **7**-43
Wärmebewegung → Thermal motion **7**-5
Wärmedurchgang → heat transfer **12**-59
Wärmedurchgangszahl → heat transfer coefficient **12**-59
Wärmekapazität → Heat capacity **2**-4, **2**-12, **7**-43, **14**-3
Wärmeleitfähigkeit → Thermal conductivity . . . **2**-12 f., **14**-3 f., **14**-24
Wärmeleitung → Heat conduction **2**-13
Wärmemenge → Heat flow volume **2**-12
Wärmestrahlung → Thermal radiation **2**-13
Wärmestrom → Heat current **2**-13
Wärmetechnische Grundlagen → Basics of heating technology . . . . **2**-12 ff.
Wärmewiderstand → Thermal resistance . . . . **6**-4, **7**-43 ff., **12**-59
Wärmewirkungsgrad → Thermal efficiency **3**-4
Warmwasserbereitung → Hot water generation . **12**-60
Warmwiderstand → Thermal resistance **3**-5
Warnzeichen → Warning symbol **15**-12
Wartung → maintenance **12**-81
Wassergefährdungsklasse → Water hazard class **15**-15
Wasserkraft → Hydroelectric power **12**-2
Wasserkraftwerk → Hydroelectric power station . **12**-4
Watt (W) → Watt (W) **2**-2
Wb (Weber) → Wb (Weber) **2**-2
Weber (Wb) → Weber (Wb) **2**-2
Wechselrichter (USV) → Inverter **11**-17
Wechselschaltung → Alternating switch **12**-52
Wechselspannung → AC voltage **3**-2, **3**-16
Wechselspannungswandler → AC power adapter . **8**-33
Wechselstrom → Alternating current (AC) . . . **3**-2, **3**-4, **3**-16
Wechselstromleitung → AC line **12**-18
Wechselstrommotor → AC motor **11**-30
Wechselstrom-Schaltgeräte für Anlagen über 1 kV → AC switchgear for systems above 1 kV **3**-3
Wechselstromsteller → AC power controller **12**-55
Wechselstromwandler → AC transformer **8**-33
Wechselstromzähler → AC meter **8**-7
Weckerschaltung → Alarm circuit **12**-56
Weg → Path **2**-8
Wegmessung → Path measurement **8**-21
Weichlote → Soft solders **14**-13
Weichlöten → Soft-soldering **14**-12
Wellenlänge → Wavelength **2**-14
Wellenwiderstand des Vakuums → Characteristic impedance of vacuum **2**-5
Werkstoffart → Type of material **14**-23
Werkstoffe → Materials **14**-1
 - magnetisch → magnetic . . . . **14**-6 f.
 - und Normteile → and standard parts . . . . . **14**-1 ff.
Werkstoffkurzzeichen für Kupfer-Gusslegierungen → Short material designations for copper alloys **14**-8
Werkstoffnormung → Material standards **14**-5
Werkstoffnummernsystem für Kupfer und Legierungen → Material numbering system for copper and alloys **14**-8

18.3 Stichwortverzeichnis Deutsch-Englisch

Werkvertrag → Contract for work 16-3
Wert- und zeitdiskretes Signal → Value and discrete-time signal 4-30
Wertdiskretes Signal → Discrete signal value ... 4-30
Wertebereich → Range of values 1-2
Wertigkeit → Valence. 14-2
Wertkontinuierliches Signal → Continuous signal value. 4-30
WGK → WGK .... 15-10 ff.
Wheatstone-Messbrücke → Wheatstone measurement bridge. 8-13
Wheatstonesche Brücke → Wheatstone bridge... 3-5
Wichtige Winkelgrößen → Important angular sizes. 1-10
Wicklung → Winding. 11-2
Wicklungstemperatur → Winding temperature .. 11-2
Widerstand (Bauteil) → Resistor (component).... 6-2
Widerstand → Resistance. 3-5, 6-3
 - eines Leiters → of a lead 3-5
 - variabel → variable. .... 6-6 ff.
Widerstandsänderung → Resistance change...... 3-5
Widerstandsdraht → Resistance wire 14-17
Widerstandslegierungen → Resistance alloys .. 14-11
Widerstandsmoment → Modulus of resistance.. 2-11
Widerstandsschaltung → Resistance circuit....3-18 f.
Widerstandsthermometer → Resistance thermometer 8-20
Wiederanlauf → Restart 9-10

Wiederholung → Repetition 4-36
wiederkehrende Prüfung → Repeated inspection 10-30
Wien-Robinson-Brücke → Wien-Robinson bridge 7-28
Windkraft → Wind power 12-2
Windkraftwerk → Wind power plant 12-5
Windows → Windows 5-25
Windungszahl → Number of windings 3-10
Winkel → Angle .... 1-9 f.
Winkeleinheit → Angle unit. 1-9
Winkelfunktion → Angular function. .... 1-9 f.
 - für gleiche Winkel → for the same angle..... 1-10
 - in den Quadranten → in the quadrant 1-10
Winkelgeschwindigkeit → Angular velocity .. 2-8, 3-16
Winkelmessung → Angular measurement 8-21
Wirkkomponente → active component 3-20
Wirkleistung → Effective power 3-4
Wirksame Kraft → Effective force 2-7
Wirksame Leiterlänge → Effective conductor length 3-12
Wirkungsablauf → Action flow. 9-26
Wirkungsgrad → Efficiency 2-10, 3-4
Wirkungsgradverfahren → Efficiency method .. 12-71
Wirkverbrauchszähler → Active energy meter ... 8-36 f.
Wirtschafts- und Sozialkunde → Economics and social studies .... 17-2 f.
Wissensbasis → Knowledge base 9-37
Wurzelfunktion → Root function 1-11

X

X-Windows → X-Windows 5-26

Y

y-Parameter → y-parameter 7-19, 7-20

Z

Zahlenaufdruck → Number imprint 12-6
Zahlendarstellung in der Digitaltechnik → Number representation in digital technology ....4-3 f.
Zahlensystem → Number system 5-19
Zähler → Counter, Meter. ....4-10 f.
Zählerkonstante → Meter constant............. 3-4
Zählerscheibenumdrehungen → Meter disc rotations 3-4
Zählrichtung → Direction of counting 7-13
Zählverfahren → Counting method 4-32
Z-Diode → Zener diode............7-6, 7-9 f., 13-15
Zeichen der Mengenlehre → Characters of set theory...................................... 1-2

Zeichentechnische Grundlagen → Basics of technical drawing .... 13-2 ff.
Zeichnung → Drawing..................... 13-2 ff.
 - Maßeintragung → dimensioning ....13-5 f.
 - Maßstab → measuring unit. 13-4
Zeigegerät → Pointing device................ 5-14
Zeigerbild → Phasor diagram................ 11-8
Zeit → Time................................. 2-2
Zeitabhängige Ströme → Time-dependent currents 3-14
Zeitabhängige Ströme und Spannungen → Time-dependent currents and voltages................ 3-2

18.3 Stichwortverzeichnis Deutsch-Englisch

Zeitbewertung → Time weighting **8**-15
Zeitdiskretes Signal → Discrete-time signal. **4**-30
Zeitgeber → Timer **9**-11
Zeitkonstante → Time constant **3**-13, **3**-24
Zeitkontinuierliches Signal → Continuous-time
 signal **4**-30
Zeitliche Änderung des Stroms → Temporal change in
 the current. **3**-12
Zeitplansteuerung → Time pattern control. **9**-4
Zeitrelais → Time relay **9**-7
Zeitverhalten → Time response **4**-28, **6**-32, **7**-6,
 7-29, **7**-33, **7**-35, **7**-49, **8**-18, **9**-25 ff., **9**-31, **9**-33
 - typischer Regelstrecken → of typical controlled
   systems. **9**-28
 - von Führungsgrößen und Regelkreisgliedern →
   of controlled variables and control circuit
   elements . . . . **9**-25 f.
Zener-Effekt → Zener effect **7**-5, **7**-11
Zentraleinheit → Central unit
 - interner Aufbau → internal structure **5**-3
Zentralkompensation → Central compensation . **12**-31
Zerstreuungslinse → Dispersing lens **2**-18
Ziffernzählröhre → Digit counting tube **7**-47
Z-Spannung → Zener voltage. **7**-9
ZTE-Diode → ZTE diode **7**-9
Zug → Tension **2**-11
Zugeführte Arbeit → Energy input **2**-10, **3**-4
Zugeführte Leistung → Power input **3**-4
Zugspannung → Tensile stress **2**-11
Zulässiger Spannungsfall → Permissible voltage
 loss **12**-17
Zündelektrode → Ignition electrode **7**-47
Zünden → Ignition . . . . **7**-32 ff., **12**-44
Zündkennlinie → Control characteristic. . . . . . . **7**-32 ff.
Zündschutzart elektrischer Betriebsmittel → Type of
 ignition protection for electric resources **12**-45
Zündstrom → Igniting current . . . . **7**-32 ff.
Zündtemperatur → Ignition temperature . . . . **12**-44 ff.
Zusammenstellung von Fourierzerlegungen → Set of
 Fourier decompositions . . . . **1**-12 f.
Zusammenwirken von Kräften → Interaction of
 forces **2**-7
zusätzlicher Schutz → Additional protection . . . **10**-14,
 10-28
Zusatzschutz → Additional protection **10**-12
Zuschlagskalkulation → Surcharge costing **16**-9
ZVEH → ZVEH **10**-3
ZVEI → ZVEI **10**-3
Zweidraht DTE-DCE-Verbindung → Two-wire DTE-
 DCE connection. **5**-10
Zweidraht DTE-DTE-Verbindung → Two-wire DTE-DTE
 connection. **5**-10
Zweierkomplement → Two's complement **4**-4
Zweipuls-Brückenschaltung → Two-pulse bridge
 circuit **7**-8, **11**-18
Zweipunkt-Regeleinrichtung → Two-step action
 controller **9**-33
Zweipunktregler → Two-position controller **12**-38
Zweirichtungsdiode (Diac) → Bidirectional diodes
 (diac) **7**-31
Zweirichtungszähler → Reversible counter **8**-38
Zweiter Durchbruch → Second breakdown **7**-16
Zweiter kirchhoffscher Satz → Second law of
 Kirchhoff **3**-7
Zwischenkreis-Umrichter → Intermediate circuit
 converter **11**-12
Zylinder → Cylinder **1**-14
 - gegenüber Ebene → to level **3**-10
Zylinderkondensator → Cylindrical capacitor **3**-9
Zylinderschraube mit Innensechskant → Socket head
 cap screw. **14**-26
Zylindrischer Ring → Cylindrical ring **1**-14

Kapitelübersicht

1. Mathematische Grundlagen
2. Physikalische Grundlagen
3. Grundlagen der Elektrotechnik
4. Signalverarbeitung
5. Computertechnik
6. Bauelemente der Elektrotechnik
7. Elektronische Bauelemente
8. Messtechnik
9. Steuerungs- und Regelungstechnik
10. Schutzbestimmungen und Prüfungen
11. Leistungselektronik und Antriebstechnik
12. Elektrische Anlagen
13. Technische Kommunikation
14. Werkstoffe und Normteile
15. Arbeits- und Umweltschutz
16. Betriebs- und Arbeitswelt
17. Prüfungsvorbereitung
18. Normen- und Stichwortverzeichnis